詳解 OpenCV 3

コンピュータビジョンライブラリを使った画像処理・認識

Adrian Kaehler，Gary Bradski　著
松田 晃一、小沼 千絵、永田 雅人、花形 理　訳

Learning OpenCV 3

Computer Vision in C++ with the OpenCV Library

Adrian Kaehler and Gary Bradski

Beijing • Boston • Farnham • Sebastopol • Tokyo

訳者まえがき

道がつづら折りになって、いよいよ天城峠に近づいたと思う頃、
雨脚が杉の密林を白く染めながら、すさまじい早さで麓から私を追って来た。
川端康成『伊豆の踊子』

本書は、OpenCVをベースにコンピュータビジョンのプログラミングとそのアルゴリズムを説明した*Learning OpenCV 3: Computer Vision in C++ With the OpenCV Library*（Adrian Kaehler、Gary Bradski著。O'Reilly Media刊）の全訳です。OpenCVの開発者が著した書籍であり、前版に引き続きAmazon.comでもカスタマーレビューの評価が非常に高く、邦訳の出版が待たれていました。

OpenCV 2.xをベースにした前版の邦訳が出版されたのが平成21年4月です。その出版から9年の歳月が過ぎました。次版の出版までに時間がかかった経緯については、まえがきで少し触れられています。前版の約600ページに対して、今回の版は約1,000ページとなっており、その内容がいかに充実したものになったかが伺えます。

前版が出版された頃とは異なり、今日ではOpenCVについてご存じの方が大幅に増えたのではないかと思います。OpenCV（Open Source Computer Vision Library）はオープンソースのコンピュータビジョン用ライブラリであり、さまざまなOSで動くマルチプラットフォーム対応のライブラリです。前版の翻訳の出版時に、原著の筆者のひとりであるGaryさんが来日された際にOpenCVの講演をしていただきました。そのときに、Garyさんから「OpenCVは、今から20年前にさかのぼり、自分が所持していたPCに入っていた小さなプログラムから始まった」というお話を伺いました。

OpenCVが扱うコンピュータビジョンとは「カメラで撮影した（もしくは撮影している）画像から、対象となった世界がどうなっているのかをコンピュータを用いて明らかにする」研究領域であり、画像認識・解析・理解がその中心になります。コンピュータビジョンによりコンピュータが「視覚」を持つことができ、コンピュータと人間、そしてコンピュータと実世界との新しいインタラクションが可能になります。これにより、カメラを通して見た実世界に仮想の情報や物体を重畳

表示したり、人間が行う動作を画像処理することで家電製品を制御したり、コンピュータに状況を判断させロボットを動かすこともできるでしょう。このようなコンピュータビジョンは、近年のカメラの性能向上やコンピュータのCPUやGPUの性能向上に伴い、急速な発展を遂げています。スマートフォンのカメラ機能に搭載されている顔検出機能に始まり、監視システムやロボットの視覚システム、車の自動運転システム、拡張現実（Augmented Reality）、そして機械学習に代表される人工知能の研究にまで応用されています。特に人工知能の分野では、ご存じの方も多いように、深層学習を用いた物体認識が、人間の認識能力をしのぐ性能を実現しています。

本書の特徴は、そのようなコンピュータビジョンの知識や手法、アルゴリズムが、OpenCVの使用方法に加え、多彩なサンプルプログラムとともに学べるところにあります。もちろんOpenCVはフリーなので、インストールしてサンプルプログラムを動かしたり、自分でプログラムを作って遊んでみたりすることもできます。C言語をベースとしていた2.xとは変わり、OpenCV 3.xからはC++言語がベースとなり、プログラミングもしやすくなりました。

本書の内容は、OpenCVの簡単な使い方（動画ファイルやカメラからの入力、画面への表示など）から始まり、画像の変換やセグメンテーション、テンプレートマッチング、パターン認識（顔検出など）、さまざまな特徴量、物体や動きのトラッキング、ステレオビジョンからの3Dの再構成、機械学習、OpenCVの将来までと広い範囲をカバーしています。

OpenCVが対応するプラットフォームは、Windows、macOS、Linuxなどの OSです。OpenCVを用いて開発したアプリケーションは、これらのOSの間では同じソースコードをそのままコンパイルして動かすことができます（近年、スマートフォンにも対応されました）。例えば以下は、顔検出機能を持つプログラムをいくつかの写真で実行した結果です（ちなみにこのプログラムのソースコードはC++で30行程度です）。

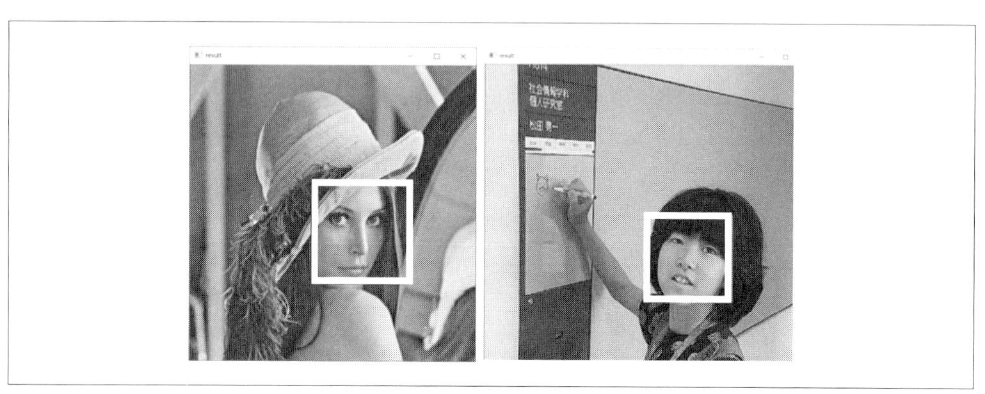

図1　OpenCVによる顔検出

本書の翻訳にあたっては、訳者ら以外にも、植田聖司君、浅野祐太君（東工大）、中田洋君（首都大学東京）にも手伝ってもらいました。たいへん助かりました。感謝します。最後に、今回の本でも、幸いなことに、前書の ROS 本の翻訳でもたいへんお世話になった株式会社オライリー・ジャパンの宮川直樹さんに編集を担当していただけました。宮川さんには、翻訳に際し貴重なアドバイスと励ましをいただきました。また、株式会社トップスタジオの武藤健志さん、増子萌さんには訳文を丁寧にチェックしていただきました。この場をお借りして遅訳を陳謝するとともに、ご助力を感謝したいと思います。

それでは OpenCV を用いたコンピュータビジョンの世界をお楽しみください。

2018 年 1 月

訳者を代表して、三番町にて

松田 晃一

まえがき

本書はC++版のOpenCV（Open Source Computer Vision Library）バージョン3.xの実用的なガイドブックであり、OpenCVを効果的に用いるために必要となるコンピュータビジョンについての一般的な背景知識もあわせて説明するものです。

目的

コンピュータビジョンは、次の4つに起因して急速に成長している分野です。

- 携帯電話の出現による無数のカメラの普及
- インターネットと検索エンジンが生み出す巨大な流量の画像や動画データと、それらを蓄えた膨大なデータベース
- コンピュータの高い処理能力のコモディティ化
- （ディープニューラルネットワークの出現とともに）ビジョンアルゴリズムのさらなる成熟（https://github.com/opencv/opencv/tree/master/modules/dnn のdnn参照［opencv_contrib］）。

OpenCVは、何十万もの人々がコンピュータビジョンでより生産的な仕事をできるようにすることで、この分野の成長における重要な役割を担ってきました。OpenCV 3.xは、最適化されたC++のコンピュータビジョンアーキテクチャをたくさんのプラットフォーム上に提供することで、今では学生、研究者、専門家、企業家などが効率的にプロジェクトを実装し、研究をすぐに開始することを可能にしているのです。

本書の目的を次に示します。

- OpenCVの関数呼び出しが実際に何を意味するか、関数をどのように正しく使うかについて詳しく説明することでOpenCVをわかりやすく解説する
- ビジョンアルゴリズムがどのように機能するかを直感的に理解できるようにする

- どのアルゴリズムをいつ使用すべきかを判断できるようにする
- 実際に動くサンプルコードをたくさん提供することで、これからコンピュータビジョンや機械学習アルゴリズムを学ぼうとする読者の手助けをする
- 高度なルーチンがうまく動かなかった場合に、解決する方法を見つけられるようにする

本書は、みなさんがコンピュータビジョンで面白く楽しいことをすばやくできるように、OpenCVについて詳しく説明します。また、各アルゴリズムがどのように機能するかを直感的に理解できるようにします。これは、ビジョンアプリケーションを設計したりデバッグしたりする際のガイドとして役に立ちます。さらに、他の教科書に載っているコンピュータビジョンや機械学習のアルゴリズムに関する厳密な記述を理解しやすく、覚えやすくもしてくれます。

対象となる読者

本書は、解説、すぐに動かせるサンプルプログラム、OpenCV 3.x ライブラリに含まれる C++のコンピュータビジョン用のツールの説明などで構成されています。このため、さまざまな読者のみなさんのお役に立つことができるでしょう。

専門家、企業家

本書のサンプルコードは、コンピュータビジョンシステムをすばやく実装する必要のあるこの分野の専門家にとっては、出発点として使用できるフレームワークとなります。本書のアルゴリズムの説明は、それがどのように機能するかをさっと理解したり思い出したりできるようになっています。OpenCV 3.x は**ハードウェア抽象化レイヤ**（HAL）上に乗っているため、実装されたアルゴリズムが効果的に動き、さまざまなハードウェアプラットフォームをシームレスに活用できるのです。

学生

本書は筆者らが学生時代に欲しかった本です。直感的な説明、詳細な記述、サンプルコードにより、コンピュータビジョンを短期間で習得できるようになり、より面白い実習授業の課題に取り組み、究極的にはこの分野での新しい研究に貢献できるようになるでしょう。

先生

コンピュータビジョンは動きの速い分野です。筆者らが効果的だと考える教育方法は、わかりやすい教科書で学生にすばやく勉強させ、必要に応じて先生が本格的な説明で補足したり、最新の論文や専門家による講義で補ったりする方法です。このようにすると、学生は実習授業の課題に簡単に取り組み始めることができ、より意欲的な課題にも挑戦できるようになります。

サンデープログラマー

コンピュータビジョンは楽しい世界です。本書ではそのハッキングの方法を紹介します。

本書は、直感的に理解できる説明、ドキュメント、すぐに動かせるコードを中心として、読者のみなさんがリアルタイムのビジョンアプリケーションを短期間で実装できるようになっています。

本書が扱っていないもの

本書は堅苦しい教科書ではありません。いろいろなところで数学的な詳細に立ち入りますが[†1]、いずれも、アルゴリズムの裏にあるものをより深く理解したり、それらのアルゴリズムが前提とする仮定の意味を明確にしたりするためのものです。本書では厳密な数学的説明はしないようにしたので、厳密な説明を書かれる方からは厳しいおしかりを受けるかもしれません。

本書は、「応用的」な性質が強い本です。コンピュータビジョンに関する汎用的なガイドを提供するものであり、特殊な分野（例えば医療画像処理やリモートセンシング解析）の人向けではありません。

筆者らの信念は、例えば学生が本書に書かれた説明を最初に読んでおけば理論の習得が早くなるというだけでなく、より長く記憶に留めておけると筆者らは信じています。したがって、本書は、理論の授業のよい補助教材になるでしょうし、会社や演習中心の授業で使えるすばらしい教科書にもなるでしょう。

本書のプログラムについて

本書のプログラム例はすべて、OpenCV 3.x に基づいています。このコードは Linux や Windows で動きますし、macOS でも動くでしょう。オンラインのリファレンスを参考にすれば、OpenCV 3.x を Android や iOS で実行させることもできます。本書の例で用いるソースコードは、本書の GitHub サイト（https://github.com/oreillymedia/Learning-OpenCV-3_examples）からダウンロードできます。OpenCV ライブラリのソースコードは GitHub（https://github.com/opencv/opencv）にあり、ビルド済みの OpenCV ライブラリは SourceForge（https://sourceforge.net/projects/opencvlibrary）からダウンロードできます。

OpenCV の開発は現在も進行中で、公式リリースが 1 年に 1、2 回行われます。最新のものにするには、前述の GitHub サイトからコードの更新を入手するようにしてください。OpenCV の Web サイトは https://opencv.org にあり、開発者向けには https://github.com/opencv/opencv/wiki に Wiki があります。

†1　数学的な内容に興味のない方のために、数学に関する節には、ここは読み飛ばせます、という注意書きを入れています。

前提となる知識

本書のほとんどの部分は、C++ のプログラム作法を知っているだけで済みます。数学的な節の多くはオプションであり、そのような注意書きをしてあります。数学に関しては、簡単な代数と基本的な行列代数が使われています。また、最小二乗最適化問題の解法、ガウス分布やベイズの法則、簡単な関数の微分についての基礎的な知識を持っていることを想定しています。

数学による解説は、アルゴリズムに関する直感を養う手助けをします。とはいえ、数学やアルゴリズムの説明を読み飛ばしてもかまいません。関数の定義やコードの例だけでも、ビジョンアプリケーションを作成し、実行することができるのです。

本書の最もよい使用法

本書は 1 章から順番に読む必要はありません。一種のユーザーマニュアルとしても役に立つでしょう。つまり、必要になったときにその関数を調べ、それが「内部で」どのように機能するかについて知りたくなったらその関数の説明を読むといった具合です。ただし、本書が意図しているのはチュートリアルです。本書を読むことでコンピュータビジョンの基本を理解できるようになり、厳選されたアルゴリズムを、いつどのように使うべきかが詳しくわかるようになるでしょう。

本書は、大学生や大学院生を対象としたコンピュータビジョンの授業で、補助教材もしくは主教材として使用できるように書かれています。本書で学生が概要をすばやく理解し、その後、より本格的な教科書やその分野の論文で補足するという学び方ができます。各章の終わりには練習問題があり、自分がどのくらい理解しているかの確認や、さらに深い洞察を得る手助けにもなります。

みなさんは次のいずれの方法でも本書に取り組むことができます。

お楽しみ袋的読み方

まずは、「1 章　概要」～「5 章　配列の演算」を通して読んだ後、みなさんが必要とする、あるいは読みたい章や節に直接進んでください。順序どおりに読む必要はありませんが、キャリブレーションとステレオを扱った「18 章　カメラモデルとキャリブレーション」、「19 章　射影変換と 3 次元ビジョン」、機械学習を扱った「20 章　OpenCV による機械学習の基本」、「21 章　StatModel クラス：OpenCV の学習標準モデル」、「22 章　物体検出」は順番に従って読んでください。企業家やプロジェクトベースの授業を受けている学生はこのように読むとよいでしょう。

普通の読み方

毎週 2 章ずつ「22 章　物体検出」まで 11 週間で読んでください（「23 章　OpenCV の今後」は一瞬でしょう）。その後、これらの分野から特定の領域を選び、演習プロジェクトを始め、必要に応じて他の教科書や論文を参照しながらさらに詳しく勉強してください。

短距離走的読み方

本書の「1 章　概要」～「23 章　OpenCV の今後」を、みなさんの理解が許す限りの速度で読んでください。その後、これらの分野から特定の領域を選び、演習プロジェクトを始め、他の教科書や論文でさらに詳しく勉強してみてください。これはおそらく専門家向けの読み方でしょうが、より高度な内容を扱うコンピュータビジョンの授業でも使えるでしょう。

「20 章　OpenCV による機械学習の基本」では機械学習に関する一般的な背景について概説し、続く「21 章　StatModel クラス：OpenCV の学習標準モデル」と「22 章　物体検出」で、OpenCV で実装されている機械学習のアルゴリズムとその使い方をより詳細に説明します。もちろん機械学習は物体認識には欠かせないものであり、コンピュータビジョンの大きな部分を占めますが、それだけで 1 冊の本にする価値のある分野です。専門家の方にとっては、本書が機械学習に関する文献を調べるきっかけとなったり、このライブラリの該当コードを用いて本格的に機械学習を始めるための適切な出発点となったりするでしょう。OpenCV 3.x では、機械学習のインタフェースが大幅に簡略化、統一化されています。

筆者らが好きなコンピュータビジョンの教え方を紹介します。まず、授業の内容を、いろいろな技術がどのように機能しているかの概要を学生が理解できるくらいの速さでできるだけ速く教えます。その後、学生にとって意味のある演習プロジェクトを始めさせ、それを行いつつ、インストラクタがその分野の他の本や論文などを引用しながら、選んだ領域の詳細と本格的な難題について補足します。このやり方は、半期の半分、半期、全期のどの形式の授業でも可能でしょう。学生は、すぐにプロジェクトに取り組み出し、与えられた課題を全体的に理解した状態で作業をしながら、課題に合ったコードを書き始めることができます。学生がより複雑で時間のかかるプロジェクトを始め出したら、今度はインストラクタは複雑なシステムの開発やデバッグの手助けをするとよいでしょう。

期間の長い授業では、そのプロジェクト自身がプロジェクト管理の面においてもよい教育になるでしょう。まずは実際に動くシステムを構築し、その後、さらに詳しい情報や最近の論文を用いてそれに磨きをかけます。このような授業の目的は、各プロジェクトを学会の論文になるくらいの価値に高めることであり、そこで発表された論文がさらなる（授業が終わった後の）研究へとつながるようにすることなのです。OpenCV 3.x は、C++ のコードフレームワーク、Buildbot、GitHub の使用、プルリクエストのレビュー、単体テストと回帰テスト、ドキュメントなどのすべてが丸ごと、スタートアップ企業やその他のビジネスが組み立てるべき本格的なソフトウェアインフラストラクチャのよい例になっています。

表記上のルール

本書では、次に示す表記上のルールに従います。

太字（Bold）
新しい用語、強調やキーワードフレーズを表します。

等幅（`Constant Width`）
プログラムのコード、コマンド、配列、要素、文、オプション、スイッチ、変数、属性、キー、関数、型、クラス、名前空間、メソッド、モジュール、プロパティ、パラメータ、値、オブジェクト、イベント、イベントハンドラ、XML タグ、HTML タグ、マクロ、ファイルの内容、コマンドからの出力を表します。その断片（変数、関数、キーワードなど）を本文中から参照する場合にも使われます。

等幅太字（`Constant Width Bold`）
ユーザーが入力するコマンドやテキストを表します。コードを強調する場合にも使われます。

等幅イタリック（*`Constant Width Italic`*）
ユーザーの環境などに応じて置き換えなければならない文字列を表します。

[XXX]
巻末に掲載した参考文献への参照を表します。

ヒントや示唆を表します。

ライブラリのバグやしばしば発生する問題などのような、注意あるいは警告を表します。

サンプルコードの使用について

本書のサンプルコードは https://github.com/oreillymedia/Learning-OpenCV-3_examples から入手できます[†2]。

†2　訳注：オンラインのサンプルコードは常にアップデートされるため、本書掲載のサンプルコードと一致しないこともあります。

本書の目的は、読者の仕事を助けることです。一般に、本書に掲載しているコードは読者のプログラムやドキュメントに使用してかまいません。コードの大部分を転載する場合を除き、我々に許可を求める必要はありません。例えば、本書のコードの一部を使用するプログラムを作成するために、許可を求める必要はありません。なお、オライリー・ジャパンから出版されている書籍のサンプルコードをCD-ROMとして販売したり配布したりする場合には、そのための許可が必要です。本書や本書のサンプルコードを引用して質問などに答える場合、許可を求める必要はありません。ただし、本書のサンプルコードのかなりの部分を製品マニュアルに転載するような場合には、そのための許可が必要です。

出典を明記する必要はありませんが、そうしていただければ感謝します。Adrian Kaehler、Gary Bradski 著『詳解 OpenCV 3』(オライリー・ジャパン発行)のように、タイトル、著者、出版社、ISBNなどを記載してください。

サンプルコードの使用について、公正な使用の範囲を超えると思われる場合、または上記で許可している範囲を超えると感じる場合は、permissions@oreilly.com まで(英語で)ご連絡ください。

意見と質問

本書(日本語翻訳版)の内容については、最大限の努力をもって検証、確認していますが、誤りや不正確な点、誤解や混乱を招くような表現、単純な誤植などに気がつかれることもあるかもしれません。そうした場合、今後の版で改善できるようお知らせいただければ幸いです。将来の改訂に関する提案なども歓迎いたします。連絡先は次のとおりです。

株式会社オライリー・ジャパン
電子メール　japan@oreilly.co.jp

本書のWebページには次のアドレスでアクセスできます。

https://www.oreilly.co.jp/books/9784873118376
http://shop.oreilly.com/product/0636920044765.do(英語)
https://github.com/oreillymedia/Learning-OpenCV-3_examples(コード)

オライリーに関するそのほかの情報については、次のオライリーのWebサイトを参照してください。

https://www.oreilly.co.jp/
https://www.oreilly.com/(英語)

謝辞

長期にわたるオープンソースの活動には多くの人が参加し、また去っていきました。そのだれもがさまざまな分野で貢献してくれました。本ライブラリに貢献してくれた人はたいへん多く、ここに掲載するには紙面が足りません。OpenCV サイトの貢献者一覧 https://github.com/opencv/opencv/wiki/Contributors をご覧ください。

OpenCV への支援に対する感謝

Intel はこのライブラリの誕生の地であり、Intel の本プロジェクトに対する支援すべてに感謝します。その時々で Intel はコンテストに出資し、OpenCV に貢献してくれています。Intel はまた、Intel アーキテクチャ上でのシームレスな高速化を実現する、組み込みのパフォーマンスコードの基礎となるものも提供してくれています。ここで感謝の意を表します。

Google は、GSoC（Google Summer of Code）プログラムで OpenCV のインターンに資金提供するなど、OpenCV の開発にとって確固とした資金提供者となってきました。この資金提供のおかげで非常にすばらしい仕事が行われてきました。Willow Garage は OpenCV 2.x から 3.0 への移行を可能にする資金提供を数年間してきました。この期間中、コンピュータビジョンの R&D 会社である Itseez（最近、Intel が買収しました）は、大規模な技術者の支援と数年間にわたる Web サービスのホスティングを提供してくれました。Intel は口頭でもサポートの継続の意思を示してくれました（感謝）。

ソフトウェア側では、特筆すべき人が何人かいます。特に、ロシアのソフトウェアチームです。チーフはロシア人のリードプログラマーである Vadim Pisarevsky で、彼はこのライブラリへの最も重要な貢献者のひとりです。彼はまた、OpenCV のブームが傾きかけたときにも維持管理に努め、再びブームを巻き起こしてくれました。このライブラリに真の英雄がいるとすれば、それは彼でしょう。彼の技術的な洞察力は、本書を書いている最中にも大きな手助けとなりました。彼をマネージメント的に支援してくれていたのは、Itseez [Itseez] の共同設立者であり、今は Itseez3D の CEO である Victor Eruhimov でした。

Grace Vesom や、Vincent Rabaud、Stefano Fabri、そしてもちろん Vadim Pisarevsky らは、毎週の会議の中でライブラリの管理を手伝ってくれています。これらの会議のデベロッパーノートは https://github.com/opencv/opencv/wiki/Meeting_notes で見ることができます。

たくさんの人々が何年もの間、OpenCV に貢献してくれました。最近貢献された方のリストを以下に挙げます。Dinar Ahmatnurov、Pablo Alcantarilla、Alexander Alekhin、Daniel Angelov、Dmitriy Anisimov、Anatoly Baksheev、Cristian Balint、Alexandre Benoit、Laurent Berger、Leonid Beynenson、Alexander Bokov、Alexander Bovyrin、Hilton Bristow、Vladimir Bystritsky、Antonella Cascitelli、Manuela Chessa、Eric Christiansen、Frederic Devernay、Maria Dimashova、Roman Donchenko、Vladimir Dudnik、Victor Eruhimov、Georgios Evangelidis、Stefano Fabri、Sergio Garrido、Harris Gasparakis、Yuri Gitman、

Lluis Gomez、Yury Gorbachev、Elena Gvozdeva、Philipp Hasper、Fernando J. Iglesias Garcia、Alexander Kalistratov、Andrey Kamaev、Alexander Karsakov、Rahul Kavi、Pat O'Keefe、Siddharth Kherada、Eugene Khvedchenya、Anna Kogan、Marina Kolpakova、Kirill Kornyakov、Ivan Korolev、Maxim Kostin、Evgeniy Kozhinov、Ilya Krylov、Laksono Kurnianggoro、Baisheng Lai、Ilya Lavrenov、Alex Leontiev、Gil Levi、Bo Li、Ilya Lysenkov、Vitaliy Lyudvichenko、Bence Magyar、Nikita Manovich、Juan Manuel Perez Rua、Konstantin Matskevich、Patrick Mihelich、Alexander Mordvintsev、Fedor Morozov、Gregory Morse、Marius Muja、Mircea Paul Muresan、Sergei Nosov、Daniil Osokin、Seon-Wook Park、Andrey Pavlenko、Alexander Petrikov、Philip aka Dikay900、Prasanna、Francesco Puja、Steven Puttemans、Vincent Rabaud、Edgar Riba、Cody Rigney、Pavel Rojtberg、Ethan Rublee、Alfonso Sanchez-Beato、Andrew Senin、Maksim Shabunin、Vlad Shakhuro、Adi Shavit、Alexander Shishkov、Sergey Sivolgin、Marvin Smith、Alexander Smorkalov、Fabio Solari、Adrian Stratulat、Evgeny Talanin、Manuele Tamburrano、Ozan Tonkal、Vladimir Tyan、Yannick Verdie、Pierre-Emmanuel Viel、Vladislav Vinogradov、Pavel Vlasov、Philipp Wagner、Yida Wang、Jiaolong Xu、Marian Zajko、Zoran Zivkovic。

その他のコントリビュータに関しては https://github.com/opencv/opencv/wiki/ChangeLog に示してあります。最後に、Arraiy［Arraiy］は今も（フリーでオープンなコードベースである）OpenCV.org の保守を手助けしてくれています。

本書を手助けしてくれた人への謝辞

本書と前版を準備している間、アドバイス、レビュー、示唆を与えてくれた重要な人がいます。*New York Times* 紙の科学レポーターである John Markoff の励ましと人脈、文章の一般的な書き方についてのアドバイスに感謝します。O'Reilly のたくさんの編集者にも感謝します。特に Dawn Schanafelt は、不良な筆者らがスタートアップ企業を立ち上げようとしている間、新しいリリースが日常的にされるようになっても辛抱強く待ち続けてくれました。本書は OpenCV 2.x から現在の OpenCV 3.x のリリースに移行するまでの長い期間にわたるプロジェクトだったのです。その間も筆者らにつきあってくれた O'Reilly に感謝します。

Adrianによる追記

本書の最初の版において、このような仕事が可能になる地点にまで到達する手助けをしてくれた、偉大な何人かの先生に感謝の意を示しました。数年が経ち、それぞれの先生から受けたアドバイスの価値がより明確なものになってきました。ありがとうございます。このすばらしいメンターのリストにTom Tombrelloを加えたいと思います。大きな恩義がある彼への追悼として、筆者の本書への貢献を捧げたいと思います。彼は、並外れた知性と深い見識を持っていました。そんな彼の足跡をたどる機会を与えられたことを光栄に思います。最後に、OpenCVコミュニティに深謝します。本書の最初の版を喜んで迎え入れてくれ、本書の執筆中に起こった、たくさんのエキサイティングかつ余計な企てにも耐えてくれました。

この版は長い間出版が待たれていました。その間、筆者はさまざまな会社にアドバイスやコンサルティングをしたり、技術構築の手助けをしたりするという幸運に恵まれました。役員会のメンバー、諮問委員会のメンバー、テクニカルフェロー、コンサルタント、テクニカルコントリビュータ、設立者として、技術の開発プロセスのほとんどの側面を見たり、大好きになったりする幸運にも恵まれました。その日々の多くは、Applied Minds社でのロボットビジョン部門の立ち上げと運営に携わり、また、Applied Invention社（Applied Mindsからのスピンアウト）でのフェローとして過ごしました。筆者は、OpenCVがこれまでに、ヘルスケア、農業、航空、防衛から国家保全にいたるまで、きわめて優れたプロジェクトの中心部で使われているのを知って、いつも喜ばしく思っています。また、本書の最初の版が、これまでに見てきたほぼすべての企業や教育機関であるみなさんの机の上にあるのを見ると、同じようにうれしく思います。Garyと私がStanleyを開発する際に使用した技術は、数限りないプロジェクトで不可欠な部分となりました。一例を挙げると、現在盛んに開発されている自動車の自動運転プロジェクトです。そのいずれか、ひょっとするとすべてが、多くの人々の日常生活をよりよくする準備を整えています。これらの一部にかかわれることはすばらしい喜びです！ 長年にわたる筆者とたくさんのすばらしい人たちとの出会いは、喜びと驚きの連続でした。彼らは、最初の版が、彼らが履修した授業、彼らが教えた授業、彼らが築いたキャリア、彼らが成し遂げた業績などにおいて、どれほど役に立ったかについて話してくれました。私は、この本の新しい版がみなさんすべての役に立ち続けることを望み、同時に、新しい世代の科学者、技術者、発明家を刺激し、彼らに新たな可能性を与えることを願っています。

本書を締めくくる最後の章の執筆時点で、筆者らも人生における新たな章を始めました。それは、ロボット、AI、ビジョン、その先にあるものにかかわる仕事です。個人的には、筆者自身の人生における次のステップを可能にする、数々の仕事に貢献してこられた方（先生、メンター、本の著者）すべてに深い感謝の意を表します。筆者らのこの新しい版が、他の人たちが次の重要なステップに進む手助けになることを期待しています。そしてお互い、その新たな次のステップでお会いできることを楽しみにしています。

Garyによる追記

コンピュータビジョンと人工知能の研究を加速し、当時は最高水準の研究所だけでしか見ることができなかったようなインフラストラクチャをすべての人に提供するという目標のもと、筆者はOpenCVを1999年に立ち上げました。これらの目標のいくつかは、実際には筆者が生きている間になんとかなりそうですし、この目標が17（！）年間も続いたことに感謝します。この目標達成に対する賞賛のほとんどは、たくさんの友人の長年にわたる援助と、枚挙にいとまがないコントリビュータたち[†3]に贈るべきものです。また、Intelでの仕事を筆者と一緒に始めたロシアのグループにも感謝します。このグループは、成功を収めてコンピュータビジョン会社（Itseez.com）を経営し、その後Intelに買収されました。筆者らは共同開発者として出発しましたが、その後、深い友人になりました。

三人の十代の子供がいる家の中で、妻のSonya Bradskiは、筆者が行うよりもたくさんの仕事をこなし、本書の出版を実現可能なものにしてくれました。彼女に深い感謝と愛を捧げます。ただし、筆者が愛する十代の子供たちは、本書の手助けになったとは言えません。:)

この版は、筆者がスタートアップ企業のIndustrial Perception Inc.の設立を手助けしたため出版が遅れました。この会社は2013年にGoogleに売却されました。時々思い出したように執筆し、その後、週末や夜遅くに書き始めました。どういうわけか今は2016年です。たいへんなときに限って時は早く過ぎ去るのです。「23章　OpenCVの今後」の終わりにかけて筆者が行った予言のいくつかは、筆者がPR2で経験した「ロボットの心の性質」から発想を得たものです。PR2とは、Willow Garageが開発した2本腕のロボットで、スタンフォード大学でのStanleyプロジェクトとともに、DARPA Grand Challengeで200万ドルを獲得したロボットです。

本書の執筆を終えるにあたり、筆者らは、将来みなさんと、スタートアップ企業、研究所、教育機関、カンファレンス、ワークショップ、VCのオフィス、クールな会社のプロジェクトなどでお会いできることを期待しています。気軽に声をかけてください。みなさんが行っているすばらしい新しい仕事について話をしましょう。筆者がOpenCVを始めたのは、公益のためにコンピュータビジョンとAIを支援し加速するためです。後はみなさんの番です。私たちは、創造力に富んだ宇宙に住んでいます。ここではだれもが鍋を作り出すことができ、次の人がその鍋をドラムに作りかえ、それが続いていくのです。創造的であってください！ OpenCVを使って、私たちみんなにとって並外れてよいものを作り出してください！

†3　https://github.com/opencv/opencv/wiki/ChangeLogにある変更履歴の更新をスクロールすればわかるように、今ではたくさんのコントリビュータがいます。非常に多くの新しいアルゴリズムとアプリケーションを手に入れることができ、自己保守可能なモジュールと自己完結したモジュールという最もよい形で`opencv_contrib`（https://github.com/opencv/opencv_contrib）に収められています。

目次

1章 概要

1.1 OpenCVとは何か？

OpenCV [OpenCV] はオープンソース（https://opensource.org を参照）のコンピュータビジョンライブラリで、https://opencv.org から入手することができます。1999年にIntel社のGary Bradski [Bradski] がOpenCVを立ち上げました。コンピュータビジョンと人工知能の分野で働くすべての人に明確な基盤を提供することで、その分野の研究を加速したいという願いのもとに始めたのです。このライブラリはCとC++で書かれており、Linux、Windows、macOS上で動きます。Python、Java、MATLAB、その他の言語用インタフェースも開発が進んでおり、モバイルアプリケーション用にAndroidとiOSにも移植されています。OpenCVは何年にもわたってIntelとGoogle、そして、特に初期の開発作業の大半を行ったItseez [Itseez]（最近Intelに買収されました）から、多くの支援を受けてきました。最後にArraiy [Arraiy] が参加し、常にオープンで無料のOpenCV.org [OpenCV] を保守しています。

OpenCVは、計算効率を優先し、リアルタイムアプリケーションに重点を置いて設計されました。OpenCVは最適化されたC++で書かれており、マルチコアプロセッサを活用できます。みなさんがIntelアーキテクチャ[Intel] 上でさらに自動最適化を行いたいのでしたら、IntelのIntegrated Performance Primitives（IPP）ライブラリ[IPP]（有償）を利用することもできます。これは、さまざまなアルゴリズムについて最適化された低レベルのルーチンから構成されています。このライブラリがインストールされていれば、OpenCVは実行時に自動的に適切なIPPライブラリを使います。OpenCV 3.0から、IntelはOpenCVチームとOpenCVコミュニティにIPPの無償サブセット（通称IPPICV）を提供し始めました。これはデフォルトでOpenCVに組み入れられ、OpenCVの速度を向上させています。

OpenCVのゴールの1つは、きわめて洗練されたビジョンアプリケーションをすばやく構築するのに役立つ、使いやすいコンピュータビジョンの基盤を提供することです。OpenCVライブラリには、工場の製品検査、画像診断、セキュリティ、ユーザーインタフェース、カメラキャリブレーション、ステレオビジョン、ロボット工学などを含む、ビジョンの多くの領域にわたる2,500

以上のアルゴリズムや関数が含まれています。コンピュータビジョンと機械学習は密接に関連することが多いので、OpenCV にも自己完結している汎用機械学習ライブラリ（ML モジュール）が含まれています。このサブライブラリは、統計的パターン認識とクラスタリングに重点が置かれています。ML モジュールは、もちろん OpenCV のミッションの中核であるビジョンタスクに非常に役に立ちますが、十分な汎用性があるため、あらゆる機械学習の問題を扱うこともできます。

1.2 OpenCVを使うのはだれか？

ほとんどのコンピュータ科学者と現場のプログラマーは、コンピュータビジョンの役割を部分的には知っています。しかし、コンピュータビジョンがどのように使われているかをすべて熟知している人はほとんどいません。例えば、たいていの人はコンピュータビジョンが監視用途に使われていることをある程度認識しているでしょうし、Web 上の画像や動画に対してますます使われるようになっていることも多くの人は知っているでしょう。ゲームのインタフェースでコンピュータビジョンが使われているのを見たことがある人もいるかもしれません。ところが、航空地図や市街地図の画像（Google ストリートビューのような）のほとんどがカメラキャリブレーションと画像結合技術を活用していることをきちんと理解している人はずっと少数です。安全監視、無人飛行体、生物医学的分析などの特殊な分野で応用されていることは知っていても、製造業でコンピュータビジョンがいかに普及しているかといったことにまで気づいている人はあまりいません。大量生産されているもののほとんどは、どこかの時点でコンピュータビジョンを使って自動的に検査されているのです。

OpenCV のオープンソースライセンスは、みなさんが OpenCV のすべてあるいは一部を使って商用製品を開発できるように構成されています。私たちは、みなさんが製品をオープンソース化したり、改良をパブリックドメインに還元したりすることを希望してはいますが、そのようにする義務はありません。これらの進歩的なライセンス条項のおかげもあって、大規模なユーザーコミュニティが存在し、大手企業（一部を挙げれば、IBM、マイクロソフト、Intel、ソニー、シーメンス、Google）や研究センター（スタンフォード、MIT、CMU、ケンブリッジ、INRIA など）の人々もそこに参加しています。また、ユーザーが質問や議論を投稿できる Yahoo グループフォーラム（http://groups.yahoo.com/group/OpenCV）もあり、約 50,000 人のメンバーがいます[†1]。OpenCV は世界中でよく使われており、中国、日本、ロシア、ヨーロッパ、イスラエルに大きなユーザーコミュニティがあります。

1999 年 1 月のアルファ版リリース以来、OpenCV は多くのアプリケーション、製品、研究活動で使われてきました。これらのアプリケーションには、衛星画像や Web 地図のための画像結合、スキャン画像の傾き補正、医療画像のノイズ除去、物体の解析、セキュリティと侵入検出システム、自動監視と安全システム、製造検査システム、カメラキャリブレーション、軍事アプリケー

†1　訳注：現在は opencv.org の公式 Q&A（http://answers.opencv.org/questions/）が活発です。

ション、無人航空・地上・水中機などがあります。視覚認識の技法を音声のスペクトル画像に適用することで、音声認識や音楽認識にまで使われています。他にも、OpenCV は、DARPA Grand Challenge の砂漠横断ロボットレース[Thrun06] で 200 万ドルを勝ち取った、スタンフォードのロボット「Stanley」の視覚システムの重要な一部でした。

1.3 コンピュータビジョンとは何か？

コンピュータビジョン[†2]とは、デジタルスチルカメラやビデオカメラからのデータを変換して、何らかの判断を行ったり別の表現にしたりすることです。そのような変換はすべて、ある特定の目的を達成するために行われます。入力データには、「カメラが車に搭載されている」ことや、「レーザーレンジファインダー（レーザー測距器）により対象物が 1 メートル離れていることが示されている」といった、いくつかのコンテキスト情報が含まれる場合があります。「判断」とは、「このシーンにはひとりの人がいる」かもしれませんし、「このスライドグラス上には、14 個の癌細胞がある」かもしれません。「別の表現」とは、カラー画像をグレースケール画像にしたり、連続画像からカメラの動きを除去したりすることなどを意味します。

私たちは視覚を持った生き物なので、コンピュータビジョンの仕事は簡単だと思い込んでしまいがちです。例えば、みなさんが画像を見てそこに写っている車を見つけるのはどれくらいたいへんでしょうか？ この問いに対する最初の直感が、誤解を招いている可能性があります。人間の脳は、視覚信号を多くのチャンネルに分割し、それをさまざまな種類の情報として脳に伝えます。私たちの脳は注意システム（attention system）を持っていて、目的に即した方法で画像の中から処理すべき重要な部分を特定し、その他の領域については処理を省いています。視覚情報の伝搬には、現時点ではまだほとんどわかっていない膨大なフィードバックがあります。筋肉制御センサーやその他すべての感覚からの広範囲に及ぶ連想入力があり、それにより脳はこの世界での長年の生活経験から得られた相互関係性を利用できるのです。この脳内のフィードバックループはすべての処理段階に戻されます。それにはハードウェアセンサー自身（眼）も含まれ、これにより、虹彩を通した明暗が機械的に制御され、網膜表面の受容量が調整されます。

しかしマシンビジョンシステムでは、コンピュータがカメラやディスクから数値列を受け取るだけです。たいていの場合、組み込みのパターン認識もなく、焦点や絞りの自動制御もなく、長年の経験による相互関係性も利用できません。ほとんどの部分では、ビジョンシステムはいまだにかなり単純なのです。**図1-1** は自動車の写真です。この写真で、私たちには車の運転手側のサイドミラーが見えます。一方、コンピュータが「見ている」ものは、単にグリッド（格子）状に並んだ数値列です。これらの数値はいずれもかなり大きなノイズ成分を含んでいるので、その数値だけを見ても私たちにはほとんど情報がありません。しかしこの数値のグリッドが、コンピュータが「見て

†2 コンピュータビジョンは広大な分野です。本書はその分野の必要最小限の基礎を紹介しますが、簡単な入門には Trucco によるテキスト[Trucco98]、総合的なリファレンスとして Forsyth によるテキスト[Forsyth03]、そして、3D ビジョンが実際にどう動作するかについては、Hartley [Hartley06] および Faugeras [Faugeras93] のテキストも推奨します。

いる」ものすべてなのです。そこで私たちの課題は、このノイズ付きの数値のグリッドを、「サイドミラー」であるという認識に変えることです。**図1-2**では、コンピュータビジョンがなぜそれほど困難かについて、さらなる洞察を行っています。

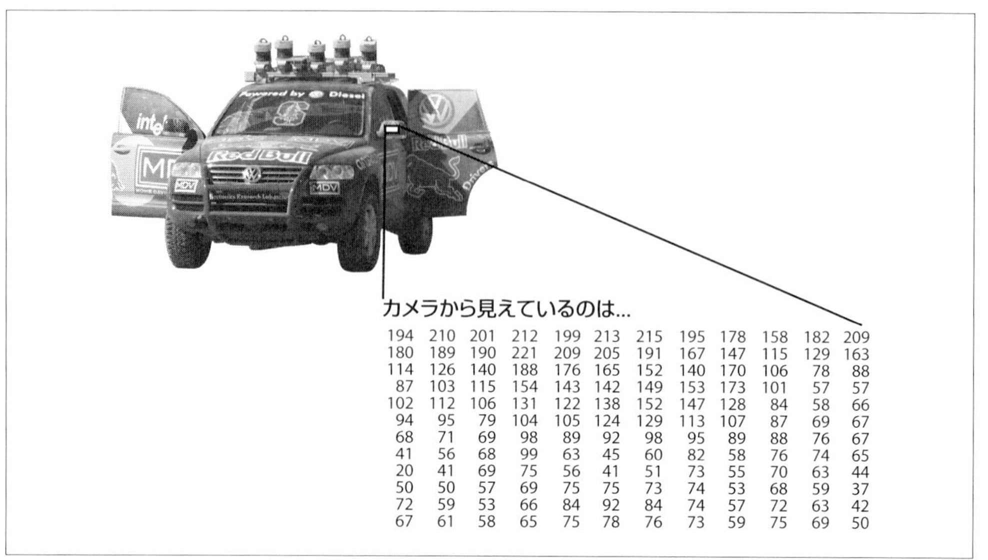

図1-1　コンピュータにとっては車のサイドミラーは単なるグリッド状に並んだ数値列である

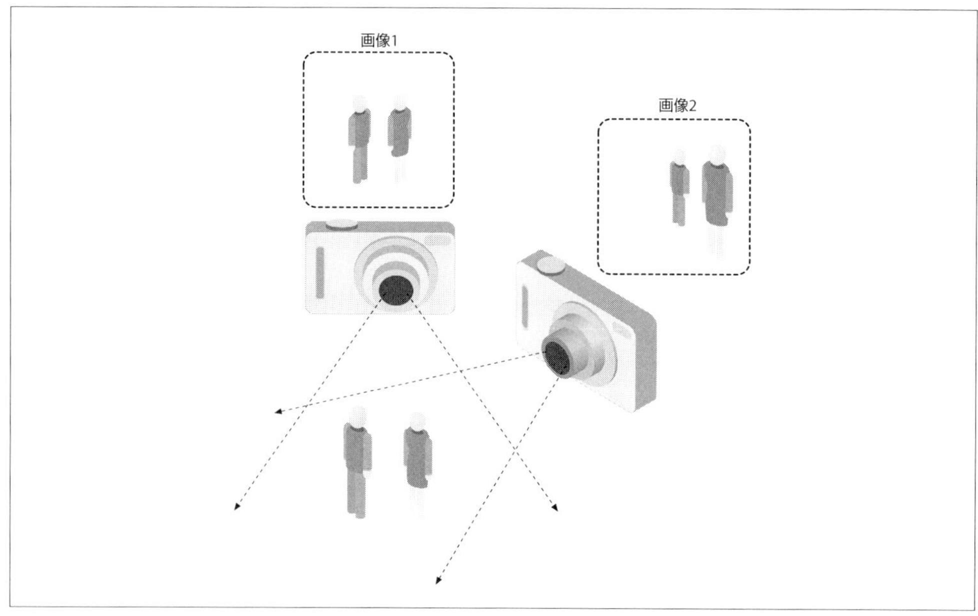

図1-2　視覚の不良設定問題の特性。物体の2Dの見え方は、視点によってまったく異なることがある

このような問題は実際は、困難という程度で済ませられるものではなく、きちんと解決するのは不可能なのです。ある3次元（3D）世界を投影した2次元（2D）のビューが1つ与えられても、3D信号を一意に再構築する方法はありません。正式には、このような不良設定問題には一意な解や決定的な解は存在しません。同一の2D画像として投影される3Dシーンは、無限に存在します。これは、たとえその2D画像データが完全であったとしてもです。しかも、すでに述べたように、実際のデータはノイズや歪みによって劣化しています。このような劣化は、対象とする世界の変動（天気、照明、反射、動き）、レンズや機械の設定の不完全さ、センサーの積分時間が有限であること（モーションブラー）、センサーやその他の電子機器の電気ノイズ、画像キャプチャ後の圧縮の副作用などから発生します。これらの手ごわい問題を考えると、私たちはどうすれば先へ進むことができるでしょうか？

システム設計の現場では、この視覚センサーの限界を乗り越えるために、付加的なコンテキストの知識がよく使われます。例として、ビル内でホッチキスを見つけて拾い上げなければならないモバイルロボットを考えましょう。このロボットは、机とはオフィス内に備え付けられた物体であり、ホッチキスはたいてい机の上で見つかるという知識を使うでしょう。このことは同時に大きさに関する暗黙的な基準も与えています。すなわち、ホッチキスは机に載るくらいのサイズでなければならないということです。これはまた、ありえない場所（例えば、天井や窓）にホッチキスがあると誤って「認識」してしまうことを排除するのに役立ちます。ロボットは、ホッチキスに似た形の200フィートもある広告用飛行船を無視しても差し支えありません。飛行船は机の木目の背景を持つという前提条件を欠いているからです。対照的に、画像検索のようなタスクでは、データベース内にあるすべてのホッチキスの画像は本物のホッチキスの可能性があります。また、とても大きなサイズのものや普通の形態ではないものは、その写真の撮影者によって暗黙のうちに排除されているかもしれません。つまり、写真を撮った人はおそらく、本物の普通サイズのホッチキスの写真だけを撮ったであろうと考えることができます。そして人が写真を撮るときには、被写体を中央に置いたり特徴的な向きに置いたりする傾向があります。したがって、人が撮った写真には意識されていない暗黙の情報がかなり存在することが多いのです。

コンテキスト情報は、機械学習を用いて明示的にモデル化することもできます。これにより、サイズ、鉛直方向などの隠れた変数は、ラベル付けされた訓練セットの値と対応づけることができます。別の方法として、センサーを追加して、隠れたバイアス変数を測ろうとする人もいるかもしれません。例えばレーザーレンジファインダーを使って奥行きを測定することで、対象物のサイズを正確に測ることができます。

次にコンピュータビジョンが直面する問題はノイズです。私たちは通常、統計的手法を使ってノイズを処理しています。例えば、ある点とそのすぐ隣の点とを比較するだけでは、画像内のエッジを検出することは不可能でしょう。しかし、局所領域における統計値を見れば、エッジの検出はずっと簡単になります。実際のエッジは局所領域内でのすぐ隣の点での変化が線状に並んだものとして現れ、その各々の変化の向きは隣の点と一致しているはずです。時間軸方向に統計を取ることでノイズを相殺することも可能です。さらに他の技法では、入手可能なデータから直接学習した明示的なモデルを構築することで、ノイズや歪みに対処します。例えば、レンズの歪みについてはよく研究されているので、そのような歪みを記述する（そして、ほとんど完璧に補正する）には、簡単な多項式モデルの変数を学習しさえすればよいのです。

コンピュータビジョンがカメラデータに基づいて行おうとする動作や決定は、具体的な目的や課題に応じて実行されます。画像からノイズや損傷を除去したいと思う理由は、だれかがフェンスをよじ登ろうとしていたら警備システムが警告を発するようにするためかもしれませんし、遊園地内のエリアを横切る人が何人いるかを数える監視システムが必要だからかもしれません。オフィスビルを歩き回るロボット用のビジョンソフトウェアであれば、固定された監視カメラ用のビジョンソフトウェアとは異なった戦略を採るでしょう。両者のシステムではまったく違ったコンテキストと目的を持っているからです。一般的な法則として、コンピュータビジョンのコンテキストが制約されればされるほど、それらの制約によって問題を簡略化することが可能になり、最終的な解も信頼できるものになります。

OpenCVは、コンピュータビジョンの問題を解決するのに必要となる基本的なツールを提供することを目的としています。ケースによっては、このライブラリの高レベルな機能を使ってコンピュータビジョンの比較的複雑な問題を解決することもできるでしょう。そこまでではなくとも、ライブラリには基本的なコンポーネントが十分に揃っているので、ほぼあらゆるコンピュータビジョンの問題に対してみなさん自身で完璧な解を作れるはずです。後者の場合、このライブラリを使ったいくつかの定石があります。それらの定石はいずれも、できるだけ多くの利用可能なライブラリのコンポーネントを使って問題を解くことから始まります。通常は、この原案の解決手法を開発した後に、そのどこに弱点があるかを見つけ、みなさん自身のコードと知恵を使ってその弱点を修正できます（これは「想像した問題ではなく、実際に直面している問題を解きなさい」という言葉でよく知られています）。そうすると、原案の解決手法をベンチマークとして使って、施した改善を評価することができます。そこから先は、残っているどんな弱点に対しても、みなさんが求めようとしている解に関する事前知識を有効に使うことで対処できます。

1.4 OpenCVの起源

OpenCVは、CPUへの負荷が高いアプリケーションを推進するIntelの研究構想から生まれました。この目的のためにIntelは、リアルタイムのレイトレーシングや、3Dディスプレイウォールなどの多くのプロジェクトを立ち上げました。当時Intelで働いていた著者のひとりGary Bradski [Bradski] は、あるとき大学を訪問し、MITメディアラボのようないくつかの一流大学のグループが充実したコンピュータビジョンの基盤を開発しており、内部で公開していることを知りました。そのコードは学生から学生に受け継がれ、新入生はビジョンアプリケーションの開発において一歩先んじた有利なスタートを切っていました。新入生は、基本的な関数を発明し直さなくても、すでにあるものの上に構築するところから始めることができたのです。

こうして、OpenCVはコンピュータビジョンの基盤を広く一般に使えるようにする方法として考え出されました。OpenCVは、IntelのPerformance Library Teamの支援の下[†3]、実装済みのコードとアルゴリズム仕様を中核として始まり、それがIntelのロシアにいるライブラリチームのメンバーに送られました。これが、OpenCVの「どこで（where）」です。すなわちOpenCVは、Performance Library Teamと、ロシアの実装と最適化の専門家たちの協力を得て、Intelの研究所で始まったのです。

ロシアチームのメンバーの長はVadim Pisarevskyでした。彼はOpenCVの大半の管理とコーディング、最適化を行い、今なおほとんどのOpenCV活動の中心にいます。彼とともに、Victor Eruhimovが初期の基盤の開発を助け、Valery Kuriakinがロシアラボを管理して活動を大いにサポートしました。当初、OpenCVのゴールは複数ありました。

- オープンなだけでなく、最適化された基本的なビジョンの基盤のコードを提供することで、ビジョンの研究を促進すること。もはや車輪を再発明する必要はない
- 開発者が可読性と移植性の高い開発ができるような共通の基盤を提供することで、ビジョンの知識を広めること
- 性能を最適化した移植可能なコードを、無料で、商用アプリケーションに対しても公開や無償配布を求めないライセンスで使えるようにすることで、ビジョンベースの商用アプリケーションを促進すること

これらのゴールが、OpenCVの「なぜ（why）」を構成しています。コンピュータビジョンアプリケーションを可能にすると、高速なプロセッサの必要性が増します。より高速なプロセッサへのアップグレードを推進するほうが、ソフトウェアを売るよりも多くの収益をIntelにもたらします。おそらくこれが、このオープンで無料のコードがソフトウェア会社ではなくハードウェアベンダから生まれた理由です。ハードウェア会社のほうが、ソフトウェアにおいて革新的になる余地が多いこともあるのです。

どんなオープンソースの活動でも、重要なのはプロジェクトが自立できるほど普及することです。OpenCVは今では約1,100万ダウンロードがあり、この数は月に平均160,000ダウンロードの勢いで伸びています。OpenCVは多くのユーザーからのコード提供を受けており、開発の中心は大部分がIntelの外へ移りました[†4]。OpenCVの歴史を**図1-3**に示します。これまでOpenCVは、ドットコムブームとその落ち込みの影響を受け、また、数え切れない運営方針の変更にも影響を受けてきました。これらの変動の間、OpenCVに従事している人の中に、Intelで働く人間がひとりもいなくなってしまった時期もありました。しかし、マルチコアプロセッサと多数の新しいコンピュータビジョンアプリケーションの出現に伴い、OpenCVの価値は上がり始めました。同様

†3　Shinn Leeが重要な助けをしてくれました。

†4　これを書いている時点では、ロボット工学の研究機関であり開発企業であるWillow Garage（http://www.willowgarage.com）が、全体的なOpenCVの保守とロボット工学応用の分野での新規開発を積極的にサポートしています（訳注：その後Itseez（2015年～）に移管し、現時点ではIntel（2016年～）に管理が戻っています）。

に、ロボット工学領域の急速な成長が、このライブラリの利用と開発を大きく推進してきました。オープンソースライブラリになった後は、Willow Garage が数年の間 OpenCV を活発に開発し、今は OpenCV 財団（https://opencv.org）が支援しています。現在 OpenCV はこの財団の他、公的および民間の複数の機関で盛んに開発されています。今後の OpenCV について、より詳しくは「23章 OpenCV の今後」を参照してください。

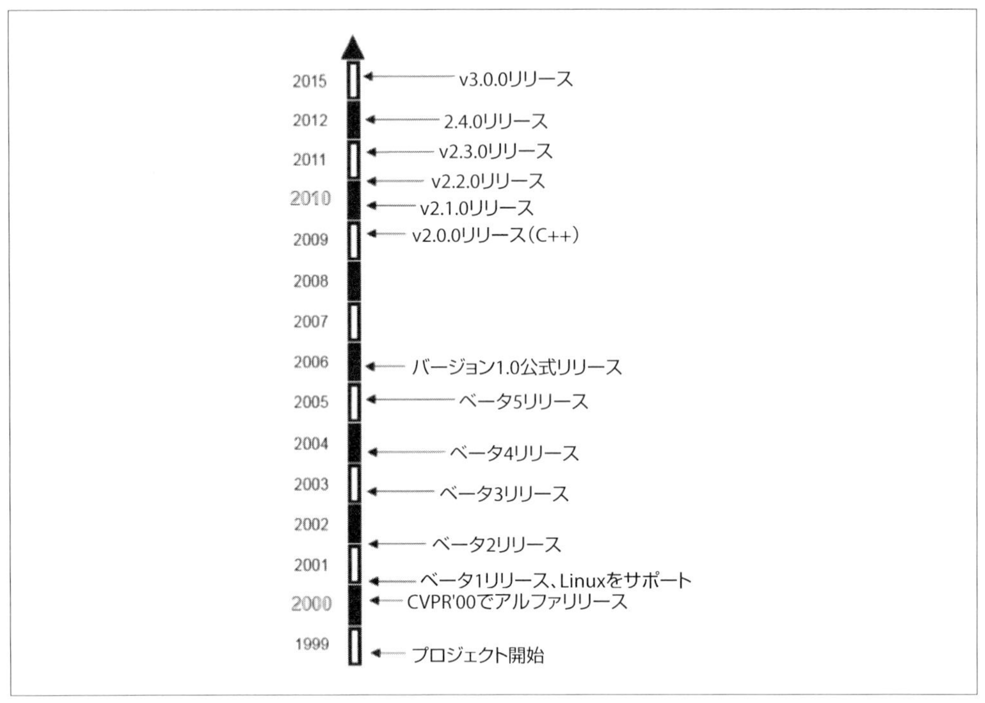

図1-3 OpenCV の歴史

1.4.1 OpenCV のブロック図

OpenCV は層構造になっています。いちばん上が OS で、その下で OpenCV が動きます。OS の次には言語バインディングとサンプルアプリケーションがあります。その下は `opencv_contrib` に寄贈されたコードで、ここには主に高水準の機能が含まれています。その後に OpenCV の中核があり、いちばん下が**ハードウェア高速化層**（HAL：Hardware Acceleration Layer）内のさまざまなハードウェアの最適化です。**図1-4** にこの構成を示します。

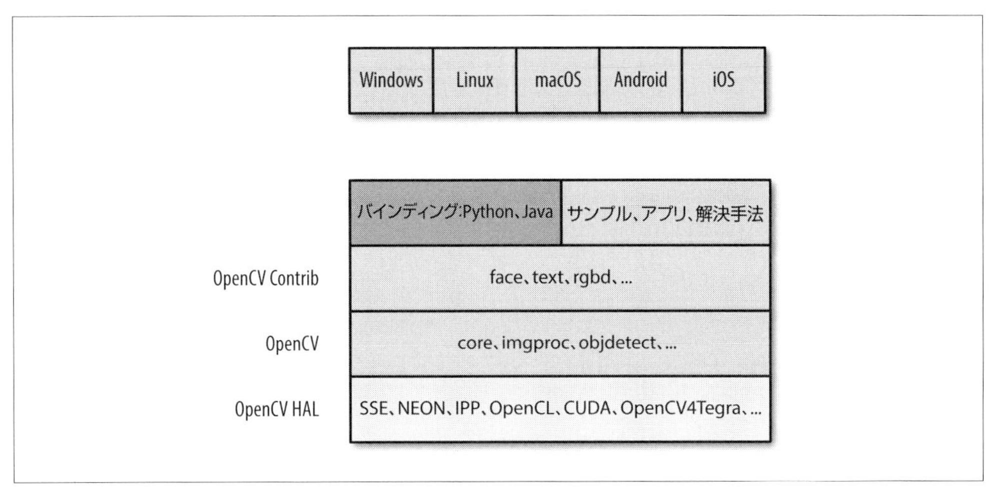

図1-4 サポートされている OS と OpenCV のブロック図

1.4.2 IPPでOpenCVを高速化する

Intel プロセッサで利用可能ならば、OpenCV は Intel の Integrated Performance Primitives（IPP）ライブラリの無償サブセットである IPP 8.x（IPPICV）を活用します。IPPICV はコンパイル段階で OpenCV にリンク可能で、リンクされた場合は対応する低レベルの最適化 C コードを置き換えます（cmake で `WITH_IPP=ON/OFF` が指定可能。`ON` がデフォルト）。**図1-5** に IPP を使ったときの相対的な速度の向上を示します。

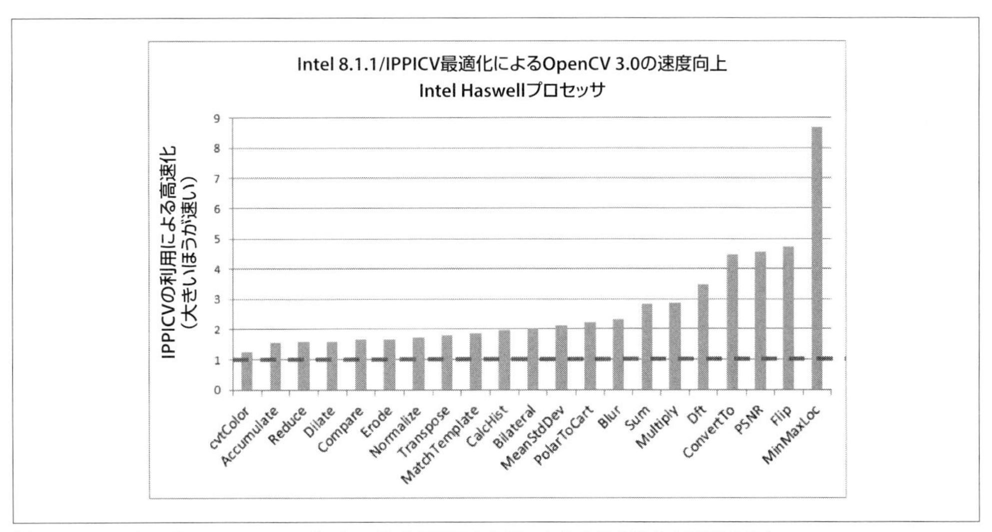

図1-5 OpenCV が Intel Haswell プロセッサで IPPICV を使ったときの相対的な速度の向上

1.4.3 OpenCVの所有者はだれか？

OpenCVを始めたのはIntelにいたGary Bradskiですが、このライブラリは、今もこれまでも常に商業利用と研究利用の推進を目的にしています。それがOpenCVの使命なのです。そのため、オープンかつ無償であり、コードそれ自体を（全体でも部分でも）、商用、研究用にかかわらず、他のアプリケーションに使ったり埋め込んだりしてもかまいません。みなさんのアプリケーションコードをオープンにしたり無償にしたりする義務はありません。みなさんが行った改良をライブラリに還元する必要もありません（還元してくれることを望んではいますが）。

1.5 OpenCVをダウンロード、インストールする

OpenCVのサイト（https://opencv.org）から、最新リリースの他、少し前のリリースの完全なソースコードをダウンロードすることもできます。それらのダウンロード自体はダウンロードページ（https://opencv.org/releases.html）にあります。一方、最新のバージョンは常にGitHub（https://github.com/opencv/opencv）にあります。GitHubには活発な開発ブランチが置かれています。より新しい高レベルの機能については、`opencv_contrib` [opencv_contrib]（https://github.com/opencv/opencv_contrib）をダウンロードしてビルドすることができます。

1.5.1 インストール

最近では、OpenCVは開発のバージョン管理システムとしてGitを使い、ビルドにはCMakeを使っています[†5]。多くの環境に対してコンパイル済みのライブラリがあるので、たいていの場合、みなさんはビルドについて悩む必要はないでしょう。しかし上級のユーザーになるにつれ、自分のアプリケーションに合わせた特定のオプションで、ライブラリを再コンパイルできるようになりたいと思うはずです。

1.5.1.1 Windows

Windows用OpenCVの最新バージョンをダウンロードするためのリンクはhttps://opencv.org/releases.htmlにあり、実行可能ファイルがダウンロードされます。このファイルは、さまざまなバージョンのVisual Studio用にあらかじめビルドされたOpenCVバイナリの自己解凍アーカイブです。これでもう、OpenCVを使い始める準備がほとんどできています。

さらに細かい点として、どこにOpenCVバイナリがあるかコンパイラに知らせるために`OPENCV_DIR`環境変数を追加するとよいでしょう。これは、コマンドプロンプトを開いて次のよう

†5 その昔、OpenCVの開発者はバージョン管理にSubversionを使い、ビルドにautomakeを使っていました。しかし、そんな時代は遠く過ぎ去りました。

に入力すれば設定できます[†6]。

```
setx -m OPENCV_DIR D:\OpenCV\Build\x64\vc15
```

OpenCVを静的にリンクしたいのなら、これだけで十分です。OpenCVのダイナミックリンクライブラリ（DLL）を使う場合は、どこにバイナリライブラリがあるかをシステムに知らせる必要もあります。これを行うには、ライブラリパスに`%OPENCV_DIR%\bin`を追加するだけです（例えばWindows 10では、PCアイコンを右クリックして、「プロパティ」を選択し、「システムの詳細設定」をクリックします。最後に「環境変数」を選択して、Path変数にOpenCVのバイナリパスを追加します）。

OpenCV 3にはIPPがリンクされているので、程度の差はあるものの最新のx86 CPUとx64 CPUによる性能向上が得られます。

他の方法として、次のようにソースからOpenCVをビルドすることもできます。

1. CMake GUIを実行する
2. OpenCVソースツリーとビルドディレクトリへのパスを指定する（これらは違うディレクトリでなければならない！）
3. Configureを2回押して（適切なVisual Studioジェネレータを選択するか、MinGWを使っていればMinGW makefileを選択して）、その後Generateを押す
4. 生成されたソリューションをVisual Studio内で開いて、それをビルドする。MinGWの場合は、この後のLinux用の指示を参照

1.5.1.2 Linux

Linux版のOpenCVには、Linux用のビルド済みのバイナリは含まれていません。さまざまなディストリビューション（SuSE、Debian、Ubuntuなど）で多種多様なGCCとGLIBCがあるからです。しかし多くの場合、みなさんのディストリビューションにはOpenCVが含まれています。もしみなさんのディストリビューションがOpenCVを提供していなかったら、ソースからビルドしなければならないでしょう。Windowsでのインストールと同様にhttps://opencv.org/releases.htmlから始めればよいです。

ライブラリとデモをビルドするには、ヘッダも含めたGTK+ 2.x以上が必要です。他に必要なものは、`gcc`、必須開発パッケージである`cmake`と`libtbb`（Intelのスレッディングビルディングブロック）、オプションとして、いずれも開発ファイル付き（すなわち、パッケージ名の最後に`-dev`が付いたバージョン）の`zlib`、`libpng`、`libjpeg`、`libtiff`、`libjasper`です。Python 2.6以上をヘッダとともにインストールする必要があるでしょう（デベロッパーパッケージ）。

---

†6　もちろんインストール環境によって正確なパスは異なります。例えば32ビットマシンにインストールしているなら、パスに含まれている`x64`は`x86`になります（訳注：最後の`vc15`はVisual Studioのバージョンを表しています。Visual Studio 2015なら`vc14`、2017なら`vc15`です）。

Python バインディングを動作させるには、さらに NumPy も必要です。また、ffmpeg に含まれる libavcodec とその他の libav*ライブラリ（ヘッダを含めて）も必要でしょう。

ffmpeg ライブラリについては、ディストリビューションが提供している libav または ffmpeg パッケージをインストールするか、http://www.ffmpeg.org から ffmpeg をダウンロードしてください。ffmpeg ライブラリは Lesser GPL（LGPL）ですが、その中のいくつかのコンポーネントはより制限の強い General Public License（GPL）です。これを GPL でないソフトウェア（OpenCV のような）と一緒に使うには、共有 ffmpeg ライブラリをビルドして使ってください。

```
$> ./configure --enable-shared
$> make
$> sudo make install
```

これで、/usr/local/lib/libavcodec.so.*、/usr/local/lib/libavformat.so.*、/usr/local/lib/libavutil.so.*、およびさまざまな/usr/local/include/libav*の下のインクルードファイルができます。

実際にライブラリをビルドするには、.tar.gz ファイルを解凍し、生成されたソースディレクトリに移動して、次のコマンドを実行します。

```
mkdir release
cd release
cmake -D CMAKE_BUILD_TYPE=RELEASE -D CMAKE_INSTALL_PREFIX=/usr/local ..
make
sudo make install  # 任意で
```

最初と 2 番目のコマンドで、新しいサブディレクトリを作成してそこに移動しています。3 番目のコマンドは、ビルドをどのように構成するかを CMake に知らせています。ここで示したオプションの例は、みなさんの手始めとしてはおそらく適切なものです。しかし他のオプションを使えば、どのサンプルをビルドするかを決めたり、Python サポートを追加したり、CUDA GPU サポートを追加したりと、さまざまな選択肢が可能になります。OpenCV の cmake 設定スクリプトは、デフォルトではできるだけたくさんのサードパーティライブラリを見つけて使おうとします。例えば、CUDA SDK が見つかれば、GPU で高速化された OpenCV の機能が使えます。最後の 2 つのコマンドは、実際にライブラリをビルドし、その結果を適切な場所にインストールします。CMake ベースのプロジェクトで OpenCV を使うためには、OpenCV をインストールする必要がないということに注意してください。つまり、OpenCVConfig.cmake を生成するためのパスを指定しさえすればよいのです。前述の例では、そのファイルは release ディレクトリに置かれます。sudo make install を実行した場合は、OpenCVConfig.cmake は /usr/local/share/OpenCV に置かれます。

Windows の場合と同様、OpenCV の Linux ビルドも IPP がインストールされていればそれを自動的に活用します。OpenCV 3.0 以降、OpenCV の cmake 設定スクリプトは自動的に IPP の無償サブセット（IPPICV）をダウンロードしてリンクします。それを望まない場合は、CMake

に`-D WITH_IPP=OFF`オプションを渡して、明示的にIPPを無効にします。

1.5.1.3 macOS

macOSへのインストールはLinuxに非常に似ていますが、macOSには独自の開発環境であるXcodeが同梱されています。Xcodeには、CMake以外の、みなさんが必要とするほとんどすべてのものが含まれています。したがって、GTK+、TBB、`libjpeg`、`ffmpeg`などをダウンロードする必要はありません。

- デフォルトでは、GTK+の代わりにCocoaが使われる
- デフォルトでは、`ffmpeg`の代わりにQTKitが使われる
- TBBとOpenMPの代わりにGDC（Grand Dispatch Central）が使われる

インストール手順はまったく同じです。Xcode内でコードを便利にビルドしデバッグするためには、CMakeに`-G Xcode`オプションを渡して、OpenCV（とみなさんのアプリケーション）用のXcodeプロジェクトを生成するとよいでしょう。

1.6 Gitから最新のOpenCVを入手する

OpenCVは活発に開発中で、バグの正確な説明とそれを再現するコードが報告されれば、バグは迅速に修正されます。しかし、公式なOpenCVのリリースは年に1回か2回しかありません。みなさんの開発中のプロジェクトや製品が重要なものなら、おそらく、入手可能になったらできるだけ早くコードを修正して更新したいと思うでしょう。これらを入手するには、GitHub上のOpenCVのGitリポジトリにアクセスする必要があります。

ここにGitの使い方のチュートリアルは載せません。みなさんが他のオープンソースプロジェクトで作業したことがあるなら、おそらくもうGitは使い慣れていることでしょう。そうでなければ、Jon Loeligerの“Version Control with Git”（邦題『実用Git』オライリー・ジャパン）を調べてください。コマンドラインのGitクライアントは、Linux、macOSおよびほとんどのUNIXライクなシステムで利用可能です。Windowsユーザーの方には、TortoiseGit（https://tortoisegit.org）をお勧めします。macOSユーザーの方には、SourceTreeがよいかもしれません。

Windowsで、Gitリポジトリから最新のOpenCVを入手したい場合は、https://github.com/opencv/opencv.gitのディレクトリにアクセスする必要があります。

Linuxでは、単に次のコマンドを使うだけです。

```
git clone https://github.com/opencv/opencv.git
```

1.7 その他のOpenCVドキュメント

OpenCV の主たるドキュメントは、https://opencv.org から入手できる HTML ドキュメントです。これに加え、多くのテーマについての綿密なチュートリアルが、https://docs.opencv.org/master/d9/df8/tutorial_root.html および OpenCV Wiki（現在の場所は https://github.com/opencv/opencv/wiki）にあります。

1.7.1 同梱のドキュメント

OpenCV 2.x には、完全なリファレンスマニュアルとたくさんのチュートリアルが、すべて PDF フォーマットで同梱されていました（`opencv/doc`）。OpenCV 3.x からは、もうオフラインのドキュメントは存在しません。

1.7.2 オンラインドキュメントと Wiki

前述のように、https://opencv.org には詳細なドキュメントと Wiki があります。そのドキュメントは、いつかの大きなセクションに分かれています。

リファレンス（https://docs.opencv.org）
: このセクションには、関数とそれらの引数および使い方の情報が含まれています。

チュートリアル（https://docs.opencv.org/master/d9/df8/tutorial_root.html）
: たくさんの数のチュートリアルがあります。みなさんがさまざまなことを達成するにはどうすればよいかが書かれています。OpenCV のインストール方法や、いろいろなプラットフォーム上での OpenCV プロジェクトの作り方などの基本的な題材もありますし、物体検出の背景除去のような、より先進的な話題もあります。

イントロダクション（https://docs.opencv.org/master/df/d65/tutorial_table_of_content_introduction.html）
: これは、チュートリアルを厳選したサブセットで、まさしくみなさんが特定のプラットフォームで準備して実行する際に役立つものが含まれています。

チートシート（https://docs.opencv.org/3.0-last-rst/opencv_cheatsheet.pdf）[†7]
: これは実は単独の`.pdf`ファイルで、ライブラリのほぼ全体を効果的に集約したリファレンスです。みなさんがこの美しい 2 ページを仕事場の壁に貼るときには、優れたリファレンスを作った Vadim Pisarevsky に感謝しましょう。

†7 訳注：これはバージョン 2.4 用のチートシートですが、バージョン 3.0 以降のチートシートはないようです。

Wiki（https://github.com/opencv/opencv/wiki）

Wikiには、みなさんが知りたいであろうすべてのこと、そしてそれ以上のことが含まれています。ここにはロードマップの他、ニュース、未解決の問題、バグ追跡、そして、OpenCVのコントリビュータになる方法といったより深い数多くの話題が含まれています。

Q&A（http://answers.opencv.org/questions）

これは、だれかが尋ねてだれかが答えた、文字どおり何千もの質問の膨大なアーカイブです。みなさんはここでOpenCVコミュニティに質問をすることができますし、他の人の質問に答えて助けてあげることもできます。

こうしたすばらしいリソースのうち、リファレンスについてはもう少し説明が必要です。リファレンスは複数のセクションに分かれていて、それぞれがライブラリの**モジュール**に関連しています。正確なモジュールの一覧は時間とともに変化していますが、モジュールはライブラリの基本的な構造です。ライブラリの各関数は1つのモジュールの一部です。原著執筆時点でのモジュールを次に示します。

`core`

「core」は、すべての基本的なオブジェクトタイプとそれらの演算が含まれているライブラリのセクションです。

`imgproc`

基本的な画像変換を含む画像処理モジュールです。フィルタリングや、類似のコンボリューション（畳み込み）演算などが含まれます。

`highgui`（OpenCV 3.0からは`imgcodecs`、`videoio`、`highgui`に分かれています）

このモジュールには、画像を表示したり単純なユーザー入力を取得したりするのに使えるユーザーインタフェース用の関数が含まれています。非常に軽量なウィンドウUIツールキットととらえることができます。

`video`

videoライブラリには、動画ストリームを読み書きするのに必要な関数が含まれています。

`calib3d`

このモジュールには、単一のカメラおよびステレオカメラやカメラアレイをキャリブレーションするのに必要なアルゴリズムの実装が含まれています。

`features2d`

このモジュールには、重要な特徴の検出や記述、マッチングを行うためのアルゴリズムが含まれています。

`objdetect`
このモジュールには、顔や歩行者などの特定の物体を検出するためのアルゴリズムが含まれています。他の物体を検出するための検出器を訓練することもできます。

`ml`
この機械学習ライブラリは、実はそれ自身で完結しているライブラリです。OpenCV のデータ構造で動作するように実装された、幅広い機械学習アルゴリズムが含まれています。

`flann`
FLANN は Fast Library for Approximate Nearest Neighbors(近似最近傍探索用高速ライブラリ)の略です。このライブラリにはみなさんが直接使いそうなメソッドは含まれていません。他のモジュールの関数で、大きなデータセットに対する最近傍探索を行うために使われています。

`gpu`(OpenCV 3.0 からは複数の `cuda*`モジュールに分かれています)
この GPU ライブラリには、CUDA GPU 上の演算用に最適化されたライブラリ関数の実装が含まれています。GPU 演算のためだけに実装された関数もいくつかあります。これらのいくつかは優れた結果をもたらしますが、十分に高い計算資源が必要なので、GPU のないハードウェアでは実質的にほとんど役に立ちません。

`photo`
これは比較的新しいモジュールで、コンピュテーショナルフォトグラフィに役立つツールが含まれています。

`stitching`
このモジュール全体は、洗練された画像結合パイプラインを実装しています。これはライブラリの新しい機能ですが、photo モジュールと同様、将来的な成長が期待できる領域です。

`nonfree`(OpenCV 3.0 からは `opencv_contrib/xfeatures2d` に移動しています)
OpenCV には、特許が取られていたりその他の利用規制が課せられていたりするアルゴリズムの実装がいくつか含まれています(SIFT アルゴリズムなど)。それらのアルゴリズムは、商用製品に使うには何らかの特別な手続きが必要であることを示すために、独立したモジュールに分離されています。

`contrib`(OpenCV 3.0 からは少数の `opencv_contrib` のモジュールになっています)
このモジュールには、ライブラリ全体にまだ統合されていない新しい項目が含まれています。

`legacy`(OpenCV 3.0 からはなくなりました)
このモジュールには、ライブラリからまだ完全には廃止されていない古いものが含まれています。

`ocl`（OpenCV 3.0からはなくなり、T-API技術に置き換わりました）

これは新しめのモジュールで、GPUモジュールに似ていると考えることができますが、オープンな並列プログラミング用のKhronosのOpenCLを実装している点が異なります。現時点ではGPUモジュールより注目度はずっと低いものの、`ocl`モジュールは、どのGPUでも、またKhronosを利用できる他のどの並列デバイスでも稼動する実装の提供を目指しています（これは`gpu`モジュールと対照的です。gpuモジュールは明示的にNVIDIA CUDAツールキットを使っているので、NVIDIA GPUデバイスでのみ動作します）。

このオンラインドキュメントの品質は絶えず向上し続けていますが、そのスコープに入っていない作業があります。実装されているアルゴリズムや、そのアルゴリズムが要求しているパラメータの正確な意味に対する適切な説明です。本書は、この情報を提供すること、そしてこのライブラリの基本的な構成要素すべてに対するより深い理解を提供することを目指しています。

1.8 OpenCVの寄贈リポジトリ

OpenCV 3.0以降、以前の一枚岩だったライブラリが2つに分割されました。1つは成熟したopencv、もう1つは、より巨大なビジョン機能の最先端である`opencv_contrib`（https://github.com/opencv/opencv_contrib）[opencv_contrib] です。前者は中核となるOpenCVチームが保守しており、（ほぼ）安定したコードが含まれています。一方、後者はあまり成熟しておらず、主にコミュニティが保守、開発しています。OpenCVライセンスでない部分もあるかもしれませんし、特許が取得されているアルゴリズムも含まれているかもしれません。

`opencv_contrib`リポジトリで入手できるいくつかのモジュールを次に示します（これを書いている時点の全リストについては、「付録B　opencv_contribモジュール」を参照してください）。

`dnn`

ディープニューラルネットワーク

`face`

顔認識

`text`

文字の検出と認識。オプションで、バックエンドとしてオープンソースのTesseract OCRを使うことも可能

rgbd
: Kinect およびその他のデプス（奥行き）センサーから得られた（あるいは、単にステレオ対応アルゴリズムで計算された）、RGB とデプスマップの処理

bioinspired
: 生物学的視覚の知見を取り入れたビジョン

ximgproc、xphoto
: 高度な画像処理と、コンピュテーショナルフォトグラフィのアルゴリズム

tracking
: 最新の物体追跡アルゴリズム

1.8.1 寄贈コードのモジュールをダウンロードしビルドする

Linux と macOS では、次のコマンドを使うだけで `opencv_contrib` をダウンロードできます。

```
git clone https://github.com/opencv/opencv_contrib.git
```

Windows では、TortoiseGit などのクライアントに上記のアドレスを入力します。その後CMake で次のように指定して、OpenCV ライブラリを通常どおりリビルドします。

```
cmake -D CMAKE_BUILD_TYPE=Release \
  -D OPENCV_EXTRA_MODULES_PATH=../../opencv_contrib/modules ..
```

ビルドされた寄贈コードのモジュールは、通常の OpenCV バイナリと同じディレクトリに置かれ、それ以上の手順なしに使うことができます。

1.9 移植性

OpenCV は移植性を持つように設計されています。もともとは、C++ に準拠したコンパイラであればどれでもコンパイルできるように書かれました。これは、クロスプラットフォームサポートを簡単化するために、C と C++ のコードをかなり標準的なものにする必要があったということです。**表1-1** に、OpenCV が動くことがわかっているプラットフォームを示しています。32 ビットと 64 ビットの Intel と AMD のアーキテクチャ（x86、x64）が最も進んでおり、ARM のサポートも急速に進展しています。OS については、OpenCV は Windows、Linux、macOS、Android および iOS を完全にサポートしています。

表1-1 にないアーキテクチャや OS であっても、OpenCV が移植されていないということではありません。OpenCV は、Amazon クラウドや 40 コアの Intel Xenon Phi、Raspberry Pi やロボット犬にいたるまで、ほとんどの商用システムに移植されています。

表1-1 OpenCV リリース1.0の移植性ガイド

	x86/x64	ARM	その他：MIPS、PPC
Windows	SIMD、IPP、Parallel、I/O	SIMD、Parallel (3.0)、I/O	該当なし
Linux	SIMD、IPP、Parallel†8、I/O	SIMD、Parallel†8、I/O	Parallel†8、I/O
Android	SIMD、IPP (3.0)、Parallel†9、I/O	SIMD、Parallel†9、I/O	MIPS——基本サポート
macOS、iOS	SIMD、IPP (3.0)、Parallel、I/O	SIMD、Parallel、I/O	該当なし
その他：BSD、QNX、……	SIMD	SIMD	

表1-1の説明は次のとおりです。

SIMD

ベクトル命令を使用して速度を上げます。x86/x64のSSE、ARMのNEON。

IPP

Intel IPPが使用可能です。3.0以降は、無料の特別なIPPサブセット（IPPICV）があります。

Parallel

複数のコアに処理を分散するために、いくつかの標準あるいはサードパーティのスレッドフレームワークを使えます。

I/O

動画を録画したり書き込んだりするために、いくつかの標準あるいはサードパーティのAPIを使えます。

1.10 まとめ

本章では、IntelにいたGary Bradski [Bradski] による1999年の始まりから現在のArraiy [Arraiy] によるサポートまで、OpenCV [OpenCV] の歴史を見てきました。また、OpenCVの原動力とその内容のいくつかを取り上げました。そして、中核のライブラリであるOpenCVが、より新しい機能群の`opencv_contrib`（「付録B　opencv_contribモジュール」参照）とは分離されたことや、広範囲に及ぶOpenCV関連のオンラインコンテンツへのリンクについても紹介しました。最後に、OpenCVのダウンロードとインストール方法、およびそのパフォーマンスと移植

†8　Linuxでの並列演算は、サードパーティのライブラリを用いるか、OpenMPを有効化して行います。
†9　Androidでの並列演算は、Intel TBBを用いて行います。

性についても取り上げました。

1.11　練習問題

1. OpenCV の最新版をダウンロードし、インストールしてください。それを、デバッグモードとリリースモードでコンパイルしてください。
2. Git を使って OpenCV の最新のバージョンをダウンロードし、ビルドしてください。
3. 3D の入力を 2D 表現に変換する際に生じるあいまい性を少なくとも 3 つ挙げてください。これらのあいまい性をどう克服しますか？

2章
OpenCV入門

2.1 インクルードファイル

OpenCVのライブラリをインストールし、プログラミング環境を整えたら、何か面白いものをプログラムしてみましょう。これには、まずヘッダファイルの説明が必要です。都合がよいことに、このヘッダファイルは、「1章　概要」で紹介したOpenCVの新しいモジュール構造を反映しています。最も重要なヘッダファイルは.../include/opencv2/opencv.hppです。このファイルは単に、次に示すOpenCVの各モジュールのヘッダファイルを読み込みます。

`#include "opencv2/core/core_c.h"`
: 古いC言語スタイルのデータ構造と算術ルーチン群

`#include "opencv2/core/core.hpp"`
: 新しいC++のデータ構造と算術ルーチン群

`#include "opencv2/flann/miniflann.hpp"`
: 近似最近傍マッチング関数群

`#include "opencv2/imgproc/imgproc_c.h"`
: 古いC言語スタイルの画像処理関数群

`#include "opencv2/imgproc/imgproc.hpp"`
: 新しいC++の画像処理関数群

`#include "opencv2/video/photo.hpp"`
: 写真の処理や復元に特化したアルゴリズム

`#include "opencv2/video/video.hpp"`
: 動画のトラッキングと背景分割用のルーチン群

`#include "opencv2/features2d/features2d.hpp"`
　2次元の特徴点トラッキングのサポート

`#include "opencv2/objdetect/objdetect.hpp"`
　カスケード顔識別器、Latent（潜在型）SVM、HoG、平面パッチ検出器

`#include "opencv2/calib3d/calib3d.hpp"`
　キャリブレーションとステレオ

`#include "opencv2/ml/ml.hpp"`
　機械学習（クラスタリング、パターン認識）

`#include "opencv2/highgui/highgui_c.h"`
　古いC言語スタイルの画像表示、スライダー、マウス処理、入出力

`#include "opencv2/highgui/highgui.hpp"`
　新しいC++の画像表示、スライダー、ボタン、マウス処理、入出力

`#include "opencv2/contrib/contrib.hpp"`
　ユーザーが寄贈したコード（肌色検出器、ファジー平均値シフトトラッキング、3次元特徴Spin Image法、自己相似特徴量）[†1]

opencv.hppファイルをインクルードすれば、OpenCVで使用できるあらゆる関数を使用できるようになりますが、コンパイル時間は長くなります。例えば、画像処理の関数だけを使用するのであればopencv2/imgproc/imgproc.hppだけをインクルードすればよく、コンパイル時間は短くなります。これらのインクルードファイルは.../modulesディレクトリにあります。例えば、imgproc.hppは.../modules/imgproc/include/opencv2/imgproc/imgproc.hppにあります。同様に、これらの関数のソースコードは対応するsrcディレクトリの中にあります。例えば、imgprocモジュールのcv::Canny()は.../modules/imgproc/src/canny.cppにあります。

これらのインクルードファイルを用いて、最初のC++によるOpenCVのプログラムを始めることができます。

2.1.1　リソース

Web上には、OpenCVの概要についてまとめている優れた入門用のPowerPointがいくつかあります。

†1　訳注：このモジュールはopencv_contribモジュールとして独立しているので、標準パッケージには含まれていません。

- https://drive.google.com/file/d/0B6J64DhFuODLR2dkdDJUR0VjVUE/view（ライブラリ全体の概要）
- https://drive.google.com/file/d/0B6J64DhFuODLSF84Q09fSllqZWc/view（高速化に関して）
- https://drive.google.com/file/d/0B6J64DhFuODLamVjWkNWNDFZeHc/view（モジュールに関して）

2.2 初めてのプログラム——写真を表示する

OpenCV は、さまざまな種類の画像ファイルからの読み込みや、動画やカメラからの読み込みをサポートするユーティリティを提供しています。これらのユーティリティは HighGUI というツールキットの一部であり、OpenCV のパッケージに含まれています。ユーティリティのいくつかを用いて、画像ファイルを開き、画面に表示する簡単なプログラムを作成します（**例 2-1**）。

例 2-1　ディスクから画像を読み込んで画面に表示する簡単な OpenCV のプログラム

```
#include <opencv2/opencv.hpp> // OpenCV がサポートするすべての関数用のインクルードファイル

int main( int argc, char** argv ) {
  cv::Mat img = cv::imread( argv[1], -1 );
  if( img.empty() ) return -1;
  cv::namedWindow( "Example 2-1", cv::WINDOW_AUTOSIZE );
  cv::imshow( "Example 2-1", img );
  cv::waitKey( 0 );
  cv::destroyWindow( "Example 2-1" );
  return 0;
}
```

注意してほしいのは、OpenCV の関数は `cv` という名前空間にあるということです。OpenCV の関数を実行するには、それぞれの関数呼び出しの前に `cv::`を付けてコンパイラに `cv` という名前空間を使っていることを明示的に伝える必要があります。これが面倒な場合は、**例 2-2** に示す `using namespace cv;` というディレクティブ（指示子）を使用することで[†2]、関数がその名前空間に属するであろうことをコンパイラに指示できます。また、**例 2-1** と**例 2-2** のインクルードファイルの違いにも注意してください。前者は、汎用的なインクルードファイルである `opencv.hpp` を用い、後者はコンパイル時間を短くするために、必要なインクルードファイルだけを用いています。

†2　もちろん、一度このように指定してしまうと、他の名前空間の名前とぶつかる危険性があります。`foo()` という関数が、例えば、`cv` と `std` という名前空間内にあった場合、どちらを意図しているかを明示的に示すために、`cv::foo()` または `std::foo()` と書く必要があります。本書では、**例 2-2** の特殊な例以外では、OpenCV の名前空間内にあるオブジェクトに対して明示的に `cv::`という形式を用います。というのは、一般的にはこれがよりよいプログラミングスタイルだと考えられているからです。

例2-2 例2-1と同じプログラム。ただし、using namespace 指示子を使っている

```
#include "opencv2/highgui/highgui.hpp"

using namespace cv;

int main( int argc, char** argv ) {

  Mat img = imread( argv[1], -1 );
  if( img.empty() ) return -1;

  namedWindow( "Example 2-2", cv::WINDOW_AUTOSIZE );
  imshow( "Example 2-2", img );
  waitKey( 0 );

  destroyWindow( "Example 2-2" );
  return 0;
}
```

例2-1をコンパイルし[†3]、コマンドラインに引数を1つ指定して実行すると、このプログラムは画像をメモリに読み込み、画面に表示します。その後、ユーザーがキーを押下するのを待ち、押されるとウィンドウを閉じて終了します。1行ずつプログラムを見ていき、各行が何をしているかを理解していくことにしましょう。

```
cv::Mat img = cv::imread( argv[1], -1 );
```

この行は画像を読み込みます[†4]。`cv::imread()` 関数は抽象度の高いルーチンで、ファイル名に基づいて読み込むファイルのフォーマットを決定します。また、その画像データ用のクラスに必要なメモリ領域を自動的に確保します。`cv::imread()` は、BMP、DIB、JPEG、JPE、PNG、PBM、PGM、PPM、SR、RAS、TIFFなど、さまざまな画像フォーマットを読み込むことができます。返すのは `cv::Mat` クラスであり、これはみなさんが最もよく使うOpenCVのデータ型です。OpenCVはこのクラスを用いて、シングルチャンネル、マルチチャンネル、整数値、浮動小数点数値など、どのような画像でも扱うことができます。プログラムの次の行は以下のようになっています。

```
if( img.empty() ) return -1;
```

---

†3 当然ですが、ビルド方法はプラットフォーム依存です。本書では、基本的にはプラットフォーム固有の詳細は扱いませんが、UNIX系の環境ではビルド命令はこのようになるだろうという例を次に示しておきます。

```
gcc -v example2_2.cpp -I/usr/local/include/ -L/usr/lib/ -lstdc++ -L/usr/local/lib
-lopencv_highgui -lopencv_core -o example2_2
```

注意してほしいのは、通常、このライブラリのさまざまなコンポーネントは別々にリンクされるということです。この先の**例2-3**では動画を読み込みますが、これには次のオプションを追加する必要があります。

```
-lopencv_imgcodecs -lopencv_imgproc -lopencv_videoio -lopencv_video -lopencv_videostab
```

†4 きちんとしたプログラムでは `argv[1]` が設定されているかどうかをチェックし、存在しない場合は、そのことを示すわかりやすいメッセージを表示します。本書ではこのような必須事項は省略し、読者のみなさんが、エラー処理用のコードの重要性をちゃんと理解しているものと仮定しています。

これは、画像が実際に読み込まれたかどうかをチェックしています。関数 cv::namedWindow() は、画像の保持と表示が可能なウィンドウを画面に表示します。これも抽象度の高い関数です。

```
cv::namedWindow( "Example 2-1", cv::WINDOW_AUTOSIZE );
```

この関数は HighGUI ライブラリが提供するもので、ウィンドウへの名前付けも行います（ここでは、"Example 2-1"）。以後、このウィンドウとやり取りする HighGUI の関数は、この名前でウィンドウを参照します。

cv::namedWindow() の第 2 引数はウィンドウのプロパティを定義します。これは、0 や cv::WINDOW_AUTOSIZE（デフォルト値）などを設定することができます。前者の場合、ウィンドウのサイズは画像サイズとは関係なくなり、ウィンドウのサイズに合うように画像が拡大縮小されて表示されます。ユーザーがマウスなどでウィンドウサイズを変えることもできます。後者の場合、画像が読み込まれたときに、ウィンドウはその画像の実際のサイズになるように自動的に調整されますが、ユーザーがマウスなどでウィンドウサイズを変えることはできなくなります。

```
cv::imshow( "Example 2-1", img );
```

画像を cv::Mat クラスに保持していれば、いつでも cv::imshow() で既存のウィンドウに表示することができます。cv::imshow() 関数は（cv::namedWindow() で作成された）ウィンドウが存在しなければ作成します。cv::imshow() が呼び出されると、ウィンドウは適切な画像を再描画し、生成時に cv::WINDOW_AUTOSIZE フラグが指定されていれば適切なサイズにリサイズします。

```
cv::waitKey( 0 );
```

cv::waitKey() 関数はプログラムを止め、キー入力を待ちます。正の数が引数に与えられると、プログラムはその数のミリ秒待った後、キー入力が何もなくても処理を再開します。この引数に 0 や負の数が設定されると、このプログラムはキー入力を永遠に待ちます。

cv::Mat を用いると、確保された画像領域はスコープから外れたとき自動的に解放されます。これは、STL（Standard Template Library）スタイルのコンテナクラスと同様です。このようなメモリの自動解放は内部の参照カウンタで制御されています。ほとんどの場面では、これは画像領域の確保や解放を気にする必要がないことを意味します。これによりプログラマーは、OpenCV 1.0 の IplImage でやらなければならなかった退屈なメモリ管理作業の多くから解放されるのです。

```
cv::destroyWindow( "Example 2-1" );
```

最後に、ウィンドウを破棄します。cv::destroyWindow() 関数はウィンドウを閉じ、関連するメモリをすべて解放します。簡単なプログラムでは、今後このステップを省略することにします。もっと長い、複雑なプログラムでは、スコープから外れる前にウィンドウをきれいに片づけてメモリリークが起きないようにしてください。

次は、このプログラムと同じくらい簡単な、動画ファイルを読み込んで表示するプログラムを作成しましょう。その後、その画像を少しいじって遊んでみましょう。

2.3 2つ目のプログラム――動画

OpenCVを用いた動画の再生は、画像を1枚表示するのと同じくらい簡単です。ここで問題となるのは、何らかのループを使ってフレームを順に読み込む必要があるということです。また、その映像があまりにつまらない場合にはループを抜け出す処理も必要でしょう。**例2-3**を参照してください。

例2-3 ディスクから動画ファイルを再生する簡単なOpenCVのプログラム

```
#include "opencv2/highgui/highgui.hpp"
#include "opencv2/imgproc/imgproc.hpp"

using namespace std;

int main( int argc, char** argv ) {

  cv::namedWindow( "Example 2-3", cv::WINDOW_AUTOSIZE );
  cv::VideoCapture cap;
  cap.open( string(argv[1]) );

  cv::Mat frame;
  for(;;) {
    cap >> frame;
    if( frame.empty() ) break;              // フィルムが終わった
    cv::imshow( "Example 2-3", frame );
    if( (char)cv::waitKey(33) >= 0 ) break; // キーを押したとき終了
  }

  return 0;
}
```

ここでは、`main()`関数の最初で、いつもどおり名前の付いたウィンドウ（この場合は、`"Example 2-3"`）を作成しています。その後、ビデオキャプチャオブジェクト`cv::VideoCapture`がインスタンス化されています。このオブジェクトは、`ffmpeg`がサポートするものと同じ多様な動画ファイルを扱うことができます。

```
cap.open( string(argv[1]) );
cv::Mat frame;
```

このオブジェクトにパスと動画ファイル名からなる文字列を与えることで動画が開けます。動画ファイルを開くと、その動画に関するすべての情報（状態情報も含む）がこのオブジェクトに読み込まれます。このように作成すると、`cv::VideoCapture`オブジェクトは動画の開始位置を示すように初期化されます。このプログラムでは、cv::Mat frameが動画フレームを保持します。

```
cap >> frame;
if( frame.empty() ) break;
cv::imshow( "Example 2-3", frame );
```

for()ループの中に入ると、動画ファイルがビデオキャプチャオブジェクトのデータストリームからフレームごとに読み込まれます。このプログラムはデータが実際に読み込まれたかをチェックし（if(frame.empty())）、読み込まれていない場合は終了します。動画フレームがうまく読み込めたら、cv::imshow()で表示します。

```
if( (char)cv::waitKey(33) >= 0 ) break; // キーを押したとき終了
```

フレームを表示すると、33ミリ秒待ちます[†5]。その間にユーザーがキーを押すと、この読み込みループを抜けます[†6]。押されない場合は、33ミリ秒後に再びループを実行します。終了時には、すべての確保されたデータはスコープの外に出たとき自動的に解放されます。

2.4 動き回る

では少し時間を取って、この練習用プログラムを拡張し、どのような機能が利用できるかをもう少し見てみましょう。例2-3の動画プレーヤで最初に気づくのは、動画の中をすばやく動き回る方法がないということです。そこで次は、トラックバーを用いたスライダーを付けて動き回れるようにしましょう。さらに他の制御として、Sキーを押すことで動画をステップ再生（コマ送り）できるようにし、Rキーで通常の再生モードに戻れるようにします。トラックバーで動画の新しい場所に移動したときは、ステップ再生モードにしてそこで一時停止することにします。

HighGUIツールキットは、ここまでに示した簡単な表示関数以外にも、画像や動画を操作するシンプルな機能をたくさん提供しています。特に役に立つ機能の1つは前述のトラックバーです。これにより、動画のある場所から別の場所に簡単にジャンプすることができます。トラックバーを作成するには、cv::createTrackbar()を呼び出し、どのウィンドウにトラックバーを表示したいかを指定します。後は、コールバックで移動を実行するだけです。例2-4はその詳細を示しています。

†5 待つ時間はどれくらいでもかまいません。このケースは、単に毎秒30フレームで動画を再生するのが正しいと仮定し、各フレーム間でユーザー入力を受け付けられるようにしているだけです（このため、フレーム間で入力を33ミリ秒待っているのです）。実際には、cv::VideoCaptureクラスを調べて、実際のフレームレートを決定したほうがよいでしょう（これについて詳しくは「8章　画像、動画、データファイル」参照）。

†6 訳注：waitKey()関数は、キーが指定時間内に押下されていないとき−1を返すことになっていますが、OpenCVバージョン3.2では、何も押していないときに−1ではなく255を返すという不具合が報告されています（3.3以降は修正されています）。つまりこのコードでは動画が再生されずに終了してしまいます。3.2を使用している場合は、cv::waitKey(33) >= 0ではなくcv::waitKey(33) == 27などとしてEscキーを押したときにループを抜けるようにするとよいでしょう（以降も同様）。

例2-4 基本的な表示ウィンドウにトラックバーを用いたスライダーを追加するプログラム。これにより、動画ファイル内を動き回ることができる

```
#include "opencv2/highgui/highgui.hpp"
#include "opencv2/imgproc/imgproc.hpp"
#include <iostream>
#include <fstream>

using namespace std;

int g_slider_position = 0;
int g_run = 1;        // ステップ再生モードで始める
int g_dontset = 0;
cv::VideoCapture g_cap;

void onTrackbarSlide( int pos, void *) {

  g_cap.set( cv::CAP_PROP_POS_FRAMES, pos );

  if( !g_dontset )
    g_run = 1;
  g_dontset = 0;

}

int main( int argc, char** argv ) {

  cv::namedWindow( "Example 2-4", cv::WINDOW_AUTOSIZE );
  g_cap.open( string(argv[1]) );
  int frames = (int) g_cap.get(cv::CAP_PROP_FRAME_COUNT);
  int tmpw   = (int) g_cap.get(cv::CAP_PROP_FRAME_WIDTH);
  int tmph   = (int) g_cap.get(cv::CAP_PROP_FRAME_HEIGHT);
  cout << "Video has " << frames << " frames of dimensions("
       << tmpw << ", " << tmph << ")." << endl;

  cv::createTrackbar("Position", "Example 2-4", &g_slider_position, frames,
                     onTrackbarSlide);

  cv::Mat frame;
  for(;;) {

    if( g_run != 0 ) {

      g_cap >> frame; if(frame.empty()) break;
      int current_pos = (int)g_cap.get(cv::CAP_PROP_POS_FRAMES);
      g_dontset = 1;

      cv::setTrackbarPos("Position", "Example 2-4", current_pos);
      cv::imshow( "Example 2-4", frame );

      g_run-=1;

    }
```

```
        char c = (char) cv::waitKey(10);
        if( c == 's' ) // ステップ再生モード
          {g_run = 1; cout << "Single step, run = " << g_run << endl;}
        if( c == 'r' ) // 再生モード
          {g_run = -1; cout << "Run mode, run = " << g_run <<endl;}
        if( c == 27 )
          break;

      }
      return(0);

    }
```

本質的に、ここでのやり方は、トラックバーの位置を表すグローバル変数を追加し、この変数を更新して動画内の読み込み位置を変更するコールバックを追加するという方法です。1回の関数呼び出しでトラックバーを作成し、コールバックを設定しています。これで動かすことができます[†7]。ではグローバル変数から詳細を見てみましょう。

```
int g_slider_position = 0;
int g_run             = 1;      // ステップ再生モードで始める
int g_dontset         = 0;
VideoCapture g_cap;
```

まず、トラックバーのスライダー位置の状態を保持するグローバル変数 `g_slider_position` を定義します。コールバックがビデオキャプチャオブジェクト `g_cap` にアクセスする必要があるので、これもグローバル変数にすることをお勧めします。私たちは思いやり深い開発者であり、コードを読みやすく理解しやすいようにしておくのが好きなので、グローバル変数の頭には `g_` を付けるという約束事を用いることにします。また、グローバル変数をもう1つ用意しておきます。`g_run` です。これは、この値が0でない場合に新しいフレームを表示し続けるというものです。正の数は停止するまでに表示されるフレーム数を示し、負の数はシステムが連続モードで再生していることを示します。

混乱を避けるために、ユーザーがトラックバーをクリックして動画内の新しい場所にジャンプしようとしたら、`g_run=1` とセットし、動画がそこでステップ再生の状態で止まったままにするようにしましょう。ただしこれは、ちょっとした問題を引き起こします。動画が進むにつれ、動画の位置に合わせて、表示ウィンドウのトラックバーのスライダーの位置が進むようにしたいので、`main` プログラムでは新しい動画のフレームが得られるたびにトラックバーのコールバック関数を呼び出し、スライダーの位置を更新します。しかし、このようなプログラム的なトラックバーコールバックの呼び出しでは、ステップ再生モードに入りたくはないのです。これを避けるために、最後のグローバル変数 `g_dontset` を用意します。これを用いることで、ステップ再生モードに切り替わることなくトラックバーの位置を更新できます。

†7 いくつかの AVI や mpeg のエンコードでは、動画の前のほうへの移動はできないので注意してください。

```
void onTrackbarSlide(int pos, void *) {

  g_cap.set( cv::CAP_PROP_POS_FRAMES, pos );

  if( !g_dontset )
    g_run = 1;
  g_dontset = 0;

}
```

さて、ユーザーがスライダーを操作したときに使われるコールバックルーチンを定義します。このルーチンには新しいトラックバーの位置を表す32ビット整数posが渡されます。コールバックの中では、渡された新しい位置を使って、g_cap.set()で実際に動画の再生を新しい位置に進めます。ここのif()文は、次の新しいフレームを表示したらステップ再生モードに入るためのものです。これはコールバックがユーザーのクリック操作から呼び出された場合にだけ変更され、main関数から呼び出された場合（この場合、main関数内でg_dontsetが1にセットされています）は変更しません。

g_cap.set()は、それと対となるg_cap.get()とともにこれから先よく目にします。これらの関数により、cv::VideoCaptureオブジェクトのさまざまなプロパティを設定（後者の場合は取得）できます。ここでは、引数にcv::CAP_PROP_POS_FRAMESを渡しています。これは、読み込み位置をフレーム単位で設定したいことを示しています†8。

```
int frames = (int) g_cap.get(cv::CAP_PROP_FRAME_COUNT);
int tmpw   = (int) g_cap.get(cv::CAP_PROP_FRAME_WIDTH);
int tmph   = (int) g_cap.get(cv::CAP_PROP_FRAME_HEIGHT);
cout << "Video has " << frames << " frames of dimensions("
     << tmpw << ", " << tmph   << ")." << endl;
```

メインプログラムの中心となる部分は**例2-3**と同じなので、追加した部分を見ていきましょう。動画を開いた以降の最初の相違点は、g_cap.get()を使ってその動画のフレーム数、動画像の幅、高さを調べている部分です。その後、これらの数値をコンソール画面に出力します。動画のフレーム数は、次のステップでトラックバーを調整するために必要です。

```
cv::createTrackbar("Position", "Example 2-4", &g_slider_position, frames,
                   onTrackbarSlide);
```

次にトラックバー本体を作成します。cv::createTrackbar()は、トラックバーにラベル（こ

†8 HighGUIは非常に洗練されているので、新しい位置に移動して動画を再生する場合、その位置のフレームがキーフレームでない可能性があるといった問題を自動的に処理してくれます。つまり私たちがそういった細かいことに気を使わなくても、それより前のキーフレームから始め、新しいフレームまで早送りしてくれるのです。

の場合は、Position）を与え[†9]、トラックバーを配置するウィンドウを指定します。続いて、トラックバーにバインドされる変数、トラックバーの最大値（動画のフレーム数）、スライダーが動かされたときのコールバック（必要ない場合はNULL）を与えます。

```
if( g_run != 0 ) {

  g_cap >> frame; if( frame.empty() ) break;
  int current_pos = (int)g_cap.get(cv::CAP_PROP_POS_FRAMES);
  g_dontset = 1;

  cv::setTrackbarPos("Position", "Example 2-4", current_pos);
  cv::imshow( "Example 2-4", frame );

  g_run-=1;

}
```

for()ループでは、動画フレームを読み込んで表示するのに加えて、動画内の位置を取得し、トラックバーのコールバックでステップ再生モードにならないようにg_dontsetを設定してから、コールバックを呼び出してユーザーに表示されるトラックバーの位置を更新します。ここでグローバル変数のg_runが1減らされます。これは、次に説明するように、ユーザーのキー入力で設定された以前の状態に応じて、ステップ再生モードにするか、動画を再生する効果を持ちます。

```
char c = (char) cv::waitKey(10);
if( c == 's' ) // ステップ再生モード
  {g_run = 1; cout << "Single step, run = " << g_run << endl;}
if( c == 'r' ) // 再生モード
  {g_run = -1; cout << "Run mode, run = " << g_run <<endl;}
if( c == 27 )
  break;
```

for()ループの最後のほうで、ユーザーからのキー入力を調べています。Sキーが押された場合は、ステップ再生モードに入ります（g_runが1に設定され、単一のフレームが読み込めるようになります）。Rキーが押されると、再生モードに入ります（g_runが-1に設定され、以降は1ずつ減算されるので、どのようなフレーム数の動画に対してもこの値は負のままになります）。最後に、Escキーが押されると、プログラムは終了します。再度の注意になりますが、短いプログラムなのでウィンドウに関係する領域をcv::destroyWindow()で解放する処理を省略していることに注意してください。

†9　HighGUIは軽量で簡易なツールキットなので、cv::createTrackbar()では、トラックバーの名前と画面上のトラックバーの隣に実際に表示されるラベルは同じです。もうお気づきでしょうが、同様にcv::namedWindow()でも、ウィンドウの名前とそのGUIでウィンドウの上に現れるラベルは同じです。

2.5 簡単な変換

これでみなさんはOpenCVを使って自分の動画プレーヤを作ることができました。これは世の中に無数に存在する動画プレーヤと大して違いません。しかし、私たちが興味があるのはコンピュータビジョンなので、そのいくつかを試してみましょう。コンピュータビジョンの基本的なタスクの多くでは、動画のストリームに対してフィルタが適用されます。作成したプログラムを修正して、画像に簡単な処理を行ってみます。

とりわけ簡単な処理は、画像の**平滑化**です。平滑化では、Gaussian（ガウシアン）やそれに似たカーネル関数でコンボリューション（畳み込み）処理をすることで効果的に画像の情報量を減らします。OpenCVではこのようなコンボリューション処理を非常に簡単に行うことができます。まず、処理結果を表示するための"Example 2-5-out"という名前の新しいウィンドウを作成します。次に、cv::imshow()を呼び出して新しくキャプチャしたフレームを入力ウィンドウに表示した後、平滑化した画像を計算して出力ウィンドウに表示します。**例2-5**を参照してください。

例2-5　画像を読み込み、画面に表示する前に平滑化する

```
#include <opencv2/opencv.hpp>

int main( int argc, char** argv ) {
  // コマンドラインで指定された画面を読み込む
  //
  cv::Mat image = cv::imread(argv[1],-1);
  // 入力画像と出力画像を表示するウィンドウを作成する
  //
  cv::namedWindow( "Example 2-5-in", cv::WINDOW_AUTOSIZE );
  cv::namedWindow( "Example 2-5-out", cv::WINDOW_AUTOSIZE );

  // 入力画像をウィンドウに表示する
  //
  cv::imshow( "Example 2-5-in", image );

  // 平滑化した出力を保持する画像を作成する
  //
  cv::Mat out;

  // 平滑化処理をする
  // （注意：GaussianBlur()、blur()、medianBlur()、bilateralFilter()などが使用可能）
  //
  cv::GaussianBlur( image, out, cv::Size(5,5), 3, 3);
  cv::GaussianBlur(   out, out, cv::Size(5,5), 3, 3);

  // 平滑化した画像を出力ウィンドウに表示する
  //
  cv::imshow( "Example 2-5-out", out );

  // ユーザーがキーを押すのを待つ。キーが押されればウィンドウは自動的に解放される
  //
```

```
  cv::waitKey( 0 );

}
```

最初の cv::imshow() は前の例と同じです。次の cv::imshow() の呼び出しのために、もう1つ画像用のデータ領域を確保しています。ここからはC++ オブジェクトである cv::Mat がプログラミングを楽にしてくれます。出力用の行列として out をインスタンス化するだけで、実行中に自分自身のリサイズや再確保、解放などを、必要に応じて自動的に行ってくれます。この点がわかりやすくなるように、out を使って2回連続して cv::GaussianBlur() を呼び出しています。最初の呼び出しでは、入力画像が5×5の Gaussian コンボリューションフィルタで平滑化処理され、out に書き出されます。Gaussian カーネルのサイズは奇数である必要があります。これは、Gaussian カーネル（ここでは cv::Size(5,5) で指定）はその領域の中央のピクセルで計算されるからです。次の cv::GaussianBlur() の呼び出しでは、一時的な記憶領域が関数内部で割り当てられるので、out を入力と出力の両方に使うことができます。2回平滑化した結果の画像を表示したらユーザーのキー入力を待ち、何か入力されると終了します。確保されたデータはスコープの外に出たときに解放されます。

2.6 少し複雑な変換

先ほどの例はなかなかよかったので、もっと面白いことを試してみましょう。**例2-5**では目的もなく Gaussian 平滑化を使いました。次は、Gaussian 平滑化により画像を2分の1に**ダウンサンプリング**する関数を使ってみます[Rosenfeld80]。画像を数回ダウンサンプリングすると**スケール空間**（**画像ピラミッド**とも呼ばれます）が形成されます。これはコンピュータビジョンにおいて、シーンや物体を観察するスケール（尺度）を変更するのによく使われるものです。

信号処理や Nyquist-Shannon のサンプリング理論[Shannon49] をご存じであれば、信号をダウンサンプリングすること（この場合、数ピクセルごとにサンプルして画像を作ること）は、一連のデルタ関数群（これらは「スパイク形」と考えます）を用いてコンボリューション処理を行うのと等価です。このようなサンプリングを行うと、高周波数が結果の信号（画像）に入ってしまいます。これを防ぐために、最初に信号に対してローパスフィルタをかけて、その周波数帯域がすべてサンプリング周波数を下回るように帯域制限します。OpenCV では、この Gaussian による平滑化とダウンサンプリングを cv::pyrDown() 関数で行うことができます（**例2-6**）。

例2-6 cv::pyrDown() を用いて入力画像の半分の幅と高さを持つ新しい画像を作成する

```
#include <opencv2/opencv.hpp>

int main( int argc, char** argv ) {

  cv::Mat img1,img2;
```

```
  cv::namedWindow( "Example 2-6-in", cv::WINDOW_AUTOSIZE );
  cv::namedWindow( "Example 2-6-out", cv::WINDOW_AUTOSIZE );

  img1 = cv::imread( argv[1] );

  cv::imshow( "Example 2-6-in", img1 );

  cv::pyrDown( img1, img2);
  cv::imshow( "Example 2-6-out", img2 );

  cv::waitKey(0);

  return 0;

}
```

次は、これと似ていますが少し複雑な**Canny エッジ検出器**[Canny86] の cv::Canny() を用いる例を見てみましょう（**例2-7**）。このエッジ検出器は入力画像と同じサイズの画像を生成しますが、書き出される画像はシングルチャンネルしか必要としません。このため、最初に cv::cvtColor() を使ってグレースケールのシングルチャンネルの画像に変換します。このとき、BGR（青、緑、赤）の画像をグレースケールに変換する cv::COLOR_BGR2GRAY フラグを用います。

例2-7　Canny エッジ検出器は出力をシングルチャンネル（グレースケール）の画像に書き込む

```
#include <opencv2/opencv.hpp>

int main( int argc, char** argv ) {

    cv::Mat img_rgb, img_gry, img_cny;

    cv::namedWindow( "Example Gray",  cv::WINDOW_AUTOSIZE );
    cv::namedWindow( "Example Canny", cv::WINDOW_AUTOSIZE );

    img_rgb = cv::imread( argv[1] );

    cv::cvtColor( img_rgb, img_gry, cv::COLOR_BGR2GRAY);
    cv::imshow( "Example Gray", img_gry );

    cv::Canny( img_gry, img_cny, 10, 100, 3, true );
    cv::imshow( "Example Canny", img_cny );

    cv::waitKey(0);

}
```

このようなさまざまなオペレータを簡単につなぎ合わせることもできます。例えば、画像を2回縮小し、その画像内のエッジを検出したい場合は、**例2-8**のように行います。

例2-8 ピラミッド型ダウンサンプリングオペレータ（2 回）と Canny を組み合わせて簡単な画像パイプラインを組み立てる

```
cv::cvtColor( img_rgb, img_gry, cv::COLOR_BGR2GRAY );
cv::pyrDown( img_gry, img_pyr );
cv::pyrDown( img_pyr, img_pyr2 );
cv::Canny( img_pyr2, img_cny, 10, 100, 3, true );
// img_cny に対して何かを行う
//
...
```

例2-9 に、**例2-8** からピクセル値を読み出したり書き込んだりする簡単な方法を示します。

例2-9 例 2-8 のピクセルを取り出したり設定したりする

```
int x = 16, y = 32;
cv::Vec3b intensity = img_rgb.at< cv::Vec3b >(y, x);

// （注意：img_rgb.at< cv::Vec3b >(y,x)[0] と書くこともできる）
//
uchar blue  = intensity[0];
uchar green = intensity[1];
uchar red   = intensity[2];

std::cout << "At (x,y) = (" << x << ", " << y <<
          "): (blue, green, red) = (" <<
          (unsigned int)blue <<
          ", " << (unsigned int)green << ", " <<
          (unsigned int)red << ")" << std::endl;

std::cout << "Gray pixel there is: " <<
             (unsigned int)img_gry.at<uchar>(y, x) << std::endl;

x /= 4; y /= 4;
std::cout << "Pyramid2 pixel there is: " <<
             (unsigned int)img_pyr2.at<uchar>(y, x) << std::endl;

img_cny.at<uchar>(y, x) = 128; // Canny のピクセルを 128 に設定する
```

2.7 カメラからの入力

「ビジョン」という言葉はコンピュータの世界ではたくさんのことを意味します。どこか他のところから読み込んだ静止画を解析している場合もありますし、ディスクから動画を読み込みながら解析している場合もあります。また場合によっては、ある種のカメラデバイスからリアルタイムにストリーミングされるデータを扱いたいこともあります。

OpenCV——より正確には、OpenCV ライブラリの HighGUI——は、このようなストリーミングデータも簡単に扱うことができます。この方法はディスクから動画を読み込む方法に似ています。`cv::VideoCapture` オブジェクトは、ディスク上のファイルに対してもカメラに対しても同

じように使えるからです。ファイルの場合はパス/ファイル名を渡し、カメラの場合はカメラIDを渡します（通常、カメラが1つしかシステムに接続されていない場合は0です）。デフォルト値は-1で、これは、「カメラを1つ選んでください」という意味です。当然、カメラが1つしかない場合はこれで十分にうまくいきます（詳しくは「8章　画像、動画、データファイル」を参照）。ファイルやカメラからの動画のキャプチャを**例2-10**に示します。

例2-10　同じオブジェクトを使ってカメラやファイルから動画を読み込むことができる

```
#include <opencv2/opencv.hpp>
#include <iostream>

int main( int argc, char** argv ) {

  cv::namedWindow( "Example 2-10", cv::WINDOW_AUTOSIZE );

  cv::VideoCapture cap;
  if (argc==1) {
    cap.open(0);             // 最初のカメラをオープンする
  } else {
    cap.open(argv[1]);
  }
  if( !cap.isOpened() ) {  // 成功したかチェックする
    std::cerr << "Couldn't open capture." << std::endl;
    return -1;
  }

  // 以降のプログラムは例 2-3 と同様
  ...
```

例2-10では、OpenCVは、ファイル名が渡されればそのファイルを**例2-3**と同様に開きます。ファイル名が与えられなければ、カメラ0をオープンしようとします。何かが実際にオープンされたかどうかを確認するチェックを追加してあり、オープンできなかったらエラーが表示されます。

2.8　AVIファイルへ書き込む

多くのアプリケーションでは、ストリーム入力やばらばらにキャプチャした画像を動画ストリームとして出力し、記録したい場合があります。OpenCVはこれを行う簡単な方法を提供しています。動画のストリームからフレームを1つずつ取り出すキャプチャ装置を作成できるのと同じように、動画ファイルにフレームを1つずつ置く書き込み装置を作成することができます。これを可能にするオブジェクトが`cv::VideoWriter`です。

これを呼び出したら、各フレームを`cv::VideoWriter`オブジェクトへ連続的に流し込み、終了時に`cv::VideoWriter.release()`を呼び出すだけです。もう少し面白くするために、**例2-11**では動画ファイルを開き、内容を読み込み、対数極座標（log-polar）フォーマット（みなさんが実際に目で見ているのに近いものです。「11章　画像変換」参照）に変換して、その画像を新しい動画ファイルに書き出します。

例2-11 カラーの動画を読み込み、対数極座標に変換されたフォーマットで書き出すプログラム

```
#include <opencv2/opencv.hpp>
#include <iostream>

int main( int argc, char* argv[] ) {

  cv::namedWindow( "Example 2-11", cv::WINDOW_AUTOSIZE );
  cv::namedWindow( "Log_Polar",   cv::WINDOW_AUTOSIZE );

  // （注意：argv[1]の代わりにカメラIDを整数で与えれば、カメラからキャプチャすることができる）
  //
  cv::VideoCapture capture( argv[1] );

  double fps = capture.get( cv::CAP_PROP_FPS );
  cv::Size size(
    (int)capture.get( cv::CAP_PROP_FRAME_WIDTH ),
    (int)capture.get( cv::CAP_PROP_FRAME_HEIGHT )
  );

  cv::VideoWriter writer;
  writer.open( argv[2], CV_FOURCC('M','J','P','G'), fps, size );

  cv::Mat logpolar_frame, bgr_frame;
  for(;;) {

    capture >> bgr_frame;
    if( bgr_frame.empty() ) break; // 読み込みが終わったら終了する

    cv::imshow( "Example 2-11", bgr_frame );

    cv::logPolar(
      bgr_frame,                      // 入力（カラーフレーム）
      logpolar_frame,                 // 出力（対数極座標フレーム）
      cv::Point2f(                    // 対数極座標変換の中心点
        bgr_frame.cols/2,             //  x
        bgr_frame.rows/2              //  y
      ),
      40,                             // 大きさ（スケールパラメータ）
      CV_WARP_FILL_OUTLIERS           // 外れ値を「0」で塗りつぶす
    );

    cv::imshow( "Log_Polar", logpolar_frame );
    writer << logpolar_frame;

    char c = (char) cv::waitKey(33);
    if( c == 27 ) break;         // ユーザーが中断できるようにする
  }

  capture.release();
  writer.release();
}
```

このプログラムをざっと見ると、ほとんどおなじみの要素ばかりです。動画を開き、いくつかのプロパティ（フレームレート、画像の幅と高さ）を読み取ります。これらは、`cv::VideoWriter` オブジェクトが保存用ファイルを開くのに必要になります。次に、動画をフレームごとに `cv::VideoCapture` オブジェクトから読み込み、そのフレームを対数極座標フォーマットに変換します。そして変換後のフレームを一度に1フレームずつ、残りのフレームがなくなるまで、もしくはユーザーがEscキーで終了するまで、新しい動画ファイルに書き込みます。その後、リソースを解放します。

`cv::VideoWriter` オブジェクトの `open` 関数の呼び出しで、理解しておくべき引数がいくつかあります。第1引数は、単に新しいファイルのファイル名です。第2引数はこの動画ストリームが圧縮されるのに用いられる**ビデオコーデック**です。世の中に出回っているコーデックは無数にありますが、みなさんのコンピュータで使えるコーデックを選ぶ必要があります（コーデックはOpenCVとは別にインストールされます）。ここでは、比較的ポピュラーなMJPGコーデックを選びました。引数として4つの文字を取る `CV_FOURCC()` マクロを使って、これをOpenCVに渡しています[†10]。引数の文字はそのコーデックの「4文字コード」を構成するもので、すべてのコーデックはこのようなコードを持っています。**モーション JPEG** の4文字コードはMJPGなので、これを `CV_FOURCC('M','J','P','G')` として指定します。次の2つの引数は再生フレームレートと使用する画像のサイズです。ここでは、元の（カラーの）動画から得られた値を設定します。

2.9 まとめ

次の章に進む前に、私たちがどこにいるのか、次に何がやってくるかを少し時間を取って確認しておくことにしましょう。ここまでは、OpenCVのAPIが、ファイルから静止画や動画を読み書きしたり、カメラから動画をキャプチャしたりするためのさまざまな使いやすいツールを提供していることを見てきました。また、このライブラリには、これらの画像を操作する基本的な関数があることもわかりました。まだ見ていないのは、抽象データ型の集合を丸ごと扱うといったより高度な操作を可能にする、このライブラリが持つ強力な側面です。これは、実践的なビジョンの問題を解決する上で重要になります。

次からのいくつかの章では、基礎的な部分をさらに深く見ていき、インタフェース関連の関数と画像データ型の両方をより詳しく理解していきます。基本的な画像処理手法に続けて、非常に高度な処理手法のいくつかを調べていきます。その後、さまざまなタスク（カメラのキャリブレーション、トラッキング、認識など）のためにAPIが提供する専門的なたくさんの機能を勉強する準備をしていきます。よろしいですか？ では、始めましょう！

†10 訳注：バージョン3.2以降は `cv::VideoWriter::fourcc('M','P','G','4')` のように使えるスタティックメンバー関数も用意されています。

2.10 練習問題

まだOpenCVをダウンロード、インストールしていないのでしたら、それを済ませておいてください。そして、そのディレクトリ構造を体系的に確認しましょう。さらにこのライブラリの主要な領域を見ていきましょう。`core`モジュールには基本的なデータクラスとアルゴリズム、`imgproc`には画像処理とビジョンアルゴリズム、`ml`には機械学習とクラスタリングのアルゴリズム、`highgui`には入出力関数が含まれます。また、`.../opencv/sources/samples/cpp/`ディレクトリには役に立つサンプルコードが格納されています。

1. 本書やhttps://opencv.orgにあるインストールとビルドの説明を元に、デバッグ版とリリース版のライブラリをビルドしてください。これは少々時間がかかりますが、ここで作られるライブラリと`dll`ファイルが今後必要になります[†11]。`cmake`ファイルが、サンプルを`.../opencv/sources/samples/cpp/`ディレクトリにあるサンプルをビルドするように設定されていることを確認してください。
2. `.../opencv/sources/samples/cpp/`ディレクトリに行き(`.../trunk/eclipse_build/bin`でビルドしています)、`lkdemo.cpp`を探してください(これは、モーショントラッキングプログラムの例です)。みなさんの使っているシステムにカメラを取り付け、コードを実行してください。表示ウィンドウを選択して、Rキーを入力するとトラッキングが初期化されます。マウスで動画上をクリックすると点を追加できます。また、Nキーを入力することで点群だけを見るように切り替えることもできます(画像は見えなくなります)。Nキーを再び入力すると「夜」と「昼」のビューを切り替えることができます。
3. キャプチャして格納する**例2-11**のコードと、**例2-6**の`cv::pyrDown()`コードを用いて、カメラからカラー画像を読み込み、ダウンサンプリングしてディスクに保存するプログラムを作成してください。
4. 練習問題3のプログラムを修正し、**例2-4**のトラックバーのスライダーを用いて、ピラミッド型のダウンサンプリングを1/2〜1/8の縮小レベルで動的に変えられるようにしてください。ディスクへの書き込みはやらなくてもかまいませんが、結果は表示するようにしてください。

†11 訳注:3.2からはバイナリが同梱されています。

3章
OpenCVのデータ型

3.1 基本

以降のいくつかの章では、OpenCV の基本データ型について見ていきます。プリミティブなものから、配列（画像や大きな行列など）を扱うために使われる大きめのデータ構造まであります。見ていく中で、これらのデータを便利に扱うための多彩な関数も取り上げます。本章では、基本のデータ型について学ぶことから取りかかり、ライブラリが提供している便利なユーティリティ関数を調べていきましょう。

3.2 OpenCVのデータ型

OpenCV にはたくさんのデータ型があります。それらはコンピュータビジョンの重要な概念を、比較的簡単かつ直感的な表現と取り扱いができるように設計されています。それと同時に、多くのアルゴリズム開発者たちは、開発者独自のニーズとして、汎用性や拡張性のある比較的強力なプリミティブを必要としています。本ライブラリでは、基本的なデータ型用のテンプレートを使い、かつ、そのテンプレートを特殊化してよく行う操作を簡単にすることで、これら両方のニーズに対処しようとしています。

構成的な観点から、データ型を 3 つの大きなカテゴリに分割すると便利です。1 つ目は**基本データ型**で、C++ のプリミティブ（int、float など）を直接集めた型です。これらの型には単純なベクトルや行列の他、点、長方形、サイズなどの単純な幾何学的概念を表したものもあります。2 つ目のカテゴリは、より抽象的な概念を表した**ヘルパーオブジェクト**です。ガベージコレクションを行うポインタクラスや、スライス処理に使われる範囲オブジェクト、終了基準のような抽象オブジェクトなどです。3 つ目のカテゴリは、**大型配列型**と呼ばれるものです。大型配列型オブジェクトの基本的な目的は、プリミティブの、さらによくあるのは基本データ型の、配列やその他の集まりを格納することです。このカテゴリの花形は cv::Mat クラスで、任意の基本要素を収容できる任意の次元の配列を表すのに使えます。画像などのオブジェクトは cv::Mat クラスの特別な使い方です。しかしOpenCVの初期バージョン（バージョン2.1以前）とは違って、このような特定の使い方をするために別のクラスや型は必要ありません。このカテゴリには`cv::Mat`の他に、疎な行列を表す`cv::SparseMat`クラスのような関連オブジェクトも含まれています。`cv::SparseMat`クラスは、ヒストグラムのような密でないデータを表すのに適しています。`cv::Mat`クラスと`cv::SparseMat`クラスは次章のテーマです。

これらの型に加え、OpenCVは**標準テンプレートライブラリ**（STL：Standard Template Library）も大いに活用しています。OpenCVはvectorクラスに大きく依存しています。現在、OpenCVライブラリの関数の中には、vectorテンプレートオブジェクトを引数に取るものが多くあります。本書では、関連した機能を説明する必要がある場合を除いて、STLを取り上げることはしません†1。みなさんがすでにSTLに慣れていらっしゃるのであれば、OpenCVの内部で使われている多くのテンプレートメカニズムにはなじみがあるでしょう。

3.2.1 基本の型の概要

基本データ型の中で最も単純なものは、プリミティブ用のコンテナクラスである†2`cv::Vec<>`テンプレートクラスです。私たちはこれを**固定長ベクタクラス**と呼びます。なぜ、単純にSTLのクラスを使わないのでしょうか？ 重要な違いは、固定長ベクタクラスはコンパイル時に要素数がわかっている小さいベクタを想定しているということです。実際に「小さい」が何を意味するかというと、要素数がほんの数個よりも多ければ、このクラスを使うにはおそらく適していないということです（事実、バージョン2.2の時点では要素数はいかなる場合も9を超えてはいけませんでした）。次章では大型配列型である`cv::Mat`を説明しますが、これが任意の要素数の大きな配列を扱う正しい方法です。今のところは、固定長ベクタクラスは小さいベクトルを手軽かつ高速に扱えるクラスであると考えてください。

`cv::Vec<>`はテンプレートではありますが、みなさんがそれをテンプレートの形として見たり使ったりすることはほとんどないでしょう。代わりに`cv::Vec<>`テンプレートの一般的なインスタンスのためのエイリアス（`typedef`）があります。それらは`cv::Vec2i`、`cv::Vec3i`、`cv::Vec4d`のような名前です（それぞれ、2要素の整数のベクタ、3要素の整数のベクタ、4要素の倍精度浮動小数点数のベクタです）。一般に`cv::Vec{2,3,4,6,8}{b,w,s,i,f,d}`という形式で、要素数2、3、4であれば6個のデータ型すべてとの組み合わせが有効です†3。

†1 STLになじみのない方には、優れた多くのオンラインリファレンスがあります。それに加えて著者は、Nicolai M. Josuttisの傑作 *The C++ Standard Library, Second Edition: A Tutorial and Reference*（Addison-Wesley、2012）、またはScott Meyersの良書 *Effective STL: 50 Specific Ways to Improve Your Use of the Standard Template Library*（Addison-Wesley、2001）をお勧めします。

†2 本章のもう少し後で明らかにしますが、実はこの説明は簡略化しすぎです。実際には、`cv::Vec<>`は任意の要素のベクタコンテナであり、この機能を実現するためにテンプレートを使っています。そのため`cv::Vec<>`は、他のクラスオブジェクトも（OpenCVのものでも、その他のものでも）格納することができます。しかしほとんどの場合、`cv::Vec<>`は`int`や`float`のようなC言語のプリミティブ型のコンテナとして使われます。

†3 ここで言及している6個のデータ型は、ライブラリの慣習的な略字を使っています。`b` = unsigned char、`w` = unsigned short、`s` = short、`i` = int、`f` = float、`d` = doubleです。

固定長ベクタクラスに加えて、**固定長行列クラス**もあります。これはcv::Matx<>テンプレートに関連づけられています。固定長ベクタクラスと同様、cv::Matx<>は大きな配列に使うことを想定されていません。どちらかと言えば、ある種の特定の小さな行列演算を扱うために設計されています。コンピュータビジョンでは、さまざまな変換で使われるたくさんの2×2や3×3の行列、少しの4×4の行列があり、cv::Matx<>はこの種のオブジェクトを保持するために設計されています。cv::Vec<>と同様、cv::Matx<>は通常cv::Matx{1,2,3,4,6}{1,2,3,4,6}{f,d}という形式のエイリアスを通してアクセスされます。固定長行列クラスでは（固定長ベクタクラスと同じように、そして、次章のcv::Matとは違って）、要素数がコンパイル時に決まっていなければならないことに注意してください。もちろん、固定長行列クラスのほうがかなり効率よく演算でき、たくさんの動的なメモリ確保操作を省略できるのは、まさにこの情報のおかげなのです。

固定長ベクタクラスに深く関係しているのが**点クラス**です。これは、1つのプリミティブ型の2つまたは3つの値のためのコンテナです。点クラスは独自のテンプレートから派生しているので、固定長ベクタクラスの直接の子孫ではありませんが、固定長ベクタクラスとの間で型変換ができます。点クラスが固定長ベクタクラスと違う主な点は、ベクタの添え字（myvec[0]、myvec[1]など）ではなく、名前付き変数（mypoint.x、mypoint.yなど）でメンバーにアクセスできることです。cv::Vec<>と同様、点クラスは通常、適切なテンプレートをインスタンス化したエイリアスを介して呼び出されます。それらのエイリアスは、cv::Point2i、cv::Point2f、cv::Point2d、またはcv::Point3i、cv::Point3f、cv::Point3dといった名前です。

cv::Scalarクラスは、基本的に4次元の点です。点クラスと同様、cv::Scalarは実際には任意の4要素のベクタを生成できるテンプレートに関連づけられていますが、cv::Scalarというキーワードは特に倍精度の要素を持つ4要素のベクタにエイリアスされています。点クラスとは違い、cv::Scalarオブジェクトの要素は整数の添え字を使ってアクセスされます。cv::Vec<>と同じです。これは、cv::Scalarが直接cv::Vec<>のインスタンスから（厳密にはcv::Vec<double,4>から）派生しているためです。

次はcv::Sizeとcv::Rectです。点クラスと同様、これら2つは独自のテンプレートから派生しています。cv::Sizeが主に異なるのは、xとyではなく、widthとheightのデータをメンバーとして持っている点です。一方cv::Rectは、x、y、width、heightの4つすべてのデータをメンバーとして持っています。cv::Sizeクラスは実際にはcv::Size2iのエイリアスで、cv::Size2i自身はwidthとheightが整数である場合の、より一般的なテンプレートのエイリアスです。widthとheightが浮動小数点数の場合は、cv::Size2fを使ってください。同様にcv::Rectは整数形式の長方形のエイリアスです。座標軸に平行でない長方形を表すクラスもあります。これはcv::RotatedRectと呼ばれており、centerという名前のcv::Point2f、sizeという名前のcv::Size2f、そしてもう1つ、angleという名前のfloat型を持っています。

3.2.2 基本の型：深く掘り下げる

基本型のそれぞれは、実は比較的複雑なオブジェクトであり、それ自身のインタフェース関数やオーバーロードされた演算子などをサポートしています。本節では、それぞれの型が何を提供しているのか、そして、一見似ているいくつかの型について互いにどう違うのかを、やや百科事典的に見ていきましょう。

これらのクラスを見渡しながらそのインタフェースの見どころを説明しますが、面倒な細部にまでは入り込まないようにします。代わりに、これらのオブジェクトで何ができて何ができないのかがわかるような例を示します。詳細については、`.../opencv2/core/types.hpp`を参照してください。

3.2.2.1 点クラス（cv::Point）

OpenCVの基本的な型の中で、おそらく点クラスが最も単純です。前述のように、これらはテンプレート構造に基づいて実装されており、整数、浮動小数点数など、どの型の点もありえます。実際にはそのようなテンプレートは2つあります。それは2次元の点のテンプレートと3次元の点のテンプレートです。点クラスの大きな利点は、単純でオーバーヘッドがほとんどないことです。本質的に、あまり多くの演算子は定義されていませんが、必要に応じて、固定長ベクタクラスや固定長行列クラスのような、より一般的な型に型変換することができます（後述）。

ほとんどのプログラムで、点クラスは`cv::Point2i`や`cv::Point3f`のような形式のエイリアスを通してインスタンス化されます。最後の文字は、点を生成させる元としたいプリミティブを示しています（使用可能な文字は`b`、`i`、`f`、`d`のいずれかです。ここで、`b`は符号なし文字型、`i`は32ビット整数型、`f`は32ビット浮動小数点数型、`d`は64ビット浮動小数点数型です）。

表3-1は、点クラスがネイティブでサポートしている関数の（短めの）一覧です。非常に重要な演算が複数サポートされているのですが、それらは固定長ベクタクラスへの暗黙の型変換を介して、間接的にサポートされていること（「3.2.2.7　固定長ベクタクラス」で説明）に注意してください。特に、これらの演算には、ベクタとシングルトン[†4]のオーバーロードされた代数演算子と比較演算子がすべて含まれています。

†4　みなさんは、ここで**スカラ**という単語が出てくることを期待されたかもしれません。しかしライブラリの既存クラスに`cv::Scalar`があるので、その言葉は避けました。後で見るように、OpenCVの`cv::Scalar`は（いくぶん紛らわしいですが）4つの数の配列であり、4要素の`cv::Vec<>`とほぼ同じなのです！　この文脈において、**シングルトン**という言葉は、「どのような型であれ、その配列がベクタとなるような単一のオブジェクト」を意味するものとして理解することができます。

表3-1　点クラスが直接サポートしている演算

演算	例
デフォルトコンストラクタ	`cv::Point2i p;` `cv::Point3f p;`
コピーコンストラクタ	`cv::Point3f p2( p1 );`
初期値指定コンストラクタ	`cv::Point2i p( x0, x1 );` `cv::Point3d p( x0, x1, x2 );`
固定長ベクタクラスへの型変換	`(cv::Vec3f) p;`
メンバーアクセス	`p.x; p.y; //` および、3次元の点クラスの場合、`p.z`
内積	`float x = p1.dot( p2 );`
倍精度内積	`double x = p1.ddot( p2 )`
外積	`p1.cross( p2 ) //` （3次元の点クラスのみ）
点pが長方形rの内部にあるか問い合わせる	`p.inside( r ) //` （2次元の点クラスのみ）

これらの型は、古いC言語インタフェースの型の`CvPoint`および`CvPoint2D32f`と相互に型変換できます。浮動小数点数の値を持つ点クラスのインスタンスの場合は`CvPoint`に型変換され、値は自動的に丸められます。

3.2.2.2　スカラクラス（cv::Scalar）

`cv::Scalar`は、実は4次元の点クラスです。他のクラスと同じように、実際にはテンプレートクラスに関連づけられていますが、それにアクセスするエイリアスは、すべてのメンバーが倍精度浮動小数点数であるようなテンプレートのインスタンスを返します。`cv::Scalar`クラスはまた、コンピュータビジョンの4要素のベクタの使い方に関連する、いくつかの特別なメンバー関数を持っています。**表3-2**に、`cv::Scalar`がサポートする演算を示します。

表3-2　cv::Scalarが直接サポートしている演算

演算	例
デフォルトコンストラクタ	`cv::Scalar s;`
コピーコンストラクタ	`cv::Scalar s2( s1 );`
初期値指定コンストラクタ	`cv::Scalar s( x0 );` `cv::Scalar s( x0, x1, x2, x3 );`
要素ごとの乗算	`s1.mul( s2 );`
（四元数）共役行列	`s.conj(); //` （`cv::Scalar(s0,-s1,-s2,-s3)`を返す）
（四元数）実数かどうかのチェック	`s.isReal(); //` （`s1==s2==s3==0`の場合のみ真を返す）

表3-2には`cv::Scalar`に対する「固定長ベクタクラスへの型変換」の演算がないことに気づかれたでしょう（**表3-1**にはありました）。これは、点クラスとは違って、`cv::Scalar`は固定長ベクタクラスのテンプレートのインスタンスを直接継承しているからです。結果として`cv::Scalar`は、ベクタの代数演算、メンバーアクセス関数（すなわち、`operator[]`）、その他のプロパティのすべてを、固定長ベクタクラスから継承しています。そのクラスについては後で触れますが、今の時点では、`cv::Scalar`はさまざまな種類の4次元ベクタに役立つ特別なメンバー関数を備えた、

4次元倍精度ベクタの簡略表現だと思っていてください。

`cv::Scalar`は、古いC言語インタフェースである`CvScalar`型と自由に型変換できます。

3.2.2.3 サイズクラス(cv::Size)

実質的に、サイズクラスは対応する点クラスに似ており、相互に型変換ができます。この2つの主な違いは、点クラスのメンバーは`x`と`y`という名前であり、サイズクラスの対応するメンバーは`width`と`height`という名前であることです。サイズクラスには、`cv::Size`、`cv::Size2i`、`cv::Size2f`という3つのエイリアスがあります。最初の2つは同じもので、整数のサイズを意味しています。最後のものは32ビット浮動小数点数のサイズです。点クラスと同様、サイズクラスは古い形式のOpenCVのクラス(この場合は`CvSize`と`CvSize2D32f`)と相互に型変換できます。**表3-3**に、サイズクラスがサポートする演算を示します。

表3-3 サイズクラスが直接サポートしている演算

演算	例

デフォルトコンストラクタ	`cv::Size sz;`
	`cv::Size2i sz;`
	`cv::Size2f sz;`

コピーコンストラクタ	`cv::Size sz2( sz1 );`
初期値指定コンストラクタ	`cv::Size2f sz( w, h );`
メンバーアクセス	`sz.width; sz.height;`
面積を計算する	`sz.area();`

点クラスと違い、サイズクラスは固定長ベクタクラスへの型変換はサポートしていません。これは、サイズクラスは使い方がより制限されていることを意味しています。一方、点クラスと固定長ベクタクラスは、サイズクラスに問題なく型変換できます。

3.2.2.4 長方形クラス(cv::Rect)

長方形クラスは、点クラスのメンバー`x`と`y`(長方形の左上の頂点を表します)と、サイズクラスのメンバー`width`と`height`(長方形のサイズを表します)とを含んでいます。しかし、長方形クラスは点クラスやサイズクラスから継承しておらず、そのため、一般には演算子も継承していません(**表3-4**参照)。

表3-4　cv::Rectが直接サポートしている演算

演算	例
デフォルトコンストラクタ	`cv::Rect r;`
コピーコンストラクタ	`cv::Rect r2( r1 );`
初期値指定コンストラクタ	`cv::Rect( x, y, w, h );`
点とサイズから生成する	`cv::Rect( p, sz );`
2つの頂点から生成する	`cv::Rect( p1, p2 );`
メンバーアクセス	`r.x; r.y; r.width; r.height;`
面積を計算する	`r.area();`
左上の頂点を取り出す	`r.tl();`
右下の頂点を取り出す	`r.br();`
点 p が長方形 r の内部にあるかを判定する	`r.contains( p );`

cv::Rectを古い形式のcv::CvRect型から計算したりcv::CvRect型に型変換したりできるように、コピーコンストラクタと型変換演算子も存在しています。cv::Rectは実際には、整数のメンバーでインスタンス化された長方形テンプレートのエイリアスです。

表3-5に示すように、cv::Rectはさまざまなオーバーロードされた演算子もサポートしています。これらは長方形どうし、あるいは、長方形とその他のオブジェクトとの、さまざまな幾何学的特性の計算に使うことができます。

表3-5　cv::Rect型のオブジェクトを取るオーバーロードされた演算子

<table>
<tr><th>演算</th><th>例</th></tr>
<tr><td>長方形 r_1 と r_2 の交差部分</td><td><code>cv::Rect r3 = r1 & r2;</code>
<code>r1 &= r2;</code></td></tr>
<tr><td>長方形 r_1 と r_2 を含む最小の長方形</td><td><code>cv::Rect r3 = r1 | r2;</code>
<code>r1 |= r2;</code></td></tr>
<tr><td>長方形 r を x だけ平行移動する</td><td><code>cv::Rect rx = r + x;</code>
<code>r += x;</code></td></tr>
<tr><td>長方形 r を sz で与えられたサイズだけ大きくする</td><td><code>cv::Rect rs = r + sz;</code>
<code>r += sz;</code></td></tr>
<tr><td>長方形 r_1 と r_2 が完全に等しいか比較する</td><td><code>bool eq = (r1 == r2);</code></td></tr>
<tr><td>長方形 r_1 と r_2 が等しくないか比較する</td><td><code>bool ne = (r1 != r2);</code></td></tr>
</table>

3.2.2.5　回転長方形クラス（cv::RotatedRect）

cv::RotatedRectクラスは、OpenCVのC++インタフェースの中で、実際にはテンプレートではない数少ないクラスの1つです。このクラスは、centerと呼ばれるcv::Point2f、sizeと呼ばれるcv::Size2f、そしてもう1つangleと呼ばれるfloatを持つコンテナです。angleは、centerを中心とする長方形の回転を表します。cv::RotatedRectとcv::Rectとで1つ非常に大きく異なるところは、cv::RotatedRectはその中心に対する「空間」内で位置づけられるのに対し、cv::Rectはその左上の頂点に対して位置づけられるということです。**表3-6**に、cv::RotatedRectが直接サポートする演算を示します。

表3-6 cv::RotatedRectが直接サポートしている演算

演算	例
デフォルトコンストラクタ	`cv::RotatedRect rr();`
コピーコンストラクタ	`cv::RotatedRect rr2( rr1 );`
3つの頂点から生成する	`cv::RotatedRect( p1, p2, p3 );`
初期値指定コンストラクタ（点、サイズ、角度を取る）	`cv::RotatedRect rr( p, sz, theta );`
メンバーアクセス	`rr.center; rr.size; rr.angle;`
頂点のリストを返す	`rr.points( pts[4] );`

3.2.2.6 固定長行列クラス

固定長行列クラスは、コンパイル時にサイズがわかっている行列のためのクラスです（だから「固定長」なのです）。その結果、そのデータ用のすべてのメモリはスタック上に確保されます。これは確保や解放が速いということです。その演算は高速で、小さい行列（2 × 2、3 × 3など）用に特別に最適化されて実装されています。固定長行列クラスは、OpenCVのC++インタフェースの中で、他の多くの基本型の中心的機能でもあります。固定長ベクタクラスは固定長行列クラスから派生しており、他のクラスは（`cv::Scalar`のように）固定長ベクタクラスから派生しているか、多くの重要な演算を固定長ベクタクラスへの型変換に頼っています。例によって、固定長行列クラスは実際にはテンプレートです。このテンプレートは`cv::Matx<>`と呼ばれますが、通常、個々の行列はエイリアスを通して確保されます。そのようなエイリアスの基本的な形式は、`cv::Matx`{1,2,...}{1,2,...}{`f`,`d`}です。ここで数字は1から6の任意の数字で、それに続く文字は前に述べた型と同じ意味です[†5]。

一般的には、本当に行列であるものを表そうとしていて、それに対し行列演算を行おうとしているときには、固定長行列クラスを使って表現するべきでしょう。使用するオブジェクトが画像や膨大な点のリストのように本当に大きいデータ配列なら、固定長行列クラスを使うのは正しいやり方ではありません。そのような場合は次章で説明する`cv::Mat`を使うべきです。固定長行列クラスは、コンパイル時にサイズのわかっている小さな配列（例えばカメラ内部パラメータ行列）に向いています。**表3-7**に`cv::Matx<>`がサポートしている演算を列挙します。

†5 本書の執筆時点では、実際には、これらの整数の可能な組み合わせが関連ヘッダファイル`matx.hpp`に全部含まれているわけではありません。例えば1 × 1行列のエイリアスも5 × 5行列のエイリアスもありません。これが今後のリリースで変わるかどうかはわかりませんが、どちらにしろ、不足しているエイリアスをみなさんが必要とすることはほぼ確実にないでしょう。もしこれらの奇妙なエイリアスが本当に必要なら、単に自分でテンプレートをインスタンス化すればよいのです（例えば`cv::Matx<5,5,float>`）。

表3-7 cv::Matx<>がサポートしている演算

演算	例
デフォルトコンストラクタ	`cv::Matx33f m33f;` `cv::Matx43d m43d;`
コピーコンストラクタ	`cv::Matx22d m22d( n22d );`

初期値指定コンストラクタ	`cv::Matx21f m(x0,x1);`
	`cv::Matx44d m(x0,x1,x2,x3,x4,x5,x6,x7,x8,x9,x10,x11,`
	`x12,x13,x14,x15);`

同一要素の行列	`m33f = cv::Matx33f::all( x );`
ゼロ行列	`m23d = cv::Matx23d::zeros();`
すべての要素が1の行列	`m16f = cv::Matx16f::ones();`
単位行列を作成する	`m33f = cv::Matx33f::eye();`
与えられた行列を対角要素とする行列を作成する	`m33f = cv::Matx33f::diag(mat31f);`
一様分布の要素の行列を作成する	`m33f = cv::Matx33f::randu( min, max );`
正規分布の要素の行列を作成する	`m33f = cv::Matx33f::nrandn( mean, variance );`
メンバーアクセス	`m( i, j ), m( i ); // 1引数は、1次元配列専用`
行列演算	`m1 = m0; m0 * m1; m0 + m1; m0 - m 1;`
シングルトン代数	`m * a; a * m; m / a;`
比較	`m1 == m2; m1 != m2;`
内積	`m1.dot( m2 );  // 要素ごとに積を取った総和。m1の精度`
内積	`m1.ddot( m2 ); // 要素ごとに積を取った総和。倍精度`
行列の形状変更	`m91f = m33f.reshape<9,1>();`
型変換演算子	`m44f = (cv::Matx44f) m44d`
(i, j) の位置の 2×2 部分行列を取り出す	`m44f.get_minor<2, 2>( i, j );`
行 i を取り出す	`m14f = m44f.row( i );`
列 j を取り出す	`m41f = m44f.col( j );`
行列の対角要素を取り出す	`m41f = m44f.diag();`
転置行列	`n44f = m44f.t();`
逆行列	`n44f = m44f.inv( method );` `    // デフォルトのmethodはcv::DECOMP_LU`

線形方程式を解く	`m31f = m33f.solve( rhs31f, method )`
	`m32f = m33f.solve<2>( rhs32f, method );`
	`    // テンプレート形式`[†6]
	`    // デフォルトのmethodはcv::DECOMP_LU`

要素ごとの乗算	`m1.mul( m2 );`

固定長行列の関数の多くが、クラスに対してスタティックである（すなわち、特定のインスタンスのメンバーとしてではなく、クラスのメンバーとして、関数に直接アクセスする）ことに注意してください。例えば 3×3 の単位行列を生成したいなら、手軽なクラス関数 `cv::Matx33f::eye()` があります。この例では、`eye()` はクラスのメンバーであり、クラスはすでに `cv::Matx<>` テンプレートを 3×3 に特殊化したものなので、`eye()` は引数を必要としないことに注意してください。

†6 行列で表した方程式の右辺に複数の列があるとき、テンプレート形式が使われます。その場合、基本的には k 個の異なった連立方程式を一度に解いています。この k の値はテンプレート引数として `solve<>()` に与えられなければなりません。この値により、結果の行列の列数も決まります。

3.2.2.7 固定長ベクタクラス

固定長ベクタクラスは、固定長行列クラスから派生します。それらは実際には`cv::Matx<>`用の便利機能にすぎないのです。C++の継承の正確な意味において、固定長ベクトルのテンプレート`cv::Vec<>`は、列の数が1の`cv::Matx<>`であるというのは正しい言い方です。`cv::Vec<>`を個別にインスタンス化するのにすぐに利用できるエイリアスがあり、`cv::Vec{2,3,4,6,8}{b,s,w,i,f,d}`という形式をしています。最後の文字はこれまでと同じ意味です（`s`と`w`が追加されていますが、それぞれ、短整数型と符号なし短整数型を指しています）。**表3-8**に、`cv::Vec<>`がサポートする演算を示します。

表3-8 cv::Vec<>がサポートしている演算

演算	例
デフォルトコンストラクタ	`Vec2s v2s; Vec6f v6f; // その他...`
コピーコンストラクタ	`Vec3f u3f( v3f );`
初期値指定コンストラクタ	`Vec2f v2f(x0,x1);` `Vec6d v6d(x0,x1,x2,x3,x4,x5);`
メンバーアクセス	`v4f[ i ]; v3w( j ); // operator[]とoperator()のどちらも可`
ベクタの外積	`v3f.cross( u3f );`

固定長ベクタクラスで主に便利なのは、単一のインデックスで要素にアクセスできることと、一般的な行列では意味を持たないいくつかの特別な関数（例えば外積）が追加されていることです。このことは、固定長行列クラスから継承する多数のメソッドに追加される、**表3-8**の比較的少数の新しいメソッドによってわかります。

3.2.2.8 複素数クラス

基本型に含めるべきクラスがもう1つあります。複素数クラスです。OpenCVの複素数クラスは、STLの複素数クラステンプレート`complex<>`に関連づけられたクラスと同じではありませんが、互換性があり、相互に型変換できます。OpenCVとSTLの複素数クラスの最も大きな違いはメンバーアクセスです。STLのクラスでは実数部と虚数部はメンバー関数`real()`と`imag()`を通してアクセスされますが、OpenCVのクラスでは、（パブリックな）メンバー変数`re`と`im`として直接アクセスできます。**表3-9**に、複素数クラスがサポートする演算を列挙します。

表3-9 OpenCVの複素数クラスがサポートしている演算

演算	例
デフォルトコンストラクタ	`cv::Complexf z1; cv::Complexd z2;`
コピーコンストラクタ	`cv::Complexf z2( z1 );`
初期値指定コンストラクタ	`cv::Complexd z1(re0); cv::Complexd z2(re0,im1);`
コピーコンストラクタ	`cv::Complexf u2f( v2f );`
メンバーアクセス	`z1.re; z1.im;`
複素共役	`z2 = z1.conj();`

多くの基本型と同じように、この複素数クラスは土台となるテンプレートのエイリアスです。cv::Complexfとcv::Complexdが、それぞれ単精度複素数と倍精度複素数のエイリアスです。

3.2.3 ヘルパーオブジェクト

基本型と大きなコンテナ（次章で説明します）に加えて、ヘルパーオブジェクトの一群（さまざまなアルゴリズムを制御する終了基準や、コンテナに対して各種の演算を実行するための「範囲」または「スライス」など）があります。また、とても重要なオブジェクトの1つとして「スマート」ポインタオブジェクトcv::Ptrがあります。cv::Ptrを見ていきながら、OpenCVのC++インタフェースには不可欠なガベージコレクションのシステムを調べてみましょう。このシステムのおかげで、私たちはC言語ベースのOpenCVインタフェース（すなわちバージョン2.1以前）ではとても面倒だったオブジェクトの確保と解放などの細かいことを気にしなくてよくなったのです。

3.2.3.1 終了基準クラス（cv::TermCriteria）

多くのアルゴリズムは、いつ終了するべきかを知るために終了条件を必要とします。一般的に終了基準は、許可されている繰り返しの有限の回数（COUNTまたはMAX_ITERと呼ばれます）か、または、簡単に言えば「これだけ近くなったら終了してよい」というある種のエラーパラメータ（EPSと呼ばれます。みなさんの大好きなごく小さい数、**イプシロン**（epsilon）の短縮形です）の形式をとります。もしアルゴリズムが「十分近く」ならなかったとしてもある時点で終了するように、これらの両方を同時に持つことが多くの場合好ましいとされています。

cv::TermCriteriaオブジェクトは、OpenCVアルゴリズムの関数に便利に渡せるように、これらの終了基準の1つまたは両方をカプセル化しています。このオブジェクトは3つのメンバー変数を持っています。type、maxCount、epsilonです。これらは（パブリックなので）直接設定することもできますし、単にTermCriteria(int type, int maxCount, double epsilon)という形式のコンストラクタで設定することもよくあります。変数typeはcv::TermCriteria::COUNTまたはcv::TermCriteria::EPSのどちらかに設定されます。2つを「or」（すなわち|）で一緒に設定することもできます。cv::TermCriteria::COUNTはcv::TermCriteria::MAX_ITERの別名ですので、お好みならこちらを使ってもかまいません。終了基準にcv::TermCriteria::COUNTが含まれていると、アルゴリズムにmaxCount回繰り返したら終了するように指示していることになります。終了基準にcv::TermCriteria::EPSが含まれていたら、アルゴリズムの収束に関係するある値がepsilon未満になったらアルゴリズムを終了するように指示していることになります[†7]。maxCountとepsilonのどちら（あるいは両方）を使うかに従って、type引数を設定する必要があります。

†7 正確な終了基準は当然アルゴリズムに依存するので、個々のアルゴリズムがどのようにepsilonを解釈するかについては、ドキュメントを参照するのが最も確実です。

3.2.3.2 範囲クラス（cv::Range）

cv::Rangeクラスは、連続した整数の列を指定する際に使われます。cv::Rangeオブジェクトは2つの要素startとendを持っています。これらは多くの場合、cv::TermCriteriaのように、コンストラクタcv::Range(int start, int end)で設定されます。範囲にはstartの値は含まれますが、endの値は含まれません。したがってcv::Range rng(0, 4)には0、1、2、3が含まれますが、4は含まれません。

size()を使って範囲内の要素数を求めることができます。前出の例では、rng.size()は4になるでしょう。範囲に要素がないかどうかをテストするメンバーempty()もあります。最後に、cv::Range::all()はすべての範囲を示すオブジェクトで、範囲が必要な場所ではどこでも使えます。

3.2.3.3 スマートポインタテンプレート（cv::Ptr<>）とガベージコレクションの基礎

C++のとても便利なオブジェクト型の1つは「スマート」ポインタ[†8]です。このポインタを使えば、あるオブジェクトに対する参照を作成し、それを使い回すことができます。そのオブジェクトへの参照をさらに作成することが可能で、それらの参照は**すべて**カウントされます。参照がスコープから外れると、そのスマートポインタの参照カウントが1減らされます。すべての参照（ポインタのインスタンス）がなくなると、その「オブジェクト」は自動的に片づけられ（解放され）ます。プログラマーのみなさんは、もうこのような帳簿づけを自分でする必要はないのです。

以下にスマートポインタがどのように動くか説明します。まず、「ラップ」したいクラスオブジェクト用に、このポインタテンプレートのインスタンスを定義します。これは、cv::Ptr<cv::Matx33f> p(new cv::Matx33f)またはcv::Ptr<cv::Matx33f> p = cv::makePtr<cv::Matx33f>()のような呼び出しで行います。このテンプレートオブジェクトのコンストラクタは、指されるオブジェクトへのポインタを引数に取ります。これを行えばスマートポインタpが使えます。これは一種のポインタのようなオブジェクトで、引数として渡したり、通常のポインタとまったく同じように使ったりすることができます（すなわち、operator*()やoperator->()のような演算子もサポートしています）。pを持っていれば、pと同じ型の他のポインタについては、その新しいオブジェクトへのポインタを渡すことなく作成することができます。例えばcv::Ptr<cv::Matx33f> qを作成してpの値をqに代入すれば、その場面の裏のどこかで、スマートポインタの「スマート（知的）」な動作が働き始めます。おわかりでしょうが、通常のポインタとまったく同様に、実際にはcv::Matx33fのオブジェクトはまだ1つしかなく、pとq両方のポインタがそれを指しています。異なる点は、pもqも自分がそれぞれ2つのポイン

†8 最近C++の標準に追加された機能に詳しければ、OpenCVのcv::Ptr<>テンプレートとshared_ptr<>テンプレートとが似ていることがわかるでしょう。同様に、Boostライブラリにもスマートポインタshared_ptr<>があります。結局のところ、これらはすべて多かれ少なかれ同じように機能します。

タのうちの1つであると**知っている**ということです。pが（スコープの外に出るなどして）なくなると、qは自分が唯一残った元の行列に対する参照であることを知ります。その後qがなくなってqのデストラクタが（暗黙のうちに）呼び出されると、qは自分が最後に残った1つであること、そして、元の行列を解放しなければならないことを知ります。これは、ビルを最後に出る人が電灯を消してドアを施錠する責任を持つようなものと考えられます（この場合は、さらにビルを焼き払うわけですが）。

cv::Ptr<>テンプレートクラスのインタフェースには、スマートポインタの参照カウンタ機能に関連した複数の関数が追加サポートされています。特に関数addref()とrelease()は、ポインタの内部参照カウンタを増減します。これらは使うのが比較的危険な関数ですが、みなさんが自分で参照を細かく管理する必要がある場合に使用できます。

empty()という関数もあります。これはスマートポインタが、すでに解放されたオブジェクトを指しているかどうかを判定するのに使えます。この状況は、オブジェクトに対して1回以上release()を呼び出したときに起こる可能性があります。この場合、みなさんはまだスマートポインタを持っていますが、その指されているオブジェクトはすでに破壊されてしまっているかもしれません。empty()のもう1つの使い方は、スマートポインタの中の内部オブジェクトポインタが、他の何かの理由でNULLになってしまっていないかどうかを判定することです。この状況は、例えばそもそも単にNULLを返すかもしれない関数（cvLoadImage()、fopen()など）からの戻り値をスマートポインタに代入した場合に起こることがあります[†9]。

知っておいたほうがよいcv::Ptr<>の最後のメンバーは、delete_obj()です。これは参照カウンタがゼロになったときに自動的に呼び出される関数です。デフォルトでは、この関数は定義されてはいますが何もしません。cv::Ptr<>のインスタンスが指しているクラスを解放するために何か特別な操作が必要な場合には、delete_obj()をオーバーロードできます。例として、みなさんが古い形式（バージョン2.1以前）のIplImageを使っているとしましょう[†10]。昔は、例えばcvLoadImage()を呼び出してその画像をディスクから読み込んでいたかもしれません。C言語インタフェースでは、それは次のように行いました。

```
IplImage* img_p = cvLoadImage( "an_image" );
```

これの最新バージョンは、（まだ説明前のcv::MatではなくIplImageを使ってはいますが）次のようになるでしょう。

```
cv::Ptr<IplImage> img_p = cvLoadImage( "an_image" );
```

†9　この例のために、IplImageとcvLoadImage()について触れておきましょう。どちらも大昔のバージョン2.1以前の、今は廃止されたインタフェースによって生成されています。本書ではこれらの詳細は説明しません。IplImageは画像用の古いデータ構造体であり、cvLoadImage()はディスクから画像を取得してその結果の画像データへのポインタを返す古い関数であるということだけを知っていれば、この例では十分です。

†10　この例はちょっとわざとらしく見えるかもしれませんが、実際、みなさんがバージョン2.1以前の大規模なコードを持っていてそれを新しく書き換えようとしているなら、これと同じような操作をしょっちゅうする羽目になることでしょう。

あるいは、もしお好みなら次でも結構です。

```
cv::Ptr<IplImage> img_p( cvLoadImage( "an_image" ) );
```

これでimg_pをポインタとまったく同じように使うことができます（つまり、バージョン2.1以前のインタフェースを使ったことのある方にとっては、「まさしくその頃に戻ったかのように」です）。都合のよいことに、実はこの特定のテンプレートのインスタンスは、OpenCVを作り上げているヘッダファイルの広大な海のどこかですでに定義されています。もしみなさんがそれを探しに出かけたなら、次のテンプレート関数が定義されているのを発見するでしょう。

```
template<> inline void cv::Ptr<IplImage>::delete_obj() {
    cvReleaseImage(&obj);
}
```

（変数objはcv::Ptr<>内部のクラスメンバー変数の名前で、確保されたオブジェクトへのポインタを実際に保持しています。）この定義のおかげで、みなさんはcvLoadImage()から取得したIplImage*ポインタを解放する必要がなくなるのです。img_pがスコープから外れたら、IplImage*ポインタは自動的に解放されます。

この例は（関連性は高いものの）ちょっと特殊でした。ライブラリがIplImageへのスマートポインタをすでに定義してくれているので、一般的ではありません。もう少し典型的なケースとしては、みなさんの使いたいものに対してそれを解放する関数が存在しない場合、自分でそれを定義する必要があります。FILE[†11]へのスマートポインタを使ってファイルハンドルを作成する例を考えてみましょう。この場合、自分でcv::Ptr<FILE>テンプレートにdelete_obj()をオーバーロードし次のように定義しなければなりません。

```
template<> inline void cv::Ptr<FILE>::delete_obj() {
    fclose(obj);
}
```

こうしておけば、この先、そのポインタを使ってファイルを開いて、いろいろなことをした後、そのポインタがスコープから外れるまで放っておけばよいのです（その時点で、ファイルハンドルは自動的に閉じてくれます）。

```
{
  cv::Ptr<FILE> f(fopen("myfile.txt", "r"));
  if(f.empty())
    throw ...;         // 例外を投げる。これは後で説明する...
  fprintf(f, ...);
  ...
}
```

最後の中括弧でfがスコープから外れます。そして、fのデストラクタによりfの内部参照カウ

†11　ここでのFILEは、C言語の標準ライブラリで定義されているstruct FILEを指します。

ンタがゼロになって delete_obj() が呼ばれ、(その結果) ファイルハンドルポインタ (obj に格納) に対して fclose() が呼ばれます。

専門家向けのヒント：慎重なプログラマーは、cv::Ptr<>テンプレートの参照カウンタの増減は十分にアトミックな処理ではなく、マルチスレッドアプリケーションにおいては安全ではないのではと心配するかもしれません。しかしそれは真実ではありません。cv::Ptr<>はスレッドセーフです。同様に、OpenCVで参照をカウントするその他のオブジェクトも、この意味ですべてスレッドセーフです。

3.2.3.4 例外クラス (cv::Exception) と例外処理

OpenCVはエラーを処理するのに例外を使います。OpenCVは、STLの例外クラス std::exception から派生した独自の例外型 cv::Exception を定義しています。実際にはこの例外型は何も特別なものは持っていません。ただ、cv::名前空間にあり、それにより std::exception から派生した他のオブジェクトと区別できることだけが違います。

cv::Exception 型は、code、err、func、file、line というメンバーを持ちます。それぞれ、エラーコード番号、例外を発生させたエラーの内容を示す文字列、エラーが起こった関数名、エラーが起こったファイル、そのファイル内のエラーが起こった行を示す整数です。err、func、file は、すべて cv::String 型文字列です。

例外を起こさせるための組み込みマクロが複数用意されています。CV_Error(errorcode, description) は、固定のテキストの説明を持った例外を生成して投げます。CV_Error_(errorcode, printf_fmt_str, [printf-args]) も同様の機能ですが、固定テキストの部分を printf のようなフォーマット文字列と引数で置き換えることができます。最後に CV_Assert(condition) と CV_DbgAssert(condition) は、どちらも、指定された条件をチェックし、その条件が満たされなかった場合に例外を投げます。ただし、後者は、デバッグビルドのときにだけ動作します。これらのマクロは自動的に func、file、line のメンバーを設定してくれるので、例外を投げるのに強く推奨されるメソッドです。

3.2.3.5 データタイプテンプレート (cv::DataType<>)

OpenCVライブラリの関数が特定のデータ型に関する情報を伝える必要があるときには、cv::DataType<>型のオブジェクトを作成して行います。cv::DataType<>自身はテンプレートなので、渡される実際のオブジェクトはこのテンプレートを特殊化したものです。これは、C++の中で一般に traits と呼ばれているものの例です。これにより cv::DataType<>オブジェクトは、その型に関する実行時情報と、typedef 文による自身の定義を同時に含むことができます。この定義により、同じ型をコンパイル時に参照できます。

これは少しややこしく聞こえるかもしれませんし、実際そうなのです。しかしこれは、C++で実行時情報とコンパイル時情報を混在させようとしたため、当然の結果なのです[†12]。例を1つ示すとわかりやすいでしょう。DataTypeのテンプレートクラスの定義を次に示します。

```
template<typename _Tp> class DataType
{
  typedef _Tp        value_type;
  typedef value_type work_type;
  typedef value_type channel_type;
  typedef value_type vec_type;

  enum {
    generic_type = 1,
    depth        = -1,
    channels     = 1,
    fmt          = 0,
    type         = CV_MAKETYPE(depth, channels)
  };
};
```

これが何を意味しているのかを理解して、それから例を見てみることにしましょう。まず、cv::DataType<>がテンプレートであり、_Tpというクラスへの特殊化が期待されることがわかります。その後に4つのtypedef文があります。これによりcv::DataType<>をインスタンス化したオブジェクトから、cv::DataType<>型の他に、いくつかの関連する他の型をコンパイル時に取り出すことができます。このテンプレートの定義ではこれらはすべて同じ型ですが、これから見るテンプレートの特殊化の例では同じ型でなくてもよい（そして、同じ型にすべきではないことが多い）とわかるでしょう。その次の部分は、複数の構成要素を含むenumです[†13]。構成要素は、generic_type、depth、チャンネル数のchannels、フォーマットのfmt、typeです。これらの要素すべてが何を意味するかを知るために、traits.hppから、cv::DataType<>の特殊化の例を2つ見てみましょう。最初は、float用のcv::DataType<>の定義です。

```
template<> class DataType<float>
{
public:
  typedef float      value_type;
  typedef value_type work_type;
  typedef value_type channel_type;
  typedef value_type vec_type;

  enum {
    generic_type = 0,
    depth        = DataDepth<channel_type>::value,
    channels     = 1,
    fmt          = DataDepth<channel_type>::fmt,
```

†12 変数のイントロスペクション機能をサポートし、実行時内在データ型の概念を持つ言語では、こういった問題は生じません。
†13 もしこの構造が気持ち悪く思える場合は、enumの宣言の「列挙子」にはいつでも整数値を代入できることを思い出してください。実際、これはコンパイル時に決定するたくさんの整数の定数を隠し持っておく方法なのです。

```
    type         = CV_MAKETYPE(depth, channels)
  };
};
```

最初に気づくのは、これはC++の組み込み型のための定義であるということです。組み込みの型に対してこのような定義をしておくことは有用ですが、より複雑なオブジェクト用の定義をすることも可能です。この場合では、value_typeはもちろんfloatで、work_type、channel_type、vec_typeもすべて同じです。これらが何のためにあるのかは、次の例で明らかにします。この例は、enum内の定数の説明にちょうどよいでしょう。最初の変数generic_typeは0に設定されています。これは、traits.hppに定義されているすべての型に対してgeneric_typeは0だからです。depthはOpenCVで使われるデータ型の識別子です。例えばcv::DataDepth<float>::valueは定数CV_32Fになります。channelsは、floatが単一の数字なので1です。次の例で別の場合についても説明します。fmtはフォーマットを1文字で表現したものです。この場合、cv::DataDepth<float>::fmtはfになります。最後のtypeは、depthと似たものを表現しますが、チャンネル数（この場合は1）を含みます。CV_MAKETYPE(CV_32F,1)はCV_32FC1になります。

しかし、DataType<>で重要なのは、もっと複雑な構造の内容を伝えるということです。これは例えば、入力されてくるデータ型が不明な状態でアルゴリズムを実装できるようにするには必須なのです（すなわち、アルゴリズムはイントロスペクション機能を使って入力データの処理方法を決定するのです）。

cv::Rect<>用のcv::DataType<>のインスタンス化の例を考えてみましょう（ここには、まだ特殊化されていない型_Tpが含まれます）。

```
template<typename _Tp> class DataType<Rect_<_Tp> >
{
public:
  typedef Rect_<_Tp>                                value_type;
  typedef Rect_<typename DataType<_Tp>::work_type> work_type;
  typedef _Tp                                       channel_type;
  typedef Vec<channel_type, channels>               vec_type;

  enum {
    generic_type = 0,
    depth        = DataDepth<channel_type>::value,
    channels     = 4,
    fmt          = ((channels-1)<<8) + DataDepth<channel_type>::fmt,
    type         = CV_MAKETYPE(depth, channels)
  };
};
```

これはずっと複雑な例です。まず、cv::Rect自身は出てきていないことに注意してください。前に、cv::Rectは実際にはテンプレートのエイリアスであることを説明したのは覚えているでしょう。そしてそれはcv::Rect_<>というテンプレートです。したがってこのテンプレートは、

cv::DataType<cv::Rect>、あるいは、例えばcv::DataType< Rect_<float> >として特殊化できます。cv::DataType<cv::Rect>では、すべての要素は整数であることを思い出してください。つまりこの場合、テンプレートのパラメータ_Tpのインスタンスはすべてintになります。

value_typeは、cv::DataType<>が記述しているもののコンパイル時の名前そのもの（すなわちcv::Rect）であることがわかります。しかしwork_typeは、cv::DataType<int>のwork_typeであるように定義されています（当然のことながらintです）。ここから、work_typeはcv::DataType<>がどんな種類の変数からできているか（すなわち、私たちが何に対して「作業する」のか）を示していることがわかります。channel_typeもintです。これは、私たちがこの変数をマルチチャンネルオブジェクトとして表現したい場合に、いくつかのintオブジェクトとして表現されるはずであることを意味しています。最後のvec_typeは、channel_typeがこのcv::DataType<>をマルチチャンネルオブジェクトとしてどのように表現するかを示しているのと同じように、それをcv::Vec<>型のオブジェクトとしてどのように表現するかを示しています。エイリアスcv::DataType<cv::Rect>::vec_typeは、cv::Vec<int,4>になります。

実行時の定数の話に移りましょう。generic_typeはまた0です。depthはCV_32Sで、channelsは4です（なぜなら実際に4つの値があるからです。vec_typeがサイズ4のcv::Vec<>にインスタンス化されたのと同じ理由です）。fmtは（iは0x69なので）0x369になり、typeはCV_32SC4になります。

3.2.3.6 入力配列クラス（cv::InputArray）と出力配列クラス（cv::OutputArray）

多くのOpenCV関数が引数として配列を取り、戻り値として配列を返します。しかしOpenCVにはたくさんの種類の配列があります。これまでOpenCVがいくつかの小さい配列型（cv::Scalar、cv::Vec<>、cv::Matx<>）とSTLのstd::vector<>をサポートしていることを見てきました。また、次の章では大きな配列型（cv::Matとcv::SparseMat）についても説明します。インタフェースが面倒で複雑に（そして繰り返しに）なることを防ぐために、OpenCVはcv::InputArray型とcv::OutputArray型を定義しています。実際にはこれらの型は、OpenCVライブラリがサポートしているたくさんの配列形式に関して、「上記のどれか」を意味します。cv::InputOutputArray型もあり、入出力どちらにも使う配列を示します。

cv::InputArrayとcv::OutputArrayとの主な違いは、前者はconst（すなわち読み取り専用）を想定しているということです。通常、これらの2つの型は、ライブラリルーチンの定義の中で使われているのが見られるでしょう。これらの型をみなさんが自分で使おうとすることはないでしょうが、ライブラリ関数を導入しようとする際に、これらの型がある箇所には、単独のcv::Scalarを含めてどんな配列型も使うことができます。そしてその結果は、みなさんの期待どおりのものになるでしょう。

cv::InputArrayに関係して、cv::InputArrayを返す特別な関数cv::noArray()があります。この関数の戻り値のオブジェクトはcv::InputArrayを必要とするすべての入力に渡すことができ、この入力は使われていないということを示します。オプションで出力配列を持つ関数もいくつかありますが、それらに対応する出力が必要ないときには`cv::noArray()`を渡すことができます。

3.2.4 ユーティリティ関数

これまで本章で見てきた特定用途のプリミティブなデータ型に加えて、OpenCVライブラリは、いくつかの特定用途の関数も提供しています。これらは、コンピュータビジョンのアプリケーションでよく出てくる数学演算やその他の演算を、より効率的に処理するために使えます。ライブラリの観点からは、これらは**ユーティリティ関数**として知られています。ユーティリティ関数には、数学演算、テスト、エラー生成、メモリとスレッドの処理、最適化などが含まれています。**表3-10**にこれらの関数とその機能の要約を示し、その後で詳細に説明します。

表3-10 ユーティリティ関数とシステム関数

関数	説明
`cv::alignPtr()`	ポインタを与えられたバイト数にアラインする
`cv::alignSize()`	バッファサイズを与えられたバイト数にアラインする
`cv::allocate()`	オブジェクトのC言語スタイルの配列を確保する
`cvCeil()`[†14]	浮動小数点数xを、x以上の最も近い整数に丸める
`cv::cubeRoot()`	立方根を計算する
`cv::CV_Assert()`	与えられた条件が真でなければ例外を投げる
`CV_Error()`	`cv::Exception`を(固定文字列から)組み立てて投げるマクロ
`CV_Error_()`	`cv::Exception`を(フォーマット文字列から)組み立てて投げるマクロ
`cv::deallocate()`	オブジェクトのC言語スタイルの配列を解放する
`cv::error()`	エラーを表示し、例外を投げる
`cv::fastAtan2()`	2次元ベクトルの角度を度の単位で計算する
`cv::fastFree()`	メモリバッファを解放する
`cv::fastMalloc()`	アラインされたメモリバッファを確保する
`cvFloor()`	浮動小数点数xを、x以下の最も近い整数に丸める
`cv::format()`	`sprintf()`のようなフォーマットを使って`cv::String`型文字列を生成する
`cv::getCPUTickCount()`	内部CPUタイマーからティックカウントを取得する
`cv::getNumThreads()`	現在OpenCVが使っているスレッドの数を数える
`cv::getOptimalDFTSize()`	`cv::dft()`に渡す配列の最適なサイズを計算する
`cv::getThreadNum()`	現在のスレッドのインデックスを取得する
`cv::getTickCount()`	システムからティックカウントを取得する
`cv::getTickFrequency()`	1秒あたりのティック数を取得する(`cv::getTickCount()`を参照)
`cvIsInf()`	浮動小数点数xが無限大かどうかチェックする
`cvIsNaN()`	浮動小数点数xが「数でない」かどうかチェックする
`cvRound()`	浮動小数点数xを最も近い整数に丸める
`cv::setNumThreads()`	OpenCVが使うスレッド数を設定する
`cv::setUseOptimized()`	最適化コード(SSE2など)の使用を有効化または無効化する
`cv::useOptimized()`	最適化コードの有効化状態を示す(`cv::setUseOptimized()`を参照)

†14 この関数はいくぶん遺産的なインタフェースです。これはC言語の定義であり、インライン関数として定義されているC++の定義ではありません(coreの`.../types_c.h`参照)。同様のインタフェースを持つものが他にも複数あります。

3.2.4.1 cv::alignPtr()

```
template<T> T* cv::alignPtr(              // アラインされたT*型のポインタを返す
  T*  ptr,                                // アラインされていないポインタ
  int n   = sizeof(T)                     // ブロックサイズにアラインする。2の累乗
);
```

この関数は次の計算式に従って、任意の型のポインタに対して同じ型のアラインされたポインタを計算します。

```
(T*)(((size_t)ptr + n+1) & -n)
```

マルチバイトのオブジェクトを、そのオブジェクトのサイズで割り切れないアドレスから（すなわち、32ビット整数であれば4で割り切れないアドレスから）読み取ることができないアーキテクチャもあります。x86のようなアーキテクチャでは、CPUが自動的に読み込みを複数回行い、その読み込んだ結果から値を組み立てることにより対処してくれますが、性能はかなり犠牲になります。

3.2.4.2 cv::alignSize()

```
size_t cv::alignSize(             // nで割り切れてsz以上の最小のサイズを返す
  size_t sz,                      // バッファのサイズ
  int n                           // ブロックサイズにアラインする。2の累乗
);
```

与えられた数n（通常はsizeof()の戻り値）とバッファのサイズszに対し、cv::alignSize()は、このバッファがサイズnのオブジェクトを整数個格納するのに必要なサイズを計算します。すなわち、nで割り切れるsz以上の最小の数です。次の式が使われます。

```
(sz + n-1) & -n
```

3.2.4.3 cv::allocate()

```
template<T> T* cv::allocate(      // 割り当てられたバッファへのポインタを返す
  size_t n                        // 確保される要素数
);
```

関数cv::allocate()はnewの配列形式と同じように機能します。つまり、n個のT型のオブジェクトのC言語スタイルの配列を確保し、各オブジェクトに対しデフォルトコンストラクタを呼び出して、配列の最初のオブジェクトへのポインタを返します。

3.2.4.4 cv::deallocate()

```
template<T> void cv::deallocate(
  T*     ptr,                          // 解放するバッファへのポインタ
  size_t n                             // バッファの要素数
);
```

関数cv::deallocate()はdeleteの配列形式と同じように機能します。つまり、n個のT型のオブジェクトのC言語スタイルの配列を解放し、各オブジェクトに対してデストラクタを呼び出します。cv::deallocate()はcv::allocate()で確保されたオブジェクトを解放するために使われます。cv::deallocate()に渡される要素数nは、最初にcv::allocate()で確保されたオブジェクトの数と同じでなければなりません。

3.2.4.5 cv::fastAtan2()

```
float cv::fastAtan2(                   // 戻り値は32ビット浮動小数点数
  float y,                             // 入力値（32ビット浮動小数点数）
  float x                              // 入力値（32ビット浮動小数点数）
);
```

この関数は、xとy（y/x）の対のアークタンジェント（逆正接）を計算し、原点から指定された点までの角度を返します。結果は、0.0から360.0までの範囲の角度で返されます（0.0を含み、360.0は含みません）。

3.2.4.6 cvCeil()

```
int cvCeil(                            // x以上の最小の整数を返す
  float x                              // 入力値（32ビット浮動小数点数）
);
```

与えられた浮動小数点数xに対し、cvCeil()はx以上の最小の整数を計算します。入力値が32ビット整数で表現できる範囲から外れていたら、結果は未定義です。

3.2.4.7 cv::cubeRoot()

```
float cv::cubeRoot(                    // 戻り値は32ビット浮動小数点数
  float x                              // 入力値（32ビット浮動小数点数）
);
```

この関数は引数xの立方根を計算します。xが負の値でも正しく処理されます（このとき、戻り値は負になります）。

3.2.4.8 cv::CV_Assert()とCV_DbgAssert()

```
// 例
CV_Assert( x!=0 )
```

CV_Assert()は、渡された式をテストし、式がfalse（または0）に評価されたら例外を投げるマクロです。CV_Assert()マクロはいつでもテストされます。代わりにCV_DbgAssert()を使うと、デバッグコンパイルのときだけテストされます。

3.2.4.9 cv::CV_Error()とCV_Error_()

```
// 例
CV_Error( ecode, estring )
CV_Error_( ecode, fmt, ... )
```

マクロCV_Error()は、エラーコードecodeとC言語スタイルの固定文字列estringを渡すと、それらをcv::Exceptionに包み、cv::error()に渡して処理してくれます。変化形のマクロCV_Error_()は、メッセージ文字列を状況に応じて変える必要がある場合に使います。CV_Error_()はCV_Error()と同じくecodeを取りますが、それに続けてsprintf()と同様のフォーマット文字列および可変個の引数を必要とします。

3.2.4.10 cv::error()

```
void cv::error(
  const cv::Exception& ex                  // 投げる例外
);
```

この関数はほとんどの場合CV_Error()とCV_Error_()から呼び出されます。デバッグ以外のビルドでコンパイルされたコードでは例外exが投げられます。デバッグビルドでコンパイルされたコードではわざとメモリアクセス違反を起こし、みなさんがどんなデバッガを使っていても、実行スタックとすべてのパラメータを利用できるようにします。

エラーを投げるには、直接cv::error()を呼ばず、マクロCV_Error()とCV_Error_()を使いましょう。これらのマクロは、例外に表示したい情報を引数に取り、それを組み上げて、結果の例外をcv::error()に渡してくれます。

3.2.4.11 cv::fastFree()

```
void cv::fastFree(
  void* ptr                                // 解放するバッファへのポインタ
);
```

このルーチンはcv::fastMalloc()（次で説明します）で確保したバッファを解放します。

3.2.4.12 cv::fastMalloc()

```
void* cv::fastMalloc(                      // 確保したバッファへのポインタ
  size_t size                              // 確保するバッファのサイズ
);
```

cv::fastMalloc()は、おなじみのmalloc()とまったく同じように機能しますが、より高速な場合が多く、バッファをアラインしてくれるところが違います。これは、渡されたバッファサイズが16バイトより大きかったら、返されるバッファは16バイト境界にアラインされているという意味です。

3.2.4.13 cvFloor()

```
int cvFloor(                          // x以下の最大の整数を返す
  float x                             // 入力値（32ビット浮動小数点数）
);
```

与えられた浮動小数点数 x に対し、cvFloor() は x 以下の最大の整数を計算します。入力値が32ビット整数で表現できる範囲から外れていたら、結果は未定義です。

3.2.4.14 cv::format()

```
cv::String cv::format(                // cv::String型文字列を返す†15
  const char* fmt,                    // sprintf()と同じフォーマット文字列
  ...                                 // sprintf()と同じ可変長引数
);
```

この関数は本質的に標準ライブラリの sprintf() と同じですが、呼び出し側が文字列バッファを渡す必要はなく、関数が cv::String 型文字列オブジェクトを生成してそれを返します。これは特に、cv::Exception() コンストラクタ（引数として cv::String 型文字列を取ります）のためにエラーメッセージの書式を整えるのに便利です。

3.2.4.15 cv::getCPUTickCount()

```
int64 cv::getCPUTickCount( void );    // CPUティックカウントの長整数
```

この関数は、CPU ティックの機能を持つアーキテクチャ（x86 アーキテクチャはそうですが、それだけとは限りません）で CPU ティック数を返します。しかし多くのアーキテクチャにわたって、この関数の戻り値を解釈するのはとても難しいと知っておくことが重要です。特にマルチコアシステムでは、1つのスレッドがあるコアでスリープした後に別のコアで再開することがあるので、cv::getCPUTickCount() を2回呼び出した結果の差分は、誤解を招くものであったり完全に意味がなかったりする可能性があります。したがって自分が何をしているかをちゃんとわかっているのでない限り、タイミングの計測のためには cv::getTickCount() を使うのが最善です[†16]。cv::getCPUTickCount() は乱数生成器を初期化するようなタスクには最適です。

---

†15 訳注：以前のバージョンでは文字列型として std::string が使われていましたが、バージョン3からはほとんどが cv::String に変わりました。ただし互換性があるので std::string も利用可能です。

†16 もちろん、自分が本当に何をしているかわかっていれば、タイミングの詳細な情報を取得するのに、CPU タイマーそのものから取得する以上に正確な方法はありません。

3.2.4.16 cv::getNumThreads()

```
int cv::getNumThreads( void );              // OpenCVに確保されたスレッドの総数
```

OpenCVが現在使っているスレッドの数を返します。

3.2.4.17 cv::getOptimalDFTSize()

```
int cv::getOptimalDFTSize( int n );         // cv::dft()に渡す配列の最適なサイズ。n以上
```

みなさんが`cv::dft()`を呼び出そうとする場合、`cv::dft()`に渡す配列のサイズは、OpenCVが変換を計算するのに使うアルゴリズムの性能に大きな影響を与えます。推奨されるサイズを生成するためのルールはありますが、そのルールというのは非常に複雑で、配列に詰め込むための正しいサイズを毎回計算するのは（よく言っても）頭痛の種です。関数`cv::getOptimalDFTSize()`は、`cv::dft()`に渡そうとしていた配列のサイズを引数に取り、`cv::dft()`に渡すべき配列のサイズを返します。この情報を使ってもっと大きい配列を生成し、自分のデータをそこにコピーして余った部分にはゼロを詰め込めばよいのです。

3.2.4.18 cv::getThreadNum()

```
int cv::getThreadNum( void );               // 整数。この個別スレッドのID
```

OpenCVライブラリがOpenMP付きでコンパイルされている場合、現在実行しているスレッドのインデックス（ゼロから始まる）を返します。

3.2.4.19 cv::getTickCount()

```
int64 cv::getTickCount( void );             // ティックカウントの長整数
```

この関数は、アーキテクチャ依存の時間に対する相対的なティックカウントを返します。ティックの単位もアーキテクチャとOSに依存しますが、時間あたりのティック数は`cv::getTickFrequency()`（次で説明します）で計算することができます。タイミングを必要とするほとんどのアプリケーションで`cv::getCPUTickCount()`よりもこの関数を使ったほうがよいでしょう。この関数は、スレッドが実行されているコアや、（最近のほとんどのプロセッサで消費電力管理のために行っている）CPU周波数の自動スロットルのような低レベルなことに影響を受けないのです。

3.2.4.20 cv::getTickFrequency()

```
double cv::getTickFrequency( void );        // 秒あたりのティック周波数（64ビット）
```

タイミング解析で`cv::getTickCount()`を使う場合、1ティックの正確な意味は一般的にアーキテクチャ依存です。関数`cv::getTickFrequency()`は時間（すなわち秒数）と抽象的な「ティック」の間の変換を計算します。

関数の実行など、ある特定の事柄が起こるために必要な時間を計算するには、関数呼び出しの前と後に cv::getTickCount() を呼び出し、結果を引き算し、cv::getTickFrequency() の戻り値で割ればよいだけです。

3.2.4.21 cvIsInf()

```
int cvIsInf( double x );              // xがIEEE754の「無限大」なら1を返す
```

cvIsInf() の戻り値は、x が正の無限大または負の無限大ならば 1、そうでなければ 0 です。無限大のテストは、IEEE754 標準で示されているものです。

3.2.4.22 cvIsNaN()

```
int cvIsNaN( double x );              // xがIEEE754の「数でない」なら1を返す
```

cvIsNaN() の戻り値は、x が「数でない」ならば 1、そうでなければ 0 です。NaN のテストは、IEEE754 標準で示されているものです。

3.2.4.23 cvRound()

```
int cvRound( double x );              // xに最も近い整数を返す
```

与えられた浮動小数点数 x に対して、cvRound() は x に最も近い整数を計算します。入力値が 32 ビット整数で表現できる範囲から外れていたら、結果は未定義です。OpenCV 3.0 以降では、(cvFloor と cvCeil と同じように) オーバーロードされた cvRound(float x) があり、ARM ではこちらのほうが高速です。

3.2.4.24 cv::setNumThreads()

```
void cv::setNumThreads( int nthreads );   // OpenCVが使えるスレッド数を設定する
```

OpenCV が OpenMP 付きでコンパイルされている場合、この関数は、OpenCV が OpenMP の並列実行域で使うスレッド数を設定します。スレッド数のデフォルト値は、CPU 上の論理コアの数です (すなわち、それぞれ 2 つのハイパースレッドを持つコアが 4 つあれば、デフォルトでは 8 スレッドあります)。nthreads が 0 に設定されたら、スレッド数はこのデフォルト値に戻ります。

3.2.4.25 cv::setUseOptimized()

```
void cv::setUseOptimized( bool on_off ); // falseなら、最適化ルーチンをオフにする
```

OpenCV の初期バージョンでは、SSE2 命令などの高性能最適化を利用するために、外部ライブラリ (Intel Performance Primitives ライブラリ (IPP) など) に頼っていましたが、最近のバー

ジョンでは、そのコードを徐々にOpenCV自身の中に取り込むようになっています。みなさんがライブラリをビルドする際に無効化すると指定していなければ、これらの最適化ルーチンの使用はデフォルトで有効にされています。しかし `cv::setUseOptimized()` を使えば、いつでもこれら最適化の使用をオンオフすることができます。

最適化を使用するかどうかのグローバルフラグのチェックは、OpenCVライブラリ関数内部の比較的高いレベルで行われています。ここから言えるのは、他のルーチンが（どこかのスレッドで）走っているかもしれないうちは、`cv::setUseOptimized()` を呼び出すべきではないということです。みなさんは、何が走っていて何が走っていないかを確実に知ることができるときに限り、このルーチンを呼び出すようにするべきです。できればアプリケーションのトップレベルから呼び出すことが望ましいです。

3.2.4.26 cv::useOptimized()

```
bool cv::useOptimized( void );    // 最適化が有効ならtrueを返す
```

`cv::useOptimized()` を呼び出すことで、高性能最適化の使用を有効にするグローバルフラグの状態をいつでもチェックすることができます（`cv::setUseOptimized()` 参照）。これらの最適化が現在有効な場合にだけこの関数は `true` を返し、そうでない場合は `false` を返します。

3.2.5 テンプレート構造

本章ではここまで、ほとんどすべての基本型にテンプレート形式が存在することを繰り返し見てきました。実際のところは、ほとんどのプログラマーはテンプレートの中を深く知らなくてもOpenCVを使ってかなりのところまで行けるでしょう[†17]。

OpenCVバージョン2.1以降は、STL、Boost、および類似のライブラリ同様、テンプレートメタプログラミング方式で作られています。この種のライブラリ設計は、開発者に柔軟性を提供するだけでなく、最終コードの品質とスピードの両面でもきわめて強力です。特にOpenCVで使われているこの種のテンプレート構造は、アルゴリズムを、C++やOpenCVに元からあるプリミティブな型を特に前提としない抽象的な方法で実装することができます。

本章は `cv::Point` クラスから始まりました。このクラスはプリミティブとして紹介しましたが、実はみなさんが `cv::Point` 型のオブジェクトをインスタンス化するときは、さらにベースとなる `cv::Point_<int>`[†18]型のテンプレートオブジェクトをインスタンス化しているのです。こ

---

†17 実際、みなさんのC++プログラミングスキルが十分でなければ、おそらくここは流し読みするか完全に読み飛ばしても問題ありません。

†18 この末尾のアンダースコアに注意してください。この習慣はOpenCVでテンプレートを示すのによく使われます。ただし常にそうだというわけではありません。ライブラリの2.xバージョンでは、基本的に常にこの習慣に従っていました。3.x以降では、このアンダースコアは特に必要でない場所では省略されています。例えば、`cv::Point_<>`にはテンプレートではないクラス `cv::Point` と区別するためにアンダースコアが付いていますが、`cv::Vec<>`にはアンダースコアが付いていません（ライブラリのバージョン2.xでは、`cv::Vec_<>`でした）。

のテンプレートは、当然 int 以外の別の型でインスタンス化することもできます。実際には、int と同じ演算子の基本セット（すなわち、加算、減算、乗算など）をサポートしていれば、どんな型でもインスタンス化可能です。例えば OpenCV は cv::Complex 型を提供しており、これも使うことができます。また、OpenCV とはまったく関係ない STL の複素数型 std::complex も使えるでしょう。みなさん自身が構築した他の型でも同じです。これと同じ考え方が cv::Scalar_<>、cv::Rect_<>、さらに cv::Matx<>、cv::Vec<>のような他の型のテンプレートでも一般化されています。

これらのテンプレートを自分でインスタンス化するときには、テンプレートを組み立てるのに使う型と、（次元に関係する場合は）テンプレートの次元を提供する必要があります。一般的なテンプレートの引数を、**表3-11** に示します。

表3-11　一般的な固定長のテンプレート

テンプレート	説明
cv::Point_<Type T>	T 型のオブジェクトの対からなる点
cv::Rect_<Type T>	位置、幅、高さ。すべて T 型
cv::Vec<Type T, int H>	T 型の H 個のオブジェクト
cv::Matx<Type T, int H, int W>	T 型の H × W 個のオブジェクト
cv::Scalar_<Type T>	T 型の 4 つのオブジェクト（cv::Vec<T, 4>と同じ）

次章では、大型配列型 cv::Mat と cv::SparseMat も、対応するテンプレート型 cv::Mat_<>と cv::SparseMat_<>を持っていることを説明します。これらは似ていますが、いくつかの重要な点で違っています。

3.3 まとめ

本章では、小型のデータの集まりを扱うために OpenCV ライブラリで使われている基本データ型を詳細に見てきました。これらのデータの集まりとしては、点だけでなく、色（チャンネル）ベクトルや座標ベクトルのようなものを表現するのによく使われる小さいベクタ型や行列、さらに、これらの空間で演算を行う小さい行列がありました。そして、ライブラリがそのようなオブジェクトを表現するために（主に内部的に）使うテンプレートについて、また、それらのテンプレートの特殊化されたクラスについて説明しました。みなさんが日常的に使うもののほとんどは、これらの特殊化されたクラスでできています。

これらのデータを表すクラスに加え、終了基準や値の範囲といった概念を表現するためのヘルパーオブジェクトについても取り上げました。最後に、ライブラリが提供するユーティリティ関数を紹介することでこの章を締めくくりました。これらの関数は、コンピュータビジョンアプリケーションがよく遭遇する重要なタスクについて最適化された実装です。重要な演算や操作の例としては、特殊な数学演算やメモリ管理のツールなどがあります。

3.4 練習問題

1. 本章で紹介したたくさんの変換ヘルパー関数を使ってみましょう。
   a. 負の浮動小数点数を1つ選んでください。
   b. その数の絶対値を求め、四捨五入し、切り上げと切り捨てを計算してください。
   c. 乱数をいくつか生成してください。
   d. 浮動小数点数の`cv::Point2f`を作って、それを整数の`cv::Point`に変換してください。`cv::Point`を`cv::Point2f`に変換してください。
2. 小型の行列型とベクタ型
   a. `cv::Matx33f`オブジェクトと`cv::Vec3f`オブジェクトを使い、3 × 3行列と3行のベクタを作ってください。
   b. それらを直接乗算することはできますか？ できないとしたらなぜですか？
3. 小型の行列とベクタのテンプレート型
   a. `cv::Matx<>`テンプレートと`cv::Vec<>`テンプレートを使い、3 × 3行列と3行のベクタを作ってください。
   b. それらを直接乗算することはできますか？ できないとしたらなぜですか？
   c. そのベクタオブジェクトを、`cv::Matx<>`テンプレートを使って3 × 1行列に型変換しようとしてみてください。何が起こりますか？

4章
画像と大型配列型

4.1 動的可変長ストレージ

私たちの旅の次の滞在先は**大型配列型**です。この中で最も上位の概念は `cv::Mat` であり、これは OpenCV ライブラリの C++ 実装全体において中心的な役割を果たしています。OpenCV ライブラリの関数の大多数は `cv::Mat` クラスのメンバー関数であるか、引数として `cv::Mat` を取ったり戻り値として `cv::Mat` を返したりします。そして多くの関数が、それらのすべてに当てはまる動作をします。

`cv::Mat` クラスを使えば、任意の次元数の**密な**配列を表現することができます。ここでの「密」とは、配列内のすべての要素に対して、その要素に対応するメモリ上のデータ値が（その要素の値がゼロであったとしても）存在することを意味します。例えば、ほとんどの画像データは密な配列として保存されます。これに対し、**疎な**配列（スパース配列）も存在します。疎な配列では通常、ゼロ以外の要素だけが格納されます。この方法は、要素の多くが実際にゼロであった場合は保存領域を大幅に節約できますが、配列のゼロの要素が比較的少ない場合は逆に無駄になってしまう可能性があります。密ではなく疎な配列を使用するケースで一般的なのがヒストグラムです。ヒストグラムは大半の要素がゼロであることが多く、それらのゼロの要素をすべて保持する必要はありません。そのような疎な配列に対し、OpenCV には専用のデータ構造 `cv::SparseMat` が用意されています。

みなさんが OpenCV ライブラリの C 言語インタフェース（バージョン 2.1 以前の実装）に慣れていらっしゃるのであれば、データ型 `IplImage`、`CvMat`、`CvArr` などを覚えているでしょう。C++ 実装ではこれらはすべてなくなり、`cv::Mat` に置き換えられました。これにより、もはや関数の引数に怪しげな `void*`ポインタの型変換を行う必要はなくなり、ライブラリ内部が全体的に非常にスッキリとしています。

4.1.1 cv::Matクラス：N次元の密な配列

cv::Matクラスは任意の次元数の配列として使用することができます。データは、n次元版の「ラスタスキャンの走査順」で配列に格納されます。つまり1次元配列では要素が連続しています。2次元配列ではデータは行でまとめられ、それぞれの行が順番に配置されます。3次元配列の場合は、それぞれの行が平面にまとめられ、その平面が順番に配置されます。

各行列に含まれる要素は、配列の内容を示すflags、次元数を示すdims、行と列の数を示すrowsとcols（これらはdims>2のときは無効）などです。他にも、配列データが格納されている場所へのポインタdata、cv::Ptr<>で使われる参照カウンタに似たrefcountという参照カウンタも含まれています。この最後のメンバーにより、cv::Matはdataに含まれるデータに対してスマートポインタと同じように動作します。dataのメモリのレイアウトは、配列step[]によって示されます。データ配列は、要素の添え字が$(i_0, i_1, \ldots, i_{N_d-1})$で与えられるとき、次のようなアドレスになるよう配置されます。

$$\begin{aligned}\&(mtx_{i_0,i_1,\ldots,i_{N_d-1}}) = mtx.data + mtx.step[0] * i_0 + mtx.step[1] * i_1 + \ \ldots \\ + mtx.step[N_d - 1] * i_{N_d-1}\end{aligned}$$

単純な2次元配列の場合は次のように簡略化できます。

$$\&(mtx_{i,j}) = mtx.data + mtx.step[0] * i + mtx.step[1] * j$$

cv::Matに含まれるデータは必ずしも単なるプリミティブである必要はありません。cv::Mat内のデータの各要素自身は単一の数値でも複数の数値でもかまいません。複数の数値の場合は、ライブラリからは**マルチチャンネル**の配列として参照されます。実際、n次元の配列と$(n-1)$次元のマルチチャンネルの配列はよく似たオブジェクトです。しかし、配列を、**ベクトルを要素とする**配列と考えると便利な場面が多いので、ライブラリにはそういった構造用の特別な規定が存在します[†1]。

これらを区別する理由の1つはメモリアクセスです。定義により、配列の**要素**がベクトルであることもあります。ここでは例として、32ビット浮動小数点数型の3チャンネルの2次元配列を考えます。このときの配列の要素は、3つの32ビット浮動小数点数で、サイズは96ビット（12バイト）です。ただし、メモリ内の配置については配列の行が必ずしも連続しているとは限らず、次の行との間に小さな隙間（パディング）が存在することがあります[†2]。n次元のシングルチャンネル配列と$(n-1)$次元のマルチチャンネル配列の違いは、このパディングが常に行の最後に発生するという点です（つまり1つの要素内の複数チャンネルのデータは常に連続しています）。

†1 OpenCVバージョン2.1以前の配列型には、チャンネル数を示す明示的な要素IplImage::nChannelsがありました。しかしcv::Matではチャンネル数を取得する、より一般化された手法があるため、この情報はクラス変数内には直接格納されなくなりました。チャンネル数はメンバー関数のcv::channels()で返されます。

†2 このように余分なデータが挿入されているのはメモリアクセス速度を向上させるためです。

4.1.2　配列の生成

配列は cv::Mat 型の変数をインスタンス化するだけで作成できます。その方法で作成された配列にはサイズもデータ型もありませんが、後から create() などのメンバー関数を使用してデータ領域を確保することができます。create() の1つの変化形（オーバーロード）は、引数に行数、列数、型を指定すると、2次元オブジェクトの配列を生成します。配列の型を指定することで、配列の要素の種類が決まります。ここで有効な型は、要素の基本型とチャンネル数の両方を組み合わせたものです。CV_{8U,16S,16U,32S,32F,64F}C{1,2,3}[†3]という形式で、すべてライブラリヘッダに定義されています。例えば CV_32FC3 は 32 ビット浮動小数点数型 3 チャンネル配列を意味します。

お好みで、最初に行列を割り当てる際にこれらの属性を指定しておくこともできます。cv::Mat のコンストラクタにはたくさんの種類があります。そのうちの1つは create() と同じ引数と、新しい配列の全要素を初期化するための第4引数をオプションで取ります。使用例を次に示します。

```
cv::Mat m;
// 3 チャンネル 32 ビット浮動小数点数型の 3 行 10 列のデータ領域を生成
m.create( 3, 10, CV_32FC3 );
// チャンネルの 1 番目の値を 1.0、2 番目の値を 0.0、3 番目の値を 1.0 に設定
m.setTo( cv::Scalar( 1.0f, 0.0f, 1.0f ) );
```

これは、次のようにしても同じです。

```
cv::Mat m( 3, 10, CV_32FC3, cv::Scalar( 1.0f, 0.0f, 1.0f ) );
```

本書の最重要項目

非常に重要なことは、配列のデータが配列オブジェクトそのものに格納されているわけではない、ということです。cv::Mat オブジェクトは、実際にはデータ領域を示すヘッダであり、配列のデータと配列オブジェクトは原則として完全に分離しています。例えば、ある行列 n を別の行列 m に代入する（すなわち m=n）場合には、m のデータポインタが n と同じデータを指すように変更されます。m の要素 data によって指し示されるデータがすでに存在していたら、そのデータは解放されます[†4]。同時に、両者が共有するようになったデータ領域の参照カウンタがインクリメント（1 増加）されます。もう 1 つ大事なことは、データの特徴を保持する m のメンバー（rows、cols、flags など）の値も更新され、m の data が指す新たなデータを正確に示すようになります。このように、非常に簡単に配列データを互いに代入することが可能です。そして、こういった動作が必要に応じて内部で自動的に行われることで、正しい結果が得られるようになっているのです。

---

†3　OpenCV では 4 チャンネル以上の配列を扱うこともできます。ただしそのような配列を生成するには、関数 CV_{8U,16S,16U,32S,32F,64F}C() のうちの 1 つを呼び出す必要があります。これらの関数にはチャンネル数として単一の引数を指定します。つまり CV_8UC(3) は CV_8UC3 と等価ですが、例えば CV_8UC7 用のマクロは存在しないので、CV_8UC(7) を呼び出さなければなりません。

†4　正確には、m がその特定のデータを指す最後の cv::Mat である場合にだけ解放されます。

表4-1 に cv::Mat のコンストラクタを示します。一見、手に負えなさそうですが、たいてい実際にはこの表のほんの一部しか使用しないでしょう。とはいえ、普段と異なる用法が必要なときには、こういったバリエーションがあると助かるはずです。

表4-1 データをコピーしない cv::Mat コンストラクタ

コンストラクタ	説明
`cv::Mat();`	デフォルトコンストラクタ
`cv::Mat( int rows, int cols, int type );`	型を指定した2次元配列
`cv::Mat( int rows, int cols, int type, const cv::Scalar& s );`	型と初期値を指定した2次元配列
`cv::Mat( int rows, int cols, int type, void* data, size_t step=AUTO_STEP );`	型と既存データを指定した2次元配列
`cv::Mat( cv::Size sz, int type );`	型を指定した2次元配列（サイズは sz で指定）
`cv::Mat( cv::Size sz, int type, const cv::Scalar& s );`	型と初期値を指定した2次元配列（サイズは sz で指定）
`cv::Mat( cv::Size sz, int type, void* data, size_t step=AUTO_STEP );`	型と既存データを指定した2次元配列（サイズは sz で指定）
`cv::Mat( int ndims, const int* sizes, int type );`	型を指定した多次元配列
`cv::Mat( int ndims, const int* sizes, int type, const cv::Scalar& s );`	型と初期値を指定した多次元配列
`cv::Mat( int ndims, const int* sizes, int type, void* data, size_t step=AUTO_STEP );`	型と既存データを指定した多次元配列

表4-1 は cv::Mat オブジェクトの基本コンストラクタの一覧です。デフォルトのコンストラクタを除けば、これらは大きく3つに分類することができます。1つ目は2次元配列の生成に行数と列数を指定するもの、2つ目は2次元配列の生成に cv::Size オブジェクトを指定するものです。そして3つ目は、n 次元配列の生成で次元数を指定するとともに、各次元のサイズを指定した整数の配列を渡すものです。

またこれらの方法のうちのいくつかでは、cv::Scalar を指定するか、配列で利用可能な適切なデータブロックへのポインタを指定することで、データを初期化することができます。前者の場合、配列全体の各要素をその値で初期化します。後者の場合は、基本的には既存のデータへのヘッダを作成しているだけです。つまりデータ自体はコピーされず、data 引数で指定されたデータを指すようにデータメンバーが設定されます。

表4-2 のコピーコンストラクタ一覧に、別の配列データをコピーして新たに配列を生成する方法を示します。基本のコピーコンストラクタに加え、既存の配列の部分領域から配列を生成する 3 つのコンストラクタと、行列の演算式の結果から新しい行列を初期化する 1 つのコンストラクタがあります。

表4-2 他の cv::Mat からデータをコピーする cv::Mat コンストラクタ

コンストラクタ	説明
`cv::Mat( const Mat& mat );`	コピーコンストラクタ

`cv::Mat(`
`  const Mat& mat,`
`  const cv::Range& rows,`
`  const cv::Range& cols`
`);`
	行と列の範囲で示す部分領域だけをコピーするコピーコンストラクタ

`cv::Mat(`
`  const Mat& mat,`
`  const cv::Rect& roi`
`);`
	関心領域（ROI：region of interest）で指定された行と列の部分領域だけをコピーするコピーコンストラクタ

`cv::Mat(`
`  const Mat& mat,`
`  const cv::Range* ranges`
`);`
	一般化された関心領域のコピーコンストラクタ（n 次元配列の領域を選択するために範囲型の配列を使う）

`cv::Mat( const cv::MatExpr& expr );`	行列の代数式で行列を初期化するコピーコンストラクタ

部分領域（関心領域、ROI とも呼ばれます）を使うコンストラクタにも 3 種類があります。行の範囲と列の範囲（これは 2 次元行列でだけ機能します）を指定するもの、長方形の部分領域 cv::Rect（これも 2 次元行列でだけ機能します）を指定するもの、範囲型の配列を指定するものです。この 3 つ目のコンストラクタは、ポインタ引数 ranges で示される有効な範囲の数が配列 mat の次元数と等しくなければなりません。3 次元以上の多次元配列の場合には、この 3 番目のオプションを使用する必要があります。

C 言語スタイルのデータ構造がまだ残っているバージョン 2.1 以前のコードの改変やメンテナンスをしている場合には、既存の CvMat 構造や IplImage 構造から新しい C++ スタイルの cv::Mat 構造を生成したいこともあるかもしれません。そのようなときに使用するコンストラクタを**表4-3** に示します。これらのコンストラクタの copyData に false を設定すれば、既存のデータを使ってヘッダ m が作成されます。また、true を設定すれば、m 用に新しいメモリが確保され、old のデータがすべて m にコピーされます。

表4-3 バージョン2.1以前のデータ型用のcv::Matコンストラクタ

コンストラクタ	説明

cv::Mat(
  const CvMat* old,
  bool copyData=false
);
	旧形式のCvMatから新規にオブジェクトを生成するコンストラクタ。オプションでデータをコピーする

cv::Mat(
  const IplImage* old,
  bool copyData=false
);
	旧形式のIplImageから新規にオブジェクトを生成するコンストラクタ。オプションでデータをコピーする

これらのコンストラクタは予想以上に多くのことを行ってくれます。特に、必要に応じてC++のデータ型の暗黙のコンストラクタとして機能することによって、C++のデータ型とC言語のデータ型を混在させることもできます。その結果、cv::Matが期待されている箇所でも単純にC言語のデータ型へのポインタを使用でき、正しい結果を得ることができるのです（こういった理由からcopyDataメンバーのデフォルトがfalseになっています）。

これらのコンストラクタに加え、必要に応じてcv::MatをCvMatまたはIplImageに変換する型変換演算子もあります。これらもデータをコピーしません。

最後に紹介するコンストラクタは**テンプレートコンストラクタ**です（**表4-4**）。テンプレートコンストラクタと呼ばれてはいますが、cv::Matのテンプレート型を生成するわけではありません。テンプレートからcv::Matのインスタンスを生成するのでこのように呼ばれます。これらのコンストラクタにより、任意のcv::Vec<>やcv::Matx<>から、対応する次元と型のcv::Mat配列を生成することができます。また、任意の型のSTLのstd::vector<>オブジェクトから同じ型の配列を生成することも可能です。

表4-4 cv::Matテンプレートコンストラクタ

コンストラクタ	説明

cv::Mat(
  const cv::Vec<T,n>& vec,
  bool copyData=true
);
	型Tとサイズnのcv::Vecから、同じ型の1次元配列を生成する

cv::Mat(const cv::Matx<T,m,n>& vec, bool copyData=true);	型Tとサイズm × nのcv::Matxから、同じ型の2次元配列を生成する

cv::Mat(
  const std::vector<T>& vec,
  bool copyData=true
);
	型TのSTL vectorから、同じ型の要素を含む1次元配列を生成する

cv::Mat クラスには、使用頻度の高い配列を生成するスタティックメンバー関数もあります（表4-5）。その中には zeros()、ones()、eye() のような関数があり、それぞれ、すべて 0 の行列、すべて 1 の行列、単位行列を生成します[†5]。

表 4-5　cv::Mat を生成するスタティックメンバー関数

関数	説明
cv::Mat::zeros(rows, cols, type);	サイズが rows × cols、全要素の値が 0、要素の型が type（CV_32F など）の cv::Mat を生成する
cv::Mat::ones(rows, cols, type);	サイズが rows × cols、全要素の値が 1、要素の型が type（CV_32F など）の cv::Mat を生成する
cv::Mat::eye(rows, cols, type);	サイズが rows × cols、単位行列、要素の型が type（CV_32F など）の cv::Mat を生成する

4.1.3 個々の配列要素へのアクセス

行列にアクセスする方法は複数用意されています。それらはすべて、状況に応じて便利に使い分けられるように設計されています。最近の OpenCV のバージョンでは、これらすべての手法を完全に同じではないにせよ同程度の性能（アクセス速度）にするために多大な労力が費やされています。個々の要素にアクセスする方法には大きく分けると 2 つあり、1 つは位置を指定したアクセス、そしてもう 1 つはイテレータを使ったアクセスです。

直接アクセスの簡単なものは（テンプレート）メンバー関数の at<>() を使う方法です。この関数には、次元数が異なる配列に対しても利用可能なように、異なる引数を取るバリエーションが多数用意されています。at<>() のテンプレートに行列が含むデータと同じ型を指定し、その後、必要なデータの行と列の位置を指定すると、その要素にアクセスすることができます。簡単な例を次に示します。

```
cv::Mat m = cv::Mat::eye( 10, 10, CV_32FC1 );

printf(
  "Element (3,3) is %f\n",
  m.at<float>(3,3)
);
```

マルチチャンネルの場合は次のようになります。

†5　cv::Mat::eye() と cv::Mat::ones() でマルチチャンネル配列を生成した場合、最初のチャンネルだけが 1.0 で、他のチャンネルは 0.0 に設定されます。

```
cv::Mat m = cv::Mat::eye( 10, 10, CV_32FC2 );

printf(
  "Element (3,3) is (%f,%f)\n",
  m.at<cv::Vec2f>(3,3)[0],
  m.at<cv::Vec2f>(3,3)[1]
);
```

このように、マルチチャンネル配列に対して at<>() のようなテンプレート関数で指定したいとき、最もよい方法は cv::Vec<>オブジェクト（もしくは事前に作られたエイリアスやテンプレート型）を使用することです。

複素数などの、より複雑な型の配列もベクトルと同様に生成できます。

```
cv::Mat m = cv::Mat::eye( 10, 10, cv::DataType<cv::Complexf>::type );

printf(
  "Element (3,3) is %f + i%f\n",
  m.at<cv::Complexf>(3,3).re,
  m.at<cv::Complexf>(3,3).im,
);
```

ここで、cv::DataType<>テンプレートが使われることに注意してください。行列のコンストラクタは実行時に int 型の変数の値を必要とします。この値はコンストラクタが理解できる「魔法」の値とも言えるでしょう。一方、cv::Complexf は、純粋にコンパイル時に生成される実際のオブジェクト型です。cv::DataType<>テンプレートが必要なのは、こういった（実行時の）データ表現を（コンパイル時の）他のものから生成する必要があるためです。**表4-6** に at<>() テンプレートの使用可能なバリエーションの一覧を示します。

表4-6 at<>() アクセス用関数のバリエーション

例	説明
M.at<int>(i);	int 型配列 M の要素 i
M.at<float>(i, j);	浮動小数点数型配列 M の要素 (i, j)
M.at<int>(pt);	int 型行列 M の位置 (pt.x, pt.y) の要素
M.at<float>(i, j, k);	3 次元の浮動小数点数型配列 M の位置 (i, j, k) の要素
M.at<uchar>(idx);	符号なし文字型配列 M のインデックス idx[] が指す n 次元位置の要素

C 言語流に配列中の特定の行を指定するポインタを取り出すことでも、2 次元配列にアクセスできます。これには、cv::Mat のメンバー関数である ptr<>() テンプレートを使用します（前述のように配列内のデータは行ごとに連続しているので、この方法で特定の列にアクセスしても意味がありません。正しいやり方は後述します）。at<>() と同様に、ptr<>() は型名でインスタンス化されるテンプレート関数です。この関数はポインタを取得したい行を表す整数を引数に取り、その配列を構成するプリミティブ型へのポインタを返します（つまり、配列の型が CV_32FC3 で

あれば戻り値の型は float*です)。例えば、float 型の 3 チャンネル行列 mtx が与えられると、mtx.ptr<Vec3f>(3) は、mtx の 3 行目の最初の要素の、最初の(浮動小数点数型)チャンネルへのポインタを返します。これは一般的に、配列要素へのアクセスの中で最も速い手法です[†6]。一度ポインタが手に入れば、まさにその位置にデータが存在しているからです。

このように、行列 mtx 内のデータへのポインタを取得する方法は 2 種類あります。1 つは ptr<>() メンバー関数を使用する方法、もう 1 つはメンバーポインタ data を直接使用し、メンバー配列 step[] を使ってアドレスを計算する方法です。後者は C 言語インタフェースで行う手法に似ていますが、一般的に、at<>() や ptr<>()、イテレータなどのアクセス手法に比べ、現在では推奨されていません。とはいえ、特に 3 次元以上の配列を扱う場合は、直接アドレス計算が最も効率的です。

最後に、C 言語スタイルのポインタアクセスについて留意すべき重要な点について述べます。みなさんは、配列のすべての要素にアクセスする際は、一度に 1 行ずつ処理を反復して行いたいと思うでしょう。これは、配列内の行が連続している場合とそうでない場合があるからです。しかしメンバー関数 isContinuous() を使うと、データが連続しているかどうかを知ることができます。連続している場合は、1 行目の最初の要素へのポインタさえ取得すれば、あたかも巨大な 1 次元配列であるかのように配列全体にアクセスすることができます。

連続アクセスするためには、他にも、cv::Mat に組み込まれているイテレータ機構を使用する手法があります。これは STL コンテナが提供する手法と似たメカニズムに基づいており、それとほぼ同じように機能します。OpenCV では基本的に 2 つのイテレータテンプレートが利用可能です。1 つが const の配列用、もう 1 つが const でない配列用のものであり、名前はそれぞれ cv::MatConstIterator<>と cv::MatIterator<>です。cv::Mat のメソッドである begin() と end() はこの型のオブジェクトを返します。この繰り返し手法では、イテレータが自動的にデータの連続、不連続を判断するだけでなく、配列の次元数に応じた処理もしてくれるので便利です。

各イテレータは、配列を構成するオブジェクトの型を指定して宣言しなければなりません。イテレータを使って 3 チャンネル要素の 3 次元配列(3 次元ベクトル場)内で「最も長い」要素を計算する簡単な例を次に示します。

†6 at<>() によるアクセスと直接ポインタによるアクセスの性能の違いは、コンパイラの最適化の有無によります。コンパイラの最適化を適切に行えば、at<>() によるアクセスはコード中での直接ポインタによるアクセスに匹敵する傾向がありますが、コンパイラ最適化がオフになっている場合(例えばデバッグビルドのときなど)は桁違いに遅くなります。イテレータを介したアクセスは、たいていこのどちらよりも遅くなります。とはいえ、OpenCV の組み込み関数を利用したほうが、ここで説明した直接アクセスと自前のループで実装した処理よりもほとんどの場合で速くなるので、できる限り直接アクセスは避けたほうが無難でしょう。

```
int sz[3] = { 4, 4, 4 };
cv::Mat m( 3, sz, CV_32FC3 );  // サイズが 4 × 4 × 4 の 3 次元配列

cv::randu( m, -1.0f, 1.0f );   // -1.0 から 1.0 までの乱数で埋める

float max = 0.0f;              // 0.0 は L2 ノルムの最小値

cv::MatConstIterator<cv::Vec3f> it = m.begin();
while( it != m.end() ) {

  len2 = (*it)[0]*(*it)[0]+(*it)[1]*(*it)[1]+(*it)[2]*(*it)[2];
  if( len2 > max ) max = len2;
  it++;

}
```

配列全体、または複数の配列にわたる要素ごとの演算を行う場合は、通常はイテレータベースのアクセスを使用します。例えば2つの配列の加算や、RGB色空間からHSV色空間への配列の変換などが考えられます。そのような場合も、すべてのピクセル位置で厳密に同一の処理が実行されます。

4.1.4 N変数配列イテレータ：cv::NAryMatIterator

もう1つ反復処理の手法を紹介しましょう。ここで紹介する方法は、不連続の配列要素についてはcv::MatIterator<>のときのように扱えませんが、複数の配列に対して一度に反復処理を適用することができます。このイテレータはcv::NAryMatIteratorという名前で、反復処理を行う配列の構造（次元数と各次元における範囲）が同じである必要があります。

N 変数イテレータは、反復処理対象の配列内の単一要素を返すのではなく、**プレーン**（plane）と呼ばれる配列の塊（チャンク）を返します。1つのプレーンは入力配列の一部（通常は1次元または2次元のスライス）で、その中ではデータがメモリ内で連続していることが保証されています[†7]。不連続なデータの処理方法は次のとおりです。まずみなさんには、連続した塊であるプレーンが1つずつ与えられます。その個別のプレーンに対しては、配列操作で処理することも、それを自明なものとして繰り返し処理することもできます（ここでの「自明」とは、その塊の中では不連続性をチェックする必要がなく反復処理できることを意味します）。

プレーンの概念は、複数の配列が同時に反復されるという概念とはまったく別物です。**例4-1**を見てみましょう。ここでは1つの多次元配列をプレーンごとに合計しています。

†7 プレーン（plane、面）と言っても次元が2とは限らず、それより大きい場合もありえます。常に言えることは、プレーンがメモリ内で連続しているということです。

例4-1 多次元配列の総和をプレーン単位で計算する

```
int main( int argc, char** argv ) {
  ...
  const int n_mat_size = 5;
  const int n_mat_sz[] = { n_mat_size, n_mat_size, n_mat_size };
  cv::Mat n_mat( 3, n_mat_sz, CV_32FC1 );

  cv::RNG rng;
  rng.fill( n_mat, cv::RNG::UNIFORM, 0.f, 1.f );

  const cv::Mat* arrays[] = { &n_mat, 0 };
  cv::Mat my_planes[1];
  cv::NAryMatIterator it( arrays, my_planes );
```

この時点で N 変数のイテレータを持っています。次に続くコードでは、各プレーンの要素の合計値を計算し、結果を s に加えます。これらの処理がすべてのプレーンに対して行われます。

```
  // 各反復で、it.planes[i] は arrays の i 番目の配列における現在のプレーンを示す
  //
  float s = 0.f;                                  // すべてのプレーンを通した合計
  int   n = 0;                                    // プレーンの総数
  for (int p = 0; p < it.nplanes; p++, ++it) {
    s += cv::sum(it.planes[0])[0];
    n++;
  }
  ...
}
```

この例では、最初に3次元配列 n_mat を作成し、0.0〜1.0 の125個のランダムな浮動小数点数でそれを埋めています。cv::NAryMatIterator オブジェクトを初期化するには2つの配列が必要です。1つは、反復処理を行うすべての cv::Mat（この例では1つだけ）へのポインタからなるC言語スタイルの配列です。この配列の末尾は必ず 0 か NULL でなければなりません。もう1つは cv::Mat のC言語スタイルの配列です。この配列は反復中に個々のプレーンを参照する際に使用します（この例ではこれも1つだけです）。

N 変数イテレータを作成したら、それを使って反復処理を行えます。この反復処理は、イテレータに渡した配列を構成するプレーン上で行われるということを思い出してください。プレーン数（同じ構造なので各配列で同一）は常に it.nplanes で得ることができます。N 変数イテレータにはC言語スタイルの配列 planes が含まれており、これは各入力配列中の現在のプレーンのヘッダを保持しています。先ほどの例では反復処理される配列は1つしかないので、it.planes[0]（1つだけの配列中の現在のプレーン）を参照するだけで済みます。この例では、プレーンごとに cv::sum() を呼び出して累積加算し、最終結果を得ています。

N 変数イテレータが実際に有効であることを確かめるために、先ほどの例を少し拡張したものを考えてみましょう。次の例では、合計したい配列が2つあります（例4-2）。

例4-2 N変数イテレータを使用した2つの配列の総和の計算

```
int main( int argc, char** argv ) {
  ...
  const int n_mat_size = 5;
  const int n_mat_sz[] = { n_mat_size, n_mat_size, n_mat_size };

  cv::Mat n_mat0( 3, n_mat_sz, CV_32FC1 );
  cv::Mat n_mat1( 3, n_mat_sz, CV_32FC1 );

  cv::RNG rng;
  rng.fill( n_mat0, cv::RNG::UNIFORM, 0.f, 1.f );
  rng.fill( n_mat1, cv::RNG::UNIFORM, 0.f, 1.f );

  const cv::Mat* arrays[] = { &n_mat0, &n_mat1, 0 };

  cv::Mat my_planes[2];
  cv::NAryMatIterator it( arrays, my_planes );

  float s = 0.f;                    // 両方の配列のすべてのプレーンにわたる合計
  int   n = 0;                      // プレーンの総数
  for(int p = 0; p < it.nplanes; p++, ++it) {
    s += cv::sum(it.planes[0])[0];
    s += cv::sum(it.planes[1])[0];
    n++;
  }
  ...
}
```

この2番目の例では、C言語スタイルの配列 arrays に両方の入力配列へのポインタが与えられ、2つの行列が my_planes 配列で指定されていることがわかります。プレーンの反復時、各ステップにおいて、planes[0] には n_mat0 のプレーン、planes[1] には n_mat1 のプレーンが入っています。この単純な例では2つのプレーンを合計して累積加算するだけです。もう少し拡張したケースとしては、要素ごとの加算を用いてこれら2つのプレーンを合計し、その結果を3つ目の配列に対応するプレーンに格納するものが考えられます。

前述の例では示しませんでしたが、各プレーンのサイズを示す it.size というメンバーも重要です。取得できるサイズはプレーン内の要素数であり、チャンネル数の情報はこれには含まれません。先ほどの例で it.nplanes が5だった場合、it.size は25になります。

```
/////////// dst[*] = pow(src1[*], src2[*]) を計算する //////////////

const cv::Mat* arrays[] = { &src1, &src2, &dst, 0 };
float* ptrs[3];

cv::NAryMatIterator it(arrays, (uchar**)ptrs);
for( size_t i = 0; i < it.nplanes; i++, ++it )
{
  for( size_t j = 0; j < it.size; j++ )
  {
```

```
        ptrs[2][j] = std::pow(ptrs[0][j], ptrs[1][j]);
      }
    }
```

4.1.5 ブロック単位での配列要素へのアクセス

前節では、単独に、あるいは反復することで連続的に、配列の個々の要素へアクセスする方法を見てきました。もう1つよくある状況として、ある配列中の部分領域に対して、別の配列としてアクセスしなければならない場合があります。これは、元の配列から行や列、あるいは任意の部分領域を選択することと考えてもよいでしょう。

表4-7に示すように、これを行う方法は数多くあります。これらはすべてcv::Matクラスのメンバー関数であり、呼び出される配列の部分領域を返します。最も単純なメソッドはrow()とcol()でしょう。これらは引数に整数を1つ取り、そのメンバー関数を呼び出された配列から、指定された行または列を返します。これが適用できるのは当然2次元配列に対してだけです。より複雑なケースについては後ほど示します。

ある配列mに対してm.row()やm.col()、さらにこれから説明するその他の関数を使う場合において重要なのは、mのデータが新しい配列にコピーされるわけではない、ということです。例えばm2 = m.row(3);という式を考えてみましょう。この式は、新しい配列ヘッダm2を生成し、そのdataポインタやstep配列などをmの3行目のデータへアクセスできるように調整することを意味します。m2のデータを変更すると、同時にmのデータも変更されるようになります。データを実際に複製するcopyTo()メソッドについては後述します。OpenCVでこのような処理が行われる主な利点は、既存配列の部分領域にアクセスするための新しい配列を作成するのに必要な時間が非常に少なくて済むというだけでなく、その時間が元の配列のサイズにも新しい配列のサイズにも依存しないということです。

row()、col()と密接に関連する関数としてrowRange()とcolRange()があります。これらの関数は、複数の連続した行（または列）を持つ配列を抽出するという点を除けば、row()やcol()と基本的に同じことを行います。どちらの関数も、整数値で開始と終了の行（または列）を指定するか、目的の行（または列）を示すcv::Rangeオブジェクトを渡せば、呼び出すことができます。2つの整数を引数に取る場合、指定される範囲は開始インデックスを含みますが終了インデックスは含みません（cv::Rangeと同様です）。

メンバー関数diag()は、row()やcol()と同様に動作しますが、m.diag()から返された配列は行列の対角要素を参照します。m.diag()は、どの対角を抽出するのかを示す整数の引数を必要とします。その引数がゼロの場合、主対角を示します。正の数の場合は主対角から上半分にその分だけ離れた要素、負の数の場合は下半分に離れた要素を示します。

最後に紹介する部分行列の抽出方法はoperator()です。この演算子を使用すると、必要な領域を指定する範囲のペア（行のcv::Rangeと列のcv::Range）、またはcv::Rectのいずれかを渡すことができます。これは高次元配列から部分領域を抽出できる唯一のアクセス方法です。高次元配列の場合、範囲を示すC言語スタイルの配列へのポインタを渡さなければなりません。そして、その配列は入力配列の次元数と同じ数の要素を持つ必要があります。

表4-7 cv::Matへのブロック単位のアクセス方法

例	説明
`m.row( i );`	mの行iに対応する配列
`m.col( j );`	mの列jに対応する配列
`m.rowRange( i0, i1 );`	行列mの行i0~i1-1に対応する配列
`m.rowRange( cv::Range( i0, i1 ) );`	行列mの行i0~i1-1に対応する配列
`m.colRange( j0, j1 );`	行列mの列j0~j1-1に対応する配列
`m.colRange( cv::Range( j0, j1 ) );`	行列mの列j0~j1-1に対応する配列
`m.diag( d );`	行列mのオフセットdの対角要素に対応する配列
`m( cv::Range(i0,i1), cv::Range(j0,j1) );`	行列mの、(i0,j0)と(i1-1,j1-1)を対角とする部分長方形に対応する配列
`m( cv::Rect(i0,j0,w,h) );`	行列mのあるコーナー(i0,j0)とその対角(i0+w-1,j0+h-1)にあたる部分長方形に対応する配列
`m( ranges );`	ranges[0]-ranges[ndim-1]で与えられる範囲の共通集合である部分領域に対応した、mから抽出された配列

4.1.6 行列の演算式：代数とcv::Mat

バージョン2.1より後のC++への移行で取り入れられた有用な機能の1つに、演算子のオーバーロードが挙げられます。これにより、配列、行列[†8]、シングルトンなどを組み合わせて代数的に表記することが可能になりました。いちばん大きな利点はコードのわかりやすさでしょう。多くの計算を、コンパクトかつ意味が明確な1つの式にまとめることができます。

内部的には、OpenCVの配列クラスの多くの重要な機能によってそういった配列演算が実現されています。例えば、行列のヘッダが必要に応じて自動的に作成され、作業用データ領域も必要に応じて（必要なときにだけ）割り当てられます。不要になったデータ領域は、暗黙的かつ自動的に解放されます。そして最終的な計算結果はoperator=()によって配列に格納されます。ここで、operator=()には重要な特徴が1つあります。それは、この形式はcv::Matにcv::Matを代入しているのではなく（そのように見えますが）、cv::Matに式自身を示す[†9]cv::MatExprを代入している、ということです。データは常に結果側（左辺）の配列にコピーされるので、この区別は重要です。前述のようにm2 = m1;という代入式もありますが、この場合は少し意味が異なり、m2

†8 用語の明確化のため、ここでは一般的なcv::Mat型オブジェクトに対しては**配列**、いわゆる行列的な数学オブジェクトを表す使い方を意図した場合においては**行列**という単語を使用することにします。これらの区別は純粋に自然言語的なものであり、OpenCVの実装において明確に区別されているわけではありません。

†9 cv::MatExprに潜むメカニズムは、実際にはここで必要とされるよりももっと細かいですが、みなさんは、cv::MatExprを右辺における代数形の記号表記であると考えておけばよいでしょう。cv::MatExprの大きな利点は、式の評価において、実際に評価する必要がないことが明らかである演算（例えば行列の転置の転置やゼロの加算、逆行列の自身への乗算など）を、事前に削除したり簡略化したりできる場合がよくあるということです。

が m1 のデータに対する別の参照になります。一方、m2 = m1 + m0; だとまた少し意味が異なります。m1 + m0 は**行列の演算式**であり、まずそれが計算され、結果へのポインタが m2 に割り当てられます。結果は新たに割り当てられたデータ領域に存在することになります[†10]。

表4-8 に利用可能な代数演算の例を示します。簡単な代数に加え、比較演算子、行列を生成する演算子（前述の cv::Mat::eye() など）、転置や逆行列の計算といった、より高レベルの演算子もあります。ここで重要なのは、コンピュータビジョンの実装時に出てくるであろう比較的複雑な行列の演算式を、明確かつ簡潔な方法で 1 行にまとめて表現できる、ということです。

表 4-8　利用可能な行列の演算式

例	説明
m0 + m1; m0 - m1;	行列の加減算
m0 + s; m0 - s; s + m0, s - m1;	行列とシングルトンの加減算
-m0;	負の符号
s * m0; m0 * s;	シングルトンによる行列のスケーリング
m0.mul(m1); m0/m1;	m0 と m1 の要素ごとの乗算、m0 と m1 の要素ごとの除算
m0 * m1;	m0 と m1 の行列の積
m0.inv(method);	行列 m0 の逆行列（デフォルトの method は cv::DECOMP_LU）
m0.t();	行列 m0 の転置（コピーは行われない）
m0>m1; m0>=m1; m0==m1; m0<=m1; m0<m1;	要素ごとに比較し、0 か 255 を要素とする符号なし文字（uchar）型行列を結果として返す
m0&m1; m0|m1; m0^m1; ~m0; m0&s; s&m0; m0|s; s|m0; m0^s; s^ m0;	複数の行列どうし、あるいは行列とシングルトンの間のビット単位の論理演算
min(m0,m1); max(m0,m1); min(m0,s); min(s,m0); max(m0,s); max(s,m0);	2 つの行列、あるいは行列とシングルトンの間の要素ごとの最小値と最大値
cv::abs(m0);	m0 の要素ごとの絶対値
m0.cross(m1); m0.dot(m1);	ベクトルの外積と内積（ベクトルの外積は 3 × 1 行列に対してのみ定義されている）

cv::Mat::eye(Nr, Nc, type);
cv::Mat::zeros(Nr, Nc, type);
cv::Mat::ones(Nr, Nc, type);
	クラスのスタティックな行列初期化子。type 型の定数の $N_r \times N_c$ 行列を返す

行列の逆行列演算 inv() は、実際には逆行列を求めるさまざまなアルゴリズムのフロントエンドです。これには現在 3 つのオプションがあります。1 つ目は cv::DECOMP_LU で LU 分解を意味し、任意の正則行列に対して作用します。2 つ目のオプションは cv::DECOMP_CHOLESKY であり、コレスキー分解により逆行列を計算します。コレスキー分解は対称な正定値行列に対してだけ動作しますが、大規模な行列に対しては LU 分解よりもはるかに高速です。3 つ目のオプションは cv::DECOMP_SVD で、特異値分解（SVD：Singular Value Decomposition）により逆行列を計算します。SVD は、非正則行列または非正方行列の擬似逆行列を計算する場合、唯一実行可能な選

†10　これは専門家にとっては当たり前のことでしょう。m1 + m0 の結果を格納するために一時配列が必要なのは明らかです。このとき m2 は単なる別の参照ですが、参照先はその一時配列になっています。operator+() があるときはその一時配列への参照は破棄されますが、参照カウンタはゼロにはなりません。m2 がその配列への唯一の参照を保持したままになっています。

択肢です。

他にも、cv::norm()、cv::mean()、cv::sum()などの**表4-8**に含まれていない関数があります（まだ説明していないものもありますが、何をする関数かは推測可能でしょう）。これらは、行列を他の行列やスカラ値に変換するものです。このようなオブジェクトも行列の演算式の中で使用することができます。

4.1.7　飽和型変換

OpenCVでは、計算結果の値がオーバーフローもしくはアンダーフローしてしまうリスクを伴った計算を行うことがよくあります。特に符号なしの型で減算処理を行うときによく起こりますが、それ以外にもあらゆる場面で発生し得ます。この問題に対処するために、OpenCVには**飽和型変換**と呼ばれる概念が用意されています。

これは、OpenCVの行列に対する算術演算やその他の操作において、自動的にアンダーフローやオーバーフローをチェックしてくれる機能です。アンダーフローやオーバーフローを起こす場合、ライブラリ関数は、それぞれ処理結果の値を利用可能な最小値と最大値に置き換えます。これは、C言語が通常ネイティブで行う処理とは異なるので注意してください。

この処理を自前の関数に実装することもできます。OpenCVには、これを容易に行える便利なテンプレートキャスト演算子があります。これはcv::saturate_cast<>()というテンプレート関数として実装されていて、引数に変換したい先の型を指定します。次に例を示します。

```
uchar& Vxy = m0.at<uchar>( y, x );
Vxy = cv::saturate_cast<uchar>((Vxy-128)*2 + 128);
```

この例では、まず変数Vxyに8ビット配列m0の要素への参照を割り当てます。次に、この配列の値から128を引いて2を掛けたもの（拡大）に128を加算します。つまりこの結果は、元に比べて128からの距離が2倍になります。通常のC言語の算術規則であればVxy-128に符号付き整数（32ビット）を割り当て、整数乗算で2を掛け、整数加算で128を足すでしょう。しかし、例えば、Vxyの元の値が10だとしたらどうなるでしょうか。まずVxy-128で-118になり、式全体の結果は-108となります。この数は「8ビット符号なし」の型であるVxyに適合しません。ここでcv::saturate_cast<uchar>()の出番です。-108という値を渡されると、それが符号なし文字（uchar）型に対してアンダーフローしていると認識し、値を0に変換します。

4.1.8　その他、配列でできること

ここまででcv::Matクラスのメンバーの大部分を見てきました。もちろん、今まで述べてきたカテゴリに当てはまらず、説明していないものもいくつかあります。**表4-9**に、通常のOpenCVプログラミングで必要になりそうな、その他のメンバー関数を示しておきます。

表4-9 その他の cv::Mat クラスのメンバー関数

例	説明
`m1 = m0.clone();`	m0 の完全なコピーを作成し、すべてのデータ要素もコピーする。複製された配列のデータは連続している
`m0.copyTo( m1 );`	m0 の内容を m1 にコピーする。必要に応じて m1 を再割り当てする（その場合は m1=m0.clone() と同等）
`m0.copyTo( m1, mask );`	m0.copyTo(m1) と同様。ただし、配列 mask の要素で指定した箇所のみをコピーする
`m0.convertTo( m1, type, scale, offset );`	m0 の要素を型 type（CV_32F など）に変換し、m1 に書き込む。その際、値 scale（デフォルトは 1.0）を乗じ、値 offset（デフォルトは 0.0）を加算する
`m0.assignTo( m1, type );`	内部のみで使用される（convertTo に類似）
`m0.setTo( s, mask );`	m0 内のすべての要素をシングルトン s に設定する。mask が指定された場合、mask のゼロ以外の要素に対応する箇所だけにセットする
`m0.reshape( chan, rows );`	2 次元行列の実形状を変化させる。チャンネル数 chan や行数 rows はゼロであってもよく、その場合は「変化なし」を意味する。データはコピーされない
`m0.push_back( s );`	m × 1 行列を拡張し、シングルトン s を最後に挿入する
`m0.push_back( m1 );`	m × n 行列を k 行拡張し、m1 をそれらの行にコピーする。m1 は k × n 行列でなければならない
`m0.pop_back( i );`	m × n 行列の終わりから i 行（デフォルトの i の値は 1）を削除する†11
`m0.locateROI( size, offset );`	m0 全体のサイズを cv::Size 型の size に書き込む。m0 が、より大きな行列の一部の「ビュー」である場合、その始点の座標を cv::Point& offset に書き込む
`m0.adjustROI( t, b, l, r );`	ビューのサイズを、上に t ピクセル、下に b ピクセル、左に l ピクセル、右に r ピクセル、拡張する
`m0.total();`	配列の要素数の合計を計算する（チャンネルは含まない）
`m0.isContinuous();`	m0 の行がメモリ上で行間の隙間がなく詰め込まれている場合だけ true を返す
`m0.elemSize();`	m0 の要素サイズをバイト単位で返す（例えば 3 チャンネル浮動小数点数型の行列なら 12 バイト）
`m0.elemSize1();`	m0 の部分要素のサイズをバイト単位で返す（例えば 3 チャンネル浮動小数点数型の行列は 4 バイト）
`m0.type();`	m0 の要素の有効な型識別子を返す（例えば CV_32FC3）
`m0.depth();`	m0 の個々のチャンネルに対する有効な型識別子を返す（例えば CV_32F）
`m0.channels();`	m0 の要素のチャンネル数を返す
`m0.size();`	m0 のサイズを cv::Size オブジェクトで返す
`m0.empty();`	配列に要素がないとき、つまり m0.total==0、または m0.data ==NULL の場合だけ true を返す

4.1.9 cv::SparseMat クラス：疎な配列

cv::SparseMat クラスが使われるのは、配列がゼロ以外の要素数に比べて非常に大きくなりそ

†11 多くの「pop」系の関数は pop された要素を返しますが、この関数は返さず、戻り値の型は void です。

うな場合です。これは疎な行列の線形代数においてよくある状況ですが、高次元配列でデータ、特にヒストグラムを表現したいときにも発生します。というのも、多くの実用アプリケーションでは大半の領域が空であることが多いからです。疎（スパース）な表現では実際に存在するデータだけを格納するため、メモリを大幅に節約できます。実際、多くの疎なオブジェクトは密な形式で表現すると途方もなく膨大なサイズになってしまうでしょう。疎な表現の欠点は、要素ごとの計算速度が遅い点です。この「要素ごと」という点は重要で、疎な行列による行列全体の計算が遅いわけでは決してありません。なぜなら計算をまったく行う必要がない大部分を事前にわかっているということは、多くの計算を節約をできる可能性が高いからです。

OpenCVの疎な行列のクラス cv::SparseMat の関数は、行列クラス cv::Mat の関数とほとんど同じように機能します。つまり同様に定義され、ほとんど同じ操作をサポートし、同じデータ型を保持できます。ただし内部的なデータの扱われ方はかなり異なります。cv::Mat は、C言語のデータ配列（データが順次詰め込まれ、要素のインデックスからアドレスを直接計算できるもの）と密接に関連したデータ配列を利用します。一方 cv::SparseMat は、ゼロ以外の要素だけを格納するためにハッシュテーブルを使用します[†12]。このハッシュテーブルは自動的に管理されており、配列内の（ゼロ以外の）要素数が効率的な検索をするには大きくなりすぎると、ハッシュテーブルが自動的に拡張されます。

4.1.10 疎な配列の要素へのアクセス

疎な配列と密な配列のいちばん大きな違いは要素へのアクセス方法でしょう。疎な配列には4つの異なるアクセス方法があります。cv::SparseMat::ptr()、cv::SparseMat::ref<>()、cv::SparseMat::value<>()、cv::SparseMat::find<>() です。

cv::SparseMat::ptr() メソッドにはいくつかのバリエーションがあります。最も簡単なものは次の形式です。

```
uchar* cv::SparseMat::ptr( int i0, bool createMissing, size_t* hashval=0 );
```

これは1次元配列にアクセスするためのものです。最初の引数 i0 はアクセスしたい要素のインデックスです。次の引数 createMissing は、要素が配列に存在しない場合にその要素を作成するかどうかを示します。cv::SparseMat::ptr() を呼び出すと、指定した要素がすでに配列内で定義されていればその要素へのポインタを返しますが、定義されていなければ NULL を返します。ただし、createMissing 引数が true のときはその要素が作成され、新しい要素を示す有効な NULL ではないポインタが返されます。最後の引数 hashval を理解するには、cv::SparseMat の基礎となるデータ表現方法がハッシュテーブルであることを思い出してください。ハッシュテーブルから対象を検索するには次の2つの手順が必要です。まずハッシュキーを計算（ここでは、イ

†12 実際には、配列上の演算の結果ゼロになった場合は、ゼロの要素が格納されることもあります。そのような要素を後から取り除きたい場合は自分でやる必要があります。要素の削除を行う関数として cv::SparseMat::erase() が用意されています。この関数については後で簡単に説明します。

ンデックス値から計算）し、次にそのキーに関連づけられたリストを検索します。通常、このリストは短い（理想的には1要素のみ）ため、ルックアップ（表探索）における主な計算コストはハッシュキーの計算になります。後述の cv::SparseMat::hash() などによりこのキーがすでに計算済みの場合、キーを再計算しなければ時間の節約になります。cv::SparseMat::ptr() では、引数 hashval がデフォルトである NULL のままだとハッシュキーが計算されますが、ハッシュキーが指定されればそれが使用されます。

cv::SparseMat::ptr() には他にもバリエーションがあります。2個か3個のインデックスを引数に取るものと、それ以上の次元数のために最初の引数が整数配列へのポインタ（つまり const int* idx）になっているものです。この整数配列は、アクセスされる配列の次元と同じ数の要素を持っていなければなりません。

いずれのバリエーションでも、関数 cv::SparseMat::ptr() は符号なし文字型へのポインタ（つまり uchar*）を返します。これは通常、その配列の正しい型に変換し直す必要があります。

アクセス用テンプレート関数 cv::SparseMat::ref<>() を使用すると、配列の特定要素への参照を得ることができます。この関数は cv::SparseMat::ptr() と同様、1〜3個のインデックス、またはインデックス配列へのポインタを引数に取ります。さらにオプションとして、ルックアップに使用するハッシュ値へのポインタもサポートしています。なお、これはテンプレート関数であるため、参照するオブジェクト型を指定する必要があります。例えば配列の型が CV_32F の場合は、cv::SparseMat::ref<>() を次のように呼び出します。

```
a_sparse_mat.ref<float>( i0, i1 ) += 1.0f;
```

テンプレートメソッド cv::SparseMat::value<>() は cv::SparseMat::ref<>() とほとんど同じですが、値への参照ではなく値を返すという点が異なります。このメソッドは、「const メソッド」です[†13]。

最後に紹介するアクセス用関数は cv::SparseMat::find<>() です。これは cv::SparseMat::ref<>() や cv::SparseMat::value<>() と同じように動作しますが、要求されたオブジェクトへのポインタを返す点が異なります。このポインタは cv::SparseMat::ptr() とは違い、cv::SparseMat::find<>() のテンプレートをインスタンス化するときに指定された型へのポインタなので、型変換の必要はありません。コードを明確にするためには、できるだけ cv::SparseMat::ptr() よりも cv::SparseMat::find<>() を使うことが好ましいでしょう。ただし、cv::SparseMat::find<>() は const メソッドであり const ポインタを返すので、いつでも使えるとは限りません。

---

†13 「const 修飾子を適切に使うこと（const correctness）」に慣れていなければ、次のように考えてください。プロトタイプにおけるメソッド宣言により、cv::SparseMat::value<>() に渡されたポインタ this は固定ポインタ（const ポインタ）であることが保証されています。これにより cv::SparseMat::value<>() を const オブジェクトに対して呼び出すことができます。一方、関数 cv::SparseMat::ref<>() ではこれができません。次に見る関数 cv::SparseMat::find<>() もまた const 関数です。

ここまで概要を説明してきた4種類のアクセス用関数に加え、イテレータを介して疎な行列の要素にアクセスすることも可能です。密な配列型と同様に、イテレータは通常、テンプレート化されています。そのテンプレートイテレータは cv::SparseMatIterator_<> と cv::SparseMatConstIterator_<>であり、どちらも cv::SparseMat::begin<>() と cv::SparseMat::end<>() のルーチンに対応しています（const 版の begin() と end() ルーチンは、const イテレータを返します）。テンプレート化されていないイテレータとして cv::SparseMatIterator や cv::SparseMatConstIterator もあり、これらは非テンプレート版の cv::SparseMat::begin() や cv::SparseMat::end() ルーチンから返されます。

例4-3に、疎な配列のゼロ以外の要素のすべてを表示する方法を示します。

例4-3　疎な配列のゼロ以外の要素のすべてを表示する

```
int main( int argc, char** argv ) {
  ...
  // ゼロ以外の要素を少数持つ 10 × 10 の疎な行列を生成
  //
  int size[] = {10,10};
  cv::SparseMat sm( 2, size, CV_32F );
  for( int i=0; i<10; i++ ) {           // 配列に値を埋める
    int idx[2];
    idx[0] = size[0] * rand();
    idx[1] = size[1] * rand();
    sm.ref<float>( idx ) += 1.0f;
  }

  // ゼロ以外の要素を表示
  //
  cv::SparseMatConstIterator_<float> it     = sm.begin<float>();
  cv::SparseMatConstIterator_<float> it_end = sm.end<float>();

  for(; it != it_end; ++it) {
    const cv::SparseMat::Node* node = it.node();
    printf(" (%3d,%3d) %f\n", node->idx[0], node->idx[1], *it );
  }

}
```

この例では node() というメソッドも出てきました。これはイテレータ用に定義されているものです。node() は、イテレータが示す疎な行列の内部データであるノードへのポインタを返します。ここで返されるオブジェクト cv::SparseMat::Node 型の定義は次のようになっています。

```
struct Node
{
  size_t hashval;
  size_t next;
  int idx[cv::SparseMat::MAX_DIM];
};
```

この構造体は、関連する要素のインデックス（要素 idx の型が int[] であることに注意）と、そのノードに関連づけられたハッシュ値の両方を保持しています（hashval は、cv::SparseMat::ptr()、cv::SparseMat::ref<>()、cv::SparseMat::value<>()、cv::SparseMat::find<>() で使われるハッシュ値と同様です）。

4.1.11 疎な配列に特有の機能

前述のように、疎な行列は密な行列と同様の多くの操作をサポートしています。加えて、疎な行列特有のメソッドもいくつかあります。それらの一覧を、前節で説明した関数も含めて**表4-10**に示します。

表4-10 その他の cv::SparseMat のクラスメンバー関数

例	説明
`cv::SparseMat sm;`	初期化せずに疎な行列を生成
`cv::SparseMat sm( 3, sz, CV_32F );`	3 次元の疎な行列を生成する。各次元のサイズは配列 sz によって与えられる。要素の型は float
`cv::SparseMat sm( sm0 );`	既存の疎な行列 sm0 をコピーして新しい疎な行列を生成
`cv::SparseMat( m0 );`	既存の密な行列 m0 から疎な行列を生成する
`size_t n = sm.nzcount();`	ゼロ以外の要素の数を返す

`size_t h = sm.hash( i0 );`
`size_t h = sm.hash( i0, i1 );`
`size_t h = sm.hash( i0, i1, i2 );`
`size_t h = sm.hash( idx );`
	1 次元の疎な行列の要素 i0 に対応するハッシュ値を返す。同様に 2 次元の疎な行列では i0、i1、3 次元の疎な行列では i0、i1、i2、そして n 次元の疎な行列では整数配列 idx によって示される要素に対応するハッシュ値を返す

`sm.ref<float>( i0 ) = f0;`
`sm.ref<float>( i0, i1 ) = f0;`
`sm.ref<float>( i0, i1, i2 ) = f0;`
`sm.ref<float>( idx ) = f0;`
	1 次元の疎な行列の要素 i0 に値 f0 を代入する。同様に 2 次元の疎な行列では i0、i1、3 次元の疎な行列では i0、i1、i2、そして n 次元の疎な行列では整数配列 idx によって示される要素に値 f0 を代入する

`f0 = sm.value<float>( i0 );`
`f0 = sm.value<float>( i0, i1 );`
`f0 = sm.value<float>( i0, i1, i2);`
`f0 = sm.value<float>( idx );`
	1 次元の疎な行列の要素 i0 の値を f0 に代入する。同様に 2 次元の疎な行列では i0、i1、3 次元の疎な行列では i0、i1、i2、そして n 次元の疎な行列では整数配列 idx によって示される要素の値を f0 に代入する

`p0 = sm.find<float>( i0 );`
`p0 = sm.find<float>( i0, i1 );`
`p0 = sm.find<float>( i0, i1, i2 );`
`p0 = sm.find<float>( idx );`
	1 次元の疎な行列の要素 i0 のアドレスを p0 に代入する。同様に 2 次元の疎な行列では i0、i1、3 次元の疎な行列では i0、i1、i2、そして n 次元の疎な行列では整数配列 idx によって示される要素のアドレスを p0 に代入する

`sm.erase( i0, i1, &hashval );`
`sm.erase( i0, i1, i2, &hashval );`
`sm.erase( idx, &hashval );`
	2 次元の疎な行列の (i0, i1) の要素を取り除く。3 次元の疎な行列では (i0, i1, i2)、n 次元の疎な行列では整数配列 idx によって示される要素を取り除く。hashval が NULL ではないときは計算せずに与えられた値をそのままハッシュキーとして使う

`cv::SparseMatIterator_<float> it` `= sm.begin<float>();`	疎な行列のイテレータ it を生成し、それが浮動小数点数型配列 sm の最初の値を指すようにする
`cv::SparseMatIterator_<uchar> it_end` `= sm.end<uchar>();`	疎な行列のイテレータ it_end を生成し、それが符号なし文字（uchar）型配列 sm の最後の値の次の値になるように初期化する

4.1.12 大型配列型用のテンプレート形式

前章で説明したような、一般的なライブラリのクラスがテンプレートクラスに関連しているという考え方は、cv::Matやcv::SparseMat、テンプレートのcv::Mat_<>やcv::SparseMat_<>にも当てはまりますが、ややわかりにくい方法です。例えばcv::Point2iを使うとき、それはcv::Point_<int>のエイリアス（typedef）にすぎませんでした。テンプレートのcv::Matとcv::Mat_<>の場合はそれほど単純な関係ではありません。cv::Matはすでに任意の型を表す能力を持っていますが、それは生成時に明示的に基本型を指定することで実現されます。cv::Mat_<>でインスタンス化されたテンプレートは実際にはcv::Matクラスから派生されたものであり、実質的にはcv::Matクラスを特殊化したものです。これによりアクセスや他のメンバー関数が簡略化され、テンプレート化する必要もなくなります。

繰り返しになりますが、テンプレート型cv::Mat_<>とcv::SparseMat_<>を使う目的は、メンバー関数のテンプレート型を使用する必要がないからです。この例を、次のように定義される行列で考えてみます。

```
cv::Mat m( 10, 10, CV_32FC2 );
```

この行列の要素に個々にアクセスするには、次のように行列の型を指定する必要があります。

```
m.at< Vec2f >( i0, i1 ) = cv::Vec2f( x, y );
```

別の方法として、行列mをテンプレートクラスとして定義していれば、行列の型を指定せずに単にoperator()を使ってアクセスすることもできます。その例を次に示します。

```
cv::Mat_<Vec2f> m( 10, 10 );

m.at<Vec2f>( i0, i1 ) = cv::Vec2f( x, y );

// または...

m( i0, i1 ) = cv::Vec2f( x, y );
```

これらのテンプレート定義を使えばコードの記述を大幅に簡略化することができます。

これらの2種類の行列宣言方式、およびそれらに関連した.atメソッドは、実質的には等価なものです。しかし、2つ目の方法がより「正しい」と考えられています。なぜなら、ある特定の型の行列を必要とする関数にmが渡されたとき、コンパイラが型の不一致を検出することができるからです。次に例を示します。

```
cv::Mat m(10, 10, CV_32FC2 );
```

このmが次の関数に渡されるとします。

```
void foo((cv::Mat_<char> *)myMat);
```

この場合は、エラーが実行時に発生します。そして、そのエラーの原因はおそらく自明ではないでしょう。代わりに次を使用すると、エラーがコンパイル時に発生してくれるのです。

```
cv::Mat_<Vec2f> m( 10, 10 );
```

テンプレート形式を使って、特定の型の配列を操作するテンプレート関数を作成することもできます。前節の例では、小さい疎な行列を作成し、そのゼロ以外の要素を表示しました。これを実現するための関数は、例えば次のように書けます。

```
void print_matrix( const cv::SparseMat* sm ) {

  cv::SparseMatConstIterator_<float> it     = sm.begin<float>();
  cv::SparseMatConstIterator_<float> it_end = sm.end<float>();

  for(; it != it_end; ++it) {
    const cv::SparseMat::Node* node = it.node();
    printf(" (%3d,%3d) %f\n", node->idx[0], node->idx[1], *it );
  }
}
```

この関数は、CV_32F 型の 2 次元行列を渡されたときは正常にコンパイルされ実行できるでしょう。しかし、予期しない型の行列が渡されたときにはエラーになります。次に、この関数をより汎用的にする方法を説明します。

まず初めに対処したいのは、基本となるデータ型の問題です。明示的に cv::SparseMat_<float>テンプレートを使用することもできますが、関数をテンプレート化するほうがさらによいでしょう。さらに、*it が float であると明確に仮定している printf() も取り除く必要があります。改良後の関数は**例 4-4** のようになります。

例 4-4 行列表示の改良版

```
template <class T> void print_matrix( const cv::SparseMat_<T>* sm ) {

  cv::SparseMatConstIterator_<T> it     = sm->begin();
  cv::SparseMatConstIterator_<T> it_end = sm->end();

  for(; it != it_end; ++it) {
    const typename cv::SparseMat_<T>::Node* node = it.node();
    cout <<"( " <<node->idx[0] <<", " <<node->idx[1]
      <<" ) = " <<*it <<endl;
  }
}

void calling_function1( void ) {
  ...
  cv::SparseMat_<float> sm( ndim, size );
  ...
  print_matrix<float>( &sm );
```

```
}

void calling_function2( void ) {
  ...
  cv::SparseMat sm( ndim, size, CV_32F );
  ...
  print_matrix<float>( (cv::SparseMat_<float>*) &sm );
}
```

これらの変更点は重要なので個別に見ていきましょう。ですが変更点を見る前にまず、この自前の関数のテンプレートが const cv::SparseMat_<T>*型のポインタを引数として取っていることに着目してください。つまり、疎な行列のテンプレートオブジェクトへの**ポインタ**になっています。ここで参照ではなくポインタを使用しているのには理由があります。それは、呼び出し側が持っているのが（calling_function1() で使用されているような）cv::Mat_<>テンプレートオブジェクトではなく、（calling_function2() で使用されているような）cv::Mat オブジェクトの可能性があるためです。cv::Mat であれば、参照先の値を得て、明示的に疎な行列のテンプレートオブジェクト型へのポインタに型変換することができます。

このテンプレートのプロトタイプでは、関数をクラス T のテンプレートとして格上げし、今度は cv::SparseMat_<T>*ポインタを引数として用いるようにしています。次の 2 行ではテンプレート形式を使用してイテレータを宣言していますが、begin() と end() はもうインスタンスをテンプレート化していません。なぜなら sm はインスタンス化されたテンプレートであり、そのインスタンス化は明示的に行われているので、sm は行列の種類を「知って」います。そのため begin() と end() の特殊化は不要です。Node の宣言も同様に変更され、cv::SparseMat_<T>のインスタンス化されたテンプレートクラスから明示的に取られています[†14]。最後に、printf() ではなくストリーム出力 cout を使うように変更します。これには*it の型を知らなくても表示できるという利点があります。

4.2 まとめ

本章では、OpenCV のとても重要な配列構造である cv::Mat について紹介しました。cv::Mat を使うことで、行列、画像、多次元配列を表現できます。cv::Mat クラスは、数値やベクトルなど任意の基本型を持つことができます。画像の場合は、単に Vec3b などの固定長ベクトルを含むように生成された cv::Mat 型クラスのオブジェクトです。そしてこのクラスは、多くの基本的な動作を簡潔に記述できる多くのメンバー関数を持っています。配列に対するその他の一般的な処理に関しても、本章で紹介したようにさまざまな関数があります。疎な行列に関する説明の中では、

†14 typename というキーワードは、おそらく多くの読者にとって少し不可解でしょう。これは C++ で依存スコープと呼ばれている規定です。もし使い忘れてしまったとしても、最近のほとんどのコンパイラ（例えば g++）であれば、追加を促す親切なメッセージを表示してくれるでしょう。

通常の cv::Mat 構造が使われるほとんどの場面で、疎な行列も使えるということを述べました。それはちょうど、STL vector オブジェクトが cv::Mat に対するほとんどすべての関数で使えることと似ています。最後に、大型配列型用のテンプレートクラスの詳細な機能について少し掘り下げ、プリミティブ型はテンプレートから派生しているのに対し、大型配列テンプレートは基底クラスから派生している、ということを説明しました。

4.3 練習問題

1. 500 × 500 のシングルチャンネルの符号なし文字（uchar）型画像を作成し、すべてのピクセル値をゼロにしてください。
   a. 数字を入力すると、その数字が幅 10 ピクセル、高さ 20 ピクセルのブロック内に表示されるような ASCII 値のタイプライタを作成してください。入力した数字が左から右に表示され、画像の端まで来たら停止するようにしてください。
   b. Enter とバックスペースのキー入力を可能にしてください。
   c. 矢印キーで各数字を編集できるようにしてください。
   d. 結果画像をカラー画像に変換するキーを作成してください。このとき、数字がそれぞれ違う色になるようにしてください。
2. 画像の長方形領域内の要素を効率よく足し合わせる関数を生成したいと考えています。このとき、統計データ用に画像を用意し、その画像の各「ピクセル」が、その点から元の画像の原点までの長方形領域内の要素の合計値を保持します。これは**積分画像**と呼ばれるもので、積分画像の 4 点だけを使って、その画像中の任意の長方形領域内の要素の合計を求めることができます。
   a. 100 × 200 のシングルチャンネルの uchar 型画像を生成し、乱数で埋めてください。また、100 × 200 のシングルチャンネルの float 型「積分画像」を生成し、すべての要素にゼロをセットしてください。
   b. 元の uchar 型画像の各点から原点までの長方形領域内の要素の合計値を、積分画像の対応する各要素に書き込んでください。
   c. 元の画像に新しい値が追加されたときに、積分画像で計算済みの積分値を使い、上の b. を効率的に 1 回で処理する方法を考えてください。そして、そのための効率的なメソッドを実装してください。
   d. 元の画像の任意の長方形領域内のピクセル値の合計を、積分画像を使用して高速に計算してください。
   e. 元の画像の中の、45 度傾いた長方形領域内の要素の合計を計算したい場合には、積分画像をどのように修正すればよいかを考えてください。そして、そのアルゴリズムを説明してください。

5章
配列の演算

5.1 配列でできる多様な処理

前章で説明したように、配列クラスのメンバー関数を使ってさまざまな基本的演算を行うことができます。それらに加えて、最も自然に表現するならば「フレンド」関数と言えるような演算も多くあります。それらは配列型を引数として取るか、戻り値として配列型を返すか、またはその両方を行います。これらの関数と引数については表5-1以降でさらに詳しく説明します。

表5-1 行列と画像の基本的な演算

関数	説明
cv::abs()	配列内のすべての要素の絶対値を返す
cv::absdiff()	2つの配列の差の絶対値を返す
cv::add()	2つの配列を要素ごとに加算する
cv::addWeighted()	2つの配列を要素ごとに加重加算する（アルファブレンド）
cv::bitwise_and()	2つの配列の要素ごとのビット単位ANDを計算する
cv::bitwise_not()	2つの配列の要素ごとのビット単位NOTを計算する
cv::bitwise_or()	2つの配列の要素ごとのビット単位ORを計算する
cv::bitwise_xor()	2つの配列の要素ごとのビット単位XORを計算する
cv::calcCovarMatrix()	n次元のベクトル集合の共分散を計算する
cv::cartToPolar()	2次元のベクトル場から角度と大きさを計算する
cv::checkRange()	配列に無効な値がないかチェックする
cv::compare()	選択した比較演算子を2つの配列のすべての要素に適用する
cv::completeSymm()	正方行列の要素を一方の半分から他方の半分にコピーして対称化する
cv::convertScaleAbs()	配列をスケーリングして絶対値を取り、8ビット符号なしの型に変換する
cv::countNonZero()	配列内のゼロ以外の要素数を数える
cv::cvarrToMat()	バージョン2.1より前の配列型をcv::Mat型に変換する
cv::dct()	配列の離散コサイン変換を計算する
cv::determinant()	正方行列の行列式を計算する
cv::dft()	配列の離散フーリエ変換を計算する
cv::divide()	ある配列を別の配列で要素ごとに除算する
cv::eigen()	正方行列の固有値と固有ベクトルを計算する
cv::exp()	配列の要素ごとの累乗を計算する
cv::extractImageCOI()	バージョン2.1より前の配列型からシングルチャンネルを抽出する

表5-1 行列と画像の基本的な演算（続き）

関数	説明
cv::flip()	選択した軸に関して配列を反転する
cv::gemm()	汎用的な行列の積を計算する
cv::getConvertElem()	単一ピクセル用の型変換関数を取得する
cv::getConvertScaleElem()	単一ピクセル用の型変換とスケーリングを行う関数を取得する
cv::idct()	配列の逆離散コサイン変換を計算する
cv::idft()	配列の逆離散フーリエ変換を計算する
cv::inRange()	配列の要素が他の 2 つの配列の値内にあるかどうかを検査する
cv::invert()	正方行列の逆行列を求める
cv::log()	配列の要素ごとの自然対数を計算する
cv::LUT()	ルックアップテーブルに従って配列を変換する
cv::magnitude()	2 次元のベクトル場から各ベクトルの大きさを計算する
cv::Mahalanobis()	2 つのベクトル間の Mahalanobis（マハラノビス）距離を計算する
cv::max()	2 つの配列の要素ごとの最大値を計算する
cv::mean()	配列要素の平均を計算する
cv::meanStdDev()	配列要素の平均と標準偏差を計算する
cv::merge()	複数のシングルチャンネル配列を 1 つのマルチチャンネル配列に結合する
cv::min()	2 つの配列の要素ごとの最小値を計算する
cv::minMaxLoc()	配列内の最小値と最大値を見つける
cv::mixChannels()	入力配列から出力配列へチャンネルを入れ替える
cv::mulSpectrums()	2 つのフーリエスペクトルの要素ごとの積を計算する
cv::multiply()	2 つの配列の要素ごとの積を計算する
cv::mulTransposed()	行列とその転置行列の積を計算する
cv::norm()	2 つの配列間のノルムを計算する
cv::normalize()	配列内の要素をある値に対して正規化する
cv::perspectiveTransform()	複数ベクトルの透視変換を行う
cv::phase()	2 次元ベクトル場から各ベクトルの角度を計算する
cv::polarToCart()	角度と大きさから 2 次元ベクトル場を計算する
cv::pow()	配列のすべての要素を与えられた指数で累乗する
cv::randu()	与えられた配列を一様分布の乱数で満たす
cv::randn()	与えられた配列を正規分布の乱数で満たす
cv::randShuffle()	配列要素をランダムにシャッフルする
cv::reduce()	指定された手法で 2 次元配列をベクトルに縮小する
cv::repeat()	ある配列の要素を別の配列にタイル状に並べる
cv::saturate_cast<>()	基本型を変換する（テンプレート関数）
cv::scaleAdd()	2 つの配列の要素ごとの合計を計算する（オプションで 1 つ目の配列をスケーリングする）
cv::setIdentity()	配列の対角要素をすべて 1 に、それ以外を 0 に設定する
cv::solve()	線形方程式を解く
cv::solveCubic()	3 次方程式の解（実根のみ）を求める
cv::solvePoly()	多項式の複素根を求める
cv::sort()	配列内の行または列の要素を並べ替える
cv::sortIdx()	cv::sort() と同じ機能を持つ。ただし配列は変更されず、インデックスが返される
cv::split()	1 つのマルチチャンネル配列を複数のシングルチャンネル配列に分離する
cv::sqrt()	配列の要素ごとの平方根を計算する
cv::subtract()	ある配列と別の配列の要素ごとの差を計算する
cv::sum()	配列のすべての要素を合計する

表5-1 行列と画像の基本的な演算（続き）

関数	説明
cv::theRNG()	乱数生成器を返す
cv::trace()	配列のトレース（跡）、つまり対角要素の合計を計算する
cv::transform()	配列の各要素に行列変換を適用する
cv::transpose()	すべての要素を対角に関して転置する

これらの関数はいくつかの共通の規則に従っています。例外が存在するものについては各関数の定義に記載してあります。本章で説明するほぼすべての関数は、次に示す規則のうち複数に該当します。

飽和

計算結果は出力配列の型に合わせて飽和型変換されます。

出力

出力配列が、必要な型、またはサイズと一致しない場合、`cv::Mat::create()` を呼び出してその型とサイズで出力配列を生成します。通常、必要な出力の型とサイズは入力と同じですが、一部の関数ではサイズ（`cv::transpose()` など）や型（`cv::split()` など）が異なる場合があります。

スカラ

`cv::add()` など、多くの関数では、2つの配列と同様、配列とスカラの演算が可能です。プロトタイプでオプションにスカラを引数に取ることが明示されていれば、スカラ引数を指定することで、すべての要素が同じスカラ値である配列を第2引数に指定したものと同じ結果が得られます。

マスク

関数にマスク引数がある場合は常に、出力配列内の対応するマスク値がゼロでない要素に対してだけ出力が計算されます。

dtype

多くの算術演算および類似の関数では、複数ある入力配列の型が同じである必要はありません。入力がいずれも同じ型であっても、出力配列が入力と異なる型になる場合もあります。こういった場合は、出力配列の深さを `dtype` 引数で明示的に指定する必要があります。`dtype` は任意の基本型（`CV_32F` など）に設定でき、指定されると出力配列がその型に変換されます。入力配列と同じ型でよければ、`dtype` をデフォルト値の`-1` に指定すると、結果の型が入力配列の型と同じになります。

置き換え演算

特に指定されていない限り、入力配列と出力配列が同じサイズと型を持つ演算では、両方に同じ配列が指定できます。そのようにすると入力配列が出力配列で上書きされます。

マルチチャンネル

チャンネルを使用しない演算では、マルチチャンネルの画像を引数に指定すると、各チャンネルが個別に処理されます。

5.1.1 cv::abs()

```
cv::MatExpr cv::abs( cv::InputArray src );
cv::MatExpr cv::abs( const cv::MatExpr& src );              // 行列の演算式
```

これらの関数は、配列、あるいは、配列どうしの何らかの演算結果に対し絶対値を計算します。最も一般的な使用法は、配列内のすべての要素の絶対値を計算することです。`cv::abs()`は引数として行列の演算式を取ることができ、特殊なケースは自動的に認識されて適切に処理されます。実際に、`cv::abs()`の呼び出しは`cv::absdiff()`やその他の関数の呼び出しに変換され、それらの関数によって処理されます。具体的には次の特殊なケースが実装されています。

- `m2 = cv::abs( m0 - m1 )`は、`cv::absdiff( m0, m1, m2 )`に変換される
- `m2 = cv::abs( m0 )`は、`cv::absdiff( m0, cv::Scalar::all(0), m2 )`に変換される
- `m2 = cv::Mat_< Vec<uchar,n> >( cv::abs( alpha*m0 + beta ) )`（`alpha`と`beta`は実数）は、`cv::convertScaleAbs( m0, m2, alpha, beta )`に変換される

3番目のケースはわかりにくいかもしれませんが、nチャンネル配列に対してスケーリングとオフセット（どちらもごく小さい値であることが多いでしょう）を計算しているにすぎません。これは画像のコントラスト補正を計算するときなどによく使います。

`cv::absdiff()`を使った実装では、出力配列は入力配列と同じサイズと型を持ちます。一方`cv::convertScaleAbs()`を使った実装では、出力配列の結果の型は常に`CV_8U`になります。

5.1.2 cv::absdiff()

```
void cv::absdiff(
  cv::InputArray  src1,                 // 1番目の入力配列
  cv::InputArray  src2,                 // 2番目の入力配列
  cv::OutputArray dst                   // 出力配列
);
```

$$dst_i = \text{飽和}\left(|src1_i - src2_i|\right)$$

cv::absdiff() は、2つの配列の対応する要素の差を計算し、その差の絶対値を出力配列の対応する要素に代入します[†1]。

5.1.3 cv::add()

```
void cv::add(
  cv::InputArray  src1,                    // 1番目の入力配列
  cv::InputArray  src2,                    // 2番目の入力配列
  cv::OutputArray dst,                     // 出力配列
  cv::InputArray  mask  = cv::noArray(),   // オプション。ゼロ以外の部分だけを処理する
  int             dtype = -1               // 出力配列の型
);
```

$$dst_i = 飽和\ (src1_i + src2_i)$$

cv::add() は単純な加算関数です。src1 のすべての要素を src2 の対応する要素と加算し、結果を dst の対応する要素に格納します。

簡単なケースでは、次のような行列の演算式でも同じ結果が得られます。

```
dst = src1 + src2;
```

また、代入演算子もサポートされています。

```
dst += src1;
```

5.1.4 cv::addWeighted()

```
void cv::addWeighted(
  cv::InputArray  src1,                    // 1番目の入力配列
  double          alpha,                   // 1番目の入力配列の重み
  cv::InputArray  src2,                    // 2番目の入力配列
  double          beta,                    // 2番目の入力配列の重み
  double          gamma,                   // 加重和に加算されるオフセット
  cv::OutputArray dst,                     // 出力配列
  int             dtype = -1               // 出力配列の型
);
```

関数 cv::addWeighted() は旧インタフェースの cvAdd() に似ており、次の式に従って計算されます。結果が dst に書き込まれる点のみ異なります。

$$dst_i = 飽和\ (src1_i * \alpha + src2_i * \beta + \gamma)$$

2つの入力画像 src1 と src2 は、同じ型であればどんなピクセルの型でもかまいません。また、

†1　訳注：式の「飽和」は、4章で取り上げた飽和型変換を表します。

一致さえしていればチャンネルの数（グレースケール、カラーなど）も任意です。

この関数は、**アルファブレンド**[Smith79]［Porter84］の実装のために使用することもできます。つまり、ある画像を別の画像に合成するときに使えます。このときのパラメータ`alpha`は`src1`のブレンド強度、`beta`は`src2`のブレンド強度です。α（`alpha`）を`0`〜`1`の間に、β（`beta`）を$1-\alpha$に、γ（`gamma`）を`0`に指定すれば、次のような標準的なアルファブレンドの式に変換することができます。

$$dst_i = 飽和\ (src1_i * \alpha + src2_i * (1 - \alpha))$$

`cv::addWeighted()`にはさらに柔軟性があり、ブレンドする画像の重み付けと、結果画像に加算するオフセットの指定（追加のパラメータγ）が可能です。一般的には`alpha`と`beta`を`0`以上にし、その合計が`1`を超えないように抑えたいと思うでしょう。このとき、画像の平均ピクセル値や最大ピクセル値に応じてピクセル値を調整するのに`gamma`が使えます。アルファブレンディングを使用するプログラムを**例5-1**に示します。

例5-1　src1の(x, y)から始まるROIに、src2の(0, 0)から始まるROIをアルファブレンドするプログラム

```
// alphablend <imageA> <image B> <x> <y> <width> <height> <alpha> <beta>
//
#include <cv.h>
#include <highgui.h>

int main(int argc, char** argv) {

  cv::Mat src1 = cv::imread(argv[1],1);
  cv::Mat src2 = cv::imread(argv[2],1);

  if( argc==9 && !src1.empty() && !src2.empty() ) {

    int    x     = atoi(argv[3]);
    int    y     = atoi(argv[4]);
    int    w     = atoi(argv[5]);
    int    h     = atoi(argv[6]);
    double alpha = (double)atof(argv[7]);
    double beta  = (double)atof(argv[8]);

    cv::Mat roi1( src1, cv::Rect(x,y,w,h) );
    cv::Mat roi2( src2, cv::Rect(0,0,w,h) );

    cv::addWeighted( roi1, alpha, roi2, beta, 0.0, roi1 );

    cv::namedWindow( "Alpha Blend", 1 );
    cv::imshow( "Alpha Blend", src1 );
    cv::waitKey( 0 );
  }

  return 0;
}
```

例5-1のコードは、最初の画像（src1）とブレンドする画像（src2）の2つの入力画像を使います。src1から長方形のROIを読み込み、src2にも同じサイズのROIを原点から適用します。続いてalphaとbetaの割合を読み込み、gammaは0に設定します。そしてcv::addWeighted()を使ってアルファブレンディングを適用し、結果をsrc1に格納して表示します。この出力例を**図5-1**に示します。ここでは猫の顔の上に子供の顔をブレンドしています。

図5-1　猫の顔の上に子供の顔をアルファブレンド

5.1.5　cv::bitwise_and()

```
void cv::bitwise_and(
  cv::InputArray  src1,                    // 1番目の入力配列
  cv::InputArray  src2,                    // 2番目の入力配列
  cv::OutputArray dst,                     // 出力配列
  cv::InputArray  mask  = cv::noArray()    // オプション。ゼロ以外の部分だけを処理する
);
```

$$dst_i = src1_i \wedge src2_i$$

cv::bitwise_and()は、要素ごとにビット単位の論理積を演算します。つまり、src1のすべての要素に対してsrc2の対応する要素とのビット単位のANDを計算し、結果をdstの対応する要素に格納します。

マスクを使用していないときは、次のような行列の演算式でも同じ結果が得られます。

```
dst = src1 & src2;
```

5.1.6 cv::bitwise_not()

```
void cv::bitwise_not(
  cv::InputArray  src,                     // 入力配列
  cv::OutputArray dst,                     // 出力配列
  cv::InputArray  mask  = cv::noArray()    // オプション。ゼロ以外の部分だけを処理する
);
```

$$dst_i = \sim src1_i$$

cv::bitwise_not() は、要素ごとにビット単位の否定を演算します。つまり、src1 のすべての要素に対して論理否定を計算し、結果を dst の対応する要素に格納します。

マスクを使用していないときは、次のような行列の演算式でも同じ結果が得られます。

```
dst = !src1;
```

5.1.7 cv::bitwise_or()

```
void cv::bitwise_and(
  cv::InputArray  src1,                    // 1 番目の入力配列
  cv::InputArray  src2,                    // 2 番目の入力配列
  cv::OutputArray dst,                     // 出力配列
  cv::InputArray  mask  = cv::noArray()    // オプション。ゼロ以外の部分だけを処理する
);
```

$$dst_i = src1_i \vee src2_i$$

cv::bitwise_or() は、要素ごとにビット単位の論理和を演算します。つまり、src1 のすべての要素に対して src2 の対応する要素とのビット単位の OR を計算し、結果を dst の対応する要素に格納します。

マスクを使用していないときは、次のような行列の演算式でも同じ結果が得られます。

```
dst = src1 | src2;
```

5.1.8 cv::bitwise_xor()

```
void cv::bitwise_xor(
  cv::InputArray  src1,                   // 1 番目の入力配列
  cv::InputArray  src2,                   // 2 番目の入力配列
  cv::OutputArray dst,                    // 出力配列
  cv::InputArray  mask  = cv::noArray()   // オプション。ゼロ以外の部分だけを処理する
);
```

$$dst_i = src1_i \oplus src2_i$$

cv::bitwise_xor() は、要素ごとにビット単位の「排他的論理和」（XOR）を演算します。つまり、src1 のすべての要素に対して src2 の対応する要素とのビット単位の XOR を計算し、結果を dst の対応する要素に格納します。

マスクを使用していないときは、次のような行列の演算式でも同じ結果が得られます。

```
dst = src1 ^ src2;
```

5.1.9 cv::calcCovarMatrix()

```
void cv::calcCovarMatrix(
  const cv::Mat* samples,              // n × 1 または 1 × n の行列の C 言語スタイル配列
  int            nsamples,             // samples が指す行列の数
  cv::Mat&       covar,                // 返される共分散行列への参照
  cv::Mat&       mean,                 // 返される平均行列への参照
  int            flags,                // 特殊なバリエーション（表 5-2 参照）
  int            ctype = CV_64F        // 出力行列 covar の型
);

void cv::calcCovarMatrix(
  cv::InputArray samples,              // n × m の行列（下記の flags 参照）
  cv::Mat&       covar,                // 返される共分散行列への参照
  cv::Mat&       mean,                 // 返される平均行列への参照
  int            flags,                // 特殊なバリエーション（表 5-2 参照）
  int            ctype = CV_64F        // 出力行列 covar の型
);
```

cv::calcCovarMatrix() は、任意の数のベクトルに対して、平均と、それらの点分布に対するガウス近似の**共分散行列**を計算します。もちろん、これにはさまざまな活用方法があります。OpenCV には、用法によって異なる手法を指定できるように、いくつかのフラグが追加されています（**表5-2** 参照）。これらのフラグは、標準的なビット OR 演算子を使って組み合わせることもできます。

表5-2 cv::calcCovarMatrix() の引数 flags に指定可能な要素

引数 flags のフラグ	意味
cv::COVAR_NORMAL	平均と共分散を計算する
cv::COVAR_SCRAMBLED	高速 PCA 用の「スクランブル」された共分散
cv::COVAR_USE_AVERAGE	平均を計算せずに入力された値を用いる
cv::COVAR_SCALE	出力の共分散行列のスケールを変更する
cv::COVAR_ROWS	入力ベクトルとして samples の行を使用する
cv::COVAR_COLS	入力ベクトルとして samples の列を使用する

cv::calcCovarMatrix() には2つの基本的な呼び出し方があります。1つ目は、cv::Mat オブジェクトの配列へのポインタと、その配列内の行列の数である nsamples とを一緒に渡す方法です。このときの配列は $n \times 1$ か $1 \times n$ です。2つ目は、$n \times m$ の単一の配列を渡す方法です。この場合、cv::COVAR_ROWS フラグと cv::COVAR_COLS フラグのどちらかを指定する必要があります。前者は長さ m の n 個の（行）ベクトルがあること、後者は長さ n の m 個の（列）ベクトルがあることを示します。

いずれの場合も結果は covar に格納されますが、正確な意味はフラグの値によって異なります（**表5-2** 参照）。

cv::COVAR_NORMAL フラグと cv::COVAR_SCRAMBLED フラグはお互いに排他的です。どちらか片方だけが使用でき、両方同時に使用することはできません。cv::COVAR_NORMAL の場合、cv::calcCovarMatrix() は単に与えられた点の平均と共分散を計算します。

$$\Sigma^2_{normal} = z \begin{bmatrix} v_{0,0} - \overline{v}_o & \cdots & v_{m,0} - \overline{v}_o \\ \vdots & \ddots & \vdots \\ v_{0,n} - \overline{v}_n & \cdots & v_{m,n} - \overline{v}_n \end{bmatrix} \begin{bmatrix} v_{0,0} - \overline{v}_o & \cdots & v_{m,0} - \overline{v}_o \\ \vdots & \ddots & \vdots \\ v_{0,n} - \overline{v}_n & \cdots & v_{m,n} - \overline{v}_n \end{bmatrix}^T$$

このようにして、長さ n の m 個のベクトルから正規共分散 Σ^2_{normal} が計算されます。ここで、$\overline{v}_n$ は平均ベクトル $\overline{v}$ の n 番目の要素として定義されます。結果として得られる共分散行列は $n \times n$ 行列です。係数 z はオプションのスケール係数で、cv::COVAR_SCALE フラグが使われていなければ 1 に設定されます。

cv::COVAR_SCRAMBLED の場合は、cv::calcCovarMatrix() は次のように計算します。

$$\Sigma^2_{scrambled} = z \begin{bmatrix} v_{0,0} - \overline{v}_o & \cdots & v_{m,0} - \overline{v}_o \\ \vdots & \ddots & \vdots \\ v_{0,n} - \overline{v}_n & \cdots & v_{m,n} - \overline{v}_n \end{bmatrix}^T \begin{bmatrix} v_{0,0} - \overline{v}_o & \cdots & v_{m,0} - \overline{v}_o \\ \vdots & \ddots & \vdots \\ v_{0,n} - \overline{v}_n & \cdots & v_{m,n} - \overline{v}_n \end{bmatrix}$$

この行列は通常の共分散行列ではありません（転置演算子の位置に注意してください）。この行列は、長さ n の m 個の同じベクトルから計算されますが、結果として得られる**スクランブルされた共分散行列**は $m \times m$ 行列になります。この行列は、非常に大きなベクトルに対する高速 PCA

（顔認識のための**固有顔技術**で利用されます）のような、いくつかの特定のアルゴリズム内で使用されます。

フラグ cv::COVAR_USE_AVG は、入力ベクトルの平均値が既知であるときに使用します。このとき、引数 mean は出力ではなく入力として使用され、計算時間が短縮されます。

最後のフラグ cv::COVAR_SCALE は、計算された共分散行列に一様なスケーリングを適用します。これは前述の式における係数 z です。cv::COVAR_NORMAL フラグと組み合わせて使用すると、適用されるスケール係数は 1.0/m（= 1.0/nsamples）になります。また cv::COVAR_SCRAMBLED フラグと使用すると、z の値は 1.0/n（ベクトルの長さの逆数）になります。

cv::calcCovarMatrix() への入力配列と出力配列は、すべて同じ浮動小数点数型でなければなりません。結果として得られる行列 covar のサイズは、計算するのが標準の共分散なのかスクランブルされた共分散なのかに応じて、$n \times n$ または $m \times m$ のどちらかになります。cv::Mat*形式を使用しているとき、samples 内の入力「ベクトル」は実際には 1 次元である必要はないことに注意してください。それらは 2 次元オブジェクト（画像など）であってもよいのです。

5.1.10 cv::cartToPolar()

```
void cv::cartToPolar(
  cv::InputArray  x,
  cv::InputArray  y,
  cv::OutputArray magnitude,
  cv::OutputArray angle,
  bool            angleInDegrees = false
);
```

$$magnitude_i = \sqrt{x_i^2 + y_i^2}$$

$$angle_i = \mathrm{atan2}(y_i, x_i)$$

関数 cv::cartToPolar() は 2 つの入力配列 x と y を取ります。それらはベクトル空間の x 成分と y 成分にあたります（これは単一の 2 チャンネル配列ではなく 2 つの別々の配列です）。配列 x と y は同じサイズでなければなりません。cv::cartToPolar() は、それぞれのベクトルの極座標を計算します。ベクトルの大きさは出力配列 magnitude、角度は出力配列 angle の対応する位置にそれぞれ格納されます。ブール変数 angleInDegrees が true に指定されていなければ、angle はラジアンで返されます。

5.1.11 cv::checkRange()

```
bool cv::checkRange(
  cv::InputArray src,
  bool           quiet  = true,
  cv::Point*     pos    = 0,            // NULL 以外のとき、最初の範囲外の値の位置
  double         minVal = -DBL_MAX,     // 下限のチェック範囲（境界を含む）
  double         maxVal =  DBL_MAX      // 上限のチェック範囲（境界を含まない）
);
```

関数 cv::checkRange() は、すべての要素を検査し、その要素が指定された範囲にあるかどうかを判定します。範囲は minVal と maxVal で指定し、さらに NaN と inf も範囲外とみなされます。範囲外の値が見つかったときは、quiet が true に指定されていなければ例外が投げられます。cv::checkRange() の戻り値は、すべての値が範囲内にあるならば true、範囲外の値があって quiet が true に指定されていれば false です。ポインタ pos が NULL でないときは、最初の範囲外の値の位置が pos に格納されます。

5.1.12　cv::compare()

```
bool cv::compare(
  cv::InputArray  src1,                    // 1番目の入力配列
  cv::InputArray  src2,                    // 2番目の入力配列
  cv::OutputArray dst,                     // 出力配列
  int             cmpop                    // 比較演算子（表5-3参照）
);
```

この関数は要素ごとの比較を行います。src1 と src2 の 2 つの配列の対応する位置のピクセルを取得し、それらを比較した結果を配列 dst に格納します。cv::compare() では、最後の引数に**表5-3** の比較演算子のいずれかを指定します。いずれの場合も、結果 dst は 8 ビット配列で、条件が当てはまるピクセルに対しては 255、当てはまらないものに対しては 0 が格納されます。

表5-3　cv::compare() で使用する cmpop の値と比較演算式

cmpop の値	比較
cv::CMP_EQ	(src1i == src2i)
cv::CMP_GT	(src1i > src2i)
cv::CMP_GE	(src1i >= src2i)
cv::CMP_LT	(src1i < src2i)
cv::CMP_LE	(src1i <= src2i)
cv::CMP_NE	(src1i != src2i)

これらの比較はすべて同じ関数で実行されます。適切な引数を渡して、何をしたいかを指定します。

これらの比較関数が有用なのは、例えばセキュリティカメラの映像から変化したピクセルのマスクを生成するために背景差分を計算するようなときです。そうすれば映像から新しい情報（変化した情報）だけを抜き出すことができます。

次のような行列の演算式でも同じ結果が得られます。

```
dst = src1 == src2;
dst = src1  > src2;
dst = src1 >= src2;
dst = src1  < src2;
dst = src1 <= src2;
dst = src1 != src2;
```

5.1.13 cv::completeSymm()

```
bool cv::completeSymm(
  cv::InputArray mtx,
  bool           lowerToUpper = false
);
```

$$\forall i > j \text{ に対し} mtx_{ij} = mtx_{ji} \quad (\texttt{lowerToUpper} = \texttt{false})$$

$$\forall j < i \text{ に対し} mtx_{ij} = mtx_{ji} \quad (\texttt{lowerToUpper} = \texttt{true})$$

cv::completeSymm() は行列（2 次元の配列）mtx に対して、行列をコピーすることで対称行列化します[†2]。具体的には、行列の上半分の三角領域の要素のすべてを、行列の下半分の三角領域の転置位置にコピーします。mtx の対角要素は変更されません。フラグ lowerToUpper が true に指定されていれば、下半分の三角領域の要素が上半分の三角領域にコピーされます。

5.1.14 cv::convertScaleAbs()

```
void cv::convertScaleAbs(
  cv::InputArray  src,                 // 入力配列
  cv::OutputArray dst,                 // 出力配列
  double          alpha = 1.0,         // 乗算のスケール係数
  double          beta  = 0.0          // 加算オフセット定数
);
```

$$dst_i = \text{飽和}_{uchar}(|\alpha * src_i + \beta|)$$

cv::convertScaleAbs() 関数は、実際にはいくつかの関数が 1 つに統合されたもので、4 つの演算を順番に実行します。最初の演算は係数 alpha を用いた入力画像のスケールリング、2 つ目は定数 beta を用いたオフセット（加算）の実行、3 つ目はそれらを合算した絶対値の計算、4 つ目はその結果を飽和型変換して符号なし文字型（8 ビット）にすることです。

単にデフォルト値（alpha = 1.0、beta = 0.0）を渡したときは、パフォーマンス低下の心配

†2　数学が得意な方は、この操作よりも「自然な」行列対称化手法があることに気づかれるでしょう。しかし、ここで紹介した特殊な操作が役に立つこともあり（例えば、行列の半分だけが計算されているときに対称行列を完成させるなど）、実際にライブラリ内でも活用されています。

はありません。OpenCV はこれらのケースを自動的に認識し、必要のない演算によるプロセッサ時間の無駄はないようにしてくれます。

次のループを実行すれば、やや一般性を高めて同様の結果が得られます。

```
for( int i = 0; i < src.rows; i++ )
  for( int j = 0; j < src.cols*src.channels(); j++ )
    dst.at<dst_type>(i, j) = cv::saturate_cast<dst_type>(
      (double)src.at<src_type>(i, j) * alpha + beta
    );
```

5.1.15 cv::countNonZero()

```
int cv::countNonZero(              // mtx のゼロ以外の要素数を返す
  cv::InputArray mtx               // 入力配列
);
```

$$count = \sum_{mtx_i \neq 0} 1$$

cv::countNonZero() は配列 mtx のゼロ以外の要素数を返します。

5.1.16 cv::cvarrToMat()

```
cv::Mat cv::cvarrToMat(
  const CvArr* src,               // 入力配列。CvMat、IplImage、CvMatND
  bool         copyData = false,  // false のときは新しいヘッダだけを作成し、それ以外のときは
                                  // データをコピーする
  bool         allowND  = true,   // true のときは可能であれば CvMatND を Mat に変換する
  int          coiMode  = 0       // COI が指定されているとき、0 ならばエラー、それ以外ならば
                                  // COI を無視する
);
```

cv::cvarrToMat() を使用するのは、「旧スタイル」(バージョン 2.1 より前)の画像や行列を持っていて、それらを「新しいスタイル」(バージョン 2.1 以降、C++ 版)の cv::Mat 型に変換したいときです。デフォルトでは、データをコピーせずに新しい配列のヘッダだけが生成され、新しいヘッダ内のデータポインタは既存のデータ配列を指します。このため、cv::Mat ヘッダを使用している間は既存のデータ配列を解放しないでください。データをコピーしたいときは、copyData を true に指定するだけです。そうすれば、元のデータオブジェクトを自由に解放することができます。

cv::cvarrToMat() は CvMatND 構造体を引数に取ることもできますが、すべてのケースは処理できません。この変換で必要なことは、行列が連続しているか、少なくとも一連の連続した行列として表現可能な形であるということです。具体的には、A.dim[i].size*A.dim.step[i] が、すべての i に対して、あるいは最悪でも 1 つ以外のすべての i に対して、A.dim.step[i-1] と等しく

なければなりません。allowND が true（デフォルト）に指定されていると、cv::cvarrToMat() は CvMatND 構造体が与えられたときに変換を試み、その変換が不可能なら例外を投げます（前提条件）。一方 allowND が false に指定されていると、CvMatND 構造体が見つかったときには常に例外を投げます。

バージョン 2.1 以降のライブラリでは、COI[†3]はそれまでとは異なる方法で扱われるようになり（つまりもう存在せず）、COI を扱いたければ変換中に自前で処理しなければなりません。引数 coiMode が 0 のとき、src にアクティブな COI が含まれていると例外が投げられます。coiMode が 0 以外のときエラーは報告されず、COI を無視して画像全体に対応する cv::Mat ヘッダが返されます。COI を適切に処理するには、画像に COI が指定されているかどうかをチェックする必要があります。もし指定されていれば、cv::extractImageCOI() を使用してそのチャンネルのヘッダを作成してください。

この関数が役に立つのは、旧スタイルのコードを新しいスタイルに移植するようなときです。そのような状況では、旧スタイルの CvArr*構造体を cv::Mat に変換するのに加え、逆の変換も行う必要があるでしょう。逆の変換には型変換演算子を使います。例えば cv::Mat A として定義されている行列があるとすると、次のようにすれば簡単に IplImage*ポインタに変換することができます。

```
cv::Mat A( 640, 480, CV_8UC3 );
// 代入時の型変換は暗黙的に行われる
IplImage  my_img = A;
IplImage* img    = &my_img;
```

5.1.17 cv::dct()

```
void cv::dct(
  cv::InputArray  src,                    // 入力配列
  cv::OutputArray dst,                    // 出力配列
  int             flags                   // 逆変換または行単位の指定
);
```

この関数は、離散コサイン変換とその逆変換を flags 引数に応じて行います。入力配列 src は 1 次元または 2 次元、サイズは偶数でなければなりません（必要に応じて配列を埋めることができます）。出力配列 dst の型とサイズは src と同じになります。引数 flags はビットフィールドで、DCT_INVERSE または DCT_ROWS のいずれか、または両方を指定できます。DCT_INVERSE を指定すると、順変換の代わりに逆変換が行われます。フラグ DCT_ROWS を指定すると、2 次元 $n \times m$ の入力は長さ m の n 個の個別の 1 次元ベクトルとして扱われ、各ベクトルがそれぞれ独立に変換

†3 「COI」は「関心チャンネル（channel of interest）」を意味し、旧バージョン 2 系ライブラリの古い概念です。古い IplImage クラスでは COI は ROI「関心領域（region of interest）」に類似したものであり、指定したチャンネル上でのみ動作するような特殊な関数のために設計されていました。

されます。

cv::dct() のパフォーマンスは、渡される配列の実サイズに大きく依存し、その関係は単調増加ではありません。他のサイズよりもパフォーマンスに優れた固定サイズがいくつかあります。このため、配列を cv::dct() に渡す前に、まずその配列よりも大きい最適サイズを決定し、配列をそのサイズに拡張しておくことをお勧めします。OpenCV には、この最適サイズを計算する cv::getOptimalDFTSize() と呼ばれる便利なルーチンが提供されています。ライブラリの実装では、長さ n のベクトルの離散コサイン変換は、長さ $n/2$ のベクトルの離散フーリエ変換（cv::dft()）として計算されています。つまり cv::dct() の呼び出しに最適なサイズを得るには、次のように計算する必要があります。

```
size_t opt_dct_size = 2 * cv::getOptimalDFTSize((N+1)/2);
```

この関数（および一般的な離散変換）は「11章　画像変換」で詳しく説明します。そこでは、入力と出力の一体化と分離の方法や、どういったときに離散コサイン変換を利用するのか、あるいは何のために使うのかなどについても説明します。

5.1.18　cv::dft()

```
void cv::dft(
  cv::InputArray  src,                    // 入力配列
  cv::OutputArray dst,                    // 出力配列
  int             flags       = 0,        // 逆変換または行単位の指定
  int             nonzeroRows = 0         // ゼロ以外の値の要素数
);
```

cv::dft() 関数は、離散フーリエ変換およびその逆変換を、flags 引数で指定した手法に従って計算します。入力配列 src は1次元または2次元のいずれかでなければなりません。出力配列 dst の型とサイズは src と同じになります。引数 flags はビットフィールドで、DFT_INVERSE、DFT_ROWS、DFT_SCALE、DFT_COMPLEX_OUTPUT、DFT_REAL_OUTPUT のうちの1つ以上を指定できます。DFT_INVERSE を指定すると逆変換が行われます。フラグ DFT_ROWS を指定すると、2次元 $n \times m$ の入力は、長さ m の n 個の個別の1次元ベクトルとして扱われ、各ベクトルがそれぞれ独立に変換されます。DFT_SCALE フラグは、結果を配列の要素数で正規化します。これは通常、DFT_INVERSE に対して行われますが、その理由は逆変換の逆変換が正しく正規化されることを保証するためです。

DFT_COMPLEX_OUTPUT と DFT_REAL_OUTPUT フラグがあるのは、実数の配列のフーリエ変換を計算すると、結果が複素共役の対称性を持つためです。したがって、結果が複素数であっても、出力配列の要素数は2倍にはならず、実数の入力配列の要素数に等しくなります。このようにパッキングして扱うのが cv::dft() のデフォルトの動作です。出力を複素数形式にするにはフラグ DFT_COMPLEX_OUTPUT を指定します。逆変換のときは、入力は（一般的に）複素数であり、出力

も同様に複素数になります。しかし、逆変換に対する入力配列が複素共役の対称性を有するとき（例えば、それ自体が実数配列のフーリエ変換の結果であったとき）、変換結果は実数配列になります。これが当てはまることがわかっていて結果を実数配列で表現し、メモリ使用量を半分にしたい場合は、DFT_REAL_OUTPUT フラグを指定できます。このフラグを指定すると、cv::dft() は入力配列が必要な対称性を持っているかどうかをチェックせず、単にそれが対称性を持っていると仮定します。

cv::dft() の最後の引数は nonzeroRows です。これはデフォルトでは 0 ですが、0 以外の値が指定されていると、cv::dft() は入力配列の最初の nonzeroRows 分だけが実際に意味があるとみなします（DFT_INVERSE が指定されているときは、出力配列の最初の nonzeroRows 分だけがゼロ以外とみなされます）。このフラグは、cv::dft() を使用してコンボリューション（畳み込み）の相互相関を計算するときに特に便利です。

cv::dft() のパフォーマンスも、渡される配列の実サイズに大きく依存し、その関係は単調増加ではありません。他のサイズよりもパフォーマンスに優れた固定サイズがいくつかあります。このため、配列を cv::dft() に渡す前に、まず配列よりも大きい最適サイズを決定し、配列をそのサイズに拡張しておくことをお勧めします。OpenCV には、この最適サイズを計算する cv::getOptimalDFTSize() と呼ばれる便利なルーチンが提供されています。

この関数（および一般的な離散変換）についても、「11 章　画像変換」で詳しく説明します。そこでは、入力と出力の一体化と分離の方法や、どういったときに離散フーリエ変換を利用するのか、あるいは何のために使うのかなどについても説明します。

5.1.19 cv::cvtColor()

```
void cv::cvtColor(
  cv::InputArray  src,                  // 入力配列
  cv::OutputArray dst,                  // 出力配列
  int             code,                 // カラーマッピングコード（表 5-4 参照）
  int             dstCn = 0             // チャンネル（0=自動）
);
```

cv::cvtColor() を使用すると、ある色空間（チャンネル数）から他の色空間に変換することができます[Wharton71]。その際、データ型は同じになるように保持されます。入力配列 src に指定できるのは、8 ビット符号なし配列、16 ビット符号なし配列、または 32 ビット浮動小数点数の配列です。出力配列 dst は入力配列と同じサイズとビット深度を持ちます。実行する変換演算は、表5-4 に示す値を引数 code に指定することで決定されます[†4]。最後のパラメータ dstCn は、出力画像が必要とするチャンネル数です。デフォルト値 0 のときは、入力 src のチャンネル数と変

†4　関数 cv::cvtColor() は入力側のカラーモデルとチャンネル情報を無視し、code 引数に厳密に従うよう暗黙的に変換を実行します。

換コード code に従ってチャンネル数が決定されます。

表5-4 cv::cvtColor() で可能な変換

変換コード	意味
cv::COLOR_BGR2RGB cv::COLOR_RGB2BGR cv::COLOR_RGBA2BGRA cv::COLOR_BGRA2RGBA	RGB と BGR の色空間を変換する（アルファチャンネルがない場合とある場合）
cv::COLOR_RGB2RGBA cv::COLOR_BGR2BGRA	RGB または BGR 画像にアルファチャンネルを追加する
cv::COLOR_RGBA2RGB cv::COLOR_BGRA2BGR	RGB または BGR 画像からアルファチャンネルを削除する
cv::COLOR_RGB2BGRA cv::COLOR_RGBA2BGR cv::COLOR_BGRA2RGB cv::COLOR_BGR2RGBA	RGB と BGR の色空間を変換し、アルファチャンネルを追加または削除する
cv::COLOR_RGB2GRAY cv::COLOR_BGR2GRAY	RGB または BGR 色空間をグレースケールに変換する
cv::COLOR_GRAY2RGB cv::COLOR_GRAY2BGR cv::COLOR_RGBA2GRAY cv::COLOR_BGRA2GRAY	グレースケールを RGB または BGR 色空間に、またはその逆に変換する（オプションで処理中にアルファチャンネルを削除）
cv::COLOR_GRAY2RGBA cv::COLOR_GRAY2BGRA	グレースケールを RGB または BGR 色空間に変換し、アルファチャンネルを追加する
cv::COLOR_RGB2BGR565 cv::COLOR_BGR2BGR565 cv::COLOR_BGR5652RGB cv::COLOR_BGR5652BGR cv::COLOR_RGBA2BGR565 cv::COLOR_BGRA2BGR565 cv::COLOR_BGR5652RGBA cv::COLOR_BGR5652BGRA	RGB または BGR 色空間を BGR565 色表現に、またはその逆に変換する（16 ビット画像）。オプションでアルファチャンネルを追加または削除する
cv::COLOR_GRAY2BGR565 cv::COLOR_BGR5652GRAY	グレースケールを BGR565 色表現に、またはその逆に変換する（16 ビット画像）
cv::COLOR_RGB2BGR555 cv::COLOR_BGR2BGR555 cv::COLOR_BGR5552RGB cv::COLOR_BGR5552BGR cv::COLOR_RGBA2BGR555 cv::COLOR_BGRA2BGR555 cv::COLOR_BGR5552RGBA cv::COLOR_BGR5552BGRA	RGB または BGR 色空間を BGR555 色表現に、またはその逆に変換する（16 ビット画像）。オプションでアルファチャンネルを追加または削除する
cv::COLOR_GRAY2BGR555 cv::COLOR_BGR5552GRAY	グレースケールを BGR555 色表現に、またはその逆に変換する（16 ビット画像）
cv::COLOR_RGB2XYZ cv::COLOR_BGR2XYZ cv::COLOR_XYZ2RGB cv::COLOR_XYZ2BGR	RGB または BGR 画像を CIE XYZ 表現に、またはその逆に変換する（D65 白色点と Rec. 709）

表5-4 cv::cvtColor() で可能な変換（続き）

変換コード	意味
cv::COLOR_RGB2YCrCb cv::COLOR_BGR2YCrCb cv::COLOR_YCrCb2RGB cv::COLOR_YCrCb2BGR	RGB または BGR 画像を YCrCb（輝度-色度、別名 YCC）色表現に、またはその逆に変換する
cv::COLOR_RGB2HSV cv::COLOR_BGR2HSV cv::COLOR_HSV2RGB cv::COLOR_HSV2BGR	RGB または BGR 画像を HSV（色相-彩度-明るさ）色表現に、またはその逆に変換する
cv::COLOR_RGB2HLS cv::COLOR_BGR2HLS cv::COLOR_HLS2RGB cv::COLOR_HLS2BGR	RGB または BGR 画像を HLS（色相-明度-彩度）色表現に、またはその逆に変換する
cv::COLOR_RGB2Lab cv::COLOR_BGR2Lab cv::COLOR_Lab2RGB cv::COLOR_Lab2BGR	RGB または BGR 画像を CIE Lab 色表現に、またはその逆に変換する
cv::COLOR_RGB2Luv cv::COLOR_BGR2Luv cv::COLOR_Luv2RGB cv::COLOR_Luv2BGR	RGB または BGR 画像を CIE Luv 色表現に、またはその逆に変換する
cv::COLOR_BayerBG2RGB cv::COLOR_BayerGB2RGB cv::COLOR_BayerRG2RGB cv::COLOR_BayerGR2RGB cv::COLOR_BayerBG2BGR cv::COLOR_BayerGB2BGR cv::COLOR_BayerRG2BGR cv::COLOR_BayerGR2BGR	Bayer パターン（シングルチャンネル）を RGB または BGR 画像に変換する

これらの変換や色表現（特に Bayer と CIE 色空間）の詳細についてはここでは触れません。その代わり、OpenCV には、さまざまな分野のユーザーにとって重要な各種色空間の相互変換の手段が用意されているということは覚えておいてください。

すべての色空間の変換では、8 ビット画像は 0～255、16 ビット画像は 0～65535、浮動小数点数は 0.0～1.0 の範囲にあります。グレースケール画像がカラー画像に変換されるとき、結果として得られる画像は、すべての色成分が等しくなるように値が設定されます。しかし逆変換（例えば、RGB または BGR からグレースケールにするとき）では、グレー値は知覚的に重み付けされた次式で計算されます。

$$Y = (0.299)R + (0.587)G + (0.114)B$$

通常 HSV や HLS 表現では、色相は 0 から 360 までの値で表現されます[†5]。しかしそのままで

†5 もちろん 360 は含まれません。

は8ビット（0〜255）の表現で問題になる可能性があるため、HSVに変換するときには、出力画像が8ビット画像ならば色相が2で除算されます。

5.1.20 cv::determinant()

```
double cv::determinant(
  cv::InputArray mat
);
```

$$d = \det(mat)$$

`cv::determinant()`は正方配列の行列式を計算します。配列は浮動小数点数型、シングルチャンネルでなければなりません。行列が小さいときには、標準的な公式を用いて行列式が直接計算されます。大きな行列の場合はそれでは非効率的なので、**ガウス消去法**によって行列式が計算されます。

行列が対称で、行列式が正であることがわかっているならば、**特異値分解**（SVD：Singular Value Decomposition）の手法が使えます。詳細については「7.1.2　特異値分解（cv::SVD）」を参照してください。この手法を用いると、`U`と`V`の両方を`NULL`に指定し、単純に行列`W`の積を取ることで行列式が得られます。

5.1.21 cv::divide()

```
void cv::divide(
  cv::InputArray  src1,             // 1番目の入力配列（分子）
  cv::InputArray  src2,             // 2番目の入力配列（分母）
  cv::OutputArray dst,              // 出力配列（scale * src1 / src2）
  double          scale = 1.0,      // 乗算のスケール係数
  int             dtype = -1        // dstのデータ型。-1のときはsrc2から取得
);

void cv::divide(
  double          scale,            // すべての除算の分子
  cv::InputArray  src2,             // 入力配列（分母）
  cv::OutputArray dst,              // 出力配列（scale / src2）
  int             dtype = -1        // dstのデータ型。-1のときはsrc2から取得
);
```

$$dst_i = 飽和\left(scale * \frac{src1_i}{src2_i}\right)$$

$$dst_i = 飽和\left(scale/src2_i\right)$$

`cv::divide()`は単純な除算関数です。`src1`のすべての要素（または`scale`）を`src2`の対応する要素によって除算し、結果を`dst`の対応する要素に格納します。

5.1.22　cv::eigen()

```
bool cv::eigen(
  cv::InputArray  src,
  cv::OutputArray eigenvalues,
  int             lowindex     = -1,
  int             highindex    = -1
);

bool cv::eigen(
  cv::InputArray  src,
  cv::OutputArray eigenvalues,
  cv::OutputArray eigenvectors,
  int             lowindex    = -1,
  int             highindex   = -1
);
```

cv::eigen() は対称行列 src に対して、その行列の**固有ベクトル**と**固有値**を計算します。この行列は浮動小数点数型でなければなりません。出力配列 eigenvalues には固有値が大きい順に格納されます。配列 eigenvectors が与えられたときは、対応する固有値と同じ順序で各行に固有ベクトルが格納されます。また、オプションの引数 lowindex と highindex（両方を一緒に使用する必要があります）によって、計算したい固有値の一部のみを取得することができます。例えば、lowindex=0 かつ highindex=1 ならば、最大の固有値 2 つだけを計算します。

5.1.23　cv::exp()

```
void cv::exp(
  cv::InputArray  src,
  cv::OutputArray dst
);
```

$$dst_i = e^{src_i}$$

cv::exp() は src のすべての要素に対して自然対数の底 e の累乗を計算し、結果を dst の対応する要素に格納します。

5.1.24　cv::extractImageCOI()

```
bool cv::extractImageCOI(
  const CvArr*    arr,
  cv::OutputArray dst,
  int             coi = -1
);
```

関数 cv::extractImageCOI() は、arr によって与えられる旧スタイル（バージョン 2.1 より前）の配列、例えば IplImage や CvMat などから、指定された COI を抽出し、結果を dst に格納します。もし引数 coi を指定しているならば、その特定の COI が抽出されます。そうでないときには、arr の COI 領域をチェックしてどのチャンネルを抽出するかが決定されます。

ここで説明した関数 cv::extractImageCOI() は、特に C 言語スタイルの配列で使用するためのものです。新しい型である cv::Mat からシングルチャンネルを抽出する必要があるときは、cv::mixChannels() か cv::split() を使用してください。

5.1.25 cv::flip()

```
void cv::flip(
  cv::InputArray  src,                    // 入力配列
  cv::OutputArray dst,                    // 出力配列。サイズと種類は src と同じ
  int             flipCode = 0            // >0：y 軸反転、0：x 軸反転、<0：両方
);
```

この関数は、画像を x 軸、y 軸、または両軸を中心に反転します。デフォルトでは flipCode は 0 に指定され、x 軸を中心に反転します。

flipCode にゼロより大きい値が指定されている（例えば +1）ならば、画像は y 軸を中心に反転されます。負の値（例えば-1）であれば、画像は両方の軸を中心に反転されます。

Win32 システム上で動画処理を行うときには、左上に原点を持つ画像と左下に原点を持つ画像とのフォーマットを切り替えるために、この関数を利用することも多いでしょう。

5.1.26 cv::gemm()

```
void cv::gemm(
  cv::InputArray  src1,                   // 1 番目の入力配列
  cv::InputArray  src2,                   // 2 番目の入力配列
  double          alpha,                  // src1 * src2 の積の重み
  cv::InputArray  src3,                   // 3 番目（オフセット）の入力配列
  double          beta,                   // src3 の配列の重み
  cv::OutputArray dst,                    // 出力配列
  int             flags = 0               // 入力配列の転置に使用
);
```

OpenCV では、**一般行列積**（GEMM：Generalized Matrix Multiplication）は cv::gemm() によって行われます。これは行列の積、転置積、スケーリングなどを実行します。その最も一般的な形式では、cv::gemm() は次のように計算します。

$$D = \alpha \cdot op(src_1) * op(src_2) + \beta \cdot op(src_3)$$

ここで、src1、src2、src3 は行列であり、α および β は係数です。そして op() は、オプションによって指定される転置処理です。転置はオプションの引数 flags によって制御されます。値は 0、もしくは、それぞれ対応する行列の転置を示す cv::GEMM_1_T、cv::GEMM_2_T および cv::GEMM_3_T の任意の組み合わせ（ビット論理和を使用）を指定可能です。

すべての行列は、（行列）積を計算するのに適切なサイズでなければなりません。加えて、すべてが浮動小数点数型である必要があります。関数 `cv::gemm()` は２チャンネルの行列もサポートしており、その場合２つの要素が複素数の成分として処理されます。

行列の演算子を用いて同じ結果を得ることもできます。例えば、

```
cv::gemm(
  src1, src2, alpha, src3, beta, dst, cv::GEMM_1_T | cv::GEMM_3_T
);
```

は次に相当します。

```
dst = alpha * src1.t() * src2 + beta * src3.t();
```

5.1.27　cv::getConvertElem() と cv::getConvertScaleElem()

```
cv::ConvertData cv::getConvertElem(        // 変換関数（下記）を返す
  int fromType,                            // 入力ピクセル型（例えば CV_8U）
  int toType                               // 出力ピクセル型（例えば CV_32F）
);

cv::ConvertScaleData cv::getConvertScaleElem(  // 変換関数を返す
  int fromType,                            // 入力ピクセル型（例えば CV_8U）
  int toType                               // 出力ピクセル型（例えば CV_32F）
);

// 変換関数はそれぞれ次の形式
//
typedef void (*ConvertData)(
  const void* from,                        // 入力ピクセル位置へのポインタ
  void*       to,                          // 結果ピクセル位置へのポインタ
  int         cn                           // チャンネル数
);

typedef void (*ConvertScaleData)(
  const void* from,                        // 入力ピクセル位置へのポインタ
  void*       to,                          // 結果ピクセル位置へのポインタ
  int         cn,                          // チャンネル数
  double      alpha,                       // スケール係数
  double      beta                         // オフセット定数
);
```

関数 `cv::getConvertElem()` と `cv::getConvertScaleElem()` は、OpenCV の特定の型変換のために使用される関数への関数ポインタを返します[†6]。`cv::getConvertElem()` が返す関数は `cv::ConvertData` 型に定義（`typedef`）され、２つのデータ領域へのポインタとチャンネル数を渡すことができます。チャンネル数の指定は変換関数の引数 `cn` で与えられ、これは変換元の

†6　訳注：これらの関数は、最新版ではユーザーに開放されていません。

fromType型の、メモリ上で連続するオブジェクトの実際の数になっています。つまり、配列内の要素の総数に等しいチャンネル数を指定するだけで、配列全体（メモリ上で連続）を変換することができます。

cv::getConvertElem() と cv::getConvertScaleElem() はどちらも、引数として fromType と toType の2種類を取ります。これらの型は整数定数（CV_32F など）で指定します。

cv::getConvertScaleElem() では、戻り値の関数は2つのオプション引数 alpha と beta を取ります。これらの値は変換関数でスケーリング（alpha）とオフセット（beta）の計算に使用されるもので、指定した結果の型に変換する前に入力値に対して計算されます。

5.1.28 cv::idct()

```
void cv::idct(
  cv::InputArray  src,                    // 入力配列
  cv::OutputArray dst,                    // 出力配列
  int             flags                   // 行単位の指定
);
```

cv::idct() は、単に逆離散コサイン変換の便利な短縮表記です。cv::idct() の呼び出しは、cv::dct() の呼び出しで次の引数を指定したときとまったく同じです。

```
cv::dct( src, dst, flags | cv::DCT_INVERSE );
```

5.1.29 cv::idft()

```
void cv::idft(
  cv::InputArray  src,                    // 入力配列
  cv::OutputArray dst,                    // 出力配列
  int             flags       = 0,        // 行単位の指定など
  int             nonzeroRows = 0         // ゼロ以外の値の要素数
);
```

cv::idft() は、単に逆離散フーリエ変換の便利な短縮表記です。cv::idft() の呼び出しは、cv::dft() の呼び出しで次の引数を指定したときとまったく同じです。

```
cv::dft( src, dst, flags | cv::DCT_INVERSE, outputRows );
```

cv::dft() と cv::idft() のどちらとも、デフォルトでは出力をスケーリングしません。スケーリングしたいときは cv::idft() の引数に cv::DFT_SCALE を指定します。そうすれば、変換とその「逆変換」が真の逆演算になります。

5.1.30 cv::inRange()

```
void cv::inRange(
  cv::InputArray  src,                    // 入力配列
  cv::InputArray  upperb,                 // 上限の配列（境界を含む）
  cv::InputArray  lowerb,                 // 下限の配列（境界を含む）
  cv::OutputArray dst                     // 出力配列。CV_8UC1 型
);
```

$$dst_i = lowerb_i \leqq src_i \leqq upperb_i$$

1 次元配列に適用すると、src の各要素が、upperb および lowerb の対応する値に関してチェックされます。src の要素が upperb と lowerb の間にあれば 255 が、そうでなければ 0 が、dst の対応する要素に格納されます。

ただし、src、upperb、lowerb がマルチチャンネル配列であっても、出力はシングルチャンネルのままです。この場合、要素の出力値が 255 になるのは、src の各チャンネルすべてにおいて、対応する要素が upperb と lowerb の間に収まっているときです。この意味では、upperb と lowerb は、各ピクセルに対して n 次元超立方体を定義していると言えます。dst の対応する値が true（255）にセットされるのは、src のピクセルがその超立方体の内側にある場合です。

5.1.31 cv::insertImageCOI()

```
void cv::insertImageCOI(
  cv::InputArray  img,                    // 入力配列。シングルチャンネル
  CvArr*          arr,                    // 旧スタイル（バージョン 2.1 より前）の出力配列
  int             coi = -1                // 対象チャンネル
);
```

本章の最初のほうで出てきた cv::extractImageCOI() と同様に、cv::insertImageCOI() 関数も旧スタイル（バージョン 2.1 より前）の配列、つまり IplImage や CvMat を扱いやすくするために設計されています。この関数の目的は、新しい C++ スタイルの cv::Mat オブジェクトからデータを取得し、旧スタイルの配列の特定チャンネルにそのデータを書き込むことです。入力 img はシングルチャンネルの cv::Mat オブジェクトで、入力 arr はマルチチャンネルの旧スタイルのオブジェクトです。これらは同じサイズでなければなりません。img のデータが、arr のチャンネル coi にコピーされます。

関数 cv::extractImageCOI() は、指定した COI を旧スタイルの配列から抽出し、シングルチャンネルの C++ スタイルの配列に格納するときに使用します。反対に、cv::insertImageCOI() は旧スタイルの配列の特定のチャンネルに、シングルチャンネルの C++ スタイルの配列の内容を書き込むときに使用します。旧スタイルの配列を扱っておらず、C++ スタイルの配列を他の配列に挿入したいだけであれば、cv::merge() を使用すればよいでしょう。

5.1.32 cv::invert()

```
double cv::invert(                          // src が特異行列のときは 0 を返す
  cv::InputArray  src,                      // m × n の入力配列
  cv::OutputArray dst,                      // n × m の出力配列
  int             method = cv::DECOMP_LU    // （擬似）逆行列を求める手法
);
```

cv::invert() は src の逆行列を計算し、結果を dst に格納します。入力配列は浮動小数点数型でなければならず、出力配列の型も同じになります。cv::invert() は擬似逆行列の計算手法も使えるため、入力配列が正方行列である必要はありません。入力配列が $n \times m$ のとき、出力配列は $m \times n$ になります。この関数はいくつかの手法で逆行列を計算することができますが（**表5-5**参照）、デフォルトはガウス消去法です。戻り値の意味は指定する手法ごとに異なります。

表5-5 cv::invert() の引数に指定できる手法の値

method 引数の値	意味
cv::DECOMP_LU	ガウス消去法（LU 分解）
cv::DECOMP_SVD	特異値分解（SVD）
cv::DECOMP_CHOLESKY	コレスキー分解（正定値対称行列のみ）

ガウス消去法（cv::DECOMP_LU）では、関数が完了したときに src の行列式が返されます。行列式が 0 であれば逆行列は求められず、出力配列 dst のすべてに 0 が格納されます。

cv::DECOMP_SVD のとき、戻り値は条件数の逆数（特異値の最大値と最小値の比）になります。行列 src が特異行列の場合、SVD の cv::invert() は擬似逆行列を計算します。LU 分解では入力行列は正方でなければなりません。コレスキー分解では正則、正定値対称でなければなりません。

5.1.33 cv::log()

```
void cv::log(
  cv::InputArray  src,
  cv::OutputArray dst
);
```

$$dst_i = \begin{cases} \log src_i & src_i > 0 \\ -C & else \end{cases}$$

cv::log() は src の要素の自然対数を計算し、結果を dst に格納します。入力ピクセルのゼロ以下の値に対しては、出力ピクセルに大きな負の値が格納されます。

5.1.34 cv::LUT()

```
void cv::LUT(
  cv::InputArray  src,
  cv::InputArray  lut,
  cv::OutputArray dst
);
```

$$dst_i = \text{ルックアップテーブル変換}\,(src_i)$$

関数 cv::LUT() は「ルックアップテーブル」を用いた変換を行います。入力配列 src は 8 ビットのインデックス値である必要があります。lut 配列はルックアップテーブルを保持しています。このルックアップテーブルの配列は正確に 256 の要素を持っていなければならず、シングルチャンネル、または src と同じチャンネル数のマルチチャンネルです。この関数 cv::LUT() は、src 配列の値をインデックスとし、ルックアップテーブル lut から対応する値を取り出して、出力配列 dst に格納します。

src の値が符号付き 8 ビットの場合、正しくルックアップテーブルを指し示すように自動的に 128 のオフセットが加算されます。ルックアップテーブルがマルチチャンネル（かつ、インデックスも同様）であるとき、src の値は lut に対する多次元のインデックスとして使用され、出力配列 dst はシングルチャンネルになります。lut が 1 次元のときは、入力配列 src の対応するインデックスと 1 次元ルックアップテーブルから各チャンネルが個別に計算され、出力配列はマルチチャンネルになります。

5.1.35 cv::magnitude()

```
void cv::magnitude(
  cv::InputArray  x,
  cv::InputArray  y,
  cv::OutputArray dst
);
```

$$dst_i = \sqrt{x_i^2 + y_i^2}$$

cv::magnitude() は、本質的には 2 次元ベクトル空間上でデカルト座標を極座標に変換する際の動径を計算していることになります。cv::magnitude() では、このベクトル場を 2 つの個別のシングルチャンネル配列で表します。これらの 2 つの入力配列は同じサイズでなければなりません（入力を単一の 2 チャンネル配列として持っている場合には、cv::split() で別々のチャンネルに分割すればよいでしょう）。dst の各要素は、対応する x と y の 2 要素から計算されるユークリッドノルム（つまり、対応する 2 値の二乗和の平方根）です。

5.1.36 cv::Mahalanobis()

```
cv::Size cv::Mahalanobis(
  cv::InputArray  vec1,
  cv::InputArray  vec2,
  cv::InputArray  icovar
);
```

cv::Mahalanobis() は次の値を計算します。

$$r_{mahalonobis} = \sqrt{(\vec{x} - \vec{\mu})^T \Sigma^{-1} (\vec{x} - \vec{\mu})}$$

Mahalanobis（マハラノビス）距離は、ある点とガウス分布の中心のベクトル間の距離として定義されるもので、分布の共分散行列の逆行列を使用して計算されます（**図5-2** 参照）。直感的には、分布中心からの距離をその分布の分散で割るという、基本統計量の z スコアと似ています。Mahalanobis 距離はそれと同じ考えを多変量に一般化したようなものです。

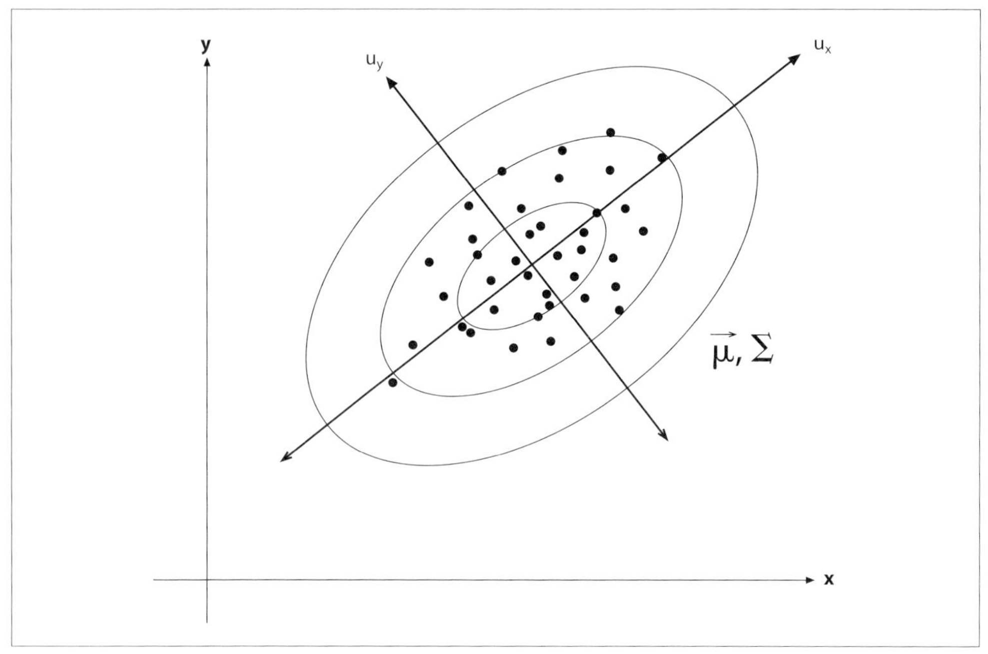

図5-2 2次元の点の分布と、分布の平均値からの Mahalanobis 距離 1.0、2.0、3.0 を表す楕円の重ね合わせ

ベクトル vec1 が点 x、ベクトル vec2 が分布の平均値とみなされます[†7]。行列 icovar は共分散行列の逆行列です。

通常この共分散行列の逆行列は、前述の cv::calcCovarMatrix() に続いて cv::invert() を適用することで計算されます。このとき、逆行列の計算にはなるべく cv::DECOMP_SVD を用いることが望ましいでしょう。固有値の 1 つが 0 となるような分布に出くわすこともたまにはあるからです！

5.1.37 cv::max()

```
cv::MatExpr cv::max(                          // 行列の演算式（行列ではない）
  const cv::Mat&  src1,                       // 1 番目の入力配列（最初の位置）
  const cv::Mat&  src2                        // 2 番目の入力配列
);

cv::MatExpr cv::max(                          // 行列の演算式（行列ではない）
  const cv::Mat&  src1,                       // 入力配列（最初の位置）
  double          value                       // スカラ値
);

cv::MatExpr cv::max(                          // 行列の演算式（行列ではない）
  double          value,                      // スカラ値
  const cv::Mat&  src1                        // 入力配列
);

void cv::max(
  cv::InputArray  src1,                       // 1 番目の入力配列
  cv::InputArray  src2,                       // 2 番目の入力配列
  cv::OutputArray dst                         // 出力配列
);

void cv::max(
  const cv::Mat&  src1,                       // 1 番目の入力配列
  const cv::Mat&  src2,                       // 2 番目の入力配列
  cv::Mat&        dst                         // 出力配列
);

void cv::max(
  const cv::Mat&  src1,                       // 入力配列
  double          value,                      // スカラ入力
  cv::Mat&        dst                         // 出力配列
);
```

†7 実際には、通常の Mahalanobis 距離は任意の 2 つのベクトル間の距離として定義されていますが、ここでは常にベクトル vec1 から vec2 が引かれます。また、cv::Mahalanobis() の icovar と実際の共分散行列の逆行列には何の結びつきもないため、任意の基準値を必要に応じて与えることもできます。

$$dst_i = \max(src_{1,i}, src_{2,i})$$

$$dst_i = \max(src_{1,i}, value)$$

cv::max()は、配列src1とsrc2（あるいは配列と数値）間の、対応するピクセルの対から最大値を計算します。基本の形式は2種類あり、1つは行列の演算式で返すもの、もう1つは計算した結果を指定した引数に格納するものです。引数が3つの形式で、オペランドの1つがcv::Scalarの場合は、マルチチャンネル配列との比較はcv::Scalarの適切な要素に対してチャンネル単位で行われます。

5.1.38 cv::mean()

```
cv::Scalar cv::mean(
  cv::InputArray  src,
  cv::InputArray  mask = cv::noArray()      // オプション。ゼロ以外の部分だけを処理する
);
```

$$N = \sum_{i, mask_i \neq 0} 1$$

$$mean_c = \frac{1}{N} \sum_{i, mask_i \neq 0} src_i$$

関数cv::mean()は、入力配列内srcのピクセルのうちマスクされていない箇所の平均値を計算します。srcがマルチチャンネルならば結果はチャンネルごとに計算されます。

5.1.39 cv::meanStdDev()

```
void cv::meanStdDev(
  cv::InputArray  src,
  cv::OutputArray mean,
  cv::OutputArray stddev,
  cv::InputArray  mask  = cv::noArray()   // オプション。ゼロ以外の部分だけを処理する
);
```

$$N = \sum_{i, mask_i \neq 0} 1$$

$$mean_c = \frac{1}{N} \sum_{i, mask_i \neq 0} src_i$$

$$stddev_c = \sqrt{\sum_{i, mask \neq 0} (src_{c,i} - mean_c)^2}$$

関数cv::meanStdDev()は、入力配列内srcのピクセルのうち、マスクされていない箇所の平均値、および標準偏差を求めます。srcがマルチチャンネルの場合はチャンネルごとに計算されます。

ここで計算された標準偏差は、共分散行列と同じではありません。実際にはこの標準偏差は、完全な共分散行列の中の対角要素のみにあたります。完全な共分散行列を計算したいときは cv::calcCovarMatrix() を使用する必要があります。

5.1.40 cv::merge()

```
void cv::merge(
  const cv::Mat*  mv,                    // cv::Mat の C 言語スタイルの配列
  size_t          count,                 // mv が指す配列数
  cv::OutputArray dst                    // mv のすべてのチャンネルが含まれる
);

void merge(
  const vector<cv::Mat>& mv,             // cv::Mat の STL スタイルの配列
  cv::OutputArray        dst             // mv のすべてのチャンネルが含まれる
);
```

cv::merge() は cv::split() の逆の演算です。mv の中に含まれる配列を結合し、出力配列 dst に格納します。そのとき mv が cv::Mat オブジェクトの C 言語スタイルの配列へのポインタならば、追加のサイズ変数 count を指定しなければなりません。

5.1.41 cv::min()

```
cv::MatExpr cv::min(                      // 行列の演算式（行列ではない）
  const cv::Mat&  src1,                   // 1 番目の入力配列
  const cv::Mat&  src2                    // 2 番目の入力配列
);

cv::MatExpr cv::min(                      // 行列の演算式（行列ではない）
  const cv::Mat&  src1,                   // 入力配列
  double          value                   // スカラ値
);

cv::MatExpr cv::min(                      // 行列の演算式（行列ではない）
  double          value,                  // スカラ値
  const cv::Mat&  src1                    // 入力配列
);

void cv::min(
  cv::InputArray  src1,                   // 1 番目の入力配列
  cv::InputArray  src2,                   // 2 番目の入力配列
  cv::OutputArray dst                     // 出力配列
);

void cv::min(
  const cv::Mat&  src1,                   // 1 番目の入力配列
  const cv::Mat&  src2,                   // 2 番目の入力配列
  cv::Mat&        dst                     // 出力配列
);
```

```
void cv::min(
  const cv::Mat&  src1,                    // 入力配列
  double          value,                   // スカラ入力
  cv::Mat&        dst                      // 出力配列
);
```

$$dst_i = \min(src_{1,i}, src_{2,i})$$

cv::min() は配列 src1 と src2（あるいは配列と数値）間の、対応するピクセルの対から最小値を計算します。なお、行列の演算式を返す形式の cv::min() は、OpenCV の行列の演算式の様式に従って扱うことができます。

引数が 3 つの形式で、オペランドの 1 つが cv::Scalar の場合は、マルチチャンネル配列との比較は cv::Scalar の適切な要素に対してチャンネル単位で行われます。

5.1.42 cv::minMaxIdx()

```
void cv::minMaxIdx(
  cv::InputArray src,                      // 入力配列。シングルチャンネルのみ
  double*        minVal,                   // 最小値がここに入る（NULL 以外のとき）
  double*        maxVal,                   // 最大値がここに入る（NULL 以外のとき）
  int*           minIdx,                   // 最小値の位置がここに入る（NULL 以外のとき）
  int*           maxIdx,                   // 最大値の位置がここに入る（NULL 以外のとき）
  cv::InputArray mask = cv::noArray()      // ゼロ以外の部分だけを探す
);

void cv::minMaxIdx(
  const cv::SparseMat& src,                // 入力の疎な配列
  double*              minVal,             // 最小値がここに入る（NULL 以外のとき）
  double*              maxVal,             // 最大値がここに入る（NULL 以外のとき）
  int*                 minIdx,             // C 言語スタイルの配列。最小値の位置を示す
  int*                 maxIdx              // C 言語スタイルの配列。最大値の位置を示す
);
```

これらの関数は、配列 src 内の最小値と最大値を探し出し、（オプションで）それらの位置を返します。計算された最小、最大値は minVal と maxVal にそれぞれ格納されます。必要に応じてそれらの値の位置も返すことが可能で、これは任意の次元数の配列に対して機能します。位置は minIdx と maxIdx が与えるアドレスに書き込まれます（それぞれ引数が NULL ではない場合）。

cv::minMaxIdx() は、配列 src が cv::SparseMat のときにも呼び出すこともできます。このときも配列の次元数は任意で、最小、最大値を探してその位置を返します。このとき返される位置は C 言語スタイルの配列 minIdx と maxIdx に格納されます。これらの配列の両方とも、引数として渡すときには配列 src の次元数と同じ要素数でなければなりません。cv::SparseMat の場合の最小、最大値は、ソースコードで**ゼロ以外の要素**として参照される箇所に対してだけ求められます。ただしこの「ゼロ以外の要素」という用語は少し誤解を招きやすいです。というのも、メモリ中の疎な配列の中で**存在する要素**というのが正確な意味だからです。実際には、疎な行列の作

られ方やそれに対する処理を経た結果として、**存在していながら**値がゼロになる要素もありえます。このような要素も最小値と最大値の探索の対象です。

1 次元配列を与えるときでも、位置を示す配列として整数 2 つ用のメモリ領域を確保しておく必要があります。理由は、`cv::minMaxIdx()` が、1 次元配列が本質的に $N \times 1$ 行列であるという仕様をそのまま利用するためです。戻り値では、位置を示す配列の 2 番目の値は常に `0` になります。

5.1.43 cv::minMaxLoc()

```
void cv::minMaxLoc(
  cv::InputArray src,                        // 入力配列
  double*        minVal,                     // 最小値がここに入る（NULL 以外のとき）
  double*        maxVal,                     // 最大値がここに入る（NULL 以外のとき）
  cv::Point*     minLoc,                     // 最小値の位置がここに入る（NULL 以外のとき）
  cv::Point*     maxLoc,                     // 最大値の位置がここに入る（NULL 以外のとき）
  cv::InputArray mask = cv::noArray()        // ゼロ以外の部分だけを探す
);

void cv::minMaxLoc(
  const cv::SparseMat& src,                  // 入力の疎な配列
  double*              minVal,               // 最小値がここに入る（NULL 以外のとき）
  double*              maxVal,               // 最大値がここに入る（NULL 以外のとき）
  cv::Point*           minLoc,               // C 言語スタイルの配列。最小値の位置を示す
  cv::Point*           maxLoc                // C 言語スタイルの配列。最大値の位置を示す
);
```

これらの関数は、配列 `src` 内の最小値と最大値を探し出し、（オプションで）それらの位置を返します。計算された最小、最大値は `minVal` と `maxVal` にそれぞれ格納されます。必要に応じてそれらの値の位置を返すこともできます。位置は `minLoc` と `maxLoc` が与えるアドレスに書き込まれます（それぞれ引数が `NULL` ではない場合）。書き込まれるのは `cv::Point` 型なので、この関数は 2 次元配列（行列や画像など）に対してだけ用いることができます。

`cv::minMaxIdx()` と同様に、疎な行列の場合の最小、最大値は、要素が存在する箇所に対してだけ探索されます。

マルチチャンネル配列の演算に関してはいくつか選択肢があります。もともと `cv::minMaxLoc()` はマルチチャンネル入力をサポートしていません。主な理由はこの演算があいまいであるためです。

すべてのチャンネルにわたる最小、最大値を探索したいときは、`cv::Mat::reshape()` を使用してマルチチャンネル配列を 1 つの大きなシングルチャンネル配列に変えておけばよいでしょう。あるいは各チャンネルの最小、最大値を個別に求めたいときは、`cv::split()` や `cv::mixChannels()` を使ってチャンネルを分離し、それぞれを探索します。

cv::minMaxLoc() のどちらの形式でも、最小、最大値や位置の引数に NULL を指定することができ、その場合、その引数の項目は計算されません。

5.1.44 cv::mixChannels()

```
void cv::mixChannels(
  const cv::Mat*          srcv,           // 行列の C 言語スタイルの配列
  int                     nsrc,           // srcv の要素数
  cv::Mat*                dstv,           // 対象行列の C 言語スタイルの配列
  int                     ndst,           // dstv の要素数
  const int*              fromTo,         // C 言語スタイルのペア（...from, to...）の配列
  size_t                  n_pairs         // fromTo のペア数
);

void cv::mixChannels(
  const vector<cv::Mat>& srcv,            // 行列の STL vector
  vector<cv::Mat>&       dstv,            // 対象行列の STL vector
  const int*             fromTo,          // C 言語スタイルのペア（...from, to...）の配列
  size_t                 n_pairs          // fromTo のペア数
);
```

OpenCV には、一般的な処理の特殊なケースとして、チャンネルを再配置するような演算が多くあります。ここで言う再配置とは、例えば複数の入力画像から取り出したチャンネルを並べ替え、出力画像の特定のチャンネルに配置するような処理です。cv::split() や cv::merge()、あるいは（少なくともいくつかのケースの）cv::cvtColor() などの関数は、すべてそのような機能を利用しています。これらの関数は、必要な機能を実行するために、より汎用的な関数 cv::mixChannels() を呼び出します。この関数を使用すると、入出力に複数の配列（そしてそれぞれが複数のチャンネルを持っている可能性もある）を与えることができます。そして選択した任意の方法で、入力配列のチャンネルを出力配列のチャンネルに割り当てることもできます。

入出力配列は、cv::Mat オブジェクトの配列の要素数を示す数値とともに、C 言語スタイルの配列として指定します。あるいは、cv::Mat オブジェクトからなる STL スタイルの vector<>で指定することもできます。出力配列は、サイズと次元数が入力配列に一致するよう事前に確保しておかなければなりません。

チャンネルを再配置するための対応を割り当てるには、C 言語スタイルの整数配列 fromTo を使います。この配列は、整数のペアを任意の数だけ連続して保持することができるものです。各ペアの数値は、最初の値がコピー元のチャンネル、2 つ目の値がコピー先のチャンネルを示します。チャンネルは、最初の画像ではゼロから始まり、2 つ目以降の画像では順番に番号付けされます（図5-3 参照）。ペアの合計数は引数 n_pairs で与えられます。

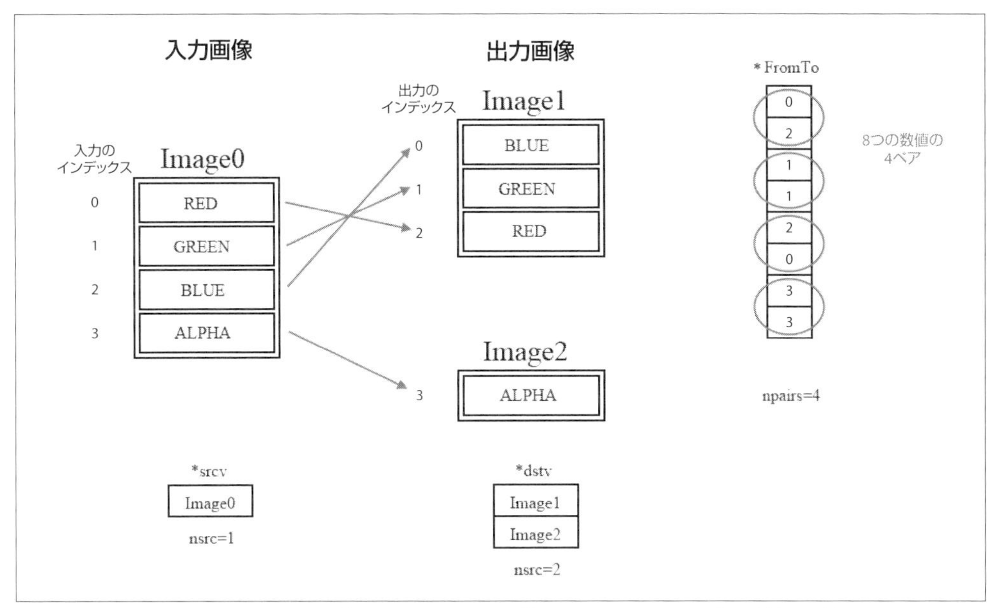

図5-3　1 つの 4 チャンネル RGBA 画像を、1 つの BGR 画像と 1 つのアルファ画像に変換する例

バージョン 2.1 以降のライブラリの大半の関数とは異なり、`cv::mixChannels()` は出力配列を自動的に**確保しません**。入力配列と同じサイズと次元数で事前に確保しておく必要があります。

5.1.45　cv::mulSpectrums()

```
void cv::mulSpectrums(
  cv::InputArray  arr1,               // 1 番目の入力配列
  cv::InputArray  arr2,               // 2 番目の入力配列。arr1 と同じサイズ
  cv::OutputArray dst,                // 出力配列。arr1 と同じサイズ
  int             flags,              // 独立した行であることを示すために使用される
  bool            conj  = false       // true のとき arr2 を最初に共役化
);
```

スペクトル（`cv::dft()` や `cv::idft()` の結果など）を扱う多くの演算では、スペクトル（実数配列）のパッキング、すなわち複素数としての性質を保ちつつ、要素ごとの乗算を行いたいことがあります（詳細は `cv::dft()` の説明を参照）。入力配列は、1 つ目と 2 つ目が同じサイズと型であれば、1 次元でも 2 次元でも可能です。入力配列が 2 次元のときは、真の 2 次元スペクトルか、1 次元スペクトル（1 行につき 1 つ）の配列かのどちらの解釈もありえます。後者ならば `flags` に `cv::DFT_ROWS` を指定し、それ以外のときは `0` を指定します。

2 つの配列が複素数を表すときには、それらは単に要素単位で乗算されますが、`cv::mulSpectrums()` には、2 つ目の配列要素を乗算前に共役化するオプションも提供されています。例えば（フーリエ変換を使用した）相関を計算するためにこのオプション（`conj = true`）を使用す

ることができます。通常のコンボリューションでは conj = false です。

5.1.46 cv::multiply()

```
void cv::multiply(
  cv::InputArray  src1,                  // 1番目の入力配列
  cv::InputArray  src2,                  // 2番目の入力配列
  cv::OutputArray dst,                   // 出力配列
  double          scale = 1.0,           // 全体のスケール係数
  int             dtype = -1             // 出力配列の型
);
```

$$dst_i = \text{飽和}\left(scale * src1_i * src2_i\right)$$

cv::multiply() は単純な積の関数です。src1 の要素と対応する src2 の要素の積を計算し、結果を dst に格納します。

5.1.47 cv::mulTransposed()

```
void cv::mulTransposed(
  cv::InputArray  src,                   // 入力行列
  cv::OutputArray dst,                   // 出力配列
  bool            aTa,                   // true なら、転置した後に乗算
  cv::InputArray  delta = cv::noArray(), // 乗算の前に src から減算
  double          scale = 1.0,           // 全体のスケール係数
  int             dtype = -1             // 出力配列の型
);
```

$$dst = \begin{cases} scale * (src - delta)^T (src - delta) & aTa = true \\ scale * (src - delta)(src - delta)^T & aTa = false \end{cases}$$

cv::mulTransposed() は行列とその転置行列の行列積の計算に使用されます。例えば共分散行列を計算する際に有用です。行列 src は2次元のシングルチャンネルでなければなりませんが、cv::gemm() とは異なり、浮動小数点数型でなくてもかまいません。dtype を指定しないと（負の値は未指定を意味し、デフォルトです）、結果の行列は入力行列と同じ型になります。dtype に CV_32F または CV_64F のいずれかを指定すれば、出力配列 dst は指定された型に変換されます。

第2の入力行列 delta が与えられると、行列積の前にその行列が src から減算されます。行列が何も指定されないと（すなわち delta=cv::noArray()）、減算は行われません。配列 delta は src と同じサイズである必要はありません。delta が src よりも小さいときは、delta が src のサイズに合うように繰り返されます（**タイリング**とも呼ばれます。cv::repeat() 参照）。引数 aTa は、転置行列を左から掛けるのか（aTa=true）、あるいは右から掛けるのか（aTa=false）を選択します。引数 scale を使うと、行列積を計算した後の行列をスケーリングすることができます。

5.1.48 cv::norm()

```
double cv::norm(                                   // 倍精度でノルムを返す
  cv::InputArray src1,                             // 入力行列
  int            normType = cv::NORM_L2,           // 計算するノルムの種類
  cv::InputArray mask     = cv::noArray()          // ゼロ以外の部分を計算する（指定した場合）
);

double cv::norm(                                   // 差分のノルムを返す
  cv::InputArray src1,                             // 入力行列
  cv::InputArray src2,                             // 2番目の入力行列
  int            normType = cv::NORM_L2,           // 計算するノルムの種類
  cv::InputArray mask     = cv::noArray()          // ゼロ以外の部分を計算する（指定した場合）
);

double cv::norm(
  const cv::SparseMat& src,                        // 入力の疎な行列
  int                  normType = cv::NORM_L2      // 計算するノルムの種類
);
```

$$\|src1\|_{\infty,L1,L2}$$

$$\|src1 - src2\|_{\infty,L1,L2}$$

cv::norm() 関数は、配列のノルムを計算するために使用されます（**表5-6** 参照）。2つの配列が与えられたときには、それらの配列間のノルムを求めます（**表5-7** 参照）。cv::SparseMat のノルムも計算可能で、そのときは要素がゼロの箇所はノルムの計算では無視されます。

表5-6 src2 が存在しない場合、normType の種類と cv::norm() が計算するノルム

normType	結果
cv::NORM_INF	$\|src1\|_{\infty} = \max_i abs(src1_i)$
cv::NORM_L1	$\|src1\|_{L1} = \sum_i abs(src1_i)$
cv::NORM_L2	$\|src1\|_{L2} = \sqrt{\sum_i (src1_i)^2}$

引数 src2 を指定した場合に計算される値は差を表すノルムで、2つの配列の間の距離のようなものです[†8]。**表5-7** に示す前半の3つの例のノルムは大きさ（長さ）になっています。後半の3つの例は、2番目の配列 src2 の大きさによってスケーリングされます。

†8 少なくとも L2 ノルムについては、画像のピクセル数と等しい次元空間におけるユークリッド距離であると考えれば、差を表すノルムを直感的に解釈できます。

表5-7 src2 が存在する場合、normType の種類と cv::norm() が計算するノルム

normType	結果
cv::NORM_INF	$\|src1 - src2\|_\infty = \max_i abs(src1_i - src2_i)$
cv::NORM_L1	$\|src1 - src2\|_{L1} = \sum_i abs(src1_i - src2_i)$
cv::NORM_L2	$\|src1 - src2\|_{L2} = \sum_i (src1_i - src2_i)^2$
cv::NORM_RELATIVE | cv::NORM_INF	$\frac{\|src1 - src2\|_\infty}{\|src2\|_\infty}$
cv::NORM_RELATIVE | cv::NORM_L1	$\frac{\|src1 - src2\|_{L1}}{\|src2\|_{L1}}$
cv::NORM_RELATIVE | cv::NORM_L2	$\frac{\|src1 - src2\|_{L2}}{\|src2\|_{L2}}$

すべてのケースで、src1 と src2 は同じサイズ、同じチャンネル数を持っている必要があります。複数のチャンネルがあるときは、すべてのチャンネルを合体し、全体にわたってノルムが計算されます。つまり、**表5-6** と**表5-7** のノルムは x と y のみならず、すべてのチャンネルを通して計算されます。

5.1.49 cv::normalize()

```
void cv::normalize(
  cv::InputArray  src1,                      // 入力行列
  cv::OutputArray dst,                       // 出力行列
  double          alpha    = 1,              // 1 番目のパラメータ（表 5-8 参照）
  double          beta     = 0,              // 2 番目のパラメータ（表 5-8 参照）
  int             normType = cv::NORM_L2,    // 計算するノルムの種類
  int             dtype    = -1,             // 出力配列の型
  cv::InputArray  mask     = cv::noArray()   // ゼロ以外の部分を計算する（指定した場合）
);

void cv::normalize(
  const cv::SparseMat& src,                  // 入力の疎な行列
  cv::SparseMat&       dst,                  // 出力の疎な行列
  double               alpha    = 1,         // 最初のパラメータ（表 5-8 参照）
  int                  normType = cv::NORM_L2 // 計算するノルムの種類
);
```

$$\|dst\|_{\infty,L1,L2} = \alpha$$

$$\min(dst) = \alpha$$

$$\max(dst) = \beta$$

他の多くの OpenCV 関数と同様に、cv::normalize() も予想以上のことを行います。normType の値に応じて、画像 src を正規化したり、あるいは dst の特定の範囲に写像したりします。配列 dst は src と同じサイズになり、dtype 引数を指定していなければデータ型も同じになります。必要に応じて dtype に OpenCV の基本型（CV_32F など）を指定すれば、出力配列がその型になります。実際に行われる演算の意味は、normType 引数に指定した値に依存してい

ます。指定可能なnormTypeの値を**表5-8**に示します。

表5-8 cv::normalize()の引数normTypeに指定可能な値

normType	結果
cv::NORM_INF	$\|dst\|_\infty = \max_i abs(dst_i) = \alpha$
cv::NORM_L1	$\|dst\|_{L1} = \sum_i abs(dst_i) = \alpha$
cv::NORM_L2	$\|dst\|_{L2} = \sqrt{\sum_i (dst_i)^2} = \alpha$
cv::NORM_MINMAX	範囲 $[\alpha, \beta]$ に写像

無限大ノルム（cv::NORM_INF）のときには、配列src内の要素の絶対値の最大値がalphaに等しくなるように、配列srcがスケーリングされます。L1またはL2ノルムのときには、ノルムがalphaの値に等しくなるように配列がスケーリングされます。normTypeにcv::NORM_MINMAXが指定されたときは、alphaとbetaの間（両端を含む）に収まるように、配列の値がスケーリングされ、線形に写像されます。

これまでと同じように、maskを指定している場合は、マスクのゼロ以外の値に対応するピクセルのノルムだけがcv::normalize()によって計算されます。dtypeがcv::NORM_MINMAXのときは、入力配列にcv::SparseMatは指定できません。理由は、cv::NORM_MINMAXの演算では全体にオフセットを適用することがあり、これが配列の疎な構造に影響を与えるからです。もう少し具体的に言うと、この演算の結果、ゼロの要素がすべてゼロではなくなり、疎な配列が疎ではなくなってしまうのです。

5.1.50 cv::perspectiveTransform()

```
void cv::perspectiveTransform(
  cv::InputArray  src,          // 入力配列。2 または 3 チャンネル
  cv::OutputArray dst,          // 出力配列。src1 と同じサイズ、型
  cv::InputArray  mtx           // 3 × 3 または 4 × 4 の変換行列
);
```

$$\begin{bmatrix} x \\ y \\ z \end{bmatrix} \rightarrow \begin{bmatrix} x'/w' \\ y'/w' \\ z'/w' \end{bmatrix}$$

$$\begin{bmatrix} x' \\ y' \\ z' \\ w' \end{bmatrix} \rightarrow [mtx] \begin{bmatrix} x \\ y \\ z \\ 1 \end{bmatrix}$$

cv::perspectiveTransform()関数は、平面間の射影変換を、点（ピクセルではない）のリストに対して計算します。入力配列は2または3チャンネル配列でなければならず、そのときの行列mtxはそれぞれ3×3または4×4でなければなりません。cv::perspectiveTransform()は

まず、src の各要素を src.channels()+1 の長さのベクトルになるように変形します。そしてその追加次元（投影次元）の初期値を 1.0 に設定します。これは**同次座標**としても知られています。その後、その拡張されたベクトルのそれぞれに mtx が乗算され、（新たな）射影座標の値（w'）にスケーリングされます[†9]（追加次元は、演算後には常に 1.0 になるので捨てられます）。

繰り返しになりますが、この計算は、画像などではなく、あくまでも点の集合を変換するためのものであることに注意してください。画像に透視変換を適用しようとするときは、実際には個々のピクセルを変換するわけではなく、画像中のある場所から別の画像のある場所にピクセルを移動しようとしているだけであり、それが cv::warpPerspective() が行う処理です。

大量の対応点のペアが与えられ、そこから最もふさわしい射影変換行列を求めるという逆問題を解きたいときは、cv::getPerspectiveTransform() か cv::findHomography() を使用します。

5.1.51 cv::phase()

```
void cv::phase(
  cv::InputArray  x,                        // x 成分の入力配列
  cv::InputArray  y,                        // y 成分の入力配列
  cv::OutputArray dst,                      // 角度の出力配列
  bool            angleInDegrees = false    // true なら度数、false ならラジアン
);
```

$$dst_i = \mathrm{atan2}(y_i, x_i)$$

cv::phase() は2次元ベクトル場のデカルト座標から極座標への変換における角度を計算します。このベクトル場は、2つの別個のシングルチャンネル配列の形式である必要があります。そしてこれら2つの入力配列は当然同じサイズでなければなりません（入力を単一の2チャンネル配列として持っている場合は、cv::split() を呼び出すだけで必要な形式になります）。dst の各要素は、対応する x と y の要素の比のアークタンジェント（逆正接）から計算される角度です。

5.1.52 cv::polarToCart()

```
void cv::polarToCart(
  cv::InputArray  magnitude,                // 大きさの入力配列
  cv::InputArray  angle,                    // 角度の入力配列
  cv::OutputArray x,                        // x 成分の出力配列
  cv::OutputArray y,                        // y 成分の出力配列
  bool            angleInDegrees = false    // true なら度数、false ならラジアン
);
```

†9 技術的には、mtx を乗じた後に w' の値がゼロになることがあり、その場合は点が無限遠に射影されることになってしまいます。このときは、ゼロで割る代わりに、比率にゼロが割り当てられます。

$$x_i = magnitude_i * \cos(angle_i)$$

$$y_i = magnitude_i * \sin(angle_i)$$

cv::polarToCart()は、極座標からデカルト(x, y)座標のベクトル場を計算します。入力は同じサイズと型の2つの配列magnitudeとangleです。これらは、そのベクトル場の各点における大きさと角度を表しています。同様に、出力も入力と同じサイズと型の2つの配列で、各点におけるベクトルのx座標とy座標が格納されます。オプションのフラグangleInDegreesをtrueにすると、角度の配列がラジアンではなく度数として解釈されるようになります。

5.1.53 cv::pow()

```
void cv::pow(
  cv::InputArray  src,                    // 入力配列
  double          p,                      // 累乗の指数
  cv::OutputArray dst                     // 出力配列
);
```

$$dst_i = \begin{cases} (src_i)^p & p \in \mathbb{Z} \\ |src_i|^p & else \end{cases}$$

関数cv::pow()は、指数pを与えると、配列を要素ごとにp乗します。pが整数のときは累乗を直接計算します。pが整数でないときは、まずsrcの要素の絶対値を取り、その後p乗します（つまり実数のみを返します）。整数や± 0.5などのいくつかの特別なpの値については、より高速に計算するための特別なアルゴリズムが用いられます。

5.1.54 cv::randu()

```
template<typename _Tp> _Tp randu(); // 指定した型の乱数を返す

void cv::randu(
  cv::InputOutputArray mtx,         // すべての値が乱数になる
  cv::InputArray       low,         // 最小値。1 × 1 (Nc=1,4)、または 1 × 4 (Nc=1)
  cv::InputArray       high         // 最大値。1 × 1 (Nc=1,4)、または 1 × 4 (Nc=1)
);
```

$$mtx_{c,i} \in [low_c, high_c)$$

cv::randu()の呼び出しには2つの方法があります。1つ目はテンプレート形式であるrandu<>()を呼び出す方法で、適切な型の乱数が返されます。この方法で生成される乱数は一様

分布です[†10]。範囲は、整数型の場合はゼロからその型で利用可能な最大値まで、浮動小数点数型の場合は 0.0 から 1.0（1.0 を含まない）までです。このテンプレート形式は、1つの数値のみを生成します[†11]。

2つ目の cv::randu() の呼び出し方法は、値を満たしたい行列 mtx を与え、その各配列要素に対して、乱数を生成したい範囲を表す最小値と最大値の2つの追加配列を指定します。これら2つの追加配列 low および high は、1か4チャンネルの 1×1、あるいはシングルチャンネルの 1×4 でなければなりません。また、cv::Scalar 型であってもかまいません。いずれの場合も、これらの配列は mtx のサイズではなく、mtx の個々の要素サイズになります。

必要な乱数値の数と、それらがどのような行、列、チャンネルで配置されるかを配列 mtx に指定しなければいけないという意味で、mtx は入力配列でもあり出力配列でもあります。

5.1.55 cv::randn()

```
void cv::randn(
  cv::InputOutputArray mtx,          // すべての値が乱数になる
  cv::InputArray       mean,         // 生成される乱数の平均値。配列はチャンネル空間内
  cv::InputArray       stddev        // 生成される乱数の標準偏差。チャンネル空間
);
```

$$mtx_{c,i} \sim N(mean_c, stddev_c)$$

関数 cv::randn() は、行列 mtx を正規分布をなす乱数で満たします[†12]。これらの値を導出するためのパラメータは、2つの追加配列（mean と stddev）から取得されます。つまり、指定した平均と標準偏差の正規分布をなす乱数を生成し、個々の配列要素を埋めます。

cv::randu() の配列形式と同じように、mtx のすべての要素が個々に計算されます。そして配列 mean と stddev がチャンネルごとにあり、mtx の各要素の平均と標準偏差を指定します。つまり mtx が4チャンネルならば、mean と stddev は 1×4 か、4チャンネルの 1×1 になります（または同等の cv::Scalar 型）[†13]。

5.1.56 cv::randShuffle()

```
void cv::randShuffle(
  cv::InputOutputArray mtx,              // すべての値がシャッフルされる
  double               iterFactor = 1,   // シャッフルを繰り返す回数
  cv::RNG*             rng        = NULL // 独自の乱数生成器（利用したい場合）
);
```

†10 キャリー付き乗算アルゴリズム [Goresky03] によって一様分布の乱数を生成します。

†11 例えば cv::randu<Vec4f>のようにベクタを引数にしてテンプレート型を呼び出したときは、返される値もベクタ型ですが、最初の要素を除いてすべてがゼロになります。

†12 Ziggurat アルゴリズム [Marsaglia00] を用いてガウス分布の乱数を生成します。

†13 このとき stddev が正方行列ではないことに注意してください。cv::randn() は相関係数の生成をサポートしていません。

cv::randShuffle() は、ランダムな要素のペアを選択し、それらの位置を入れ替えることにより、1次元配列の要素をランダム化しようとします。この**入れ替え**の回数は、配列 mtx のサイズにオプションの係数 iterFactor を掛けたものになります。必要に応じて乱数生成器を指定することもできます（詳細は「7.1.3　乱数生成器（cv::RNG）」を参照）。何も指定しなければデフォルトの乱数生成器 theRNG() を自動的に使用します。

5.1.57　cv::reduce()

```
void cv::reduce(
  cv::InputArray  src,                          // n × m、2次元の入力
  cv::OutputArray vec,                          // 1 × m か n × 1 の出力
  int             dim,                          // 0 なら行方向、1 なら列方向に縮小
  int             reduceOp = cv::REDUCE_SUM,    // 縮小演算（表 5-9 参照）
  int             dtype = -1                    // 出力配列の型
);
```

縮小演算では、指定した結合規則を適用することで、入力行列 src をベクトル vec に体系的に変換します。結合規則 reduceOp に従い、1つの行（または列）だけが残るまで各行（または列）とその周辺が縮小されます（**表5-9** 参照）[†14]。引数 dim では、どの方向に縮小演算を行うかを制御します（**表5-10** 参照）。

表5-9　縮小演算子を選択する cv::reduce() の reduceOp 引数

reduceOp の値	結果
cv::REDUCE_SUM	ベクトル全体の合計を計算
cv::REDUCE_AVG	ベクトル全体の平均を計算
cv::REDUCE_MAX	ベクトル全体の最大値を計算
cv::REDUCE_MIN	ベクトル全体の最小値を計算

表5-10　縮小の方向を指定する cv::reduce() の dim 引数

dim の値	結果
0	単一の行に折り畳む
1	単一の列に折り畳む

cv::reduce() はあらゆる型のマルチチャンネル配列をサポートしています。dtype を使用すれば出力 vec に対して別の型を指定することもできます。

特に cv::REDUCE_SUM と cv::REDUCE_AVG に関してはオーバーフローや累積誤差が生じることがあるため、dtype を使用して、より高精度の型を vec に指定しておくことが重要です。

†14　純粋主義者は、ここでの暗黙的な意味においては、この平均化が技術的に厳密な**畳み込み**（fold）ではないことに気づかれるでしょう。OpenCV は縮小の実用的な観点から、cv::reduce() にこの便利な演算を用意しています。

5.1.58 cv::repeat()

```
void cv::repeat(
  cv::InputArray  src,                 // 2 次元の入力配列
  int             ny,                  // y 方向のコピー
  int             nx,                  // x 方向のコピー
  cv::OutputArray dst                  // 出力配列
);

cv::Mat cv::repeat(                    // 出力配列を返す
  cv::InputArray  src,                 // 入力 2 次元配列
  int             ny,                  // y 方向のコピー回数
  int             nx                   // x 方向のコピー回数
);
```

$$dst_{i,j} = src_{i\%src.rows, j\%src.cols}$$

この関数は src の内容を dst にコピーし、指定した回数だけそれを繰り返して dst に格納します。

cv::repeat() には 2 つの呼び出し方法があります。1 つ目は、出力配列への参照を cv::repeat() に渡すおなじみの方法です。2 つ目は作成した cv::Mat を戻り値として返す方法で、行列の演算式の中で使用するときにはこちらのほうがはるかに便利です。

5.1.59 cv::scaleAdd()

```
void cv::scaleAdd(
  cv::InputArray  src1,                // 1 番目の入力配列
  double          scale,               // 1 番目の入力配列に適用されるスケール係数
  cv::InputArray  src2,                // 2 番目の入力配列
  cv::OutputArray dst                  // 出力配列
);
```

$$dst_i = scale * src1_i + src2_i$$

cv::scaleAdd() は、まず入力配列 src1 にスケール係数 scale を掛けたのち、src2 との合計を計算します。結果は配列 dst に格納されます。

次のような行列の演算式でも同じ結果が得られます。

```
dst = scale * src1 + src2;
```

5.1.60 cv::setIdentity()

```
void cv::setIdentity(
  cv::InputOutputArray dst,                          // 値を代入する配列
  const cv::Scalar&    value = cv::Scalar(1.0)  // 対角要素に代入する値
);
```

$$dst_{i,j} = \begin{cases} value & i = j \\ 0 & else \end{cases}$$

cv::setIdentity() は、行番号と列番号が同じ箇所（対角要素）に 1（もしくは指定した値）を設定し、それ以外のすべての要素を 0 に設定します。cv::setIdentity() はすべてのデータ型をサポートしており、配列が正方である必要はありません。

同様のことを cv::Mat クラスのメンバー関数 eye() で行うこともできます。行列の演算式の中で使うときは、eye() のほうが便利なことが多いでしょう。

```
cv::Mat A( 3, 3, CV_32F );
cv::setIdentity( A, s );
C = A + B;
```

配列 B と C、スカラ値 s があるとき、上記は次と同等になります。

```
C = s * cv::Mat::eye( 3, 3, CV_32F ) + B;
```

5.1.61 cv::solve()

```
int cv::solve(
  cv::InputArray  lhs,                        // 方程式の左辺の n × n 行列
  cv::InputArray  rhs,                        // 方程式の右辺の n × 1 行列
  cv::OutputArray dst,                        // 結果の n × 1 配列
  int             method = cv::DECOMP_LU  // ソルバーに指定する解法
);
```

関数 cv::solve() は、cv::invert() に基づいて線形方程式を高速に解きます。つまり次の式の解を計算します。

$$C = \mathrm{argmin}_X \|A \cdot X - B\|$$

ここで、A は lhs で与えられる正方行列、B はベクトル rhs、C は cv::solve() によって求められた最適ベクトル X から計算された解を表します。最適ベクトル X は dst に返されます。この方程式を解くために使用される実際の手法は method 引数の値によって決定されます（**表5-11** 参照）。また、データ型は浮動小数点数型のみがサポートされています。関数が返すのは整数値であり、それがゼロ以外の値であれば解を発見できたことを示します。

表5-11 cv::solve() の引数に指定できる method 引数の値

method 引数の値	意味
cv::DECOMP_LU	ガウス消去法（LU 分解）
cv::DECOMP_SVD	特異値分解（SVD）
cv::DECOMP_CHOLESKY	コレスキー分解（正定値対称行列のみ）
cv::DECOMP_EIG	固有値分解（対称行列のみ）
cv::DECOMP_QR	QR 分解
cv::DECOMP_NORMAL	オプションの追加フラグ。代わりに正規方程式を解くことを示す

cv::DECOMP_LU および cv::DECOMP_CHOLESKY の手法を特異行列に使用することはできません。引数に与えた lhs が特異行列であればこれらの手法は終了し、0 を返します（lhs が正則のときは 1 を返します）。cv::solve() は優決定線形方程式も解くことができ、QR 分解（cv::DECOMP_QR）または特異値分解（cv::DECOMP_SVD）を使って与えられた方程式の最小二乗解を見つけます。これらの手法は lhs が特異行列のときに利用可能です。

表5-11 に挙げた最初の 5 つはお互いに排他的ですが、最後のオプション cv::DECOMP_NORMAL は最初の 5 つのいずれかと組み合わせることができます（例えば、ビット論理和を使って cv::DECOMP_LU | cv::DECOMP_NORMAL と指定します）。これを指定すると、cv::solve() は、元の方程式 $lhs \cdot dst = rhs$ の代わりに、**正規方程式** $lhs^T \cdot lhs \cdot dst = lhs^T \cdot rhs$ を解こうと試みます。

5.1.62 cv::solveCubic()

```
int cv::solveCubic(
  cv::InputArray  coeffs,
  cv::OutputArray roots
);
```

cv::solveCubic() は 3 あるいは 4 要素ベクトル coeffs からなる 3 次多項式に対して、その多項式の実根を計算します。coeffs が 4 つの要素を持つときは、次の多項式の根が計算されます。

$$\text{coeffs}_0 x^3 + \text{coeffs}_1 x^2 + \text{coeffs}_2 x + \text{coeffs}_3 = 0$$

coeffs が 3 つの要素しか持たないときは、次の多項式の根を計算します。

$$x^3 + \text{coeffs}_0 x^2 + \text{coeffs}_1 x + \text{coeffs}_2 = 0$$

結果は配列 roots に格納され、その多項式が持つ実根の数に応じて、1 つまたは 3 つの要素を持つことになります。

cv::solveCubic() と cv::solvePoly() に関する注意点

2 つの関数の入力配列 `coeffs` は一見類似していますが、係数の順序が反対になっています。`cv::solveCubic()` では最高次数の係数が最後に、`cv::solvePoly()` では最高次数の係数が最初に現れます。

5.1.63　cv::solvePoly()

```
int cv::solvePoly (
  cv::InputArray  coeffs,
  cv::OutputArray roots,                 // n 個の複素根（2 チャンネル）
  int             maxIters = 300         // ソルバーの最大反復回数
);
```

`cv::solvePoly()` は係数ベクトル `coeffs` からなる任意の次数の多項式に対して、その多項式の根を計算しようとします。つまり係数の配列 `coeffs` に対し、次の多項式の根が計算されます。

$$\text{coeffs}_n x^n + \text{coeffs}_{n-1} x^{n-1} + \cdots + \text{coeffs}_1 x + \text{coeffs}_0 = 0$$

`cv::solveCubic()` と異なり、これらの根は実数であることが保証されていません。n 次元の多項式（つまり n+1 個の要素を持つ `coeffs`）に対しては、n 個の根が存在することになります。結果は配列 `roots` に、`double` 型の 2 チャンネル（実数と虚数）の行列として返されます。

5.1.64　cv::sort()

```
void cv::sort(
  cv::InputArray  src,
  cv::OutputArray dst,
  int             flags
);
```

関数 `cv::sort()` は 2 次元配列に対して使用することができます。入力配列はシングルチャンネルだけがサポートされています。表計算ソフトの行や列のソートのようなものだと考えてはいけません。`cv::sort()` は行ごと、または列ごとに**個別に**ソートするのです。ソート演算の結果は、入力配列と同じサイズ、同じ型の新しい配列 `dst` に格納されます。

`cv::SORT_EVERY_ROW`、または `cv::SORT_EVERY_COLUMN` のフラグのいずれかを指定することで、行ごと、または列ごとにソートできます。さらに、`cv::SORT_ASCENDING`、または `cv::SORT_DESCENDING` のフラグによって、昇順か降順かを指定することができます。これら 2 つのグループのそれぞれから 1 つずつフラグを指定する必要があります。

5.1.65　cv::sortIdx()

```
void cv::sortIdx(
  cv::InputArray  src,
  cv::OutputArray dst,
```

```
    int             flags
  );
```

cv::sort() と同様、cv::sortIdx() はシングルチャンネルの 2 次元配列に対してだけ使用可能です。cv::sortIdx() は、行ごと、または列ごとに**個別に**ソートします。ソートの結果は入力配列と同じサイズの新しい配列 dst に格納されますが、その内容はソートされた要素の整数のインデックスです。例えば、配列 A が与えられたときに cv::sortIdx(A, B, cv::SORT_EVERY_ROW | cv::SORT_DESCENDING) を呼び出すと次のようになります。

$$A = \begin{bmatrix} 0.0 & 0.1 & 0.2 \\ 1.0 & 1.1 & 1.2 \\ 2.0 & 2.1 & 2.2 \end{bmatrix} \quad B = \begin{bmatrix} 2 & 1 & 0 \\ 2 & 1 & 0 \\ 2 & 1 & 0 \end{bmatrix}$$

この簡単な例では、A の各行は事前に小さい値から大きい値に並べられており、ソートはこれを逆順にしなければならないことを示しています。

5.1.66 cv::split()

```
void cv::split(
  const cv::Mat&   mtx,
  cv::Mat*         mv
);

void cv::split(
  const cv::Mat&   mtx,
  vector<Mat>&     mv                // n 個の 1 チャンネル cv::Mat の STL vector
);
```

関数 cv::split() は、cv::mixChannels() の特殊かつ簡易版です。cv::split() を使用することで、マルチチャンネル配列のチャンネルを複数のシングルチャンネル配列に分離できます。これには 2 通りの方法があります。1 つ目は、cv::Mat オブジェクトへの C 言語スタイルのポインタ配列へのポインタを渡して、cv::split() で分離した結果を得る方法です。C 言語スタイルの配列を使用するときは、(少なくとも) mtx のチャンネル数に等しい数の cv::Mat オブジェクトを明示的に利用可能にしておく必要があります。2 つ目の方法は、cv::Mat オブジェクトが格納された STL vector を指定する方法です。STL vector 形式を使用するときは、cv::split() は出力配列を自動的に確保します。

5.1.67 cv::sqrt()

```
void cv::sqrt(
  cv::InputArray  src,
  cv::OutputArray dst
);
```

cv::sqrt() は、cv::pow() の特殊なケースとして、配列の要素単位の平方根を計算します。複数のチャンネルが個別に処理されます。

行列の平方根を求める場合もたまにあるでしょう。つまり、ある行列 A に対して $BB = A$ という関係を満たすような行列 B です。A が正方かつ正定であって B が存在すれば、B は一意です。
A が対角化可能ならば、$A = VDV^{-1}$ を満たすような行列 V（A の固有ベクトルを列として作られる）が存在します。ここで D は対角行列です。対角行列 D の平方根は単に D の要素の平方根です。つまり、$A^{\frac{1}{2}}$ を計算するには行列 V を使って次を計算すればよいことになります。

$$A^{\frac{1}{2}} = VD^{\frac{1}{2}}V^{-1}$$

数学好きの方は、次のように二乗すればこの式が正しいことを簡単に確認できるでしょう。

$$(A^{\frac{1}{2}})^2 = (VD^{\frac{1}{2}}V^{-1})(VD^{\frac{1}{2}}V^{-1}) = VD^{\frac{1}{2}}V^{-1}VD^{\frac{1}{2}}V^{-1}$$
$$= VDV^{-1} = A$$

コードでは次のような形で使います[†15]。

```
void matrix_square_root( const cv::Mat& A, cv::Mat& sqrtA ) {
  cv::Mat U, V, Vi, E;
  cv::eigen( A, E, U );
  V = U.t();
  cv::transpose( V, Vi ); // 直交行列 V の逆行列
  cv::sqrt(E, E);         // A が正定であると仮定する。
                          // そうでない場合は平方根が複素数になる
  sqrtA = V * cv::Mat::diag(E) * Vi;
}
```

5.1.68 cv::subtract()

```
void cv::subtract(
  cv::InputArray  src1,                  // 1 番目の入力配列
  cv::InputArray  src2,                  // 2 番目の入力配列
  cv::OutputArray dst,                   // 出力配列
  cv::InputArray  mask  = cv::noArray(), // オプション。ゼロ以外の部分だけを処理する
  int             dtype = -1             // 出力配列の型
);
```

$$dst_i = 飽和\ (src1_i - src2_i)$$

†15 ここで「次のような」と書いたのは、もしみなさんが本当に安全なコードを書きたいのであれば、渡された行列が実際に想定どおりの行列（つまり、正方行列）であることを保証するために、多くのチェックを行う必要があるからです。他にも、cv::eigen() と cv::invert() の戻り値のチェックや、行列の分解や逆行列の計算に利用する手法についての検証、sqrt() をやみくもに呼び出す前に固有値が正であるかどうかの確認などもしておいたほうがよいかもしれません。

cv::subtract() は単純な減算関数です。src1 のすべての要素から、対応する src2 の要素を引き、結果を dst の対応する要素に格納します。

簡単なケースでは、次のような行列の演算式でも同じ結果が得られます。

```
dst = src1 - src2;
```

代入演算子もサポートされています。

```
dst -= src1;
```

5.1.69 cv::sum()

```
cv::Scalar cv::sum(
  cv::InputArray  arr
);
```

$$sum_c = \sum_{i,j} arr_{i,j,c}$$

cv::sum() は、チャンネルごとに配列 arr のすべてのピクセル値の合計を計算します。戻り値が cv::Scalar 型であるため、マルチチャンネル配列を最大 4 チャンネルまで処理することができます。各チャンネルの合計は、戻り値 cv::Scalar の対応する要素に格納されます。

5.1.70 cv::trace()

```
cv::Scalar cv::trace(
  cv::InputArray  mat
);
```

$$Tr(mat)_c = \sum_i mat_{i,i,c}$$

cv::trace() は、行列のトレース（跡）、つまり対角要素のすべての合計値を計算します。cv::trace() は cv::Mat::diag() の上位に実装されているので、渡す配列が正方行列である必要はありません。マルチチャンネル配列もサポートされていますが、トレースは Scalar 型で計算されるため、Scalar 型の各要素が対応する各チャンネルにおける合計値になります（最大 4 チャンネル）。

5.1.71 cv::transform()

```
void cv::transform(
  cv::InputArray  src,
  cv::OutputArray dst,
  cv::InputArray  mtx
);
```

$$dst_{i,j,c} = \sum_{c'} mtx_{c,c'} src_{i,j,c'}$$

関数 cv::transform() は、任意の線形変換を計算します。これは、マルチチャンネル入力配列 src をベクトルの集合として扱います。これは「チャンネル空間」と考えることができます。それらのベクトルに「小さな」行列 mtx を乗じて、そのチャンネル空間における変換を行います。

行列 mtx の行数は、src のチャンネル数と同数か、その数＋ 1 である必要があります。後者の場合、src のチャンネル空間ベクトルが自動的に 1 つ拡張され、拡張された要素には値 1.0 が割り当てられます。

この変換の正確な意味は、各チャンネルを何のために使用しているかに依存します。もしカラーチャンネルとして使用していれば、この変換は線形色空間変換と考えることができます。例えば RGB と YUV の色空間の変換はこのような変換です。また、点の (x, y) 座標や (x, y, z) 座標を表現するためにチャンネルを使用していれば、この変換は点の回転（または他の幾何学的変換）と考えることができます。

5.1.72 cv::transpose()

```
void cv::transpose(
  cv::InputArray  src,                    // 2 次元 n × m の入力配列
  cv::OutputArray dst                     // 2 次元 m × n の出力配列
);
```

cv::transpose() は、src のすべての要素を、行と列のインデックスを逆にして dst にコピーします（転置）。この関数はマルチチャンネル配列をサポートしています。ただし、複素数を表現するために複数のチャンネルを使用していたとしても、cv::transpose() によって複素共役が得られるわけではありません。

これと同じ結果は、行列のメンバー関数 cv::Mat::t() によっても得ることができます。このメンバー関数は、次のように行列の演算式で使用できるという利点があります。

```
A = B + B.t();
```

5.2 まとめ

本章では、OpenCV の最も重要な配列構造 cv::Mat に関する、基本的な演算をたくさん見てきました。cv::Mat には、行列、画像、多次元配列などを格納することができます。OpenCV ライブラリは、非常に単純な代数の演算から比較的複雑な機能にいたるまで、幅広い演算を提供しています。配列を画像として扱うときに役立つように設計されている演算もあれば、その他の種類のデータを表した配列で有用であるように設計されているものもあります。以降の章では、より意味

のあるコンピュータビジョンの高度なアルゴリズムを見ていきます。これから出てくるそういったアルゴリズムに対し、本章の演算は、みなさんが実現したい何かを組み立てるための基本的な要素であると言えるでしょう。

5.3　練習問題

次の練習問題では、関数の詳細について本章のリファレンスマニュアル（https://docs.opencv.org）を参照する必要があるものもあります。

1. この練習問題は、多くの関数が行列型を扱うことができるという考えに慣れるためのものです。まず、3 チャンネルの byte 型でサイズが 100 × 100 の 2 次元行列を作成してください。そしてそのすべての要素の値を 0 に設定してください。
   a. 次の関数を使用して行列に円を描画してください。
   ```
   void cv::circle(cv::InputOutputArray img, cv::Point center,
         int radius, const cv::Scalar& color, int thickness=1,
         int lineType=8, int shift=0)
   ```
   b. 「2 章　OpenCV 入門」で説明した方法で、この画像を表示してください。
2. 3 チャンネル byte 型、サイズ 100 × 100 の 2 次元行列を作成し、すべての値を 0 に設定してください。そして、ピクセル値の変更に cv::Mat の要素アクセス関数を使い、$(20, 5)$ と $(40, 20)$ を対角とする緑の長方形を描画してください。
3. サイズ 100 × 100 の 3 チャンネル BGR 画像を作成し、それをクリアしてください。そこに、ポインタ演算を使用して $(20, 20)$ と $(40, 40)$ を対角とする緑の正方形を描画してください。
4. 関心領域（ROI）を使用する練習です。サイズ 210 × 210 のシングルチャンネル byte 型の画像を生成し、すべての値を 0 に設定してください。そこに、ROI と cv::Mat::setTo() を使用してピクセル値がピラミッド状に増加する構造を描画してください。つまり、いちばん外側の境界線の値が 0、次の内側の境界線の値が 20、次の内側の境界線の値が 40、……というように増加し、最終的に最も内側（正方形）の値が 200 になります。なお、すべての境界線の幅は 10 ピクセルとします。最後に、描画した画像を表示してください。
5. 1 つの画像に対して複数の ROI を使用します。まずサイズが 100×100 以上の画像を読み込んでください。そこに width=20、height=30 の 2 つの ROI を設定してください。ROI の原点はそれぞれ $(5, 10)$ と $(50, 60)$ とします。これらの ROI が示す画像を cv::bitwise_not() に渡して反転してください。最後に、読み込んだ画像を表示してみてください。大きな画像の中に 2 つの反転された長方形の領域があるはずです。
6. cv::compare() を使用してマスクを作成します。まず実画像を読み込んでください。次に cv::split() を使用して赤、緑、青に画像を分割してください。
   a. 緑のチャンネル画像を取り出して表示してください。

b. この緑のチャンネル画像の複製を 2 個作成し、`clone1` と `clone2` としてください。
c. 緑のチャンネル画像の、ピクセル値の最大値（`maximum`）と最小値（`minimum`）を探索して求めてください。
d. `clone1` のすべての値を `thresh = (unsigned char)((maximum - minimum)/2.0)` に設定してください。
e. `clone2` のすべての値を `0` に設定し、`cv::compare(green_image, clone1, clone2, cv::CMP_GE)` を実行してください。すると、`clone2` は、緑画像において値が `thresh` 以上の箇所に対応したマスクになります。
f. 最後に、`cv::subtract(green_image, thresh/2, green_image, clone2)` を使用し、結果を表示してください。

6章 描画方法とテキスト表示方法

6.1 図形を描画する

どこか他から持ってきた画像の上に、何かしらの絵やちょっとしたものを描きたいと思うことはよくあります。この目的のためにOpenCVは、線、四角形、円などを描画できるいろいろな関数を用意しています。

OpenCVの描画関数はどんな深さ（デプス）の画像でも扱えますが、そのほとんどは最初の3チャンネルにしか影響を与えません。シングルチャンネルの画像の場合は、デフォルトで最初のチャンネルだけになります。描画関数のほとんどは、色、線の太さ、線のタイプ（実際には、線をアンチエイリアスするかどうか）、および描画図形のサブピクセル単位での位置調整をサポートしています。

色を指定するときには`cv::Scalar`オブジェクトを使うのがお約束です。ただ、ほとんどの場合、最初の3つの値しか使いません（`cv::Scalar`の4つ目の値はアルファチャンネルの表現に使えて便利なこともありますが、現在、描画関数はアルファブレンドをサポートしていません）。またこれも約束事として、OpenCVは、マルチチャンネルの画像をカラーでレンダリングする際に、BGRの順序[†1]を使います（実際に画面に画像を描く描画関数`imshow()`も、この順序を使っています）。もちろん、みなさんはこのお約束に従わなくてもよいですし、さらに言うと、他のライブラリからのデータをOpenCVヘッダファイルと一緒に使う場合には従わないほうがよいかもしれません。どんな場合でも、OpenCVの核となる関数は、みなさんがチャンネルに割り当てたものの「意味」については何も知らないのです。

6.1.1 線画とポリゴンの塗りつぶし

何かしらの線（線分、円、長方形など）を描画する関数は、通常、太さ`thickness`と線のタイ

†1 昔からの習慣の名残のせいで、ちょっと混乱してしまうことがあります。`CV_RGB(r, g, b)`マクロは`cv::Scalar s`を生成しますが、その値は`s.val[] = { b, g, r, 0 }`です。一般的なOpenCVの関数は、どれが赤でどれが緑でどれが青かは順序からしか知ることができませんし、本文で述べたとおり、画像データの順序はBGRという約束なので、これは妥当なことなのです。

プ lineType を引数に取ります。どちらも整数ですが、lineType は 4、8 または cv::LINE_AA の値しか受け付けません。thickness は線の太さ（ピクセル数）です。円、長方形、その他の閉じた図形では、thickness 引数に cv::FILLED を設定することもできます（これは-1 の別名です）。この場合、描かれた図形は辺と同じ色で塗りつぶされます。lineType 引数は、線が「4 連結」か「8 連結」か、またはアンチエイリアス処理されるかを示します。**図6-1** の最初の 2 つの例では Bresenham アルゴリズムが使われており、アンチエイリアス処理された線は Gaussian フィルタで処理されています。幅の広い線は、常に端点が丸く描かれます。

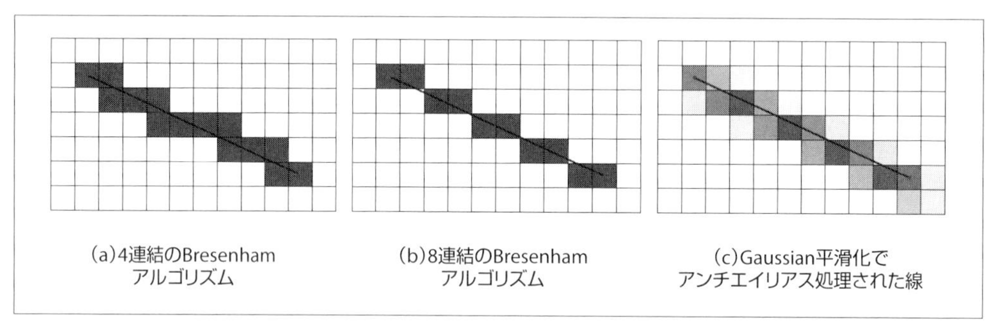

図6-1　同じ線を 4 連結（a）、8 連結（b）、アンチエイリアス（c）の線のタイプを使ってレンダリングしたもの

表6-1 に示す描画アルゴリズムでは、通常、端点（線）、中心点（円）、頂点（長方形）などを整数で指定します。ただしこれらのアルゴリズムは、shift 引数を使ってサブピクセル単位のアラインメントをサポートしています。shift は利用可能な場合、指定された整数を固定小数点数として考えたときの小数部にシフトするビット数として解釈されます。例えば、みなさんが $(5, 5)$ を中心とした円を描きたいとしても、shift が 1 に設定されていたら、円は $(2.5, 2.5)$ の位置に描かれるでしょう（$5 = 101_{(2)}$ なので、1 シフトすると $10.1_{(2)} = 2.5$ になります）。この効果は通常とても微妙で、線のタイプに依存します。アンチエイリアス処理された線でその効果が最も目立ちます。

表6-1　描画関数

関数	説明
cv::circle()	単純な円を描く
cv::clipLine()	線が、与えられた長方形の中にあるかを判定する
cv::ellipse()	楕円を描く。傾いた楕円や、楕円の円弧も描ける
cv::ellipse2Poly()	楕円の円弧に対するポリゴン近似を計算する
cv::fillConvexPoly()	塗りつぶされた単純ポリゴンを描く
cv::fillPoly()	塗りつぶされた任意のポリゴンを描く
cv::line()	単純な線を描く
cv::rectangle()	単純な長方形を描く
cv::polyLines()	複数の折れ線を描く

ここからの節では、**表6-1**の各関数の詳細を説明します。

6.1.1.1 cv::circle()

```
void circle(
  cv::Mat&            img,                // 描画先の画像
  cv::Point           center,             // 円の中心の位置
  int                 radius,             // 円の半径
  const cv::Scalar& color,                // 色。BGR 形式
  int                 thickness = 1,      // 線の太さ
  int                 lineType  = 8,      // 連結性。4、8、または cv::LINE_AA
  int                 shift     = 0       // 小数として扱うビット数
);
```

cv::circle() の最初の引数は画像 img です。続いて 2 次元の中心点 center と半径 radius を指定します。残りの引数は標準の color、thickness、lineType、shift です。shift は半径と中心の位置の両方に適用されます。

6.1.1.2 cv::clipLine()

```
bool clipLine(                           // 線のいずれかの部分が imgRect 内にあれば true を返す
  cv::Rect          imgRect,             // クリッピングする長方形
  cv::Point&        pt1,                 // 線の 1 番目の端点。上書きされる
  cv::Point&        pt2                  // 線の 2 番目の端点。上書きされる
);

bool clipLine(                           // 線のいずれかの部分が imgSize 内にあれば true を返す
  cv::Size          imgSize,             // 画像のサイズ。0, 0 の位置にある長方形を想定
  cv::Point&        pt1,                 // 線の 1 番目の端点。上書きされる
  cv::Point&        pt2                  // 線の 2 番目の端点。上書きされる
);
```

この関数は、2 つの点 pt1 と pt2 で指定される線が長方形の内側にあるかどうかを判定します。最初の関数では cv::Rect が与えられ、その長方形に対して線が比較されます。cv::clipLine() は、指定された長方形の領域に対し線が完全に外側にあるときだけ false を返します。2 つ目の関数も同様ですが、引数に cv::Size を取るところが違います。この 2 つ目の関数は、最初の関数を、(x, y) の位置が (0, 0) であるような長方形で呼び出すのと同じです。

6.1.1.3 cv::ellipse()

```
void ellipse(
  cv::Mat&              img,                // 描画先の画像
  cv::Point             center,             // 楕円の中心の位置
  cv::Size              axes,               // 長軸と短軸の長さ
  double                angle,              // 長軸の傾き角度
  double                startAngle,         // 円弧の描画の開始角度
  double                endAngle,           // 円弧の描画の終了角度
  const cv::Scalar&     color,              // 色。BGR 形式
  int                   thickness = 1,      // 線の太さ
```

```
    int                     lineType  = 8,     // 連結性。4、8、または cv::LINE_AA
    int                     shift     = 0      // 小数として扱うビット数
  );

  void ellipse(
    cv::Mat&                img,               // 描画先の画像
    const cv::RotatedRect&  box,               // 楕円の境界となる回転長方形
    const cv::Scalar&       color,             // 色。BGR 形式
    int                     thickness = 1,     // 線の太さ
    int                     lineType  = 8      // 連結性。4、8、または cv::LINE_AA
  );
```

cv::ellipse() 関数は cv::circle() 関数にとてもよく似ています。第一の違いは axes 引数で、これは cv::Size 型です。ここでは height と width メンバーが楕円の長軸と短軸の長さを表します。angle は長軸の角度（度数）で、水平（つまり x 軸）から反時計回りに測ります。同様に、startAngle と endAngle は弧を描き始める角度と描き終わる角度を示します（これも度数です）。したがって、完全な楕円を書くには、これらの値をそれぞれ 0 と 360 に設定する必要があります

描画する楕円を指定するもう 1 つの方法は、バウンディングボックス（外接矩形）を使うことです。この場合、cv::RotatedRect 型の引数 box で楕円のサイズと向きの両方を指定します。楕円を指定する 2 つの方法を図6-2 に図解します。

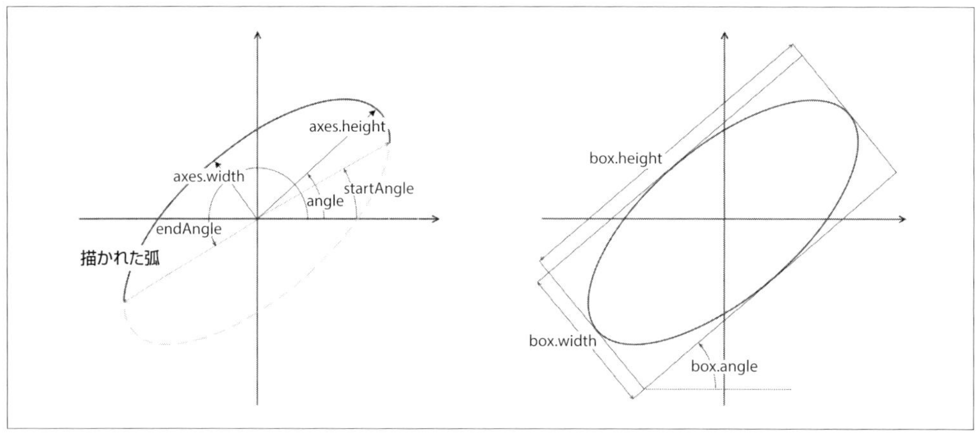

図6-2 長軸と短軸、および傾きの角度で指定した楕円弧（左）、cv::RotatedRect を使って指定した楕円（右）

6.1.1.4 cv::ellipse2Poly()

```
  void ellipse2Poly(
    cv::Point               center,          // 楕円の中心の位置
    cv::Size                axes,            // 長軸と短軸の長さ
    double                  angle,           // 長軸の傾き角度
    double                  startAngle,      // 円弧の描画の開始角度
```

```
    double              endAngle,     // 円弧の描画の終了角度
    int                 delta,        // 次の頂点との間の角度
    vector<cv::Point>&  pts           // 結果。点の STL vector
  );
```

cv::ellipse2Poly() は楕円の弧を計算するために cv::ellipse() の内部で使われますが、みなさんが直接呼び出すこともできます。cv::ellipse2Poly() は、楕円弧の情報（center、axes、angle、startAngle、endAngle。いずれも cv::ellipse() で定義したものと同じ）と、サンプリングしたい次の点との間の角度を指定する delta を引数に取り、指定された楕円に対するポリゴン近似を構成する一連の点を計算します。計算結果の点は vector<cv::Point> pts に格納されて返されます。

6.1.1.5 cv::fillConvexPoly()

```
void fillConvexPoly(
  cv::Mat&          img,                  // 描画先の画像
  const cv::Point*  pts,                  // 点の C 言語スタイルの配列
  int               npts,                 // pts 内の点の数
  const cv::Scalar& color,                // 色。BGR 形式
  int               lineType  = 8,        // 連結性。4、8、または cv::LINE_AA
  int               shift     = 0         // 小数として扱うビット数
);
```

この関数は塗りつぶされたポリゴンを描画します。次に説明する cv::fillPoly() よりもずっと単純なアルゴリズムを使っているので、はるかに高速です。しかし cv::fillConvexPoly() が使っているアルゴリズムは、指定されたポリゴンが自己交差していると正しく動作しません†2。pts 内の点は、順番に並んでいるものとして扱われ、pts 内の最後の点から最初の点への線分も暗黙のうちに想定されています（すなわち、ポリゴンは閉じているものと仮定されます）。

6.1.1.6 cv::fillPoly()

```
void fillPoly(
  cv::Mat&           img,                  // 描画先の画像
  const cv::Point**  pts,                  // 点の C 言語スタイルの配列の配列
  int*               npts,                 // pts[i] 内の点の数
  int                ncontours,            // pts 内の配列の数
  const cv::Scalar&  color,                // 色。BGR 形式
  int                lineType = 8,         // 連結性。4、8、または cv::LINE_AA
  int                shift    = 0,         // 小数として扱うビット数
  cv::Point          offset   = Point()    // すべての点に均一に適用されるオフセット
);
```

この関数は任意の数の塗りつぶされたポリゴンを描画します。cv::fillConvexPoly() と違

†2 cv::fillConvexPoly() が使っているアルゴリズムは、実際には本文の説明よりは汎用的で、その輪郭がいかなる水平線とも 2 回以下しか交差しないポリゴンを正しく描けます（ただし、ポリゴンの最上部や最下部は水平であっても許されます）。そのようなポリゴンは「水平線に対して単調」であると言います。

い、自己交差したポリゴンも処理できます。ncontours 引数が、別個のポリゴンの輪郭が何個あるかを指定します。npts 引数は、各輪郭にいくつの点があるかを示すC言語スタイルの配列です（すなわち、npts[i] はポリゴン i にいくつの点があるかを示しています）。pts はC言語スタイルの配列の配列で、それらのポリゴンのすべての点を格納しています（すなわち、pts[i][j] には、i 番目のポリゴンの j 番目の点が格納されています）。cv::fillPoly() にはもう1つの引数 offset があります。これは、ポリゴンを描画するときにすべての頂点の位置に対して適用されるピクセルオフセットです。ポリゴンはいずれも閉じているものと仮定されます（すなわち pts[i][] の最後の要素から最初の要素への線分が想定されています）。

6.1.1.7 cv::line()

```
void line(
  cv::Mat&           img,                  // 描画先の画像
  cv::Point          pt1,                  // 線の第1の端点
  cv::Point          pt2,                  // 線の第2の端点
  const cv::Scalar& color,                 // 色。BGR形式
  int                thickness = 1,        // 線の太さ
  int                lineType  = 8,        // 連結性。4、8、または cv::LINE_AA
  int                shift     = 0         // 小数として扱うビット数
);
```

関数 cv::line() は、画像 img に pt1 から pt2 への直線を描画します。線は自動的に画像の境界でクリッピングされます。

6.1.1.8 cv::rectangle()

```
void rectangle(
  cv::Mat&           img,                  // 描画先の画像
  cv::Point          pt1,                  // 長方形の最初の角
  cv::Point          pt2,                  // 長方形の向かいあう角
  const cv::Scalar& color,                 // 色。BGR形式
  int                thickness = 1,        // 線の太さ
  int                lineType  = 8,        // 連結性。4、8、または cv::LINE_AA
  int                shift     = 0         // 小数として扱うビット数
);

void rectangle(
  cv::Mat&           img,                  // 描画先の画像
  cv::Rect           r,                    // 描画する長方形
  const cv::Scalar& color,                 // 色。BGR形式
  int                thickness = 1,        // 線の太さ
  int                lineType  = 8,        // 連結性。4、8、または cv::LINE_AA
  int                shift     = 0         // 小数として扱うビット数
);
```

cv::rectangle() 関数は、画像 img に pt1 と pt2 を頂点とする長方形を描画します。この関数のもう1つの形式では、長方形の位置とサイズを単一の cv::Rect 型の引数 r で指定します。

6.1.1.9 cv::polyLines()

```
void polyLines(
  cv::Mat&            img,                   // 描画先の画像
  const cv::Point** pts,                     // 点のC言語スタイルの配列の配列
  int*                npts,                  // pts[i]内の点の数
  int                 ncontours,             // pts内の配列の数
  bool                isClosed,              // trueなら、最後の点と最初の点を接続する
  const cv::Scalar& color,                   // 色。BGR形式
  int                 thickness = 1,         // 線の太さ
  int                 lineType  = 8,         // 連結性。4、8、またはcv::LINE_AA
  int                 shift     = 0          // 小数として扱うビット数
);
```

この関数は任意の数の塗りつぶされていないポリゴンを描画します。自己交差したポリゴンも含め、ポリゴン一般を処理できます。ncontours引数が、別個のポリゴンの輪郭が何個あるかを指定します。npts引数は、各輪郭にいくつの点があるかを示すC言語スタイルの配列です（すなわち、npts[i]がポリゴンiにいくつの点があるかを示しています）。ptsはC言語スタイルの配列の配列で、それらのポリゴンのすべての点を格納しています（すなわち、pts[i][j]には、i番目のポリゴンのj番目の点が格納されています）。ポリゴンは閉じているとは限りません。引数isClosedがtrueなら、pts[i][]の最後の要素から最初の要素への線分があることを意味します。そうでない場合は、npts[i]個の点の間のnpts[i]-1本の線分だけからなる開いた輪郭であると解釈されます。

6.1.1.10 cv::LineIterator

```
LineIterator::LineIterator(
  cv::Mat&      img,                   // 描画先の画像
  cv::Point     pt1,                   // 線の第1の端点
  cv::Point     pt2,                   // 線の第2の端点
  int           lineType     = 8,      // 連結性。4または8
  bool          leftToRight = false    // trueなら、常に左端から始める
);
```

cv::LineIteratorオブジェクト（ラインイテレータ）は、ラスタラインの各ピクセルを次々に取得するのに使われるイテレータです。ラインイテレータは、私たちが最初に遭遇するOpenCVの**ファンクタ**（関数オブジェクト）の例です。次章では、このような「何かをやってくれるオブジェクト」をさらにいくつか見ていきます。ラインイテレータのコンストラクタは、線の2つの端点と線のタイプの他に、線を横断するべき方向を示すブール値を引数に取ります。

初期化されると、整数型のメンバーcv::LineIterator::countに、その線に含まれるピクセルの数が格納されます。オーバーロードされた間接参照演算子cv::LineIterator::operator*()は、「現在の」ピクセルを指すuchar*型のポインタを返します。現在のピクセルは線の片方の端点から始まり、オーバーロードされたインクリメント演算子cv::LineIterator::operator++()によってインクリメントされます。実際の横断は前述のBresenhamアルゴリズムに従って行われ

ます。

cv::LineIterator の目的は、みなさんが線に沿った各ピクセルに対して特定の処理ができるようにすることです。特定のピクセルの色を黒から白へ、白から黒へ転換する（すなわち、2値画像の XOR 演算）ような特殊な効果を作成しているときに、これは特に便利です。

個々の「ピクセル」にアクセスするときは、そのピクセルが持つチャンネル数は1つの場合も多数の場合もあり、画像の深さもさまざまであることを覚えておいてください。間接参照演算子の戻り値は常に uchar*なので、そのポインタを正しい型に変換するのはみなさんの責任です。例えば画像が 32 ビット浮動小数点数の 3 チャンネル画像で、イテレータが iter という名前だとしたら、間接参照演算子の戻り値（ポインタ）を (Vec3f*)*iter のように型変換する必要があるでしょう。

オーバーロードされた間接参照演算子 cv::LineIterator::operator*() の形式は、みなさんが STL のようなライブラリで慣れているであろうものとは少し違います。イテレータからの戻り値自身はポインタなので、イテレータの振る舞いはポインタのようではなく、ポインタのポインタのようである点が異なります。

6.1.2 フォントとテキスト

描画のもう1つの形式は、テキストの描画です。もちろんテキストはそれ自身複雑さの塊ですが、例によって OpenCV は、堅牢で複雑な解決策（他のライブラリの機能があれば不要になってしまうようなもの）ではなく、単純なケースならそれで用が足りるような簡単な「汚い」解決策を提供することのほうに注力しています。**表6-2** に OpenCV の 2 つのテキスト描画関数を示します。

表6-2 テキスト描画関数

関数	説明
cv::putText()	指定されたテキストを画像に描画する
cv::getTextSize()	テキスト文字列の幅と高さを判定する

6.1.2.1 cv::putText()

```
void cv::putText(
  cv::Mat&           img,                          // 描画先の画像
  const cv::String&  text,                         // この文字列を書く
                                                   // （cv::format() の戻り値であることが多い）
  cv::Point          origin,                       // テキストボックスの左下隅（あるいは左上隅。
                                                   // bottomLeftOrigin の値による）
  int                fontFace,                     // フォント（例 cv::FONT_HERSHEY_PLAIN）
  double             fontScale,                    // サイズ（乗数。「ポイント数」ではない！）
  cv::Scalar         color,                        // 色。BGR 形式
  int                thickness         = 1,        // 線の太さ
```

```
  int              lineType          = 8,     // 連結性。4、8、または cv::LINE_AA
  bool             bottomLeftOrigin = false  // true ならば、origin が左上隅になる
);
```

この関数はOpenCVの主要なテキスト描画ルーチンで、テキストを画像上に描くだけのものです。`text` で指定されるテキストが、`color` で指定された色で、テキストボックスの左下隅が原点 `origin` の位置に置かれるように表示されます。ただし `bottomLeftOrigin`[†3]フラグが `true` の場合は、テキストが上下反転し、`origin` の位置にテキストボックスの左上隅が置かれます。使われるフォントは `fontFace` 引数で選択でき、**表6-3** に示す任意のものが使えます。

表6-3 使用可能なフォント（すべてHersheyの変形）

識別子	説明
`cv::FONT_HERSHEY_SIMPLEX`	標準サイズのサンセリフ書体
`cv::FONT_HERSHEY_PLAIN`	小さいサイズのサンセリフ書体
`cv::FONT_HERSHEY_DUPLEX`	標準サイズのサンセリフ書体。`cv::FONT_HERSHEY_SIMPLEX` より複雑
`cv::FONT_HERSHEY_COMPLEX`	標準サイズのセリフ書体。`cv::FONT_HERSHEY_DUPLEX` より複雑
`cv::FONT_HERSHEY_TRIPLEX`	標準サイズのセリフ書体。`cv::FONT_HERSHEY_COMPLEX` より複雑
`cv::FONT_HERSHEY_COMPLEX_SMALL`	`cv::FONT_HERSHEY_COMPLEX` の小さいサイズ
`cv::FONT_HERSHEY_SCRIPT_SIMPLEX`	手書き風の書体
`cv::FONT_HERSHEY_SCRIPT_COMPLEX`	`cv::FONT_HERSHEY_SCRIPT_SIMPLEX` より複雑

表6-3 に示したフォント名はいずれもOR演算子で `cv::FONT_HERSHEY_ITALIC` と組み合わせて、斜体でレンダリングすることができます。各フォントは「本来の」サイズを持っています。`fontScale` が `1.0` 以外のときは、テキストを描画する前に、フォントサイズがこの数でスケーリングされます。**図6-3** に各フォントのサンプルを示します。

†3 訳注：`bottomLeftOrigin` という名前が紛らわしいですが、上下反転という意味と考えてください。

図6-3　表6-3の8つのフォント。各行の原点は、縦に30ピクセルずつ離れている

6.1.2.2　cv::getTextSize()

```
cv::Size cv::getTextSize(
  const cv::String& text,
  int               fontFace,
  double            fontScale,
  int               thickness,
  int*              baseLine
);
```

cv::getTextSize()関数は、あるテキストを（ある一連の引数で）描画したときにどれくらいの大きさになるかを、実際に画像上に描画することなく答えてくれます。cv::getTextSize()の目新しい引数は、出力パラメータのbaseLineだけです。baseLineは、テキスト中のいちばん下の位置に対するベースラインのy座標です[†4]。

6.2　まとめ

この短い章では、画像に描画したり注釈を入れたりするのに使える新しい関数をいくつか勉強しました。紹介した関数はすべて、これまでの章で使っていたのと同じcv::Mat画像型の上で動作

†4　「ベースライン」は、「a」や「b」などの文字のいちばん下が整列する線のことです。「y」や「g」のような文字はベースラインの下にぶら下がります。

します。これらの関数のほとんどは、とてもよく似たインタフェースを持っており、線や曲線をさまざまな太さや色で描画することができます。線や曲線に加えて、OpenCV が画像へのテキスト描画をどのように処理するかも見ました。いずれの関数も、実際にコードをデバッグするときや、入力に使った画像の上に計算結果を表示するときに非常に役に立ちます。

6.3 練習問題

次の練習問題では、**例2-1** のコードを修正して画像を表示させるか、**例2-3** のコードを修正して動画やカメラ画像を読み込んで表示させます。

1. 描画練習：カラー画像を読み込むか作成し、表示してください。OpenCV が描画できる図形と線をすべて 1 つずつ描画してください。
2. グレースケール：カラー画像を読み込んで表示してください。
   a. それを 3 チャンネルのグレースケールにしてください（BGR 画像のままですが、ユーザーにはグレーに見えます）。
   b. その画像上にカラーのテキストを描画してください。
3. 動的テキスト：動画ファイルまたはカメラから、動画を読み込んで表示してください。
   a. その画像上のどこかに、**1 秒あたりのフレーム数**（FPS）を描画してください。
4. 図形描画プログラムを作ってください。画像を読み込んだり作成したりして表示します。
   a. ユーザーが基本図形を使って簡単な顔を描画できるようにしてください。
   b. 顔の構成要素を編集可能にしてください（何が描かれているかのリストを保持しておいて、変更されたら、それを消去して新しいサイズで描き直せばよいでしょう）。
5. `cv::LineIterator` を使って、例えば 300×300 の画像内のいろいろな線分上のピクセル数を数えてください。
   a. どの角度だと、4 連結と 8 連結の線のピクセル数が同じになりますか？
   b. 上記以外の角度だと、4 連結と 8 連結の線ではどちらのピクセル数が多いですか？
   c. ある線分が与えられたとき、線に沿った繰り返しで数えたピクセル数によって比べた線の長さが、4 連結と 8 連結とで異なる理由を説明してください。どちらで数えたほうが本当の線の長さに近いですか？

7章 OpenCVのファンクタ

7.1 「何かをする」オブジェクト

OpenCVライブラリが進化するにつれ、新しいオブジェクトが次々に導入されてきました。これらは、1つの関数に関連づけるには複雑すぎたり、複数の関数として実装するとライブラリの関数空間全体が乱雑になってしまったりするような機能をカプセル化したものです[†1]。

このため、新しい機能がそれに関連する新しいオブジェクト型によって表現されることがよくあります。このオブジェクト型は、その機能を実行する「機械」であると考えられます。これらの機械のほとんどは、オーバーロードされたoperator()を持っており、その場合は正式な**関数オブジェクト**あるいは**ファンクタ**になります。このようなプログラミング方法に慣れていない方に説明すると、「通常の」関数と大きく違うのは、関数オブジェクトは生成されるものであり、その内部に状態の情報を保持できるという点です。結果として、関数オブジェクトは必要であればどのようなデータや設定情報でも設定できます。そして、一般的なメンバー関数を通して、または（通常はオーバーロードされたoperator()を通して[†2]）関数オブジェクト自身が関数として呼び出されることで、「頼まれ」てサービスを実行します。

7.1.1 主成分分析（cv::PCA）

主成分分析（PCA：Principal Component Analysis）は、図7-1に図示するように、多次元の分布を分析し、最も多くの情報を表す次元の特定のサブセットをその分布から抽出するプロセスです。PCAにより計算される次元は、元の分布で規定されていた基底の次元とは限りません。それどころかPCAの最も重要な側面の1つは、重要度に従って軸が並べ直された、新しい基底を生成

†1　このようなオブジェクトの1つとして、前章ではcv::LineIteratorオブジェクトを簡単に説明しました。

†2　ここで**通常は**と言ったのは、「通常、ユーザーが関数オブジェクトをプログラムするときには」という意味であって、「OpenCVライブラリにおいて通常は」という意味ではありません。OpenCVには、その設定情報を読み込むにはオーバーロードされたoperator()を使い、そのオブジェクトの基本的なサービスを提供するには名前付きメンバー関数を使うという慣習があります。この慣習は一般にはあまり標準的なものではありませんが、OpenCVライブラリの中ではきわめてよく使われています。

できることです[†3]。これらの基底ベクトルは、分布全体の共分散行列の固有ベクトルになり、対応する固有値はその次元の分布の広がりを示します。

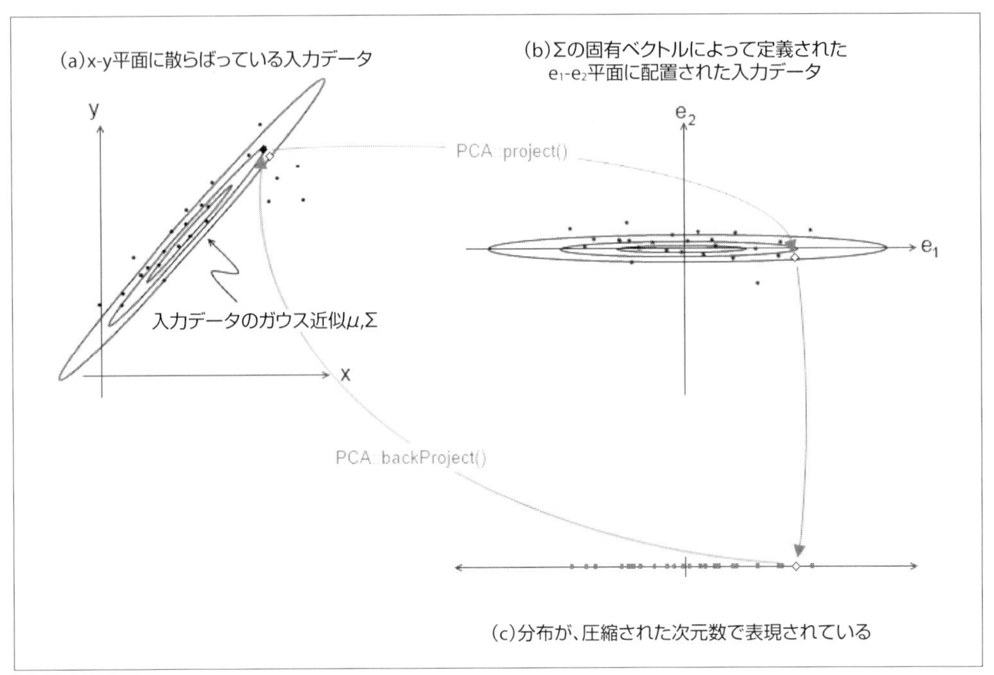

図7-1　(a) 入力データがガウス近似で特徴づけられている。(b) データを、その近似の共分散の固有ベクトルが示す空間に射影する。(c) KLT 射影によって、データを最も「有用な」固有ベクトルだけで定義される空間に射影する。すなわち、新しいデータの 1 つの点（白いひし形）が cv::PCA::project() によって次元を圧縮した空間に射影され、その同じ点が cv::PCA::backProject() で元の空間に戻されている（黒いひし形）

ここで、なぜ PCA がこれら関数オブジェクトの 1 つによって扱われているのかを説明すべきでしょう。ある分布が与えられると、PCA オブジェクトはその新しい基底を計算して保持します。この新しい基底の大きな利点は、大きい固有値に対応する基底ベクトルが、元の分布に関する情報のほとんどを伝えている点です。そのため、正確さをあまり失わずに、情報の少ない次元を捨て去ることができます。この次元圧縮は **KLT 変換**[†4]と呼ばれます。サンプルの分布を読み込んで主成分を分析したら、新しいベクトルに KLT 変換を適用するなど、その情報を使っていろいろなことができます。PCA の機能を関数オブジェクトにしておけば、与えられた分布に関して知る必要の

†3　みなさんは「おや、これって機械学習みたいだな？ この章では何をするんだろう？」と思われるかもしれません。これはなかなかよい質問です。今日のコンピュータビジョンでは、機械学習が、増え続ける一連のアルゴリズムに標準的に組み込まれつつあるのです。このため、PCA や SVD のような成分分析は、ますますコンピュータビジョンの「構成要素」として考えられるようになっています。

†4　KLT は「Karhunen-Loeve Transform」の略なので、**KLT 変換**という表現はいささか誤りです。しかし、少なくともこの言い方も他の言い方と同じくらいよく使われています（訳注：文字どおり「KL 変換」と呼ばれることもあります）。

あることを関数オブジェクトが「覚えて」おいてくれます。後はその情報を使えば、必要なときに新しいベクトルを変換する「サービス」を提供できるのです。

7.1.1.1 cv::PCA::PCA()

```
cv::PCA::PCA();
cv::PCA::PCA(
  cv::InputArray data,              // データ。2 次元配列の行方向または列方向に整列
  cv::InputArray mean,              // 平均値（わかっていれば）。1 × n または n × 1
  int            flags,             // data が行方向か列方向か
  int            maxComponents = 0  // 保持すべき最大の次元
);
```

PCA オブジェクトにはデフォルトコンストラクタ cv::PCA() があります。これは単純に PCA オブジェクトを作成し、空の構造で初期化します。コンストラクタの 2 番目の形式は、デフォルトコンストラクタの作成を実行した後、すぐに続けて、その引数を次に説明する cv::PCA::operator()() に渡します。

7.1.1.2 cv::PCA::operator()()

```
cv::PCA::operator()(
  cv::InputArray data,              // データ。2 次元配列の行方向または列方向に整列
  cv::InputArray mean,              // 平均値（わかっていれば）。1 × n または n × 1
  int            flags,             // data が行方向か列方向か
  int            maxComponents = 0  // 保持すべき最大の次元
);
```

PCA のオーバーロードされた operator()() は、PCA オブジェクト内部の分布のモデルを構築します。data 引数は、分布を構成する全サンプルを含む配列です。オプションで、次の配列 mean により各次元の平均値を提供することもできます（mean は、$n \times 1$ か $1 \times n$ のどちらかです）。データは $n \times D$ 配列（各行が D 次元の n 行のサンプル）または $D \times n$ 配列（各列が D 次元の n 列のサンプル）として整列されています。flags 引数は、現在は data と mean のデータ配列を指定するためだけに使われています。具体的には、flags 引数は cv::PCA::DATA_AS_ROW または cv::PCA::DATA_AS_COL のいずれかに設定され、前者は data が $n \times D$ で mean が $n \times 1$、後者は data が $D \times n$ で mean が $1 \times n$ であることを表します。最後の引数 maxComponents は、PCA が保持すべき成分数（次元数）の最大数を指定します。デフォルトではすべての成分が保持されます。

cv::PCA::operator()() を呼び出すと固有ベクトルと固有値の内部表現は上書きされるので、必要なときはいつでも PCA オブジェクトを再利用することができます（すなわち、以前の分布に関する情報がもう必要なければ、処理したい新しい分布ごとに新しい PCA オブジェクトを再確保する必要はありません）。

7.1.1.3 cv::PCA::project()

```
cv::Mat cv::PCA::project(              // 2次元行列として結果を返す
  cv::InputArray  vec                  // 射影する点。2次元の行方向または列方向に整列
) const;

void cv::PCA::project(
  cv::InputArray  vec,                 // 射影する点。2次元の行方向または列方向に整列
  cv::OutputArray result               // 射影の結果。圧縮された空間
) const;
```

参照したい分布を cv::PCA::operator()() で読み込んでしまえば、PCA オブジェクトに頼んで便利なことができるようになります。例えば、いくつかのベクトルの集合に対し、主成分分析によって計算された基底ベクトル上への KLT 射影を計算するようなことです。cv::PCA::project() 関数には2つの形式があります。射影結果が格納された行列を返す形式と、引数として提供された行列に結果を書き込む形式です。最初の形式は、行列の演算式の中で使えるという利点があります。

引数 vec は入力ベクトルです。vec の次元数と「向き」は、分布が最初に分析されたときに PCA に渡された data 配列と同じである必要があります（すなわち、cv::PCA::operator()() を呼び出したときのデータが列方向であれば、vec のデータも列方向に整列されている必要があります）。

戻り値の配列は、vec と同じ向きで、同じ数のオブジェクトを持っています。ただし各オブジェクトの次元は、cv::PCA::operator()() で最初に PCA オブジェクトを設定したときに maxComponents に渡された数になっています。

7.1.1.4 cv::PCA::backProject()

```
cv::Mat cv::PCA::backProject(          // 2次元行列として結果を返す
  cv::InputArray  vec                  // 射影の結果。圧縮された空間
) const;

void cv::PCA::backProject(
  cv::InputArray  vec,                 // 射影の結果。圧縮された空間
  cv::OutputArray result               // 「再構築された」フル次元のベクトル
) const;
```

cv::PCA::backProject() 関数は、cv::PCA::project() と逆の処理を実行します。入力配列と出力配列にも cv::PCA::project() と同様の制約があります。引数 vec は入力ベクトルであり、ここでは射影された空間のベクトルです。このベクトルは、PCA オブジェクトを設定したときに maxComponents で指定したのと同じ次元数と、その分布が最初に分析されたときに PCA に渡された data 配列と同じ「向き」を持っています（すなわち、cv::PCA::operator()() を呼び出したときのデータが列方向であれば、vec のデータも列方向に整列されている必要があります）。

戻り値の配列は、vecと同じ向きで同じ数のオブジェクトを持っています。ただし各オブジェクトの次元は、PCAオブジェクトをcv::PCA::operator()()で最初に設定したときに与えた元のデータの次元です。

最初にPCAオブジェクトを設定するときにすべての次元を保持していなかったら、あるベクトル $\vec{x}$ の元のデータ空間からの射影であるベクトルの逆射影の結果は、$\vec{x}$ と同じにはならないでしょう。もちろん、保持されている成分の数が $\vec{x}$ の元の次元よりもだいぶ小さかったとしても、その差は小さいはずです。そもそもこれがPCAを使う利点なのです。

7.1.2 特異値分解（cv::SVD）

cv::SVDは、関数オブジェクトであるという点ではcv::PCAに似ています。しかし、その目的はまったく違います。特異値分解は本質的に、劣決定線形方程式を解いているときに遭遇するような、非正方で不良条件の、あるいは、「行儀の悪い」行列を扱うためのツールです。

数学的には**特異値分解**（SVD：Singular Value Decomposition）とは、$m \times n$ 行列 A を次の形式に分解することです。

$$A = U \cdot W \cdot V^T$$

ここで W は対角行列であり、U と V はそれぞれ $m \times m$ と $n \times n$ の（ユニタリ）行列です。もちろん行列 W も $m \times n$ 行列なので、ここで言う「対角」とは、行番号と列番号が等しくない要素は必ず0であることを意味します。

7.1.2.1 cv::SVD::SVD()

```
cv::SVD::SVD();
cv::SVD::SVD(
  cv::InputArray A,                  // 線形方程式において分解される行列
  int            flags = 0           // 何を構築するか、Aの変更を許すか
);
```

SVDオブジェクトにはデフォルトコンストラクタcv::SVD::SVD()があります。これは単純にSVDオブジェクトを作成し、空の構造で初期化します。コンストラクタの2番目の形式は基本的に、デフォルトコンストラクタを実行した後、すぐに続けて、その引数を次に説明するcv::SVD::operator()()に渡します。

7.1.2.2 cv::SVD::operator()()

```
cv::SVD::& cv::SVD::operator()(
  cv::InputArray A,                  // 線形方程式において分解される行列
  int            flags = 0           // 何を構築するか、Aの変更を許すか
);
```

cv::SVD::operator()() 演算子は、分解すべき行列を cv::SVD オブジェクトに渡します。行列 A は前述のように、行列 U、行列 V（実際には、Vt と呼ばれる V の転置行列）、および特異値の集合（行列 W の対角要素）に分解されます。

flags は、cv::SVD::MODIFY_A、cv::SVD::NO_UV、cv::SVD::FULL_UV のいずれかです。最後の2つは両方同時に使うことはできませんが、どちらも1つ目の値と組み合わせることはできます。cv::SVD::MODIFY_A フラグは、計算時に行列 A を変更してもよいことを示します。これにより計算速度がわずかに向上し、メモリの節約になります。入力行列がすでにとても大きいときには、これは重要になります。cv::SVD::NO_UV フラグは、行 U と Vt を明示的に計算しないように cv::SVD に指示します。一方 cv::SVD::FULL_UV フラグは、U と Vt を計算するだけでなく、それらをフルサイズの正方直交行列として表現してほしいということを示しています。

7.1.2.3　cv::SVD::compute()

```
void cv::SVD::compute(
  cv::InputArray  A,              // 線形方程式において分解される行列
  cv::OutputArray W,              // 特異値の出力行列 W
  cv::OutputArray U,              // 左側の特異値ベクトルの出力行列 U
  cv::OutputArray Vt,             // 右側の特異値ベクトルの出力行列 Vt
  int             flags = 0       // 何を構築するか、A の変更を許すか
);
```

この関数は、行列 A を分解する方法として cv::SVD::operator()() の代わりに使えます。主な違いは、行列 W、U、Vt が内部に保持されるのではなく、ユーザーが提供する配列に格納されることです。flags は cv::SVD::operator()() でサポートされているものとまったく同じです。

7.1.2.4　cv::SVD::solveZ()

```
void cv::SVD::solveZ(
  cv::InputArray  A,              // 線形方程式において分解される行列
  cv::OutputArray z               // 1つの可能な解（単位長）
);
```

$$\vec{z} = \mathrm{argmin}_{\vec{x}:\|\vec{x}\|=1} \|A \cdot \vec{x}\|$$

cv::SVD::solveZ() は、ある劣決定（特異）線形方程式に対して $A \cdot \vec{x} = 0$ の単位長の解を求め（ようとし）、その解を配列 z に格納します。しかしその線形方程式は特異なので、解は存在しないかもしれませんし、無数に存在するかもしれません。cv::SVD::solveZ() は解があればそれを見つけます。解が存在しない場合の戻り値 $\vec{z}$ は、$A \cdot \vec{x}$ をゼロではないにしても最小にするベクトルになります。

7.1.2.5 cv::SVD::backSubst()

```
void cv::SVD::backSubst(
  cv::InputArray  b,                    // 線形方程式の右辺
  cv::OutputArray x                     // 見つかった線形方程式の解
);

void cv::SVD::backSubst(
  cv::InputArray  W,                    // 特異値の入力行列 W
  cv::InputArray  U,                    // 左側の特異値ベクトルの入力行列 U
  cv::InputArray  Vt,                   // 右側の特異値ベクトルの入力行列 Vt
  cv::InputArray  b,                    // 線形方程式の右辺
  cv::OutputArray x                     // 見つかった線形方程式の解
);
```

行列 A があらかじめ cv::SVD オブジェクトに渡されている（そしてその結果、U、W、Vt に分解されている）と仮定して、cv::SVD::backSubst() の最初の形式は次の方程式を解こうとします。

$$(UWV^T) \cdot \vec{x} = \vec{b}$$

2 番目の形式も同じことを行いますが、行列 W、U、Vt が引数として渡されます。x を計算する実際の方法は、次の式を評価することです。

$$\vec{x} = Vt^T \cdot diag(W)^{-1} \cdot U^T \cdot \vec{b} \sim A^{-1} \cdot \vec{b}$$

このメソッドは、優決定線形方程式の**擬似解**を生成します。これは、二乗誤差を最小にするという意味で最適な解です[†5]。もちろん、決定線形方程式の場合は正確な解を生成します。

実際には、みなさんが cv::SVD::backSubst() を直接使いたいと思うことは比較的少ないでしょう。cv::solve() を cv::DECOMP_SVD フラグで呼び出せば、まったく同じことができるからです。こちらのほうがずっと簡単です。一般的ではありませんが、同じ**左辺**（x）を持つ異なる系をたくさん解く必要がある場合は、cv::SVD::backSubst() を直接呼び出したほうがよいでしょう。反対に、異なる**右辺**（b）で**同じ**系を何度も解く場合は、cv::solve() でよいでしょう。

7.1.3 乱数生成器（cv::RNG）

乱数生成器（RNG：Random Number Generator）オブジェクトは、擬似乱数系列の状態を保持し、乱数を生成します。これを使う利点は、擬似乱数の複数のストリームを便利に保持できるこ

†5　$diag(W)^{-1}$ は、W の対角要素を λ_i とするとき、$\lambda_i \geqq \varepsilon$ である λ_i に対して、$\lambda_i* = \lambda_i^{-1}$ で定義される λ_i* を対角要素とする行列です。この ε の値は**特異値の閾値**であり、通常、W の対角要素の和に比例するとても小さい数（すなわち、$\varepsilon_0 \sum_i \lambda_i$）です。

とです。

大規模システムをプログラミングする際、異なるコードモジュールで別々の乱数ストリームを使うようにするのがよいやり方です。そうすれば、1つのモジュールを削除しても、他のモジュールの乱数ストリームの振る舞いが変わることはありません。

乱数生成器が作成されると、一様分布またはガウス分布のどちらかから、要求に応じて乱数を引き出してくる「サービス」を提供します。一様分布に従う乱数を生成する際には**キャリー付き乗算**（MWC：Multiply with Carry）アルゴリズム［Goresky03］を、ガウス分布に従う乱数を生成する際にはZigguratアルゴリズム［Marsaglia00］を用います。

7.1.3.1 cv::theRNG()

```
cv::RNG& theRNG( void );                    // 乱数生成器を返す
```

cv::theRNG()関数は、その呼び出し元のスレッドのデフォルトの乱数生成器を返します。OpenCVは、実行中の各スレッドに対して自動的にcv::RNGのインスタンスを1つ作成します。これは、cv::randu()やcv::randn()のような関数が暗黙にアクセスするのと同じ乱数生成器です。これらの関数は、値を1つだけ欲しい場合や単一の配列を初期化したい場合には便利です。しかし乱数をたくさん生成する必要がある自前のループを持っている場合は、1つの乱数生成器への参照を確保しておき（cv::theRNG()の場合はデフォルトの生成器ですが、代わりに自分の生成器を使うこともできます）、後述するcv::RNG::operator T()を使って自分用の乱数を取得したほうがよいでしょう。

7.1.3.2 cv::RNG::RNG()

```
cv::RNG::RNG( void );
cv::RNG::RNG( uint64 state );               // stateを種に使って乱数を生成する
```

RNGオブジェクトを作成するには、デフォルトコンストラクタを使うか、乱数列の種として使われる64ビット符号なし整数を渡します。デフォルトコンストラクタを使うと（あるいは2番目の形式で0を渡すと）、生成器は標準値で初期化されます†6。

7.1.3.3 cv::RNG::operator T()（Tは任意の型）

```
cv::RNG::operator uchar();
cv::RNG::operator schar();
cv::RNG::operator ushort();
cv::RNG::operator short int();
cv::RNG::operator int();
```

†6 この「標準値」はゼロではありません。なぜなら、ゼロに対しては、（RNGが使っているものも含め）多くの乱数生成器がゼロしか返さないからです。現在、この標準値は $2^{32}-1$ です。

```
cv::RNG::operator unsigned int();
cv::RNG::operator float();
cv::RNG::operator double();
```

cv::RNG::operator T() は、実際にはある特定の型の cv::RNG から新しい乱数を返すさまざまなメソッドの集合です。それぞれはオーバーロードされた型変換演算子なので、**例7-1** に示すように、RNG オブジェクトをどのような型にでも変換できます。型変換の形式は自由です。この例では、int(x) と (int)x の両方の形式を示しています。

例7-1 デフォルトの乱数生成器を使って、2 つの整数と 2 つの浮動小数点数を生成する

```
cv::RNG rng = cv::theRNG();
cout << "An integer:       " << (int)rng   << endl;
cout << "Another integer: " << int(rng)   << endl;
cout << "A float:          " << (float)rng << endl;
cout << "Another float:    " << float(rng) << endl;
```

整数型が生成されるときは、有効な値の全範囲にわたって（前述の MWC アルゴリズムを使い一様に）生成されます。浮動小数点数型が生成されるときは、常に [0.0, 1.0)[†7]の区間の範囲から生成されます。

7.1.3.4 cv::RNG::operator()()

```
unsigned int cv::RNG::operator()();             // 0～UINT_MAX のランダムな値を返す
unsigned int cv::RNG::operator()( unsigned int N );  // 0～(N-1) の値を返す
```

整数型の乱数を生成していて、単に 1 つの乱数を引き出すだけであれば、オーバーロードされた operator()() を使うのが便利です。本質的に、my_rng() を呼び出すのは、(unsigned int)my_rng を呼び出すのと同等です。cv::RNG::operator()() でより興味深いのは、整数の引数 N を取る形式です。この形式は、前述の MWC アルゴリズムを使って、一様な**モジュロ** N の符号なし整数の乱数を返します。したがって、my_rng(N) から返される整数の範囲は、0 から N-1 です。

7.1.3.5 cv::RNG::uniform()

```
int    cv::RNG::uniform( int a,    int b    );    // a～(b-1) の値を返す
float  cv::RNG::uniform( float a,  float b  );    // [a,b) の範囲の値を返す
double cv::RNG::uniform( double a, double b );    // [a,b) の範囲の値を返す
```

この関数は、区間 [a, b) の一様な乱数を（MWC アルゴリズムを使って）生成することができます。

†7 この表記方法をよく知らない方へ。角括弧 [を使った区間の指定は、この境界値が含まれることを示しています。丸括弧 (は、この境界値が含まれないことを示しています。したがって [0.0, 1.0) の表記は、0.0 から 1.0 の区間で、0.0 は含むが 1.0 は含まないことを意味しています。

C++ コンパイラは、複数の似た形式の関数のどれを使うかを、戻り値は考慮せずに引数のみで決定します。したがって `float x = my_rng.uniform(0, 1)` のように呼び出した場合、得られる値は必ず `0.f` です。なぜなら `0` と `1` は整数で、`[0, 1)` の区間の整数は `0` だけだからです。浮動小数点数が必要なら `my_rng.uniform(0.f, 1.f)` のような式を、倍精度浮動小数点数なら `my_rng.uniform(0., 1.)` のような式を使わなければなりません。もちろん、引数を明示的に型変換してもよいでしょう。

7.1.3.6 cv::RNG::gaussian()

```
double  cv::RNG::gaussian( double sigma ); // ガウス分布の乱数。平均値ゼロ、標準偏差 sigma
```

この関数は、平均値ゼロ、標準偏差 `sigma` のガウス分布に従う乱数を（Ziggurat アルゴリズムを使って）生成することができます。

7.1.3.7 cv::RNG::fill()

```
void  cv::RNG::fill(
  cv::InputOutputArray mat,         // 入力配列。値は上書きされる
  int                  distType,    // 分布の種類（一様分布またはガウス分布）
  cv::InputArray       a,           // 最小値（一様分布）または平均値（ガウス分布）
  cv::InputArray       b            // 最大値（一様分布）または標準偏差（ガウス分布）
 );
```

`cv::RNG::fill()` は、4チャンネルまでの行列 `mat` を、指定した分布から生成した乱数で埋めます。分布は `distType` 引数で指定され、`cv::RNG::UNIFORM` か `cv::RNG::NORMAL` のどちらかの値を取ります。一様分布（`cv::RNG::UNIFORM`）の場合、`mat` の各要素は区間 $mat_{i,c} \in [a_c, b_c)$ から生成されたランダムな値で埋められます。ガウス分布（`cv::RNG::NORMAL`）の場合、各要素は、平均値が `a` で標準偏差が `b` である分布、すなわち $mat_{i,c} \in N(a_c, b_c)$ から生成されます。配列 `a` と `b` は、`mat` の次元ではなく、$n_c \times 1$ または $1 \times n_c$（n_c は `mat` のチャンネル数）であることに注意してください。`mat` の要素ごとに別々の分布があるわけではなく、チャンネルごとに `a` と `b` で1つの分布を指定しているのです。

マルチチャンネル配列の場合、各チャンネルの適切な平均値と標準偏差を入力配列 `a` と `b` に与えるだけで、多変量分布から「チャンネル空間」内の個々の要素を生成することができます。しかしこの分布は、その共分散行列の非対角要素にゼロの要素しか持たない分布から引き出されます。これは、各要素は、他の要素とはまったく独立に生成されるからです。もっと一般的な分布から生成する必要がある場合、最も簡単な方法は、`cv::RNG::fill()` で平均値ゼロの単位共分散行列から値を生成し、`cv::transform()` を使って回転して元の基底に戻すことです。

7.2 まとめ

本章では、ファンクタの概念と、それらの OpenCV ライブラリでの使われ方を紹介しました。そのようなオブジェクトのうち一般的な用途のものをいくつか説明し、どのように動くかも見ました。PCA、SVD オブジェクトの他に、とても便利な乱数生成器 RNG もありました。これから、OpenCV が提供するより高度なアルゴリズムを深く掘り下げていくにつれて、同様の概念がライブラリの最新の追加部分でたくさん使われていることがわかるでしょう。

7.3 練習問題

1. `cv::RNG` 乱数生成器を使いましょう。
   a. 0.0 から 1.0 の一様分布から、3 つの浮動小数点数を生成して表示してください。
   b. 平均値 0.0、標準偏差 1.0 のガウス分布から、3 つの倍精度浮動小数点数を生成して表示してください。
   c. 0 から 255 の一様分布から、3 つの符号なしバイトを生成して表示してください。
2. `cv::RNG` の `fill()` メソッドを使って、次の配列を作りましょう。
   a. 0.0 から 1.0 の一様分布の、20 個の浮動小数点数
   b. 平均値 0.0、標準偏差 1.0 のガウス分布の、20 個の浮動小数点数
   c. 0 から 255 の一様分布の、20 個の符号なしバイト
   d. 3 つのバイトがそれぞれ 0 から 255 の一様分布の、20 色分の BGR
3. `cv::RNG` を使って、次のような 100 個の 3 バイトのオブジェクトの配列を作りましょう。
   a. 第 1 次元と第 2 次元は、平均値がそれぞれ 64 と 192 で、標準偏差が 10 のガウス分布。
   b. 第 3 次元は、平均値が 128 で標準偏差が 2 のガウス分布。
   c. `cv::PCA` オブジェクトを使って、`maxComponents=2` の射影を計算してください。
   d. 射影結果の両次元の平均を計算して、結果について説明してください。
4. 次の行列から始めます。

$$A = \begin{bmatrix} 1 & 1 \\ 0 & 1 \\ -1 & 1 \end{bmatrix}$$

   a. まず、行列 $A^T A$ を手計算してください。$A^T A$ の固有値 (e_1, e_2) と固有ベクトル $(\vec{v}_1, \vec{v}_2)$ を見つけてください。固有値から、特異値 $(\sigma_1, \sigma_2) = (\sqrt{e_1}, \sqrt{e_2})$ を計算してください。
   b. 行列 $V = [\vec{v}_1, \vec{v}_2]$ と $U = [\vec{u}_1, \vec{u}_2, \vec{u}_3]$ を計算してください。$\vec{u}_1 = \frac{1}{\sigma_1} A\vec{v}_1$、$\vec{u}_2 = \frac{1}{\sigma_2} A\vec{v}_2$ であり、$\vec{u}_3$ は $\vec{u}_1$ と $\vec{u}_2$ の両方に直交するベクトルであることを思い出してください。ヒント: 2 つのベクトルの外積は、常に外積のどちらの項にも直交することを思い出してください。

c. 行列 Σ は（A のこの特定の値が与えられたときに）次のように定義されています。

$$\Sigma = \begin{bmatrix} \sigma_1 & 0 \\ 0 & \sigma_2 \\ 0 & 0 \end{bmatrix}$$

この Σ の定義と、前述の V と U の結果を使って、$A = U \Sigma V^T$ であることを直接乗算して検証してください。

d. `cv::SVD` オブジェクトを使って前述の行列 Σ、V、U を計算し、手計算した結果が正しいことを検証してください。期待したものと同じ結果を得られましたか？ 違う場合は、理由を説明してください。

8章 画像、動画、データファイル

8.1 HighGUI：ポータブルなグラフィックスツールキット

OS、ファイルシステム、ハードウェア（カメラなど）とやり取りするOpenCVの関数のほとんどは、HighGUI（High-level Graphical User Interface）と呼ばれるライブラリに集められています。HighGUIを用いることで、グラフィックス関連のファイル（静止画も動画も）を読み書きしたり、ウィンドウを開いたり管理したり、画像を表示したり、簡単なマウスイベント、ポインタイベント、キーボードイベントを処理したりといったことができます。また、これを使ってスライダーのような便利な道具を作り、ウィンドウに追加することもできます。みなさんが、お使いのウィンドウシステムのGUIに精通しているのであれば、HighGUIが提供するものは冗長だと思われるかもしれません。そうだとしても、プラットフォーム間（クロスプラットフォーム）のプログラムの移植性（ポータビリティ）が与える恩恵そのものが魅力的であることはおわかりになるでしょう。

本章では、HighGUIが提供する静止画と動画の読み込み方法や格納方法を説明します。次章では、HighGUIが提供するクロスプラットフォームのツールを使って画像をウィンドウに表示する方法を学びます。これは、他のOS独自のツールキットやクロスプラットフォームウィンドウツールキットと同じように使えます。

OpenCVのHighGUIライブラリは大きく3つの部分に分けることができます。ハードウェア部、ファイルシステム部、GUI部です。深く入り込む前に、それぞれの部分の内容を概観しておきましょう。

OpenCVのバージョン3.0から、HighGUIは3つのモジュールに分かれました。`imgcodecs`（画像のエンコードとデコード）、`videoio`（動画のキャプチャとエンコード）、現在`highgui`と呼ばれている部分（UIの部分）です。後方互換性のために、`highgui.hpp`ヘッダは`videoio.hpp`と`imgcodecs.hpp`をインクルードしています。このため、OpenCV 2.xのほとんどの部分は3.xと互換性を持ちます。将来的には、**HighGUI**という名前は本章で説明する画像の入出力、動画の入出力、UI機能のすべてを指すようにし、サンプルコー

ドが OpenCV 2.x と 3.x の両方で互換性を持つようにする予定です。ただし、みなさんが OpenCV 3.0 以降を使用していて動画をキャプチャする機能だけが必要な場合や、画像を読み込んだり書き込んだりしたいだけであれば、`videoio` と `imgcodecs` だけを他の HighGUI のコンポーネントと分けて使えます。このことは覚えておいてください。

ハードウェア部は主にカメラの操作に関連するものです。ほとんどの OS では、カメラとのやり取りは退屈で手間のかかる仕事です。HighGUI を用いることで簡単にカメラに問い合わせたり、カメラから最新の画像を取得したりできます。これは嫌なものすべてを隠し、私たちを幸せにしておいてくれます。

ファイルシステム部は主に画像の読み込みと書き込みを扱います。このライブラリのすばらしい機能の 1 つは、動画ファイルから画像を読み込む方法とカメラから画像を読み込む方法とが同じであることです。これにより、使用している特定のデバイスを抽象化することができ、コードの面白い部分を書くことだけに専念できます。同じような精神から、HighGUI は静止画を読み込み、保存するための（比較的）一般的な関数を提供しています。これらの関数は、単にファイル名の拡張子を用いて、必要とされるデコード処理とエンコード処理すべてを自動的に選択します。画像固有の関数に加えて、OpenCV は XML/YAML ベースの関数群を提供しており、画像以外のデータについて、人間が読める単純なテキストベースの書式による読み込みや書き込みができるようになっています。

HighGUI の 3 番目の部分はウィンドウシステム（すなわち GUI）です。このライブラリの関数を使うと、ウィンドウを開いたりそのウィンドウに画像を表示したりすることができます。また、そのウィンドウにマウスイベントやキーボードイベントを登録し、それらのイベントに反応するようにもできます。これらの機能は、簡単なアプリケーションから卒業しようとするときに最も役に立ちます。簡易なスライダーを除けば、HighGUI ライブラリだけでも驚くほどバラエティに富んだアプリケーションを試作することが可能です。Qt をリンクすれば、さらにいろいろな機能も手に入ります[†1]。このような内容はすべて次のウィンドウツールキットに関する章で扱います。

8.2 画像ファイルを扱う

OpenCV では画像の読み込みと書き込み用の特別な関数が利用可能です。これらの関数は（明示的あるいは暗黙的に）、画像データの圧縮、展開に関連する複雑さを解消してくれます。ただし「8.4 データの保存」で学ぶ XML/YAML ベースの関数群とはいくつかの面で異なります。主な違いは、画像用の関数群は汎用的なデータ配列ではなく画像を扱うために特別に設計されているので、圧縮と展開を行う既存のバックエンドの処理部分に大きく依存するということです。これにより、共通の各ファイルフォーマットを、それぞれが必要とする特別な方法で扱うことができます。

†1 Qt はクロスプラットフォームのウィジェットのツールキットです。Qt に関しては次章でもう少し説明します。

これらの圧縮と展開方法のいくつかは、画像の見た目がそれほど変わらなければいくらか情報を失ってもよいという考え方に基づいて開発されています。このような非可逆的な圧縮方法は、画像以外のデータに対しては使うべきではありません。

非可逆圧縮で入り込む悪い副作用（ノイズなど）は、コンピュータビジョンのアルゴリズムにとっても頭痛の種になります。多くの場合、アルゴリズムは人にはまったく見えないその副作用を見つけてしまい、反応してしまうのです。

覚えておくべき重要な違いは、最初にここで説明する読み込み関数や保存関数は、実際にはOSやライブラリで利用できる、画像ファイルを扱うリソースに対するインタフェースであるということです。それに対して、前述のXML/YAMLデータ保存関数群は完全にOpenCVだけで動きます。これについては本章の後のほうで説明します。

8.2.1 画像を読み込む、書き込む

画像処理で最もよくある作業はディスクからの画像の読み込みと書き込みです。これを行う最も簡単な方法は、抽象度の高い関数である `cv::imread()` と `cv::imwrite()` を用いることです。これらの関数は、実際のファイルシステムとのやり取りに加えて、展開処理と圧縮処理も行ってくれます。

8.2.1.1 cv::imread() を用いてファイルを読み込む

最初に紹介するのは、ファイルシステムからみなさんのプログラムに画像を取り込む方法です。これを行う関数が `cv::imread()` です。

```
cv::Mat cv::imread(
  const cv::String& filename,                 // 入力ファイル名
  int               flags = cv::IMREAD_COLOR  // ファイルの解釈方法を設定するフラグ
);
```

`cv::imread()` は画像を開くとき、ファイルの拡張子をチェックしません。その代わり、そのファイルの最初の数バイト（**シグネチャ**や「**マジックナンバー**」と呼ばれます）を解析し、使用されているコーデックを決定します。第2引数 `flags` は**表8-1**に示す値のうちの1つが設定可能です。デフォルトでは `flags` に `cv::IMREAD_COLOR` が設定されます。この値を設定すると、画像は3チャンネルで8ビット／チャンネルの画像として読み込みます。この場合、画像がファイルの中ではグレースケールであっても、メモリに読み込まれる画像は3チャンネルとなり、すべてのチャンネルに同じ情報が設定されます。一方、`flags` に `cv::IMREAD_GRAYSCALE` を設定すると、ファイル内のチャンネル数とは関係なくグレースケールとして読み込まれます。最後に、`flags` に `cv::IMREAD_ANYCOLOR` を設定すると、画像は「そのまま」読み込まれます。つまり、ファイルが

カラーの場合は3チャンネル、グレースケールの場合は1チャンネルで読み込まれます[†2]。

色に関連するフラグに加えて、cv::imread() はcv::IMREAD_ANYDEPTH フラグをサポートしています。これは、入力画像のチャンネルが8ビットよりも多い場合、変換せずに読み込まれることを示しています（すなわち、そのファイルが示す型の配列が確保されます）。

表8-1 cv::imread() が受け取るフラグ

パラメータ ID	意味	デフォルト
cv::IMREAD_COLOR	常に3チャンネルの配列に読み込む	○
cv::IMREAD_GRAYSCALE	常に1チャンネルの配列に読み込む	
cv::IMREAD_ANYCOLOR	ファイルが示すチャンネル（3まで）	
cv::IMREAD_ANYDEPTH	8ビットより深い画像の読み込みができる	
cv::IMREAD_UNCHANGED	cv::IMREAD_ANYCOLOR | cv::IMREAD_ANYDEPTH とした場合と等価[†3]	

cv::imread() は画像の読み込みに失敗してもエラーを出しません。その代わり空の cv::Mat を返します（すなわち、cv::Mat::empty()==true）。

8.2.1.2 cv::imwrite() を用いてファイルを書き込む

cv::imread() と対をなす関数は cv::imwrite() です。これは、次の3つの引数を取ります。

```
bool cv::imwrite(
  const cv::String&  filename,                // 出力ファイル名
  cv::InputArray     image,                   // ファイルに書き込む画像
  const vector<int>& params = vector<int>()  // （オプション）パラメータ化されたフォーマット
);
```

第1引数にはファイル名を指定し、その拡張子によって格納されるファイルのフォーマットが決まります。OpenCV がサポートするよく使われる拡張子のいくつかを次に示します。

.jpg、.jpeg

ベースライン JPEG（8ビット）。1、3チャンネル入力

.jp2

JPEG 2000（8ビットあるいは16ビット）。1、3チャンネル入力

†2 本書の執筆時点では、「そのまま」といっても、アルファチャンネルをサポートするファイルタイプに対して4番目のチャンネルの読み込みはサポートしていません。このような場合、4番目のチャンネルは無視され、ファイルは3チャンネルしかなかったかのように扱われます。

†3 これは正確には正しくありません。IMREAD_UNCHANGED にはもう1つ特殊な作用があり、画像の読み込み時に画像内のアルファチャンネルも保持してくれるのです。注意してほしいのは、IMREAD_ANYCOLOR であっても、実際は深さが3チャンネルに減らされるということです。

`.tif`、`.tiff`
　TIFF（8ビットあるいは16ビット）。1、3、4チャンネル入力

`.png`
　PNG（8あるいは16ビット）。1、3、4チャンネル入力

`.bmp`
　BMP（8ビット）。1、3、4チャンネル入力

`.ppm`、`.pgm`
　NetPBM（8ビット）。1チャンネル（PGM）あるいは3チャンネル（PPM）

第2引数は格納される画像です。第3引数は書き込み操作を行う特定のファイルタイプで使われるパラメータ用です。この`params`引数は整数値からなるSTL vectorであり、これらの整数は、パラメータIDとそのパラメータに設定される値とが並んだものです（すなわち、パラメータIDとそのパラメータ値が交互に繰り返されます）。パラメータIDには、OpenCVが提供するエイリアス（別名）があります（**表8-2**）。

表8-2　cv::imwrite()のparams（STL vector）で使えるパラメータ

パラメータID	意味	範囲	デフォルト
`cv::IMWRITE_JPG_QUALITY`	JPEG品質	`0～100`	`95`
`cv::IMWRITE_PNG_COMPRESSION`	PNG圧縮（値が大きいと圧縮率が高い）	`0～9`	`3`
`cv::IMWRITE_PXM_BINARY`	PPM、PGM、PBMファイル用のバイナリフォーマットを使用する	`0`か`1`	`1`

`cv::imwrite()`関数はほとんどのファイルフォーマットに対して、1チャンネルもしくは3チャンネルの8ビット画像を格納します。PNG、TIFF、JPEG 2000などの柔軟なフォーマット用のバックエンド処理部では16ビットや浮動小数点数のフォーマットを格納することもでき、また、中には4チャンネルの画像（BGR＋アルファ）を格納できるフォーマットもあります。保存が成功したら`true`が返り、失敗したら`false`が返されるでしょう[†4]。

8.2.2 コーデックに関する注意

`cv::imwrite()`は画像用のものであり、さまざまな画像ファイルタイプを扱うソフトウェアライブラリに大きく依存していることに注意してください。これらのライブラリは、一般に**コーデック**（codecs：co-mpression and dec-ompression librarie-s）と呼ばれます。みなさんが使用しているOSにはたくさんのコーデックが用意されており、さまざまなファイルタイプごとに（少なく

†4　ここで「でしょう」と書いたのは、OSによっては、例外を投げるように保存命令を発行することが可能だからです。しかし通常は、失敗した場合は`false`が返されます。

とも）1つのコーデックはあるでしょう。

OpenCVは、みなさんが必要とするいくつかのファイルフォーマット用のコーデック（JPEG、PNG、TIFFなど）を備えています。これらのコーデックそれぞれに対して、次の3つの可能性があります。(a) このコーデックのサポートを使わない、(b) OpenCVの提供するコーデックを使用する（他のOpenCVのモジュールと一緒にビルドする）、(c) 対応する外部ライブラリを使用する（libjpeg、libpngなど）です。Windowsでは、デフォルトのオプションは (b) です。macOS/Linuxではデフォルトのオプションは (c) で、CMakeがそのコーデックを見つけられなければ (b) を使います。この設定は必要に応じて上書きすることができます。Linuxで (c) を使いたい場合は、コーデックとともに、開発に必要なファイルも一緒に（例えば`libjpeg`であれば`libjpeg-dev`も）インストールしておいてください。

8.2.3 圧縮と展開

すでに説明したように、`cv::imread()`と`cv::imwrite()`関数は多くの必要な処理を行い、最終的に画像をディスクから読み込んだり書き込んだりしてくれる抽象度の高い関数です。実際には、これらのサブコンポーネントのいくつかは、独立して使えると便利なことが多くあります。特に画像をメモリ内で圧縮したり復元したりできると便利です。これには、今述べたコーデックを用います。

8.2.3.1 cv::imencode()を用いて画像を圧縮する

画像は、OpenCVの配列型から直接圧縮することができます。この場合、結果は配列型ではなく、単純な文字型（`char`）のバッファになります。もちろん、結果として得られるオブジェクトはそれを圧縮したコーデックだけに意味のあるフォーマットであり、（圧縮によって）元画像と同じサイズにはなりません。

```
void cv::imencode(
  const cv::String&  ext,                           // 拡張子でコーデックを指定する
  cv::InputArray     img,                           // エンコードする画像
  vector<uchar>&     buf,                           // エンコードされたファイルのバイト列が入る
  const vector<int>& params = vector<int>()  // （オプション）フォーマットのパラメータ用
);
```

`cv::imencode()`の第1引数は`ext`で、文字列で表されたファイル拡張子です。これは、圧縮方法に関連づけられます。もちろん実際にはファイルは書き出されませんが、この拡張子は、必要なフォーマットを参照する直感的な方法というだけではありません。拡張子はほとんどのOSで、利用可能なコーデックを示す実際のキーとして使われています。次の引数`img`は圧縮する画像、続く`buf`は圧縮された画像が格納される文字型の配列です。このバッファは自動的に`cv::imencode()`によりリサイズされ、圧縮画像のサイズになります。最後の引数`params`は、特定の圧縮コーデックに必要な（もしくは、望ましい）パラメータを指定するのに使われます。

params に指定できる値は、cv::imwrite() で表8-2 に挙げたものと同じです。

8.2.3.2 cv::imdecode() を用いて画像を復元する

```
cv::Mat cv::imdecode(
  cv::InputArray buf,                      // エンコードされたファイルのバイト列
  int            flags = cv::IMREAD_COLOR // ファイルをどう解釈するか設定するフラグ
);
```

cv::imencode() が画像を文字型のバッファに圧縮できるように、cv::imdecode() は文字型のバッファを画像配列に復元します。cv::imdecode() は 2 つしか引数を取りません。第 1 引数はバッファを表す buf（通常は vector<uchar>型）で[†5]、第 2 引数は flags です。flags は cv::imread() で使われるフラグ（表8-1 参照）と同じオプションを取ります。cv::imread() と同様に、cv::imdecode() はファイル拡張子を必要としません（cv::imencode() には必要です）。これは、バッファ内の圧縮画像の最初の数バイトから、使われているコーデックを推定できるためです。

与えられたファイルが読めなかった場合に cv::imread() が空の配列（cv::Mat::empty() ==true）を返すように、cv::imdecode() は、与えられたバッファが空の場合、あるいは正しくないデータや使用できないデータを含んでいた場合などは、空の配列を返します。

8.3 動画を扱う

動画を扱うには、いくつか考慮すべき問題があります。もちろん、これにはディスクからの動画の読み込み方法や書き込み方法なども含まれます。動画が読み込めれば、それを画面上で実際に再生する方法が知りたくなるでしょう。デバッグや、プログラムの最終的な出力のためです。まずはディスクの入出力から始め、次に再生に進みます。

8.3.1 cv::VideoCapture オブジェクトを用いて動画を読み込む

まず必要なのは cv::VideoCapture オブジェクトです。これは前章で出てきた「何かを行うオブジェクト」の 1 つです。このオブジェクトはカメラや動画ファイルからフレームを読み込むのに必要な情報を持っています。cv::VideoCapture オブジェクトを作成するには、読み込み元に応じて、次の 3 つの異なる呼び出しのうちの 1 つを使います。

```
cv::VideoCapture::VideoCapture(
  const cv::String& filename               // 入力ファイル名
);
cv::VideoCapture::VideoCapture(
  int device                               // 動画をキャプチャするデバイスの ID
```

†5 この関数に渡される buf が cv::imencode() と同じ vector<uchar>&型でないことに驚かないでください。cv::InputArray 型はたくさんの型を統一的に扱えるものであり、vector<>もその 1 つであることを思い出してください。

```
);
cv::VideoCapture::VideoCapture();
```

最初のコンストラクタの場合、動画ファイル(.MPG、.AVIなど)の名前を渡すと、OpenCVがそのファイルを開き、読み込む準備をしてくれます。ファイルを開くことができてフレームの読み込みを始められるようになると、cv::VideoCapture::isOpened()はtrueを返します。

別に悪いことは起こらないと思って、この種のチェックを行わない人がたくさんいますが、それはいけません。ファイルが存在しないなど、何らかの理由でファイルが開けなかった場合、cv::VideoCapture::isOpened()の戻り値はfalseになりますが、それだけが原因とは限らないのです。その動画を圧縮するコーデックがわからない場合も、このコンストラクタで作られたオブジェクトは使う準備ができていないことになります。コーデックに関連するたくさんの(法律的および技術的な)問題のせいで、このようなことが起こるのはみなさんが思うほど珍しいことではないのです。

動画ファイルを正しく読み込むには、画像のコーデックと同様に、みなさんのコンピュータに適切なライブラリがインストールされている必要があります。これが、みなさんがcv::VideoCapture::isOpened()の戻り値をチェックする大切な理由です。というのも、(必要とするコーデックのDLLや共有ライブラリを使える)あるコンピュータで動いたコードが、(コーデックがない)別のコンピュータでも動くとは限らないからです。cv::VideoCaptureオブジェクトのisOpened()がtrueを返すと、フレームの読み込みを開始でき、たくさんのことができるようになります。しかしそれを説明する前に、カメラから画像をキャプチャする方法を見ておきましょう。

整数型のdeviceを引数に取るcv::VideoCapture::VideoCapture()は、先ほど説明した動画ファイルを読み込むものと非常によく似た動作をします。違いは、コーデックの心配をしなくてよい点です[†6]。この場合、アクセスしたいカメラと、OSがそのカメラとどのようにやり取りしてほしいかとを組み合わせた識別子を与えます。カメラの部分は、単なる**識別番号(ID)**です。カメラが1つしかない場合は0で、同じシステムに複数のカメラがある場合には数が増えていきます。識別子のもう1つの部分はカメラの**ドメイン**と呼ばれ、(本質的には)どのような種類のカメラかを示しています。ドメイン(領域)は表8-3に示す定数のいずれかです。

†6 完全に公平を期すために正直に告白すると、いろいろなコーデックが引き起こす問題は起こりませんが、どのカメラや、カメラのドライバーソフトウェアがシステムでサポートされているかという、似たような頭痛の種はもちろん依然として残ります。

表8-3　カメラの「ドメイン」。HighGUIがカメラをどこから探すかを示す

カメラのキャプチャ用定数	数値
cv::CAP_ANY	0
cv::CAP_MIL	100
cv::CAP_VFW	200
cv::CAP_V4L	200
cv::CAP_V4L2	200
cv::CAP_FIREWIRE	300
cv::CAP_IEEE1394	300
cv::CAP_DC1394	300
cv::CAP_CMU1394	300
cv::CAP_QT	500
cv::CAP_DSHOW	700
cv::CAP_PVAPI	800
cv::CAP_OPENNI	900
cv::CAP_ANDROID	1000
...	

cv::VideoCapture::VideoCapture()用のdevice引数を組み立てるときは、ドメインとカメラのインデックスの和を識別子として渡します。使用例は次のようになります。

```
cv::VideoCapture capture( cv::CAP_FIREWIRE );
```

この例では、cv::VideoCapture::VideoCapture()は最初（すなわち、番号0）のFireWireのカメラをオープンしようとします。ほとんどの場合、カメラが1つしかないときはドメインは必要ありません。すなわち、cv::CAP_ANYを使えば十分なのです（これは都合のよいことに0と等価なので入力する必要さえないのです）。次に進む前に、最後の有用なヒントを示しておきます。プラットフォームによってはcv::VideoCapture::VideoCapture()に-1を渡すことができます。これにより、OpenCVはユーザーがカメラを選択できるウィンドウを開きます。

最後のオプションは、開くべきものに関する情報を何も提供せずにキャプチャオブジェクト（cv::VideoCapture）を作成するものです。

```
cv::VideoCapture cap;

cap.open( "my_video.avi" );
```

この場合、キャプチャオブジェクトは作られますが、読み込みたいソースを明示的に開くまで使用することはできません。これにはcv::VideoCapture::open()メソッドを用います。このメソッドは前述のcv::VideoCaptureのコンストラクタと同様に、引数としてSTL文字列かデバイスIDを取ります。どちらの場合もcv::VideoCapture::open()は、同じ引数をcv::VideoCaptureのコンストラクタに指定して呼び出したのとまったく同じ効果を持ちます。

8.3.1.1　cv::VideoCapture::read()を用いてフレームを読み込む

```
bool cv::VideoCapture::read(
  cv::OutputArray image                    // データが読み込まれる画像
);
```

cv::VideoCaptureオブジェクトの用意ができたら、フレームの読み込みを開始できます。これを行う最も簡単な方法は、cv::VideoCapture::read()を呼び出すことです。このメソッドは、単にcv::VideoCaptureで表されるファイルにアクセスし、次のフレームを取り出して、提供された配列imageに代入します。このアクションは、後でcv::VideoCapture::read()を呼び出したときに次のフレームが返されるように、cv::VideoCaptureオブジェクトを自動的に「進め」ます。

読み込みが成功しなかった場合（例えば、ファイルの最後に到達したとき）、この関数はfalseを返します（それ以外の場合はtrueを返します）。同様に、この関数に渡した配列オブジェクトも空になります。

8.3.1.2　cv::VideoCapture::operator>>()を用いてフレームを読み込む

```
cv::VideoCapture& cv::VideoCapture::operator>>(
  cv::Mat& image                           // データが読み込まれる画像
);
```

cv::VideoCaptureの読み込みメソッドを使う以外にも、オーバーロードされた関数cv::VideoCapture::operator>>()（すなわち、「ストリーム読み込み」演算子）を使って、cv::VideoCaptureオブジェクトから次のフレームを読み込むことができます。この場合、cv::VideoCapture::operator>>()はcv::VideoCapture::read()とまったく同じ動作をしますが、ストリーム演算子なので、成功してもしなくても元のcv::VideoCaptureオブジェクトの参照を返します。この場合は、みなさんは返された配列が空かどうかをチェックする必要があります。

8.3.1.3　cv::VideoCapture::grab()とcv::VideoCapture::retrieve()を用いてフレームを読み込む

カメラや動画ファイルから１枚ずつ画像を取り出してデコードする代わりに、この処理を、メモリコピーと大差のないgrab()メソッドと、それで取り込んだデータを実際にデコードするretrieve()メソッドとに分けることができます。

```
bool cv::VideoCapture::grab( void );
bool cv::VideoCapture::retrieve(
  cv::OutputArray image,                   // データを読み込む画像
  int             channel = 0              // ヘッドを複数持つデバイスで使われる
);
```

cv::VideoCapture::grab() 関数は、現在利用可能な画像をユーザーから見えない内部バッファにコピーします。なぜ、みなさんから見えない場所にフレームを置くのでしょうか？ 答えは、この画像は未処理な状態だからです。grab() は単にフレームを（通常はカメラから）できるだけ早くコンピュータ内に持ってくるように設計されたものなのです。

cv::VideoCapture::read() のようにフレームの取り込みと取り出し処理を一緒に行うのではなく、別々に分けたい理由はたくさんあります。最もよくある状況はカメラが複数ある場合（例えば、ステレオ画像処理の場合）です。このような場合、時間で分割されたフレームをできるだけ短い時間で取得することが重要です（ステレオ画像処理では、同時に行われることが理想的です）。このため、最初にすべてのフレームを取り込み、すべて安全にバッファに入れてから改めてデコードするのが最も筋が通っているのです。

cv::VideoCapture::read() の場合と同様に、cv::VideoCapture::grab() は取り込みが成功した場合にだけ true を返します。

フレームが取り込めたら、cv::VideoCapture::retrieve() を呼び出します。これはデコード処理を行うとともに、フレームを cv::Mat 配列として返すのに必要なメモリの確保とコピー処理を行います。cv::VideoCapture::retrieve() は cv::VideoCapture::read() と似たような機能を持ちますが、cv::VideoCapture::grab() がフレームからコピーした内部バッファを操作する点が異なります。その他の cv::VideoCapture::read() と cv::VideoCapture::retrieve() との重要な違いが channel 引数です。この引数は、アクセスされるデバイスが複数の「ヘッド」（すなわち、複数の撮像素子）を持つ場合に使われます。典型的には、ステレオ撮像素子として設計されているデバイスや、Kinect[†7]のような少々風変わりなデバイスの場合などです。channel の値はそのデバイスからどの画像を取り出すかを示します。このような場合、cv::VideoCapture::grab() を 1 回だけ呼び、その後 cv::VideoCapture::retrieve() をそのカメラの画像すべてを取り出すのに必要な回数だけ（呼び出しごとに channel の値を変えて）呼びます。

8.3.1.4 カメラプロパティ：cv::VideoCapture::get() と cv::VideoCapture::set()

動画ファイルには動画フレームだけでなく、重要なメタデータも含まれています。メタデータはそのファイルを正しく処理するために不可欠な場合があります。動画ファイルを開くと、その情報は cv::VideoCapture オブジェクトの内部データ領域にコピーされます。cv::VideoCapture オブジェクトからその情報を読み出したいことはよくありますし、また、場合によってはそのデータ領域に書き込めると便利なこともあるでしょう。次に示す cv::VideoCapture::get() と

†7 現在サポートされているマルチヘッドカメラには Kinect と Videre があります。これ以外のものも追加されていく予定です。

cv::VideoCapture::set() 関数は、このような処理を可能にしてくれます。

```
double cv::VideoCapture::get(
  int    propid                       // プロパティ識別子（表 8-4 参照）
);

bool cv::VideoCapture::set(
  int    propid,                      // プロパティ識別子（表 8-4 参照）
  double value                        // プロパティに設定する値
);
```

cv::VideoCapture::get() は表8-4 に示すプロパティ ID をどれでも指定できます[†8]。

表8-4 cv::VideoCapture::get() と cv::VideoCapture::set() で使われる VideoCapture プロパティ

VideoCapture プロパティ	カメラだけ	意味
cv::CAP_PROP_POS_MSEC		動画ファイル内の現在の位置（ミリ秒）や動画をキャプチャしたタイムスタンプ
cv::CAP_PROP_POS_FRAMES		次のフレーム（0 から始まるインデックス）
cv::CAP_PROP_POS_AVI_RATIO		動画内の相対位置（0.0～1.0 の範囲）
cv::CAP_PROP_FRAME_WIDTH		動画のフレームの幅
cv::CAP_PROP_FRAME_HEIGHT		動画のフレームの高さ
cv::CAP_PROP_FPS		動画記録時のフレームレート
cv::CAP_PROP_FOURCC		コーデックを示す 4 文字コード
cv::CAP_PROP_FRAME_COUNT		動画ファイル内の総フレーム数
cv::CAP_PROP_FORMAT		返される cv::Mat オブジェクトのフォーマット（例えば CV_8UC3）
cv::CAP_PROP_MODE		キャプチャモードを示す。値は使用されている動画処理のバックエンドに固有の値（例えば DC1394）
cv::CAP_PROP_BRIGHTNESS	✓	カメラの明るさの設定（サポートされている場合）
cv::CAP_PROP_CONTRAST	✓	カメラのコントラストの設定（サポートされている場合）
cv::CAP_PROP_SATURATION	✓	カメラの彩度の設定（サポートされている場合）
cv::CAP_PROP_HUE	✓	カメラの色相の設定（サポートされている場合）
cv::CAP_PROP_GAIN	✓	カメラのゲインの設定（サポートされている場合）
cv::CAP_PROP_EXPOSURE	✓	カメラの露出の設定（サポートされている場合）
cv::CAP_PROP_CONVERT_RGB	✓	0 でない場合は、キャプチャされた画像は 3 チャンネルに変換される
cv::CAP_PROP_WHITE_BALANCE	✓	カメラのホワイトバランスの設定（サポートされている場合）
cv::CAP_PROP_RECTIFICATION	✓	ステレオカメラ用の調整フラグ（DC1394-2.x だけ）

これらのプロパティのほとんどは、そのまま読めばわかるものです。POS_MSEC は、動画

†8 OpenCV で認識されるプロパティのすべてがキャプチャ処理の裏にある「バックエンド」部で認識されたり、処理されたりできるわけではないことに注意してください。例えば、Android、Linux の FireWire（dc1394 経由）、QuickTime、Kinect（OpenNI 経由）の裏で動いているキャプチャメカニズムはいずれもまったく異なりますし、それらすべてが、このオプションの長いリストが示す全サービスを提供しているとは限らないのです。そして、このリストは新しいシステムタイプで新しいオプションが利用可能になるにつれて、長くなっていくことでしょう。

ファイルの現在の位置（ミリ秒）です。POS_FRAMESはフレーム番号で表した現在の位置です。POS_AVI_RATIOは0.0～1.0の間の数で与えられる位置です（実はこれは、トラックバーで位置を指定して動画ファイル内を見て回る場合にとても役に立ちます）。FRAME_WIDTHとFRAME_HEIGHTは読み込む（もしくは、カメラからキャプチャする）動画の個々のフレームのサイズです。FPSは動画ファイルに固有で、その動画が記録されたときの1秒あたりのフレーム数を表す数です。これは、正しいスピードで動画を再生したければ知っておく必要があります。FOURCCは現在読み込んでいる動画で使われている圧縮コーデック用の4文字コードです（これに関してはすぐに説明します）。FRAME_COUNTはこの動画の総フレーム数であるべきですが、この値は信用できるとは限りません。

これらの値はすべて、double型で返されます。これは、FOURCC [FourCC85] 以外では合理的です。FOURCCの結果を解釈するためには、**例8-1**のように型変換する必要があります。

例8-1　動画を特定する4文字コードを解読する

```
cv::VideoCapture cap( "my_video.avi" );

unsigned f = (unsigned)cap.get( cv::CAP_PROP_FOURCC );
char fourcc[] = {
                (char) f,          // 最初の文字は 0～7 のビット
                (char)(f >> 8),    // 次の文字は 8～15 のビット
                (char)(f >> 16),   // 次の文字は 16～23 のビット
                (char)(f >> 24),   // 最後の文字は 24～31 のビット
                '\0'               // '\0' で終了するのを忘れない
            };
```

これらの動画のキャプチャ用のプロパティそれぞれに対して、そのプロパティを設定するcv::VideoCapture::set()関数があります。これらは全部が全部設定する意味があるわけではありません。例えば、みなさんが現在読み込んでいる動画のFOURCCは設定すべきではありません。位置プロパティのいずれかを設定して動画内の再生位置を動かすことは、いくつかの動画のコーデックでしかできません（動画のコーデックに関しては次でもっとお話しすることにします）。

8.3.2 cv::VideoWriterオブジェクトを用いて動画を書き出す

他に動画に関して行いたいことといえば、ディスクへの書き出しでしょう。これはOpenCVでは簡単に行えます。本質的には動画の読み込みと同じですが、いくつか特別な設定が必要です。

動画の読み込みでcv::VideoCaptureオブジェクトを用いたのと同様に、まず、動画を書き出す前にcv::VideoWriterオブジェクトを作成する必要があります。このオブジェクトは2つのコンストラクタを持ちます。1つは簡単なデフォルトコンストラクタで、初期化されていないオブジェクトを作るものです（後でオープンする必要があります）。もう1つは、実際に動画の書き出しをセットアップするのに必要な引数をすべて持つものです。

```
cv::VideoWriter::VideoWriter(
  const cv::String& filename,          // 出力ファイル名
  int               fourcc,            // コーデック、CV_FOURCC マクロを使用
  double            fps,               // フレームレート（出力ファイルに格納される）
  cv::Size          frame_size,        // 個々のフレームのサイズ
  bool              is_color = true    // false の場合は、グレースケールを渡せる
);
```

cv::VideoWriter は cv::VideoCapture に比べていくつか追加の引数を必要とします。ファイル名に加えて、どのコーデックを使うか、フレームレートはいくつか、フレームのサイズはどれくらいかを伝える必要があります。オプションで、フレームがすでにカラー（すなわち、3チャンネル）になっているかを OpenCV に伝えられます。is_color を false に設定すると、グレースケールのフレームを渡すことができ、cv::VideoWriter はそれを正しく書き込みます。

cv::VideoCapture と同様に、デフォルトコンストラクタで cv::VideoWriter を作成し、cv::VideoWriter::open() メソッドで設定することもできます。このメソッドは、フルのコンストラクタと同じ引数を取ります。次に例を示します。

```
cv::VideoWriter out;

out.open(
  "my_video.mpg",
  CV_FOURCC('D','I','V','X'),   // MPEG-4 コーデック
  30.0,                         // フレームレート（FPS）
  cv::Size( 640, 480 ),         // フレームを 640 × 480 の解像度で書き出す
  true                          // カラーフレームを要求
);
```

ここで、コーデックは4文字コードで示されます（圧縮コーデックになじみのない方は、コーデックはすべて一意な識別子を持っていると考えてください）。この場合、cv::VideoWriter::VideoWriter() の引数である fourcc という名前の整数は、実際には4文字がパックされた整数なのです。これは比較的頻繁に用いられるので、OpenCV は CV_FOURCC(c0,c1,c2,c3) という形でビットをパックしてくれる便利なマクロを提供しています[†9]。文字列ではなく文字を指定するので、二重引用符（"）ではなく、単一引用符（'）を用いることを忘れないようにしてください。

cv::VideoWriter に必要な情報をすべて与えたら、準備ができたかを確認してください。これは cv::VideoWriter::isOpened() メソッドで実行でき、準備ができていたら true が返ります。false が返った場合は、指定したファイルのディレクトリに書き込みパーミッションがないか、（ほとんどの場合は）指定したコーデックが利用できない場合です。

†9 訳注：バージョン 3.2 以降は cv::VideoWriter::fourcc('M','P','G','4') のように使えるスタティックメンバー関数も用意されています。

コーデックが利用可能かどうかは、OS のインストールや追加でインストールしたライブラリによります。コードを他のコンピュータで動かしても問題が起きないようにするには、必要とするコーデックが利用可能ではない場合に対処できるようにしておくことがとても重要です。

8.3.2.1 cv::VideoWriter::write() を用いてフレームを書き込む

cv::VideoWriter で書き込めるようになったことが確認できたら、単に配列を write() メソッドに渡せばフレームを書き込めます。

```
cv::VideoWriter::write(
  const cv::Mat& image                // 次のフレームとして書き込む画像
);
```

この画像のサイズは、最初の設定時に、cv::VideoWriter オブジェクトに指定したサイズと同じでなくてはなりません。また、cv::VideoWriter にフレームがカラーであると指示した場合は、3 チャンネルの画像でなくてはなりません。（is_color を使って）画像がカラーでないと指示した場合は、1 チャンネル（グレースケール）の画像を渡すことができます。

8.3.2.2 cv::VideoWriter::operator<<() を用いてフレームを書き込む

cv::VideoWriter はオーバーロードされたストリーム演算子 cv::VideoWriter::operator<<() もサポートしています。この場合は、cv::VideoWriter をオープンすると、cout やファイルストリームである ofstream オブジェクトに書き込むのと同じ方法で画像を cv::VideoWriter に書き込むことができます。

```
my_video_writer << my_frame;
```

実際には、どちらのメソッドを使うかは基本的には好みの問題です。

8.4 データの保存

標準の動画圧縮に加えて、OpenCV はさまざまなデータ型を、YAML や XML フォーマットでディスクにシリアライズ（直列化）したり、ディスクから逆シリアライズしたりする方法を提供しています。これらのメソッドは任意個の OpenCV のデータオブジェクト（int や float などのような基本型を含む）を単一のファイルに読み込んだり格納したりするのに使うことができます。これらの関数は、圧縮された画像ファイルや動画データの読み込み、書き込みなど、本章でここまで見てきたような特定の状況を扱う専用の関数とは別物です。この節では、行列、OpenCV のデータ構造、設定、ログファイルなどの読み込みや書き出しといった、一般的なオブジェクトの扱いに焦点を当てます。

ファイルを読み込んだり書き出したりするための基本的なメカニズムは、cv::FileStorage クラスに実装されています。このクラスのオブジェクトは、本質的にはディスク上のファイルを表現していますが、そのファイル内のデータに簡単かつ自然にアクセスできるような形で表現しています。

8.4.1 cv::FileStorageに書き込む

```
cv::FileStorage::FileStorage();
cv::FileStorage::FileStorage( const cv::String& fileName, int flag );
```

cv::FileStorage オブジェクトは XML や YAML のデータファイルを表したものです。コンストラクタにファイル名を渡して作成することができます。もしくは、オープンされていない cv::FileStorage オブジェクトをデフォルトコンストラクタで作成し、後から cv::FileStorage::open() でファイルをオープンすることもできます。ここで、flag 引数には cv::FileStorage::WRITE か cv::FileStorage::APPEND のどちらかを指定しなければなりません。

```
cv::FileStorage::open( const cv::String& fileName, int flag );
```

書き込むファイルを開いたら、cv::FileStorage::operator<<() オペレータを使って書き込めます。STL のストリームで stdout に書き込む方法と同様ですが、内部的にはたくさんのことが行われます。

cv::FileStorage 内のデータは、「マップ」（キーと値の組）か「シーケンス」（名前を持たないエントリーの列）のどちらかの形式で格納されています。トップレベルでは cv::FileStorage に書き込むデータはマップであり、そのマップの内部に、別のマップやシーケンスを配置することができます。内部のマップやシーケンスは好きな深さにできます。

```
myFileStorage << "someInteger" << 27;                    // 整数を保存する
myFileStorage << "anArray" << cv::Mat::eye(3,3,CV_32F);  // 配列を保存する
```

マップのエントリーを作成するには、最初にそのエントリーの文字列名を与え、次にそのエントリー自体を与えます。エントリーは数（整数、浮動小数点数など）、文字列、または任意の OpenCV データ型です。

新しいマップやシーケンスを作成したい場合は、特殊文字である{（マップ用）や [（シーケンス用）を使って作成できます。これらの文字でマップかシーケンスを開始し、新しい要素を加え、最後に}や] でマップやシーケンスを閉じます。

```
myFileStorage << "theCat" << "{";
myFileStorage << "fur" << "gray" << "eyes" << "green" << "weightLbs" << 16;
myFileStorage << "}";
```

マップを作成し、続けて個々の要素をキーと値で入力します。これはトップレベルのマップで行ったのと同様です。シーケンスを作成する場合は、1つずつデータを入力していき、最後にシー

ケンスを閉じるだけです。

```
myFileStorage << "theTeam" << "[";
myFileStorage << "eddie" << "tom" << "scott";
myFileStorage << "]";
```

書き込みが終わったら、`cv::FileStorage::release()` メンバー関数でファイルを閉じます。**例8-2** は OpenCV ドキュメントのサンプルプログラムです。

例8-2 cv::FileStorage を用いて.yml データファイルを作成する

```
#include "opencv2/opencv.hpp"
#include <time.h>

int main(int, char** argv)
{

    cv::FileStorage fs("test.yml", cv::FileStorage::WRITE);

    fs << "frameCount" << 5;

    time_t rawtime; time(&rawtime);
    fs << "calibrationDate" << asctime(localtime(&rawtime));

    cv::Mat cameraMatrix = (
      cv::Mat_<double>(3,3)
      << 1000, 0, 320, 0, 1000, 240, 0, 0, 1
    );
    cv::Mat distCoeffs = (
      cv::Mat_<double>(5,1)
      << 0.1, 0.01, -0.001, 0, 0
    );
    fs << "cameraMatrix" << cameraMatrix << "distCoeffs" << distCoeffs;

    fs << "features" << "[";
    for( int i = 0; i < 3; i++ )
    {
        int x = rand() % 640;
        int y = rand() % 480;
        uchar lbp = rand() % 256;

        fs << "{:" << "x" << x << "y" << y << "lbp" << "[:";
        for( int j = 0; j < 8; j++ )
            fs << ((lbp >> j) & 1);
        fs << "]" << "}";
    }
    fs << "]";
    fs.release();

    return 0;

}
```

このプログラムを実行すると、次の内容の YAML ファイルを出力するでしょう。

```
%YAML:1.0
frameCount: 5
calibrationDate: "Fri Jun 17 14:09:29 2011\n"
cameraMatrix: !!opencv-matrix
   rows: 3
   cols: 3
   dt: d
   data: [ 1000., 0., 320., 0., 1000., 240., 0., 0., 1. ]
distCoeffs: !!opencv-matrix
   rows: 5
   cols: 1
   dt: d
   data: [ 1.0000000000000001e-01, 1.0000000000000000e-02,
       -1.0000000000000000e-03, 0., 0. ]
features:
   - { x:167, y:49,  lbp:[ 1, 0, 0, 1, 1, 0, 1, 1 ] }
   - { x:298, y:130, lbp:[ 0, 0, 0, 1, 0, 0, 1, 1 ] }
   - { x:344, y:158, lbp:[ 1, 1, 0, 0, 0, 0, 1, 0 ] }
```

このサンプルコードでは、マップやシーケンス内のデータがすべて 1 行に格納される場合と 1 行に 1 要素ずつ格納される場合があることに注意してください。これは自動的にフォーマットされた結果ではありません。マップとシーケンスの作成文字の変形版（マップでは{:と}、シーケンスでは [:と]）を使うと 1 行に格納されるのです。この機能は YAML の出力でのみ意味があります。出力ファイルが XML の場合は、このような微妙な差異は無視され、作成文字の違いはないものとして保存されます。

8.4.2 cv::FileStorage から読み込む

```
cv::FileStorage::FileStorage( const cv::String& fileName, int flag );
```

`cv::FileStorage` オブジェクトは、書き込み用のオープンと同じ方法で読み込み用にオープンできます。ただし、`flag` 引数を `cv::FileStorage::READ` にする必要があります。書き込みと同様に、オープンしていない `cv::FileStorage` オブジェクトをデフォルトコンストラクタで作成し、後から `cv::FileStorage::open()` でオープンすることもできます。

```
cv::FileStorage::open( const cv::String& fileName, int flag );
```

ファイルが開かれると、オーバーロードされた配列演算子 `cv::FileStorage::operator[]()` かイテレータ `cv::FileNodeIterator` で読み込むことができます。読み込みが完了したら、`cv::FileStorage::release()` メンバー関数で閉じます。

マップから読み込む場合は、`cv::FileStorage::operator[]()` に、目的のオブジェクトに関連づけられた文字列キーを渡します。シーケンスから読み込む場合は、代わりに整数型の引数を使って同じ演算子を呼び出します。しかし、この演算子の戻り値は目的とするオブジェクトではなく、cv::FileNode型のオブジェクトになります。これは、指定されたキーに対応する値を抽象的な形で表したものです。cv::FileNodeオブジェクトは、さまざまな方法で操作可能です。これについて調べていきましょう。

8.4.3 cv::FileNode

cv::FileNodeオブジェクトが手に入れば、それを用いていくつかのことができます。それが1つのオブジェクト（もしくは数値や文字列）を表していれば、オーバーロードされた抽出演算子cv::FileNode::operator>>()を使ってさまざまな型の変数に読み込むことができます。

```
cv::Mat anArray;
myFileStorage["calibrationMatrix"] >> anArray;
```

cv::FileNodeオブジェクトは、基本データ型への直接の型変換もサポートしています。

```
int aNumber;
myFileStorage["someInteger"] >> aNumber;
```

これは次と等価です。

```
int aNumber;
aNumber = (int)myFileStorage["someInteger"];
```

前述のように、cv::FileNode内を動き回ることができるイテレータも同じように使えます。cv::FileNodeオブジェクトが与えられれば、メンバー関数であるcv::FileNode::begin()とcv::FileNode::end()は通常どおり、マップやシーケンスの最初と「最後の次」のイテレータを提供するものとして解釈されます。このイテレータは、通常のオーバーロードされた間接参照演算子cv::FileNodeIterator::operator*()を使って、別のcv::FileNodeオブジェクトを返します。こういったイテレータは通常のインクリメント演算子、デクリメント演算子をサポートしています。このイテレータがマップを処理している場合は、返されるcv::FileNodeオブジェクトは名前を持っており、cv::FileNode::name()を用いて取り出すことができます。

表8-5に示すメソッドのうち、特別に説明が必要なものはcv::FileNode::type()です。その戻り値はcv::FileNodeクラスで定義されている列挙型です。設定可能な値を**表8-6**に示します。

表8-5 cv::FileNode のメンバー関数

例	説明
`cv::FileNode fn`	デフォルトコンストラクタ
`cv::FileNode fn1( fn0 )`	コピーコンストラクタ。ノード fn0 からノード fn1 を作成する
`cv::FileNode fn( fs, node )`	コンストラクタ。C++ スタイルの cv::FileNode オブジェクト fn を、C 言語スタイルの CvFileStorage*ポインタ fs と CvFileNode*ポインタ node から作成する
`fn[ (cv::String)key ]` `fn[ (const char*)key ]`	（マップノードの）名前付きの子ノード用の文字列や C 言語の文字列のアクセサ。キーを適切な子ノードに変換する
`fn[ (int)id ]`	（シーケンスノードの）番号付きの子ノード用のアクセサ。ID を適切な子ノードに変換する
`fn.type()`	ノードの型を表す列挙型の値を返す
`fn.empty()`	ノードが空かどうかを調べる
`fn.isNone()`	ノードの値が None かどうかを調べる
`fn.isSeq()`	ノードがシーケンスかどうかを調べる
`fn.isMap()`	ノードがマップかどうかを調べる

`fn.isInt()`
`fn.isReal()`
`fn.isString()`
	それぞれ、ノードが整数、浮動小数点数、文字列かどうかを調べる

`fn.name()`	ノードがマップの子ノードの場合にはノード名を返す
`size_t sz=fn.size()`	シーケンスやマップ内の要素数を返す

`(int)fn`
`(float)fn`
`(double)fn`
`(cv::String)fn`
`(std::string)fn`
	それぞれ、整数、32 ビット浮動小数点数、64 ビット浮動小数点数、文字列を持つノードからその値を取り出す

表8-6 cv::FileNode::type() の戻り値

例	説明
`cv::FileNode::NONE = 0`	ノードが None 型である
`cv::FileNode::INT = 1`	ノードが整数を含む
`cv::FileNode::REAL = 2` `cv::FileNode::FLOAT = 2`	ノードが浮動小数点数を含む[†10]
`cv::FileNode::STR = 3` `cv::FileNode::STRING = 3`	ノードが文字列を含む
`cv::FileNode::REF = 4`	ノードが参照を含む
`cv::FileNode::SEQ = 5`	ノード自体が他のノードのシーケンスである
`cv::FileNode::MAP = 6`	ノード自体が他のノードのマップである
`cv::FileNode::FLOW = 8`	ノードがシーケンスかマップのコンパクト表現である
`cv::FileNode::USER = 16`	ノードが登録済みオブジェクト（例えば行列）である
`cv::FileNode::EMPTY = 32`	ノードに値が代入されていない
`cv::FileNode::NAMED = 64`	ノードがマップの子ノードである（すなわち名前を持つ）

†10 浮動小数点数型（float 型と double 型）は区別されないので注意してください。これは少し微妙な点です。XML や YAML は ASCII テキストフォーマットであることを思い出してください。結果として、すべての浮動小数点数は、内部のコンピュータが持つ変数型に型変換されるまで具体的な精度を持ちません。つまり、パージングの時点では、すべての浮動小数点数は抽象的な浮動小数点数型としてだけ表現されています。

最後の4つの列挙値は8から始まる2のべき乗であることに注意してください。これはノードが、最初に示した7つの型の1つに加えて、これらのプロパティのいずれか、もしくはすべてを論理和で指定できるからです。

例8-3（これもOpenCVのドキュメントにあるものです）は、前に書き込んだファイルからどのようにファイルを読み込めるかを示しています。

例8-3 cv::FileStorageを用いて.ymlファイルを読み込む

```
cv::FileStorage fs2("test.yml", cv::FileStorage::READ);

// 最初の方法： FileNodeに（型）演算子を用いる
int frameCount = (int)fs2["frameCount"];

// 2番目の方法： cv::FileNode::operator>>() を用いる
//
std::string date;
fs2["calibrationDate"] >> date;

cv::Mat cameraMatrix2, distCoeffs2;
fs2["cameraMatrix"] >> cameraMatrix2;
fs2["distCoeffs"] >> distCoeffs2;

std::cout << "frameCount: "        << frameCount    << std::endl
          << "calibration date: "  << date          << std::endl
          << "camera matrix: "     << cameraMatrix2 << std::endl
          << "distortion coeffs: " << distCoeffs2   << std::endl;

cv::FileNode features   = fs2["features"];
cv::FileNodeIterator it = features.begin(), it_end = features.end();
int idx                 = 0;
std::vector<uchar> lbpval;

// FileNodeIteratorを用いてシーケンスを反復処理する
for( ; it != it_end; ++it, idx++ )
{
    std::cout << "feature #" << idx << ": ";
    std::cout << "x=" << (int)(*it)["x"] << ", y=" << (int)(*it)["y"] << ", lbp: (";

    // （注意：FileNodeの>> std::vectorを用いて数値の配列を簡単に読み込む）
    //
    (*it)["lbp"] >> lbpval;
    for( int i = 0; i < (int)lbpval.size(); i++ )
        std::cout << " " << (int)lbpval[i];
    std::cout << ")" << std::endl;

}
fs.release();
```

8.5 まとめ

本章では、ディスク装置や物理的なデバイスとやり取りする方法をいくつか見てきました。HighGUIモジュールは、よく使われる画像ファイルフォーマットをディスクから読み込んだり書き込んだりするための簡単なツールを提供しています。これらのツールは自動的にファイルフォーマットの圧縮、展開を行ってくれます。また、動画も同様の方法で扱えて、ディスクからの動画情報の読み込むに使うのと同じツールが、カメラからの動画のキャプチャに使えることも学びました。最後に、ネイティブ型からXMLとYAMLファイルにデータを格納したり復元したりするために、OpenCVが強力なツールを提供していることを見ました。これらのファイルを用いれば、データをキー／値形式で構成することができ、メモリに読み込んだ際に取り出しやすくなります。

8.6 練習問題

本章ではOpenCVの基本的な入出力プログラミングとデータ構造を紹介しました。この知識を元に次の練習問題を解いて、今後使える役に立つユーティリティを作りましょう。

1. (1)動画からフレームを読み込み、(2)それをグレースケールに変換し、(3)その画像にCannyエッジ検出を行うプログラムを作成してください。この3つの処理を異なるウィンドウに表示し、それぞれのウィンドウに機能を表す適当な名前を付けてください。
   a. この3つの処理すべてを1つの画像に表示してください。ヒント：動画のフレームと同じ高さで、3倍の幅を持つ別の画像を作成してください。ポインタを用いるか、(より賢明には）この画像の最初と1/3、2/3を指す3つの新しい画像へのヘッダを作成し、`cv::Mat::copyTo()`を用いて、これに画像をコピーしてください。
   b. この3つのスロット（表示領域）それぞれの処理を説明する適切なテキストラベルを書いてください。
2. 画像を読み込んで表示するプログラムを作成してください。ユーザーがマウスで画像をクリックしたら、対応するピクセル値（青、緑、赤）を読み込み、その値をテキストとして画面上のマウスのある場所に書いてください。
   a. 練習問題1のプログラムで、表示されている3つの画像中のどこかがクリックされたときに、各画像内のマウス座標を表示してください。
3. 画像を読み込んで表示するプログラムを作成してください。
   a. マウスボタンを押しながら長方形を描くことでユーザーが画像内の長方形の領域を選択できるようにし、マウスボタンを放したらその領域をハイライトするようにしてください。画像への描画によって元の値を壊さないように、画像のコピーを忘れずにメモリに保存してください。次にマウスをクリックしたら、処理がもう一度元の画像から始まるようにするのです。

   b. 選択された長方形内に青、緑、赤のそれぞれの値のピクセルがいくつあるかを、描画関数を用いて別のウィンドウにそれぞれの色のグラフで描画してください。これはその色領域における**色のヒストグラム**です。x 軸は 0〜31、32〜63、……、223〜255 の範囲に入るピクセル値を表す 8 つのビンで、y 軸はその範囲にあるピクセルの個数です。これをそれぞれのカラーチャンネル（BGR）に対して行ってください。

4. 動画を読み込んで表示し、複数のスライダーで制御できるアプリケーションを作成してください。1 つのスライダーはその動画の再生位置を開始から終了まで 10 ずつ加算して制御し、もう 1 つの 2 値のスライダーは一時停止／再開を制御します。両方のスライダーに適当な名前を付けてください。
5. 簡単なペイントプログラムを作成してください。
   a. 画像を作成し、それを `0` に設定し、その画像を表示するプログラムを書いてください。左のマウスボタンを用いてユーザーが画像上に線、円、楕円、多角形を描画できるようにしてください。また、右のマウスボタンを押している間は消しゴム機能になるようにしてください。
   b. スライダーを用意し、その設定を AND、OR、XOR に設定することで「論理演算描画」が行えるようにしてください。設定が AND の場合、描画された図形は 0 よりも大きいピクセルと交わった場合に表示されます（他の論理関数も同様です）。
6. 画像を作成し、それを `0` に設定し、その画像を表示するプログラムを書いてください。ユーザーがクリックした場所にラベルを入力できるようにしてください。編集用にバックスペースも使えるようにし、中断用のキーも提供してください。Enter キーを押すと、入力したその場所でラベルが固定されるようにします。
7. 透視変換
   a. 画像を読み込み、キーパッドの 1〜9 の数字を使って透視変換行列を制御するプログラムを書いてください（「11.2.5.1 cv::warpPerspective()：密な透視変換」の `cv::warpPerspective()` 参照）。数字を押すと、その数字に対応する透視変換行列のセルの値が増え、Shift キーと一緒に押すとそのセルの値が減ります（`0` で止まる）。数字が変わるたびに、その結果を 2 つの画像で表示してください。1 つは元の画像、もう 1 つは変換された画像です。
   b. ズームインとズームアウトの機能を追加してください。
   c. 画像を回転する機能を追加してください。
8. 顔で遊んでみましょう。`.../opencv/sources/samples/cpp/`ディレクトリに行って、`facedetect.cpp` をビルドしてください。そして頭蓋骨の画像を描き（もしくは Web で探して）、ディスクに格納してください。最後に `facedetect` プログラムを修正し、その頭蓋骨の画像を読み込めるようにしてください。
   a. 顔の長方形が検出されたら、その長方形内に頭蓋骨を描画してください。ヒント：`cv::resize()` 関数を調べてください。ROI をその顔の長方形に設定し、`cv::Mat::`

copyTo() を使って適切にリサイズされた画像をそこにコピーしてください。

b. 0.0 から 1.0 に対応する 11 の設定を持つスライダーを追加してください。このスライダーの値をアルファ値として用い、cv::addWeighted() 関数でその顔の長方形上に頭蓋骨をアルファブレンドしてください。

9. 画像の安定化を実装してください。まず.../opencv/sources/samples/cpp/ディレクトリに行って、lkdemo.cpp（モーショントラッキングやオプティカルフローのコード）をビルドしてください。そして動画を、それよりかなり大きなウィンドウの中に表示してください。オプティカルフローベクトルを用いて、カメラをわずかに動かしても、大きなウィンドウ内で常に同じ場所に画像が表示されるようにしてください。これは基本的な画像安定化手法です。

10. 整数、cv::Point、cv::Rect からなる構造体を作成し、my_struct という名前にします。

a. void write_my_struct(cv::FileStorage& fs, const cv::String& name, const my_struct& ms) と void read_my_struct(const cv::FileStorage& fs, const cv::FileNode& ms_node, my_struct& ms) という 2 つの関数を書いてください。これらを使い、my_struct を読み書きしてください。

b. 10 個の my_struct 構造体の配列を書き出し、読み込んでみてください。

9章 クラスプラットフォームとネイティブウィンドウ

9.1 ウィンドウで作業する

前章では HighGUI ツールキットを紹介してきました。そこでは、HighGUI ツールキットがファイルやデバイス関連のタスクで便利に使えるということを見ました。それらの機能に加え、OpenCV の組み込みの HighGUI ライブラリは、ウィンドウの作成、ウィンドウへの画像の表示、ウィンドウ関連のユーザー操作などの機能も提供しています。このように、OpenCV にはもともとグラフィカルユーザーインタフェース（GUI）機能がライブラリの一部として備わっています。これらは安定性と移植性[†1]が高くて扱いやすく、長年使われてきたという実績もあります。

HighGUI ライブラリは便利である反面、UI 機能はそれほど洗練されたものではないという短所もあります。そこで、その「ネイティブ」のインタフェースを Qt という GUI ツールキットに変えることで、HighGUI の UI の部分を完成度の高いものにし、より多くの便利な機能を新たに追加しようとする取り組みが行われてきました。Qt はそれ自体がクロスプラットフォームのツールキットなので、新しい機能を実装する場合でも、そのライブラリ内で一度だけ実装すればよく、対象プラットフォームごとに行う必要はありません。言うまでもなく、これは Qt によるインタフェース開発の最大の魅力です。将来的には、Qt の機能はますます拡張されていく一方で、ネイティブの HighGUI インタフェースは開発の止まったレガシーなコードになっていくでしょう。

本節ではまず、ネイティブの HighGUI 関数を説明し、次に Qt ベースのインタフェースを使うときの HighGUI との相違点（特に新たな機能）を紹介します。そして最後に、一般的な OS が提供するプラットフォーム固有のツールキットに OpenCV のデータ型を統合させる方法について見ていきます。

†1 移植性が高い理由は、さまざまなプラットフォーム上でネイティブのウィンドウ GUI を利用しているからです。具体的には、Linux では X11、macOS では Cocoa、Windows では Win32 API を使います。ただしここで言う移植性とは、このライブラリで実装されているプラットフォームに限定したものです。OpenCV は使用できても、HighGUI ライブラリは実装されていないプラットフォームもあります（Android など）。

9.1.1 HighGUIネイティブのグラフィカルユーザーインタフェース

最初に、中核となるインタフェース関数について説明します。これはOpenCVの一部であり、外部ツールキットを必要としないものです。Qtを利用できるようにOpenCVをコンパイルすると、これらのネイティブの関数に少し違った動作やオプションが追加されますが、その詳細については次節で説明します。しばらくは必要最低限のHighGUIのUIツールに焦点を当てましょう。

HighGUIは、ユーザー入力ツールとして3つの基本操作（キー入力、画像領域内のマウスクリック、簡易トラックバー）のみをサポートしています。これらの基本機能は、通常、簡単なモックアップやデバッグ用途には十分ですが、エンドユーザー向けのアプリケーションには理想的とは言い難いものです。そのため、少なくともQtベースのインタフェースか、その他のフル機能のUIツールキットを使いたくなるでしょう。

ネイティブなHighGUIツールの主な利点は、高速で使いやすく、追加のライブラリをインストールする必要がないことです。

9.1.1.1 cv::namedWindow()を用いてウィンドウを作成する

まずはHighGUIでウィンドウを作成し、画面上に画像を表示してみましょう。ウィンドウ作成を行う関数は`cv::namedWindow()`で、画像を表示させる新しいウィンドウの名前とオプションのフラグを指定します。指定した名前はウィンドウ上部に表示され、他のHighGUI関数に渡すウィンドウハンドルとしても使用されます†2。`flag`引数には、表示する画像に合わせてウィンドウサイズを自動的に変更するかどうかを指定します。プロトタイプを次に示します。

```
int cv::namedWindow(
  const cv::String&  name,                         // ウィンドウを識別するハンドル
  int                flags = cv::WINDOW_AUTOSIZE // ウィンドウの自動サイズ設定の指定
);
```

現時点で`flags`に指定できる有効なオプションは、`0`か`cv::WINDOW_AUTOSIZE`（デフォルト値）のいずれかです†3。`0`を指定したときは、ユーザーがウィンドウのサイズを変更できます。逆に言うとユーザーが変更する必要があります。`cv::WINDOW_AUTOSIZE`を設定すると、新しい画像が読み込まれるたびにHighGUIがウィンドウのサイズを自動的に調整しますが、ユーザーがウィンドウサイズを変更することはできません。

ウィンドウを作成したら当然ウィンドウに何かを表示したいと思うでしょう。でもその前に、ウィンドウが不要になったときにウィンドウを解放する方法を見ておきましょう。これには`cv::destroyWindow()`を使用します。唯一の引数は文字列で、ウィンドウ作成時にウィンドウに割り当てた名前を指定します。

---

†2 OpenCVのウィンドウは、とっつきにくい（そしてOSに依存する）いわゆる「ハンドル」ではなく、ウィンドウの名前で参照されます。ハンドルと名前の間の変換はHighGUIの内部で行われるので、気にする必要はありません。

†3 本章の後半で、HighGUIの（オプションの）Qtベースのバックエンドについて説明します。Qtバックエンドを使うと、`cv::namedWindow()`などの関数に指定できるオプションが増えます。

```
int cv::destroyWindow(
  const cv::String&  name,                 // ウィンドウを識別するハンドル
);
```

9.1.1.2 cv::imshow() を用いて画像を描画する

さて、本当にやりたかったことを行う準備ができました。画像を読み込んで、ウィンドウに表示して鑑賞します。画像の表示はシンプルな関数 `cv::imshow()` を使って行います。

```
void cv::imshow(
  const cv::String& name,                  // ウィンドウを識別するハンドル
  cv::InputArray    image                  // ウィンドウに表示する画像
);
```

最初の引数は画像を表示させるウィンドウの名前で、2 番目の引数は表示する画像です。ウィンドウは表示する画像のコピーを保持していて、必要に応じてそのバッファから再描画します。そのため、入力画像の `image` が変更されたとしても、`cv::imshow()` を呼び出さない限りウィンドウの表示内容が変わることはありません。

9.1.1.3 ウィンドウの更新と cv::waitKey()

関数 `cv::waitKey()` は、指定された時間だけ（場合によってはずっと）待機し、キーボード入力を取得します。キーが入力されると、そのキーの値を返します。`cv::waitKey()` は、OpenCV ウィンドウが開いていれば、そのいずれのウィンドウからもキー入力を受け付けます（ただしウィンドウが開いていない場合は機能しません）。

```
int cv::waitKey(
  int delay = 0                      // 待機するミリ秒（0 = 待機し続ける）
);
```

`cv::waitKey()` は 1 つの引数 `delay` を取ります。これはキー入力を待機する時間（ミリ秒）で、この時間を過ぎると自動的に呼び出し元に戻ります。`delay` が `0` に設定されているときは、`cv::waitKey()` はずっとキー入力を待ち続けます。`delay` ミリ秒が経過するまでキーが押されなければ、`cv::waitKey()` は `-1` を返します。

`cv::waitKey()` にはもう 1 つ、あまり知られていない機能があります。それは、開かれているすべての OpenCV ウィンドウを更新するという機能です。つまり、`cv::imshow()` を呼び出したとしても、`cv::waitKey()` を呼び出さなければウィンドウ内に画像が描画されないかもしれず、作成したウィンドウの移動、サイズ変更、重ね合わせなどの際にウィンドウが奇妙な（異常な）動

作をすることがあります[†4]。

9.1.1.4 画像を表示する例

画像を画面に表示する簡単なプログラムを組み立ててみましょう（**例9-1** 参照）。コマンドラインからファイル名を読み込み、ウィンドウを作成し、画像をウィンドウに表示するのが、たった15行程度（コメントも含めて！）でできてしまいます。このプログラムは、何もせずその画像を眺めている間はずっと画像を表示してくれます。Escキー（ASCII値27）を押せば終了します。

例9-1　ウィンドウを作成してそのウィンドウに画像を表示する

```
int main( int argc, char** argv ) {

  // ファイル名をウィンドウ名とするウィンドウを作成する
  //
  cv::namedWindow( argv[1], 1 );

  // 指定されたファイル名の画像を読み込む
  //
  cv::Mat img = cv::imread( argv[1] );

  // 指定されたウィンドウに画像を表示する
  //
  cv::imshow( argv[1], img );

  // ユーザーが Esc キーを押すまで待機
  //
  while( true ) {
    if( cv::waitKey( 100 /* ミリ秒 */ ) == 27 ) break;
  }

  // きちんと後片づけをする
  //
  cv::destroyWindow( argv[1] );

  exit(0);
}
```

便宜上、ここではファイル名をウィンドウ名に使いました。OpenCVは自動的にウィンドウ名をウィンドウの最上部に表示してくれるので、このようにすれば表示しているファイルがわかります（**図9-1** 参照）。とても簡単ですね。

†4　この文の真の意味は、cv::waitKey()はイベントを捕まえて処理できる唯一のHighGUIの関数であるということです。言い換えると、この関数が定期的に呼び出されなければ通常のイベント処理は行われません。そのため、イベントを自前で処理する環境内でHighGUIを使用している場合は、cv::waitKey()を呼び出す必要はありません。この詳細については少し後のcv::startWindowThread()の説明を参照してください。

図9-1 cv::imshow() でシンプルな画像を表示する

次に進む前に、ウィンドウ関連のいくつかの知っておくべき関数を紹介しておきます。

```
void cv::moveWindow( const char* name, int x, int y );
void cv::destroyAllWindows( void );
int  cv::startWindowThread( void );
```

`cv::moveWindow()` は、ウィンドウを画面上で移動させるだけの関数です。ウィンドウの左上隅がピクセル座標 (x, y) になるように配置します。`cv::destroyAllWindows()` は、すべてのウィンドウを閉じ、関連づけられたメモリの割り当てを解放してくれる便利なクリーンアップ関数です。

Linux と macOS では、`cv::startWindowThread()` が使えます。これは、ウィンドウの自動的な更新やサイズ変更などの処理を行うスレッドを開始する関数です。戻り値が `0` の場合は、使用中の OpenCV のバージョンでこの機能がサポートされていないといった理由から、スレッドを開始できないことを示します。ウィンドウ用の別スレッドを開始しないと、OpenCV がユーザーインタフェースにおける変化（ユーザーの操作）に反応することができるのは、そのための待機時間が明示的に与えられたとき（`cv::waitKey()` を呼び出したとき）だけである点に注意してください。

9.1.1.5　マウスイベント

画像を画面に表示できるようになったので、今度はユーザーがその表示画像を操作できるようにしてみましょう。ウィンドウ環境で作業しているときに cv::waitKey() で単一のキー入力を取得する方法についてはすでに学びました。次に考えるべきことは、マウスイベントを「聴き」、それに「応える」ことです。

マウスイベントはキーイベントとは異なり、伝統的なコールバックメカニズムによって処理されます。つまり、マウスクリックに応答するためには、マウスイベントが発生したときに OpenCV が呼び出せるコールバックルーチンを作成しておく必要があります。そして作成したら、そのコールバックを OpenCV に登録しなければなりません。こうすることで、ユーザーが特定のウィンドウ上でマウスを使って何かを行うたびに呼び出すべき関数を、OpenCV に知らせています。

まずコールバックの説明から始めましょう。イベント駆動型プログラムの用語にあまり詳しくない読者のために付け加えると、**コールバック関数**は、正しい引数の組み合わせで正しい型の値を返す関数であればどんなものでもかまいません。ただし、コールバックとして使用される関数には、どのような種類のイベントがどこで発生したかを正確に伝える必要があります。例えばマウスイベント発生時にユーザーが Shift キーや Alt キーを押していれば、それも関数に知らせなければなりません。このような関数へのポインタは cv::MouseCallback と呼ばれます。コールバック関数の正確なプロトタイプは次のとおりです（関数名は任意）。

```
void your_mouse_callback(
  int   event,                    // マウスイベントの種類（表 9-1 参照）
  int   x,                        // マウスイベントの x 座標
  int   y,                        // マウスイベントの y 座標
  int   flags,                    // マウスイベントの詳細（表 9-2 参照）
  void* param                     // cv::setMouseCallback() のパラメータ
);
```

みなさんが作成したコールバック関数が呼び出されるたびに、OpenCV はその引数に適切な値を渡してくれます。最初の引数 event は**表9-1**に示す値のいずれかです。

表9-1　マウスイベントの種類

イベント	数値
cv::EVENT_MOUSEMOVE	0
cv::EVENT_LBUTTONDOWN	1
cv::EVENT_RBUTTONDOWN	2
cv::EVENT_MBUTTONDOWN	3
cv::EVENT_LBUTTONUP	4
cv::EVENT_RBUTTONUP	5
cv::EVENT_MBUTTONUP	6
cv::EVENT_LBUTTONDBLCLK	7
cv::EVENT_RBUTTONDBLCLK	8

表9-1 マウスイベントの種類（続き）

イベント	数値
cv::EVENT_MBUTTONDBLCLK	9
cv::EVENT_MOUSEWHEEL	10
cv::EVENT_MOUSEHWHEEL	11

2番目と3番目の引数にはマウスイベントの x 座標と y 座標がセットされます。これらの座標は、ウィンドウ自体の配置とは無関係で、そのウィンドウ内の画像表示領域のピクセル座標を表します[†5]。

第4引数の flags はビットフィールドで、個々のビットはイベント発生時の特定の条件を示しています。例えば、cv::EVENT_FLAG_SHIFTKEY は数値16（つまり5番目のビット、または 1<<4）なので、Shift キーが押されているかどうかをテストしたければ、単純に flags & cv::EVENT_FLAG_SHIFTKEY のようにしてビット単位の論理積を計算すればよいのです。**表9-2** にすべてのフラグの一覧を示します。

表9-2 マウスイベントフラグ

フラグ	数値
cv::EVENT_FLAG_LBUTTON	1
cv::EVENT_FLAG_RBUTTON	2
cv::EVENT_FLAG_MBUTTON	4
cv::EVENT_FLAG_CTRLKEY	8
cv::EVENT_FLAG_SHIFTKEY	16
cv::EVENT_FLAG_ALTKEY	32

最後の引数は void ポインタです。これを使えば、必要に応じて追加情報をポインタ型で渡すことができます[†6]。

次に、コールバックを登録する関数が必要です。この関数は cv::setMouseCallback() で、3つの引数を必要とします。

```
void cv::setMouseCallback(
  const cv::String& windowName,         // ウィンドウを識別するためのハンドル
  cv::MouseCallback on_mouse,           // コールバック関数
  void*             param     = NULL    // コールバック関数の追加パラメータ
);
```

最初の引数は、このコールバック関数が登録されるウィンドウの名前です。ここで指定したウィ

†5 これは一般的に、OS が返すイベントの座標とも異なります。OpenCV にとってユーザーに伝えるべきなのは**画像内の**座標（画像左上が原点）であり、OS が通常マウスイベントの座標として参照する**ウィンドウ内の**座標（ウィンドウ左上が原点）ではないからです。

†6 引数 param を使う状況としてよくあるのは、コールバック関数自体があるクラスのスタティックメンバー関数になっているときです。この場合は this ポインタを渡すことで、コールバックが操作したいクラスオブジェクトのインスタンスを示すことができます。

ンドウ内のイベントだけが、この特定のコールバックを呼び出します。2番目の引数は、みなさんが作成したコールバック関数です。3番目の引数 param には、コールバック関数が実行されるたびに渡したい情報を指定することができます。これが先ほどコールバック関数の定義で説明した param です。

例9-2 は、マウスで画面に四角形を描画する簡単なプログラムです。関数 my_mouse_callback() がマウスイベントに反応して呼び出されると、その関数内で、受け取ったイベントをもとに次に何をすべきかを決定します。

例9-2 マウスを使って画面に四角形を描画する簡単なプログラム

```
#include <opencv2/opencv.hpp>

// マウスイベントに対するコールバックを定義
//
void my_mouse_callback(
   int event, int x, int y, int flags, void* param
);

Rect box;
bool drawing_box = false;

// 画像に四角形を描画するための小さなサブルーチン
//
void draw_box( cv::Mat& img, cv::Rect box ) {
  cv::rectangle(
    img,
    box.tl(),
    box.br(),
    cv::Scalar(0x00,0x00,0xff)    // 赤色
  );
}

void help() {
  std::cout << "Call: ./ch4_ex4_1\n" <<
    " shows how to use a mouse to draw regions in an image." << std::endl;
}

int main( int argc, char** argv ) {

  help();
  box = cv::Rect(-1,-1,0,0);
  cv::Mat image(200, 200, CV_8UC3), temp;
  image.copyTo(temp);

  box   = cv::Rect(-1,-1,0,0);
  image = cv::Scalar::all(0);

  cv::namedWindow( "Box Example" );

  // 以下が実際にコールバックを登録している重要な部分。
```

```
  // 操作する画像 image を param に指定している。
  // これによりコールバック関数内で画像を操作可能になる。
  //
  cv::setMouseCallback(
    "Box Example",
    my_mouse_callback,
    (void*)&image
  );

  // プログラムのメインループ。まず元画像を一時画像に
  // コピーする。ユーザーが描画すると、その時点の四角形が
  // その一時画像に描画される。そして一時画像を表示し、
  // キー入力を 15ms 待つ。これらを繰り返す。
  //
  for(;;) {

    image.copyTo(temp);
    if( drawing_box ) draw_box( temp, box );
    cv::imshow( "Box Example", temp );

    if( cv::waitKey( 15 ) == 27 ) break;
  }

  return 0;
}

// 以下がマウスのコールバック関数。ユーザーが左ボタンを押すと四角形の描画を開始し、
// ボタンを放したときに画像に四角形を追加する。
// マウスを押したままドラッグされたときは四角形のサイズを変更する。
//
void my_mouse_callback(
   int event, int x, int y, int flags, void* param
) {

  cv::Mat& image = *(cv::Mat*) param;

  switch( event ) {

    case cv::EVENT_MOUSEMOVE: {
      if( drawing_box ) {
        box.width  = x-box.x;
        box.height = y-box.y;
      }
    }
    break;

    case cv::EVENT_LBUTTONDOWN: {
      drawing_box = true;
      box = cv::Rect( x, y, 0, 0 );
    }
    break;

    case cv::EVENT_LBUTTONUP: {
```

```
        drawing_box = false;
        if( box.width < 0  ) {
          box.x += box.width;
          box.width *= -1;
        }
        if( box.height < 0 ) {
          box.y += box.height;
          box.height *= -1;
        }
        draw_box( image, box );
      }
      break;
    }

  }
```

9.1.1.6 スライダー、トラックバー、スイッチ

HighGUIには便利なスライダー部品も用意されています。HighGUIでは、スライダーは**トラックバー**とも呼ばれます†7。これは、この部品の（歴史的な意味で）元来の用途が、主に動画の再生中に特定のフレームを選択することであったためです。もちろんトラックバーがHighGUIに追加された後は、普通の使い方から通常とは異なる使い方にいたるまで、さまざまに活用されるようになりました（いくつかは「9.1.1.7　ボタンなしでやっていく」で紹介します）。

親ウィンドウと同様に、トラックバーにも文字列の形で一意な名前が与えられ、その後は常にその名前によって参照されます。トラックバーを作成するためのHighGUIルーチンは次のとおりです。

```
int cv::createTrackbar(
  const cv::String&    trackbarName,          // トラックバーを識別するハンドル
  const cv::String&    windowName,            // ウィンドウを識別するハンドル
  int*                 value,                 // スライダーの位置がここに格納される
  int                  count,                 // 右端に相当するスライダーの最大値
  cv::TrackbarCallback onChange    = NULL,    // （オプション）コールバック関数
  void*                param       = NULL     // コールバック関数の追加パラメータ
);
```

最初の2つの引数は、トラックバー自体の名前と、トラックバーが設置される親ウィンドウの名前です。トラックバーが生成されると、親ウィンドウの上部か下部のいずれかにトラックバーが追加されます†8。トラックバーがウィンドウ内にすでにある画像を覆い隠すことはありません。その代わり、ウィンドウの外枠が少し大きくなるでしょう。トラックバーの名前は、トラックバーの「ラベル」としてウィンドウに表示されます。トラックバーの位置と同様に、このラベルの正確な位置はOSによって異なりますが、ほとんどの場合、**図9-2**のようにトラックバーのすぐ左側に表

†7　訳注：以降はバー全体をトラックバーと呼び、それを操作するつまみをスライダーと呼びます。
†8　上部か下部のどちらに追加されるかはOSによって異なりますが、同じプラットフォーム上では常に同じ場所に表示されます。

示されます。

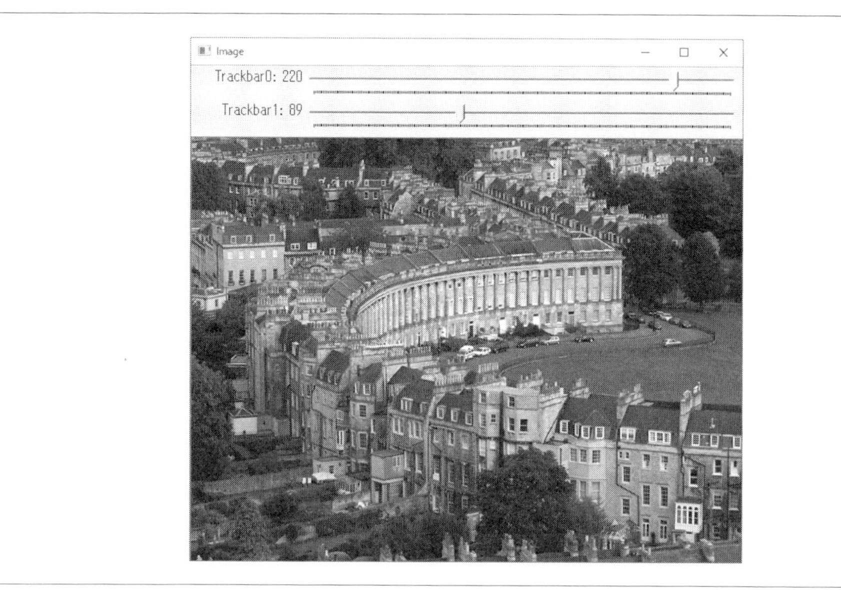

図9-2 画像を表示する簡単なアプリケーション。このウィンドウには Trackbar0 と Trackbar1 という 2 つのトラックバーが配置されている

次の 2 つの引数は、スライダーが動かされたときに自動的にその値に設定される整数へのポインタ value と、スライダーの最大値を表す数値 count です。

次の引数に指定するのがコールバック関数です。この関数は、スライダーが動かされるたびに自動的に呼び出されます。これはまさにマウスイベントのコールバックに似ています。使用する場合、コールバック関数は cv::TrackbarCallback で指定されている形式でなければなりません。つまり、次のプロトタイプと一致している必要があります。

```
void your_trackbar_callback(
  int   pos,                        // トラックバーのスライダー位置
  void* param = NULL                // cv::createTrackbar() のパラメータ
);
```

このコールバック関数は必須というわけではありません。コールバック関数が必要なければ、この値を NULL にすればよいだけです。コールバック関数を指定しなければ、ユーザーがスライダーを動かすことにより影響を受けるのは、*value の値の更新だけです（もちろんコールバック関数がない場合は、値の変更に応答するにはこの値を定期的に調べなければなりません）。

cv::createTrackbar() の最後の引数 param は void ポインタです。このポインタは、コールバック関数が呼び出されるたびに、引数 param を介してコールバック関数に渡されます。これが

特に役立つのは、グローバル変数を導入せずにトラックバーのイベントを処理する場合です。

これらに加え、トラックバー関連の関数が他に2つあります。プログラム中でトラックバーの値を読み出すものと設定するものです。トラックバーとウィンドウの識別名を指定して実行します。

```
int cv::getTrackbarPos(
  const cv::String& trackbarName,     // トラックバーを識別するハンドル
  const cv::String& windowName,       // ウィンドウを識別するハンドル
);

void cv::setTrackbarPos(
  const cv::String& trackbarName,     // トラックバーを識別するハンドル
  const cv::String& windowName,       // ウィンドウを識別するハンドル
  int               pos               // トラックバーのスライダー位置
);
```

これらの関数を使用すると、プログラム内のどこからでもトラックバーの値を読み出したり、設定したりすることができます。

9.1.1.7 ボタンなしでやっていく

残念ながらHighGUIのネイティブインタフェースには、明示的なボタン機能はありません。このため、特に面倒くさがり屋の人たちの間では、代わりに2つの位置だけを持つスライダーを使用する方法がよく用いられます[†9]。その他の選択肢としては、`.../opencv/sources/samples/cpp/`にあるOpenCVサンプルでもよく使われているように、ボタンの代わりにキーボードショートカットを使用する方法があります（OpenCVソースコード付属のfloodfillデモ参照）。

2つの状態、つまりオン（1）かオフ（`0`）のいずれかだけ（`count`を1に設定）を持つ単純なトラックバーは**スイッチ**として機能します。トラックバーしか使えなくても、これでボタン機能を簡易的に実装できることがわかるでしょう。どのようにスイッチを動作させたいかに応じて、トラックバーのコールバックを使用して自動的にボタンを`0`にリセットすることも可能です（これはほとんどのGUI「ボタン」の標準的な動作です）。また、他のすべてのスイッチを自動的に`0`に設定することも可能です（これは「ラジオボタン」の動作です）。

例9-3 トラックバーでオンとオフを切り替えることができる「スイッチ」を作成する。この例では、動画を再生し、スイッチによる一時停止機能を実装している

```
// 動画を再生し、スイッチで再生と一時停止を切り替えられるプログラム例
//
#include <opencv2/opencv.hpp>
#include <iostream>
```

†9 もう少し面倒くさがり屋ではない人向けの一般的な方法は、「コントロールパネル」用の画像を作成して表示し、イベントが発生したときにマウスイベントのコールバック関数を使ってマウスの座標を調べることです。つまり、コントロールパネル画像に自前でボタン画像を描画し、そのボタン領域内の座標 (x, y) でクリックされたときにコールバック関数がボタン操作を実行するように設定しておきます。この方法では、すべての「ボタン」は、親ウィンドウに関連づけられたマウスイベント用のコールバック関数の内部で処理されます。とはいえ、この種の機能が本当に必要ならばQtを使うほうがよいでしょう。

```
using namespace std;

//
// トラックバーを使ってユーザーがオンとオフを切り替えることができる「スイッチ」を作成する
// スイッチの値はグローバル変数にし、どこからでも見えるようにしておく
//
int g_switch_value = 1;
void switch_off_function() { cout << "Pause\n"; }; // その他のことも可能
void switch_on_function()  { cout << "Run\n"; };

// 次の関数がトラックバーに渡すコールバック関数
//
void switch_callback( int position, void* ) {
  if( position == 0 ) {
    switch_off_function();
  } else {
    switch_on_function();
  }
}

void help() {
    cout << "Call: my.avi" << endl;
    cout << "Shows putting a pause button in a video." << endl;
}

int main( int argc, char** argv ) {

  cv::Mat frame; // 映像フレームを保持する画像
  cv::VideoCapture g_capture;
  help();
  if( argc < 2 || !g_capture.open( argv[1] ) ){
    cout << "Failed to open " << argv[1] << " video file\n" << endl;
    return -1;
  }

  // メインウィンドウに名前を付ける
  //
  cv::namedWindow( "Example", 1 );

  // トラックバーの作成。トラックバーに名前を付け、
  // 親ウィンドウの名前を教える
  //
  cv::createTrackbar(
    "Switch",
    "Example",
    &g_switch_value,
    1,
    switch_callback
  );

  // 以下では、ユーザーが Esc キーを押すまで
  // 再生か一時停止の状態を続ける
  //
```

```
  for(;;) {
    if( g_switch_value ) {
        g_capture >> frame;
        if( frame.empty() ) break;
        cv::imshow( "Example", frame);
      }
      if( cv::waitKey(10)==27 ) break;
  }

  return 0;
}
```

この例では電灯のスイッチのようにオンとオフを切り替えられることがわかります。トラックバーの「スイッチ」がオフ（0）になると、コールバックは switch_off_function() を実行して「Pause」と表示し、オン（1）になると switch_on_function() を実行して「Run」と表示します。

9.1.2 Qtバックエンドで作業する

前述のように、OpenCV の HighGUI 部分の設計思想は、本格的な GUI の実現については別のライブラリに頼るということでした。この理由は、OpenCV の目的が GUI の車輪の再発明ではないからであり、すでに世の中には、時代の変化にも適応しメンテナンスも行き届いた、優れたチームによって開発されているすばらしい GUI ツールキットが存在するからです。

これまでに見てきた基本的な GUI ツールには初歩的な機能が備わっていました。そして開発者がそれぞれの環境のライブラリ内部を見なくても済むように、各プラットフォームのネイティブライブラリをラップしたものになっています。これでもかなりうまく機能しますが、モバイルプラットフォームのサポートが追加されだしたあたりからメンテナンスが難しくなってきていました。そのため、これらの基本的機能を提供する手段として、クロスプラットフォームのツールキットへの移行が進みつつあります。そのクロスプラットフォームツールキットが、これから紹介する Qt です。

OpenCV ライブラリの観点からは、GUI 用にこのような外部ツールキットを利用することには大きな利点があります。高機能が実現できることに加え、開発時間も短縮されます（短縮できなければ、このライブラリが目指す方向性からずれてしまいます）。

本節では、新しい Qt ベースの HighGUI インタフェースの使用方法を紹介します。旧式のネイティブインタフェースよりも Qt ベースで作業するほうが効率的であるため、今後の HighGUI 機能の進化はこの枠組み内で起こる可能性が高いでしょう。

ただし、Qt をバックエンドにして HighGUI を使用するといっても、直接 Qt を使用するわけではないことに注意してください（本章の最後でその違いについて簡単に説明します）。HighGUI インタフェースはあくまでも HighGUI インタフェースであって、さまざまなネイティブライブラリの代わりにバックエンドとして Qt を使用するにすぎません。このデメリットは、Qt インタフェース自体の拡張はそれほど容易ではないということです。HighGUI 以上のものが必要であれば、やはり固有のウィンドウレイヤで直に実装するという面倒な作業が必要です。メリットは、Qt インタフェースは十分に多機能なので、おそらくこれまで以上に複雑な実装はあまり必要にならないことでしょう†10。

9.1.2.1　Qt インタフェースを始める

Qt サポート付きで OpenCV ライブラリをビルドしていれば†11、ウィンドウを開いた時点で自動的に 2 つの新機能、すなわち**ツールバー**と**ステータスバー**が追加されています（**図9-3** 参照）。これらは図に示すように、すべての要素が一体となった形でウィンドウに表示されます。ツールバーに含まれているボタンは、パン（最初の 4 つの矢印ボタン）、ズーム（次の 4 つのボタン）、現在の画像の保存（9 番目のボタン）、プロパティウィンドウのポップアップ（最後のボタン）です。最後のボタンについては後述します。

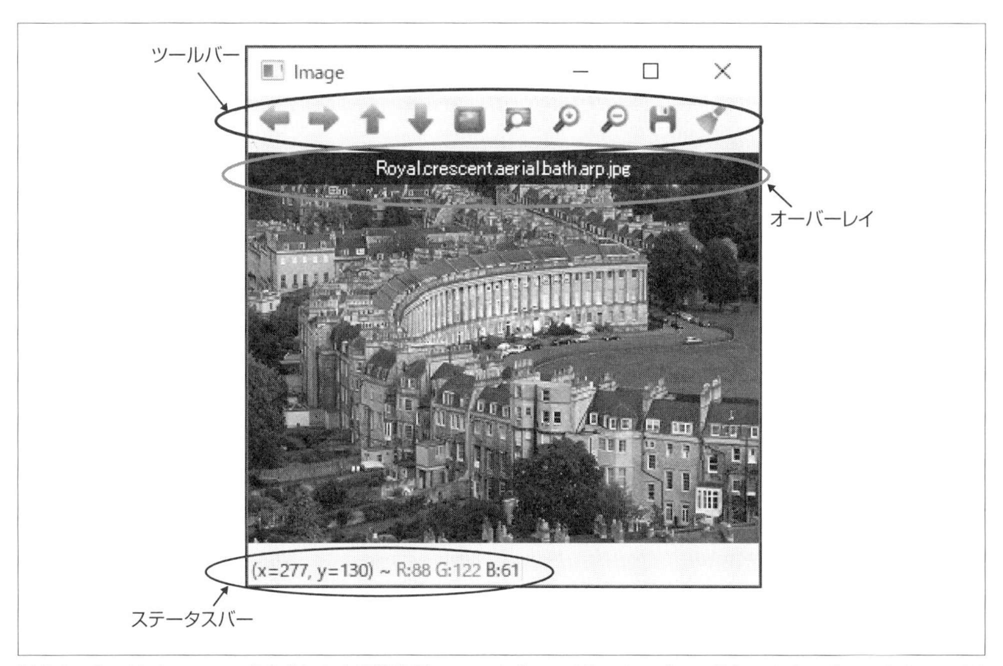

図9-3　Qt インタフェースを有効にした画像表示。ツールバー、ステータスバー、テキストオーバーレイ（ここでは画像名）が表示される

†10　Qt ベースの HighGUI インタフェースは、今もなお、主に科学的な研究やシステムのデバッグを行う開発者を対象としています。エンドユーザー向けの商用コードを実装する場合は、より強力で表現力の豊かな UI ツールキットが必要になるでしょう。

†11　CMake で OpenCV ライブラリ本体のビルドを設定する際に `-D WITH_QT=ON` オプションを有効にします。

図9-3のステータスバーには、その時点のマウスポインタの位置に関する情報が含まれています。現在指しているピクセルの (x, y) 座標と RGB 値が表示されます。

Qt インタフェースを有効にしてライブラリ本体をビルドするだけで、これらの機能を「無償」で利用することができます。Qt 付きでビルドしてある状態でこれらの GUI 機能が**必要ないとき**は、`cv::namedWindow()` を呼び出すときに `WINDOW_GUI_NORMAL` フラグを追加すれば、簡単に非表示にできます[†12]。

9.1.2.2 アクションメニュー

`WINDOW_GUI_EXPANDED` を指定してウィンドウを作成すると、ご覧のようにツールバーに一連のボタンが表示されます。ツールバーの代わりになる**ポップアップメニュー**もあります。これは `WINDOW_GUI_EXPANDED` を指定してもしなくても常に利用可能です。このポップアップメニュー（**図9-4**参照）にはツールバーと同じ項目があり、画像を右クリックするといつでも表示されます。

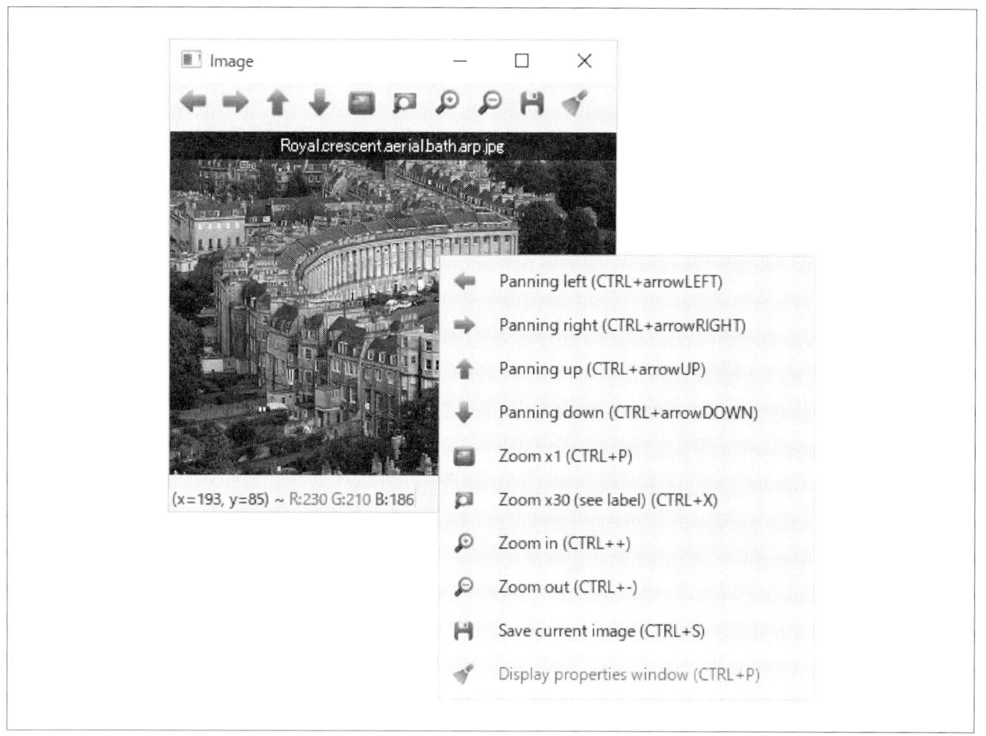

図9-4　Qt の拡張 GUI ウィンドウとポップアップメニュー。ポップアップメニューにはツールバーと同じ項目がある（説明とキーボードショートカットも表示される）

†12　形式上、拡張 GUI を有効化する `WINDOW_GUI_EXPANDED` フラグも存在します。ただしこの数値は 0 なので、指定してもしなくてもデフォルトで有効となります。

9.1.2.3 テキストオーバーレイ

Qt の GUI が提供するもう 1 つのオプションは、描画している画像の上部に短時間バナーを表示させる機能です。このバナーは**オーバーレイ**と呼ばれ、読みやすいようにテキストの周囲に影付きのボックスも表示されます。ここに、動画のフレーム番号やフレームレート、画像ファイル名などの簡易情報を表示させると便利です。オーバーレイはどのウィンドウにも表示させることができます。WINDOW_GUI_NORMAL を指定していても表示できます。

```
int cv::displayOverlay(
  const cv::String& name,          // ウィンドウを識別するハンドル
  const cv::String& text,          // 表示するテキスト
  int               delay          // テキストを表示するミリ秒（0 = 表示し続ける）
);
```

cv::displayOverlay() 関数は 3 つの引数を取ります。1 つ目は、オーバーレイを表示させるウィンドウの名前です。2 つ目の引数はウィンドウに表示するテキストです。このテキストは固定サイズなので、長い文字列は溢れることに注意してください†13。最後の 3 つ目の引数 delay は、オーバーレイが所定の位置に表示される時間（ミリ秒単位）です。delay が 0 ならオーバーレイはずっと（少なくとも cv::displayOverlay() への別の呼び出しで上書きするまで）表示されます。通常、以前の呼び出しの表示時間が切れる前に cv::displayOverlay() を再び呼び出すと、前のテキストは削除されて新しいテキストに置き換えられ、タイマーは残り時間に関係なく新しい時間に設定し直されます。

9.1.2.4 テキストをステータスバーに書き込む

オーバーレイに加えて、ステータスバーにテキストを書き込むこともできます。デフォルトでは、ステータスバーにはマウスポインタの場所のピクセルに関する情報（ピクセルが存在する場合）が表示されます。**図9-3** には、この図が作成されたときにポインタの下にあったピクセルの (x, y) 座標と RGB 値がステータスバーに表示されています。cv::displayStatusBar() 関数を使うとこのテキストを置き換えることができます。

```
int cv::displayStatusBar(
  const cv::String& name,          // ウィンドウを識別するハンドル
  const cv::String& text,          // 表示するテキスト
  int               delay          // テキストを表示するミリ秒（0 = 表示し続ける）
);
```

cv::displayStatusBar() は、cv::displayOverlay() とは異なり、WINDOW_GUI_EXPANDED フラグで作成されたウィンドウ（つまり最初からステータスバーを持つもの）に対してだけ使用できます。delay タイマーが終了すると（0 に設定しなかった場合）、デフォルトの (x, y) 座標と

†13 改行を入れることは可能です。例えば、テキスト文字列 text を"Hello\nWorld"とすれば、最初の（上の）行に Hello が表示され、そのすぐ下の行に World が表示されます。

RGB 値の表記に戻ります。

9.1.2.5 プロパティウィンドウ

ツールバーの右端のボタン（**図9-4** のポップアップメニューでは、いちばん下の文字が黒く反転している項目に対応しています）については、ここまで説明してきませんでした。このボタンを押すと、**プロパティウィンドウ**と呼ばれる新たな小さいウィンドウが開かれます。プロパティウィンドウとは、常に表示しておかなくてもよいようなトラックバーやボタン（Qt の GUI ではボタンがサポートされています）を配置しておくのに便利な場所です。ただし、**1 つのアプリケーションにつき**プロパティウィンドウは 1 つだけです。そのためプロパティウィンドウは、**作成する**というよりは**設定する**ものである、ということを覚えておいてください。

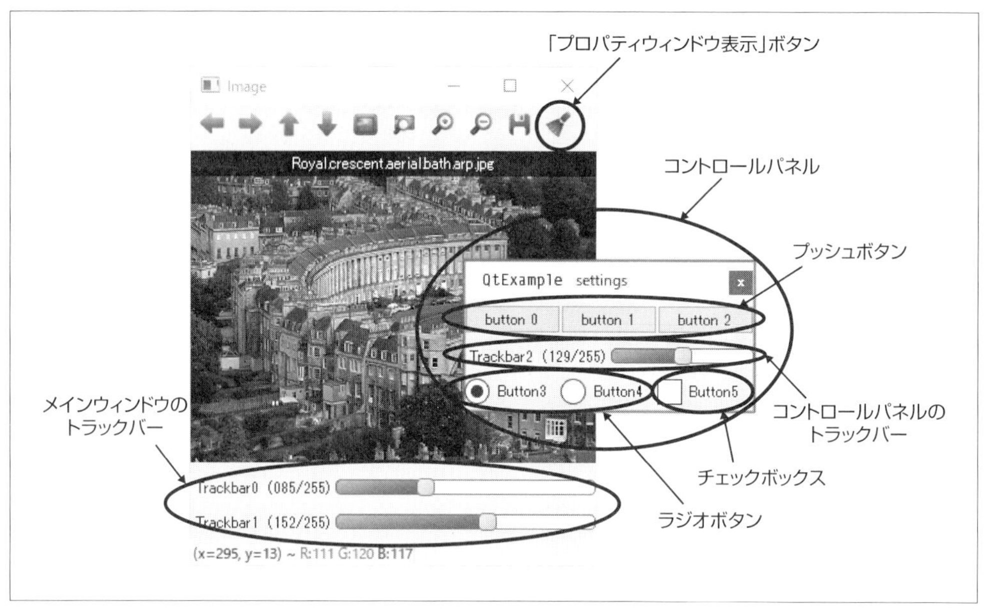

図9-5 このメインウィンドウには 2 つのトラックバーがある。さらにプロパティウィンドウには、3 つのプッシュボタン、1 つのトラックバー、2 つのラジオボタン、1 つのチェックボックスが含まれている

プロパティウィンドウは、あらかじめトラックバーやボタンを割り当てていないと利用できません（割り当てる方法についてはこれから述べます）。プロパティウィンドウが利用できる場合は、ツールバー上の右端の「プロパティウィンドウ表示」ボタンをクリックするか、ポップアップメニューのいちばん下の項目をクリックするか、あるいはマウスがウィンドウ上にあるときに Ctrl-P を押せば、表示することができます。

9.1.2.6 再び、トラックバー

HighGUI ネイティブインタフェースについて説明したとき、ウィンドウにトラックバーを追加する方法を説明しました。**図9-5** のトラックバーは、そのときに使ったのと同じコマンド cv::createTrackbar() で作成したものです。これらの実質的な違いは、**図9-5** のトラックバーのほうが Qt を使わないインタフェースのもの（**図9-2** 参照）よりもきれいだということくらいでしょう。

Qt インタフェースの新しいコンセプトで重要なのは、プロパティウィンドウにもトラックバーを作成できるということです。これは、通常どおりにトラックバーを生成し、トラックバーを設置するウィンドウ名を空の文字列にすればよいだけです。

```
int contrast = 128;
cv::createTrackbar( "Contrast:", "", &contrast, 255, on_change_contrast );
```

例えば、このコードでは「Contrast:」というラベルのトラックバーをプロパティウィンドウに作成することになります。その初期値は 128、最大値は 255 です。このスライダーを調整するたびにコールバック関数 on_change_contrast() が呼び出されます。

9.1.2.7 cv::createButton() を用いてボタンを作成する

Qt インタフェースが提供する最も有用な新機能の 1 つが、ボタン作成機能です。ボタンの種類としては、通常のプッシュボタン、相互に排他的なラジオボタン、複数選択可能なチェックボックスがあります。作成されたボタンはすべて、常にプロパティウィンドウ上に配置されます。

ボタンは 3 種類とも同じ関数で作成されます。

```
int cv::createButton(
  const cv::String&  buttonName,           // ボタンを識別するハンドル
  cv::ButtonCallback onChange     = NULL, // ボタンイベントに対するコールバック
  void*              param,               // （オプション）ボタンイベントに対するパラメータ
  int                buttonType   = cv::QT_PUSH_BUTTON,  // ボタンの種類
  int                initialState = 0     // ボタンの初期状態
);
```

引数 buttonName にボタンの名前として文字列を設定すると、それがボタンの中か横に表示されます。この引数を無視して単に空の文字列を指定すれば、自動的に連番化された名前（「button 0」や「button 1」など）がボタンに付けられます。2 番目の引数 onChange は、ボタンがクリックされるたびに呼び出されるコールバック関数です。コールバック関数は cv::ButtonCallback で指定されている形式でなければなりません。つまり、次のプロトタイプと一致している必要があります。

```
void your_button_callback(
  int   state,                             // ボタンイベントの種類を識別する
  void* param                              // cv::createButton() のパラメータ
```

```
);
```

指定したコールバック関数がボタンクリックの結果として呼び出された場合、その状態を表す値state が与えられます。この値はボタンに何が起こったのかに応じて決まります。cv::createButton() で指定したポインタ param も、コールバック関数に引数 param として渡されます。

引数 buttonType には、プッシュボタンなら cv::QT_PUSH_BUTTON、ラジオボタンなら cv::QT_RADIOBOX、チェックボックスなら cv::QT_CHECKBOX をそれぞれ指定できます。プッシュボタンは標準のボタンに対応するもので、押されるとコールバック関数を呼び出します。チェックボックスの場合は、ボックスがオンかオフかに応じて state の値が 1 か 0 になります。ラジオボタンでもほぼ同じです。ただしラジオボタンを押した場合は、そのボタンのコールバック関数だけでなく、(ラジオボタンの相互排他処理の結果として）放されたボタンのコールバック関数も呼び出される点が異なります。同じ行にあるすべてのボタンは、同じ相互排他グループに属しているとみなされます。この行は**ボタンバー**と呼ばれるもので、次に説明します。

ボタンが作成されると、それらは自動的に**ボタンバー**として編成されます。ボタンバーとは、プロパティウィンドウ内で同じ「行」にあるボタン群のことです。次のコードを実行すると**図9-5**のような外見のプロパティウィンドウが生成されます。

```
cv::namedWindow( "Image", WINDOW_GUI_EXPANDED );
cv::displayOverlay( "Image", file_name, 0 );
cv::createTrackbar( "Trackbar0", "Image", &mybar0, 255 );
cv::createTrackbar( "Trackbar1", "Image", &mybar1, 255 );

cv::createButton( "", NULL, NULL, cv::QT_PUSH_BUTTON );
cv::createButton( "", NULL, NULL, cv::QT_PUSH_BUTTON );
cv::createButton( "", NULL, NULL, cv::QT_PUSH_BUTTON );
cv::createTrackbar( "Trackbar2", "", &mybar1, 255 );
cv::createButton( "Button3", NULL, NULL, cv::QT_RADIOBOX, 1 );
cv::createButton( "Button4", NULL, NULL, cv::QT_RADIOBOX, 0 );
cv::createButton( "Button5", NULL, NULL, cv::QT_CHECKBOX, 0 );
```

このコードでは、Trackbar0 と Trackbar1 が「Image」という名前のウィンドウに作成されている一方、Trackbar2 は名なしのウィンドウ（プロパティウィンドウ）に作成されています。最初の 3 つの cv::createButton() の呼び出しではボタン名を与えていませんが、**図9-5**を見るとわかるように自動的に名前が割り当てられます。また、最初の 3 つのボタン群が 1 つの行に並び、次の 3 つのボタン群は別の行に並んでいます。これはトラックバーの生成により改行されたためです。

トラックバーが作成されるまで（あるいは作成されないと)、ボタンを作成すると直前のボタンの右側に続くように配置されます。トラックバーは 1 行全体を占有するため、トラックバーを作成するとボタンの下に専用の行が与えられます。それに続けてボタンが作成された場合は、さらに新しい行にボタンが表示されます[†14]。

9.1.2.8 テキストとフォント

Qt インタフェースは、洗練されたトラックバーやその他の部品を作れますが、それに加え、きれいで多様なフォントも利用可能です。Qt インタフェースを使用してテキストを書くには、まず QtFont オブジェクトを生成します。これを使えば画面上にいつでもテキストを表示することができます。フォントは cv::fontQt() 関数で作成します。

```
QtFont fontQt(                                       // フォントの構造体を返す
  const cv::String& fontName,                        // フォント名。例えば「Times」
  int               pointSize,                       // フォントサイズ（ポイント数）
  cv::Scalar        color  = cv::Scalar::all(0),     // BGR カラーを Scalar で指定（アルファ値なし）
  int               weight = cv::QT_FONT_NORMAL,     // フォントの太さ 1〜100（表 9-3）
  int               style  = cv::QT_STYLE_NORMAL,    // フォントのスタイル
  int               spacing = 0                      // 各文字の間隔
);
```

cv::fontQt() の最初の引数はシステムフォント名です。これは例えば「Times」のようなものです。指定した名前で使用可能なフォントがシステムにない場合は、デフォルトのフォントが自動的に選択されます。2 番目の引数 pointSize はフォントのサイズ（例えば 12=「12 ポイント」、14=「14 ポイント」）です。これを 0 に設定すると、自動的にデフォルトのフォントサイズ（一般的に 12 ポイント）が選択されます。

引数 color には、フォントの描画色を cv::Scalar 値で指定することができます。デフォルト値は黒です。引数 weight には、事前定義された値の 1 つか、1〜100 の任意の整数値を指定できます。定義済みエイリアスとその値を**表9-3** に示します。引数 style には、フォントのスタイル（QT_STYLE_NORMAL = 「通常」、QT_STYLE_ITALIC = 「イタリック」、QT_STYLE_OBLIQUE = 「斜体」）を指定します。

表9-3 Qt フォントの weight に指定可能な定義済みエイリアスとそれに対応する値

定義済みエイリアス	数値
cv::QT_FONT_LIGHT	25
cv::QT_FONT_NORMAL	50
cv::QT_FONT_DEMIBOLD	63
cv::QT_FONT_BOLD	75
cv::QT_FONT_BLACK	87

最後の引数 spacing は個々の文字の間隔を制御します。これには正または負の値を指定可能です。

フォントを決定したら、cv::addText() で画像上に（つまり画面上に）テキストを描画するこ

†14 残念ながらボタン配置に「改行」機能はありません。

とができます[†15]。

```
void cv::addText(
  cv::Mat&           image,                 // 描き込む画像
  const cv::String&  text,                  // 描画するテキスト
  cv::Point          location,              // テキストの左下隅の座標
  QtFont&            font                   // OpenCV のフォント構造体
);
```

cv::addText() の引数は、みなさんの期待どおり、描画先の画像、描画するテキスト、描画する位置、フォントです。フォントは cv::fontQt() で定義したものです。引数 location は文字列の最初の 1 文字の左下隅の座標（より正確にはその文字の**ベースライン**の始点）に対応しています。

9.1.2.9 ウィンドウのプロパティの設定と取得

Qt バックエンドを使用していれば、ウィンドウ生成時に設定したウィンドウの状態を表すプロパティのほとんどを参照することができます。さらに、それらの多くはウィンドウ生成後であっても変更（設定）可能です。

```
double cv::getWindowProperty(
  const cv::String&  name,                  // ウィンドウを識別するハンドル
  int                prop_id                // ウィンドウのプロパティの識別 ID（表 9-4）
);

void   cv::setWindowProperty(
  const cv::String&  name,                  // ウィンドウを識別するハンドル
  int                prop_id,               // ウィンドウのプロパティの識別 ID（表 9-4）
  double             prop_value             // プロパティに設定する値
);
```

ウィンドウのプロパティを取得するには、ウィンドウ名と参照したいプロパティ ID（引数 prop_id、表9-4 参照）を指定して cv::getWindowProperty() を呼び出すだけです。同様に、cv::setWindowProperty() を使えば、プロパティ ID を使ってウィンドウにプロパティを設定することができます。

†15 ここで注意しておきたい点があります。cv::addText() の動作は、Qt ではない文字描画関数 cv::putText() と似ており、Qt インタフェースのその他の多くの関数の動作とは少し異なります。具体的に言うと、cv::addText() は**ウィンドウ**上に文字を表示するわけではなく、**画像**に直接文字を描き込みます。これはつまり、実際に画像のピクセル値を変更することを意味します。そういった点が、例えば cv::displayOverlay() を使ったときの動作とは異なります。

表9-4 取得あるいは設定可能なウィンドウのプロパティ

プロパティ名	説明
cv::WND_PROP_FULLSCREEN	フルスクリーンのウィンドウでは cv::WINDOW_FULLSCREEN、通常ウィンドウでは cv::WINDOW_NORMAL のいずれかに設定
cv::WND_PROP_AUTOSIZE	ウィンドウを表示画像と同じサイズに自動的に調整する cv::WINDOW_AUTOSIZE、画像をウィンドウサイズに合わせる cv::WINDOW_NORMAL のいずれかに設定
cv::WND_PROP_ASPECT_RATIO	ウィンドウが任意のアスペクト比（ユーザーのサイズ変更の結果として）を持てる cv::WINDOW_FREERATIO、ユーザーがサイズ変更してもアスペクト比が維持される cv::WINDOW_KEEPRATIO のいずれかに設定

9.1.2.10 ウィンドウの状態の保存と復元

Qt インタフェースは、ウィンドウの状態を保存したり復元したりすることもできます。ウィンドウの位置と大きさだけでなくトラックバーやボタンのすべての状態も含むので、とても便利なことが多いです。このようなインタフェースの状態は cv::saveWindowParameters() を使って保存されます。この関数は保存するウィンドウを示す引数を１つ取ります。

```
void cv::saveWindowParameters(
  const cv::String& name                    // ウィンドウを識別するハンドル
);
```

ウィンドウの状態を保存した後は cv::loadWindowParameters() 関数で復元することができます。

```
void cv::loadWindowParameters(
  const cv::String& name                    // ウィンドウを識別するハンドル
);
```

魔法のように思えるかもしれませんが、この loadWindowParameters() 関数はプログラムを終了させて再起動した後でも正常に動作します。どのような原理で動作しているかについては、ここではあまり重要ではありません。知っておくべきなのは、保存場所がどこにせよ、実行ファイル名から生成されたキーを用いて保存されている、ということです。つまり実行ファイル名を変更してしまうと状態は復元されません（実行ファイルの**場所**は変更しても問題ありません）。

9.1.2.11 OpenGL との連携

Qt インタフェースでできる最も面白いことの１つは、OpenGL で CG を生成し、それを自分で用意した画像の上に重ねて表示できることでしょう[†16]。これは特に、ロボット工学における可視化やデバッグ、拡張現実（AR）のアプリケーションなどで有用です。つまり画像情報を元に３次元モデルを生成し、それを元画像に重ねて見るような用途です。**図9-6** は何ができるかを示す非

†16 これらのコマンドを使うには、CMake のフラグで -D WITH_QT_OPENGL=ON を指定して OpenCV をビルドしておく必要があります。

常に簡単な例です。

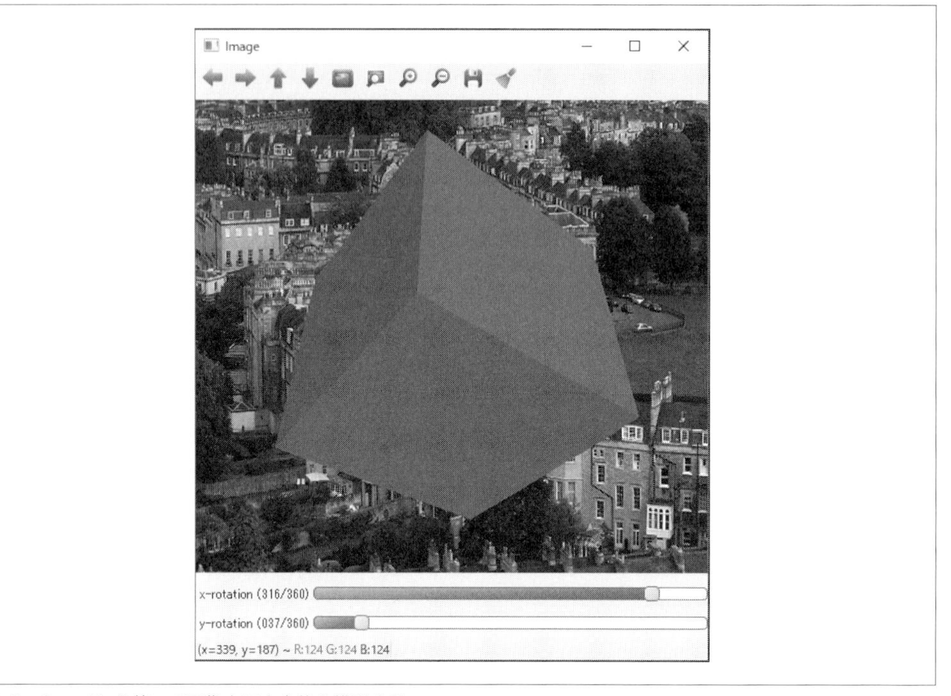

図9-6 OpenGL を使って画像上に立方体を描画する

この基本的な考え方はとても単純です。まず OpenGL の描画関数であるコールバック関数を作成し、それを OpenGL のインタフェースに登録します。そこから先の部分は OpenCV が面倒をみます。登録後は、ウィンドウが描画されるたびにこのコールバック関数が呼び出されます（ウィンドウの描画には、ビデオストリームの連続フレームに対する `cv::imshow()` の呼び出しも含まれます）。このコールバック関数は次に示す `cv::OpenGlDrawCallback()` のプロトタイプと一致していなければいけません。

```
void your_opengl_draw_callback(
  void* param              // （オプション）cv::setOpenGlDrawCallback() のパラメータ
);
```

コールバック関数が用意できたら、`cv::setOpenGlDrawCallback()` でそれを OpenGL のインタフェースに設定します。

```
void cv::setOpenGlDrawCallback (
  const cv::String&      windowName,       // ウィンドウを識別するハンドル
  cv::OpenGlDrawCallback callback,         // OpenGL のコールバック関数
  void*                  param      = NULL // （オプション）コールバック用のパラメータ
);
```

ご覧のとおり、この設定で指定することはそれほど多くありません。描画するウィンドウの名前を指定し、コールバック関数 `callback` を与えるだけです。オプションの3番目の引数 `param` には、`callback` が呼び出されるたびに渡されるポインタを指定します。

ここで確認しておく必要があるのは、上記のどこでもカメラや照明などのOpenGL的な動作の設定は行っていないということです。内部的には、みなさんが作成したOpenGLのコールバック関数のラッパーが存在し、それが `gluPerspective()` を呼び出して射影行列を設定します。別の射影行列にしたければ（ほとんどの場合そうでしょう）、コールバック関数の最初で射影行列をクリアして設定してください。

例9-4 はOpenGLで立方体を描画する例で、OpenCVのドキュメントから持ってきた簡単なサンプルプログラムに少し変更を加えてあります。もともと定数だった立方体の回転角を変数（`rotx` と `roty`）に置き換え、それらを前出の例の2つのスライダーで調整できるようにしてあります。背景にある美しい景色の画像を眺めながら、スライダーで立方体を回転させることができます。

例9-4　立方体を描画するOpenCVドキュメントのコードを少し修正したもの。グローバル変数rotxとrotyを図9-6のスライダーで変更できるようにしてある

```
void on_opengl( void* param ) {

  glMatrixModel( GL_MODELVIEW );
  glLoadIdentity();

  glTranslated( 0.0, 0.0, -1.0 );

  glRotatef( rotx, 1, 0, 0 );
  glRotatef( roty, 0, 1, 0 );
  glRotatef( 0, 0, 0, 1 );

  static const int coords[6][4][3] = {
    { { +1, -1, -1 }, { -1, -1, -1 }, { -1, +1, -1 }, { +1, +1, -1 } },
    { { +1, +1, -1 }, { -1, +1, -1 }, { -1, +1, +1 }, { +1, +1, +1 } },
    { { +1, -1, +1 }, { +1, -1, -1 }, { +1, +1, -1 }, { +1, +1, +1 } },
    { { -1, -1, -1 }, { -1, -1, +1 }, { -1, +1, +1 }, { -1, +1, -1 } },
    { { +1, -1, +1 }, { -1, -1, +1 }, { -1, -1, -1 }, { +1, -1, -1 } },
    { { -1, -1, +1 }, { +1, -1, +1 }, { +1, +1, +1 }, { -1, +1, +1 } }
  };

  for (int i = 0; i < 6; ++i) {
    glColor3ub( i*20, 100+i*10, i*42 );
    glBegin(GL_QUADS);
    for (int j = 0; j < 4; ++j) {
      glVertex3d(
        0.2 * coords[i][j][0],
        0.2 * coords[i][j][1],
        0.2 * coords[i][j][2]
      );
```

```
    }
    glEnd();
  }
}
```

9.1.3 OpenCVと他のGUIツールキットを統合する

ここまで見てきた、OpenCVに組み込まれたQtインタフェースは、コード開発やアルゴリズムの試行錯誤でよく使う単純なタスクを実行するのには手軽な方法です。しかし実際にエンドユーザー向けアプリケーションを構築するとなると、ネイティブUIはもちろんQtベースのインタフェースでも不満が出てくるでしょう。ここからは、OpenCVとツールキットを組み合わせる例と手法について簡単に説明します。ツールキットとして、Qt、wxWidgets、Windowsテンプレートライブラリ（WTL）の3種を取り上げます。

世の中にはUIツールキットが無数に存在するため、それぞれを掘り下げることは紙面の都合上できません。とはいえ、多機能のツールキットとOpenCVを組み合わせて使うときに起こる問題の解決策を知っておくことは役に立つはずなので、以降では実際にそれらのいくつかを見ていきます。これらを押さえておけば、他の同様の環境で問題が起こったときにも難なく解決できるような洞察力を持つことができます。

ここでの主要な問題は、いかにしてOpenCVの画像を、使用しているツールキットのグラフィックス形式に合わせて変換するかです。また、ツールキットのどのウィジェットや要素を使えば画像を表示できるのかを知っておくことです。これさえ押さえておけば、OpenCV特有のものはそれほど必要ありません。最終的には本章で説明した組み込みのUIツールキット機能を使う必要はなくなってくるでしょう。

9.1.3.1 OpenCVとQtの例

ここではQtツールキットを使用する例として、動画ファイルを読み込んで画面に表示するプログラムを作成します。Qtをどのように使うか、そしてOpenCVをどのように使うかに関していくつか細かい注意点があります。もちろんOpenCV側に焦点を当てて考えますが、私たちが目標としていることに対してQtがどのように作用するかについても知っておく価値はあります。

例9-5に、プログラムの最上位の部分を示しています。これは、Qtアプリケーションを生成し、`QMoviePlayer`ウィジェットを追加するというだけのものです。肝心なことはすべて、この生成したオブジェクトの内部に書かれています。

例9-5　動画ファイル名を引数に取るサンプルプログラム例。QMoviePlayerとして定義したQtオブジェクトの内部でこの動画が再生される

```
#include <QApplication>
#include <QLabel>
#include <QMoviePlayer.hpp>
int main( int argc, char* argv[] ) {
```

```
  QApplication app( argc, argv );

  QMoviePlayer mp;
  mp.open( argv[1] );
  mp.show();

  return app.exec();
}
```

興味深いのは QMoviePlayer オブジェクトの中身です。このオブジェクトを定義しているヘッダファイルを**例9-6**で見てみましょう。

例9-6 QMoviePlayer オブジェクトのヘッダファイル QMoviePlayer.hpp

```
#include "ui_QMoviePlayer.h"
#include <opencv2/opencv.hpp>
#include <string>

class QMoviePlayer : public QWidget {

  Q_OBJECT;

  public:
  QMoviePlayer( QWidget *parent = NULL );
  virtual ~QMoviePlayer() {;}

  bool open( std::string file );

  private:
  Ui::QMoviePlayer  ui;
  cv::VideoCapture m_cap;

  QImage  m_qt_img;
  cv::Mat m_cv_img;
  QTimer* m_timer;

  void paintEvent( QPaintEvent* q );
  void _copyImage( void );

  public slots:
  void nextFrame();

};
```

ここではたくさんのことが行われています。まずは ui_QMoviePlayer.h ファイルのインクルードです。このファイルは Qt Designer が自動生成したものです。ここで重要なのは、QMoviePlayer オブジェクトは、frame という名前のウィンドウフレーム QFrame だけからなる QWidget であるという点です。メンバーの Ui::QMoviePlayer クラスは、ui_QMoviePlayer.h で定義されているインタフェースのオブジェクトです。

このファイルにはQImageのm_qt_imgオブジェクトと、cv::Matのm_cv_imgオブジェクトもあります。これらには、動画から取得した画像がQt形式とOpenCV形式でそれぞれ格納されます。QTimerはcv::waitKey()に代わるもので、動画を正しいフレームレートで再生するのに必要です。残りの関数についてはQMoviePlayer.cpp（**例9-7**）内の実際の定義を見れば明らかでしょう。

例9-7　QMoviePlayerオブジェクトのソースファイルQMoviePlayer.cpp

```
#include "QMoviePlayer.hpp"
#include <QTimer>
#include <QPainter>

QMoviePlayer::QMoviePlayer( QWidget *parent )
 : QWidget( parent )
{
  ui.setupUi( this );
}
```

この最上位のQMoviePlayerのコンストラクタは、UIメンバー用に自動的に生成されるセットアップ関数を呼び出しているだけです。

```
bool QMoviePlayer::open( std::string file ) {

  if( !m_cap.open( file ) ) return false;

  // ファイルが正常に開けたら、すべてを設定する
  //
  m_cap.read( m_cv_img );
  m_qt_img = QImage(
    QSize( m_cv_img.cols, m_cv_img.rows ),
    QImage::Format_RGB888
  );
  ui.frame->setMinimumSize( m_qt_img.width(), m_qt_img.height() );
  ui.frame->setMaximumSize( m_qt_img.width(), m_qt_img.height() );
  _copyImage();

  m_timer = new QTimer( this );
  connect(
    m_timer,
    SIGNAL( timeout() ),
    this,
    SLOT( nextFrame() )
  );
  m_timer->start( 1000. / m_cap.get( cv::CAP_PROP_FPS ) );

  return true;

}
```

QMoviePlayer::open()を呼び出したときにやっておかなければいけないことがいくつかあり

ます。まずは、cv::VideoCapture のオブジェクト m_cap でファイルを開くことです。失敗したときは直ちに呼び出し元に戻ります。次に、最初のフレームを読み込み、OpenCV の cv::Mat オブジェクト m_cv_img に格納します。それが済んだら、Qt 用の画像オブジェクト m_qt_img を、OpenCV 用画像と同じサイズで用意します。さらに UI の要素である frame オブジェクトも同様に、入力映像と同じ大きさにサイズ変更します。

QMoviePlayer::_copyImage() の呼び出しについては少し後で説明します。これは、m_cv_img に読み込んだ画像を Qt 用の画像 m_qt_img に変換するという非常に重要な処理を行います。この処理によって Qt が画面上に画像を描画することができるようになります。

QMoviePlayer::open() で最後に行うことは、QTimer タイマーが所定の時間を経過して「停止」したときに関数 QMoviePlayer::nextFrame() を呼び出すように設定しておくことです（名前から想像されるように、この関数は次のフレームを取得します）。そして m_timer->start() を呼び出してタイマーを開始し、cv::CAP_PROP_FPS から計算される適切なレート（すなわち 1000 ミリ秒をフレームレートで割った値）で停止するように設定します。

```
void QMoviePlayer::_copyImage( void ) {

  // Qt 用の QImage に画像データをコピーする
  //
  cv::Mat cv_header_to_qt_image(
    cv::Size(
      m_qt_img.width(),
      m_qt_img.height()
    ),
    CV_8UC3,
    m_qt_img.bits()
  );
  cv::cvtColor( m_cv_img, cv_header_to_qt_image, cv::COLOR_BGR2RGB );

}
```

QMoviePlayer::_copyImage() 関数では、OpenCV の画像バッファ m_cv_img から Qt の画像バッファ m_qt_img に画像をコピーします。これには cv::Mat オブジェクトのすばらしい機能を活用します。まず、cv_header_to_qt_image という cv::Mat オブジェクトを定義します。そのオブジェクトを定義するとき、実際にどのくらいの領域をデータ用に使うかを伝えます。そして、そのデータのヘッダに Qt 用の QImage オブジェクトのデータ領域のヘッダ m_qt_img.bits() を設定すればよいのです。最後に cv::cvtColor() を実行しますが、これは OpenCV の BGR 順のピクセル配列から Qt の RGB 順に変換してコピーします。

```
void QMoviePlayer::nextFrame() {

  // キャプチャオブジェクトが開いていなければ何も行わない
  //
  if( !m_cap.isOpened() ) return;

  m_cap.read( m_cv_img );
  _copyImage();

  this->update();

}
```

QMoviePlayer::nextFrame() では、後続のフレームの読み込みを行います。このルーチンは、QTimer に設定した時間が経過するたびに呼び出されるということを思い出してください。ここでは新しい画像を OpenCV のバッファに読み込み、QMoviePlayer::_copyImage() を呼び出して Qt のバッファにコピーします。そして、すべての大本である QWidget の更新メソッド（update()）を呼び出して Qt に更新を知らせます。

```
void QMoviePlayer::paintEvent( QPaintEvent* e ) {

  QPainter painter( this );

  painter.drawImage( QPoint( ui.frame->x(), ui.frame->y()), m_qt_img );

}
```

最後に紹介する重要な関数は QMoviePlayer::paintEvent() です。Qt が QMoviePlayer ウィジェットを描画する必要があるたびに呼び出されます。この関数では、まず QPainter オブジェクトを生成し、その時点での Qt 用画像 m_qt_img を（画面の隅から）描画するように指示しています。

9.1.3.2 OpenCV と wxWidgets の例

例9-8 では、別のクロスプラットフォームツールキットである wxWidgets を使用します。wxWidgets ツールキットは、GUI のコンポーネントであるという点では Qt と多くの共通点がありますが、細部はそれなりに複雑になっています。Qt の例と同じように最上位にファイルを 1 つ作成し、基本的にはそこにすべてを記述します。加えて、これから作成する動画再生の手順をカプセル化したオブジェクトを定義している、ヘッダとソースファイルのペアも作成します。今回はオブジェクト名を WxMoviePlayer とし、wxWidgets が提供する UI クラスを元に構築します。

例9-8　動画ファイル名を引数に取るサンプルプログラム。動画ファイルは、ここで定義したwxWidgetsオブジェクトであるWxMoviePlayerで再生される

```
#include "wx/wx.h"
#include "WxMoviePlayer.hpp"

// アプリケーションのクラス。wxWidgetsの最上位のオブジェクト
//
class MyApp : public wxApp {
  public:
    virtual bool OnInit();
};

// main()関数を作成しMyAppを関連づけるための裏作業
//
DECLARE_APP( MyApp );
IMPLEMENT_APP( MyApp );

// MyAppの初期化では次のことを行う
//
bool MyApp::OnInit() {

  wxFrame* frame = new wxFrame( NULL, wxID_ANY, wxT("ch4_wx") );
  frame->Show( true );

  WxMoviePlayer* mp = new WxMoviePlayer(
    frame,
    wxPoint( -1, -1 ),
    wxSize( 640, 480 )
  );
  mp->open( wxString(argv[1]) );
  mp->Show( true );

  return true;

}
```

wxWidgetsの構造はQtより少し複雑に見えるかもしれませんが内容はとてもよく似ています。まずは、ライブラリのクラスwxAppから派生する、アプリケーション用のクラス定義を作成します。この派生クラスの、親クラスとの唯一の相違点は、各自がMyApp::OnInit()関数をオーバーロードしていることです。MyAppクラスを宣言した後、2つのマクロDECLARE_APP()とIMPLEMENT_APP()を呼び出します。これらは、簡単に言うとmain()関数を作成し、MyAppのインスタンスを「アプリケーション」としてインストールしています。このメインとなるプログラムで最後に行うのは、プログラムの開始時に呼び出される関数MyApp::OnInit()の記述です。MyApp::OnInit()を実行するとウィンドウ（wxWidgetsでは**フレーム**と呼ばれます）を生成し、そのフレーム内でWxMoviePlayerオブジェクトのインスタンスを生成します。続いてWxMoviePlayerのopen()メソッドを呼び出します。これには開きたい動画ファイルの名前を渡します。

もちろん、肝心なことはすべて WxMoviePlayer オブジェクトの中に書かれています。**例9-9** にそのオブジェクトのヘッダファイルを示します。

例9-9 WxMoviePlayer オブジェクトのヘッダファイル WxMoviePlayer.hpp

```
#include "opencv2/opencv.hpp"

#include "wx/wx.h"
#include <string>

#define TIMER_ID 0

class WxMoviePlayer : public wxWindow {

  public:
    WxMoviePlayer(
      wxWindow*      parent,
      const wxPoint& pos,
      const wxSize&  size
    );
    virtual ~WxMoviePlayer() {};
    bool open( wxString file );

  private:

    cv::VideoCapture m_cap;
    cv::Mat          m_cv_img;
    wxImage          m_wx_img;
    wxBitmap         m_wx_bmp;
    wxTimer*         m_timer;
    wxWindow*        m_parent;

    void _copyImage( void );

    void OnPaint( wxPaintEvent& e );
    void OnTimer( wxTimerEvent& e );
    void OnKey(   wxKeyEvent&   e );

  protected:
    DECLARE_EVENT_TABLE();
};
```

この宣言で注意すべき重要な点がいくつかあります。まず、WxMoviePlayer オブジェクトは wxWindow から派生しています。ここで wxWindow は、wxWidgets で使われる画面表示全般に関連する汎用クラスです。また、イベント処理メソッドとして OnPaint()、OnTimer()、OnKey() の 3 つがあります。これらはそれぞれ、描画、ビデオからの新しい画像の取得、Esc キーでファイルを閉じる、といった処理を行います。メンバーには OpenCV の cv::Mat 型の画像オブジェクトに加えて、wxImage と wxBitmap という型のオブジェクトもあります。wxWidgets では、イメージ（OS に依存しない画像データ表現）とビットマップ（OS に依存）は区別されます。これらの2つの正確な役割はWxMoviePlayer.cppを見ればすぐにわかります（**例9-10**と以降のコードを参照）。

例9-10 WxMoviePlayer オブジェクトのソースファイル WxMoviePlayer.cpp

```
#include "WxMoviePlayer.hpp"

BEGIN_EVENT_TABLE( WxMoviePlayer, wxWindow )
  EVT_PAINT( WxMoviePlayer::OnPaint )
  EVT_TIMER( TIMER_ID, WxMoviePlayer::OnTimer )
  EVT_CHAR( WxMoviePlayer::OnKey )
END_EVENT_TABLE()
```

初めにすることは、個々のイベントに関連づけられるコールバック関数の設定です。これはwxWidgetsフレームワークが提供するマクロを介して行うことができます[†17]。

```
WxMoviePlayer::WxMoviePlayer(
  wxWindow*       parent,
  const wxPoint& pos,
  const wxSize&  size
) : wxWindow( parent, -1, pos, size, wxSIMPLE_BORDER ) {
  m_timer          = NULL;
  m_parent         = parent;
}
```

この動画プレーヤの生成時には、タイマー要素はNULLです（実際に動画を開いたときに設定するようにします）。ただしプレーヤの親については注意しておく必要があります（この場合の親はプレーヤを置くために作成したwxFrameです）。Escキーに反応してアプリケーションを終了するときに備え、親フレームがどれかを知っておく必要があるからです。

```
void WxMoviePlayer::OnPaint( wxPaintEvent& event ) {
  wxPaintDC dc( this );

  if( !dc.Ok() ) return;

  int x,y,w,h;
  dc.BeginDrawing();
    dc.GetClippingBox( &x, &y, &w, &h );
    dc.DrawBitmap( m_wx_bmp, x, y );
  dc.EndDrawing();
```

†17 賢明な読者のみなさんは、キーボードイベントが設定されているのはWxMoviePlayerウィジェットに対してであり、（QtやHighGUIのように）トップレベルのアプリケーションやフレームに対してではないということに気づかれるでしょう。実現するにはいろいろな方法がありますが、wxWidgetsの場合は、キーボードイベントはアプリケーション全体ではなく局所的に個々のUIの可視オブジェクトに紐づけられることが推奨されています。ここでは簡易的な例として、動画プレーヤに直接キーボードイベントを紐づけするという最もシンプルな方法を利用しています。

```
    return;
  }
```

WxMoviePlayer::OnPaint() ルーチンは、ウィンドウが画面上に再描画の必要が生じるたびに呼び出されます。注意してほしいのは、WxMoviePlayer::OnPaint() が呼び出された時点で、実際に描画を行うために必要な情報が wxBitmap オブジェクト m_wx_bmp 内にすでにあることが前提とされている点です。wxBitmap はシステム依存の表現であるため、すぐに画面に転送される準備ができています。次に 2 つのメソッド WxMoviePlayer::_copyImage() と WxMoviePlayer::open() を示しますが、前者の冒頭で wxBitmap が作成されています。

```
void WxMoviePlayer::_copyImage( void ) {

  m_wx_bmp = wxBitmap( m_wx_img );

  Refresh( FALSE ); // オブジェクトが変更されたことを示す

  Update();

}
```

WxMoviePlayer::_copyImage() メソッドは、cv::VideoCapture オブジェクトから新しい映像フレームが読み出されるたびに呼び出されます。一見大したことをやっていないようにも見えますが、実際にはその短いコードの中で多くのことをやっています。いちばん大事なのは、wxImage の m_wx_img から、wxBitmap の m_wx_bmp を生成しているということです。wxBitmap のコンストラクタは、wxImage で使用される抽象表現（OpenCV で使用される表現に類似）から、ユーザーが使用しているデバイスとシステム固有の表現に変換します。そのコピーが完了すると、Refresh() を呼び出すことでウィジェット（UI パーツ）が変更されていて再描画が必要であることを示し、続く Update() の呼び出しによって、その再描画のタイミングが「まさに今」であることを示しています。

```
bool WxMoviePlayer::open( wxString file ) {

  if( !m_cap.open( std::string( file.mb_str() ) )) {
    return false;
  }

  // ファイルが開けたら、すべての設定を行う
  //
  m_cap.read( m_cv_img );

  m_wx_img = wxImage(
    m_cv_img.cols,
    m_cv_img.rows,
    m_cv_img.data,
    TRUE  // 静的データ。delete() で解放されない
  );
```

```
  _copyImage();

  m_timer = new wxTimer( this, TIMER_ID );
  m_timer->Start( 1000. / m_cap.get( cv::CAP_PROP_FPS ) );

  return true;

}
```

WxMoviePlayer::open() メソッドも重要なことをいくつか行います。1 つは cv::VideoCapture オブジェクトを実際に開くことですが、他にも多くのことを行います。cv::VideoCapture オブジェクトを開いた後、このプレーヤから画像を読み込み、それを用いて OpenCV の cv::Mat 型画像を「指す」wxImage オブジェクトを生成します。これは Qt の例とは反対の考え方です。最初に cv::Mat を生成してデータを持たせておき、それから GUI ツールキットの画像オブジェクトを生成し、それを単に既存データへのヘッダとして設定するという方法が用いられています。wxWidgets の場合は、こちらの方法のほうが少し便利であるためです。続いて、OpenCV の画像 m_cv_img をネイティブのビットマップに変換する関数 WxMoviePlayer::_copyImage() を呼び出します。

最後に wxTimer オブジェクトを作成し、数ミリ秒ごとに起こしてくれるようにタイマーを設定します。設定する数値は cv::VideoCapture オブジェクトで取得した FPS から計算した値です。このタイマーの時間が切れるたびに wxTimerEvent が生成され、WxMoviePlayer::OnTimer() に渡されます。WxMoviePlayer::OnTimer() は、そのようなイベントに対するハンドラ、つまりイベント発生時の処理です。

```
void WxMoviePlayer::OnTimer( wxTimerEvent& event ) {

  if( !m_cap.isOpened() ) return;

  m_cap.read( m_cv_img );
  cv::cvtColor( m_cv_img, m_cv_img, cv::COLOR_BGR2RGB );
  _copyImage();

}
```

このハンドラはあまり多くのことは行いません。主に動画から新しいフレームを読み出し、そのフレームを BGR から表示用の RGB に変換した後、ビットマップ wxBitmap を作成してくれる WxMoviePlayer::_copyImage() を呼び出します。

```
void WxMoviePlayer::OnKey( wxKeyEvent& e ) {

  if( e.GetKeyCode() == WXK_ESCAPE ) m_parent->Close();

}
```

最後に、キーが押されたときのハンドラを作成します。これは単にそのキーが Esc キーかどうかを確認し、Esc キーであればプログラムを終了するというものです。注意してほしいのは、WxMoviePlayer オブジェクトを閉じるのではなく、その親フレームを閉じるということです。親フレームを閉じると、他の方法でウィンドウを閉じる場合と同様に、アプリケーションが終了します。

9.1.3.3　OpenCV と Windows テンプレートライブラリ（WTL）の例

この例では、ネイティブな Windows の GUI の API を使用します†18。Windows テンプレートライブラリ（WTL）は、Win32 API の非常に薄い C++ ラッパーです。WTL アプリケーションは MFC と同様、ドキュメント・ビュー構造を持ちます。サンプルとして Visual Studio の WTL アプリケーションウィザードを実行するところから始めましょう（**図9-7**）。まず新しい SDI アプリケーションを作成し、「ユーザーインターフェイス機能」の「ビューウィンドウ」が選択されている（デフォルトのはずです）ことを確認します。

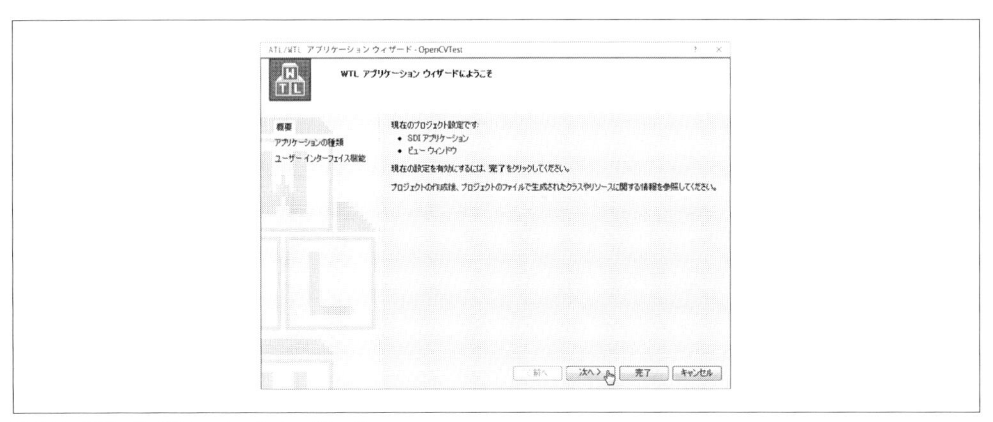

図9-7　WTL アプリケーションウィザード

このウィザードで生成されるファイル名は、プロジェクトに付けた名前に依存します。**例9-11** ではプロジェクト名を「OpenCVTest」とし、主に COpenCVTestView クラスに関して作業することになります。

例9-11　カスタム View クラスのヘッダファイルの例

```
class COpenCVTestView : public CWindowImpl<COpenCVTestView> {

public:
  DECLARE_WND_CLASS(NULL)
```

†18　この WTL サンプルコードの原作者である Sam Leventer に感謝します。

```
  bool OpenFile(std::string file);
  void _copyImage();


  BOOL PreTranslateMessage(MSG* pMsg);

  BEGIN_MSG_MAP(COpenCVTestView)
    MESSAGE_HANDLER(WM_ERASEBKGND, OnEraseBkgnd)
    MESSAGE_HANDLER(WM_PAINT, OnPaint)
    MESSAGE_HANDLER(WM_TIMER, OnTimer)
  END_MSG_MAP()

// ハンドラのプロトタイプ（必要に応じて引数のコメントを外す）

//  LRESULT MessageHandler(
//    UINT    /*uMsg*/,
//    WPARAM  /*wParam*/,
//    LPARAM  /*lParam*/,
//    BOOL&   /*bHandled*/
//  );
//  LRESULT CommandHandler(
//    WORD    /*wNotifyCode*/,
//    WORD    /*wID*/,
//    HWND    /*hWndCtl*/,
//    BOOL&   /*bHandled*/
//  );
//  LRESULT NotifyHandler(
//    int     /*idCtrl*/,
//    LPNMHDR /*pnmh*/,
//    BOOL&   /*bHandled*/
//  );

  LRESULT OnPaint(
    UINT    /*uMsg*/,
    WPARAM  /*wParam*/,
    LPARAM  /*lParam*/,
    BOOL&   /*bHandled*/
  );
  LRESULT OnTimer(
    UINT    /*uMsg*/,
    WPARAM  /*wParam*/,
    LPARAM  /*lParam*/,
    BOOL&   /*bHandled*/
  );
  LRESULT OnEraseBkgnd(
    UINT    /*uMsg*/,
    WPARAM  /*wParam*/,
    LPARAM  /*lParam*/,
    BOOL&   /*bHandled*/
  );

private:
  cv::VideoCapture m_cap;
```

```
  cv::Mat          m_cv_img;

  RGBTRIPLE*       m_bitmapBits;
};
```

この構造は前述のwxWidgetsの例と非常によく似ています。ビュー関連のコード以外の唯一の相違点はOpenメニュー項目のハンドラで、CMainFrameクラスにあります。動画を開くためには、このビュークラスで次のOnFileOpen()を呼び出す必要があります。

```
LRESULT CMainFrame::OnFileOpen(
  WORD /*wNotifyCode*/,
  WORD /*wID*/,
  HWND /*hWndCtl*/,
  BOOL& /*bHandled*/
) {
  WTL::CFileDialog dlg(TRUE);
  if (IDOK == dlg.DoModal(m_hWnd)) {
    m_view.OpenFile(dlg.m_szFileName);
  }
  return 0;
}

bool COpenCVTestView::OpenFile(std::string file) {

  if( !m_cap.open( file ) ) return false;

  // ファイルが開けたら、すべての設定を行う
  //
  m_cap.read( m_cv_img );

  // ここでDIBSectionを作成することもできるが、単に生のビットデータ用のメモリ領域を割り当てる
  //
  m_bitmapBits = new RGBTRIPLE[m_cv_img.cols * m_cv_img.rows];

  _copyImage();

  SetTimer(0, 1000.0f / m_cap.get( cv::CAP_PROP_FPS ) );

  return true;
}


void COpenCVTestView::_copyImage() {

  // 画像データをビットマップにコピーする
  //
  cv::Mat cv_header_to_qt_image(
    cv::Size(
      m_cv_img.cols,
      m_cv_img.rows
    ),
    CV_8UC3,
```

```
    m_bitmapBits
  );
  cv::cvtColor( m_cv_img, cv_header_to_qt_image, cv::COLOR_BGR2RGB );
}

LRESULT COpenCVTestView::OnPaint(
  UINT   /* uMsg     */,
  WPARAM /* wParam   */,
  LPARAM /* lParam   */,
  BOOL&  /* bHandled */
) {
  CPaintDC dc(m_hWnd);

  WTL::CRect rect;
  GetClientRect(&rect);

  if( m_cap.isOpened() ) {

    BITMAPINFO bmi = {0};
    bmi.bmiHeader.biSize = sizeof(bmi.bmiHeader);
    bmi.bmiHeader.biCompression = BI_RGB;
    bmi.bmiHeader.biWidth       = m_cv_img.cols;

    // ビットマップのデフォルトの向きが下から上になっているため
    // 高さを負にして上から下に直す
    //
    bmi.bmiHeader.biHeight = m_cv_img.rows * -1;

    bmi.bmiHeader.biPlanes = 1;
    bmi.bmiHeader.biBitCount = 24;  // ビットに RGBQUAD を使用するときは 32

    dc.StretchDIBits(
      0,                      0,
      rect.Width(),           rect.Height(),
      0,                      0,
      bmi.bmiHeader.biWidth, abs(bmi.bmiHeader.biHeight),
      m_bitmapBits,
      &bmi,
      DIB_RGB_COLORS,
      SRCCOPY
    );

  } else {

    dc.FillRect(rect, COLOR_WINDOW);

  }

  return 0;
}

LRESULT COpenCVTestView::OnTimer(
  UINT   /* uMsg     */,
```

```
    WPARAM /* wParam   */,
    LPARAM /* lParam   */,
    BOOL&  /* bHandled */
  ) {
    // キャプチャオブジェクトが開いていなければ何も行わない
    //
    if( !m_cap.isOpened() ) return 0;

    m_cap.read( m_cv_img );
    _copyImage();

    Invalidate();

    return 0;
  }

  LRESULT COpenCVTestView::OnEraseBkgnd(
    UINT   /* uMsg     */,
    WPARAM /* wParam   */,
    LPARAM /* lParam   */,
    BOOL&  /* bHandled */
  ) {
    // ウィンドウ描画はすべて OnPaint ハンドラ内で行うので、
    // 空のバックグラウンドハンドラを使う

    return 0;
  }
```

このコードは、Windows の C++ アプリケーションでビットマップベースの描画を行う方法を示しています。この方法はビデオストリームを処理する DirectShow を使用する場合に比べて、単純ではありますが効率は悪いです。

C#、VB.NET、C++/CLI のいずれかを介して.NET ランタイムを使用しているのであれば、完全に OpenCV をラップした Emgu CV（http://emgu.com）のようなパッケージについて調べてみるとよいかもしれません。

9.2 まとめ

本章では、OpenCV にはコンピュータビジョンのプログラムを画面に表示する方法がいくつも用意されているということを見てきました。ネイティブの HighGUI ツールは便利で使いやすいですが、機能的にはそれほど充実しておらず洗練もされていません。

それよりもう少し便利な機能として、Qt ベースの HighGUI ツールがあることも紹介しました。画像を画面上で操作するために、ボタンやすばらしいガジェット群が追加されています。これらの UI はデバッグやパラメータチューニング、プログラムの変化の細かい影響を調べるのにとても役に立ちます。ただし拡張性は低く、本格的なアプリケーションの制作には適さないかもしれません。そういった場合のために、最後に、OpenCV と既存の外部 GUI ツールキットとを組み合わせる例をいくつか紹介しました。

9.3 練習問題

1. HighGUI だけを使用してウィンドウを生成し、その中に一度に 4 枚の画像を読み込んで表示できるようにしてください。それぞれの画像のサイズは少なくとも 300×300 とします。各画像をクリックすると、大きなウィンドウに対してではなくその画像に対する相対座標 (x, y) を正しく表示するようにしてください。座標は画像上のクリックした位置に描画してください。
2. Qt を使用してウィンドウを生成し、その中に一度に 4 枚の画像を読み込んで表示できるようにしてください。例 9-2 の四角形描画コードを実装し、それぞれの画像内に四角形を描けるようにしてください。ただしこのとき、描画している画像の境界を越えて四角形が描画されることはないようにしてください。
3. Qt を使用し、500×500 の画像を表示するのに十分なサイズのウィンドウを作成してください。そのウィンドウ上に作ったボタンを押すと、小さい 100×100 のウィンドウが現れ、最初の画像のマウスがある領域を拡大してそこに表示します。さらに、スライダーによって 1×、2×、3×、4× の倍率を選択可能にします。このとき、拡大するマウス周りの領域が 500×500 の画像の境界を越えたときでも正しく扱えるようにしてください。境界の外は拡大ウィンドウでは黒い画素で表示してください。ボタンをもう一度押すと小さなウィンドウは消え、拡大機能を停止させます。つまりボタンで拡大機能のオンとオフを切り替えられるようにしてください。
4. Qt を使用して、$1,000 \times 1,000$ のウィンドウを生成してください。作成したボタンを押して ON にした状態でウィンドウ上をクリックすると、その位置にテキストを打ち込んだり編集したりすることができる、タイピングアプリケーションを実装してください。このとき、テキストがウィンドウの境界を越えないようにしてください。タイピング機能とバックスペース機能も実装してください。
5. 例 9-4 に示した回転立方体のソースコードをビルドして実行してください。左右上下ボタンを追加して、ボタンを押すと立方体がその方向に回転するようにしてください。

10章 フィルタとコンボリューション

10.1 概要

ここまでの説明で、基本的な内容についてはすべて自由に使えるようになっているはずです。OpenCV ライブラリがどのような構造かわかりましたし、画像を表現するのに使う基本的なデータ構造についても理解してきました。HighGUI インタフェースについても学び、実際にプログラムを走らせ、画面に結果を表示することができるようになりました。これで画像データの操作に必要となる基本的な手法は理解できたので、より高度な操作を学んでいく準備ができました。

ここからは、画像を、色（もしくはグレースケール）の値からなる単なる配列としてではなく、画像単位で扱う、より高度な手法に進みます。本章で「画像処理」という言葉を用いるのは、画像の構造に対して定義される高度な演算を使い、グラフィカルで視覚的な画像という文脈において自然な意味を持つタスクを達成する場合です。

10.2 始める前に

本章で必要となる、重要な概念がいくつかあります。本章の大部分を占める特定の画像処理関数に深く入り込む前に、少し時間をかけてそれらを説明しておくことにしましょう。最初に、フィルタ（カーネルとも呼ばれます）とそれが OpenCV でどのように扱われるかを理解しなければなりません。また、OpenCV はフィルタや他の関数を用いてあるピクセルを処理するときは周囲のピクセルも使いますが、その際その領域が画像の端からはみ出るような場合に境界領域をどのように扱うかについても見ていきます。

10.2.1 フィルタ、カーネル、コンボリューション

本書で説明する関数のほとんどは、**画像フィルタリング**と呼ばれる一般的な考え方の特殊なケースです。フィルタは、ある画像 $I(x,y)$ を元に、新しい画像 $I'(x,y)$ を計算する任意のアルゴリズムです。これは、画像 $I(x,y)$ の各ピクセル位置 x,y について、その周辺の小さな領域内のピクセ

ルに対してある関数を適用し、新しい画像 $I'(x, y)$ の同じ位置 x, y にあるピクセルを計算することで行われます。この小さな領域の形状およびその領域の要素をどのように組み合わせるかを定義するテンプレート(型板)が、フィルタやカーネルと呼ばれます[†1]。本章で扱う重要なカーネルの多くは線形カーネルです。線形というのは、$I'(x, y)$ の点 x, y に割り当てる値が $I(x, y)$ の x, y の周りの点(通常は、x, y も含む)の重み付け総和で表現できるということを意味します[†2]。方程式がお好きなら、これは次のように書けます。

$$I'(x, y) = \sum_{i,j \in kernel} k_{i,j} \cdot I(x + i, y + j)$$

この式が基本的に意味することは、任意のサイズ(例えば 5×5)のカーネルに対して、そのカーネルの領域内の総和を計算するということです。つまり、カーネル内の1点を表す i, j の組それぞれに対し、$I(x, y)$ 内で x, y から i, j だけ離れた場所にあるピクセルの値とカーネルの値 $k_{i,j}$ とを掛け合わせた値を、寄与値として加算していきます。配列 $I(x, y)$ のサイズはカーネルの**サポート**と呼ばれます[†3]。この方法で表されたフィルタ(すなわち、線形カーネル)はすべて、**コンボリューション**(畳み込み)とも呼ばれます。ただ、この言葉は、コンピュータビジョンのコミュニティでは、画像全体にどんなフィルタを適用する場合でも(線形でも非線形でも)、気軽に用いられています。

カーネルは $k_{i,j}$ の値からなる配列で図式化すると便利(かつ、直感的)なことがよくあります(**図10-1** 参照)。本書では、カーネルを表現する必要がある場合、通常この表現を用います。

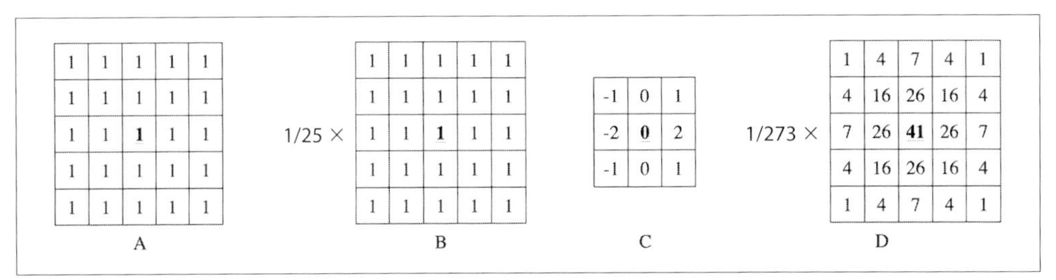

図10-1 (A) 5 × 5 のボックスカーネル。(B) 正規化された 5 × 5 のボックスカーネル。(C) 3 × 3 の Sobel カーネル(x 微分)。(D) 正規化された 5 × 5 の Gaussian カーネル。いずれの場合も「アンカー」は太字で表されている

†1 ここでの目的においては、これらの2つの用語は本質的に言い換え可能であると考えてよいでしょう。信号処理のコミュニティでは通常はフィルタという言葉が好まれ、数学のコミュニティではカーネルという言葉が好まれます。

†2 よく出てくる非線形カーネルの例にはメディアンフィルタがあります。これは、x, y にあるピクセルをカーネル領域内の中央値で置き換えるものです。

†3 技術的な純粋主義者のために補足すると、カーネルの「サポート」とは、実際には、カーネル配列の0でない部分だけを指します。

10.2.1.1 アンカーポイント

図10-1に示したそれぞれのカーネルでは、値の1つが太字で表されています。これはそのカーネルの**アンカーポイント**です。カーネルが元画像上のどの場所に置かれるかを示しています。例えば、**図10-1**（D）では、41が太字になっています。これは、$I'(x, y)$の計算で使われる足し算では、$\frac{41}{273}$が$I(x, y)$と乗算されることを意味しています（同様に、$I(x-1, y)$と$I(x+1, y)$に対しては$\frac{26}{273}$が乗算されます）。

10.2.2 境界線の外挿と境界条件

OpenCVでの画像処理を見ていくと、境界をどのように扱うかという問題によくぶつかります。他のいくつかの画像処理ライブラリとは異なり[†4]、OpenCVでのフィルタリング操作（`cv::blur()`、`cv::erode()`、`cv::dilate()`など）は入力画像と同じサイズの出力画像を作り出します。OpenCVでは、同じサイズの画像を生成するために、画像の境界の外側に「仮想」のピクセルを作ります。これは、例えば`cv::blur()`のような操作を考えると必要性がわかりやすいでしょう。`cv::blur()`では、ある点の近傍にあるピクセルすべてを使い、それらを平均して、その点の新しい値を決める必要があるからです。どうすれば、隣のピクセルの正しい値がわからないような端のピクセルに対して、合理的な結果を計算することができるのでしょうか？ 実際には、この問題を扱う明らかに「正しい」方法は存在しないので、状況に応じて解決方法を勝手に決めることがほとんどです。

10.2.2.1 自分で境界線を作る

みなさんが使用するライブラリ関数のほとんどは、このような仮想のピクセルを勝手に作ってくれます。その意味では、みなさんは、外側のピクセルをどのように作ってほしいかを関数に指示するだけでよいのです[†5]。同様に、使用しているオプションがどういう意味を持つか知りたい場合は、明示的に「境界線を増やした（パディングした）」画像を作成することができる関数を見てみるとよいでしょう。

これを行う関数は`cv::copyMakeBorder()`です。この関数は、境界を拡張したい画像と、その画像よりいくぶん大きな画像を与えると、大きなほうの画像のピクセルすべてをさまざまな方法で埋めてくれます。

```
void cv::copyMakeBorder(
  cv::InputArray    src,                    // 入力画像
  cv::OutputArray   dst,                    // 出力画像
  int               top,                    // 上辺のパディング（ピクセル）
  int               bottom,                 // 下辺のパディング（ピクセル）
  int               left,                   // 左辺のパディング（ピクセル）
```

†4 例えば、MATLABなど。

†5 実は、これらのピクセルはたいていの場合、作られてさえいません。使用している特定の関数の評価において補正する境界条件を決めることで、「実質的に作り出されている」だけなのです。

```
    int               right,                  // 右辺のパディング（ピクセル）
    int               borderType,             // ピクセルの外挿法
    const cv::Scalar& value = cv::Scalar()    // 定数境界の値として使用
  );
```

cv::copyMakeBorder() の最初の 2 つの引数は、小さいほうの入力画像と大きいほうの出力画像です。次の 4 つの引数では、入力画像の上、下、左、右の端に何ピクセル追加するかをそれぞれ指定します。次の引数 borderType は、cv::copyMakeBorder() がそのピクセルに代入する補正値を決定する方法を指示します（図10-2 参照）。

図10-2　同じ画像を cv::copyMakeBorder() で利用できる 6 つの異なる borderType それぞれを使ってパディングした様子（左上の「NO BORDER」の画像は比較用の元画像†6）

それぞれのオプションが何を行っているかを詳しく理解するために、各画像のエッジの部分を極端に拡大してみましょう（図10-3）。

†6　訳注：NO BORDER を指定する定数はないので、左上の「NO BORDER」のような画像が生成されるわけではありません。外側が白いのは、値が 255 というわけではなく単に何もない（ここに外挿していく）ということを概念的に示したものです。

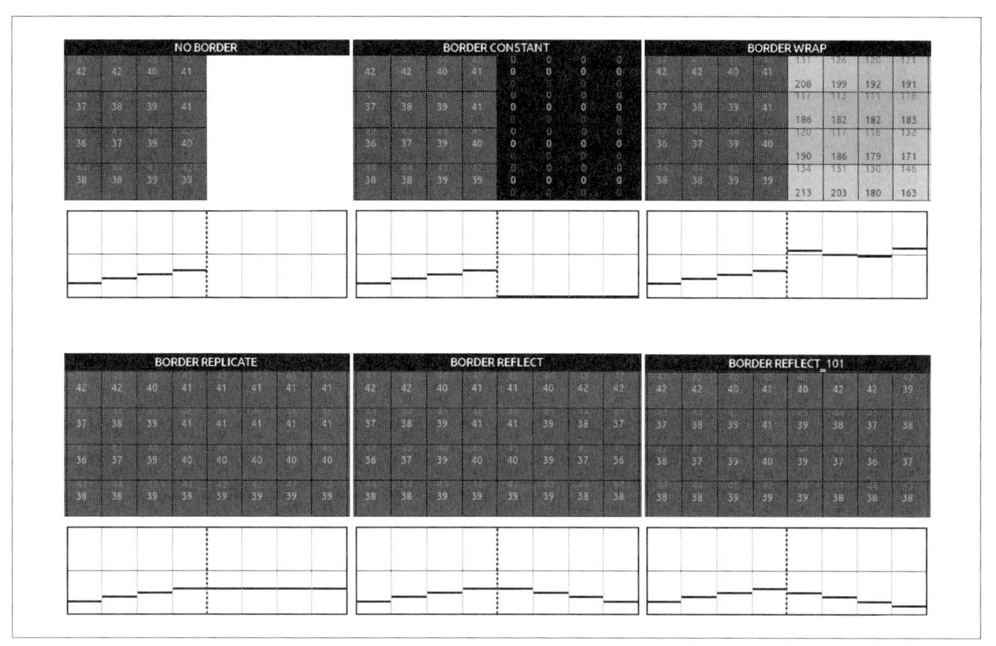

図10-3 各画像の右辺を極端に拡大したもの。それぞれのケースで、実際のピクセル値とグラフが示されている。略図の垂直な点線は元画像の端を表す

これらの図から、利用できるオプションのいくつかはまったく異なっていることがわかります。最初は cv::BORDER_CONSTANT（定数境界）で、ある固定値を境界線の領域すべてに設定するオプションです。この固定値は、cv::copyMakeBorder() の引数 value で設定されます（図10-2 と図10-3 では、この値は cv::Scalar(0,0,0) としています）。次のオプションは cv::BORDER_WRAP（繰り返し）で、エッジから距離 n だけ離れたピクセルの値に反対側のエッジから距離 n だけ離れたピクセルの値を代入するものです。cv::BORDER_REPLICATE は、エッジから外側のピクセルすべてにそのエッジのピクセルと同じ値を設定するものです。最後に、cv::BORDER_REFLECT（反射）と cv::BORDER_REFLECT_101 という若干異なる 2 つのオプションがあります。前者の cv::BORDER_REFLECT は、エッジから距離 n だけ離れたピクセルそれぞれに、同じエッジから距離 n 離れたピクセルをそれぞれ代入するものです。一方、cv::BORDER_REFLECT_101 は、エッジから距離 n だけ離れたピクセルそれぞれに、同じエッジから距離 $n+1$ だけ離れたピクセルの値を代入するものです（このため、エッジ上のピクセル自体は複製されません）。ほとんどの場合で、cv::BORDER_REFLECT_101 が OpenCV のメソッドのデフォルトの振る舞いです。cv::BORDER_DEFAULT の値は、cv::BORDER_REFLECT_101 と同じ値になっています。表10-1 はこれらのオプションをまとめたものです。

表10-1 cv::copyMakeBorder() と、暗黙的に境界条件を作成する必要のある他の関数で利用可能な borderType オプション

境界線の種類	効果
cv::BORDER_CONSTANT	指定された（定数）値でピクセルを拡張する
cv::BORDER_WRAP	反対側のピクセルを複製することでピクセルを拡張する
cv::BORDER_REPLICATE	エッジのピクセルをコピーすることでピクセルを拡張する
cv::BORDER_REFLECT	反射してピクセルを拡張する
cv::BORDER_REFLECT_101	反射してピクセルを拡張する。ただし、エッジ上のピクセルは「繰り返さない」
cv::BORDER_DEFAULT	cv::BORDER_REFLECT_101 の別名

10.2.2.2 手動による外挿

場合によっては、エッジの外にある特定のピクセルが参照するピクセルの座標を計算で求めたいことがあります。例えば、幅 w、高さ h の画像で、仮想のピクセル $(w+dx, h+dy)$ への値の割り当てにその画像内のどのピクセルが使われるのかを知りたい場合です。この操作は本質的には「外挿」(extrapolate) になりますが、そのような結果を計算する専用の関数は（ちょっと紛らわしいですが）cv::borderInterpolate() という名前です。

```
int cv::borderInterpolate(          // 「供給元」のピクセルの座標を返す
  int p,                            // 外挿されたピクセルの 0 基準の座標
  int len,                          // （関連する軸についての）配列の長さ
  int borderType                    // ピクセルの外挿法
);
```

cv::borderInterpolate() 関数は、一度に1つの軸方向の外挿を計算してくれます。これは座標 p、長さ len（関連する方向の画像の実際のサイズ）、borderType を引数に取ります。このため、例えば次のように、y 軸では BORDER_REFLECT_101、x 軸では BORDER_WRAP と、混ぜ合わせた境界条件で画像内の特定のピクセルの値を計算することもできます。

```
float val = img.at<float>(
  cv::borderInterpolate( 100, img.rows, BORDER_REFLECT_101 ),
  cv::borderInterpolate(  -5, img.cols, BORDER_WRAP )
);
```

この関数は、通常は OpenCV の内部（例えば cv::copyMakeBorder の内部）で使われますが、みなさんのアルゴリズムでも重宝するでしょう。borderType に指定できる値は、cv::copyMakeBorder() で使えるものと一緒です。本章では borderType を引数に取る関数が他にも出てきますが、それらについても同じ引数を使います。

10.3 閾値処理

多数の段階の処理をした後で、その画像内のピクセルに関して最終的な決定をするか、もしくは、ある値より上か下のピクセルを破棄する（それ以外は保持）、といったことを行いたい場合が

よくあります。OpenCV の関数 `cv::threshold()` はこのようなタスクを行います（[Sezgin04] 参照）。この基本的な考え方は、配列と閾値を与えると、その配列のすべての要素に対して閾値より上か下かに応じて何かを行うというものです。閾値処理は、1 × 1 のカーネルで非常に簡単なコンボリューション処理を行いながら、その 1 ピクセルに対してある非線形演算を行う操作であると考えることもできます[†7]。

```
double cv::threshold(
  cv::InputArray    src,              // 入力画像
  cv::OutputArray   dst,              // 出力画像
  double            thresh,           // 閾値
  double            maxValue,         // 上方向の処理の最大値
  int               thresholdType     // 使用する閾値の種類（表 10-2）
);
```

表10-2 に示すように、それぞれの `thresholdType` は i 番目のピクセル（src_i）と閾値 `thresh` との間で行う特定の比較演算に対応しています。入力ピクセルと閾値との間の関係に応じて、出力ピクセル dst_i は `0`、src_i、指定された最大値（`maxValue`）、閾値（`thresh`）のいずれかに設定されます。

表10-2　cv::threshold() の thresholdType のオプション

閾値の種類	演算
`cv::THRESH_BINARY`	$DST_I = (SRC_I > thresh)\ ?\ MAXVALUE : 0$
`cv::THRESH_BINARY_INV`	$DST_I = (SRC_I > thresh)\ ?\ 0 : MAXVALUE$
`cv::THRESH_TRUNC`	$DST_I = (SRC_I > thresh)\ ?\ THRESH : SRC_I$
`cv::THRESH_TOZERO`	$DST_I = (SRC_I > thresh)\ ?\ SRC_I : 0$
`cv::THRESH_TOZERO_INV`	$DST_I = (SRC_I > thresh)\ ?\ 0 : SRC_I$

図10-4 は、閾値処理の `thresholdType` に指定できる値がどのような意味を持つかを正確に理解する手助けになるでしょう。

†7　この考え方は、本章を読み進め、他のもっと複雑なコンボリューション処理を見ていくにつれて、より有用性が明らかになっていきます。便利なコンピュータビジョンの演算の多くは、頻繁に使うコンボリューション処理を連続的に適用したものとして表現でき、たいていの場合、このようなコンボリューション群の最後は閾値処理になります。

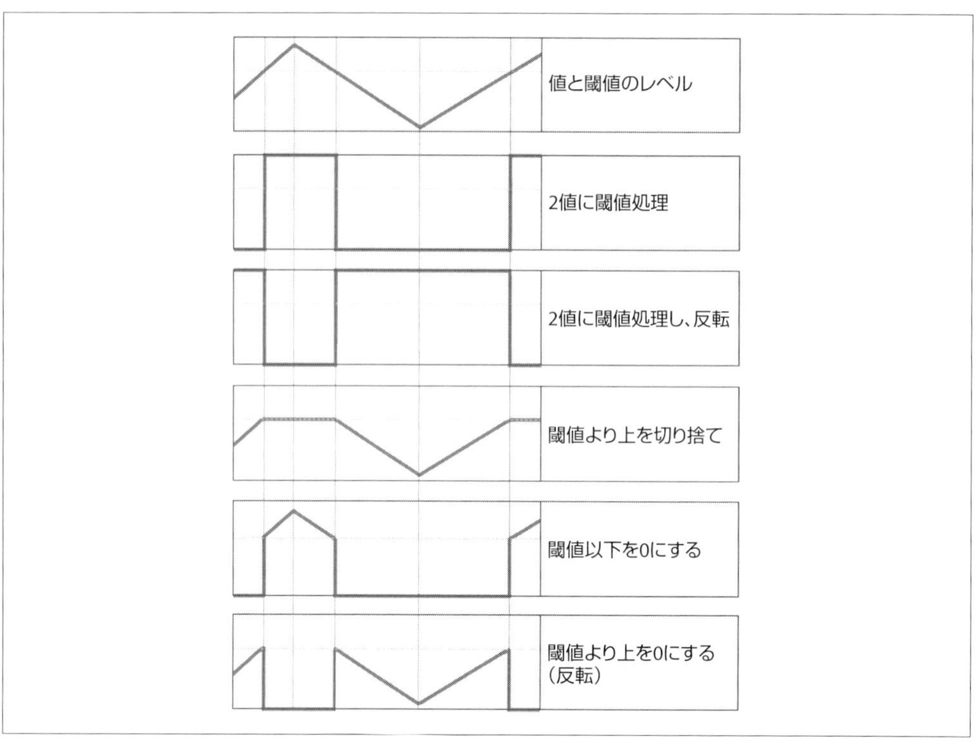

図10-4 cv::threshold() の閾値の種類を変化させた結果。各チャートの水平線は、いちばん上のチャートに適用された特定の閾値を表す。下 5 つのチャートは、5 つの閾値処理に対するそれぞれの結果を示す

簡単な例を見てみましょう。**例10-1** では、画像の 3 つのチャンネルすべてを合計し、その結果を `100` でクリッピングします。

例10-1 cv::threshold() を用いて画像の 3 つのチャンネルを合計する

```
#include <opencv2/opencv.hpp>
#include <iostream>
using namespace std;

void sum_rgb( const cv::Mat& src, cv::Mat& dst ) {

  // 画像を色平面に分割する
  //
  vector< cv::Mat> planes;
  cv::split(src, planes);

  cv::Mat b = planes[0], g = planes[1], r = planes[2], s;

  // 同じ重みを RGB 値に加算する
  //
  cv::addWeighted( r, 1./3., g, 1./3., 0.0, s );
```

```
    cv::addWeighted( s, 1., b, 1./3., 0.0, s );

    // 100 より大きい値を切り捨てる
    //
    cv::threshold( s, dst, 100, 100, cv::THRESH_TRUNC );

}

void help() {
    cout << "Call: ./ch10_ex10_1 faceScene.jpg" << endl;
    cout << "Shows use of alpha blending (addWeighted) and threshold" << endl;
}

int main(int argc, char** argv) {

    help();

    if(argc < 2) { cout << "specify input image" << endl; return -1; }

    // 指定されたファイルから画像を読み込む
    //
    cv::Mat src = cv::imread( argv[1] ), dst;
    if( src.empty() ) { cout << "can not load " << argv[1] << endl; return -1; }
    sum_rgb( src, dst);

    // ファイル名を名前に持つウィンドウを作成し、そこに画像を表示する
    //
    cv::imshow( argv[1], dst );

    // ユーザーがキーを入力するまで待つ
    //
    cv::waitKey(0);

    return 0;
}
```

ここではいくつかの重要なアイデアが示されています。1つは、高位のビットがオーバーフローしないように8ビットの配列に直接加算しないということです（次に正規化することを考慮に入れています）。代わりに、3つの色のチャンネルを等しく重み付け加算したものを使用します（`cv::addWeighted()`）。次にその総和を、戻り値用に値が`100`より大きくならないように切り捨てます。**例10-1**では`s`として浮動小数点数型の一時的な画像を用いましたが、代わりに**例10-2**に示すコードのようにすることもできます。注意してほしいのは、`cv::accumulate()`は8ビット整数型の画像を浮動小数点数型の画像に足し込めるということです。

例10-2　画像を組み合わせ、閾値処理をする別の方法

```
void sum_rgb( const cv::Mat& src, cv::Mat& dst ) {

    // 画像を色平面に分割する
    //
```

```
    vector<cv::Mat> planes;
    cv::split(src, planes);

    cv::Mat b = planes[0], g = planes[1], r = planes[2];

    // 別の色平面に足し込み、組み合わせ、閾値処理する
    //
    cv::Mat s = cv::Mat::zeros(b.size(), CV_32F);
    cv::accumulate(b, s);
    cv::accumulate(g, s);
    cv::accumulate(r, s);

    // 100 より大きい値を切り捨て、スケーリングして dst に格納する
    //
    cv::threshold( s, s, 100, 100, cv::THRESH_TRUNC );
    s.convertTo(dst, b.type());
  }
```

10.3.1　大津のアルゴリズム

cv::threshold() に最適な閾値を決めさせることもできます。これは thresh の値として cv::THRESH_OTSU という特別な値を渡すことで可能です。

簡単に言うと大津のアルゴリズムは、可能性のある閾値をすべて計算し、ピクセルの2つのクラス（その閾値より下のクラスと上のクラス）それぞれに対して分散 σ_i^2 を計算するものです。大津のアルゴリズムは次の式を最小化します。

$$\sigma_w^2 \equiv w_1(t) \cdot \sigma_1^2 + w_2(t) \cdot \sigma_2^2$$

ここで $w_1(t)$ と $w_2(t)$ は2つのクラスの相対的な重みであり、それぞれのクラスのピクセル数で与えられます。σ_1^2 と σ_2^2 はそれぞれのクラスの分散です。このようにしてそれぞれのクラスの分散を小さくすると、2つのクラスどうしの分散は最大になることがわかっています。可能な閾値を全探索する必要があるので、この処理はそれほど速いわけではありません。

10.3.2　適応型閾値処理

閾値のレベルが（画像内の場所によって）変化する閾値処理があります。OpenCV では、この手法は cv::adaptiveThreshold() 関数[Jain86] で実装されています。

```
void cv::adaptiveThreshold(
  cv::InputArray    src,                // 入力画像
  cv::OutputArray   dst,                // 出力画像
  double            maxValue,           // 上方向の処理の最大値
  int               adaptiveMethod,     // 平均法または Gaussian
  int               thresholdType       // 使用する閾値の種類（表 10-2）
  int               blockSize,          // ブロックサイズ
  double            C                   // 定数
);
```

cv::adaptiveThreshold()は、adaptiveMethodの設定に応じて2つの異なる方式の適応型閾値が選べます。いずれの場合でも、**適応型閾値** $T(x, y)$ は、ピクセルの周囲 $b \times b$ の領域の重み付けされた平均を計算して定数を引くことでピクセルごとに設定されます。ここで b はblockSizeで与えられ、定数はCで与えられます。adaptiveMethodがcv::ADAPTIVE_THRESH_MEAN_Cに設定されている場合は、この領域内のすべてのピクセルは等しく重み付けされます。cv::ADAPTIVE_THRESH_GAUSSIAN_Cに設定されている場合は、(x, y) の周囲のピクセルは中心点からの距離のガウス関数で重み付けされます。

最後に、thresholdType引数は**表10-2**に示したcv::threshold()のものと同じです。

適応型閾値法は、強い照明や反射による輝度勾配があり、その輝度勾配に合わせて閾値を設定しなければならないときに役に立ちます。この関数は、シングルチャンネルの8ビット画像と浮動小数点数型画像だけを扱い、入力画像と出力画像は別である必要があります。

cv::threshold()とcv::adaptiveThreshold()を比べるコードを**例10-3**に示します。**図10-5**は照明による強い勾配を持つ画像を処理した結果です。この図の左下の画像はcv::threshold()により単一の閾値で全体を処理した結果、右下の画像はcv::adaptiveThreshold()の適応型閾値処理の結果を示しています。適応型閾値処理ではチェスボード[†8]全体が得られています。これは、単一の閾値を用いた場合には得られない結果です。**例10-3**のコードの上のほうにある、呼び出し方法に関する文字列に注意してください。**図10-5**で使ったパラメータは次のとおりです。

```
./adaptThresh 15 1 1 71 15 ../Data/cal3-L.bmp
```

†8 訳注：画像処理では校正用の白黒格子を、チェスボードあるいはチェッカーボードと呼びます。8×8マスであるとは限りません。

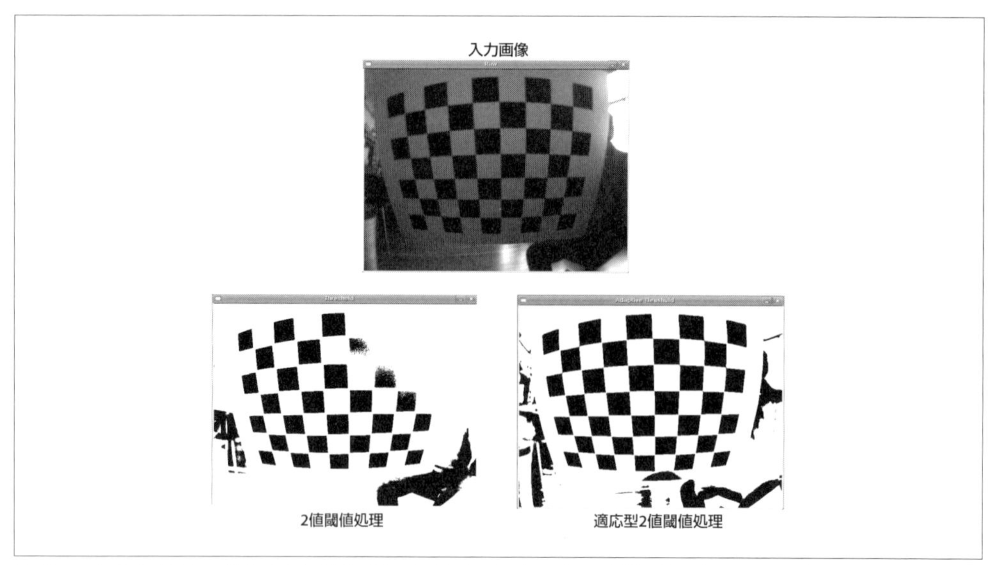

図10-5 2値閾値処理と適応型2値閾値処理。入力画像（上）は単一の閾値（左下）、適応型閾値（右下）を使って2値画像に変換されている。元画像はKurt Konoligeの厚意による

例10-3 2値閾値処理と適応型2値閾値処理

```
#include <iostream>

using namespace std;

int main( int argc, char** argv )
{
  if(argc != 7) { cout <<
   "Usage: " <<argv[0] <<" fixed_threshold invert(0=off|1=on) "
   "adaptive_type(0=mean|1=gaussian) block_size offset image\n"
   "Example: " <<argv[0] <<" 100 1 0 15 10 fruits.jpg\n"; return -1; }

  // コマンドライン
  //
  double fixed_threshold = (double)atof(argv[1]);
  int threshold_type  = atoi(argv[2]) ? cv::THRESH_BINARY : cv::THRESH_BINARY_INV;
  int adaptive_method = atoi(argv[3]) ? cv::ADAPTIVE_THRESH_MEAN_C
                                      : cv::ADAPTIVE_THRESH_GAUSSIAN_C;
  int block_size = atoi(argv[4]);
  double offset  = (double)atof(argv[5]);
  cv::Mat Igray  = cv::imread(argv[6], cv::LOAD_IMAGE_GRAYSCALE);

  // グレースケール画像を読み込む
  //
  if( Igray.empty() ){ cout << "Can not load " << argv[6] << endl; return -1; }

  // 出力画像を宣言する
  //
  cv::Mat It, Iat;
```

```
    // 閾値
    //
    cv::threshold(
      Igray,
      It,
      fixed_threshold,
      255,
      threshold_type);
    cv::adaptiveThreshold(
      Igray,
      Iat,
      255,
      adaptive_method,
      threshold_type,
      block_size,
      offset
    );

    // 結果を表示する
    //
    cv::imshow("Raw",Igray);
    cv::imshow("Threshold",It);
    cv::imshow("Adaptive Threshold",Iat);
    cv::waitKey(0);

    return 0;
  }
```

10.4 平滑化

平滑化はぼかし（ブラー）処理とも呼ばれ、簡単でよく使われる画像処理演算です（**図10-6**）。平滑化する理由はたくさんありますが、通常は、画像の悪い副作用（ノイズやカメラに起因するもの）を減らすために使われます。平滑化は、画像の解像度をある原理に基づいた方法で減らしたい場合にも重要です（より詳しくは「11.2.2　画像ピラミッド」で説明します）。

OpenCV は現時点では 5 つの異なる平滑化の処理を提供しています。これらは関連したライブラリ関数として構成されており、それぞれ少し異なる種類の平滑化を行います。いずれの関数でも `src` 引数と `dst` 引数は平滑化演算の入力配列と出力配列です。以降の引数は、それぞれの平滑化演算で使う固有のものです。それらのうち最後のパラメータ `borderType` は共通です。この引数は、平滑化演算が画像のエッジのピクセルをどのように処理するかを指示します。

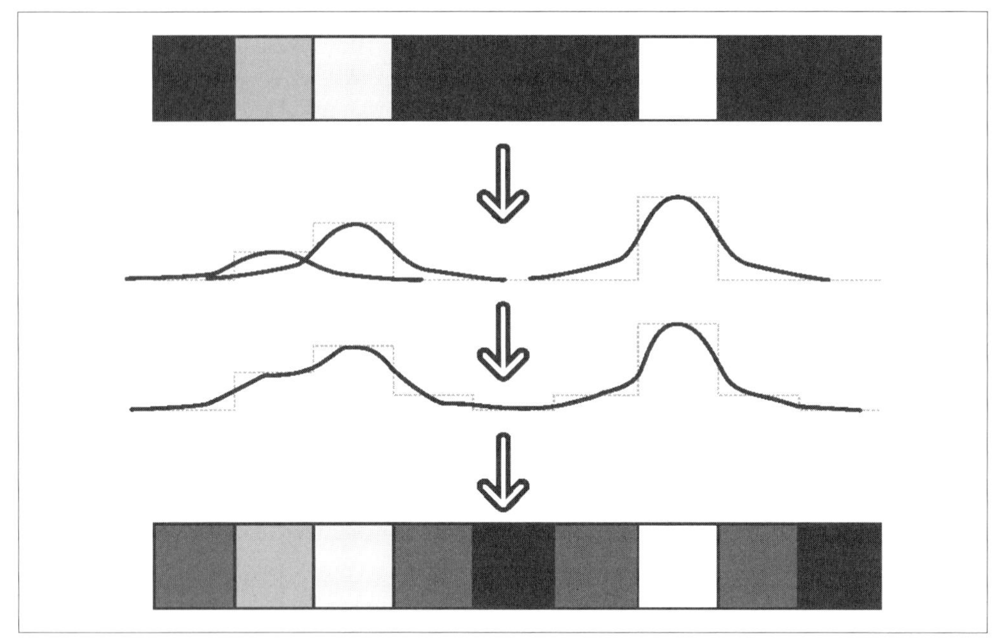

図10-6 1次元のピクセル配列へのGaussianによるぼかし（ブラー）処理

10.4.1 単純平滑化とボックスフィルタ

```
void cv::blur(
  cv::InputArray  src,                              // 入力画像
  cv::OutputArray dst,                              // 出力画像
  cv::Size        ksize,                            // カーネルサイズ
  cv::Point       anchor     = cv::Point(-1,-1),    // アンカーポイントの場所
  int             borderType = cv::BORDER_DEFAULT   // 使用する境界線の外挿法
);
```

単純平滑化演算は、cv::blur()で行えます。出力画像のそれぞれのピクセルは、入力画像の対応するピクセルを囲むフィルタウィンドウ（すなわち、**カーネル**）内の全ピクセルの単純平均です。このウィンドウのサイズはksize引数で指定されます。anchor引数は、カーネルをどのように位置合わせして計算するかを指定するのに使えます。デフォルトではanchorの値はcv::Point(-1,-1)になっており、これは、カーネルがそのフィルタに対して中央に置かれることを示しています。マルチチャンネルの画像の場合は、それぞれのチャンネルが別々に計算されます。

単純平滑化は、ボックスフィルタの特殊なものです（図10-7参照）。**ボックスフィルタ**は長方形の外形を持つフィルタで、各$k_{i,j}$の値がすべて等しいものです。ほとんどの場合、すべてのi, jに対して$k_{i,j} = 1$か$k_{i,j} = 1/A$（ここでAはそのフィルタの面積）です。後者は**正規化ボックスフィルタ**とも呼ばれます。この出力を図10-8に示します。

```
void cv::boxFilter(
  cv::InputArray  src,                           // 入力画像
  cv::OutputArray dst,                           // 出力画像
  int             ddepth,                        // 出力の深さ（例えば CV_8U）
  cv::Size        ksize,                         // カーネルサイズ
  cv::Point       anchor     = cv::Point(-1,-1), // アンカーポイントの場所
  bool            normalize  = true,             // true の場合はボックスの面積で割る
  int             borderType = cv::BORDER_DEFAULT // 使用する境界線の外挿法
);
```

OpenCV の関数 `cv::boxFilter()` は、`cv::blur()` より少し一般的な形をしています（`cv::blur()` は `cv::boxFilter()` の特殊ケースです）。`cv::boxFilter()` と `cv::blur()` の主要な違いは、前者は非正規化モード（`normalize = false`）で実行可能であり、出力画像 `dst` の深さも制御可能であるということです（`cv::blur()` の場合は、`dst` の深さは常に `src` の深さと同じです）。`ddepth` の値が `-1` に設定されると、その出力画像は入力画像と同じ深さになります。それ以外の場合は、`CV_32F` などいつものエイリアスがどれでも使えます。

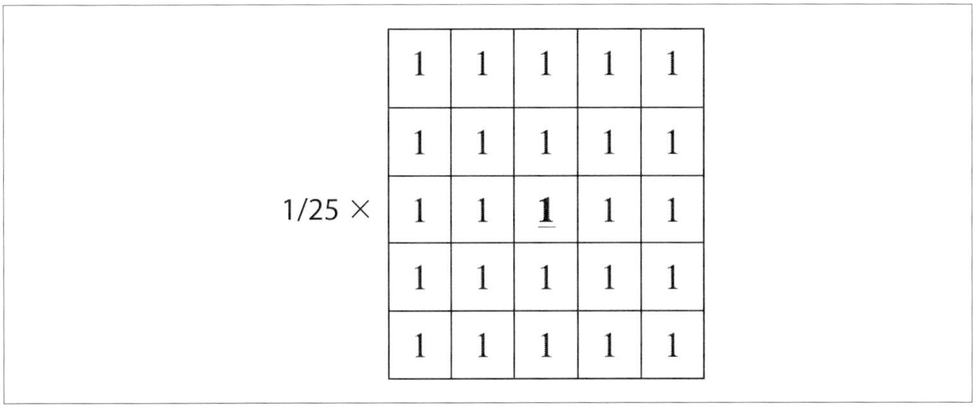

1/25 ×

1	1	1	1	1
1	1	1	1	1
1	1	**1**	1	1
1	1	1	1	1
1	1	1	1	1

図10-7　5 × 5 の平滑化フィルタ（正規化ボックスフィルタとも呼ばれる）

図10-8 ブロック平均化による画像の平滑化。左側が入力画像。右側は出力画像

10.4.2 メディアンフィルタ

メディアンフィルタ[Bardyn84]は、中央のピクセルの周りに隣接する長方形領域における中央値、つまり「真ん中に位置する値」（平均値ではなく）を持つピクセルで置き換えます[†9]。メディアンフィルタによる処理の結果を図10-9に示します。平均化による単純平滑化処理はノイズの多い画像、特に、大きく孤立した外れ値を持つ点（例えば、デジタル画像の「スパイクノイズ」）がある画像に弱いです。点の個数が少なくても差が大きいと、平均値の変動が目立つようになります。これに対し、メディアンフィルタ処理は真ん中の点を選ぶので外れ値を無視することができます。

```
void cv::medianBlur(
  cv::InputArray  src,                    // 入力画像
  cv::OutputArray dst,                    // 出力画像
  cv::Size        ksize                   // カーネルサイズ
);
```

cv::medianBlur()の引数は、本章で学んできた他のフィルタと基本的に同じで、入力配列src、出力配列dst、カーネルサイズksizeです。cv::medianBlur()では、アンカーポイントは常にカーネルの真ん中になります。

†9 メディアンフィルタは非線形カーネルの一種であることに注意してください。これは、図10-1に示したような図では表現できません。

図10-9 周囲のピクセルの中央値を使った画像の平滑化

10.4.3 Gaussianフィルタ

次の平滑化フィルタである Gaussian（ガウシアン）フィルタは、おそらく最も役に立つものでしょう。Gaussian フィルタは入力配列内の各点を Gaussian カーネルでコンボリューションして出力配列を生成します。

```
void cv::GaussianBlur(
  cv::InputArray  src,                      // 入力画像
  cv::OutputArray dst,                      // 出力画像
  cv::Size        ksize,                    // カーネルサイズ
  double          sigmaX,                   // x 方向のカーネルの標準偏差
  double          sigmaY     = 0.0,         // y 方向のカーネルの標準偏差
  int             borderType = cv::BORDER_DEFAULT // 使用する境界線の外挿法
);
```

Gaussian 平滑化のカーネルの例を図10-10に示します。この平滑化に関しては、ksize 引数にフィルタの幅と高さを与えます。次の引数には Gaussian カーネルの x 方向の標準偏差を指示し、その次の引数にも同様に y 方向の標準偏差を指示します。x の値だけを指定し、y を 0 に設定した場合（デフォルト値）は、y の値は x と同じになります。両方を 0 に設定した場合は、これらの値は次の式を用いてフィルタのサイズから自動的に決定されます。

$$\sigma_x = \left(\frac{n_x - 1}{2}\right) \cdot 0.30 + 0.80, \quad n_x = ksize.width - 1$$

$$\sigma_y = \left(\frac{n_y - 1}{2}\right) \cdot 0.30 + 0.80, \quad n_y = ksize.height - 1$$

最後に、`cv::GaussianBlur()` はいつもの `borderType` の引数を取ります。

1/141 ×

1	4	7	4	1
7	26	**41**	26	7
1	4	7	4	1

図10-10　Gaussian カーネルの例。ksize = (5, 3)、sigmaX = 1、sigmaY = 0.5

また、Gaussian 平滑化処理の OpenCV の実装では、いくつかのよく使われるカーネルで性能が高くなるように最適化されています。カーネルのサイズが 3 × 3、5 × 5、7 × 7 の「標準的な」標準偏差（すなわち `sigmaX = 0.0` としてカーネルサイズから自動計算される標準偏差）の場合、他のカーネルよりも性能がよくなっています。Gaussian 平滑化は 8 ビットまたは 32 ビットいずれかの浮動小数点数型の 1 チャンネルと 3 チャンネルの画像をサポートし、同じ画像で（入力を結果で置き換えて）平滑化することもできます。Gaussian 平滑化の結果を**図10-11** に示します。

図10-11　Gaussian フィルタ処理（平滑化処理）

10.4.4 バイラテラルフィルタ

```
void cv::bilateralFilter(
  cv::InputArray  src,              // 入力画像
  cv::OutputArray dst,              // 出力画像
  int             d,                // ピクセルの隣接サイズ（最大距離）
  double          sigmaColor,       // 色空間の重み付け関数用の標準偏差
  double          sigmaSpace,       // 空間の重み付け関数用の標準偏差
  int             borderType = cv::BORDER_DEFAULT  // 使用する境界線の外挿法
);
```

OpenCVがサポートする5つ目かつ最後の平滑化は**バイラテラル（双方向）フィルタ**[Tomasi98]と呼ばれています。その例を**図10-12**に示します。バイラテラルフィルタは**エッジ保持平滑化処理**といういくらか大きな分類に属する画像解析用演算の一種です。バイラテラルフィルタはGaussian平滑化と比較して考えると理解しやすいでしょう。Gaussian平滑化が考え出された動機は、実画像内のピクセルは空間上をゆっくり変化し、そのため隣のピクセルとは相関があるのに対して、ランダムノイズは隣り合うピクセル間で大きく変化する（すなわち、ノイズには空間的な相関性はない）と考えられることです。その意味では、Gaussian平滑化は信号を保持しながらノイズを減らすことができます。残念なことに、これはエッジの近くでは失敗してしまいます。エッジの近くではピクセルと近傍のピクセルに相関があることは期待できないからです。結果的に、Gaussian平滑化はエッジをぼかしてしまいます。処理時間がかかってもよいのであれば、バイラテラルフィルタを用いるとエッジを平滑化せずに画像を平滑化することができます。

図10-12　バイラテラル平滑化の結果

Gaussian 平滑化と同様に、バイラテラルフィルタはそれぞれのピクセルとその隣接成分との加重平均を計算します。この重み付けは 2 つの構成要素からなります。最初の構成要素は Gaussian 平滑化で用いられるのと同じ重み付け方法です。2 つ目の構成要素も Gaussian の重み付け方法ですが、中央のピクセルからの空間的な距離ではなく中央ピクセルの輝度値との差[†10]に基づきます[†11]。バイラテラルフィルタは、ピクセルが似ていれば似ているほど、似ていないピクセルよりも高く重み付けをする Gaussian 平滑化と考えることができ、コントラストが高いエッジはシャープなまま保存されます。このフィルタの効果により画像は通常、同じシーンを水彩画で描いたようになります[†12]。これは画像の分割をする際に役に立ちます。

バイラテラルフィルタは、`src` と `dst` 以外に 3 つの引数を取ります。1 つは、フィルタの処理中に考慮されるピクセルの隣接領域の直径 `d` です。2 つ目は `sigmaColor` で、色領域で使われる Gaussian カーネルの標準偏差にあたるものです。これは Gaussian フィルタ内の `sigmaX`、`sigmaY` に似ています。3 つ目は `sigmaSpace` で、空間領域で使われる Gaussian カーネルの標準偏差に対応するものです。2 つ目のパラメータが大きくなるほど、この平滑化処理に含まれる輝度（や色）の範囲が広がり、より極端に不連続なエッジしか保存されなくなります。

フィルタサイズ `d` は、（みなさんのご想像どおり）このアルゴリズムのスピードに強く影響します。典型的には動画処理では `5` 以下の値が使われますが、リアルタイム性を必要としないアプリケーションでは、`9` くらいに高くしてもかまわないでしょう。`d` を明示的に指定する代わりとして `-1` を設定することができます。この場合、`d` は `sigmaSpace` から自動的に計算されます。

実際にやってみると、`sigmaSpace` に小さい値（例えば `10`）を指定すると非常に軽くなり、それでいてはっきりとわかる効果が得られます。一方で、大きな値（例えば `150`）は効果が強くなり画像を「漫画っぽく」してしまう傾向があります。

10.5 微分と勾配

最も基本的で重要なコンボリューションの 1 つは微分の計算（もしくはその近似）です。これにはたくさんの方法がありますが、与えられた状況にもうまく適合するのはほんの数個です。

10.5.1 Sobel 微分

一般的に、微分を表すのに最もよく用いられる演算子は **Sobel 微分**[Sobel73] 演算子（**図 10-13** と**図 10-14**）です。Sobel 演算子には、任意の次数の微分に加えて混合偏微分（例えば、$\partial^2/\partial x \partial y$）用のものが存在します。

†10 マルチチャンネル（すなわちカラー）画像の場合、輝度の差は色の加重和で置き換えられます。この重み付けを選ぶと、CIE Lab 色空間内でユークリッド距離が計算されるようになります。

†11 技術的には、バイラテラルフィルタ処理では、必ずガウス分布を使用しなければならないわけではありません。この手法で使える重み関数は他にもたくさんありますが、OpenCV の実装ではガウス分布で重み付けされます。

†12 この効果は、バイラテラルフィルタを複数回繰り返すと特に強調されます。

図10-13 x 方向の 1 次微分の近似として使われた場合の Sobel 演算子の結果

```
void cv::Sobel(
  cv::InputArray  src,                   // 入力画像
  cv::OutputArray dst,                   // 出力画像
  int             ddepth,                // 出力の深さ（例えば、CV_8U）
  int             xorder,                // x 方向の微分の次数
  int             yorder,                // y 方向の微分の次数
  cv::Size        ksize      = 3,        // カーネルサイズ
  double          scale      = 1,        // dst に代入する前に適用されるスケール
  double          delta      = 0,        // dst に代入する前に適用されるオフセット
  int             borderType = cv::BORDER_DEFAULT  // 境界線の外挿法
);
```

ここで、src と dst は入力画像と出力画像です。ddepth 引数で、生成される出力画像の深さ（型）を指定できます（例えば CV_32F）。ddepth の使用方法のよい例は、src が 8 ビット画像の場合、オーバーフローしないように dst は少なくとも CV_16S の深さを持つようにします。xorder と yorder は微分の次数です。通常、0 か 1 を使い、大きくても 2 にします。0 はその方向に微分しないことを示します[†13]。ksize 引数は使用するフィルタの幅（かつ高さ）で、奇数でなければなりません。現在、カーネルサイズは 31 までがサポートされています[†14]。scale と delta は

†13 xorder と yorder のどちらかは 0 以外でなくてはなりません。

†14 実際には、カーネルのサイズは 3 以上に設定しないと意味がありません。ksize を 1 に設定すると、カーネルサイズは自動的に 3 に調整されます。

dst に格納する前の微分した結果に適用されます。これは、実際に微分した結果を8ビット画像として画面上で可視化したい場合に役に立ちます。

$$dst_i = scale \cdot \left\{ \sum_{i,j \in sobel\_kernel} k_{i,j} {}^* I(x+i, y+j) \right\} + delta$$

borderType 引数は他のコンボリューション関数のものとまったく同じです。

図10-14 y 方向における1次微分の近似として使われた場合の Sobel 演算子の結果

Sobel 演算子は任意のサイズでカーネルを定義でき、これらのカーネルは簡単に繰り返し演算で作成できるというすばらしい性質を持っています。カーネルが大きいほどノイズの影響を受けにくくなり、微分のよい近似になります。ただし微分が空間に対して一定であることが期待できない場合には、明らかに、カーネルを大きくしすぎるとよい結果は得られないでしょう。

これをより正確に理解するためには、Sobel 演算子が厳密には微分ではないことを認識する必要があります。つまり、Sobel 演算子は離散空間で定義されています。Sobel 演算子が実際に表しているのは多項式の近似です。つまり、x 方向の2次の Sobel 微分は実際には2次微分ではなく、2次関数の局所的な近似にすぎません。これが、より大きなカーネルを使ったほうがよい理由です。すなわち、カーネルが大きくなればなるほど、より多くの数のピクセルを用いて近似が計算できるからです。

10.5.2 Scharr フィルタ

離散型のグリッド状のデータ（フィルタ）を用いて微分を近似する方法はたくさんあります。Sobel 演算子を用いた近似の弱点は、カーネルが小さい場合は精度が落ちるということです。大きいカーネルでは近似で多くの点が使えるため、この問題は少なくなります。この精度の問題は、`cv::Sobel()` で使われる X フィルタと Y フィルタでは直接現れません。というのは、これらは正確に x 軸と y 軸に沿っているからです。この問題は、**方向微分**（すなわち、2 方向のフィルタ応答の y/x 比のアークタンジェントで与えられる画像勾配の方向）の近似を得るような画像計測を行いたい場合に発生します[†15]。

この種の計測を画像に対して行いたくなる具体的な例としては、物体の周りの勾配の角度に対するヒストグラムを作ることで物体の形状情報を収集する処理が挙げられます。そのようなヒストグラムは、多くの一般的な形状分類器の学習と操作における基礎として用いられています。この場合、勾配角度の測定値が不正確だと分類器の認識性能が下がってしまいます。

3×3 の Sobel フィルタでは、勾配の角度が水平もしくは垂直から離れれば離れるほどこの不正確さが目立つようになります。OpenCV は、この小さい（でも高速な）3×3 の Sobel フィルタによる不正確さの問題を、`cv::Sobel()` 関数の `ksize` の特別な値 `CV_SCHARR` をこっそり用いることで解決しています。Scharr フィルタは Sobel フィルタと同じ速度でありながら、Sobel フィルタよりも正確です。Scharr フィルタの係数を**図 10-15** に示します [Scharr00]。

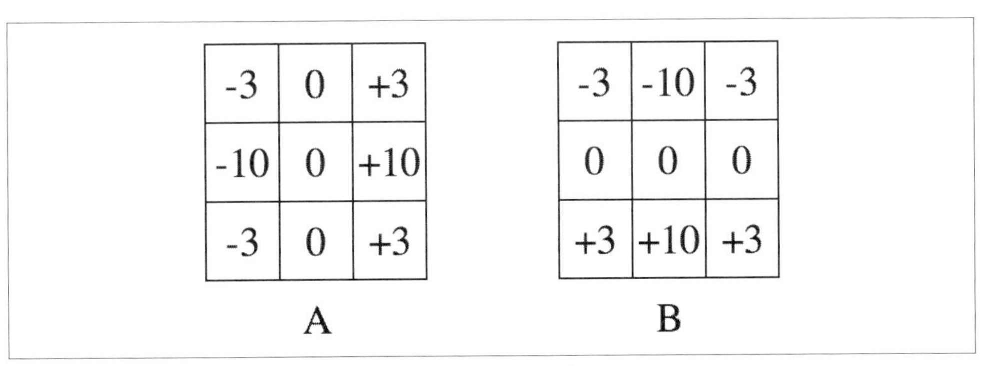

A

-3	0	+3
-10	0	+10
-3	0	+3

B

-3	-10	-3
0	0	0
+3	+10	+3

図 10-15　CV_SCHARR フラグを用いた 3 × 3 の Scharr フィルタ

†15　この変換を正確に実装した `cv::cartToPolar()` と `cv::polarToCart()` があることを思い出したでしょうか。`cv::cartToPolar()` を x 微分画像と y 微分画像の組に適用したい場合は、`CV_SCHARR` を使ってこれらの画像を計算してください。

10.5.3 Laplacian

OpenCVの**Laplacian関数**は、Laplacian演算子を離散近似したものを実装しています[†16]。画像処理の分野では、Marr [Marr82] が初めてこの関数を使いました。

$$Laplace(f) = \frac{\partial^2 f}{\partial x^2} + \frac{\partial^2 f}{\partial y^2}$$

Laplacian演算子は2次微分で定義可能なので、その離散版の実装は2次のSobel微分のように機能すると思われるかもしれません。まさにそのとおりで、実際、OpenCVのLaplacian演算子の実装は、計算にSobel演算子を直接使っています。

```
void cv::Laplacian(
  cv::InputArray  src,                     // 入力画像
  cv::OutputArray dst,                     // 出力画像
  int             ddepth,                  // 出力画像の深さ（例えば CV_8U）
  int             ksize      = 3,          // カーネルサイズ
  double          scale      = 1,          // dst に代入する前に適用されるスケール
  double          delta      = 0,          // dst に代入する前に適用されるオフセット
  int             borderType = cv::BORDER_DEFAULT  // 境界線の外挿法
);
```

`cv::Laplacian()`関数は、微分の次数を必要としないこと以外は、`cv::Sobel()`関数と同じ引数を取ります。`ksize`はSobel微分で見たものとまったく同じで、実際には、2次微分の計算においてピクセルがサンプリングされる領域のサイズを与えます。実際の実装では、1以外の`ksize`に対しては、Laplacian演算子は対応するSobel演算子の総和から直接求めます。`ksize=1`は特殊なケースで、Laplacian演算子は**図10-16**に示すカーネルを用いたコンボリューションで計算されます。

0	1	0
1	-4	1
0	1	0

図10-16　ksize = 1 の場合に cv::Laplacian() で用いられるカーネル

Laplacian演算子は、さまざまな状況で使用することができます。よく使われる応用は「ブロッ

†16 Laplacian **演算子**は「11章　画像変換」で説明する Laplacian **ピラミッド**とは異なるので注意してください。

ブ（塊）」の検出です。Laplacian 演算子が x 軸と y 軸における 2 次微分の合計であることを思い出してください。これは、単一の点や小さなブロップ（カーネルよりも小さいもの）がより大きな値で囲まれている場合に、この関数の値が最大になる傾向があることを意味しています。逆に、点や小さなブロップがより小さな値に囲まれている場合は、この関数が負の方向に最大化する傾向があります。

このことを念頭に置けば、Laplacian 演算子はある種のエッジ検出器としても使用できます。これがどのように行われるかを見るために、関数の 1 次微分を考えてみましょう。これは（もちろん）その関数が急激に変化しているときに大きくなります。また、同様に重要なこととして、これはエッジのような不連続部分に近づくにつれて急速に大きくなり、そこから離れると急速に小さくなります。したがって、その微分値は、この範囲内のどこかで極大値を取ります。そのため、このような極大点の場所を探したい場合は、2 次微分値が 0 になる場所を見ればよいわけです。元画像のエッジは、Laplacian 演算結果の 0 の部分になります。残念なことに、かなり多くの意味のないエッジも Laplacian で 0 になりますが、これは問題ではありません。というのは、1 次（Sobel）微分が大きな値を持つピクセルを簡単に選別することができるからです。**図10-17** は画像に Laplacian を使用した例で、1 次微分値と 2 次微分値とそれらの 0 交差も示してあります。

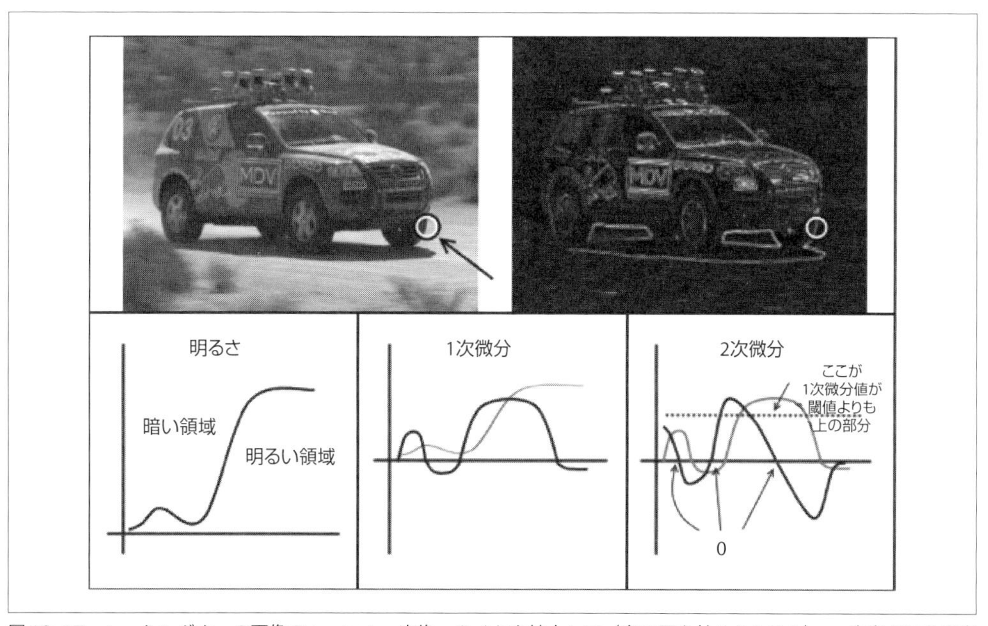

図10-17　レーシングカーの画像の Laplacian 変換。タイヤを拡大して（白で円を付けたところ）、x 方向だけを考慮し、明るさ、および、その 1 次微分と 2 次微分を示している（下の 3 つのグラフ）。2 次微分値が 0 の部分はエッジに対応し、1 次微分値が大きく 2 次微分値が 0 の部分は強いエッジに対応する

10.6 画像のモルフォロジー

OpenCVは画像に対して**モルフォロジー変換**[Serra83]を行う高速で簡便なインタフェースを提供しており、**図10-18**は最もよく使われるモルフォロジー変換をいくつか示しています。画像のモルフォロジー変換は、それ自身が1つのテーマであり、コンピュータビジョン研究の初期には膨大な数のモルフォロジー変換が開発されました。ほとんどは特定の目的のために開発されたものですが、そのいくつかは年を経るにつれて幅広い応用があることがわかってきたのです。本質的にはすべてのモルフォロジー演算はたった2つの基本的な演算をベースにしています。まずはその2つを示し、より複雑な演算に進んでいきます。複雑な演算はそれぞれ、より簡単な演算で定義されます。

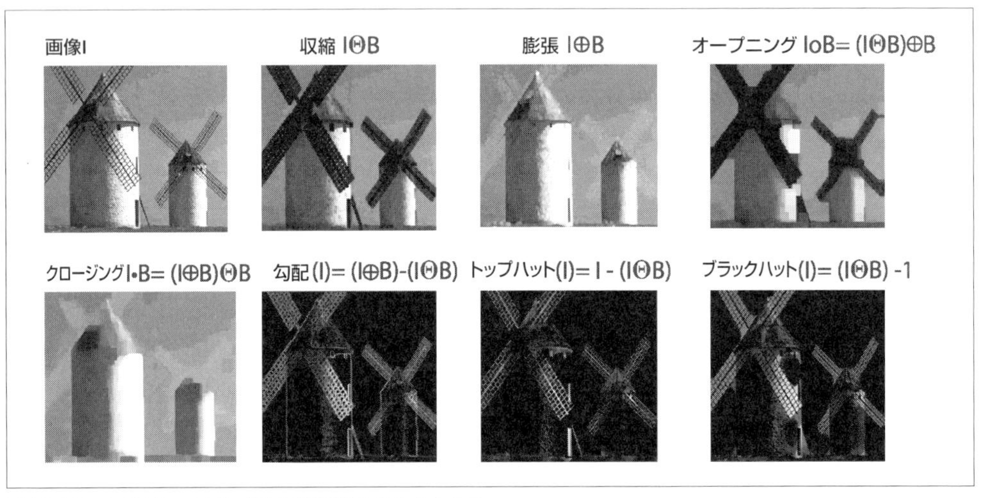

図10-18 全モルフォロジー演算子の結果をまとめたもの

10.6.1 膨張と収縮

基本となるモルフォロジー変換は**膨張**（dilation）と**収縮**（erosion）と呼ばれるもので、画像内のノイズを減らしたり、個別の要素に分離したり、異なる要素を結びつけたりなどのさまざまな状況で用いられます。この2つの基本演算を元にした、より洗練されたモルフォロジー演算は、画像の中で輝度が突出した点（や穴）を見つけたり、画像の勾配を（別の）特別な形式で求めたりするのにも使えます。

膨張は、画像とカーネルのコンボリューション処理です。この処理では、与えられたピクセルがそのカーネルと重なるピクセル値のすべての値の中で最大のもの（局所最大値）と置き換えられます。前に述べたように、これは非線形操作です。つまり、このカーネルは**図10-1**に示したような形では表現することができません。ほとんどの場合、膨張に使われるカーネルは「ソリッドな（中身の詰まった）」正方形のカーネルか、場合によっては円形で、アンカーポイントは中心にあります。膨張処理により画像内には「塗りつぶされた」[†17]領域ができ、図10-19に図示するように広がっていきます。

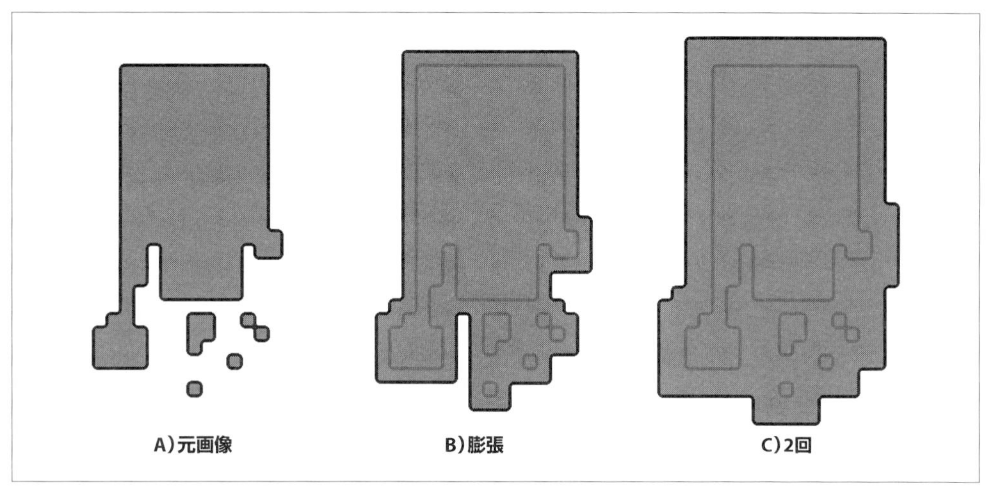

図10-19　モルフォロジーの膨張処理：正方形カーネル下の最大値を取る

収縮は逆の演算です。収縮演算子の動作はカーネルの領域上の局所最小値を計算するのと等価です[†18]。収縮を図10-20に図示します。

†17　ここで「塗りつぶされた」というのは、これらのピクセルの値が0ではないということです。みなさんはこれを「明るい」と解釈してもよいでしょう。というのは、局所最大値は実際にはそのテンプレート（カーネル）の下にある最大の輝度値を持つピクセルを取るからです。本章に出てくるモルフォロジー演算子を表す図は、みなさんがスクリーンで見られるようなものに対して反対の意味になります（書籍では、暗い画面に明るいピクセルで描くのではなく、明るい紙の上に暗いインクで印刷するからです）。

†18　正確に言えば、出力画像のピクセルには、入力画像内のカーネルの下にあるピクセルの最小値と等しい値が設定されます。

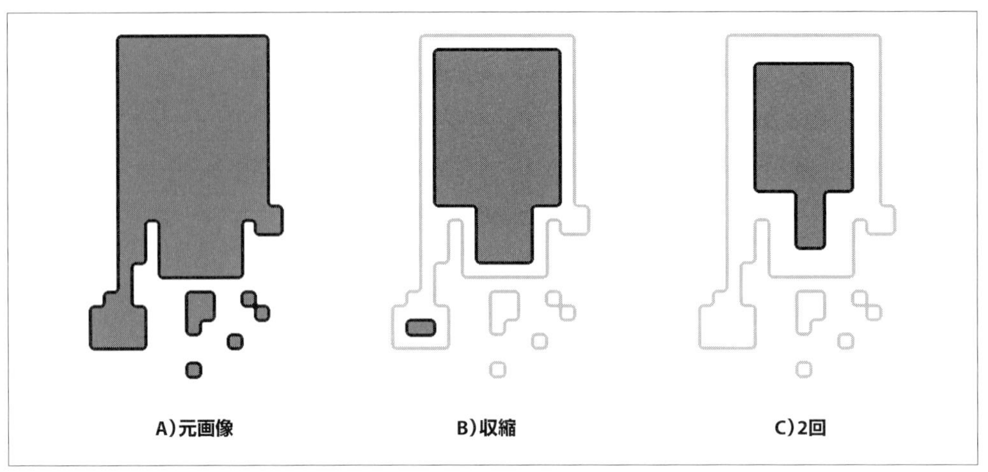

図10-20 モルフォロジーの収縮処理：正方形カーネル下の最小値を取る

画像のモルフォロジー変換は、多くの場合、閾値処理の結果として得られる2値画像[†19]に使われます。ただし、膨張は最大値を与える演算子、収縮は最小値を与える演算子にすぎないので、輝度画像に使ってもかまいません。

一般的に、膨張は明るい領域を拡張し、収縮は明るい領域を縮小します。さらに、膨張は凹部を平滑化する傾向があり、収縮は凸部を平滑化する傾向があります。もちろん、どのようになるかはカーネルによりますが、これらは一般によく使われる凸型で中身が詰まったカーネルでは全般的に当てはまります。

OpenCVでは、これらの変換を cv::erode() と cv::dilate() 関数を用いて実行します。

```
void cv::erode(
  cv::InputArray    src,                                // 入力画像
  cv::OutputArray   dst,                                // 出力画像
  cv::InputArray    element,                            // 構造要素（カーネル）
  cv::Point         anchor      = cv::Point(-1,-1),     // アンカーポイントの場所
  int               iterations  = 1,                    // 適用回数
  int               borderType  = cv::BORDER_CONSTANT // 境界線の外挿法
  const cv::Scalar& borderValue = cv::morphologyDefaultBorderValue()
);
void cv::dilate(
  cv::InputArray    src,                                // 入力画像
  cv::OutputArray   dst,                                // 出力画像
  cv::InputArray    element,                            // 構造要素（カーネル）
  cv::Point         anchor      = cv::Point(-1,-1),     // アンカーポイントの場所
  int               iterations  = 1,                    // 適用回数
```

†19 OpenCVは実際には2値画像用のデータ型を持っていません。最も小さい型は8ビット文字型です。画像を2値のものとして解釈する関数は、すべてのピクセルを0（false か 0）か0以外（true か 1）に分けて処理します。

```
    int                 borderType  = cv::BORDER_CONSTANT // 境界線の外挿法
    const cv::Scalar& borderValue = cv::morphologyDefaultBorderValue()
  );
```

cv::erode() と cv::dilate() は引数に入力画像と出力画像を取り、どちらも（入力と出力に同じ画像を指定する）「置き換え」方式の呼び出しをサポートしています。第3引数はカーネルです。これには、初期化されていない cv::Mat() を渡すことができます。この場合、使われるカーネルは 3×3 カーネルでその中心にアンカーを持ちます（カーネルの作成方法は後ほど説明します）。第5引数は繰り返しの回数です。デフォルト値である 1 以外に設定されていると、この関数を一度呼び出すだけで、演算が複数回行われます。borderType 引数は通常の境界線の種類であり、borderValue 引数は borderType が cv::BORDER_CONSTANT に設定されていた場合に境界外のピクセルに使われる値になります。

単純な画像に収縮演算を施した結果を**図10-21** に示し、同じ画像に膨張演算を施した結果を**図10-22** に示します。収縮演算は、画像内の「斑点（スペックル）」ノイズを削減するために使われることがよくあります。ここでの考え方は、斑点ノイズは収縮によってなくなりますが、視覚的に重要な内容を含むより大きな領域には影響は与えないというものです。膨張演算は**連結成分**（すなわち、類似した色や輝度を持つピクセルからなる周囲から孤立した大きな領域）を見つけようとする際によく使われます。膨張演算が有効なのは、大きな領域が、ノイズ、影、その他の類似した効果により、複数の部分に分割される場合が多いからです。小さな膨張演算はこのような部分を「溶かして」一緒にしてしまいます。

図10-21　収縮演算、すなわち「最小値」演算子の結果。明るい領域が分離され縮小される

図10-22　膨張演算、すなわち「最大値」演算子の結果。明るい領域が拡大され、その多くがつながっている

要点をまとめると、OpenCVが`cv::erode()`関数を処理するときに内部で起こっていることは、カーネルがある点pにきたとき、点pにはそのカーネルが覆うすべての点の中の最小値が設定されるということです。`cv::dilate()`演算子は、最小値ではなく最大値を求めること以外は同じです。

$$erode(x, y) = \min_{(i,j)\in kernel} src(x+i, y+j)$$

$$dilate(x, y) = \max_{(i,j)\in kernel} src(x+i, y+j)$$

最初に述べた説明でもう十分なのに、なぜわかりにくい式が必要なのか不思議に思われるかもしれません。実際にはこのような式のほうを好まれる方もいるでしょうが、より重要なのは、この式が最初の説明では明らかではなかった一般性をとらえていることです。画像が2値でない場合、最小値と最大値の演算子の役割は、それほど自明ではありません。**図10-21**と**図10-22**をもう一度見てみましょう。これらは、2つの実際の画像に適用した収縮演算と膨張演算を表しています。

10.6.2　汎用的なモルフォロジー関数

ピクセルがオン（>0）かオフ（$=0$）のいずれかであるような2値画像や画像マスクを用いている場合は通常、基本的な収縮演算や膨張演算で十分です。しかしグレースケール画像やカラー画像を用いている場合は、たくさんの付加的な演算が役に立つことがよくあります。有用な演算のいくつかは多目的型の`cv::morphologyEx()`関数で扱うことができます。

```
void cv::morphologyEx(
  cv::InputArray    src,                          // 入力画像
  cv::OutputArray   dst,                          // 出力画像
  int               op,                           // 演算子（例えば cv::MORPH_OPEN）
  cv::InputArray    element,                      // 構造要素（カーネル）
  cv::Point         anchor     = cv::Point(-1,-1), // アンカーポイントの場所
  int               iterations = 1,               // 適用回数
  int               borderType = cv::BORDER_DEFAULT // 境界線の外挿法
  const cv::Scalar& borderValue = cv::morphologyDefaultBorderValue()
);
```

cv::dilate() や cv::erode() で見た引数に加えて、cv::morphologyEx() は新しく、かつ、とても重要な引数 op を取ります。この引数は、実際に行われる演算を表すものです。この引数に指定できる値を**表10-3** に示します。

表10-3　cv::morphologyEx() の op に指定できる値

op の値	モルフォロジー演算	一時的な画像が必要か？
cv::MORPH_OPEN	オープニング	不要
cv::MORPH_CLOSE	クロージング	不要
cv::MORPH_GRADIENT	モルフォロジー勾配	必要
cv::MORPH_TOPHAT	トップハット	置き換え（src = dst）の場合だけ必要
cv::MORPH_BLACKHAT	ブラックハット	置き換え（src = dst）の場合だけ必要

10.6.3　オープニングとクロージング

最初の２つの演算、**オープニング**と**クロージング**は、収縮演算子と膨張演算子の単純な組み合わせです。オープニングの場合は、最初に収縮を行い、その後膨張を行います（**図10-23**）。オープニングは、２値画像内の領域を数えるときによく使われます。例えば、スライドグラス上の細胞の画像を閾値処理する場合、領域を数える前にオープニングを用いてお互いにそばにある細胞を分離するとよいでしょう。

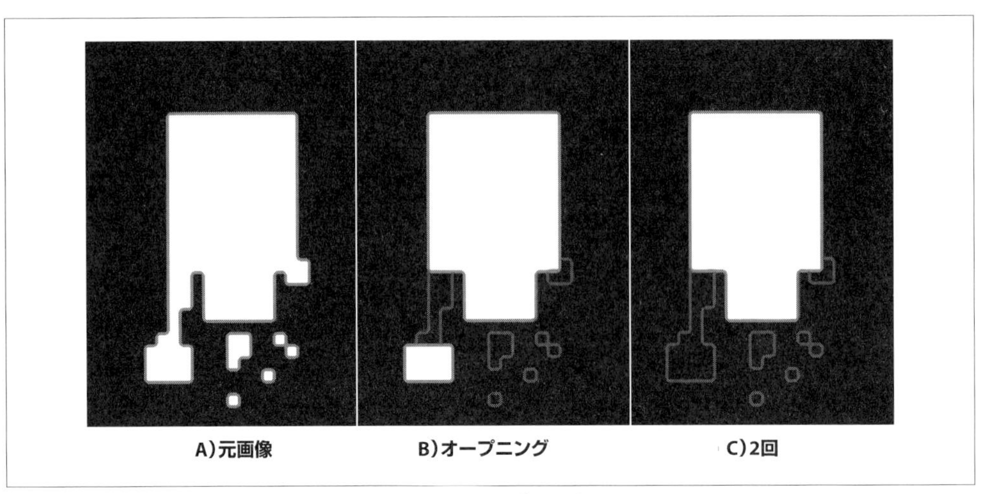

図10-23　単純な2値画像に適用したモルフォロジーのオープニング

クロージングの場合は、最初に膨張を行い、その後収縮を行います（図10-24）。クロージングは、高度な連結成分抽出アルゴリズムの多くで使われており、不必要な部分やノイズを減らすことができます。連結成分に関しては、通常は、最初に収縮演算やクロージング演算を行って純粋にノイズから生じた要素を取り除き、その後オープニング演算を使って近接した大きな領域どうしを連結します。オープニングやクロージングを使用した結果は、収縮や膨張を使用した場合と似ていますが、これらの新しい演算のほうが連結した領域の面積をより正確に維持する傾向があることに注意してください。

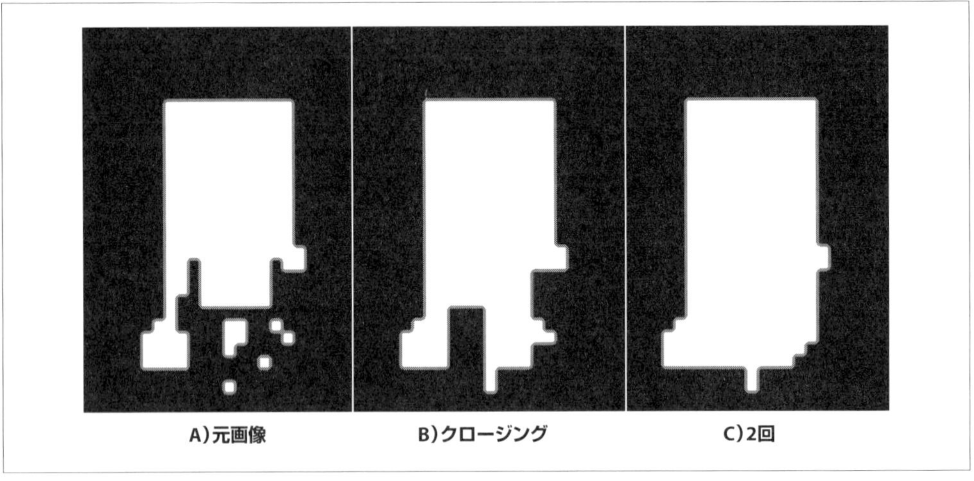

図10-24　単純な2値画像に適用したモルフォロジーのクロージング

クロージングを2値画像以外に用いたときに最も目立つ効果は、周りより値が小さい、孤立した外れ値が取り除かれることです。また、オープニングの効果は、周りより値が大きい、孤立した外れ値が取り除かれることです。オープニング演算子を使用した結果を**図10-25**と**図10-26**に、クロージング演算子を使用した結果を**図10-27**と**図10-28**に示します。

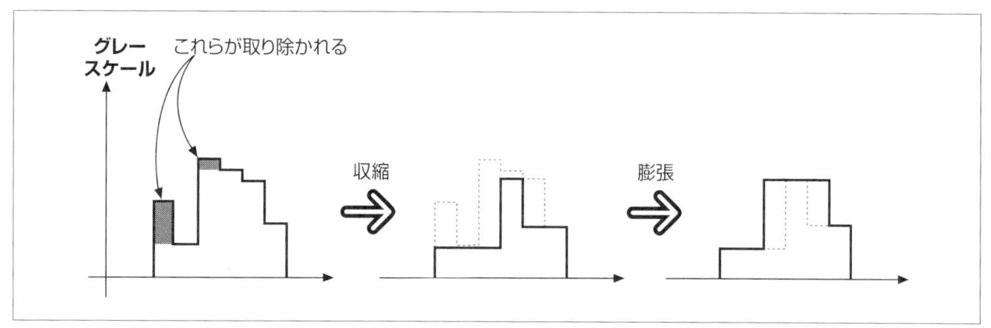

図10-25 (1次元の) 2値画像以外の画像に適用されたモルフォロジーのオープニング演算。上方向の外れ値は取り除かれる

図10-26 画像に対するモルフォロジーのオープニング処理の結果。小さな明るい領域が取り除かれ、残った明るい領域が孤立化される。ただしサイズは維持されている

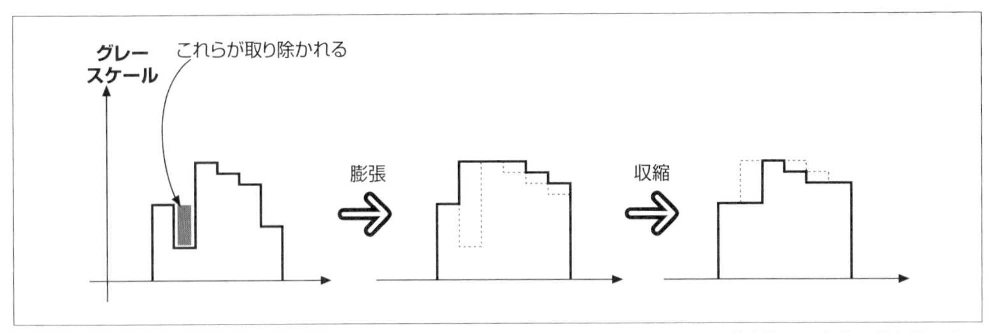

図10-27 （1次元の）2値画像以外の画像に適用されたモルフォロジーのクロージング演算。下方向の外れ値は取り除かれる

図10-28 画像に対するモルフォロジーのクロージング処理の結果。明るい領域が連結されるが、それらの基本的なサイズは維持されている

オープニング演算子とクロージング演算子に関して最後に述べるのは、iterations 引数がどのように解釈されるかです。2回クロージングを繰り返すように指示した場合は、膨張－収縮－膨張－収縮といった処理を期待されるかもしれません。これだとあまり役に立たないことがわかります。実際に必要な処理（そして得られる処理）は、膨張－膨張－収縮－収縮です。このようにすることで、単一の外れ値だけでなく、近傍にある外れ値も消えます。**図10-23**（C）と**図10-24**（C）はそれぞれ、繰り返し回数を2にしてオープニングとクロージングを呼び出した結果です。

10.6.4　モルフォロジーの勾配演算

次に利用可能な演算子は、**モルフォロジーの勾配演算**です。これは次のような擬似的な式から見て、次にそれが何を意味するかを示したほうがわかりやすいでしょう。

$$勾配(src) = 膨張(src) - 収縮(src)$$

図10-29 を見ればわかるように、膨張演算を行った（わずかに大きくなった）画像から収縮演算を行った（わずかに小さくなった）画像を引き算することで、元画像内の物体のエッジの表現が残ります。

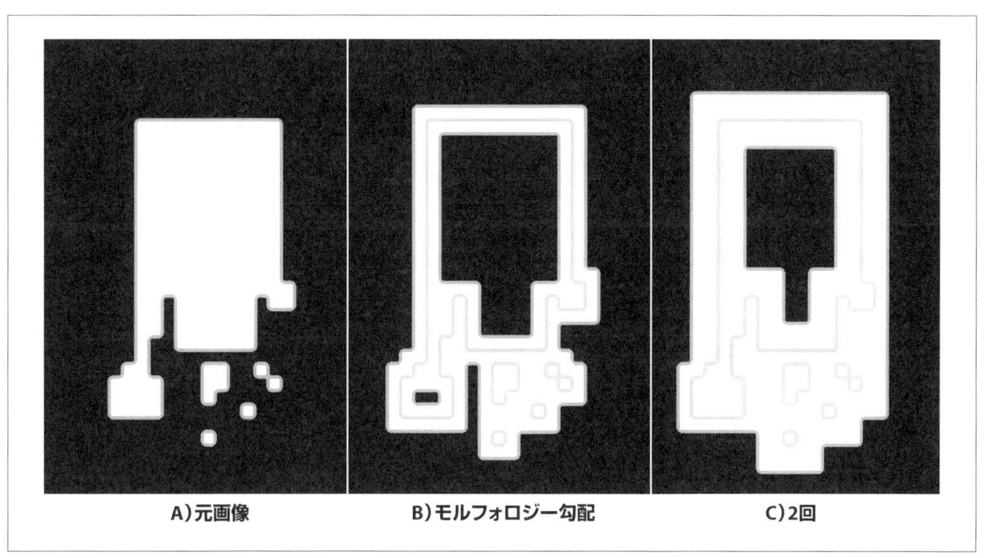

図10-29　単純な 2 値画像に適用したモルフォロジーの勾配演算

グレースケール画像（**図10-30**）に対して用いると、この演算子の値は、どれくらい急激に画像の明るさが変化しているかを示すことがわかります。これが「モルフォロジー勾配」という名前が付いている理由です。モルフォロジー勾配演算は明るい領域の境界線を分離するので、それらを丸ごと物体（もしくは物体のパーツ群全体）として扱いたい場合によく用いられます。ある領域の閉じた境界線が見つかりやすいのは、その領域を膨張したものから収縮したものを引くので、閉じた境界線のエッジが残るからです。これは一般的な勾配の計算とは異なります（勾配は、物体の閉じた周囲を見つけるのにはあまり向いていません）。**図10-31** にモルフォロジー勾配演算子の結果を示します。

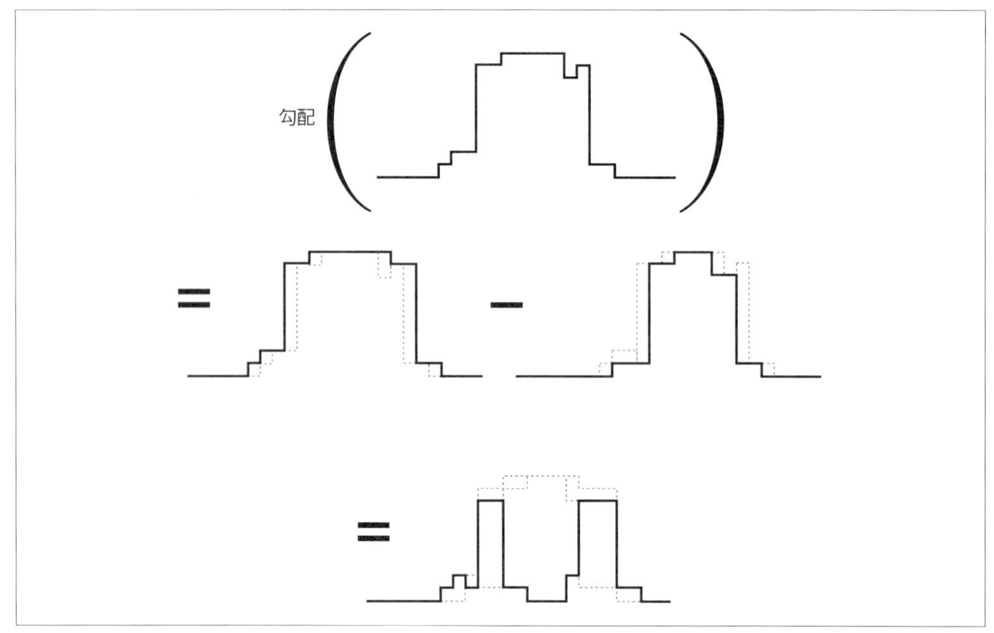

図10-30　グレースケール画像に対して適用されたモルフォロジー勾配演算。期待どおり、この演算子はグレースケール画像が最も急激に変化している場所で最も高い値を持つ

図10-31　モルフォロジー勾配演算子の結果。明るい境界線のエッジが識別されている

10.6.5 トップハットとブラックハット

最後の2つの演算子はトップハットとブラックハットと呼ばれます[Meyer78]。これらの演算子は、隣り合ったピクセルよりもそれぞれ明るかったり暗かったりする斑点の分離に使われます。物体を構成するいくつかの部分が、接しているものに対してだけ相対的に明るさが変わる場合に、それらの部分を分離するために使われます。このような状況は例えば、臓器や細胞の顕微鏡画像でよく起こります。両演算は、より基本的な演算子で次のように定義されます。

トップハット (src)　= src − オープニング (src)　// より明るい領域を分離する

ブラックハット (src) = クロージング (src) − src　// より暗い領域を分離する

トップハット演算子は、Aから、Aをオープニング処理した結果を引いています。オープニング演算の効果は小さな裂け目や局所的な落ち込みの強調だったことを思い出してください。したがってAからオープニング（A）を引き算すると、カーネルサイズに応じて、Aの中で周りよりも明るい領域が明確になります（図10-32と図10-33）。逆に、ブラックハット演算子はAの中で周りよりも暗い領域が明確になります（図10-34と図10-35）。本章で説明した全モルフォロジー演算子の結果の一覧を図10-18にまとめてあります[†20]。

図10-32　モルフォロジーのトップハット演算の結果。局所的な明るいピークが分離されている

†20　これらの演算（トップハットとブラックハット）が最も役に立つのは、グレースケール画像でのモルフォロジー演算、つまり、構造要素（カーネル）が値を持った行列であり（単なる2値マスクではない）、最小値や最大値を取る前に現在のピクセルの近傍にこの行列が加算されるような演算です。ただし本書の執筆時点では、これはまだOpenCVでは実装されていません。

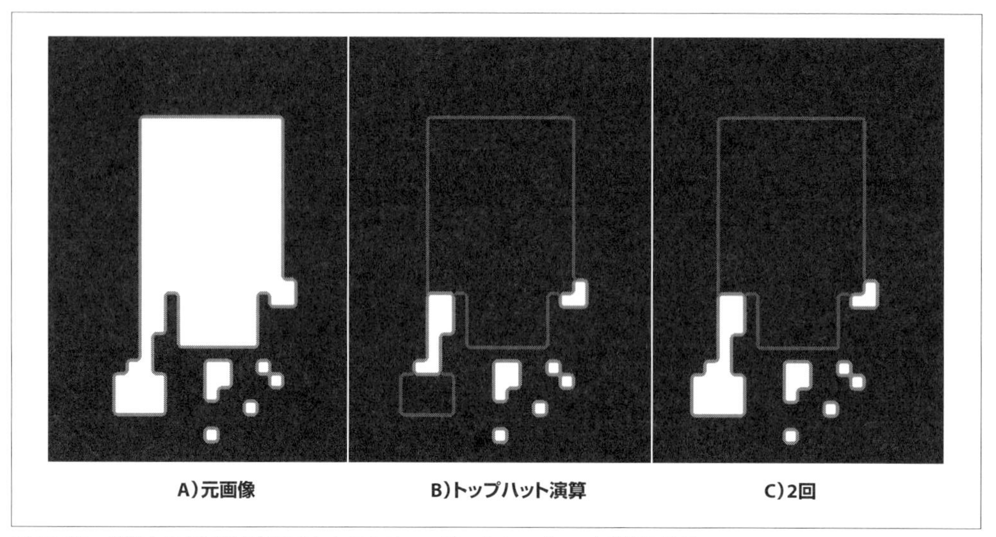

図10-33　単純な2値画像に適用されたモルフォロジーのトップハット演算の結果

図10-34　モルフォロジーのブラックハット演算の結果。暗い穴が分離されている

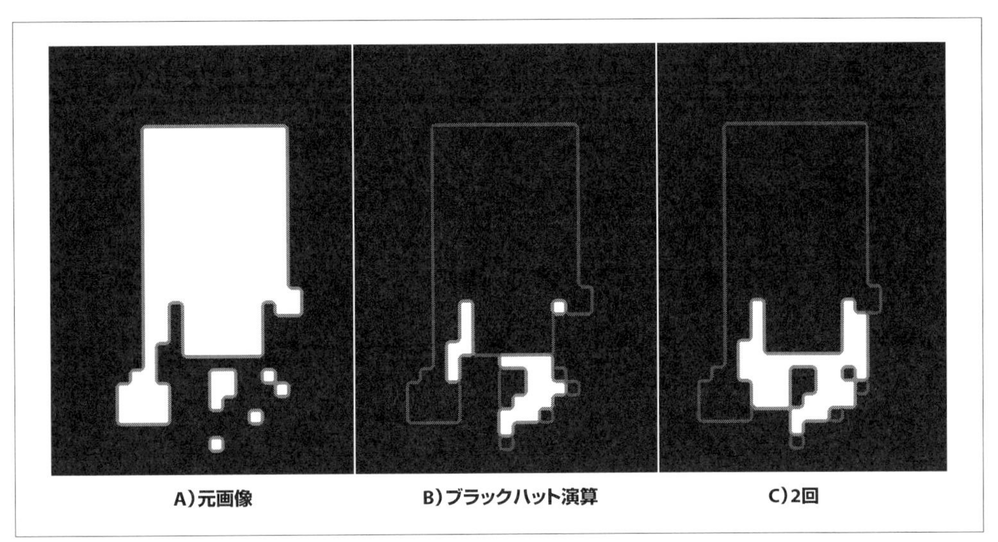

図10-35 単純な 2 値画像に適用されたモルフォロジーのブラックハット演算の結果

10.6.6 自前のカーネルを作成する

ここまでに見てきたモルフォロジー演算では、カーネルは常に 3 × 3 の正方形でした。それよりも少し汎用的なものが必要な場合のために、OpenCV では自前のカーネルを作成できるようになっています。モルフォロジーの場合は、カーネルは**構造要素**（structuring element）と呼ばれることが多いため、モルフォロジー用のカーネルを作成する関数は `cv::getStructuringElement()` と言います。

実際には、任意の配列を自由に作り、`cv::dilate()`、`cv::erode()`、`cv::morphologyEx()` のような関数で構造要素として使用することもできますが、これは多くの場合、必要以上に無駄な作業をすることになります。たいていの場合、みなさんが必要とするのは、正方形でないカーネルであり、`cv::getStructuringElement()` はそのためにあるのです。

```
cv::Mat cv::getStructuringElement(
  int        shape,                      // 要素の形状。例えば cv::MORPH_RECT
  cv::Size   ksize,                      // 構造要素のサイズ（奇数！）
  cv::Point anchor = cv::Point(-1,-1)  // アンカーポイントの場所
);
```

第 1 引数 `shape` は、構造要素の作成に使われる基本的な形状を制御します（**表10-4**）。`ksize` と `anchor` は構造要素のサイズとアンカーポイントの場所の指定です。いつものとおり、`anchor` 引数をデフォルトである `cv::Point(-1,-1)` のままにすると、`cv::getStructuringElement()` はアンカーが構造要素の中心に置かれるものと解釈します。

表10-4 cv::getStructuringElement() の要素の形状

shape の値	要素	説明
cv::MORPH_RECT	長方形	すべての i, j において $E_{i,j} = 1$
cv::MORPH_ELLIPSE	楕円	ksize.width と ksize.height を軸に持つ楕円
cv::MORPH_CROSS	十字	$i == anchor.y$ または $j == anchor.x$ の場合だけ、$E_{i,j} = 1$

表10-4に示した形状のオプションの中で、最後のものは、後方互換用です。古いC言語のAPI（v1.x）では、コンボリューションカーネルを表現するための別の構造体がありました。この機能は今では使う必要がありません。というのは、cv::getStructuringElement() で作成される基本形状よりも複雑な構造要素が必要な場合には、単に、任意の cv::Mat を構造要素としてモルフォロジー演算子に渡すことができるからです。

10.7 任意の線形フィルタによるコンボリューション

これまで見てきた関数では、コンボリューションの基本的な処理はOpenCVのAPIのレベルよりも下の深い部分で行われていました。少し時間を取ってコンボリューションの基本を理解し、さまざまな種類の便利なコンボリューションを実装した長い関数のリストを見てきました。本質的にはすべてのケースで、各関数に暗黙のカーネルが存在し、私たちは単にその関数に少し情報（その特定のカーネルの種類をパラメータ化したもの）を渡しただけでした。ただし線形フィルタでは、カーネル全体を渡し、OpenCVにコンボリューション処理を行わせることも可能です。

抽象的な観点からは、「私たちに必要なのはカーネルを記述する配列型の引数を取る関数だけである」と言えば非常に直感的にわかりやすいでしょう。実践的なレベルでは、性能に強く影響する重要な問題があります。それは、**分離可能な**カーネルと、そうではないカーネルがあるということです。

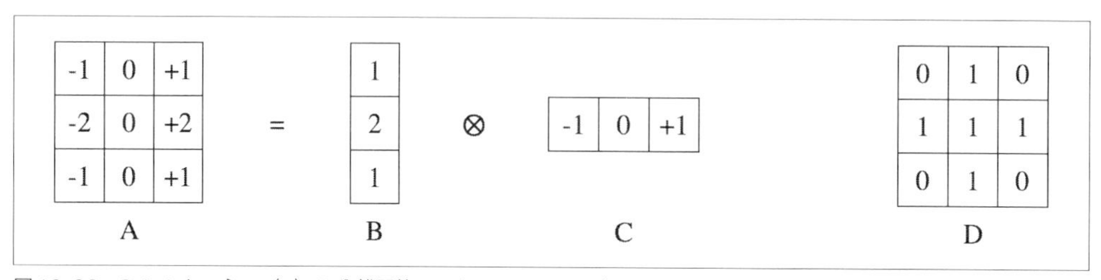

図10-36 Sobelカーネル（A）は分離可能。これは2つの1次元のコンボリューション（BとC）として表現できる。Dは分離不可能な例

分離可能なカーネルは、2つの1次元のカーネルとして考えることができるものです。最初にxカーネルで、次にyカーネルでコンボリューション処理を行います。このように分解することにメリットがある理由は、カーネルを用いたコンボリューション処理の計算コストは、だいたい

画像の面積×カーネルの面積になるからです[†21]。つまり、面積 A の画像を $n \times n$ のカーネルでコンボリューションすると、An^2 に比例した時間がかかるということです。一方で同じ画像を、$n \times 1$ のカーネルで 1 回、次に $1 \times n$ のカーネルで 1 回、コンボリューション処理すると、約 $An + An = 2An$ に比例した時間がかかります。n が 3 と小さい場合でもこの恩恵にあずかることができ、n が大きくなるにつれてその恩恵は大きくなります。

10.7.1 cv::filter2D() を用いて汎用フィルタを適用する

画像のコンボリューション処理で必要な演算数は、一見すると[†22]、カーネル内のピクセル数と画像内のピクセル数を掛けたものになるように思えます。そう考えると大量の計算になる可能性があり、for ループとたくさんのポインタを参照する処理で行いたいものではありません。このような状況では、みなさんの代わりに OpenCV にその仕事をさせ、内部の最適化を活用するのがよいでしょう。OpenCV では cv::filter2D() がこのすべてを行ってくれます。

```
cv::filter2D(
  cv::InputArray  src,                              // 入力画像
  cv::OutputArray dst,                              // 出力画像
  int             ddepth,                           // 出力の深さ（例えば、CV_8U）
  cv::InputArray  kernel,                           // 作成したカーネル
  cv::Point       anchor     = cv::Point(-1,-1),    // アンカーポイントの場所
  double          delta      = 0,                   // 代入前のオフセット
  int             borderType = cv::BORDER_DEFAULT   // 使用する境界線の外挿法
);
```

まず、カーネルとして適当なサイズの配列を作成し、作成したい線形フィルタの係数で埋めます。それを入力画像と出力画像と一緒に cv::filter2D() に渡します。いつもどおり、結果として生成される画像の深さは ddepth で、フィルタ用のアンカーポイントは anchor で、境界線の外挿法は borderType で指定することができます。このカーネルは、アンカーポイントを指定する場合には偶数サイズでもよいですが、指定しない場合は奇数サイズでなければなりません。線形フィルタの適用後の結果全体にオフセットを適用したいときは、delta 引数が使用できます。

10.7.2 cv::sepFilter2D() を用いて汎用的な分離可能フィルタを適用する

作成するカーネルが分離可能な場合、それを分離された形式で表現し、その 1 次元カーネルを OpenCV に渡すことで最もよい性能を OpenCV から引き出せます。例えば、図10-36（A）の

†21 これは空間領域でのコンボリューションの場合にだけ真となります。これが、OpenCV が小さなカーネルのみを扱う理由です。

†22 「一見すると」というのは、周波数領域でもコンボリューション処理を行うことが可能だからです。この場合は、$n \times n$ の画像と $m \times m$ のカーネルで $n \gg m$ のとき、計算時間は $n^2 \log(n)$ に比例します。空間領域での計算で期待される n^2m^2 には比例しません。周波数領域での計算はカーネルのサイズによらないので、大きなカーネルではより効果的です。OpenCV は、カーネルのサイズに基づいて自動的に周波数領域でコンボリューション処理を行うかどうかを決定します。

代わりに図10-36（B）と図10-36（C）で示したカーネルを渡します。OpenCVの関数である`cv::sepFilter2D()`は、2次元のカーネルの代わりに2つの1次元のカーネルを渡すこと以外は`cv::filter2D()`に似ています。

```
cv::sepFilter2D(
  cv::InputArray  src,                                // 入力画像
  cv::OutputArray dst,                                // 出力画像
  int             ddepth,                             // 出力の深さ（例えば、CV_8U）
  cv::InputArray  rowKernel,                          // 1 × N の行カーネル
  cv::InputArray  columnKernel,                       // M × 1 の列カーネル
  cv::Point       anchor     = cv::Point(-1,-1),      // アンカーポイントの場所
  double          delta      = 0,                     // 代入する前のオフセット
  int             borderType = cv::BORDER_DEFAULT     // 使用する境界線の外挿法
);
```

`cv::sepFilter2D()`の引数は`cv::filter2D()`と同じですが、`kernel`引数が`rowKernel`と`columnKernel`で置き換えられている点が異なります。後者の2つは、$1 \times N$と$M \times 1$の配列です（Nは必ずしもMと同じである必要はありません）。

10.7.3 カーネルを作る

以降に示す関数は、よく知られたカーネルを作るのに使うことができます。`cv::getDerivKernel()`はSobelカーネルとScharrカーネルを、`cv::getGaussianKernel()`はGaussianカーネルを作ります。

10.7.3.1 cv::getDerivKernel()

微分フィルタの実際のカーネルの配列は`cv::getDerivKernel()`で生成されます。

```
void cv::getDerivKernels(
  cv::OutputArray kx,
  cv::OutputArray ky,
  int             dx,                   // x 方向の微分の次数
  int             dy,                   // y 方向の微分の次数
  int             ksize,                // カーネルサイズ
  bool            normalize = true,     // true の場合、カーネルの面積で除算される
  int             ktype     = CV_32F    // フィルタの係数の型
);
```

`cv::getDerivKernels()`の結果は、`kx`と`ky`引数の配列に置かれます。微分型のカーネル（SobelやScharr）が分離可能なカーネルであることを思い出されたかもしれません。このことから、2つの配列が得られるのです。1つは1×`ksize`（列の係数、`kx`）で、もう1つは`ksize`×1（行の係数、`ky`）です。これらは、xとy方向の微分の次元`dx`と`dy`から計算されます。微分型のカーネルは常に正方形で、サイズを表す引数`ksize`は整数です。`ksize`は1, 3、5、7、`CV_SCHARR`が指定できます。`normalize`引数は`cv::getDerivKernels()`にそのカーネルの要素を「正しく」正規化すべきかどうかを指示します。浮動小数点数型の画像で演算を行っている場合には、

normalize を true に設定しない理由はありません。しかし整数型の配列で演算を行っている場合は、後で必要となる精度が失われてしまわないように、後処理のほうで配列を正規化するように注意してください[†23]。最後の引数 ktype はフィルタの係数の型を指示します（すなわち、kx と ky の配列の型です）。ktype は CV_32F か CV_64F のいずれかです。

10.7.3.2 cv::getGaussianKernel()

Gaussian フィルタの実際のカーネルの配列は cv::getGaussianKernel() で生成されます。

```
cv::Mat cv::getGaussianKernel(
  int           ksize,              // カーネルのサイズ
  double        sigma,              // カーネルの標準偏差
  int           ktype = CV_32F      // フィルタの係数の型
);
```

微分型のカーネルと同様に、Gaussian カーネルは分離可能です。このことから cv::getGaussianKernel() は ksize×1 の配列からなる係数だけを計算します。ksize には正の奇数なら何でも指定できます。引数 sigma はガウス分布の近似の標準偏差を設定します。係数は sigma から次の関数に従って計算されます。

$$k_i = \alpha \cdot e^{-((i-(ksize-1)/2)^2)/(2\sigma^2)}$$

係数 α はフィルタ全体が正規化されるように計算されます。sigma は-1 に設定することもでき、その場合は、sigma の値は ksize から自動的に計算されます[†24]。

10.8 まとめ

本章では、画像のコンボリューション処理について、境界線がどのように扱われるかも含めて勉強しました。また、カーネルについても学び、線形と非線形カーネルの違いも知りました。最後に、OpenCV でよく使われるフィルタをどのように実装しているかと、これらのフィルタがさまざまな種類の入力データに対して何を行うかを学びました。

10.9 練習問題

1. 面白いテクスチャを持つ画像を読み込んでください。cv::GaussianBlur() でいくつかの方法で画像を平滑化してください。
   a. 平滑化フィルタサイズを対称な 3×3、5×5、9×9、11×11 にし、結果を表示してくだ

†23 実際にはこれを行おうとする場合には、ある時点で係数の正規化が必要になります。必要な正規化係数は、$2^{ksize*2-dx-dy-2}$ です。

†24 この場合は、$\sigma = 0.3 \cdot \left(\frac{ksize-1}{2} - 1\right) + 0.8$ となります。

さい。

b. 5×5 の Gaussian フィルタで 2 回平滑化したものと、11×11 のフィルタで 1 回平滑化したものの出力結果はほぼ同じでしょうか？ 同じ場合もそうでない場合も、理由を説明してください。

2. 100×100 のシングルチャンネルの画像を作成してください。それをクリアし、中心のピクセルを `255` に設定してください。
   a. この画像を 5×5 の Gaussian フィルタを用いて平滑化し、結果を表示してください。どうなったでしょうか？
   b. 9×9 の Gaussian フィルタを用いて、これをもう一度行ってください。
   c. 初めからやり直して、5×5 のフィルタでこの画像を 2 回平滑化したらどのようになるでしょうか？ これを 9×9 の結果と比較してください。これらはほとんど同じでしょうか？ 同じ場合もそうでない場合も、理由を説明してください。
3. 何か面白い画像を読み込み、`cv::GaussianBlur()` で平滑化処理してください。
   a. `ksize=9` に設定してください。`sigmaX` はいくつかの設定を試してください（例えば、`1`、`4`、`6`）。結果を表示してください。
   b. 今度は、`ksize=0` に設定してから `sigmaX` を `1`、`4`、`6` に設定してください。そして結果を表示してください。これらは異なりますか？ また、それはなぜですか？
   c. 再び `ksize=0` を用いますが、今度は `sigmaX=1`、`sigmaY=9` に設定してください。画像を平滑化し、結果を表示してください。
   d. 練習問題 3c を、`sigmaX=9` と `sigmaY=1` を用いてもう一度行ってください。そして結果を表示してください。
   e. 今度は、練習問題 3c の設定でいったん画像を平滑化し、さらに練習問題 3d の設定で平滑化してください。そして結果を表示してください。
   f. 練習問題 3e の結果と、`ksize=9` と `sigmaX=sigmaY=0`（すなわち、9×9 のフィルタ）を用いた平滑化の結果とを比較してください。結果は同じですか？ 同じ場合もそうでない場合も、理由を説明してください。
4. カメラを可能な限り微小に動かし、同じシーンの写真を 2 枚撮ってください。これらの画像を `src1` と `src2` として読み込んでください。
   a. `src1` から `src2` を引いた値（画像の減算）の絶対値を取ってください。それを `diff12` とし表示してください。これが完全に同じ写真なら `diff12` は真っ黒になるでしょう。なぜそうならないのでしょうか？
   b. `diff12` に `cv::erode()` を用いて次に `cv::dilate()` を用いた結果を `cleandiff` とし、その結果を表示してください。
   c. `diff12` に `cv::dilate()` を用いて次に `cv::erode()` を用いた結果を `dirtydiff` とし、その結果を表示してください。
   d. `cleandiff` と `dirtydiff` の差を説明してください。

5. 物体の輪郭を作成します。景色の写真を撮り、次に、カメラを動かさずにその景色の中にコーヒーカップを置き、もう1枚写真を撮ってください。これらの画像を読み込み、両方を8ビットのグレースケール画像に変換してください。
   a. これらの差分の絶対値を取ってその結果を表示してください。これは、ノイズを含んだコーヒーカップのマスクに見えるはずです。
   b. その結果の画像に、コーヒーカップのほとんどの部分を残してノイズをいくらか削除するレベルで、2値閾値処理を行ってください。そして結果を表示してください。「オン」の値は `255` に設定してください。
   c. その画像にオープニング演算を行い、さらにノイズをきれいにしてください。
   d. 収縮演算子と論理 XOR 関数を用いて、コーヒーカップの画像のマスクをコーヒーカップの輪郭（エッジのピクセルだけが残っている状態）に変えてください。
6. 高いダイナミックレンジ：頭上からの強い照光があり、その光を遮るテーブルのある部屋に入り、写真を撮ってください。ほとんどのカメラでは、光が当たった部分がうまく露光して影の部分が暗くなりすぎるか、光が当たった部分が露光オーバーになって影の部分がちょうどよいかのいずれかになります。このような画像をうまく調整する適応型フィルタを作成してください。すなわち、平均よりも暗い部分ではピクセル値をいくぶん上げ、平均よりも明るい部分ではいくぶん下げるようにしてください。
7. スカイフィルタ：適応型の「スカイ」フィルタを作成してください。これは、空や湖の部分だけを平滑化し、地面を平滑化しないように、画像内の青っぽい部分だけを平滑化するものです。
8. ノイズのないマスクを作成します。練習問題5が完了したら、その画像内で残っている最も大きな形状だけを残して続けます。画像の左上にポインタを設定し、画像を走査してください。値が `255`（オン）のピクセルが見つかれば、その場所を記録し、`100` の値を用いて塗りつぶして（フラッドフィル）ください。塗りつぶしから得られる連結成分を読み込み、塗りつぶされた領域の面積を記録してください。もし画像内に別の大きな領域があれば、小さいほうの領域を値 `0` で塗りつぶし、記録した領域を削除してください。最後に、残っている最も大きな領域を `255` で塗りつぶしてください。そして結果を表示してください。これで、コーヒーカップ用の単一で穴の空いていないマスクが得られます。
9. この練習問題では、練習問題8で作成したマスクを用いるか、独自のマスク（図を描画して作成するか、あるいは単に正方形を用いる）を作成してください。まず、屋外の写真を読み込んでください。`copyTo()` でマスクを指定して、コーヒーカップの画像をこの屋外の写真にコピーしてください。
10. 変化の少ないランダム画像を作成してください（乱数発生関数を用いて、最大値と最小値の差が3未満になるように、また、ほとんどの数値が0に近くなるようにしてください）。この画像を PowerPoint のような描画プログラムに読み込み、閉じた線で輪を描いてください。この画像にバイラテラルフィルタ処理を行い、その結果を説明してください。
11. 景色の画像を読み込みグレースケールに変換してください。

a. この画像にモルフォロジーのトップハット演算を実行し、結果を表示してください。

b. その結果の画像を8ビットマスクに変換してください。

c. グレースケール値をトップハット演算（練習問題11b）で抽出された領域にコピーし、結果を表示してください。

12. 細かい特徴をたくさん持つ画像を読み込んでください（`cv::resize()`、`cv::pyrDown()`は「11章　画像変換」参照）。

a. `cv::resize()`を用いてそれぞれの次元で1/2に画像を縮小してください（これにより画像は1/4に縮小されます）。これを3回行い、結果を表示してください。

b. 今度は、元の画像を用いて`cv::pyrDown()`で3回縮小し、結果を表示してください。

c. ここで2つの結果はどのように異なるでしょうか？ なぜこれらのやり方は異なるのでしょうか？

13. 面白い光景か、十分に「豊かな色彩を持つ」光景の画像を読み込んでください。閾値を128に設定して`cv::threshold()`を適用してください。図10-4の各処理をこの画像に設定し、結果を表示してください。閾値処理関数は非常に役に立つので十分になじんでおきましょう。

a. もう一度、上の練習問題を行ってください。ただし、`cv::threshold()`の代わりに`cv::adaptiveThreshold()`を用い、`C=5`に設定してください。

b. `C=0`を用いた後`C=-5`を用いて、練習問題13aをもう一度行ってください。

14. （エッジを保存する）バイラテラル平滑化フィルタを近似してください。まず、画像内の主要なエッジを見つけ、それらを取っておきます。次に、`cv::pyrMeanShiftFiltering()`（「12章　画像解析」参照）を用い、画像を領域に分割します。これらの領域を別々に平滑化した後、エッジ画像とアルファブレンディングして、平滑化されつつエッジが保たれている1つの画像にしてください。

15. `cv::filter2D()`を用いて、画像内の60°の線だけを検出するフィルタを作成してください。そのフィルタを面白い景色の画像に施した結果を表示してください。

16. 分離可能カーネル：$[(1/16, 2/16, 1/16), (2/16, 4/16, 2/16), (1/16, 2/16, 1/16)]$を行とする$3 \times 3$のGaussianカーネルを作成し、アンカーポイントを真ん中に設定してください。

a. このカーネルを画像に適用し、結果を表示してください。

b. 今度は、アンカーが中央にある1次元カーネルを2つ作成してください。1つは「横」に$(1/4, 2/4, 1/4)$となり、もう1つは下に$(1/4, 2/4, 1/4)$となるものです。同じ元画像を読み込み、`cv::filter2D()`を用いて画像を2回コンボリューション処理してください。1回目は最初の1次元カーネル、もう1回は2つ目のカーネルを用います。そして結果を説明してください。

c. 練習問題16aのカーネルと練習問題16bの2つのカーネルの複雑さのオーダー（演算数）を説明してください。その差が、分離可能カーネルを全体がGaussianクラスのフィルタ群（もしくは、分離可能な線形フィルタ）として使うことができる利点です。これは、コンボリューション処理が線形な演算だからです。

17. **図10-15**に示したScharrフィルタから分離可能カーネルを作成できるでしょうか？ できる場合は、それがどのようなものかを示してください。
18. PowerPointのような描画プログラムで、標的のように同心円をいくつか描いてください。
    a. 標的の中心に向かう何本かの線を描いてください。そしてその画像を保存してください。
    b. 3×3のカーネルサイズを用い、この画像のxとyの1次微分を求めて表示してください。その後、カーネルサイズを5×5、9×9、13×13に増やしてみてください。そして結果を説明してください。
19. 黒い背景の上に$45°$の白い線を1本だけ描いた新しい画像を作成してください。一連のカーネルサイズに対して、この画像のx方向の1次微分（dx）とy方向の1次微分（dy）を計算してください。dxとdyの画像は入力画像の勾配に相当します。場所(i, j)における大きさは$mag(i, j) = \sqrt{dx^2(i, j) + dy^2(i, j)}$、その角度は$\Theta(i, j) = \mathrm{atan2}(dy(i, j), dx(i, j))$です。この画像を走査して、その大きさが最大かそれに近い場所を見つけ出してください。それらの場所の角度を記録し、平均を求めて測定された線の角度として報告してください。
    a. これを3×3のSobelフィルタで行ってください。
    b. これを5×5のフィルタで行ってください。
    c. これを9×9のフィルタで行ってください。
    d. 結果は異なりますか？ そうであれば理由は何でしょうか？

11章 画像変換

11.1 概要

前章では、コンボリューションという観点から具体的に理解できる画像変換を扱いました。もちろん、この方法（すなわち、小さな領域で画像上を走査して何らかの処理を行う方法）で表現できない便利な演算もたくさん存在します。一般的に、コンボリューションで表現できる変換は局所的です。つまり、コンボリューションによって画像全体を変更する場合であっても、ある特定のピクセルへの効果はその周りの少数のピクセルだけから決定されるということです。本章で扱う変換のほとんどは、このような性質のものではありません。

非常に便利な**画像変換**のいくつかはシンプルで、みなさんがよく使うものです（例えば、**リサイズ**など）。それ以外のものは、より特殊な目的を持つ変換です。本章で見ていく画像変換は、ある画像を別の画像に変換するような処理です。出力画像のサイズが入力画像と異なる場合もよくありますが、本質的な意味では、出力画像も入力画像と同じようにピクセルが並んだ「絵」です。「12章　画像解析」では、画像をまったく異なる表現で描画する可能性がある演算について説明します。

コンピュータビジョンでよく使われる便利な変換はたくさんあります。OpenCV はその中でも、何度も使われるものについては全部実装していますし、自分でより複雑な変換を実装する手助けとなる道具も提供しています。

11.2 拡大、縮小、ワープ（歪曲）、回転

最も簡単な画像変換は画像のリサイズでしょう。これは大きくする場合と小さくする場合があります。これらの操作はみなさんが考えているほど単純ではありません。というのも、リサイズを行おうとするとまず、どのようにピクセルを補間するか（拡大の場合）、あるいは省略するか（縮小の場合）、という問題につながるからです。

11.2.1 均一なリサイズ

あるサイズの画像を他のサイズに変換したくなる場合があります。画像を大きくしたり小さくしたりしたい場合、両方とも同じ関数で行うことができます。

11.2.1.1 cv::resize()

cv::resize() 関数は、このようなリサイズ処理をすべて扱います。入力画像と変換したいサイズを与えると、指定したサイズの新しい画像を生成します。

```
void cv::resize(
  cv::InputArray  src,                                // 入力画像
  cv::OutputArray dst,                                // 出力画像
  cv::Size        dsize,                              // 新しいサイズ
  double          fx            = 0,                  // x 方向の倍率
  double          fy            = 0,                  // y 方向の倍率
  int             interpolation = CV::INTER_LINEAR // 補間方法
);
```

出力画像のサイズは2つの方法で指定できます。1つは**絶対値**でリサイズする方法です。この場合は、dsize 引数で出力画像 dst のサイズを直接設定します。もう1つは**相対値**でリサイズする方法です。この場合は、dsize を cv::Size(0,0) に設定し、fx と fy に、x 軸、y 軸それぞれに適用したい倍率を設定します[†1]。最後の引数は補間方法であり、デフォルトはバイリニア補間です。指定できるオプションを表11-1に示します。

表11-1 cv::resize() の補間方法

補間方法	意味
cv::INTER_NEAREST	最近傍補間
cv::INTER_LINEAR	バイリニア補間
cv::INTER_AREA	ピクセル領域の再サンプリング
cv::INTER_CUBIC	バイキュービック補間
cv::INTER_LANCZOS4	8×8 近傍を用いた Lanczos 補間

ここで補間は重要な問題です。入力画像のピクセルはグリッド状に整数の位置に置かれています。例えば、ピクセルを座標 (20, 17) として参照することができます。これらの整数の座標が新しい画像に写像されるとき、隙間ができる可能性があります。これは、入力画像の整数のピクセルの座標が出力画像の実数の座標に写像され、最も近い整数のピクセル座標に丸める必要があるから、あるいは、ピクセルが写像されない座標がいくつか存在するからです（画像を拡大することでサイズを倍にする場合を考えてください。この場合、出力ピクセルは1つおきに空のままです)。これらの問題は、一般的に**順投影**（forward projection）問題と呼ばれます。このような丸めによる問

†1 dsize が cv::Size(0,0) か、fx と fy が両方 0 であるかのどちらかでなくてはなりません。

題と出力画像の隙間を扱うために、この問題を逆方向に解決します。つまり、出力画像のピクセルを１つずつ処理し、「この出力画像のピクセルを塗るには、入力画像のどのピクセルが必要か」を調べるのです。ほとんどの場合、これらの入力画像のピクセルは整数で割り切れない位置（サブピクセル）にあります。このため、入力画像のピクセルを補間し、出力画像値の正確な値を導き出す必要があります。デフォルトの方法はバイリニア補間ですが、他の方法を使用してもかまいません（**表11-1**参照）。

最も簡単な方法は、リサイズされたピクセルの値を入力画像内でそのピクセルに最も近いピクセルから取る方法です。これは interpolation に cv::INTER_NEAREST を指定したときの結果です。また、入力画像のピクセルの周囲の 2×2 のピクセルの値を、出力画像から求めたピクセルへの近さで線形に重み付けすることもできます。これは cv::INTER_LINEAR で行われます。さらに、リサイズされた新しいピクセルを古いピクセル上に仮想的に置き、覆われたピクセルの値の平均を取ることも可能で、これが cv::INTER_AREA で行われる方法です†2。より滑らかな補間方法として、入力画像内の周囲の 4×4 のピクセル間に３次（キュービック）のスプライン関数を当てはめ、そのスプライン関数から対応する出力画像のピクセル値を読み取るオプションもあります。これは、補間方法として cv::INTER_CUBIC を選んだ場合の結果です。最後の方法は Lanczos 補間です。これは、３次のスプラインを用いた方法に似ていますが、ピクセルの周りの 8×8 領域の情報を用います†3。

cv::resize() とそれによく似た名前の、cv::Mat::resize()（cv::Mat クラスのメンバー関数）の違いに注意してください。cv::resize() は、元のピクセルは写像されて、サイズの異なる新しい画像を作成します。cv::Mat::resize() はメンバー変数の画像を新しいサイズに合うようにトリミングします。cv::Mat::resize() では、ピクセルは補間（もしくは、外挿）されません。

11.2.2 画像ピラミッド

画像ピラミッド[Adelson84] は幅広い種類のビジョンアプリケーションで頻繁に使われます。画像ピラミッドは、すべての画像が１つの元画像から作られた画像の集まりで、指定した停止点に到着するまで連続的にダウンサンプリングしたものです（もちろん、この停止点は１ピクセルの画像でもかまいません！）。

論文やアプリケーションでよく使われる画像ピラミッドには２種類あります。Gaussian [Rosenfeld80] ピラミッドと Laplacian [Burt83] ピラミッド[Adelson84] です。Gaussian ピラミッドは画像をダウンサンプリングするのに用いられ、Laplacian ピラミッドはピラミッドの下位の画

†2 これは cv::resize() が画像を縮小するときに起こることです。画像を拡大するときは、cv::INTER_AREA は結局 cv::INTER_NEAREST と同じになります。

†3 Lanczos フィルタの詳細は本書では割愛しますが、このフィルタは画像の**知覚的**な鮮明さを増す効果を持つので、画像処理でよく使われます。

像からアップサンプリングした画像を再構築したいときに必要になります。

11.2.2.1 cv::pyrDown()

通常、Gaussianピラミッド内の$(i+1)$レイヤ（このレイヤをG_{i+1}と書きます）をピラミッドのレイヤG_iから生成するには、最初にGaussianカーネルを用いてG_iをコンボリューション処理し、偶数番目の列と行をすべて削除します。もちろん、これにより、各画像の面積は正確に直前の画像の1/4になることはすぐにおわかりになるでしょう。入力画像G_0にこの処理を繰り返すことで、ピラミッド全体を作り出します。OpenCVはピラミッドのそれぞれを直前のものから生成する方法を提供しています。

```
void cv::pyrDown(
  cv::InputArray  src,                        // 入力画像
  cv::OutputArray dst,                        // 出力画像
  const cv::Size& dstsize = cv::Size()        // 出力画像のサイズ
);
```

`cv::pyrDown()`メソッドは、出力画像のサイズ`dstsize`をデフォルトの`cv::Size()`に設定しておくと、これをまさに正確に行ってくれます。少し具体的に言うと、出力画像のデフォルトのサイズは`( (src.cols+1)/2, (src.rows+1)/2 )`[†4]になります。代わりに、出力画像に望むサイズを`dstsize`で指定することもできます。ただし`dstsize`の値には次に示す厳密な制約があります。

$$|dstsize.width * 2 - src.cols| \leqq 2$$

$$|dstsize.height * 2 - src.rows| \leqq 2$$

この制約は、出力画像のサイズは入力画像の半分に**非常に近く**なくてはいけないということです。`dstsize`引数は、ピラミッドをどう作るかに対して厳密な制御が必要な場合にだけ使用します。

11.2.2.2 cv::buildPyramid()

ある画像から、一連の縮小画像を作りたいという状況は比較的よくあります。`cv::buildPyramid()`関数は、そのような画像群を一度の呼び出しで生成してくれます。

```
void cv::buildPyramid(
  cv::InputArray          src,                // 入力画像
  cv::OutputArrayOfArrays dst,                // ピラミッドの出力画像群
  int                     maxlevel            // ピラミッドのレベル数
);
```

†4 +1を付けているのは、奇数サイズの画像も正しく扱えるようにするためです。画像が最初から偶数サイズだった場合には何も起こりません。

src 引数は入力画像です。dst 引数はあまり見たことのない cv::OutputArrayOfArrays 型ですが、これは、単に cv::OutputArray 型の STL vector<>オブジェクト群だと考えることができます。この最もよくある例は vector<cv::Mat>でしょう。

maxlevel 引数は 0 以上の整数で、生成されるピラミッド画像の枚数（レベル）を示します。cv::buildPyramid() が実行されると、長さが maxlevel+1 のベクタが dst に返されます。dst の 1 番目の要素は src と同じです。2 番目は半分のサイズで、これは、cv::pyrDown() を呼び出した結果と同じです。3 番目は 2 番目の半分です。後は同じように続きます（**図 11-1** の左側の画像参照）。

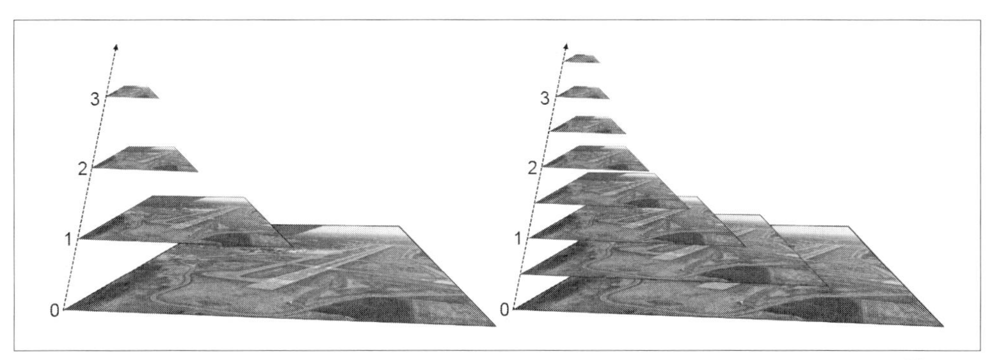

図 11-1　maxlevel=3 で生成された画像ピラミッド（左）。2 つのピラミッドを交互に配置して作成した $\sqrt{2}$ のピラミッド（右）

実際には、2 の倍数よりも細かく対数スケーリングされたピラミッドが必要になる場合がよくあります。これを得る方法の 1 つは、単に使用したいスケール係数で回数分だけ、必要に応じて cv::resize() を呼び出す方法です。しかし、これは非常に時間がかかる可能性があります。いくつかのよく使うスケール係数に対しては、別の方法が考えられます。必要となる画像の集合ごとに cv::resize() を 1 回だけ呼び、そのリサイズした「ベース」それぞれに対して cv::buildPyramid() を呼ぶ方法です。これらの結果を交互にはさみ込んで、1 つの大きなより粒度の細かいピラミッドを作ります。**図 11-1**（右）は 2 つのピラミッドを生成している例を示しています。最初に $\sqrt{2}$ を係数にして元の画像を縮小し、その画像に対して cv::buildPyramid() を呼んで、4 枚の中間画像からなる 2 つ目のピラミッドを作成します。元のピラミッドと組み合わせたら、ピラミッド全体を通して $\sqrt{2}$ をスケール係数とするより細かいピラミッドになります。

11.2.2.3 cv::pyrUp()

同様に、既存の画像を次の類似した（しかし、逆変換ではない）演算で変換し、各方向に倍の大きさの画像を作り出すことができます。

```
void cv::pyrUp(
  cv::InputArray  src,                       // 入力画像
  cv::OutputArray dst,                       // 出力画像
  const cv::Size& dstsize = cv::Size()       // 出力画像のサイズ
);
```

この場合、画像はまず各方向に元の画像の2倍に拡大され、新しい（偶数の）列と行は0で埋められます。その後、Gaussianフィルタ[†5]を用いてコンボリューションが行われ、「もともとなかった」ピクセルの値を近似します。

cv::pyrDown()と同様、dstsizeがデフォルトのcv::Size()に設定されている場合、出力画像はsrcのぴったり2倍（各方向に対して）のサイズになります。ここでも、出力画像に望むサイズをdstsizeで指定することができますが、やはり次の制約を守る必要があります。

$$|dstsize.width * 2 - src.cols| \leqq (dstsize.width\%2)$$

$$|dstsize.height * 2 - src.rows| \leqq (dstsize.height\%2)$$

この制約は、出力画像のサイズは入力画像の2倍に**非常に近く**なくてはいけないということです。前にも述べたように、dstsize引数は、ピラミッドをどう作るかに対して厳密な制御が必要な場合にだけ使用します。

11.2.2.4 Laplacianピラミッド

前に、cv::pyrUp()はcv::pyrDown()の逆変換ではないと述べました。これはcv::pyrDown()が情報を失う演算であることから明らかでしょう。元の（より解像度の高い）画像を復元するには、ダウンサンプリングによって破棄された情報にアクセスする必要があります。この情報が**Laplacianピラミッド**を形成します。Laplacianピラミッドのi番目のレイヤは次の関係で定義されます。

$$L_i = G_i - Up(G_{i+1}) \otimes g_{5\times5}$$

ここで$Up()$という演算子は、元画像の(x, y)の場所にある各ピクセルを出力画像の$(2x+1, 2y+1)$にあるピクセルに写像するものです。$\otimes$記号はコンボリューションを表します。$g_{5\times5}$は5×5のGaussianカーネルです。もちろん$Up(G_{i+1}) \otimes g_{5\times5}$はOpenCVが提供するcv::pyrUp()の定義です。したがって、OpenCVを用いて次のように直接Laplacian演算子を計算できます。

$$L_i = G_i - pyrUp(G_{i+1})$$

†5 このフィルタも1ではなく、4に正規化されます。これは、コンボリューション処理の前に挿入される列と行がすべてのピクセルで0となるので適切です（通常、Gaussianカーネルの要素の合計は1ですが、2倍になるピラミッド型のアップサンプリングでは、2次元の場合、すべてのカーネル要素は4倍され、0の列や行が挿入された後、平均の明るさに戻るようにしています）。

Gaussian ピラミッドと Laplacian ピラミッドを**図11-2** に示します。部分画像から元の画像を復元する逆のプロセスも示しています。Gaussian の差分が実際に Laplacian の近似となっていることが、前に示した式とこの図からわかるでしょう。

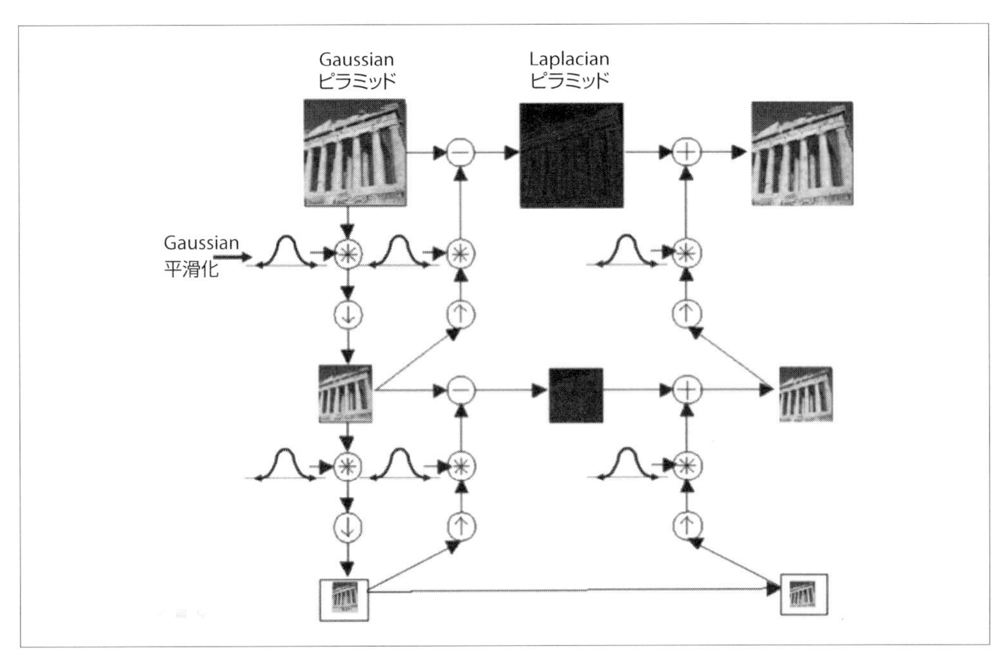

図11-2　Gaussian ピラミッドとその逆である Laplacian ピラミッド

11.2.3　不均一写像

この節では、画像の**幾何**操作、すなわち、3 次元幾何形状と射影幾何形状の交差上に原点を持つような変換について説明します[†6]。これらの操作には、均一および不均一のリサイズ処理があります（後者は**ワープ（歪曲）**処理と呼ばれます）。このような操作を行う理由はたくさんあります。例えば、既存のシーン内の壁に画像をスーパーインポーズできるようにワープ処理して回転したり、物体認識で用いられる訓練用画群を人工的に拡大したりします[†7]。画像を拡大、縮小、ワープ、回転する関数は**幾何変換**と呼ばれます（初期の論文は[Semple79] を参照）。平面に対しては、2 種類の幾何変換があります。2 × 3 行列を用いた**アフィン変換**と呼ばれる変換と、3 × 3 行列に基づいた**透視変換**や**ホモグラフィ**と呼ばれる変換です。後者の変換は、3 次元内の平面が特定の観測者（その平面をまっすぐ見ていないかもしれない）から見るとどうなるかを計算するための方法と

†6　3 次元のビジョンテクニックでどのように使われるかを説明するときに（「19 章　射影変換と 3 次元ビジョン」）、これらの変換について詳細に解説します。

†7　このやり方は「結局は、局所的なアフィン歪みに対して不変な認識方法を使ったほうがよいのでは？」と少々疑わしく思われるかもしれません。それにもかかわらず、この方法は長い歴史を持ち、実際には非常に役に立つのです。

考えることもできます。

アフィン変換は、行列の乗算の後にベクトルの加算を行う形で表される変換すべてを指します。OpenCV では、このような変換を表現する標準的なスタイルとして 2×3 行列を用い、次のように定義されます。

$$A \equiv \begin{bmatrix} a_{00} & a_{01} \\ a_{10} & a_{11} \end{bmatrix} \quad B \equiv \begin{bmatrix} b_0 \\ b_1 \end{bmatrix} \quad T \equiv \begin{bmatrix} A & B \end{bmatrix} \quad X \equiv \begin{bmatrix} x \\ y \end{bmatrix} \quad X' \equiv \begin{bmatrix} x \\ y \\ 1 \end{bmatrix}$$

アフィン変換 $A \cdot X + B$ の効果は、ベクトル X をベクトル X' に拡張し、単に T を左から X' に乗算する処理と等しいことは容易にわかるでしょう。

アフィン変換は次のように考えることができます。平面上の任意の平行四辺形 $ABCD$ は、あるアフィン変換で別の任意の平行四辺形 $A'B'C'D'$ に写像することができます。これらの平行四辺形の面積が 0 でなければ、このアフィン変換は、これら 2 つの平行四辺形（の 3 つの頂点）で一意に定義されます。言ってみればアフィン変換は、画像を大きなゴムシートに描画し、その頂点を押したり引っ張ったりすることで[†8]シートを変形して、平行四辺形にするようなものと考えることもできます。

同じ物体をわずかに異なる視点から見たものであるとわかっている画像が複数ある場合、これらの複数のビューを関連づけるような変換を計算したい場合があります。このような場合、ビューをモデル化するのに透視変換ではなくアフィン変換がよく使われます。というのは、アフィン変換のほうがパラメータの数が少なく、比較的簡単に解けるからです。欠点は、本当の遠近歪みは**ホモグラフィ**でしかモデル化できないということです[†9]。つまり、アフィン変換の表現ではこれらのビュー間のありえる関係すべてには対応できません。一方で、視点が少し変わっただけであれば、それによって生じる歪みはアフィン変換になるので、状況によってはアフィン変換で十分な場合があります。

アフィン変換は長方形を平行四辺形に変換できます。この変換はその形状の辺を平行に保ちながら形状を押しつぶすことができるのです。また、形状を回転させたりスケーリングしたりもできます。透視変換には、アフィン変換よりもさらに柔軟性があります。すなわち透視変換では長方形を台形に変えることができるのです。もちろん、平行四辺形も台形の 1 種なので、アフィン変換は透視変換のサブセットです。**図 11-3** は、さまざまなアフィン変換と透視変換の例を示してあります。本章の後半の**図 11-4** は、画像を使った例を示しています。

---

†8　この平行四辺形をひっくり返すように引っ張ることもできます。

†9　**ホモグラフィ**は、ある面上に存在する点を別の面に写像することを表す数学用語です。この意味では、本文中で用いているよりも一般的な用語です。コンピュータビジョン分野では、ホモグラフィはほとんどの場合、実世界の平面オブジェクト上の同じ場所に対応する、2 つの画像平面上における点間の写像を表します。このような写像は単一の 3×3 の直交行列で表現可能です（「19 章　射影変換と 3 次元ビジョン」で詳しく述べます）。

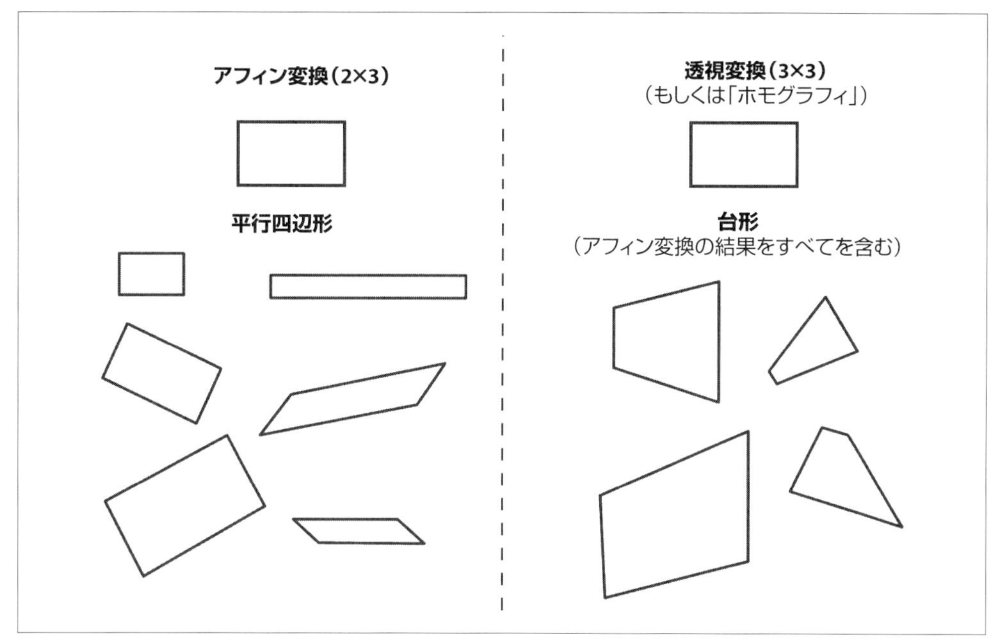

図11-3 アフィン変換と透視変換

11.2.4 アフィン変換

アフィン変換を使っていると2つの状況が発生します。最初のケースは、画像（もしくはROI）を変換したい場合です。2つ目のケースは、点のリストについて変換の結果を計算したい場合です。これら2つのケースは、概念的には非常によく似ていますが、実際の実装ではまったく異なります。このため、OpenCVは2つの関数を用意しているのです。

11.2.4.1 cv::warpAffine()：密なアフィン変換

最初のケースでは、入出力フォーマットは画像で、ワープ処理はこれらの画像のピクセル間の**密な表現**であることを暗黙に仮定しています。これは、画像のワープ処理は、出力画像が滑らかかつ自然に見えるように補間処理を行う必要があることを意味します。OpenCVで提供される密な変換用のアフィン変換関数は`cv::warpAffine()`です。

```
void cv::warpAffine(
  cv::InputArray    src,                                   // 入力画像
  cv::OutputArray   dst,                                   // 出力画像
  cv::InputArray    M,                                     // 2 × 3 の変換行列
  cv::Size          dsize,                                 // 出力画像のサイズ
  int               flags       = cv::INTER_LINEAR,        // 補間、反転
  int               borderMode  = cv::BORDER_CONSTANT,     // ピクセルの外挿法
  const cv::Scalar& borderValue = cv::Scalar()             // 定数の境界線用
);
```

ここで src と dst はそれぞれ入力と出力の配列です。M は前のほうで紹介した、行いたい変換を定める 2×3 行列です。出力の配列内の要素はそれぞれ、次で与えられる場所にある入力配列の要素から計算されます。

$$dst(x, y) = src(M_{00}x + M_{01}y + M_{02}, M_{10}x + M_{11}y + M_{12})$$

しかし、一般的に、この式の右辺で表される座標値は、整数ではありません。この場合、$dst(x, y)$ 用の適切な値を見つけるのに補間を使う必要があります。次の引数 flags は、その補間方法を選択するものです。使用できる補間方法は**表11-1** に示した cv::resize() と同じものに、cv::WARP_INVERSE_MAP が追加されています（これは、ビット単位の OR を取って追加できます）。このオプションは、src から dst ではなく、dst から src に逆方向にワープ処理を行ってくれます。最後の 2 つの引数は境界線の外挿方法で、画像のコンボリューション処理でも使われる同様の引数と同じ意味を持ちます（「10 章　フィルタとコンボリューション」参照）。

11.2.4.2　cv::getAffineTransform()：アフィン変換の写像行列を計算する

OpenCV は写像行列 M の生成を手助けする関数を 2 つ提供しています。最初の関数は、アフィン変換で変換できることがわかっているか、そのように近似したい 2 つの画像がすでにある場合に用いられます。

```
cv::Mat cv::getAffineTransform(           // 2 × 3 行列を返す
  const cv::Point2f* src,                 // 「3 つ」の頂点の座標
  const cv::Point2f* dst                  // ターゲットの 3 つの頂点
);
```

ここで src と dst は 3 つの 2 次元の (x, y) 点を含む配列で、戻り値はこれらの点から計算されたアフィン変換の配列です。

cv::getAffineTransform() の src と dst は、2 つの平行四辺形を定義する 3 つの点からなる配列です。src の点は、結果として得られる行列 M を使って cv::warpAffine() を適用すると、dst 内の対応する点に写像されます。その他の点はすべて、それにつられて引っ張られます。これらの 3 つの独立した頂点の写像が決まると、その他のすべての点はそれに従って完全に決定されるのです。

例11-1 は、これらの関数を使用しているコードです。この例では、最初に 3 点（平行四辺形を代表する頂点）からなる配列を 2 つ作成し、cv::getAffineTransform() を用いて実際の変換行列を計算することで、cv::warpAffine() の行列のパラメータを取得します。次にアフィン変換のワープ処理を実行し、続いて画像を回転します。入力画像内の代表点の配列（srcTri[]）については、(0, 0)、(幅-1, 0)、(0, 高さ-1) の 3 つの点を与えます。次に、これらの 3 つの点が写像される場所を表す配列 dstTri[] を指定します。

例11-1　アフィン変換のコード

```
#include <opencv2/opencv.hpp>
#include <iostream>

using namespace std;

int main(int argc, char** argv) {

if(argc != 2) {
  cout << "Warp affine\nUsage: " <<argv[0] <<" <imagename>\n" << endl;
  return -1;
}

cv::Mat src = cv::imread(argv[1],1);
if( src.empty() ) { cout << "Can not load " << argv[1] << endl; return -1; }

cv::Point3f srcTri[] = {
  cv::Point2f(0,0),             // 入力画像の左上
  cv::Point2f(src.cols-1, 0), // 入力画像の右上
  cv::Point2f(0, src.rows-1)  // 入力画像の左下
};

cv::Point2f dstTri[] = {
  cv::Point2f(src.cols*0.f,   src.rows*0.33f), // 出力画像の左上
  cv::Point2f(src.cols*0.85f, src.rows*0.25f), // 出力画像の右上
  cv::Point2f(src.cols*0.15f, src.rows*0.7f)   // 出力画像の左下
};

// アフィン変換の行列を計算する
//
cv::Mat warp_mat = cv::getAffineTransform(srcTri, dstTri);
cv::Mat dst, dst2;
cv::warpAffine(
  src,
  dst,
  warp_mat,
  src.size(),
  cv::INTER_LINEAR,
  cv::BORDER_CONSTANT,
  cv::Scalar()
);
for( int i = 0; i < 3; ++i )
  cv::circle(dst, dstTri[i], 5, cv::Scalar(255, 0, 255), -1, cv::LINE_AA);

cv::imshow("Affine Transform Test", dst);
cv::waitKey();

for(int frame=0;;++frame) {

  // 回転行列を計算する
  cv::Point2f center(src.cols*0.5f, src.rows*0.5f);
  double angle = frame*3 % 360, scale = (cos((angle - 60)* cv::PI/180) + 1.05)*0.8;
```

```
    cv::Mat rot_mat = cv::getRotationMatrix2D(center, angle, scale);

    cv::warpAffine(
      src,
      dst,
      rot_mat,
      src.size(),
      cv::INTER_LINEAR,
      cv::BORDER_CONSTANT,
      cv::Scalar()
    );
    cv::imshow("Rotated Image", dst);
    if(cv::waitKey(30) >= 0 )
      break;

    }

    return 0;
  }
```

写像行列 M を計算するもう 1 つの方法は、cv::getRotationMatrix2D() を用いることです。この関数は任意の点を中心とする回転を表す行列を計算し、オプションでスケーリングを指定できます。これはアフィン変換で表現可能な変換の一種にすぎないので、cv::getAffineTransform() よりも一般性はありませんが、みなさんの頭の中で扱いやすく、より直感的な表現の 1 つです。

```
cv::Mat cv::getRotationMatrix2D(             // 2 × 3 の行列を返す
  cv::Point2f  center,                       // 回転の中心
  double       angle,                        // 回転角度
  double       scale                         // 回転後のスケーリング
);
```

最初の引数 center は回転の中心点です。次の 2 つの引数には回転の角度と全体的なスケーリングを与えます。この関数は、写像行列 M を返します。いつものように、これは浮動小数点数からなる 2×3 行列です。

$\alpha = scale * \cos(angle)$ かつ $\beta = scale * \sin(angle)$ と定義すると、この関数は M を次のように計算します。

$$\begin{bmatrix} \alpha & \beta & (1-\alpha) \cdot center_x - \beta \cdot center_y \\ -\beta & \alpha & \beta \cdot center_x + (1-\alpha) \cdot center_y \end{bmatrix}$$

これらの M を設定するメソッドを組み合わせれば、例えば、画像を回転し、スケーリングして、さらにワープ処理することができます。

11.2.4.3 cv::transform()：疎なアフィン変換

cv::warpAffine() が密な写像を扱う正しいやり方であることは説明しました。疎な写像（す

なわち個別の点のリストの写像）に関しては、cv::transform() を使うのが最もよいでしょう。「5 章　配列の演算」で使った cv::transform() メソッドが次のような形をしていたことを思い出してください。

```
void cv::transform(
  cv::InputArray  src,                // 入力用の N × 1 の配列（Ds 個のチャンネル）
  cv::OutputArray dst,                // 出力用の N × 1 の配列（Dd 個のチャンネル）
  cv::InputArray  mtx                 // 変換行列（Ds × Dd）
);
```

一般的に、src は $N \times 1$ の配列で D_s 個のチャンネルを持ちます。ここで N は変換される点の個数で、D_s はその元になる点の次元です。出力用の配列 dst は同じサイズでなければなりませんが、チャンネル数 D_d は異なる場合があります。変換行列 mtx は $D_s \times D_d$ の行列で src のすべての要素に適用され、その結果が dst に置かれます。

cv::transform() は配列内のすべての点のチャンネルのインデックスに作用することに注意してください。ここでは、この配列は原則として、マルチチャンネルオブジェクトからなる大きなベクトル（$N \times 1$ か $1 \times N$）であると仮定しています。この変換行列が扱うインデックスはチャンネルのインデックスであり、その巨大な配列の「ベクトル」のインデックスではないということを覚えておいてください。

このチャンネル空間で単純に回転する変換では、変換行列 mtx は 2×2 の行列だけであり、直接 src の 2 チャンネルのインデックスに適用することができます。これは実は、回転、拡大、いくつかの簡単なケースでのワープ処理に対して成り立ちます。しかし、通常、汎用的な（平行移動や、任意の点を中心とする回転などを含む）アフィン変換を行うには、より一般的な 2×3 のアフィン変換行列の動作が定義できるように、src のチャンネル数を 3 に拡大する必要があります。この場合、3 番目のチャンネルはすべて 1 に設定されている必要があります（すなわち、点は同次座標で与えられる必要があります）。もちろん、出力配列は 2 チャンネルの配列のままです。

11.2.4.4　cv::invertAffineTransform()：アフィン変換を反転する

2×3 行列で表されたアフィン変換が与えられたとき、逆変換を計算したい場合がよくあります。これは、変換された点すべてを元の場所に「戻す」のに使えます。OpenCV では cv::invertAffineTransform() で行うことができます。

```
void cv::invertAffineTransform(
  cv::InputArray  M,                  // 入力の 2 × 3 行列
  cv::OutputArray iM                  // 出力も 2 × 3 行列
);
```

この関数は、2×3 行列 M を取り、それの逆変換である 2×3 行列の iM を返します。cv::invertAffineTransform() は画像には作用しないことに注意してください。これは逆

変換行列を提供するだけです。iM が手に入れば、M と同じように、cv::warpAffine() や cv::transform() で使用することができます。

11.2.5 透視変換

より自由度の高い透視変換（**ホモグラフィ**）を利用するためには、より幅広い種類の変換を表現できる新しい関数が必要です。最初に注意すべきことは、透視変換は単一の行列で完全に記述できますが、それでもその射影は実際には線形変換ではないということです。これは、この変換は最後の次元（通常は Z、「19章　射影変換と3次元ビジョン」参照）による除算が必要であり、この処理で次元が1つ失われるからです。

アフィン変換と同様に、画像の演算（密な変換）と点の集合に対する変換（疎な変換）とは別の関数で扱われます。

11.2.5.1 cv::warpPerspective()：密な透視変換

密な透視変換は、密なアフィン変換用の関数 cv::warpAffine() と似た cv::warpPerspective() を用います。具体的には、すべて同じ引数を取ります。小さいながらも重要な違いは、cv::warpPerspective() では写像行列が 3×3 である点です。

```
void cv::warpPerspective(
  cv::InputArray    src,                                 // 入力画像
  cv::OutputArray   dst,                                 // 出力画像
  cv::InputArray    M,                                   // 3 × 3 の変換行列
  cv::Size          dsize,                               // 出力画像のサイズ
  int               flags       = cv::INTER_LINEAR,      // 補間、反転
  int               borderMode  = cv::BORDER_CONSTANT,   // 外挿法
  const cv::Scalar& borderValue = cv::Scalar()           // 定数の境界線用
);
```

出力配列の要素はそれぞれ、次で与えられる場所にある入力配列の要素から計算されます。

$$dst(x, y) = src\left(\frac{M_{00}x + M_{01}y + M_{02}}{M_{20}x + M_{21}y + M_{22}}, \frac{M_{10}x + M_{11}y + M_{12}}{M_{20}x + M_{21}y + M_{22}}\right)$$

アフィン変換と同じように、この式の右辺が示す座標は（一般的には）整数ではありません。ここでも、flags 引数を使って、その補間方法を選択します。使用できる値は cv::warpAffine() と同じです。

11.2.5.2 cv::getPerspectiveTransform()：透視写像行列を計算する

アフィン変換と同様に、前出のコードの写像行列 M を計算する便利な関数があり、対応する点のリストから変換行列を求めることができます。

```
cv::Mat cv::getPerspectiveTransform(          // 3 × 3 行列を返す
  const cv::Point2f* src,                     // 「4 つ」の頂点の座標
  const cv::Point2f* dst                      // ターゲットの 4 つの座標
);
```

srcとdstは、ここでは3つではなく、4つの点の配列です。これにより、srcで与えられる（通常は）長方形の頂点を、dstで示される（ほとんどの場合は）台形にどのように写像するかを、独立に制御することができます。ここでの変換は、4つの入力点に対してターゲットとする点を指定することで完全に定義されます。前に述べたように、透視変換では、戻り値は3×3の配列です。サンプルコードは**例11-2**を参照してください。3×3行列であることと、制御点が3つから4つに変わったこと以外は、すでに説明したアフィン変換と同じです。

例11-2　透視変換用のコード

```
#include <opencv2/opencv.hpp>
#include <iostream>

using namespace std;

int main(int argc, char** argv) {

  if(argc != 2) {
    cout << "Perspective Warp\nUsage: " <<argv[0] <<" <imagename>\n" << endl;
    return -1;
  }

  Mat src = cv::imread(argv[1],1);
  if( src.empty() ) { cout << "Can not load " << argv[1] << endl; return -1; }

  cv::Point2f srcQuad[] = {
    cv::Point2f(0,           0),           // 入力画像の左上
    cv::Point2f(src.cols-1, 0),           // 入力画像の右上
    cv::Point2f(src.cols-1, src.rows-1), // 入力画像の右下
    cv::Point2f(0,           src.rows-1)  // 入力画像の左下
  };

  cv::Point2f dstQuad[] = {
    cv::Point2f(src.cols*0.05f, src.rows*0.33f),
    cv::Point2f(src.cols*0.9f,  src.rows*0.25f),
    cv::Point2f(src.cols*0.8f,  src.rows*0.9f),
    cv::Point2f(src.cols*0.2f,  src.rows*0.7f)
  };

  // 透視変換の行列を計算する
  //
  cv::Mat warp_mat = cv::getPerspectiveTransform(srcQuad, dstQuad);
  cv::Mat dst;
  cv::warpPerspective(src, dst, warp_mat, src.size(), cv::INTER_LINEAR,
  cv::BORDER_CONSTANT, cv::Scalar());
```

```
  for( int i = 0; i < 4; i++ )
    cv::circle(dst, dstQuad[i], 5, cv::Scalar(255, 0, 255), -1, cv::LINE_AA);

  cv::imshow("Perspective Transform Test", dst);
  cv::waitKey();
  return 0;

}
```

11.2.5.3 cv::perspectiveTransform():疎な透視変換

cv::perspectiveTransform() は点のリストに対して透視変換を実行する特別な関数です。cv::transform() は線形演算に限定されているため、透視変換を扱うことはできません。透視変換は、同次表現の3番目の座標で除算する必要があるからです ($x = f * X/Z, y = f * Y/Z$)。cv::perspectiveTransform() はこの部分を補ってくれます。

```
void cv::perspectiveTransform(
  cv::InputArray  src,          // 入力用の N × 1 の配列(2 または 3 チャンネル)
  cv::OutputArray dst,          // 出力用の N × 1 の配列(2 または 3 チャンネル)
  cv::InputArray  mtx           // 変換行列(3 × 3 か 4 × 4)
);
```

いつものように、src と dst 引数は(それぞれ)変換される元の点の配列とターゲットとなる点の配列です。これらの配列は2または3チャンネルで、浮動小数点数型である必要があります。配列 mtx は 3×3 か 4×4 の配列です。3×3 の場合は、射影は2次元から2次元になり、4×4 の場合は、射影は3次元から3次元になります。

ここでは、ある画像内の点の集合をある画像内の別の点の集合に変換しています。これは2次元から2次元への写像のように聞こえますが、厳密にはそうではありません。というのは、透視変換は実際には3次元空間内の2次元平面上の点を(異なる)2次元の部分空間に写像しているからです。これがまさにカメラが行っていることだと考えてください(この話題に関しては、後の章でカメラについて説明するとき詳細に述べます)。カメラは3次元空間内の複数の点を取り込み、それらを2次元のカメラの撮像素子に写像しているのです。これが、元の点を同次座標として扱うことの意味です。Z 次元を導入し、その値をすべて1に設定することで、これらの点に新しい次元を追加しているのです。その後、その空間から出力先である2次元空間へ射影し戻します。以上、少々長かったですが、これが、なぜ、ある画像内の点の集まりを別画像内における点の集まりに写像するために 3×3 行列が必要かについての説明です。

例11-1 と**例11-2** のコードの出力の、アフィン変換のものと透視変換のものを**図11-4** に示します。これらの例では、実際の画像を変換しています。**図11-3** に示した簡単な図と比較してみてください。

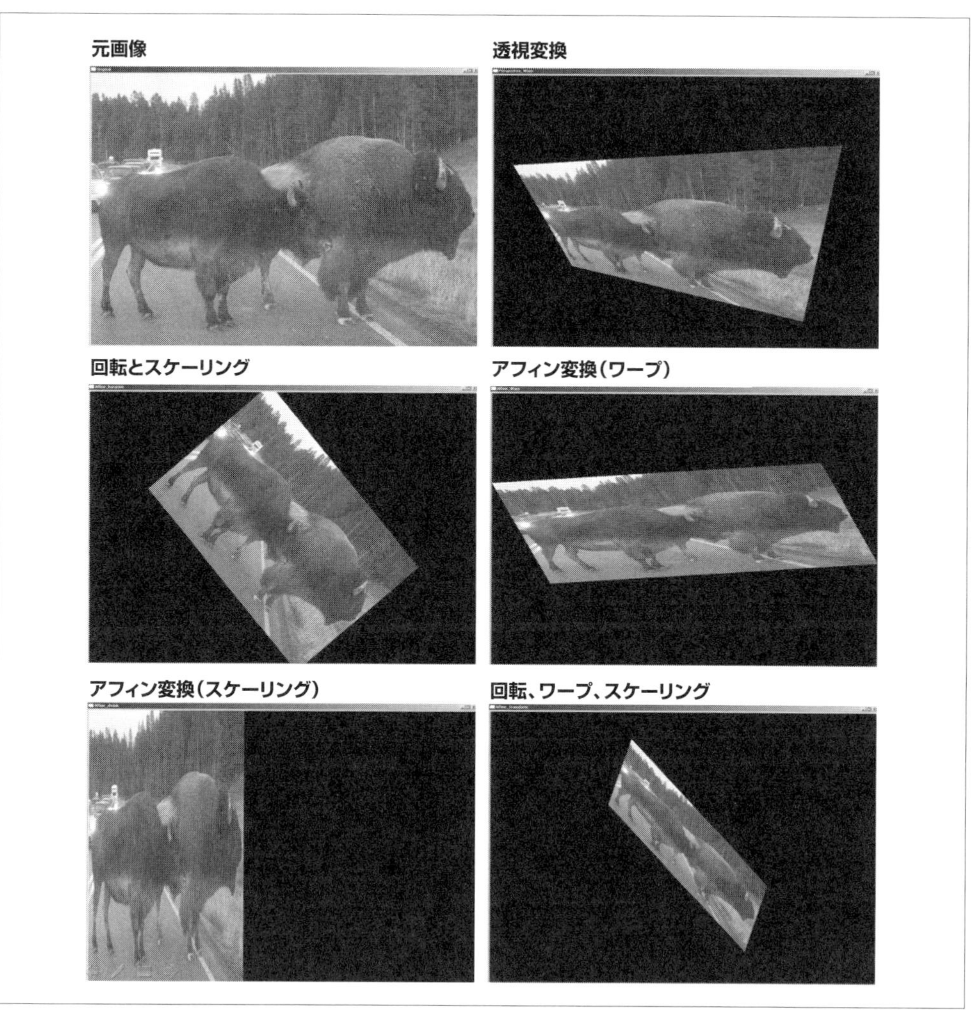

図11-4　画像の透視変換とアフィン変換

11.3　汎用的な写像

これまでに見てきたアフィン変換や透視変換は、実際には、より一般的な処理の特殊なケースです。内部では、これらの2つの変換は両方とも同じ基本的な動作をします。それは、入力画像のある場所からピクセルを取り出し、出力画像内の別の場所に写像するという動作です。実は、これと同様の機構を持つ別の役に立つ演算が存在します。この節では、この種の変換をいくつか見ていき、どのようにOpenCVが汎用的な写像変換の実装を可能にしているかを見ていきます。

11.3.1　極座標変換

「5章　配列の演算」では、cv::cartToPolar()とcv::polarToCart()という2つの関数を簡単に紹介しました。これらの関数はデカルト座標のx, yで表された点の配列と極座標の$r-\theta$とを相互に変換します。

極座標変換関数と、透視変換、アフィン変換関数のスタイルにはちょっとした違いがあります。極座標変換関数はどちらも、2次元ベクトルを表現する方法として、2チャンネルの配列ではなく、1チャンネルの配列を2つ取ります。この違いは、この2つの関数が違う使われ方をしていたためであり、本質的に異なることを行うわけではありません。

cv::cartToPolar()とcv::polarToCart()は、cv::logPolar()（後述）のようなより複雑な関数で使用されていますが、それだけでも役に立ちます。

11.3.1.1　cv::cartToPolar()：デカルト座標を極座標に変換する

デカルト座標を極座標に写像するには、次のcv::cartToPolar()を用います。

```
void cv::cartToPolar(
  cv::InputArray  x,                       // 入力用のシングルチャンネルの x 配列
  cv::InputArray  y,                       // 入力用のシングルチャンネルの y 配列
  cv::OutputArray magnitude,               // 出力用のシングルチャンネルの大きさの配列
  cv::OutputArray angle,                   // 出力用のシングルチャンネルの角度の配列
  bool            angleInDegrees = false // true の場合は度数、そうでなければラジアン
);
```

最初の2つの引数xとyはシングルチャンネルの配列です。概念的には、ここで表現されているものは、単なる点のリストではなく、**ベクトル場**[†10]です。このベクトル場のある点におけるx成分はその点における配列xの値で表され、y成分はその点における配列yの値で表されます。同様に、この関数の結果はmagnitudeとangleという配列で得られます。magnitude内の点はそれぞれxとy内の点におけるベクトルの長さを表し、angle内の点はそれぞれベクトルの向きを表します。angle内の角度は、デフォルトではラジアン、すなわち$[0, 2\pi)$です。angleInDegrees引数にtrueが設定されている場合は、この角度は度数$[0, 360)$になります。また、角度は（近似的に）atan2(y,x)を使って計算されることに注意してください。このため角度0は$\hat{x}$方向を指すベクトルになります。

この関数の使用例を示します。まず、cv::Sobel()を用いるか、cv::DFT()かcv::filter2D()によるコンボリューションを用いて、すでに画像のx方向の微分とy方向の微分を取っているとしましょう。x微分を画像dx_img、y微分を画像dy_imgに格納したと

†10　ベクトル場という言葉に聞き慣れていない場合は、「画像」内のすべての点に関連づけられている2成分のベクトルだと考えれば十分です。

すれば、エッジの角度による認識用ヒストグラムを作成することができます。すなわち、エッジのピクセルの輝度がある閾値より上のものの角度をすべて集められます。これを計算するには、まず、その微分係数用の 2 つの出力画像（例えば、img_mag と img_angle）を作成し cv::cartToPolar(dx_img, dy_img, img_mag, img_angle, 1) を用います。次に「ピクセル」の img_mag がその閾値を上回っているならば、対応する img_angle に従ってヒストグラムに記入します。

「22 章　物体検出」では、画像認識と画像特徴量について説明します。この処理は実際には、物体認識で使われる重要な画像特徴量である **HOG**（Histogram of Oriented Gradients：向き付き勾配のヒストグラム）がどのようにして計算されるかの基礎になっています。

11.3.1.2　cv::polarToCart()：極座標をデカルト座標に変換する

cv::polarToCart() は極座標からデカルト座標への逆写像を実行します。

```
void cv::polarToCart(
  cv::InputArray  magnitude,               // 入力用のシングルチャンネルの大きさの配列
  cv::InputArray  angle,                   // 入力用のシングルチャンネルの角度の配列
  cv::OutputArray x,                       // 出力用のシングルチャンネルの x 配列
  cv::OutputArray y,                       // 出力用のシングルチャンネルの y 配列
  bool            angleInDegrees = false // true の場合は度数、そうでなければラジアン
);
```

この逆演算も役に立つ場合がよくあります。これにより、極座標をデカルト座標に逆変換することができます。これは基本的には cv::cartToPolar() と同じ引数を取りますが、今度は magnitude と angle が入力であり、x と y が出力になります。

11.3.2　対数極座標（LogPolar）

2 次元の画像の場合、対数極座標変換[Schwartz80] はデカルト座標から対数極座標への変換です。すなわち、$(x, y) \leftrightarrow re^{i\theta}$（ここで $r = \sqrt{x^2 + y^2}$、$\theta = \mathrm{atan2}(y, x)$）です。次に、その極座標をある中心点 (x_c, y_c) を基準とした (ρ, θ) 空間に分離するために、$\rho = \log\left(\sqrt{(x - x_c)^2 + (y - y_c)^2}\right)$、$\theta = \mathrm{atan2}(y - y_c, x - x_c)$ となるように対数を取ります。画像処理のように対象とする部分が画像メモリに「収まる」よう変換する必要がある場合は、通常、倍率 m を ρ に適用します。**図 11-5** は、左側の正方形と、それを対数極座標空間にエンコードしたものを示しています。

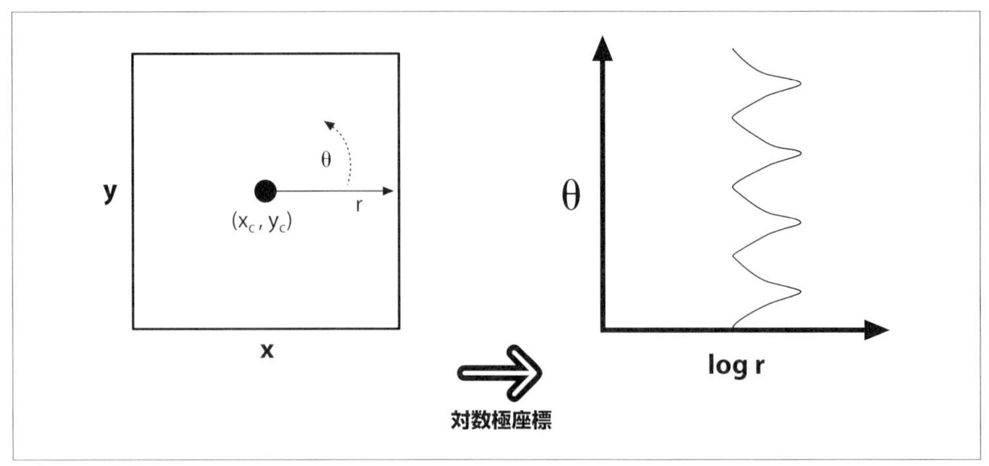

図11-5 対数極座標変換は (x, y) を $(\log(r), \theta)$ に変換する。ここでは、正方形が対数極座標系で表示されている

みなさんは、なぜ、わざわざこんなことをしたいのだろうと思われたかもしれません。対数極座標変換は人間の視覚系から発想を得ています。みなさんの目の中心（**中心窩**（ちゅうしんか））には、小さいけれど高密度の感光体の領域があり、受容体の密度はそこから急激に（指数関数的に）下がります。壁にある染みをじっと見つめ、腕を視線方向に伸ばして指を立て、そこで止めてみてください。次に、その染みを見つめたまま、指をゆっくり中心から横に遠ざけてください。網膜上の指の像が中心窩から離れるにつれてどれくらい急速にその詳細さを失っていくかに注目してください。本書では説明を割愛しますが、さらにこの構造は線の交差する角度が保持されるという好ましい数学的な性質も持っています。

私たちにとってより重要なのは、対数極座標変換を使って、物体の見え方に関する不変性を持つ2次元の表現を作れるということです。これは、変換された画像の重心を対数極座標平面内の固定された点にシフトすることで行います。**図11-6**を見てください。左側は、私たちが「正方形」として認識したい3つの形状です。問題は、これらの見た目が非常に異なるということです。1つは他のものよりもはるかに大きく、もう1つは回転しています。対数極座標変換の結果が**図11-6**の右側に表示されています。(x, y) 平面でのサイズの違いは対数極座標平面の $\log(r)$ 軸に沿った変位に変換され、回転の違いは対数極座標平面の θ 軸に沿った変位に変換されます。対数極座標平面内に、変換されたそれぞれの正方形の中心を取り、その点をある固定された位置に置き直すと、すべての正方形は対数極座標平面上で等しくなります。これは2次元の回転とスケーリングに対して一種の不変性を生み出しているのです[†11]。

†11 認識に関しては「22章 物体検出」で勉強します。ここでは、物体全体を対数極座標変換するのはよい考えではないとだけ述べておきましょう。というのは、このような変換はその中心点の正確な場所に非常に敏感だからです。物体認識でうまくいきやすいのは、物体の周囲の重要な点（頂点やブロッブの位置など）の集まりを検出し、その視野の範囲を制限して、これらの重要な点の中心を対数極座標の中心として使用するという方法です。そうすれば、このような局所的な対数極座標変換を、物体に関するスケーリングや回転に（部分的に）不変な局所特徴量を作り出すのに使うことができます。

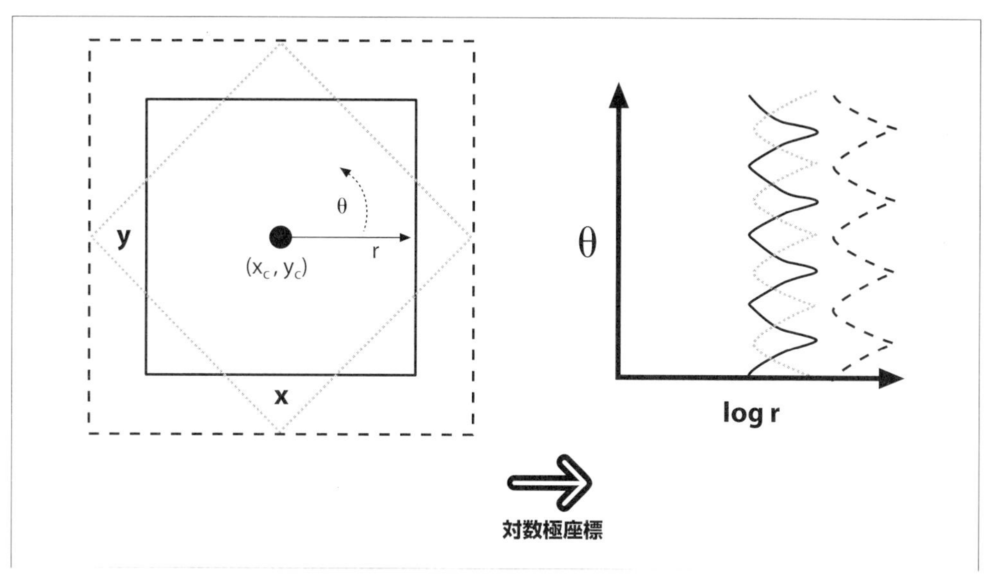

図11-6 回転された正方形とスケーリングされた正方形の対数極座標変換（サイズは $\log(r)$ 軸の変位となり、回転は θ 軸の変位となる）

11.3.2.1 cv::logPolar()

対数極座標変換用の OpenCV の関数は `cv::logPolar()` です。

```
void cv::logPolar(
  cv::InputArray  src,                          // 入力画像
  cv::OutputArray dst,                          // 出力画像
  cv::Point2f     center,                       // 変換の中心
  double          m,                            // 倍率
  int             flags = cv::INTER_LINEAR      // 補間と塗りつぶし方法
                        | cv::WARP_FILL_OUTLIERS
);
```

`src` と `dst` は通常の入力画像と出力画像です。引数 `center` は対数極座標変換の中心点 (x_c, y_c) です。`m` は倍率で、これは着目する特徴が出力画像内の大部分を占めるように設定してください。`flags` 引数にはさまざまな補間方法を指定することができます。OpenCV で利用可能な標準的な補間方法と同じものが利用できます（**表11-1**）。この補間方法は `cv::WARP_FILL_OUTLIERS`（未定義となる点を 0 で塗りつぶす）か `cv::WARP_INVERSE_MAP`（対数極座標平面内からデカルト座標への逆写像を計算する）のいずれか、もしくはその両方と組み合わせることができます。

対数極座標変換のサンプルコードを**例11-3** に示します。これは、対数極座標変換とその逆変換を具体的に示しています。写真に対する実行結果を**図11-7** に示します。

図11-7 オオツノジカの写真に行った対数極座標変換。変換の中心は左の白い円（出力は右側）

例11-3 対数極座標変換の例

```
#include <opencv2/opencv.hpp>
#include <iostream>

using namespace std;

int main(int argc, char** argv) {

  if(argc != 3) {
    cout << "LogPolar\nUsage: " <<argv[0] <<" <imagename> <M value>\n"
      <<"<M value>~30 is usually good enough\n";
    return -1;
  }

  cv::Mat src = cv::imread(argv[1],1);

  if( src.empty() ) { cout << "Can not load " << argv[1] << endl; return -1; }

  double M = atof(argv[2]);
  cv::Mat dst(src.size(), src.type()), src2(src.size(), src.type());

  cv::logPolar(
    src,
    dst,
    cv::Point2f(src.cols*0.5f, src.rows*0.5f),
    M,
    cv::INTER_LINEAR | cv::WARP_FILL_OUTLIERS
  );
  cv::logPolar(
    dst,
    src2,
```

```
    cv::Point2f(src.cols*0.5f, src.rows*0.5f),
    M,
    cv::INTER_LINEAR | cv::WARP_INVERSE_MAP
  );
  cv::imshow( "log-polar", dst );
  cv::imshow( "inverse log-polar", src2 );

  cv::waitKey();

  return 0;
}
```

11.3.3 任意の写像

補間処理を自分で行いたくなることがあります。例えば、既知の補間処理のアルゴリズムを適用したい場合です。しかし、これ以外にも補間処理（写像）を自分たちで行いたい場合があります。写像を計算して適用する手法の説明に入る前に、他の手法で使われている、写像を適用するのに必要な関数を見ることにしましょう。ここで必要になってくるOpenCVの関数は`cv::remap()`と呼ばれます。

`cv::remap()`のよくある使い方の1つは、キャリブレーションされた画像やステレオ画像の矯正（歪みの修整）です。「18章　カメラモデルとキャリブレーション」や「19章　射影変換と3次元ビジョン」では、計算されたカメラの歪みとアラインメントを`map1`や`map2`引数に変換する関数を見ます。

11.3.3.1 cv::remap()：汎用的な画像の写像処理

```
void cv::remap(
  cv::InputArray    src,                                  // 入力画像
  cv::OutputArray   dst,                                  // 出力画像
  cv::InputArray    map1,                                 // 入力ピクセル用ターゲット x
  cv::InputArray    map2,                                 // 入力ピクセル用ターゲット y
  int               interpolation = cv::INTER_LINEAR,     // 補間方法、逆写像
  int               borderMode    = cv::BORDER_CONSTANT,  // 外挿法
  const cv::Scalar& borderValue   = cv::Scalar()          // 定数の境界線用
);
```

`cv::remap()`の最初の2つの引数は入力画像と出力画像です。次の2つの引数`map1`と`map2`は任意の特定のピクセルがどこに移動されるべきかを指示します。これが一般的な写像の指定方法です。これらは、入力画像および出力画像と同じサイズでなくてはならず、データ型は通常、`CV_16SC2`、`CV_32FC1`、`CV_32FC2`のいずれかでなければなりません。整数ではない座標への写像も可能で、`cv::remap()`が自動的に補間計算を行います。

次の引数`interpolation`は、どのように補間を行うかを`cv::remap()`に伝えるフラグです。**表11-1**の値の1つが使用できますが、`cv::INTER_AREA`は`cv::remap()`では実装されていません。

11.4 画像修復

画像はノイズによって損傷を受けていることがよくあります。レンズにホコリや水滴が付いていたり、古い画像に引っかき傷があったり、画像の一部が破壊されていたりする場合があるでしょう。**画像修復**（インペイント処理）[Telea04] は、損傷を受けた領域の境界部分の色とテクスチャを使い、それを損傷領域の内部へ広げて混ぜ合わせることで、そのような損傷を取り除く手法です。図11-8 は、これを画像に書かれた文字の除去に応用したものです。

図11-8 文字を上書きされて損傷を受けた画像（左）が、修復処理によって復元されている（右）

11.4.1 修復

修復処理は、損傷を受けた領域が「太」すぎず、損傷部分の境界の周囲に元のテクスチャと色が十分に残っている場合に、うまく機能します。図11-9 は、損傷領域が大きすぎる場合にどうなるかを示しています。

図11-9 修復処理は、完全に消去されたテクスチャを魔法のように復元することはできない。オレンジの中央は完全に消し去られてしまっている（左）。修復処理は、そこをほぼオレンジのようなテクスチャで塗りつぶしている（右）

cv::inpaint()のプロトタイプを次に示します。

```
void cv::inpaint(
  cv::InputArray  src,              // 入力画像（8ビット、1または3チャンネル）
  cv::InputArray  inpaintMask,      // 8ビット1チャンネル。0以外の部分を修復する
  cv::OutputArray dst,              // 出力画像
  double          inpaintRadius,    // ピクセル周りで考慮する範囲
  int             flags             // NSかTELEAを指定
);
```

ここでsrcは修復される画像で、8ビットのシングルチャンネルのグレースケール画像か、3チャンネルのカラー画像です。inpaintMaskは、srcと同じサイズで、8ビットのシングルチャンネル画像であり、損傷された領域（例えば**図11-8**の左側の文字の部分）が0以外のピクセルとしてマークされており、その他のピクセルはすべて0に設定されています。出力画像はdstに書き込まれるので、dstはsrcと同じサイズ、同じチャンネル数である必要があります。inpaintRadiusは、修復するピクセルの色を求める際に、その周囲の領域をどこまで参照するかを表します。**図11-9**のように、太い修復領域内のピクセルは、境界に近い他の修復済みピクセルからしか、その色を取れません。inpaintRadiusが大きすぎると不鮮明さが目立つ結果になるので、ほとんどの場合、3などの小さい数を使います。最後に、flags引数により、2つの異なる修復方法を試すことができます。cv::INPAINT_NS（Navier-Stokes法）とcv::INPAINT_TELEA（A. Telea法）です。

11.4.2 ノイズ除去

もう1つの重大な問題は画像内のノイズです。多くのアプリケーションで、ノイズが生じる主な

原因は低照度の影響です。低照度のときには、デジタル撮像素子のゲインを増す必要があり、その結果ノイズも増幅してしまいます。通常、この種のノイズの特徴は、極端に明るいか暗い、ランダムに孤立したピクセルですが、カラー画像では色が変わることもあります。

OpenCVに実装されているノイズ除去アルゴリズムは、FNLMD（Fast Non-Local Means Denoising：高速非局所平均ノイズ除去処理）と呼ばれるもので、Antoni Buades、Bartomeu Coll、Jean-Michel Morelの研究[Buades05]がベースになっています。簡単なノイズ除去アルゴリズムは基本的に個々のピクセルをそれに隣接するピクセルで平均化することに頼っていますが、FNLMDの中心となる考え方は、画像内で**似たピクセル**を探し、それらを平均化することです。この考え方では、あるピクセルが似ていると判断されるのは、色や輝度が似ている場合ではなく、ピクセルの周囲が似ている場合になります。ここで重要なロジックは、多くの画像は反復構造を持っており、ピクセルがノイズで損傷している場合でさえ、それが当てはまるというものです。つまり、損傷していない似たピクセルは他の箇所にたくさん存在するのです。

似たピクセルの同定は、中心がピクセル p でサイズが s のウィンドウ $B(p,s)$ を元に行われます。更新したいピクセルの周りにこのウィンドウを置くと、ある別のピクセル q の周りに置かれた同様のウィンドウと比較することができます。$B(p,s)$ と $B(q,s)$ の間の二乗距離は次のように定義できます。

$$d^2(B(p,s),B(q,s)) = \frac{1}{3(2s+1)}\sum_{c=1}^{3}\sum_{j\in B(0,s)}(I_c(p+j)-I_c(q+j))^2$$

ここで c は色のインデックスで、$I_c(p)$ は点 p のチャンネル c におけるその画像の輝度であり、j に関する総和はそのウィンドウの要素の総和になります。この二乗距離から、現在更新しようとしているピクセルに相対する他のすべてのピクセルに重みを割り当てることができます。この重みは次の式で与えられます。

$$w(p,q) = e^{-\max(d^2-2\sigma^2,0.0)/h^2}$$

この重み関数において、σ はその（輝度単位の）ノイズで期待される標準偏差です。また、h は汎用的なフィルタリングパラメータであり、更新しようとしている領域からの二乗距離が大きくなるにつれて、どれくらい早く領域が関係なくなるかを決定します。一般的には、h の値を大きくすると除去されるノイズが増えますが、同時に画像の詳細が失われてしまうというデメリットもあります。h の値を小さくすると、詳細は保たれますがノイズも増えます。

通常は、更新しようとしているピクセルから（ピクセル単位で）大きく離れている領域を考慮するほど、得るものが少なくなります。というのは、そのような領域の数は、距離が大きくなるにつれ二乗のオーダーで増えていくからです。そこで通常は、**探索ウィンドウ**と呼ばれる領域を定義し、その探索ウィンドウ内のパッチだけが更新に寄与するようにします。現在のピクセルを更新する値は、探索ウィンドウ内の他のすべてのピクセルに対し、先ほどの指数関数的に減衰する重み付け関数を適用して、それらの重みの単純平均を求めることで得られます†12。これが、このアルゴリズムが「非局所」と呼ばれる理由です。与えられたピクセルの修復に貢献するパッチは、そのピクセルの場所に緩く関連しています。

OpenCV での FNLMD の実装には 4 つの異なる関数があります。これらを適用する状況は、それぞれ少しずつ異なります。

11.4.2.1 cv::fastNlMeansDenoising() を用いた基本的な FNLMD

```
void cv::fastNlMeansDenoising(
  cv::InputArray  src,                       // 入力画像
  cv::OutputArray dst,                       // 出力画像
  float           h                  = 3,    // 重み用の減衰パラメータ
  int             templateWindowSize = 7,    // 比較で使われるパッチのサイズ
  int             searchWindowSize   = 21    // 考慮するパッチの最大距離
);
```

これらの 4 つの関数のうちで最初のものは `cv::fastNlMeansDenoising()` で、説明したとおりのアルゴリズムを実装しています。`templateWindowSize` のパッチ領域と `h` の減衰パラメータ、`searchWindowSize` 距離内のパッチを使って、入力画像 `src` から出力画像 `dst` を計算します。画像は、チャンネル数は 1、2、3 のいずれか、型は `CV_8U` でなければなりません†13。**表11-2** は、（このアルゴリズムの作者が提供した）減衰パラメータ `h` を設定する際の手助けとなる値をいくつか示しています。

表11-2　グレースケール画像用の cv::fastNlMeansDenoising() の推奨値

ノイズ：σ	パッチサイズ：s	探索ウィンドウ	減衰パラメータ：h
$0 < \sigma \leqq 15$	3×3	21×21	$0.40 \cdot \sigma$
$15 < \sigma \leqq 30$	5×5	21×21	$0.40 \cdot \sigma$
$30 < \sigma \leqq 45$	7×7	35×35	$0.35 \cdot \sigma$
$45 < \sigma \leqq 75$	9×9	35×35	$0.35 \cdot \sigma$
$75 < \sigma \leqq 100$	11×11	35×35	$0.30 \cdot \sigma$

11.4.2.2 cv::fastNlMeansDenoisingColored() を用いたカラー画像の FNLMD

```
void cv::fastNlMeansDenoisingColored(
  cv::InputArray  src,                       // 入力画像
  cv::OutputArray dst,                       // 出力画像
  float           h                  = 3,    // 明度の重み用の減衰パラメータ
  float           hColor             = 3,    // 色の重み用の減衰パラメータ
  int             templateWindowSize = 7,    // 比較で用いられるパッチのサイズ
```

†12　ここで少し気をつけるべきことがあります。それは、ピクセル p 自身の再計算における p の貢献の重みが $w(p,p) = e^0 = 1$ であるということです。これは一般的に、他の似たピクセルと比べて非常に大きな重みとなり、p の値をほとんど変化させません。このため p の重みは、通常、$B(p,s)$ 領域内のピクセルの重みの最大値になるように選ばれます。

†13　この関数にはマルチチャンネル画像が指定可能ですが、カラー画像を扱うにはいちばんよい方法ではありません。カラー画像には、`cv::fastNlMeansDenoisingColored()` が向いています。

```
  int              searchWindowSize   = 21 // 考慮すべきパッチの最大距離
);
```

FNLMD アルゴリズムの 2 つ目の関数は、カラー画像に使用されます。CV_8UC3 型の画像だけが使用できます。原理的には、このアルゴリズムはほぼ直接 RGB 画像に適用できますが、実際には、計算用にその画像を別の色空間に変換するほうがよいです。cv::fastNlMeansDenoisingColored() は、まず画像を Lab 色空間に変換してから、FNLMD アルゴリズムを適用し、RGB に戻します。このやり方の主な長所は、カラーでは実質的には 3 つの減衰パラメータが存在しますが、RGB 表現ではそれらを個別に変更したいとは思わないでしょう。一方 Lab 色空間では、明度成分 L に対しては色成分 ab と異なる減衰パラメータを割り当てるほうが、より自然になります。cv::fastNlMeansDenoisingColored() 関数では、まさにそれができます。引数 h は明度の減衰パラメータ用に使われ、一方で、新しい引数 hColor がカラーチャンネル用に使われます。一般的には、hColor の値は h よりもはるかに小さくなります。ほとんどの場合、10 が適当な値です。**表 11-3** に減衰パラメータ h を設定する際の手助けとなる値をいくつか示しておきます。

表 11-3 カラー画像用の cv::fastNlMeansDenoising() の推奨値

ノイズ：σ	パッチサイズ：s	探索ウィンドウ	減衰パラメータ：h
$0 < \sigma \leqq 25$	3×3	21×21	$0.55 \cdot \sigma$
$25 < \sigma \leqq 55$	5×5	35×35	$0.40 \cdot \sigma$
$55 < \sigma \leqq 100$	7×7	35×35	$0.35 \cdot \sigma$

11.4.2.3 cv::fastNlMeansDenoisingMulti() と cv::fastNlMeansDenoisingColoredMulti() を用いた動画の FNLMD

```
void cv::fastNlMeansDenoisingMulti(
  cv::InputArrayOfArrays srcImgs,                // 一連の画像
  cv::OutputArray        dst,                    // 出力画像
  int                    imgToDenoiseIndex,      // ノイズ除去する画像のインデックス
  int                    temporalWindowSize,     // 使用する画像の枚数（奇数）
  float                  h                  = 3, // 重み用の減衰パラメータ
  int                    templateWindowSize = 7, // 比較パッチのサイズ
  int                    searchWindowSize   = 21 // 考慮すべきパッチの最大距離
);
void cv::fastNlMeansDenoisingColoredMulti(
  cv::InputArrayOfArrays srcImgs,                // 一連の画像
  cv::OutputArray        dst,                    // 出力画像
  int                    imgToDenoiseIndex,      // ノイズ除去する画像のインデックス
  int                    temporalWindowSize,     // 使用する画像の枚数（奇数）
  float                  h                  = 3, // 重み用の減衰パラメータ
  float                  hColor             = 3, // 色の重み用の減衰パラメータ
  int                    templateWindowSize = 7, // 比較パッチのサイズ
  int                    searchWindowSize   = 21 // 考慮すべきパッチの最大距離
);
```

3番目と4番目の関数は、動画からキャプチャされたような連続画像に対して使われます。このような連続画像の場合、現在のフレーム以外のフレームにもピクセルのノイズ除去に役立つ情報が含まれているだろうと考えるのが自然です。多くの応用において、信号が似ているか同一であったとしても、ノイズは画像間で一定ではありません。`cv::fastNlMeansDenoisingMulti()` と `cv::fastNlMeansDenoisingColoredMulti()` 関数は、単一の画像ではなく画像の配列 `srcImgs` を取ります。さらに、その中のどの画像を実際にノイズ除去するかを指示する必要があり、これは `imgToDenoiseIndex` 引数で指定します。そして、時間的なウィンドウを与える必要があり、`temporalWindowSize` 引数で指定します。これは連続画像から取り出してノイズ除去に利用する画像の数を示します。この引数は奇数でなくてはならず、それが示すウィンドウの中心は常に `imgToDenoiseIndex` に置かれます。すなわち、`imgToDenoiseIndex` を 4、`temporalWindowSize` を 5 に設定した場合、ノイズ除去で使われるのは 2、3、4、5、6 の画像になります。

11.5 ヒストグラムの平坦化

カメラと画像センサーは、シーン内の自然なコントラストだけではなく、全光源レベルに対する画像センサーの露光量にも対処できなければなりません。標準的なカメラでは、シャッターとレンズの絞りの設定を使用して、センサーが受け取る光が多すぎたり少なすぎたりしないように調整します。しかし、1枚の画像のコントラストのレンジは、センサーが扱うダイナミックレンジを超えていることがよくあります。したがって、影などの暗い領域をとらえたい場合と明るい領域をとらえたい場合でトレードオフが存在します。前者はより長い露光時間が必要で、後者は「ホワイトアウト」しないように露光時間をより短くする必要があります。多くの場合、同じ画像で両方を効果的に行うことは不可能です。

写真が撮られてしまったら、そのセンサーが記録したものに関してできることは何もありません。しかし、記録されたものを取り出して、その画像のコントラストを上げるためにダイナミックレンジを大きくすることはできます。これを行うのに最もよく使われているテクニックは、**ヒストグラムの平坦化**です[†14]。**図11-10**では、左側の画像は値のレンジが狭いため、何が写っているのかよくわかりません。これは、右側に示した輝度値のヒストグラムから明白です。8ビットの画像を扱っているので輝度値は `0` から `255` までですが、このヒストグラムは、実際の輝度値はすべてレンジの中央近くに集まっていることを示しています。ヒストグラムの平坦化は、このレンジを広げる手法です。

†14 ヒストグラムの平坦化は古い数学的手法であり、画像処理での使用はさまざまな教科書[Jain86] [Russ02] [Acharya05]、論文[Schwarz78]、生物学的視覚の分野[Laughlin81] でも述べられています。みなさんはヒストグラムの平坦化がなぜヒストグラムの章(「13章　ヒストグラムとテンプレートマッチング」)にないかを不思議に思われているでしょう。これは、ヒストグラムの平坦化は、ヒストグラムというデータ型を明示的には用いていないからです。内部的にはヒストグラムが使われていますが、この関数は(みなさんの観点からは)、まったくヒストグラムを必要としません。

図11-10 左側の画像はコントラストが少ない。これは、右側の輝度値のヒストグラムで確認できる

ヒストグラムの平坦化の裏にある数学は、ある分布（与えられた輝度値のヒストグラム）から別の分布（より幅が広く、理想的には輝度値が一様な分布）への写像となります。すなわち、元の分布における y の値の間隔を、できるだけ一様に新しい分布に広げたいのです。分布を広げる問題に対するよい答えがわかっています。写像関数が**累積分布関数**になっていればよいのです。累積分布関数の例を**図11-11** に示します。これはもともと純粋なガウス分布であった場合（いくぶん理想的な場合）に対するものです。しかし、累積分布関数はどのような分布にも適用できます。これは単に、元の分布における負の範囲から正の範囲までの累積和なのです。

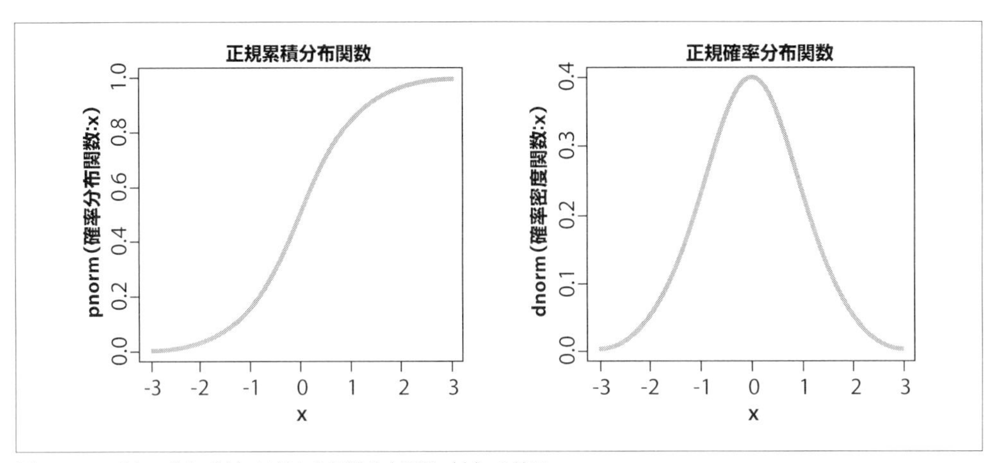

図11-11 ガウス分布（右）に対する累積分布関数（左）の結果

累積分布関数を用いて、元の分布を一様に広がった分布として写像できます（**図11-12**）。これは、元の分布におけるそれぞれの y 値が一様に広がった分布のどこに行くかを調べるだけで行えます。連続的な分布に対する結果は正確な平坦になりますが、デジタル／離散分布に対する結果は、

平坦とはほど遠いものになる場合があります。

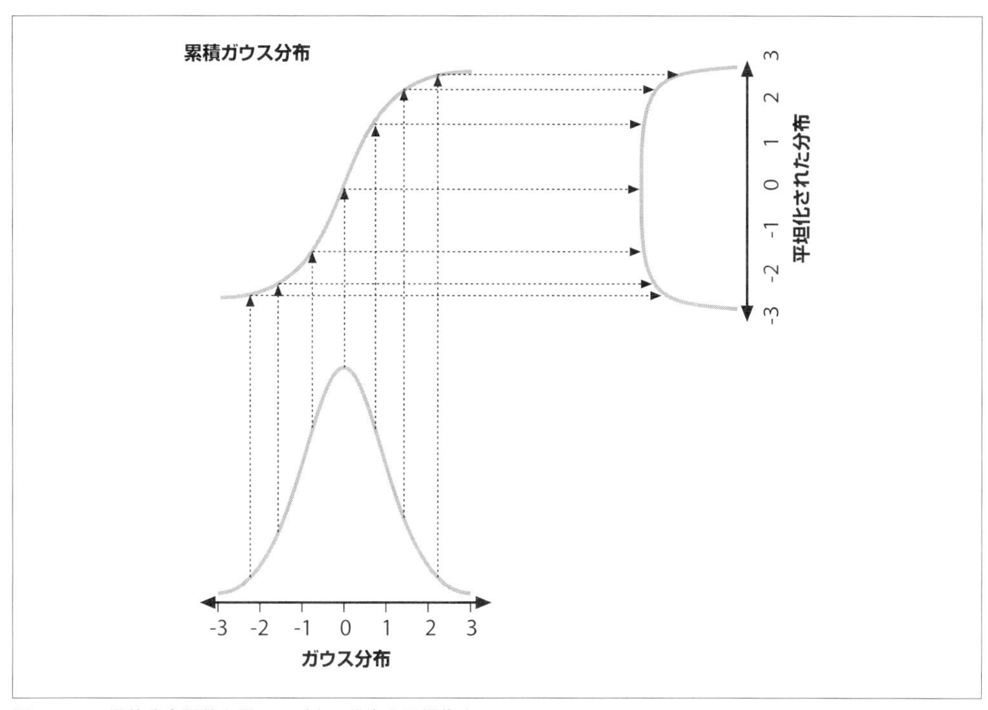

図11-12 累積分布関数を用いてガウス分布を平坦化する

この平坦化処理を図11-10に適用すると輝度分布ヒストグラムは平坦になり、図11-13の画像が生成されます。

図11-13 ヒストグラムの平坦化処理の結果。スペクトルが広がっている

11.5.1 cv::equalizeHist()：コントラストの平坦化

OpenCVでは、この処理全体は1つの関数にまとめられています。

```
void cv::equalizeHist(
  const cv::InputArray  src,                // 入力画像
  cv::OutputArray       dst                 // 出力画像
);
```

cv::equalizeHist()では、srcとdstは同じサイズを持つシングルチャンネル、8ビットの画像でなければなりません。カラー画像に対しては、チャンネルを分離し、1つ1つ処理する必要があるでしょう[†15]。

11.6 まとめ

本章では、画像の変換に使えるさまざまな手法を説明しました。このような変換には拡大変換、アフィン変換、透視変換などがあります。ベクトルを扱う関数がデカルト座標を極座標に写像する方法についても学びました。これらの関数すべてに共通していることは、画像全体に適用する大局的な演算を通して、ある画像を別の画像に変換することです。最も汎用的な写像を扱うことができる関数も見ました。本章の最初のほうで説明したたくさんの関数は、その特殊なケースと考えることができるでしょう。

画像の修復、ノイズ除去、ヒストグラムの平坦化など、コンピュータによる写真処理で便利ないくつかのアルゴリズムも見てきました。これらのアルゴリズムは、カメラや動画ストリームからの画像を扱うのに役に立ちます。また、粒度が粗いなど、品質の悪い動画データに対して別のコンピュータビジョンの手法を実装したい場合にも重宝するでしょう。

11.7 練習問題

1. 画像の面積のほとんど、もしくはすべてを占める、前向きで、目が開いている顔の写真を探して読み込んでください。そして目の瞳孔を見つけるコードを書いてください。

Laplacianは暗い部分に囲まれた明るい中心点を「好み」ます。瞳孔はちょうどこの反対です。反転して、十分に大きなLaplacianを用いてコンボリューション処理をしてください。

2. 本章の、対数極座標関数で正方形を波形の線に変換している図を見てください。

†15 実際には、RGB画像のそれぞれのチャンネルに別々にヒストグラムの平坦化処理を適用するのは、見た目の観点からは満足する結果を与えない可能性があります。おそらく、Labなどの、より適切な空間に変換し、明度のチャンネルにだけヒストグラムの平坦化処理を行ったほうがよいでしょう。

a. 対数極座標の中心点が正方形の頂点の1つに設定されている場合の対数極座標の結果を描いてください。
b. 中心点が円の内側のエッジに近いところにある場合、円は対数極座標変換でどのように見えるでしょうか？
c. 中心点が円のすぐ外にある場合に、この変換がどのようになるかを描いてみてください。

3. 対数極座標変換は、回転や大きさの違いを、θ 軸と $\log(r)$ 軸上の変位となる空間へ持ち込みます。フーリエ変換（12章参照）は平行移動に不変です。これらの事実を用いて、異なるサイズと回転の形状を自動的に対数極座標領域で同じ表現にするにはどうすればよいでしょうか？
4. 大きな正方形、小さな正方形、大きな回転した正方形、小さな回転した正方形の絵を別々の図として描いてください。そしてこれらをそれぞれ別々に対数極座標変換してください。結果として得られる対数極座標領域内の中心点を取り、これらの形状をできるだけ同じになるようにシフトする2次元のシフターを実装してください。
5. 画像を読み込み、透視変換を行い、それを回転してください。この変換は1回で行えますか？
6. 修復処理は、テクスチャを持つ画像に書かれた文字を修正するのにほとんどうまくいきますが、写真内の実際の物体のエッジを遮蔽するように書いた場合にはどのようになるでしょうか？ 試してみてください。
7. 読み込んだ画像に対してヒストグラムの平坦化を実行し、結果を報告してください。
8. 画像のヒストグラムの平坦化と画像のノイズ除去の違いを説明してください。

12章 画像解析

12.1 概要

前の章では、OpenCV で利用できる画像変換について学びました。それらの変換は原則的に、入力画像を、入力画像と同様の絵が残るような出力画像に変換する写像でした。本章では、画像をまったく異なる表現にする可能性がある演算を扱います。

これらの新しい表現は、通常は値の配列のままではありますが、その値の意味は入力画像の輝度値とはまったく異なるものになります。例えば、最初に説明する**離散フーリエ変換**の関数では、出力「画像」は配列ですが、入力画像の周波数表現が格納されます。**Hough 線変換**などのいくつかのケースでは、変換後の結果が配列とはまったく異なり、構成要素のリストのようになることもあります。

本章の最後では、画像を意味のある連続領域として表現する領域分割手法についても説明します。

12.2 離散フーリエ変換

離散（整数）パラメータでインデックス付けされた任意の値の集合に対して、連続関数に対するフーリエ変換と類似した方法で**離散フーリエ変換**（DFT：Discrete Fourier Transform）†1 を定義することができます。N 個の複素数 $x_0, x_1, x_2, \ldots, x_{N-1}$ に対して、1 次元の DFT は次の式で定義されます（ここで $i = \sqrt{-1}$）。

$$g_k = \sum_{n=0}^{N-1} f_n e^{-\frac{2\pi i}{N} kn}$$

†1 Joseph Fourier [Fourier] は、いくつかの関数は他の関数の無限級数に分解可能であることを発見した最初の人であり、それを行うことはフーリエ解析という分野になりました。関数をフーリエ級数に分解する方法に関する重要な文献には、物理学用のものに Morse [Morse53]、一般的なものに Papoulis [Papoulis62] があります。高速フーリエ変換は、早くも 1805 年には Carl Gauss によってその重要なステップが研究され [Johnson84]、Cooley と Tukeye により 1965 年に発明されました [Cooley65]。コンピュータビジョンで早期に用いたのは Ballard と Brown [Ballard82] です。

2 次元の数値の配列に対する同様の変換が、次のように定義できます。もちろん、さらに高次の変換も存在します。

$$g_{k_x,k_y} = \sum_{n_x=0}^{N_x-1} \sum_{n_y=0}^{N_y-1} f_{n_x,n_y} e^{-\frac{2\pi i}{N}(k_x n_x + k_y n_y)}$$

一般的に、N 個の異なる項 g_k の計算には $O(N^2)$ 回の演算が必要になると思われるでしょう。実際には、$O(N \log N)$ 時間でこれらの値を計算できる**高速フーリエ変換**（FFT：Fast Fourier Transform）のアルゴリズムがいくつか存在します。

12.2.1 cv::dft()：離散フーリエ変換

OpenCV の関数 `cv::dft()` は、このような FFT のアルゴリズムの 1 つを実装しています。`cv::dft()` は、入力される 1 次元、2 次元の配列に対して FFT を計算することができます。2 次元配列を渡した場合は、2 次元の変換も計算できますし、あるいは必要ならば、個別の列に対する 1 次元変換だけをそれぞれ計算することもできます（この演算は `cv::dft()` を別々に呼ぶよりもはるかに高速なのです）。

```
void cv::dft(
  cv::InputArray    src,                       // 入力配列（実数もしくは複素数）
  cv::OutputArray   dst,                       // 出力配列
  int               flags       = 0,           // 逆変換用、もしくは他のオプション用
  int               nonzeroRows = 0            // 意味のある行の数
);
```

入力用と出力用の配列は浮動小数点数型でなければなりませんが、1 チャンネルでも 2 チャンネルでもかまいません。1 チャンネルの場合、それぞれの値は実数であるとみなされ、出力は複素数の**共役対称**（CCS：Complex Conjugate Symmetrical）と呼ばれる特殊かつコンパクトな形式でパックされます[†2]。入力が 2 チャンネルの行列か画像の場合、この 2 つのチャンネルは入力データの実数部と虚数部として解釈されます。この場合の結果は特殊な形式でパックされず、入力配列にも出力配列にも、たくさんの無駄な 0 が表れることになります[†3]。

シングルチャンネルの CCS の出力で用いられる、結果の値をパックするための特殊な形式は次のとおりです。

---

†2　このコンパクトな表現を使うと、シングルチャンネルの画像に対する出力配列は、入力配列と同じサイズになります。というのは、0 であると保証されている要素が省略されるからです。2 チャンネルの（複素数の）配列の場合も、もちろん出力サイズは入力サイズと同じになります。

†3　この関数を用いるとき、2 チャンネルの表現では必ず虚数成分を明示的に `0` に設定するようにしてください。これを行う簡単な方法は、虚数部用に `cv::Mat::zeros()` を用いて `0` で埋められた行列を作成し、その後、実数値を持つ行列と一緒に `cv::merge()` と呼ぶことによって、一時的な複素数の配列を作成することです。その配列に対して（おそらくは上書きで）`cv::dft()` を実行します。これにより、フルサイズのパックされていない、スペクトルの複素数行列ができます。

1次元配列の場合：

$$\left[Re\,Y_0 \quad Re\,Y_1 \quad Im\,Y_1 \quad Re\,Y_2 \quad Im\,Y_2 \quad \ldots \quad Re\,Y_{\frac{N}{2}-1} \quad Im\,Y_{\frac{N}{2}-1} \quad Re\,Y_{\frac{N}{2}} \right]$$

2次元配列の場合：

$$\begin{bmatrix} Re\,Y_{00} & Re\,Y_{01} & Im\,Y_{01} & Re\,Y_{02} & Im\,Y_{02} & \ldots & Re\,Y_{0,\frac{N_x}{2}-1} & Im\,Y_{0,\frac{N_x}{2}-1} & Re\,Y_{0,\frac{N_x}{2}} \\ Re\,Y_{10} & Re\,Y_{11} & Im\,Y_{11} & Re\,Y_{12} & Im\,Y_{12} & \ldots & Re\,Y_{1,\frac{N_x}{2}-1} & Im\,Y_{1,\frac{N_x}{2}-1} & Re\,Y_{1,\frac{N_x}{2}} \\ Im\,Y_{10} & Re\,Y_{21} & Im\,Y_{21} & Re\,Y_{22} & Im\,Y_{22} & \ldots & Re\,Y_{2,\frac{N_x}{2}-1} & Im\,Y_{2,\frac{N_x}{2}-1} & Im\,Y_{1,\frac{N_x}{2}} \\ \vdots & \vdots & \vdots & \vdots & \vdots & \vdots & \vdots & \vdots & \vdots \\ Re\,Y_{\frac{N_y}{2}-1,0} & Re\,Y_{N_y-3,1} & Im\,Y_{N_y-3,1} & Re\,Y_{N_y-3,2} & Im\,Y_{N_y-3,2} & \ldots & Re\,Y_{N_y-3,\frac{N_x}{2}-1} & Im\,Y_{N_y-3,\frac{N_x}{2}-1} & Re\,Y_{\frac{N_y}{2}-1,\frac{N_x}{2}} \\ Im\,Y_{\frac{N_y}{2}-1,0} & Re\,Y_{N_y-2,1} & Im\,Y_{N_y-2,1} & Re\,Y_{N_y-2,2} & Im\,Y_{N_y-2,2} & \ldots & Re\,Y_{N_y-2,\frac{N_x}{2}-1} & Im\,Y_{N_y-2,\frac{N_x}{2}-1} & Im\,Y_{\frac{N_y}{2}-,\frac{N_x}{2}} \\ Re\,Y_{\frac{N_y}{2},0} & Re\,Y_{N_y-1,1} & Im\,Y_{N_y-1,1} & Re\,Y_{N_y-1,2} & Im\,Y_{N_y-1,2} & \ldots & Re\,Y_{N_y-1,\frac{N_x}{2}-1} & Im\,Y_{N_y-1,\frac{N_x}{2}-1} & Re\,Y_{\frac{N_y}{2},\frac{N_x}{2}} \end{bmatrix}$$

これらの配列のインデックスを注意深く見てください。この配列での特定の値は`0`であることが保証されています（より正確には、f_k の特定の値が実数であることが保証されています）。また、ここにリストされた最後の行は N_y が偶数の場合にだけ現れ、最後の列は N_x が偶数の場合にだけ現れることに注意してください。2次元配列が、完全な2次元変換ではなく N_y 個の1次元配列として扱われる場合（これを行う方法は後で見ます）、結果の行はすべて、1次元配列の出力を列挙したものと同じになります。

第3引数`flags`はどの演算を行うべきかを示します。これまでと同様、`flags`はビット配列として扱われるので、ビット単位の論理和で必要なフラグを組み合わせることができます。最初に説明した変換は**順変換**（forward transform）と呼ばれます（デフォルトで選択されます）。逆変換[†4]は、指数とスケーリング係数の符号が変わる以外はまったく同じやり方で定義されます。スケーリングなしで逆変換を実行するには、`cv::DFT_INVERSE`だけを用いてください。スケーリング用のフラグは`cv::DFT_SCALE`で、これはすべての結果が N^{-1}（2次元変換では $(N_xN_y)^{-1}$）でスケーリングされます。スケーリングは、順変換と逆変換を順に適用したときに、元の値に戻るようにしたいのであれば必要です。`cv::DFT_INVERSE`と`cv::DFT_SCALE`を組み合わせたいことはよくあるので、この種の演算用の略記法がいくつかあります。単に2つの演算をORで組み合わせる代わりに、`cv::DFT_INV_SCALE`（省略したくない場合は`cv::DFT_INVERSE_SCALE`）を用いることができます。最後のフラグは`cv::DFT_ROWS`です。これはちょくちょく使いたくなるフラグでしょう。2次元の配列を1次元の配列の集まりとして扱い、長さ N_x の N_y 個のベクトルであるかのように個別に変換することを`cv::dft()`に指示できます。これは一度にたくさんの変換を行う場合、大幅にオーバーヘッドを減らします。`cv::DFT_ROWS`を用いることで、3次元の（または、高次の）DFTを実装することも可能です。

†4 逆変換では、入力は前述の特殊な形式にパックしておきます。これは、最初に順変換のDFTを呼び、その結果に対して逆変換のDFTを実行した場合に、最終的に元のデータに戻ることが期待されるので筋が通っています。もちろん、みなさんが忘れずに`cv::DFT_SCALE`フラグを使っていれば、です！

順変換のデフォルト動作ではCCS形式で結果を生成しますが（その結果、出力配列は入力配列とまったく同じサイズになります）、cv::DFT_COMPLEX_OUTPUTフラグを用いることでOpenCVに明示的にそうしないように指示することもできます。その結果は、0の項をすべて含む完全な複素数の配列になります。逆に、複素数配列に対して逆変換を実行する場合は、その結果も通常は複素数配列になります。入力配列がCCSであれば[†5]、cv::DFT_REAL_OUTPUTフラグを渡すことで、OpenCVに対して実数配列（入力配列よりも小さい）だけを生成するように指示できます。

最後の引数nonzeroRowsを理解するには、少し脱線する必要があります。一般的にはDFTアルゴリズムは、特定の長さのベクトルや特定のサイズの配列を扱うのが断然得意です。ほとんどのDFTアルゴリズムが得意なサイズは2のべき乗（2^n。nは整数）です。OpenCVで使われているアルゴリズムでは、得意なベクトルの長さ、すなわち配列のサイズは$2^p3^q5^r$（p、q、rは整数）です。したがって通常は、いくらか大きな配列を作成し、みなさんの配列をそのサイズに余裕のある（0でパディングされている）配列にコピーします。これを助ける便利なユーティリティ関数としてcv::getOptimalDFTSize()があります。この関数はベクトルの長さ（整数）を引数に取り、与えられている形式（すなわち、$2^p3^q5^r$）で表現可能な、入力以上で最小のサイズを返します。パディングが必要になりますが、実際のデータの下に追加した行の変換は気にしなくてもよいということ（逆変換を行っている場合は、結果の中で気にしなくてもよい行はどれか）をcv::dft()に指示できます。いずれの場合にも、nonezeroRowsを用いれば、意味のあるデータの行数を示すことができます。これにより、いくらか計算時間が節約されます。

12.2.2 cv::idft()：逆離散フーリエ変換

最初のほうで見たように、関数cv::dft()は、正確にflags引数を指定すれば離散フーリエ変換だけでなく逆変換も実行できます。コードの可読性だけの問題ですが、この逆変換をデフォルトで行う別の関数を用いたほうが好ましい場合もよくあります。

```
void cv::idft(
  cv::InputArray  src,                        // 入力配列（実数か複素数）
  cv::OutputArray dst,                        // 出力配列
  int             flags       = 0,            // 変形版用
  int             nonzeroRows = 0             // 意味のある行の数
);
```

cv::idft()を呼び出すことは、cv::dft()をcv::DFT_INVERSEフラグで呼び出すのとまったく同じです（もちろんcv::idft()に渡す他のフラグも同じです）。

---

†5 対称性があるという理由だけでCCS形式であるとは言えません。なぜなら、最初は純粋に実数部だけの配列であったものが、順変換の結果として対称性を持つようになったかもしれないからです。また、注意してほしいのは、みなさんがOpenCVに対して入力配列がCCSであると指示したならば、OpenCVはそうだと思って処理します。OpenCVは、それが本当にCCSになっているかどうかは確認しません。

12.2.3 cv::mulSpectrums()：スペクトル乗算

DFT の計算を行う多くのアプリケーションでは、DFT の結果の 2 つのスペクトルを要素ごとに乗算する必要が出てきます。DFT の結果は、通常は特殊で高密度な独自の CCS 形式でパックされた複素数となるので、それらを展開し、「いつもの」行列演算で乗算を行うのは面倒でしょう。幸いなことに、OpenCV はまさにこれを実行してくれる便利な cv::mulSpectrums() ルーチンを提供しています。

```
void cv::mulSpectrums(
  cv::InputArray  src1,                     // 入力配列（CCS か複素数）
  cv::InputArray  src2,                     // 入力配列（CCS か複素数）
  cv::OutputArray dst,                      // 結果の配列
  int             flags,                    // 行ごとの計算用
  bool            conj = false              // true の場合 src2 の共役を取る
);
```

注意してほしいのは、最初の 2 つの引数は配列で、CCS でパックされた 1 チャンネルのスペクトルか、2 チャンネルの複素数のスペクトルのどちらかであるということです。つまりこれらは、cv::dft() の呼び出しで得られたスペクトルです。3 番目の引数は出力配列で、その型とサイズは最初の 2 つの配列と同じです。最後の引数 conj は、cv::mulSpectrums() で何をしたいのかを指示します。具体的には、先ほど述べたペアの乗算を行う場合は false、1 つ目の配列の要素に 2 つ目の配列の対応する要素の複素共役を乗算する場合は true に設定します†6。

12.2.4 DFT を用いたコンボリューション

空間領域のコンボリューションを周波数領域での乗算に関連づけるコンボリューションの理論 [Titchmarsh26] により、DFT を用いることでコンボリューションの計算速度をかなり向上させることができます [Morse53] [Bracewell65] [Arfken85] †7。これを行うには、最初に画像のフーリエ変換を計算し、次にコンボリューションフィルタのフーリエ変換を計算します。計算が終われば、元の空間でのコンボリューションはその変換後の空間の中で、画像のピクセル数に比例した時間で実行することができます。このようなコンボリューションの計算をソースコードで見ておくことにしましょう。cv::dft() をうまく使った例もたくさん含まれています。コードを**例 12-1** に示します。これは、OpenCV のリファレンスからそのまま持ってきたものです。

†6 この引数の主要な使用方法は、フーリエ空間における相関の実装です。コンボリューション（次の節で説明します）と相関との唯一の違いは、このスペクトル乗算の 2 つ目の配列の共役を取るかどうかです。

†7 OpenCV の DFT アルゴリズムは、FFT を高速に実行できるデータサイズの場合はいつでも FFT を実行する、ということを覚えておきましょう。

例12-1 cv::dft()とcv::idft()を用いてコンボリューションの計算を高速に行う

```
#include <opencv2/opencv.hpp>
#include <iostream>

using namespace std;

int main(int argc, char** argv) {

  if(argc != 2) {
    cout << "Fourier Transform\nUsage: " <<argv[0] <<" <imagename>" << endl;
    return -1;
  }

  cv::Mat A = cv::imread(argv[1],0);

  if( A.empty() ) { cout << "Cannot load " << argv[1] << endl; return -1; }

  cv::Size patchSize( 100, 100 );
  cv::Point topleft( A.cols/2, A.rows/2 );
  cv::Rect roi( topleft.x, topleft.y, patchSize.width, patchSize.height );
  cv::Mat B = A( roi );

  int dft_M = cv::getOptimalDFTSize( A.rows+B.rows-1 );
  int dft_N = cv::getOptimalDFTSize( A.cols+B.cols-1 );

  cv::Mat dft_A = cv::Mat::zeros( dft_M, dft_N, CV_32F );
  cv::Mat dft_B = cv::Mat::zeros( dft_M, dft_N, CV_32F );
  cv::Mat dft_A_part = dft_A( Rect(0, 0, A.cols,A.rows) );
  cv::Mat dft_B_part = dft_B( Rect(0, 0, B.cols,B.rows) );

  A.convertTo( dft_A_part, dft_A_part.type(), 1, -mean(A)[0] );
  B.convertTo( dft_B_part, dft_B_part.type(), 1, -mean(B)[0] );

  cv::dft( dft_A, dft_A, 0, A.rows );
  cv::dft( dft_B, dft_B, 0, B.rows );

  // 最後の引数をfalseに設定すると相関の代わりにコンボリューションを計算する
  //
  cv::mulSpectrums( dft_A, dft_B, dft_A, 0, true );
  cv::idft( dft_A, dft_A, DFT_SCALE, A.rows + B.rows - 1 );

  cv::Mat corr = dft_A( Rect(0, 0, A.cols + B.cols - 1, A.rows + B.rows - 1) );
  cv::normalize( corr, corr, 0, 1, NORM_MINMAX, corr.type() );
  cv::pow( corr, 3., corr );

  cv::B ^= cv::Scalar::all( 255 );

  cv::imshow( "Image", A );
  cv::imshow( "Correlation", corr );
  cv::waitKey();

  return 0;
```

```
}
```

例12-1 では、入力配列がまず作成され、初期化されていることがわかります。次にDFTアルゴリズムに最適な大きさを持つ新しい配列が2つ作られます。元の配列がこれらの新しい配列にコピーされ、変換が計算されます。最後に、これらのスペクトルが乗算され、その積に対して逆変換が適用されます。この変換が演算で最も遅い[†8]部分です。$N \times N$ の画像には $O(N^2 \log N)$ の時間がかかるので、全体の処理もそのオーダーの時間が必要です（$M \times M$ のコンボリューションカーネルに対して $N > M$ と仮定しています）。この時間は、DFTを用いない単純な手法のコンボリューションで必要な $O(N^2 M^2)$ よりもはるかに高速です。

12.2.5 cv::dct()：離散コサイン変換

実数値データに関しては、実質的に離散フーリエ変換の半分にあたるものだけを計算すれば十分な場合がよくあります。**離散コサイン変換**（DCT）[Ahmed74] [Jain77] は、次の式で定義されます。これはDFTと似ています。

$$c_k = \left(\frac{1}{N}\right)^{\frac{1}{2}} x_0 + \sum_{n=1}^{N-1} \left(\frac{2}{N}\right)^{\frac{1}{2}} x_n \cos\left(\left(k + \frac{1}{2}\right) \frac{n}{N} \pi\right)$$

もちろん、より高次なものに対する同様の変換もあります。慣例的に、正規化係数がコサイン変換とその逆変換の両方に適用されることに注意してください（離散フーリエ変換ではこのような慣例はありません）。

DCTにもDFTの基本的な考え方が適用されますが、ここではすべての係数は実数値[†9]です。実際のOpenCVの関数は次のようになっています。

```
void cv::dct(
  cv::InputArray  src,                        // 入力配列（偶数サイズ）
  cv::OutputArray dst,                        // 出力配列
  int             flags = 0                   // 行ごとの計算用、もしくは逆変換用
);
```

`cv::dct()` 関数は `cv::dft()` と同じような引数を持ちますが、その結果は実数値なので、特殊な方法で結果の配列（逆変換の場合は入力配列）をパックする必要はありません。しかし、`cv::dft()` と異なり、この入力配列は偶数個の要素を持たなくてはなりません（必要なら、要素の最後に0を追加して偶数個にしてください）。`flags` 引数に `cv::DCT_INVERSE` を設定すると逆

†8 「最も遅い」というのは、「漸近的に最も遅い」という意味です。言い換えるとアルゴリズムのこの部分は、N が非常に大きな場合に最も時間がかかります。これは重要な違いです。実際にやってみると、コンボリューションに関する以前の章で見たように、必ずしもフーリエ空間への変換のオーバーヘッドに見合うほどの最適化になるとは限らないのです。一般的に、小さなカーネルでコンボリューション処理する場合は、このような変換をわざわざ行う価値はないでしょう。

†9 抜け目のない読者のみなさんは、コサイン変換が明らかに偶関数ではないベクトルに適用されることに異議を唱えるでしょう。しかし、`cv::dct()` のアルゴリズムは、単にこのベクトルが負の側にも鏡像として拡張されているように扱います。

変換を生成できます。また、cv::DCT_ROWSと組み合わせればcv::dft()と同様の効果が得られます。正規化の仕方が異なるため、順コサイン変換と逆コサイン変換は常にそれぞれの寄与（正規化係数）で全体の正規化を行います。したがって、cv::DFT_SCALEのようなものはcv::dct()にはありません。

cv::dft()と同様に、性能は配列のサイズに大きく依存します。cv::dct()の実装の内部では、入力配列の正確に半分のサイズの配列に対してcv::dft()を呼び出しています。このため、cv::dct()に渡すべき最適な配列のサイズは、cv::dft()に渡す最適な配列サイズの正確に2倍になります。これらを合わせて考慮すると、cv::dct()用の最適なサイズは次の計算で得られることになります。

```
size_t optimal_dct_size = 2 * cv::getOptimalDFTSize( (N+1)/2 );
```

ただし、Nは変換したいデータの実際のサイズです。

12.2.6 cv::idct()：逆離散コサイン変換

cv::idft()やcv::dft()とまったく同様に、cv::dct()はflags引数を用いて逆コサイン変換を計算することができます。すでに述べたように、多くの場合、この逆変換をデフォルトで行う別の関数を用いたほうがコードの可読性はよくなります。

```
void cv::idct(
  cv::InputArray  src,                          // 入力配列
  cv::OutputArray dst,                          // 出力配列
  int             flags = 0                     // 行ごとの計算用
);
```

cv::idct()を呼び出すことは、cv::dct()の呼び出し時にcv::DCT_INVERSEフラグを指定するのとまったく同じです（cv::idct()に渡す他のフラグも同じです）。

12.3 積分画像

OpenCVは、cv::integral()関数を用いて簡単に積分画像を計算することができます。**積分画像**[Viola04]とは、部分領域の総和を高速に求めるためのデータ構造です[†10]。このような総和は多くのアプリケーションで役に立ちます。特に有名なのは**Haarウェーブレット**の計算で、顔認識やそれに類似したアルゴリズムで使用されています。

OpenCVは3種類の積分画像をサポートしています。**総和**、**二乗和**、**傾斜和**（tilted-sum：傾いた画像の積分画像）です。それぞれの場合で、出力画像のサイズは元画像のサイズから各方向に

†10 この参考文献は手法をより詳しく知るには最もよいものですが、実際にはこの手法は2001年に同著者らによる"Robust Real-Time Object Detection"という論文でコンピュータビジョンの分野に登場しました。コンピュータグラフィックスの分野においては、この手法は1984年にはすでに使われており、そこでは積分画像は**SAT**（Summed Area Table：合計領域テーブル）と呼ばれていました。

1 増えています。

標準の積分画像の和は次の形をしています。

$$sum(x,y) = \sum_{y'<y} \sum_{x'<x} image(x',y')$$

二乗和画像は二乗の合計です。

$$sum_{square}(x,y) = \sum_{y'<y} \sum_{x'<x} [image(x',y')]^2$$

傾斜和は総和に似ていますが、画像が 45° 回転しています。

$$sum_{tilted}(x,y) = \sum_{y'<y} \sum_{abs(x'-x)<y} image(x',y')$$

これらの積分画像を用いて、この画像内の直立した、もしくは、「傾いた」長方形領域に対して合計、平均、標準偏差などを計算できます。簡単な例として、(x_1, y_1) と (x_2, y_2)（$x_2 > x_1$ かつ $y_2 > y_1$）を頂点とする矩形領域の合計を計算するには、次のようになります。

$$\sum_{y_1 \leqq y < y_2} \sum_{x_1 \leqq x < x_2} image(x,y) = [sum(x_2,y_2) - sum(x_1,y_2) - sum(x_2,y_1) + sum(x_1,y_1)]$$

このようにして、可変のウィンドウサイズに対しても、平滑化処理や、近似的な勾配、平均や標準偏差、ブロック相関の計算などを高速に行うことができます。

これらすべてをもう少し明確にするために、**図12-1** に示すような 7 × 5 の画像を考えます。この領域は棒グラフとして表示されており、ピクセル位置に対応する棒の高さがそのピクセル値の大きさを表しています。同じ情報が**図12-2** に、左側は数値で、右側は積分したもので示されています。積分画像 $I'(x,y)$ は行を見ていくことで計算されます。行ごとに、前に計算した積分画像の値と現在の生の画像のピクセル値 $I(x,y)$ を用いることで、積分画像の値を次のように計算しています。

$$I'(x,y) = [I(x,y) + I'(x-1,y) + I'(x,y-1) - I'(x-1,y-1)]$$

最後の項が引かれているのは、第 2 項と第 3 項の加算時にこの値は二重に加算されているからです。**図12-2** のいくつかの値をテストすれば、このとおりになっていることを確認できます。

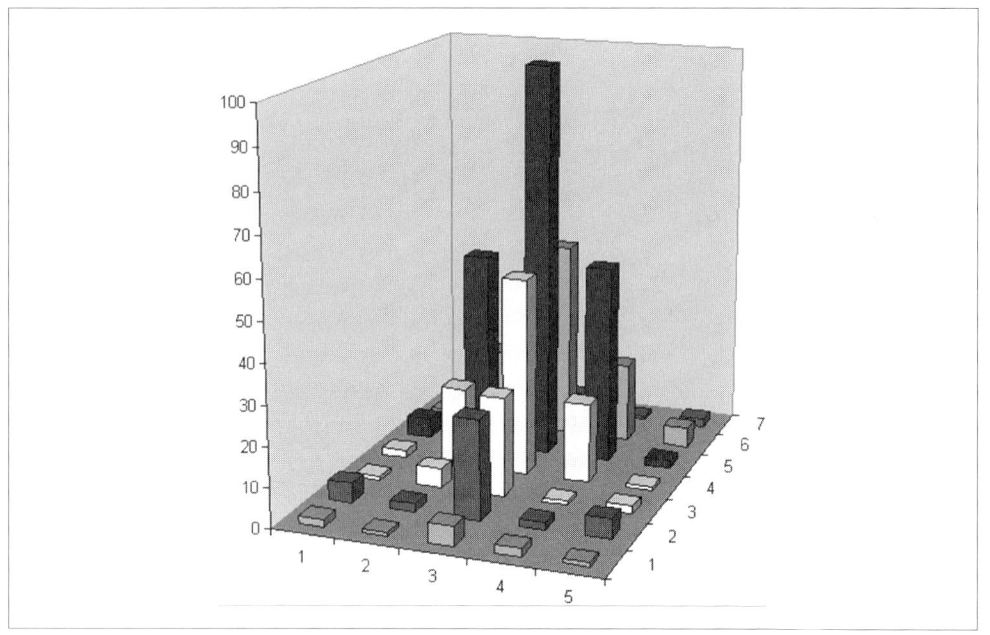

図12-1 ピクセル値の大きさと等しい高さを持つ棒グラフとして示された 7 × 5 の簡単な画像

領域を計算するために積分画像を用いる場合、**図12-2** からわかるように、元画像内の中央あたりの 20 で囲まれた矩形面積は $398 - 9 - 10 + 1 = 380$ として求められます。このように、任意のサイズの矩形の面積が 4 つの測定値を用いて計算できます。計算の複雑さは $O(1)$ です。

1	2	5	1	2
2	**20**	**50**	**20**	5
5	**50**	**100**	**50**	2
2	**20**	**50**	**20**	1
1	5	25	1	2
5	2	25	2	5
2	1	5	2	1

0	0	0	0	0	0
0	1	3	8	9	11
0	3	**25**	**80**	**101**	108
0	8	**80**	**235**	**306**	315
0	10	**102**	**307**	**398**	408
0	11	108	338	430	442
0	16	115	370	464	481
0	18	118	378	474	492

図12-2 左は、図12-1 の 7 × 5 の画像を数値で示したもの（左上を原点とする）。右は、積分画像に変換したもの

12.3.1 標準の積分計算用の cv::integral()

積分計算の 3 つの異なる形式は、C++ の API では（ちょっと紛らわしいですが）引数だけで

区別されます。基本的な積分を計算する形式は、引数は3つだけです。

```
void cv::integral(
  cv::InputArray  image,                    // 入力配列
  cv::OutputArray sum,                      // 出力結果（総和）
  int             sdepth = -1               // 結果の深さ（例えば CV_32F）
);
```

最初の2つの引数は入力と出力の画像です。入力画像のサイズが $W \times H$ の場合、出力画像は $(W+1) \times (H+1)$ となります[†11]。第3引数 sdepth は、sum 画像の深さを指定します。sdepth には CV_32S、CV_32F、CV_64F のいずれかが指定できます[†12]。

12.3.2 二乗和積分用の cv::integral()

二乗和は通常の積分と同じ関数で計算しますが、追加の二乗和用の出力引数を持つ点が異なります。

```
void cv::integral(
  cv::InputArray  image,                    // 入力配列
  cv::OutputArray sum,                      // 出力結果（総和）
  cv::OutputArray sqsum,                    // 出力結果（二乗和）
  int             sdepth = -1               // 結果の深さ（例えば CV_32F）
);
```

cv::OutputArray 型の引数 sqsum は cv::integral() に、通常の積分に加えて二乗和を計算するように指示します。先ほどと同様に、sdepth は結果として得られる画像の深さを指定します。sdepth には CV_32S、CV_32F、CV_64F のいずれかが指定できます。

12.3.3 傾斜和積分用の cv::integral()

二乗和と同様に、傾斜和も本質的に同じ関数で計算しますが、結果用に引数が追加されています。

```
void cv::integral(
  cv::InputArray  image,                    // 入力配列
  cv::OutputArray sum,                      // 出力結果（総和）
  cv::OutputArray sqsum,                    // 出力結果（二乗和）
  cv::OutputArray tilted,                   // 出力結果（傾斜和）
  int             sdepth = -1               // 結果の深さ（例えば CV_32F）
);
```

この形式の cv::integral() では、他の和に加え、傾斜和である cv::OutputArray 型の引数 tilted も計算されます。その他の引数は同じです。

---

†11 0からなる行を追加することも可能です。このことは、0の項を足すと合計値は0になるということが示しています。

†12 総和と傾斜和では、32ビット浮動小数点数型の入力画像に対して出力画像にも32ビット浮動小数点数型を使うことも可能ですが、64ビット浮動小数点数型を使うことが推奨されています。これは特に大きな画像の場合に当てはまります。何しろ、今日の巨大な画像ではピクセル数が数百万になる可能性があるのです。

12.4 Cannyエッジ検出器

画像内のエッジはLaplacianフィルタのようなシンプルなフィルタで見つけることができますが、この手法は大幅に改善することができます。シンプルなLaplacianフィルタは1986年にJ. Cannyによって洗練され、今では一般に**Cannyエッジ検出器**[Canny86]と呼ばれるものになりました。Cannyアルゴリズムと、これまでの章で解説したシンプルなLaplacianベースのアルゴリズムとの違いの1つは、Cannyアルゴリズムでは、1次微分値がx方向とy方向それぞれで計算されて4つの方向微分にまとめられる、ということです。これらの方向微分値が極大となる点が、エッジに組み入れられる候補となります。しかし、Cannyアルゴリズムの最も重要で新しい考え方は、個々のエッジの候補となるピクセルから**輪郭**[†13]を作り上げようとすることです。

このアルゴリズムは、ピクセルに**ヒステリシス閾値**を適用することで輪郭を形成します。これは、2つの閾値、つまり上限と下限があることを意味します。ピクセルが上限の閾値よりも大きな勾配を持つ場合は、エッジのピクセルとして受け入れられます。ピクセルが下限の閾値よりも小さいと破棄されます。ピクセルの勾配が閾値の間にあると、上限の閾値よりも上のピクセルとつながっている場合にだけ受け入れられます。Cannyは上限と下限の比として2：1と3：1の間を推奨しています。**図12-3**と**図12-4**は、`cv::Canny()`をテストパターンと写真に適用した結果を示しています。ここでは、上限と下限のヒステリシス閾値の比はそれぞれ5：1と3：2です。

†13 輪郭に関しては後で詳細に説明します。それまでは、`cv::Canny()`ルーチンは実際には輪郭型のオブジェクトを返さないということを頭に入れておいてください。輪郭を取り出したいのであれば、`cv::findContours()`を用いて`cv::Canny()`の出力から構築する必要があります。輪郭に関して必要なことすべては「14章 輪郭」で扱います。

図12-3　2 つの異なる画像に対する Canny エッジ検出の結果。閾値の上限と下限はそれぞれ 50 と 10 に設定されている

図12-4　2 つの異なる画像に対する Canny エッジ検出の結果。閾値の上限と下限はそれぞれ 150 と 100 に設定されている

12.4.1 cv::Canny()

Canny エッジ検出アルゴリズムの OpenCV の実装は、入力画像を「エッジ画像」に変換します。

```
void cv::Canny(
  cv::InputArray  image,                    // 入力となるシングルチャンネル画像
  cv::OutputArray edges,                    // 出力のエッジ画像
  double          threshold1,               // 「下限」の閾値
  double          threshold2,               // 「上限」の閾値
  int             apertureSize = 3,         // Sobel フィルタのサイズ
  bool            L2gradient   = false      // true の場合、L2 ノルム（より正確）
);
```

`cv::Canny()` 関数は入力画像と出力画像を取り、両方ともグレースケールでなければなりません（出力画像は実際には2値画像になります）。次の2つの引数は下限と上限の閾値、その次の引数 `apertureSize` は、`cv::Canny()` 関数の内部から呼び出される Sobel 微分演算子で使うカーネルのサイズです。最後の引数 `L2gradient` は、方向性を持つ勾配を L2 ノルムを用いて「正確に」計算するか、より速いけれども正確ではない L1 ノルムベースの手法を用いるかを選ぶのに使われます。`L2gradient` が `true` に設定されている場合、より正確な次の式が用いられます。

$$|grad(x,y)|_{L_2} = \sqrt{\left(\frac{dI}{dx}\right)^2 + \left(\frac{dI}{dy}\right)^2}$$

`L2gradient` が `false` の場合は、より高速な次の式が用いられます。

$$|grad(x,y)|_{L_1} = \left|\frac{dI}{dx}\right| + \left|\frac{dI}{dy}\right|$$

12.5 Hough 変換

Hough 変換[†14]は、画像内にある線や円などの単純な形を見つけ出す方法です。オリジナルの Hough 変換は線変換であり、2値画像から直線を探索する比較的高速な方法です。この変換は、単純な線以外のケースにも一般化できます。

12.5.1 Hough 線変換

Hough 線変換の基本的な理論は、2値画像内の点はどの点でも何かしらの線の一部である可能性があるというものです。例えば、線を傾き a と切片 b でパラメータ化する場合、元画像内のある点は (a, b) 平面内の複数の点に変換され、これらは元画像内でその点を通るそれぞれの線に対応します（図12-5）。入力画像内における0以外のすべてのピクセルを出力画像内のこのような点の集

†14 Hough はこの変換を物理実験で使用するために開発しました[Hough59]。これをビジョンで使用したのは Duda と Hart [Duda72] です。

合に変換し、それへの寄与数をすべて合計すると、入力（すなわち、(x, y) 平面）画像内のある線が、出力（すなわち、(a, b) 平面）画像内で極大値として現れます。各点の寄与数を合計しているので、(a, b) 平面は一般に**アキュムレータ（累積）平面**と呼ばれます。

図12-5　Hough の線変換は画像からたくさんの線を見つけ出す。これらは期待どおりのものもあれば、そうでないものもある

ある点を通る線すべてを表現する場合、傾き-切片形式は実際には最良の方法とは言えないと思われるかもしれません（線は、傾きの関数として考えると相当異なる密度を持ち、取り得る傾きの区間は $-\infty$ から $+\infty$ にわたるので）。このため数値計算で使われる変換画像のパラメータ化は、実際には少し違います。好ましいパラメータ化は各線を極座標 (ρ, θ) の点として表す方法です。このパラメータが示す線は、指示された点を通り、原点とその点を結ぶ直線に垂直な線です（**図12-6**）。このような線の方程式は次のとおりです。

$$\rho = x \cos\theta + y \sin\theta$$

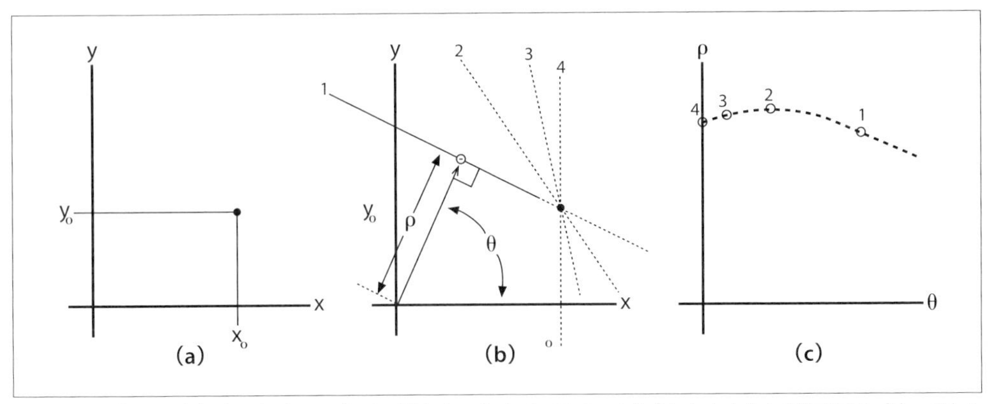

図12-6 画像平面(a)内の点 (x_0, y_0) は、異なる ρ と θ でパラメータ化されたたくさんの線を示す(b)。すなわち、それらの線はそれぞれ (ρ, θ) 平面内の点を示し、それらの点が特徴的な形状の曲線を形成する(c)

OpenCVのHough変換アルゴリズムは、この計算をユーザーに見えるような形では行いません。その代わり単に (ρ, θ) 平面内の極大値を返します。しかし、OpenCVのHough線変換関数の引数を理解するには、まずこの処理を理解する必要があります。

OpenCVは3つの異なる種類のHough線変換をサポートしています。**標準Hough変換**(SHT:Standard Hough Transform)[Duda72]、**マルチスケールHough変換**(MHT:Multiscale Hough Transform)、**プログレッシブな確率的Hough変換**(PPHT:Progressive Probabilistic Hough Transform)[†15]です。SHTは今見てきたアルゴリズムです。MHTアルゴリズムは、適合した線に対してより正確な値を与えるように少し改良されたものです。PPHTはこのアルゴリズムの変形版で、向きに加えて個別の線の長さを計算することができます(**図12-7**)。これはアキュムレータ平面ですべての可能な点を累積するのではなく、それらの一部だけを累積するので「確率的」なのです。この考え方は、ピークが十分に高くなるのであれば、その一定の割合に達している部分はピークだと判定してかまわない、というものです。この推測の結果、計算時間を大幅に削減できます。

†15 確率的Hough変換(PHT)は1991年にKiryati、Eldar、Bruckshteinらによって発表されました[Kiryati91]。PPHTは1999年にMatas、Galambosy、Kittlerらによって発表されました[Matas00]。

図 12-7　Canny エッジ検出器（threshold1 = 50、threshold2 = 150）が最初に実行され、結果が灰色で示されている。次に、プログレッシブな確率的 Hough 変換（minLineLength = 50、maxLineGap = 10）が実行され、結果が白で重ねて示されている。Hough 変換によって強い線がおおむね拾われていることがわかる

12.5.1.1　cv::HoughLines()：標準 Hough 変換とマルチスケール Hough 変換

標準 Hough 変換とマルチスケール Hough 変換はどちらも cv::HoughLines() で実装されています。2 つのオプションの引数を使うか使わないかで異なります。

```
void cv::HoughLines(
  cv::InputArray  image,             // 入力のシングルチャンネル画像
  cv::OutputArray lines,             // N × 1 の 2 チャンネルの配列
  double          rho,               // ρの分解能（ピクセル）
  double          theta,             // θの分解能（ラジアン）
  int             threshold,         // 正規化されないアキュムレータの閾値
  double          srn       = 0,     // ρの分解能（MHT 用）
  double          stn       = 0      // θの分解能（MHT 用）
);
```

最初の引数は入力画像です。これは 8 ビット画像である必要がありますが、2 値情報として扱われます（すなわち、0 でないピクセルはすべて同じものとしてみなされます）。2 番目の引数は、結果を格納する場所であり、2 チャンネルの $N \times 1$ の配列です（行数 N は返される線の本数で

す）[†16]。2つのチャンネルには、見つかった線それぞれの ρ と θ の値が格納されます。

次の2つの引数 rho と theta は、線を表すのに必要な各パラメータの分解能（すなわちアキュムレータ平面の分解能）を設定します。rho の単位はピクセルで、theta の単位はラジアンです。したがって、アキュムレータ平面は rho ピクセル× theta ラジアンの大きさのセルを持つ2次元のヒストグラムと考えることができます。アキュムレータ平面内の値が threshold 値に達すると線と判定します。threshold は実際には少々トリッキーです。正規化されないので、画像サイズに合わせてスケーリングしなければなりません。この引数は事実上、線と判定されるために必要とされる、その線を支持する（エッジ画像内の）点の数を示すということを覚えておいてください。

srn と stn 引数は、標準 Hough 変換（SHT）では使われません。SHT の拡張版であるマルチスケール Hough 変換（MHT）を制御するものです。これらの2つの引数は、MHT に対して線のパラメータを計算すべきより高い分解能を指示します。MHT は最初に rho と theta 引数で与えられた精度で線の場所を計算し、次に、これらの結果の精度をそれぞれ srn と stn で改善します（すなわち、rho の分解能は rho を srn で割ったものになり、theta の分解能は theta を stn で割ったものになります）。srn と stn を 0 にしておくと SHT が実行されます。

12.5.1.2　cv::HoughLinesP()：プログレッシブな確率的 Hough 変換

```
void cv::HoughLinesP(
  cv::InputArray  image,                // 入力のシングルチャンネル画像
  cv::OutputArray lines,                // N × 1 の 4 チャンネルの配列
  double          rho,                  // ρの分解能（ピクセル）
  double          theta,                // θの分解能（ラジアン）
  int             threshold,            // 正規化されないアキュムレータの閾値
  double          minLineLength = 0,    // 必要とする線の長さ
  double          maxLineGap    = 0     // 必要とする線の間隔
);
```

cv::HoughLinesP() 関数は cv::HoughLines() とほとんど同じ働きをしますが、重要な違いが2つあります。最初の違いは、lines が4チャンネルの配列（もしくは、すべてが cv::Vec4i 型のオブジェクトからなるベクタ）であることです。この4つのチャンネルは、見つかった線分の2つの端点の (x, y) 座標である (x_0, y_0) と (x_1, y_1)（この順番どおり）となります。2つ目の重要な違いは、2つの引数の意味です。PPHT の引数 minLineLength と maxLineGap は、返される線分の最小の長さと、分割すべき線分をアルゴリズムが単一の長い線分に結びつけてしまわないようにするために必要な、同一線上にある線分間の間隔を設定します。

12.5.2　Hough 円変換

Hough 円変換[Kimme75]（図12-8）は、今説明した Hough 線変換と大まかに似た方法で機能します。「大まかに」というのは、正確に似たようなことをするのであれば、アキュムレータ平面を

†16　いつものように、lines に渡すオブジェクトの型によって、これは2チャンネルの $1 \times N$ 配列でもよいですし、お好みであれば、N 個の要素を持つ std::vector<>（各要素は cv::Vec2f 型）でもかまいません。

3 次元のアキュムレータ**ボリューム**で置き換える必要があるからです。3 つの次元の 1 つは x 用、1 つは y 用（円の中心の位置）、もう 1 つは円の半径 r 用です。これははるかに多くのメモリを必要とし、速度も著しく遅くなります。OpenCV の円変換の実装は、このような問題を **Hough 勾配法**と呼ばれる少々トリッキーな方法を用いて回避します。

図 12-8 Hough 円変換はテストパターン内の円をいくつか見つけ出すが、写真からは見つけ出していない（正しい動作）

Hough 勾配法は次のように機能します。最初に画像がエッジ検出フェーズ（この場合は、`cv::Canny()`）に渡されます。次に、このエッジ画像内の 0 以外の点すべてに対して、局所的な勾配を考えます（この勾配は、まず `cv::Sobel()` を用いて x 方向と y 方向それぞれの 1 次の Sobel 微分を求めることで計算されます）。この勾配を用いて、この傾きが示す線に沿ったすべての点（指定された最小距離から指定された最大距離まで）がアキュムレータ内に累積されます。同時に、このエッジ画像内における 0 以外のピクセルすべての場所が記録されます。この（2 次元の）アキュムレータ内の点の中から、ある与えられた閾値よりも大きく、かつ、そのすぐ隣の点のどれよりも大きいものが中心の候補として選ばれます。これらの中心の候補は、最も多くのピクセルが支持する中心が先に現れるように、そのアキュムレータの値の降順でソートされます。そして各中心に対して、0 以外のピクセルすべて（このリストはすでに作ってあることを思い出してください）が考慮されます。これらのピクセルは、その中心からの距離に従ってソートされます。最小の距離から最大の半径まで処理して、0 以外のピクセルが最もよく支持する半径が 1 つ選択されます。中心は、エッジ画像の0以外のピクセルに十分に支持されており、**かつ**、それまでに選択されたどの中心からも十分な距離がある場合、そのまま保持されます。

この実装によりアルゴリズムを高速に実行することができます。また、おそらくより重要なことは、このようにしなかった場合に生じる3次元のアキュムレータのスパース性の問題を解決する手助けになることです。このスパース性の問題は多量のノイズの原因となり、結果を不安定にします。一方で、このアルゴリズムには気をつけるべきいくつかの欠点もあります。

まず、局所的な勾配の計算にSobel微分を用いること（およびこれが局所的なタンジェントと同等とみなせるという仮定）は数値的に安定した定理ではありません。これは「ほとんどの場合」正しいかもしれませんが、出力にいくらかのノイズが含まれると考える必要があります。

また、エッジ画像内における0以外のピクセル全体がすべて中心の候補として考慮されるため、アキュムレータの閾値を低くしすぎると、このアルゴリズムは実行に長い時間がかかるようになります。さらに、すべての中心に対して1つの円だけが選択されるので、同心円が存在する場合は、それらのうちの1つしか得られません。

最後に、中心はそれに関連するアキュムレータ値の大きい順に検査され、かつ、新しい中心はこれまでに採用された中心に近すぎる場合は保持されないので、複数の円が同心円もしくは同心円に近い場合には、より大きな円を保持しようとする傾向があります（これはSobel微分で生じるノイズもあるので「傾向」にすぎません。例えば無限の分解能を持つ滑らかな画像を考えると、これは確実に発生するでしょう）。

12.5.2.1 cv::HoughCircles()：Hough円変換

Hough円変換の関数cv::HoughCircles()は線変換と似た引数を持ちます。

```
void cv::HoughCircles(
  cv::InputArray  image,                 // 入力のシングルチャンネル画像
  cv::OutputArray circles,               // 3チャンネルのN × 1行列か cv::Vec3f のベクタ
  int             method,                // 常に、cv::HOUGH_GRADIENT
  double          dp,                    // アキュムレータの分解能（割合）
  double          minDist,               // 必要な（線間の）距離
  double          param1    = 100,       // Cannyの閾値の上限
  double          param2    = 100,       // 正規化されないアキュムレータの閾値
  int             minRadius = 0,         // 考慮すべき最小の半径
  int             maxRadius = 0          // 考慮すべき最大の半径
);
```

入力のimageはここでも8ビット画像です。cv::HoughCircles()とcv::HoughLines()の1つの重要な違いは、後者は2値画像を必要とすることです。cv::HoughCircles()関数は内部的に（自動的に）cv::Sobel()[†17]を呼び出すので、より汎用的なグレースケール画像を渡すことができるのです。

†17 cv::Canny()ではなくcv::Sobel()関数が内部的に呼ばれます。cv::HoughCircles()はそれぞれのピクセルで勾配の向きを推定する必要があり、これは、2値のエッジ画像では難しいからです。

この結果の配列 circles は行列かベクタのいずれかで、これは cv::HoughCircles() に渡すものによります。行列が使われる場合は CV_32FC3 型の 1 次元の配列になり、3 つのチャンネルで円の場所と半径をエンコードします。ベクタが使われる場合は、std::vector<cv::Vec3f>型です。method 引数は必ず cv::HOUGH_GRADIENT に設定する必要があります。

dp 引数は使用するアキュムレータ画像の分解能です。この引数を用いると入力画像よりも低い分解能のアキュムレータを作ることができます。画像内に存在する円の個数がその画像の幅と高さと同じほどの数になることは考えにくいため、これを指定する意味があります。dp を 1 に設定すると、分解能は入力画像と同じになります。1 より大きな数字（例えば、2）に設定すると、アキュムレータはその係数で割った分解能に小さくなります（この場合は半分）。dp の値は 1 よりも小さくはできません。

minDist 引数は、このアルゴリズムが 2 つの円を別の円とみなすために必要な円の間の最小距離です。

method が cv::HOUGH_GRADIENT に設定されている場合、次の 2 つの引数 param1 と param2 はそれぞれエッジ（Canny）の閾値とアキュムレータの閾値です。Canny エッジ検出器は実際には 2 つの異なる閾値を取ることを思い出してください。内部的に cv::Canny() が呼ばれるとき、高いほうの閾値は cv::HoughCircles() に渡された param1 の値を設定され、もう 1 つの低いほうの閾値はその値のちょうど半分を設定されます。param2 はアキュムレータに閾値を与えるために使われます。これは cv::HoughLines() の threshold 引数とまったく同じです。

最後の 2 つの引数は見つけ出すことができる円の最小と最大の半径です。これは、そのアキュムレータが表す円の半径を意味します。**例 12-2** に cv::HoughCircles() を用いた例題プログラムを示します。

例 12-2　cv::HoughCircles() を用いてグレースケール画像の中で見つかった一連の円を返す

```
#include <opencv2/opencv.hpp>
#include <iostream>
#include <math.h>

using namespace cv;
using namespace std;

int main(int argc, char** argv) {

  if(argc != 2) {
    cout << "Hough Circle detect\nUsage: " <<argv[0] <<" <imagename>\n" << endl;
    return -1;
  }

  cv::Mat src, image;

  src  = cv::imread( argv[1], 1 );
  if( src.empty() ) { cout << "Cannot load " << argv[1] << endl; return -1; }
```

```
    cv::cvtColor(src, image, COLOR_BGR2GRAY);
    cv::GaussianBlur(image, image, Size(5,5), 0, 0);

    vector<cv::Vec3f> circles;
    cv::HoughCircles(image, circles, cv::HOUGH_GRADIENT, 2, image.cols/10);

    for( size_t i = 0; i < circles.size(); ++i ) {
      cv::circle(
        src,
        cv::Point(cvRound(circles[i][0]), cvRound(circles[i][1])),
        cvRound(circles[i][2]),
        cv::Scalar(0,0,255),
        2,
        LINE_AA
      );
    }

    cv::imshow( "Hough Circles", src);
    cv::waitKey(0);

    return 0;

  }
```

ここでちょっと思い出してほしいのは、どんなトリックを使っても、線の自由度が2つだけ（ρとθ）であるのに対して、円の自由度が3つ（x、y、r）で記述されるのは避けられないということです。このため、円を見つけるアルゴリズムは前に見た線を見つけるアルゴリズムよりも常に多くのメモリと計算時間を必要とします。そう考えると、これらのコストをうまく制御できるように、半径のパラメータを状況が許す範囲で強く制限するのはよい考えです[†18]。1981年にBallardは、オブジェクトを、勾配を持つエッジの集まりとみなすことで、Hough変換を任意の形状に拡張しました[Ballard81]。

12.6 距離変換

画像の**距離変換**は、すべてのピクセルが、入力画像内で最も近くにある0値のピクセルへの（ある特定の計測尺度による）距離と等しい値に設定された新しい画像として定義されます。典型的な距離変換への入力は、ある種のエッジ画像であるということはすぐに明らかになるでしょう。ほとんどのアプリケーションでは、距離変換への入力は、Cannyエッジ検出器のようなエッジ検出器の出力を反転したもの、つまりエッジが0、エッジでない部分が0以外の値を持つものです。

距離変換を計算する方法は2種類あります。1つはマスクを用いる方法で、マスクは通常3×3

†18 cv::HoughCircles()は円の中心をとてもうまく捕まえますが、正しい半径を求めるのに失敗する場合があります。このため、中心を求めるだけの、もしくは、実際の半径を求めるのに異なる手法を用いることができるアプリケーションでは、cv::HoughCircles()が返す半径は無視してもかまいません。

か5×5の配列です。この配列内の各点の値は、マスクの中心からその点までの「距離」を定義しています。より大きな距離はそのマスク内のエントリーによって定義される「移動」の列として計算（近似）されます。これは、マスクが大きくなればなるほど正確な距離を生み出すことを意味します。この方法を使う場合は、距離の計測尺度（メトリック）によって、OpenCVに備わっているセットから適切なマスクが自動的に選択されます。これがBorgefors（1986）[Borgefors86]が開発した「オリジナル」の手法です。もう1つの方法は正確な距離を計算するもので、Felzenszwalb [Felzenszwalb04] によるものです。両方とも総ピクセル数に比例した時間で処理しますが、正確なアルゴリズムのほうが少し時間がかかります。

距離の計測尺度としては、古典的なL2（デカルト）距離メトリックなどいくつかの異なる種類が使えます。図12-9はパターンと画像に対して距離変換を用いた2つの例です。

図12-9 最初にCannyエッジ検出器をthreshold1 = 100とthreshold2 = 200で実行した。次に距離変換を実行し、見やすくするため出力を5でスケーリングした

12.6.1 ラベルなし距離変換用のcv::distanceTransform()

OpenCVの距離変換関数を実行すると、出力画像は32ビット浮動小数点数型画像（CV_32F）になります。

```
void cv::distanceTransform(
  cv::InputArray  src,                    // 入力画像
  cv::OutputArray dst,                    // 出力画像
```

```
    int              distanceType,          // 使用する距離の基準
    int              maskSize               // 使用するマスク（3、5、または下記参照）
  );
```

cv::distanceTransform()は入出力画像に加えて2つの引数を持ちます。distanceTypeは使用する距離の計測尺度を指示します。ここでは、cv::DIST_C、cv::DIST_L1、cv::DIST_L2が指定できます。これらの基準は、格子に沿った整数のステップ数に基づいて、最も近い0までの距離を計算します。cv::DIST_Cは4連結の格子（すなわち、対角線方向の移動はできない）でのステップ数、cv::DIST_L1は8連結の格子（すなわち、対角線方向の移動が可能）でのステップ数で距離を計算します。distanceTypeにcv::DIST_L2を設定すると、cv::distanceTransform()は正確なユークリッド距離を計算しようとします。

distanceTypeの次はmaskSizeで、これは3、5、cv::DIST_MASK_PRECISEのいずれかを指定可能です。3と5の場合は、それぞれ3×3と5×5のマスクをBorgefors法で使うように指示します。cv::DIST_L1やcv::DIST_Cを使っている場合は、3×3マスクを使えば正確な結果が得られます。cv::DIST_L2の場合はBorgefors法は常に近似となり、5×5マスクを使うと若干遅くなりますが、L2距離のよりよい近似になります。cv::DIST_MASK_PRECISEをcv::DIST_L2と一緒に使うと、Felzenszwalbアルゴリズムが使われます。

12.6.2 ラベル付き距離変換用のcv::distanceTransform()

距離変換アルゴリズムでは、距離を計算するだけでなく、どれが最短距離の塊かを知ることもできます。これらの「塊」は**連結成分**と呼ばれます。連結成分に関しては「14章　輪郭」で詳しく述べますが、ここでは、その言葉どおりのものだと考えてください。すなわち、入力画像内で0からなる連続的に接続したグループから構成された構造です。

```
void cv::distanceTransform(
  cv::InputArray  src,                          // 入力画像
  cv::OutputArray dst,                          // 出力画像
  cv::OutputArray labels,                       // 連結成分のID
  int             distanceType,                 // 使用する距離の基準
  int             maskSize,                     // （3、5、または上記参照）
  int             labelType = cv::DIST_LABEL_CCOMP // ラベリング手法
);
```

labels配列を与えてcv::distanceTransform()を実行すると、結果として、labelsはdstと同じサイズになります。この場合、連結成分が自動的に計算され、そのうち最も近い成分に関連づけられたラベルがlabelsの各ピクセルに置かれます。出力となる「ラベル（labels）」配列は基本的には離散ボロノイ図です。

ラベルを識別する方法がわからない方のために説明すると、src 内で 0 であるピクセルはすべて、対応する距離も 0 であるはずです。加えて、そのピクセルに関するラベルは、それが含まれる連結成分のラベルになります。結果として、特定の 0 のピクセルにどのラベルが与えられたかを知りたい場合は、labels のピクセルを調べるだけでよいのです。

labelType 引数は cv::DIST_LABEL_CCOMP か cv::DIST_LABEL_PIXEL のいずれかに設定可能です。前者の場合、この関数は入力画像の 0 のピクセルからなる連結成分を自動的に見つけ、それぞれに一意なラベルを与えます。後者の場合は、0 のピクセルすべてに異なるラベルが与えられます。

12.7　領域分割

画像の領域分割の話題は幅広く、すでにいろいろな場所で触れてきました。そして、本書の後半のより洗練された文脈内でも再度説明します。ここでは、このライブラリのいくつかの手法に焦点を当てます。これらは、具体的には、領域分割手法そのもの、または、後述のより洗練された戦略で使われる基本となるもののいずれかを実装しています。注意してほしいのは、現時点では、画像の領域分割には汎用的な「魔法」の解法は存在しておらず、いまだにコンピュータビジョンにおける活発な研究分野であるということです。それにもかかわらず、たくさんのよい手法が開発され、少なくともある特定の分野では信頼性があり、実用上は非常によい結果が生み出されています。

12.7.1　フラッドフィル処理

フラッドフィル処理 [Heckbert90] [Shaw04] [Vandevenne04] は、画像をさらに処理または解析する場合に、画像の一部をマークしたり分離したりするのによく使われるとても便利な機能です。フラッドフィル処理は入力画像からマスクを作る際にも使われます。このマスクは、処理を高速化したり、処理を指定ピクセルだけに制限する関数で使ったりすることができます。cv::floodFill() 関数自身も、フィル処理を行う場所を制御するマスクをオプションで取ることができます（例えば、同じ画像に複数のフィル処理を行う場合など）。

OpenCV のフラッドフィル処理は、よくあるコンピュータのお絵描きプログラムでおなじみの塗りつぶしよりも、もっと汎用化されたものです。どちらも、画像から**シードポイント**（種となる点）を選択し、それと似た近傍の点がすべて単一の色で塗りつぶされます。異なるのは、近傍のピクセルが必ずしも同じ色である必要がないという点です†19。フラッドフィル処理の結果は常に単一の連続領域になります。cv::floodFill() 関数は、隣接するピクセルが現在のピクセル値または（flags の設定によっては）元の seed 値に対して指定された範囲内（lowDiff から upDiff）にある場合に、そのピクセルに色を付けます。また、フラッドフィルはオプションの mask 引数で

†19　最新のペイントやドロー系プログラムのユーザーは、現在ではほとんどのプログラムが cv::floodFill() に非常によく似たフィル処理アルゴリズムを採用していることにお気づきでしょう。

適用範囲を制限することもできます。cv::floodFill()には2つの異なるプロトタイプがあり、片方はmask引数を取り、もう片方は取りません。

```
int cv::floodFill(
  cv::InputOutputArray image,                    // 入力画像。1か3チャンネル
  cv::Point            seed,                     // フラッドフィルの開始点
  cv::Scalar           newVal,                   // ピクセルを塗る値
  cv::Rect*            rect,                     // 塗りつぶされた領域のバウンディングボックスが出力される
  cv::Scalar           lowDiff = cv::Scalar(), // 色の距離の最小値
  cv::Scalar           upDiff  = cv::Scalar(), // 色の距離の最大値
  int                  flags                     // 局所的か大域的部分を処理するか、マスクだけか
);

int cv::floodFill(
  cv::InputOutputArray image,                     // 入力画像（w × h）。1か3チャンネル
  cv::InputOutputArray mask,                      // 8ビット。w+2 × h+2（Nc=1）
  cv::Point            seed,                      // フラッドフィルの開始点
  cv::Scalar           newVal,                    // ピクセルを塗る値
  cv::Rect*            rect,                      // 塗りつぶされた領域のバウンディングボックスを出力する
  cv::Scalar           lowDiff = cv::Scalar(),  // 色の距離の最小値
  cv::Scalar           upDiff  = cv::Scalar(),  // 色の距離の最大値
  int                  flags                      // 局所的か大域的部分を処理するか、マスクだけか
);
```

image引数は入力画像で、これは8ビットか浮動小数点数型で、1チャンネルか3チャンネルです。一般的にはimage配列はcv::floodFill()が変更してしまいます。フラッドフィル処理は、seedが示す座標から始まります。そのseedのピクセル値は、このアルゴリズムで色付けされるすべてのピクセルと同様、newValに設定されます。各ピクセルが色付けされるのは、その輝度が、色付けされた隣接ピクセルの輝度からlowDiffを引いたもの以上か、upDiffを足したもの以下の場合です。flags引数がcv::FLOODFILL_FIXED_RANGEを含む場合は、隣接ピクセルではなく元のシードポイントと比較されます。大まかにflags引数が制御するのは、フィル操作における連結性、何に対して相対的にフィル操作するか、マスクだけをフィル処理するかどうか、そして、どの値を使ってマスクをフィル処理するかです。フラッドフィルの最初の例を**図12-10**に示します。

図12-10 フラッドフィルの結果（上の画像は灰色で、下の画像は白でフィル処理されている）。両方とも中心から左上へ少し外れた場所に置かれた黒い円から処理されている。upDiff と lowDiff はどちらも 7.0 に設定されている

引数 mask に指定したマスクは、cv::floodFill() への入力（フィル処理される領域を制限する）としても、cv::floodFill() からの出力（実際にフィル処理された領域を示す）としても機能します。mask はシングルチャンネルの 8 ビット画像で、入力画像よりも正確に幅と高さが 2 ピクセル大きいサイズでなければなりません[†20]。

cv::floodFill() の入力における mask は、このアルゴリズムでは mask の 0 以外のピクセルをフラッド処理しないことを意味します。そのためマスクでフラッド処理をブロックされたくない場合は、使用する前に 0 で初期化してください。

mask がある形式では、mask は出力としても使われます。このアルゴリズムが実行されると、すべての「塗りつぶされた」ピクセルはそのマスク内で 0 以外の値に設定されます。flags には（OR 演算子で）cv::FLOODFILL_MASK_ONLY を追加することもできます。この場合、入力画像 image はまったく変更されず、代わりにマスク mask だけが変更されます。

†20 これは内部のアルゴリズムの処理をより簡単に、そしてより高速にするために行われます。注意してほしいのは、マスクは元の画像よりも大きいので、image 内の (x, y) のピクセルは mask 内の $(x+1, y+1)$ のピクセルに対応するということです。そのため、これは cv::Mat::getSubRect() を使う絶好のチャンスです。

フラッドフィル処理でマスクが使用されると、塗りつぶされた画像のピクセルに対応するマスクのピクセルが 1 に設定されます。マスクを使ったとき、そのマスクを表示しても黒しか表示されないからといって慌てないでください。塗りつぶされた値はちゃんと設定されていますが、画面上に見えるように表示するにはマスク画像をスケーリングする必要があります。何しろ、0 と 1 の違いは、輝度の 0 から 255 に比べて非常に小さいのです。

flags に指定できる値のうち 2 つについてはすでに説明しました。cv::FLOODFILL_FIXED_RANGE と cv::FLOODFILL_MASK_ONLY です。これらに加えて、4、8 という数値も追加できます[†21]。この場合、フラッドフィル処理のアルゴリズムがピクセル配列を **4 連結**か **8 連結**として処理することを指定しています。4 連結の場合は 4 つの最近傍ピクセル（左、右、上、下）が連結され、8 連結の場合は対角線方向に隣り合うピクセルも連結されます。

flags 引数は 3 つの部分からなり、直感的にわかりにくく少々やっかいです。**下位** 8 ビット（0〜7 ビット）は 4 か 8 に設定することができます。これは今説明したように、フィル処理アルゴリズムが考慮するピクセルの連結性を制御します。**上位** 8 ビット（16〜23 ビット）には cv::FLOODFILL_FIXED_RANGE や cv::FLOODFILL_MASK_ONLY が設定されます。flags の**真ん中**の 8 ビット（8〜15 ビット）は少々異なり、実際の数値（そのマスクを塗りつぶしたい値）を表すために使われます。flags の真ん中の 8 ビットが全部 0 の場合、マスクはデフォルトの 1 で塗りつぶされます。それ以外の値の場合は、8 ビット符号なし整数とみなされて利用されます。これらのフラグは、すべて OR 演算子でつなげることができます。例えば、8 方向の連結性を用い、固定された範囲（cv::FLOODFILL_FIXED_RANGE）に対して、入力画像は変更せずにマスクだけ（cv::FLOODFILL_MASK_ONLY）を 47 という値でフィル処理したい場合、渡すパラメータは次のようになります。

```
flags = 8
      | cv::FLOODFILL_MASK_ONLY
      | cv::FLOODFILL_FIXED_RANGE
      | (47<<8);
```

図12-11 はサンプル画像に対してフラッドフィル処理を適用した結果です。cv::FLOODFILL_FIXED_RANGE を使って広い範囲を指定しているので、画像のほとんどの部分が（中心から）塗りつぶされています。newVal、lowDiff、upDiff は cv::Scalar 型なので、これらは一度に 3 つのチャンネルに対して設定可能です。例えば、lowDiff = cv::Scalar(20,30,40) は lowDiff の閾値を青は 20、緑は 30、赤は 40 に設定します。

†21 言葉は「追加する」ですが、flags は実際にはビットフィールドからなる引数であることを思い出してください。便利なことに、4 と 8 は単一のビットです。このため、みなさんは「加算」もしくは「OR」が使えます（例えば、flags = 8 | cv::FLOODFILL_MASK_ONLY）。

図12-11 フラッドフィルの結果（上の画像は灰色で、下の画像は白でフィル処理されている）。両方とも中心から左上へ少し外れた場所に置かれた黒い円から処理されている。いずれのフラッドフィルも固定の範囲で行われ、lowDiff と upDiff はどちらも 25.0 に設定されている

12.7.2 Watershed アルゴリズム

実際の状況では、画像を分割したいのに、背景用のマスク画像が別の画像として得られないことがよくあります。このような場合に有効なことが多いテクニックの1つは、**Watershed（流域）アルゴリズム**[Meyer92] です。このアルゴリズムは、画像内の線を「山」に、均一な領域を「谷」に変換するもので、これは物体の分割に使えます。Watershed アルゴリズムは、まず画像の輝度の勾配を求めます。その結果として、テクスチャのない場所には谷または**盆地**（低い点）が形成され、画像内の有力な線がある場所には山または**山脈**（エッジに対応する高い尾根）が形成されます。続いて、このアルゴリズムは、ユーザーが指定した複数のマークから盆地に水を注いでいき、これらの領域が接触するまで溢れさせます。画像に「水が溜まる」につれて同じマークに取り込まれていった領域は、1つのグループをなすものとして分割されます。このようにして、マークの点と連結する盆地は、そのマークによって「所有」されます。そして画像を、対応するマークが所有する領域単位に分割します。

具体的に言うと、Watershed アルゴリズムでは、ユーザー（または他のアルゴリズム）が物体や背景の一部だとわかっている部分をマークすることができます。あるいは、呼び出し側が、簡単な線（または線の集まり）を描くことで、Watershed アルゴリズムに「このような点を一緒のグループにする」ように指示することができるのです。その後、分割される領域に結びつけられた勾配画

像のエッジによって定義される谷をマーク領域に「所有」させることで、Watershed アルゴリズムは画面を分割します。図12-12にこの処理をわかりやすく示しています。

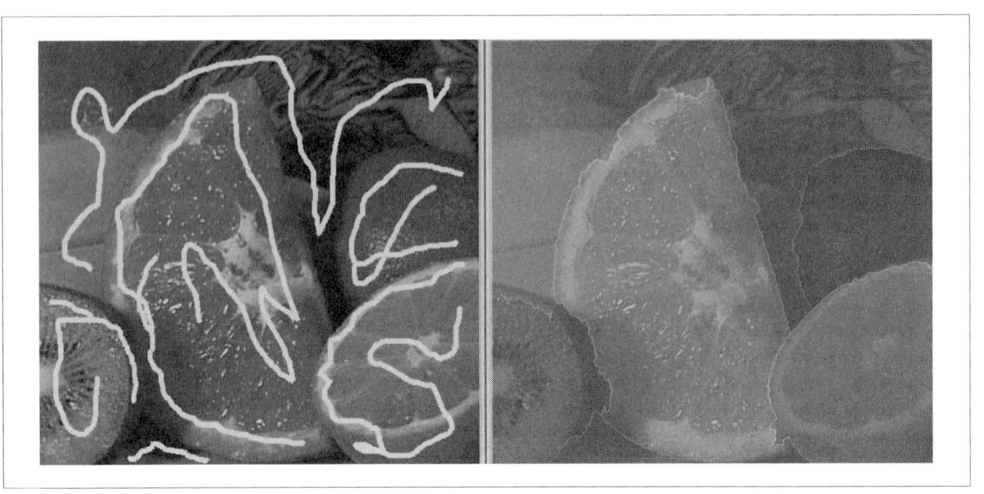

図12-12 Watershed アルゴリズム。ユーザーが同じグループになる物体をマークした後（左）、このアルゴリズムはマークされた領域を部分領域に結合する（右）

Watershed アルゴリズムの関数仕様は次のとおりです。

```
void cv::watershed(
  cv::InputArray       image,     // 8 ビット 3 チャンネルの入力画像
  cv::InputOutputArray markers    // 符号付き 32 ビット整数型シングルチャンネルの画像
);
```

ここで、image は 8 ビットのカラー（3 チャンネル）画像であり、markers は (x, y) 方向のサイズが image と等しいシングルチャンネルの整数（CV_32S）画像です。markers の値は、ある領域が同じグループになることを呼び出し側が指定した場所では正の数、それ以外では 0 です。例えば図12-12の左のパネルでは、オレンジは「1」、レモンは「2」、ライムは「3」、上の背景は「4」といったようにマークされます。

このアルゴリズムを走らせると、markers 内でもともと 0 だったピクセルはすべて、与えられたマーカーの 1 つに設定されます（すなわち、オレンジのピクセルはすべて「1」、レモンのピクセルはすべて「2」などとなることが期待されます）。ただし領域間の境界のピクセルには-1 が設定されます。図12-12（右）はこのようにして分割した例を示しています。

すべての領域が、その境界線でのマークの値が-1であるピクセルで分離されると考えたくなりますが、実際にはそうはなりません。特に、2つの隣り合うピクセルがもともと0ではない異なる値で入力されていた場合、それらはくっついたまま残り、出力は-1のピクセルで分離されません。

12.7.3 Grabcuts

Grabcutsアルゴリズムは、Rother、Kolmogorov、Blakeらによって提案されました[Rother04]。これはGraphcutsアルゴリズムを拡張したもので、ユーザー指示型の画像の領域分割で使用できます[Boykov01]。Grabcutsアルゴリズムは、たいていの場合、領域分割したい前景物体の周りにバウンディングボックスを描くだけで、領域分割においてすばらしい能力を発揮します。

もともとのGraphcutsアルゴリズムでは、ユーザーがラベル付けした前景領域と背景領域を使い、これらの2つの画像領域のクラスに対して分布ヒストグラムを作っていました。そして、ラベル付けされていない前景と背景は同じような分布に従うという考え方と、それらの領域は滑らかで連結している（すなわち、たくさんの塊からなる）という考え方を組み合わせ、**エネルギー汎関数**としました。これは、これらの考え方に適合する解に対して低いエネルギー（すなわち、コスト）を与え、適合しない解に対しては高いエネルギーを与える関数です。Graphcutsアルゴリズムは、このエネルギー汎関数を最小化することで最終的な結果を得ます†22。

Grabcutsアルゴリズムは Graphcutsアルゴリズムをいくつかの重要な方法で拡張しています。第一に、ヒストグラムモデルを別の（混合Gaussian）モデルで置き換えることで、このアルゴリズムがカラー画像でも機能するようにしてあります。加えて、繰り返し処理を用いることでエネルギー汎関数の最小化問題を解決しています。このため全体的によりよい結果が得られ、ユーザーが付けるラベルの自由度は大幅に増します。特にラベルについては、背景ピクセルと前景ピクセルのどちらかだけを指定する片側ラベリングも可能です（Graphcutsでは両方必要です）。

OpenCVの実装では、呼び出し側は、分割する物体の周りの長方形を提供するだけです。この場合、その長方形の境界の外側にあるピクセルは背景と考えられ、前景とは指定されません。これ以外に、全体のマスクを指定することもできます。この呼び出し側のマスク内のピクセルは、確実に前景、確実に背景、おそらく前景、おそらく背景、のいずれかにカテゴリ分けしておきます†23。この場合、背景か前景が明らかな領域を使って他の領域が分類されます。他の領域はこのアルゴリズムによって確実に前景か確実に背景として分類されます。

GrabcutsはOpenCVでは`cv::grabCut()`関数で実装されています。

```
void cv::grabCut(
  cv::InputArray       img,
  cv::InputOutputArray mask,
```

†22 この最小化は簡単な問題ではなく、実際にはMincutと呼ばれる手法を用いて計算されます。これが、GraphcutsアルゴリズムとGrabcutsアルゴリズムの名前の由来になっています。

†23 直感的ではないかもしれませんが、このアルゴリズムの実装では「わからない」という事前ラベリングは認められません。

```
    cv::Rect               rect,
    cv::InputOutputArray bgdModel,
    cv::InputOutputArray fgdModel,
    int                    iterCount,
    int                    mode      = cv::GC_EVAL
);
```

入力画像imgに対して、結果のラベルがcv::grabCut()で計算され、出力配列maskに書き出されます。このmaskはマスクの入力としても使うこともでき、これはmode変数で決められます。modeにcv::GC_INIT_WITH_MASKが含まれていると[†24]、このメソッドが呼び出されたときのmask内の値は、その画像のラベリングの初期化に使われます。このマスクはCV_8U型のシングルチャンネル画像で、各値は次に列挙する値のいずれかです。

列挙値	数値	意味
cv::GC_BGD	0	確実に背景
cv::GC_FGD	1	確実に前景
cv::PR_GC_BGD	2	おそらく背景
cv::PR_GC_FGD	3	おそらく前景

引数rectはマスクによる初期化を行わないときにだけ使います。modeにcv::GC_INIT_WITH_RECTが含まれているとき、指定された長方形の外側の全領域は「確実に背景」と考えられます。一方、残りは自動的に「おそらく前景」として設定されます。

続く2つの配列は、基本的には一時的なバッファです。最初にcv::grabCut()を呼び出すときは空でもかまいません。しかし何らかの理由で、Grabcutsアルゴリズムを何回か繰り返し実行し、その後（おそらく、ユーザーがアルゴリズムを手助けするために背景か前景かが「確実な」ピクセルを提供した後で）さらにこのアルゴリズムを再スタートして何回か繰り返したいときは、（前の実行から取り出されたマスクを次の実行の入力として使うことに加えて）前の実行で埋められた同じ（修正されていない）バッファを渡す必要があります。

内部的には、Grabcutsアルゴリズムは基本的にGraphcutsアルゴリズムをある回数実行します（ただし、前に述べたマイナーな拡張がされています）。このそれぞれの実行と実行の間で、混合モデルが再計算されます。iterCount引数はそのような繰り返しを何回適用するかを決定します。iterCountの典型的な値は10か12ですが、必要とされる回数は処理する画像のサイズや性質に依存するでしょう。

†24 cv::grabCut()は、実際にはみなさんが明示的にcv::GC_INIT_WITH_MASKフラグを与える必要がないように実装されています。これは、マスクによる初期化がデフォルトの動作だからです。つまりcv::GC_INIT_WITH_RECTフラグを与えない限り、マスクで初期化されるのです。ただしこれはデフォルトの引数として実装されているのではなく、この関数の手続き的なロジックとしてデフォルトになっています。このため、OpenCVの将来のリリースでは変更されるかもしれません。最もよいのはcv::GC_INIT_WITH_MASKフラグかcv::GC_INIT_WITH_RECTフラグを明示的に使うことです。こうしておくと将来の保証を与えるだけでなく、コードのわかりやすさも増します。

12.7.4 平均値シフト分割

平均値シフト（mean-shift）分割は、色の空間分布のピークを求める手法です[Comaniciu99]。これは、「17 章　トラッキング」でトラッキングと動きについて説明するときに説明する**平均値シフトアルゴリズム**と関連しています。この 2 つの主な違いは、前者は色の空間分布を見る（このため本章で説明した領域分割に関連する）のに対して、後者は連続するフレームで時間を通しての分布をトラッキングするという点です。色の分布のピークに基づいて分割を行う関数は `cv::pyrMeanShiftFiltering()` です。

$(x, y, blue, green, red)$ の次元を持つ多次元のデータ点の集合が与えられると、平均値シフト法は、この空間内を**ウィンドウ**で走査することで、空間内のデータの最も高密度の「集まり」(clump) を見つけることができます。しかし、空間的な変数 (x, y) の範囲は、色の大きさ $(blue, green, red)$ の範囲と大きく違っていることに注意してください。このため平均値シフト法では、異なる次元で異なるウィンドウ半径を設定できるようにする必要があります。この場合は少なくとも、空間変数に対して 1 つの半径（`spatialRadius`）、色の大きさに対して 1 つの半径（`colorRadius`）が必要です。平均値シフト法のウィンドウが動くにつれ、ウィンドウが横断し、かつ、データのあるピークに収束したすべての点が連結されます。すなわち、そのピークにより「所有」されます。この所有される点の分布は最も密なピーク群から放射状に広がり、画像の分割を形成します。この分割は実際に、「11 章　画像変換」で述べたスケールピラミッド（`cv::pyrUp()`、`cv::pyrDown()`）上で実行されます。これは、ピラミッドの高レベル（縮小された画像）での色のクラスタが、ピラミッドのより低レベルでその境界を修正させるように行われます。

平均値シフト分割アルゴリズムの出力は「ポスタリゼーション」された新しい画像です。ポスタリゼーションとは、細かいテクスチャを取り除き、色の勾配をほとんど平らにすることです。そのような画像を得たら、みなさんのニーズにあった何らかのアルゴリズムで領域分割することができます（例えば、実際に輪郭の区分が最終的に必要なら、`cv::Canny()` と `cv::findContours()` を組み合わせます）。

`cv::pyrMeanShiftFiltering()` の関数呼び出しは次のようになります。

```
void cv::pyrMeanShiftFiltering(
  cv::InputArray  src,                      // 8 ビット、Nc=3 の画像
  cv::OutputArray dst,                      // 8 ビット、Nc=3、src と同じサイズ
  cv::double      sp,                       // 空間ウィンドウの半径
  cv::double      sr,                       // カラーウィンドウの半径
  int             maxLevel = 1,             // 最大のピラミッドのレベル
  cv::TermCriteria termcrit = cv::TermCriteria(
    cv::TermCriteria::MAX_ITER | cv::TermCriteria::EPS,
    5,
    1
  )
);
```

`cv::pyrMeanShiftFiltering()` には、入力画像 `src` と出力画像 `dst` があります。どちらも

8ビット、3チャンネルのカラー画像で、同じ幅と高さである必要があります。`sp`と`sr`は、平均値シフトアルゴリズムにおいて、どの範囲で位置と色の平均を求めて分割結果を生成するかを決めます。640 × 480のカラー画像では、`sp`は2に、`sr`は40に設定するとうまくいきます。このアルゴリズムの次の引数`maxLevel`は、分割に何レベルのスケールピラミッドを使いたいかを示します。640 × 480のカラー画像では、`maxLevel`を2か3にするとうまくいきます。

最後のパラメータ`termcrit`は`cv::TermCriteria`で、OpenCVのすべての繰り返しアルゴリズムで使われています。このパラメータを空のままにしておくと、平均値シフト分割関数は優れたデフォルト値を使用します。

図12-13に、次の値を用いた平均値シフト分割の例を示します。

```
cv::pyrMeanShiftFiltering( src, dst, 20, 40, 2 );
```

図12-13 平均値シフト分割。maxLevel = 2、sp = 20、sr = 40のパラメータでcv::pyrMeanShiftFiltering()を使用。似た領域は似た値を持つようになるので、スーパーピクセル（より大きく統計的に似た領域）として扱うことができ、それに続く処理を大幅にスピードアップできる

12.8 まとめ

本章では、これまでに学んだテクニックを画像解析用に拡張しました。前の章の汎用的な画像変換をもとに、対象となる画像をよりよく理解できる新しい手法を勉強しました。これらの手法は、これから先の章で見る、たくさんのより複雑なアルゴリズムの基礎を形成します。積分画像、距離変換、領域分割手法などの道具は、OpenCVの他のアルゴリズムのみならず、みなさんが行う画像解析の重要な基礎をなしていることがわかるでしょう。

12.9 練習問題

1. この練習問題では、`cv::Canny()` でよい `threshold1`（下限閾値）と `threshold2`（上限閾値）を設定することでパラメータを実験します。適度に面白い線の構造を持つ画像を読み込んでください。上限閾値と下限閾値の比が、1.5：1、2.75：1、4：1 になるように設定します。
   a. 上限閾値を `50` より小さく設定した場合にどのように見えるでしょうか？
   b. 上限閾値を `50` と `100` の間に設定した場合にどのように見えるでしょうか？
   c. 上限閾値を `100` と `150` の間に設定した場合にどのように見えるでしょうか？
   d. 上限閾値を `150` と `200` の間に設定した場合にどのように見えるでしょうか？
   e. 上限閾値を `200` と `250` の間に設定した場合にどのように見えるでしょうか？
   f. 結果をまとめて、何が起きているかをできるだけうまく説明してください。
2. はっきりした線と円を含む画像（自転車を側面から見た画像など）を読み込んでください。Hough 線変換と Hough 円変換を用いて、それらが読み込んだ画像にどのように反応するか見てください。
3. Hough 変換を用いて、はっきりした境界線を持つ任意の種類の形状を特定する方法を考えてください。そして、それをどうやるか説明してください。
4. 小さなガウス分布と適当な画像をそれぞれフーリエ変換してください。これらを乗算し、その結果を逆フーリエ変換してください。何が得られましたか？ このフィルタが大きくなると、フーリエ空間での作業は通常の空間よりもはるかに高速になることがわかります。
5. 特徴の多い画像を読み込み、グレースケールに変換し、その積分画像を求めてください。積分画像の性質を用いて、この画像の垂直なエッジと水平なエッジを見つけてください。

細長い長方形を用いてください。これらを上書きで減算したり加算したりしてください。

6. 45° 回転した積分画像を計算する関数を書いてください。その画像を使えば、4 点から 45° 回転した長方形の合計を求めることができます。
7. スケールが既知で固定のとき、距離変換を用いて既知の形状とテスト形状の位置を揃える操作を自動的に行う方法を説明してください。また、これをマルチスケールで行うにはどうすればよいでしょうか？
8. カーネルサイズ (50, 50) で `cv::GaussianBlur()` を使って画像を平滑化する関数を書いてください。そしてその計算時間を計ってください。次に、50×50 の Gaussian カーネルの DFT を用いて、同じ種類の平滑化をはるかに高速に行ってください。
9. 画像からインタラクティブに人を消す画像処理関数を書いてください。`cv::grabCut()` を用いて人間を領域分割し、その結果空く穴を `cv::inpaint()` で埋めてください（前の章で

cv::inpaint() について学んだことを思い出してください)。

10. 十分に特徴の多い画像を用意してください。そして cv::pyrMeanShiftFiltering() を使ってそれを領域分割してください。cv::floodFill() を使って結果の領域を2つマスクし、そのマスクを使って画像内の指定領域以外を平滑化してください。
11. 20 × 20 の正方形を持つ画像を作成してください。それを任意の角度で回転させてください。そしてこの画像の距離変換を行ってください。次に 20 × 20 の正方形を作成してください。距離変換画像を使い、アルゴリズム的な方法で、その形状をみなさんが作成した画像内の回転した四角形の上に重ねてください。
12. 「2005 DARPA Grand Challenge ロボットレース」では、著者らのスタンフォードチームは色クラスタリングアルゴリズムの一種を使い、道ではないところと道とを分離しました。色については、車の前方の、レーザーで検出された台形の道路パッチからサンプリングしました。シーン内でこのパッチに色が近く、その連結成分が元の台形と連結している領域は、道であるとラベル付けしました。図12-14 を見てください。道の内部に台形の印を、道の外側に逆「U」字型の印を付けた後に、Watershed アルゴリズムを使って道を分割しました。自動的にこれらの印を生成できたと仮定してください。道を分割するこの方法がうまくいかなくなるとしたら、理由は何ですか？

図12-14 Watershed アルゴリズムを使って道を特定する。元の画像に印を付けると（左）、アルゴリズムにより道が分割される（右）

13章
ヒストグラムとテンプレートマッチング

画像やオブジェクト、動画情報を解析する過程で、今見ているものを**ヒストグラム**として表現したくなることがよくあります。ヒストグラムを使うと、物体の色の分布や、物体のエッジ勾配のテンプレート[Freeman95]、物体の位置についての仮説を表現する確率分布など、多種多様なものが表現できます。**図13-1** は、ヒストグラムを使ってジェスチャーを高速に認識する例を示しています。まず、「上」「右」「左」「停止」「OK」という手のジェスチャーそれぞれについてエッジ勾配を収集しました。その後、これらのジェスチャーを使って Web ビデオを制御する人を観察するために、Web カメラを設置しました。各フレームで、入力ビデオから色の注目領域を検出し、これらの注目領域の周辺でエッジ勾配の向きを計算して、これらの向きをヒストグラム内の方向別のビンにまとめました。そのヒストグラムをジェスチャーモデルに対してマッチングさせることでジェスチャーを認識しています。**図13-1** の縦の棒は、各ジェスチャーとの一致度を示しています。グレーの横線は、ジェスチャーモデルに対応する縦棒を「勝ち」とみなす閾値を表現しています。

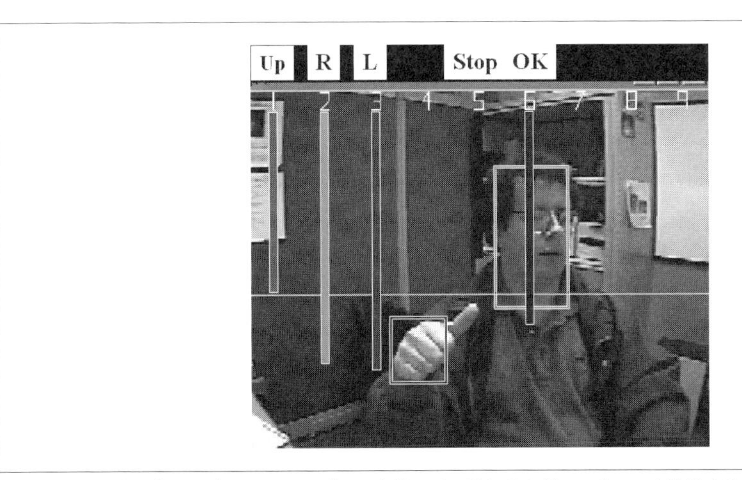

図13-1　局所的な勾配の向きのヒストグラムを使って、手とそのジェスチャーを検出する。ここでは、「勝ち」のジェスチャー（いちばん長い縦棒）は正しく「L」（左へ移動）を認識している

ヒストグラムは、多くのコンピュータビジョンアプリケーションで使われています。例えば、フレーム間でエッジと色の統計値が顕著に変化するところを示すことで、動画内の場面転換を検出するのに使われています。また、注目する各点に、近隣の特徴のヒストグラムからなる「タグ」を割り当てることで、画像内の注目点を特定するのにも使えます。エッジ、色、コーナーなどのヒストグラムは、物体認識のために識別器に渡される一般的な特徴です。色やエッジに対する一連のヒストグラムは、動画がWeb上にコピーされたものかどうかの識別にも使われています。ヒストグラムの用途は数え上げればきりがありません。ヒストグラムはコンピュータビジョンの古典的なツールの1つなのです。

ヒストグラムは単に、基礎データの**カウント**（度数）をまとめて、前もって定義した**ビン**の集合として編成したものです。それらのビンには、データから計算された特徴（例えば勾配の大きさや向き、色、あるいは他の特性のほとんど何でも）のカウントが集められます。どのような場合でも、それらを使って基礎となるデータ分布の統計的な図を得ることができます。ヒストグラムは通常、入力データより少ない次元になります。その典型的な例を**図13-2**に示します。この図は、点の2次元の分布を示しています（左上）。その上に格子を置いて（右上）、各**格子の枠**内の点を数え、1次元のヒストグラムを生成しています（右下）。生のデータの点はほとんど何でも表現できてしまうので、ヒストグラムはみなさんが画像から得たあらゆる情報を手軽に表現できる便利な方法と言えます。

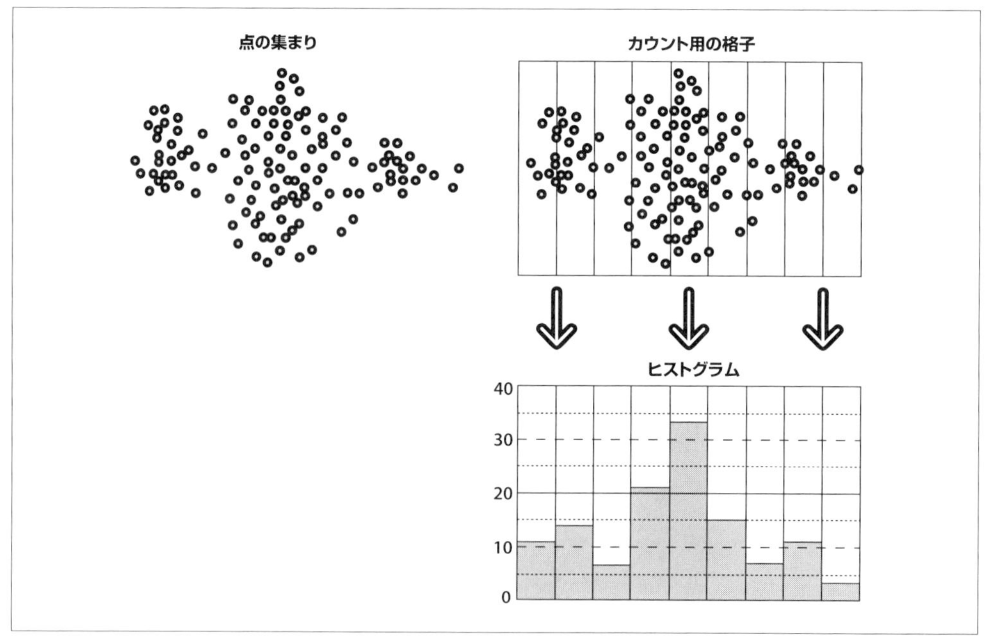

図13-2　典型的なヒストグラムの例。点の集まりから始め（左上）、カウント用の格子を置き（右上）、点のカウントを表す1次元のヒストグラムを生成する（右下）

連続分布を表現するヒストグラムは、各格子内に点を量子化することで分布を表現します[†1]。ここで、**図13-3**に示すような問題が発生する可能性があります。格子が広すぎると（左上）、出力が粗すぎて分布の構造を見失ってしまいます。格子が狭すぎると（右上）、分布を的確に表現する量子化がうまくできず、小さな「とげとげ」したセルしか得られません。

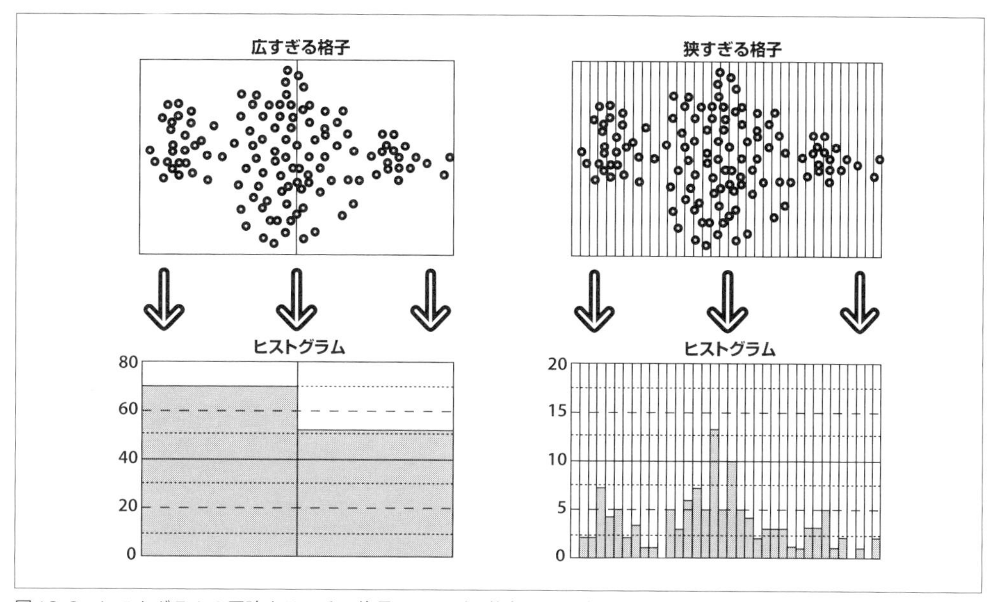

図13-3　ヒストグラムの正確さは、その格子のサイズに依存する。格子が広すぎるとヒストグラムの値の量子化が粗くなりすぎ（左）、狭すぎるとサンプルが小さすぎるため、「とげとげ」して孤立した結果になる（右）

13.1　OpenCVでのヒストグラムの表現

OpenCVではヒストグラムは、他のデータと同様の構造の配列として表現されます[†2]。これは、1次元または2次元の配列（1次元なら $N \times 1$ または $1 \times N$ の配列）、vector<>型、あるいは疎な行列を持っているなら、cv::Matが使えるということを意味しています。もちろん、基礎となるデータ構造が同一であっても、ヒストグラムという文脈における配列の解釈は違います。n 次元の配列は、ヒストグラムのビンの n 次元の配列と解釈され、個々の要素の値はその個々のビンに関

†1　これは、必然的に離散グループになってしまうような情報を表現したヒストグラムに対しても当てはまります。そのヒストグラムの自然な表現が示唆あるいは要求するよりも少ないビンを使う場合です。この一例は、8ビットの輝度値を10個のビンのヒストグラムで表現することです。このとき各ビンは、約25個の異なる輝度に関連する点を1つにまとめ、（誤って）それらすべてを同じものとして扱います。

†2　これは、C言語APIに比べてC++ APIが大きく異なっている点です。C言語APIでは、ヒストグラムのデータを表現するためにCvHistogramという特別な構造体がありました。C++インタフェースでこの構造体をなくしたことで、ライブラリがずっとシンプルに統一されました。

連づけられた（すなわち、個々のビンで表現された範囲内の）カウントの数を表しています。この違いは重要で、ビンの番号はある次元の配列のインデックスにすぎず、単なる整数なのです。ビンが何を表しているかは、ビンのインデックスの整数とは別のものです。ヒストグラムを扱う際にはいつも、測定値とヒストグラムのビンのインデックスとを変換する必要があります。例えば人の体重を表現したヒストグラムでは、20〜40kg、40〜60kg、60〜80kg、80〜100kgのビンがあるかもしれません。この場合、ビンにより表現される値はこれらの体重ですが、ビンのインデックスは単に、0、1、2、3です。多くのOpenCVの関数がこの作業（あるいはこの作業の一部）を行ってくれます。

高次元のヒストグラムを扱う際には、ヒストグラムのほとんどの要素が0になることもよく起こるでしょう。そのような場合を表現するには、`cv::SparseMat`クラスが適しています。実際、`cv::SparseMat`が存在する主な理由はヒストグラムなのです。密な配列で動作する基本的な関数のほとんどは疎な配列でも動作しますが、少数の例外について以降で触れておきます。

13.1.1 cv::calcHist()：データからヒストグラムを作成する

関数`cv::calcHist()`は、1つ以上のデータ配列からヒストグラムのビンの値を計算します。ヒストグラムの次元は入力配列の次元やそのサイズとは無関係で、入力配列の個数と関係があることを思い出してください。ヒストグラムの各次元は、複数のうち1つの入力配列が持つ1つのチャンネル内のすべてのピクセル値にわたるカウント（およびビン）を表現しています。すべての配列のすべてのチャンネルを使う必要はありません。どの配列のどのチャンネルを使うかを、`cv::calcHist()`に渡すことができます。`cv::calcHist()`の関数インタフェースは次のとおりです。

```
void cv::calcHist(
  const cv::Mat*  images,              // 画像のC言語スタイルの配列。CV_8UまたはCV_32F
  int             nimages,             // images配列内の画像の数
  const int*      channels,            // チャンネルを指定するC言語スタイルの整数リスト
  cv::InputArray  mask,                // maskがゼロでない場合にだけ、images内の画像をカウントする
  cv::OutputArray hist,                // ヒストグラムの出力配列
  int             dims,                // histの次元 < CV_MAX_DIM (32)
  const int*      histSize,            // C言語スタイルの配列。各次元のhistのサイズ
  const float**   ranges,              // C言語スタイルの配列。ビンのサイズのdims個の対
  bool            uniform    = true,   // 均等なビンならtrue
  bool            accumulate = false   // trueならhistに追加、そうでなければ置き換える
);

void cv::calcHist(
  const cv::Mat*  images,              // 画像のC言語スタイルの配列。CV_8UまたはCV_32F
  int             nimages,             // images配列内の画像の数
  const int*      channels,            // チャンネルを指定するC言語スタイルの整数リスト
  cv::InputArray  mask,                // maskがゼロでない場合にだけ、images内の画像をカウントする
  cv::SparseMat&  hist,                // ヒストグラムの疎な出力配列
  int             dims,                // histの次元 < CV_MAX_DIM (32)
  const int*      histSize,            // C言語スタイルの配列。各次元のhistのサイズ
```

```
  const float**    ranges,            // C言語スタイルの配列。ビンのサイズのdims個の対
  bool             uniform    = true, // 均等なビンならtrue
  bool             accumulate = false // trueならhistに追加、そうでなければ置き換える
);

void cv::calcHist(
  cv::InputArrayOfArrays images, // CV_8UまたはCV_32Fの画像のベクトル
  const vector<int>& channels,   // 使用するチャンネルのリスト
  cv::InputArray mask,           // maskがゼロでない場合にだけ、images内の画像をカウントする
  cv::OutputArray hist,          // ヒストグラムの出力配列
  const vector<int> histSize,    // 各次元のhistのサイズ
  const vector<float>& ranges,   // ビンのサイズの対が平坦なリストで与えられる
  bool accumulate = false        // trueならhistに追加、そうでなければ置き換える
);
```

`cv::calcHist()`関数には3つの形式があります。うち2つは「旧式の」C言語スタイルの配列を使っており、3つ目は現在望ましいとされているSTL vectorのテンプレート型の引数を使っています。最初の2つの主な違いは、計算された結果が密な配列になるか疎な配列になるかです。

最初の引数`images`は配列データで、`cv::Mat`のC言語スタイルの配列へのポインタか、あるいは、より新しい`cv::InputArrayOfArrays`です。どちらの場合も`images`の役割は、ヒストグラムを構築する元となる配列を1つ以上保持することです。これらの配列はすべて同じサイズである必要がありますが、チャンネル数は個々の配列で自由です。また、配列は8ビット整数型か32ビット浮動小数点数型で、すべての配列の型は一致しなければなりません。C言語スタイルの入力配列の場合は、追加の引数`nimages`で`images`が指す配列の数を示します。引数`channels`は、ヒストグラムを作成するときにどのチャンネルを扱うかを示します。この`channels`も、整数のC言語スタイルの配列またはSTL vectorです。これらの整数は、入力配列のどのチャンネルを使って出力ヒストグラムを作成するかを示しています。チャンネルには連続した番号が付けられています。すなわち、最初の`images[0]`の$N_c^{(0)}$個のチャンネルは0番から$N_c^{(0)}-1$番で、次の`images[1]`の$N_c^{(1)}$個のチャンネルは、$N_c^{(0)}$番から$N_c^{(0)}+N_c^{(1)}-1$番という具合に続きます。もちろん、`channels`の要素数はこれから作ろうとしているヒストグラムの次元数と同じです。

配列`mask`はオプションで、指定されていれば、`images`内の配列のどのピクセルがヒストグラムに寄与するかを選択するのに使われます。`mask`は8ビットの配列で、`images`内の配列と同じサイズでなければなりません。`mask`内のゼロでないピクセルに対応するピクセルだけがカウントされます。マスクを使いたくない場合は、代わりに`cv::noArray()`を渡すことができます。

`histSize`が各次元のビンの数を示している一方、`ranges`は各次元の各ビンに対応する値を示しています。`ranges`も、C言語スタイルの配列かSTL vectorです。C言語スタイルの配列の場合、各要素`ranges[i]`もまた配列で、`ranges`の長さは`dims`と同じでなければなりません。この場合、要素`ranges[i]`は対応する`i`番目の次元のビンの構造を示しています。`ranges[i]`の解釈の仕方は引数`uniform`の値によって異なります。`uniform`が`true`なら`i`次元目のすべてのビンは同じサイズになり、指定する必要があるのはいちばん下のビンの下限値（その値を含む）と

いちばん上のビンの上限値（その値を含まない）だけです（例えば ranges[i] = {0,100.0}）。一方 uniform が false なら、i 次元目に N_i 個のビンがあるとすると、ranges[i] には $N_i + 1$ 個の要素が必要です。ranges[i] の j 番目の要素は、ビン j の下限値（その値を含む）でありビン j-1 の上限値（その値は含まない）であると解釈されます。ranges が vector<float>型の場合、意味は C 言語スタイルの配列と同じですが、要素が「平坦化」されて単一レベルの配列になっています。つまり、uniform が true の場合はヒストグラムの次元ごとに 2 つの要素があり、それらが次元順に並んでいます。一方 uniform が false の場合は次元ごとに $N_i + 1$ 個の要素があり、これも次元順に並んでいます。**図13-4** にこれらを示します。

histSize が各次元のビンの数を示している一方、ranges は各次元の各ビンに対応する値を示しています。ranges も、C 言語スタイルの配列か STL vector です。C 言語スタイルの配列の場合、各要素 ranges[i] もまた配列で、ranges の長さは dims と同じでなければなりません。この場合、要素 ranges[i] は対応する i 番目の次元のビンの構造を示しています。ranges[i] の解釈の仕方は引数 uniform の値によって異なります。uniform が true なら i 次元目のすべてのビンは同じサイズなので、指定する必要があるのはいちばん下のビンの下限値（その値を含む）といちばん上のビンの上限値（その値を含まない）だけです（例えば ranges[i] = {0,100.0}）。一方 uniform が false なら、i 次元目に N_i 個のビンがある場合 ranges[i] には $N_i + 1$ 個の要素が必要です。ranges[i] の j 番目の要素は、ビン j の下限値（その値を含む）でありビン j−1 の上限値（その値は含まない）であると解釈されます。ranges が vector<float>型の場合、意味は C 言語スタイルの配列と同じですが、要素が「平坦化」されて単一レベルの配列になっています。つまり、uniform が true の場合はヒストグラムの次元ごとに 2 つの要素があり、それらが次元順に並んでいます。一方 uniform が false の場合は次元ごとに $N_i + 1$ 個の要素があり、これも次元順に並んでいます。**図13-4** にこれらを示します。

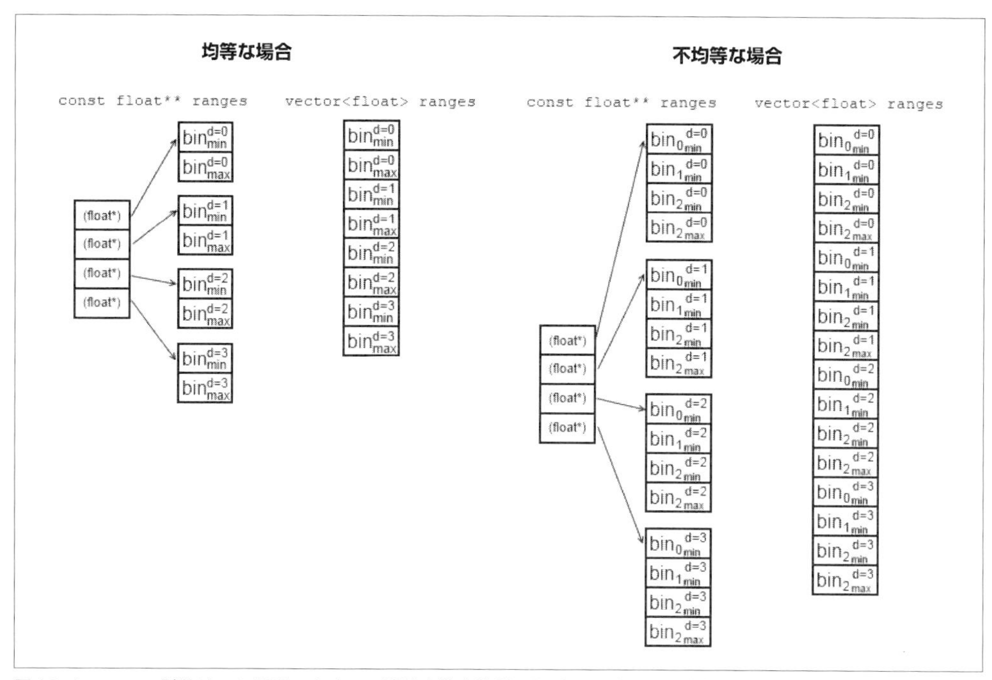

図13-4 ranges 引数は、C 言語スタイルの浮動小数点数型の配列の配列か、浮動小数点数型の単一の STL vector のどちらか。均等なヒストグラムの場合、ビン全体の境界の最小値と最大値だけを与える必要がある。不均等なヒストグラムの場合、各次元の各ビンの下限値、および、ビン全体の境界の最大値を与える必要がある

最後の引数 `accumulate` が `true` の場合、OpenCV は、`images` 内の配列から新しいカウントを計算する前に、配列 `hist` の削除や再確保、`0` への設定などを行いません。

13.2 ヒストグラムの基本操作

データ構造自体は行列や画像の配列で使われるものと同じではありますが、ヒストグラムのデータ構造の解釈は特有であるため、この配列に対する新しい操作が導入されています。それらはヒストグラム特有なタスクを実行します。本節では、ヒストグラムに特有ないくつかの簡単な操作について触れ、さらに、これまでの章で学んできた配列操作を使って、いくつかの重要なヒストグラム操作を実行する方法を説明します。

13.2.1 ヒストグラムの正規化

ヒストグラムを扱うには、まず、いろいろなビンに情報を蓄積する必要があります。しかし、それが済んだ後は、そのヒストグラムを**正規化された形式**で扱うことが好ましいことがよくあります。例えば、個々のビンがヒストグラム全体に割り当てられたイベントの総数に対する割合を表現するようにしたい場合です。C++ API では、次のように配列の代数演算を使って簡単に正規化で

きます。

```
cv::Mat normalized = my_hist / sum(my_hist)[0];
```

または、次の関数呼び出しでも正規化できます。

```
cv::normalize( my_hist, my_hist, 1, 0, cv::NORM_L1 );
```

13.2.2 ヒストグラムの閾値

ヒストグラムの閾値を決め、（例えば）ある最小値より少ないカウントしかない要素のビンを捨てたいこともよくあります。正規化のように、この操作もヒストグラム特有のルーチンを使わずに実行することができます。配列の標準的な閾値関数を使えばよいだけです。

```
cv::threshold(
  my_hist,                // 入力ヒストグラム
  my_thresholded_hist,    // 結果。threshold より小さいすべての値はゼロに設定される
  threshold,              // 切り捨ての値
  0,                      // この引数はこのケースでは使わない
  cv::THRESH_TOZERO       // 閾値のタイプ
);
```

13.2.3 最も値の大きいビンを見つける

ある閾値を超えるビンを見つけてそれ以外のビンを捨てたい場合もあるでしょうし、別のケースでは、いちばん重みのあるビンを1つだけ見つけたい場合もあるでしょう。これは特に、ヒストグラムを使って確率分布を表しているときによくあることです。この場合は、cv::minMaxLoc() を用います。

2次元配列の場合、cv::InputArray 形式の cv::minMaxLoc() が使えます。

```
void cv::minMaxLoc(
  cv::InputArray src,                        // 入力配列
  double*        minVal,                     // 最小値が置かれる（NULL でない場合）
  double*        maxVal = 0,                 // 最大値が置かれる（NULL でない場合）
  cv::Point*     minLoc = 0,                 // 最小値の位置が置かれる（NULL でない場合）
  cv::Point*     maxLoc = 0,                 // 最大値の位置が置かれる（NULL でない場合）
  cv::InputArray mask   = cv::noArray()      // mask がゼロの場所を無視する
);
```

引数 minVal と maxVal は、cv::minMaxLoc() が特定した最小値と最大値を格納するための変数へのポインタで、格納場所は呼び出し側で確保します。同様に minLoc と maxLoc は、最小値と最大値の実際の位置を格納するための変数（この場合 cv::Point 型）へのポインタです。これら4つの結果に計算してほしくないものがある場合は、この（ポインタ）変数に NULL を渡せば、その情報は計算されません。

```
double    max_val;
cv::Point max_pt;

cv::minMaxLoc(
  my_hist,     // 入力ヒストグラム
  NULL,        // 最小値は気にしない
  &max_val,    // 最大値の格納場所
  NULL,        // 最小値の場所は気にしない
  &max_pt      // 最大値の場所の格納場所（cv::Point）
);
```

ただしこの例では、ヒストグラムは2次元である必要があります[†3]。みなさんのヒストグラムが疎な配列であっても問題ありません。疎な配列用に cv::minMaxLoc() の別の形式があったことを思い出してください。

```
void cv::minMaxLoc(
  const cv::SparseMat& src,          // （疎な）入力配列
  double*              minVal,       // 最小値が置かれる（NULL でない場合）
  double*              maxVal = 0,   // 最大値が置かれる（NULL でない場合）
  int*                 minIdx = 0,   // 最小値の位置が置かれる（NULL でない場合）
  int*                 maxIdx = 0    // 最大値の位置が置かれる（NULL でない場合）
);
```

この形式の cv::minMaxLoc() は、前述の形式とはいくつかの点で異なっています。入力として疎な行列を取ることに加え、cv::Point*の変数 minLoc と maxLoc の代わりに int*の変数 minIdx と maxIdx を取ります。これは、cv::minMaxLoc() の疎な行列の形式は、任意の次元の配列をサポートしているからです。したがって呼び出し側では、疎な（n 次元の）ヒストグラム内の点に対応する n 次元のインデックスを格納できる正しい大きさの空間を、位置変数に確保する必要があります。

```
double max_val;
int    max_pt[CV_MAX_DIM];

cv::minMaxLoc(
  my_hist,                 // 疎な入力ヒストグラム
  NULL,                    // 最小値は気にしない
  &max_val,                // 最大値の格納場所
  NULL,                    // 最小値の場所は気にしない
  max_pt                   // 最大値の位置の格納場所（int[]）
);
```

疎でない n 次元配列の最小値や最大値を見つけたいときは、別の関数を使う必要があることがわかります。この関数は本質的に cv::minMaxLoc() と同じように動作し、名前も似ていますが、同じものではありません。

†3 1次元の vector<>配列の場合は、cv::Mat(vec).reshape(1) を使って簡単に2次元の $N \times 1$ 配列にすることができます。

```
void cv::minMaxIdx(
  cv::InputArray src,
  double*        minVal,       // 最小値が置かれる（NULLでない場合）
  double*        maxVal = 0,   // 最大値が置かれる（NULLでない場合）
  int*           minIdx = 0,   // 最小値の位置が置かれる（NULLでない場合）
  int*           maxIdx = 0,   // 最大値の位置が置かれる（NULLでない場合）
  cv::InputArray mask   = cv::noArray() // maskがゼロの場所を無視する
);
```

この場合の引数は、`cv::minMaxLoc()`の2つの形式の対応する引数と同じ意味です。みなさんは、正しいサイズのC言語スタイルの配列に`minIdx`と`maxIdx`を割り当てなければなりません（先ほどと同じです）。しかし、ここで1つだけ忠告しておきます。入力配列`src`が1次元の場合でも、みなさんは2次元の`minIdx`と`maxIdx`を確保すべきです。この理由は、`cv::minMaxIdx()`は、1次元配列を内部的に2次元配列として扱うからです。その結果、最大値が位置kにある場合、`maxIdx`の戻り値は、1列の行列の場合は`(k,0)`、1行の行列の場合は`(0,k)`になります。

13.2.4 2つのヒストグラムを比較する

ヒストグラムを扱うために不可欠なもう1つのツールは、何らかの明確な類似性の基準で2つのヒストグラムを比較する機能です。これは、最初にSwainとBallardにより発表され[Swain91]、SchieleとCrowley [Schiele96] によってさらに一般化されました。関数`cv::compareHist()`が、まさにそれを実行します。

```
double cv::compareHist(
  cv::InputArray       H1,       // 比較する第1のヒストグラム
  cv::InputArray       H2,       // 比較する第2のヒストグラム
  int                  method    // 比較方法（下記のオプションを参照）
);

double cv::compareHist(
  const cv::SparseMat& H1,       // 比較する第1のヒストグラム
  const cv::SparseMat& H2,       // 比較する第2のヒストグラム
  int                  method    // 比較方法（下記のオプションを参照）
);
```

最初の2つの引数は比較するヒストグラムで、同じサイズである必要があります。3番目の引数で計測尺度を選択します。もちろん、この関数を使えば2つの画像全体をマッチングすることができます。2つの画像のヒストグラムを取得し、そのヒストグラムを次に述べる比較手法で比較すればよいのです。さらに、この関数で画像の中の物体を探すこともできます。物体のヒストグラムを取得し、次に画像のいろいろな部分領域を探索してそのヒストグラムを取得し、比較手法のうちの1つを使ってそれら2つのヒストグラムがどれだけ一致するかを見るのです[†4]。

†4 OpenCV 2.4では、この部分領域のマッチングを自動で行う関数`cv::calcBackProjectPatch()`がありましたが、速度が遅かったため、OpenCV 3.0以降では削除されました。

引数 method で利用可能な 4 つのオプションを見ていきます。

13.2.4.1 相関法（cv::HISTCMP_CORREL）

最初の比較手法は統計的相関に基づいています。これはピアソン相関係数を実装しており、通常、H_1 と H_2 が確率分布と解釈できるときに適しています。

$$d_{correl}(H_1, H_2) = \frac{\sum_i H'_1(i) \cdot H'_2(i)}{\sqrt{\sum_i (H'_1(i))^2 \cdot \sum_i (H'_2(i))^2}}$$

ここで、N をヒストグラムのビンの数とすると、$H'_k(i) = H_k(i) - \frac{1}{N}\sum_j H_k(j)$ です。

相関では、スコアが高いほうが低いものよりも一致していることを表します。完全に一致すると 1 で、最も不一致なのは -1 です。0 は相関がない（ランダムな関係性である）ことを示します。

13.2.4.2 カイ二乗法（cv::HISTCMP_CHISQR）

カイ二乗[†5]では、計測尺度はカイ二乗検定統計量に基づいています。これは、2 つの分布に相関があるかどうかのもう 1 つの検査方法です。

$$d_{chi-square}(H_1, H_2) = \sum_i \frac{(H_1(i) - H_2(i))^2}{H_1(i) + H_2(i)}$$

カイ二乗検定では、スコアが低いほうが高いものよりも一致していることを表します。完全に一致すると 0 で、完全な不一致には上限がありません（ヒストグラムのサイズに依存します）。

13.2.4.3 交差法（cv::HISTCMP_INTERSECT）

ヒストグラム交差法は、2 つのヒストグラムの単純な交差に基づいています。これは実質的には、2 つの共通部分を求め、それらのヒストグラムの重なった部分のビンをすべて合計するものです。

$$d_{intersection}(H_1, H_2) = \sum_i \min(H_1(i), H_2(i))$$

この尺度では、スコアが高いとよく一致していることを示し、スコアが低いと一致していないことを示します。両方のヒストグラムが 1 に正規化されている場合、完全な一致は 1 で、完全な不一致は 0 です。

13.2.4.4 Bhattacharyya 距離法（cv::HISTCMP_BHATTACHARYYA）

最後のオプションは Bhattacharyya（バタチャリア）距離[Bhattacharyya43] と呼ばれます。これも 2 つの分布の重なりを測るものです。

---

†5 カイ二乗検定は、数理統計学の分野の基礎を築いた Karl Pearson [Pearson] によって考案されました。

$$d_{Bhattacharyya}(H_1, H_2) = \sqrt{1 - \frac{\sum_i H_1(i) \cdot H_2(i)}{\sqrt{\sum_i H_1(i) \sum_i H_2(i)}}}$$

この場合は、スコアが低いとよく一致していることを示し、スコアが高いと一致していないことを示します。完全な一致は 0 で、完全な不一致は 1 です。

cv::HISTCMP_BHATTACHARYYA を利用すると、コード内の特別な係数を使って入力ヒストグラムを正規化します。しかし一般にはヒストグラムを自分で正規化してから比較するべきです。ヒストグラム交差のような場合には、（たとえできたとしても）正規化なしではほとんど意味がないからです。

図13-5 に示す単純なケースで、これらを明確にしましょう。これは想像し得る最も単純なケース、すなわち、2つしかビンのない1次元のヒストグラムです。モデルのヒストグラムは、左のビンが値 1.0 で右のビンが値 0.0 です。下3行に、比較用のヒストグラムと、さまざまな尺度で生成した値を示します（EMD 尺度については後で説明します）。

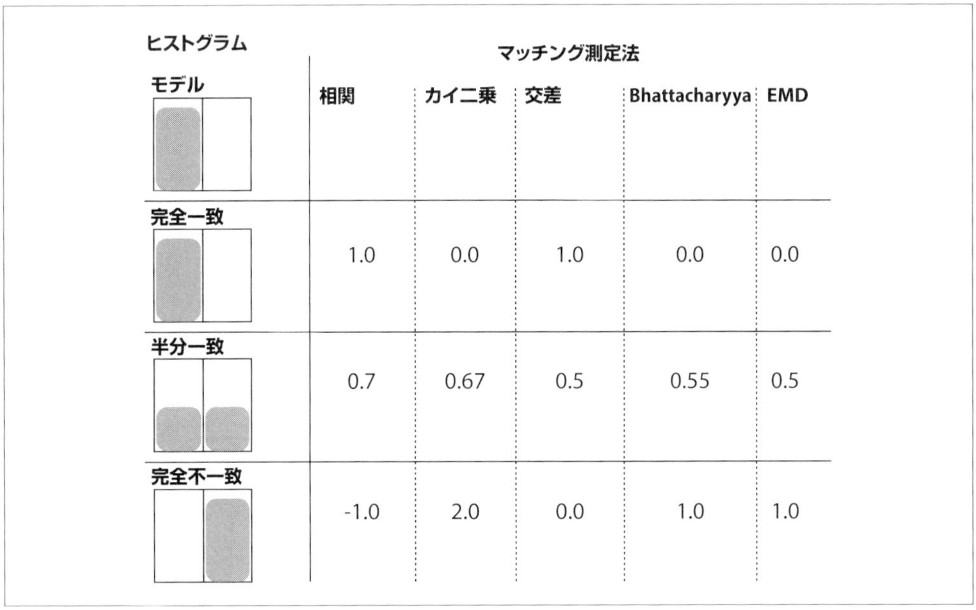

ヒストグラム	マッチング測定法				
	相関	カイ二乗	交差	Bhattacharyya	EMD
モデル					
完全一致	1.0	0.0	1.0	0.0	0.0
半分一致	0.7	0.67	0.5	0.55	0.5
完全不一致	-1.0	2.0	0.0	1.0	1.0

図13-5　ヒストグラムのマッチング測定法

図13-5 はいろいろな種類のマッチングに対する振る舞いのクイックリファレンスになっています。図中のこれらのマッチングアルゴリズムを詳しく調べると、その結果に当惑するかもしれません。図の1番目と3番目の比較ヒストグラムのように、ヒストグラムのビンが1スロットだけずれている場合、2つのヒストグラムは似た「形状」をしているにもかかわらず、いずれのマッチン

グ手法も（EMD以外は）、まったく一致しないという結果を出します。**図13-5**のいちばん右の列には、別の距離測定法であるEMDが返す値を載せています。3番目のヒストグラムとモデルのヒストグラムとの比較で、EMDによる測定は、「3番目のヒストグラムは右に1単位だけ移動している」という状況を正しく定量化しています。この測定法については、「13.3.1　EMD（搬土距離）」でもっと詳しく説明します。

著者らの経験では、交差はてっとり早いマッチングに向いていて、カイ二乗やBhattacharyyaは、時間はかかりますが精密なマッチングに最適です。EMDは最も直感的なマッチングですが、さらに低速です。

13.2.5　ヒストグラムの使用例

そろそろ役に立つ例を紹介するタイミングでしょう。**例13-1**のプログラム（OpenCVにバンドルされているコード）は、説明したばかりのいくつかの関数がどのように使えるかを示しています。このプログラムは、入力画像から色相と彩度のヒストグラムを計算し、明暗を付けた格子として描画します。

例13-1　ヒストグラムの計算と表示

```
#include <opencv2/opencv.hpp>
#include <iostream>

using namespace std;

int main( int argc, char** argv ){

  if(argc != 2) {
    cout << "Computer Color Histogram\nUsage: " <<argv[0] <<" <imagename>" << endl;
    return -1;
  }

  cv::Mat src = cv::imread( argv[1],1 );
  if( src.empty() ) { cout << "Cannot load " << argv[1] << endl; return -1; }

  // HSV画像を計算し、それを別々の平面に分割する
  //
  cv::Mat hsv;
  cv::cvtColor(src, hsv, cv::COLOR_BGR2HSV);

  float h_ranges[]      = {0, 180}; // 色相は[0, 180]
  float s_ranges[]      = {0, 256};
  const float* ranges[] = {h_ranges, s_ranges};
  int histSize[]        = {30, 32}, ch[] = {0, 1};

  cv::Mat hist;

  // ヒストグラムを計算する
  //
```

```
    cv::calcHist(&hsv, 1, ch, cv::noArray(), hist, 2, histSize, ranges, true);
    cv::normalize(hist, hist, 0, 255, cv::NORM_MINMAX);

    int scale = 10;
    cv::Mat hist_img(histSize[0]*scale, histSize[1]*scale, CV_8UC3);

    // ヒストグラムを描画する
    //
    for( int h = 0; h < histSize[0]; h++ ) {
      for( int s = 0; s < histSize[1]; s++ ){
        float hval = hist.at<float>(h, s);
        cv::rectangle(
          hist_img,
          cv::Rect(h*scale,s*scale,scale,scale),
          cv::Scalar::all(hval),
          -1
        );
      }
    }

    cv::imshow("image", src);
    cv::imshow("H-S histogram", hist_img);
    cv::waitKey();

    return 0;

  }
```

この例では`cv::calcHist()`の引数を準備するのにかなりの時間を割いていますが、これは珍しいことではありません。

多くの実際のアプリケーションで、人間の肌の色調に関連した色のヒストグラムは役に立ちます。例えば、**図13-6**はさまざまな照明の条件のもとで人間の手から採取したヒストグラムです。左の列は、屋内環境、日陰の屋外環境、および日向の屋外環境における手の画像です。真ん中の列は、観測された手の肌色に対応する青、緑、赤（BGR）のヒストグラムです。右の列は、対応するHSVのヒストグラムです。ここでは、縦軸がV（明度）、半径がS（彩度）、角度がH（色相）です。屋内がいちばん暗く、日陰の屋外がそれより明るく、日向の屋外がいちばん明るいです。照明光の色が違うため、色がいくぶんずれていることにも注意してください。

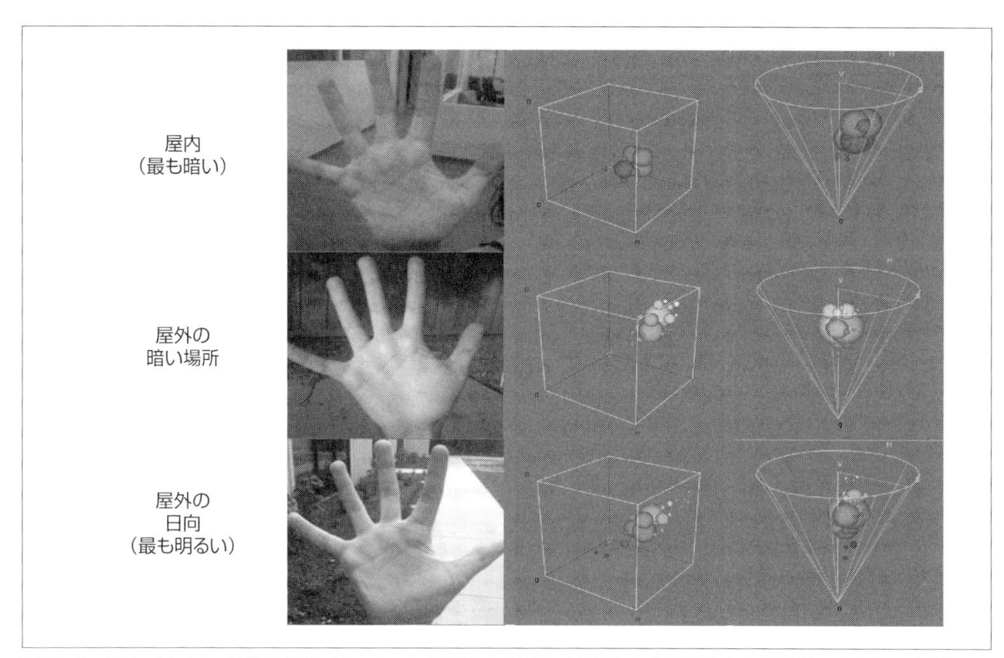

図13-6　屋内（左上）、日陰の屋外（左中）、および日向の屋外（左下）の照明条件における肌の色のヒストグラム。真ん中と右の列に、それぞれ関連するBGRとHSVのヒストグラムを表示している

ヒストグラムの比較テストとして、どれか1つの手のひらの一部分（例えば、屋内の手のひらの上半分）を取ってみます。そしてその画像の色のヒストグラムを、その画像の残りの部分に対する色のヒストグラムと、または、他の2つの手の画像に対するヒストグラムと比較しましょう。肌色は、HSV色空間に変換してからのほうが識別しやすいことが多いです。色相（H）と彩度（S）の平面だけに限定すれば十分で、民族を越えて肌色を認識するのにも便利です。

この実験を行うために（**例13-2**参照）、著者らは異なる照明条件のもとで3つの手の画像を撮影しました（**図13-6**）。最初に、上の暗い画像の手の部分からヒストグラムを構築しました。これはリファレンスとして使います。それからそのヒストグラムを、同じ画像の手の下半分から取ったヒストグラムと比較しました。そして、次の2つの画像に出てくる手（全体）とも比較しました。最初の画像は屋内の画像ですが、残りの2つは屋外の画像です。マッチングの結果を**表13-1**に示します。距離が小さいときに小さい数値を返し、距離が大きいときに大きい数値を返す計測尺度もあれば、その逆の尺度もあることに注意してください。これは、**図13-5**に示したマッチング測定法の簡単な解析から予想できることです。また、屋内の下半分の画像がよく一致している一方、屋外の光の輝度と色が肌に対する不一致を起こしていることにも注意してください。

表13-1 屋内の手のひらに対する上半分の肌色と、それぞれの手のひらの肌色に対するヒストグラムとを4つのマッチング手法で比較。参考に、完全一致の期待スコアを最初の行に掲載している

比較	相関	カイ二乗	交差	Bhattacharyya
(完全一致)	(1.0)	(0.0)	(1.0)	(0.0)
屋内の下半分	0.96	0.14	0.82	0.2
日陰の屋外	0.09	1.57	0.13	0.8
日向の屋外	0.0	1.98	0.01	0.99

13.3 もう少し洗練されたヒストグラムの手法

ここまで説明してきたことはすべて、ある程度基本的なことでした。そして、それぞれの関数の必要性も比較的明確でした。これらをまとめて強力な基盤として使えば、コンピュータビジョンで(また、たぶん他の応用でも)ヒストグラムを使ってやりたいことは、たいてい実現できます。ここで、OpenCV内で使えるもう少し洗練された手法を見てみましょう。これらは特定のアプリケーションできわめて便利なものです。これらの高度な手法には、2つのヒストグラムを比較する手法や、ヒストグラムの特定の部分に寄与しているのが画像のどの部分かを計算したり可視化したりする手法が含まれています。

13.3.1 EMD(搬土距離)

照明が変わると色の値が大きくシフトすることがわかりました(図13-6)。このようなシフトでは、色の値に対するヒストグラムの形は変わりませんが、代わりに色の値の場所が変わります。そのため、これまで見てきたヒストグラムのマッチング方法では失敗してしまいます。ヒストグラムの**マッチング**度合いの測定の難しさは、2つのヒストグラムが似た形をしていても、位置が違っているだけで大きく異なる結果を返す可能性があるということです。マッチングのように動作しながら、そのような位置の違いにはあまり影響されない**距離**測定方法が欲しい場合はよくあります。EMD(搬土距離:Earth Mover's Distance)[Rubner00] はそのような測定方法です。これは本質的に、あるヒストグラムの形状を別の形状にするのに、どれだけ「シャベルで掘って」ヒストグラムの一部(あるいはすべて)を新しい場所に移す必要があるかを測定するもので、次元数によらず機能します。

もう一度図13-5を見てみましょう。いちばん右の列にEMDの計測尺度の「土堀り(earth-shoveling)」の特性が見られます。「完全な一致」は距離0です。「半分一致」は、「シャベル1杯」の半分、すなわち、左のヒストグラムの半分を隣のスロットに広げるのにかかる量です。最後に、ヒストグラム全体を1ステップ右に移動させるには(すなわち、このモデルのヒストグラムを「完全に不一致」なヒストグラムに変更するためには)、まるまる1単位の距離が必要です。

EMDのアルゴリズム自体はきわめて汎用的で、ユーザーは自身の距離関数や移動コスト行列を設定できます。ヒストグラムの「中身」が、あるヒストグラムから別のヒストグラムに移された場所を記録しておくこともできます。また、データに関する事前知識から導き出された非線形の計測

尺度を用いることも可能です。OpenCV の EMD 関数は、cv::EMD() です。

```
float cv::EMD(
  cv::InputArray  signature1,                  // sz1 × (dims+1) の浮動小数点数型配列
  cv::InputArray  signature2,                  // sz2 × (dims+1) の浮動小数点数型配列
  int             distType,                    // 計測尺度のタイプ（例えば cv::DIST_L1）
  cv::InputArray  cost       = noArray(), // sz1 × sz2 の配列（cv::DIST_USER の場合）
  float*          lowerBound = 0,              // 距離の下限の入力／出力
  cv::OutputArray flow       = noArray()  // 出力。sz1 × sz2
);
```

私たちは EMD をヒストグラムに適用しようとしていますが、このインタフェースの最初の 2 つの配列引数に対しては、このアルゴリズムが使っている**シグネチャ**（signature）という用語を使うのが好ましいでしょう。これらのシグネチャは常に float 型の配列で、ヒストグラムのビンのカウントとそれに続く座標との行から構成されています。**図 13-5** の 1 次元ヒストグラムで、左の列のヒストグラムのシグネチャ配列の行を列挙すると、（モデルは除いて）上が $[[1,0],[0,1]]$、真ん中が $[[0.5,0],[0.5,1]]$、下が $[[0,0],[1,1]]$ となります。3 次元のヒストグラムで、インデックス (x,y,z) が $(7,43,11)$ の位置にあるビンのカウントが 537 だったら、シグネチャのそのビンに対する行は $[537,7,43,11]$ になります。一般に cv::EMD() を呼び出す前には、ヒストグラムをシグネチャに変換するという一手間をかける必要があります（これについては、**例 13-2** でもう少し詳しく述べます）。

引数 distType は、**マンハッタン距離**（cv::DIST_L1）、**ユークリッド距離**（cv::DIST_L2）、**チェスボード距離**（cv::DIST_C）のいずれか、あるいはユーザー定義の計測尺度（cv::DIST_USER）です。ユーザー定義の計測尺度の場合は、ユーザーが cost 引数を使って、尺度の情報を（あらかじめ計算された）コスト行列の形式で提供します。この場合、コスト行列は $n_1 \times n_2$ 行列で、n_1 と n_2 はそれぞれ signature1 と signature2 のサイズです。

引数 lowerBound には、入力と出力の 2 つの役割があります。戻り値としては、2 つのヒストグラムの重心間の距離の下限です。この下限が計算されるには、標準の計測尺度のうちの 1 つ（すなわち cv::DIST_USER 以外）が使われていて、2 つのシグネチャの重みの総和が（正規化されたヒストグラムの場合と同様に）等しくなければなりません。lowerBound 引数を入力として提供する場合は、この変数を意味のある値に初期化しておく必要があります。この値は EMD が計算されるための距離の下限として使われます[†6]。もちろん、どんな距離でもかまわず EMD を計算したい場合は、lowerBound を常に（ポインタの）0 に初期化しておきます。

次の引数 flow はオプションで、signature1 の i 番目の場所から signature2 の j 番目の場所までの重みの**流れ**を記録するのに使われる $n_1 \times n_2$ 行列です。本質的には、計算結果の EMD

†6 これは重要です。通常、2 つのヒストグラムに対する下限は、実際の EMD 値を計算するよりずっと速く計算できるからです。結果として多くの実践的な場面では、EMD がある境界より上だったら、おそらく実際の EMD 値がいくつかは関係なく、単に「大きすぎる」（すなわち、比較したものは「似ていない」）ということになるでしょう。このような場合、正確な値はわからなくてもよいほど EMD 値が十分大きいとわかった時点で、cv::EMD() を終了させることはとても有益です。

を導くために重みがどのように並べ直されたか知らせるものです。

例として、2つのヒストグラム hist1 と hist2 があるとして、それを2つのシグネチャ sig1 と sig2 に変換したいとします。ちょっと難しくするために、これらは（前出のコード例のように）、大きさ h_bins × s_bins の2次元ヒストグラムであるとしましょう。**例13-2**に、2つのヒストグラムをシグネチャに変換する方法を示します。

例13-2 EMD 用にヒストグラムからシグネチャを作成する。異なる照明条件で手のひらのヒストグラムを比較した表13-1のデータは、このコードを使って導き出したものである

```
#include <opencv2/opencv.hpp>
#include <iostream>

using namespace std;

void help( char** argv ){
  cout << "\nCall is:\n"
  << argv[0] <<" modelImage0 testImage1 testImage2 badImage3\n\n"
  << "for example: "
  << "  ./ch13_ex13_2_expanded HandIndoorColor.jpg HandOutdoorColor.jpg "
  << "HandOutdoorSunColor.jpg fruits.jpg\n"
  << "\n";
}

//  3つの画像のヒストグラムを比較する
int main( int argc, char** argv ) {

  if( argc != 5 ) { help( argv ); return -1; }

  vector<cv::Mat> src(5);
  cv::Mat         tmp;
  int             i;

  tmp = cv::imread( argv[1], 1 );
  if( tmp.empty() ) {
    cerr << "Error on reading image 1," << argv[1] << "\n" << endl;
    help();
    return(-1);
  }

  // 最初の画像を解析して、y 方向で半分に分割した2つの画像にする
  //
  cv::Size size  = tmp.size();
  int width      = size.width;
  int height     = size.height;
  int halfheight = height >> 1;

  cout <<"Getting size [["   <<tmp.cols <<"] [" <<tmp.rows <<"]]\n" <<endl;
  cout <<"Got size (w,h): (" <<size.width <<"," <<size.height <<")" <<endl;

  src[0] = cv::Mat(cv::Size(width,halfheight), CV_8UC3);
  src[1] = cv::Mat(cv::Size(width,halfheight), CV_8UC3);
```

```
// 最初の画像を、上半分 src[0] と下半分 src[1] に分割する
//
cv::Mat_<cv::Vec3b>::iterator tmpit = tmp.begin<cv::Vec3b>();

// 上半分
//
cv::Mat_<cv::Vec3b>::iterator s0it = src[0].begin<cv::Vec3b>();
for(i = 0; i < width*halfheight; ++i, ++tmpit, ++s0it) *s0it = *tmpit;

// 下半分
//
cv::Mat_<cv::Vec3b>::iterator s1it = src[1].begin<cv::Vec3b>();
for(i = 0; i < width*halfheight; ++i, ++tmpit, ++s1it) *s1it = *tmpit;

// 残りの 3 つの画像を読み込む
//
for(i = 2; i<5; ++i){
  src[i] = cv::imread(argv[i], 1);
  if(src[i].empty()) {
    cerr << "Error on reading image " << i << ": " << argv[i] << "\n" << endl;
    help();
    return(-1);
  }
}

// HSV 画像を計算し、別々の平面に分解する
//
vector<cv::Mat> hsv(5), hist(5), hist_img(5);
int          h_bins      = 8;
int          s_bins      = 8;
int          hist_size[] = { h_bins, s_bins }, ch[] = {0, 1};
float        h_ranges[]  = { 0, 180 };                    // hue の範囲は [0,180]
float        s_ranges[]  = { 0, 255 };
const float* ranges[]    = { h_ranges, s_ranges };
int          scale       = 10;

for(i = 0; i<5; ++i) {
  cv::cvtColor( src[i], hsv[i], cv::COLOR_BGR2HSV );
  cv::calcHist( &hsv[i], 1, ch, noArray(), hist[i], 2, hist_size, ranges, true );
  cv::normalize( hist[i], hist[i], 0, 255, cv::NORM_MINMAX );
  hist_img[i] = cv::Mat::zeros( hist_size[0]*scale, hist_size[1]*scale, CV_8UC3 );

  // 5 つの画像のヒストグラムを描画する
  //
  for( int h = 0; h < hist_size[0]; h++ )
    for( int s = 0; s < hist_size[1]; s++ ){
      float hval = hist[i].at<float>(h, s);
      cv::rectangle(
        hist_img[i],
        cv::Rect(h*scale, s*scale, scale, scale),
        cv::Scalar::all(hval),
        -1
      );
```

```
    }
  }

  // 表示
  //
  cv::namedWindow( "Source0", 1 );cv::imshow( "Source0", src[0] );
  cv::namedWindow( "HS Histogram0", 1 );cv::imshow( "HS Histogram0", hist_img[0] );

  cv::namedWindow( "Source1", 1 );cv::imshow( "Source1", src[1] );
  cv::namedWindow( "HS Histogram1", 1 ); cv::imshow( "HS Histogram1", hist_img[1] );

  cv::namedWindow( "Source2", 1 ); cv::imshow( "Source2", src[2] );
  cv::namedWindow( "HS Histogram2", 1 ); cv::imshow( "HS Histogram2", hist_img[2] );

  cv::namedWindow( "Source3", 1 ); cv::imshow( "Source3", src[3] );
  cv::namedWindow( "HS Histogram3", 1 ); cv::imshow( "HS Histogram3", hist_img[3] );

  cv::namedWindow( "Source4", 1 ); cv::imshow( "Source4", src[4] );
  cv::namedWindow( "HS Histogram4", 1 ); cv::imshow( "HS Histogram4", hist_img[4] );

  // ヒストグラム src0 を、src1、2、3、4 と比較する
  cout << "Comparison:\n"
    << "Corr                Chi                    Intersect           Bhat\n"
    << endl;

  for(i=1; i<5; ++i) {  // 各ヒストグラムに対して
    cout << "Hist[0] vs Hist[" << i << "]: " << endl;;
    for(int j=0; j<4; ++j) { // 各比較タイプに対して
      cout << "method[" << j << "]: " << cv::compareHist(hist[0],hist[i],j) << "  ";
    }
    cout << endl;
  }

  // EMD を実行して出力する
  //
  vector<cv::Mat> sig(5);
  cout << "\nEMD: " << endl;

  // 面倒くさいが、ヒストグラムを解析して EMD のシグネチャにする
  //
  for( i=0; i<5; ++i ) {

    vector<cv::Vec3f> sigv;

    // ヒストグラムを（再）正規化して、ビンの重みの総計を 1 にする
    //
    cv::normalize(hist[i], hist[i], 1, 0, cv::NORM_L1);
    for( int h = 0; h < h_bins; h++ )
      for( int s = 0; s < s_bins; s++ ) {
        float bin_val = hist[i].at<float>(h, s);
        if( bin_val != 0 )
          sigv.push_back( cv::Vec3f(bin_val, (float)h, (float)s));
      }
```

```
      // N × 3 の CV_32FC1 行列を作成する。N はヒストグラムのゼロでないビンの数
      //
      sig[i] = cv::Mat(sigv).clone().reshape(1);
      if( i > 0 )
        cout << "Hist[0] vs Hist[" << i << "]: "
             << EMD(sig[0], sig[i], cv::DIST_L2) << endl;
    }

    cv::waitKey(0);

  }
```

13.3.2 バックプロジェクション

バックプロジェクション（逆投影法）は、ピクセルが、ヒストグラムモデルのピクセル分布とどのくらい適合しているかを記録する方法です。例えば、肌色のヒストグラムがあれば、バックプロジェクションを使って画像内の肌色の領域を見つけ出すことができます。この種の検索を行うための関数には2つのバリエーションがあります。1つは密な配列用で、もう1つは疎な配列用です。

13.3.2.1 基本的なバックプロジェクション：cv::calcBackProject()

バックプロジェクションは、cv::calcHist() と同じように、入力画像の選択されたチャンネルからベクトルを計算しますが、出力ヒストグラムにイベントを累積するのではなく、入力ヒストグラムを読み込んで既存のビンの値を出力します。統計の観点では、入力ヒストグラムを何らかの物体の特定のベクトル（色）に対する（事前）確率分布と考えれば、バックプロジェクションは、画像の特定の部分がその事前確率から実際に引き出された（例えば、その物体の一部である）確率を計算することです。

```
void cv::calcBackProject(
  const cv::Mat*  images,              // 画像の C 言語スタイルの配列。CV_8U または CV_32F
  int             nimages,             // images 配列内の画像の数
  const int*      channels,            // チャンネルを指定する C 言語スタイルの整数リスト
  cv::InputArray  hist,                // 入力ヒストグラム配列
  cv::OutputArray backProject,         // シングルチャンネルの出力配列
  const float**   ranges,              // C 言語スタイルの配列。ビンのサイズの dims 個の対
  double          scale     = 1,       // オプション。出力のスケール係数
  bool            uniform   = true     // 均等なビンなら true
);

void cv::calcBackProject(
  const cv::Mat*  images,              // 画像の C 言語スタイルの配列。CV_8U または CV_32F
  int             nimages,             // images 配列内の画像の数
  const int*      channels,            // チャンネルを指定する C 言語スタイルの整数リスト
  const cv::SparseMat& hist,           // 入力ヒストグラムの（疎な）配列
  cv::OutputArray backProject,         // シングルチャンネルの出力配列
  const float**   ranges,              // C 言語スタイルの配列。ビンのサイズの dims 個の対
  double          scale     = 1,       // オプション。出力のスケール係数
  bool            uniform   = true     // 均等なビンなら true
```

```
);

void cv::calcBackProject(
  cv::InputArrayOfArrays images,           // 画像の STL vector。CV_8U または CV_32F
  const vector<int>&     channels,         // STL vector。チャンネルの添え字
  cv::InputArray         hist,             // 入力ヒストグラム配列
  cv::OutputArray        backProject,      // シングルチャンネルの出力配列
  const vector<float>&   ranges,           // STL vector。範囲の境界値
  double                 scale     = 1,    // オプション。出力のスケール係数
  bool                   uniform   = true  // 均等なビンなら true
);
```

cv::calcBackProject() には3つの形式があります。最初の2つは入力にC言語スタイルの配列を使います。その1つは密なヒストグラムをサポートし、もう1つは疎なヒストグラムをサポートします。3番目の形式は、C言語のポインタではなく、テンプレートベースの新しい形式の入力を使っています[†7]。どちらの場合も、画像はシングルチャンネルあるいはマルチチャンネルの配列の集合の形式で提供されます（images 変数）。また、ヒストグラムは cv::calcHist() で生成されたヒストグラムとまさしく同じ形式です（hist 変数）。images は、最初の段階で cv::calcHist() を呼び出したときに使ったものとまったく同じ形式です。ただし今回は、ヒストグラムと比較したい画像になります。引数 images がC言語スタイルの配列（cv::Mat*型）であれば、cv::calcBackProject() にその要素数を知らせる必要があります。これが nimages 引数の役割です。

channels 引数は、実際にバックプロジェクションに使われるチャンネルのリストです。この引数もまた、cv::calcHist() で使われていた対応する引数と同じ形式です。channels 配列の各整数の要素は、images 入力のチャンネルに関係付けられます。これは、最初の配列（images[0]）から始まり、次の配列（images[1]）、さらにその次と、順にそれぞれのチャンネルが数え上げられていきます。例えば、images が3つの配列を指していて、それぞれが3つのチャンネルを持っている場合、最初の配列のチャンネルに対応するのは 0、1、2、2番目の配列のチャンネルは 3、4、5、最後の配列のチャンネルは 6、7、8 です。おわかりのように、channels の要素数はヒストグラム hist の次元数と同じでなければなりませんが、images 内の配列の数（あるいは、チャンネルの総数）と同じである必要はありません。

バックプロジェクションの計算結果は、配列 backProject に置かれます。この配列は、サイズと型は images[0] と同じで、シングルチャンネルです。

ヒストグラムデータは、他のデータにも使われるのと同じ行列構造に格納されるので、ヒストグラムに特有の構造で使われるビンの情報を記録しておく場所がありません。この意味で、ヒストグラムを完全に把握するには、関連する cv::Mat（または cv::SparseMat やそのようなもの）に加え、cv::calcHist() によってヒストグラムを作成したときに使われたもともとの ranges デー

†7 現在はこの3つの中では、一般に3番目が好ましいとされています（すなわち、入力にC言語スタイルの配列を使うのは最新の OpenCV のコードでは「時代遅れ」と考えられています）。

タ構造が必要です[†8]。これが、ranges 引数で範囲の情報を cv::calcBackProject() に提供しなければならない理由です。

最後に2つのオプション引数 scale と uniform があります。scale はオプションのスケール係数で、backProject に置かれた戻り値に適用されます。これは結果を視覚化したい場合に特に便利です。uniform は、入力ヒストグラムが均等なヒストグラム（cv::calcHist() と同じ意味で）であるかどうかを示します。uniform のデフォルトは true なので、この引数が必要なのは不均等なヒストグラムの場合だけです。

例13-1 では、どのように画像をシングルチャンネルの「プレーン」に変換し、それらの配列を作るかを示しました。今述べたように、backProject 内の値は、hist の関連するビン内の値に設定されています。ヒストグラムが正規化されていれば、この値は条件付き確率の値（すなわち、images 内のあるピクセルが hist のヒストグラムによって特徴づけられたものである確率）と関連づけることができます[†9]。**図13-7** では、肌色のヒストグラムを使って肌の画像の確率を引き出しています。

†8　以前は、もう1つのアプローチとして cv::Mat を継承してビン情報も含むヒストグラム用の別のデータ型を定義することもできましたが、ライブラリの簡単化のため 2.0 版以降ではその方法は採用されませんでした。

†9　具体的には、ここでの肌色の HS ヒストグラムの場合、C をピクセルの色、F をピクセルが肌である確率とすると、この確率マップは、$p(C|F)$（ピクセルが実際に肌である場合に C の色が描かれる確率）を与えます。これは、$p(F|C)$（ピクセルが C の色だった場合にそのピクセルが肌である確率）とは違います。しかし、これら2つの確率は、Bayes 理論 [Bayes1763] などで関連づけられています。そのため、シーンの中で肌色に色付けされた物体に遭遇する全体的な確率と、肌色の範囲に遭遇する全確率とがわかっていれば、$p(C|F)$ から $p(F|C)$ を計算することができます。具体的には、Bayes 理論により次の関係が証明されています。
$p(F|C) = \frac{p(F)}{p(C)} p(C|F)$

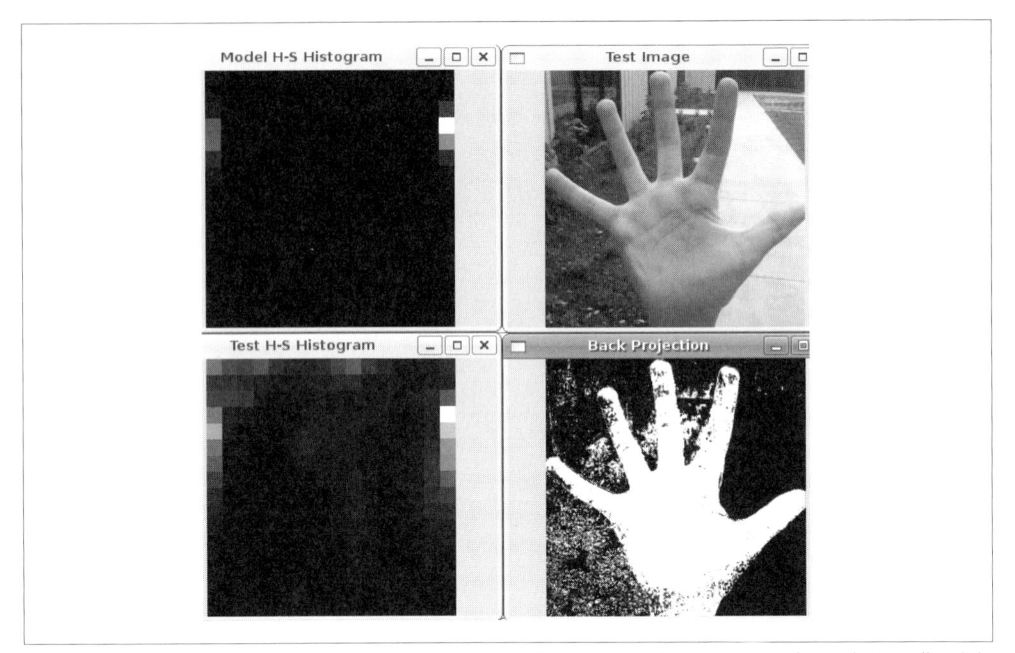

図13-7 各ピクセルの色に基づいたヒストグラム値のバックプロジェクション。肌色の HS（HSV 表現の画像の色相と彩度のプレーン）のヒストグラム（左上）を使って、手の画像（右上）を肌色の確率分布図（右下）に変換している。左下図はその手の画像のヒストグラム

新しい画像の中から物体や望む範囲を見つけ出す方法の 1 つは、次のとおりです。

1. 探したい物体や範囲のヒストグラムを作成する
2. 新しい画像から物体や範囲を見つけるために、作成したヒストグラムを使って `cv::calcBackProject()` でバックプロジェクション画像を作成する（バックプロジェクション画像では、ピーク値の領域が、興味のある物体や範囲を実際に含んでいる可能性が高い）
3. バックプロジェクション画像の値の高い各領域について、局所的なヒストグラムを作成し、`cv::compareHist()` を使って物体や領域のヒストグラムと比較し、その領域が本当に探している物体や領域を含んでいるかを確認する

`backProject` が浮動小数点数型画像ではなく 8 ビット画像のときには、ヒストグラムを正規化するべきではありません。もし正規化する場合には、使う前にスケールアップする必要があります。その理由は、正規化ヒストグラムの最も大きい値は `1` なので、8 ビット画像では、それ以下の値は `0` に切り捨てられてしまうからです。また `backProject` の値を見やすくするため、ヒストグラム内の値の大きさによっては、`backProject` をスケーリングする必要があるでしょう。

13.4　テンプレートマッチング

cv::matchTemplate() を使って行うテンプレートマッチングは、ヒストグラムに基づいたものではなく、実際のテンプレート画像を入力画像上で「スライド」させながら、本節で説明するマッチング手法の１つを使って、テンプレート画像と入力画像をマッチングさせる機能です。１つの例を**図13-8**に示します。

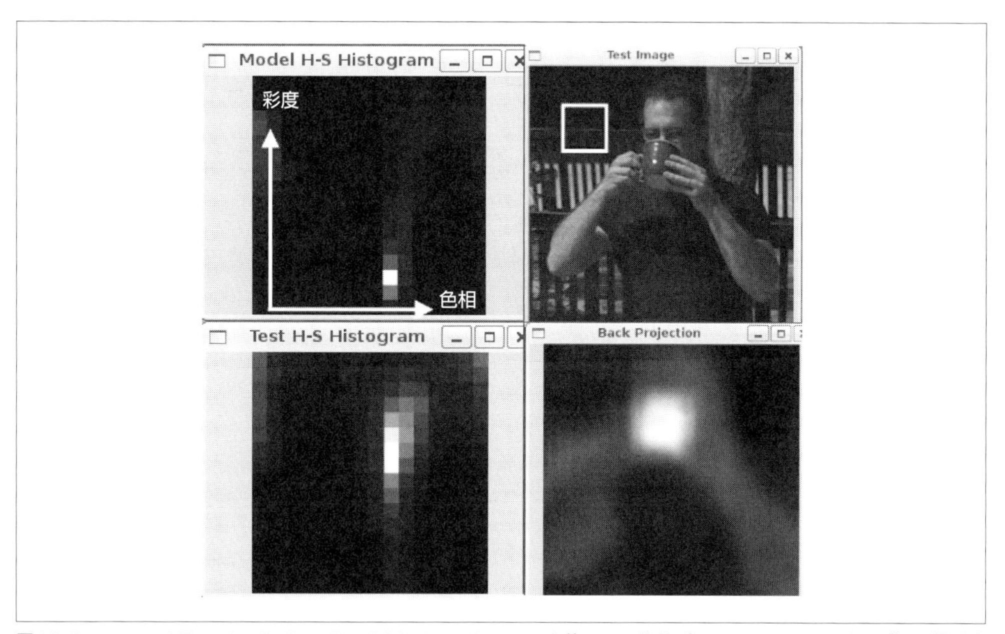

図13-8　cv::matchTemplate() で cv::TM_CCOEFF_NORMED を使って、物体（ここではコーヒーカップ）の場所を特定する。コーヒーカップのサイズはテンプレート画像のサイズ（右上図の白い四角）とほぼ一致している。探すオブジェクトは HS（色相-彩度）ヒストグラム（左上）でモデリングされ、画像全体の HS ヒストグラム（左下）と比較される。cv::matchTemplate() の結果（右下）により物体を簡単にシーンから見つけ出すことができる

図13-9のように顔のテンプレート画像があれば、それを入力画像上でスライドさせて、別の顔が存在することを示す、強く一致する場所を探すことができます。

```
void cv::matchTemplate(
  cv::InputArray  image,    // 探される入力画像。型は CV_8U または CV_32F。サイズは W × H
  cv::InputArray  templ,    // テンプレート。image と同じ型。サイズは w × h
  cv::OutputArray result,   // 出力画像。型は CV_32F。サイズは (W-w+1) × (H-h+1)
  int             method    // 使用する比較手法
);
```

図13-9 cv::matchTemplate() は、他の画像の上でテンプレート画像を動かして、一致する場所を探す

cv::matchTemplate() の最初の入力は、単一の 8 ビットか浮動小数点数型のプレーンまたはカラー画像 image です。マッチングモデルにおける templ は、探したい物体を含んだ、別の（おそらく似た）画像から取ったテンプレート画像です。計算された出力は result 画像に置かれます。これはシングルチャンネルの浮動小数点数型の画像で、サイズは (image.width - templ.width + 1, image.height - templ.height + 1) です。マッチング手法 method は、次に挙げるオプションから 1 つを選択します（各定義で、I は入力画像、T はテンプレート、R は結果を意味します）。それぞれの手法について、正規化版もあります†10。

13.4.1 二乗差分マッチング手法（cv::TM_SQDIFF）

この手法は、差分の二乗でマッチングします。したがって完全一致は 0 で、不一致は大きい値になります。

$$R_{sq\_diff} = \sum_{x',y'} \left[T(x',y') - I(x+x',y+y') \right]^2$$

†10 正規化版は、Rodgers [Rodgers88] が述べているとおり、Galton [Galton] によって最初に開発されました。正規化された手法は、テンプレート画像と画像との照明の違いによる影響を軽減することができて便利です。どの場合でも正規化係数は同じです。

13.4.2 正規化二乗差分マッチング手法（cv::TM_SQDIFF_NORMED）

cv::TM_SQDIFF と同様、cv::TM_SQDIFF_NORMED は完全一致の場合 0 を返します。

$$R_{sq\_diff\_normed} = \frac{\sum_{x',y'} \left[T(x',y') - I(x+x',y+y')\right]^2}{\sqrt{\sum_{x',y'} T(x',y')^2 \cdot \sum_{x',y'} I(x+x',y+y')^2}}$$

13.4.3 相互相関マッチング手法（cv::TM_CCORR）

この手法は、画像に対してテンプレートを乗算してマッチングします。したがって完全一致は大きな値になり、不一致は小さい値あるいは 0 になります。

$$R_{ccorr} = \sum_{x',y'} T(x',y') \cdot I(x+x',y+y')$$

13.4.4 正規化相互相関マッチング手法（cv::TM_CCORR_NORMED）

cv::TM_CCORR と同様、cv::TM_CCORR_NORMED は極度に不一致な場合 0 に近いスコアを返します。

$$R_{ccorr\_normed} = \frac{\sum_{x',y'} T(x',y') \cdot I(x+x',y+y')}{\sqrt{\sum_{x',y'} T(x',y')^2 \cdot \sum_{x',y'} I(x+x',y+y')^2}}$$

13.4.5 相関係数マッチング手法（cv::TM_CCOEFF）

この手法は、テンプレートの平均値からの相対値を、画像の平均値からの相対値とマッチングします。したがって完全一致は 1 で、完全な不一致は-1 になります。値 0 は、単に相関がないこと（ランダムな配置）を意味します。

$$R_{ccoeff} = \sum_{x',y'} T'(x',y') \cdot I'(x+x',y+y')$$

$$T'(x',y') = T(x',y') - \frac{\sum_{x'',y''} T(x'',y'')}{(w \cdot h)}$$

$$I'(x+x',y+y') = I(x+x',y+y') - \frac{\sum_{x'',y''} I(x'',y'')}{(w \cdot h)}$$

13.4.6 正規化相関係数マッチング手法 (cv::TM_CCOEFF_NORMED)

cv::TM_CCOEFF と同様、cv::TM_CCOEFF_NORMED は相対的に一致する場合は正のスコア、相対的に不一致の場合は負のスコアを返します。

$$R_{ccoeff\_normed} = \frac{\sum_{x',y'} T'(x',y') \cdot I'(x+x',y+y')}{\sqrt{\sum_{x',y'} T'(x',y')^2 \cdot \sum_{x',y'} I'(x+x',y+y')^2}}$$

ここで、T' と I' は、cv::TM_CCOEFF で定義したとおりです。

いつものとおり、より簡単な測定法（二乗差分）から、より精緻な測定法（相関係数）になるに従って、より精密なマッチングが得られます（計算量はかかりますが）。これらすべての設定のいくつかを試してから、みなさんのアプリケーションにとって最善となるように、精密さとスピードのトレードオフを選択するのがよいでしょう。

結果を解釈するときには注意してください。二乗差分手法では最小値が最適一致を表しますが、相関手法と相関係数手法では最大値が最適一致を表します。

cv::matchTemplate() を使ってマッチング結果の画像 result が得られれば、cv::minMaxLoc() や cv::minMaxIdx() を使って最適一致の位置を見つけることができます。さらに私たちは、テンプレート画像がたまたまうまく一致したにすぎない場所を除くために、その点の周囲にもよく一致した領域があるということを検証したいのです。よく一致した領域には、そのすぐ近くにもよく一致した領域があるはずです。なぜなら、テンプレート画像の配置がわずかに違っても、本当にマッチングしていれば結果はそれほど変わらないはずだからです。結果の画像を少し平滑化してから最大値（相関手法や相関係数手法の場合）や最小値（二乗差分手法の場合）を求めれば、最適一致の「山」を探すことができます。この場合では、（例えば）モルフォロジー演算も役に立ちます。

例13-3 を見れば、さまざまなテンプレートマッチング手法がどのように機能するかがよくわかるでしょう。このプログラムはまずテンプレート画像とマッチングさせる画像とを読み込み、ここで説明した手法を使ってマッチングを実行しています。

例13-3 テンプレートマッチング

```
#include <opencv2/opencv.hpp>
#include <iostream>

using namespace std;

void help( argv ){
```

```
  cout << "\n"
    <<"Example of using matchTemplate(). The call is:\n"
    <<"\n"
    <<argv[0] <<" template image_to_be_searched\n"
    <<"\n"
    <<"   This routine will search using all methods:\n"
    <<"         cv::TM_SQDIFF        0\n"
    <<"         cv::TM_SQDIFF_NORMED 1\n"
    <<"         cv::TM_CCORR         2\n"
    <<"         cv::TM_CCORR_NORMED  3\n"
    <<"         cv::TM_CCOEFF        4\n"
    <<"         cv::TM_CCOEFF_NORMED 5\n"
    <<"\n";
}


// マッチングの結果を表示する
//
int main( int argc, char** argv ) {

  if( argc != 3) {
    help( argv );
    return -1;
  }

  cv::Mat src, templ, ftmp[6];                // ftmp は表示用

  // マッチングに使うテンプレート画像を読み込む
  //
  if((templ=cv::imread(argv[1], 1)).empty()) {
    cout << "Error on reading template " << argv[1] << endl;
    help( argv );return -1;
  }

  // 探索される入力画像を読み込む
  //
  if((src=cv::imread(argv[2], 1)).empty()) {
    cout << "Error on reading src image " << argv[2] << endl;
    help( argv );return -1;
  }

  // テンプレート画像と画像のマッチングを行う
  for(int i=0; i<6; ++i){
    cv::matchTemplate( src, templ, ftmp[i], i);
    cv::normalize(ftmp[i],ftmp[i],1,0,cv::NORM_MINMAX);
  }

  // 表示する
  //
  cv::imshow( "Template", templ );
  cv::imshow( "Image", src );
  cv::imshow( "SQDIFF", ftmp[0] );
  cv::imshow( "SQDIFF_NORMED", ftmp[1] );
```

```
    cv::imshow( "CCORR", ftmp[2] );
    cv::imshow( "CCORR_NORMED", ftmp[3] );
    cv::imshow( "CCOEFF", ftmp[4] );
    cv::imshow( "CCOEFF_NORMED", ftmp[5] );

    // ユーザーに結果を見せる
    //
    cv::waitKey(0);
  }
```

このプログラムではcv::normalize()を使っていることに注意してください。これにより結果の表示方法を統一できます（マッチング手法のいくつかは、負の値を結果に返す可能性があることを思い出してください）。正規化するときにcv::NORM_MINMAXフラグを使っています。これにより関数は、すべての戻り値が0と1の間になるよう、浮動小数点数型画像をシフトしてからスケーリングします。図13-10に、cv::matchTemplate()で使用可能なマッチング手法を使って、顔のテンプレート画像を入力画像（図13-9）上で移動させながらマッチングした結果を示します。特に屋外の画像ではほとんどの場合、正規化手法のどれかを使うのがよいでしょう。中でも相関係数手法は最もよい結果を出しますが、ご想像どおり計算コストが大きくなります。自動部品検査や動画の特徴追跡などの特別なアプリケーションでは、すべての手法を試して、要求に最もよく適合するような、スピードと精度のトレードオフを見つけるべきです。

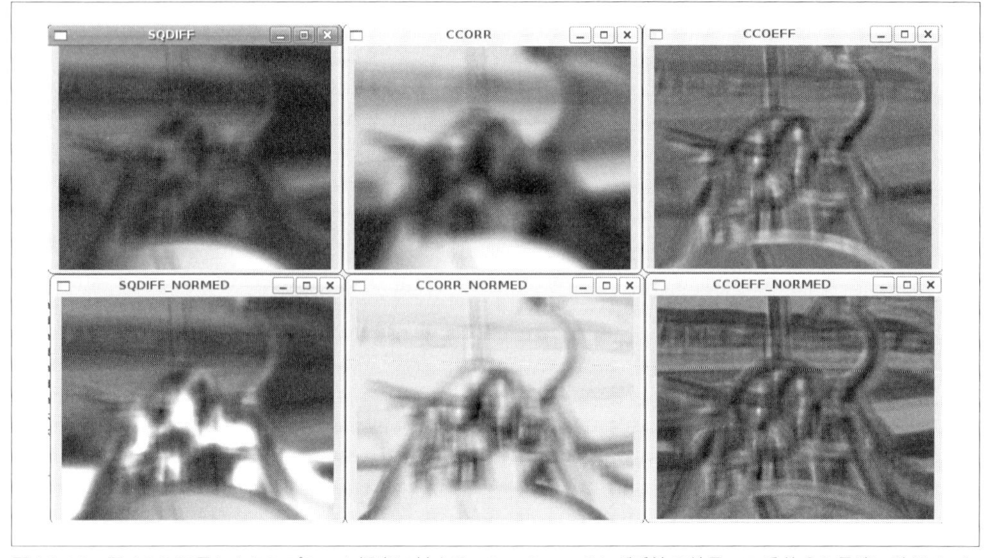

図13-10　図13-9に示したテンプレート探索に対する、6つのマッチング手法の結果。二乗差分の最適一致は0で、他の手法の最適一致は最大値の点である。したがって、左の列では暗い領域が一致を示しており、他の2列では明るいスポットが一致を示している

13.5 まとめ

本章では、OpenCV がどのようにヒストグラムを密あるいは疎な行列オブジェクトとして表現するかを学習しました。実際面では、そのようなヒストグラムは、確率の大きさをある次元数の配列の各要素に関連づける確率密度関数を表現するために使われることがよくあります。また、ヒストグラムを物体や領域の認識で利用する方法も見ました。さらに、これらの配列に対する基本的な操作（正規化や他の分布との比較など）をどのように行うかについても学びました。これは配列を確率分布として解釈するときに便利です。最後にテンプレートマッチングについて説明しました。テンプレートマッチングは形がはっきりしている画像に対しては非常に強力です。

13.6 練習問題

1. 0 から 1 の間で 1,000 個の乱数 r_i を生成してください。ビンのサイズを決定し、$1/r_i$ のヒストグラムを取得してください。
   a. 各ヒストグラムのビン内は、同じくらいの要素数（すなわち、±10 の範囲内）になっていますか？
   b. きわめて偏りが大きい分布を扱うときに、各ビンが（10 以内の）同じ量のデータを持つようにする方法を提案してください。
2. 本書で説明した 3 つの照明条件のそれぞれで、手の画像を 3 枚ずつ撮影してください。`cv::calcHist()` を使って、屋内で撮影された手の肌色の BGR ヒストグラムを作ってください。
   a. ごく少数の大きなビン（例えば、次元ごとに 2 個）、中くらいの数のビン（次元ごとに 16 個）、およびたくさんのビン（次元ごとに 256 個）を使って、ヒストグラムを作ってください。その後、屋内照明における別の手の画像に対して、（すべてのヒストグラムマッチング手法を使って）マッチングルーチンを走らせてください。そしてわかったことを説明してください。
   b. 次元ごとに 8 個のビンと、次元ごとに 32 個のビンを追加して、複数の照明条件でマッチングを試してください（屋内の画像で慣れてから、屋外の画像をテストしてください）。そして結果を説明してください。
3. 練習問題 2 と同様に、手の肌色の BGR ヒストグラムを収集してください。モデルとして、屋内のヒストグラムサンプルを 1 つ取り、屋内の 2 番目のヒストグラム、屋外日陰の最初のヒストグラム、および屋外日向の最初のヒストグラムに対し、EMD を測定してください。これらの測定結果を使って距離の閾値を設定してください。
   a. この EMD の閾値を使って、屋内の 3 番目のヒストグラム、屋外日陰の 2 番目のヒストグラム、および屋外日向の 2 番目のヒストグラムで、肌のヒストグラムがどれくらいうまく検出できるか見てください。そしてその結果を報告してください。

   b. 肌でない背景のパッチを無作為に選び、EMDがどれくらいうまく見分けられるかを調べてください。実際の肌のヒストグラムを一致と判断しながら、その背景を不一致として却下することができますか？

4. みなさんの手の画像コレクションを使って、撮影された画像が与えられたときに、それが3つのうちのどの照明条件のものかを決定できるヒストグラムを設計してください。これを行うためには、特徴を作成する必要があります。シーン全体の一部からサンプリングしたり、明度の値をサンプリングしたり、相対明度（例えば、フレーム内の上のパッチから下のパッチまで）または中央から各辺への勾配をサンプリングしたりといったことが考えられます。

5. 3つの照明条件（屋内、屋外日陰、屋外日向）のそれぞれから、3つの肌のモデルにおけるヒストグラムを作成してください。
   a. 屋内、屋外日陰、屋外日向の3つの条件の画像の各ヒストグラムを使います。各ヒストグラムが同じ条件の画像、および他の2つの条件の画像に対して、どれくらいうまく機能するかを報告してください。
   b. 学んだことを使って「ヒストグラム切り替え」モデルを作ります。まず、シーン検出器を使って、屋内、屋外日陰、屋外日向のどのヒストグラムモデルを使うべきかを決定します。そして、対応する肌のモデルを使って、3つすべての条件下での2番目の肌のパッチが一致か不一致かを決定してください。この切り替えモデルはどの程度うまく機能しますか？

6. 肌の領域の「注目」検出器を作ります。
   a. 今回は屋内の画像だけで、手と顔の肌のサンプルをいくつか使って、BGRヒストグラムを作成してください。
   b. 3つの新しい屋内のシーン（2つは肌あり、1つは肌なし）に対して`cv::calcBackProject()`を使って肌の領域を見つけてください。
   c. 画像内の16個の等間隔の格子点に対して、画像の幅と高さの¼に等しいサイズの平均値シフトウィンドウで`cv::meanShift()`を使って、バックプロジェクション画像のピークを見つけてください（`cv::meanShift()`については「17章 トラッキング」を参照してください）。
   d. 各ピークの周囲の⅛×⅛の領域で、ヒストグラムを作成してください。
   e. すべての比較手法で`cv::compareHist()`を使って、3つの画像内の肌の領域を見つけてください。
   f. 結果を記録してください。どの比較手法が最も正確ですか？

7. 肌の領域の「注目」検出器を作ります。
   a. 今回は屋内の画像だけで、手と顔の肌のサンプルをいくつか使って、BGRヒストグラムを作成してください。
   b. `cv::calcBackProject()`を使って肌の領域を見つけてください。
   c. `cv::erode()`（「10章 フィルタとコンボリューション」）を使ってノイズを除去してから、`cv::floodFill()`（「12章 画像解析」）で画像内の肌の大きな領域を見つけてください。これらがみなさんの「注目」領域です。

8. 手のジェスチャー認識をやってみましょう。カメラから2フィートほどの距離にある手を撮影して、いくつかの（動きのない）手のジェスチャー（親指を下げる、上げる、右へ向ける）を作ってください。
   a. 練習問題7の注目領域検出器を使って、手の周囲で検出された肌の領域内の画像勾配を取り、3つのジェスチャーそれぞれに対するその勾配の向きのヒストグラムモデルを作ってください。さらに、（その画像内に顔も映っている場合は）顔の勾配ヒストグラムも作って、顔の大きな肌領域のモデル（ジェスチャーではない）も持つようにしてください。実際のジェスチャーと混同しないように、似ているがジェスチャーではない手の状態をいくつか使って、同様のヒストグラムを作っておくとよいかもしれません。
   b. Webカメラを使って認識させてみます。肌の注目領域を使って、「手らしい領域」を見つけてください。そして各肌領域の勾配を計算してください。それから、前出の勾配モデルヒストグラムとのヒストグラムマッチングを使い、閾値を設定してジェスチャーを検出してください。2つのモデルが閾値を超えた場合は、より一致しているほうを採用します。
   c. 手をさらに1〜2フィート後退させても、勾配ヒストグラムがまだジェスチャーを認識できるか調べて、報告してください。
9. マッチングにEMDを使って、練習問題8を繰り返してください。手を後ろに移動させると、EMDでは何が起こりますか？

14章 輪郭

Canny エッジ検出器のようなアルゴリズムは、画像内で異なる部分を分離するエッジピクセルを見つけるために利用できますが、エッジ自体がどんな形かは何も教えてくれません。次のステップは、これらのエッジピクセルを組み合わせて輪郭にすることです。そろそろみなさんは、これを行ってくれる便利な OpenCV の関数があることを期待するようになっているでしょう。`cv::findContours()` がそうです。本章では、この関数を使用するのに必要な内容から始めることにします。これらの概念を理解してから輪郭抽出の詳細に入りましょう。その後、計算した輪郭を用いて行える多くのことを説明していきます。

14.1 輪郭を見つける

輪郭とは、画像内の曲線を（何らかの形で）表す点のリストです。その表現形式は対象とする状況によって異なります。曲線を表現する方法もたくさんあります。OpenCV では輪郭は STL スタイルのテンプレートオブジェクト `vector<>`で表され、その中のエントリーはすべて、その曲線上にある次の点の位置に関する情報を持ちます。2 次元の点群（`vector<cv::Point>`や `vector<cv::Point2f>`）が最もよく使われる表現形式ですが、それ以外にも輪郭を表現する方法は存在します。そのような輪郭の 1 つの例が **Freeman チェイン**です。この Freeman チェインでは、各点は前の点から指定方向への特定の「移動量」として表されます。このようなバリエーションについては出てきたときに詳しく説明します。差し当たって知っておくべき大事なことは、輪郭はほとんどの場合 STL vector で表されますが、必ずしも `cv::Point` オブジェクトからなるいわゆるベクトルとは限らないということです。

関数 `cv::findContours()` は 2 値画像から輪郭を計算します。これは、`cv::Canny()` で作成された画像（エッジピクセルを含む）や `cv::threshold()` や `cv::adaptiveThreshold()` のような関数で作成された画像（エッジは正の領域と負の領域の間の境界として表される）を引数に取ることができます[†1]。

14.1.1 輪郭の階層

輪郭を抽出する方法を説明する前に、輪郭とは何か、そして輪郭の集まりがお互いにどのように関連づけられるかを説明しましょう。特に興味深いのは、輪郭木の概念です。これは、`cv::findContours()`が出力する結果の表現方法の中で、最も便利なものの1つを理解するのに重要な概念です[†2]。

図14-1をよく見てみましょう。これは、`cv::findContours()`の機能を図示したものです。この図の左部はテスト画像で、いくつかの色の付いた領域（A〜Eでラベル付けされたもの）が白い背景の上にあります[†3]。`cv::findContours()`で見つけ出される輪郭も図示してあります。これらの輪郭はcXやhXでラベル付けされていますが、*c*は「輪郭（contour）」、*h*は「穴（hole）」、*X*は数字を表します。OpenCVでは、**色付きの領域の境界**と**穴**（白い領域）の境界を区別します。

ここでの包含関係は、多くの応用で役に立ちます。そのためOpenCVでは、見つかった輪郭から包含関係を構造に持つ**輪郭木**[†4]を組み立てることができます。このテスト画像に対応する輪郭木は、ルートノードにc0という輪郭を持ち、その子供として穴h00とh01を持ちます。これらの穴は同様に、直接包含する輪郭を子供に持ちます。これが順に続いていきます。

このような木構造を表現する方法はたくさんありますが、OpenCVは配列（通常はベクタの配列）で表します。配列内のそれぞれのエントリーは、1つの輪郭を表します。その配列の各エントリーは4つの整数（通常は、ちょうど4チャンネルの配列のように、`cv::Vec4i`型の要素として表現されます）を持ち、ノードが持つベクトル表現の各要素には「特別な」意味があり、それぞれその階層内で現在のノードと特定の関係を持つ別のノードを指しています。特定のノードが存在しない場合は、このデータ構造の中の要素は`-1`に設定されます。例えば、要素3は親ノードのIDを示しますが、ルートノードでは`-1`になります。これは、親を持たないからです。

---

†1 `cv::findContours()`にエッジ画像を渡すのと2値画像を渡すのには微妙な違いがいくつかあります。これに関しては後で説明します。

†2 輪郭木を取り出す手法はSuzuki [Suzuki85] からのものです。

†3 わかりやすくするために、この図では暗い領域はグレーで示されています。ですので、この画像は`cv::findContours()`に渡す前にグレー領域が黒に設定されるように閾値処理されていると思ってください。

†4 輪郭木は最初にReeb [Reeb46] で扱われ、[Bajaj97] [Kreveld97] [Pascucci02] [Carr04] でさらに発展しました。

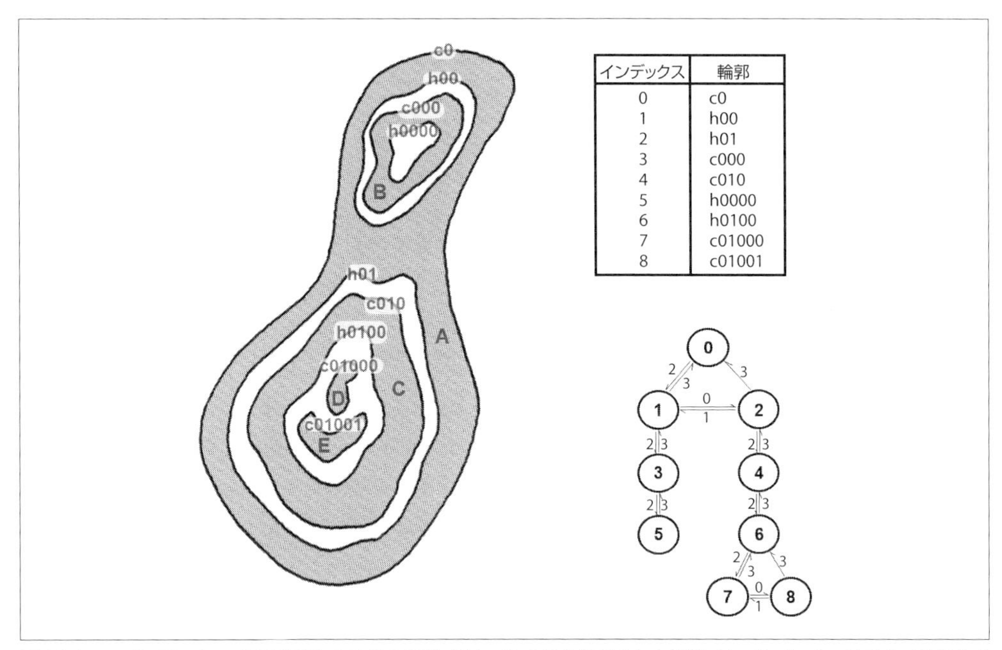

図14-1　cv::findContours() に渡されるテスト画像（左）。5 つの色付けされた領域（A、B、C、D、E でラベル付けされている）が存在するが、輪郭は、それぞれの色付けされた領域の外側のエッジと内側のエッジとで形成される。結果として全部で 9 つの輪郭になる。それぞれの輪郭はインデックスで区別され、リストとして出力されている（contuors 引数、右上）。オプションで、階層表現も生成することができる（hierarchy 引数、右下）。右下のグラフ（構築された輪郭木に対応）では、それぞれのノードは輪郭であり、グラフ内のリンクは、階層配列の各ノードに関連づけられた 4 要素のデータ構造のインデックスでラベルが付けられている

例として、**図14-1** の輪郭を考えましょう。色の付けられた 5 つの領域は、全部で 9 つの輪郭（各領域の外側と内側のエッジを含む）となります。輪郭木はこれらの 9 つの輪郭からなり、それぞれのノードは子供としてそれが含まれる輪郭を持ちます。この結果を可視化したものが**図14-1** の右下の木です。それぞれのノードに対して有効なリンクも可視化されており、リンクはそのノードの 4 要素データ内のリンクに関連づけられたインデックスでラベルが付けられています（**表14-1** 参照）。

表14-1　輪郭階層リスト内のそれぞれのノードの 4 要素ベクトル内の各成分の意味

インデックス	意味
0	次の輪郭（同じレベル）
1	前の輪郭（同じレベル）
2	最初の子（すぐ下のレベル）
3	親（すぐ上のレベル）

cv::Canny() やそれに似たエッジ検出器で生成された画像に対して cv::findContours() を用いた場合に何が起こるかを、**図14-1** に示すテスト画像のような 2 値画像で起こることと比較するのはとても興味深いので、ここで説明しておきましょう。実のところ、cv::findContours() は実際にはエッジ画像に関する知識は何も持っていないのです。cv::findContours() にとっては、「エッジ」は単なる非常に幅の狭い「白い」領域にすぎません。結果として、すべての外側の輪郭に対して穴の輪郭が存在し、それは外側の輪郭とほぼ正確に同じ場所にあるのです。この穴は実際には、外側の境界のすぐ内側にあります。これは白から黒への遷移と考えることができ、内側のエッジの境界を形成します。

14.1.1.1 cv::findContours() を用いて輪郭を見つける

この輪郭木の考え方がわかったところで、cv::findContours() 関数そのものを見てみましょう。私たちがやってほしいことをこの関数にどうやって伝えるか、この関数の戻り値をどうやって解釈するかを見ていきましょう。

```
void cv::findContours(
  cv::InputOutputArray    image,          // 入力用「2 値」8 ビットシングルチャンネル画像
  cv::OutputArrayOfArrays contours,       // ベクトルまたは点のベクトル
  cv::OutputArray         hierarchy,      // （オプション）階層情報
  int                     mode,           // 輪郭の取り出しモード（図 14-2）
  int                     method,         // 近似方法
  cv::Point               offset = cv::Point() // （オプション）すべての点をオフセット
);

void cv::findContours(
  cv::InputOutputArray    image,          // 入力用「2 値」8 ビットシングルチャンネル画像
  cv::OutputArrayOfArrays contours,       // ベクトルまたは点のベクトル
  int                     mode,           // 輪郭の取り出しモード（図 14-2）
  int                     method,         // 近似方法
  cv::Point               offset = cv::Point() // （オプション）すべての点をオフセット
);
```

第 1 引数は、入力画像です。この画像は 8 ビットのシングルチャンネルの画像でなければならず、2 値として（0 以外のピクセルは互いに等価であるかのように）解釈されます。実行時には、cv::findContours() はこの画像を計算用の作業スペースとして用いるので、その画像が後で何かに必要な場合は、コピーを作成してから cv::findContours() に渡すようにしてください。第 2 引数は配列の配列です。これはほとんどの場合、STL vector からなる STL vector を意味し、見つかった輪郭のリストで埋められます（すなわち輪郭のベクタです。contours[i] は輪郭であり、そのため、contours[i][j] は contours[i] の特定の頂点を指します）。

次の引数 hierarchy は指定しても指定しなくてもかまいません（上に示した形式の 1 つは hierarchy を指定する形式で、もう 1 つは指定していない形式です）。指定した場合は、hierarchy は輪郭の木構造を記述する出力となります。出力の hierarchy は、各エントリーが contours 内のそれぞれの輪郭に対応する配列です（これも通常は STL vector です）。このエン

トリーはそれぞれ4要素の配列で、それらの要素は現在のノードから特定のリンクがつながっているノードを指します（**表14-1**）。

mode引数は、どのように輪郭を抽出したいかをOpenCVに指示します。modeには次の4つの値が指定可能です。

`cv::RETR_EXTERNAL`
: 最も外側の輪郭だけを取り出します。**図14-1**では外側の輪郭が1つしか存在しないので、**図14-2**で示されるように最初の輪郭が最も外側の並びを示し、それ以上の接続がありません。

`cv::RETR_LIST`
: すべての輪郭を取り出し、リストにつなぎます。**図14-2**は**図14-1**のテスト画像から得られた「hierarchy（階層）」を示しています。この場合、9つの輪郭が見つかり、`hierarchy[i][0]`と`hierarchy[i][1]`とでお互いにつながれています（ここでは`hierarchy[i][2]`と`hierarchy[i][3]`は使われていません）[†5]。

`cv::RETR_CCOMP`
: すべての輪郭を取り出し、2レベルの階層に編成します。ここで、最初のレベルはその成分の外側の境界であり、2番目のレベルは穴の境界です。**図14-2**を見ると、外側の境界が5つあり、このうち3つは穴を含んでいます。これらの穴は`hierarchy[i][2]`と`hierarchy[i][3]`で対応する外側の境界と接続されています。最も外側の境界c0は2つの穴を持っています。`hierarchy[i][2]`は1つしか値を持てないので、ノードは1つの子供しか持つことができません。c0の内側の穴は互いに`hierarchy[i][0]`と`hierarchy[i][1]`ポインタで接続されています。

`cv::RETR_TREE`
: すべての輪郭を取り出し、ネストした輪郭の全階層を再構築します。この例（**図14-1**と**図14-2**）におけるルートノードは最も外側の輪郭c0になることを意味しています。c0の下には穴h00があり、これは、別の穴h01に同じレベルで接続されています。これらの穴はそれぞれ順に子供（それぞれc000とc010）を持ち、これらは垂直リンクでその親に接続されています。これがこの画像の最も内側の輪郭にいたるまで続き、最も内側の輪郭はその木構造内の葉のノードとなります。

†5 `cv::RETR_LIST`はあまり使わないでしょう。このオプションは、主にOpenCVライブラリの以前の版で意味があったものです。以前の版では、輪郭の戻り値を自動的に今の`vector<>`のようなリストにはしなかったのです。

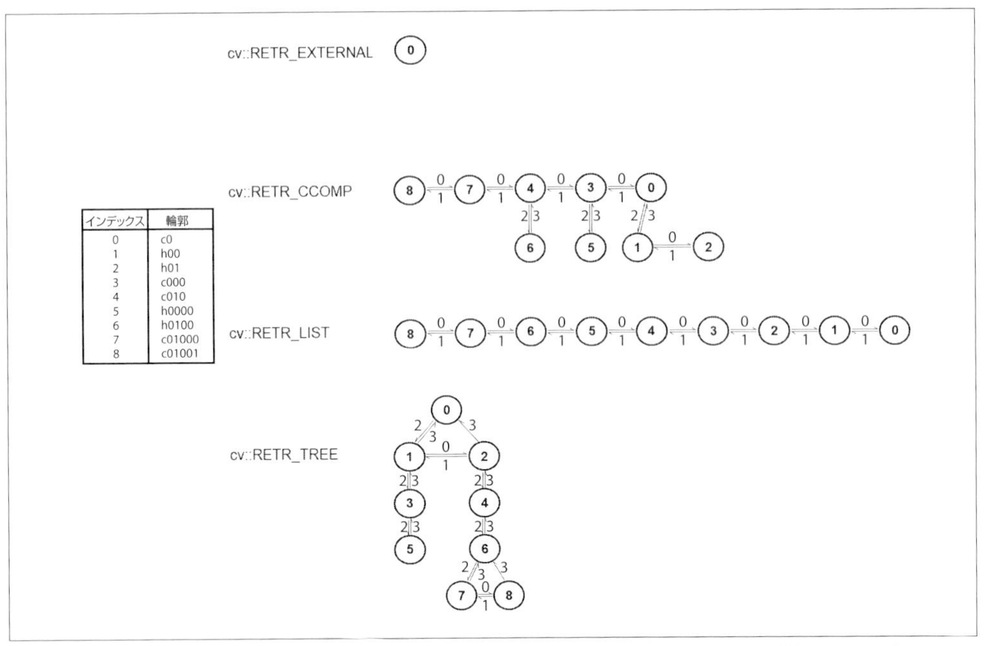

インデックス	輪郭
0	c0
1	h00
2	h01
3	c000
4	c010
5	h0000
6	h0100
7	c01000
8	c01001

図14-2　木を形成する mode 引数が、cv::findContours() が見つけた輪郭すべてを「つなぐ」方法。輪郭を表すノードは図14-1 と同じである

次に引数 method が取る値（すなわち、輪郭をどのように近似するか）を示します。

`cv::CHAIN_APPROX_NONE`

Freeman チェインコードからすべての点を点に変換します。それぞれの点が前の点の 8 近傍の 1 つになるので、この操作はたくさんの点を生成します。返される頂点数を圧縮することはしません。

`cv::CHAIN_APPROX_SIMPLE`

水平、垂直、斜めの部分を圧縮し、その端点だけを残します。これにより、多くの特別な場合では、返される点の個数を大幅に圧縮することができます。極端な例は、x-y 軸に沿った長方形（任意のサイズ）です。この場合は、4 点だけが返されます。

`cv::CHAIN_APPROX_TC89_L1` または `cv::CHAIN_APPROX_TC89_KCOS`

Teh-Chin チェイン風の近似アルゴリズムの1つを適用します[†6]。Teh-Chin、すなわちT-C アルゴリズムは、返される点の個数をうまく削減する（ただし計算量は多い）より洗練されたアルゴリズムです。T-C アルゴリズムの実行には追加のパラメータは必要ありません。

`cv::findContours()` の最後の引数は `offset` です。この引数はオプションです。指定した場合は、返される輪郭内のすべての点がその分量だけ平行移動されます。これは、ROI から輪郭を抽出し、それをその親画像の座標系で表現したい場合や、逆に、大きな画像の座標で輪郭を抽出し、それを画像の部分領域に対して表現したい場合に特に便利です。

14.1.2 輪郭を描画する

輪郭のリストが手に入ったら最もやりたいことの1つは画面への輪郭の表示です。この目的のために `cv::drawContours()` があります。

```
void cv::drawContours(
  cv::InputOutputArray   image,                       // 描画される入力画像
  cv::InputArrayOfArrays contours,                    // ベクトルまたは点のベクトル
  int                    contourIdx,                  // 描画する輪郭（-1 は「すべて」）
  const cv::Scalar&      color,                       // 輪郭の色
  int                    thickness = 1,               // 輪郭線の太さ
  int                    lineType  = 8,               // 連結（4 か 8 か cv::LINE_AA）
  cv::InputArray         hierarchy = noArray(),       // オプション（findContours から）
  int                    maxLevel  = INT_MAX,         // 階層の最大の深さ
  cv::Point              offset    = cv::Point()      // （オプション）すべての点をオフセット
);
```

最初の引数 `image` はシンプルで、輪郭が描画される画像です。次の引数 `contours` は描画すべき輪郭のリストです。これは `cv::findContours()` の `contours` の出力と同じ形式、すなわち、点のリストのリストです。`contourIdx` 引数は、単一の輪郭を選んで描画するか、`contours` 引数に与えられたリスト内のすべての輪郭を描画するかを指示するのに使います。`contourIdx` が非負の数の場合、対応する輪郭が描画されます。`contourIdx` が負の数（通常は`-1`）の場合、すべての輪郭が描画されます。

`color`、`thickness`、`lineType` 引数は `cv::line()` などの描画関数の引数に似ています。いつもどおり、`color` は4成分の `cv::Scalar`、`thickness` はピクセルで描画される点の太さを表す整数です。また、`lineType` は4、8、`cv::LINE_AA` のいずれかで、それぞれ線が4連結（見た

†6 このアルゴリズムがどのように機能するかの詳細に興味がある場合は、C. H. Teh と R. T. Chin による "On the Detection of Dominant Points on Digital Curve", *PAMI* 11, no.8 (1989):859 - 872 を参照してください。このアルゴリズムはチューニング用のパラメータを必要としないため、アルゴリズムのより深い詳細を知らなくてもきわめてうまくいきます。

目はよくない)、8連結(まあまあ)、cv::LINE_AA(きれい)として描画されます。

hierarchy引数はcv::findContours()の出力hierarchyに対応するもので、maxLevel引数と一緒に使われます。maxLevel引数は、指定した画像に描画される輪郭の階層の深さを制限します。maxLevelを0に設定するとその階層の「レベル0」(最も高いレベル)だけが描画されます。それより大きい数は、最も高いレベルから数えて含めるべき層の数を示しています。**図14-2**を見れば、これが輪郭木で便利なことがわかると思います。また、外側の輪郭だけを可視化したい(「穴」の内側の輪郭はしたくない)場合に、cv::RETR_CCOMPでも役に立つでしょう。

最後に、offsetを指定することで、この描画関数にオフセットを与えることができます。これにより、輪郭は(それが定義されている)絶対座標ではなくどこにでも描画することができます。この機能は、輪郭が質量中心座標や他のローカル座標に変換されている場合には特に便利です。offsetは、cv::findContours()を画像のさまざまな部分領域(ROI)で何回か実行し、その後、すべての結果を元の大きな画像に表示したい場合に特に役に立ちます。逆に、大きな画像から輪郭を取り出し、その輪郭用の小さなマスクを作成したい場合にも、offsetを使用することができます。

14.1.3 輪郭の例

例14-1はOpenCVのパッケージから引用したものです。ここでは、画像が表示されたウィンドウを作成しています。トラックバーで簡単な閾値を設定すると、閾値処理された画像内の輪郭が描画されます。この画像はトラックバーの位置が変わると更新されます。

例14-1 トラックバーの位置に基づいて輪郭を見つける。輪郭はトラックバーが動くと更新される

```
#include <opencv2/opencv.hpp>
#include <iostream>

using namespace std;

cv::Mat g_gray, g_binary;
int g_thresh = 100;

void on_trackbar( int, void* ) {

  cv::threshold( g_gray, g_binary, g_thresh, 255, cv::THRESH_BINARY );
  vector< vector< cv::Point> > contours;
  cv::findContours(
    g_binary,
    contours,
    cv::noArray(),
    cv::RETR_LIST,
    cv::CHAIN_APPROX_SIMPLE
  );
  g_binary = cv::Scalar::all(0);

  cv::drawContours( g_binary, contours, -1, cv::Scalar::all(255));
```

```
  cv::imshow( "Contours", g_binary );

}

int main( int argc, char** argv ) {

  if( argc != 2 || ( g_gray = cv::imread(argv[1], 0)).empty() ) {
    cout << "Find threshold dependent contours\nUsage: " <<argv[0]
      <<"fruits.jpg" << endl;
    return -1;
  }
  cv::namedWindow( "Contours", 1 );

  cv::createTrackbar(
    "Threshold",
    "Contours",
    &g_thresh,
    255,
    on_trackbar
  );
  on_trackbar(0, 0);

  cv::waitKey();

  return 0;

}
```

ここでは、私たちが興味あることはすべて on_trackbar() 関数の中で起こっています。画像 g_gray は、g_thresh よりも明るいピクセルだけが 0 でない値で残るように閾値処理されます。次に cv::findContours() 関数がこの閾値処理された画像に対して呼び出されます。最後に cv::drawContours() が呼ばれ、その輪郭がグレースケール画像の上に（白で）描画されます。

14.1.4　もう 1 つの輪郭の例

例 14-2 は、入力画像の輪郭を見つけ、1 つずつ描画していきます。これは自分で遊んでみて、輪郭の取り出しモード（このコードでは cv::RETR_LIST）や輪郭の描画に用いられる maxLevel（このコードでは 0）を変えるとどのような効果が得られるのかを確認するのによい例です。maxLevel を大きな数に設定すると、cv::findContours() が返した輪郭を hierarchy[i][2] を通して処理していくことに注意してください。したがって、いくつかのトポロジー（cv::RETR_TREE、cv::RETR_CCOMP など）では、処理が進むにつれて同じ輪郭を複数回見ることがあります。

例 14-2　入力画像上に見つかった輪郭を描画する

```
#include <opencv2/opencv.hpp>
#include <algorithm>
#include <iostream>
```

```
using namespace std;

struct AreaCmp {
    AreaCmp(const vector<float>& _areas) : areas(&_areas) {}
    bool operator()(int a, int b) const { return (*areas)[a] > (*areas)[b]; }
    const vector<float>* areas;
};


int main(int argc, char* argv[]) {

  cv::Mat img, img_edge, img_color;

  // 画像を読み込む。画像が指定されなかった場合にはヘルプを表示する
  //
  if( argc != 2 || (img = cv::imread(argv[1],cv::LOAD_IMAGE_GRAYSCALE)).empty() ) {
    cout << "\nExample 8_2 Drawing Contours\nCall is:\n./ch8_ex8_2 image\n\n";
    return -1;
  }

  cv::threshold(img, img_edge, 128, 255, cv::THRESH_BINARY);
  cv::imshow("Image after threshold", img_edge);
  vector< vector< cv::Point > > contours;
  vector< cv::Vec4i > hierarchy;

  cv::findContours(
    img_edge,
    contours,
    hierarchy,
    cv::RETR_LIST,
    cv::CHAIN_APPROX_SIMPLE
  );
  cout << "\n\nHit any key to draw the next contour, ESC to quit\n\n";
  cout << "Total Contours Detected: " << contours.size() << endl;

  vector<int> sortIdx(contours.size());
  vector<float> areas(contours.size());
  for( int n = 0; n < (int)contours.size(); n++ ) {
    sortIdx[n] = n;
    areas[n] = contourArea(contours[n], false);
  }


  // 最大の輪郭が最初に来るように輪郭をソートする
  //
  std::sort( sortIdx.begin(), sortIdx.end(), AreaCmp(areas ));

  for( int n = 0; n < (int)sortIdx.size(); n++ ) {
    int idx = sortIdx[n];
    cv::cvtColor( img, img_color, cv::COLOR_GRAY2BGR );
    cv::drawContours(
      img_color, contours, idx,
      cv::Scalar(0,0,255), 2, 8, hierarchy,
```

```
      0                  // 異なる maxLevel を試し、何が起こるかを確認すること
    );
    cout << "Contour #" << idx << ": area=" << areas[idx] <<
      ", nvertices=" << contours[idx].size() << endl;
    cv::imshow(argv[0], img_color);
    int k;
    if( (k = cv::waitKey()&255) == 27 )
      break;
  }
  cout << "Finished all contours\n";

  return 0;

}
```

14.1.5 高速な連結成分の解析

輪郭解析と密接に関連したもう１つの手法は、**連結成分解析**です。まず画像をセグメントに（通常は閾値処理で）分割した後で、連結成分解析を行います。そしてその結果から、効果的に１つ１つの画像領域を分離し、処理することができます。OpenCV の連結成分解析アルゴリズムの入力は２値（白黒）画像でなければなりません。出力はラベル付けされたピクセルマップであり、同じ連結成分からなる０でないピクセルは、同じ一意の値でラベル付けされています。例えば、図14-1には５つの連結成分があります。２つの穴を持つ最も大きなものが１つ、穴を１つずつ持つ少し小さいものが２つ、穴のない小さな成分が２つです。連結成分解析は、背景分割アルゴリズムの中で、小さなノイズのパッチを取り除く後処理用のフィルタとして非常によく使われます。また、抽出すべきものが明確に定義された OCR のような問題でもよく使われます。もちろんこのような基本的な演算はすぐに終わらせたいのですが、これをもし、より時間のかかる「手動」の方法で行うとしたら、まず、`cv::findContours()` を（`cv::RETR_CCOMP` フラグを渡して）使い、その後、結果として得られた連結成分に対し `cv::drawContours()` を `color=component_label`（連結成分にラベル付けられた値）と `thickness=-1`（塗りつぶし）で呼び出してループ処理するという方法になるでしょう。これは次の理由で時間がかかります。

- `cv::findContours()` は最初に、それぞれの輪郭用に STL vector を別々に確保する。画像には数百、場合によっては数千もの輪郭が存在する可能性がある
- そして、１つ以上の輪郭から形成される凹形状の領域を塗りつぶすときに、`cv::drawContours()` も時間がかかる。これには、その領域の境界を形成する小さな線分すべてからなる集合を作成し、並べ替える処理が含まれる
- 最後に、連結成分に関するいくつかの基本的な情報（面積やバウンディングボックス）を収集するのに、余分な、場合によっては時間のかかる呼び出しが必要になる

幸いなことに、OpenCV 3 には、代わりにこのような複雑な処理をすべてやってくれるすば

らしい関数が存在します。cv::connectedComponents() と cv::connectedComponentsWithStats() です。

```
int cv::connectedComponents (
  cv::InputArrayn image,               // 入力用 8 ビット、シングルチャンネル画像（2 値）
  cv::OutputArray labels,              // 出力用のラベルのマップ
  int             connectivity = 8,    // 4 か 8 連結成分
  int             ltype        = CV_32S // 出力ラベルの型（CV_32S か CV_16U）
);

int cv::connectedComponentsWithStats (
  cv::InputArrayn image,               // 入力用 8 ビット、シングルチャンネル画像（2 値）
  cv::OutputArray labels,              // 出力用のラベルのマップ
  cv::OutputArray stats,               // 統計情報に関する N × 5 の行列（CV_32S）
                                       // [x0, y0, 幅 0, 高さ 0, 面積 0;
                                       //  ... ; x(N-1), y(N-1), 幅 (N-1),
                                       // 高さ (N-1), 面積 (N-1)]
  cv::OutputArray centroids,           // 重心に関する N × 2 の CV_64F 型の行列
                                       // [cx0, cy0; ... ; cx(N-1), cy(N-1)]
  int             connectivity = 8,    // 4 か 8 連結成分
  int             ltype        = CV_32S // 出力ラベルの型（CV_32S か CV_16U）
);
```

cv::connectedComponents() は単にラベルマップを作成するだけですが、cv::connectedComponentsWithStats() は同じことを行うのに加えて、連結成分に関するいくつかの重要な情報（バウンディングボックス、面積、重心）を返します。重心が必要ない場合は、cv::OutputArray の centroids 引数に cv::noArray() を渡してください。どちらの関数も、見つかった連結成分の個数を返します。これらの関数は cv::findContours() や cv::drawContours() を使いません。代わりに "Two Strategies to Speed Up Connected Component Labeling Algorithms" [Wu08] で述べられている、直接的で非常に効率のよいアルゴリズムを使います。

小さな連結成分を削除しながら、ラベル付けされた連結成分を描画する簡単な例を見てみましょう（**例 14-3**）。

例 14-3　ラベル付けされた連結成分を描画する

```
#include <opencv2/opencv.hpp>
#include <algorithm>
#include <iostream>

using namespace std;
int main(int argc, char* argv[]) {

  cv::Mat img, img_edge, labels, img_color, stats;

  // 画像を読み込む。画像が指定されなかった場合にはヘルプを表示する
  if( argc != 2
    || (img = cv::imread( argv[1], cv::LOAD_IMAGE_GRAYSCALE )).empty()
  ) {
```

```
    cout << "\nExample 8_3 Drawing Connected componnents\n" \
      << "Call is:\n" <<argv[0] <<" image\n\n";
    return -1;
  }

  cv::threshold(img, img_edge, 128, 255, cv::THRESH_BINARY);
  cv::imshow("Image after threshold", img_edge);

  int i, nccomps = cv::connectedComponentsWithStats (
    img_edge, labels,
    stats, cv::noArray()
  );
  cout << "Total Connected Components Detected: " << nccomps << endl;

  vector<cv::Vec3b> colors(nccomps+1);
  colors[0] = Vec3b(0,0,0); // 背景のピクセルは黒のままになる
  for( i = 1; i <= nccomps; i++ ) {
    colors[i] = Vec3b(rand()%256, rand()%256, rand()%256);
    if( stats.at<int>(i-1, cv::CC_STAT_AREA) < 100 )
      colors[i] = Vec3b(0,0,0); // 小さな領域も黒で塗られる
  }
  img_color = Mat::zeros(img.size(), CV_8UC3);
  for( int y = 0; y < img_color.rows; y++ )
    for( int x = 0; x < img_color.cols; x++ )
    {
      int label = labels.at<int>(y, x);
      CV_Assert(0 <= label && label <= nccomps);
      img_color.at<cv::Vec3b>(y, x) = colors[label];
    }
  cv::imshow("Labeled map", img_color);
  cv::waitKey();
  return 0;
}
```

14.2 輪郭に対してさらに何かを行う

画像を解析する際には、輪郭に対して行いたいことがたくさんあります。結局のところ、ほとんどの輪郭は認識や操作の対象、またはその候補です。関連するタスクには、輪郭を特徴づけたり、簡単化や近似をしたり、テンプレートでマッチングしたりする処理など、さまざまなものがあります。

この節では、よく行われるこれらのタスクのいくつかを調べ、OpenCV に組み込まれているさまざまな関数を見ていきます。これらの関数は、そのようなタスクを行ってくれるか、少なくとも簡単にしてくれます。

14.2.1 ポリゴン近似

輪郭の描画や形状解析をしている場合、ポリゴンを表す輪郭をより少ない頂点数の別の輪郭で近似することはよく行われます。これを行うにはたくさんの方法があります。それらのうち、

OpenCVは2つの実装を提供しています。

14.2.1.1 cv::approxPolyDP()を用いてポリゴンを近似する

cv::approxPolyDP()は2つのアルゴリズムのうちの1つを実装したものです[†7]。

```
void cv::approxPolyDP(
  cv::InputArray  curve,       // 2次元の点の配列かベクトル
  cv::OutputArray approxCurve, // 結果。curveと同じ型
  double          epsilon,     // curveからapproxCurveまでの最大距離
  bool            closed       // trueの場合は、最後の点が最初の点に接続されているとする
);
```

cv::approxPolyDP()関数は一度に1つのポリゴンに作用し、そのポリゴンはcurveで与えられます。cv::approxPolyDP()の出力はapproxCurveに書き出されます。他と同様に、これらのポリゴンはcv::PointオブジェクトからなるSTL vectorか、$N \times 1$の配列cv::Mat（ただし2チャンネル）のいずれかで表されます。どの表現を用いたとしても、curveとapproxCurveで使われる入力配列と出力配列は同じ型でなくてはなりません。

epsilon引数は必要とする近似の精度で、元のポリゴンと最終的に得られる近似ポリゴンとの間で許容される最大偏差を意味します。最後の引数closedは、curveが示す点列が閉じたポリゴンであるかどうかを示します。trueの場合は、curveは閉じているものとみなされます（すなわち、最後の点が最初の点に接続されているとみなされます）。

14.2.1.2 Douglas-Peuckerアルゴリズムの説明

epsilon引数の設定方法を理解し、それによりcv::approxPolyDP()の出力がどう変わるのかを理解するには、このアルゴリズムが正確にどのように機能するかを理解しておくとよいでしょう。図14-3の輪郭（パネルb）から始めましょう。このアルゴリズムは最も離れた点を2つ取り出し、線でつなぐことから始めます（パネルc）。その後、元のポリゴンを検索して今描いたばかりの線から最も遠い点を見つけ、その点を近似ポリゴンに追加します。

このプロセスを、次の最も遠い点をこれまでの近似ポリゴンに追加しながら繰り返し（パネルd）、すべての点までの距離が精度パラメータで指示された距離よりも短くなるまで続きます（パネルf）。これは精度パラメータに、輪郭の長さ（もしくは、そのバウンディングボックスの長さ）に比例する値や、それと同様の輪郭の全体サイズに対する計測値を用いるのがよいことを意味します。

†7 熱烈なファンのみなさま、OpenCVで用いている手法はDP（Douglas-Peucker）近似です[Douglas73]。他の有名な手法にはRosenfeld-Johnson [Rosenfeld73] や、Teh-Chin [Teh89] のアルゴリズムがあります。これらのうちTeh-ChinのアルゴリズムはOpenCVでは圧縮方法としては利用できませんが、ポリゴンの取り出し時には利用できます（「14.1.1.1 cv::findContours()を用いて輪郭を見つける」参照）。

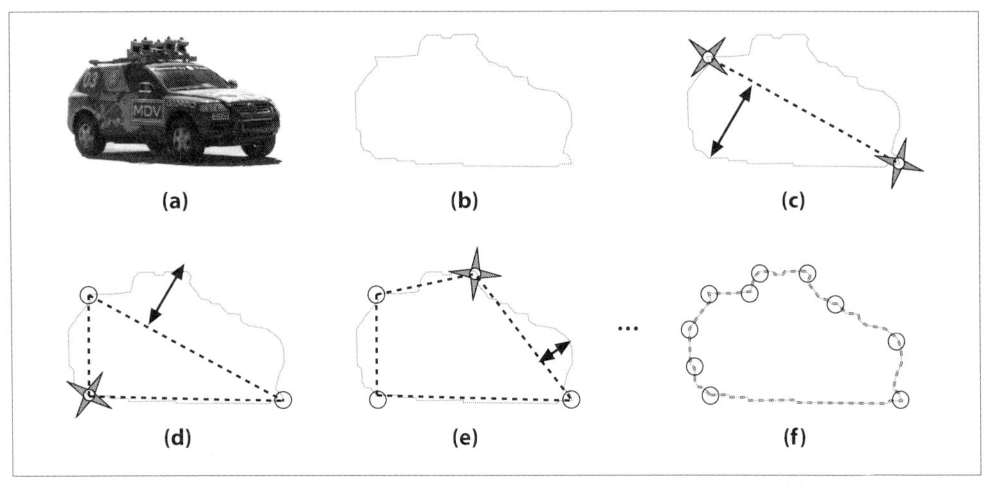

図 14-3 cv::approxPolyDP() で使われている DP アルゴリズムの図解。元画像（a）が輪郭（b）で近似された後、最も離れた最初の 2 つの頂点から始め（c）、その輪郭から頂点が繰り返し選択され追加される（d〜f）

14.2.2 幾何形状と特徴の要約

輪郭でよく出会うもう 1 つのタスクは、輪郭の**特徴の性質を要約したもの**を計算することです。これには、輪郭全体の長さやその他のサイズに関する情報があります。その他の有益な特徴には**輪郭のモーメント**があり、輪郭の全体としての形状特徴をまとめるのに用いることができます。これらの特徴については後で説明します。これから説明する関数のいくつか（すなわち、それらが点間の区分曲線を意味していないもの）は、どのような点の集合に対しても同じようにうまく機能します。曲線に対してだけ意味を持つ関数（例えば、輪郭の長さの算出）と、一般的な点の集合に対してだけ意味を持つ関数（例えば、バウンディングボックス）とに分けて説明します。

14.2.2.1 cv::arcLength() を用いて長さを計算する

cv::arcLength() は輪郭を引数に取り、その長さを返します。

```
double cv::arcLength(
  cv::InputArray  points,    // 2 次元の点の配列かベクトル
  bool            closed     // true の場合は、最後の点が最初の点に接続されているとする
);
```

cv::arcLength() の第 1 引数は輪郭自身で、これは通常の曲線を表す表現であればどれでも指定可能です（すなわち、点の STL vector や 2 チャンネルの要素からなる配列です）。第 2 引数 closed はこの輪郭を閉じているものとして扱うかどうかを指定します。輪郭が閉じていると指定した場合、points 内の最後の点から最初の点までの距離も、輪郭の長さ全体に寄与します。

cv::arcLength() は、points 引数が曲線を表していると暗黙に仮定しています。ですので、一般的な点の集合に対しては特に意味がありません。

14.2.2.2 cv::boundingRect()を用いて直立バウンディングボックスを計算する

もちろん、長さや面積も輪郭の単純な特徴です。輪郭を特徴づける最も簡単な方法の1つは、その輪郭のバウンディングボックスを調べることです。中でも最も簡単なものは、単に直立した（x-y 軸に沿った）バウンディングボックスを計算するものでしょう。これを行うのがcv::boundingRect()です。

```
cv::Rect cv::boundingRect(      // その点群を囲む直立した長方形を返す
  cv::InputArray points         // 2次元の点の配列かベクトル
);
```

cv::boundingRect()関数は引数を1つだけ取ります。それは、バウンディングボックスを計算したい曲線です。この関数は、求めようとしているバウンディングボックスであるcv::Rect型の値を返します。

バウンディングボックスの計算は、任意の点の集合に対して意味があります。それらの点が曲線を表現していても、単に任意の点の集まりであってもかまいません。

14.2.2.3 cv::minAreaRect()を用いて最小面積の長方形を計算する

cv::boundingRect()から得られるバウンディングボックスが持つ1つの問題は、その戻り値がcv::Rectであり、辺が座標軸に平行な長方形しか表現できないことです。これに対して、cv::minAreaRect()は輪郭を囲む最小の長方形を返します。引数はcv::boundingRect()と同じです。戻り値の長方形は垂直方向に対して傾いていてもかまいません（**図14-4**）。OpenCVのデータ型cv::RotatedRectはこのような長方形を表現するのにうってつけです。cv::RotatedRectが次のような定義だったことを思い出してください。

```
class cv::RotatedRect {
  cv::Point2f center;      // 正確な中心点（回転の中心）
  cv::Size2f  size;        // 長方形のサイズ（centerを中心とする）
  float       angle;       // 角度（度数）
};
```

したがって、もう少しぴったり合った長方形を得たい場合は、cv::minAreaRect()を使ってください。

```
cv::RotatedRect cv::minAreaRect( // pointsを囲む長方形を返す
  cv::InputArray  points         // 2次元の点の配列かベクトル
);
```

これまでと同様に、pointsは点列を表す標準的な表現であれば何でも使えますし、曲線に対しても任意の点の集合に対しても同じように使えます。

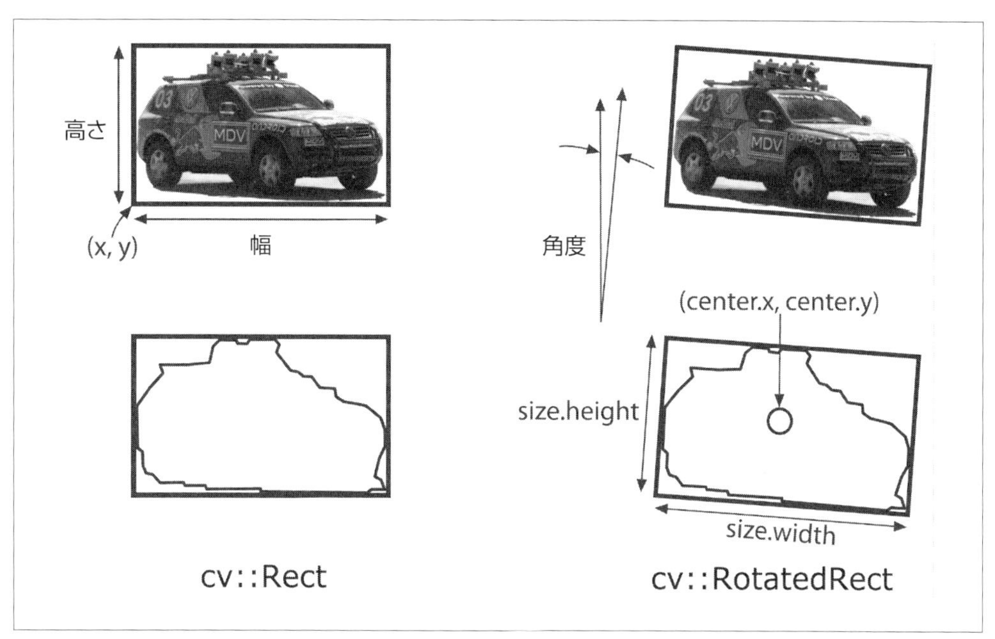

図14-4　cv::Rect は直立した長方形だけを表現できるが、cv::RotatedRect は任意の傾きを持つ長方形を扱うことができる

14.2.2.4　cv::minEnclosingCircle() を用いて最小内包円を計算する

次に cv::minEnclosingCircle() があります[†8]。これはバウンディングボックス用のルーチンにきわめて似た働きをしますが、戻り値用の便利なデータ型が存在しない点が異なります。このため、次のように、設定してほしい変数の参照を cv::minEnclosingCircle() に渡す必要があります。

```
void cv::minEnclosingCircle(
   cv::InputArray points,      // 2 次元の点の配列かベクトル
   cv::Point2f&   center,      // 円の中心の場所を返す
   float&         radius       // 円の半径を返す
);
```

入力の points は、通常の点列の表現です。center と radius 変数はみなさんが領域を確保し、cv::minEnclosingCircle() が設定する変数です。

cv::minEnclosingCircle() は曲線と任意の点の集合との両方に対して同じように使えます。

†8　これらのフィッティング手法の内部でどのような処理が行われているかに関しては、[Fitzgibbon95] と [Zhang96] を参照してください。

14.2.2.5 cv::fitEllipse()を用いて楕円をフィッティングする

最小内包円と同様に、OpenCVは点群に楕円をフィッティングする(当てはめる)ためのメソッドも提供しています。

```
cv::RotatedRect cv::fitEllipse(   // 楕円を囲む長方形を返す(図14-5)
  cv::InputArray points           // 2次元の点の配列かベクトル
);
```

cv::fitEllipse()は点列だけを引数として取ります。

ぱっと見たところ、cv::fitEllipse()は単にcv::minEnclosingCircle()の楕円版のようにも見えます。しかし、cv::minEnclosingCircle()とcv::fitEllipse()には微妙な違いがあります。前者が単に与えられた輪郭を完全に囲む最も小さな円を計算するのに対して、後者はフィッティング関数を用い、その輪郭を最もよく近似する楕円を返すのです。これは、その輪郭のすべての点が必ずしもcv::fitEllipse()で返される楕円の中にあるとは限らないということを意味します[†9]。このフィッティング処理は最小二乗法によるフィッティング関数を用いて行われます。

このフィッティングの結果はcv::RotatedRect構造体で返されます。これが示す長方形は求める楕円に正確に外接します(図14-5参照)。

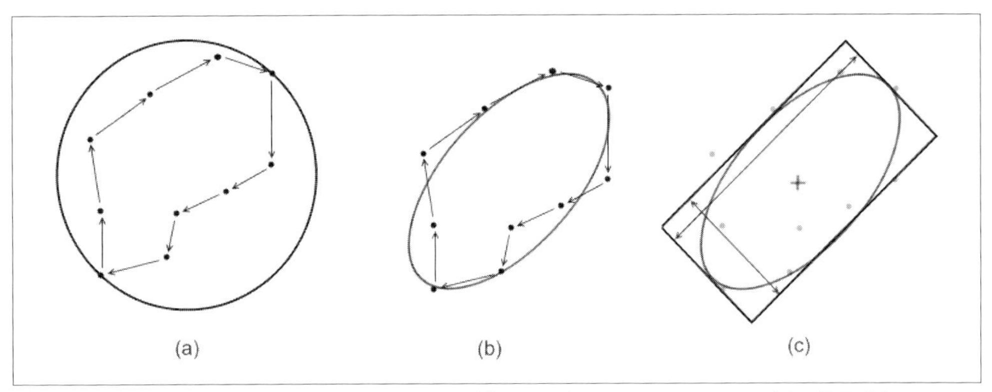

図14-5　10個の点の輪郭とそれに重ねた最小内包円(a)、および最もよくフィッティングする楕円(b)。OpenCVはその楕円を表現するのに「回転長方形」(c)を用いる

14.2.2.6 cv::fitLine()を用いて輪郭に最もよくフィッティングする線を見つける

「輪郭」が実際にはおおよそ直線である、もしくは、より正確には、ノイズが乗ったサンプルで

†9　もちろん、点の個数が十分に小さい(もしくは、点が同じ直線上にあるような退化した特定のケース)の場合、その点のすべてが楕円上に乗ることもありえます。しかし一般的には、内側の点もあれば外側の点もあり、実際にその楕円そのものの上にある点は少ないでしょう。

元は直線だったと思われる点の集合である場合がよくあります。そのような状況における課題は、みなさんが観測した点に対して、どの直線が最もよく説明がつくかを決めることです。事実、最もよくフィッティングする線を見つけたくなる理由はたくさんありますし、実際にそのようなフィッティング処理を行う方法には多くのバリエーションがあります。

コスト関数を最小化すれば、このようなフィッティング処理を行うことができます。コスト関数は次のように定義できます。

$$cost(\vec{\theta}) = \sum_{points:i} \rho(r_i), \text{ ここで } r_i = r(\vec{\theta}, \vec{x_i})$$

ここで $\vec{\theta}$ は、線を定義するパラメータの集合です。$\vec{x_i}$ はその輪郭の i 番目の点であり、r_i はこの点と $\vec{\theta}$ で定義された線との間の距離です。すなわち、関数 $\rho(r_i)$ は基本的には、異なるフィッティング方法を区別するためのものなのです。$\rho(r_i) = \frac{1}{2}{r_i}^2$ の場合には、このコスト関数はおなじみの最小二乗適合法になります。この方法はおそらくほとんどのみなさんにとって初級統計学でなじみのあるものでしょう。より複雑な距離関数は、よりロバストなフィッティング方法（すなわち、外れ値のデータ点をよりうまく扱うフィッティング方法）が必要な場合に便利です。**表14-2** は $\rho(r_i)$ として利用できる形式と、それに対する `cv::fitLine()` で利用できる OpenCV の列挙値を示します。

表14-2　cv::fitLine() の distType 引数に指定できる距離の計算方法

distType	距離の計算方法	
`cv::DIST_L2`	$\rho(r_i) = \frac{1}{2}{r_i}^2$	最小二乗距離法
`cv::DIST_L1`	$\rho(r_i) = r_i$	
`cv::DIST_L12`	$\rho(r_i) = 2 \cdot \left(\sqrt{1 + \frac{1}{2}{r_i}^2} - 1\right)$	
`cv::DIST_FAIR`	$\rho(r_i) = C^2 \cdot \left(\frac{r_i}{C} - \log\left(1 + \frac{r_i}{C}\right)\right)$	$C = 1.3998$
`cv::DIST_WELSCH`	$\rho(r_i) = \frac{C^2}{2} \cdot \left(1 - \exp\left(-\left(\frac{r_i}{C}\right)^2\right)\right)$	$C = 2.9846$
`cv::DIST_HUBER`	$\rho(r_i) = \begin{cases} \frac{1}{2}{r_i}^2 & r_i < C \\ C \cdot \left(r_i - \frac{C}{2}\right) & r_i \geqq C \end{cases}$	$C = 1.345$

OpenCV の `cv::fitLine()` 関数は次のような関数プロトタイプを持ちます。

```
void cv::fitLine(
  cv::InputArray  points,     // 2次元の点の配列かベクトル
  cv::OutputArray line,       // cv::Vec4f（2D）か cv::Vec6f（3D）のベクトル
  int             distType,   // 距離の型（表 14-2）
  double          param,      // 距離の計算用のパラメータ（表 14-2）
  double          reps,       // 半径の精度のパラメータ
  double          aeps        // 角度の精度のパラメータ
);
```

`points` 引数はみなさんのご期待どおり、`cv::Mat` 配列か STL vector で表された点の集合で

す。しかし、`cv::fitLine()` とここまでに見てきた他の関数との違いは、`cv::fitLine()` は 2 次元の点と 3 次元の点の両方を取れるということです。出力の `line` は少し変わっています。そのエントリーは `cv::Vec4f`（2 次元の線用）か `cv::Vec6f`（3 次元の線用）型ですが、これらの値の最初の半分は線の向きを与え、残りの半分はその線上の点を表します。第 3 引数 `distType` は、使用したい距離の計算方法を指定できます。`distType` に指定できるものは**表 14-2** に示してあります。`param` 引数は、距離尺度のいくつかで使われるパラメータ用の値を指定するのに使います（これらのパラメータは**表 14-2** の変数 C で示されています）。このパラメータは `0` に設定でき、その場合 `cv::fitLine()` は自動的に、指定した距離尺度に最適な値を選んでくれます。`reps` と `aeps` 引数は、適合した線の原点（x, y, z）に必要な精度と、その線の角度（v_x, v_y, v_z）に必要な精度を表します。これらのパラメータの典型的な値は両方とも `1e-2`（0.01）です。

14.2.2.7 cv::convexHull() を用いて輪郭の凸包を見つける

凸包を見つけることでポリゴンを単純化する必要があるような状況はたくさんあります。ポリゴンや輪郭の凸包とは、元になるポリゴンや輪郭を完全に含むポリゴンで、その頂点は元の点だけからなり、どこでも凸です（すなわち、3 つの連続する点間の内角は、180° 未満です）。凸包の例を**図 14-6** に示します。凸包を計算する理由はたくさんあります。特に一般的な理由としては、点が凸ポリゴン（凸包）の中にあるかどうかをテストするのが非常に高速であることが挙げられます。最初に凸包内に点があるかどうかをテストすることは、元の複雑なポリゴンの中に点があるかどうかのテストに悩まされる前にやってみる価値があるものです。

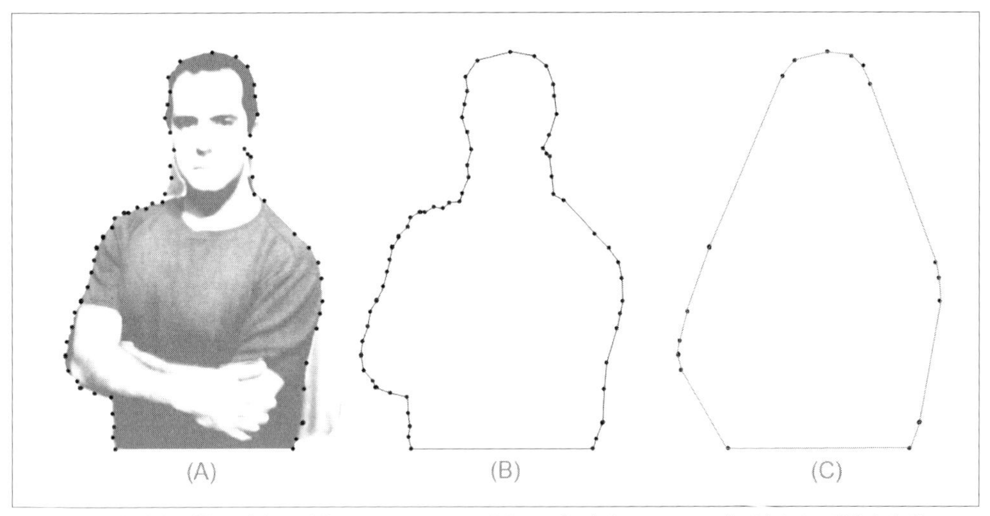

図 14-6 画像（A）が輪郭（B）に変換されている。その輪郭の凸包（C）ははるかに点が少なく、形状も非常にシンプルである

輪郭の凸包を計算するために、OpenCV は cv::convexHull() という関数を提供しています。

```
void cv::convexHull(
  cv::InputArray  points,              // 2次元の点の配列かベクトル
  cv::OutputArray hull,                // 点か整数インデックスの配列
  bool            clockwise    = false, // true の場合は、出力される点列は時計回り
  bool            returnPoints = true   // true の場合は凸包内の点列、それ以外はインデックス
);
```

cv::convexHull() の points 引数は、通常の輪郭を表す表現であれば指定することが可能です。hull 引数には結果として得られる凸包が格納されます。この引数に関しては、2つのオプションがあります。まず、通常の輪郭の型の構造を渡すと、cv::convexHull() は、凸包を形成する点群で埋めてくれます。もう1つのオプション（returnPoints 参照。すぐに説明します）は、点の配列ではなく整数の配列を返します。この場合は、cv::convexHull() は凸包を構成する各点にインデックスを関連づけ、そのインデックスを hull に返します。このインデックスは0から始まり、インデックス i は points[i] の点を参照します。

clockwise 引数は、cv::convexHull() が計算する凸包をどのように表現してほしいかを指示します。clockwise が true の場合は、凸包は時計回りになります。そうでない場合は、反時計回りになります。最後の引数 returnPoints は、点の値ではなく点のインデックスを返すためのオプションです。hull が STL vector オブジェクトの場合は、この引数は無視されます。というのは、ベクトルのテンプレートの型（int か cv::Point か）から、みなさんが何を必要としているかが推測できるからです。しかし、hull が cv::Mat 型の配列の場合は、点の座標が必要なとき returnPoints に true を、インデックスが必要なとき false を指定しなければなりません。

14.2.3　幾何形状的な調査

バウンディングボックスやその他のポリゴン輪郭の要約表現を扱っていると、ポリゴンの重なりや、バウンディングボックス間の重なりなど、幾何形状間にどのような関係があるかを調べたくなることがよくあります。OpenCV はこの種の幾何形状的な調査を行うための手軽なルーチン群を提供しています。

長方形に対して行う調査には重要なものがたくさんあり、それらは、長方形用の型が提供するインタフェースを通してサポートされています。例えば、cv::Rect 型の contains() メソッドに点を渡すと、その点が長方形の内部にあるかどうかを調べてくれます。

同様に、2つの長方形を含む最小の長方形は論理 OR 演算子（例えば、rect1 | rect2）で計算することができます。また2つの長方形の交差は論理 AND 演算子（例えば、rect1 & rect2）で計算できます。残念ながら、cv::RotatedRect にはまだこのような演算子はありません。

一般的な曲線に対する演算に関しては、利用可能なライブラリ関数があります。

14.2.3.1 cv::pointPolygonTest()を用いて点がポリゴン内にあるか調べる

最初の関数はcv::pointPolygonTest()です。これを用いると、点が（contour配列で示された）ポリゴン内にあるかどうかをテストできます。具体的には、measureDist引数がtrueの場合、この関数は最も近い輪郭のエッジへの距離を返します。点が輪郭の中にあれば距離は正の値になり、外にあれば負の値になります。輪郭のエッジ（や頂点）上にある場合は0になります。measureDist引数がfalseの場合の戻り値は単に+1、-1、0のいずれかになり、それぞれ、点が内部、外部、エッジ（や頂点）にある場合に対応します。いつものように、輪郭はSTL vectorか$n \times 1$の2チャンネルの点の配列のいずれかです。

```
double cv::pointPolygonTest(   // 境界線までの距離（もしくは、どの側にあるか）を返す
  cv::InputArray contour,      // 2次元の点の配列かベクトル
  cv::Point2f    pt,           // テストする点
  bool           measureDist   // trueの場合は距離を返し、それ以外は{0, +1, -1}を返す
);
```

14.2.3.2 cv::isContourConvex()を用いて輪郭が凸かどうかを調べる

輪郭が凸かどうかを知りたいことがよくあります。理由はたくさんありますが、最も典型的なものの1つは、凸ポリゴンだけにしか使えない、あるいは凸ポリゴンなら劇的に単純化できるアルゴリズムが数多くあるからです。ポリゴンが凸かどうかをテストするには、単にcv::isContourConvex()を呼び出し、通常の表現で輪郭を渡すだけです。渡された輪郭は常に閉じたポリゴンである（すなわち、その輪郭内の最後と最初の点がつながっている）と仮定されます。

```
bool cv::isContourConvex(       // 輪郭が凸の場合trueを返す
  cv::InputArray  contour       // 2次元の点の配列かベクトル
);
```

その実装の性質上、cv::isContourConvex()は渡される輪郭は**単純ポリゴン**である必要があります。これは、輪郭が自己交差していないという意味です。

14.3 輪郭と画像をマッチングする

輪郭とは何か、また、輪郭がOpenCVでオブジェクトとしてどのように機能するかについて、かなりよく理解できたのではないかと思います。ここで、いくつかの実践的な目的で、輪郭をどのように使うかを勉強しましょう。輪郭で最もよく行う処理には、他の輪郭と何らかの方法でマッチングさせる処理があります。これは、抽出した2つの輪郭どうしを比較したい場合もありますし、抽出した輪郭と抽象的なテンプレートとを比較したい場合もあります。これらの両方のケースについて説明します。

14.3.1 モーメント

2つの輪郭を比較する最も簡単な方法の1つは、**輪郭のモーメント**を計算することです。モーメントは輪郭、画像、または点の集合に対する抽象度の高いレベルの特徴を表しています（以降の議論は、輪郭、画像、点の集合のどれにでも適用できます。このため便宜上、これらをまとめて**物体**と呼びます）。数学的には、モーメントは次の計算式で定義されます。

$$m_{p,q} = \sum_{i=1}^{N} I(x_i, y_i) x^p y^q$$

この式では、モーメント $m_{p,q}$ はその物体内のすべてのピクセルの合計として定義されます。ここでは物体内の点 x, y のピクセルの値が係数 $x^p y^q$ と乗算されています。m_{00} モーメントの場合には、この係数は 1 です。つまり、2 値画像（すなわち、すべてのピクセルが 0 か 1）のとき、m_{00} は単にその画像内の 0 でないピクセルの面積になります。輪郭の場合は、輪郭の長さになります[†10]。点の集合の場合は、単に点の数になります。少し考えてみると、同じ 2 値画像に対して、m_{10} と m_{01} モーメントを m_{00} モーメントで割ったものはその物体の x と y の値の平均であることがわかるでしょう。**モーメント**という言葉は、この言葉が統計でどのように使われるかに関連しており、高次のモーメントは統計的分布のモーメントと呼ばれるもの（面積、平均、偏差など）に関連づけることができます。この意味で、2 値画像ではない画像のモーメントは、個々のピクセルが複数の物体で覆われている 2 値画像のモーメントとして考えることができます。

14.3.1.1 cv::moments() を用いてモーメントを計算する

これらのモーメントを計算する関数を次に示します。

```
cv::Moments cv::moments(             // モーメントを含む構造体を返す
  cv::InputArray points,             // 2次元の点か「画像」
  bool           binaryImage = false // falseの場合、画像の値を「重量」として解釈する
);
```

第 1 引数 points は、対象とする輪郭です。第 2 引数 binaryImage は OpenCV に入力画像を 2 値画像として解釈すべきかどうかを指示します。points 引数は 2 次元配列か点の集合で、2 次元配列の場合は画像として解釈されます。点の集合は、$N \times 1$ か $1 \times N$ の配列（2 チャンネル）、または cv::Point オブジェクトからなる STL vector で表されます。点の集合の場合、

†10 数学純粋主義者の方は、m_{00} は輪郭の長さではなく面積だと異議を述べられるかもしれません。しかし、ここでは塗りつぶされたポリゴンではなく輪郭を見ているので、離散的なピクセル空間では長さと面積は本当に同じなのです（少なくとも、ピクセル空間における距離の計測に対してはそうです）。cv::Mat 画像のモーメントを計算する関数もあり、この場合の m_{00} は実際に 0 以外のピクセルが構成する面積になるでしょう。確かに、その区別は完全にはアカデミックなものではありません。輪郭が実際に頂点の集合として表されている場合、長さの計算に使われる式で得られる面積は、最初に（cv::drawContours() を用いて）輪郭をラスタライズし、その結果の面積を計算したものとは正確には同じになりません。ただしこれら 2 つは、解像度を極限まで無限大に近づけると同じ値に収束します。

cv::moments() 関数はこれらの点を離散的な点の集合ではなく、輪郭の頂点であると解釈します[†11]。第2引数 binaryImage については、true の場合は、0 でないピクセルはどのような値が実際に格納されていても、すべて値 1 を持つものとして解釈されます。これはその画像が、例えば 0 以外の値を 255 にするような閾値処理の結果得られたものである場合、特に役に立ちます。cv::moments() は、cv::Moments オブジェクトのインスタンスを返します。このオブジェクトは次のように定義されています。

```
class Moments {
public:
    double m00;                           // 0 次のモーメント          (x1)
    double m10, m01;                      // 1 次のモーメント          (x2)
    double m20, m11, m02;                 // 2 次のモーメント          (x3)
    double m30, m21, m12, m03;            // 3 次のモーメント          (x4)
    double mu20, mu11, mu02;              // 2 次の中心モーメント       (x3)
    double mu30, mu21, mu12, mu03;        // 3 次の中心モーメント       (x4)
    double nu20, nu11, nu02;              // 2 次の正規化中心モーメント (x3)
    double nu30, nu21, nu12, nu03;        // 3 次の正規化中心モーメント (x4)
  Moments();
  Moments(
    double m00,
    double m10, double m01,
    double m20, double m11, double m02,
    double m30, double m21, double m12, double m03
  );
  Moments( const CvMoments& moments ); // v1.x の構造体を C++ のオブジェクトに変換する
  operator CvMoments() const;          // C++ のオブジェクトを v1.x の構造体に変換する
}
```

cv::moments() を呼び出すと、一度で 3 次までのモーメントをすべて計算します（すなわち、$p + q \leqq 3$）。また、**中心モーメント**と**正規化モーメント**も計算します。これに関しては次で説明します。

14.3.2 モーメントの詳細

今説明したモーメントの計算は、2 つの輪郭の比較に使える輪郭の基本的な特徴を与えます。しかし、この計算から得られるモーメントは、ほとんどの実践的なケースでは比較に使う最善のパラメータとは言えません。一般的に、これまで説明してきたモーメントは、たとえ 2 つの同じ輪郭に対してであっても、片方のサイズが異なったり回転したりすると、同じ値ではなくなってしまうのです。

14.3.2.1 中心モーメントは平行移動に対して不変である

ある特定の輪郭や画像が与えられたとき、その輪郭の m_{00} モーメントは輪郭が画像内のどこに

†11 輪郭ではなく点の集合を扱う必要がある場合は、それらの点を含む画像を作成すると便利です。

現れても同じですが、高次のモーメントは明らかにそうではありません。先ほど物体内ピクセルの平均 x 座標値を求めた m_{10} モーメントを考えてみましょう。明らかに、これは形が同じ 2 つの物体であっても、異なる位置に置かれると x 座標値の平均は異なります。ちょっと見ただけではわかりにくいですが、物体の広がりにかかわるものを伝える 2 次モーメントも、平行移動に関して不変ではありません†12。つまりこれは、あまり役に立たないでしょう。というのは、(ほとんどの場合で) これらのモーメントを使って行いたいことは、画像内の任意の場所にある物体と、ある参照画像のどこか (おそらく別の場所) にある参照物体の比較だからです。

この解決法は**中心モーメント**を比較することです。中心モーメントは通常 $\mu_{p,q}$ と書かれ、次の関係で定義されます。

$$\mu_{p,q} = \sum_{i=1}^{N} I(x_i, y_i)(x - \overline{x})^p (y - \overline{y})^q$$

ここで

$$\overline{x} = \frac{m_{10}}{m_{00}}, \quad \overline{y} = \frac{m_{01}}{m_{00}}$$

もちろん、$\mu_{00} = m_{00}$ (p と q を含む項は消えるので) であり、中心モーメント μ_{10} と μ_{01} は両方とも 0 となることはすぐにわかります。より高次の中心モーメントは、物体全体としての「重心」(もしくは、重心の座標) を基準にして測られること以外は、非中心モーメントと同じです。これらの計測値は重心からの相対値なので、その物体が画像内のどの場所に現れても変わりません。

`cv::Moments` オブジェクト内に `mu00`、`mu10`、`mu01` という要素がないことに気づかれた方もおられるでしょう。これは、これらの値が「自明」だからです (すなわち、`mu00 = m00`、`mu10 = mu01 = 0`)。これと同じことは、正規化中心モーメントでも成り立ちます (ただし、`nu00 = 1` です。`nu10` と `nu01` は両方 `0` です)。この理由から、メモリ節約のためこれらは構造体に含まれていません。

14.3.2.2 正規化中心モーメントはスケーリングに対して不変である

中心モーメントを使うと、画像内の異なる場所にある 2 つの異なる物体を比較することができます。それと同様に、サイズだけが異なりそれ以外は同じ 2 つの物体を比較できることが重要な場合もよくあります。こういうことが起こるのは、自然の風景の中でサイズが異なって見えるある種の対象 (例えば、熊) を探しているようなときです。そのようなときは、対象が画像を生成した撮像素子からどれくらい離れているかは、必ずしもわかるとは限らないからです。

中心モーメントが平均値を引くことで平行移動に対する不変性を実現しているのと同じように、

†12 この種の数学の専門用語に入り込みたくない人は、「平行移動に対して不変」という言葉は、ある物体に対して計算されるある量が、その物体全体が動いても (すなわち、「平行移動」しても) 変わらないことを意味します。「回転に対して不変」という言葉は、同様に、計算された量がその物体が画像内で回転しても変わらないことを意味しています。

正規化中心モーメントはその物体のサイズを取り除くことで、スケーリングに対する不変性を実現しています。正規化中心モーメントの式は次のようになります。

$$\nu_{p,q} = \frac{\mu_{p,q}}{m_{00}^{\left(\frac{p+q}{2}+1\right)}}$$

この少し威圧的な方程式は、その物体の面積の何乗かである係数で正規化することで、正規化中心モーメントは中心モーメントと同じになると言っているだけです（高次のモーメントになればなるほど指数は大きくなります）。

OpenCV では正規化されたモーメントを計算するための固有の関数はありません。標準のモーメントや中心モーメントが計算されるときに、`cv::moments()` で自動的に計算されるからです。

14.3.2.3 Hu 不変モーメントは回転に対して不変である

最後に、**Hu 不変モーメント**は正規化中心モーメントの 1 次結合です。ここでの考え方は、さまざまな正規化中心モーメントを組み合わせて、スケーリング、回転、反射（h_1 と呼ばれるもの以外）に不変となるように、画像のさまざまな側面を表現する不変関数を作成できるということです。

完全を期すために、ここで Hu モーメントの定義を示します。

$$
\begin{aligned}
h_1 &= \nu_{20} + \nu_{02} \\
h_2 &= (\nu_{20} - \nu_{02})^2 + 4\nu_{11}^2 \\
h_3 &= (\nu_{30} - 3\nu_{12})^2 + (3\nu_{21} - \nu_{03})^2 \\
h_4 &= (\nu_{30} + \nu_{12})^2 + (\nu_{21} + \nu_{03})^2 \\
h_5 &= (\nu_{30} - 3\nu_{12})(\nu_{30} + \nu_{12})\left[(\nu_{30} + \nu_{12})^2 - 3(\nu_{21} + \nu_{03})^2\right] \\
&\quad + (3\nu_{21} - \nu_{03})(\nu_{21} + \nu_{03})\left[3(\nu_{30} + \nu_{12}) - (\nu_{21} + \nu_{03})\right] \\
h_6 &= (\nu_{20} - \nu_{02})\left[(\nu_{30} + \nu_{12})^2 - (\nu_{21} + \nu_{03})^2\right] + 4\nu_{11}(\nu_{30} + \nu_{12})(\nu_{21} + \nu_{03}) \\
h_7 &= (3\nu_{21} - \nu_{03})(\nu_{30} + \nu_{12})\left[(\nu_{30} + \nu_{12})^2 - 3(\nu_{21} + \nu_{03})^2\right] \\
&\quad - (\nu_{30} - 3\nu_{12})(\nu_{21} + \nu_{03})\left[3(\nu_{30} + \nu_{12})^2 - (\nu_{21} + \nu_{03})^2\right]
\end{aligned}
$$

図14-7 と**表14-3** を見ると、Hu モーメントがどのような振る舞いをするかの感覚がわかります。最初に、このモーメントは、次数が大きくなると小さくなるという傾向があることがわかります。これは、その定義からすると、Hu モーメントが大きくなるとさまざまな正規化ファクターのべき乗が大きくなるので驚くにあたりません。これらのファクターそれぞれは 1 より小さいので、それらの積を取れば取るほど小さな数になるのです。

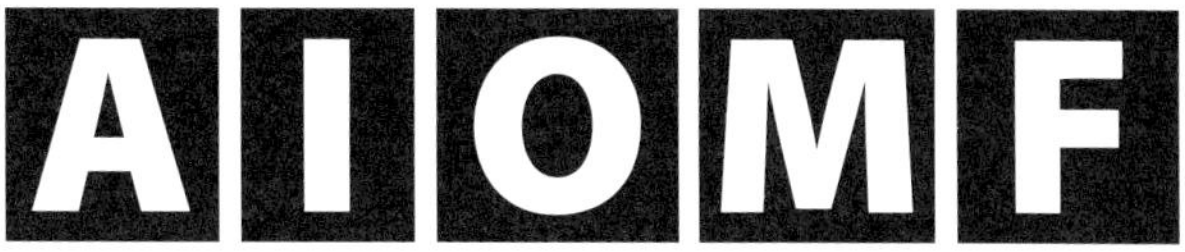

図14-7 5つの簡単な文字の画像。それぞれのHuモーメントを見ると、直感的にその振る舞いが理解できる

表14-3 図14-7の5つの簡単な文字に対するHuモーメントの値

	h_1	h_2	h_3	h_4	h_5	h_6	h_7
A	$2.837e-1$	$1.96e-3$	$1.484e-2$	$2.265e-4$	$-4.152e-7$	$1.003e-5$	$-7.941e-9$
I	$4.578e-1$	$1.820e-1$	0.000	0.000	0.000	0.000	0.000
O	$3.791e-1$	$2.623e-4$	$4.501e-7$	$5.858e-7$	$1.529e-13$	$7.775e-9$	$-2.591e-13$
M	$2.465e-1$	$4.775e-4$	$7.263e-5$	$2.617e-6$	$-3.607e-11$	$-5.718e-8$	$-7.218e-24$
F	$3.186e-1$	$2.914e-2$	$9.397e-3$	$8.221e-4$	$3.872e-8$	$2.019e-5$	$2.285e-6$

これ以外に特別に興味深い点は、点対称かつ線対称であるIがh_3からh_7で正確に0の値を持つことと、同様の対称性を持つOではすべてのモーメントが0ではないことです（とはいうものの、事実、これらは2つとも本質的には0です）。この図を見て、さまざまなモーメントを比較し、これらのモーメントが何を表しているかを、直感的な理解にたどり着くのはみなさんにお任せします。

14.3.2.4 cv::HuMoments()を用いてHu不変モーメントを計算する

Hu不変モーメント以外のモーメントはすべて同じ関数cv::moments()で計算されますが、Hu不変モーメントは2つ目の関数で計算されます。この関数はcv::moments()から得られたcv::Momentsオブジェクトを取り、7つのHu不変モーメント用の数値のリストを返します。

```
void cv::HuMoments(
  const cv::Moments& moments, // 入力はcv::moments()の結果
  double*            hu       // 7つのHu不変モーメントからなるC言語スタイルの配列を返す
);
```

関数cv::HuMoments()はcv::MomentsオブジェクトとC言語スタイルの配列へのポインタを取ります。後者の配列は7つのHu不変モーメント用の領域をあらかじめ確保しておく必要があります。

14.3.3 Hu不変モーメントを用いてマッチングを行う

当然のことながら、Hu不変モーメントを用いて2つの物体を比較し、それらが似ているかどうかを調べたくなります。もちろん、「似ている」といってもたくさんの定義が可能です。OpenCVのcv::matchShapes()関数は、この処理をいくらか簡単にします。この関数に2つの物体を提供するだけで、モーメントを計算し、指定した基準に従って簡単に比較することができます。

```
double cv::matchShapes(
  cv::InputArray object1,      // 2次元の点か cv::CV_8UC1
  cv::InputArray object2,      // 2次元の点か cv::CV_8UC1の画像
  int            method,       // 比較手法（表14-4）
  double         parameter = 0 // 比較手法固有のパラメータ
);
```

最初の2つの引数はグレースケール画像か輪郭のどちらかです。いずれの場合も、cv::matchShapes()はモーメントを計算し、それから比較を行います。cv::matchShapes()で使われるmethodは**表14-4**に示す3つのうちのいずれかです。

表14-4 cv::matchShapes()で用いられるマッチング手法

比較手法	cv::matchShapes()の戻り値
cv::CONTOURS_MATCH_I1	$\Delta_1 = \sum_{i=1..7} \left\| \frac{1}{\eta_i^A} - \frac{1}{\eta_i^B} \right\|$
cv::CONTOURS_MATCH_I2	$\Delta_2 = \sum_{i=1..7} \left\| \eta_i^A - \eta_i^B \right\|$
cv::CONTOURS_MATCH_I3	$\Delta_3 = \sum_{i=1..7} \left\| \frac{\eta_i^A - \eta_i^B}{\eta_i^A} \right\|$

表中、η_i^A と η_i^B は次のように定義されます。

$$\eta_i^A = \mathrm{sign}(h_i^A) \cdot \log(h_i^A)$$
$$\eta_i^B = \mathrm{sign}(h_i^B) \cdot \log(h_i^B)$$

ここで h_i^A と h_i^B はそれぞれ画像 A と B のHu不変モーメントです。

表14-4で定義された3つの値はそれぞれ異なった比較尺度の計算方法を意味しています。この比較尺度が、最終的にcv::matchShapes()で返される値を決定します。最後のparameter引数は、現在は使われていないので、安全のためデフォルト値の0のままにしておいてください。これは、将来使われるかもしれない比較尺度がパラメータを必要とする場合のために用意されています。

14.3.4 Shape Contextを用いて形状を比較する

モーメントを用いて形状を比較するのは、80年代にさかのぼる古典的な手法ですが、この目的のために設計された最新の優れたアルゴリズムがいくつかあります。OpenCV 3では、そのようなアルゴリズムを実装したshapeという専用のモジュールがあり、具体的にはShape Context（シェイプコンテキスト）[Belongie02] を実装しています。

このshapeモジュールはまだ開発中なので、高いレベルの構造体を手短に説明した後、すぐに利用できるいくつかの非常に便利な部分を説明するだけにします。

14.3.4.1 shapeモジュールの構造

shapeモジュールはcv::ShapeDistanceExtractorと呼ばれる抽象型を中心に構築されています。この抽象型は、2つ以上の形状を比較し、それらの相違を定量化するのに使えるある種の距離の基準を返すファンクタとして使います。**距離**という言葉が選ばれたのは、少なくともほとんどの場合で、2つの形状の違いは距離であることが期待される属性を持つからです。すなわち、常に非負で、それらの形状が同じ場合にだけ0に等しくなる属性を持ちます。cv::ShapeDistanceExtractorの定義の重要な部分を次に示します。

```
class ShapeContextDistanceExtractor : public ShapeDistanceExtractor {
  public:
  ...
  virtual float computeDistance( InputArray contour1, InputArray contour2 ) = 0;
};
```

個々の形状用の距離の抽出器が、このクラスから導出されます。後ほど現在利用できるものを2つ紹介します。その前に、2つの抽象ファンクタ型であるcv::ShapeTransformerとcv::HistogramCostExtractorについて説明しましょう。

```
class ShapeTransformer : public Algorithm {

public:
  virtual void estimateTransformation(
    cv::InputArray      transformingShape,
    cv::InputArray      targetShape,
    vector<cv::DMatch>& matches
  ) = 0;

  virtual float applyTransformation(
    cv::InputArray      input,
    cv::OutputArray     output      = noArray()
  ) = 0;

  virtual void warpImage(
    cv::InputArray      transformingImage,
    cv::OutputArray     output,
    int                 flags       = cv::INTER_LINEAR,
    int                 borderMode  = cv::BORDER_CONSTANT,
    const cv::Scalar&   borderValue = cv::Scalar()
  ) const = 0;
};

class HistogramCostExtractor : public Algorithm {

public:
  virtual void  buildCostMatrix(
    cv::InputArray      descriptors1,
    cv::InputArray      descriptors2,
    cv::OutputArray     costMatrix
```

```
    )                                                = 0;

    virtual void  setNDummies( int nDummies )        = 0;
    virtual int   getNDummies() const                = 0;

    virtual void  setDefaultCost( float defaultCost ) = 0;
    virtual float getDefaultCost() const             = 0;
  };
```

この形状変換器（ShapeTransformer クラス）はある点の集合を別の点の集合に（より一般的にはある画像を別の画像に）写像するさまざまなアルゴリズムを表現するのに使われます。以前見たアフィン変換や透視変換は ShapeTransformer クラスで実装することができます。というのは、これは**薄板スプライン変換**と呼ばれる重要な変換器だからです。薄板スプライン変換の名前は薄い金属板との物理的類似性に基づくもので、本質的には、薄い金属板上のいくつかの「制御」点が、ある他の場所の集合に移動する場合に生じる写像を求めるものです。結果として得られる変換は、その薄い金属板がその制御点の変形に応じたときに生じる密な写像（dense mapping）です。これは広範囲で役に立つ構造体であることがわかっており、画像のアラインメントや形状マッチングにおいて多くの応用があります。OpenCV では、このアルゴリズムはファンクタである cv::ThinPlateSplineShapeTransformer の形で実装されています。

ヒストグラムコスト抽出器（HistogramCostExtractor クラス）は以前に EMD（Earth Mover's Distance：搬土距離）のケースで見た構造を一般化したものです。EMD は、コストを 1 つのビンから別のビンに「シャベルで土を移す」処理に関連づけようとしたものです。このコストは定数か「シャベルで移した」距離で線形にしたい場合もあれば、あるビンから別のビンへの移動回数に別のコストを関連づけたくなる場合もあります。EMD アルゴリズムは、そのような仕様に対する（レガシーな）独自のインタフェースを持っていましたが、基底クラスである cv::HistogramCostExtractor とその派生クラスは、この問題に関する一般的な事例を扱う方法を提供してくれます。派生したコスト抽出器のリストを**表 14-5** に示します。

表 14-5　抽象クラス cv::HistogramCostExtractor から派生したクラス

派生クラス	使用するコスト
cv::NormHistogramCostExtractor	L2 や他のノルムから計算されるコスト
cv::ChiHistogramCostExtractor	カイ二乗距離を用いて比較
cv::EMDHistogramCostExtractor	コストは L2 ノルムを用いた EMD コスト行列と同じ
cv::EMDL1HistogramCostExtractor	コストは L1 ノルムを用いた EMD コスト行列と同じ

これらの抽出器や変換器それぞれに対して、createX()（X はファンクタの名前）という名前を持つファクトリメソッド、例えば、cv::createChiHistogramCostExtractor() が存在します。ここで示した 2 つの型を頭に入れておき、今度は、Shape Context 距離抽出器を特殊化したものをいくつか見ていきましょう。

14.3.4.2 Shape Context 距離抽出器

先ほど述べたように、OpenCV 3 は Shape Context 距離 [Belongie02] の実装を含み、cv::ShapeDistanceExtractor から派生したファンクタの内部にパッケージされています。このメソッドは cv::ShapeContextDistanceExtractor という名前で、その実装では次のように形状変換器とヒストグラムコスト抽出器のファンクタを用いています。

```
namespace cv {

  class ShapeContextDistanceExtractor : public ShapeDistanceExtractor {

    public:
    ...
    virtual float computeDistance(
      InputArray contour1,
      InputArray contour2
    ) = 0;
  };

  Ptr<ShapeContextDistanceExtractor> createShapeContextDistanceExtractor(
    int   nAngularBins                          = 12,
    int   nRadialBins                           = 4,
    float innerRadius                           = 0.2f,
    float outerRadius                           = 2,
    int   iterations                            = 3,
    const Ptr<HistogramCostExtractor> &comparer
                                      = createChiHistogramCostExtractor(),
    const Ptr<ShapeTransformer>       &transformer
                                      = createThinPlateSplineShapeTransformer()
  );

}
```

本質的には、Shape Context アルゴリズムは 2 個（もしくは N 個）の比較される形状それぞれの表現を計算します。それぞれの表現は、その形状の境界線上の点のサブセットを考え、サンプリングされた点それぞれに対して、その点から見た場合の、極座標での形状の見た目を表すある種のヒストグラムを構築します。すべてのヒストグラムは同じサイズ（nAngularBins * nRadialBins）を持ちます。1 個目の形状の点 p_i と 2 個目の形状の点 q_j のヒストグラムを古典的なカイ二乗距離で比較します。次に、このアルゴリズムは、カイ二乗距離の総和が最小になるように点間（p と q）の最適な 1：1 対応を計算します。このアルゴリズムは最も速いものではありません。コスト行列の計算でさえ、N*N*nAngularBins*nRadialBins（N はサンプリングされた境界線上の点のサブセットのサイズ）だけの処理が必要です。ただし**例 14-4** に示すように、かなり適切な結果を与えます。

例14-4 Shape Context 距離抽出器を使用する

```
#include "opencv2/opencv.hpp"
#include <algorithm>
#include <iostream>
#include <string>

using namespace std;
using namespace cv;

static vector<Point> sampleContour( const Mat& image, int n=300 ) {

  vector<vector<Point> > _contours;
  vector<Point> all_points;
  findContours(image, _contours, RETR_LIST, CHAIN_APPROX_NONE);
  for (size_t i=0; i <_contours.size(); i++) {
    for (size_t j=0; j <_contours[i].size(); j++)
      all_points.push_back( _contours[i][j] );

    // 点数が少なすぎる場合は、複製する
    //
    int dummy=0;
    for (int add=(int)all_points.size(); add<n; add++)
      all_points.push_back(all_points[dummy++]);

    // 均一にサンプリングする
    random_shuffle(all_points.begin(), all_points.end());
    vector<Point> sampled;
    for (int i=0; i<n; i++)
      sampled.push_back(all_points[i]);
    return sampled;
  }
}

int main(int argc, char** argv) {

  string path    = "../data/shape_sample/";
  int indexQuery = 1;

  Ptr<ShapeContextDistanceExtractor> mysc = createShapeContextDistanceExtractor();

  Size sz2Sh(300,300);
  Mat img1=imread(argv[1], IMREAD_GRAYSCALE);
  Mat img2=imread(argv[2], IMREAD_GRAYSCALE);
  vector<Point> c1 = sampleContour(img1);
  vector<Point> c2 = sampleContour(img2);
  float dis = mysc->computeDistance( c1, c2 );
  cout << "shape context distance between " <<
     argv[1] << " and " << argv[2] << " is: " << dis << endl;

  return 0;

}
```

OpenCV 3 に含まれる...samples/cpp/shape_example.cpp をチェックしてみてください。これは、**例 14-4** のより高度なものです。

14.3.4.3 Hausdorff 距離抽出器

Shape Context 距離と同様に、**Hausdorff（ハウスドルフ）距離**は cv::ShapeDistanceExtractor インタフェースで利用できる形状の非類似度を表すもう 1 つの計測値です。Hausdorff [Huttenlocher93] 距離を定義するために、まずある画像内のすべての点を取り、次にそれぞれに対して別の画像内にある最も近い点の距離を計算します。Hausdorff 距離は、2 つの**有向 Hausdorff 距離**の長いほうです（Hausdorff 距離は、その構造から明らかに対称性がありますが、有向 Hausdorff 距離はそれ自身、対称性はないことに注意してください）。式にすると、Hausdorff 距離 $H()$ は次のように集合 A と集合 B の間の有向 Hausdorff 距離 $h()$ を用いて定義されます†13。

$$H(A, B) = \max(h(A, B), h(B, a))$$

ただし、

$$h(A, B) = \max_{a \in A}(\min_{b \in B} \|a - b\|)$$

ここで $\|\cdot\|$ は A と B の点に関するあるノルムです（通常は、ユーグリッド距離です）。

本質的には、Hausdorff 距離は 2 つの形状上にある点間の組の中で「最も説明がしにくい」組み合わせ間の距離を計測します。Hausdorff 距離抽出器はファクトリメソッドである cv::createHausdorffDistanceExtractor() で作成できます。

```
cv::Ptr<cv::HausdorffDistanceExtractor> cv::createHausdorffDistanceExtractor(
  int   distanceFlag = cv::NORM_L2,
  float rankProp     = 0.6
);
```

戻り値の cv::HausdorffDistanceExtractor オブジェクトは Shape Context 距離抽出器と同じインタフェースを持つので、その cv::computeDistance() メソッドを使って呼び出されることを覚えておいてください。

14.4 まとめ

本章では、輪郭（2 次元の点列）について学びました。輪郭の点列は 2 次元の点のオブジェクト（例えば、cv::Vec2f）からなる STL vector で、$N \times 1$ の 2 チャンネルの配列や $N \times 2$ の 1 チャンネルの配列として表現できます。このような点列は画像平面内の輪郭を表すために使用できま

†13 ほんの数ページ前では h を Hu 不変モーメントに使用していたのに、Hausdorff 距離に $H()$、有向 Hausdorff 距離に $h()$ を使うことをお許しください。

す。そしてこのライブラリ内には、このような輪郭を作成したり操作したりする手助けをしてくれる機能がたくさん組み込まれています。

輪郭は、一般的には空間分割や画像の領域分割（セグメンテーション）を表現するのに便利です。これに関連して、OpenCV ライブラリには、このような分割領域を別のものと比較するツールや、分割領域の属性（凸性、モーメント、輪郭と任意の点との関係）を調べるツールがあります。さらに、OpenCV には輪郭と形状のマッチング処理を行う方法もたくさんあります。ここではそのような目的に使用できる機能のいくつかを見ました。本章で紹介した機能には、古いスタイルのものも、より新しい距離抽出器インタフェースに基づくものもあります。

14.5 練習問題

1. N 個の点からなる閉じた輪郭の各点で他のすべての点との距離を計算することで、2つの最も離れた点を求めることができます。
   a. このようなアルゴリズムで計算が多い部分はどこでしょうか？
   b. どうすればこれをより速くできるかを説明してください。
2. 4×4 の画像に収めることができる閉じた輪郭の最大の長さはいくつですか？ また、その輪郭の面積はいくつですか？
3. 閉じた輪郭が凸かどうかを `cv::isContourConvex()` を用いずに調べるアルゴリズムを実装してください。
4. 次のアルゴリズムを実装してください。
   a. ある点が線上にあるかどうかを判定するアルゴリズム
   b. ある点が三角形の中にあるかどうかを判定するアルゴリズム
   c. ある点がポリゴンの中にあるかどうかを判定するアルゴリズム（ただし、`cv::pointPolygonTest()` は使用しない）
5. PowerPoint や類似のプログラムを使って、半径 `20` の円を白い線で黒い背景に描画してください（この円の円周は、$2 \cdot \pi \cdot 20 \approx 125.7$ になります）。そしてそれを画像として保存してください。
   a. 画像を読み込み、グレースケールに変換し、閾値処理して、輪郭を見つけてください。そしてこの輪郭の長さを求めてください。これは計算した長さと同じですか（切り上げを含む）、それとも違いますか？
   b. 輪郭のベースの長さを 125.7 として、ベースの長さの 90 %、66 %、33 %、10 %を引数として用いて、`cv::approxPolyDP()` を実行してください。そして輪郭の長さを求め、その結果を描画してください。
6. ボトル検出器を作成していて、「ボトル」の特徴を作成したいとしましょう。画像から抽出しやすく、輪郭を見つけやすいボトルの画像はたくさんありますが、これらのボトルは回転しており、また、大きさもばらばらです。輪郭を描画し、Hu 不変モーメントを求めることで、ボトル用の不変な特徴ベクトルを作成できます。ここでは、塗りつぶした輪郭を描画すべきでしょうか、単なる線の輪郭を描画すべきでしょうか？

7. 練習問題 6 で `cv::moments()` を用いてボトル輪郭のモーメントを取り出すときに、`binaryImage` はどのように設定すべきでしょうか？ その理由も説明してください。
8. Hu 不変モーメントの説明で用いた文字の形状を用いてください。この形状をいくつかの異なる角度で回転したり、拡大したり縮小したり、それらの変換を組み合わせたりして、異なった画像を作成してください。そして、どの Hu の特徴が回転に反応しているか、どれがスケーリング、どれが両方に反応しているかを説明してください。
9. Google 画像検索などで「ArUco markers」を検索してください。大きめの画像を選んでおいてください。
   a. モーメントや Hu 特徴量は ArUco マーカーを検出するのに向いていますか？
   b. モーメントや Hu 特徴量は ArUco マーカーのコードを読むのに向いていますか？
   c. `cv::matchShapes()` は ArUco マーカーのコードを読むのに向いていますか？
10. PowerPoint などの描画プログラムで任意の形状を作成し、画像として保存してください。この物体をスケーリングしたもの、回転したもの、回転してスケーリングしたものを作成し、それぞれ画像として保存してください。そしてそれらを `cv::matchShapes()` を使って比べてみてください。
11. Shape Context の例（**例 14-4**）や OpenCV 3 の `shape_example.cpp` を、Shape Context の代わりに Hausdorff 距離を用いるように修正してください。
12. 5 つの手のジェスチャーの写真を撮ってください。なお、写真を撮るときは、黒いコートか色の付いた手袋を着用して、選択アルゴリズムが手の輪郭を見つけやすくなるようにしてください。
    a. `cv::matchShapes()` でジェスチャーを認識してみてください。
    b. `cv::computeDistance()` でジェスチャーを認識してみてください。
    c. どちらがよりよく機能しますか？ その理由は何ですか？

15章
背景除去

15.1 背景除去の概要

多くのアプリケーション、とりわけ防犯カメラなどでは、その簡単さと、カメラが固定されている場合が多いことから、**背景除去**（または**背景差分**）が依然として最も重要な画像処理となっています。K. Toyama、J. Krumm、B. Brumitt、B. Meyers は[Toyama99] でその概要を説明し、多数のテクニックの比較を行っています。背景を除去するためにはまず、背景のモデルを「学習」する必要があります。

学習が済んだら、この**背景モデル**を現在の画像と比較し、既知となった背景部分を取り除きます。除去の後に残った物体が、前景の物体であると推定されます。

もちろん「背景」といってもあいまいな概念なので、アプリケーションによってその定義は変わります。例えば、高速道路を見張っているなら、平均的な交通の流れはおそらく背景と考えるべきでしょう。通常、背景は、注目する期間にわたって、静止したまま、あるいは周期的に動くシーンの一部分と考えられます。全体として見た場合、時間により変化する要素もあるかもしれません。例えば、昼は動かず立っていても朝夕は風に揺れる木のようなものです。よくあるはっきりと異なる 2 種類のシーンのよい例が、屋内と屋外のシーンでしょう。このようなシーンのどちらでも使える手法について説明します。

本章では、まず、典型的な背景モデルの弱点を説明した後、より高度なシーンのモデルの説明に移ります。次に、主に照明がそれほど変化しない、屋内の静止した背景シーンに適した簡便な方法を紹介します。その後、それより少し速度は遅いものの屋外と屋内のシーンのどちらでも機能する「コードブック」法へと続きます。これにより、周期的な動き（風に揺れる木など）と、ゆっくりあるいは周期的に変化する照明との両方に対応できます。この方法はまた、まれに前景物体が通り過ぎても、背景の学習を行うことができます。ここでは、検出した前景物体をきれいにするという状況で連結成分（「12 章　画像解析」初出、「14 章　輪郭」）をもう一度題材とし、背景除去を締めくくります。そして、簡便な背景手法とコードブック背景法とを比較します。本章の最後では、OpenCV で利用可能な背景除去用の 2 つの最近のアルゴリズムの実装について説明します。これらのアルゴリズムは本章で説明する原理を用いていますが、実世界の応用に対してよりうまく適合するように拡張と実装の詳細も含んでいます。

15.2 背景除去の弱点

ここで述べる背景のモデル化の方法は、単純なシーンではかなりうまく機能しますが、たいていは満たされない条件を前提としていることによる弱点を持っています。その条件とは、すべてのピクセルの振る舞いがそれ以外のすべてのピクセルの振る舞いとは統計的に独立しているということです。特に、ここで説明する手法は、隣接するピクセルを考慮せずに、1つのピクセルに起こった変化に対してだけモデルを学習します。周囲のピクセルを考慮する場合はマルチパートモデルを学習することで可能です。マルチパートモデルの1つの簡単な例は、基礎的な独立ピクセルモデルを拡張し、隣接ピクセルの明るさに対する基本的な印象を取り入れることでしょう。この場合、隣接ピクセルの明るさを使って、隣接ピクセル値が相対的に明るいか暗いかを識別します。その後、各ピクセルについて2つのモデルを効果的に学習します。1つは周囲のピクセルが明るいときのモデルで、もう1つは周囲のピクセルが暗いときのモデルです。このようにして、周囲の**状況**を考慮したモデルを構築します。しかしそれには、メモリが2倍必要になって計算量も多くなるという代償があります。周囲のピクセルが明るいときと暗いときとで異なる値が必要だからです。さらに、この2つの状態モデルを学習するためには2倍のデータ量も必要です。この輝度が「高い」状況と「低い」状況があるという考え方は、注目ピクセルおよびその周囲のピクセルにおける輝度の多次元ヒストグラムに一般化できますが、それと同時に、ステップごとにこれをすべて行えばさらに複雑なものになるでしょう。もちろん、この複雑なモデルを空間と時間の両方の軸にわたって行うとなると、さらに多くのメモリと多くの収集データサンプル、多くの計算リソースを必要とします[†1]。

こういった余分なコストがかかるため、通常は、このような複雑なモデルは使われません。代わりに、ピクセルが独立であるという仮定が崩れたときに生じる**偽陽性**ピクセルを除去することに、より多くのリソースを割いたほうが効率的な場合が多いのです。この除去は、孤立したピクセルのパッチを消去する画像処理（たいていは、`cv::erode()`、`cv::dilate()`、`cv::floodFill()`）の形式がよく使われます。これらのルーチンについては、ノイズのあるデータ内で大きくかつコンパクト[†2]な連結成分を検出する方法について述べた際に説明しました（「10章 フィルタとコンボリューション」）。本章では、後で再び連結成分を使用するので、今のところはピクセルが独立に変化すると仮定した手法に限定して説明します。

†1 コンピュータにデータから何かを「学習」させたい場合、十分なデータを持たなければならないことが、成功を阻む事実上の主な障害になっていることがよくあります。モデルが複雑になればなるほど、そのモデルの表現力が、モデル用訓練データをみなさんが生成する能力をはるかに超えてしまう、という事態に陥りやすくなるのです。この問題に関しては「20章 OpenCVによる機械学習の基本」で再度さらに詳細に扱います。

†2 ここで**コンパクト**とは、数学的な定義で使っており、サイズとは関係ありません。

15.3 シーンのモデル化

背景と前景はどのように定義するのでしょうか？ 駐車場を監視していて車が入ってきたのなら、この車は新しい前景の物体です。しかし、ずっと前景であり続けるべきでしょうか？ ゴミ箱が動かされた場合はどうでしょう？ この場合、ゴミ箱が動かされた先と、動かされる前の場所にできた「穴」が、前景として2つの場所に現れます。どうやってこの違いを見分けるのでしょうか？ そして繰り返しますが、ゴミ箱（と穴）はいつまで前景にしておくべきなのでしょうか？ 暗い部屋をモデル化しているときに突然だれかが灯りをつけたら、部屋全体を前景とするべきなのでしょうか？ これらの質問に答えるには、高度な「シーン」のモデルが必要です。このモデルでは、前景の状態と背景の状態の間に複数のレベルを定義し、動かない前景パッチ（区画）をゆっくりと背景パッチに格下げする時間ベースの手法を定義します。さらに、シーンで大域的な変化があったときには、新しいモデルを検出して作成する必要もあります。

一般にシーンモデルは、「新しい前景」から古い前景を経て背景になるまでの、複数のレイヤを持っています。また、物体が動いたときに、その「ポジティブ」な面（物体の新しい場所）と「ネガティブ」な面（物体が以前あった場所、穴）の両方を識別できるように、何らかの動き検出を持つ場合もあります。

このようにして、新しい前景の物体は「新しい前景」の物体のレベルに入れられ、ポジティブな物体もしくは穴として印を付けられます。前景の物体のない領域では、背景モデルを更新し続けることができます。前景の物体が所定の時間動かなかったら、それは「古い前景」に降格されます。そこでピクセルの統計値が一時的に学習され、最後に、その学習されたモデルが学習済みの背景モデルに組み入れられます。

部屋の灯りをつけるような大域的な変化の検出については、大域的なフレーム差分を使います。例えば、多くのピクセルが一度に変化したら、それは局所的な変化ではなく大域的な変化として分類でき、新しい状況用のモデルを使うように切り替えることができます。

15.3.1 ピクセル集合の断面

ピクセルの変化のモデル化に移る前に、ある画像内のピクセルが時間とともにどのように見えるかを把握しましょう。風に吹かれる木のシーンを窓から見張っているカメラを考えてください。図15-1は、指定したの線分上のピクセルが、60フレームにわたってどう見えるかを示しています。私たちはこの種の変動をモデル化したいのです。しかしその前に、少し本題からずれて、この線がどのようにサンプリングされたかを説明しましょう。これは一般的に、ちょっとした機能の追加とデバッグの両方で役に立つ技です。

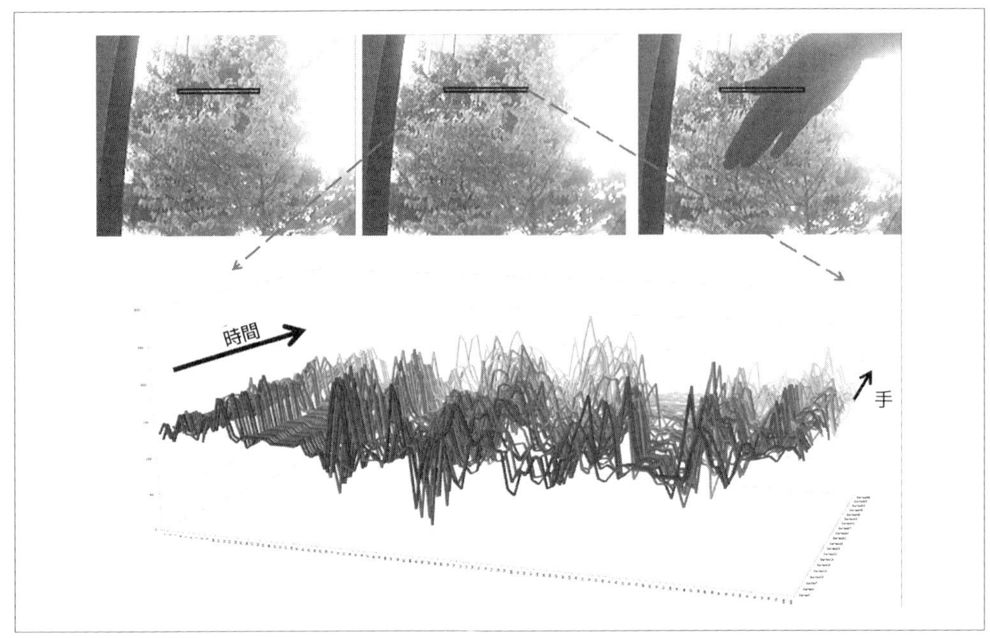

図15-1　風の中で動く木のシーンにおける線上のピクセル群の60フレームにわたる変動。暗い領域（左上）はほとんど動かないが、動く枝（中央上）は大きく変化している

これはさまざまな状況で非常によく起こるので、OpenCVには、任意の線上のピクセルを簡単にサンプリングする関数があります。線のサンプリングは、**ラインイテレータ**（cv::LineIterator）と呼ばれるオブジェクトで行います。これは「6章　描画方法とテキスト表示方法」で出てきたものです。cv::LineIteratorをインスタンス化し、問い合わせることで順々に線に沿ったすべての点に関する情報が得られます。

最初にすべきことは、ラインイテレータオブジェクトのインスタンス化です。これは、cv::LineIteratorコンストラクタで行います。

```
cv::LineIterator::LineIterator(
  const cv::Mat& image,                 // イテレート処理する画像
  cv::Point      pt1,                   // イテレータの始点
  cv::Point      pt2,                   // イテレータの終点
  int            connectivity   = 8,    // 連結性。4か8
  bool           left_to_right = false  // trueなら、固定方向へイテレートする
);
```

ここで、入力のimageはどの型のものでも、どのチャンネル数のものでもかまいません。点pt1とpt2は、線分の端点です。connectivityは4（線は上下左右に移動可能）か8（線は斜めに移動することも可能）です。最後に、left_to_rightを0（false）に設定するとラインイテレー

タはpt1からpt2へ走査します。0以外の場合は、左の点から右の点へ走査します[†3]。

その後、このイテレータは、与えられた端点間の線に沿ったピクセルを指しながら、単純に進む（インクリメントする）ことができます。イテレータのインクリメントには通常のcv::LineIterator::operator++()を使います。すべてのチャンネルを一度に利用できます。例えば、ラインイテレータをline_iteratorとすると、現在の点はこのイテレータを間接参照（*line_iterator）すればアクセスできます。ここで1つ注意すべき点があります。cv::LineIterator::operator*()の戻り値のほうは組み込みのOpenCVのベクトル型（cv::Vec<>やそのインスタンス）へのポインタではなく、uchar*ポインタであることです。これは、通常、この値をcv::Vec3f*（もしくは、配列imageに適したもの）に型変換しなければならないことを意味しています[†4]。

この便利なツールを用いて、ファイルから必要なデータを取り出すことができます。**例15-1**のプログラムは、動画ファイルから**図15-1**に示したようなデータを生成します。

例15-1　動画のある線上のピクセルすべてのBGR値を読み込み、それらの値を3つの別個のファイルに保存していく

```
#include <opencv2/opencv.hpp>
#include <iostream>
#include <fstream>

using namespace std;

void help(char** argv ) {
  cout << "\n"
    << "Read out BGR pixel values and store them to disk\nCall:\n"
    << argv[0] <<" avi_file\n"
    << "\n This will store to files blines.csv, glines.csv and rlines.csv\n\n"
    << endl;
}

int main( int argc, char** argv) {
  // 引数の処理
  //
  if(argc != 2) { help(argv); return -1; }
  cv::namedWindow( argv[0], cv::WINDOW_AUTOSIZE );
  cv::VideoCapture cap;
  if((argc < 2)|| !cap.open(argv[1]))
```

†3　left_to_right フラグが導入されたのは、pt1からpt2に描かれた離散グリッド上の線が、常にpt2からpt1への線と一致するとは限らないからです。したがってこのフラグを設定することで、ユーザーは、pt1とpt2の順番に関係なく同じラスタライズを行うことができます。

†4　場合によっては、ここで少しいい加減にやることもできます。具体的には、画像が符号なし文字型である場合は、(*line_iterator)[0]、(*line_iterator)[1]などのような構文を用いて要素に直接アクセスすることができます。詳細に見てみると、実際には、これらはイテレータを間接参照することで文字型のポインタを得て、その後C言語に組み込みのオフセット型の添え字演算子[]を用いています。間接参照されたイテレータをcv::Vec3fのようなOpenCVの型に型変換し、そのクラスが持つオーバーロードされた間接参照演算子を通してチャンネルにアクセスしているのではありません。結局、cv::Vec3b（チャンネルの数は任意）の特殊な場合においては、たまたますべてが同じ型になるのです。

```
  {
    cerr << "Couldn't open video file" << endl;
    help(argv);
    cap.open(0);
    return -1;
  }

  // 出力の準備
  //
  cv::Point pt1(10,10), pt2(30,30);
  int max_buffer;
  cv::Mat rawImage;
  ofstream b,g,r;
  b.open("blines.csv");
  g.open("glines.csv");
  r.open("rlines.csv");

  // メインの処理ループ:
  //
  for(;;) {
    cap >> rawImage;
    if( !rawImage.data ) break;
    cv::LineIterator it( rawImage, pt1, pt2, 8 );
    for( int j=0; j<it.count; ++j,++it ) {
      b << (int)(*it)[0] << ", ";
      g << (int)(*it)[1] << ", ";
      r << (int)(*it)[2] << ", ";
      (*it)[2] = 255;   // このサンプル点を赤にマークする
    }
    cv::imshow( argv[0], rawImage );
    int c = cv::waitKey(10);
    b << "\n"; g << "\n"; r << "\n";
  }

  // 後片づけ:
  //
  b << endl; g << endl; r << endl;
  b.close(); g.close(); r.close();
  cout << "\n"
    << "Data stored to files: blines.csv, glines.csv and rlines.csv\n\n"
    << endl;
}
```

例15-1では、線上の点群を1つずつ取り出してそれぞれを処理していました。もう1つの便利な方法は、（適切な型の）バッファを作成しておき、線全体をそれにコピーしてからバッファを処理することです。その場合のバッファのコピー処理は次のようになるでしょう。

```
cv::LineIterator it( rawImage, pt1, pt2, 8 );

vector<cv::Vec3b> buf( it.count );

for( int i=0; i < it.count; i++, ++it )
  buf[i] = &( (const cv::Vec3b*) it );
```

このやり方の主な利点は、rawImage画像が符号なし文字型ではない場合、構成要素を適切なベクトル型に型変換する処理をきれいに行ってくれることです。

さてこれで、**図15-1**で見たようなピクセル変動をモデル化する手法に進む準備ができました。モデルが簡単なものからだんだんと複雑なものになるにつれ、妥当なメモリ使用量でリアルタイムに動作するように注意を払う必要があるでしょう。

15.3.2 フレーム差分

最も簡単な背景除去法は、あるフレームを別のフレーム（例えば数フレーム後のフレーム）から減算して、「十分大きな」差分を前景とする方法です。この処理は、移動している物体の境界領域を捕捉しやすいという性質があります。簡単のために、3つのシングルチャンネルの画像、frameTime1、frameTime2、frameForegroundがあるとしましょう。画像frameTime1が少し前のグレースケールの画像で、frameTime2のほうが現在のグレースケール画像です。次のコードを使って、前景の差分の大きさ（絶対値）を、frameForeground内に取り出すことができます。

```
cv::absdiff(
  frameTime1,                    // 1つ目の入力配列
  frameTime2,                    // 2つ目の入力配列
  frameForeground                // 出力配列
);
```

ピクセル値は常にノイズと変動を持つので、小さい差分（例えば15未満）は無視（0に設定）し、残りを大きな差分として印を付ける（255に設定）のがよいでしょう。

```
cv::threshold(
  frameForeground,               // 入力画像
  frameForeground,               // 出力画像
  15,                            // 閾値
  255,                           // 上方向の処理用の最大値
  cv::THRESH_BINARY              // 使用する閾値の種類
);
```

このとき、画像frameForegroundでは、前景となる物体の候補に255が、背景ピクセルの候補に0が与えられます。前に説明したように、小さいノイズの領域は除去する必要があります。これはcv::erode()で行うか、連結成分を使って行うのがよいでしょう。カラー画像では、同じコードをカラーチャンネルごとに使い、そのチャンネルをcv::max()で組み合わせることで処理できます。この手法は、単に動いている領域を示すだけのアプリケーションでは使えますが、ほと

んどのアプリケーションにとっては単純すぎます。より有効な背景モデルにするには、シーン中のピクセルの平均値と差分の平均値に関する、何らかの統計量を使う必要があります。先に進んで「15.6.1 クイックテスト」をご覧になれば、**図15-6**と**図15-7**でフレーム差分の例を見ることができます。

15.4 平均背景法

平均法は基本的に、各ピクセルの平均値と標準偏差（または、これと似ていますが、計算がずっと速い差分平均）を、背景のモデルとして学習します。

図15-1の直線上のピクセルを考えましょう。**図15-1**のようにフレームごとに一連の値をプロットする代わりに、平均と差分平均によって、動画の最初から最後までの変化をピクセルごとに表現することができます（**図15-2**）。この動画内では、前景物体（手）がカメラの前を通り過ぎます。その前景物体は、背景の空や木ほどには明るくありません。手の輝度もこの図で示しています。

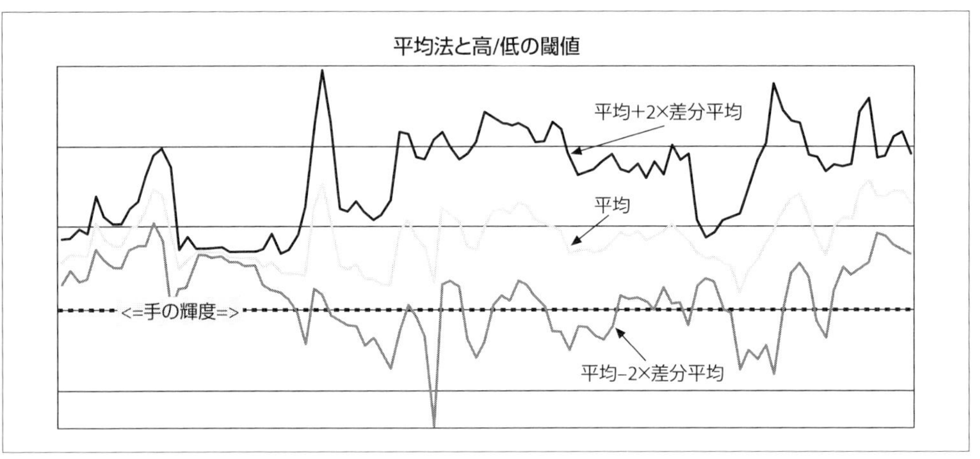

図15-2 図15-1のデータを差分平均で表したもの。カメラの前を横切る物体（手）は、いくぶん暗い。その物体の輝度もグラフに示している

平均法は、OpenCVの4つの関数を利用します。時間とともに画像を累積するために`cv::Mat::operator+=()`を、時間とともにフレーム間の画像の差分を累積するために`cv::absdiff()`を、（背景モデルを学習した後に）画像を前景領域と背景領域に分割するために`cv::inRange()`を、異なるカラーチャンネルの分割結果を単一のマスク画像にまとめるために`cv::min()`を使います。これはかなり長いコード例なので、いくつかの部分に分解して、部分ごとに順番に説明します。

まず、この先必要となる、さまざまな作業用の画像と統計値を保持する画像を確保します（**例15-2**

参照）。

例 15-2 背景モデルを学習し、前景ピクセルを特定する

```
#include <opencv2/opencv.hpp>
#include <iostream>
#include <fstream>

using namespace std;

// グローバル変数
//
// 浮動小数点数型の 3 チャンネル画像
//
cv::Mat IavgF, IdiffF, IprevF, IhiF, IlowF;
cv::Mat tmp, tmp2, mask;

// 浮動小数点数型の 1 チャンネル画像
//
vector<cv::Mat> Igray(3);
vector<cv::Mat> Ilow(3);
vector<cv::Mat> Ihi(3);

// 8 ビットの 1 チャンネル画像
//
cv::Mat Imaskt;

// 閾値
//
float high_thresh = 15.0;  // backgroundDiff() における閾値のスケーリング
float low_thresh = 13.0;

// 後で平均を取るために、学習した画像の数をカウントする
//
float Icount;
```

次に、1 回の呼び出しで必要なすべての中間画像を確保するための関数を作成します[†5]。便宜上、（動画から取り出した）画像を 1 枚渡して、中間画像のサイズの基準として使います。

```
// I は、中間画像を確保するためのサンプル画像にすぎない
// （サイズを決めるために渡している）
//
void AllocateImages( const cv::Mat& I ) {

  cv::Size sz = I.size();

  IavgF     = cv::Mat::zeros( sz, CV_32FC3 );
  IdiffF    = cv::Mat::zeros( sz, CV_32FC3 );
```

†5 ここでの例では、累積用の画像の型は 32 ビット浮動小数点数型です。これは、フレーム数が大きすぎない場合にはこれでよいでしょうが、そうでない場合は、64 ビット浮動小数点数型がよいでしょう。

```
    IprevF    = cv::Mat::zeros( sz, CV_32FC3 );
    IhiF      = cv::Mat::zeros( sz, CV_32FC3 );
    IlowF     = cv::Mat::zeros( sz, CV_32FC3 );
    Icount    = 0.00001; // ゼロ除算を防ぐ

    tmp       = cv::Mat::zeros( sz, CV_32FC3 );
    tmp2      = cv::Mat::zeros( sz, CV_32FC3 );
    Imaskt    = cv::Mat( sz, CV_32FC1 );

  }
```

次のコードでは、累積した背景画像と、フレーム間の画像差分の絶対値を累積した値を学習します（差分の絶対値は、画像ピクセルの標準偏差を学習することの代用[†6]であり、計算が高速です）。これは、通常は30から1,000フレームごとに呼び出されます。1秒につき数フレームだけを引数に取ることもありますし、使用可能なすべてのフレームを取ることもあります。この関数は、深さ8ビットの3色チャンネル画像を引数にして呼ばれます。

```
// 1フレーム分の背景の統計値を追加学習する
// I は、3チャンネル符号なし8ビットの背景の色サンプル
//
void accumulateBackground( cv::Mat& I ){

  static int first = 1;                  // （注意）スレッドセーフではない
  I.convertTo( tmp, CV_32F );            // 浮動小数点数型に変換する
  if( !first ){
    IavgF += tmp;
    cv::absdiff( tmp, IprevF, tmp2 );
    IdiffF += tmp2;
    Icount += 1.0;
  }
  first = 0;
  IprevF = tmp;
}
```

まず、`cv::Mat::convertTo()`を使って、8ビット/チャンネル、3チャンネルの生の背景画像を、浮動小数点数型の3チャンネル画像に変換します。その後、生の浮動小数点数型の画像を`IavgF`に足し込みます。次に`cv::absdiff()`を使って、フレーム間の差分の絶対値の画像を計算し、それを画像`IdiffF`に足し込みます。これらの画像を足し込むごとに画像カウントのグローバル変数`Icount`を1ずつ増やしておき、後で平均を取るのに使います。

十分な数のフレームを足し込み終わったら、それらを背景の統計モデルに変換します。すなわち、各ピクセルについて平均と偏差値（差分の絶対値の平均値）を計算します。

†6 **代用**という言葉を使っていることに注意してください。数学的には差分平均は標準偏差と等価ではありませんが、ここの使い方では、同等の結果を得るのに十分な近い値を持ちます。差分平均の長所は、標準偏差よりも計算が少し高速なことです。コード例をほんの少し修正すれば、標準偏差を代わりに使って、最終結果の品質をみなさん自身で比べてみることができます。これについては、本節の後半で説明します。

```
void createModelsfromStats() {

  IavgF  *= (1.0/Icount);
  IdiffF *= (1.0/Icount);

  // 差分が、常にいくらかの値を持つようにする
  //
  IdiffF += cv::Scalar( 1.0, 1.0, 1.0 );
  setHighThreshold( 7.0 );
  setLowThreshold( 6.0 );
}
```

この部分では cv::Mat::operator*=() を使って、累積された入力画像の数で除算することで、生の画像の平均と差分の絶対値の平均とを計算しています。万一に備えて、差分平均画像は最小でも 1 であるようにしておきます。すなわち、前景と背景の閾値を計算するときにこのスケーリングをしておくことが必要で、この 2 つの閾値が等しくなってしまう極端なケースを避けたいのです。

次の 2 つの関数 setHighThreshold() と setLowThreshold() はどちらも、**フレーム間の平均絶対差**（FFAAD：Frame-to-Frame Average Absolute Differences）に基づいた閾値を設定するユーティリティ関数です。FFAAD は、観測された変化と比較することで重要かどうかを決定するための基本的な測定基準と考えることができます。例えば、setHighThreshold(7.0) の呼び出しは、そのピクセルの平均よりも FFAAD の 7 倍以上大きい値を前景とみなすように、閾値を設定します。同様に setLowThreshold(6.0) は、そのピクセルの平均よりも FFAAD の 6 倍だけ小さい値を閾値境界に設定します。ピクセルの平均値を基準とするこの範囲内では、物体は背景とみなされます。これらの閾値関数は次のとおりです。

```
void setHighThreshold( float scale ) {
  IhiF = IavgF + (IdiffF * scale);
  cv::split( IhiF, Ihi );
}
void setLowThreshold( float scale ) {
  IlowF = IavgF - (IdiffF * scale);
  cv::split( IlowF, Ilow );
}

void adjustThresholds(char** argv, cv::Mat &img) {
  int key = 1;
  while((key = cv::waitKey()) != 27 && key != 'Q' && key != 'q')
  {
    if(key == 'L') { low_thresh += 0.2;}
    if(key == 'l') { low_thresh -= 0.2;}
    if(key == 'H') { high_thresh += 0.2;}
    if(key == 'h') { high_thresh -= 0.2;}
    cout << "H or h, L or l, esq or q to quit;  high_thresh = "
         << high_thresh << ", " << "low_thresh = "
         << low_thresh << endl;
    setHighThreshold(high_thresh);
    setLowThreshold(low_thresh);
    backgroundDiff(img, mask);
```

```
    showForgroundInRed(argv, img);
  }
}
```

setLowThreshold() と setHighThreshold() の中で、最初に差分画像（FFAAD）をスケーリングし、IavgF に対して、それを加算または減算しています。その後、cv::split() によって、画像内の各チャンネル用に範囲 IhiF と IlowF を Ihi と Ilow に設定しています。

高閾値と低閾値を備えた背景のモデルを作り終えると、それを使って画像を前景（背景画像として「説明」されないもの）と背景（背景モデルの高閾値と低閾値の範囲内に適合するもの）に分割することができます。次の関数を呼び出すことにより分割を行います。

```
// 2値画像（0と255のマスク）を作成する。ここで255は前景ピクセルを意味する
// I       入力画像。3チャンネル符号なし8ビット
// Imask   作成されるマスク画像。1チャンネル符号なし8ビット
//
void backgroundDiff(
  cv::Mat& I,
  cv::Mat& Imask
) {
  I.convertTo( tmp, CV_32F );    // 浮動小数点数型に変換する
  cv::split( tmp, Igray );

  // チャンネル1
  //
  cv::inRange( Igray[0], Ilow[0], Ihi[0], Imask );

  // チャンネル2
  //
  cv::inRange( Igray[1], Ilow[1], Ihi[1], Imaskt );
  Imask = cv::max( Imask, Imaskt );

  // チャンネル3
  //
  cv::inRange( Igray[2], Ilow[2], Ihi[2], Imaskt );
  Imask = cv::max( Imask, Imaskt );

  // 最後に結果を反転する
  //
  Imask = 255 - Imask;
}
```

この関数は、まず cv::Mat::convertTo() を呼び出して、入力画像 I（領域分割される画像）を浮動小数点数型画像に変換します。次に、cv::split() を使って 3 チャンネルの画像を別々の 1 チャンネル画像プレーンに変換します。その後 cv::inRange() 関数で、これらのカラーチャンネルのプレーンが、平均背景ピクセルの高閾値と低閾値の範囲内にあるかどうかを調べ、範囲内にある場合は最大値（255）を、そうでない場合は 0 を、グレースケールの深さ 8 ビットの画像 Imask に設定します。ここでは、いずれかのカラーチャンネルで差分が大きければ前景ピクセルで

あるとみなすため、各カラーチャンネルの分割の結果の最大値をとり[†7]、マスク画像 Imask に格納します。最後に、cv::operator-() を使って Imask を反転させます。これは、前景は範囲外の値であり範囲内の値ではないからです。このマスク画像が出力結果です。

すべてをまとめるために、関数 main() を定義します。これは、動画を読み込み、背景モデルを構築します。この例では、ユーザーがスペースキーを押すまで動画を学習モードで再生します。その後は、動画は検出された前景の物体が赤のハイライトで表示されるモードになります。

```
void help(char** argv ) {
  cout << "\n"
       << "Train a background model on  the first <#frames to train on> frames of an
incoming video, then run the model\n"
       << argv[0] <<" <#frames to train on> <avi_path/filename>\n"
       << "For example:\n"
       << argv[0] << " 50 ../tree.avi\n"
       << endl;
}

void showForgroundInRed( char** argv, const cv::Mat &img) {
  cv::Mat rawImage;
  cv::split( img, Igray );
  Igray[2] = cv::max( mask, Igray[2] );
  cv::merge( Igray, rawImage );
  cv::imshow( argv[0], rawImage );
}

int main( int argc, char** argv  ) {
  cv::namedWindow( argv[0], cv::WINDOW_AUTOSIZE );

  cv::VideoCapture cap;
  if((argc < 3)|| !cap.open(argv[2])) {
    cerr << "Couldn't open video file" << endl;
    help();
    cap.open(0);
    return -1;
  }
  int number_to_train_on = atoi( argv[1] );

  // 最初の処理ループ（学習）
  //
  int frame_count = 0;
  int key;
  bool first_frame = true;
  cout << "Total frames to train on = " << number_to_train_on << endl; //db

  while(1) {
    cout << "frame#: " << frame_count << endl;
```

†7 この状況では、ビットごとの OR 演算子も使うことができました。というのは、OR される画像は符号なし文字型の画像であり、値は 0x00 と 0xff だけが関連するからです。しかし、一般的に、cv::max() 演算は「ファジー」な OR を取るよい方法であり、この方法は値の範囲に敏感に反応します。

```
    cap >> image;
    if(frame_count == 0) { AllocateImages(image);}
    if( !image.data ) exit(1);

    accumulateBackground( image );

    cv::imshow( argv[0], image );
    frame_count++;
    if( (key = cv::waitKey(7)) == 27 || key == 'q' || key == 'Q' ||  frame_count >=
       number_to_train_on) break;
  }

  // すべての学習データが手に入ったので、モデルを作成する
  //
  cout << "Creating the background model" << endl;
  createModelsfromStats();
  cout << "Done!  Hit any key to continue into single step. " <<
         " Hit 'a' or 'A' to adjust thresholds, esq, 'q' or 'Q' to quit\n" << endl;

  // 2回目の処理ループ（テスト）
  //
  while ((key = cv::waitKey(7)) != 27 && key != 'q' && key != 'Q') {
    cap >> image;
    if( !image.data ) exit(0);

    backgroundDiff( image, mask );

    // 簡単な可視化として赤チャンネルに書き込む
    //
    showForgroundInRed( argv, image);
    if(key == 'a') {
      cout << "In adjust thresholds, 'H' or 'h' == high thresh up " <<
                "or down; 'L' or 'l' for low thresh up or down." << endl;
      cout << " esq, 'q' or 'Q' to quit " << endl;
      adjustThresholds(argv, image);
      cout << "Done with adjustThreshold, back to frame stepping, " <<
                "esc, q or Q to quit." << endl;
    }
  }

  exit(0);
}
```

背景シーンを学習して、前景となる物体を分離する簡単な方法を見てきました。これは、揺れるカーテンや木のような動く背景要素がないシーンでしかうまく機能しません。また、屋内の静止したシーンのように、照明がかなり定常的であることも前提としています。先に進んで**図15-6**を見ると、この平均化手法の性能を確認することができます。

15.4.1　平均、分散、共分散を累積する

今説明した平均背景法は、累積演算子 `cv::Mat::operator+=()` を利用して本質的には最も簡

単な処理、すなわち、たくさんのデータを加算し、正規化して平均にするという処理を行っていました。もちろん、この平均値はいろいろな理由から便利な統計量ですが、その見落としがちな長所は、平均値はこのような方法でインクリメンタル（増分式）に計算できるということです[†8]。これは、解析する前にすべてのデータを足し込む必要がなく、インクリメンタルに処理を実行できることを意味します。ここでは、もう少し洗練されたモデルを考えましょう。このモデルもこのようにオンラインで計算可能なものです。

私たちの次のモデルは、**Gaussian モデル**を計算することで、ピクセル内の輝度（もしくは色）のバリエーションを表します。1 次元の Gaussian モデルは、1 つの平均と 1 つの**分散**で特徴づけられます（分散が伝えるものは、その平均に関する計測値の期待される広がりです）。d 次元のモデル（例えば 3 色のモデル）の場合には、平均用の d 次元のベクトルと d^2 要素の行列とが存在します。後者は、d 次元の個々の分散を表すだけでなく、個々の次元間の関係を示す共分散も表しています。

お約束どおりに、これらの量（平均、分散、共分散）それぞれは増分計算することができます。入力画像がストリームで与えられる場合、必要なデータを累積する 3 つの関数と、実際にその結果をモデルのパラメータに変換する 3 つの関数を定義することができます。

次のコードは、いくつかグローバル変数が存在することを仮定しています。

```
cv::Mat sum;
cv::Mat sqsum;
int     image_count = 0;
```

15.4.1.1　cv::Mat::operator+=() を用いて平均を計算する

前の例で見たように、ピクセルの平均値を計算する最もよい方法は、`cv::Mat::operator+=()` を用いてそれらを全部足し合わせてから、画像の総数で割って平均を求めることです。

```
void accumulateMean(
  cv::Mat& I
) {
  if( sum.empty ) {
    sum = cv::Mat::zeros( I.size(), CV_32FC(I.channels()) );
  }
  I.convertTo( scratch, sum.type() );
  sum += scratch;
  image_count++;
}
```

この関数 `accumulateMean()` は画像が入力されるごとに呼ばれます。背景モデルで使う予定の画像すべての計算が終わったら、次の関数 `computeMean()` を呼ぶことで、入力されたピクセルの

†8　純粋主義者からすると、この実装は、正確には純粋な増分計算ではないでしょう。最後にサンプルの数で割っているからです。ただし、新しいデータ点が導入されたときに平均を更新する純粋な増分法も存在します。しかし、ここで使用されている「ほぼ増分計算」のほうがはるかに計算効率がよいのです。本章では、純粋にデータを累積するだけの関数と全体を正規化する係数を組み合わせて計算することができる場合、その手法を「増分計算」と呼ぶことにします。

集合全体にわたったすべてのピクセルの平均からなる単一の「画像」を得ることができます。

```
cv::Mat& computeMean(
  cv::Mat& mean
) {
  mean = sum / image_count;
}
```

15.4.1.2 cv::accumulate()を用いて平均を計算する

OpenCVはもう1つ別の関数として`cv::accumulate()`を提供しています。これは、基本的には`cv::Mat::operator+=()`と似ていますが、大きな違いが2つあります。1つ目は`cv::Mat::convertTo()`の機能を自動的に行う（したがって、作業用の空の画像が必要ない）こと、2つ目は画像マスクが使用できることです。背景モデルを計算する際に、画像マスクが使用できると非常に役に立ちます。というのは、その画像のある部分は背景モデルには含まれない、という情報がわかっていることはよくあるからです。例えば、高速道路や均一な色の領域の背景モデルを構築している場合、いくつかの物体がその背景の一部でないことは色からすぐに決定できます。この種の処理は、前景となる物体がまったくないシーンを得ることがほとんど、あるいはまったくできない実世界の状況では、非常に役に立つでしょう。

この累積関数`cv::accumulate()`は次のようなプロトタイプを持っています。

```
void cv::accumulate(
  cv::InputArray       src,                    // 入力。1か3チャンネル、CV_8UかCV_32F
  cv::InputOutputArray dst,                    // 出力画像。CV_32FかCV_64F
  cv::InputArray       mask = cv::noArray() // maskのピクセル!=0の場合、srcを使用する
);
```

ここで配列`dst`は値が累積される配列で、`src`は足し込む新しい画像です。`cv::accumulate()`はオプションでマスクが指定できます。指定されると、`mask`内で0以外の要素に対応する`dst`内のピクセルだけが更新されます。

`cv::accumulate()`を用いると、前の`accumulateMean()`関数は次のようにシンプルになります。

```
void accumulateMean(
  cv::Mat& I
) {
  if( sum.empty ) {
    sum = cv::Mat::zeros( I.size(), CV_32FC(I.channels()) );
  }
  cv::accumulate( I, sum );
  image_count++;
}
```

15.4.1.3 バリエーション：cv::accumulateWeighted() を用いて平均を計算する

もう 1 つ便利な方法は、**移動平均**を用いることです。移動平均は次の式で与えられます。

$$acc(x, y) = (1 - \alpha) \cdot acc(x, y) + \alpha \cdot image(x, y)$$

定数 α があるので、移動平均は `cv::Mat::operator+=()` や `cv::accumulate()` による累算の結果と同値ではありません。簡単にこれを理解するために、α を `0.5` に設定して、3 つの数値（2 と 3 と 4）を加算することを考えてください。`cv::accumulate()` でこれを累算したとすると合計は 9 で平均は 3 になります。`cv::accumulateWeighted()` で累算したとすると、最初の合計は $0.5 \cdot 2 + 0.5 \cdot 3 = 2.5$ になり、3 つ目の項を足すと $0.5 \cdot 2.5 + 0.5 \cdot 4 = 3.25$ になります。後者の数値のほうが大きい理由は、最新の項が、遠い過去の項よりも重み付けされて影響を与えるからです。そのため、このような移動平均は**トラッカー**とも呼ばれます。パラメータ α は、以前のフレームの影響が薄れていくのに必要な時間量を設定していると考えることができます。この値が小さければ小さいほど、過去のフレームの影響は速く影響を失っていきます。

画像全体の移動平均を累積するためには、OpenCV の関数 `cv::accumulateWeighted()` を使用します。

```
void cv::accumulateWeighted(
  cv::InputArray       src,                  // 入力。1 か 3 チャンネル、CV_8U か CV_32F
  cv::InputOutputArray dst,                  // 出力画像。CV_32F か CV_64F
  double               alpha,                // src に適用される重み
  cv::InputArray       mask = cv::noArray() // mask のピクセル!=0 の場合、src を使用する
);
```

ここで配列 `dst` は値が累積される配列で、`src` は足し込む新しい画像です。`alpha` 値は重み付けパラメータです。`cv::accumulate()` と同じように、`cv::accumulateWeighted()` はオプションでマスクが指定できます。指定されると、`mask` 内で 0 以外の要素に対応する `dst` 内のピクセルだけが更新されます。

15.4.1.4 cv::accumulateSquare() を用いて分散を計算する

二乗された画像の画素値を累積することもできます。これにより、個々のピクセルの分散をすばやく計算できます。統計の授業で、有限母集団の分散は次の式で定義されると教わったことを思い出されるかもしれません。

$$\sigma^2 = \frac{1}{N} \sum_{i=0}^{N-1} (x_i - \overline{x})^2$$

ここで $\overline{x}$ は、N 個のすべてのサンプルに対する x の平均値です。この式の問題は、$\overline{x}$ を計算するために 1 回目のパスで画像を走査し、その後 σ^2 を計算するために 2 回目のパスを必要とするこ

とです。ちょっと代数学を使えば、次の式がまったく同じことを確かめられます。

$$\sigma^2 = \left(\frac{1}{N}\sum_{i=0}^{N-1} {x_i}^2\right) - \left(\frac{1}{N}\sum_{i=0}^{N-1} x_i\right)^2$$

ピクセル値とその二乗の累積は1回のパスで計算できるので、この形式を使えば、単一のピクセルの分散は、単に二乗の平均から平均の二乗を引いたものとして求められます。これを念頭に置いて、平均値で行ったような累積関数と計算関数を定義することができます。平均値と同様に、1つの選択肢は、最初に入力画像の要素ごとの二乗を `sqsum+=I.mul(I)` などと計算して、それを累積することです。ただし、これにはいくつか不利な点があります。その中でも最も重大なのは、`I.mul(I)` はどのような暗黙の型変換も行わないということです（`cv::Mat::operator+=()` 演算子が行わないのと同様）。結果として、（例えば）8ビット配列の要素を二乗すると、ほとんどの場合は必然的にオーバーフローを起こしてしまいます。しかし、`cv::accumulate()` と同様、OpenCV は単一の便利なパッケージ中で必要なことをすべて行ってくれる関数 `cv::accumulateSquare()` を提供しています。

```
void cv::accumulateSquare(
  cv::InputArray        src,                   // 入力。1か3チャンネル、CV_8UかCV_32F
  cv::InputOutputArray dst,                    // 出力画像。CV_32FかCV_64F
  cv::InputArray        mask = cv::noArray()  // maskのピクセル!=0の場合、srcを使用する
);
```

`cv::accumulateSquare()` を使えば分散の計算で必要な情報を足し込む関数を書くことができます。

```
void accumulateVariance(
  cv::Mat& I
) {
  if( sum.empty ) {
    sum   = cv::Mat::zeros( I.size(), CV_32FC(I.channels()) );
    sqsum = cv::Mat::zeros( I.size(), CV_32FC(I.channels()) );
  }
  cv::accumulate( I, sum );
  cv::accumulateSquare( I, sqsum );
  image_count++;
}
```

これに関連する計算関数は次のようになります。

```
//「分散」はσ^2であることに注意
//
void computeVariance(
  cv::Mat& variance
) {
  double one_by_N = 1.0 / image_count;
  variance        = one_by_N  * sqsum - (one_by_N * one_by_N) * sum.mul(sum);
}
```

15.4.1.5　cv::accumulateWeighted() を用いて共分散を計算する

マルチチャンネル画像内の個別のチャンネルの分散は、将来の画像の背景のピクセルがそれまでに観測された平均値とどれだけ似ていることを**期待できる**かに関する重要な情報を示しています。しかしこれは、背景と私たちの「期待」の両方に関して過度に単純化したモデルにすぎません。ここで導入すべき重要な概念は、共分散です。共分散は個別のチャンネルの変動間の相互関係を示しています。

例えば背景が海のシーンで、赤のチャンネルにはほとんど変化がなく、緑と青のチャンネルは大きく変化するとします。海が実際には単色にすぎず、私たちが目にする変化は主に光の効果によるものだという直感に従うのなら、緑のチャンネルの輝度に大きなゲインやロスがある場合には、青のチャンネルにも**対応する**ゲインやロスがあるはずです。この当然の結果として、緑のチャンネルのゲインがないのに青のチャンネルで相当なゲインがあれば、これは背景の一部と考えないほうがよいでしょう。この直感は、共分散の考え方で示されます。

図15-3では、ここでの海の背景の例について、特定のピクセルに関する青と緑のチャンネルがどのようなものかを可視化しています。左側は、分散だけを計算したものです。右側は、2つのチャンネル間の共分散も計算されており、こちらのモデルのほうがはるかにぴったりデータに当てはまっています。

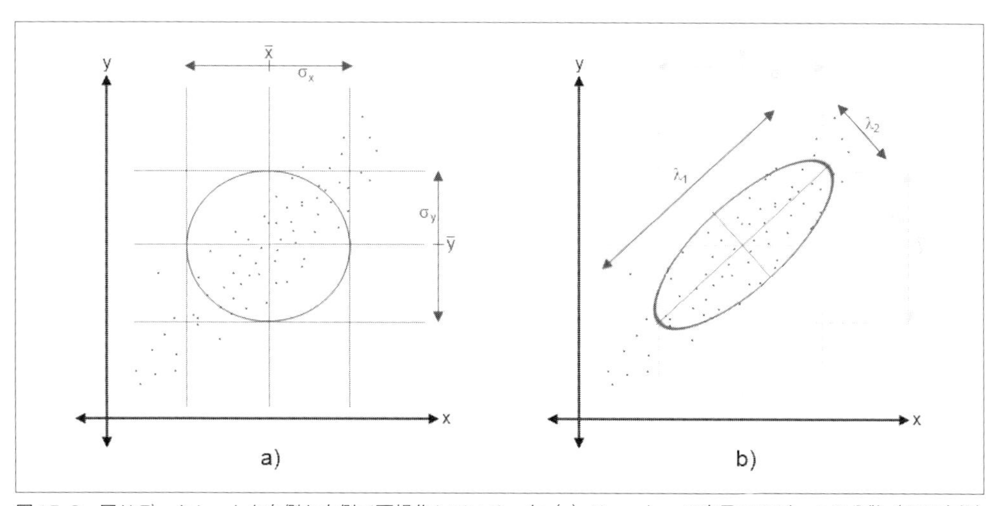

図15-3　同じデータセットを左側と右側で可視化している。左（a）は、x と y の次元でのデータの分散（の平方根）を示しており、そのデータに対する結果のモデルを可視化している。右（b）では、そのデータの共分散を求めて結果のモデルを可視化している。このモデルは、左側の単純なモデルに比べ、1 つの軸で狭くもう 1 つの軸で広い楕円になっている

数学的に、2つの異なる観測可能なデータ間の共分散は次の式で与えられます。

$$Cov(x,y) = \left(\frac{1}{N}\sum_{i=0}^{N-1}(x_i \cdot y_i)\right) - \left(\frac{1}{N}\sum_{i=0}^{N-1}x_i\right)\left(\frac{1}{N}\sum_{i=0}^{N-1}y_i\right)$$

この式をご覧になるとわかるように、任意の観測可能な x どうしの共分散 $Cov(x,x)$ は、同様に観測可能な σ_x^2 の分散と同じになります。d 次元空間（例えば、ピクセルのRGB値、この場合は $d=3$）では、**共分散行列** $\Sigma_{x,y}$ について述べておくほうがよいでしょう。これは、その変数間の共分散すべてと個々の変数の分散を成分に含む行列です。式からわかるように、この共分散行列は対称性があります（すなわち、$\Sigma_{x,y}=\Sigma_{y,x}$）。

「5章　配列の演算」では、（個別のベクトルからなる配列全体ではなく）データの個別のベクトルを扱う際に使用できる関数 `cv::calcCovarMatrix()` を紹介しました。この関数に次元 d のベクトル N 個を渡せば、$d \times d$ の共分散行列を出力します。一方ここでの問題は、このような行列を配列内のすべての点に対して計算したい（もしくは、3次元のRGB画像の場合なら、少なくともその行列の6つの一意な要素を計算したい）ということです。

これを行う最もよい方法は、単に実装済みのコードで分散を計算し、この3つの新しいオブジェクト（$\Sigma_{x,y}$ の非対角要素）を個別に計算することです。先ほどの共分散の式を見ると、`cv::accumulateSquare()` だとまったくうまくいかないことがわかります。というのは $(x_i \cdot y_i)$ の項（すなわち、各画像内の特定のピクセルからの2つの異なるチャンネルの値の積）を累積する必要があるからです。OpenCVでこれを行う関数が `cv::accumulateProduct()` です。

```
void cv::accumulateProduct(
  cv::InputArray       src1,                  // 入力。1か3チャンネル、CV_8UかCV_32F
  cv::InputArray       src2,                  // 入力。1か3チャンネル、CV_8UかCV_32F
  cv::InputOutputArray dst,                   // 出力画像。CV_32FかCV_64F
  cv::InputArray       mask = cv::noArray()   // maskのピクセル!=0の場合、srcピクセルを使
用する
);
```

この関数は `cv::accumulateSquare()` とまったく同じように機能します。ただし、`src` の個々の要素を二乗するのではなく、`src1` と `src2` の対応する要素を掛け算する点が異なります。この関数は残念ながら、入力配列から個別のチャンネルを選び出すことはできません。`src1` と `src2` がマルチチャンネル配列の場合、計算はチャンネルごとに行われます。

これは、共分散行列の非対角要素を計算するという目的から考えると、私たちが本当に必要としているものではありません。つまりここでは、**同じ**画像の異なるチャンネルが必要なのです。これを行うには、`cv::split()` を用いて入力される画像を分割する必要があります（**例15-3**参照）。

例15-3　共分散モデルの非対角要素の計算

```
vector<cv::Mat> planes(3);
vector<cv::Mat> sums(3);
vector<cv::Mat> xysums(6);
```

```
int image_count = 0;

void accumulateCovariance(
  cv::Mat& I
) {

  int i, j, n;
  if( sums.empty() ) {
    for( i=0; i<3; i++ ) {        // r、g、b の合計
      sums[i]   = cv::Mat::zeros( I.size(), CV_32FC1 );
    }
    for( n=0; n<6; n++ ) {        // rr、rg、rb、gg、gb、bb 要素
      xysums[n] = cv::Mat::zeros( I.size(), CV_32FC1 );
    }
  }
  cv::split( I, rgb );
  for( i=0; i<3; i++ ) {
    cv::accumulate( rgb[i], sums[i] );
  }
  n = 0;
  for( i=0; i<3; i++ ) {          // σの「行」
    for( j=i; j<3; j++ ) {        // σの「列」
      n++;
      cv::accumulateProduct( rgb[i], rgb[j], xysums[n] );
    }
  }
  image_count++;

}
```

対応する計算関数も前に見た分散を計算する関数を少し拡張したものです。

```
//「分散」はσ^2 であることに注意
//
void computeVariance(
  cv::Mat& covariance // 6 チャンネル配列。チャンネルはσ xy の rr、rg、rb、gg、gb、bb 要素
) {
  double one_by_N = 1.0 / image_count;

  // xysums 配列を個別の要素の格納場所として再利用する
  //
  int n = 0;
  for( int i=0; i<3; i++ ) {      // σの「行」
    for( int j=i; j<3; j++ ) {    // σの「列」
      n++;
      xysums[n] = one_by_N  * xysums[n]
        - (one_by_N * one_by_N) * sums[i].mul(sums[j]);
    }
  }

  // 6 つの個別の要素を 1 つの 6 チャンネル配列に組み立て直す
  //
  cv::merge( xysums, covariance );
}
```

15.4.1.6 モデルのテストと cv::Mahalanobis() に関する短いメモ

ここでは、いくつか少し複雑なモデルを紹介しましたが、新しい画像内の特定のピクセルが、背景モデルに対する分散の予測領域内にあるかどうかをテストする方法については説明していませんでした。分散だけのモデル（チャンネル間は統計的に独立であるという暗黙の仮定を持つ、すべてのチャンネルの Gaussian モデル）の場合には、この問題は、個々の次元の分散は必ずしも等しくないという事実によって複雑になります。もっともこの場合には、それぞれの次元に対して別々に **z スコア**（標準偏差で割った平均からの距離：$(x - \overline{x})/\sigma_x$）を計算するのが一般的です。z スコアは、問題となる分布を起源とする個々のピクセルの確率に関する何かを伝えてくれます。複数の次元の z スコアは二乗和の平方根でまとめられます。例えば、次のようになります。

$$\sqrt{z_{red}^2 + z_{green}^2 + z_{blue}^2}$$

完全な共分散行列の場合、z スコアに似たものとして、**Mahalanobis（マハラノビス）距離**があります。これは、本質的には平均から対象の点までの距離で、**図15-3** に示したような確率が等しい等高線として表現されるものです。**図15-3** を見返してみると、(a) のモデル内の平均の左上の点はそのモデルでは低い Mahalanobis 距離を持つように見えます。同じ点は、(b) のモデルでははるかに高い Mahalanobis 距離を持つでしょう。ここで与えられた簡単なモデル用の z スコアの式が正確に**図15-3** (a) のモデルでの Mahalanobis 距離と一致していることにも注目してください。

OpenCV は Mahalanobis 距離を計算する関数を提供しています。

```
double cv::Mahalanobis(              // CV_64F で距離を返す
  cv::InputArray vec1,               // 最初のベクトル（1次元、長さ n）
  cv::InputArray vec2,               // 2番目のベクトル（1次元、長さ n）
  cv::InputArray icovar              // 共分散行列の逆行列、n × n
);
```

`cv::Mahalanobis()` 関数は、大きさ n のベクタオブジェクト `vec1` と `vec2` と、$n \times n$ の共分散行列の**逆行列** `icovar` を取ります。共分散行列の逆行列が使われるのは、共分散行列の逆行列を求めるのは時間がかかり、多くの場合、同じ共分散を用いて比較したいベクトルがたくさんあるからです。そこで、一度共分散の逆行列を求めておき、その計算済みの逆行列を `cv::Mahalanobis()` に何回も渡すという利用法が想定されています。

背景除去の用途においては、この手法がすべてが便利というわけではありません。`cv::Mahalanobis()` は要素ごとの呼び出しが必要だからです。残念ながら、OpenCV ではこの機能の配列版は存在しません。そのため、各ピクセルをループ処理し、個別の要素から共分散行列を作成し、その逆行列を求め、どこかに格納しておく必要があります。比較を行いたい場合は再び画像内のピクセルをループ処理し、必要な共分散の逆行列を取り出して、それぞれのピクセルに対し `cv::Mahalanobis()` を呼び出す必要があります。

15.5 より高度な背景除去手法

多くの背景シーンには、風に揺れる木や回る扇風機、はためくカーテンなどの複雑な動く物体が存在します。このようなシーンには、雲が通り過ぎたりドアや窓からいろいろな光が差し込んだりするような、照明変化も含まれています。

このようなシーンを扱うよい方法は、各ピクセルやピクセルの集まりに対して時系列モデルを当てはめることです。この種のモデルは時間的な変動にうまく対処できますが、欠点は、多量のメモリが必要なことです[Toyama99]。30Hz で過去 2 秒間の入力を使う場合、ピクセルごとに 60 個のサンプルを必要とすることになります。そして各ピクセルに関して得られたモデルは、60 個の異なる適応させた**重み**の形で学習された結果にエンコードされるでしょう。2 秒間よりずっと長く、背景の統計情報を集めなければならないこともよくありますが、今日のハードウェアでは、このような方法は通常は実用的ではありません。

適応型フィルタリングに非常に近い性能を得るために、動画圧縮のテクニックをヒントにして、YUV[†9]**コードブック**[†10]を作成し、背景の重要な状態を表現してみます[†11]。これを行う最も簡単な方法は、あるピクセルで新しく観測された値を、以前観測された値と比較することでしょう。値が以前の値に近ければ、それはその色の揺れとしてモデル化されます。近くなければ、そのピクセルに関連づけられた新しい色グループの種（seed）になる可能性があります。この結果は、RGB 空間に浮かんだ多数の塊（ブロッブ）となることが予想でき、各ブロッブは背景とみなせそうな別々の塊を表現しています。

実用上は、RGB を用いることが特に最善というわけではありません。ほとんどの場合は、YUV 色空間のように、軸が明るさの軸と一致しているような色空間を使うほうが適しています（YUV が最もよく使われますが、HSV（基本的に V が明るさ）のような空間でもうまく機能します）。この理由は、背景の変動のほとんどは、経験的に色成分の軸ではなく明るさの軸に沿って起こる傾向があるからです。

次に説明するのは、「ブロッブ」（塊）をどのようにモデル化するかについてです。基本的には、前の簡単なモデルの場合と同様の選択肢があります。例えば、平均と共分散を持つ正規分布の集まりとしてブロッブをモデル化することもできます。実は、ブロッブを色空間の 3 つの各軸上で範囲を学習した単なるボックスに近似するという、最も単純な方法でもかなりうまくいきます。必要な

†9 YUV は、白黒 TV と後方互換を持つ初期のカラー TV 用に開発された色空間です。最初の信号はピクセルの明るさ、すなわち、白黒 TV で使われていた「輝度」の Y です。輝度信号以外には 2 つのクロミナンス信号、U（青 − 輝度）と V（赤 − 輝度）だけが転送されます。これらから変換公式を用いて RGB 色が復元可能です。

†10 OpenCV が実装している手法は、Kim、Chalidabhongse、Harwood、Davis の手法[Kim05]に基づいたものですが、RGB 空間内で傾きを持った円柱を学習するのではなく、YUV 空間の軸と平行な面を持つ立方体を使っています。これは速度のためです。結果の背景画像からゴミを高速に取り除く手法は、Martins [Martins99] が考案しました。

†11 背景モデルと領域分割については多くの文献があります。OpenCV では、十分な高速さと堅牢さを持つように実装されています。これは主に識別器の訓練用に、前景物体に関するデータの収集に使えるようにするためです。最近の背景除去の研究では、平均値シフトアルゴリズム（mean-shift algorithm）[Liu07] を使って、任意のカメラの動き[Farin04] [Colombari07] や動的な背景モデルにも対応できるようになっています。

メモリの観点と、新しく観測されたピクセルが学習済みボックス内部のどこにあるのかを決定する計算コストの観点とから、これが最も単純な方法でしょう。

簡単な例（**図15-4**）を使ってコードブックがどのようなものか説明しましょう。コードブックは、長時間にわたって共通して観測される値をカバーするように成長するボックスから構成されます。**図15-4**の上のパネルは時間とともに変化する波形を示しています。下のパネルでは、新しい値をカバーするようにボックスが作られ、その後ゆっくりと近隣の値をカバーするよう成長しています。値が遠く離れすぎていたら、それをカバーするために新しいボックスが作られ、同様に新しい値に向かって徐々に成長します。

ここでの背景モデルのケースでは、3つの次元（画像を作り上げている各ピクセルの3つのチャンネル）をカバーするボックスのコードブックを学習します。**図15-5**は、**図15-1**のデータから学習された6個の異なるピクセル[†12]に対するコードブック（の輝度の次元）を可視化しています。このコードブック法は、明るさが動的に変化するピクセルを扱うことができます（例えば、風に吹かれた木のピクセルです。これはたくさんある葉のうちのどれかの色や、その木の上の青空の色に代わる代わる変化する可能性があります）。このより正確なモデル化手法を使えば、これらのピクセル値の範囲に含まれない値を持つ前景の物体を検出することができます。これを**図15-2**と比較しましょう。**図15-2**の平均法では、手の値（点線で表示）をピクセルの変動から見分けることができていません。次節の**図15-8**において、コードブック法のほうが平均法より性能がよいことが示されています。

†12 このケースでは、図を見やすくするため、走査線から無作為に数個のピクセルを選択しました。もちろん実際にはすべてのピクセルに対するコードブックが存在します。

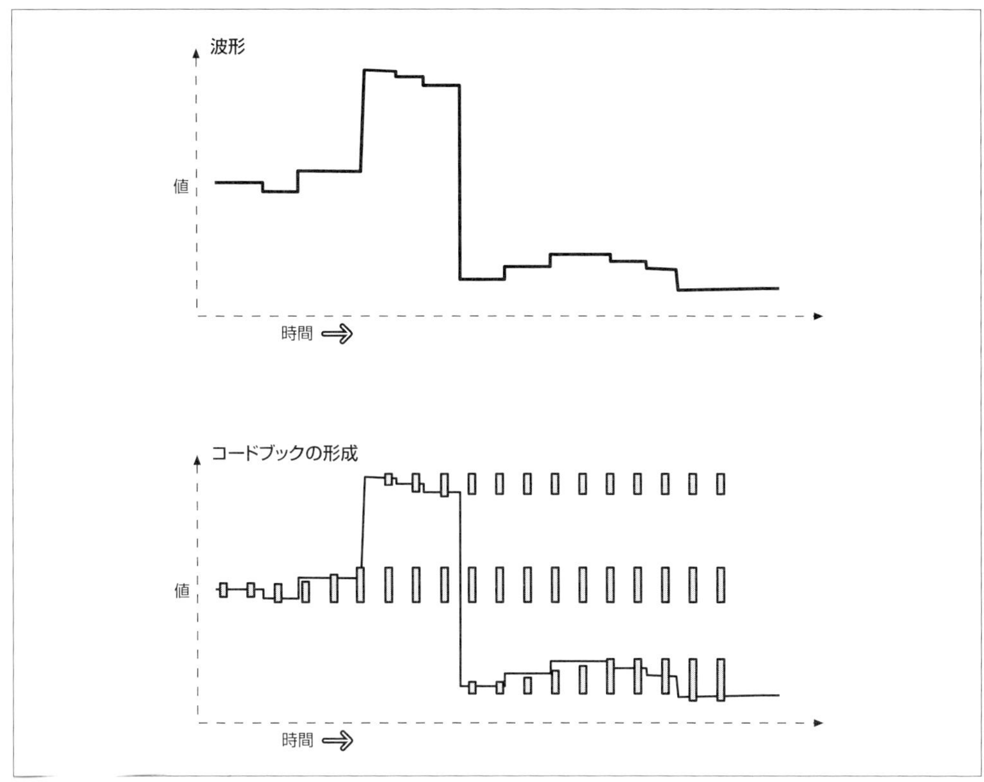

図15-4　コードブックは、単に輝度の値の範囲を区切る「ボックス」である。新しい値をカバーするためにボックスが作られ、近隣の値をカバーするために徐々に成長する。値が遠く離れすぎている場合は新しいボックスが形成される

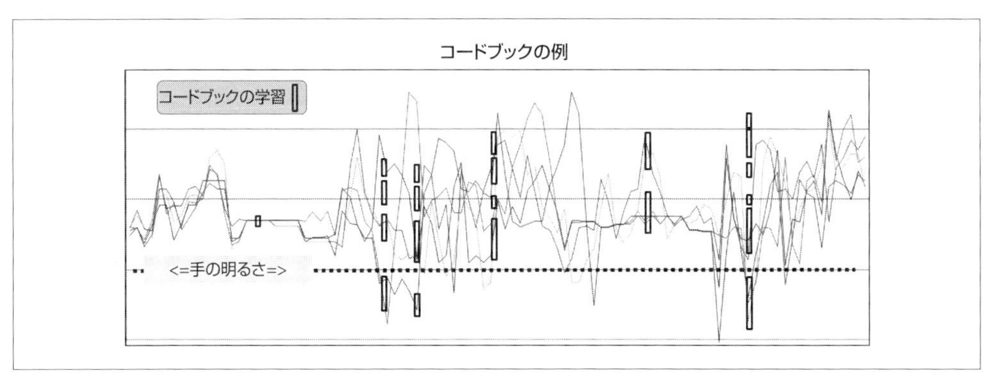

図15-5　6つの選択されたピクセルの変動に対して学習された、コードブック中にある要素の輝度部分（縦長のボックスで表示）。コードブックのボックスは、そのピクセルで見られる複数の離散的な値の集合として表されるので、不連続な分布をうまくモデル化することができる。したがって、背景ピクセルと仮定されている値と値の間にその平均値がある、前景の手（点線で示した値）を検出できている。このケースでは、コードブックは1次元で輝度の変化だけを表している

背景モデルを学習するコードブック法では、各ボックスは、色空間の3つの軸のそれぞれの上にある2つの閾値（max と min）で定義されます。新しい背景サンプルが、max と min から見てそれぞれ学習用の閾値（learnHigh と learnLow）の範囲内に収まる場合は、これらのボックス境界の閾値は広がります（max は大きくなり、min は小さくなります）。新しい背景サンプルの値が、ボックスの学習用閾値の範囲より大きくはみ出る場合は、新しいボックスが作成されます。背景差分処理では、受け入れ用の閾値 maxMod と minMod があります。これらの閾値を使って、ピクセルが max や min のボックス境界に「十分近かった」ら、それをボックス内部にあるかのようにカウントします。実行時には、「ボックス」内に含まれるかどうかの閾値（maxMod、minMod）は、ボックス作成時に使用した閾値（learnHigh と learnLow）と違う値に設定することができます。多くの場合、この閾値は3つの次元すべてで 0 に設定されます。

ここでは扱いませんが、広いシーンを見渡せるカメラにパンチルトカメラがあります。広いシーンを扱うときは、パンとチルトの角度によってインデックス付けされた複数の学習したモデルを接ぎ合わせる必要があります。

15.5.1 クラス

これらすべてをもっと詳しく見ていくために、コードブックアルゴリズムを実装しましょう。まず、YUV 空間内のたくさんのボックスを簡単に管理するコードブック用のクラスが必要です（例15-4参照）。

例15-4 コードブックアルゴリズムの実装

```
class CodeBook : public vector<CodeElement> {

public:

  int t;                                                 // すべてのアクセスを数える

  CodeBook() { t=0; }                                    // デフォルトは空のブック
  CodeBook( int n ) : vector<CodeElement>(n) { t=0; } // サイズ n のブックを作成する

};
```

このコードブックは次の CodeElement オブジェクトの STL vector から派生したものです[†13]。変数 t は、開始時点あるいは最後にクリア操作を実行した時点から累積した点の数をカウントします。実際のコードブックの要素がどのように表現されているかを次に示します。

†13 （コードブックを表現するのに）ピクセルごとに STL vector を使うのは非常に非効率的です。実際の実装では、より効率的な表現を使うべきでしょう。例えば、コードブックの要素数を MAX CODES に制限し、静的に確保した配列 CodeElement[MAX_CODES] を用いてください。

```
#define CHANNELS 3

class CodeElement {

public:

  uchar learnHigh[CHANNELS];  // 学習用の上辺の閾値
  uchar learnLow[CHANNELS];   // 学習用の下辺の閾値
  uchar max[CHANNELS];        // ボックスの境界の上辺
  uchar min[CHANNELS];        // ボックスの境界の下辺
  int   t_last_update;        // これにより古くなった要素は削除可能
  int   stale;                // アクティブでない最長期間

  CodeElement() {
    for( i = 0; i < CHANNELS; i++ )
      learnHigh[i] = learnLow[i] = max[i] = min[i] = 0;
    t_last_update = stale = 0;
  }

  CodeElement& operator=( const CodeElement& ce ) {
    for( i=0; i<CHANNELS; i++ ) {
      learnHigh[i] = ce.learnHigh[i];
      learnLow[i]  = ce.learnLow[i];
      min[i]       = ce.min[i];
      max[i]       = ce.max[i];
    }
    t_last_update = ce.t_last_update;
    stale         = ce.stale;
    return *this;
  }

  CodeElement( const CodeElement& ce ) { *this = ce; }

};
```

各コードブックの要素は、チャンネルごとに 4 バイトと 2 つの整数値、すなわち、CHANNELS×4+4+4 バイトを消費します（3 チャンネルを使うときは 20 バイトです）。CHANNELS は、画像に対するカラーチャンネル数以下で任意の正の数に設定できますが、普通は 1（Y、すなわち明るさのみ）か 3（YUV、HSV）のどちらかに設定します。この構造体では、max と min がチャンネルごとのコードブックのボックスの境界です。パラメータ learnHigh[] と learnLow[] は、新しいコードを生成するトリガとなる閾値です。具体的には、新しく遭遇したピクセルの値が、min−learnLow と max+learnHigh の間に入らなければ、新しいコードが生成されます。最終更新の時間（t_last_update）と stale を使って、学習の間めったに使われなかったコードブックの要素を削除することができます。これで、この構造体を使って動的な背景を学習する関数を詳しく見ていくことができます。

15.5.2　背景を学習する

ピクセルごとに CodeElement の CodeBook を 1 つ持ちます。このようなコードブックの配列は、学習しようとする画像のピクセル数と同じ長さ分必要です。各ピクセルに対して、背景の関連性のある変化を捕捉するのに十分な画像の数だけ updateCodebook() が呼び出されます。学習は定期的に行って更新することもでき、（少数の）動く前景物体が存在する状況でも clearStaleEntries() を使って背景を学習することができます。これが可能なのは、動く前景によって生じた、ほとんど使われない「古くなった」要素を削除するからです。updateCodebook() のインタフェースは次のとおりです。

```
// コードブックの要素を新しいデータ点で更新する
// 注意： cbBounds は numChannnels と等しい長さでなくてはならない
//
//
int updateCodebook(              // CodeBook のインデックスを返す
  const cv::Vec3b& p,            // 入力される YUV ピクセル
  CodeBook&        c,            // そのピクセルの CodeBook
  unsigned*        cbBounds,     // コードブックの学習用境界（通常は、{10, 10, 10}）
  int              numChannels   // 学習しているカラーチャンネル数
) {
  unsigned int high[3], low[3], n;
  for( n=0; n<numChannels; n++ ) {
    high[n] = p[n] + *(cbBounds+n);    if( high[n] > 255 ) high[n] = 255;
    low[n]  = p[n] - *(cbBounds+n);    if( low[n]  < 0   ) low[n]  = 0;
  }
  // これが既存のコードワード（コードブックの要素）に適合するか調べる
  //
  int i;
  int matchChannel;
  for( i=0; i<c.size(); i++ ) {

    matchChannel = 0;
    for( n=0; n<numChannels; n++ ) {
      if( // このチャンネルに対する要素が見つかった
       ( c[i].learnLow[n] <= p[n] ) && ( p[n] <= c[i].learnHigh[n] )
      )
        matchChannel++;
    }

    if( matchChannel == numChannels ) {      // 要素が見つかったら
      c[i].t_last_update = c.t;

      // このコードワードを最初のチャンネルに適応させる
      //
      for( n=0; n<numChannels; n++ ) {
        if( c[i].max[n] < p[n] )        c[i].max[n] = p[n];
        else if( c[i].min[n] > p[n] )  c[i].min[n] = p[n];
      }
      break;
    }
```

```
    }
  ... 後へ続く
```

この関数は、ピクセル p が既存のコードブックのボックス外にある場合に、コードブックの要素を更新するか新しく追加します。ピクセルが既存のボックスの cbBounds 内にあればボックスは成長します。ピクセルがボックスから cbBounds 以上離れていたら、新しいコードブックボックスが作られます。このルーチンは最初に、後で使う high と low のレベルを設定します。それから各コードブックの要素を調べて、そのピクセル値 p がそのコードブックの「ボックス」の学習用境界内にあるかチェックします。ピクセルがすべてのチャンネルで学習用境界内にあったら、このピクセルを含むように max と min のレベルが適切に調整され、最終更新の時間に現在の時間カウント c.t の値が設定されます。次に、updateCodebook() ルーチンは、各コードブックの要素がどのくらいの頻度でヒットしたかの統計情報を保持します。

```
  ... 前からの続き

    // 潜在的な古い要素を追跡するための作業
    //
    for( int s=0; s<c.size(); s++ ) {

      // どのコードブックの要素が古くなりつつあるかを追跡する
      //
      int negRun = c.t - c[s].t_last_update;
      if( c[s].stale < negRun ) c[s].stale = negRun;

    }

  ... 後へ続く
```

ここで変数 stale には最大の**非実行時間**が格納されます。非実行時間とは、そのコードがデータによってアクセスされなかった最長の期間のことです。この stale 変数を使えば、ノイズや動く前景物体から形成されたコードブック（これらは一時的な変化によるものなので、時間とともに古くなる傾向がある）を削除することができます。背景学習における次のステップでは、updateCodebook() は必要に応じて新しいコードワードを追加します。

```
    ... 前からの続き

    // 必要に応じて新しいコードワードを追加する
    //
    if( i == c.size() ) {          // 既存のコードワードが見つからなければ作る

      CodeElement ce;
      for( n=0; n<numChannels; n++ ) {
        ce.learnHigh[n] = high[n];
        ce.learnLow[n]  = low[n];
        ce.max[n]       = p[n];
        ce.min[n]       = p[n];
```

```
      }
      ce.t_last_update = c.t;
      ce.stale = 0;
      c.push_back( ce );

    }
  ... 後へ続く
```

最後に、ピクセルがボックスの閾値の外にあっても、high と low の境界の内側にある場合には、updateCodebook() は learnHigh と learnLow の学習用境界を徐々に（1ずつ）調整します。

```
  ... 前からの続き

    // 学習用境界を徐々に調整する
    //
    for( n=0; n<numChannels; n++ ) {

      if( c[i].learnHigh[n] < high[n]) c[i].learnHigh[n] += 1;
      if( c[i].learnLow[n]  > low[n] ) c[i].learnLow[n]  -= 1;

    }
    return i;
  }
```

このルーチンは、修正されたコードブックのインデックスを返すことで終了します。ここまでで、コードブックがどのように学習されるかを見てきました。動く前景の物体が存在する状態で学習し、誤ったノイズのコードを学習することを避けるには、学習を行う間、めったにアクセスされなかった要素を削除する方法が必要です。

15.5.3 動く前景の物体も含めて学習する

次の clearStaleEntries() により、動く前景物体があっても背景を学習することができます。

```
  // 学習中、ある期間学習し終わったら定期的にこれを呼び出して
  // 古くなったコードブックの要素を除去する
  //
  int clearStaleEntries(      // 除去された要素の数を返す
    CodeBook &c               // 要素を除去するコードブック
  ){
    int staleThresh = c.t>>1;
    int *keep       = new int[c.size()];
    int keepCnt     = 0;

    // 古くなりすぎたコードブックの要素を調べる
    //
    for( int i=0; i<c.size(); i++ ){
      if(c[i].stale > staleThresh)
        keep[i] = 0;  // 破棄するようマークする
      else
      {
```

```
      keep[i]  = 1; // 保持するようマークする
      keepCnt += 1;
    }
  }

  // 保持したい要素をベクタの前に移動し、保存すべきものをすべて保存して正しい長さにする
  //
  int k = 0;
  int numCleared = 0
  for( int ii=0; ii<c.size(); ii++ ) {
    if( keep[ii] ) {
      c[k] = c[ii];
      // 次の clearStale のために要素をリフレッシュする
      cc[k]->t_last_update = 0;
      k++;
    } else {
      numCleared++;
    }
  }
  c.resize( keepCnt );
  delete[] keep;

  return numCleared;
}
```

このルーチンは、パラメータ staleThresh の定義から始まりますが、（経験則により）総実行時間のカウント c.t の半分にハードコーディングされています。これは、背景の学習中、コードブックの要素 i が総実行時間の半分の期間アクセスされなかったら、i は削除すべきものとしてマークされる（keep[i]=0）ということを意味しています。配列 keep[] の長さは c.size() で、コードブックの各要素をマークできるように確保されています。変数 keepCnt は、保持すべき要素がいくつあるかを数えます。どのコードブックの要素を保持すべきかを記録し終わったら、それらの要素を調べ、必要なものをコードブックの前のほうへ移動します。最後に、そのベクタをリサイズすることで、後ろのほうにあるものを削除します。

15.5.4 背景差分：前景物体を見つける

ここまで、背景のコードブックモデルの作り方と、ほとんど使われない要素を除去する方法を見てきました。次は backgroundDiff() に取りかかりましょう。ここでは学習したモデルを使って、先ほど学習した背景から前景ピクセルを分離します。

```
// 指定されたピクセルが、指定されたコードブックによりカバーされているかを決定する
//
// 注意：
// minMod と maxMod の長さは numChannels でなければならない
// 例えば、3 チャンネルなら minMod[3] と maxMod[3]
// チャンネルごとに 1 つの min 閾値と 1 つの max 閾値がある
//
uchar backgroundDiff(            // 背景なら 0、前景なら 255 を返す
```

```
    const cv::Vec3b& p,           // ピクセル (YUV)
    CodeBook&        c,           // コードブック
    int              numChannels, // テストしているチャンネルの数
    int*             minMod,      // 新しいピクセルが前景かどうかを決定するときに、
                                  // この数 (負も可) を min から引く
    int*             maxMod       // 新しいピクセルが前景かどうかを決定するときに、
                                  // この数 (正も可) を max に加える
  ) {
    int matchChannel;

    // 既存のコードワードに適合するか調べる
    //
    for( int i=0; i<c.size(); i++ ) {
      matchChannel = 0;
      for( int n=0; n<numChannels; n++ ) {
        if(
          (c[i].min[n] - minMod[n] <= p[n] ) && (p[n] <= c[i].max[n] + maxMod[n])
        ) {
          matchChannel++; // このチャンネルに対する要素が見つかった
        } else {
          break;
        }
      }
      if(matchChannel == numChannels) {
        break; // すべてのチャンネルにマッチする要素が見つかった
      }
    }

    if( i >= c.size() ) return 0;
    return 255;
  }
```

この背景差分関数には、学習ルーチン updateCodebook() に似た内部ループがありますが、ここでは学習された max と min の境界にコードブックボックスごとのオフセット閾値 maxMod と minMod を加えた値の間に入っているかどうかを見ている点が異なります。各チャンネルでピクセルがボックスの上辺 +maxMod と下辺 −minMod の間にあれば、matchChannel のカウントが1増えます。matchChannel がチャンネル数と等しければ、各次元の探索が完了し、マッチしたということがわかります。ピクセルが学習されたボックス内になければ 255 が返され（前景として検出)、そうでなければ 0 が返されます（背景として検出)。

3つの関数、updateCodebook()、clearStaleEntries()、backgroundDiff() で、学習された背景から前景を分離するコードブック法が構成されています。

15.5.5 コードブック背景モデルを使う

コードブック背景分離法を使うには、典型的には次の手順をとります。

1. updateCodebook() を使って、数秒から数分の間、背景の基本モデルを学習する

2. clearStaleEentries() で、古くなった要素を消去する
3. 既知の前景を最もよく分離するように、閾値 minMod と maxMod を調整する
4. より上位のシーンモデルを保持する（前に説明）
5. 学習されたモデルを使って、backgroundDiff() で背景から前景を分離する
6. 学習した背景ピクセルを定期的に更新する
7. ずっと低い頻度で、定期的に clearStaleEntries() を使って古くなったコードブック要素を消去する

15.5.6 コードブックモデルに対するさらなる考察

一般的に、コードブック法は数多くの条件下で実にうまく機能し、学習と実行も比較的高速です。ただし、さまざまな光のパターンの変化（朝、昼、夜の太陽光）や、だれかが照明をつけたり消したりする状況などはうまく扱えません。この種の大域的な変動は、各条件件用に 1 つずつ、複数の異なるコードブックモデルを使い、どのモデルがアクティブかを各条件で制御することにより扱えるようになります。

15.6 前景除去のための連結成分

平均法とコードブック法を比較する前に、ちょっと立ち止まって、連結成分解析を使って生の分割された画像をきれいにする方法について説明するべきでしょう。この解析手法は、ノイズが存在する入力マスク画像で役に立ちます。このようなノイズは例外的なものではなく一般的なものです。

この手法の基本的なアイデアは、モルフォロジー演算の open（オープニング）を使って小さいノイズの領域を 0 に縮小した後、モルフォロジー演算の close（クロージング）で、オープニングで削られながらも残った成分の領域を再構築するというものです。その後は、残ったセグメントの中から「十分な大きさの」輪郭を見つけることができ、続けてオプションで、そのようなすべてのセグメントの統計情報を取得することもできます。最後に、最大の輪郭、あるいは、ある閾値を超えるサイズの輪郭をすべて取り出します。以降に紹介するルーチンでは、連結成分の処理に必要な次の機能のほとんどが実装されています。

- 残った連結成分の輪郭を、ポリゴンで近似するのか凸包で近似するのかを設定する
- どのくらい大きい輪郭を、削除せずに残しておく必要があるかを設定する
- 残った輪郭のバウンディングボックスを返す
- 残った輪郭の中心を返す

これらの操作を実装する連結成分ルーチンのヘッダを**例 15-5** に示します。

例15-5　連結成分を用いたノイズ除去

```
// これは、backgroundDiff の呼び出しから得られた前景分離マスクをきれいにする
//
void findConnectedComponents(
  cv::Mat&    mask,              // ノイズ除去されるグレースケール（深さ 8 ビット）の
                                 // 「生」のマスク画像
  int         poly1_hull0        // 1 に設定されていたら連結成分をポリゴンで近似し、
                                 // そうでなければ凸包で近似する（0）
  float       perimScale         // 長さ=(幅 + 高さ)/perimScale とし、輪郭の長さがこれより
                                 // 小さければ、その輪郭を削除する
  vector<cv::Rect>&  bbs         // バウンディングボックスを表すベクタへの参照
  vector<cv::Point>& centers     // 輪郭の中心のベクタへの参照
);
```

この関数の本体を次に示します。まず、小さいピクセルノイズを消去するためにモルフォロジーのオープニングとクロージングを実行し、オープニング演算の収縮で残った領域を再構築します。このルーチンは3つのパラメータを追加で取りますが、ここでは#defineでハードコーディングされています。この定義された値でうまくいくので、これを変更したくなることはほぼないでしょう。これらの追加のパラメータは、前景を表す領域の境界をどれだけ単純にするか（小さい数ほど単純になる）、および、モルフォロジー演算を何回繰り返して実行するかを制御します。繰り返しの回数が大きいほど、クロージングの前のオープニングで、収縮や拡張が多く実行されます[†14]。収縮が多いと、より大きな染みのようなノイズの領域が取り除かれる反面、大きな領域の境界が侵食されてしまいます。繰り返しますが、このサンプルコードで使われているパラメータでうまく機能しますが、興味があればそれらをいろいろ試してみるのは悪いことではありません。

```
// ポリゴンは、ポリゴンの長さの固定の割合である epsilon を使って DP アルゴリズムを実行することで
// 簡単化される。この数は除数である
//
#define DP_EPSILON_DENOMINATOR 20.0

// 収縮や拡張を何回繰り返すべきか
//
#define CVCLOSE_ITR 1
#define CVOPEN_ITR 1
```

さて、連結成分アルゴリズム自身を説明しましょう。このルーチンの最初の部分はモルフォロジーのオープニング演算とクロージング演算を実行します。

```
void findConnectedComponents(
  cv::Mat&    mask,
  int         poly1_hull0,
  float       perimScale,
  vector<cv::Rect>&  bbs,
  vector<cv::Point>& centers
```

†14　CVCLOSE_ITRの値は、実際には解像度に依存することに注意してください。解像度がきわめて高い画像に対しては、この値を1のままにしておくと、おそらく満足のいく結果は出ないでしょう。

```
) {

  // マスクを初期化しきれいにする
  cv::morphologyEx(
    mask, mask, cv::MORPH_OPEN,  cv::Mat(), cv::Point(-1,-1), CVOPEN_ITR
  );
  cv::morphologyEx(
    mask, mask, cv::MORPH_CLOSE, cv::Mat(), cv::Point(-1,-1), CVCLOSE_ITR
  );
```

マスクからノイズが消去されたので、すべての輪郭を見つけ出します。

```
// 大きい領域の輪郭だけを探す
//
vector< vector<cv::Point> > contours_all; // 見つかったすべての輪郭
vector< vector<cv::Point> > contours;     // 保持したい輪郭だけ
cv::findContours(
  mask,
  contours_all,
  CV_RETR_EXTERNAL,
  CV_CHAIN_APPROX_SIMPLE
);
```

次に、小さすぎる輪郭は捨てて、残りをポリゴンまたは凸包で近似します。

```
for(
  vector< vector<cv::Point> >::iterator c = contours_all.begin();
  c != contours.end();
  ++c
) {

  // この輪郭の長さ
  //
  int len = cv::arcLength( *c, true );

  // 長さの閾値（画像の外周の割合）
  //
  double q = (mask.rows + mask.cols) / DP_EPSILON_DENOMINATOR;

  if( len >= q ) {         // 輪郭が保持するのに十分長い場合...

    vector<cv::Point> c_new;
    if( poly1_hull0 ) {    // 呼び出し側が結果を縮退したポリゴンとしてほしい場合...
      cv::approxPolyDP( *c, c_new, len / DP_EPSILON_DENOMINATOR, true );
    } else {               // 分割した部分の凸包
      cv::convexHull( *c, c_new );
    }
    contours.push_back(c_new );

  }

}
```

このコードでは、Douglas-Peuckerの近似アルゴリズムを用いてポリゴンを縮退しています(ユーザーが凸包を返すよう指示していない場合)。この処理は新しい輪郭のリストを生成します。マスクに輪郭を描き戻す前に、描画用に色を定義します。

```
// 便利な定数
const cv::Scalar CVX_WHITE   = CV_RGB(0xff,0xff,0xff);
const cv::Scalar CVX_BLACK   = CV_RGB(0x00,0x00,0x00);
```

これらの定義のうちCVX_WHITEは次のコードで、それぞれの輪郭を別々に解析した後、マスクを0に設定してその後きれいな輪郭をマスクに描き戻すときに使います。

```
  // 重心やバウンディングボックスを計算する
  //
  int idx = 0;
  cv::Moments moments;
  cv::Mat scratch = mask.clone();
  for(
    vector< vector<cv::Point> >::iterator c = contours.begin();
    c != contours.end;
    c++, idx++
  ) {

    cv::drawContours( scratch, contours, idx, CVX_WHITE, CV_FILLED );

    // それぞれの輪郭の中心を探す
    //
    moments = cv::moments( scratch, true );
    cv::Point p;
    p.x = (int)( moments.m10 / moments.m00 );
    p.y = (int)( moments.m01 / moments.m00 );
    centers.push_back(p);

    bbs.push_back( cv::boundingRect(c) );

    Scratch.setTo( 0 );

  }

  // 見つかった領域を塗りつぶし画像に描き込む
  //
  mask.setTo( 0 );
  cv::drawContours( mask, contours, -1, CVX_WHITE );

}
```

これでノイズを持つ生のマスクからノイズのないマスクを生成するための便利なルーチンは完成です。OpenCV 3から入った新しい関数`cv::connectedComponentsWithStats()`を`cv::findContours()`の前に使い、小さな連結成分をマークしたり削除したりすることもできます。

15.6.1 クイックテスト

本節では、実際の動画で、これが現実にどう動くかを確認するための例から始めます。窓の外の木の動画をまた使いましょう。ある時点で手がシーンを横切っていることを思い出してください（**図15-1**）。前に述べたフレーム差分のような方法で、比較的簡単にこの手を見つけることができると期待する方もいるかもしれません。フレーム差分の基本的な考え方は、現在のフレームをそれより「後」のフレームから減算して、差分を閾値処理することでした。

動画の連続するフレームは、よく似ている傾向があります。したがって、単純に元のフレームと後のフレームの差分を取った場合、シーンを通り過ぎる前景物体がなければ、差分はそれほど多くないと予想する方もいるかもしれません†15。しかし、この「それほど多くない」とは何を意味するのでしょうか？ 実のところ、それは「ただのノイズ」であることを意味します。そして実際の問題は、前景物体が現れたときに、信号からそのノイズを区別することなのです。

このノイズをもう少し理解するには、まず前景物体のない（背景とそれから生じるノイズだけの）2枚の動画フレームを見ましょう。**図15-6**は、動画からの典型的なフレーム（左上）とその前のフレーム（右上）です。図には、閾値15でフレーム差分を行った結果も示しています（左下）。動く木の葉による差分ノイズが見られます。それにもかかわらず、連結成分を使った方法では、この散在しているノイズを実にきれいに除去することができています†16（右下）。これは驚くにはあたりません。なぜならこのノイズに空間的な相関が期待できる理由はなく、したがってその信号は多数のとても小さい領域になるという性質を持っているからです。

†15 フレーム差分では、物体は主にその速度により「前景」であると識別されます。これは、ほとんどの時間静止しているか、前景物体が背景物体よりもカメラにずっと近い（したがって、カメラの射影幾何学のせいで、より速く動いているように見える）ようなシーンでは妥当です。

†16 連結成分のサイズの閾値は、これらの空のフレームに対しては0になるように調整されています。次の問題は、着目している前景物体（手）が、このサイズ閾値による除去で残るかどうかということです。とてもうまくいっていることが**図15-8**でわかります。

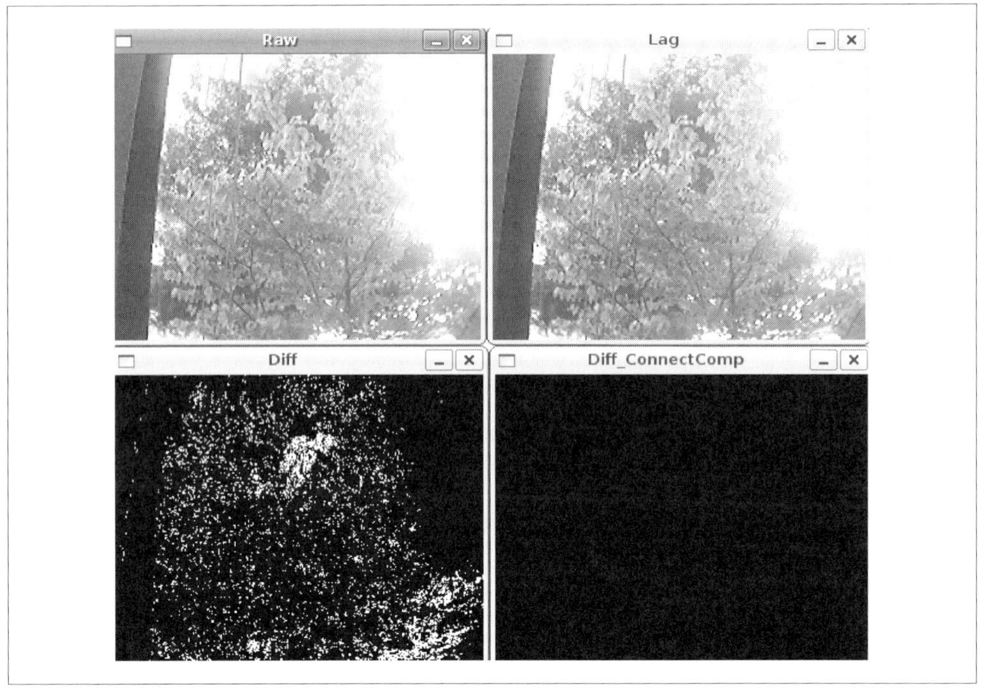

図15-6 フレーム差分。現在のフレーム画像（左上）と前のフレーム画像（右上）の背景で木がなびいている。差分画像（左下）は、連結成分法によりノイズが完全にきれいに消去されている（右下）

さて、前景物体（いつものとおり手です）がカメラの視界を横切る状況を考えましょう。**図15-7**は、**図15-6**のフレームに似た2つのフレームを示していますが、今回は、手が左から右へと動いているところが違います。前と同様、現在のフレーム（左上）と前のフレーム（右上）が、フレーム差分の結果（左下）と連結成分除去によって得られた、かなりよい結果（右下）とともに示されています。

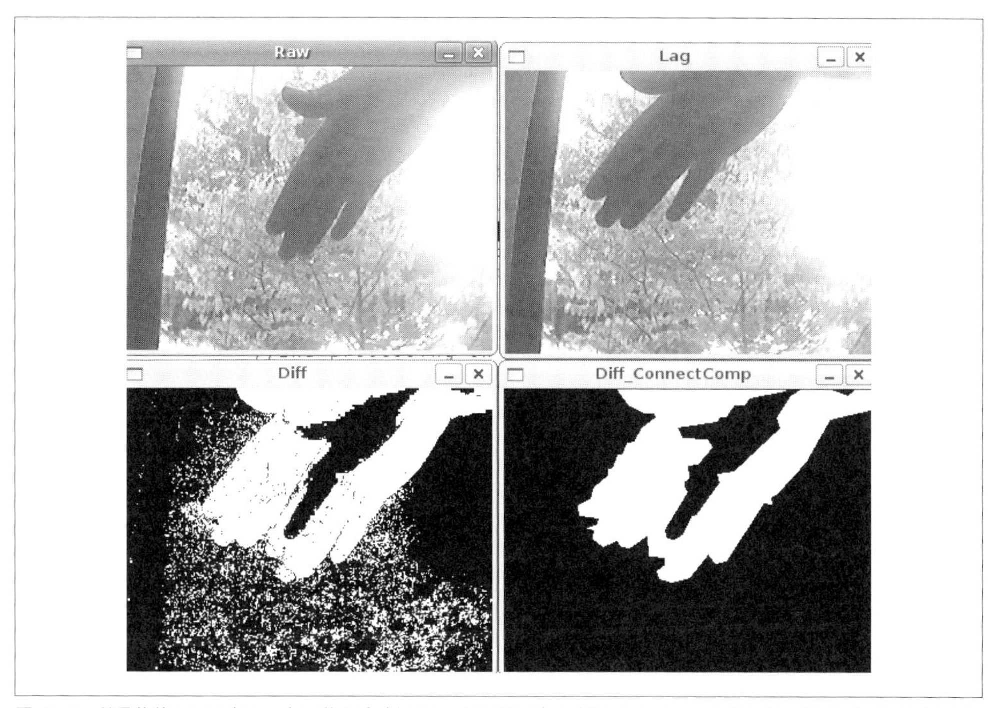

図15-7 前景物体として左から右へ動く手（上の２つのパネル）を検出するフレーム差分法。差分画像（左下）には、左とそれが右に動いた縁に「穴」（手があった場所）が見える。また連結成分画像（右下）では、差分がきれいになっていることがわかる

フレーム差分の欠点の１つがはっきりわかります。物体が動いて空いた領域（「穴」）と、物体が今ある領域との区別がつけられないことです。さらに、「肌マイナス肌」は0（または、少なくとも閾値未満）になるので、重なった領域にはよく隙間が生じます。

このように、ノイズ消去のために連結成分を使うことは、背景差分のノイズを除去する強力なテクニックであることがわかります。加えて、フレーム差分の強みと弱みのいくつかを垣間見ることもできました。

15.7 背景手法を比較する

本章では、２つの背景モデル化手法である、差分平均法（とその変形版）とコードブック法を説明しました。みなさんは、どちらの方法のほうが優れているのだろうか、または少なくとも、より簡単な方法が使えるのはどんなときかと疑問に思われているかもしれません。これらの状況では、使用可能な手法の間で、単に直接的なベイクオフ（パン焼きコンテスト）[†17]を行うのが最も良い方

†17 **ベイクオフ**とは、既定のデータセットで複数アルゴリズムを試みたり比較したりすることを表す、れっきとした専門用語です。

法です。

この章でずっと説明し続けてきた同じ木の動画で続けていきます。動く木に加え、このフィルムには、右のビルと室内の左側の壁からの反射光があります。これは、モデル化するのがかなり難しい背景です。

図15-8では、背景差分法（上）とコードブック法（下）とを比較しています。左側は生の前景画像で、右側は連結成分処理によってノイズ除去した画像です。差分平均法は、粗雑なマスクが残っていて、手が2つの成分に分割されてしまっていることがわかります。これはそれほど驚くことではありません。**図15-2**で、背景モデルとして平均値からの差分平均を使うと、手の値（図では点線で表示）に関連づけられているピクセル値がしばしば含まれてしまうことを見ました。これを**図15-5**と比べてください。ここでは、コードブックはもっと正確に葉や枝の揺れをモデル化しており、そのため、厳密に前景の手のピクセル（点線）を背景のピクセルと区別しています。**図15-8**は、この背景モデルがノイズを出さないことだけではなく、連結成分がかなり正確に物体の形状を表していることも裏づけています。

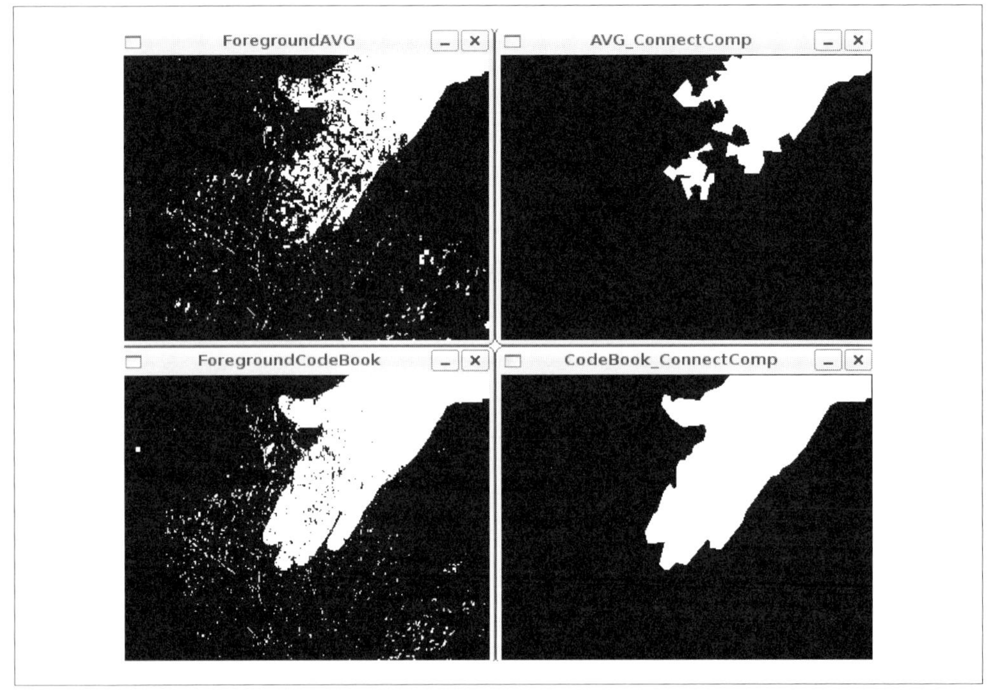

図15-8　平均法（上の行）では、連結成分から指もふるい落としてしまっている（右上）。コードブック法（下の行）では、はるかによい分割ができ、きれいな連結成分マスクを作成している（右下）

15.8 OpenCVの背景除去のカプセル化

ここまでは、基本的な背景除去アルゴリズムの実装方法を詳細に見てきました。その方法の長所は、何が行われているか、すべてがどのように機能するかがとてもわかりやすいことです。短所は、時が経つにつれ、同じ基本的な考え方に基づいていながらも、より新しく、よりよい手法が開発されていくということです。これらが非常に複雑になっていくと、そのむごたらしい詳細に入り込むことなく使えるように「ブラックボックス」化したくなるでしょう。

この目的を達成するために、OpenCVは、背景除去に対する汎用化されたクラスベースのインタフェースを提供しています。本書の執筆時点では、このインタフェースを使用する実装は2つありますが、将来的にはもっと増えることが期待されています。この節では、最初にそのインタフェースを汎用的な形で見ていき、次に、利用可能な2つの実装を調べていきます。どちらの実装も**混合ガウス分布**（MOG：Mixture of Gaussians）方式をベースにしています。これは、本質的には最も簡単な背景モデル化手法で紹介した統計的な背景化の考え方（「15.4.1　平均、分散、共分散を累積する」参照）を取り入れ、コードブック法（「15.5　より高度な背景除去手法」で開発したもの）のマルチモーダルな能力を合わせたものです。ここで見るMOG手法はどちらも、たくさんの実践的な日々の状況に合った21世紀のアルゴリズムです。

15.8.1 cv::BackgroundSubtractor基底クラス

`cv::BackgroundSubtractor`（抽象）基底クラスは最小限必要なメソッドだけを指定しています。これは、次のような定義を持っています。

```
class cv::BackgroundSubtractor {

public:
  virtual void apply()(
    cv::InputArray  image,
    cv::OutputArray fgmask,
    double          learningRate = -1
  );

  virtual void getBackgroundImage(
    cv::OutputArray backgroundImage
  ) const;

};
```

ご覧になってわかるように、2つのメソッドが定義されています。1つ目の関数は、新しい画像を取り込み、その画像から計算された前景マスクを作成するのに用いられます。2つ目の関数は背景の画像表現を作成します。この画像は、主に可視化とデバッグ用です。背景のピクセルには、単に色だけではなく、関連する情報がはるかにたくさんあります。結果として、`getBackgroundImage()`で生成された画像は、その背景モデル内に存在する情報の部分的な表現にすぎない可能性があります。

ここから明らかに抜け落ちているように見えるものの1つは、学習用に背景画像を累積するメソッドです。これがないのは、学術文献では、本質的に連続的に学習していない背景除去アルゴリズムは、どのようなものであっても望ましくないということが関係者の合意になっているからです。その理由はたくさんあります。最も明らかなのは、シーンの照明が徐々に変わる効果です（例えば、窓の外で太陽が昇り、沈む）。もっととらえにくい課題も発生します。実際のシーンの多くでは、このアルゴリズムを前景物体が何もない状態に長時間さらしておけるチャンスがありません。同様に、多くの場合、長時間背景だと思われていたもの（例えば、駐車している車）が動き、そのなくなった場所に永続的な前景の「穴」を残すことがあります。これらの理由から、最近の背景除去アルゴリズムはすべて、学習モードと実行モードを区別しません。常に学習し、まれにしか見られない（このため前景であると学習される）ものが削除され、ほとんどの時間見られる（このため背景として学習される）ものが残るようなモデルを構築するのです。

15.8.2 KaewTraKulPong and Bowdenの手法

利用可能な最初のアルゴリズムKB（KaewTraKulPong and Bowden）は、背景除去における実際の難題を解決するいくつかの新しい能力をもたらしてくれます。マルチモーダルモデル、オンライン学習、初期化性能を改善する2つの別の（自動）学習モード、影の明示的な検出と排除です[KaewTraKuPong2001]。これらはすべて、ユーザーからはほとんど見えません。とはいっても、もちろんこのアルゴリズムはみなさんが特定の応用に対してチューニングしたくなるようないくつかのパラメータも提供しています。これらのパラメータには、履歴、混合ガウス分布の個数、背景の割合、ノイズの強度があります[†18]。

これらの最初のパラメータである**履歴**は、このアルゴリズムが初期化モードから名目上の実行モードに切り替わるポイントです。このパラメータのデフォルト値は`200`フレームです。**混合ガウス分布の個数**は、与えられたピクセルにおいて背景を近似するのに使われる全体の混合モデルに対するガウス分布の山の数です。このパラメータのデフォルト値は`5`です。

このモデルに対して与えられるガウス分布の山はそれぞれ重みを持ち、その重みは、そのモデルに対するガウス分布の山が説明するピクセルに関して観測された値を示します。これらは必ずしもすべてが「背景」であるとは限りません。あるものは一時的に過ぎ去る前景の物体でしょう。本当の背景として含められるものは、重み順に並べられたガウス分布の山の最初のb個となります。ここでbはモデル全体のある固定のパーセンテージを「説明」するのに必要な最も小さい数です。このパーセンテージは**背景の割合**と呼ばれており、そのデフォルト値は`0.7`（すなわち、`70 %`）です。例えば5つの山があり、重みが`0.40`、`0.25`、`0.20`、`0.10`、`0.05`の場合、bは`3`になるでしょう。というのは、背景の割合である`0.7`を超えるには、最初の3つの`0.40+0.25+0.20`が必

†18 もしみなさんがこのアルゴリズムが載っている文献を参照するなら、最初の3つのパラメータ（履歴、混合ガウス分布の個数、背景の割合）は、この論文内ではL、K、Tと表記されています。最後のノイズの強度は、新しく作られた構成要素に対するθ_kの初期化値と考えることができます。

要だからです。

最後のパラメータである**ノイズ強度**は、新しいガウス分布の山が作成されたときに割り当てられる不確かさを設定します。新しい山は、説明できない新しいピクセルが現れたときに常に作成されます。そのようなピクセルは、すべてのガウス分布の山がまだ割り当てられていないとき、または既存のガウス分布の山で説明がつかない新しいピクセル値が観測されたとき（この場合は、最も価値の低い既存のガウス分布の山が、この新しい情報用の場所を作るためにリサイクルされます）に現れます。実際には、ノイズ強度を大きくしていくと、与えられた数のガウス分布の山でより多くのことを「説明」できます。もちろん、そのトレードオフとして、観測されたよりも多くのことを説明してしまう傾向があります。ノイズの強度のデフォルト値は15です（ピクセルの輝度は0~255で測られます)。

15.8.2.1 cv::bgsegm::BackgroundSubtractorMOG

KB背景除去アルゴリズムのオブジェクトの実装を汎用インタフェースと分けている主要な要因はコンストラクタです。このベースクラスにはコンストラクタが定義されていなかったことに気づかれたかもしれません。これは、すべての実装は設定すべき独自のパラメータを持っているので、真に汎用的なプロトタイプを用意することは不可能だからです。opencv_contribにあるbgsegmモジュールのcv::bgsegm::BackgroundSubtractorMOGクラス用のコンストラクタのプロトタイプは、次のようになっています。

```
cv::Ptr<cv::bgsegm::BackgroundSubtractorMOG>
  cv::bgsegm::createBackgroundSubtractorMOG(
    int history = 200,
    int nmixtures = 5,
    double backgroundRatio = 0.7,
    double noiseSigma = 0
  );
```

このコンストラクタを用いると、アルゴリズムが動くのに必要な4つのパラメータすべてをみなさんの好きな値に設定することができます。この他にデフォルトのコンストラクタとして、この4つのパラメータを前述のデフォルト値（すなわち、200、5、0.70、15）に設定してくれます。

15.8.3 Zivkovic法

2つ目の背景除去法であるZivkovic法は、任意の特定のピクセルで観測される色の分布をモデル化するのに**混合ガウスモデル**を用いる点でKBアルゴリズムに似ています。しかしながら、これらの2つのアルゴリズムにはかなりはっきりした違いが1つあります。Zivkovic法は、固定数のガウス分布の山を使いません。その代わり、観測された分布に関して全体として最もよい説明を与えるように、山の数を動的に適合させます[Zivkovic04] [Zivkovic06]。これは、山の数が多くなればなるほど、モデルの更新や比較に伴い計算資源がより多く消費されるという悪い点があります。一方で、そのモデルは潜在的にはるかに高い忠実度を持つことができるというよい点があります。

このアルゴリズムはKB法と共通したいくつかのパラメータを持ちますが、それに加えてたくさんのパラメータが導入されています。幸いなことに、それらのうち本質的に重要なのは2つだけで、その他はほとんどがデフォルト値のままにしておくことができます。この重要な2つのパラメータは、履歴（**減衰パラメータ**とも呼ばれます）と分散の閾値です。

1つ目のパラメータである**履歴**は、あるピクセルの色の「経験」が持続する時間を設定します。本質的には、そのピクセルの影響が何もなくなるまでにかかる時間です。この時間のデフォルト値は`500`フレームです。この値は、観測値が「忘れられる」までの近似的な時間です。しかし、このアルゴリズムの内部的には、指数関数的な**減衰パラメータ**と考えるほうがもう少し正確です。デフォルト値の場合、その値は $\alpha = 1/500 = 0.002$ です（すなわち、観測値の影響は $(1-\alpha)^t$ のように減衰します）。

2つ目のパラメータである**分散の閾値**は、信頼度レベルを設定します。新しいピクセルの観測値は、既存のガウス混合分布に対してこの閾値内にある場合にだけ、そのガウス分布の一部と考えられます。分散の閾値の単位はMahalanobis距離の二乗です。これは本質的には、ガウス分布の中心から 3σ 離れているピクセルをその分布に含めたい場合、この分散の閾値を $3 \times 3 = 9$ に設定すればよいことを意味します†19。このパラメータのデフォルト値は実際には $4 \times 4 = 16$ です。

15.8.3.1 cv::BackgroundSubtractorMOG2

`cv::BackgroundSubtractorMOG2`のコンストラクタで、これらの2つの最も重要なパラメータを設定できます。その他のパラメータはこのオブジェクトを作成した後で外から設定することができます（つまり、パブリックなメンバー変数です）。

```
cv::Ptr<cv::BackgroundSubtractorMOG2> cv::createBackgroundSubtractorMOG2(
  int    history       = 500,
  double varThreshold  = 16,
  bool   detectShadows = true
);
```

履歴のパラメータ`history`と分散の閾値のパラメータ`varThreshold`は前に説明したとおりです。新しいパラメータ`detectShadows`は、オプションの影の検出や削除をオンにすることができます。オンにすると、背景の一部であることが明らかではないピクセルが再検討され、単なる暗めな背景かどうかを決定します。影だとわかった場合は、これらのピクセルは特別な値（通常は、背景や前景のピクセルと区別がつく値）で印が付けられます。

これらの2つの重要なパラメータに加えて、次のパラメータがあります。勇気があればいじって

---

†19 Mahalanobis距離は実質的には、任意の共分散行列 Σ を持つ任意の次元数の分散の複雑さを考慮した z スコア（すなわち、ガウス分布の中心からどれくらい離れているかを、その分布の不確かさを単位として測った値）のようなものであることを思い出してください。

$r_M^2 = (\vec{x} - \vec{\mu})^T \Sigma^{-1} (\vec{x} - \vec{\mu})$

この式から、Mahalanobis距離の二乗を計算することがより自然である理由も理解できるでしょう。これは、閾値を r_M ではなく r_M^2 にする理由です。

みてください。

```
class cv::BackgroundSubtractorMOG2 {

  ...

public:

  ...
  int    getNMixtures() const;             // 混合分布の最小数
  void   setNMixtures( int nmixtures );

  double getBackgroundRatio() const;       // 分布の数が十分な場合
  void   setBackgroundRatio( double backgroundRatio );

  double getVarInit() const;               // 新しい分布用の初期の分散
  void   setVarInit( double varInit ) const;

  double getVarMin() const;                // 許容される最も小さい分散
  void   setVarMin(double varMin);

  double getVarMax() const;                // 許容される最も大きな分散
  void   setVarMax(double varMax);

  double getComplexityReductionThreshold() const; // その分布が存在することを
                                                  // 証明するのに必要なサンプル
  void   setComplexityReductionThreshold(double CT);

  bool   getDetectShadows() const;         // trueの場合、影を検出しようとする
  void   setDetectShadows(bool detectShadows);

  int    getShadowValue() const;           // 出力マスク内の
  void   setShadowValue(int shadowValue); // 影のピクセルの値

  double getShadowThreshold() const;       // 影の閾値
  void   setShadowThreshold(double shadowThreshold);
  ...

};
```

これらのパラメータの意味は次のとおりです。nmixturesは、任意のピクセルモデルが持つことができるガウス分布の山の最大数です（デフォルト値は5）。これを増やすと実行時間はかかりますが、モデルの忠実度は増します。backgroundRatioはKBアルゴリズムと同じ意味を持ちます（このアルゴリズムでのデフォルト値は0.90）。varInit、varMin、varMaxは任意の特定のガウス分布の山の分散（σ^2）の初期化値、最小値、最大値です（デフォルト値はそれぞれ15、4、75です）。varInitはKBアルゴリズムのnoiseSigmaのようなものです。CTはZivkovicらが**事前の複雑性低減**（complexity reduction prior）と呼ぶものであり、山が実際に存在することを受け入れるのに必要なサンプル数に関連します。このパラメータのデフォルト値は0.05です。おそらくこの値について知っておくべき最も重要なことは、この値を0.00に設定すると全体のアル

ゴリズムが大幅に簡単化されるということです[†20]（速度と結果の質の両方で）。shadowValueは前景画像に設定される影のピクセルの値です（コンストラクタでdetectShadows引数がtrueに設定されている場合）。このデフォルト値は127です。最後に、shadowThresholdはピクセルが影かどうかを決定するのに使われるパラメータです。shadowThresholdの解釈は、すでにモデル内に存在するものに対してあるピクセルが影と考えられる相対的な明るさの閾値です（例えば、shadowThresholdが0.60の場合、既存のコンポーネントと同じ色を持ち、明るさが0.60倍から1.0倍の間にあるピクセルは影と考えられます）。このパラメータのデフォルト値は0.50です。

15.9 まとめ

本章では、背景除去の具体的な問題を見てきました。この問題は、工場の自動化、セキュリティ、ロボットなどの幅広い実践的なコンピュータビジョンアプリケーションで重要な役割を果たします。さらに、背景除去の基本的な理論から始め、簡単な統計手法に基づきそのような除去をどのように行うかに関する2つのモデルを開発しました。そこから、連結成分分析をどのように使って背景除去の結果の有用性を増すかを示し、2つの手法を比較しました。

本章では最後に、OpenCVが完全な実装として提供するより進んだ背景除去法を見ました。これらの手法は、本章の最初で詳細に開発したより簡単な手法に考え方は似ていますが、より難しい実世界の応用に向けて改良がなされています。

15.10 練習問題

1. cv::accumulateWeighted()を使って、背景除去の平均法を再実装してください。それを行うために、ピクセル値の移動平均を学習し、画像の標準偏差の代わりとして、差分の絶対値（cv::absdiff()）の平均値と移動平均を求めてください。
2. 影は、前景物体として現れることがあるので、背景除去で問題となることがよくあります。背景除去の平均法またはコードブック法を使って、背景を学習してください。その後、前景に人を歩かせてください。影は前景物体の下から「生じ」ます。
   a. 屋外では、影はその周囲より暗く青くなります。この事実を使って影を除去してください。
   b. 屋内では、影はその周囲より暗くなります。この事実を使って影を除去してください。
3. 本章で紹介した単純な背景モデルは、閾値パラメータに影響を受けやすいことがよくあります。「17章 トラッキング」ではどのように動きをトラッキングするかを説明しますが、これを背景モデルとその閾値の妥当性チェックとして使うことができます。さらに、既知の人物が

†20 「大幅に簡単化される」をより技術的に定義すると、CTを0.00に設定することで実際に起こるのは、ZivkovicのアルゴリズムがStaufferとGrimsonのアルゴリズムと非常に似たものに簡単化されるということです。このStaufferとGrimsonのアルゴリズムについては詳細を説明しませんが、Zivkovicの論文に引用されているもので、比較基準としてZivkovicのアルゴリズムを改良したものです。

カメラの前を「キャリブレーションウォーク」しているときにもこれを使うことができます。つまり、動いている物体を見つけ、その前景物体が動きの境界に一致するまでパラメータを調整するのです。さらに、背景の一部が隠されていることがわかっている場合、キャリブレーション用の物体自身（または背景）上の特徴的なパターンを、妥当性チェックおよびチューニングのためのガイドに使うことができます。

a. 本章で紹介した単純な背景モデルのコードを、自動キャリブレーションモードを含むように修正してください。背景モデルを学習した後、シーンに明るい色の物体を置いてください。その色の情報を利用して物体を見つけ、その物体を使って背景ルーチンの閾値を自動設定し、物体が分離されるようにしてください。継続的にチューニングするために、この物体をシーンに残しておくのもよいでしょう。

b. 改訂版のコードを使って、練習問題 2 の影の除去問題に対処してください。

4. 背景分離を使って、腕を伸ばしている人物を分離してください。また、findConnectedComponents() のさまざまなパラメータとデフォルト値の効果を調査してください。次の値をさまざまに設定した結果を報告してください。

 a. poly1_hull0

 b. DP_EPSILON_DENOMINATOR

 c. perimScale

 d. CVCLOSE_ITR

5. OpenCV をインストールしたディレクトリにある .../samples/data/tree.avi を使って、cv::bgsegm::BackgroundSubtractorMOG と cv::BackgroundSubtractorMOG2 が動いている手の分離に対してどのように機能するのかを比較検討してください。この動画の最初の部分を使い、背景を学習し、この動画の後のほうの部分で動いている手を分離してみてください。

6. 少し遅くなるかもしれませんが、入力される動画に対して cv::bilateralFilter() を使って最初にフィルタ処理を行い、背景除去を試してみてください。すなわち、入力ストリームをまず平滑化し、コードブックを用いた背景除去ルーチンによる背景の学習に渡した後、前景のテストを行ってください。

 a. バイラテラルフィルタ処理を行わなかった場合と比べた結果を示してください。

 b. バイラテラルフィルタの sigmaSpace と sigmaColor を系統的に変えてみてください（例えば、スライダーを付けて、インタラクティブに値を変更できるようにしてください）。その結果を比較してください。

16章 キーポイントと記述子

16.1 キーポイントとトラッキングの基礎

この章では、画像中の有益な情報である特徴点について説明します。最初に**コーナー**と呼ばれるものを説明し、サブピクセル領域における定義について述べます。次に、オプティカルフローを使用したコーナーのトラッキング（追跡）の手法を学びます。コーナー追跡手法は歴史的に**キーポイント**理論の方向に進化してきました。本章の後半では、OpenCV ライブラリに実装されたキーポイントの特徴点検出器と、特徴量の**記述子**の広範な議論も含め、キーポイント理論について解説します[†1]。

キーポイントとコーナーに共通した考え方は、似たような別々の画像に写っている同じシーンや物体を、同じか少なくとも非常に類似した不変の形式で表現することができれば、多くの応用で有用であろうという直感に基づいています。これを行うための強力な手段がコーナーとキーポイントの表現です。コーナーは、画像の局所的な情報を豊富に持った小さなパッチであり、別の画像でも同じコーナーが認識される可能性が高いものです。キーポイントはこの概念の拡張で、画像の小さな局所パッチの情報を、見つけやすく、かつ少なくとも原理的にはほぼ唯一のものになるようにエンコードしたものです。キーポイントに関する記述可能な情報は記述子という形に要約されます。記述子はたいてい、そのキーポイントを形成するピクセルパッチよりも次元数がかなり低い情報です。記述子のおかげで、そのパッチが他の異なる画像に現れたときに、対応する同じパッチを簡単に見つけることができるのです。

直感的には、キーポイントはジグソーパズルの 1 ピースのようなものだと考えることができます。パズルを組み立て始めると、いくつかのピースは簡単に認識できます。例えばドアの取っ手、顔、教会の尖塔といった部分です。パズルを組み立てるときは、これらのキーポイントを箱に示さ

†1 本章で扱う特徴点は、主にメインライブラリに収容されメインライブラリのライセンス条項が適用されているものに限定します。これに対し、xfeatures2D モジュール（「付録 B　opencv_contrib モジュール」参照）には新しい実験的機能や、「nonfree（ライセンスフリーではない）」の特徴点検出器や特徴量記述子が多数収録されています。本章では nonfree の機能のうち SIFT と SURF だけを取り上げます。これは、その 2 つが歴史的、実践的、教育的にも非常に重要であるからです。

れた完成図と見比べながらすぐに発見できるので、どこに置いたらよいかが簡単にわかります。そういう場合だけではなく、仮にみなさんと友人が2つのばらばらのパズルを持っていたとして、それらがどちらとも、例えば美しいノイシュヴァンシュタイン城の画像なのかどうかを知りたいとしましょう。両方のパズルを完成させてから比較することもできるでしょうが、それぞれのパズルから特徴が突出したピースだけを取り出して比べることもできます。後者のやり方では、いくつかのペアのピースを比較するだけで、両者がまったく同じ絵柄なのか、あるいは同じ城ではあっても違う見た目なのかといったことについて確信を持つことができます。

本章では、キーポイント研究の最も初期のものと言えるHarrisコーナーから始め、キーポイント理論の基本を押さえます。次にそのようなコーナーを使った**オプティカルフロー**の概念を説明します。オプティカルフローの基本的なアイデアは、ビデオシーケンスにおいて、あるフレームから別のフレームにわたりそのようなキーポイントを追跡するということです。その後、より現代的なキーポイントや記述子の理論について解説し、OpenCVでどのように検出するのか、そしてフレーム間でどのようにキーポイントを対応づけるのかといったことについて考察します。最後に、検出されたキーポイントを画像上に簡単に重ね合わせて表示できる方法を紹介します。

16.1.1 コーナー検出

トラッキングに利用できる局所的な特徴には多くの種類があります。そのような特徴の定義の正確な組み立て方については十分に時間をかけて検討する価値があります。仮に、だだっ広くて真っ白な壁の中の1点を追跡用の点として選んでしまうと、動画の次のフレームで同じ点を見つけることは容易ではない、ということは明らかでしょう。

あるいは、壁のすべての箇所が同じか非常に似ている模様であっても、以降のフレームでその同じ点を正確に追跡することはほとんどできません。ところが一意な点を選択しておけば、その点を次のフレームで再度見つけられる可能性がかなり高くなります。選択する点や特徴は、一意かほぼ一意でなければならないので、別の画像の他の点と比較できるようにパラメータ化しておく必要があります（**図16-1**参照）。

先ほどの広い白壁から得られる直感に戻って考えると、すぐさま、明るさが強く変化する点、例えば微分値が大きい場所を探せばよいのではないかという考えが思い浮かぶかもしれません。結論から言うとそれだけでは十分ではありませんが、スタートとしてはよい着眼点です。大きい微分値を持つ点は、ある種のエッジである可能性も高く、同じエッジに沿った他のすべての点にも当てはまってしまうのです（「16.1.2　オプティカルフローの概要」で説明し、**図16-8**に示しているアパーチャ問題参照）。

図16-1 円でマークされた点はトラッキングに適切な特徴点だが、四角でマークされた点は（明確にエッジと定義されるものでさえも）不適切である

しかし、すぐ近くの2方向で大きい微分値が観察されれば、その点は固有なものである可能性が高いと考えられます。こういった理由から追跡可能な特徴点の多くは**コーナー**と呼ばれています。直感的にはコーナー（エッジではなく）とは、あるフレームから次のフレームにわたって追跡するのに十分な情報を含んでいる点のことです。

最も一般的なコーナーの定義はHarris [Harris88] によって提案されたものです。この定義は、前の段落の直感を数式で表現したものです。詳細は後で見ていきますが、差し当たって重要なのは、OpenCVを使えばトラッキングに適した点を画像から簡単に見つけられるということであり、その識別にはHarrisの手法が使われています。

16.1.1.1 cv::goodFeaturesToTrack() を用いてコーナーを見つける

関数 `cv::goodFeaturesToTrack()` には、Harrisの手法と、Shi-Tomasi [Shi94] の手法に少し改良を加えたものが実装されています。この関数は必要な微分演算子を簡易的に計算して解析し、追跡に適しているという定義に合致した点のリストを返します。

```
void cv::goodFeaturesToTrack(
  cv::InputArray  image,                          // 入力。CV_8UC1 または CV_32FC1
  cv::OutputArray corners,                        // コーナーの出力ベクトル
  int             maxCorners,                     // 保持するコーナー数
  double          qualityLevel,                   // 最良値（割合）
  double          minDistance,                    // この距離内のコーナーを棄却
  cv::InputArray  mask              = noArray(), // mask = 0 のコーナーを無視
  int             blockSize         = 3,         // 使用する近傍領域のサイズ
  bool            useHarrisDetector = false,     // false なら Shi-Tomasi 法
  double          k                 = 0.04       // Harris 法の測度に使用
);
```

入力画像 `image` は、8ビットか32ビット（つまり `8U` か `32F`）の単一チャンネル画像です。出力されるコーナー `corners` は、見つかったすべてのコーナーを含む `STL vector` か配列です（入

力によります)。vectorの場合は、cv::Point2fオブジェクトのvectorにする必要があります。cv::Matの場合は、各コーナーにつき1行と、その点のxとy座標を格納した2列を持ちます。maxCornersでは検出されるコーナーの数、qualityLevel(通常は0.10〜0.01。1.0が最大)では返される点の品質、そしてminDistanceでは隣接するコーナー間の最小間隔を制限することができます。

引数maskを指定する場合、imageと同じサイズでなければならず、maskが0の箇所はコーナーが生成されません。blockSize引数は、コーナー計算時に考慮する領域の大きさを示します。典型的な値は3ですが、高解像度の画像ではこれをもう少し大きくしたいときもあるでしょう。useHarrisDetector引数をtrueに設定すると、cv::goodFeaturesToTrack()はHarrisのオリジナルのアルゴリズムの厳密なコーナー強度式を使用します。falseに設定すると、Shi-Tomasiの手法を使用します。パラメータkはHarrisアルゴリズムでだけ使用され、デフォルト値のままにするのが最善です[†2]。

16.1.1.2 サブピクセルコーナー

画像処理の目的が、認識用に特徴を抽出することではなく、幾何学的な測定値を抽出することであれば、通常はcv::goodFeaturesToTrack()で得られる単純なピクセル値よりも高い解像度が必要になります。言い換えると、通常ピクセルは整数座標として得られますが、実数座標(例えばピクセル座標(8.25, 117.16))が必要になることもあります。

遠方の星のような、カメラ画像内の特定の小さな物体を探しているケースを考えてみましょう。その場合、実際の星の位置がカメラのピクセル要素の正確な中心にくることはほとんどありません。この問題を解決するには、このような状況ではたいてい物体からの光の一部が隣接ピクセルにも現れることを利用し、それらのピクセル値に曲面をフィッティングすることでピクセル間のピーク発生位置を計算します。サブピクセルコーナー検出の技術はほとんどこの種のアプローチによるものです(概要や新しい手法についてはLucchese[Lucchese02]やChen[Chen05]を参照)。そのような計測は、例えば3次元再構成のためのトラッキングやカメラキャリブレーションなどに応用できます。他にも、一部が重なっている複数の画像を最も自然に結合できるように変形したり、衛星画像の建物の正確な位置を示す外部信号を検出したりするのにも使われます。

サブピクセル精細化で最もよく使われるテクニックの1つは、あるベクトルとそれに直交したベクトルの内積が0であるという数学的見解に基づいたものです。図16-2に示すように、このような状況はコーナーの位置で発生します。

†2 この章の後半では、本質的には「コーナー」の一般形であるキーポイントを計算する種々の方法を取り扱います。そこではHarrisのアルゴリズムを含む、多くのキーポイント検出アルゴリズムについて詳しく議論します。アルゴリズムとこれらのパラメータの具体的な書き方についてもそこで説明します。

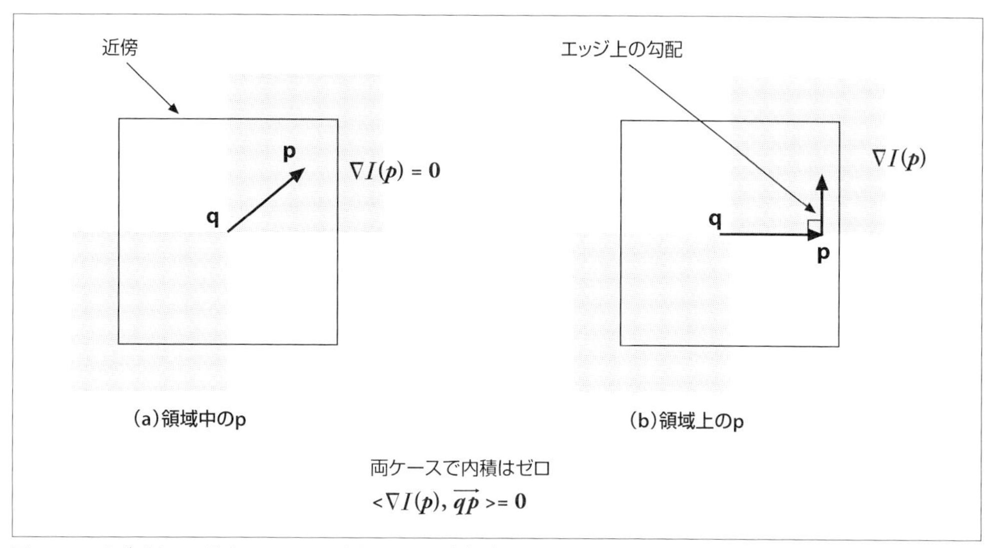

図16-2 サブピクセル精度のコーナーを見つける。(a) 点 p の周りの画像領域は一様であり、その勾配は 0 である。(b) エッジにおける勾配は、エッジに沿ったベクトル $\overrightarrow{qp}$ に直交する。いずれの場合も、p の勾配とベクトル $\overrightarrow{qp}$ との間の内積は 0 である（本文参照）

図16-2 では、実際のサブピクセルコーナーと距離が近い開始コーナー座標 q を仮定しています。始点を q、終点を p とするベクトルを考えます。p が近傍の均一または「平坦」な領域内にあるとき、勾配は 0 です。一方、ベクトル $\overrightarrow{qp}$ がエッジに沿っているとすると、その辺の p の勾配はベクトル $\overrightarrow{qp}$ と直交します。どちらの場合も、p の勾配と $\overrightarrow{qp}$ の間の内積は 0 です。近傍点 p とそれに結びつくベクトル $\overrightarrow{qp}$ において、そのような多くの勾配ペアを集め、その内積を 0 に設定することで、その集合を方程式として解くことができます。その解は q のより正確なサブピクセル座標、すなわちコーナーの正確な座標になっています。

サブピクセルコーナー検出を行う関数は `cv::cornerSubPix()` です。

```
void cv::cornerSubPix(
  cv::InputArray       image,            // 入力画像
  cv::InputOutputArray corners,          // 推測の入力と結果の出力
  cv::Size             winSize,          // 範囲は N × N。N = (winSize * 2 + 1)
  cv::Size             zeroZone,         // 無視する場合は cv::Size(-1,-1)
  cv::TermCriteria     criteria          // 精細化を止める条件
);
```

入力画像 `image` は、コーナーを計算する元の画像です。配列 `corners` には、例えば `cv::goodFeaturesToTrack()` などで取得した整数のピクセル座標が含まれています。これはコーナー位置の初期推定に使用されます。

先に説明したように、サブピクセル位置の実際の計算では、ゼロになる組み合わせを表す内積の方程式を使用します（**図16-2** 参照）。これらの各方程式は、p 周辺の領域内のある 1 点のピクセル

を考慮することで得られます。パラメータ winSize では、これらの方程式が生成されるウィンドウのサイズを指定します。このウィンドウの中心は元の整数のコーナー位置にあり、winSize で指定されたピクセル数だけ各方向に外側へ伸びます（例えば、winSize.width = 4 の場合、実際の探索領域の幅は $4+1+4=9$ ピクセルです）。これらの方程式は、1つの自己相関行列の逆変換によって解くことができる線形方程式です[†3]。実際はこの行列は常に正則というわけではありません。なぜなら p に近いピクセルから生じる固有値が非常に小さいからです。これを防ぐために p のすぐ近くにあるピクセルは考慮に入れないのが一般的です。パラメータ zeroZone は、等式を拘束する方程式つまり自己相関行列で、**考慮しない**ウィンドウを定義します（winSize に似ていますがそれよりは常に小さいウィンドウです）。そのような除外領域が必要ないときはこのパラメータに cv::Size(-1,-1) を指定します。

q の新しい位置が見つかると、このアルゴリズムはその値を出発点として計算を反復し、ユーザー指定の終了基準に達するまで続行します。この基準は、cv::TermCriteria::MAX_ITER 型でも cv::TermCriteria::EPS 型でも（またはその両方でも）よく、通常は cv::TermCriteria() 関数で設定されます。cv::TermCriteria::EPS を使用すると、サブピクセル値に必要な精度を効率的に指定することができます。例えば 0.10 を指定すると、ピクセルの 1/10 までのサブピクセル精度で求めることができます。

16.1.2 オプティカルフローの概要

オプティカルフローの役割は、ある画像の多数の（場合によってはすべての）点が、2つ目の画像ではどこに移動したかを見つけることです。これは通常、ビデオシーケンスに対して行われます。その理由は、1つ目のフレームにあった点のほとんどが2つ目のフレームのどこかにあると考えるのが自然だからです。オプティカルフローは、シーン中の物体の動き推定、またはシーン全体に対するエゴモーションなどに利用可能です。動いているという情報は、セキュリティカメラなどの多くのアプリケーションにおいて、特に関心がある部分や興味深いことが起こっている場所を示しています。オプティカルフローの模式図を**図16-3**に示します。

†3 後ほど Harris コーナーの内部動作の説明でも別の自己相関行列が出てきますが、両者は無関係です。

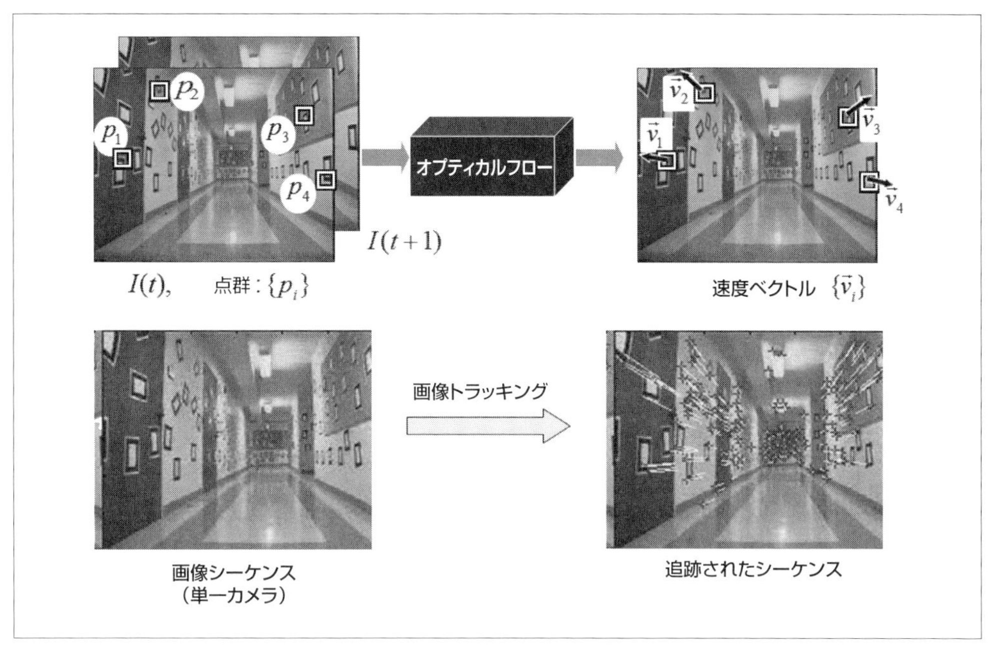

図16-3 オプティカルフロー。対象特徴点（左）が時間とともに追跡され、その動きが速度ベクトルに変換される（右）。（元画像は Jean-Yves Bouguet の厚意による）

オプティカルフローアルゴリズムの理想的な出力は、2つのフレームの各ピクセルにおける速度の推定値の関係です。あるいはそれと等価ですが、一方の画像内の各ピクセルから見た他方の画像内の対応するピクセルの相対位置を示す変位ベクトルです。そのような構造が画像内のすべてのピクセルに適用されたものを通常、**密なオプティカルフロー**と呼びます。他にも、**疎なオプティカルフロー**アルゴリズムと呼ばれる、画像内の点のサブセットだけを追跡する代替クラスもあります。疎なオプティカルフローは追跡が容易な画像内の特定の点に限定するので、高速で信頼性の高いアルゴリズムです。OpenCV には追跡に適した点を識別するのに役立つ多くの手法が用意されていて、先に紹介したコーナーはその中のごく一部にすぎません。多くの実用的アプリケーションでは、比較的計算コストが低い疎な追跡が使われており、密な追跡は専ら学術分野で扱われています[†4]。本節ではまず1つの疎なオプティカルフロー手法について解説します。その後で疎なオプティカルフロー用のより強力なツールを紹介し、最後に密なオプティカルフローについて述べます。

†4 Black と Anandan により密なオプティカルフローの手法が開発されました[Black93] [Black96]。これは映画制作でよく用いられていますが、それは見た目のクオリティのために映画スタジオで思う存分時間をかけて詳細なフロー情報を取得するからです。これらの手法は、OpenCV の後のバージョンに含まれる予定です（23 章参照）。

16.1.3 Lucas-Kanade 法による疎なオプティカルフロー

1981年に最初に提案されたLucas-Kanade（LK）アルゴリズム[Lucas81]は元来、**密な**オプティカルフロー（すなわち各ピクセルのフロー）を生成するアイデアでした。ところがこの手法は入力画像内の点のサブセットに適用しやすいため、現在は**疎な**オプティカルフローにとって重要な技術となっています。疎な状況に適用できる理由は、このアルゴリズムが各注目点を囲む小さなウィンドウから導出された局所的な情報にだけ依存するからです。Lucas-Kanade法で小さな局所的ウィンドウを使用することの欠点は、動きが大きいと点が局所的ウィンドウの外に出てしまう可能性があり、そうなるとアルゴリズムで見つけることが不可能になってしまうことです。この問題の解決策として「ピラミッド型」のLKアルゴリズムが開発されました。このアルゴリズムでは、画像ピラミッドの上位レベル（最低解像度）から始まり下位レベル（高解像度）までを追跡します。画像ピラミッドの各層にわたって追跡することで、局所的ウィンドウによって大きな動きもとらえることができます[†5]。

この手法は効果的で重要なので、以降で数学的な詳細を説明しておきます。詳細なしで済ませたい方は関数説明とコードにスキップしてもよいでしょう。とはいえ、少なくともLucas-Kanade法のオプティカルフローの背景にある仮定を説明している箇所の文章と図には目を通すことをお勧めします。そうしておくと、うまく追跡しない場合の対処法も理解しやすいはずです。

16.1.3.1 Lucas-Kanade 法の仕組み

LKアルゴリズムの基本的な考え方は、次の3つの前提に基づいています。

明るさの不変性

シーン内の物体の画像ピクセルは、フレーム間で位置が変わってもほとんど外観は変化しません。そこで、グレースケール画像（LKはカラーでも可）においては、フレーム間の追跡中、ピクセル輝度が変化しないと仮定します。

時間的持続性または「小さな動き」

表面パッチ画像の動きは、時間経過とともにゆっくりと変化します。これは実質的には、画像の動きのスケールに対して時間的な増加のほうが十分に速いため、物体がフレーム間であまり動かないということを意味します。

空間的な一貫性

あるシーンの近傍にある複数の点は同じ表面に属し、同様の動きをし、画像平面上でも近くに投影されます。

---

†5 OpenCVで実装された画像ピラミッドフレームワークのLucas-Kanadeオプティカルフローは、Bouguet [Bouguet04]の未発表論文に明確に記述されています。

これらの仮定が、どのように効果的なトラッキングアルゴリズムに結びつくかを**図16-4**に示します。最初の項目である明るさ不変性は、追跡されている1つのパッチ内のピクセルが、時間が経過しても同じように見えるというだけのことです。定義式は次のようになります。

$$f(x,t) \equiv I(x(t),t) = I(x(t+dt),t+dt)$$

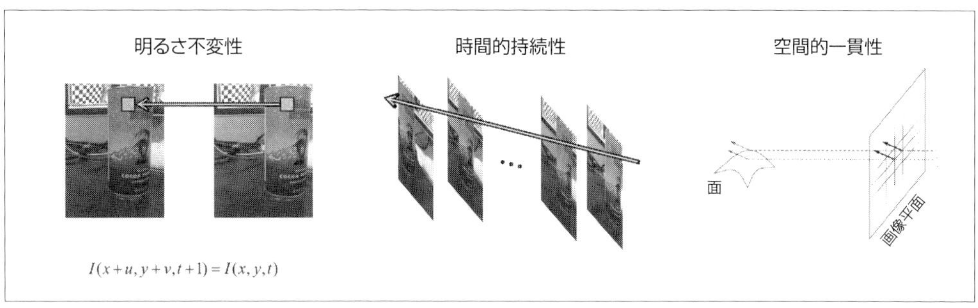

図16-4 Lucas-Kanade オプティカルフローの前提条件。シーンの物体上でパッチが追跡されている場合、パッチの輝度は変化しない（左）。動きはフレームレートに比べて遅い（中央）。近傍の点は近傍に留まる（右）。（元画像は Michael Black [Black92] の厚意による）

追跡するピクセルの輝度が時間が経っても変化しないという要件は、次のように簡単に表すことができます。

$$\frac{\partial f(x)}{\partial t} = 0$$

第2の仮定の時間的持続性は、本質的にはフレームごとの動きが小さいことを意味します。言い換えると、この変化を時間に関する輝度の微分で近似できるということです（すなわちシーケンス内のフレーム間の変化が**限りなく小さい**とみなせる）。この前提の意味を理解するため、まずは単一の空間次元の場合について考えます。

ここではまず明るさ不変の式から始め、t に関する x の暗黙の依存性 $I(x(t),t)$ を考慮しながら、明るさの定義 $f(x,t)$ を代入し、それから偏微分の連鎖規則を適用します。すると次の式が導き出されます。

$$I_x \cdot v + I_t = \left.\frac{\partial I}{\partial x}\right|_t \left(\frac{\partial x}{\partial t}\right) + \left.\frac{\partial I}{\partial t}\right|_{x(t)} = 0$$

ここで I_x は1つ目の画像全体にわたる空間微分であり、I_t は時間に関する画像間の微分、v は求める速度です。したがって、単純な1次元の場合のオプティカルフローの速度は次の簡単な式で表されます。

$$v = -\frac{I_t}{I_x}$$

さて、この1次元の追跡課題を直感的にとらえるために**図16-5**を見てください。このグラフでは左側が高い値、右側が低い値になっていて、x 軸に沿って右側に移動する「エッジ」を表しています。私たちの目標は、**図16-5**の上図に示しているように、エッジが動いている速度 v を特定することです。下図を見ると、この速度の測定値はちょうど「上昇/距離」になることがわかります。ここで上昇とは時間の経過であり、距離は傾き（空間微分）です。負の符号で x の傾きを補正します。

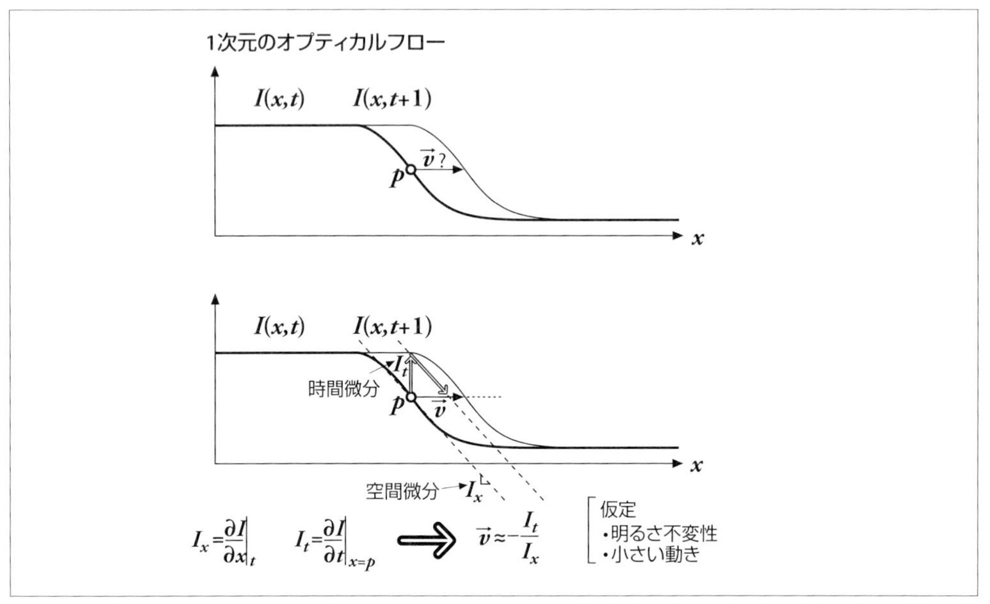

図16-5　1次元のLucas-Kanadeオプティカルフロー。時間経過に伴う輝度の微分を空間上の輝度の微分で割った比を計算すれば、動いているエッジ（上図）の速度を推定することができる

図16-5は、オプティカルフローの公式のもう1つの側面も明らかにしています。先ほどの仮定はおそらく現実とはそれほど一致していません。例えば画像の明るさは実際にはそれほど安定していないことが多いのです。時間間隔（カメラの設定）も、動きの速さに比べて私たちが望むほど速くないことがほとんどです。このような理由から速度の解が正確にはなりません。しかし「十分に近い」のであれば反復により解にたどり着くことができます。その繰り返しの様子を**図16-6**に示します。ここでは、最初の（不正確な）推定値を次の反復の開始点とし、繰り返します。明るさ不変性の仮定、すなわち x 方向に動くピクセルは変化しないということから、x 方向の空間微分は最初のフレームで計算されたものと同じものを使い続けることができます。この計算済みの空間微分の再利用により計算量を大幅に節約できます。時間に関する微分については、反復とフレームごとに再計算をしなければなりませんが、開始時点のものが十分近ければ約5回の反復でほぼ正解に収束します。これは**ニュートン法**として知られています。初期推定値が十分に近くなければニュート

ン法は発散してしまうでしょう。

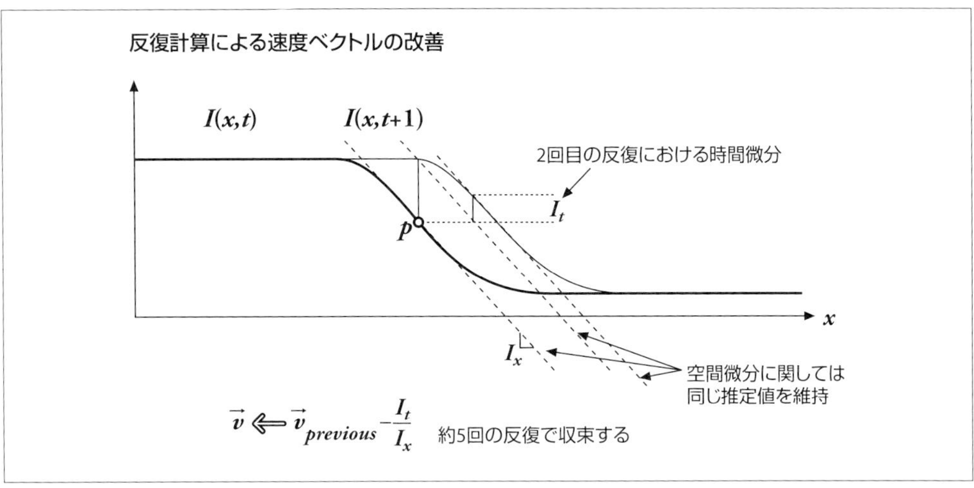

図16-6 オプティカルフローの解を改善する反復手法（ニュートン法）。2 つの画像と同じ空間微分（勾配）を用い、時間微分について再度解く。通常は数回の反復で安定解に収束する

1 次元の解法について理解したので、2 次元の画像に一般化してみましょう。少し考えるとこれは単に y 座標を加えるだけでよいことがわかります。少し表記法を変え、速度の x 成分を u、y 成分を v と呼ぶことにすると次のように表されます。

$$I_x u + I_y v + I_t = 0$$

これは多くの場合、次の単一のベクトル方程式で記述されます。

$$\vec{\nabla} I \cdot \vec{u} = -I_t$$

ただし

$$\vec{\nabla} I = \begin{bmatrix} I_x \\ I_y \end{bmatrix}, \quad \vec{u} = \begin{bmatrix} u \\ v \end{bmatrix}$$

この単一の方程式には残念ながら、与えられたピクセルに関して 2 つの未知数が存在します。これはつまり、1 つのピクセルでは計算値が拘束されず、その点における 2 次元運動の唯一の解を得られないということです。代わりに、運動成分がフロー式によって記述された線に対して垂直、つまり「法線方向」だけであると仮定すれば、方程式を解くことができます。図16-7 に幾何的配置を示します。

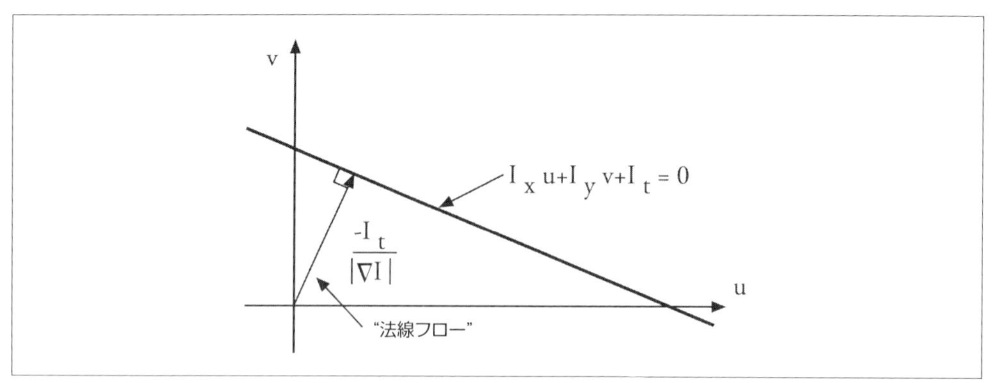

図16-7　単一ピクセルにおける2次元オプティカルフロー。1ピクセルでのオプティカルフローは劣決定であるため、最大でも、オプティカルフローの式が表す直線に垂直な（「法線」方向の）動きしか求められない

通常のオプティカルフローでは**アパーチャ問題**が起こります。これは小さなアパーチャ（開口部）やウィンドウを使って動きを推定するときに発生します。小さなアパーチャで動きを検出する場合、コーナーではなくエッジだけしか見えないことがよくあります。しかしエッジだけでは、物体全体がどのように（つまりどの方向に）動いているかを正確に判断するには不十分です（**図16-8**参照）。

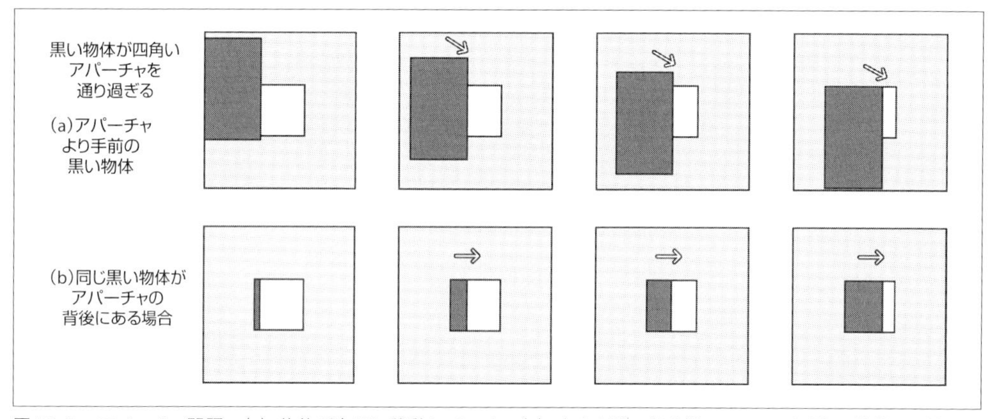

図16-8　アパーチャ問題。(a) 物体が右下に移動している。(b) 小さな開口部を通してエッジが右に移動する様子は見えるが下向きの動き成分は検出できない

それではいったいどうやって、ある1つのピクセルに対して、この問題を解決すればよいのでしょうか？ 完全な動きを得ることはできないのでしょうか？ 最後のオプティカルフローの仮定に望みを託して着目してみることにしましょう。局所的なピクセルパッチの動きに一貫性があれば、周囲ピクセルを使った方程式を立てることで、中心ピクセルの動きを容易に解くことができます。

例えば、注目ピクセル周囲の 5 × 5 サイズ[†6]のウィンドウ（カラーベースのオプティカルフローの場合はこの 3 倍）の輝度値を用いてモーションを計算すると、次のように 25 個の式を設定できます。

$$A_{25\times 2}\cdot d_{2\times 1}=\begin{bmatrix} I_x(p_1) & I_y(p_1)\\ I_x(p_2) & I_y(p_2)\\ \vdots & \vdots\\ I_x(p_{25}) & I_y(p_{25})\end{bmatrix}\begin{bmatrix}u\\ v\end{bmatrix}=-\begin{bmatrix}I_t(p_1)\\ I_t(p_2)\\ \vdots\\ I_t(p_{25})\end{bmatrix}=b_{25\times 1}$$

これで、5 × 5 ウィンドウ内にエッジが 2 つ以上含まれていれば、解を求めるのに十分な拘束条件を満たす方程式を得ることができました。この方程式を解くために最小二乗法を適用し、$\min \|Ad-b\|^2$ を次の標準形式で解きます。

$$(A^TA)_{2\times 2}\cdot d_{2\times 1}=(A^Tb)_{2\times 2}$$

この関係から u と v の運動成分が得られます。より詳細に書くと次のようになります。

$$(A^TA)\cdot d=\begin{bmatrix}\sum I_xI_x & \sum I_xI_y\\ \sum I_yI_x & \sum I_yI_y\end{bmatrix}\begin{bmatrix}u\\ v\end{bmatrix}=-\begin{bmatrix}\sum I_xI_t\\ \sum I_yI_t\end{bmatrix}=(A^Tb)$$

この方程式の解は次のようになります。

$$\begin{bmatrix}u\\ v\end{bmatrix}=(A^TA)^{-1}A^Tb$$

これが解けるのはどのような場合でしょうか？ それは (A^TA) が正則のときです。(A^TA) が正則なのは、フルランク（2）、つまり 2 つの大きな固有ベクトルが存在する場合です。これは、少なくとも 2 方向に動くテクスチャを含んだ画像領域において生じます。この場合、(A^TA) は追跡ウィンドウが画像内のコーナー領域の中央に位置するときに最良の特性を持ちます。これは Harris コーナー検出器についての以前の議論に戻ります。実際、こういったコーナーは (A^TA) に 2 つの大きな固有ベクトルがあるという理由からも「トラッキングに適した特徴点」です（`cv::goodFeaturesToTrack()` に関するこれまでの説明を参照）。この計算が `cv::calcOpticalFlowPyrLK()` 関数によってどのように行われるかを順番に見ていきましょう。

動きが小さく一貫しているという前提条件の意味を理解しているみなさんは、ここで疑問を持たれるでしょう。実際の 30Hz で動作する多くのビデオカメラでは、動きが大きくて変化が激しいケースはごく普通に起こりえるのではないか、という疑問です。実際、Lucas-Kanade 法のオプ

†6　もちろんウィンドウサイズは 3 × 3 や 7 × 7 など任意のものを選択できます。ただし、ウィンドウが大きすぎると動きの一貫性の仮定に反してしまい、うまく追跡できなくなります。ウィンドウが小さすぎると再びアパーチャ問題が発生します。

ティカルフロー自体は、まさにこのような理由でうまく動作しません。大きなウィンドウで大きな動きをとらえようとしても、大きなウィンドウでは「一貫性のある動き」の仮定が破られてしまうことがよくあります。このような問題を回避するために、画像ピラミッドが使用されます。これにより、最初に大きい空間スケールで追跡しておいて、元の画像ピクセルに達するまで画像ピラミッドの層を下ることで、初期の動きの速度の仮定を段階的に高精度化していくことができます。

つまりこの推奨手法では、最初に最上位層のオプティカルフローを計算し、次に、結果として生じた動き推定値を次の下層の初期値として使用します。最下層のレベルに達するまでこの方法でピラミッド計算を続けます。こうすれば動きの仮定に反するのを最小限に抑えながら、より速く長期間の動きを追跡することができます。このさらに精密な手法は**ピラミッド型 Lucas-Kanade オプティカルフロー**と呼ばれていて、その概要を**図16-9**に示します。ピラミッド型 Lucas-Kanade オプティカルフローを実装している OpenCV 関数が、次に説明する `cv::calcOpticalFlowPyrLK()` です。

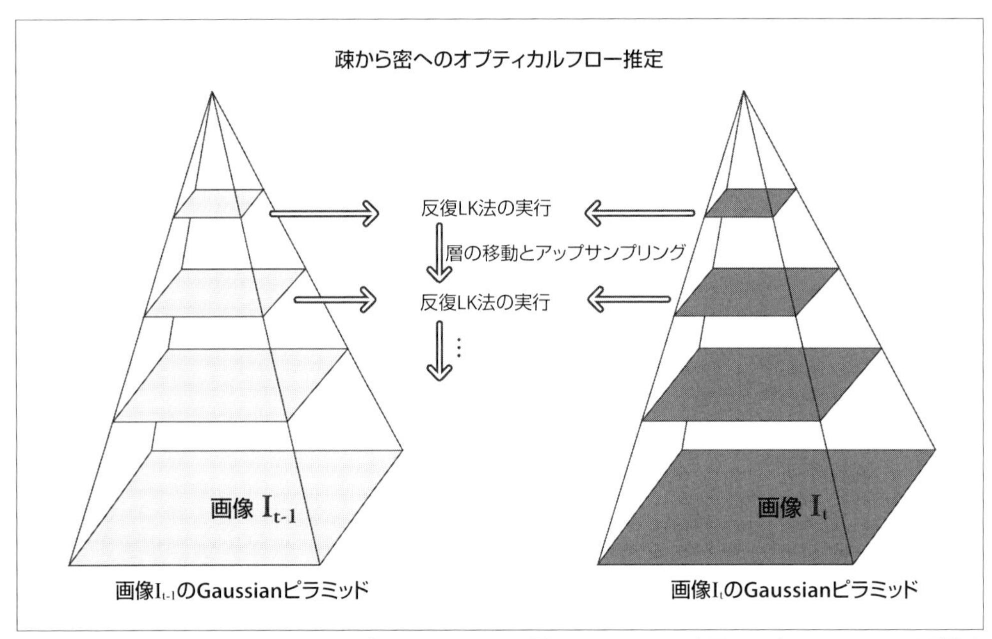

図16-9 ピラミッド型 Lucas-Kanade オプティカルフロー。最初にピラミッドの上層でオプティカルフローを計算することで、動きの小ささと一貫性の仮定に反すると生じる問題が緩和される。上の層の動き推定値が次の層の動き推定の初期値として使用される

16.1.3.2 ピラミッド型 Lucas-Kanade 関数 (cv::calcOpticalFlowPyrLK())

ここまで見てきた、ピラミッド型 Lucas-Kanade のオプティカルフローは、OpenCV では関数 `cv::calcOpticalFlowPyrLK()` を使って計算することができます。このオプティカルフロー関

数は「追跡するのによい特徴点」を使用し、各点の追跡がどの程度進んでいるかの指標を返します。

```
void cv::calcOpticalFlowPyrLK(
  cv::InputArray       prevImg,        // 前の画像（t-1）、CV_8U
  cv::InputArray       nextImg,        // 次の画像（t）、CV_8U
  cv::InputArray       prevPts,        // 始点 2 次元ベクトル（CV_32F）
  cv::InputOutputArray nextPts,        // 結果の終点 2 次元ベクトル（CV_32F）
  cv::OutputArray      status,         // 各点について、見つかれば 1、見つからなければ 0
  cv::OutputArray      err,            // 検出した点の誤差値
  cv::Size             winSize         = cv::Size(15,15),  // 検索ウィンドウのサイズ
  int                  maxLevel        = 3,                // 追加するピラミッド層数
  cv::TermCriteria     criteria        = cv::TermCriteria( // 検索を終了する条件
                         cv::TermCriteria::COUNT | cv::TermCriteria::EPS,
                         30,
                         0.01
                       ),
  int                  flags           = 0,     // 推測値や固有値の使用
  double               minEigThreshold = 1e-4   // 空間勾配行列
);
```

この関数には多くのパラメータがあるのでそれぞれの役割を把握するのに少し時間を割きましょう。これらの使い方を把握すれば、後はどの点が追跡に適しているか、どのようにしてそれらを計算するかといった次のステップに進むことができます。とはいえ、基本的な手順自体はシンプルです。まず画像を与え、prevPts で追跡したい点群を指定し、この関数を呼び出すだけです。関数から戻ってきたときは、配列 status をチェックすればどの点が正常に追跡されたかを知ることができますし、nextPts をチェックすればそれらの点の新しい位置を知ることもできます。さあ、続いて詳細に進みましょう。

cv::calcOpticalFlowPyrLK() の最初の 2 つの引数 prevImg と nextImg には前後の画像を指定します。両方が同じサイズ、チャンネル数である必要があります[†7]。次の 2 つの引数 prevPts と nextPts は、最初の画像の特徴点の入力リストと、次の画像で得られた対応する特徴点が格納される出力リストです。これらは $N \times 2$ の配列、もしくは点の STL vector です。配列 status と err の情報からは、マッチングがどのように成功したかを知ることができます。具体的には、status 内の各要素が prevPts の対応する特徴が完全に検出されたかどうかを示しています（prevPts[i] が nextImg で発見された場合にだけ status[i] がゼロ以外の値になります）。同様に、err[i] は nextImg で見つかった任意の点 Pts[i] に対する誤差値を表します（点 i が見つからなければ err[i] は定義されません）。

winSize では、局所的に一貫性のある動きを計算するのに使うウィンドウのサイズを指定します。画像ピラミッドを構築する場合は、引数 maxLevel により画像を積み上げる高さのレベルを指定します。maxLevel を 0 に設定するとピラミッドは使用されません。引数 criteria は、いつ

†7 本ライブラリの古いバージョンでは 1 か 3 チャンネルの画像だけが使用可能でした。新しい実装（バージョン 2.4 以降）では任意のチャンネル数の画像を処理できます。これによりテクスチャ記述子やその他の密な記述子をピクセル追跡に使用することが可能になっています（ただしユークリッドノルムを用いて記述子を比較できる場合に限ります）。

マッチングの探索を終了するかをアルゴリズムに指示します。反復計算を行う多くのOpenCVアルゴリズムでは構造体 `cv::TermCriteria` が使用されることを思い出してください。

```
struct cv::TermCriteria(

public:
  enum {
    COUNT    = 1,
    MAX_ITER = COUNT,
    EPS      = 2
  };

  TermCriteria();
  TermCriteria( int _type, int_maxCount, double _epsilon );
  int    type,       // 上記のenum型の1つ
  int    max_iter,
  double epsilon
);
```

ほとんどの状況ではデフォルト値で十分でしょう。しかし、よくあることですが用意した画像が非常に大きい場合には、反復の最大許容数をちょっと増やしてみてください。

引数の `flags` には次の値のいずれかまたは両方を指定することができます。

`cv::OPTFLOW_LK_GET_MIN_EIGENVALS`
: このフラグは、誤差をもう少し詳細に測定したいときに指定します。誤差出力のデフォルトの誤差の尺度は、前のコーナー周囲のウィンドウと、新しいコーナー周囲のウィンドウの間の、ピクセルごとの輝度変化の平均値です。このフラグを設定すると、その誤差がコーナーに関するHarris行列の最小固有値に置き換えられます[†8]。

`cv::OPTFLOW_USE_INITIAL_FLOW`
: このフラグは、関数が呼び出された時点ですでに配列 `nextPts` が特徴点座標の初期推定値を持っている場合に使用します（このフラグが指定されていなければ初期推定値は単に `prevPts` の点座標になります）。

最後の引数 `minEigThreshold` は、追跡するのにそれほどよくない点群を取り除くフィルタの閾値として使用します。これは、正確な計算手法が異なることを除けば実質的には `cv::goodFeaturesToTrack` 関数の `qualityLevel` 引数と似ています。通常はデフォルト値の 10^{-4} でよいでしょう。この値を増加させると棄却される点が増えます。

†8 この章の後半でHarrisアルゴリズムの詳細について触れます。そこではこのフラグの意味をより明確に説明します。

16.1.3.3 動作例

今までの議論をまとめると、追跡するのによい特徴点を見つける方法と、その点を追跡する方法がわかりました。つまり、cv::goodFeaturesToTrack() と cv::calcOpticalFlowPyrLK() を組み合わせれば望む結果が得られます。もちろん追跡する点を決定するのに独自の基準を設定することもできます。

それではシンプルな例を見てみましょう（**例16-1**）。ここでは cv::goodFeaturesToTrack() と cv::calcOpticalFlowPyrLK() を使っています。**図16-10** も参照してください。

例16-1 ピラミッド型 Lucas-Kanade オプティカルフローのコード

```
// ピラミッド型 LK オプティカルフローの例
//
#include <opencv2/opencv.hpp>
#include <iostream>

using namespace std;

static const int MAX_CORNERS = 1000;

void help( char ** argv ) {

    cout << "Call: " <<argv[0] <<" [image1] [image2]" << endl;
    cout << "Demonstrates Pyramid Lucas-Kanade optical flow." << endl;
}

int main(int argc, char** argv) {

  if( argc != 3 ) { help( argv ); exit( -1 ); }

  // 初期化。2 つの画像ファイルを読み込み、
  // 結果に必要な画像やその他の構造を割り当てる

  cv::Mat imgA = cv::imread(argv[1], cv::LOAD_IMAGE_GRAYSCALE);
  cv::Mat imgB = cv::imread(argv[2], cv::LOAD_IMAGE_GRAYSCALE);
  cv::Size img_sz = imgA.size();
  int win_size = 10;
  cv::Mat imgC = cv::imread(argv[2], cv::LOAD_IMAGE_UNCHANGED);

  // 最初に必要なのは追跡する特徴点を取得すること

  vector< cv::Point2f > cornersA, cornersB;
  cv::goodFeaturesToTrack(
    imgA,                         // 追跡する画像
    cornersA,                     // 検出されたコーナーの vector（出力）
    MAX_CORNERS,                  // 保持するコーナー数
    0.01,                         // 品質レベル（最大パーセント）
    5,                            // コーナー間の最小距離
    cv::noArray(),                // マスク
    3,                            // ブロックサイズ
```

```
    false,                              // true なら Harris 法、false なら Shi-Tomasi 法
    0.04                                // 手法固有のパラメータ
  );
  cv::cornerSubPix(
    imgA,                               // 入力画像
    cornersA,                           // コーナーの vector（入力および出力）
    cv::Size(win_size, win_size),       // 検索ウィンドウの辺の半分の長さ
    cv::Size(-1,-1),                    // 無視する領域の辺の半分の長さ（-1 = なし）
    cv::TermCriteria(
      cv::TermCriteria::MAX_ITER | cv::TermCriteria::EPS,
      20,                               // 反復の最大数
      0.03                              // 反復ごとの最小変化
    )
  );

  // Lucas-Kanade アルゴリズムを呼び出す

  vector<uchar> features_found;
  cv::calcOpticalFlowPyrLK(
    imgA,                               // 前の画像
    imgB,                               // 次の画像
    cornersA,                           // 前のコーナー群（imgA から）
    cornersB,                           // 次のコーナー群（imgB から）
    features_found,                     // 出力 vector。追跡される要素の値は 1
    cv::noArray(),                      // 出力 vector。誤差のリスト（オプション）
    cv::Size( win_size*2+1, win_size*2+1 ), // 探索ウィンドウのサイズ
    5,                                  // 最大のピラミッドレベル
    cv::TermCriteria(
      cv::TermCriteria::MAX_ITER | cv::TermCriteria::EPS,
      20,                               // 反復の最大数
      0.3                               // 反復ごとの最小変化
    )
  );

  // ここでは求めている情報を画像化する。cornersB をさらに追跡したいとき、
  // つまり次の calcOpticalFlowPyrLK への入力として渡したいときは、
  // features_found[i] == false の点を除外して vector を「圧縮」する
  // 必要があることに注意

  for( int i = 0; i < (int)cornersA.size(); i++ ) {
    if( !features_found[i] )
      continue;
    line(imgC, cornersA[i], cornersB[i], Scalar(0,255,0), 2, cv::LINE_AA);
  }
  cv::imshow( "ImageA", imgA );
  cv::imshow( "ImageB", imgB );
  cv::imshow( "LK Optical Flow Example", imgC );
  cv::waitKey(0);

  return 0;
}
```

16.2 一般化されたキーポイントと記述子

追跡、物体検出、およびそれに関連する項目を理解するには、**キーポイント**と**記述子**という2つの重要な概念が必要です。まずはこれら2つがどういったものか、そしてそれらが互いにどのように異なるかを理解することから始めましょう。

キーポイントとは、最大限に抽象的に表現すれば、何らかの理由で非常に特徴的な画像中の小さな一部分です。しかも他の対応する画像からも検出できる可能性が高いと思われるものです。**記述子**は数学的構造をしていて、典型的には（常にではありませんが）浮動小数点数型のベクトルです。その値は各キーポイントを何らかの方法で表現しており、適当な条件の下では2つのキーポイントが「同じ」であるかどうかの判断に利用できます[†9]。

本章の冒頭で触れたHarrisのコーナーは、歴史的にも重要な初期のキーポイント理論の1つです。Harrisのコーナーの背景にある基本的な概念は、2つの異なる軸に沿って輝度が大きく変化するような画像内の点はどれでも、他の関連画像（例えばビデオストリームの連続フレーム画像）から一致する点を探すのによい候補となるということです。

図16-10の画像を見てください。この画像にはある本のテキストが写っています[†10]。これを見ると、Harrisのコーナーは、個々の文字を構成する線の始点や終点、あるいは線が交差する（*h*や*b*の真ん中のような）箇所に置かれていることがわかるでしょう。そして「コーナー」は文字の長い線のエッジの途中には現れないということにも気づかれるはずです。理由は、そのようなエッジ上の特徴は、そのエッジ上のどこにでもある他の特徴と非常に似ているからです。ある特徴が現在の画像で一意でなければ、別の画像でも一意ではないだろうと考えるのが合理的です。したがって、そのような点は特徴点としてはよいものではないのです。

†9 次章では、追跡（あるフレームから他のフレームへの物体追跡）と、物体認識（事前の経験からその物体に関する情報をデータとして持つような物体を画像中から発見すること）について、より幅広く説明します。本節ではほとんど扱いませんが、3番目に非常に重要な項目として**スパースステレオ**があります。スパースステレオでは、異なる視点から同時に撮影した複数の画像におけるキーポイントの位置を特定します。19章のステレオビジョンの議論まで心に留めておくべきライブラリ上の重要事項は、スパースステレオにおいても追跡と同じメソッドとインタフェースを使用するということです。つまり手元の2枚の画像に対して、各画像のキーポイントの対応（一致）を見つけるといったことを行います。

†10 実はこれはみなさんが今まさに読んでいる本書の初版のテキストです。

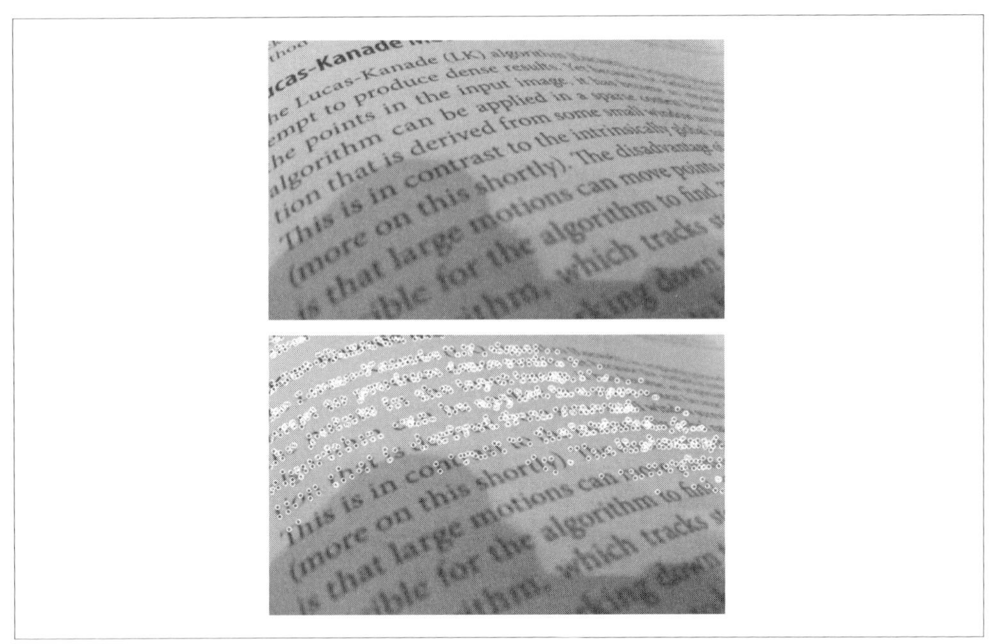

図16-10 文字を含む2枚の画像。2枚目の画像にHarrisのコーナーを白丸で示す。画像中の焦点がわずかに合ってない領域ではコーナーがまったく検出されていないことに注目

私たち人間の目には、それぞれの特徴はお互いに多少異なって見えています。**特徴量記述子**で問題となるのは、どうやってコンピュータにそのような関連づけをさせるかです。先述のように文字*h*と*b*には3方向からの交点があってよい「特徴点」ですが、いったいどのようにしてコンピュータがそれらの違いを見分けることができるのでしょうか？ これこそが特徴量記述子が解決するべき課題なのです。

特徴量記述子はお好みの方法で作成できます。例えばキーポイントの周りの3×3領域の輝度値からなる1つのベクトルを作ってもよいでしょう。ただこの作り方の問題点は、キーポイントを少しでも違う角度から見ると記述子の値が変わってしまうということです。一般的に、回転不変性[†11]は特徴量記述子の望ましい特性です。もちろん記述子に回転不変性が必要か否かは用途によります。例えば人物を検出・追跡するときを考えると、地球の重力により通常は頭が上、足がいちばん下にあるという非対称の世界を形成しています。このような用途では、回転不変性がない記述子を用いても問題ないかもしれません。ところが地上の航空画像などでは、航空機が異なる方向に進むことで「回転」するので画像がランダムな向きになるかもしれないのです。

†11 **回転不変性**の厳密な意味は、**回転しても特徴量が不変**であるということです。具体的には、基礎となる画像に回転処理を適用した後でも、特徴量記述子が変わらないことを意味します。特徴量記述子の選択や設計においては、そのような不変性（**対称性**とも呼ばれる）は非常に重要です。画像平面上での2次元の回転だけではなく、物体の3次元的な回転も（少なくとも少しは）含んでいることが理想です。画像側の視点から言えば、それは画像平面におけるアフィン変換として表現されます。

16.2.1 オプティカルフロー、追跡、認識

前節ではオプティカルフローをLucas-Kanadeアルゴリズムの枠組みの中で論じてきました。そこでは、OpenCVが提供するハイレベルなツールを使えば、キーポイントのリストを与えるだけで新しいフレームからそれらの点群に最も一致する点の位置を検出してくれました。こういった点は、十分な構造や固有性を持ち合わせておらず、2つの非常によく似たフレーム間で一方からもう一方に対応させるのがやっとでした。それに対し、一般化されたキーポイントは関連する記述子を持つことができるため非常に強力で、映像の連続フレームだけではなく完全に異なる画像であっても点を対応づけることができます。これにより新しい環境内にある既知の物体を見つけ出すこともできます。他にも複雑に変化するシーンにおける物体追跡など多くの応用が可能です。

キーポイント（およびその記述子）が有用なタスクの3つの主要なカテゴリは、追跡、物体認識、立体視です。

追跡のタスクは、連続ストリームが進行するに従って動く何かしらの物体を追いかけることです。追跡はさらに2つのサブカテゴリに分けられ、1つは静止したシーン内の物体の追跡です。もう1つはカメラの動きを推定する目的でシーン自体を追跡することです。通常、単に**追跡**と言うと前者を指し、後者は**ビジュアルオドメトリ**とも呼ばれています。もちろん、これらの両方を同時に行うことも非常に一般的です。

2つ目のカテゴリは**物体認識**です。これは、あるシーンを見たときに1つ以上の既知の物体の存在を認識しようとすることです。ここでの考え方は各物体に対してキーポイント記述子を関連づけるということです。特定の物体に十分なキーポイントが関連づいていれば、その物体がそのシーン中に存在すると合理的に結論付けることができます。

最後に、**立体視**があります。この場合の着目点は、2つ以上のカメラから見た同じシーンまたは物体の、対応する点の座標を求めることです。カメラ座標とカメラ自体の光学特性に関する情報と、これらの座標を組み合わせ、対応づけできた個々の点の3次元における座標を算出することができます。

OpenCVには多種のキーポイントと記述子を扱う手法があります。加えて、それらをマッチングする手法も用意されているので、フレームのペア間（疎なオプティカルフロー、追跡、ビジュアルオドメトリ、立体視などにおいて）、あるいはフレームと画像データベース間（物体認識において）で利用することができます。

16.2.2 OpenCVによるキーポイントと記述子の一般的なケースにおける扱い方

追跡だけでなく、どのキーポイントと記述子が有効なのかといった分析をいろいろ試していると、典型的には次の3つのことを行いたくなるでしょう。1つ目は、1枚の画像を探索し、あるキーポイント定義に従ってその画像のキーポイントをすべて検出することです。2つ目は検出したキーポイントすべてに対して記述子を生成することです。そして3つ目は、検出したキーポイント

どうしを比較することです。つまり、検出したキーポイントの記述子と既存の記述子のセットを比較し、一致しているかどうかを判定するということです。この最後のステップは、追跡アプリケーションにおいては映像シーケンスの１つのフレームの特徴点を検出し、その直前のフレームの特徴点と一致させることに対応します。また物体検出アプリケーションにおいては、多くの場合、各物体や物体の種類と関連づけられていることが「既知」であるような、いくつかの（潜在的には膨大な）「既知」の特徴量データベースの中から、ある特定の特徴量を探し出します。

こういった各処理の段階に対して、OpenCVには「ある仕事を行うクラス」（ファンクタ）モデルとして一般化されたメカニズムが用意されています。つまり、これらの各段階について、ファンクタから派生したクラスの共通インタフェースを定義するような抽象基底クラスが存在します。そして派生されたクラスのそれぞれに、各処理に特化したアルゴリズムが実装されています。

16.2.2.1 cv::KeyPoint クラス

キーポイントを見つけようとしているのであれば、当然それらを表現する方法が必要です。キーポイント自体は特徴量記述子ではないので、キーポイントを持っているときに知る必要があるのはほとんど、それがどの位置にあるか、ということです。その次に必要な情報は二次的な特徴量で、そういった特徴量を持つキーポイントもあれば持たないキーポイントもあります。cv::KeyPoint クラスの実際の定義は次のとおりです。

```
class cv::KeyPoint {

public:

  cv::Point2f pt;       // キーポイントの座標
  float       size;     // キーポイント周囲の重要領域の直径
  float       angle;    // キーポイントの計算された方向（計算できない場合-1）
  float       response; // キーポイントが選択されたときの応答
  int         octave;   // キーポイントが抽出されるオクターブ（ピラミッドの階層）
  int         class_id; // 物体ID。キーポイントを物体で分類するときに使用

  cv::KeyPoint(
    cv::Point2f _pt,
    float       _size,
    float       _angle=-1,
    float       _response=0,
    int         _octave=0,
    int         _class_id=-1
  );
  cv::KeyPoint(
    float       x,
    float       y,
    float       _size,
    float       _angle=-1,
    float       _response=0,
    int         _octave=0,
    int         _class_id=-1
```

```
    );
  ...
  };
```

この定義を見るとわかるように、各キーポイントは`cv::Point2f`メンバーを持っていて、それがどこにあるかを知ることができます[†12]。また、メンバー変数の`size`つまりキーポイントの大きさの概念により、そのキーポイントの周辺領域の情報についても知ることができます。周辺領域とは、最初にそこにキーポイントが存在すると決定する際に何らかの影響を与えた領域、あるいは後のキーポイント記述子の生成に影響を与える領域です。キーポイントの方向`angle`はいくつかのキーポイントに対してだけ意味を持ちます。多くのキーポイントが回転対称性を実現していますが実際には厳密な意味では不変ではなく、2つの記述子を比較するときに考慮することができる、ある種の自然な向きを持っています。これは難しいアイデアではありません。例えば2つの鉛筆の画像を見ているとき、回転は明らかに重要な要素ですが、単に比較したいだけなら比較の前に両方が同じ向きに見えるようにしておけばよいのです。

メンバー変数`response`は、そのキーポイントに対して他よりも「より強く」検出器が反応したことを示すのに使われます。場合によってはこれはその位置に特徴点が存在する確率として解釈することもできます。そして`octave`は、画像ピラミッドでキーポイントが発見されたときに使用されます。画像ピラミッドではキーポイントがどのスケールの階層で発見されたかが重要です。理由は、ほとんどのキーポイントが、新しい画像においても同一か近いスケールで対応キーポイントが見つかる可能性が高いからです。最後に`class_id`がありますが、これを使うと、ある物体に関連づけられたキーポイントと、それ以外の物体に関連づけられたキーポイントを区別できるので、キーポイントのデータベースを構築する際に活用できます。これは「16.2.2.4　抽象キーポイントマッチングクラス（cv::DescriptorMatcher）」でキーポイントマッチングインタフェースを議論するときに再度出てきます。

`cv::KeyPoint`オブジェクトは、2つのコンストラクタを持っていますが両方とも本質的には同じものです。唯一の違いは、キーポイントの座標として2つの浮動小数点数を指定するか、単一の`cv::Point2f`オブジェクトを指定するかです。実際には、独自のキーポイント検出器を作っているのでもなければ、これらの関数を使う機会はあまりないでしょう。みなさんがライブラリで利用可能な検出器や記述子、比較に関する関数を使用している限り、キーポイントオブジェクトの内部を見ることはほぼないと言っても過言ではありません。

---

†12 上級者用に付け加えると、このキーポイントの位置の考え方には微妙なポイントがあります。すべてではありませんが大半のキーポイントは、それに影響を及ぼす周辺ピクセルにまで拡張されています。そして各キーポイントの種類に応じて、その近傍に関する「中心」が定義されています（より正確に言えば近傍がその中心に関して定義されています）。この意味で、キーポイントの中心はフィルタやモルフォロジー演算のアンカーポイントと似ています。

16.2.2.2 キーポイントを検出したりそれらの記述子を計算したりする（抽象）クラス（cv::Feature2D）

OpenCVにはキーポイントの検出や記述子の計算（もしくはその両方を同時に）を行うcv::Feature2Dクラスがあります[†13]。この抽象クラスcv::Feature2Dは、次に説明しますが、ほんの少しのメソッドしか持っていません。その派生クラスで各種属性を設定したり取得したりするメソッドが追加されます。また、アルゴリズムのインスタンスを生成し、それを指すスマートポインタを返すスタティックメソッドも追加されます。cv::Feature2Dクラスでキーポイントを検出するメソッドは2つあります。1つはハードディスクなどの記憶領域に保存したり読み出したりするメソッドです。もう1つは簡易な（スタティック）関数により特徴点検出器を生成するものです。これは検出器の型を表す名前（文字列）が付いた派生クラスです。これらの2つの検出メソッド（と2つの「計算」メソッド）の相違点は、前者が単一の画像で動作するのに対し、後者は複数画像で動作するということだけです。一度に多くの画像で計算するとある程度効率的になります（これは検出の場合に、より当てはまります）。cv::Feature2Dクラスの関連した箇所を抜粋します。

```
class cv::Feature2D : public cv::Algorithm {

public:

  virtual void detect(
    cv::InputArray                  image,      // 検出する画像
    vector< cv::KeyPoint >&         keypoints,  // 見つけたキーポイントの配列
    cv::InputArray                  mask      = cv::noArray()
  ) const;

  virtual void detect(
    cv::InputArrayOfArrays          images,     // 検出する画像
    vector<vector< cv::KeyPoint > >& keypoints, // 各画像のキーポイント
    cv::InputArrayOfArrays          masks     = cv::noArray ()
  ) const;

  virtual void compute(
    cv::InputArray image,                  // キーポイントが置かれている画像
    std::vector<cv::KeyPoint>& keypoints,  // キーポイントの入出力vector
    cv::OutputArray descriptors );         // 算出された記述子。M×N行列
                                           //  ただしMはキーポイント数、
                                           //  Nは記述子のサイズ

  virtual void compute(
    cv::InputArrayOfArrays images,         // キーポイントが置かれている画像
    std::vector<std::vector<cv::KeyPoint> >& keypoints, // キーポイントの入出力vector
    cv::OutputArrayOfArrays descriptors ); // 算出された記述子。Mi×N行列のvector
```

†13 訳注：cv::FeatureDetectorとcv::DescriptorExtractorというクラスもあり、それらは純粋な特徴点検出のアルゴリズムと記述子抽出アルゴリズムとを別々のクラスに分けたいときに使用されていましたが、OpenCV 3.x以降ではそれらはcv::Feature2Dとまったく同義語になっています。

```
                                        //  ただし Mi は i 番目の画像のキーポイント数、
                                        //  N は記述子のサイズ

  virtual void detectAndCompute(
    cv::InputArray image,               // 検出する画像
    cv::InputArray mask,                // 関心領域のマスク（オプション）
    std::vector<cv::KeyPoint>& keypoints, // 検出したキーポイント、
                                        // あるいは与えられたキーポイント
    cv::OutputArray descriptors,        // 計算された記述子
    bool useProvidedKeypoints=false );  // true なら与えられたキーポイント、
                                        // そうでなければ検出したキーポイントを使用
  virtual int descriptorSize() const;   // 要素の各記述子の大きさ
  virtual int descriptorType() const;   // 記述子要素のタイプ
  virtual int defaultNorm() const;      // 記述子の比較に使用する推奨ノルム
                                        //  バイナリ記述子では通常は NORM_HAMMING、
                                        //  それ以外では NORM_L2

  virtual void read( const cv::FileNode& );
  virtual void write( cv::FileStorage& ) const;

  ...
};
```

実際の実装では、純粋なキーポイントの検出専用アルゴリズム（例えば FAST）なら cv::Feature2D::detect()、特徴量記述子の計算専用アルゴリズム（例えば FREAK）なら cv::Feature2D::compute() を実行します。一方、SIFT、SURF、ORB、BRISK などのように検出と記述子計算の両方が備わった「自己完結型」のときは、暗黙的に detect() と compute() を呼び出す cv::Feature2D::detectAndCompute() を実行します。

- detect(image, keypoints, mask) ~
  detectAndCompute(image, mask, keypoints, noArray(), false)
- compute(image, keypoints, descriptors) ~
  detectAndCompute(image, noArray(), keypoints, descriptors, true)

cv::Feature2D::detect() メソッドはキーポイントを見つけるための基本的な作業を行ってくれます。それには detect() を直接呼び出すか detectAndCompute() を呼び出すかします。detect() には 2 種類あり、1 つ目の形式では、1 枚の画像、キーポイントの vector、オプションのマスクを引数に取ります。そして画像（マスクを指定していればそれに対応した箇所）のキーポイントを探索し、指定した vector に検出結果を格納します。2 つ目の変型版では、複数画像が格納された vector、マスクの vector（あるいはまったくなし）、キーポイントの vector の vector を引数に取るということを除いては、最初の形式とまったく同じことを行います。このとき、画像数、マスク数（ゼロでないとき）、キーポイントの vector の数は、すべて等しくなければなりません。そうすると、すべての画像が検索され、検出されたキーポイントが keypoints の

対応するvectorに格納されます。

キーポイント検出に使われる実際のメソッドは、当然のことながらcv::Feature2Dから派生した数々の利用可能なクラスごとに異なります。少し後でこれらの詳細を説明しますが、差し当たり重要なのは、検出器の種類ごとに（内部パラメータが使用されるかどうか、そしてどの内部パラメータが使用されるかに応じて）、実際に検出されるキーポイントが異なる場合があるということです。これが意味することは、ある手法で検出されたキーポイントが、その他のあらゆる種類の特徴量記述子アルゴリズムで共通して使えるとは限らないということです。

キーポイントを見つけたら、次にやるべきことはそれらの記述子を計算することです。先に述べたように、記述子を使えばキーポイントどうしを相互に比較（場所ではなく外観に基づいて）することができます。この特性がその後の追跡や物体認識の基礎で使用されます。

記述子はcompute()メソッドで計算します（detectAndCompute()も可）。compute()メソッドにも2種類あり、1つ目の形式では、画像、キーポイントのリスト（おそらく同クラスのdetect()メソッドによるものですが違う場合もあります）、そして出力のcv::Mat（cv::OutputArrayとして渡される）が必要です。cv::Feature2Dから派生したオブジェクトにより生成された記述子はすべて、固定長のvectorで表現されます。その結果、それらを全部1つの配列にまとめて格納することが可能です。慣例的な使用法では、メンバー変数descriptorsの各列に個々の記述子があり、行数がキーポイントの要素数に等しくなっています。

compute()メソッドの2つ目は、複数の画像を一度に処理したいときに使います。この場合、引数imagesには処理したいすべての画像を含むSTL vectorを渡します。引数keypointsにはキーポイントのvectorを含むvectorを渡し、引数descriptorsには得られた記述子のすべてを格納する配列のvectorを渡します。このメソッドは複数画像を扱うdetect()メソッドの仲間であり、detect()メソッドに与えたのと同じ画像群と、detect()メソッドから返されたキーポイントを渡すことが想定されています。

アルゴリズムが実装された時期によっては、キーポイントの検出器と記述子の抽出器が1つのオブジェクトに一緒にまとめられています。その場合はメソッドcv::Feature2D::detectAndCompute()が実装されています。detectAndCompute()が利用可能なアルゴリズムであれば、detect()を呼んでからcompute()を呼ぶなどということはせず、直接detectAndCompute()を使うことを強くお勧めします。理由はもちろんパフォーマンスがよくなるからです。通常そのようなアルゴリズムでは特殊な画像表現（**スケール空間表現**と呼ばれる）が必要とされ、非常に計算コストがかかっています。2段階に分けてキーポイント検出と記述子の計算を行うと、基本的にはスケール空間表現が2回計算されることになってしまいます。

主要な計算メソッドに加え、descriptorSize()やdescriptorType()、defaultNorm()といったメソッドも存在します。最初のdescriptorSize()は記述子のvector表現における長さを示し[†14]、descriptorType() メソッドは、記述子の vector の要素の具体的な型に関する情報（例えば 32 ビット浮動小数点数なら CV_32FC1、8 ビット記述子やバイナリ記述子なら CV_8UC1 など）を返します[†15]。defaultNorm() は基本的には記述子を比較する方法を示します。バイナリ記述子なら NORM_HAMMING で、それを使用するべきです。SIFT や SURF のような記述子の場合は NORM_L2（例えばユークリッド距離）ですが、NORM_L1 を使用すると、同程度、もしくはさらによい結果を得ることができます。

16.2.2.3　cv::DMatch クラス

一般的に「マッチャー（matcher）」とは、ある画像と、他の画像あるいは**辞書**と呼ばれる画像集合との間で一致するキーポイントを探すオブジェクトのことです。マッチャーがどのように動作するかの詳細に入る前に、どのようにキーポイントの「一致」が表現されているのかを知っておく必要があります。一致するペアが見つかると、OpenCV は cv::DMatch オブジェクトのリスト（STL vector）を生成してそれらを記述します。cv::DMatch オブジェクトのクラス定義は次のとおりです。

```
class cv::DMatch {

public:

  DMatch();                 // std::numeric_limits<float>::max() に
                            // this->distance を設定

  DMatch( int _queryIdx, int _trainIdx, float _distance );
  DMatch( int _queryIdx, int _trainIdx, int _imgIdx, float _distance );

  int   queryIdx;           // クエリ記述子インデックス
  int   trainIdx;           // 訓練記述子インデックス
  int   imgIdx;             // 訓練画像インデックス
  float distance;

  bool operator<( const DMatch &m ) const; // distance に基づいた比較演算子
}
```

cv::DMatch のデータメンバーは、queryIdx、trainIdx、imgIdx、distance です。最初の 2 つは、一致したキーポイントを、各画像におけるキーポイントのリストのインデックスで識別します。本ライブラリでは慣例的にこれら 2 つの画像をそれぞれ、**クエリ画像**（「新しい」画像）と**訓**

---

†14　バイナリ記述子（本章後半で扱います）の場合、このメソッドは記述子内のビット数ではなくバイト数を返します。一般的に、descriptorSize() は cv::DescriptorExtractor::compute() が返す記述子の行列の列数を返します。

†15　現時点のすべての実装では、記述子の型はシングルチャンネルです。慣例的に、記述子のチャンネル表現の要素はどんなものでも、記述子全体の長さに「フラット化」されてきました。その結果、記述子は例えば、グレースケール画像では 10 次元、カラー画像では 30 次元などといったことになりますが、3 チャンネルのオブジェクトが 10 次元配列であることはありえません。

練画像（「古い」画像）と呼んでいます[†16]。imgIdx は、ある画像を、画像と辞書間で一致が検索されたような場合に、訓練画像の元となった特定の画像を識別するために使用されます。最後のメンバー distance は、一致の質を示すために使用されます。これは多くの場合、キーポイントが存在する多次元ベクトル空間における、2つのキーポイント間のユークリッド距離のようなものです。これが常に測定基準というわけではありませんが、距離値の異なる2つの一致があるとき、距離が近いほうがよい一致であるということは保証されています。そのような比較（特に並べ替えのために）を行いやすくするためにオペレータ cv::DMatch::operator<() が定義されています。これを使うと2つの cv::DMatch オブジェクトを直接比較することができます。ここでの直接とは実際に比較されるのがメンバー distance どうしであるという意味です。

16.2.2.4 抽象キーポイントマッチングクラス（cv::DescriptorMatcher）

検出、記述、マッチングの3段階における最後のマッチングも、1つの共通の抽象基底クラスから派生した一連のオブジェクトを介して実行されます。すべてのオブジェクトはこの基底クラスのインタフェースを持っています。この3段階目の基底クラスは cv::DescriptorMatcher クラスです。

このインタフェースがどのように動作するかの詳細の前に、マッチャーを使う場合は物体認識と追跡という2つの基礎的な状況があることを理解しておくことが重要です。これについては本章で以前に説明しました。**物体認識**の場合には、最初に多数の物体に関連づいたキーポイントを、**辞書**と呼ばれるデータベースに累積しておきます。その後、新しい画像が与えられるとその画像のキーポイントを抽出して辞書と比較し、その新しい画像に辞書のどの物体が存在するかを推定します。また**追跡**の場合は、ある画像（通常はビデオストリームからの画像）内のすべてのキーポイントを見つけ出し、続いて別の画像（一般的にはビデオストリームの前の画像や次の画像）内でこれらのすべてに対応するキーポイントを探し出す、ということが目的です。

このように2つの異なる状況があるため、マッチングのクラスにもそれぞれに対応した2種類のメソッドがあります。物体認識に関しては、最初にマッチャーを記述子の辞書で**訓練**した後、マッチャーに単一の記述子のリストを与えます。そうするとマッチャーによって、保存してあるどのキーポイントが与えたリストのキーポイントと一致したか（もしあれば）を知ることができます。追跡の場合は、記述子の2つのリストを与えると、マッチャーがそれらのうちどこがマッチしているかを教えてくれます。cv::DescriptorMatcher クラスのインタフェースには3つの関数 match()、knnMatch()、radiusMatch() があります。そして、そのそれぞれに2種類の異なるプロトタイプがあります。1つは認識用（1つの特徴点リストを受け取り訓練された辞書を使用する）、もう1つは追跡用（2つの特徴点リストを受け取る）です。

---

†16 これは用語としてはややぎこちなく紛らわしい部分があります。というのも物体認識における「**訓練する**」という言葉が、すべての画像を、後で照会される辞書に要約するといった処理に対しても用いられるからです。本ライブラリがその用語を使用しているので本書でもそれを使いますが、可能な場合は常に名詞形で「訓練画像」と言うようにし、動詞の「**訓練する**」との区別を明確にします。

次に示すのは、一般的な記述子マッチャーの基底クラスの定義の一部です。

```
class cv::DescriptorMatcher {

public:

  virtual void add( InputArrayOfArrays descriptors );  // 訓練記述子の追加
  virtual void clear();                                // 訓練記述子の削除
  virtual bool empty() const;                          // 記述子がない場合は true
  void train();                                        // マッチャーを訓練する
  virtual bool isMaskSupported() const = 0;            // true の場合はマスクをサポート
  const vector<cv::Mat>& getTrainDescriptors() const;  // 訓練記述子の取得

  // 1 つのリストの記述子を「訓練された」セットに対してマッチさせるメソッド（認識）

  void match(
    InputArray                      queryDescriptors,
    vector<cv::DMatch>&             matches,
    InputArrayOfArrays              masks            = noArray ()
  );
  void knnMatch(
    InputArray                      queryDescriptors,
    vector< vector<cv::DMatch> >& matches,
    int                             k,
    InputArrayOfArrays              masks            = noArray (),
    bool                            compactResult    = false
  );
  void radiusMatch(
    InputArray                      queryDescriptors,
    vector< vector<cv::DMatch> >& matches,
    float                           maxDistance,
    InputArrayOfArrays              masks            = noArray (),
    bool                            compactResult    = false
  );

  // 2 つのリストから記述子をマッチさせるメソッド（追跡）
  // 各クエリ記述子に対して 1 つの最適一致を見つける

  void match(
    InputArray                      queryDescriptors,
    InputArray                      trainDescriptors,
    vector<cv::DMatch>&             matches,
    InputArray                      mask             = noArray ()
  ) const;

  // 各クエリ記述子に対して k 個の最適一致を見つける（距離の昇順）

  void knnMatch(
    InputArray                      queryDescriptors,
    InputArray                      trainDescriptors,
    vector< vector<cv::DMatch> >& matches,
    int                             k,
    InputArray                      mask             = noArray(),
```

```
    bool                          compactResult   = false
  ) const;

  // 各クエリ記述子に対して maxDistance より短い距離の最適一致を見つける

  void radiusMatch(
    InputArray                    queryDescriptors,
    InputArray                    trainDescriptors,
    vector< vector<cv::DMatch> >& matches,
    float                         maxDistance,
    InputArray                    mask            = noArray (),
    bool                          compactResult   = false
  ) const;

  virtual void read( const FileNode& );      // ファイルノードからマッチャーを読み込む
  virtual void write( FileStorage& ) const; // ファイルストレージにマッチャーを書き込む

  virtual cv::Ptr<cv::DescriptorMatcher> clone(
        bool emptyTrainData=false
  ) const = 0;
  static cv::Ptr<cv::DescriptorMatcher> create(
        const string& descriptorMatcherType
  );
...
};
```

最初のメソッド群は、事前に用意してある記述子セット（画像ごとに1つの配列）に対して画像をマッチングするのに使います。目的は、新規のキーポイントが与えられたときに参照できるような**キーポイント辞書**を作ることです。最初の add() メソッドには複数の記述子セットを STL vector で渡します。1つの記述子セットの形式は cv::Mat 型オブジェクトです。各 cv::Mat オブジェクトは N 行 D 列でなければならず、N はそのセット中の記述子数、D は各記述子の次元数を表します（つまり各「行」が次元 D の別個の記述子）。add() が配列の配列（通常 std::vector<cv::Mat>と表されます）を受け取れるようになっている理由は、画像セットの各画像から記述子セットを計算することが実際よくあるからです[†17]。そのような画像セットはおそらく画像の vector として cv::Feature2D 基底クラスに渡されたもので、キーポイント記述子セットも vector で返されることが多いのです。

キーポイント記述子セットをいくつか追加した後、それらにアクセスしたい場合は（const）メソッドの getTrainDescriptors() を使います。これは最初に渡したものと同じ形式で記述子を返します（つまり各記述子セットが cv::Mat の形式で、各 cv::Mat の各行が1つの記述子である記述子セットの vector）。追加した記述子を削除したい場合は clear() メソッドでできます。また、マッチャーが記述子を保存しているかどうかは empty() メソッドを使って調べます。

†17 典型的にはこれらの画像には、その後に続く画像にも、キーポイントの外観から見つかることが期待される個々の物体を含んでいます。このことから、引数 keypoints の一部として渡されるキーポイントには、各物体を認識するために関連するキーポイントの class_id が区別できるように class_id フィールドを設定しておくべきです。

読み込みたいキーポイント記述子のすべてを読み込んだ後、場合によっては train() を呼び出す必要があります。というのは train() 演算を要求する実装は一部しかありません（すなわち cv::DescriptorMatcher から派生したいくつかのクラス）。この train() メソッドの目的は画像のロードが完了したことをマッチャーに伝えることです。これにより与えられたキーポイントのマッチングを実行するのに必要な内部情報の事前計算処理に進むことができます。例としてユークリッド距離だけを用いてマッチャーがマッチングを行う場合を考えます。このとき、渡されたキーポイントに最も近い辞書のキーポイントを発見するタスクを非常に高速に行うには、4 分木かそれに似たデータ構造を構築することが賢明でしょう。そのようなデータ構造の構築にはかなりの計算量が必要とされるので、辞書のキーポイントのすべてが読み込まれた後に一度だけ計算されます。train() メソッドは、マッチャーに対して、この類の補助的な内部データ構造の計算を行うように伝えるのです。通常 train() メソッドが用意されているならば、内部辞書を使用するマッチングメソッドを呼び出す前に train() を呼び出しておく必要があります。

次のメソッド群は、物体認識で使用されるマッチング用のメソッドです。それぞれ、訓練された辞書内の記述子と比較する、**クエリリスト**（query list）と呼ばれる記述子のリストを受け取ります。これらのメソッドには、match()、knnMatch()、radiusMatch() の 3 つがあります。これらのメソッドではそれぞれ、少し異なる方法でマッチングを計算します。

match() メソッドは、通常の cv::Mat 形式のキーポイント記述子の単一のリスト query Descriptors を引数に取ります。この場合、各行は単一の記述子を表し、各列はその記述子の 1 次元の vector 表現であることを思い出してください。match() は、cv::DMatch の STL vector も受け取ることができます。そこには検出された各一致が格納されています。match() メソッドの場合は、クエリリスト上の各キーポイントが「最適一致」の方法で訓練リスト上のものとマッチされます。

match() メソッドもオプションの引数 mask をサポートしています。他の OpenCV 関数のほとんどのマスク引数とは異なり、このマスクはピクセル空間では動作するのではなく、記述子空間で動作します。とはいえマスクの型は CV_8U のままでなければなりません。mask 引数は、cv::Mat オブジェクトの STL vector です。その vector 中の各 cv::Mat 全体は、辞書内の訓練画像の 1 つに対応しています[†18]。個別のマスクの各行は queryDescriptors の 1 行（すなわち 1 つの記述子）に対応しています。マスクの各列は、辞書画像に関連した 1 つの記述子に対応しています。これから、masks[k].at<uchar>(i,j) がゼロ以外の値ならば、画像（物体）k から得た記述子 j は、クエリ画像からの記述子 i と比較されます。

次のメソッド knnMatch() は、match() と同じ記述子リストを受け取ります（関数名の「knn」は k-nearest neighbor の略で **K 近傍法**を表します）。しかし knnMatch() の場合は、クエリリストの各記述子に対して、辞書から特定の数の最適一致を見つけます。その数は整数の引数 k によって与えます。また、match() では cv::DMatch オブジェクトの vector だったものが、

†18 これは典型的には「辞書中のオブジェクトの 1 つ」を意味することを思い出してください。

knnMatch() メソッドでは cv::DMatch オブジェクトの vector の vector に置き換わります。最上位の vector の各要素（例えば matches[i]）が queryDescriptors の 1 つの記述子に関連づけられています。このような各要素について、次のレベルの要素（例えば matches[i][j]）が trainDescriptors の記述子で j 番目によい一致を表しています[†19]。knnMatch() における引数 mask は match() と同じ意味を持ちます。knnMatch() の最後の引数はブール値の compactResult です。compactResult が false のデフォルト値に設定されているときは、vector の vectormatches は、queryDescriptors の各要素に対して 1 つの vector の要素を含みます。そしてそれは、一致が存在しないような要素（それに対応する cv::DMatch オブジェクトの vector が空）であっても含みます。しかし、compactResult が true に設定されている場合は、そのような不要な要素は単純に matches から除外されます。

3 つ目のマッチングメソッドは radiusMatch() です。先ほどの k 個の最適一致を検索する K 近傍法のマッチングとは異なり、radiusMatch()、つまり**半径マッチング**では、クエリ記述子からある特定の距離内にあるすべての一致を返します[†20]。knnMatch() の整数 k が radiusMatch() では最大距離 maxDistance に置き換わる以外は、引数とその意味は knnMatch() と同じです。

注意してほしいのは、マッチングでは「最適」であることは、cv::DescriptorMatcher インタフェースを実装している個々の派生クラスによって定義されているということです。そのため「最適」の厳密な意味はマッチャーにより異なる場合があります。さらに、「最適な割り当て」は一般的には行われないので、クエリリストの 1 つの記述子が訓練リストのいくつかに一致したり、あるいはその逆の可能性もあることに注意してください。

続く 3 つのメソッド、つまり match()、knnMatch()、radiusMatch() の別形式は、2 つの記述子リストをサポートし、典型的には追跡のために使用されます。これらには前述の対応するメソッドと同じ入力に加え trainDescriptors 引数が追加されています。内部辞書の記述子が無視される代わりに、queryDescriptors リストの記述子を、与えられた trainDescriptors とだけ比較します[†21]。

以上の 6 つのマッチング用メソッドの他にも、マッチャーオブジェクトの一般的な取り扱いに必要な、いくつかのメソッドがあります。read() と write() メソッドは、それぞれ cv::FileNode と cv::FileStorage オブジェクトを与えると、マッチャーをファイルに書き込んだり読み込んだりすることができます。これが特に重要になるのは、非常に大規模なファイルのデータベースの情報を読み込み、マッチャーを「訓練」しながら認識の問題を扱うようなケースです。これにより、

†19 この順番は常に最適一致から始まり k 番目によい一致まで順番に並べられます（つまり $j \in [0, k-1]$）。

†20 ここでの**距離**という用語は、ある特定のマッチャーによって定義されたものであるということに注意してください。つまり記述子のベクトル表現における標準的なユークリッド距離の場合もあれば、そうでない場合もあります。

†21 この 2 つ目のリストは、「訓練」リストと呼ばれているにもかかわらず、それが add() メソッドでマッチャーに加えられた「訓練された」リストではないことに注意してください。つまり内部で「訓練された」リストの**代わりに**与えられた「訓練」リストが使用されています。

コードを実行するたびに画像を保持しながらすべての画像からキーポイントとそれらの記述子を再構築する、といったことをしなくて済むようになります。

最後の clone() と create() メソッドを使用すると、それぞれマッチャーのコピーを作成したり新しいマッチャーを作成したりできます。clone() は単一のブール値 emptyTrainData を取り、true ならば内部辞書をコピーせずに、同じパラメータ値（その特定のマッチャーの実装で指定可能なあらゆるパラメータに対して）を使用してコピーを作成します。emptyTrainData を false に設定すると本質的にディープコピーになり、パラメータに加えて辞書もコピーします。create() メソッドはスタティックメソッドで、生成したい派生クラスを表す単一の文字列を指定します。現時点で create() の descriptorMatcherType 引数で使用可能な値を**表16-1** に示します（個々の意味は次節で説明します）。

表16-1 cv::DescriptorMatcher::create() の引数 descriptorMatcherType で利用可能なオプション

descriptorMatcherType 文字列	マッチャータイプ
"FlannBased"	FLANN（近似最近傍の高速ライブラリ）メソッド。L2 ノルムがデフォルトで使用される
"BruteForce"	L2 ノルムを使用して要素ごとに直接比較する
"BruteForce-SL2"	二乗 L2 ノルムを使用して要素ごとに直接比較する
"BruteForce-L1"	L1 ノルムを使用して要素ごとに直接比較する
"BruteForce-Hamming"	ハミング距離を使用して要素ごとに直接比較する†22
"BruteForce-Hamming(2)"	マルチレベルハミング距離を使用して要素ごとに直接比較する（2 レベル）

16.2.3 キーポイント検出手法

追跡や画像認識の分野ではこの 10 年間で大幅な進展がありました。そこでの 1 つの重要なテーマはキーポイントの開発でした。みなさんはもうご存じのように、キーポイントとは画像やその内容に関する情報が集約された画像の小さな断片です。キーポイントの重要な性質の 1 つは、画像の解像度が非常に高くなったとしても画像を有限個の重要な要素に「要約」できるということです。つまり特徴点を使えば、非常に高次元なピクセル表現である画像から、よりコンパクトな表現を取り出すことができるのです。その表現の品質は画像サイズが増えるにつれて向上しますが、表現自体のサイズは増加しません。人間の視覚野では、個々の網膜応答（画像では実質的にピクセル値）が上位レベルの情報ブロックに「まとめて」伝達されると考えられています。そして、そのうちの少なくともいくつかの情報の塊が、キーポイントに含まれる情報の様式に類似しているのです。

初期の研究では前述のコーナー検出のような概念に焦点が当てられましたが、それがその後の洗練されたキーポイントや表現力の高い記述子（次節で説明）の発展につながりました。これらは、例えば回転やスケール、少量のアフィン変換に対する不変性といった、多様な望ましい特性を備え

†22 ハミング距離はすべて、CV_8UC1 型でエンコードされたバイナリ記述子（つまり各記述子の 1 バイトあたり 8 つの記述子の成分）に対してだけ適用することができます。

ています。これらは初期のキーポイント検出器には存在しなかった不変性です。

しかし、このような技術の現状は、キーポイント検出アルゴリズム（およびキーポイント記述子）は数多くある一方で、他のものよりも「明らかに優れている」手法がないということです。結果として OpenCV ライブラリが採っているアプローチは、それらの検出器のすべてに共通したインタフェースを提供するということです。これにより、それぞれの用途に応じて、それらの相対的なメリットの試行錯誤や比較検討を行いやすくなるでしょう。高速なものもあれば比較的遅いものもあります。非常にリッチな（情報量の多い）記述子を抽出できる特徴点を見つけるものもあれば、そうではないものもあります。また、たいへん有用な不変性を持ち合わせるアルゴリズムもあり、アプリケーションによっては必須かもしれませんし、逆に不利に働く不変性もあるでしょう。

本節では各キーポイント検出器を順番に見ながらその相対的なメリットについて議論し、各検出器の実際のメカニズムについて掘り下げます。それにより少なくとも、各キーポイント検出器がどんなケースに向いていて、他のものとどう異なるかを十分に理解することができるでしょう。ここまで学んできたように、各種の記述子の型それぞれに、キーポイントの位置を決める検出器と記述子の抽出器とが備わっています。以降、各検出アルゴリズムを議論しつつ見ていきます。

一般的に、各キーポイント検出器と歴史的に一緒に使われてきた特定の特徴量抽出器を、必ずしも組み合わせて使用しなければならないというわけではありません。ほとんどの場合で、任意の検出器を使用してキーポイントを検出し、続いて任意の特徴量抽出器でそれらのキーポイントを特徴づけるといった流れが有効です。しかし、これら 2 種類のアルゴリズムは通常は同時期に開発、公開されるため、OpenCV ライブラリにも同様にこのパターンで実装されています。

16.2.3.1 Harris-Shi-Tomasi 特徴点検出器 (cv::GoodFeaturesToTrackDetector)

コーナーの定義で最も一般的に使用されているのは（他にも同様の定義が以前から提案されていましたが）Harris により考案された手法です [Harris88]。これは **Harris コーナー**として知られ、コーナーの原型と考えられます†23。**図16-11** に一対の画像上の Harris コーナーを示します。これらの画像は各手法を見た目で比較するのに便利なので、本節の以降で出てくる他のキーポイントでも使います。Harris コーナーの定義は、小さい近傍領域のピクセル間の自己相関の概念に基づいています。自己相関を簡単に言うと、「画像が微小距離 $(\Delta x, \Delta y)$ だけシフトしたときに、元のそれ自身の画像とどの程度似ているか」を表しています。

†23 これらの特徴点はライブラリの旧バージョンでは「トラッキングに適した特徴点」と呼ばれていました（関数名 `cvGoodFeaturesToTrack()`）。こういった名残から今でも、その手法に関連づけられた検出器のことを、例えば `cv::HarrisCornerDetector` というような直感的な名前ではなく、Good Features To Track（トラッキングに適した特徴点）の頭字語で `cv::GFTTDetector` と呼んだりします。

図16-11 同じ自動車の 2 つの画像。各画像では輝度が上位の 1,000 個の Harris-Shi-Tomasi コーナーを示している。右の画像では自動車よりも背景のコーナーが強く、画像内のコーナーのほとんどが背景に現れていることに着目

Harris コーナーではまず、画像のピクセルの輝度 $I(x, y)$ に関して、次のように自己相関を求めることから始めます。

$$c(x, y, \Delta x, \Delta y) = \sum_{(i,j) \in W(x,y)} w_{i,j}(I(i, j) - I(i + \Delta x, j + \Delta y))^2$$

これは単に、ある点 (x, y) を中心とする小さなウィンドウ上の、ある点 (i, j) とそこから $(\Delta x, \Delta y)$ だけずれた点の差の二乗の加重和です（係数 $w_{i,j}$ は、ウィンドウ中心付近の差は強く寄与し、中心から離れるに従って弱くなるというガウス関数の重みです）。

続いて、Harris の導出には少しの代数演算と近似を使います。Δx と Δy は十分に小さいと仮定しているので、$I(i + \Delta x, j + \Delta y)$ は $I(i, j) + I_x(i, j)\Delta x + I_y(i, j)\Delta y)$ と近似されます。ここで I_x と I_y は、$I(x, y)$ の x と y それぞれに関する 1 階微分です[†24]。これにより、先ほどの式は次の行列の式で表されます。

$$c(x, y, \Delta x, \Delta y) = \begin{bmatrix} \Delta x & \Delta y \end{bmatrix} M(x, y) \begin{bmatrix} \Delta x \\ \Delta y \end{bmatrix}$$

ここで、$M(x, y)$ は、次のような対称な**自己相関行列**で定義されます。

$$M(x, y) =$$
$$\begin{bmatrix} \sum_{-K \leqq i,j \leqq K} w_{i,j} I_x^2(x + i, y + j) & \sum_{-K \leqq i,j \leqq K} w_{i,j} I_x(x + i, y + j) I_y(x + i, y + j) \\ \sum_{-K \leqq i,j \leqq K} w_{i,j} I_x(x + i, y + j) I_y(x + i, y + j) & \sum_{-K \leqq i,j \leqq K} w_{i,j} I_y^2(x + i, y + j) \end{bmatrix}$$

Harris の定義によると、コーナーは、画像中で自己相関行列が 2 つの大きな固有値を持つ箇所に存在します。これは要するに、任意の方向に少しでも移動すると画像が変化する、ということを

†24 つまりこれは 1 次のテイラー近似です。

意味しています[†25]。この考え方の利点は、自己相関行列の固有値だけを考慮しており、回転に対しても不変な量を考慮しているということです。追跡する物体は平行移動だけではなく回転するかもしれないので、これは重要です。

Harris コーナーの 2 つの固有値の役目は、その点が追跡に適した点（つまりキーポイント）かどうかの判定だけではありません。点の識別シグネチャ（すなわちキーポイント記述子）も得ることができます。必ずしも当てはまるわけではありませんが、このようにキーポイントと記述子が結びついていることがよくあります。キーポイントとは、本質的にはこの関連づけられた記述子（ここでは $M(x, y)$ の 2 つの固有値）が閾値基準を満たすような任意の点です。ここで注目しておきたいのは、Harris がもともと提案した閾値基準は、後に Shi-Tomasi が提案したものと同じではなかったということです。後者のほうがほとんどの追跡技術の応用において優っていることが判明しています。

Harris のもともとの定義では、$M(x, y)$ の行列式からその対角和（トレース）の二乗を（重み係数を乗算して）減算します。

$$H = \det(M) - \kappa \mathrm{trace}^2(M) = \lambda_1 \lambda_2 - \kappa(\lambda_1 + \lambda_2)^2$$

そして多くの場合、所定の閾値とこの関数で計算した値を比較することで、「コーナー」（ここではキーポイントと呼んでいるもの）を見つけることができます。この関数 H は **Harris 測度**として知られ、単純に M の固有値（H の定義による λ_1 と λ_2）を比較するだけでよく、系統だった計算を必要としません。この比較式には暗黙的に**感度**と呼ばれているパラメータ κ が含まれています。これは `0` から `0.24` の間の任意の値に設定するのが適切ですが、典型的には `0.04` あたりに設定されます[†26]。図16-12 にいくつかの各キーポイント候補の周辺領域を拡大して示します。

†25 大きな固有値が 1 つだけある場合は、その点はエッジ上に存在していると推測されます。つまり、エッジに垂直な方向に移動すると画像が変化し、エッジに沿った方向に移動すると画像が変化しないような箇所です。大きな固有値が存在しない場合は、任意の方向に小さなウィンドウを移動させても変化がまったくないことを意味し、言い換えれば画像輝度が一定であるということです。

†26 この値を小さくするとアルゴリズムの感度が増すので、`0.04` は比較的感度の高い値です。

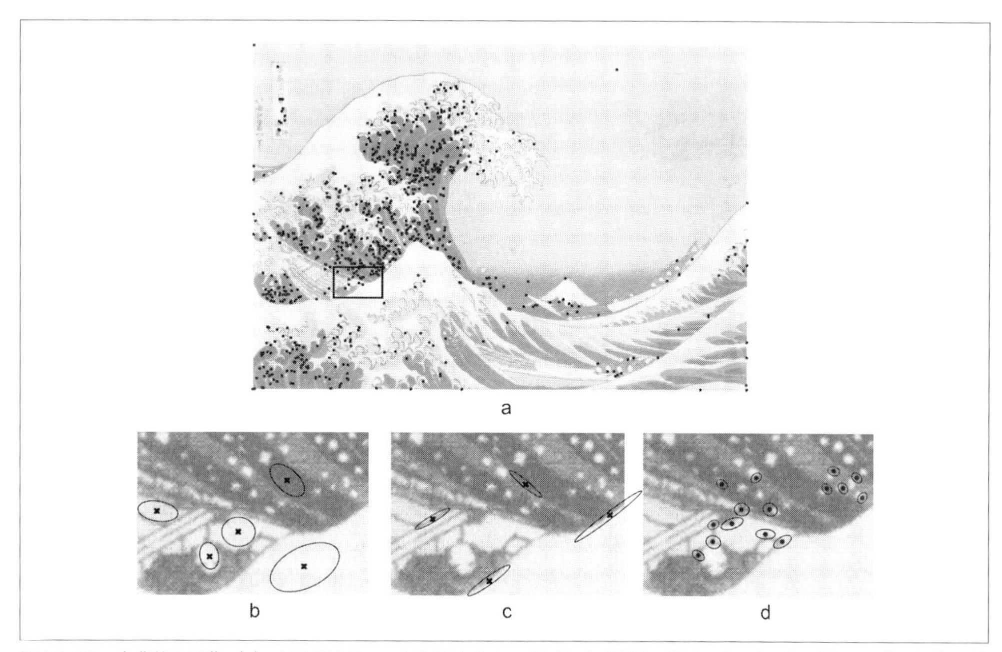

図16-12 古典的な画像（a）上に Shi-Tomasi 法によるキーポイントを黒丸で示している。その下の 3 枚の画像は元画像の一部の拡大図。左（b）ではキーポイントではない点が（X として）示されている。これらの点は両次元で小さな固有値を持つ。中央（c）にもキーポイントではないポイント（X）が示されている。これらはエッジであり、関連づけられた 1 つの小さな固有値と 1 つの大きな固有値を持つ。右（d）上の点が実際に抽出されたキーポイントである。これらの点では両方の固有値が大きい。これらの固有値の逆数を各軸の半径とした楕円を描画し可視化している

後の Shi-Tomasi による定義[Shi94] では、2 つの固有値のうち小さいほうが最小閾値より大きければ「よいコーナー」とみなします。Shi-Tomasi 法は十分実用的であるだけでなく、多くの場合において Harris 法よりも満足のいく結果が得られました。OpenCV の `cv::GFTTDetector` の実装は、デフォルトとして Shi-Tomasi の測度を使用しています。ただし、後に扱う他のキーポイント検出器では Harris 法の測度やその改良版が使われることもよくあります。

キーポイント検出器

Harris-Shi-Tomasi コーナー検出器は、`cv::Feature2D`（検出部）インタフェースの最も単純な実装でもあります。

```
class cv::GFTTDetector : public cv::Feature2D {
public:
  static Ptr<GFTTDetector> create(
    int    maxCorners        = 1000,  // 保持するコーナー数
    double qualityLevel      = 0.01,  // 最大固有値の割合
    double minDistance       = 1,     // この距離内のコーナーを棄却
    int    blockSize         = 3,     // 使用する近傍領域のサイズ
```

```
    bool   useHarrisDetector = false, // falseならShi-Tomasi法
    double k                 = 0.04   // Harris法の測度に使用
  );
...
};
```

cv::GFTTDetectorのcreate()メソッドの引数では、このアルゴリズムの実行時に使われる基本パラメータのすべてを設定します。パラメータmaxCornersには、返されるキーポイントの最大個数を指定します[†27]。パラメータqualityLevelには、コーナーとして含めるべき点として許容できる、低いほうの固有値の最小値を指定します。切り捨てに使用される実際の最小の固有値は、qualityLevelとその画像で観察された小さいほうの固有値の最大値との積です。したがって、qualityLevelは1を超えてはいけません（典型的な値は0.10や0.01でしょう）。これらの候補が選択されると、小さい領域内の複数のポイントが応答に含まれないようにさらに選別されます。そして最後に、パラメータminDistanceによって指定したピクセル数内に2つの点が返されないように保証します。

blockSizeは、微分値の自己相関行列を計算するときに考慮する周辺領域のピクセルサイズです。ほとんどの場合、単一の点（つまりblockSizeが1）の値だけで計算するよりも小さなウィンドウ内の微分値を合計したほうがよい結果が得られるでしょう。

useHarrisがtrueの場合、Shi-Tomasiの定義ではなくHarrisコーナーの定義が使用されます。kは重み付け係数で、ヘッセ行列の行列式から減算される、自己相関ヘッセ行列の対角和に掛ける相対的な重みとして使用されます。

もちろんみなさんが実際にキーポイントを計算したいときは、cv::GFTTDetectorがcv::Feature2D基底クラスから継承したdetect()メソッドを使います。

その他の関数

cv::GFTTDetectorはsetとgetメソッドを使用してさまざまなプロパティの設定と取得をサポートしています。例えばgfttdetector-> setHarrisDetector(true)メソッドを呼び出せば、デフォルトである最小固有値に基づく（Shi-Tomasi）GFTTアルゴリズムの代わりにHarris検出器を有効にします。

16.2.3.2 内部の詳細を見る

cv::goodFeaturesToTrack()とcv::GFTTDetectorは、内部的にはいくつかの段階に分かれています。自己相関行列$M(x,y)$の計算、その行列の分析、そして何らかの閾値の適用です。

†27 detect()メソッドにより返されるキーポイントはcv::KeyPointオブジェクトからなるSTL vectorに格納されるため、指定するキーポイント数の上限を設ける必要はありません。しかし実際には、計算効率をよくするためや、サブルーチンにおける計算時間を抑制するために、キーポイントに上限を設けると効果的なことも多くあります（特にリアルタイムアプリケーションの場合）。いずれの場合においても、返されるコーナーは自己相関行列$M(x,y)$の小さいほうの固有値の大きさに基づいて検出された「最良」のコーナーになっています。

重要なステップは関数 `cv::cornerHarris()` と `cv::cornerMinEigenVal()` により実行されます。

```
void cv::cornerHarris(
  cv::InputArray  src,                             // 入力配列。CV_8UC1 型
  cv::OutputArray dst,                             // 出力配列。CV_32FC1 型
  int             blockSize,                       // 自己相関のブロックサイズ
  int             ksize,                           // Sobel オペレータのサイズ
  double          k,                               // Harris の対角和の重み係数
  int             borderType = cv::BORDER_DEFAULT // ボーダーのピクセルの処理方法
);
void cv::cornerMinEigenVal(
  cv::InputArray  src,                             // 入力配列。CV_8UC1 型
  cv::OutputArray dst,                             // 出力配列。CV_32FC1 型
  int             blockSize,                       // 自己相関のブロックサイズ
  int             ksize      = 3,                  // Sobel オペレータのサイズ
  int             borderType = cv::BORDER_DEFAULT // ボーダーのピクセルの処理方法
);
```

これら 2 つの関数の引数は、関数 `cv::goodFeaturesToTrack()` のものと非常によく似ています。最初の関数は Harris 法で使われる値を用いて `dst` を計算します。

$$dst(x, y) = \det M^{(x,y)} - k \cdot \left(trM^{(x,y)}\right)^2$$

2 つ目の関数は、Shi-Tomasi 法の値、つまり自己相関行列 $M(x, y)$ の最小固有値を使って `dst` を計算します。

みなさんが GFTT アルゴリズムを基元に独自の実装をしたいときのために次の関数が用意されています。この関数を使えば、与えた画像上のすべての点に関する自己相関行列の固有値と固有ベクトルを求めることができます。関数名は `cv::cornerEigenValsAndVecs()` です。

```
void cornerEigenValsAndVecs(
  cv::InputArray  src,                             // 入力配列。CV_8UC1 型
  cv::OutputArray dst,                             // 出力配列。CV_32FC6 型
  int             blockSize,                       // 自己相関ブロックサイズ
  int             ksize,                           // Sobel オペレータのサイズ
  int             borderType = cv::BORDER_DEFAULT // ボーダーのピクセルの処理方法
);
```

この関数と `cv::cornerMinEigenVal()` で唯一異なるのは出力です。この場合の出力配列 `dst` は `CV_32FC6` になります。6 チャンネルは、2 つの固有値と、最初の固有値に対する固有ベクトルの 2 成分、そして 2 つ目の固有値に対する固有ベクトルの 2 成分を（この順番で）含みます。

16.2.3.3 単純なブロッブの検出（cv::SimpleBlobDetector）

コーナー検出の概念は、最初に Harris、後に Shi-Tomasi によって確立され、結果的にキーポイントの概念への主要なアプローチの 1 つとなりました。この観点から見ると、キーポイントは、通

常よりも多くの情報量が存在する画像上の点を高度に局在化した構造であると言うことができます。これに代わる異なる見方には**ブロッブ**（塊）の概念があります（**図16-13**参照）。ブロッブはそもそも、それほどはっきりと局在化されているわけではありませんが、ブロッブによって示される関心領域は時間が経過しても安定しているということが期待されます（**図16-14**参照）。

図16-13　同じ自動車の2つの類似した画像上における単純なブロッブの検出。2枚の画像で検出されたブロッブの間では、一致するものが少ししかない。ブロッブ検出は、かなり明確に定義された物体が少数だけ存在すると期待されるような単純な環境に対しては最適に動作する

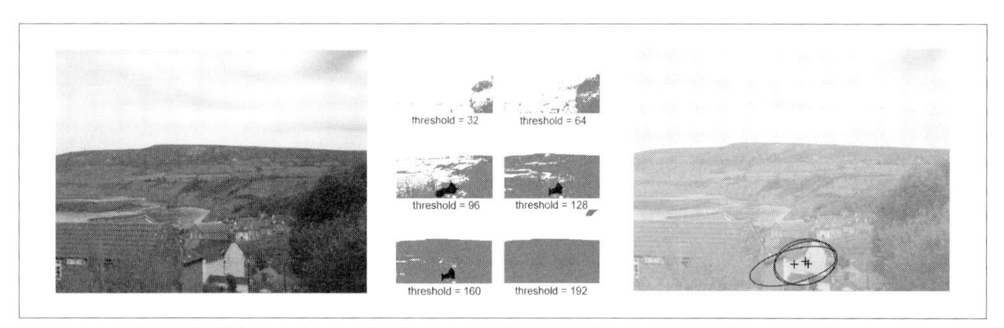

図16-14　田舎の風景（左）と、そこから生成した6枚の閾値処理画像（中央）。元画像の中央下部にある建物に対応する箇所に、ブロッブ候補が重なって示されている（右）。これらの候補を組み合わせることでブロッブの位置を最終的に推定する（図示はされていない）。中央の閾値処理画像には、これらのブロッブ候補に寄与する輪郭を黒で示す

ブロッブ検出にも多くのアルゴリズムがあります。`cv::SimpleBlobDetector`クラスには、まさにその1つが実装されています[†28]。この単純なブロッブ検出器はまず、入力画像をグレースケール化し、続いて閾値処理（2値）した複数の画像を生成します。2値画像の数はアルゴリズムに与えるパラメータの、最小閾値`minThreshold`、最大閾値`maxThreshold`、閾値ステッ

†28　本節ではこれ以降、より複雑な特徴点検出器について紹介していきますが、ブロッブ検出には他に多くのアプローチがあります。それらの多くは、より複雑なアルゴリズムの構成要素として出現するので、その項目を説明するときにどのように動作するかを説明します。例えばGaussianの差分（DoG）、GaussianのLaplacian（LoG）、ヘッセ行列の行列式（DoH）などのアルゴリズムはすべて、ブロッブ検出メカニズムの例です。

プ thresholdStep から決定されます。2 値画像に変換後、連続した成分が抽出され（例えば cv::findContours() などで）、それから各輪郭の中心が計算されます。これらがブロッブの中心の候補となります。続いて、空間的に隣接していて（最小距離パラメータ minDistBetweenBlobs で制御）、隣接した閾値の画像（適用閾値のリスト内で 1 ステップだけ異なる）にあるブロッブ中心候補がグループ化されます。これらのグループが決定すると、そのグループを構成するすべての輪郭から計算された半径と中心が割り当てられます。その結果得られたオブジェクトがキーポイントです。

ブロッブを見つけ出した後は、何らかの組み込みフィルタ処理を有効にしてブロッブの数を減らすことができます。ブロッブは色によってもフィルタ処理することができます（グレースケール画像なのでここでの色は実際には輝度を意味します）。あるいは、大きさ（面積）や真円度（実際のブロッブと、そのブロッブから計算された有効半径の円との面積比）、いわゆる**慣性比**（2 次モーメント行列の固有値の比）、凸度（そのブロッブの面積の、凸包の面積に対する割合）、などによって絞り込みます。

キーポイント検出器

ブロッブ検出器の宣言（のやや簡略版）を見ることから始めましょう。

```
class SimpleBlobDetector : public Feature2D {

public:
  struct Params {
      Params();
      float  minThreshold;            // 最小の閾値
      float  maxThreshold;            // 最大の閾値
      float  thresholdStep;           // 閾値ステップ

      size_t minRepeatability;        // ブロッブは最低でもこの枚数の
                                      // 画像に現れる必要がある
      float  minDistBetweenBlobs;     // ブロッブは他のブロッブからこの距離
                                      // だけ離れている必要がある

      bool   filterByColor;           // true ならカラーフィルタを使用
      uchar  blobColor;               // 0 か 255 のいずれか

      bool   filterByArea;            // true なら面積フィルタを使用
      float  minArea, maxArea;        // 許容する最小面積と最大面積

      // true なら「真円度」でフィルタ処理。円の面積に対する最小/最大の比
      bool   filterByCircularity;
      float  minCircularity, maxCircularity;

      // true なら「慣性」でフィルタ処理。固有値の最小/最大の比
      bool   filterByInertia;
      float  minInertiaRatio, maxInertiaRatio;
```

```
    // true なら「凸度」でフィルタ処理。凸部面積に対する最小/最大の比
    bool   filterByConvexity;
    float  minConvexity, maxConvexity;

    void read( const FileNode& fn );
    void write( FileStorage& fs ) const;
  };

  static Ptr<SimpleBlobDetector> create(
    const SimpleBlobDetector::Params &parameters
      = SimpleBlobDetector::Params()
  );

  virtual void read( const FileNode& fn );
  virtual void write( FileStorage& fs ) const;

  ...
};
```

この宣言を見渡すとわかるように、この段階ではまだ多くのことは行われません。cv::SimpleBlobDetector::Params クラスの定義がありますが、これは簡単なブロッブの検出に必要な情報すべてを保持します。他にも構築メソッド create()（引数 Params を取る）や、検出器の状態を保存したり読み込んだりする関数 write() や read() などがあります。もちろん cv::Feature2D インタフェースから継承された最も重要な detect() ルーチンもあります。

みなさんはすでに、すべての特徴点検出器に対して完全に汎用的であるという意味では、detect() メンバーがどのように働くかをご存じのはずです。ここで取り上げるのは初期化関数 create() で Params 引数のパラメータをどのように設定するかということです。最初の5つの引数がアルゴリズムの基本的な機能を制御します。thresholdStep、minThreshold、maxThreshold により、生成する複数の閾値処理画像の閾値を設定します。minThreshold から始まり、thresholdStep ずつ maxThreshold まで増加しますが、maxThreshold は含まれません。典型的には 50〜64 付近の値から始めて少しずつ（例えば 10 ずつ）増加し、220〜235 付近で終わります。こうすることで、有益な情報が少ないことが多い、輝度分布の端の部分を避けています。minRepeatability には、候補が1つのブロッブに結合されるためには、何枚の（連続した）閾値画像にオーバーラップした複数のブロッブ候補が含まれていなければならないかを指定します。この数は通常小さな整数ですが、2より小さくなることはめったにありません。「オーバーラップ」の実際の意味は minDistBetweenBlobs で決定します。2つのブロッブ候補の中心がこの値の距離内である場合をオーバーラップとし、同じブロッブにまとめます。この値はピクセル単位なので、みなさんが用意した画像のサイズに合わせて調整する必要があることに注意してください。cv::SimpleBlobDetector::Params のデフォルトコンストラクタではこの値は 10 で、だいたい 640 × 480 の画像に適しているでしょう。

残りのパラメータではその他のフィルタ処理オプションを設定します。それらは、特定のフィルタ処理機能のオン、オフを示すブール値と、（オンの場合）そのフィルタ処理を制御する 1〜2 個の

パラメータのセットになっています。最初は filterByColor で、関連パラメータを1つだけ持ちます。そのパラメータ blobColor はブロップ候補が維持されるのに必要な輝度値を示します。ブロップ候補は2値画像で生成されるので 0 と 255 の値だけ意味があります。前者は暗いブロップの抽出、後者は明るいブロップの抽出に使用します。両方の種類のブロップを一度に取得するにはこの機能をオフにします。

filterByArea パラメータが true のときは、面積が minArea 以上、そして maxArea より厳密に小さいブロップだけを保持します。filterByCircularity パラメータが true の場合も、真円度が minCircularity 以上、かつ maxCircularity より厳密に小さいブロップだけを保持します。filterByInertia と minInertiaRatio、maxInertiaRatio、および、filterByConvexity と minConvexity、maxConvexity も同じです[†29]。

16.2.3.4 FAST 特徴点検出器（cv::FastFeatureDetector）

特徴点検出アルゴリズムである **FAST**（Features from Accelerated Segments Test：高速断片判定による特徴点検出）は、もともと Rosten と Drummond [Rosten06] によって提案されました。このアルゴリズムは、点 P とその周囲の小さな円周上の点の集合とを直接比較するという考えに基づいています（図16-15 参照）。基本的な考え方は、点 P の近隣で P に類似している点が少ない場合に P がよいキーポイントとするということです。この考え方の初期の実装である **SUSAN アルゴリズム**では、点 P の周囲の円内のすべての点を比較しました。SUSAN の後継と考えられるこの FAST では、2つの方法でこの考え方を改善しています。

図16-15 同じ自動車の 2 つの画像。各画像上には 1,000 個の FAST 特徴点がある。右の画像では Harris-Shi-Tomasi 特徴点と同様、自動車よりも背景上のコーナーが強いため、ほとんどのコーナーが背景上に現れていることに注目

第一の相違点は、FAST では P の周りのリング上の点だけを用いるということです。2つ目は、

†29 真円度、慣性（または慣性比）、凸度の正確な定義は、前述のブロップ検出アルゴリズムの説明で出てきたことを思い出してください。

リング上の個々の点を、P よりも暗い、P よりも明るい、P と類似、のいずれかに分類することです。この分類は閾値 t を使って行われます。暗いピクセルは $I_P - t$ よりも暗く、明るいピクセルは $I_P + t$ よりも明るく、近いピクセルは $I_P - t$ と $I_P + t$ の間になります。この分類が行われた後、FAST 検出器は、P より明るいか、P より暗い、リング上の連続した点の個数を数えます。リング上の点の数を N とすると、P が特徴点であるためには、明るい、もしくは暗い点だけを含む円弧が、少なくとも $N/2+1$ 個（つまりリング上の半分以上の数）のピクセルを占めている必要があります。

このアルゴリズムはこれだけでもすでに非常に高速ですが、少し工夫すると、最初に特徴点以外を棄却するのに 4 つの等距離の点を調べるだけでよい、という高速化が可能です。この場合、P よりも明るいか暗い、連続した点が少なくとも一対存在しなければ、点 P は FAST 特徴点とはなりえません。この最適化により画像の全体探索に必要な時間が大幅に短縮されます。

ここまでで説明してきたアルゴリズムで問題となるのは、隣接する複数のピクセルのすべてもコーナーとして検出してしまう傾向があるということです。例えば**図16-16**では、点 P のすぐ上のピクセルも FAST キーポイントとして検出されてしまいます。一般的にこれは望ましいことではありません。

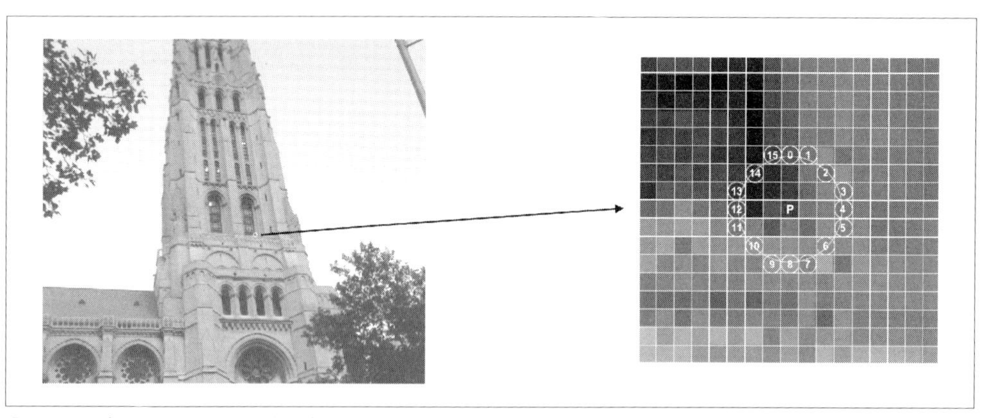

図16-16　点 P は FAST アルゴリズムのキーポイント候補。P の分類に関与する点のリングが P 周りの円で示されている。この場合、円上には 16 ピクセルあり 0〜15 の番号が付けられている

この問題を回避するため、FAST アルゴリズムでは各コーナーに対するスコアを定義しています。スコアの導入により、他より高いスコアのキーポイントに隣接しているすべてのキーポイントを棄却することができます。スコアの構築では、まず「明るい」ピクセルと中心ピクセルの差分の絶対値の総和を計算し、それから同様の計算を暗いピクセルに対して行い、最後にこれら 2 つのうち大きいほうをスコアとして採用します。

$$score = \max\left(\sum_{x \in \{brighter\}} |I_x - I_P| - t, \sum_{x \in \{darker\}} |I_x - I_P| - t\right)$$

注目すべきなのは、ここで定義されている FAST 特徴点はいかなる固有の向きも持っていないということです。これについては後ほど ORB 特徴点の議論で考察します。

キーポイント検出器

FAST 特徴点検出器のクラス `cv::FastFeatureDetector` は非常にシンプルで、Harris コーナー検出器の `cv::GoodFeaturesToTrackDetector` ととてもよく似ています。

```
class cv::FastFeatureDetector : public cv::Feature2D {
public:
  enum {
    TYPE_5_8  = 0,                        // 円周 8 点のうち 5 連続が必要
    TYPE_7_12 = 1,                        // 円周 12 点のうち 7 連続が必要
    TYPE_9_16 = 2                         // 円周 16 点のうち 9 連続が必要
  };

  static Ptr<FastFeatureDetector> create(
    int     threshold         = 10,       // 中心から周囲までの差
    bool    nonmaxSupression = true,      // 低スコアのコーナーを抑制するかどうか
    int     type              = TYPE_9_16 // 円サイズと条件（enum を参照）
  );
  ...
};
```

`cv::FastFeatureDetector` の `create()` メソッドは 3 つの引数を持っています。閾値、ブール値のフラグ、演算の**種類**です。`threshold` にはピクセル輝度を整数で指定します。ブール値 `nonMaxSupression` には、スコアが低い隣接点を抑制するかどうかを指定し、最後の引数 `type` では、演算の種類を設定します。この引数は、サンプリングする円の円周のピクセル数を決定します。利用可能な種類は 3 つあり、`cv::FastFeatureDetector` クラスで列挙型として定義されています。各種類が示すのは、円周のピクセル数と、その点がキーポイントとみなされるのに必要な連続ピクセル数の両方です。例えば `cv::FastFeatureDetector::TYPE_9_16` だと、16 点のうち連続した 9 点が、中心点よりすべて明るいか暗いかのいずれかでなければならないことを示しています。

ほとんどのケースでは閾値を 30 くらいのある程度大きな値に設定したほうがよいでしょう。閾値が低すぎると、非常に細かく輝度が変化する点を大量に誤検出してしまいます。

16.2.3.5 SIFT特徴点検出器（cv::xfeatures2d::SIFT）

SIFT（Scale Invariant Feature Transform：スケール不変特徴変換）[†30]アルゴリズムは、もともとは2004年にDavid Loweによって提案されました[Lowe04]。そして広く使用され、後に開発された数多くの特徴点の基礎となっています（図16-17参照）。SIFT特徴点は、他の多くの特徴点のアルゴリズムに比べて計算コストが高いですが、非常に表現力があるため、トラッキングと認識タスクの両方に適しています。

図16-17　異なる角度から撮影した同じ自動車の2枚の画像。左では237個、右では490個のSIFT特徴点が検出されている。この画像では自動車の特徴点が比較的安定しているので、見た目でも多くの対応を見つけることができる。右図のほうが背景上に多くの特徴点が検出されているが、自動車の特徴点の密度は両画像でほぼ等しい

SIFT特徴点の名前にもある**スケール不変性**に関してはSIFTアルゴリズムの初期段階で実現されます。そこでは、入力画像と、段階的に大きくなるGaussianカーネルとの間のコンボリューションのセットを算出します。その後このセットに対し、**隣接する**層どうしで1段階大きいカーネルのコンボリューション適用結果との差分が計算されます。この処理結果は**差分Gaussian**（DoG：Difference of Gaussian）演算を近似した新たな画像群です。これらの得られた画像を階層状に可視化すると、この層中の各画像の各ピクセルは、自分の画像平面内の近隣ピクセル（8ピクセルある）とだけではなく、上下の階層の画像の注目ピクセル自身と近隣ピクセル（上下の画像それぞれに9ピクセルずつある）とも比較されます。差分Gaussianにおいて、注目ピクセルがこれら近隣のすべての26ピクセルよりも高い値を持つ場合に、それが差分Gaussian演算の**スケール空間における極値**であると考えられます（図16-18参照）。

これを直観的に理解するのは簡単です。まず、黒い背景の中央に白い円盤がある画像を考えます。差分Gaussianカーネル（図16-19）は、ゼロ交差が白円盤の縁上に正確に一致したとき、つまりカーネルの正の部分と白円盤がぴったり重なったときに、最も強い応答を示します。その場

†30　cv::features2dに収録されているオープンで無償のアルゴリズムとは異なり、SIFTやSURFは特許を取得しているため、opencv_contribリポジトリのcv::xfeatures2dモジュールに隔離されています。

合、カーネルの正の領域の値が白円盤の正のピクセル値と乗算され、カーネルの負の領域の値が黒背景の値0と乗算されます。このことにより、正確に一致する位置からずれたり、同じ位置でもサイズが異なったりすると、応答が弱くなります。この意味で、白円盤の「特徴点」が位置とサイズの両方に関して検出されたと言えます。

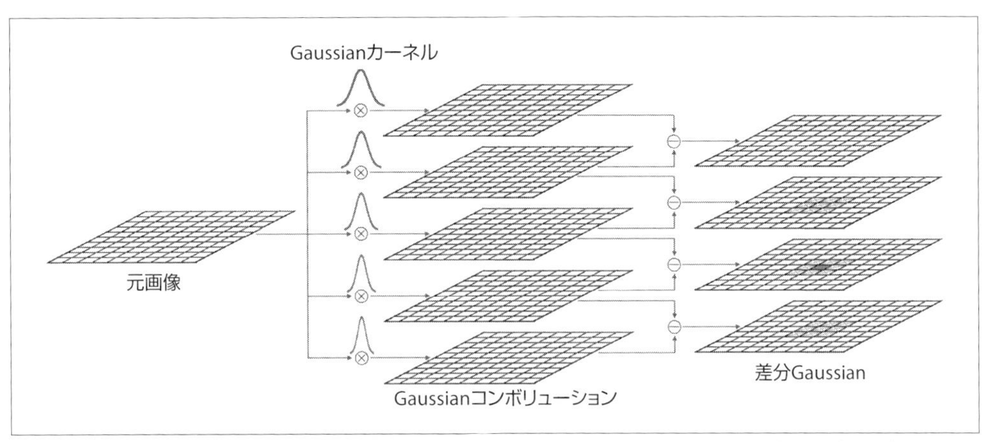

図16-18　まずさまざまなサイズのGaussianカーネルと元画像のコンボリューションを計算し、次に隣接するサイズ間の差分を計算することで、スケール空間の極値を特定する。差分画像において、各ピクセル（黒四角で示す）は、同層と隣接層の3層における近隣のすべてのピクセル（X印で示す）と比較される。差分Gaussianの応答が、3層すべての近隣ピクセルよりも大きい場合、そのピクセルがスケール空間における極値であると考えられる

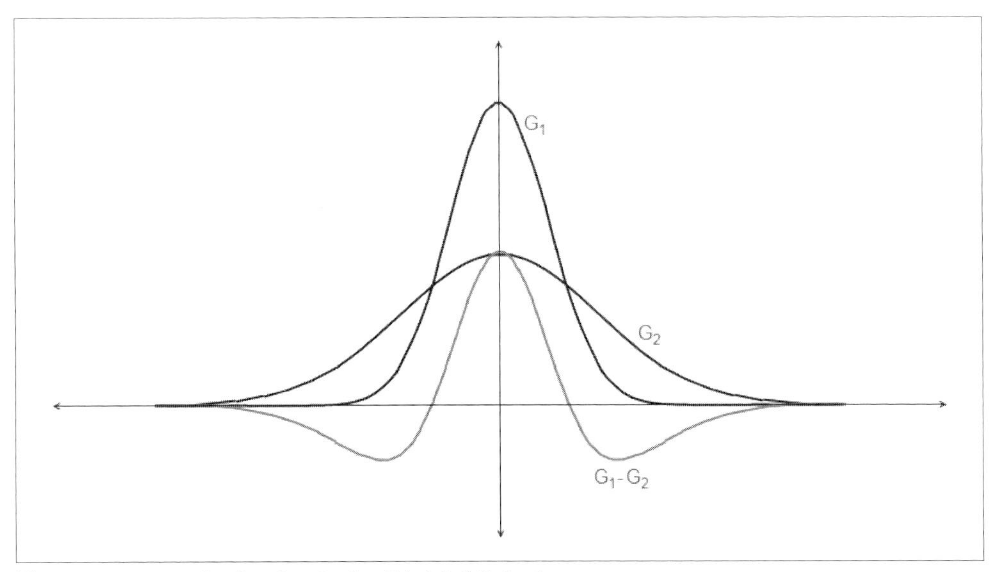

図16-19　GaussianカーネルG_1、G_2と、それらの差分G_1-G_2

このアルゴリズムでは、特徴点のセットを検出した後、各特徴点について計算し、特徴点としての品質の評価と、その推定座標値の高精度化を行います。これは極値の周りの $3 \times 3 \times 3$ のボリューム（x、y、scaleの3次元）にパラボラフィッティングすることで得られます。このフィッティング曲面からは2つの重要な情報を抽出することができます。1つ目はキーポイントの座標に加えるべきオフセットです。このオフセットは空間座標でのサブピクセル補正ではありますが、同一スケール内の空間方向と、Gaussianコンボリューションの元のセットから得られる離散スケール方向の、両方に対して補間します。2つ目は、この極値点での局所的な曲率の推定です。これはヘッセ行列の形式で求められ、その行列式は、識別力が弱いキーポイントを棄却する閾値として利用することができます。また、この行列のxy空間領域の固有値間の比が大きければ、その特徴が主にエッジ（「コーナー」ではなく）であり、キーポイントとしての候補から除外することができることを示しています。これらの判定方法は、本節冒頭で紹介したHarrisコーナーやShi-Tomasi法の特徴点で使用された性能指数と比較することができます。

SIFTアルゴリズムは、そのようなスケール空間の極値をすべて検出し終えると、続いて**図16-20**に示すような記述子の抽出に進みます。ここでの最初のステップは、キーポイントに方向を割り当てることです。その方向は、本質的にはキーポイントの周囲の点群に関する方向微分の比較に基づき、微分係数の最大値に対応する方向として抽出されます[†31]。このような方向が見つかると、後続の記述子に関するすべての属性を、この主方向に結びつけて割り当てることができます。このようにしてSIFTはスケール不変性だけでなく回転不変性も獲得しています。回転不変性とは、新たに回転画像が与えられても同じキーポイントを見つけられるという意味です。方向が異なったとしても残りの特徴量記述子が一致するのは、それらが主方向に対して相対的に計算されるからです。

これでようやく、算出されたスケールと方向を使って、画像の**局所的な記述子**を計算することができるようになりました。局所画像記述子は局所画像の勾配からも形成されますが、今回はまず、局所領域を記述子の方向に対して相対的に、ある特定の方向に回転しておきます。次に、それらを複数領域に分割（典型的にはキーポイント周囲の 4×4 パターン16枚、またはそれ以上）され、各領域に対して、注目領域のすべての点から角度ヒストグラムを生成します。通常はこのヒストグラムは8要素を持ち、その場合は16領域に対する8要素の組み合わせにより128成分のベクトルになります。この128成分ベクトルこそがSIFTキーポイント記述子です。この成分の多くが、SIFTキーポイントの高度な記述特性にとって必要不可欠です。

†31　興味のある読者のみなさんのために付け加えると、このアルゴリズムの実行手順ではまず、すでに決定されているスケールを使ってキーポイント周りのピクセルをスケーリングし直します。次に、このスケール正規化された画像に対して x 方向と y 方向のSobel微分を適用し、極座標形式（大きさと方向）に変換します。そして、特徴点周囲の各点に対する微分係数から、各大きさで重み付けした方向のヒストグラムを生成します。最後にこのヒストグラムの最大値を検出し、その最大値と近傍の値にパラボラフィッティングを行います。その曲線の最大値が、特徴点の全体的な方向の補間された角度を示しています。

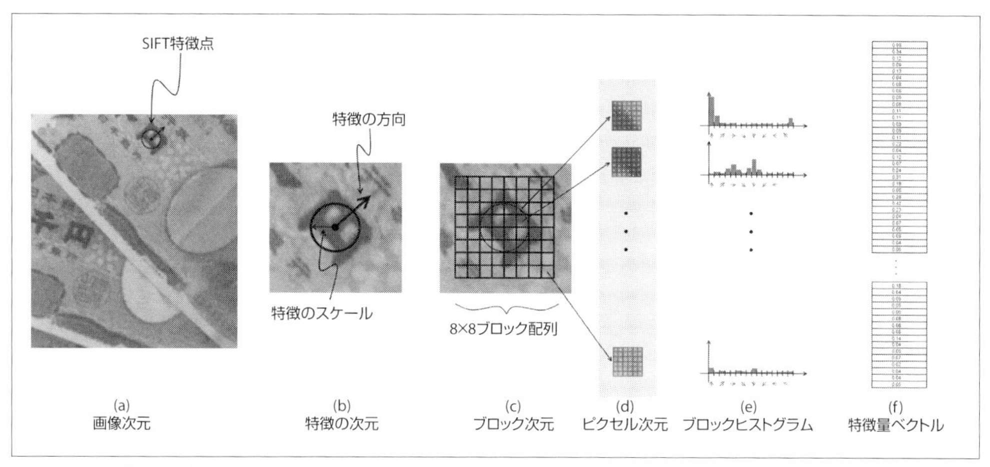

図16-20　画像から抽出された SIFT 特徴点（a）。その特徴点は（b）に示す大きさと方向を持つ。特徴点周囲の領域がブロック（c）に分割され、各ブロックに対して、中のすべてのピクセルの方向微分を計算する（d）。これらの方向微分を各ブロックのヒストグラムに集約し (e)、全ブロックの全ヒストグラムの各ビンの大きさを、その特徴量のベクトル記述子として結合する（f）

キーポイント検出器と特徴量抽出器

OpenCV の SIFT には、cv::Feature2D インタフェースによる特徴点の検出器と記述子抽出器の両方が実装されています。そして今までと同様、検出と抽出が 1 つにまとめられた detectAndCompute() メソッドを使用することをお勧めします。また、SIFT アルゴリズムは特許を取得しているため、OpenCV 3.0 以降は opencv_contrib リポジトリの xfeatures2d モジュールに置かれているので注意してください。次に示すのは cv::xfeatures2d::SIFT クラスの定義（少し省略）です。

```
class SIFT : public Feature2D {

public:

  static Ptr<SIFT> create (
    int    nfeatures          = 0,    // 使用する特徴点の数
    int    nOctaveLayers      = 3,    // 各オクターブ中の層数
    double contrastThreshold = 0.04, // 弱い特徴点を棄却する閾値
    double edgeThreshold      = 10,   // 「エッジ」特徴を棄却する閾値
    double sigma              = 1.6   // レベル 0 の Gaussian カーネルのσ
  );

  int descriptorSize() const;         // 記述子のサイズ。常に 128
  int descriptorType() const;         // 記述子の型。常に CV_32F
   ...
};
```

cv::xfeatures2d::SIFT の create() メソッドのパラメータはすべて、画像のスケール空間

表現の生成とアルゴリズムのキーポイント検出器で使用されます。現在の実装では、実際の特徴量記述子は常にこれらの定数パラメータを使用して計算されます†32。

最初の引数 `nfeatures` には、画像から抽出したい特徴点の最大数を指定します。デフォルト値の `0` に設定すると、このアルゴリズムは見つけられるすべての特徴点を抽出します。次の引数 `nOctaveLayers` は、各**オクターブ**（画像ピラミッド中の画像）に対していくつの**層**（Gaussian コンボリューションの異なるスケール）を計算するかを指定します。ただし実際に計算される層の数は引数 `nOctaveLayers` の値 +3 層です。つまり**図16-18**の例では、`nOctaveLayers` が 2 のときピラミッド中の各画像につき 5 層です。

次の 2 つのパラメータは、検出したキーポイント候補が保持されるべきかどうかを決定するのに使用される閾値です。最初にキーポイント候補がスケール空間探索によって抽出された後、キーポイントは 2 種類の判定を受けることになります。第一は差分 Gaussian 演算の局所的な極値が周囲の領域から十分に区別できるかどうかです。これは閾値 `contrastThreshold` によって行われ、典型的な値は `0.04`（デフォルト値）です。第 2 は空間固有値の比に関するもので、エッジを棄却する目的で実施されます。この場合は閾値 `edgeThreshold` が使用され、典型的な値は `10.0`（デフォルト値）です。

最後のパラメータ `sigma` は、画像の事前ぼかし処理で使用されます。この `sigma` をスケール空間の初期層のスケールとして設定するのが効果的であることが経験的にわかっています。典型的な値は `1.6` ピクセル（デフォルト値）ですが、ノイズやその他の不要パターンを含む画像ではこの値を少し大きく設定すると効果的なことが多いようです。

パラメータ `sigma` を使わなくても、事前に自前の Gaussian フィルタのコンボリューションを画像に適用しておくこともできます。しかしアルゴリズム側は、みなさんがそのコンボリューションに使ったスケールの情報については何も知りません。その結果、本来存在するはずがない特徴点の探索のために無駄な計算をすることになってしまいます。それよりは、事前ぼかし処理用に用意されたパラメータ `sigma` を利用するほうがずっと効率的です。この `sigma` でアルゴリズムに伝えているのは、実質的には「このサイズより小さい特徴点については気にしない」ということです。

`cv::xfeatures2d::SIFT` のオブジェクトが生成してあれば、関数 `descriptorSize()` と `descriptorType()` を使って、計算する特徴量ベクトルのサイズと要素の型を問い合わせることができます。現時点の実装ではこれらの 2 つの関数は常に `128` と `CV_32F` をそれぞれ返すことになっています。これが活用されるのは、多種のオブジェクトを基底クラスのポインタで操作しているような場合に、ポインタが返すオブジェクトについて個々に調べる必要があるようなケース

†32 一般的に、SIFT は 128 成分の記述子を使うと最適に動作することが知られています。さらに、記述子の計算で使用される他のいくつかの値（SIFT の専門家向けに言うと**倍率**など）も実質的には定数でよいことがわかっています。指定できたほうがよいということがわかれば、将来的な実装でこれらの一部が指定可能になるかもしれません。

です。

みなさんがよく使うことになる関数は主に、オーバーロードされたdetectAndCompute()メソッドでしょう。この関数は、与えられた引数に応じて、キーポイントの検出だけ、あるいはキーポイントの検出とそれに関連する記述子の計算を行います。キーポイント検出のみの場合に必要な引数は、img、mask、keypointsの3つだけです。最初の引数はキーポイントを検出したい画像です（カラーでもグレースケールでもかまいませんが、カラーの場合はアルゴリズムの最初のほうで内部的にグレースケール変換されます）。引数imgに渡す画像は常にCV_8U型でなければなりません。引数maskは、キーポイントの生成をマスク指定領域のみに限定するのに使用します。maskはCV_8U型の単一チャンネルである必要がありますが、このようなマスク処理が必要ないときはcv::noArray()を指定します。cv::xfeatures2d::SIFT::detectAndCompute()の次の引数はkeypointsで、これはcv::KeyPointオブジェクトのSTL vectorへの参照でなければなりません。ここにSIFTが検出したキーポイントが格納されます。

次の引数descriptorsは出力配列で、これまでに見てきた他の特徴点の記述子と似ています。descriptorsが配列の場合、配列の各行が個々の記述子を表し、行数はキーポイントの数と等しくなります。

最後の引数はブール値useProvidedKeypointsです。この引数をtrueに設定しておくとキーポイントは探索されず、代わりに引数keypointsが入力として扱われます。この場合、keypointsのvectorで示された各キーポイントに対してdescriptorsが生成されます。

16.2.3.6 SURF特徴点検出器（cv::xfeatures2d::SURF）

SURF（Speeded-Up Robust Features：高速化ロバスト特徴）†33アルゴリズムはもともとBayらによって2006年に提案され[Bay06] [Bay08]、ここまで議論してきたSIFTよりも多くの点で改良されています（図16-21参照）。SURFの考案者らが興味を持っていたのは、SIFT特徴点の各構成要素を、主に認識タスクで同等以上の性能になるような、より計算効率の高い別の手法で置き換えられるかどうかでした。その結果得られた特徴点は、計算速度がかなり高速なだけではなく、その少しシンプルな性質のおかげで角度変化や照明変化に関してSIFTよりもロバストになっています。

†33 SIFTと同様SURFも特許アルゴリズムであるため、OpenCV 3.0リリースからはopencv_contribリポジトリのxfeatures2dモジュール内に収録されています。

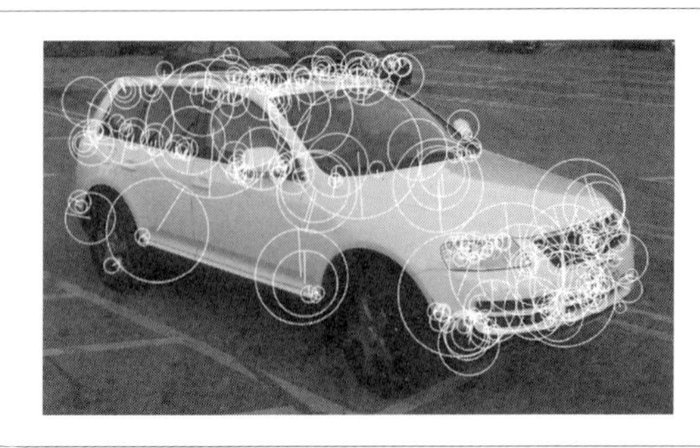

図16-21 異なる2方向から見た同じ自動車の画像で計算されたSURF特徴点。左側では224個、右側では591個の特徴点が検出されている。右図では奥に見える背景に多くの新たな特徴点が検出されている。SURF特徴点はSIFTのように方向を持っている。この画像ではhessianThresholdを1500に設定して特徴点を検出した

SURF特徴点検出器の演算において、いくつかの処理段階で使われるのが積分画像の手法です。積分画像については以前「12章 画像解析」で扱いました。そこで説明したのは、いったん画像全体を積分画像に変換しておけば、後はその積分画像を使って、任意の矩形領域内のピクセル値の合計値を数回の単純計算だけで計算できるということでした。SURFの計算速度が大幅に改善したのは積分画像の手法によるところが大きいです。

他の多くの検出器と同様、SURFも、与えられた点における局所的ヘッセ行列の行列式を使ってキーポイントを定義します[†34]。先ほどのSIFT検出器では、スケールの概念を導入するために、わずかに異なるスケールのGaussianのコンボリューションの差分により、局所的ヘッセ行列の行列式を計算しました（**図16-19**）。一方SURF検出器の場合は、差分Gaussianカーネルを近似する**ボックスフィルタ**のコンボリューションによって局所的ヘッセ行列の行列式を計算します（**図16-22**）[†35]。ボックスフィルタの主な利点は、積分画像の手法を用いて高速に計算できることです。

†34 ヘッセ行列は、通常は2階微分値からなる行列であると考えられます。しかしこの場合は、いわゆる「Gaussianの2階微分」の行列であり、$\frac{\partial^2}{\partial x_i \partial x_j} G(\vec{x}, \sigma)$ のように定義されます。ただし $G(\vec{x}, \sigma)$ はサイズ σ の正規化Gaussianで、これにより近似的に微分される前に画像のコンボリューションが計算されます。

†35 SIFTでは、2スケールのGaussianカーネルのコンボリューション計算結果の差分を取りました。一方、SURFでは最初にカーネルどうしの差分を取っておいてから、その差分カーネルを一度だけ使ってコンボリューションを計算します。これらの2つの演算は等価ですが、後者は、SURFのボックスフィルタ近似の場合にはより自然で効率的です。

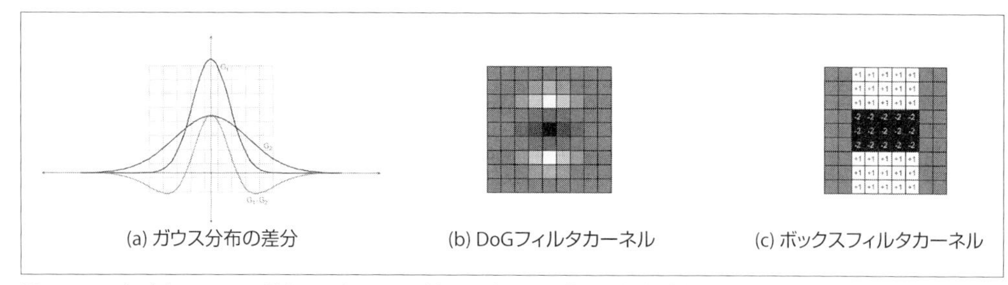

図16-22　左（a）は2つの異なるスケールのガウス分布とその差分。中央（b）は垂直方向の2階微分を近似する離散9×9フィルタカーネル。右（c）はDoGフィルタカーネルを近似したボックスフィルタカーネル

ボックスフィルタの計算コストはフィルタのサイズよって変わらない（積分画像の特性）ので、SIFTのように画像のスケールピラミッドを生成する必要はありません。代わりに、より大きなボックスフィルタを多数使って、多スケールにおけるヘッセ行列の行列式を評価することができます。SURFでは、これらのボックスフィルタの応答によるヘッセ行列の行列式の局所的な極値が、ある閾値を超えたときに特徴点であると定義します。

SIFTと同様、SURFにも特徴点の方向の概念があります。その計算には再び積分画像が用いられ、特徴点周囲の局所的な領域勾配を推定します。これには局所勾配を近似するために単純なHaarウェーブレット（図16-23c）の対を使います。そして、検出されたスケール空間の極値周辺の、異なる領域にこれらのウェーブレットを適用して領域勾配を推定します。例えば特徴点のスケールがsだとわかったとすると、サイズ$4s$のウェーブレットを使い、特徴点を中心とする半径$6s$の領域内に距離sずつ離してそのウェーブレットを配置し、勾配を計算します（図16-23b）。その後、角度$\frac{\pi}{3}$ずつウィンドウをずらしながらこれらの勾配推定値を集計します。この方向ウィンドウの勾配のすべてを加算（特徴点中心からの距離によって決定される重み係数を掛けて）し、それが最大になる方向を、その特徴点の方向とします（図16-23d）[†36]。方向が計算されると、特徴量ベクトルをその方向に対して相対的に生成することで、SIFTと同様、特徴量が実質的に方向に対して不変となります。

†36　この手順はかなり複雑に思えるかもしれませんが、実際にこの方向を計算するのに必要な評価の回数は非常に少ないということに着目してください。わずか9点の評価で済み、1点につき6回の加算しか必要ないので、例えば全部で81点なら500回未満の演算で計算できます。

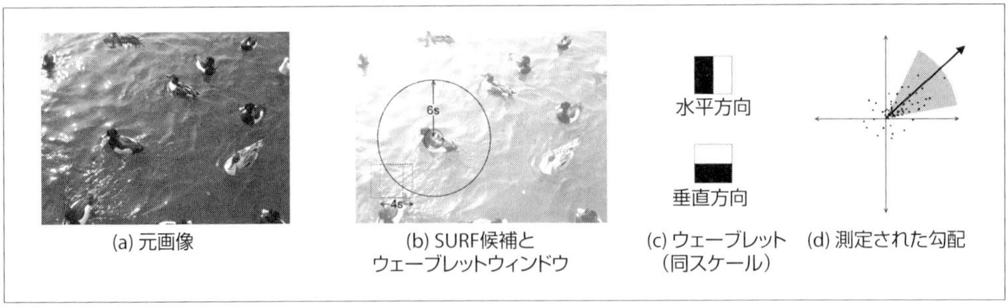

(a) 元画像　(b) SURF候補とウェーブレットウィンドウ　(c) ウェーブレット（同スケール）　(d) 測定された勾配

水平方向
垂直方向

図16-23　画像 (a) に関して、スケール空間の極値を検出してその周辺領域を探索する (b) ことにより、SURF 特徴点の方向を定義する。2 つの単純なウェーブレット (c) を使って局所勾配を近似し、極値周囲の多数の領域 —— (b) の破線の四角の領域。実線の円で示される領域から一定間隔でサンプリングされる —— で画像のコンボリューションを計算する。このようにして計算されたすべての勾配を分析することにより最終的な方向を抽出する (d)

SURF の特徴量自体は SIFT の設計と類似の手法で計算されます。まず、スケール s の特徴点に対しては、特徴点を中心とする $20s \times 20s$ の領域を 4×4 格子 16 個分の区画に分割します。この格子は、先ほど計算した方向の角度により特徴点中心に回転されます。そのようなすべての区画に対して、25 対の Haar ウェーブレット（**図 16-23c** に示したものと同じ。ただしはるかに小さい）を使用し、(4×4 格子の各区画内の) 5×5 配列のそれぞれにおける、画像の x 方向と y 方向の勾配を近似します[†37]。このような各区画に対し、25 の x 方向のウェーブレットのコンボリューションを合計し、25 の y 方向についても同様にウェーブレットのコンボリューションを合計します。各方向に関しては、合計と、絶対値の合計との両方を計算します。これにより、4×4 格子の各区画に対して 4 個の数値、全部で 64 個の数値が得られます。これら 64 個の値が、個々の SURF 特徴点の 64 次元の特徴量ベクトルの要素となります（**図 16-24** 参照）。

SURF 特徴点には変形版もあり、「拡張」SURF 特徴点と呼ばれています。それは、コンボリューションの 4 つの合計ではなく、8 つの合計を求めるというものです。これは、ウェーブレットのコンボリューションに関して、y 方向が正と負のときの x 方向の値と、x 方向が正と負のときの y 方向の値を、それぞれの符号の組み合わせで加算することで行います。結果の記述子は大きくなるためマッチング速度は遅くなりますが、場合によっては、拡張 SURF 特徴点の記述力の高さが認識性能の向上につながることも知られています。

†37　ここでの x と y は、画像の座標系ではなく特徴量記述子の回転された座標系における x と y です。

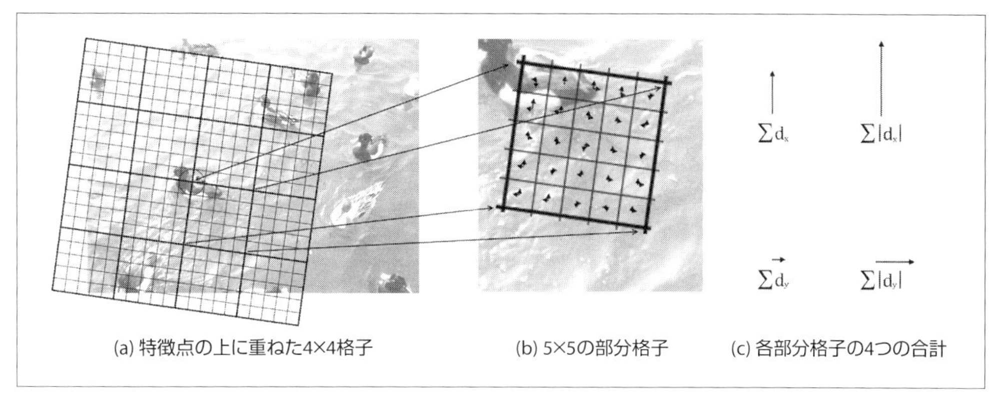

図16-24　部分区画 400 箇所のそれぞれで勾配を計算することで SURF 特徴の特徴量を計算する。まず特徴点の周辺領域を 4 × 4 格子に分割する（a）。その後、各区画を 25 の部分区画に分割し、各部分区画に対して方向微分を計算する（b）。部分区画の方向微分を合計することで、大きな格子の各区画の 4 つの値を算出する（c）

キーポイント検出器と特徴量抽出器

OpenCV における SURF の実装は、SIFT と同様、`cv::Feature2D` インタフェースを使用しています。初期化処理は `cv::xfeatures2d::SURF` クラスの `create()` メソッドによって行われ、キーポイント検出と特徴量記述子の抽出のインタフェースも提供されています。他にもいくつかの有用な関数が用意されています。次に示すのは SURF クラスの定義（少し省略）です。

```
class cv::xfeatures2d::SURF : public cv::Feature2D {

public:
  static Ptr<SURF> create (
    double hessianThreshold = 100,   // この閾値を超える特徴点を保持
    int    nOctaves         = 4,     // ピラミッドのオクターブ数
    int    nOctaveLayers    = 3,     // 各オクターブ内の画像数
    bool   extended         = false, // false なら 64 要素の記述子
                                     // true なら 128 要素の記述子
    bool   upright          = false, // true なら方向を計算しない
                                     // （計算しなければかなり高速）
  );

  int descriptorSize() const;        // 記述子のサイズ。64 か 128
  int descriptorType() const;        // 記述子の型。常に CV_32F
  ...
};
typedef SURF SurfFeatureDetector;
typedef SURF SurfDescriptorExtractor;
```

`cv::xfeatures2d::SURF` のメソッド `create()` は、アルゴリズムを設定するのに使われる 5 つのパラメータを引数に取ります。1 つ目の `hessianThreshold` には、特定の局所的な極値が特

徴点とみなされるための、ヘッセ行列の行列式の閾値を指定します。デフォルトで割り当てられている値は100ですが、これは「すべての特徴点」と解釈してもよいほどに非常に低い値です。特徴点を適度に選択するのに典型的な値は1500程度です[†38]。

パラメータextendedは、特徴量抽出器に対し、拡張（128次元）特徴量セット（前節で説明）を使うように指示します。パラメータuprightでは特徴の方向を計算しないように指示できますが、これにより特徴点はすべて「垂直」として扱われます。これは「Upright（垂直）SURF」、または単に「U-SURF」としても知られています。

自動車や移動ロボットアプリケーションなどの用途では、カメラの向きが検出したい物体の向きに対して固定されていると仮定してもよいことが多いです。例えば、道路標識を検出する自動車の場合を考えてみてください。このようなケースでupright引数を使用すると速度が改善し、多くの場合、マッチング性能も向上することが期待されます。

残る引数はnOctavesとnOctaveLayersですが、これらはcv::xfeatures2d::SIFT()の引数nOctaveLayersと役割は非常によく似ています。引数nOctavesは、スケールを何回「2倍」してキーポイントを探索するかを決定します。SURFでは、見つけることができる最小サイズの特徴点は、9×9ピクセルのフィルタのコンボリューションにより計算されます。nOctavesのデフォルト値は4で、通常のほとんどのアプリケーションではこれで十分です。ただし非常に高解像度の画像の場合は、この数を増やしたいこともあるでしょう。速度向上を狙ってこの値を3に減らしたとしても効果はわずかです。この理由は高いオクターブに対するスケール探索は低いオクターブに対するものより大幅に低コストであるためです[†39]。

各オクターブに対し、いくつかの異なるカーネルが評価されます。ただしSIFTとは異なり、均等にオクターブを分割するようにカーネルが配分されているわけではありません。つまり、3つ以上のオクターブ層を使用するのであれば連続したオクターブで使用されるカーネルのサイズ間で重複することもありえます。これはオクターブ数を多くしても意味がないというわけではなく、効果を実感しにくいというだけです。nOctaveLayersのデフォルト値は3ですが、いくつかの研究によるとこれを4に増やすことが有効であることがわかってきています（ただし計算コストは増加します）。

メソッドdescriptorSize()とdescriptorType()が返すのはそれぞれ、記述子ベクトルの要素数（通常64、拡張SURFでは128）と、記述子ベクトルの型（現時点では常にCV_32F）です。

†38 図16-21の自動車の画像に対するヘッセ行列の行列式の閾値は、図16-17においてSIFTで検出した特徴点数とおよそ近い数の特徴点が検出されるように、試行錯誤的に設定しました。ちなみにOpenCVのデフォルト値100だと、図16-21の左右の画像ではそれぞれ2,017点と2,475点の特徴点が検出されました。

†39 SIFTでは各オクターブで実際の画像サイズを減少させましたが、SURFはSIFTと違い、代わりカーネル側のサイズを増加させます。さらに「隣接」するカーネル間の段階も同様にカーネル自身の拡張によって増やされます。カーネルはサイズに関係なく計算コストが一定であるため（積分画像の手法を思い出してください）、評価するオクターブが高くなるほど計算コストは急激に減少します。

オーバーロードされたメソッドとして、`SURF::detect()`、`SURF::compute()`、`SURF::detectAndCompute()` があります。キーポイントの検出とその記述子の計算の両方が必要ならば、いつものようにメソッド `SURF::detectAndCompute()` を使用することをお勧めします。引数は `SIFT::detectAndCompute()` のものとまったく同じです。

cv::xfeatures2d::SURF が提供するその他の関数

`cv::xfeatures2d::SURF` には、その場でアルゴリズムのパラメータを設定したり取得したりすることができるメソッドもたくさんあります。一連の画像の処理中にはパラメータを変更しないように気をつけてください。一度最適なパラメータを見つけたらそれを使い続けましょう。そうでなければ記述子の比較ができません。

16.2.3.7　Star/CenSurE 特徴点検出器（cv::xfeatures2d::StarDetector）

Star 特徴点（図16-25 参照）はもともと、画像データだけを用いてビデオカメラ側の自己の姿勢や動きを推定する、いわゆるビジュアルオドメトリを目的として開発されました[Agarwal08]。このような用途では、Harris コーナーや FAST などの特徴点が非常に局所化されているため望ましいのです。逆に SIFT のような特徴点は画像ピラミッドに依存しているので、ピラミッドの上位になるにつれ元画像の空間ではほとんど局所化されない可能性があります。Harris コーナーや FAST などの特徴点はスケール空間の探索をしないため、残念ながら SIFT のようなスケール不変性がありません。Star 特徴点は **CenSurE**（Center Surround Extremum：中心周辺極値）特徴点とも呼ばれていて、スケール不変性を持ち合わせながら、Harris コーナーや FAST の特徴点などと同等の局在化も備わるようにしたものです。Star/CenSurE 特徴点に直接結びつけられた固有の記述子というものはなく、最初に提案された論文で著者らが使用していたのは「Upright SURF」すなわち U-SURF の特徴量記述子でした。

Star のアプローチは、概念的には、すべてのスケールでいくつかの特徴点のすべてのバリエーションを計算し、スケールと位置にわたって極大となる点を探索することです。同時に、特徴量を非常に高速に計算することが目標でした（前述のようにビジュアルオドメトリはロボットやその他の多くのリアルタイム環境におけるアプリケーションが目的でした）。CenSurE 特徴点ではこれらの相反する目標を実現するために 2 段階処理を行います。1 段階目では、SIFT などで使われた差分 Gaussian（DoG）演算のようなもの対して非常に高速に近似を行い、この処理により局所的な極大値を抽出します。2 段階目では、Harris 測度のスケール適応型版を使って、（コーナーというよりは）エッジのようにしか見えないものを間引こうとします。

図16-25 少し異なる2方向から見た同じ自動車に対するStar特徴点。デフォルトパラメータで、左の画像からは137、右からは336の特徴点が検出されている。自動車上の特徴点は両画像でほぼ同じ個数で、右の画像には背景上に多くの特徴点がある。自動車上の特徴点は他の方法に比べて少ないが、対応が見つけやすいため特徴点は非常に安定していると言える

差分Gaussianの高速な近似手法を理解するには、SURFのときのように類似した外形（図16-22）によるボックス近似を考えるのがよいでしょう。ただしStarの差分Gaussianが近似するのは、画像面で回転対称なサイズの近い2つのガウス分布の差分のような外形です。この対称性の結果として、検出される特徴点はとてもシンプルなものになります。

使用される近似は、任意サイズの正方形（図16-26）で生成できます。これは積分画像で計算可能な2領域だけから構成されます。つまり1箇所の近似に必要な計算回数は、正方形の外側に対して3回、内側に対して3回、それらのスケーリングに2回、最終的に2項を加算する処理に1回の、合計9回で済みます。この計算量の少なさが、すべての点を多スケールで高速に計算できる理由です。実際にこの方法で構成される最小の特徴点の1辺の長さは4で、原理的にはこれ以上のどんなサイズでも計算可能です。実際にはもちろん、計算される特徴点のサイズは線形ではなく指数関数的に広がるほうが自然でしょう。この段階での処理の結果、画像の各点において、応答が最大となるときの特定のDoGカーネルのサイズ1と、特定の大きさの応答値が得られます。

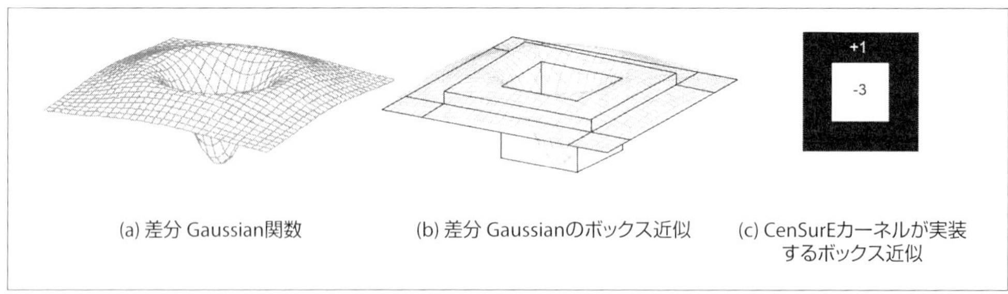

図16-26 CenSureEキーポイント検出器で使われる差分Gaussianカーネルのボックス表現。大きさをSとすると特徴点中央部の大きさはS/2

差分 Gaussian カーネルを全領域で近似した後は、次のステップでこの値を閾値処理し、極大値ではない点を除外します。これは先述したとおり $(x, y, scale)$ 空間における近傍の $3 \times 3 \times 3$ 立方体の各要素との比較で行います。そしてその 27 要素のうち最大（か最小）の値だけを保持します。

最後に、この種の特徴点検出器はエッジにもかなり強く応答してしまう可能性がまだあるため、Star アルゴリズムでは**スケール適応型 Harris 測度**を計算します。スケール適応型 Harris 測度は、先に議論した Harris-Shi-Tomasi コーナーと非常に似た行列により計算されますが、重要な例外が 2 つあります。まず、自己相関行列の各要素を足し合わせる範囲を示すウィンドウを、特徴点のスケールに比例する大きさに変更します。次に、画像の輝度ではなく CenSurE 特徴点の最大応答値から自己相関行列を生成します。その後実行される判定方法は Harris と同じで、この行列の行列式と、**感度**の定数を掛け合わせた正方行列の対角和の二乗とを比較します。

OpenCV の実装では 2 段階目の判定もあります。それは、ウィンドウ内の各点での応答に関連づけられたサイズの値から自己相関行列を構築することを除けば、スケール適応型 Harris 測度の判定と似ています。これは**バイナリスケール適応型 Harris 測度**と呼ばれています。「バイナリ」と付いたのは、ウィンドウ内の各点における値が `1`、`0` または`-1` のどちらかであることが理由です。各値は、近傍点に対する各点の最大応答サイズの変化率に基づいて割り当てられます。オリジナルの Harris 測度では画像輝度の変化率、スケール適応型 Harris 測度では差分 Gaussian 演算に対する応答の変化率が使われたことを思い出してください。バイナリ測度では、差分 Gaussian 演算の最大値のサイズの変化率が使われます。このバイナリ判定は、ある点がスケール空間極値である度合いを定量化する方法です。

キーポイント検出器

先に述べたように、Star アルゴリズムに関連する特定の特徴量記述子の抽出器はありません。検出器 `cv::StarDetector` は `cv::Feature2D` 基底クラスから直接派生したものです。少し省略した `cv::StarDetector` クラスの定義は次のとおりです。

```
// Star 検出器クラスの生成メソッド

class cv::xfeatures2d::StarDetector : public cv::Feature2D {

public:

  static Ptr<StarDetector> create(
    int maxSize                 = 45,  // 特徴点サイズの最大値
    int responseThreshold       = 30,  // ウェーブレット応答の最小値
    int lineThresholdProjected  = 10,  // Harris 測度の閾値
    int lineThresholdBinarized  = 8,   // バイナリ Harris の閾値
    int suppressNonmaxSize      = 5    // 最適特徴点を保持する
                                       // 空間の最大サイズ
  );

  ...
};
```

Star 検出器の create メソッドは5つの引数を取ります。最初は検索される特徴点の最大サイズです。引数 `maxSize` が取り得る値は、`{4, 6, 8, 11, 12, 16, 22, 23, 32, 45, 46, 64, 90, 128}`のいずれかです。どの値を選んだとしても、その値以下のすべての値もチェックされます。

引数 `responseThreshold` には、キーポイントの候補を見つけるための CenSurE カーネル（図16-26c）によるコンボリューションに適用される閾値を指定します。この最小値より大きいすべてのスケールにおける閾値が、最小カーネル（すなわちサイズ 4）に与えた閾値と等しくなるように、カーネルが正規化されます。

次の2つの引数 `lineThresholdProjected` と `lineThresholdBinarized` は、前述のスケール適応型 Harris 測度に関連した閾値です。`lineThresholdProjected` は実質的に、応答値の Harris 判定における感度定数の逆数です。`lineThresholdProjected` の値を大きくすると線のような特徴点がより多く除外されます。`lineThresholdBinarized` の値も、これがバイナリスケール適応型 Harris 測度の感度定数であることを除けば、通常の Harris 測度のものと非常によく似た動作をします。この2つ目の引数により、CenSurE 特徴点がスケール空間の極値であるという条件が課せられます。これらの比較は両方とも実行され、候補がキーポイントとして受け入れられるためには、両基準とも満たしている必要があります。

最後の引数 `supressNonmaxSize` は、この距離内で最も強い特徴点ではない場合に Star 特徴点から除外する範囲を指定します。

16.2.3.8　BRIEF 記述子抽出器（cv::BriefDescriptorExtractor）

BRIEF（Binary Robust Independent Elementary Features：バイナリロバスト独立要素特徴量）は比較的新しいアルゴリズムで、キーポイントに対して新たな特徴量を割り当てます（図16-27参照）。BRIEF 特徴点は Calonder らによって提案されたので **Calonder 特徴点**とも呼ばれています[Calonder10]。BRIEF 自体はキーポイントの位置を特定するものではなく、検出済みのキーポイントに対して記述子を生成するのに使われます。キーポイントの検出に関してはその他の利用可能な特徴点検出アルゴリズムを使います[†40]。

†40　BRIEF の原論文では、U-SURF を使って検出された特徴点に対して BRIEF 特徴量記述子が使われています。

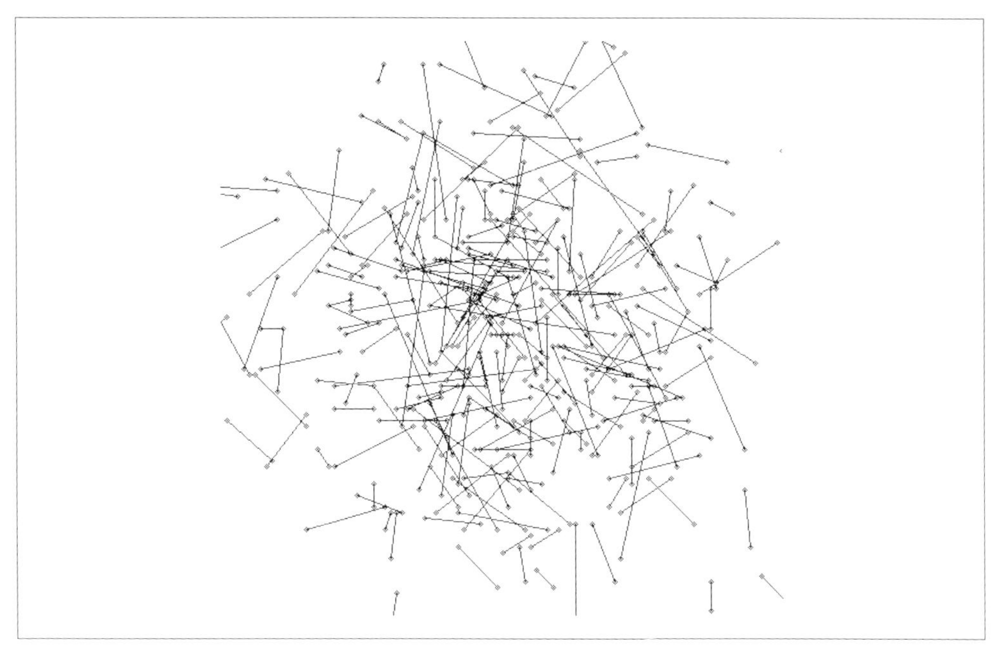

図16-27 単一のBRIEF記述子から集合的に構成される、ピクセル対ピクセルの判定の可視化。判定で比較されるピクセルのペアどうしが線で結ばれている

BRIEF記述子の基本的な考え方は、特徴量が一連の判定で記述され、各判定において特徴点周辺領域のある1点と他の1点とを単純に比較し、どちらの点が明るいかに基づいて単純なバイナリ（すなわち0か1）を生成するということです（図16-27参照）。BRIEF記述子は、単にそのようなn個の判定の結果をビット列に配置したものです。記述子がノイズに対して過度に敏感にならないように、BRIEF記述子はまず元画像とGaussianカーネルのコンボリューションを計算することによって平滑化します。記述子はバイナリ列であるため、計算が高速で効率的に保存できるだけではなく、相互比較も非常に効率的に行うことができます[†41]。

BRIEF記述子を形成するために組み合わされる実際のペアを生成するには、多くの方法があります。最良の方法の1つは、まず特徴点を中心とするガウス分布の中から最初の点を持ってきて、次にその1つ目の点の周りのガウス分布（片側正規分布）から2つ目の点を持ってくることで、すべてのペアをランダムに生成するという方法です。点を持ってくる範囲（その特徴点の全体領域）は**パッチサイズ**と呼ばれ、点を持ってくる分布の標準偏差は**カーネルサイズ**と呼ばれます。図16-27の場合には、カーネルサイズとパッチサイズの比は約1：5です。現在のOpenCVの実装ではこれらのサイズは固定されていますが、原理的にはアルゴリズムの調整可能パラメータです。生成される判定数は典型的には128、256、512ですが、この特徴量の原作者のスタイルに倣

†41 最近の多くのプロセッサには256ビットワードのXOR演算を単一サイクルで行う命令文があります（例えばIntel SSE4™命令セット）。

うとすれば記述子の**バイト数**（つまりそれぞれ16、32、64バイト）でこのサイズを参照するのが慣例です。

特徴量抽出器

先述のようにBRIEFアルゴリズムは特徴量記述子の抽出専用であるため、関連メソッドが`cv::Feature2D`基底クラスから直接派生され、記述子抽出部だけが実装されています。クラス定義の関連部分は次のとおりです。

```
class cv::xfeatures2d::BriefDescriptorExtractor : public cv::Feature2D {

public:

  static Ptr<BriefDescriptorExtractor> create(
    int bytes            = 32,         // 16、32、64 バイトのいずれか
    bool use_orientation = false       // キーポイントの方向で点のペアを
                                       // 「回転」するなら true
  );


  virtual int descriptorSize() const;  // 特徴量のバイト数
  virtual int descriptorType() const;  // 常に CV_8UC1 を返す
};
```

現時点でBRIEF記述子抽出器にユーザーが設定できるパラメータは2つだけです。特徴量を構成する情報のバイト数（判定の総数を8で割った数に等しい）と、SURFアルゴリズムの垂直パラメータと類似した`use_orientation`フラグです。これに関してもSURFアルゴリズムと同じ考え方が当てはまります。つまり特徴点が回転する可能性があまりないようなとき（例えば、道路標識などの画像の認識）は`use_orientation`を`false`に設定すべきでしょう。そうでなければ`true`に設定します。

`cv::xfeatures2d::BriefDescriptorExtractor`は、画像と検出済みキーポイントのセットから記述子を計算するために、`cv::Feature2D`基底クラスで定義されている`compute()`インタフェースを使用します。

16.2.3.9　BRISKアルゴリズム

BRIEF特徴点の特徴量記述子の登場からそう長く経たないうちに、点どうしを高速に比較しコンパクトな記述子を生成するというBRIEFと似たテクニックがいくつか現れました。Leuteneggerらによって発表された**BRISK記述子**（図16-28参照）[†42]は、2つの異なる方法でBRIEFを改善しようとしました[Leutenegger11]。まずBRISKは独自の特徴点検出器を導入しました（BRIEF

†42 「BRISK」という名前は特に何かを意味しているわけでもイニシャルというわけでもなく、単にBRIEFに似せた言葉遊びから名付けられました。

は記述子を計算する方法しか持っていませんでした)。第2に、BRISK特徴量自体は原理的にはBIREFと似ているものの、全体的に特徴量のロバスト性が向上するようにバイナリ比較ペアを生成します。

図16-28 BRISKの特徴点検出器をいつもの2枚の参照画像に適用した。左図からは232個の特徴点、右図からは734個の特徴点が検出されている。右図の比較的複雑に見える背景に、新たな特徴点のほとんどが含まれている。しかし自動車の特徴点は、数に関しても位置に関しても比較的安定している

BRISKの特徴点検出器は本質的にはFAST系の**AGAST**特徴点検出器†43が元になっており、これに特徴点の回転だけではなくスケール変化に対する識別性能の改善が加えられたものです。BRISKでは、最初に固定数(2の倍数のサイズ)のスケール空間ピラミッドを作成することによりスケールを識別します。続いてスケールごとに固定数の**内部オクターブ**を計算します†44。BRISK特徴点検出器の最初のステップでは、全スケールにおける特徴点を見つけるためにFAST(実際はAGAST)が使われます。これが完了すると非最大要素の抑制が適用されます。つまり、スコア(FASTの議論でρ_0と呼んでいたもの)が全近傍中で最大ではない特徴点が除外されます。この処理により「最大」の特徴点だけが残ります。

BRISKはこのようにして特徴点のリストを検出した後、画像内の直上と直下スケールの、対応位置におけるAGASTスコアの計算に進みます(**図16-29**)。この時点でAGASTスコアに単純な2次関数(スケールの関数)をフィッティングし、極値をそのBRISK特徴点の真のスケールとします。このように連続値を抽出することで、BRISK特徴点は画像ピラミッドで計算される離散的な画像スケールに限定されなくなります。同様の補間手法が、特徴点にサブピクセル位置を割り当てるためにピクセル座標にも適用されます。

†43 AGAST(Adaptive and Generic Corner Detection Based on the Accelerated Segment Test:加速区分判定に基づく適応的一般コーナー検出)[Mair10]と呼ばれる特徴点検出器はFASTの改良版であり、BRISKの元となっています。AGASTはOpenCVにはバージョン3.2から実装されています。

†44 オリジナルの実装では内部オクターブはスケールごとに1つだけで、スケール数Nに対して$N-1$の内部オクターブが生成され、合計$2N-1$枚の画像になります。

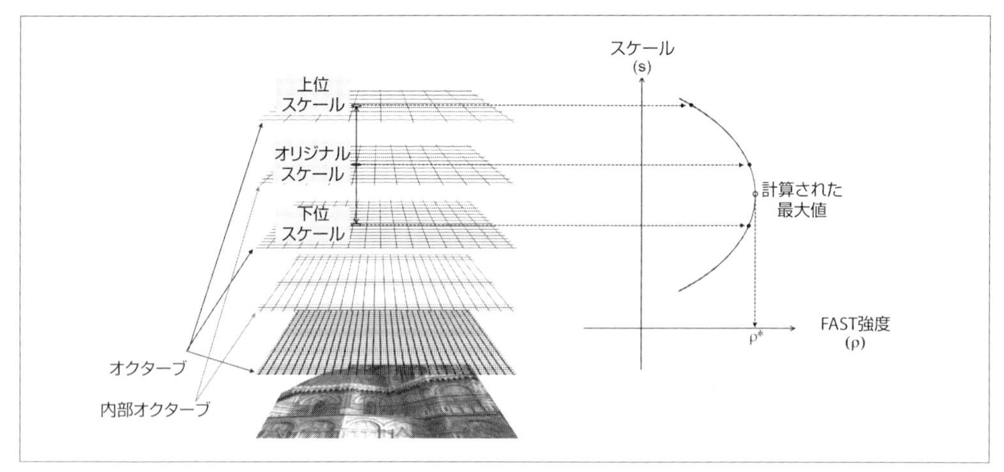

図16-29 BRISKは、オクターブの間にいくつかの「内部オクターブ」画像を挟むことでスケール空間を構築する。あるスケールでFAST特徴点が発見されると、そのスケールと、その直上と直下のスケールとでFAST強度を算出する（左）。これらの強度に2次曲線をフィッティングし、その曲線から最大のスコアを取るスケールを推定する（右）

BRISK特徴点はスケール性に加えて方向性も持っています。その手法を知る前にまず、BRISKのサンプリングパターンがBRIEFのランダムサンプリングパターンとどう違うかを理解しておく必要があります。BRISK記述子は中心点周りの複数の同心リングで構成されています。各リングには K_i 個のサンプリング点が割り当てられており、各サンプリング点には個別のリングの円周 C_i を K_i で割った値に等しい直径の円形領域が割り当てられます（**図16-30**）。この円形領域は、半径 $(\sigma_i = C_i/2K_i)$ のGaussianコンボリューションが適用された画像と対応し、指定された点からサンプリングされます。

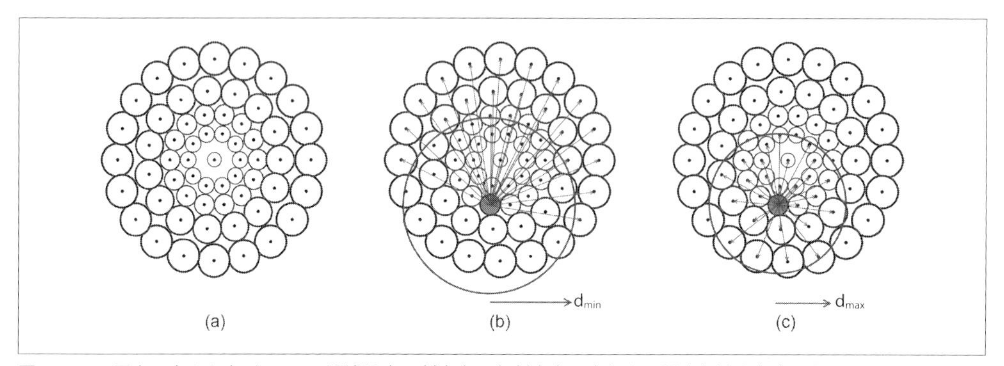

図16-30 図中の小さな点がBRISK記述子内の判定点。各判定点に寄与する関連領域を各点の周りの円として示す。判定点が記述子の中心から離れると関連領域のサイズが大きくなることに着目。左の画像は各判定点とその関連領域のみを示す（a）。中央の画像は、ある点と比較されるすべての遠距離ペアを示す（b）。右の画像は、同一の点と比較されるすべての近距離ペアを示す（c）

これらのすべての円のペア間で明るさを比較し、ビット単位の記述子（BRIEFに類似）を生成します。具体的には、これらのペアは近距離ペアと遠距離ペアの2種類のサブセットに分割されます。近距離ペアはある距離 d_{max} よりも点間の距離が近いすべてのペア、遠距離ペアはある距離 d_{min} よりも離れているすべてのペアです。近距離ペアで記述子を形成し、遠距離ペアでは主方向を計算します。

この主方向をどのように算出するかを理解するために、まずBRISK記述子がBRIEF記述子同様、点のペア間の強度の差を計算するということに着目してください。ただしBRISK記述子では、点間の距離でそれらの差を正規化しているため、実質的に局所勾配も考慮しています。そして遠距離のすべてのペアにわたってこれらの局所勾配を合計することで記述子の方向を計算します。次に、近距離勾配の閾値処理により生成された記述子が方向に対して実質的に無関係（独立）になるように、近距離の特徴量を主方向に対して相対的に計算します。リングごとの点の数や d_{max} の値を調整すれば任意の長さの記述子を生成することもできます。慣例的にはBRIEF記述子の典型的な値と同じになるように、512ビット長の記述子を生成するような値が選択されます。

キーポイント検出器と特徴量抽出器

cv::BRISKクラスはcv::Feature2Dインタフェースを継承しているため、特徴点検出器と記述子抽出器の両方が備わっています。cv::BRISKクラスの定義を（いつものように省略して）次に示します。

```
class cv::BRISK : public cv::Feature2D {

public:
  static Ptr<BRISK> create(
    int                    thresh       = 30,   // FASTに渡される閾値
    int                    octaves      = 3,    // ピラミッドのオクターブ数
    float                  patternScale = 1.0f  // デフォルトパターンの拡大縮小率
  );

  int descriptorSize() const;                   // 記述子のサイズ
  int descriptorType() const;                   // 記述子の型
  static Ptr<BRISK> create(                     // BRISK特徴の生成
    const vector<float>& radiusList,            // サンプリング円の半径
    const vector<int>&   numberList,            // 円ごとのサンプリング点
    float                dMax        = 5.85f,   // 近距離ペアの最大距離
    float                dMin        = 8.2f,    // 遠距離ペアの最小距離
    const vector<int>&   indexChange = std::vector<int>() // 未使用
  );

};
```

生成メソッドcv::BRISK::create()は3つの引数を取ります。AGASTの閾値、オクターブ数、パターンの全体のスケール係数です。このメソッドを使えば、ライブラリ内の固定ルックアップテーブルから、サンプリング点の位置が得られます。閾値の引数threshは、AGAST特徴点検

出器で使用される閾値を指定します[†45]。オクターブ数の引数 octaves には全体のオクターブ数を指定します。これに値 N を指定したときに計算される層の総数は $2N-1$（内部オクターブを含む）となります。最後の引数 patternScale は、組み込みパターンに適用される全体のスケール係数です。

オーバーロードされた cv::BRISK::detectAndCompute() メソッドには、cv::Feature2D インタフェースから継承された、いつもの特徴点検出器と記述子抽出器が実装されています。

cv::BRISK が提供するその他の関数

先述のメソッド、つまり cv::Feature2D から継承したあらゆる関数に加え、cv::BRISK は拡張された生成メソッド cv::BRISK::create() も持っています。この関数を使うケースはライブラリが提供する組み込みのサンプリング点のパターンを使いたくないときです。独自パターンを構築したい場合は、円の半径のリストを STL vector で引数 radiusList に与える必要があります。同様に、各半径で使用されるサンプリング点数のリストも、整数の STL vector（radiusList と同じ長さ）で numberList に与えなければなりません。そしてオプションで指定可能な dMax と dMin では、近距離ペアに対する最大距離と、遠距離ペアに対する最小距離を指定します（前節の d_{max} と d_{min}）。最後の引数 indexChange は現時点では無効なため省略します。

16.2.3.10 ORB 特徴点検出器（cv::ORB）

多くのアプリケーションでは、特徴点検出器が高速であるということは、役に立つというだけではなくほとんど必須要件になってきています。これは、拡張現実やロボットアプリケーションなどの、映像データに対しリアルタイムの実行が要求されるタスクに特に当てはまります。このため SIFT と同等の性能を、しかもはるかに高速に提供することを目的として SURF 特徴点が開発されました。同様に ORB 特徴点[Rublee11] も、SIFT や SURF（図16-31 参照）よりも高速な代替になることを目的として考案されました。ORB 特徴点は FAST（本節の最初のほうで説明）と非常に似たキーポイント検出器を使用します。しかし記述子に関しては大幅に異なり、主に BRIEF を基元にしています。ORB は BRIEF 記述子に方向の計算を拡張したものです。それにより、ORB 特徴点には実質的に SIFT や SURF と同じような回転不変性があります[†46]。

ORB アルゴリズムの初期段階では、特徴点候補のセットを検出するために FAST を使用します。FAST 特徴点は簡単に見つけることができる反面、いくつかの欠点もあります。1 つはコーナーだけではなくエッジにも反応する傾向があるということです。これを克服するために、ORB のアルゴリズムでは見つかった FAST の点に対して Harris コーナー測度を計算します。以前触れ

†45 BRISK はコードの奥深くで cv::FAST を呼び出し、この閾値を FAST アルゴリズムにそのまま渡しています。

†46 ORB で使われる特徴量は、（ORB 原作者やその他の人たちによって）rBRIEF（あるいは rotation-aware BRIEF：回転識別 BRIEF）とも呼ばれていて、先ほど見たばかりの BRIEF 特徴量と密接に関連しています。実際、ORB の名前もそれが起源で、「Oriented FAST and Rotation Aware BRIEF：指向性 FAST および回転識別 BRIEF」と名付けられています。

ましたが、この測度は特徴点周辺のピクセルから形成される自己相関行列の固有値に対する制約です[†47]。Harris コーナー測度を使って、次に画像ピラミッドを形成し、スケール空間における探索ができるようにします。Harris コーナー測度は、単に FAST 特徴点の品質を判定するだけではなく、特徴点のよりよい品質基準も提供するので、画像中の「最良」な特徴点を選択するのに使うこともできます。ある特定数の特徴点が必要な場合（実際のアプリケーションにおいてはよくあります)、特徴点が Harris コーナー測度によって順序づけられ、所望の数が見つかるまで最適な特徴点が保持されます。

図16-31　同じ自動車の 2 つの画像からそれぞれ 500 個の ORB 特徴点を生成している。ここで ORB には興味深い特性が観察され、画像中のコーナーが大きければ、同じコーナーに対して多くの異なるサイズの ORB 特徴点が検出されている

FAST（または Harris コーナー）に比べて ORB アルゴリズムが貢献した重要なことは、キーポイントの位置に方向を導入したことです。方向は 2 段階の処理で割り当てられます。まず初めに、特徴点の周りのボックス内で輝度分布の 1 次モーメント（x と y）を計算します。このボックスの横幅は、特徴点が検出されたスケールの 2 倍です（スケールによる円盤半径の近似)。**図16-32** に、正規化（それぞれの平均値で割る）した x 方向と y 方向の勾配を示します。これが特徴の中心に対する勾配方向となります。このため ORB は、**oriented-FAST**（指向性 FAST）や **oFAST** とも呼ばれています。

†47　先の議論であったように、Harris はもともと、後に Shi と Tomasi が提案したものとは若干異なる制約を提案していました。`cv::GoodFeaturesToTrackDetector` アルゴリズムは（デフォルトでは）Shi-Tomasi 法を使用しますが、ORB は Harris 法を使用します。

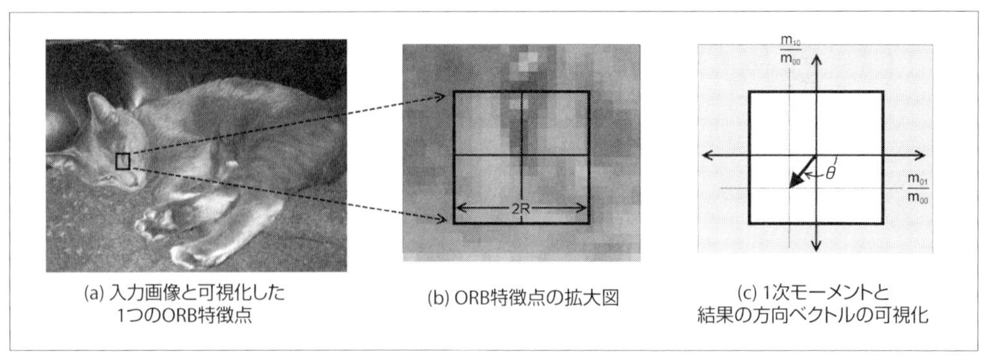

図16-32 ボックス内の画像の、1次モーメント（平均輝度）を分析することによって、ORB特徴点の向きを計算する。ボックスのサイズは、FAST特徴点が検出されたスケールで与えられる。特徴の向きは、特徴点の中心からそれらのモーメントで示される点までのベクトルで与えられる

特徴点の位置が特定され、方向が割り当てられた後は、その方向に対して相対的に特徴量ベクトルを計算します。得られたORBの特徴量は回転不変性も持ち合わせています[†48]。ORBの特徴量記述子は前述のBRIEFアルゴリズムの記述子に基づいていますが、ORBはそのBRIEFに方向を導入したものです。

ORBとBRIEFの2つ目の大きな違いは、BRIEFの考案者らは回転識別BRIEF記述子を生成するにあたって実際に大量の画像データセットを分析し、ある特性を持つ判定ペアの探索を行っているということです。ある特性とは、分散が大きく、平均が約0.5、他の判定ペアとの相関が最小になるという特性です[†49]。彼らはこの分析を行うために、判定点の位置が特徴点の方向に対して相対的になるように各記述子を変換しました。ORB記述子は、こういった分析が開発段階でORB考案者らによって事前に行われていて、その結果が記述子自体に組み込まれています。彼らが使用したのは多種の画像を含む有名な画像データセットです[†50]。

キーポイント検出器と特徴量抽出器

SIFTやSURFと同様、ORBアルゴリズムは`cv::Feature2D`インタフェースを介してOpenCVに実装されています。ORBアルゴリズムを実装する`cv::ORB`クラスの定義（少し省略したもの）を次に示します。

†48 先のBRIEFの議論で、BRIEF記述子ではランダムな「判定」配列が使われていたことを思い出してください。そのため、BRIEFは特徴量を「整列」させる能力（例えばSIFT法のように）はありません。

†49 鋭い読者のみなさんならお気づきのように、この最初の2つの特性はバイナリ変数の分布に対する特性と同じです。

†50 このデータセットはPASCAL-2006データセットと呼ばれており、インターネット上で公開されています。これはコンピュータビジョンの研究に広く使用されている有名なベンチマークのデータであり、コンピュータビジョンの論文でも多く引用されています。ただし、任意の特殊なデータセットにおけるパフォーマンスが、ORB特徴点を訓練する画像の選択（つまりPASCAL-2006のような一般的な画像データを使うのか特殊な画像データを使うのか）によって影響を受けるかどうかは、未解決の問題です。

```
class ORB : public Feature2D {
public:
  // シグネチャのサイズ（バイト）
  enum { kBytes = 32, HARRIS_SCORE = 0, FAST_SCORE = 1 };

  static Ptr<ORB> create(
    int   nfeatures     = 500,    // 計算する特徴点の最大数
    float scaleFactor   = 1.2f,   // ピラミッドの係数（1.0 より大きい）
    int   nlevels       = 8,      // 使用するピラミッドの層数
    int   edgeThreshold = 31,     // 非探索境界のサイズ
    int   firstLevel    = 0,      // 常に 0
    int   WTA_K         = 2,      // 各比較の点。2、3、4 のいずれか
    int   scoreType     = 0,      // HARRIS_SCORE または FAST_SCORE
    int   patchSize     = 31,     // 各記述子のパッチサイズ
    int   fastThreshold = 20      // FAST 検出器の閾値
  );

  int descriptorSize() const;     // 記述子のサイズ（バイト）。常に 32
  int descriptorType() const;     // 記述子の型。常に CV_8U
};
```

ORB の生成メソッドは、圧倒されてしまうほどの個数の引数をサポートしています。とはいえ、これらのほとんどはデフォルト値のままでも安全で満足のいく結果が得られます。最初の引数 nfeatures は、おそらくみなさんが変更する可能性が最も高いものです。これには単に cv::ORB に一度に検出させたいキーポイントの数です。

ORB 検出器は画像ピラミッドを使用するため、ピラミッド各層の間のスケール係数がいくらかと、ピラミッドが何層あるかを検出器に伝える必要があります。cv::buildPyramid() が生成する 2 の倍数のようなピラミッドだと多くの特徴点が各層の間に埋もれてしまうため、そのような粗いスケール係数は使わないほうがよいでしょう。デフォルトのスケール係数はたかだか 1.2 です。スケール係数とピラミッド層数を指定する引数がそれぞれ scaleFactor と nlevels です。

キーポイントはある特定のピクセルサイズを持っているので、画像の境界を避ける必要があります。この距離は edgeThreshold で設定します。個々の特徴点に使われるパッチサイズも patchSize 引数で設定することができます。これらは同じデフォルト値 31 になっていることに気づかれるでしょう。patchSize を変更した場合、edgeThreshold が patchSize 以上であることを確認する必要があります。

引数 firstLevel では、スケール 1 の層が必ずしも最初の層ではないようなピラミッドを構築するときに使用します。実質的に firstLevel にゼロ以外の値を設定するということは、ピラミッド内の画像のいくつかが入力画像よりも大きくなることを意味します。ORB の記述子は本質的には何らかの形で平滑化された画像に依存しているので、これは ORB 特徴点にとっては意味があります。しかしほとんどのケースでは、この firstLevel を大きくすると、得られる小さいスケールにおける特徴点が主にノイズに由来したものになってしまうでしょう。

引数 WTA_K には**タプル（組）のサイズ**を指定し、バイナリ判定からどのように記述子を生成するかを正確に制御します。WTA_K = 2 の場合は、前に説明した手順のように、各記述子のバイト

の各ビットが**判定点**のペア間での個別の比較結果になります。これらの判定点は事前生成されたリストから持ってきます。WTA_K = 3の場合には、そのリストの3つの判定点セット間の三元比較をするため、記述子のビットは1回につき0、1、2のいずれかを表現可能な2ビットに設定されます。同様にWTA_K = 4の場合、4つの判定点セット間の四元比較をするため、記述子のビットは1回につき0、1、2、3のいずれかを表現可能な2ビットに設定されます。

しかし、本節の冒頭で説明した判定点の事前生成リストが本当に意味を持つのは、特徴点のサイズ31に対してタプルのサイズが2の場合だけであることを理解しておくことが重要です。その他の特徴サイズを使用するのであれば、判定点は（事前計算リストからではなく）ランダムに生成されます。2以外のタプルサイズを使用する場合は、判定点もまた正しい長さのタプルにランダムに配置されます。つまり特徴点サイズが31でタプルサイズが2以外の場合、判定点のリストは事前計算リストが使用されますが配置がランダムなので、単に完全ランダムな判定点を使用するよりもよい結果が得られることは、ほとんどないでしょう。

他にもcv::ORBの生成メソッドには引数scoreTypeがあり、これにはcv::ORB::HARRIS_SCOREかcv::ORB::FAST_SCOREのいずれかを設定することができます。前者は本節の冒頭でも見ましたが、多数検出された特徴点のすべてがHarris測度により再計算されたスコアを保持し、その測度が最大のものだけが維持されます。残念ながらこれは2つの点で計算コストを増大させてしまいます。1つはHarris測度の計算時間、もう1つは初期段階で多くの特徴点の測度を計算する必要があるという点です[†51]。代替案は、FASTに元から関連している測度を使用するということです。特徴点の性能はそれほどよくありませんが実行速度をいくらか向上させることができます。

cv::ORBが提供するその他の関数

cv::ORBにも、クラスのインスタンスが作成された後、さまざまなアルゴリズムのパラメータの取得や変更に利用可能なgetとsetメソッドがあります。

16.2.3.11 FREAK記述子抽出器（cv::xfeatures2d::FREAK）

FREAKアルゴリズム（**図16-33**参照）は、BRIEF記述子と同じように記述子だけを計算し、直接関連するキーポイント検出器を持っていません。もともとFREAK記述子はBRIEF、BRISK、ORBなどの改良版として提案され、BRIEFとよく似た機構に生理学的知見を導入したもので、主な違いはバイナリ比較を行う領域です[Alahi12]。2つ目の違いは、もっと細かいことですが、一様に平滑化された画像上のピクセルの点どうしを比較するのではなく、FREAKでは異なるサイズの積分領域に対応した点どうしの比較を行います。比較点は記述子の中心から離れるに従って大きく割り当てられた領域を持っています。これが人間の視覚系における網膜の本質的な特性をとらえ

†51 実装では、ある特定数の特徴点が要求されるとFAST測度を使ってその数のちょうど2倍の特徴点を求め、その後それらに対してHarris測度を計算して最良の特徴点の半分を保持します。

ていることから **FREAK**（Fast Retinal Keypoint：高速網膜キーポイント）と名付けられました。

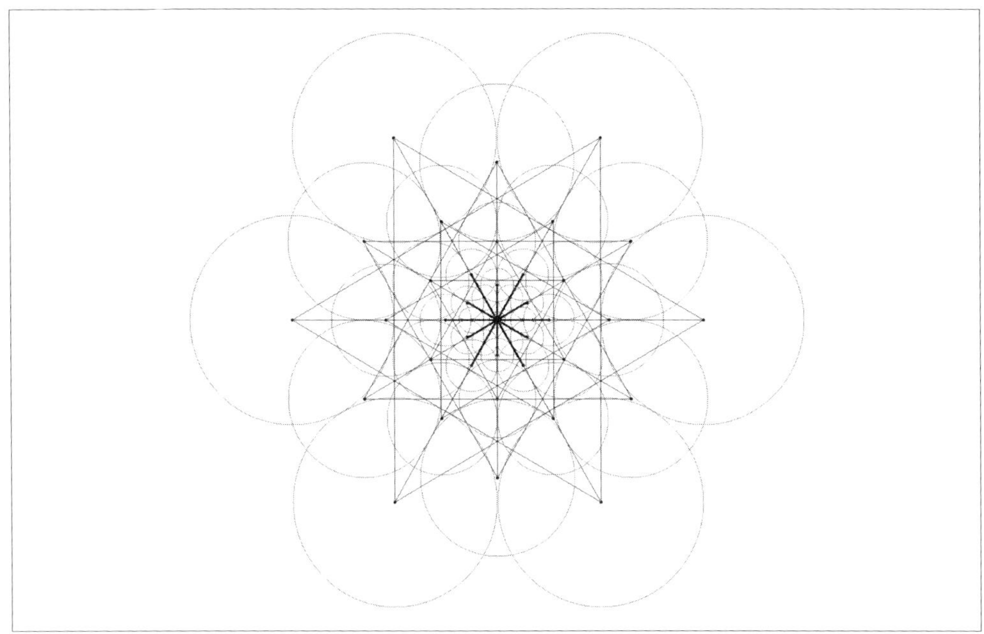

図16-33　FREAK 記述子の動作。直線は点間の比較可能なペアを表す。円は各点に関連づけられた「受容野」を表す。記述子中心から遠くなるに従って受容野が大きくなることに注目。図は［Alahi12］の許可を得て掲載

FREAK の特徴量を理解するために、再度 BRIEF の特徴量に戻りますが、今回は最初の説明とは少し異なる観点から説明します。BRIEF の特徴量では、特徴点の近傍における個々のピクセル輝度の多数のペア間で、ビット単位の比較が行われると述べました。ノイズに対するロバスト性を向上させるために、BRIEF アルゴリズムはこれらのピクセル輝度を計算する前に、最初に画像全体に対して Gaussian フィルタを適用します。

代替的に別の方法として、出力ピクセルの近傍に対応した入力画像のピクセルのガウス分布の係数による加重和を求め、各ピクセルの比較に使用します。数学的にはこれらの 2 つはまったく同じですが、直感的にはこの新しい方法は比較するピクセルに**受容野**の概念を導入しており、網膜の神経節細胞と、その神経節細胞が応答する個々の光受容体のセットとの間の関係を想起させるものです。

しかし BRIEF の特徴量が表す受容野と、人間の目の受容野との実質的な違いの 1 つは、BRIEF の受容野は均一なサイズですが（Gaussian フィルタのコンボリューションを思い出してください）、人間の網膜は網膜中心から離れるに従って受容野が大きくなるということです。この生物学的知見に基づき、FREAK 記述子では、特徴点中心からの距離に応じてサイズが増加する受容野セットを使用しています（**図16-33** の円）。標準構成ではそのような視野が 43 個あります。

ORB記述子と同様、FREAK記述子の考案者らは、受容野間の可能な比較ペアを有用なものから順に整列させるために、機械学習のテクニックを用いることにしました。このようにすれば、(大量の訓練用特徴点セットにわたって)最大識別力の比較ペアを、比較的低い識別力の比較ペアよりも優先することができます。この順序づけが完了したら、有用性が高く強い非相関を示すペアのみを保持します。あるアプリケーションでは、数十のさまざまなサイズの領域と数千の可能な比較ペアが与えられたとき、最も有用な512ペアだけが保持する価値があることが判明しています。

FREAK記述子は、これらの512個の比較を128個の4セットに分けます。各グループは相変わらず中心付近に小規模な受容野が多く密集した構造をしていますが、初期の高い識別力の比較ペアは大きい領域間であることが経験的に観察されています。このことから初期段階では大きな領域間で比較し、十分な類似性があればマッチング精度を上げるために次の細かい段階に進むということが可能です。各128個の比較セットは、1回の16バイト値のXOR演算(およびビット加算)に相当します。多くの近代的なプロセッサは1サイクルでこのような比較を行うことができるので、この数は重要です。この1回の比較だけで可能なマッチングから大多数を除外することができるので、FREAK記述子は非常に効率的であることが判明しています。

特徴量抽出器

FREAK特徴量はOpenCVの同名のクラス `cv::xfeatures2d::FREAK` に実装されています。`cv::Features2D` インタフェースから継承し、記述子抽出器の部分を実装しています。

```
class FREAK : public Features2D {

public:

  static Ptr<FREAK> create(
    bool orientationNormalized = true,  // 方向正規化を有効にする
    bool scaleNormalized       = true,  // スケール正規化を有効にする
    float patternScale         = 22.0f, // 記述パターンのスケーリング係数
    int nOctaves               = 4,     // 検出されたキーポイントがカバーするオクターブ数
    const vector<int>& selectedPairs = vector<int>() // ユーザーが選んだペア
  );

  virtual int descriptorSize() const;   // バイト単位で記述子の長さを返す
  virtual int descriptorType() const;   // 記述子の型を返す
  ...
};
```

FREAKの生成メソッドも他と同じように多くの引数を持ちますが、ほとんどはデフォルトのままでも大丈夫です。最初の2つは公開されているアルゴリズムを若干拡張したものです。アルゴリズムのオリジナルではFREAK特徴量の方向と大きさは固定されています。引数 `orientationNormalized` を `true` に設定すると、OpenCVのFREAKオブジェクトに対して方向に不変な記述子を作成するように指示します。このオプションによりキーポイントの識別力は

減少しますが、その代わり方向不変性を得ることができます[†52]。

引数 scaleNormalized の役割を理解するために押さえておかなければならないのは、ほとんどのキーポイントはある特定のサイズを持っており、そのサイズはキーポイント検出器が最初にキーポイントを見つける位置づけるときに設定されているということです。scaleNormalized が true ならば、特徴量ベクトルが計算される前に、その特徴点の周りの画像パッチをキーポイントサイズによって最初に再スケーリングします。

引数 patternScale は FREAK の受容野パターンを一様に再スケーリングするために使用しますが、これを変更したくなることはあまりないでしょう。引数 patternScale と密接に関連している引数が nOctaves です。FREAK 記述子のオブジェクトが作成されるとき、そのスケールの範囲で FREAK 記述子を計算するのに必要なすべての情報を含むルックアップテーブルが生成されます。引数 patternScale と nOctaves の組み合わせにより、このルックアップテーブルの大きさを（パターンの大きさに対して）調整することができます。生成される正確なスケールは次の式で与えられます。

$$scale_i = patternScale * 2^{i*(\frac{nOctaves}{nbScales})}, \quad \text{ここで } i \in \{0, 1, \ldots, nbScales\}$$

ここで、nbScales はスケールの総数で、現在の実装では 64 です。どんな場合でも生成されるスケール数は同じですが、スケール間の間隔は nOctaves の増減に従って増減することに注意してください[†53]。

生成メソッドの最後の引数は selectedPairs です。この引数は専門家のためだけのものであり、記述子を作成する際の比較ペアのリストをユーザーが上書きすることができます。指定する場合は、selectedPairs は正確に 512 個の整数の vector 型でなければなりません。これらの整数は、領域の可能なペアすべてに対して内部テーブルに付けられたインデックスを示します[†54]。このようにすれば独自のペアを整数で与えることができます。ほとんどのユーザーはこのような独自のペアを使用することはないでしょう。これは、一部の本格的なパワーユーザー、例えば FREAK の原論文を読み、独自のデータセットを使って記述子の効率を最大化するために FREAK 考案者の学習プロセスを再現する、といったユーザーのために公開されています。

---

†52 同様のトレードオフが、本質的には指向性 SURF と垂直 SURF（U-SURF）の特徴点においてもあったことを思い出してください。

†53 この用語が「オクターブ」と呼ばれることが疑問でしたら、cv::KeyPoint クラスに、キーポイントが見つかったスケールを示す octave という要素があることを思い出してください。cv::xfeatures2d::FREAK クラスの create() メソッドの nOctaves 引数もこれと同じオクターブ値に対応しています。nOctaves はそのキーポイント検出器が使用したオクターブの（少なくとも）最大値に設定するべきです。あるいは記述子を計算したいキーポイントのセットの最大オクターブに設定します。

†54 ペアのインデックスは 0 から 902 で、(1,0),(2,0),(2,1) から始まり (42,41) までです。この特殊な順序を表す一般的な数式は存在しません。ただしこのモジュールの作者は、i = 1 から i < 43 のループ内で j = 0 から j < i のループを実行し、pair[k] = (i,j) としてすべてのペアを作成しています。しかし最も重要なのは、みなさんが直接これらのインデックスを扱う可能性はほぼないということです。みなさんがこれらのインデックスを使うのであれば、OpenCV の cv::FREAK::selectPairs() 関数を使えば、代わりにペアを生成してくれます。

16.2.3.12 密な特徴点格子（cv::DenseFeatureDetector）

実際に特徴点を検出するわけではなく、単に特徴点を生成するだけの、特徴点検出器と「ほぼ」呼べるような種類の特徴点検出器も存在します。それが密な特徴点の cv::DenseFeatureDetector クラス[†55]です。この検出器の目的は、与えられた画像に格子状に規則正しく配列した特徴点を生成することです（図16-34参照）。これらの検出された特徴点に関しては、何も行われていません（すなわち記述子が計算されていません）。ですが、一度これらのキーポイントを生成しておけば、それらに対して後から任意の記述子を計算することができます。これは多くのアプリケーションにおいて十分であるだけではなく、すべての位置（ユーザーが指定した密度の均一な格子で表現される「すべての位置」）で記述子を計算する場合には特に効率的であるということがわかっています。

図16-34 2種類の自動車の画像で生成した密な特徴点。この場合、3段階あり、特徴点の間隔は50から開始し1.5倍ずつ増加する。特徴の間隔だけではなく特徴のサイズもスケーリングされる[†56]

画像空間の均一な格子状の特徴点を計算できるだけではなく、均一なスケール数で画像空間をサンプリングすることが有効なことも多くあります。その場合ときも cv::DenseFeatureDetector を使って行うことができます。

キーポイント検出器

密な特徴点クラスのキーポイント検出器は単に cv::FeatureDetector インタフェースから派生していて、記述子抽出器の機能は持っていません。したがって主に理解する必要があるのは、それを設定するためのコンストラクタの使用方法です。

```
class cv::DenseFeatureDetector : public cv::FeatureDetector {

public:
  explicit DenseFeatureDetector(
    float initFeatureScale      = 1.f,  // 第1層のサイズ
```

†55 DenseFeatureDetector は OpenCV のバージョン 3.2 から利用可能になりました。
†56 ここでは図を見やすくするため、特徴の密度を非実用的なほどに低くしています。

```
    int   featureScaleLevels     = 1,    // 層の数
    float featureScaleMul        = 0.1f, // 層のスケール係数
    int   initXyStep             = 6,    // 特徴点間の間隔
    int   initImgBound           = 0,    // 非生成境界
    bool  varyXyStepWithScale    = true, // true の場合 initXyStep をスケーリング
    bool  varyImgBoundWithScale  = false // true の場合 initImgBound をスケーリング
  );

  cv::AlgorithmInfo* info() const;

  ...
};
```

ユーザーが必要とする特徴点格子の生成方法はさまざまなので、密な特徴検出器のコンストラクタは引数をたくさん持っています。最初の引数 `initFeatureScale` では特徴点の第1層のサイズを設定します。デフォルト値 `1.0` がみなさんが望む値であることは残念ながらほとんどありません。適切な特徴点のサイズは、みなさんが用意した画像だけではなく使用する記述子の種類にも依存しているからです。

特徴点検出器は、デフォルトではキーポイントの格子を1つ生成します。しかし `featureScaleLevels` を1よりも大きい値に設定することで、そのような特徴点のピラミッドを生成することができます。第1層の後に生成される各格子は、生成された特徴点のスケールを、`initFeatureScale` に `featureScaleMul` 係数をレベルが上がるごとに1回乗算した数になるように割り当てます[†57]。**図16-35** にこの検出器の使用例を示します。

†57 スケール乗算係数のデフォルト値は `0.1` です。この値は1より大きくすることもできます。それは本質的には、各ステップで格子を「細かく」したいのか「粗く」したいのかの個人的な好みの問題です。

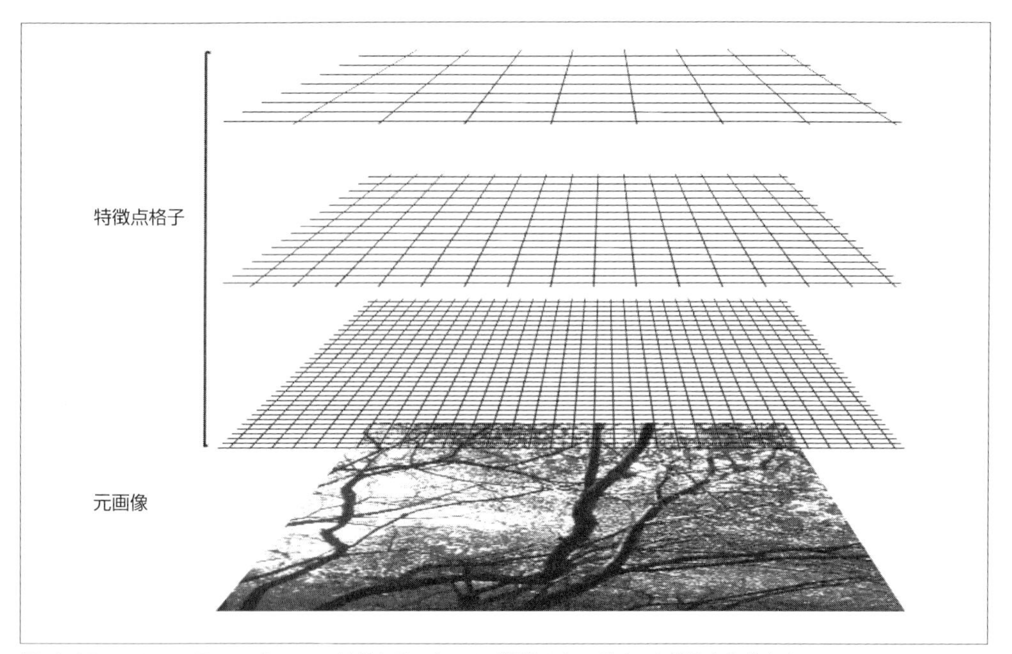

図 16-35 cv::DenseFeatureDetector は異なるスケールで複数のキーポイント格子を生成する

特徴点間の間隔は initXyStep で設定します。featureScaleLevels が 1 より大きい場合は、特徴点の位置はデフォルトで第 1 層以降のレベルごとに featureScaleMul のべき乗でスケーリングされます。varyXyStepWithScale が false に設定されていたら、特徴点に割り当てられたスケール値だけが変更されます（その位置は変更されません）。

initImgBound を設定することで特徴点を生成しない画像の端の領域の幅を広げることができます。ほとんどの場合、initFeatureScale と同じ値を initImgBound に設定するのが理にかなっています（つまり生成する特徴点が画像の端からはみ出ないようにします）。ただし複数の層にわたってこのような境界のスケールを増加させるには、varyImgBoundWithScale を true に設定してください。そうでなければ一定のサイズのままになります。

16.2.4 キーポイントのフィルタ処理

キーポイントのリストが得られたら、そこから不要なキーポイントを削る必要があるのは比較的よくある状況です。リストが単に大きすぎる場合には、扱いやすい数になるまで低品質なキーポイントを捨てたくなるでしょう。あるいは重複しているキーポイントや、ある範囲外のすべてのキーポイントなどを取り除きたいときもあるでしょう。OpenCV にはこういった処理を扱う**キーポイントフィルタ**と呼ばれるクラスがあります。キーポイントフィルタを使用すると、キーポイントのリストをさまざまな方法で削減することができます。これらのキーポイントフィルタは多くのキーポイント検出器の実装の内部で頻繁に使用されていますが、おそらくみなさんの独自アプリケーションにおける独立したツールとしても、非常に有用なことがわかるはずです。

16.2.4.1 cv::KeyPointsFilter クラス

すべてのキーポイントフィルタ処理は、単一の cv::KeyPointsFilter クラスのメソッド群によって行われます。cv::KeypointFilter クラスは、座標によるフィルタ処理（マスクの適用）や、リストからある数になるまで「最適」なキーポイントを残して削減する処理を行うために、今まで見てきた多くのキーポイント検出器の内部で使用されています。このクラス定義の主要な部分を次に示します。

```
class cv::KeyPointsFilter {
public:
  static void runByImageBorder(
    vector< cv::KeyPoint >& keypoints,  // キーポイントの入出力リスト
    cv::Size                imageSize,  // 元画像のサイズ
    int                     borderSize  // 境界線サイズ（ピクセル単位）
  );
  static void runByKeypointSize(
    vector< cv::KeyPoint >& keypoints,  // キーポイントの入出力リスト
    float                   minSize,    // 維持する最小のキーポイント数
    float                   maxSize   = FLT_MAX // 維持する最大のキーポイント数
  );
  static void runByPixelsMask(
    vector< cv::KeyPoint >& keypoints,  // キーポイントの入出力リスト
    const cv::Mat&          mask        // マスクがゼロ以外のところを維持
  );
  static void removeDuplicated(
    vector< cv::KeyPoint >& keypoints   // キーポイントの入出力リスト
  );
  static void retainBest(
    vector< cv::KeyPoint >& keypoints,  // キーポイントの入出力リスト
    int                     npoints     // この個数を維持
  );
}
```

みなさんが最初に気づかれるのはおそらく、これらのメソッドのすべてが static であり、したがって cv::KeyPointsFilter がクラスというよりも名前空間に近いということでしょう。5つのフィルタのメソッドはそれぞれ、keypoints という名前の cv::KeyPoint の STL vector オブジェクトへの参照を引数に取ります。これは関数の入力と出力両方に使われます（つまりみなさんがキーポイントを与え、関数が返ってきたときにそれをチェックすると、キーポイントのいくつかがなくなっています）。

cv::KeyPointsFilter::runByImageBorder() 関数は、画像の端の borderSize 内にあるキーポイントのすべてを除去します。また imageSize 引数で、最初の段階の画像がどれくらいの大きさだったかを知らせる必要もあります。

cv::KeyPointsFilter::runByKeypointSize() 関数は、minSize より小さいか maxSize

より大きいキーポイントをすべて除去します。

`cv::KeyPointsFilter::runByPixelsMask()` 関数は、マスク画像のピクセル値がゼロの位置に対応するキーポイントをすべて除去します。

`cv::KeyPointsFilter::removeDuplicated()` 関数は、すべての重複するキーポイントを除去します。

`cv::KeyPointsFilter::retainBest()` 関数は、`npoints` で示した目標数に到達するまでキーポイントを除去します。キーポイントは、`response` が示す品質の低い順に除去されます。

16.2.5 マッチングメソッド

キーポイントを取得したら、それを使って何か便利なことをしたいと思うでしょう。最初のほうでも説明したように、キーポイントの手法の最も一般的な応用は物体認識とトラッキングです。どちらの場合も、その機能を提供してくれるのは、`cv::DescriptorMatcher` 基底クラスから派生したクラスです。本節では、この種のマッチングを行うときに利用可能なオプションについて見ていきます。

現時点では基本的に2つの異なるマッチング手法が利用可能です。1つ目は**ブルートフォース（総当たり）マッチング**と呼ばれる最も基本的でわかりやすい方法で、単に集合Aのすべての要素を集合Bのすべての要素と比較します。2つ目は**FLANN**というもので、この実体は最近傍探索関連のメソッドを集めたインタフェースです。

16.2.5.1 ブルートフォースマッチング（cv::BFMatcher）

`cv::BFMatcher` クラスの宣言（の重要な部分）を次に示します。

```
class cv::BFMatcher : public cv::DescriptorMatcher {

public:

  BFMatcher( int normType, bool crossCheck=false );

  virtual ~BFMatcher() {}

  virtual bool isMaskSupported() const { return true; }
  virtual Ptr<DescriptorMatcher> clone(
    bool emptyTrainData=false
  ) const;
  ...

};
```

ブルートフォースのマッチャーには、本質的にはマッチング問題の最も簡単な解法が実装されています。クエリ（問い合わせ用）セット内の各記述子を取得し、訓練セット中の各記述子（内部辞書またはクエリセットを与えられたセット）とのマッチングを試みます。ブルートフォースマッチャーを作成するときに決める必要がある唯一のことは、比較のための距離計算で使用される評価尺度です。利用可能なオプションを**表16-2**に示します。

表16-2　ブルートフォースマッチャーが利用可能な評価尺度の種類とその式。総和は、特徴量ベクトルの次元にわたって計算される

評価尺度	関数
NORM_L2	$dist(\vec{a}, \vec{b}) = \left\lvert\sum_i (a_i - b_i)\right\rvert^{1/2}$
NORM_L2SQR	$dist(\vec{a}, \vec{b}) = \sum_i (a_i - b_i)^2$
NORM_L1	$dist(\vec{a}, \vec{b}) = \sum_i abs(a_i - b_i)$
NORM_HAMMING	$dist(\vec{a}, \vec{b}) = \sum_i (a_i == b_i)\,?\,0 : 1$
NORM_HAMMING2	$dist(\vec{a}, \vec{b}) = \sum_{i(even)} [(a_i == b_i) \&\& (a_{i+1} == b_{i+1})]\,?\,0 : 1$

メンバー関数 `isMaskSupported()` が常に `true` を返すことに着目してください。次節のFLANNマッチャーではそうではありません。現時点ではブルートフォースマッチャーだけが、`cv::DescriptorMatcher` 基底クラスのときに説明したマスク構造をサポートしています[†58]。

ブルートフォースマッチャーのオブジェクトの最後の機能は**クロスチェック**と呼ばれるものです。クロスチェックを行うには `cv::BFMatcher` コンストラクタの引数 `crossCheck` を `true` にします。クロスチェックが有効になっている場合、クエリセットのオブジェクト `i` と訓練セットのオブジェクト `j` との間のマッチングに関して、訓練セット中で `train[j]` が `query[i]` の最近傍であり、かつクエリセット中で `query[i]` が `train[j]` の最近傍である場合にだけ、一致していると報告されます。これは誤った一致を除去するのには非常に有効ですが、それだけ計算時間がかかります。

16.2.5.2　高速近似最近傍（cv::FlannBasedMatcher）

FLANNという用語は、**近似最近傍計算用高速ライブラリ**（Fast Library for Approximate Nearest Neighbor computation）を表しています。FLANNインタフェースには高次元空間の点群から最近傍を求める（あるいは少なくとも近似的に求める）ための多くのアルゴリズムがあり、OpenCVはこのFLANNへのインタフェースを提供してします。都合のよいことに、これはまさに私たちが記述子のマッチングに必要としている機能です。FLANNの共通インタフェースは `cv::FlannBasedMatcher` クラスを介しており、これはもちろん `cv::DescriptorMatcher` 基底クラスから派生したものです。

```
class cv::FlannBasedMatcher : public cv::DescriptorMatcher {

public:
```

†58　これらのマスクは画像をマスクするものではなく、マッチングにおける特徴点で、比較すべきものとそうでないものを指示するマスクであることに注意してください。

```
    FlannBasedMatcher(
      const cv::Ptr< cv::flann::IndexParams>&  indexParams
        = new cv::flann::KDTreeIndexParams(),
      const cv::Ptr< cv::flann::SearchParams>& searchParams
        = new cv::flann::SearchParams()
    );

    virtual void add( const vector<Mat>& descriptors );
    virtual void clear();
    virtual void train();
    virtual bool isMaskSupported() const;

    virtual void read( const FileNode& );      // ファイルノードから読み込む
    virtual void write( FileStorage& ) const; // ファイルストレージに書き込む
    virtual cv::Ptr<DescriptorMatcher> clone(
      bool emptyTrainData = false
    ) const;
    ...
  };
```

ここに示した宣言の中身はほとんどすべて、差し当たってみなさんが期待するような機能です。1つ重要なポイントは`cv::FlannBasedMatcher`のコンストラクタで、実際にマッチングを設定するのに使われるいくつかの特別な引数を取ります。これらの引数では、FLANNマッチャーでどのような方法を使用するかと、選択した方法にどのようなパラメータを設定するかの両方を決定します。例えば、引数`indexParams`のデフォルト値は`new cv::flann::KDTreeIndexParams()`となっています。これはFLANNマッチャーに対して、インデックス付けの手法としてKd-treeを使用するということと、何個のKd-treeを使用するかということを指示しています（Kd-treeの数は`cv::flann::KDTreeIndexParams()`メソッドの引数で、デフォルトでは4です）。引数`searchParams`はもっと一般的で、`cv::TermCriteria`と似たような役割を果たしていますがもう少し一般的な機能です。まずインデックス付けの各手法について見た後、`cv::flann::SearchParams`オブジェクトに戻ることにしましょう。

線形インデックス（cv::flann::LinearIndexParams）

本質的に`cv::BFMatcher`が行っているのと同じことをFLANNライブラリに行わせることもできます。これは通常、ベンチマークとして比較する場合に有用ですが、より近似的な他の手法が満足な結果を与えるかどうかを検証するための比較にも使用することができます。`cv::flann::LinearIndexParams`のメソッドは引数を取りません。例として、`cv::BFMatcher`と本質的に等価なマッチャーオブジェクトを生成するコードを次に示します。

```
cv::FlannBasedMatcher matcher(
  new cv::flann::LinearIndexParams(), // デフォルトのインデックスパラメータ
  new cv::flann::SearchParams()       // デフォルトの探索パラメータ
);
```

Kd-tree インデックス（cv::flann::KDTreeIndexParams）

`cv::flann::KDTreeIndexParams` のインデックスパラメータは、FLANN マッチャーにランダム Kd-tree を使いたいときに指示します。FLANN の標準の振る舞いでは、インデックス手法としてそのようなランダム化された木を大量に生成する必要があると仮定し、マッチング処理を行うときにはそれらすべてを探索します[†59]。`cv::flann::KDTreeIndexParams` メソッドは引数を 1 つ取り、構築する木の数を指定します。デフォルト値は 4 ですが 16 あたりの数にするのが一般的です。`cv::flann::KDTreeIndexParams` の宣言は次のとおりです。

```
struct cv::flann::KDTreeIndexParams : public cv::flann::IndexParams {
  KDTreeIndexParams( int trees = 4 ); // Kd-tree が必要とする木の数
};
```

`cv::flann::KDTreeIndexParams` を使用したマッチャーの宣言例を次に示します。

```
cv::FlannBasedMatcher matcher(
  new cv::flann::KDTreeIndexParams( 16 ), // インデックスに 16 本の Kd-tree を使用
  new cv::flann::SearchParams()           // デフォルトの探索パラメータ
);
```

階層型 K-means インデックス（cv::flann::KMeansIndexParams）

もう 1 つのインデックス構築法は階層型 K-means クラスタリングです[†60]。K-means クラスタリングの利点はデータの点の密度を有効活用することです。階層型 K-means クラスタリングでは、まずデータポイントをいくつかのクラスタにグループ分けし、次に各クラスタをいくつかのサブクラスタにグループ分けする、といった再帰的処理を行います。最初からデータにこのような構造が存在すると考えられる根拠があれば、この手法は明らかに有効です。`cv::flann::KMeansIndexParams` の宣言を次に示します。

```
struct cv::flann::KMeansIndexParams : public cv::flann::IndexParams {

  KMeansIndexParams(
    int             branching    = 32,  // 木の分岐係数
    int             iterations   = 11,  // K-means の反復ステージの最大数
    cv::flann::flann_centers_init_t centers_init
                                 = cv::flann::CENTERS_RANDOM,
    float           cb_index     = 0.2  // おそらくあまり影響しない
  );

};
```

†59 これは細かいポイントですが、まず最近傍点のマスターリストが 1 つあり、それから各木を下降していきながら、最近傍の候補点どうしが比較されます。ここでは、**その**木においてそれまで見つかった点とだけではなく、**すべての**木を通してそれまで見つかった点とも比較します。

†60 K-means アルゴリズムについては 20 章の機械学習ライブラリの項で扱います。ここでは、K-means 法がある大量の点群を k 個の異なるクラスタに分類しようとする処理であるということを知っておけば十分です。

cv::flann::KMeansIndexParams構造体のデフォルトパラメータにはすべて妥当な初期値が設定されているので、多くの場合はそのままでも大丈夫です。最初の引数branchingは、階層型K-meansの木構造で使用される分岐係数です。これは木の各レベルにおいて形成されるクラスタ数を決定します。次の引数iterationsは、各クラスタの形成のためにK-meansアルゴリズムが何回反復することが許されるかを指定します†61。この値を-1に設定すれば、クラスタリングアルゴリズムは木構造内のすべてのノードの計算が完了するまで実行します。第3引数centers_initは、どのようにクラスタ中心を初期化するかを指定します。伝統的にはランダムな初期化（cv::flann::CENTERS_RANDOM）が一般的でしたが、近年ではほとんどの場合、中心の初期値を慎重に選択すれば、大幅に良好な結果が得られることが示されています。他にも2つのオプションとしてcv::flann::CENTERS_GONZALES（ゴンザレスのアルゴリズム[Tou77]）とcv::flann::CENTERS_KMEANSPP（いわゆる「K-means++」アルゴリズム[Arthur07]）が利用可能で、後者が次第に標準的な選択肢となってきています。最後の引数cb_index（cluster boundary index：クラスタ境界インデックス）は、FLANNライブラリの専門家のために用意されています。これは木の検索時に使われ探索手法を制御します。デフォルト値のままにしておくか、0に設定する（あるドメインを探索し尽くしたら最近傍の未探索ドメインに直接移動する†62）のがベストでしょう。

Kd-treeとK-meansを組み合わせる（cv::flann::CompositeIndexParams）

このメソッドは単純に先述のKd-tree法とK-means法とを組み合わせ、いずれかの手法で最適な一致を見つけようとします。これらはすべて近似処理なので、別の方法で探索する潜在的な利点が常にあります（これはKd-tree法で複数のランダム木がある場合のロジックの延長と考えることもできます）。cv::flann::CompositeIndexParams構造体の引数は、Kd-treeとK-meansの引数を組み合わせたものです。

```
struct cv::flann::CompositeIndexParams : public cv::flann::IndexParams {

  CompositeIndexParams(
    int             trees         = 4,   // 木の数
    int             branching     = 32,  // 木の分岐係数
    int             iterations    = 11,  // K-meansの反復ステージの最大数
    cv::flann::flann_centers_init_t centers_init
                                  = cv::flann::CENTERS_RANDOM,
    float           cb_index      = 0.2  // 通常はそのまま
  );

};
```

†61 K-meansがNP困難な問題であることに注意してください。そのため、K-meansクラスタリングの計算に使われるほとんどのアルゴリズムは近似であり、クラスタ中心候補の特定の初期値が与えられると、局所最適解を見つけるための反復処理を行います。

†62 このパラメータを0以外にすると、次の移動先をドメイン全体から探すようにアルゴリズムに指示します。

局所性鋭敏型ハッシュ（LSH）インデックス生成（cv::flann::LshIndexParams）

他にも、**局所性鋭敏型ハッシュ**（LSH：Locality-Sensitive Hashing）と呼ばれる手法があります。LSH アルゴリズムは最初に Lv らによって考案されました[Lv07]。これは既知の物体からなる空間のインデックスを生成する手法で、ハッシュ関数を用いて類似した物体を同じバケツに分類しようとします。これらのハッシュ関数を使って実行可能な範囲で物体候補のリストを非常に高速に生成し、その後お互いに評価し比較をすることで分類します。LSH の変化版は FLANN ライブラリの一部として OpenCV にも実装されています。

```
struct cv::flann::LshIndexParams : public cv::flann::IndexParams {

  LshIndexParams(
    unsigned int table_number,      // 使用するハッシュテーブルの数
    unsigned int key_size,          // キーのビット。通常は 10～20
    unsigned int multi_probe_level  // 2 に設定するのが最もよい
  );

};
```

最初の引数 `table_number` は、実際に使用するハッシュテーブルの数です。これは典型的には数十テーブルで `10～30` が妥当な数です。2 番目の引数 `key_size` はハッシュキーのサイズ（ビット）です。これも典型的な値は `10` より大きく、通常は `20` より小さいです。最後の引数 `multi_probe_level` には隣接バケツの探索方法を指定します。これにより通常の LSH とマルチプローブ型 LSH（ハッシュ値が 1 箇所だけ異なる要素も調べる）の違いを制御します。`multi_probe_level` の推奨値は `2` ですが、`0` に設定するとアルゴリズムは通常の非プローブ型 LSH を用います。

FLANN の LSH インデックス生成は、バイナリ特徴量（ハミング距離を使用）に対してだけ動作します。他の距離評価尺度を適用するべきではありません。

自動インデックス選択（cv::flann::AutotunedIndexParams）

OpenCV の FLANN に対し、どのインデックス手法が最適かを特定するように依頼することもできます。言うまでもなく、これにはしばらく時間がかかります。このアプローチの背景にある基本的な考え方は、**対象の精度**、つまり正しい厳密解を返す最近傍探索の割合を設定することです。もちろん、これを高く設定すればするほどアルゴリズムが提供できるインデックス手法を見つけ出すのは困難になります。そして実際にその型のすべてのデータに完全なインデックスを生成するには、相当な時間がかかるでしょう。

```
struct cv::flann::AutotunedIndexParams : public cv::flann::IndexParams {

  AutotunedIndexParams(
    float target_precision = 0.9,    // 正確な結果を返す必要のある探索の割合
    float build_weight     = 0.01,   // 高速生成の優先度
    float memory_weight    = 0.0,    // メモリ節約の優先度
    float sample_fraction  = 0.1     // 使用する訓練データの割合
  );

};
```

目標精度は引数 targetPrecision で設定します。cv::flann::AutotunedIndexParams を使って FLANN ベースのマッチャーを生成する際は、インデックスの高速生成をどの程度重視するかを引数 build_weight で指示します。インデックス生成にかかる時間をあまり気にしないのであれば、計算結果がすばやく返ってくるうちはこれを非常に小さな値に設定しておきます（例えばデフォルトの 0.01）。頻繁にインデックスを生成するようなケースではこの数値を大きく設定するとよいでしょう。同様に memory_weight では、インデックスが消費するメモリ量を最小限に抑える優先度を制御します。このパラメータのデフォルト値 0 は、メモリ消費は気にしないという意味です。

最後に、この探索で使用する訓練データの割合が実際にどれくらいかという問題があります。これは sample_fraction 引数によって制御されています。この割合が大きすぎると、明らかに満足のいく結果を見つけるには膨大な時間がかかります。一方、あまりにも小さくすると、与えた完全なデータセットから得られる性能が、インデックス生成時よりもはるかに悪くなるかもしれません。大規模なデータセットの場合、デフォルト値の 0.1 が一般的によい値であることがわかっています。

FLANN 探索パラメータ（cv::flann::SearchParams）

引数 indexParams で使われた先ほどの引数に加え、cv::FlannBasedMatcher は cv::flann::SearchParams 型の構造体も必要とします。これは次に示すような簡単な構造体で、マッチャーの一般的な動作のいくつかを制御します。

```
struct cv::flann::SearchParams : public cv::flann::IndexParams {

  SearchParams(
    int   checks = 32,   // チェックする NN 候補の上限
    float eps    = 0,    // （現在は不使用）
    bool  sorted = true  // true なら複数の戻り値をソート
  );

};
```

パラメータ checks は、Kd-tree 法と K-means 法では異なる用途で使われますが、両方とも本質的には、真の最近傍（複数個）を見つける評価をする最近傍候補の数を限定します。引数 esp は

現在では使用されません[†63]。引数 sorted は、複数の結果が返される可能性がある探索（例えば半径探索）において、返されるヒットがクエリ点からの距離の昇順になるように指示します[†64]。

16.2.6 結果を表示する

ここまでくればもうみなさんは、あらゆる種類のキーポイントを検出し、ある画像と別の画像との間のキーポイントのマッチングができるようになっているはずです。次にやりたいロジカルなことは、実際に画面上にそれらのキーポイントを表示し、マッチングの様子を見てみることでしょう。OpenCV はこれらの各タスクを行う関数を 1 つずつ提供しています。

16.2.6.1 キーポイントを表示する（cv::drawKeypoints）

```
void cv::drawKeypoints(
  const cv::Mat&                   image,      // キーポイントを描画する画像
  const vector< cv::KeyPoint >&  keypoints,  // 描画するキーポイントのリスト
  cv::Mat&                         outImg,     // 描画された画像とキーポイント
  const cv::Scalar&                color     = cv::Scalar::all(-1),
  int                              flags     = cv::DrawMatchesFlags::DEFAULT
);
```

cv::drawKeypoints は、画像とキーポイントのセットを与えると、画像上にすべてのキーポイントを描画し、その結果を outImg に格納してくれます。キーポイントには引数 color に設定した色を付けられますが、特別な値 cv::Scalar::all(-1) を指定すれば、すべてを異なる色で描画させることもできます。flags 引数には、cv::DrawMatchesFlags::DEFAULT か cv::DrawMatchesFlags::DRAW_RICH_KEYPOINTS を指定することができます。前者ではキーポイントを小円で描画し、後者ではキーポイントのメンバー size（利用可能な場合）と同じ半径の円と、メンバー angle（利用可能な場合）による方向の線を描画します[†65]。

16.2.6.2 キーポイントのマッチング結果を表示する（cv::drawMatches）

cv::drawMatches() に、画像のペアと、結びつけられたキーポイントのペア、マッチャーが生成した cv::DMatch オブジェクトのリストを与えると、マッチング画像を生成してくれます。マッチング画像には 2 枚の入力画像と、すべてのキーポイントを cv::drawKeypoints() のスタイルで可視化したものが含まれ、さらに、1 枚目の画像のキーポイントが 2 枚目の画像のどのキー

†63 FLANN ライブラリに詳しい方なら、KDTreeSingleIndex という Kd-tree の変形版で使われる引数 esp（現在は OpenCV インタフェースでは非公開）をご存じでしょう。この引数は、特定の分岐の探索をどの時点で終了させるかを決定し、検出した点が十分に近くそれ以上近い点が発見されにくいと考えられる場合に処理を打ち切ることができます。

†64 引数 sorted による K 近傍法探索への影響はありません。K 近傍法探索の場合は返されるヒットが常に昇順であるためです。

†65 本章の最初のほうで出てきた図のほとんどは cv::drawKeypoints で描画したものです。そこでは常に DrawMatchesFlags::DRAW_RICH_KEYPOINTS を使っていますが、スケール情報または角度情報がない特徴点については cv::drawKeypoints を使用せずに描画しています。図 16-11、図 16-13、図 16-17 はそれぞれ、位置だけ、位置とスケール、位置とスケールと角度、が利用可能な例です。

ポイントと一致するかが示されています（図16-36)。cv::drawMatches() には２つの変形版があり、それらは２つの引数が異なるだけです。

図16-36 同じ自動車の２種類の画像から抽出したSIFTキーポイントと記述子。FLANNベースのマッチャーで生成した一致をcv::drawMatches()で可視化してある。一致が見つかったペアは白く描画しキーポイントを線で結んでいる。両画像で対応が見つからなかったキーポイントは黒で描画している

```
void cv::drawMatches(
  const cv::Mat&                img1,          // 「左」の画像
  const vector< cv::KeyPoint >& keypoints1,    // キーポイント（左画像）
  const cv::Mat&                img2,          // 「右」の画像
  const vector< cv::KeyPoint >& keypoints2,    // キーポイント（右画像）
  cv::Mat&                      outImg,        // 出力画像
  const vector< cv::DMatch >&   matches1to2,   // 一致のリスト
  const cv::Scalar&             matchColor       = cv::Scalar::all(-1),
  const cv::Scalar&             singlePointColor = cv::Scalar::all(-1),
  const vector<char>&           matchesMask      = vector<char>(),
  int                           flags = cv::DrawMatchesFlags::DEFAULT
);

void cv::drawMatches(
  const cv::Mat&                img1,          // 「左」の画像
  const vector< cv::KeyPoint >& keypoints1,    // キーポイント（左画像）
  const cv::Mat&                img2,          // 「右」の画像
  const vector< cv::KeyPoint >& keypoints2,    // キーポイント（右画像）
  const vector< vector<cv::DMatch> >& matches1to2, // 一致のリストのリスト
  cv::Mat&                      outImg,        // 出力画像
  const cv::Scalar&             matchColor     // 結ぶ線の色
                                        = cv::Scalar::all(-1),
  const cv::Scalar&             singlePointColor    // マッチしない点の色
                                        = cv::Scalar::all(-1),
  const vector< vector<char> >& matchesMask    // ゼロ以外だけ描画
                                        = vector< vector<char> >(),
  int                           flags   = cv::DrawMatchesFlags::DEFAULT
);
```

両方とも、2枚の画像を引数 img1 と img2 に与え、対応するキーポイントを引数 keypoints1 と

keypoints2に渡します。2者で異なる引数がmatches1to2です。これはcv::drawMatches()の両方の変化版において意味は同じですが、前者はcv::DMatchオブジェクトのSTL vector、後者はそのvectorのvectorになっています。2つ目の形式は単に利便性のために用意されたもので、一度に多くの異なるマッチング結果を可視化したいときに役に立ちます。

結果は画像outImgに格納されます。出力が描画されるとき、一致が見つかったキーポイントは（それらを結ぶ線とともに）matchColorの色で描画され、見つからなかったキーポイントはsinglePointColorの色で描画されます。matchesMaskvectorは、どの一致を可視化するか指示します。matchesMask[i]がゼロ以外の一致のみが描画されます。cv::drawMatches()の変形版は一致のvectorのvectorを引数に取るため、引数matchesMaskもvectorのvectorで指定します。

cv::drawMatches()の最後の引数はflagsです。引数flagsは4値のいずれかを取り、関連したものどうしをOR演算子で組み合わせることもできます。

引数flagsにcv::DrawMatchesFlags::DEFAULTを設定している場合は、出力画像がoutImgに生成され、キーポイントは小さな円として可視化されます（サイズや方向の追加情報はありません）[†66]。

flagsにcv::DrawMatchesFlags::DRAW_OVER_OUTIMGが含まれている場合、出力画像を再割り当てするのではなく、その画像に上描きします。これはいくつかの一致したキーポイントのセットを持っていて、それぞれを異なる色で描画したいときなどに便利です。その場合は、複数回cv::drawMatches()を呼び出し、最初の1回目以降のすべての呼び出しではcv::DrawMatchesFlags::DRAW_OVER_OUTIMGを使用すればよいでしょう。

デフォルトでは、一致していないキーポイントはsinglePointColorで指示した色で描画されます。それらをまったく描画したくないときはflagsにcv::DrawMatchesFlags::NOT_DRAW_SINGLE_POINTSを指定します。

最後に、cv::DrawMatchesFlags::DRAW_RICH_KEYPOINTSでは、cv::drawKeypointsと同様キーポイントのスケールと方向の情報も可視化します（図16-36参照）。

16.3 まとめ

本章では、基本的なサブピクセルのコーナー位置と疎なオプティカルフローについての考察から始め、続いてキーポイントの主要な役割について説明しました。そこではOpenCVが一般的な概念としてのキーポイントをどのように処理するかを概観し、ライブラリに実装されている多様なキーポイント検出手法を見てきました。また、キーポイントを検出するプロセスが、キーポイントを特徴づけるプロセスとは異なるということについても説明しました。この特徴づけは記述子によって実現されます。キーポイントの検出手法と同じように、記述子の抽出手法にも多くの種類が

†66 cv::DrawMatchesFlags::DEFAULTは数値としては0なので、数値上、他と組み合わせる意味は実質的にはありません。

あり、OpenCVがどのようにしてそれらの記述子を一般的なクラスで扱うかについても説明してきました。

その後、物体認識や物体追跡のために、どのようにすればキーポイントと記述子を効率的な方法でマッチングさせられるかについて検討しました。本章の締めくくりでは、画像から検出したキーポイントを簡単に可視化する便利な関数を扱いました。「付録B　opencv_contribモジュール」でも示しているように、xfeatures2dにはさらに多くの特徴点検出器や特徴量記述子があります。

16.4　練習問題

OpenCVの.../sources/samples/cppディレクトリにはサンプルコードがあり、本章で議論した多数のアルゴリズムを実行することができます。次の練習問題ではそれらのサンプルコードを使用します。

- matchmethod_orb_akaze_brisk.cpp（samples/cppの特徴点マッチング）
- videostab.cpp（samples/cppの映像を安定化させる特徴点トラッキング）
- video_homography.cpp（opencv_contrib/modules/xfeatures2d/samplesの平面トラッキング）
- lkdemo.cpp（samples/cppのオプティカルフロー）

1. cv::goodFeaturesToTrack()で使用される共分散ヘッセ行列は、関数のblock_sizeで設定した画像内の正方形の領域にわたって計算されます。
    a. ブロックサイズを増加すると概念的には何が起こりますか？ そのときに得られる「追跡に適した特徴点」は多くなりますか、それとも少なくなりますか？ また、それはなぜですか？
    b. lkdemo.cppコードを調べてcv::goodFeaturesToTrack()を探し出し、block_sizeを変えて違いを見てみてください。
2. 図16-2を参照し、サブピクセルコーナー検出を実装する関数cv::findCornerSubPixについて考察してください。
    a. 図16-2でチェスボードが歪んでいる場合、つまり1点で交わる暗明の垂直な境界線が曲線になった場合、どうなりますか？ サブピクセルコーナー検出はそれでも動作しますか？ その理由について説明してください。
    b. 歪んだチェスボードの、コーナーを中心にウィンドウサイズを拡大（パラメータwinSizeとzeroZoneを増加）すると、サブピクセルコーナー検出はより正確になりますか、それともむしろ発散し始めますか？ その理由を説明してください。
3. matchmethod_orb_akaze_brisk.cppを修正し、平面物体（例えば雑誌や書籍表紙）を対象としてビデオカメラでそれを追跡してください。変更したコードではAKAZE、ORB、BRISK

などの特徴点を使用し、どの程度正しくキーポイントを見つけられるかを調べて報告してください。

4. 練習問題3と同じ平面パターンに対して video_homography.cpp を実行してください。プログラムのキーによる制御を使用して画像を取り込み、それを追跡し、安定した出力を生成するのにホモグラフィがどのように使われているかに着目してください。ホモグラフィ行列 H を計算するためには何個の特徴点を見つけなければなりませんか？
5. 練習問題3で学んだことを使い、videostab.cpp を実行してそれがどのように映像を安定させているかを説明してください。
6. 特徴点とその記述子は認識に使用することもできます。白い背景に置いた3つの異なる本の表紙を上から撮影してください。次に、さまざまな背景でそれぞれの本の表紙の写真を中心からずらして10枚撮影してください。最後に、異なる背景で本がない写真を10枚撮ってください。それが済んだら matchmethod_orb_akaze_brisk.cpp を修正し、各本に対して記述子を保存できるようにしてください。そして再度 matchmethod_orb_akaze_brisk.cpp を修正し、中心を外して撮影した写真から（できる限り）正しく本を検出できるようにしてください。本がない写真では本が検出されないようにしてください。最終的にこれらの結果を報告してください。
7. オプティカルフロー
   a. Lucas-Kanade オプティカルフローよりもブロックマッチングによるトラッキングのほうが向いている対象物体はどのようなものか、説明してください。
   b. 逆に、ブロックマッチングよりも Lucas-Kanade オプティカルフローによるトラッキングのほうが向いている対象物体はどのようなものか、説明してください。
8. lkdemo.cpp を実行します。Web カメラを用意してテクスチャが豊富な物体を撮影してください。あるいはテクスチャのある移動物体を事前に撮影したものを使ってください。プログラム実行中は、r キーでトラッキングの自動初期化、c キーでトラッキングのクリア、マウスクリックで新しい点の追加や古い点の削除ができます。r キーを押して追跡点を初期化したときの効果を観察してください。
   a. コードの中身を見て、サブピクセル座標の配置関数である cv::findCornerSubPix() を取り除いてみてください。これにより結果は悪化しますか？ また、その場合どのようになりますか？
   b. 今度は再びコード内に入り、物体を囲む ROI 内で、cv::goodFeaturesToTrack() を使うのではなく、代わりに単なる格子状の点を用意してください。点に何が起こるかと、その理由を説明してください。

   ヒント：起こる現象の原因の1つはアパーチャ問題です。つまり、ある固定の大きさの窓を通して1本の線を見ても、その線がどの方向に動いているかを知ることはできない、という問題です。
9. lkdemo.cpp プログラムを書き換え、カメラの動きがそれほど激しくないときに簡易的な映像安定化を行うプログラムを作成してください。用意したカメラの出力サイズよりもかなり大きめのウィンドウを生成し、その中心に安定化させた結果を表示してください。初期の点群は動かさず、フレーム自体があちこち動き回るようにします。

17章
トラッキング

17.1 トラッキングの概念

動画を扱っていると、個別の静止画と違って、その視野の中に追跡したい物体や物体群があることがよくあります。前の章では、フレームごとに人や自動車など特定の形状を分離する方法を学びました。また、そのような物体をどのようにして特徴点の集まりとして表現できるかも勉強しましたし、これらのキーポイントが動画ストリーム内の異なる画像や異なるフレーム間でどのように関連づけられるのかも見ました。

実際には、コンピュータビジョンにおけるトラッキング（追跡）の一般的な問題は大きく分けて2つあります。すでに特定した物体を追跡しているか、それとも、未知の物体を追跡しているかです。後者では多くの場合、動きに基づいてその物体を識別しています。前に述べた手法（モーメント、色のヒストグラムなど）を使ってフレーム内の物体を識別できる状況も多いですが、興味の対象となる物体の存在や性質を推測するために、動きそのものを解析する必要があるのです。

前の章では、キーポイントや記述子を勉強しました。これらは、**疎**なオプティカルフローの基礎をなします。本章では、**密**なオプティカルフローに適用できるいくつかの手法を紹介します。与えられた領域内のすべてのピクセルにオプティカルフローが適用される場合、オプティカルフローの結果は密であると言います。

トラッキングに加えて、**モデリング**の問題があります。モデリングは、トラッキング手法がベストの状態であっても、物体の実際の位置のフレームごとの観測値にはノイズが含まれるという問題を解決する手助けをしてくれます。このようなノイズを伴う方法で、観測される物体の軌道を見積もる強力な数学的な手法がたくさん開発されてきました。これらの手法は、物体の2次元または3次元モデルやそれらの位置に適用可能です。本章の後半では、OpenCVが提供する、このような問題の解決を手助けするツールを見ていき、それを支える理論のいくつかを説明します。

本章は密なオプティカルフローの詳細な説明から始めます。これにはOpenCVで利用可能ないくつかのアルゴリズムも含まれます。それぞれのアルゴリズムでは密なオプティカルフローの定義が若干異なるので、得られる結果は若干異なりますし、最もうまく機能する状況もそれぞれ若干異なります。そこからトラッキングに移ります。最初に取り上げるトラッキング手法は、本質的に密なやり方で対象領域をトラッキングするのに使われます。これらの手法には平均値シフトトラッキングアルゴリズム、Camshift トラッキングアルゴリズム、モーションテンプレートなどがあります。本章の最後は Kalman（カルマン）フィルタで締めくくります。これは、追跡対象の物体の動きのモデルを構築する手法で、通常はノイズを含んだ大量の観測データを、その物体の振る舞いに関する事前知識と統合し、対象の物体が実世界で何をやっているかの最適な推定をする手助けになります。これにより、その物体が実世界で実際に何をしているかについて最適に見積もることができます。詳細なオプティカルフローとトラッキングのアルゴリズムは、「付録B　opencv_contrib モジュール」で説明する opencv_contrib ディレクトリ内の optflow と tracking に収録されていることに注意してください。

17.2　密なオプティカルフロー

本章までは、ある画像から見つけた特徴を別の画像で見つけることを可能にする方法を見てきました。これをオプティカルフローの問題に適用すると、得られる結果は、必然的に、そのシーン内の物体の全体的な動きを疎に表現したものとなります。例えば、動画の中で車が動いていると、その車のある部分がどこに動いているかがわかりますし、おそらく、その車の全体的な動きに関しても妥当な結論を得ることができるでしょう。とはいえ、必ずしもそのシーン内の全体的な活動の様子が得られるわけではありません。特に、たくさん車が含まれる複雑なシーン中の車から、どの車の特徴量と一致しているのかを決めるのは必ずしも簡単なことではありません。疎なオプティカルフローに概念的に取って代わるものが密なオプティカルフローです。これは、その画像内の個々のピクセルすべてに動きベクトルを割り当てます。その結果は速度ベクトル場になり、画像データを解析する数々の新しい方法が利用可能です。

実際には、密なオプティカルフローの計算はそれほど簡単ではありません。白い紙の動きを考えてみましょう。前のフレームにある白いピクセルの多くは、次のピクセルでも白のままでしょう。変わる可能性があるのはエッジだけです。その場合でさえ、変わるのは動きの向きに対して垂直なエッジだけです。このため密な方法では、あいまいな点を解決するために、より簡単にトラッキングできた点間を補間する方法を持つ必要があります。これらの難しさは、密なオプティカルフローの計算コストの高さとして明確に表れます。

初期の Horn-Schunck アルゴリズム [Horn81] ではそのようなベクトル場を計算し、このような補間に関する問題を解決しようとしました。この手法は、簡単ですが欠点もある**ブロックマッチング**と呼ばれる方式を改善したものでした。この方式では、それぞれのピクセルの周りのウィンドウを、あるフレームと次のフレームとの間でマッチングさせようとします。これらのアルゴリズムはどちらも OpenCV の初期のバージョンでは実装されていましたが、両方とも特に速いわけでも信頼性が高いわけでもありませんでした。この分野の後の研究で、疎なキーポイント手法と比べると遅いものの、便利に使える程度には十分に高速で正確なアルゴリズムが考案されました。現在の

OpenCV では、これらのより新しいアルゴリズムのうち、**多項式展開法**と Dual TV-L[1] アルゴリズムの 2 つがサポートされています。

Horn-Schunck とブロックマッチングアルゴリズムは両方とも OpenCV の古い部分ではまだサポートされていますが（つまり C 言語のインタフェースを持っています）、オフィシャルには廃止されています。ここでは多項式展開アルゴリズムとより最新のアルゴリズムについてだけ説明します。これらは、突き詰めれば Horn と Schunk の研究が元になっていますが、そこから著しく進化し、オリジナルのアルゴリズムよりもはるかによい性能を示します。

17.2.1 Farnebäck の多項式展開アルゴリズム

多項式展開アルゴリズムは、G. Farnebäck [Farnebäck03] が開発したものです。この手法は、解析的手法に基づいてオプティカルフローを計算しようとするもので、画像を連続平面として近似することから始めます。もちろん、実際の画像は離散的なため、Farnebäck 手法の複雑な手順を追加することで、この基本的な手法を実際の画像に適用することができるようになります。Farnebäck アルゴリズムの基本的な考え方は、すべての点において画像に多項式を局所的に当てはめる（フィッティングする）ことで、画像を関数として近似することです。

このアルゴリズムの最初のフェーズでは、その名前からわかるように、画像を、2 次多項式と各点が結びついた表現に変換します。この多項式はピクセルの周囲のウィンドウに基づいて近似されます。このウィンドウ内では、ウィンドウの中心に近い点ほどよく当てはまるように重み付けが適用されます。結果として、ウィンドウのスケールによってそのアルゴリズムがどの特徴のスケールに敏感になるかが決定されます。

理想的な場合には、画像は滑らかな連続関数として扱うことができ、その画像の一部の微少な変動が、同じ点の多項式展開の（解析的に計算可能な）係数の変化になります。この変化から逆算し、その変異の大きさを計算することができます（図 17-1）。もちろん、これは小さな変動に対してだけ有効ですが、大きな変動を扱ううまい方法もあります。

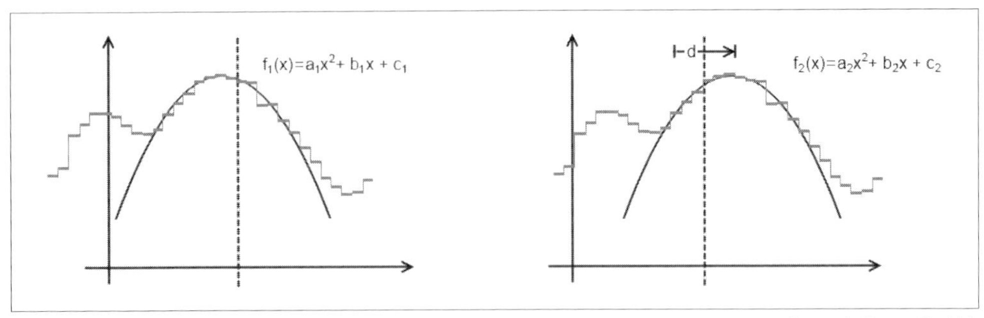

図17-1 1次元の場合、画像はグレースケールのヒストグラム $I(x)$ で表現される。両図は、小さな変動 d の前（左）と後（右）である。任意の時点（破線）で、放物線を輝度値のすぐ近くに適合させることが可能である。平滑関数 $I(x)$ と微小変動の近似では、結果として得られる2次多項式 f_1 と f_2 は次の解析公式で関連づけられる。$a_2 = a_1$、$b_2 = b_1 - 2a_1 d$、$c_2 = a_1 d^2 - b_1 d + c_1$。変動の前後のフィッティング係数と、これらの関係の2番目の式を利用することで、解析的に d を得ることができる。$d = -\frac{1}{2}a_1^{-1}(b_2 - b_1)$

最初に思いつく方法は、変位量について何かしらの情報がわかっていれば、2つの画像の同じ点を比較するのではなく、その変位量から変動先と推定される相対的な点どうしを比較するということです。この場合には、解析手法はその変位量のもともとの推定に対する修正分（少ないことが望ましい）だけを計算すればよいことになります。実際このメカニズムを使えばアルゴリズムを単純に繰り返すことができ、繰り返し数に応じて動き（モーション）の推定精度を連続的に改善することができるのです。

このような考え方が、もっと大きなモーションを見つけ出す際の手助けになることもあります。画像ピラミッド内の低解像度の画像のペアでこのような変位を推定する場合について考えてみましょう。このような場合では、モーションはより小さく現れ、必要な「微少変動」の近似は有効でしょう。次に、ピラミッドを下りていくと、前に行った計算結果それぞれを次の計算の初期推定値として使うことができます。このような逐次補正を累積することで、最後には元画像のスケールで結果が得られます。

17.2.1.1 cv::calcOpticalFlowFarnebackを用いて密なオプティカルフローを計算する

OpenCVは密なFarnebäck手法を完全に実装しています（サンプルの出力は図17-2参照）。この機能は、`cv::calcOpticalFlowFarneback()` メソッドに含まれており、プロトタイプは次のとおりです。

```
void cv::calcOpticalFlowFarneback(
  cv::InputArray       prevImg,    // 入力画像
  cv::InputArray       nextImg,    // prevImgのすぐ次の画像
  cv::InputOutputArray flow,       // フローベクトルがここに記録される
  double               pyrScale,   // ピラミッドのレベル間のスケール（< 1.0）
  int                  levels,     // ピラミッドのレベル数
```

```
    int              winsize,    // 事前平滑化処理用のウィンドウのサイズ
    int              iterations, // 各ピラミッドレベルでの繰り返し数
    int              polyN,      // 多項式を当てはめる面積
    double           polySigma,  // 多項式を当てはめるポリゴンの幅、通常は 1.2*polyN
    int              flags       // オプションのフラグ。OR 演算子でつなぐ
);
```

図17-2 左と中央の動画のフレームのモーションが計算され、右にベクトル場で表現されている。元画像は 640 × 480、winsize=13、numIters=10、polyN=5、polySigma=1.1 で、ボックスカーネルで事前に平滑化されている。動きベクトルは、ピクセルを間引いたグリッド上にだけに表示しているが、実際の結果はすべてのピクセルで有効である

最初の 2 つの引数は、変動を計算したい前の画像と次の画像です。両方とも 8 ビット、シングルチャンネルの画像で、同じサイズである必要があります。次の引数 flow は結果の画像です。これは prevImg と nextImg と同じサイズになりますが、2 チャンネルで 32 ビット浮動小数点数型（CV_32FC2）になります。pyrScale と levels は画像ピラミッドの構築方法に影響します。pyrScale は 1 未満である必要があり、ピラミッドの各レベルで、1 つ前の画像に対する相対的なサイズを示します（例えば、pyrScale が 0.5 の場合、このピラミッドは「典型的な」2 のべき乗のスケールを持つピラミッドになります）。levels はピラミッドが何レベル持つかを決めます。

winsize 引数はフィッティングの前に行われる事前平滑化の処理を制御します。これを 5 より大きな奇数にすると、画像のノイズはフィッティングにそれほど影響しなくなり、比較的大きな（速い）動きが検出できるでしょう。一方で、結果として得られる速度ベクトル場も平滑化してしまう傾向があり、小さな物体の動きが検出されにくくなってしまいます。この平滑化では Gaussian 平滑化か簡単な移動平均法のいずれかが可能です（これは flags 引数で制御されます。すぐ後で説明します）。

iterations 引数はピラミッドの各レベルで何回繰り返しを行うかを制御します。一般的には、繰り返しの回数を増やすと、最終的な結果の精度は増します。場合によっては、3 回の繰り返しや、あるいは 1 回でも十分なことがありますが、このアルゴリズムの考案者によると、いくつかのシーンでは 6 回がよいことがわかっています。

polyN 引数は、ある点の周りに多項式をフィッティングさせる場合に考慮される領域のサイズを決定します。これは、事前平滑化だけで使われる winsize とは異なります。polyN は Sobel 微分

のウィンドウサイズに似たものと考えることができます。この数字が大きいと、高い周波数の変動が多項式のフィッティングに影響しなくなります。polyNと密に関連しているのは、polySigmaです。これは、その速度ベクトル場に関するガウス分布の標準偏差です。この当てはめの一部として計算される導関数は、分散がpolySigmaで全体の広がりがpolyNであるGaussianカーネル（平滑化に関連するものではない）を使います。polySigmaの値は、polyNの20％よりも少し大きい必要があります（polyN=5とpolySigma=1.1、およびpolyN=7とpolySigma=1.5の組み合わせがうまく機能することがわかっており、ソースコードで推奨されています）。

cv::calcOpticalFlowFarneback()の最後の引数はflagsです。これも（いつものように）いくつかのオプションをサポートしており、論理OR演算子で組み合わせることができます。最初のオプションはcv::OPTFLOW_USE_INITIAL_FLOWで、これは、flow配列が入力としても扱われ、そのシーンのモーションの初期の推定値として使われます。これは、動画で連続したフレームを解析している場合によく使われ、あるフレームは次のフレームと似たモーションを持ちやすいという考えによるものです。2つ目のオプションはcv::OPTFLOW_FARNEBACK_GAUSSIANで、これは、事前平滑化（winsizeで制御されるもの）でGaussianカーネルを使うようにこのアルゴリズムに指示します。一般的には、Gaussianカーネルによる事前平滑化のほうがよりよい結果になりますが、計算時間がいくぶん長くなるというデメリットがあります。これは、合計を平滑化する際にカーネルの重みを乗算することだけが原因ではなく、Gaussianカーネルのwinsizeに大きい値を与えがちであることにもよります†1。

17.2.2 Dual TV-L^1 アルゴリズム

Dual TV-L^1 アルゴリズムは、本章の最初のほうで少し出てきたHornとSchunck（HS）のアルゴリズムを進化させたものです。OpenCVでの実装は、Christopher Zach、Thomas Pock、Horst Bischofによる原論文[Zach07]とJavier Sánchez、Enric Meinhardt-Llopis、Gabriele Faccioloが提案した改良[Sánchez13]をベースにしています。オリジナルのHSアルゴリズムは、オプティカルフロー問題を素直な（必ずしも速くない）数値的方法に定式化したものをベースにしているのに対し、Dual TV-L^1 アルゴリズムは若干異なる定式化を用いており、はるかに効率的な方法で解を求められることがわかっています。このHSアルゴリズムはDual TV-L^1 アルゴリズムの進化において中心的な役割を担っているので、まず、このアルゴリズムを手短に説明し、その後、Dual TV-L^1 アルゴリズムとの違いを説明します。

HSアルゴリズムでは、フローベクトル場を定義し、前後のフレームの輝度の関数としてエネルギーコストを定義することで、続くフレームの輝度値、すなわちベクトル場を計算していました。このエネルギーは次の関数で定義されています。

†1 適用される実際の平滑化カーネルの分散は $0.3 \cdot (winsize/2)$ です。実際には、これはGaussianカーネルの塊のほとんどが含まれる面積が全体の面積の約60～70％になるということを意味しています。結果として、平滑化カーネル以上の恩恵を得るにはGaussianカーネルでは約30％大きくなるようにする必要があることが推定されます。

$$E(\vec{x},\vec{u}) = \sum_{\vec{x}\in image} I_{t+1}(\vec{x}+\vec{u}) - I_t(\vec{x})^2 + \alpha^2(\|\nabla u_x\|^2 + \|\nabla u_y\|^2)$$

この式では、$I_t(\vec{x})$ は、時間 t と場所 $\vec{x} = (x,y)$ における画像の輝度で、値 $u_x = u_x(\vec{x})$ と $u_y = u_y(\vec{x})$ は場所 $\vec{x}$ でのフロー場の x、y 成分です。$\vec{u}$ は (u_x,u_y) の単なる省略記法です。値 α^2 は重みパラメータで、最初の制約（忠実度）に対して、相対的に 2 番目の制約（滑らかさ）が影響を及ぼします†2。HS アルゴリズムは、このエネルギー汎関数がすべての可能なフロー場 $\vec{u}$ で最小になるようにします。実際にこの最小化を達成する（原論文の著者らによって提案された）手法は、このエネルギー汎関数をオイラー・ラグランジュ方程式に変換し、それらを繰り返し処理で解くものでした。この手法の主な問題は、オイラー・ラグランジュ方程式は完全に局所的で、各繰り返しで解けるのはあるピクセルに最も近いピクセルに対する問題だけだということです。このため、実用的な解を得るためにはこのコストの高い計算を法外に何度も繰り返さなければならない場合もありますが、階層的アプローチで緩和することができる場合もあります。

これが Dual TV-L^1 アルゴリズムにつながります。Dual TV-L^1 アルゴリズムは、エネルギー汎関数の定式化においても、また、問題を解決するのに使用する手法においても、HS アルゴリズムとは異なります。「TV-L^1」という名前は、忠実度の制約が**全変動**（total variation：TV）で置き換えられていること、および、滑らかさの制約には L1 ノルムを用いることを意味します。これらは両方とも HS アルゴリズムとは対照的です。**全変動**とは、差分を二乗して合計するのではなく、単に合計することを意味します。滑らかさの制約における勾配に HS アルゴリズムで使われていた L2 ノルムの代わりに L1 ノルムを適用します。したがって、TV-L^1 アルゴリズムで使用するこのエネルギー汎関数は次のようになります。

$$E(\vec{x},\vec{u}) = \sum_{\overline{x}\in image} \lambda \left| I_{t+1}(\vec{x}+\vec{u}) - I_t(\vec{x}) \right| + (|\nabla u_x| + |\nabla u_y|)$$

L1 ノルムに変更する主な利点は、局所的な勾配はそれほど大きく不利に働かないので、不連続な部分で非常によい性能を出すことです†3。差の二乗和から全変動に変更することの重要性は、この代わりのエネルギー汎関数の解法において効果を発揮します。Horn と Schunck が反復型のオイラー・ラグランジュ法をあてにしていたのに対して、Dual TV-L^1 アルゴリズムはエネルギーの最小化を 2 つの別の問題に分割するという巧妙なトリックを使っています。一方の問題は既知の解を持ち（これが Dual TV-L^1 アルゴリズムという名前の「Dual」の起源になっています）、もう一方の問題は各ピクセルに完全に局所的であるという非常に望ましい属性を持つので、点ごとに解く

†2 一般的に、忠実度の制約（エネルギー汎関数における最初の二乗の引き算）はピクセルごとに 1 つの制約を表します。フロー場は 2 つの次元を持つので、このような問題は必ずしも解が 1 つに定まりません。基本的には、これが、ある種の連続性の制約が常に必要とされる理由なのです。

†3 α^2 が λ に変わっているのは、単に両手法のオリジナルの開発者が使用した変数との一貫性を保つためです。それ以外では、これらはまったく同じものです。

ことができます。これがどのように機能するかを見てみましょう。

最初に、あるフロー場 $\vec{u}$ とそこから非常に近い最終的なフロー場 $\vec{u}^0$ が持つモーメントを仮定しましょう[†4]。この仮定を用いて、1次のテイラー展開を用いてこのエネルギー方程式における差分を次のように近似することができます。

$$\rho(u) \equiv \nabla I_{t+1}(\vec{x} + \vec{u}^0) \cdot (\vec{u} - \vec{u}^0) + I_{t+1}(\vec{x} + \vec{x}^0) - I_t(x, y)$$

したがって、この近似を使って、エネルギーを次のように書くことができます。

$$E(\vec{x}, \vec{u}) = \sum_{\vec{x} \in image} \lambda \left|\rho(\vec{u})\right| + |\nabla u_x| + |\nabla u_y|$$

次に来るのはこの手法の心臓部で、新しい場 $\vec{v}$ を導入します。これによりエネルギーは次のようになります。

$$E(\vec{x}, \vec{u}, \vec{v}) = \sum_{\vec{x} \in image} |\nabla u_x| + |\nabla u_y| + \frac{1}{2\theta}\left|\vec{u} - \vec{v}\right| + \lambda \left|\rho(\vec{v})\right|$$

これを忠実度と滑らかさの項に分離します（これは非常に有用な方法であることがわかっています）。もちろん、値を求めるべき場がもう1つありますが、この制約の中では、非常に小さい θ を用いると、$\vec{u}$ と $\vec{v}$ は実質的に等しくならざるを得なくなります。しかしながらこの変更の最も大きなメリットは、最初に一方を固定して他方を解き、そして他方を固定して最初のものを解く（このやり方を繰り返し）ことで、$\vec{u}$ と $\vec{v}$ の場を解くことができることです。$\vec{v}$ を固定した場合は、次の式を最小化して $\vec{u}$ の値を求めます。

$$\sum_{\vec{x} \in image} |\nabla u_x| + |\nabla u_y| + \frac{1}{2\theta}\left|\vec{u} - \vec{v}\right|$$

$\vec{u}$ を固定した場合は、次の式を最小化して $\vec{v}$ の値を求めます。

$$\sum_{\vec{x} \in image} \frac{1}{2\theta}\left|\vec{u} - \vec{v}\right| + \lambda \left|\rho(\vec{v})\right|$$

これらの最初の項は、既知の解を持つ問題ですが[†5]、2番目は完全に局所的な問題であり、ピク

---

†4 実際には、このアルゴリズムは画像のピラミッド上に実装されています。このため最も粗いスケールを先に解き、その結果をより細かいスケールに伝搬させせることができます。このようにすることで、推定値 $\vec{u}^0$ が常に得られるのです。

†5 これは、いわゆる**全変動ノイズ除去モデル**で、Chambolle の二重性に基づくアルゴリズムで解くことができます [Chambolle04]。

セルごとに値を求めることができます。しかし、この最初の手続きでは、近似解なので2つの新しいパラメータ、**時間ステップ**と**停止基準**を導入します。これらのパラメータは $\vec{v}$ を固定したときの $\vec{u}$ の計算をいつどのような条件で収束するかを制御します。

17.2.2.1　cv::createOptFlow_DualTVL1を用いて密なオプティカルフローを計算する

OpenCVのDual TV-L[1]アルゴリズムの実装は、この節の他のオプティカルフローのアルゴリズムとは若干異なるインタフェースを用いています。OpenCVライブラリにはcv::createOptFlow_DualTVL1()というファクトリメソッドのような独立した関数があります。これは、cv::OpticalFlow_DualTVL1型（基底クラスcv::DenseOpticalFlowから派生したもの）のオブジェクトを作成し、それへのポインタを返します。

```
cv::Ptr<cv::DenseOpticalFlow> createOptFlow_DualTVL1();
```

この関数の結果として得られるオブジェクトはメンバー変数を持ちます。それらをデフォルト値から変更したい場合は直接オーバーライドする必要があります。cv::OpticalFlow_DualTVL1の定義の関連する部分を次に示します。

```
// 密なオプティカルフロー用のオブジェクトを作成する関数
//
cv::Ptr<cv::DenseOpticalFlow> createOptFlow_DualTVL1();

class OpticalFlowDual_TVL1 : public DenseOpticalFlow {

public:

  OpticalFlowDual_TVL1();

  void calc( InputArray I0, InputArray I1, InputOutputArray flow );
  void collectGarbage();

  double tau;             // 数値ソルバーの時間ステップ（デフォルト = 0.25）
  double lambda;          // 滑らかさの項の重み（デフォルト = 0.15）
  double theta;           // タイトさのパラメータ（デフォルト = 0.3）
  int    nscales;         // ピラミッドのスケール（デフォルト = 5）
  int    warps;           // スケールごとのワープ処理（デフォルト = 5）
  double epsilon;         // 停止基準（デフォルト = 0.01）
  int    iterations;      // 最大の繰り返し数（デフォルト = 300）
  bool   useInitialFlow;  // flowを最初の推測として使用する（デフォルト = false）
};
```

この作成関数への引数は、このアルゴリズムを設定するのに指定できる変数になっています。tauは数値ソルバーが使用する時間ステップです。これは、0.125よりも小さな値を設定しても収束は保証されますが、経験的には0.25くらいに高く設定するとより速く収束させることができます（事実、これがデフォルトです）。lambdaは最も重要なパラメータで、これはこのエネルギーにおける滑らかさの項の重みを設定します。lambdaの理想的な値は画像のシーケンスに依存して変わり、値が小さくなればなるほど滑らかな解に対応します。lambdaのデフォルト値は0.15です。thetaは（原論文の著者により）「タイトさのパラメータ」と呼ばれています。これは、ソルバー全体の2つのステージを組み合わせるパラメータです。原理的には、これは非常に小さい値であるべきですが、このアルゴリズムでは小さい値でなくとも広範囲な値で安定して動きます。デフォルトのタイトさのパラメータは0.30です。

画像ピラミッドのスケールはnscalesで設定します。それぞれのスケールに対して、warpsの数字は$\nabla I_{t+1}(\vec{x}+\vec{u}^0)$と$I_{t+1}(\vec{x}+\vec{u}^0)$が計算される回数です。このパラメータは、速度（warpsが小さい）と精度（warpsが大きい）のトレードオフです。デフォルトでは、nscaleは5で、スケールごとのwarpsは5になっています。

epsilonは数値ソルバーで使われる停止基準です。さらに、iterationsの基準があり、可能な繰り返しの最大数を設定します。epsilonのデフォルトは0.01で、iterationsのデフォルトは300です。epsilonを小さくすると、解の精度は上がりますが、計算時間が長くなります。

最後のパラメータはuseInitialFlowです。このパラメータをtrueに設定したcv::OpticalFlowDual_TVL1オブジェクトに対してcalc()メソッドを呼び出すと、渡したflowパラメータが計算の開始データとして使われます。連続した動画に対して実行している場合には、前の結果を使うのは意味があることが多いです。

cv::OpticalFlow_DualTVL1::calc()メソッドは実際にオプティカルフローを計算したい場合に用いるものです。calc()メソッドは8ビット、シングルチャンネルの2つの画像を入力として取り、flowに計算結果を格納します。先ほど説明したように、flowは入力用の引数でもあり、出力用の引数でもあります。cv::OpticalFlow_DualTVL1オブジェクトのメンバー変数useInitialFlowをtrueに設定した場合、flow内のデータが次の計算の開始データとして使われます。いずれの場合でも、flowは入力画像と同じサイズであり、型はCV_32FC2になります。

cv::OpticalFlow_DualTVL1の最後のメソッドはcollectGarbage()です。このメソッドは引数を取らず、cv::OpticalFlow_DualTVL1オブジェクト内で確保されたメモリを解放してくれます。

17.2.3 Simple Flowアルゴリズム

オプティカルフローを計算するもう1つの最近の手法にSimple Flowアルゴリズムがあります。オリジナルはMichael Taoらによって提案されました[Tao12]。このアルゴリズムには、必要とする計算時間が画像内のピクセル数に対して劣線形[†6]になるという重要な特徴があります。これは、ピラミッドの粗いレイヤから細かいレイヤへ移動するたびに、その新しいレイヤのピクセルでオプ

†6 技術的に言うと、Simple Flowアルゴリズムは劣線形とは言えません。というのは、すべてのピクセルに対して演算を行わなければならない要素を持っているからです。ただし、この時間のかかる演算はすべてのピクセルに適用する必要はないので、実際には、計算コストが実質的に劣線形になるのです。彼らの論文[Tao12]では、4K程度の大きさの画像（すなわち、QHD、$4,096 \times 2,160$）に対して劣線形の振る舞いになることが示されています。

ティカルフローの計算が必要かどうかを確かめるというピラミッドベースの手法を使うことで実現されています。より細かいレベルで新しい情報が得られないとわかった場合には、オプティカルフローの計算はされません。その代わり、そのフローは単に新しいレベルに伝搬し、補間されます。

Simple Flow アルゴリズムはそれぞれの点に対して、その点の近傍のモーションを最もよく説明できる局所的なフローベクトルを確立しようとします。これは、あるエネルギー関数を最適化する（整数の）フローベクトルを計算することで行います。このエネルギー関数は本質的には近傍のピクセルそれぞれに関するエネルギー項の総和です。ここでは、時刻 t の近傍のピクセルの輝度と時刻 $t+1$ の対応するピクセルの輝度との差（フローベクトルで置き換えられる）の二乗のオーダーでエネルギーが増えていきます。ピクセルごとのエネルギー関数 $e(x,y,u,v)$ は次のように定義されます（ここで、u と v はフローベクトルの成分です）。

$$e(x,y,u,v) = \|I_t(x,y) - I_{t+1}(x+u,y+v)\|^2$$

そして、この実際のエネルギーは次のように簡略化して表すことができます。

$$E(x,y,u,v) = \sum_{(i,j)\in N} w_d w_c e(x+i,y+j,u,v)$$

ここで w_d と w_c のパラメータは次の定義になります。

$$w_d = \exp\left(-\frac{\|(x,y)-(x+i,y+j)\|^2}{2\sigma_d}\right)$$
$$w_c = \exp\left(-\frac{\|I_t(x,y)-I_t(x+i,y+j)\|^2}{2\sigma_c}\right)$$

これら 2 つの項は、バイラテラルフィルタの効果を作るためです[†7]。ここで注意してほしいのは、σ_d が小さい場合、中心点 (x,y) から遠く離れたピクセルに対して w_d の項が非常に小さくなるということです。同様に、σ_c が小さい場合、中心点 (x,y) と輝度が著しく異なるピクセルに対して w_c が非常に小さくなります。

エネルギー $E(x,y,u,v)$ は最初に、(u,v) に対して可能な整数の範囲で最小化されます。これが完了すると、$E(x,y,u,v)$ を最小化して見つかった整数 (x,y) の周りの 3×3 のセルに対してパラボラフィッティングを行います。このようにして、最適な非整数値を補間することができます。その結果得られるフロー場（すなわち、この方法で見つかったすべての (u,v) の組からなる集合）が別のバイラテラルフィルタに渡されます[†8]。ここで注意してほしいのは、このフィルタはエネル

†7 バイラテラルフィルタがどのようなものかに関しては、「10 章 フィルタとコンボリューション」の `cv::bilateralFilter()` の説明をご覧ください。

†8 専門家であれば 2 番目のフィルタに関して気になるでしょう。すなわち、これは、遮蔽であるとみなされた場所には適用されないのです。これがどのように行われ、正確には何を意味するかに関する詳細は、原論文をあたってください [Tao12]。

ギー密度 $e(x,y,u,v)$ ではなく (u,v) ベクトルに作用する点です。したがってこれは別のパラメータ $\sigma_d{}^{fix}$ と $\sigma_c{}^{fix}$ を持つ別のフィルタなのです。これらのパラメータは σ_d と σ_c と独立であるだけでなく、単位も違います（前者は速度の分散であり、後者は輝度の分散です）。

これでこの問題の一部は解けますが、1フレーム内で、数ピクセル以上のモーションを計算するには、$E(x,y,u,v)$ の最適値を見つけるために速度空間内で大きなウィンドウを探索する必要があるでしょう。Simple Flow はこの問題を、コンピュータビジョンではよくやられるように、画像ピラミッドを用いて解決します。こうすることで、全体的なモーションはピラミッドのより高いレベルで見つけることができ、より細かいレベルで精度を上げることができます。このピラミッドの最も粗い画像から始め、前のレベルをアップサンプリングし、その新しいピクセルのすべてを補間することで、次のレベルを計算し始めます。このアップサンプリングは**ジョイントバイラテラルアップサンプリング**[Kopf07] と呼ばれる手法で行われます。この手法は、速度場の解をアップサンプリングするにあたって、それより高いレベルに対してはすでにアクセスしているという事実を活用します。このジョイントバイラテラルフィルタでは、そのフィルタの空間的な広がりと色の広がりを特徴づける2つのパラメータ σ_d^{up} と σ_c^{up} をさらに導入します。

Simple Flow アルゴリズムの重要な貢献として、アルゴリズムの開発者らが**フローの不規則性マップ**（flow irregularity map）と呼ぶものがあります。このマップの根底にある重要な考え方は、すべての点に対して、近傍ピクセルのフローがそのピクセルのフローとどれだけ異なるかの量を計算することです。

$$\mathrm{H}(x,y) = \max_{(i,j)\in N} \|(u(x+i,y+j), v(x+i,y+j)) - (u(x,y), v(x,y))\|$$

このフローの不規則性が、切り捨てパラメータ τ に対して小さいとわかった場合には、このフローの不規則性はパッチ N の角（コーナー）で計算され、そのパッチ内で補間されます。不規則性が τ を超えた場合は、ここで説明したフローの計算が、階層のより細かいレベルで繰り返されます。

17.2.3.1 cv::optflow::calcOpticalFlowSF() を用いて Simple Flow を計算する

これで OpenCV が実装する Simple Flow アルゴリズムの関数を見る準備ができました[†9]。この関数は `cv::optflow::calcOpticalFlowSF()` と言います。

```
void cv::optflow::calcOpticalFlowSF(
  InputArray  from,                    // 初期画像（入力）
  InputArray  to,                      // 次の画像（入力）
  OutputArray flow,                    // 出力フロー、CV_32FC2
  int         layers,                  // ピラミッド内のレイヤ数
  int         averaging_block_size,    // 近傍のサイズ（奇数）
```

†9 OpenCV 3.0 から、`calcOpticalFlowSF()` は `opencv_contrib` に移され、`optflow` モジュール内にあります。

```
  int         max_flow                   // 速度探索領域のサイズ（奇数）
);

void cv::calcOpticalFlowSF(
  InputArray  from,                      // 初期画像（入力）
  InputArray  to,                        // 次の画像（入力）
  OutputArray flow,                      // 出力フロー、CV_32FC2
  int         layers,                    // ピラミッド内のレイヤ数
  int         averaging_block_size,      // 近傍のサイズ（奇数）
  int         max_flow,                  // 速度探索領域のサイズ（奇数）
  double      sigma_dist,                // σ_d
  double      sigma_color,               // σ_c
  int         postprocess_window,        // 速度フィルタウィンドウのサイズ（奇数）
  double      sigma_dist_fix,            // σ_d^fix
  double      sigma_color_fix,           // σ_c^fix
  double      occ_thr,                   // 遮蔽検出に使われる閾値
  int         upscale_averaging_radius,  // ジョイントバイラテラルアップサンプリング用のウィンドウ
  double      upscale_sigma_dist,        // σ_d^up
  double      upscale_sigma_color,       // σ_c^up
  double      speed_up_thr               // 閾値
);
```

最初の形式の cv::optflow::calcOpticalFlowSF() は、Simple Flow アルゴリズムを特別深く理解していなくても使えます。前の画像（from）と今の画像（to）が必要で、flow 配列内に速度場を返します。入力画像は 8 ビットで 3 チャンネルの画像（CV_8UC3）です。結果の配列 flow は 32 ビット、2 チャンネルの画像（CV_32FC2）になります。この関数で指定する必要があるパラメータは、レイヤ数、近傍のサイズ、最大のフロー速度です。最大のフロー速度は、みなさんが最初の速度ソルバーを（各レベルで）実行している場合にこのアルゴリズムに考慮してほしいものです。これらの 3 つのパラメータ、layers、averaging_block_size、max_flow は 5、11、20 に設定しておけば妥当でしょう。

2 番目の形式の cv::calcOpticalFlowSF() を使えば、このアルゴリズムに奥に入り込むことができ、そのパラメータをすべて調整することができます。短いほうの関数で使われている引数に加えて、長いほうの関数は、エネルギーの最小化で使われているバイラテラルフィルタのパラメータ（sigma_dist と sigma_color。前の説明の σ_d と σ_c と同じ）、速度場のクロスバイラテラルフィルタ用のウィンドウサイズ（postprocess_window）、速度場のクロスバイラテラルフィルタ用のパラメータ（sigma_dist_fix と sigma_color_fix。前の説明の ${\sigma_d}^{fix}$ と ${\sigma_c}^{fix}$ と同じ）遮蔽検出に使われる閾値（occ_thr）、アップサンプリングジョイントバイラテラルフィルタ用のウィンドウサイズ（upscale_averaging_radius）、アップサンプリングジョイントバイラテラルフィルタ用のパラメータ（upscale_sigma_dist と upscale_sigma_color。前の説明の σ_d^{up} と σ_c^{up} と同じ）、および、不規則性マップがより細かいピラミッドのレベルで再計算する必要があると指示するときを決定するのに使われる閾値（speed_up_thr。前の説明の τ と同じ）を設定することができます。

これらのパラメータの詳細な調整は専門家向けの内容であり、詳細については原論文を参照して

ください。ただし一般的な使い方では、引数の少ないほうの cv::calcOpticalFlowSF() で、デフォルトで使われる値を知っておけば十分活用できるでしょう（**表17-1** 参照）。

表17-1 cv::calcOpticalFlowSF() の詳細な引数の値

引数	値
sigma_dist	4.1
sigma_color	25.5
postprocess_window	18
sigma_dist_fix	55.0
sigma_color_fix	25.5
occ_thr	0.35
upscale_averaging_radius	18
upscale_sigma_dist	55.0
upscale_sigma_color	25.5
speed_up_thr	10

17.3 平均値シフトとCamshiftトラッキング

この節では、**平均値シフト**と **Camshift**（continuously adaptive mean-shift：連続適応型平均値シフト）の2つの手法を見ていきます。前者は、（画面分割に利用する場合について「12章 画像解析」で説明した）多くの応用分野でのデータ解析の汎用的な手法で、コンピュータビジョンはその応用のうちの1つにすぎません。平均値シフトの一般的な理論を紹介した後、OpenCV がどのようにそれを画像のトラッキングに適用しているかを説明します。後者の手法 Camshift は、平均値シフト上に構築されており、動画のシーケンス間で大きさが変わる物体のトラッキングを可能にします。

17.3.1 平均値シフト

平均値シフトアルゴリズム[†10]は、あるデータの密度分布での極大点を見つけるロバストな手法です。これは、連続分布に対しては簡単な処理です。連続分布では、この処理は、本質的にはそのデータの密度ヒストグラムに単なる**山登り法**を適用することにすぎないのです[†11]。ただし離散的なデータセットに関しては、これはいくぶん面倒な問題です。

ロバストという言葉はここではその統計的な意味で使われています。すなわち、平均値シフトはデータの外れ値（データ内のピークから大きく離れたデータ点）を無視することを意味します。そ

†10 平均値シフトは非常に深い話題なので、ここでの説明は主にみなさんが直感的に理解することを目標にします。オリジナルの正式な導出方法については Fukunaga の論文[Fukunaga90] と Comaniciu と Meer の論文[Comaniciu99] を参照してください。

†11 **本質的に**という言葉を使っているのは、平均値シフトにはスケールに依存する側面があるからです。正確に言うと平均値シフトは、連続分布において最初に平均値シフトカーネルを用いてコンボリューション処理し、その後山登り法のアルゴリズムを適用したものと等価です。

れは、そのデータに関する局所的なウィンドウ内の点だけを処理することで行われます。

平均値シフトアルゴリズムは次のように実行されます。

1. 探索ウィンドウを選ぶ
   - 初期位置
   - タイプ（均一、多項式、指数、Gaussian）
   - 形状（対称か歪んでいるか、回転している可能性があるか、角丸か、長方形か）
   - サイズ（折れ曲がっているか切り落とされている範囲）
2. そのウィンドウの（おそらく重み付けされた）重心を計算する
3. 重心にウィンドウの中心を移動させる
4. ステップ 2 に戻る。そのウィンドウが移動しなくなるまで続ける（必ず移動しなくなる）[†12]

平均値シフトアルゴリズムがどのようなものかをもう少しきっちりと説明すると、これは**カーネル密度推定**の分野に関連しています。ここで**カーネル**は、十分に局所的な関数とします（例えば、ガウス分布）。十分に適切に重み付けされ、かつ適切な大きさを持つカーネルを、十分な個数の点に置くことで、それらのカーネルを使って、データの全体の分布を表現することができます。平均値シフト法は、カーネル密度推定から派生したものであり、データ分布の勾配（変化の方向）だけを推定します。この変化が 0 の場合、そこは分布の（おそらく局所的でしょうが）安定したピークになりますが、そばに他のピークがある場合や、別のスケールでピークがある場合もあります。

図17-3 に平均値シフトアルゴリズムに関連する式を示します。これらの式はカーネルが**長方形**であること[†13]を考慮することで簡単化できます。これにより平均値シフトベクトルの式は、画像ピクセル分布の重心の計算に縮退されます。

$$x_c = \frac{M_{10}}{M_{00}}, \quad y_c = \frac{M_{01}}{M_{00}}$$

ここで 0 番目のモーメントは次のように計算されます。

$$M_{00} = \sum_x \sum_y I(x, y)$$

そして 1 番目のモーメントは次のように計算されます。

†12 繰り返しは、通常、回数の上限まで繰り返されるか、繰り返しの間に中心の変化量が微小になると打ち切られます。しかしながら、これらは最終的には収束することが保証されています。

†13 **長方形カーネル**とは、その値が中心からの距離による減衰がなく、端になって突然 0 になるカーネルです。これは、指数関数的に減衰する Gaussian カーネルや、よく用いられる中心からの距離の二乗で減衰する Epanechnikov カーネルとは対照的です。

$$M_{01} = \sum_x \sum_y x \cdot I(x,y), \quad M_{10} = \sum_x \sum_y y \cdot I(x,y)$$

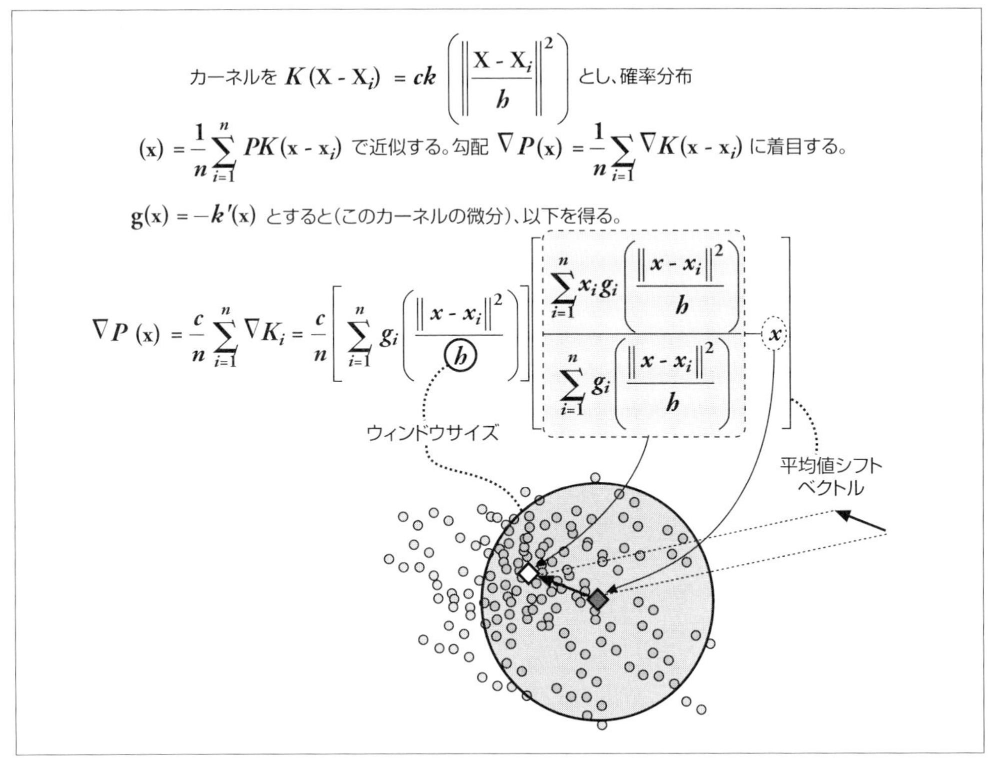

図17-3　平均値シフトの式とその意味

平均値シフトベクトルは、平均値シフトウィンドウをそのウィンドウ内の計算された重心にセンタリングするものです。この移動によって、そのウィンドウの「中」にあるものが変わるので、再度このセンタリング処理を繰り返します。このような再センタリング処理により、平均値シフトベクトルは必ず0に収束します（すなわち、もうセンタリング処理ができなくなる）。この収束の位置はこのウィンドウ下で分布が極大（ピーク）になる場所です。ウィンドウサイズが異なると異なるピークを持ちます。というのは、「ピーク」は基本的にはスケールに依存するからです。

図17-4は、2次元のデータ分布と初期ウィンドウ（この場合、長方形）の例です。矢印はこの分布における局所的なモード（ピーク）の収束の過程を示します。お決まりのことではありますが、このピーク検出器は平均値シフト用のウィンドウの外側の点は収束に影響しないという意味で統計的にはロバストなことがわかります。つまり、このアルゴリズムは遠く離れた点の「影響」を受けないのです。

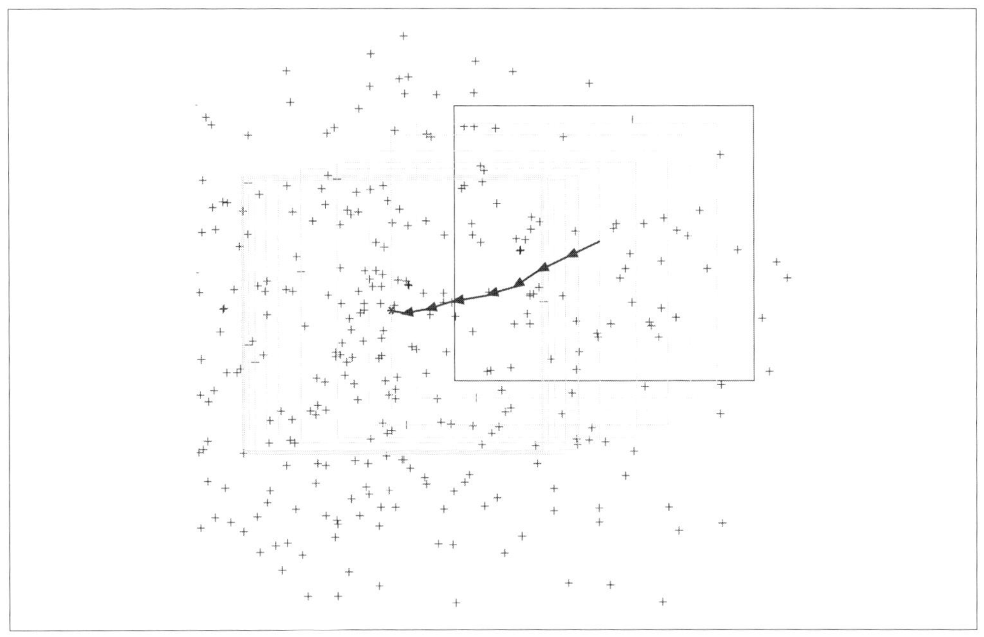

図17-4 実行中の平均値シフトアルゴリズム。最初のウィンドウが2次元配列のデータ点上に置かれ、続いて収束するまでそのデータのモード（すなわちローカルなピーク）上で再度センタリングされる

このモード探索アルゴリズムは、動画内で動く点をトラッキングするのに使えることが1998年にわかり[Bradski98a]［Bradski98b］、それから大幅に拡張されました[Comaniciu03]。平均値シフト法を実行する関数はOpenCVでは画像解析の枠組みとして実装されています。これは具体的には、OpenCVの平均値シフトの実装が入力として任意のデータ点（任意の数の次元を持つ可能性もある）のセットを取るのではなく、解析される密度分布を表す画像を取るということです。これらの画像は、2次元の空間内で点の密度を測定した2次元のヒストグラムと考えることができます。画像処理では、これはまさにみなさんがやりたいと思っていること、すなわち、興味のある特徴量のクラスタの動きをトラッキングする方法そのものなのです。

```
int cv::meanShift(                // 収束した繰り返し回数を返す
  cv::InputArray    probImage, // 場所の密度（CV_8U か CV_32F）
  cv::Rect&         window,    // カーネルウィンドウの最初の位置（とサイズ）
  cv::TermCriteria  criteria   // 位置の更新の繰り返しを制限する
);
```

`cv::meanShift()`では、`probImage`はそれぞれの位置の確率密度を表します。1チャンネルしか持てませんが、型は符号なし8ビットと浮動小数点数のどちらでも可能です。`window`にはカーネルウィンドウの初期位置とサイズが設定されます。終了時には、カーネルウィンドウの最後の位置が格納されます（サイズは変わりません）。終了基準（`criteria`）は、平均値シフト移動を繰り返す回数の最大値とそのウィンドウの移動が収束したとみなす最小移動量です[†14]。戻り値は、収束までの繰り返しの回数になります。

cv::meanShift() は長方形ウィンドウを用いた平均値シフトアルゴリズムの1つの実装ですが、トラッキングにも使うことができます。この場合、最初に、物体を表す特徴量の分布（例えば、色+テクスチャ）を選択し、平均値シフトウィンドウをその物体が生成する特徴量の分布の上にセットして始め、最後に、次のビデオフレームでその特徴量の分布を計算します。平均値シフトアルゴリズムは、現在のウィンドウの位置から始めて、特徴量の分布の新しいピークやモードを発見します。これは（おそらく）最初に色やテクスチャを生成した物体上にセンタリングされます。このようにして、平均値シフトウィンドウは物体の動きをフレームごとにトラッキングします。

17.3.2 Camshift アルゴリズム

その他の平均値シフトと関連するアルゴリズムにCamshiftトラッカーがあります[†15]。これは、主に探索ウィンドウがそれ自身のサイズを調整する点で平均値シフトとは異なります。十分に周囲から孤立した分布を持つ場合（例えば、密に集まる顔の特徴量）、このアルゴリズムは、その人がカメラに近づいたり離れたりするたびに自動的にその顔のサイズに自分自身を調整します。Camshift アルゴリズムを実装する関数は次です。

```
RotatedRect cv::CamShift(       // 最後のウィンドウサイズと回転を返す
  cv::InputArray    probImage, // 位置の密度（CV_8U か CV_32F）
  cv::Rect&         window,    // カーネルの初期位置（とサイズ）
  cv::TermCriteria  criteria   // 位置の更新の繰り返しを制御する
);
```

cv::CamShift() で使われる3つの引数は cv::meanShift() アルゴリズムと同じです。戻り値には、新しくリサイズされた長方形と2次モーメントで計算された物体の傾きが含まれます。トラッキングアプリケーションでは、前のフレームで見つかりリサイズされた長方形を次のフレームのウィンドウとして用います。

多くの人は、平均値シフトと Camshift を、色の特徴量を用いたトラッキング法だと考えていますが、これは必ずしも正しくありません。これらのアルゴリズムは両方とも、probImage 内で表現されたいかなる種類の特徴量の分布でもトラッキングします。つまり、これらは非常に軽くロバストで、効率的なトラッカーなのです。

†14 繰り返しますが、平均値シフトは常に収束します。しかし分布がそこで非常に「平ら」な場合、その分布の局所的なピーク近くでは収束が非常に遅い場合があります。

†15 興味深いことに、オリジナルのアルゴリズムは CAMSHIFT（全部大文字）でしたが、頭字語ではありません。平均値シフト（mean-shift）アルゴリズム（CAMSHIFT がベースにしたもの）にハイフンが入っているので、「cam-shift」という表記をよく見かけますが、正しくはありません。OpenCV ライブラリでの名前は、cv::CamShift で、実はこの間違ったハイフン付きのものをベースにしています。このアルゴリズム名は頭字語ではないので、（著者を含め）Camshift と書かれているのを目にすることもよくあるため、ここではその表現を用いています。

17.4 モーションテンプレート

モーションテンプレートはMITのMedia LabでBobickとDavis [Bobick96] [Davis97] によって考案され、筆者らのひとりとともにさらに改良されました[Davis99] [Bradski00] 。この、より最近の研究はOpenCVの実装の基礎になっています。

モーションテンプレートは一般的なモーションをトラッキングするのに効果的な方法で、特にジェスチャー認識に適用可能です。モーションテンプレートを用いる場合には、物体のシルエット（やシルエットの一部）が必要です。物体のシルエットはさまざまな方法で取得できます。

- 物体のシルエットを得る最も簡単な方法は、適切な静止カメラを用いて、フレームごとの差分を用いることです（「15章　背景除去」で説明しました）。これにより、モーションテンプレートを適用するのに十分な、物体の動いているエッジを得ることができます。
- クロマキーを用いることができます。例えば、明るい緑など背景色が既知の場合、明るい緑でないものはすべて前景と考えることができます。
- もう1つの方法は（「15章　背景除去」で説明したように）、背景モデルを学習することで、新しい前景の物体/人をシルエットとして分離することです。
- 能動的なシルエット処理法を用いることができます――例えば、近赤外線で壁を作り、近赤外線カメラでその壁を見ます。そうすると壁を遮る物体がシルエットとして浮かび上がります。
- 熱探知カメラを用いることができます。こうすると、熱を持った物体（例えば、顔）を前景として取り出すことができます。
- 最後に、「15章　背景除去」章で説明したような分割テクニックを用いてシルエットを作り出すことができます（例えば、ピラミッド分割や平均値シフト分割）。

ここでは、**図17-5**（A）の白い長方形のように、きれいに分離された物体のシルエットがあるとしましょう。ここでは白は、最新の時刻を表す浮動小数点数値が設定されたピクセルを表します。その長方形が動くにつれて、新しいシルエットがキャプチャされ、（新しい）現在のタイムスタンプが付けられます。この新しいシルエットは**図17-5**（B）と**図17-5**（C）の白い長方形です。以前のモーションは**図17-5**（C）にだんだん暗くなる長方形で示されています。これらの連続してフェードしていくシルエットは以前の動きの履歴を記録し、そのため**モーション履歴画像**と呼ばれます。

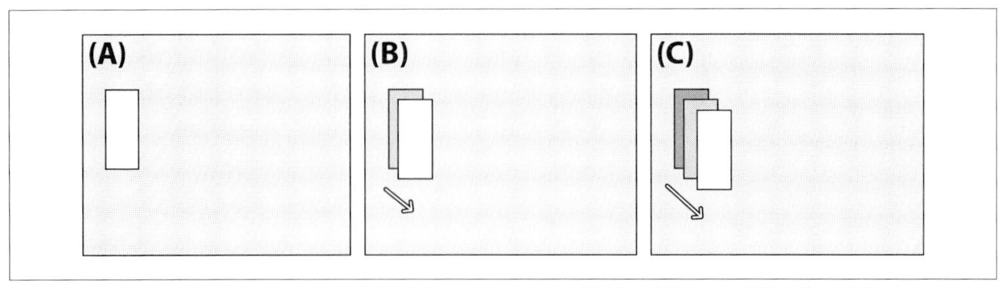

図17-5 モーションテンプレートの図。(A) 現在のタイムスタンプを持つ分離された物体 (白)。(B) 次のタイムステップで、物体は移動し、(新しい) 現在のタイムスタンプが付けられ、以前のセグメントの境界はその裏に隠れる。(C) 次のタイムステップで、この物体はさらに動き、以前のセグメントは徐々に暗くなる長方形として残る。その動きを表す長方形の並びがモーション履歴画像を作り出す

図17-6に示すように、現在のタイムスタンプよりも指定された期間 (duration) 以上古いタイムスタンプを持つシルエットは 0 に設定されます。このモーションテンプレートを構築するOpenCVの関数は cv::motempl::updateMotionHistory() です[†16]。

```
void cv::motempl::updateMotionHistory(
  cv::InputArray         silhouette, // モーションが発生した場所は 0 以外のピクセル
  cv::InputeOutputArray mhi,         // モーションの履歴画像
  double                 timestamp,  // 現在の時刻（通常は、ミリ秒）
  double                 duration    // 最大のトラッキング期間（timestamp 単位）
);
```

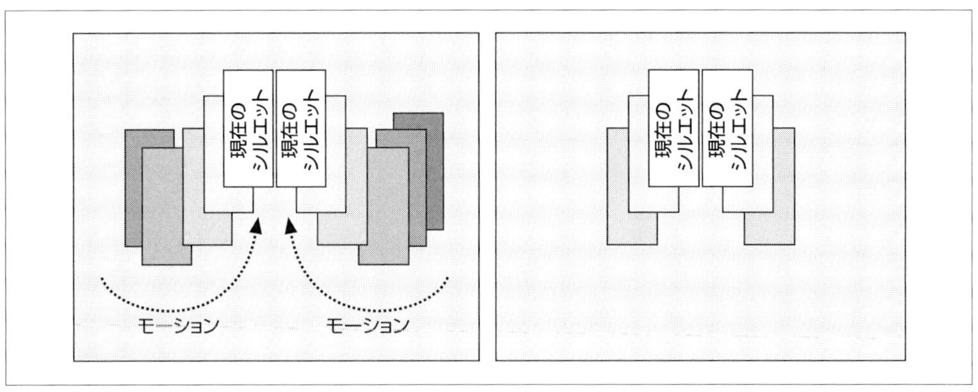

図17-6 2つの動く物体のモーションテンプレートのシルエット (左)。指定された期間よりも古いものは 0 に設定される (右)

cv::motempl::updateMotionHistory() では、すべての画像配列はシングルチャンネルの画像で構成されます。silhouette 画像はバイト画像で、0 以外のピクセルは、前景物体の最新のシ

†16 本章で説明するモーションテンプレートの関数は、OpenCV 3.0 から opencv_contrib ライブラリの optflow モジュールに移り、motempl という名前空間にあります。

ルエットを表します。mhi 引数は浮動小数点数型の画像でモーションテンプレート（別名、モーション履歴画像）を表します。ここで timestamp は現在のシステム時間（通常はミリ秒カウント）で、duration は今説明したように、モーション履歴のピクセルがどれくらいの期間 mhi に残れるかを設定します。言い換えると、timestamp - duration よりも古い（小さい）mhi ピクセルはすべて 0 に設定されます。

モーションテンプレートで時間順に重ねられた物体のシルエットの集合が得られると、mhi 画像の勾配を計算することで全体的な動きを知ることができます。このような勾配を計算すると（例えば、12 章で説明した Scharr や Sobel 勾配関数で）、いくつかの勾配は大きすぎて無効になります。mhi 画像の古い、またはアクティブでない部分が 0 に設定されると、シルエット外側のエッジ周りに大きな勾配が発生し、勾配は無効になります（**図17-6**）。cv::updateMotionHistory() で mhi に新しいシルエットを追加したときの時間ステップの期間はわかっているので、勾配（これは、単に dx と dy の微分です）がどれくらい大きくなるかがわかります。したがって**図17-6** に示すように、この勾配の大きさを用いて大きすぎる勾配を取り除くことができます。最後にこれらをまとめると、**図17-6** が示すように大局的なモーションを知ることができます。これをすべて行ってくれるのが cv::motempl::calcMotionGradient() です。

```
void cv::motempl::calcMotionGradient(
  cv::InputArray  mhi,              // モーション履歴画像
  cv::OutputArray mask,             // 有効な勾配が見つかったところは 0 以外の値
  cv::OutputArray orientation,      // 見つかった勾配の向き
  double          delta1,           // 許容される勾配の最小値
  double          delta2,           // 許容される勾配の最大値
  int             apertureSize = 3 // 勾配用のオペレータのサイズ（-1=SCHARR）
);
```

cv::motempl::calcMotionGradient() では、画像配列はすべてシングルチャンネルです。この関数の入力である mhi 引数は浮動小数点数型のモーション履歴画像で、入力変数 delta1 と delta2 は（それぞれ）許容される最小と最大の勾配の大きさです。ここで、期待される勾配の大きさは、単に cv::motempl::updateMotionHistory() の連続呼び出しにおける、各シルエット間のタイムスタンプあたりのミリ秒の平均値になります。delta1 をこの平均値より少し小さく、delta2 を平均値より少し大きく設定するとうまく動きます。変数 apertureSize はこの勾配用のオペレータの幅と高さのサイズを設定します。これらの値は、-1（3 × 3 の CV_SCHARR 勾配フィルタ）、1（単純な 2 点の間の差分）、3（デフォルトの 3 × 3 の Sobel フィルタ）、5（5 × 5 の Sobel フィルタ）、7（7 × 7 フィルタ）に設定することが可能です。この関数の出力は mask と orientation です。mask はシングルチャンネルの 8 ビット画像で、このマスクの 0 以外の要素が有効な勾配や向きが見つかった場所を示します。orientation は浮動小数点数型画像で、各点での勾配方向の角度を与えます。orientation の要素は度数であり、範囲は 0 から 360 までです。

cv::motempl::calcGlobalOrientation() は有効な勾配の方向のベクトル和を計算するこ

とでモーションの全体の方向を求めます。

```
double cv::motempl::calcGlobalOrientation(
  cv::InputArray orientation, // calcMotionGradient()からの向き画像
  cv::InputArray mask,        // 0以外の値の場所の方向を計算する
  cv::InputArray mhi,         // updateMotionHistory()からのモーション履歴画像
  double         timestamp,   // 現在の時間（通常は、ミリ秒）
  double         duration     // 最大のトラッキング期間（timestamp単位）
);
```

cv::motempl::calcGlobalOrientation()を用いるときは、cv::motempl::calcMotionGradient()で計算されたorientation画像とmask画像に加えて、timestamp、duration、cv::motempl::updateMotionHistory()からの結果のmhiを渡します。戻り値は、**図17-7**に示すようなベクトルを合計した大域的な向きです。この向きは度数であり、範囲は0から360までです。

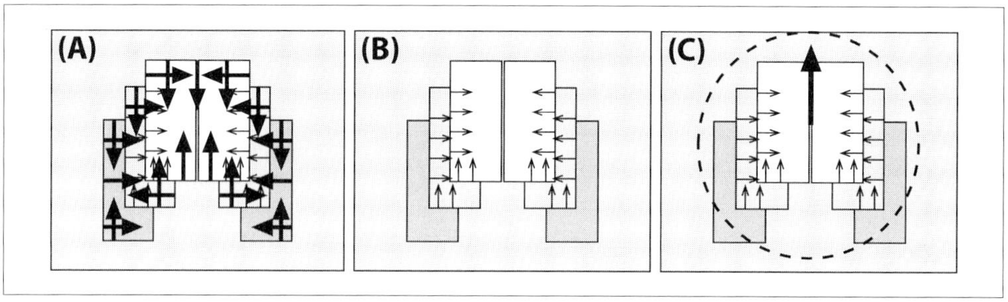

図17-7　MHI画像のモーションの勾配。(A) 勾配の大きさと方向。(B) 大きな勾配が除かれる。(C) 動き全体の方向が求められる

timestanpとdurationを用いて、mhiとモーションのorientation画像からどれくらいの大きさのモーションを考慮すべきかをこのルーチンに伝えます。mhiのシルエットそれぞれの重心からでも大域的なモーションを計算できますが、あらかじめ計算されたモーションベクトルを合計したほうがはるかに速いのです。

モーションテンプレートによるmhi画像の領域を分離し、その領域内の局所的なモーションを求めることもできます（**図17-8**）。この図では、mhi画像上で現在のシルエット領域が探索されています。最も新しいタイムスタンプを持つ領域が見つかると、その境界線のすぐ外側の十分に最近のモーション（最近のシルエット）を求めてこの領域の境界線が探索されます。このようなモーションが見つかると、着目している物体の現在の位置から「こぼれ落ちた」局所的なモーションの領域を分離するため、値に小さいほうに向かってフラッドフィル（塗りつぶし）が実行されます。見つかれば、このこぼれ落ちた領域の局所的なモーション勾配の方向を計算することができ、その後その領域を削除し、すべての領域が見つかるまで（**図17-8**に示すように）この処理を繰り返すことができます。

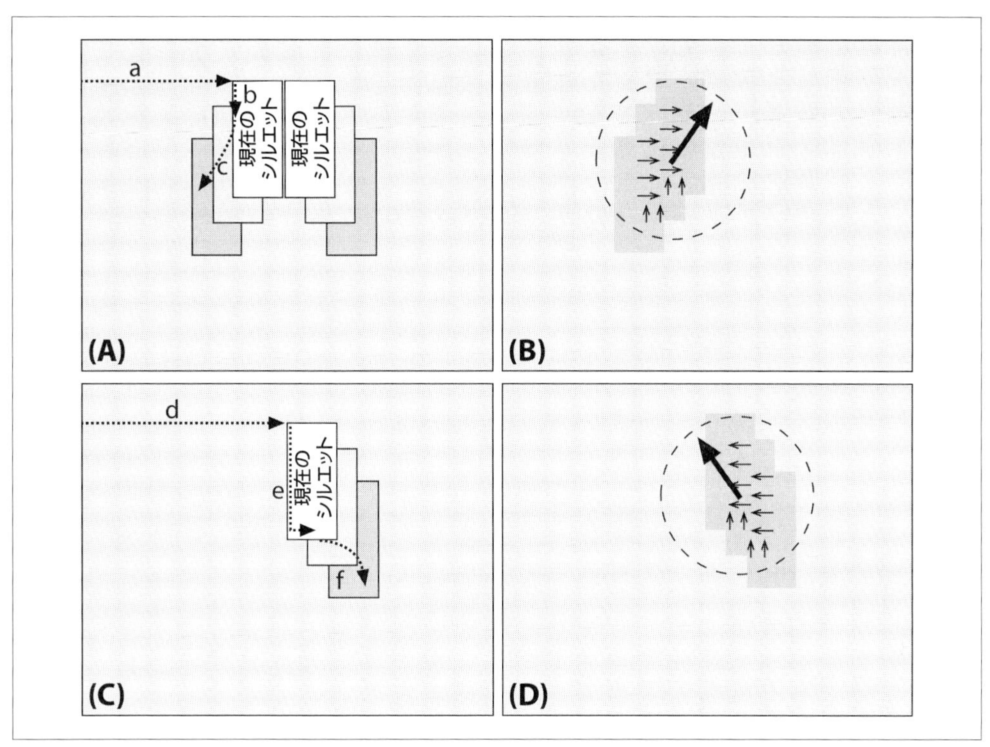

図17-8　MHI画像中で動いている局所的なモーション領域の分離。(A) MHI画像から現在のシルエットをスキャンし (a)、見つかったら、その境界線の周りを回って他の最近のシルエットを探す (b)。最近のシルエットが見つかったら値が小さいほうに向かってフラッドフィルを実行し (c)、局所的なモーションを分離する。(B) この分離された局所的なモーションの領域内で見つかった勾配を用いて、局所的なモーションを計算する。(C) これまでに見つかった領域を削除し、次の現在のシルエット領域を探し (d)、輪郭をスキャンし (e)、値が小さいほうに向かってフラッドフィルを実行する (f)。(D) この新たに分離された領域内のモーションを計算し、(A) ～ (C) の処理を現在のシルエットがなくなるまで続ける

局所的なモーションを分離し計算する関数は、cv::motempl::segmentMotion()です。

```
void cv::motempl::segmentMotion(
  cv::InputArray     mhi,              // モーション履歴画像
  cv::OutputArray    segMask,          // 出力画像、見つかったセグメント（CV_32FC1）
  vector<cv::Rect>& boundingRects, // モーションの連結成分用のROI
  double             timestamp,        // 現在の時間（通常、ミリ秒）
  double             segThresh         // >= モーションの履歴のステップ間のインターバル
);
```

cv::motempl::segmentMotion()では、mhiはシングルチャンネルの浮動小数点数型です。segMaskは出力に使われます。返されるときはシングルチャンネルの32ビット浮動小数点数型画像です。個々のセグメントがこの画像上に「マーク」されます。ここでは、それぞれのセグメントが別々の0ではない識別子（例えば、1、2など。0は「動きがない」）が割り当てられます。同様

に、ベクタ型である boundingRects は、モーションの連結成分用の ROI で埋められます（これにより、cv::motempl::calcGlobalOrientation をこのような連結成分に個別に使って、特定の成分の動きを決定することができます）。

timestamp は、mhi 画像上の最も新しいシルエットの値です（局所的なモーションはそこから分離されます）。最後の引数は segThresh で、これは連続したモーションとして許容できる（現時刻から前のモーションまでの）最大の戻り幅です。このパラメータが提供されている理由は、最近のシルエットと、連結したくないはるかに古いモーションのシルエットが重なっている場合があるからです。一般的には、segThresh はシルエットが持つタイムスタンプの差の平均を 1.5 倍したくらいの数値に設定するのが最もよいでしょう。

これまでの説明から、OpenCV の opencv_contrib/modules/optflow/samples/ディレクトリ内にある motempl.cpp の例が理解できるでしょう。ここでは motempl.cpp の update_mhi() からいくつかの重要な箇所を取り出して説明します。update_mhi() 関数は、フレーム間の差分を閾値処理し、その結果得られたシルエットを cv::updateMotionHistory() に渡します。

```
...
cv::absdiff( buf[idx1], buf[idx2], silh );

cv::threshold( silh, silh, diff_threshold, 1, cv::THRESH_BINARY );

cv::updateMotionHistory( silh, mhi, timestamp, MHI_DURATION );
...
```

結果として得られた mhi 画像から勾配が計算され、有効な勾配が得られた場所を示すマスクが cv::motempl::calcMotionGradient() で作られます。その結果得られる局所的なモーションが次の cv::Rect に分割されます。

```
...
cv::motempl::calcMotionGradient(
  mhi,
  mask,
  orient,
  MAX_TIME_DELTA,
  MIN_TIME_DELTA,
  3
);

vector<cv::Rect> brects;

cv::motempl::segmentMotion(
  mhi,
  segmask,
  brects,
  timestamp,
  MAX_TIME_DELTA
);
...
```

次に for ループで、各モーションのバウンディングボックスを反復処理します。この反復処理は-1 から始まります。この値は、画像全体の大局的なモーションを見つけるという特別なケースを表しています。局所的なモーションに関しては、分離された領域のうち小さいものを最初に排除し、次に、それぞれの方向を cv::motempl::calcGlobalOrientation() を用いて計算します。正確なマスクを使用する代わりにこのルーチンは、局所的なモーションのバウンディングボックスを ROI とし、その中でモーションの計算を行います。それから、この局所的な ROI 内の有効なモーションが実際にはどこで見つかったかを計算します。小さすぎるモーション領域はすべて排除されます。最後にこのルーチンはそのモーションを描画します。人間が腕を振っている姿の出力の例を図17-9 に示します。ここでは、連続する 8 つのフレームについて元の画像の上部に出力が描画されています（全コードは opencv_contrib（「付録 B opencv_contrib モジュール」で説明）を参照。opencv_contrib をダウンロードされていれば、コードは.../opencv_contrib/modules/optflow/samples/motempl.cpp にあります）。同じ連続画像では、「Y」のポーズは「14 章　輪郭」で説明した形状記述子（Hu モーメント）で認識されています。この形状認識は samples コードには入っていません。

```
...
  for( i = -1; i < (int)brects.size(); i++ ) {

    cv::Rect roi; Scalar color; double magnitude;
    cv::Mat  maski = mask;
    if( i < 0 ) {

      // 画像全体の場合
      //
      roi       = Rect( 0, 0, img.cols, img.rows );
      color     = Scalar::all( 255 );
      magnitude = 100;

    } else {

      // i 番目のモーションの成分
      //
      roi       = brects[i];
      if( roi.area() < 3000 ) continue;   // 非常に小さい成分を排除する
      color     = Scalar( 0, 0, 255 );
      magnitude = 30;
      maski     = mask(roi);

    }

    double angle = cv::motempl::calcGlobalOrientation(
      orient(roi),
      maski,
      mhi(roi),
      timestamp,
      MHI_DURATION
    );
```

```
        // ...[有効なモーション領域を求める]...
        // ...[ROI 領域をリセットする]...
        // ...[小さな有効なモーション領域をスキップする]...
        // ...[モーションを描画する]...
    }
...
```

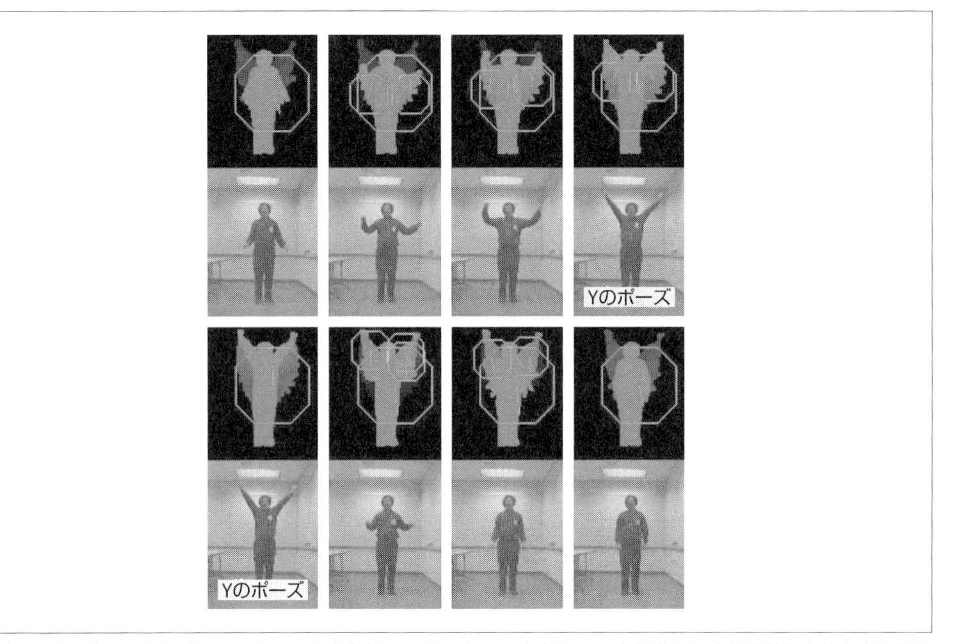

図17-9　モーションテンプレートルーチンの結果。左から右、上から下へ、人の動きとその結果得られた大域的なモーション（大きな八角形の中で表示）と局所的なモーション（小さな八角形で表示）。また、Y のポーズが形状記述子（Hu モーメント）を使って認識されている

17.5　推定器

ビデオカメラの視界を歩いて通り過ぎる人を追跡しているとします。それぞれのフレームで、その人の位置を決定します。これは、これまでに見てきたようにさまざまな方法で行うことができますが、重要なのは、これまでのところ、それぞれのフレームでその人の位置の推定値を決定しているにすぎないということです。この推定値が真の値である可能性は低いでしょう。その理由はたくさんあります。センサーの不正確さ、初期の処理ステージでの近似、オクルージョン（隠蔽）や影により生じる問題、人が歩行時に移動しながら脚や手を振ることによる形状の変化などがあるかもしれません。どのようなデータでも、その観測値には理想的なセンサーから得られる「実際」の値からの（おそらくいくぶんランダムな）ずれが生じていることが予想されます。これらの不正確さすべてをまとめて、トラッキング処理に加わる**ノイズ**と考えることができます。

これまでに行ってきた観測を最大限に利用して、この人間のモーションを推定できるようにしましょう。そうすれば、私たちが持っている観測値の累積的な効果により、観測された人間の軌道からノイズの影響を取り除いた部分を検出することができるでしょう。この簡単な例は、その人が動いていないことを私たちが知っているかどうかでしょう。この場合、これまでに行った観測値すべての平均を取ることで、その人の実際の場所の最もよい推定値が得られるだろうということは直感的にわかります。**モーション推定**の問題は、動かない人に対してなぜ私たちが直感的にこのように感じるのかと、より重要なことは、どうやってその結果を動いている物体に一般化するかということなのです。

そのために必要となる重要な要素は、人間のモーションに関する**モデル**です。例えば、次の文のように人間のモーションをモデル化してもよいでしょう。「人間はフレームの片側から入り、一定の速度でフレームを歩いて横切る」。このモデルを与えると、観測によって、その人間がどこにいるかだけでなく、そのモデルのどのパラメータ（この場合は、その人の速度）が使われたかを求めることもできます。

このタスクは、2つのフェーズに分解されます（図17-10参照）。**予測フェーズ**と通常呼ばれる最初のフェーズでは、過去に学習した情報を用いて、その人間（や物体）の次の位置がどこになるかについてのモデルをさらに修正します。次は**修正フェーズ**で、観測を行い、その観測値を以前の観測に基づいた予測（すなわち、モデル）を用いて調整します。

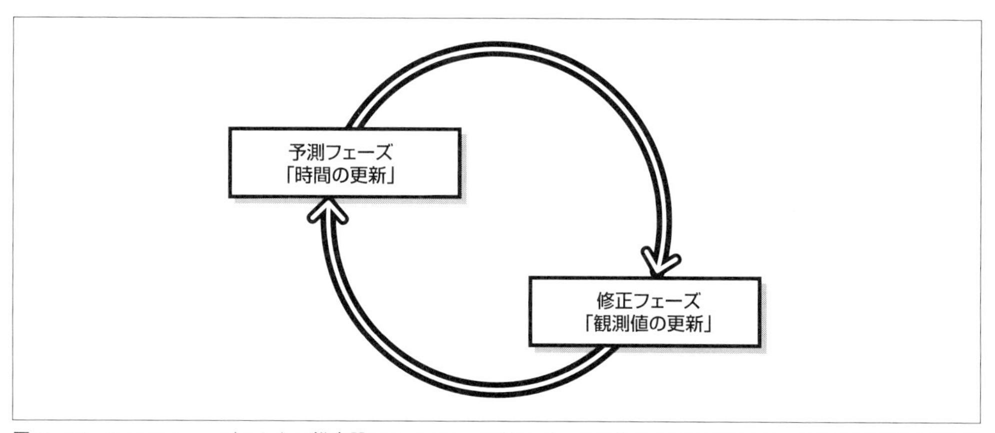

図17-10　2つのフェーズからなる推定器のサイクル。以前のデータに基づく予測に続いて、最新の観測値の調整が行われる

この2段階の推定タスクを実行するためのメカニズムは、最も幅広く用いられている手法である**Kalman（カルマン）フィルタ**[Kalman60]を用いた**推定器**に分類されます。Kalmanフィルタに加えて、もう1つの重要な手法に、**Condensation（コンデンセーション）アルゴリズム**があります。これは、**パーティクルフィルタ**として知られるより広い分野の手法を、コンピュータビジョン向け

に実装したものです。Kalman フィルタと Condensation アルゴリズムとの主要な違いは、状態確率密度の記述の仕方です。以降では Kalman フィルタを詳細に調べ、関連するいくつかの手法にも触れます。Condensation アルゴリズムについては、OpenCV で実装されていないので詳しくは説明しません。ただしそれがどういうもので、Kalman フィルタに関連する手法とどのように異なるかについては後ほど触れます。

17.5.1 Kalmanフィルタ

1960年に最初に提案された Kalman フィルタはさまざまな信号処理の分野で名を馳せたものです。Kalman フィルタの基本的な考え方は、制約は強いものの適切な[†17]仮定のもとでは、システムの観測値の履歴が与えられれば、それらの以前の観測値から事後確率[†18]を最大化するシステムの状態モデルを構築できるというものです。さらに、この推定は、以前の観測値の長い履歴を保持していなくても可能であるということがわかっています。その代わり、観測を行うたびにシステムの状態モデルを繰り返し更新する必要があり、その次の繰り返しのために最新のモデルだけは保持しておきます。これにより、この手法の計算がうまく簡略化されます。ここでは Kalman フィルタについて基礎的な内容を説明します。詳しい内容に関しては Welsh と Bishop の論文[Welsh95]を参照してください。

17.5.1.1 何が入力され、何が出力されるか

Kalman フィルタは推定器です。これは、Kalman フィルタが、系の状態に関して私たちが持っている情報、系の動力学に関して私たちが持っている情報、および、系の稼動中に観測によって私たちが学習する新しい情報を統合する手助けをしてくれることを意味します。実際には、これらの事柄それぞれをどのように表現できるかに対して重要な制約があります。最初の重要な制約は、Kalman フィルタが有効なのは、その状態が、各自由度に対する現在の推定値が表現可能なベクトルと、同じ自由度の不確かさを表現する行列（行列であるのはそのような不確かさには個別の自由度の分散だけでなく、それらの自由度間の共分散も含まれるからです）によって表現可能なシステムに対してだけである、ということです。

この**状態ベクトル**は、対象とする系に関連すると考えられる変数であれば何でも持つことができます。画像内を横切る人の例では、この状態ベクトルの要素は、現在の位置と速度、すなわち、$\vec{x}^*_i = (x^*, v^*_x)$ になるでしょう。場合によっては、位置と速度それぞれに対して2次元で、$\vec{x}^*_i = (x^*, y^*, v^*_x, v^*_y)$ というように持つほうが適切です。複雑な系では、このベクトルにはもっと多くの要素が含まれることになるでしょう。状態ベクトルは、通常は、時間ステップを表す下付き

†17 ここで、「適切な」というのは、「実世界で起こる実際の問題の適切な多様性に対してこの手法が役に立つ程度に、十分に非制約的である」といったような意味です。「適切」という表現だけでは十分に的を射てないかもしれません。

†18 **事後**という修飾子は「後知恵で」という言葉の学術用語です。したがって、これこれしかじかの分布が「**事後**確率を最大化する」というとき、それが意味するのは、その分布（本質的には「実際に起こったこと」の確率的解釈）が、観測データから見ると実際に最も本当らしいということです。おわかりのように、過去を振り返ってそれを後から考えているのです。

文字を付けます。ここで、小さな「星」は、その特定の時間で最もよい推定値であることを示しています[†19]。状態ベクトルは**共分散行列**を伴い、通常は、Σ_i^* と書かれます。この行列は、$\vec{x}_i^*$ が n 個の要素を持つ場合は $n \times n$ 行列になります。

Kalman フィルタを使うことで状態 $(\vec{x}_0^*, \Sigma_0^*)$ から始め、次の時刻の $(\vec{x}_i^*, \Sigma_i^*)$ を推定することができます。この式で注意してほしい重要な点が2つあります。1つ目は、これらの状態それぞれが同じ形を持っている、すなわち、平均と共分散として表されていることです。平均は、その系の最もありそうな状態と考えられるものを表しており、共分散は、その平均に関する不確かさを表しています。これは、ある特定の状態だけが Kalman フィルタで扱えるということを意味します。例えば、道路を下る車を考えてみましょう。そのような系を Kalman フィルタでモデル化するのはまったく合理的なことです。しかし、道路の分岐点に向かう車の場合を考えてみてください。車は右に行くかもしれないし、左に行くかもしれませんが、まっすぐには行きません。もし車がどちらに曲がるのかがわからなければ、Kalman フィルタは機能しません。これは、このフィルタが表す状態がガウス分布（基本的には、真ん中にピークを持つ塊）だからです。分岐を持つ道路の場合では、車は右に行くかもしれませんし、左に行くかもしれませんが、まっすぐに行って衝突することは起こりそうにありません。しかし残念なことにガウス分布では、右側と左側に同じ重みを与えるので、真ん中により大きな重み付けがされてしまうのです。これは、ガウス分布が**単峰型**だからです[†20]。

2つ目に重要な仮定は、その系は、ガウス分布で記述される状態から始まってなければならない、ということです。この状態は $(\vec{x}_0^*, \Sigma_0^*)$ と書かれ、**事前分布**と呼ばれます（下付き文字に0が付くことに注意)。ただし、系が**無情報事前**分布（平均は任意、共分散がその中で巨大な値を取る）と呼ばれる分布から始めることが常に可能であるということは、この後わかります。これは基本的には「何も知らない」ということを表しています。しかし重要なのは、この事前分布が正規分布でなくてはならず、常に私たちが提供しなくてはならないということです。

17.5.1.2 Kalman フィルタで必要とされる仮定

Kalman フィルタどのように機能するかの詳細に入る前に、先ほど述べた「制約は強いが適切な」仮定をしばらく見ていくことにしましょう。Kalman フィルタの理論的な枠組みでは3つの重要な仮定が必要です。(1) モデル化されるシステムが線形である、(2) 観測値に対するノイズが「ホワイトノイズ」である、(3) このノイズは事実上ガウス分布でもある、ということです。この最初の仮定は（実際には)、時刻 k の系の状態がベクトルで表すことができ、少し後、時刻 $k+1$ の系の状態（同様にベクトル）がある行列 F と時刻 k の系の状態の乗算として表現できることを意味します。ノイズがホワイトノイズでガウス分布であるという2つの仮定は、ノイズが時間と関連性

†19 「星」ではなく「ハット」を用いている本もたくさんあります。筆者らがこの文字を選んだのは、これにより、矢印の上にハットを置くことで見た目をごちゃごちゃにすることなく、ベクトルを明示的に示せるからです。

†20 パーティクルフィルタ、すなわち前述の Condensation アルゴリズムは、単峰型、あるいは、ガウス分布でさえある必要はない状態を定式化する主な代替手段です。

がなく、その振幅を平均と共分散だけを用いて正確にモデル化できるということを意味しています（すなわち、ノイズは完全にその1次と2次モーメントだけで記述されます）。これらの仮定は制約が強いと思われるかもしれませんが、実際にはこれらは驚くほど多くの状況に当てはまるのです。

「以前の観測値から事後確率を最大化する」とは何を意味するのでしょうか？ これは、観測値を得た後で（不確かさを持つ以前のモデルと、**それ自身**不確かさを持つ新しい観測値の両方を考慮に入れて）構築する新しいモデルが、正しい確率が最も高いモデルであるということを意味します。私たちの目的にとってこれは、Kalmanフィルタが、この3つの仮定の下では、異なる情報源からのデータや同じ情報源からの異なる時間のデータを組み合わせる最もよい方法であることを意味します。既知の状態から始め、新しい情報を取得し、古い情報と新しい情報それぞれの確からしさに基づいて両者の重み付きの結合を計算し、現在既知の状態を更新します。

1次元モーションの場合について少し数学を使ってやってみましょう。次の節まで飛ばしてもかまいませんが、線形方程式とガウス分布は非常に仲がよいので、Kalman博士は、みなさんがまったく何も試そうとしなければお怒りになるかもしれません。

17.5.1.3　情報の融合

では、Kalmanフィルタの要点は何でしょうか？ **情報の融合**です。ある点が線上のどこにあるかを知りたいとします（これを1次元の場合とします）[†21]。この物体の位置に関して、ノイズが乗った信頼できない（ガウス分布の意味において）2つの観測値、位置 x_1 と位置 x_2 があります。この観測値にはガウス分布的な不確かさが存在するので、$\overline{x}_1$ と $\overline{x}_2$ との平均と標準偏差 σ_1 と σ_2 を持ちます。標準偏差は実際には、私たちの観測値の不確かさを表すものです。この位置の関数としての確率分布は、次のような**ガウス分布**になります[†22]。

$$p_i(x) = N(x; \overline{x}_i, {\sigma_i}^2) \equiv \frac{1}{\sigma_i\sqrt{2\pi}} \exp\left(-\frac{(x-\overline{x}_i)^2}{2{\sigma_i}^2}\right), (i = 1, 2)$$

それぞれがガウス確率分布を持つこのような2つの観測値が与えられると、両方の観測値の下で、ある値 x の確率密度は、$p_{12}(x) = p_1(x) \cdot p_2(x)$ に比例することが期待できます。この積もまた正規分布であり、この新しい分布の平均と標準偏差を次のように計算できます。次の式を仮定します。

$$p_{12}(x) \propto \exp\left(-\frac{(x-\overline{x}_1)^2}{2{\sigma_1}^2}\right) \exp\left(-\frac{(x-\overline{x}_2)^2}{2{\sigma_2}^2}\right) = \exp\left(-\frac{(x-\overline{x}_1)^2}{2{\sigma_1}^2} - \frac{(x-\overline{x}_2)^2}{2{\sigma_2}^2}\right)$$

†21 同じような導出の仕方によるより詳細な説明は J. D. Schutter、J. De Geeter、T. Lefebvre、H. Bruyninckx の「Kalman Filters: A Tutorial」(http://www.cs.ucf.edu/~mikel/Research/tutorials/kalman-filters-a-tutorial.pdf) を参照してください。

†22 $N(\overline{x}, \sigma^2)$ という記法は、**ガウス**または**正規**分布を表すのによく使われる略記法で、「平均 $\overline{x}$ と分散 σ^2 を持つ正規分布」を意味します。正規分布となるような x の関数を明示的に記述するのに役立つ場合には、$N(x; \overline{x}, \sigma^2)$ という記法を使います。

また、ガウス分布はその平均値で最大になるので、$p(x)$ を x で微分することで簡単にその平均値を求めることができます。関数が最大になる場所ではその微分が 0 なので、次のようになります。

$$\left.\frac{dp_{12}}{dx}\right|_{\overline{x}_{12}} = -\left[\frac{\overline{x}_{12}-\overline{x}_1}{{\sigma_1}^2} + \frac{\overline{x}_{12}-\overline{x}_2}{{\sigma_2}^2}\right]\cdot p_{12}(\overline{x}_{12}) = 0$$

確率分布関数 $p(x)$ は決して 0 にはならないので、当然大括弧の中の項は 0 でなくてはなりません。x に関してこの式を解くと次の非常に重要な関係式が得られます。

$$\overline{x}_{12} = \left(\frac{{\sigma_2}^2}{{\sigma_1}^2+{\sigma_2}^2}\right)\overline{x}_1 + \left(\frac{{\sigma_1}^2}{{\sigma_1}^2+{\sigma_2}^2}\right)\overline{x}_2$$

したがって、新しい平均値 $\overline{x}_{12}$ は単に、測定された 2 つの平均値の重み付けされた組み合わせになります。しかしここで非常に重要なことは、重み付けは、2 つの観測値の相対的な不確かさによって（かつ、それらのみによって）決定されるということです。例えば、2 つ目の観測値の不確かさ σ_2 が特に大きければ、この新しい平均は本質的により確かな前の観測値である x_1 の平均と同じになります。

新しい平均 $\overline{x}_{12}$ が手に入ったので、この値を $p_{12}(x)$ の式に代入することができ、式を大きく変形すると[†23]、不確かさ ${\sigma_{12}}^2$ が次のように得られます。

$${\sigma_{12}}^2 = \frac{{\sigma_1}^2{\sigma_2}^2}{\sigma_1^2+{\sigma_2}^2}$$

この時点で、これが何を言おうとしているのかおそらく疑問に思われていることでしょう。実際にはこの式からはたくさんのことがわかります。この式が表しているのは、新たな平均と不確かさを持つ新たな観測を行うことで、その新たな観測値とすでに得られている平均と不確かさとを組み合わせ、これまた新たな平均と不確かさで表される新たな状態を得ることができる、ということです（また、ここまでこれらを表現する数式も手に入ったので、早速この後で活用しましょう）。

ガウス分布を持つ 2 つの観測値を組み合わせるとガウス分布を持つ 1 つの観測値（計算可能な平均と不確かさを持つ）と等価になるという性質が、ここでの最も重要な特徴です。これは、M 個の観測値があると、最初の 2 つを組み合わせ、3 つ目を最初の 2 つの組み合わせと組み合わせ、4 つ目を最初の 3 つの組み合わせと組み合わせるということが可能になるということです。これは、コンピュータビジョンのトラッキングで行われていること、すなわち、ある観測値に続いて別の観測値、それに続いて別の観測値を得ているのと同じことです。

観測値 (x_i, σ_i) が時間ステップごとに得られていると考えると、現在の状態の推定値 $({x_i}^*, {\sigma_i}^*)$ は次のように計算できます。最初に、私たちがその物体があると考える場所に関する初期の推定が

†23 この変形は少々面倒です。これをすべて確認したいのならば、次のようにするほうがはるかに簡単です。すなわち、(1) 初めに $\overline{x}_{12}$ と σ_{12} で表されるガウス分布 $p_{12}(x)$ を考え、(2) $\overline{x}_{12}$ と $\overline{x}_1$、$\overline{x}_2$ の関係式、および、σ_{12} と σ_1、σ_2 の関係式に代入し、(3) その結果が最初に用いたガウス分布の積に分割できることを確認します。

あるとします。つまりこれが事前確率です。この最初の推定は平均と不確かさ $x_0{}^*$ と $\sigma_0{}^*$ で特徴づけられます（小さな星、すなわち、アスタリスクを、観測値に対して現在の推定値を示すものとして導入したことを思い出してください）。

次に、時間ステップ1で最初の観測値 (x_1, σ_1) が得られます。続けて行う必要があるのはこの新しい観測値とその事前確率を得ることだけですが、これらは次の最適推定式で置き換えられます。この最適推定は、その前の状態の推定――この場合は、事前の $(x_0{}^*, \sigma_0{}^*)$――と新しい観測値 (x_1, σ_1) を組み合わせた結果になります。

$$x_1^* = \left(\frac{\sigma_1{}^2}{\sigma_0^{*2} + \sigma_1{}^2}\right) x_0^* + \left(\frac{\sigma_0^{*2}}{\sigma_0^{*2} + \sigma_1^2}\right) x_1$$

この式を変形すると次の便利な反復式が得られます。

$$x_1^* = x_0^* + \left(\frac{\sigma_0^{*2}}{\sigma_0^{*2} + \sigma_1{}^2}\right) (x_1 - x_0{}^*)$$

これが何に便利かを考える前に、$\sigma_1{}^*$ に対する似た式も計算してみましょう。

$$\sigma_1^{*2} = \frac{\sigma_0^{*2} \sigma_1{}^2}{\sigma_0^{*2} + \sigma_1{}^2}$$

$x_1{}^*$ に行ったのと同じような変形を行うと、新しい観測値に対する分散を推定する反復式が得られます。

$$\sigma_1^{*2} = \left(1 - \frac{\sigma_0^{*2}}{\sigma_0^{*2} + \sigma_1{}^2}\right) \sigma_0^{*2}$$

この形では、これらの式により「古い」情報（新しい観測が行われる前に知っていたこと。星付きの部分）と「新しい」情報（最新の観測でわかったこと。星なしの部分）を明確に区別することができます。ステップ1で観測された新しい情報 $(x_1 - x_0{}^*)$ は**イノベーション**（観測誤差）と呼ばれます。最適な反復更新のための係数は次のようになることもわかります。

$$K = \left(\frac{\sigma_0^{*2}}{\sigma_0^{*2} + \sigma_1{}^2}\right)$$

この係数は**Kalmanゲイン**と呼ばれます。この K の定義を使用することで、次の便利な再帰形式が得られます。これは、この時点までの導出に関してや、事前分布や新しい観測値に関して何も特別なものはないからです。事実、最初の観測値を得た後、新しい推定値 $(x_1{}^*, \sigma_1{}^*)$ を得ますが、これは、以前 $(x_0{}^*, \sigma_0{}^*)$ が (x_1, σ_1) に対して機能したのとまったく同じように、新しい観測値 (x_2, σ_2) に対して機能します。実質的に、$(x_1{}^*, \sigma_1{}^*)$ は新しい事前分布（すなわち、私たちが新しい観測値が来る前に「そうだと信じていた」もの）になります。この関係を式にすると次のようになります。

$$\begin{aligned} x_k^* &= x_{k-1}^* + K(x_k - x_{k-1}^*) \\ \sigma_k^{*2} &= (1-K){\sigma_{k-1}^*}^2 \\ K &= \left(\frac{{\sigma_{k-1}^*}^2}{{\sigma_{k-1}^*}^2 + {\sigma_k}^2} \right) \end{aligned}$$

Kalmanフィルタの文献では、その議論が一般的な観測値群に関するものである場合は、伝統的に「現在」の時間ステップをkと呼び、前の時間ステップは$k-1$になります（それぞれ$k+1$、kと呼ぶのではなく）。**図17-11**は、実際の分布上での先鋭化や収束を行う更新処理を示しています。

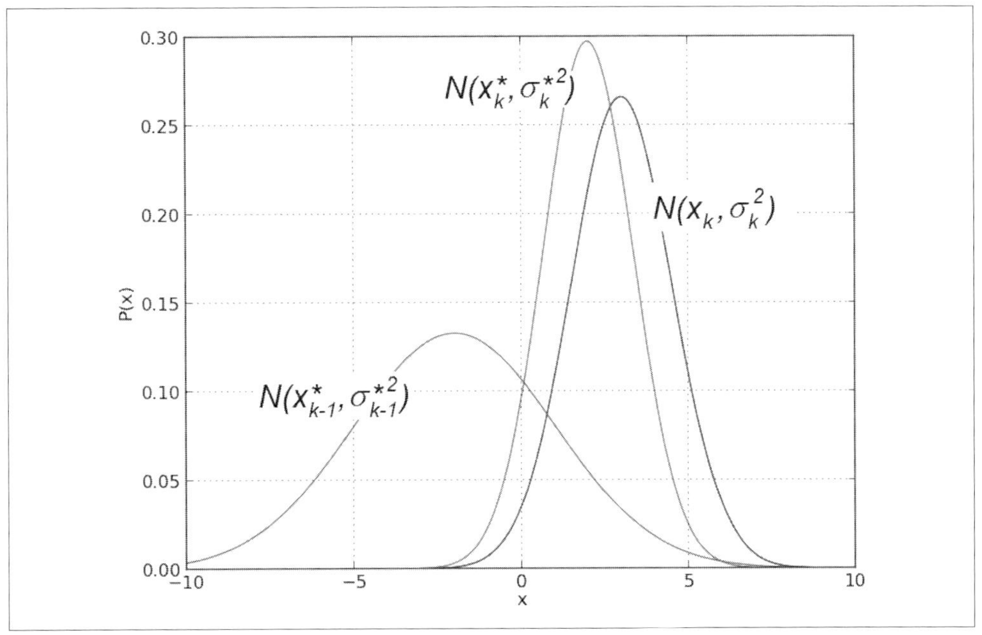

図17-11　事前予測 $N(x_{k-1}^*, {\sigma_{k-1}^*}^2)$（左）を観測値 $N(x_k, {\sigma_k}^2)$（右）と組み合わせ、新しい推定値 $N(x_k^*, \sigma_k^{*2})$（中央）を得る

17.5.1.4　動的な系

ここでの簡単な1次元の例では、物体がある点xにあり、その点に関して一連の観測を行う場合を考えました。そこでは、物体が観測と観測の間に実際に移動するかもしれない場合は特に考慮しませんでした。この新しいケースでは、**予測フェーズ**と呼ばれるものを導入します。予測フェーズ中は、新しい観測値を統合しようとする前に、私たちが知っている情報を用いてその系がどこにあるはずかを計算します。

実際には予測フェーズは、新しい観測が行われた直後、かつ新しい観測値を系の状態の推定に組み込む前に行われます。これは例えば、時刻 t に車の位置を観測するときと、再び時刻 $t+dt$ で観測するときです。この車がある速度 v を持つ場合、2つ目の観測値を単純に組み込むことはしません。最初に、時刻 t の時点で知っていることをベースにモデルを**早送り**することで、時刻 t での系だけでなく、新しい情報が組み込まれる直前の時刻 $t+dt$ の系のモデルを持つことができるようにします。このようにして、時刻 $t+dt$ で得られた新しい情報が、この系の古いモデルとではなく、系の古いモデルを未来の時刻 $t+dt$ に投影したものと融合されます。これが**図17-10**に示したサイクルの意味です。Kalman フィルタでは、私たちは3種類のモーションを考慮します。

1つ目は**動的モーション**です。これは、最後に観測したときの系の状態から直接得られることが期待できるモーションです。この系が時刻 t にある速度 v を持って位置 x にあると観測された場合、時刻 $t+dt$ では、この系は、おそらくその速度 v を保ったままで位置 $x+v\times dt$ にあることが期待されます。

2つ目のモーションは、**制御モーション**と呼ばれます。制御モーションは、ある外部からその系に影響が与えられることで生じるモーションで、何らかの理由で、私たちにその影響がわかっているものです。その名前が示すように、最もよくある制御モーションの例は、私たち自身が制御している系の状態を推定している状況で、モーションを起こすために行ったことを私たちが知っている場合です。これは、特にロボットシステムの場合がそうです。ここで制御とは、ロボットに（例えば）加速や前進を指示することです。この場合明らかに、時刻 t にロボットが x におり速度 v で動いていたら、時刻 $t+dt$ では、このロボットは $x+v\cdot dt$（制御なしの場合）に移動しているだけでなく、それよりも少し遠くに移動していることが期待されます。加速するよう指示したからです。

最後の重要なモーションは**ランダムモーション**です。私たちの簡単な1次元の例でも、観測したものがどのようなものであっても何らかの理由で勝手に動く可能性があれば、予測フェーズにランダムモーションを入れておくとよいでしょう。このようなランダムモーションにより、時間の経過に伴い、状態推定値の分散が大きくなるという効果を与えることができます。未知のモーションや制御下にないモーションはすべてランダムモーションに含まれます。ただし、Kalman フィルタの枠組みにある他のすべてのものと同様に、ランダムモーションはガウス分布（すなわち、一種のランダムウォーク）であるか、少なくともガウス分布によってうまくモデル化できるという仮定があります。

このような動的な要素が、新しい観測を取り込む前の、**更新ステップ**による私たちのシミュレーションモデルへの入力です。この更新ステップでは、最初に物体の事前状態から得られる物体のモーションに関する知識を適用し、私たちが行ったアクションや別の外部の作用因子から系に行われたとわかっているアクションの結果生じた追加情報を適用した後で、最後に観測した系の状態を途中で変化させるかもしれないランダムイベントを組み込みます。これらの要因を適用した後で、次の新しい観測値を組み込むことができます。

実際に動的モーションは、系の状態がこれまでのシミュレーションモデルよりも複雑な場合に、特に重要になります。多くの場合、物体が動いているとき、その状態ベクトルに対して位置や速度など複数の成分が存在します。この場合、もちろん状態は、私たちが想定する速度に従って変化します。次の節では、状態に対して複数の成分を持つ系を取り上げます。そのような新しい方法を扱うにあたって、数学的手法についてもう少し練習しておくことにしましょう。

17.5.1.5 Kalmanの方程式

さて、これですべてを統合し、より一般的なモデルを扱う方法を理解する準備ができました。そのようなモデルに含まれるのは、多次元の状態ベクトル、動的モーション、制御モーション、ランダムモーション、観測値、観測値の不確かさです。加えて、その系がどこに移動したのかの推定値とその次に計測する値とを融合する手法も必要です。

最初にすべきことは、これまで議論してきたことを、たくさんの状態変数を含む状態として一般化することです。この最も簡単な例は、物体が2次元、もしくは3次元で動く動画のトラッキングでしょう。一般的にその状態は、トラッキングされている物体の速度などの複数の付随的な要素を含みます。時間ステップkでの状態の記述を一般化して、次の時間ステップ$k-1$の状態の関数とします。

$$\vec{x}_k = F\vec{x}_{k-1} + B\vec{u}_k + \vec{w}_k$$

ここで、$\vec{x}_k$は状態を成分とするn次元のベクトルで、Fは$n \times n$の行列です。この行列は**遷移行列**と呼ばれ、$\vec{x}_{k-1}$に乗算されます。ベクトル$\vec{u}_k$は新しい項です。これはこの系への外部制御を可能にし、**制御入力**と呼ばれるc次元のベクトルからなります。Bは$n \times c$の行列で、これらの制御入力と状態変化の関係を定義します†24。変数$\vec{w}_k$はランダム変数(通常は、**プロセスノイズ**と呼ばれます)で、ランダムなイベントやその系の実際の状態に直接影響する力に関係します。$\vec{w}_k$の要素は、ある$n \times n$の共分散行列Q_kで表される平均が0のガウス分布$N(\vec{0}, Q_k)$に従うものと仮定しています(Q_kは時間とともに変化することが可能ですが、多くの場合変化しません)。

一般的に、私たちは$\vec{Z}_k$を観測します。$\vec{Z}_k$は状態変数$\vec{X}_k$そのものの値になる場合もあればそうでない場合もあります(例えば、車がどれくらい速く動いているかを知りたい場合は、スピードガンでその速度を観測するか、排気管からの音でスピードを観測できます。前者の場合は$\vec{Z}_k$はある観測ノイズが付加された$\vec{X}_k$となりますが、後者の場合は、その関係はこのように直接的なものではありません)。以上をまとめると、観測値$\vec{Z}_k$のm次元のベクトル(次式)を測定するということができます。

$$\vec{z}_k = H\vec{x}_k + \vec{v}_k$$

ここでHは$m \times n$の行列で、$\vec{v}_k$はその測定誤差です。この$\vec{v}_k$も、ある$m \times m$の共分散行

†24 鋭い読者のみなさん、またはすでにKalmanフィルタについていくらかご存じの読者のみなさんは、もう1つの重要な仮定がこっそりと忍び込ませてあるのに気づかれたでしょう——すなわち、制御u_kと状態の変化の間には(行列の乗算を介して)線形の関係が存在しているのです。実際の応用では、この仮定がいちばん初めに崩れることがよくあります。

列 R_k[†25]で表されるガウス分布 $N(0, R_k)$ を持つと仮定します。

完全にわからなくなってしまう前に、駐車場内を移動している車の観測を行うという特定の現実的な状況を考えてみましょう。この車の状態は2つの位置変数 x と y と2つの速度 v_x と v_y で表すことができるでしょう。これら4つの変数は状態ベクトル $\vec{X}_k$ の要素になります。これから、F の正しい形は次のようになることがわかります。

$$\vec{x}_k = \begin{bmatrix} x \\ y \\ v_x \\ v_y \end{bmatrix}, \quad F = \begin{bmatrix} 1 & 0 & dt & 0 \\ 0 & 1 & 0 & dt \\ 0 & 0 & 1 & 0 \\ 0 & 0 & 0 & 1 \end{bmatrix}$$

しかし、この車の状態を観測するのにカメラを用いる場合、おそらく位置変数だけを観測することになるでしょう。

$$\vec{z}_k = \begin{bmatrix} z_x \\ x_y \end{bmatrix}$$

これは H の構造が次のようなものであることを意味しています。

$$H = \begin{bmatrix} 1 & 0 & 0 & 0 \\ 0 & 1 & 0 & 0 \end{bmatrix}$$

この場合、この車の速度が一定であるという確信はないかもしれません。これを反映する値を Q_k に設定することにしましょう。車のドライバーの行動は私たちの制御下にないので、私たちの視点からはある意味、ランダムです。R_k は、この車の位置を、(例えば) ビデオストリームの画像解析テクニックを用いて、どれくらい正確に観測したかの推定に基づいて設定します。

後は、これらの式を一般化された形の更新方程式に組み込むだけです。もっとも、基本的な考え方は同じです。最初に、その状態の事前推定 x_k^- を計算します。上付き文字のマイナス符号を「新しい観測の直前の時刻」を意味するのに用いるのは、文献では比較的一般的です (常にそうとは限りませんが)。ここではこの記法を採用します。したがって、この事前推定値は次で与えられます。

$$\vec{x}_k^- = F\vec{x}_{k-1} + B\vec{u}_{k-1} + \vec{w}_k$$

誤差の共分散を表すのに Σ_k^- の表記を使うと、この共分散の時刻 k の事前推測値は、次のように時刻 $k-1$ の値から得られます。

$$\Sigma_k^- = F\Sigma_{k-1}F^T + Q_{k-1}$$

†25 添え字 k によりこれらの項を時間で変化させることができますが、これは必須ではありません。実際には、H と R は時間で変わらないのが普通です。

この式は推定器の予測部分の基礎を形成し、すでに観測したものに基づき「私たちが期待するもの」を教えてくれます。ここから、（式の導出なしで）**Kalmanゲイン**または**ブレンディングファクター**と呼ばれるものを説明します。これにより、既知の情報に対して新たな情報にどれくらい重み付けすればよいかがわかります。

$$K_k = \Sigma_k^- H_k^T (H_k \Sigma_k^- H_k^T + R_k)^{-1}$$

この式は恐ろしげに見えますが、実際にはそんなにひどくはありません。さまざまな簡単なケースを考えることで、より簡単に理解することができます。私たちの1次元の例では、1つの位置変数を観測しているだけなので、H_k は単なる 1×1 の行列となり 1 しか含まないのです。したがって、観測誤差が σ_{k+1}^2 の場合、R_k もそれと同じ値を持つ 1×1 の行列になります。同様に、Σ_k は、単に分散 σ_k^2 です。ですので、この巨大な方程式は次の式にまで簡略化することができます。

$$K_k = \frac{\sigma_k^2}{\sigma_k^2 + \sigma_{k+1}^2}$$

これは私たちがまさに考えていたとおりのものであるということに着目してください。つまり前節で最初に見たゲインそのものですが、これにより、新しい観測値が得られたときに、最適な $\vec{x}_k$ と Σ_k の更新値を計算できます。

$$\vec{x}_k = \vec{x}_k^- + K_k \left(\vec{z}_k^- - H_k \vec{x}_k^- \right)$$

$$\Sigma_k = (I - K_k H_k)\Sigma_k^-$$

ここでも再び、これらの式は最初は恐ろしげに見えますが、先ほどの簡単な1次元の説明のように、実際には見た目ほど恐ろしくはありません。最適な重みとゲインは1次元のケースと同じやり方で得られます。ただし今回は、解く前に x に関する偏微分を 0 に設定することで、位置の状態 x の不確かさを最小にします。最初に $F = I$（ここで I は単位行列）、$B = 0$、$Q = 0$ に設定することで、より簡単な1次元の場合の式を得ることができます。1次元フィルタの式を導出した場合との類似性が、より一般的な式に次の代入を行うことではっきりします。

$$
\begin{aligned}
\vec{x}_k &\leftarrow x_2^* \\
\vec{x}_k^- &\leftarrow x_2^{*-} \\
K_k &\leftarrow K \\
\vec{z}_k &\leftarrow x_2 \\
H_k &\leftarrow I \\
\Sigma_k &\leftarrow \sigma_2^{*2} \\
\Sigma_k^- &\leftarrow \sigma_1^{*2} \\
R_k &\leftarrow \sigma_2^2 \\
I &\leftarrow 1
\end{aligned}
$$

17.5.1.6 cv::KalmanFilterを用いてOpenCVでトラッキングする

ここまででわかったことすべてで、OpenCVには何もしてもらわなくてもよいように感じている方もいらっしゃるかもしれませんし、お手上げでOpenCVにすべてをやってもらわなければと感じている方もいらっしゃるかもしれません。幸いなことに、OpenCVとその開発者らはいずれの場合に対しても柔軟に対応してくれます。Kalmanフィルタは OpenCVでは（予想どおり）`cv::KalmanFilter`と呼ばれるオブジェクトで表されています。`cv::KalmanFilter`オブジェクトの定義は次のような形をしています。

```
class cv::KalmanFilter {

public:
  cv::KalmanFilter();

  cv::KalmanFilter(
    int dynamParams,            // 状態ベクトルのサイズ
    int measureParams,          // 観測値ベクトルのサイズ
    int controlParams = 0,      // 制御ベクトルのサイズ
    int type          = CV_32F  // 行列の型（CV_32F か CV_64F）
  );

  //! Kalman フィルタを再初期化する。以前の内容は破棄される
  void init(
    int dynamParams,            // 状態ベクトルのサイズ
    int measureParams,          // 観測値ベクトルのサイズ
    int controlParams = 0,      // 制御ベクトルのサイズ
    int type          = CV_32F  // 行列の型（CV_32F か CV_64F）
  );

  //! 予測される状態を計算する
  const cv::Mat& predict(
    const cv::Mat& control = cv::Mat() // 外部から適用される制御ベクトル（u_k）
  );
```

```
  //! 観測値から予測される状態を更新する
  const cv::Mat & correct(
    const cv::Mat& measurement  // 観測値ベクトル（z_k）
  );

  cv::Mat transitionMatrix;     // 状態遷移行列（F）
  cv::Mat controlMatrix;        // 制御行列（B）（未使用）
  cv::Mat measurementMatrix;    // 観測行列（H）
  cv::Mat processNoiseCov;      // プロセスノイズ共分散行列（Q）
  cv::Mat measurementNoiseCov;  // 測定誤差の共分散行列（R）

  cv::Mat statePre;           // 予測される状態（x'_k）
                              //   x_k  = F * x_(k-1) + B * u_k

  cv::Mat statePost;          // 修正された状態（x_k）
                              //   x_k  = x'_k + K_k * ( z_k - H * x'_k )

  cv::Mat errorCovPre;        // 事前誤差推定共分散行列（P'_k）
                              //   Σ'_k = F * Σ_(k-1) * F^t + Q

  cv::Mat gain;               // Kalman ゲイン行列（K_k）
                              //   K_k  = Σ'_k * H^t * inv(H*Σ'_k*H^t+R)

  cv::Mat errorCovPost;       // 事後誤差共分散行列（Σ_k）
                              //   Σ_k  = ( I - K_k * H ) * Σ'_k

  ...
};
```

このフィルタオブジェクトはデフォルトのコンストラクタで作成した後 `cv::KalmanFilter::init()` メソッドで設定することもできますし、`cv::KalmanFilter::init()` と同じ引数を持つコンストラクタを呼ぶこともできます。いずれの場合も、4つの引数が必要です。

最初の引数は `dynamParams` です。これは、状態ベクトル $\vec{x}_k$ の次元数です。どのような動的なパラメータがあるかは問題にならず、その個数だけが問題になります。これらの解釈はそのフィルタのその他のさまざまな要素（特に、状態遷移行列 F）で設定されることを思い出してください。次のパラメータは `measureParams` です。これは、観測値で存在する次元数（つまり、z_k の大きさ）になります。x_k と同様に、これは究極的には $\vec{z}_k$ にその意味を与える Kalman フィルタのもう1つの要素なので、ここで私たちが気にしなければならないのは、ベクトルの次元数です（この場合、$\vec{z}_k$ の意味は、観測行列 H をどう定義するかとその $\vec{x}_k$ との関係から来ています）。もしこの系に対する外部からの制御があるべきであれば、制御ベクトル $\vec{u}_k$ の次元数も指定する必要があります。デフォルトでは、このフィルタの内部要素はすべて32ビットの浮動小数点数型の数値で作られています。このフィルタをより高い精度で実行したい場合は、最後の引数 `type` を `CV_64F` に設定してください。

次の2つの関数は Kalman フィルタの処理（**図17-10**）を実装しています。この構造体にデータを設定すると（これに関してはしばらくしたら説明します）、`cv::KalmanFilter::predict()`

を呼び出すことで次の時間ステップの予測を計算し、cv::KalmanFilter::correct() で新しい観測値を組み込みます[†26]。予測メソッド predict() は（オプションで）制御ベクトル $\vec{u}_k$ を受け取ります。一方修正メソッド correct() は観測値ベクトル $\vec{z}_k$ が必須です。これらのルーチンをそれぞれ実行すると、トラッキングしている系の状態を読み出すことができます。cv::KalmanFilter::correct() の結果は statePost に書き出され、cv::KalmanFilter::predict() の結果は statePre に書き出されます。これらの値はそのフィルタのメンバー変数から読み出すこともできますし、これら2つのメソッドからの戻り値を使うこともできます。

OpenCV の他のたくさんのオブジェクトとは異なり、このオブジェクトのメンバー変数はすべて public であることに気づかれるでしょう。それらに対する get/set メソッドはないので、直接アクセスしてください。例えば、状態遷移行列 F（このオブジェクトの cv::KalmanFilter::transitionMatrix）は、みなさんが対象とする系用のものをご自身で設定してください。サンプルを用いてもう少し明確にしてみましょう。

17.5.1.7 Kalmanフィルタのサンプルコード

もう適当な例を見てもよい頃でしょう。比較的簡単な例を選び、わかりやすく実装してみましょう。レース場の車のように円の周りを動き回る点があるとします。この車は、レース場をほぼ一定の速度で動きますが、いくらか変動があります（すなわちプロセスノイズ）。トラッキングなどの手法を用いてビジョンアルゴリズムで車の位置を観測します。これにもある種の（無関係かつおそらく異なる）ノイズが発生します（すなわち観測ノイズ）。

このように私たちのモデルは非常に簡単なもので、車はどの時点でも位置と角速度を持っています。これらの要素を組にして2次元の状態ベクトル $\vec{x}_k$ を形成します。ただし私たちの観測値に関しては車の位置だけなので1次元の「ベクトル」$\vec{z}_k$ で表します。

円周上を回る車（赤）と得られる観測値（黄色）、Kalman フィルタで予測された位置（白）を出力するプログラム（**例17-1**）を書いてみます。

いつものように、ライブラリのヘッダファイルの読み込みから始めます。また、車の位置を角座標からデカルト座標に変換したい場合に便利なマクロも定義しておきます。これで画面に描画できます。

例17-1　Kalman フィルタのサンプルコード

```
#include "opencv2/opencv.hpp"
#include <iostream>

using namespace std;
```

†26　最近の OpenCV のバージョンでは、修正ステップは観測値がない場合（例えば、トラッキングされている物体が遮蔽された場合）には、省略することができます。その場合は、statePost には statePre の値が設定されます。

```
#define phi2xy( mat )                                                   \
  cv::Point( cv::cvRound( img.cols/2 + img.cols/3*cos(mat.at<float>(0)) ),   \
             cv::cvRound( img.rows/2 - img.cols/3*sin(mat.at<float>(0)) ))

int main(int argc, char** argv) {

...
```

次に、乱数発生器、描画先の画像、Kalman フィルタオブジェクトを作成します。Kalman フィルタに状態変数の個数（2）と観測変数の個数（1）を設定しなければならないことに注意してください。

```
...

    // Kalman フィルタオブジェクト、ウィンドウ、乱数発生器などを初期化、作成する
    //
    cv::Mat img( 500, 500, CV_8UC3 );
    cv::KalmanFilter kalman(2, 1, 0);

...
```

これで必要なブロックは手に入ったので、状態用の行列 x_k（$\vec{x}_k$）（実際にはベクトルですが、OpenCV ではすべて行列と呼びます）、プロセスノイズ用の行列 w_k（$\vec{w}_k$）、観測値用の行列 z_k（$\vec{z}_k$）、そしてきわめて重要な遷移行列 transitionMatrix（F）を作ります。状態は何らかの値で初期化する必要があるので、0 の周りで狭く分散する適当な乱数で埋めておきます。

この変換行列は時刻 k の系の状態と時刻 $k+1$ の系の状態を関連づけるための重要なものです。この場合には、遷移行列は 2×2 です（状態ベクトルが 2 次元だからです）。実際に、状態ベクトルの成分に意味を与えるのは遷移行列です。x_k を車の角度位置（ϕ）と車の角速度（ω）を表すものとしてみます。この場合、遷移行列は $[[1, \mathrm{dt}], [0, 1]]$ という成分を持ちます。したがって、F を乗算した後は、この状態 (ϕ, ω) は $(\phi + \omega dt, \omega)$ になります。すなわち、角速度は変わりませんが、角度位置は角速度に時間ステップを乗算した量だけ増えます。この例では簡単にするために dt=1.0 を選びましたが、実際には連続する動画のフレーム間の間隔などを使用する必要があるでしょう。

```
...

   // 状態は（φ, ω）：角度と角速度
   // 乱数で初期化
   //
   cv::Mat x_k( 2, 1, CV_32F );
   randn( x_k, 0., 0.1 );

   // プロセスノイズ
   //
   cv::Mat w_k( 2, 1, CV_32F );

   // 観測値。角度に関する唯一のパラメータ
   //
   cv::Mat z_k = cv::Mat::zeros( 1, 1, CV_32F );
```

```
    // 遷移行列 F はステップ k とステップ k + 1 のモデルパラメータ間の関係を記述する
    // （これがこのモデルにおける「動力学」となる）
    //
    float F[] = { 1, 1, 0, 1 };
    kalman.transitionMatrix = Mat( 2, 2, CV_32F, F ).clone();

...
```

Kalman フィルタはこれ以外にも初期化すべき内部パラメータを持ちます。特に、1×2 の観測行列 H は、単位行列設定関数 `cv::setIdentity()` のちょっと変わった使い方で $[1, 0]$ に初期化されます。プロセスノイズと観測ノイズの共分散には適当な値（とはいえ興味深い値）に設定しておき（みなさんもこれらで遊んでみることもできます）、同様に事後誤差共分散行列にも単位行列設定関数で設定しておきます（これは反復計算の初期状態の正しさを保証するのに必要であり、順次上書きされます）。

同様に、（最初のステップより前の仮想的なステップに対する）事後状態をランダムな値で初期化します。現時点では何も情報がないからです。

```
...

    // その他の Kalman フィルタのパラメータを初期化する
    //
    cv::setIdentity( kalman.measurementMatrix,   cv::Scalar(1)    );
    cv::setIdentity( kalman.processNoiseCov,     cv::Scalar(1e-5) );
    cv::setIdentity( kalman.measurementNoiseCov, cv::Scalar(1e-1) );
    cv::setIdentity( kalman.errorCovPost,        cv::Scalar(1)    );

    // ランダムな初期状態を選ぶ
    //
    randn(kalman.statePost, 0., 0.1);

    for(;;) {
...
```

これで、実際の動的な系で実験を始める準備ができました。最初に Kalman フィルタに、このステップで（すなわち、新しい情報を与える前に）生み出されると考えられるものを予測してもらいましょう。これを y_k（$\vec{x}_k^-$）とします。次に、今回の繰り返し処理での新しい値 z_k（$\vec{z}_k$、観測値）の生成に進みます。定義により、この値は「実際」の値 x_k（$\vec{x}_k$）に観測行列 H を乗算しランダムな観測ノイズを加えたものです。注意してほしいのは、x_k から z_k を生成するというやり方は、今回のような練習用アプリケーション以外ではしないということです。通常はこれらは外界の状態やセンサー入力から生成されることになります。このシミュレーションでは、ランダムノイズを自分で加算することで、元となる「現実」のデータモデルから観測値を生成しています。このようにすることで Kalman フィルタの効果を見ることができます。

```
...

    // 点の位置を予測する
    //
    cv::Mat y_k = kalman.predict();

    // 観測値 (z_k) を生成する
    //
    cv::randn(z_k, 0., sqrt((double)kalman.measurementNoiseCov.at<float>(0,0)));
    z_k = kalman.measurementMatrix*x_k + z_k;

...
```

前に合成した観測値、Kalmanフィルタが予測した位置、元の運動の式から得られた本当の点（このシミュレーションでたまたまわかるもの）に対応する3つの点を描画します。

```
...

   // 点をプロットする（例えば、平面座標に変換し描画する）
   //
   img = Scalar::all(0);
   cv::circle( img, phi2xy(z_k), 4, cv::Scalar(128,255,255) );    // 観測
   cv::circle( img, phi2xy(y_k), 4, cv::Scalar(255,255,255), 2 ); // 予測
   cv::circle( img, phi2xy(x_k), 4, cv::Scalar(0,0,255) );        // 実際

   cv::imshow( "Kalman", img );

...
```

これで、次の繰り返しに向かって作業を始める準備ができました。最初にすべきことは、Kalmanフィルタを再び呼び出して、最新の観測値を教えることです。次に、プロセスノイズを生成します。その後、遷移行列 F を使って x_k を1時刻分進め、生成したプロセスノイズを加えます。これで次のステップへの準備ができました。

```
...

    // Kalman フィルタの状態を調整する
    //
    kalman.correct( z_k );

    // 遷移行列 F を適用し（例えば、ステップ分時間を進める）、
    // 「プロセス」ノイズ w_k を適用する
    //
    cv::randn(w_k, 0., sqrt((double)kalman.processNoiseCov.at<float>(0,0)));
    x_k = kalman.transitionMatrix*x_k + w_k;

    // ユーザーが Esc キーを押したら終了
    if( (cv::waitKey( 100 ) & 255) == 27 ) break;
  }

  return 0;
}
```

おわかりのように、Kalmanフィルタの部分自体はそれほど複雑ではありません。必要なコードの大半はフィルタに詰め込む情報を生成しているだけです。これまで行ったことをすべて正しく理解するために、おさらいをしておきましょう。

まず、この系の状態と生成する観測値を表現する行列を作成することから始めました。つまり遷移行列と観測行列の両方を定義し、その後、ノイズの共分散とフィルタ用の他のパラメータを初期化します。

状態ベクトルをランダムな値に初期化した後で、Kalmanフィルタを呼び出し、最初の予測を行い、その予測を読み込んだ後（この予測は初回ではそれほど意味がありません）、予測結果を画面に描画します。また、新しい観測値を合成し、このフィルタの予測と比較するために画面に描画し、次に、このフィルタに新しい情報としてその新しい観測値を渡します。これはフィルタの内部モデルに統合されます。最後に、このループを繰り返すことができるようにこのモデルに関する新しい「実際」の状態を合成しました。

このコードを実行すると、小さな赤いボールが円軌道を描いてくるくる回ります。小さな黄色いボールは赤いボールの周囲に表れたり消えたりします。これは、Kalmanフィルタが「見抜こう」としているノイズを表します。白いボールは高速に赤いボールの周りの小さな空間内の動きに収束していきます。これは、Kalmanフィルタが私たちのモデルの枠組み内で点（車）の動きに関して適切な推定をしていることを示します。

この例で述べなかった話題は、制御入力の使用です。例えば、これが無線操縦の車で、コントローラを持っている人が何を行ったかに関する知識を私たちが持っている場合は、その情報をこのモデルに持ち込むことができます。その場合は、速度はこのコントローラから設定されるということになるでしょう。その後、行列 B（`kalman.controlMatrix`）を設定し、制御ベクトル $\vec{u}_k$ を組み込むために `cv::KalmanFilter::predict()` に引数を渡す必要もあります。

17.5.2 拡張Kalmanフィルタに関する簡単な説明

みなさんは、系の動力学が、それが用いるパラメータにおいて線形であるという制約は非常に強いものであることに気づかれたかもしれません。Kalmanフィルタは系が非線形の場合にも有効であることがわかっており、OpenCVのKalmanフィルタのルーチンも同様に役に立ちます。

ここでの「線形」とは（実質的には）、Kalmanフィルタの定義におけるさまざまなステップが行列で表されるということを意味していたことを思い出してください。線形ではなくなるのはどのような場合でしょうか？ 実際にはたくさんの可能性があります。例えば、制御の観測値が車のアクセルが踏まれた量であるとします。車の速度とアクセルの踏み込み量との関係は線形ではありません。もう1つのよくある問題は、車にかかる力です。車の動きは（ここでの例のように）極座標で表現するのが自然ですが、力は、デカルト座標系で表現するほうが自然です。このような問題は、車ではなく円運動をするボートで、水流が一様である特定の方向を向いている場合に起こる可能性があります。

いずれの場合でも、Kalmanフィルタはそのままでは十分ではありません。すなわち、時刻 $t+1$

の状態は時刻 t の状態の線形な関数ではないのです。このような非線形性に対処する（少なくとも対処しようとする）1つの方法は、関連する処理（例えば、更新 F や制御入力応答 B）を**局所的に線形化**することです。したがって、F や B の新しい値を、すべての時刻で、状態 x に基づいて計算する必要があります。これらの値は、実際の更新の近似や、x の特定値の近傍でだけ成り立つ制御関数の近似にすぎませんが、実用上はこれで十分な場合も多いのです。このような Kalman フィルタの拡張は、**拡張 Kalman フィルタ**もしくは単に **EKF** と呼ばれます [Schmidt66]。

OpenCV はこれを実装する特定のルーチンは提供していませんが、実際には必要もありません。なぜなら、単に各更新の前に `kalman.transitionMatrix` と `kalman.controlMatrix` の値を再計算して再設定すればよいだけだからです。

一般的に、最初のほうで Kalman フィルタを紹介する際に見た行列の更新式は、次に示す、より一般的な形式の特殊なケースであるということがわかります。

$$\vec{x}_k = \vec{f}(\vec{x}_{k-1}, \vec{u}_k) + \vec{w}_k$$

$$\vec{z}_k = \vec{h}(\vec{x}_k) + \vec{v}_k$$

ここで $f(x_{k-1}, u_k)$ と $h(x_k)$ はその引数に対する任意の非線形関数です。提供されている Kalman フィルタの線形の公式を用いるために、行列 F と H を、次で定義される行列 F_k と H_k として時間ステップごとに再計算しました。

$$[F_k]_{i,j} = \left. \frac{\partial f_i}{\partial x_j} \right|_{x^*_{k-1}, u_k}$$

$$[H_k]_{i,j} = \left. \frac{\partial h_i}{\partial x_j} \right|_{x^*_{k-1}}$$

ここで注意してほしいのは、この新しい行列を構成する偏微分が、前の時間ステップ x^*_{k-1}（星が付いているのに注意）から見積もった位置で計算されているという点です。その後、F_k と H_k の値を通常の更新式に代入することができます[†27]。

$$\vec{x}_k = F_k \vec{x}_{k-1} + \vec{w}_k$$

$$\vec{z}_k = H_k \vec{x}_k + \vec{v}_k$$

Kalman フィルタはその後、**Unscented（無香）パーティクルフィルタ**と呼ばれる定式化でさらに洗練され、非線形方程式に拡張されました [Merwe00]。Kalman フィルタの全領域に関するす

†27 みなさんは、行列 B が消えたことに気づかれたことでしょう。これは、このような一般的な非線形の場合には、状態 $\vec{x}_k$ と制御 $\vec{u}_k$ が一緒に更新されることはあまりないからです。この理由から EKF では $F\vec{x}_k + B\vec{u}_k$ を一般化したものは、例えば $\vec{f}(x_{k-1}) + \vec{b}(\vec{u}_k)$ ではなく、$\vec{f}(\vec{x}_k, \vec{u}_k)$ で表され、$\vec{u}_k$ の効果はこのように F_k に吸収されてしまうのです。

ばらしい概説は、最新の進化とパーティクルフィルタ（途中でほんの短く触れました）も含めて [Thrun05] が参考になります。

17.6 まとめ

本章では、前の章で勉強した疎なトラッキング手法に引き続き、密なオプティカルフロー手法、平均値シフト、Camshift、モーションテンプレートについて調査しました。最後には Kalman フィルタなどの再帰的な推定器について説明しました。Kalman フィルタの数学的な理論を概説した後で、OpenCV でどのように使えるかを見てきました。また、Kalman フィルタを使う代わりに、Kalman フィルタが要求する仮定に完全に従わないようなより複雑な状況を扱うことができる、より進んだフィルタについても手短に述べました。さらなるオプティカルフローやトラッキングアルゴリズムに関しては、「付録B　opencv_contrib モジュール」で説明されている opencv_contrib ディレクトリにある optlow や tracking 関数を参照してください。

17.7 練習問題

OpenCV には本章で述べたアルゴリズムの多くのデモのサンプルコードが含まれています。次の練習問題ではこれらのサンプルコードを使ってください。

- lkdemo.cpp（samples/cpp にある疎なオプティカルフロー）
- fback.cpp（samples/cpp にある Farnebäck の密なオプティカルフロー）
- tvl1_optical_flow.cpp（samples/cpp にある密なオプティカルフロー）
- camshiftdemo.cpp（samples/cpp にある色付き領域の平均値シフトトラッキング）
- motempl.cpp（opencv_contrib/modules/optflow/samples にあるモーションテンプレート）
- kalman.cpp（samples/cpp にある Kalman フィルタ）
- vtest.avi（samples/data にある動画データファイル）

1. 現在の状態が前の状態の位置と速度に依存するモーションモデルを用いてください。lkdemo.cpp（用いるクリック点は数点だけ）と Kalman フィルタを組み合わせて Lucas-Kanade の点をよりうまくトラッキングするようにしてください。そしてそれぞれの点の周りに不確かさを表示してください。このとき、このトラッキングはどこで失敗しますか？
   ヒント：Lucas-Kanade を Kalman フィルタの観測モデルとして用いて、トラッキング可能なようにノイズを調整してください。ただし、動きは適度なものにしてください。
2. Farnebäck の密なオプティカルフローアルゴリズムを用いた fback.cpp のデモをコンパイルし vtest.avi で実行してください。また、これを修正して純粋なアルゴリズムの実行時間を出力するようにしてください。さらに、OpenCL ドライバーをインストールして（macOS を使っている場合は、おそらくすでに使えるようになっています）、OpenCL を用いた場合に速度が速くなるかをチェックしてください（OpenCV 3.0 以降を使用してください）。最後に、Farnebäck を TV-L^1（`tvl1_optical_flow.cpp` 参照）や Simple Flow に代えて再度時間を計測してください。

3. `camshiftdemo.cpp` をコンパイルし、Web カメラか色付きの動く物体のカラーの動画を用いて実行してください。マウスを使って動く物体の周りに（ぴったり合った）ボックスを描画してください。このルーチンはそれをトラッキングします。
   a. `camshiftdemo.cpp` 内の `cv::CamShift()` ルーチンを `cv::meanShift()` に置き換えてください。一方のトラッカーが別のトラッカーよりもうまく機能する状況を説明してください。
   b. 最初の `cv::meanShift()` のボックス内に点を格子状に置く関数を書いてください。そして、両方のトラッカーを同時に実行してください。
   c. これらの 2 つのトラッカーを一緒に使って、トラッキングをよりロバストにするにはどうしたらよいでしょうか？ 説明するか、実際に実行してください。
4. モーションテンプレートのコード `motempl.cpp` をコンパイルして、Web カメラか、あらかじめ格納しておいた動画ファイルを用いて実行してください。
   a. `motempl.cpp` を、簡単なジェスチャー認識を行えるように修正してください。
   b. カメラが動いている場合、モーションスタビライザコードをどのように使えば、モーションテンプレートが緩やかに動いているカメラにも適用できるかを説明してください。
5. Kalman フィルタは線形動力学と Markov 性（すなわち、現在の状態は、過去のすべての状態ではなく、直前の状態にだけ依存する）を前提としています。物体の動きが前の位置と前の速度とに関係する物体をトラッキングしたいのに、間違って前の位置に依存する状態用の項しか入れなかったとします——言い換えると、前の速度の項を忘れていたとします。
   a. Kalman の仮定はまだ成り立ちますか？ そうであれば、その理由、そうでなければその仮定がどのように破られたかを説明してください。
   b. 動きに関する項をいくつか入れ忘れた場合に、どのようにすれば Kalman フィルタを機能させることができますか？

   ヒント：ノイズのモデルを考えてください。
6. どうしたら円形（非線形）モーションを線形状態モデル（非拡張）Kalman フィルタでトラッキングできるかを説明してください。

   ヒント：この動きをどう前処理すれば線形の動きに戻せるでしょうか？

18章 カメラモデルとキャリブレーション

ビジョンは実世界の光をとらえることから始まります。光は、最初は何らかの光源（例えば、電球や太陽など）から発せられた光線であり、それが空間を伝わった後、何らかの物体に当たります。光が物体に当たると、その多くは吸収されますが、吸収されなかった残りを私たちがその物体の色として知覚します。私たちの目（またはカメラ）まで飛んで来た光は、網膜（または撮像素子）によって集められます。光が物体から出て私たちの目またはレンズを通り、網膜や撮像素子に到達するまでのそれぞれの位置関係に関する幾何は、実践的なコンピュータビジョンにおいては特に重要なものです。

これがどのように起こるのかを、単純ですが便利なモデルとして説明できるのが、いわゆるピンホールカメラモデルです[†1]。**ピンホール**とは、真ん中に微小な穴が開いている架空の壁であり、その真ん中の小さな窓を通る光以外はすべて遮断します。本章では、投影される光に関する基本的な幾何へのとっかかりとして、まずはピンホールカメラの話から入ります。しかし残念なことに、画像を取得するのに本当のピンホールを用いるのはあまりよい方法とは言えません。なぜなら本当のピンホールでは、短い露光時間中に十分な光量を得ることができないからです。私たちの目やカメラが、1点で得られる以上の光を集めるためにレンズを用いているのはこのためです。とはいえ、レンズでより多くの光を集めようとすると、幾何がピンホールモデルほど単純ではなくなるだけではなく、レンズによって画像に歪みが発生してしまうという問題も出てきます。

本章では、**カメラキャリブレーション**を使うことで、レンズによって生じる単純ピンホールモデルとのずれの多くを、（数学的に）補正する方法を学びます。カメラキャリブレーションは、カメラ上での長さと3次元実世界での長さの関係を求める上でも重要です。それは、シーンが単に3次元であるからだけでなく、物理的な単位を持つ物理空間であるからです。そのため、カメラ本来の単位（ピクセル）と物理世界の単位（メートルなど）の関係は、3次元のシーンを復元したい場合

†1　レンズに関する知識は、古代ローマ時代にまでさかのぼります。ピンホールカメラモデルは、少なくとも約1000年前、al-Hytham（1021年）にまでさかのぼり、ビジョンの幾何学的側面を説明するための古典的な方法となっています。その後、1600、1700年代には、Descartes、Kepler、Galileo、Newton、Hooke、Euler、Fermat、Snell（O'Connor [O'Connor02] を参照のこと）らの手によって、数学と物理の側面が発達しました。ビジョンの幾何学に関する最近の文献としては、Trucco [Trucco98]、Jaehne [Jaehne95] [Jaehne97]、Hartley と Zisserman [Hartley06]、Forsyth と Ponce [Forsyth03]、Shapiro と Stockman [Shapiro02]、Xu と Zhang [Xu96] などが挙げられます。

には非常に重要となります。

カメラキャリブレーション処理では、カメラの幾何に関するモデルとレンズの**歪み**に関するモデルを用います。これらの2つのモデルでは、カメラの**内部パラメータ**を定義します。本章では、これらのモデルをレンズの歪み補正に用います。さらに「19章 射影変換と3次元ビジョン」では、物理的なシーンを解釈するのに用います。

初めに、カメラモデルとレンズ歪みの原因について見ていきましょう。そこから、**ホモグラフィ変換**という、カメラの基本的な振る舞いと、それによるさまざまな歪みとその補正の効果を理解するための数学的な道具について詳しく見ていきます。各カメラ固有の変換が数学的にどうやって計算できるかについて少し議論します。そこで十分に理解した後、これらのほとんどの仕事を代わりにやってくれるOpenCV関数について説明します。

本章のほとんどは、`cv::calibrateCamera()`というOpenCV関数への入力（とそれからの出力）と「その内部で」何が行われているかを、完全に理解するのに必要な理論を構築することに割かれています。これは、この関数を確実に使いたい場合には重要です。これを踏まえた上で、もしみなさんが専門家で、すでに理解していることをOpenCVでどうやるかだけを知りたいのであれば、「18.2.4.3 キャリブレーション関数」へ飛んでください。「付録B opencv_contribモジュール」では`ccalib`関数グループ内の他のキャリブレーションパターンや手法について触れています。

18.1 カメラモデル

まず、最も単純なカメラモデルであるピンホールカメラモデルについて見ていきましょう。この単純なモデルでは、光はシーンや遠くの物体から入射したものと考えますが、シーンのどの点からも光は1本しかピンホールに入射できません。物理的なピンホールカメラでは、この点はその後、画像平面に「投影」されます。その結果、この**画像平面**（**投影平面**とも呼ばれます）上の像は常に焦点が合った状態となり、遠方にある物体に対する像の大きさは、カメラのパラメータである**焦点距離**によってだけ決まります。理想的なピンホールカメラでは、ピンホールから撮像面までの距離は焦点距離と完全に一致します[†2]。これを**図18-1**に示します。ここで、fはカメラの焦点距離、Zはカメラから物体までの距離、Xは物体の長さ、xは画像平面上での物体の像の長さです。この図では、三角形の相似より、$-x/f = X/Z$、すなわち次がわかります。

$$-x = f \cdot \frac{X}{Z}$$

†2 みなさんはおそらく、焦点距離をレンズの立場から考えるのには慣れていらっしゃるでしょう。この場合には、焦点距離は特定のレンズの属性であり、射影幾何の属性ではありません。これがこの用語のよくある誤用の結果です。本来は、幾何属性としては「投影距離」、レンズの属性としては「焦点距離」という用語を用いるべきでしょう。前の式のfは実際には投影距離なのです。レンズに関しては、その配置での焦点距離がレンズの焦点距離に一致した場合にだけ画像のフォーカス（焦点）が合います。このためこれらの言葉を同じ意味で使いがちなのです。

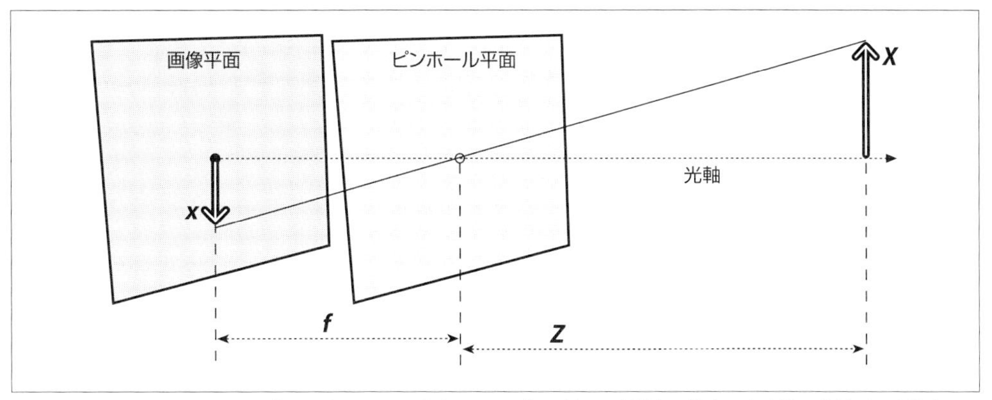

図18-1　ピンホールカメラモデル。ピンホール（ピンホール状の窓）は空間内で特定の点を通る光線だけを通す。これらの光線が画像平面に「投影」され、画像を形成する

ここで、ピンホールカメラを、それと等価で計算がより簡単なモデルになるように並べ替えましょう。**図18-2**では、ピンホールと画像平面の位置が入れ替わっています[†3]。主な違いは、物体の上下が反転しないことです。ピンホールの点は、**投影中心**と解釈し直すことができます。このような見方をすることによって、すべての光線が遠方の物体から出て、投影中心に向かうことになります。画像平面と光軸が交差する点は、**主点**と呼ばれます。この投影中心よりも前にある、**新しい**画像平面（**図18-2**）は、従来の投影平面または画像平面と等価であり、遠方の物体の像は、**図18-1**の画像平面上での大きさとまったく同じです。画像はこれらの光線と画像平面との交点として得られます。画像平面は投影中心からちょうど距離 f のところにあります。これにより、三角形の相似関係 $x/f = X/Z$ が以前より直感的にわかりやすくなります。マイナス記号がなくなったのは、物体の像が上下反転していないからです。

†3　数学的な簡略化ではよくあることですが、この新しい配置は物理的に実現できるものではありません。画像平面は、投影中心に集まるすべての光線に対する「交差面」の１つにすぎません。しかしこの配置にすると、図を描くのも計算するのもずっと簡単になるのです。

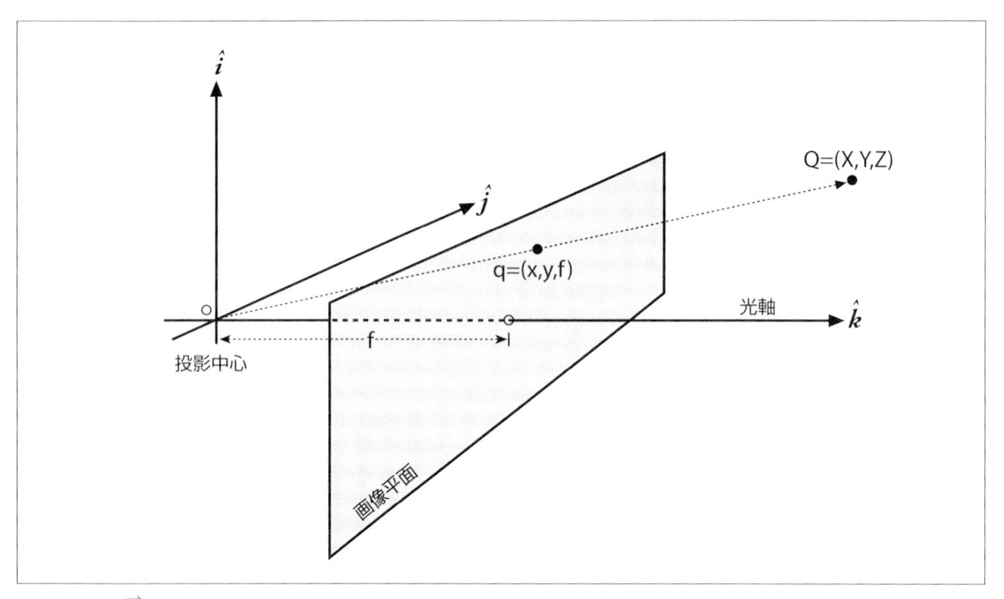

図18-2 点 $\vec{Q} = (X, Y, Z)$ は投影中心を通る光線によって画像平面に投影され、画像上の点 $\vec{q} = (x, y, f)$ になる。画像平面は、単に投影平面がピンホールの前に「押し出された」ものである（計算上は等価だが、このほうがより簡単である）

主点は撮像素子の中心と同じだと思われるかもしれませんが、これはだれかがピンセットと接着剤を使って、撮像素子をカメラ内にミクロン単位の精度で取り付けない限り同じにはなりません。実際は、撮像素子の中心は光軸上にはありません。そのため、c_x と c_y という2つの新しいパラメータを導入し、投影面上での中心座標の（光軸からの）ずれを表します。その結果、次の式で与えられる比較的簡単なモデルで、実世界の座標 (X, Y, Z) にある点 $\vec{Q}$ を撮像素子上のピクセル座標 (x_{screen}, y_{screen}) に投影することができます[†4]。

$$x_{screen} = f_x \cdot \frac{X}{Z} + c_x, \quad y_{screen} = f_y \cdot \frac{Y}{Z} + c_y$$

ここでは、2つの異なる焦点距離が導入されていることに注意してください。その理由は、典型的な安価な撮像素子の各ピクセルは、正方形ではなく長方形だからです。例えば焦点距離 f_x は、実際はレンズの物理的な焦点距離 F と、各受光素子の大きさ s_x の積になります（これは、s_x の単位がピクセル/mm[†5]、F の単位が mm なので、f_x の単位がピクセルでなければならないこと

†4 ここで、screenという添え字があるのは、計算しようとしている座標が画像平面（すなわち撮像素子）上の座標系にあることを忘れないようにするためです。式中の (x_{screen}, y_{screen}) と図18-2中の (x, y) とのずれは、ちょうど c_x と c_y 分だけです。このことを踏まえた上で、今後は「screen」という添え字をなくし、画像上での座標を単純に小文字で表すことにします。

†5 もちろん、**ミリメートル**は、みなさんの好きな物理単位に変えてもらってかまいません。単純に**メートル**、**ミクロン**、**ヤード**でもかまいません。要するに、s_x は物理単位をピクセル単位に変換する、ということです。

と一致します)。もちろん同じことが f_y と s_y にも言えます。とはいえ、s_x と s_y はどんなカメラキャリブレーション処理によっても直接測定できないものであり、物理的焦点距離 F もまた直接測定できないということは頭に入れておいてください。つまり、実際にカメラを分解して部品を直接測定しなくても取得できるのは、2つの値の積 $f_x = F \cdot s_x$、$f_y = F \cdot s_y$ だけなのです。

18.1.1 射影幾何の基本

物理世界上の座標 (X_i, Y_i, Z_i) にある点 $\vec{Q}_i$ の集合を投影面上の座標 (x_i, y_i) の点に投影するような関係を**射影変換**と呼びます。このような変換を扱う場合、**同次座標**を用いると便利です。n 次元射影空間における点の同次座標は、一般に $(n+1)$ 次元ベクトルとして表されます（例えば、x, y, z は、x, y, z, w になります)。そして、ある点の座標を定数倍しても、実際は同一の点であるという制約があります。ここでは、画像平面が射影空間であり、2次元なので、平面上の点は3次元ベクトル $\vec{q} = (q_1, q_2, q_3)$ として表されます。射影空間では座標を定数倍したものはすべて同一の点を表すことを使って、座標値を q_3 で割ることで実際のピクセル座標を求めることができます。これによって、カメラを定義するパラメータ（すなわち f_x、f_y、c_x、c_y）を、**カメラ内部パラメータ行列**と呼ばれる 3×3 の行列形式に並べ替えることができます[†6]。以上のことから、実世界に存在する点のカメラへの射影は、次に示す簡単な形式で表されます。

$$\vec{q} = M \cdot \vec{Q}$$

ここで

$$\vec{q} = \begin{bmatrix} x \\ y \\ w \end{bmatrix}, \quad M = \begin{bmatrix} f_x & 0 & c_x \\ 0 & f_y & c_y \\ 0 & 0 & 1 \end{bmatrix}, \quad \vec{Q} = \begin{bmatrix} X \\ Y \\ Z \end{bmatrix}$$

この乗算を実際に計算すると、$w = Z$ であることがわかります。点 $\vec{q}$ は同次座標で表されるので、本来の座標を計算するには、w（または Z）で各要素を割る必要があります。マイナス記号がなくなっているのは、ピンホールの後ろにある投影面上の上下反転した画像ではなく、ピンホールの前にある投影平面上の上下反転していない画像を見ているからです。

ちょうど同次座標についての話題なので、ここで関連する OpenCV ライブラリ関数を少し紹介しておきましょう。`cv::convertPointsToHomogeneous()` と `cv::convertPointsFromHomogeneous()` を用いることで、同次座標への変換、および同次座標からの変換を行う

†6 OpenCV では、カメラ内部パラメータを表す方法として、Heikkila と Silven による手法を用います（[Heikkila97] 参照）。

ことができます[†7]。これらは次のプロトタイプを持ちます。

```
void cv::convertPointsToHomogeneous(
  cv::InputArray  src,        // N 次元の点の入力ベクトル
  cv::OutputArray dst         // N+1 次元の点の出力ベクトル
);

void cv::convertPointsFromHomogeneous(
  cv::InputArray  src,        // N 次元の点の入力ベクトル
  cv::OutputArray dst         // N-1 次元の点の出力ベクトル
);
```

最初の関数は N 次元の点のベクトル（よく使われる表現ならどのようなものでもよい）を取り、そのベクトルから $(N+1)$ 次元の点のベクトルを作ります。新しく作られたベクトルで追加された次元の要素にはすべて 1 が設定されます。結果は次になります。

$$\overrightarrow{dst_i} = (src_{i,0} \quad src_{i,1} \quad \ldots \quad src_{i,N-1} \quad 1)$$

2 つ目の関数は同次座標から逆変換します。N 次元の点のベクトルが与えられると、$(N-1)$ 次元の点のベクトルが作られます。この際に、まず各点のすべての成分がその点の最後の成分で割られ、最後の成分は捨てられます。結果は次になります。

$$\overrightarrow{dst_i} = \left(\frac{src_{i,0}}{src_{i,N-1}} \quad \frac{src_{i,1}}{src_{i,N-1}} \quad \ldots \quad \frac{src_{i,N-2}}{src_{i,N-1}} \right)$$

理想的なピンホールの場合、3 次元ビジョンの幾何に関する便利なモデルが存在します。ただし、ピンホールはほんの少しの光しか通さないことを思い出してください。そのため、実際にはどんな撮像素子を使っていても、十分な量の光が蓄積されるまで待たねばならず、画像を得るまでに時間がかかってしまいます。より速く画像を得るためには、より広い範囲の光をかき集め、その光が射影点に集中するように曲げる（すなわち焦点を合わせる）必要があります。このためにレンズを用いるのです。レンズは多くの量の光を 1 点に集中させることができ、これにより、より速く画像を得ることが可能になります。しかしその代償として、画像上に歪みが生じてしまいます。

18.1.2 ロドリゲス変換

3 次元空間を扱う場合、その空間における回転の表現として最もよく用いられるのは 3×3 行列です。通常これは最も便利な表現方法です。なぜなら、この行列にあるベクトルを掛けることで、そのベクトルを回転できるからです。短所は、3×3 行列がどんな回転を表すのかが直感的にわか

---

†7　3 つ目の関数 cv::convertPointsHomogeneous() も存在します。これは、前述の 2 つのうちのいずれかを呼び出す便利な方法です。dst に渡された点の次元を見て、同次座標に変換したいのか、同次座標から変換したいのかを自動的に決定します。この関数は現在ではサポートされていないと考えてください。主に後方互換性のために存在していますが、コードの可読性が著しく下がるので、新しいコードでは使わないようにしてください。

りにくいことです。手短に、本章の OpenCV 関数のいくつかで使われている別の回転の表現形式を紹介し、さらに互いの表現形式に変換し合う便利な関数も紹介します。

この、より直感的にわかりやすい[†8]別の回転の表現形式は、本質的には回転軸を表すベクトルとその回転角度による表現です。この場合、単一のベクトルだけで回転を表すのが一般的です。ベクトルの方向で回転軸の方向を表し、ベクトルの大きさで反時計回りの回転量を表します。どのような大きさのベクトルでも同じ方向を表すことができるので、ベクトルの大きさを回転の大きさと等しくなるように選ぶことができるのです。行列とベクトルという、これら 2 つの表現の間の関係は、ロドリゲス変換[†9]で表されます。

$\vec{r}$ が 3 次元ベクトル $\vec{r} = [r_x \ \ r_y \ \ r_z]$ であるとします。このベクトルは、$\vec{r}$ の長さ（または大きさ）によって回転の大きさ θ を定義します。この軸と大きさによる表現から回転行列 R への変換は、次のようにして行うことができます。

$$R = \cos\theta \cdot I_3 + (1 - \cos\theta) \cdot \vec{r} \cdot \vec{r}^T + \sin\theta \cdot \begin{bmatrix} 0 & -r_z & r_y \\ r_z & 0 & -r_x \\ r_y & r_x & 0 \end{bmatrix}$$

次の式を用いて、回転行列から軸と大きさの表現に戻すこともできます。

$$\sin\theta \cdot \begin{bmatrix} 0 & -r_z & r_y \\ r_z & 0 & -r_x \\ r_y & r_x & 0 \end{bmatrix} = \frac{R - R^T}{2}$$

以上の結果、計算をする上で便利な表現（行列による表現）と、頭で理解しやすい表現（ロドリゲス表現）の 2 つが得られたことになります。OpenCV には、一方の表現からもう一方に変換するための関数が存在します。

```
void cv::Rodrigues(
  cv::InputArray  src,                          // 入力の回転ベクトルもしくは行列
  cv::OutputArray dst,                          // 出力の回転行列もしくはベクトル
  cv::OutputArray jacobian = cv::noArray() // オプションのヤコビアン（3 × 9 か 9 × 3）
);
```

ベクトル $\vec{r}$ に対応する回転行列 R を求めたいとしましょう。その場合は、src を 3×1 のベクトル $\vec{r}$ とし、dst を 3×3 の行列 R とします。逆に、src を 3×3 の回転行列 R、dst を 3×1 のベクトル $\vec{r}$ とすることもできます。いずれの場合でも cv::Rodrigues() は正しく動作します。最後の引数はオプションです。cv::noArray() でない場合、jacobian は 3×9 ま

†8 この「わかりやすい」表現は、人間のためだけのものではありません。3 次元空間内での回転は、3 つの要素だけで表すことができます。数値計算による最適化手法では、ロドリゲス表現で 3 つの要素を扱うほうが、3×3 回転行列で 9 つの要素を扱うよりも効率的です。

†9 オランド・ロドリゲス（Olinde Rodrigues）は 19 世紀のフランスの数学者です。

たは 9 × 3 の行列へのポインタで、入力配列の各要素に対する出力配列の各要素の偏微分が格納されます。jacobian の出力は主に、cv::solvePnP() と cv::calibrateCamera() 関数の内部の最適化アルゴリズムに用いられます。みなさんが cv::Rodrigues() 関数を使用するのは、cv::solvePnP() と cv::calibrateCamera() の出力を、1 × 3 または 3 × 1 の軸と大きさのロドリゲス形式から回転行列に変換する場合にほぼ限られます。その場合は、jacobian を cv::noArray() のままにしておいて問題ありません。

18.1.3 レンズ歪み

理論上は、歪みをまったく生じないレンズを定義することは可能です。しかし実際は、どんなレンズも完璧ではありません。これは主に製造上の問題であり、数学的に理想的な「双曲面」のレンズを作るよりも、「球面」レンズを作るほうがはるかに簡単だからです。また、レンズと撮像素子を機械で完璧に位置合わせすることは困難です。ここでは、レンズ歪みの主な原因の 2 つと、それらをどのようにしてモデル化するかについて述べます†10。**半径方向歪み**（radial distortion）はレンズの形状に起因します。一方、**円周方向歪み**（tangential distortion）は一般に、カメラの組み立て工程に起因します。

まずは半径方向歪みから見ていきましょう。実際のカメラのレンズでは、撮像素子の外周付近にある画素の位置が大きくずれます。このやっかいな現象こそが「樽」または「魚眼」状の効果の原因です（**図 18-17** のパーティションの線がよい例です）。**図 18-3** を見れば、なぜ半径方向歪みが発生するかが直感的にわかるでしょう。レンズによっては、レンズの中心から離れた場所を通過する光は中心近くを通過する光よりも大きく曲げられます。典型的な安価なレンズでは実際、中心から離れるほど、予想以上に大きく歪みます。樽型歪みは特に安価な Web カメラで顕著に見られますが、高性能なカメラではそれほど見られません。これは、多大な労力を費やして半径方向歪みを可能な限り小さくし、凝ったレンズシステムを作っているからです。

†10 ここでのレンズ歪みモデルは、基本的に Brown の手法[Brown71] およびそれより前の Fryer と Brown の手法[Fryer86] から導出したものです。

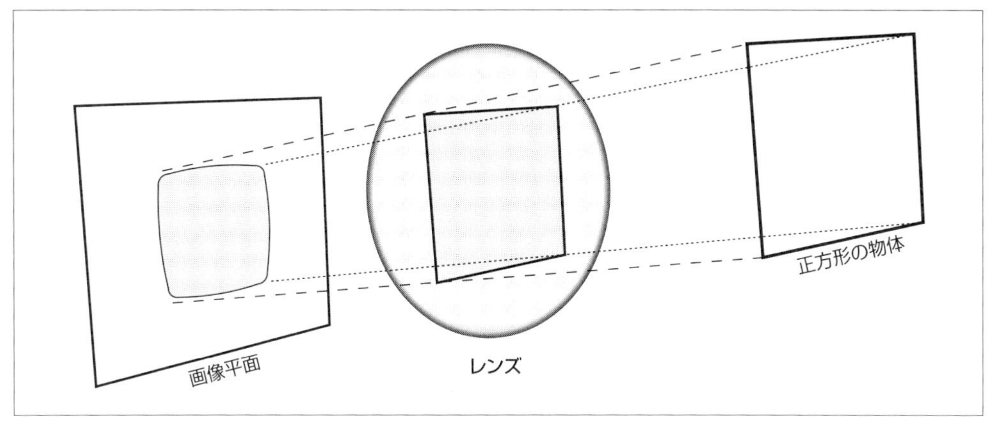

図18-3　半径方向歪み。単純なレンズの中心から離れた場所を通る光は、レンズの中心近くを通る光よりも大きく曲げられる。そのため、正方形の辺は画像平面上で外側に向かって膨らむ（これは樽型歪みとも呼ばれる）

半径方向歪みの場合、撮像素子の（光学）中心において歪みは 0 であり、周辺部分に行くに従って歪みは大きくなります。実際は、この歪みは小さいものであり、$r = 0$ 付近でのテイラー級数[†11]のうち、最初の何項かを用いて表すことができます。安価な Web カメラの場合、一般に最初の 2 つの項を用います。慣例的に、最初の項は k_1、2 番目の項は k_2 と呼ばれます。魚眼カメラのように歪みの大きなカメラに対しては、第 3 の項 k_3 を使うことができます。一般に、撮像素子上にある点の半径方向の位置は次式に従ってスケーリングされます[†12]。

$$x_{corrected} = x \cdot (1 + k_1 r^2 + k_2 r^4 + k_3 r^6)$$
$$y_{corrected} = y \cdot (1 + k_1 r^2 + k_2 r^4 + k_3 r^6)$$

ここで、(x, y) は歪まされた点の（撮像素子上での）元の位置であり、$(x_{corrected}, y_{corrected})$ は補正の結果得られる新しい位置です。**図18-4** に、半径方向歪みによって生じた、正方格子点のずれを示します。正対した正方格子上の点は、光学中心からの半径方向の距離が大きくなるほど、内側方向に大きくずれます。

---

†11　テイラー級数が何かわからなくても心配はありません。テイラー級数とは、（潜在的に）複雑な関数を、少なくともある特定の点の付近における近似となる多項式関数の形で表すための数学的なテクニックです（多項式の項数が増えるほど、近似精度が上がります）。ここでは、歪みを表す関数を、$r = 0$ 付近で多項式に展開します。この多項式は、$f(r) = a_0 + a_1 r + a_2 r^2 + \ldots$ という関数の一般形をとりますが、$r = 0$ において $f(r) = 0$ であることから、$a_0 = 0$ となります。同様に、関数は r について対称であるため、偶数次数の r に対する係数だけが非 0 となります。したがって、これらの半径方向歪みを表すのに必要なパラメータは、r^2、r^4、および（場合によっては）より大きな r の偶数乗の係数のみです。

†12　今は OpenCV で、はるかに複雑な「精緻な」モデルや「薄プリズム」モデルも用いることができます。また、オムニ（360°）カメラ、オムニステレオ、マルチカメラのキャリブレーションもサポートしています。`opencv_contrib/modules/ccalib/samples` ディレクトリのサンプルを参照してください。

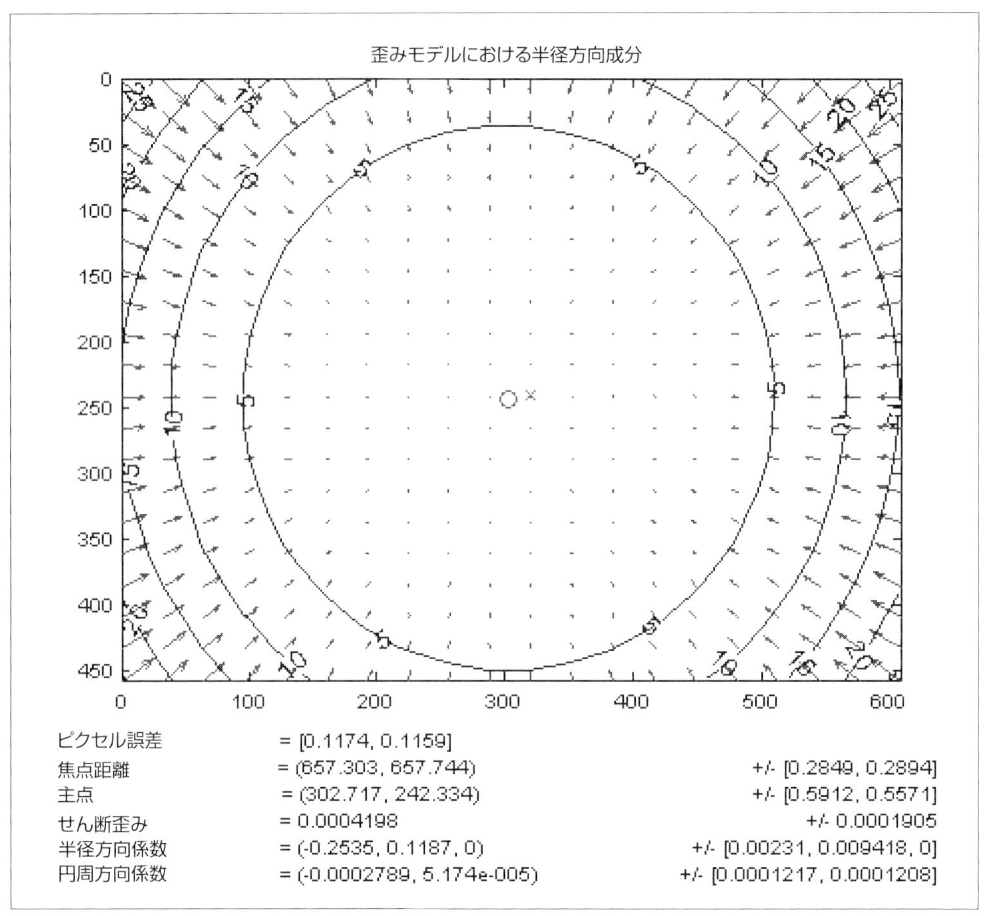

図18-4　あるカメラレンズの半径方向歪みをプロットした結果。矢印は半径方向歪みの生じた画像上で正方格子上の点がどこにずれるかを示している（画像は Jean-Yves Bouguet の厚意による）[†13]

2番目に大きい歪みは、**円周方向歪み**です。この歪みの原因は、**図18-5**のように、レンズが画像平面に対して完全に平行に取り付けられていないという製造上の欠陥にあります。

†13　古いカメラでは、製造技術の未熟さなどの理由で、センサーが長方形ではなく平行四辺形のものもありました。そのようなカメラの内部パラメータ行列は $[[f_x\ \mathrm{skew}\ c_x][0\ f_y\ c_y][0,0,1]]$ のような形になります。これが、**図18-4**の「せん断歪み」の原因です。最近のカメラはほとんどせん断歪みがないので、OpenCV のキャリブレーション関数ではそれを 0 と仮定し、計算していません。

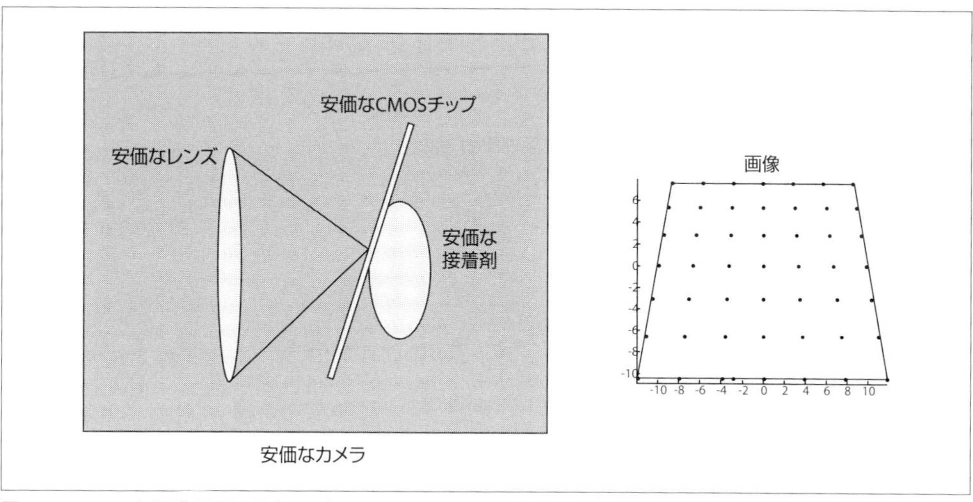

図18-5 レンズが画像平面と完全に平行ではない場合に生じる円周方向歪み。安価なカメラで、撮像素子がカメラの背面に接着剤で固定されている場合に生じる（画像は Sebastian Thrun の厚意による）

円周方向歪みは、次に示すとおり、最低限 p_1 と p_2 という 2 つの新しいパラメータを使って表すことができます[†14]。

$$x_{corrected} = x + \left[2p_1xy + p_2(r^2 + 2x^2)\right]$$
$$y_{corrected} = y + \left[p_1(r^2 + 2y^2) + 2p_2xy\right]$$

以上の結果、合計で 5 つの歪み係数が必要になることになります。これらを使う OpenCV ルーチンの大部分は 5 つすべての係数を必要とするため、これらは通常 1 本の**歪みベクトル**の形にまとめられます。それは k_1、k_2、p_1、p_2、k_3 を（この順番で）格納しただけの 5×1 の行列です。**図18-6** は、正対した正方格子上の点に対する円周方向歪みの効果を示しています。点は、位置と半径に応じて楕円状にずれます。

†14 これらの式の導出については、本書で扱う範囲を超えてしまいますが、興味をお持ちのみなさんには「重錘」モデルが参考になるでしょう。D. C. Brown：“Decentering Distortion of Lenses”，*Photometric Engineering* 32, no.3 (1966), 444～462 ページを参照してください。

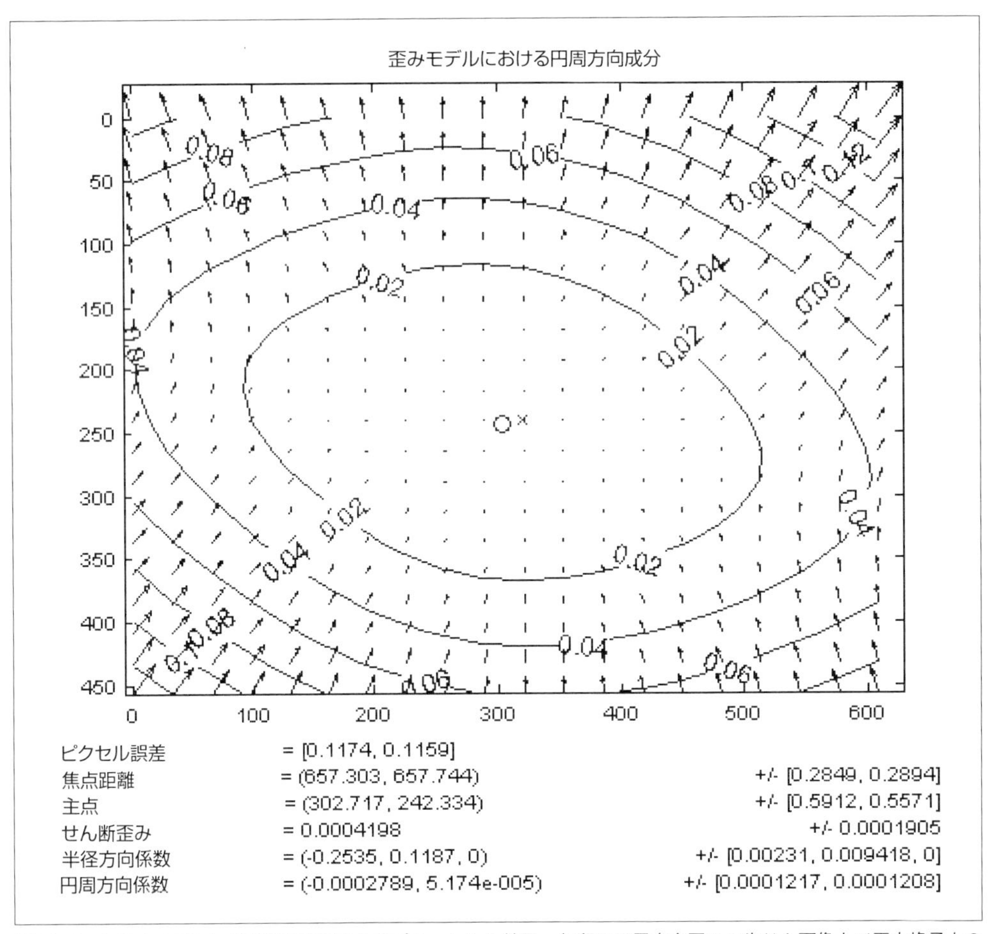

図18-6　あるカメラレンズの円周方向歪みをプロットした結果。矢印は円周方向歪みの生じた画像上で正方格子上の点がどこにずれるかを示している（Jean-Yves Bouguet 提供）

撮像システムで生じる歪みは他にもたくさん存在しますが、一般的には半径方向歪みと円周方向歪みほど影響は大きくありません。そのため、本書でもOpenCVでもこれ以上深くは扱いません。

18.2 キャリブレーション

カメラの内部および歪み特性を数学的に記述する方法がある程度わかりました。次に自然と湧いてくる疑問は、内部パラメータ行列と歪みベクトルをOpenCVでどうやって計算するかです[†15]。

OpenCVはこれらの内部パラメータを計算するためのアルゴリズムをいくつか提供しています。

†15　カメラキャリブレーションに関するオンラインのすばらしいチュートリアルとして、Jean-Yves Bouguetのキャリブレーションに関するWebサイト（http://www.vision.caltech.edu/bouguetj/calib_doc/）があります。

実際のキャリブレーションは cv::calibrateCamera() で行います。このルーチンでは、多くの目立って見つけやすい点群を持った既知の構造物をカメラで撮影することで、キャリブレーションを行います。この構造物をさまざまな角度から撮影することで、各画像の撮影時点におけるカメラの（相対的な）位置と方向、カメラ内部パラメータを計算することができます（図18-10 参照）。複数の視点を得るために物体を回転および平行移動させるので、ここで回転と平行移動について少し時間を取って学ぶことにしましょう。

OpenCV はキャリブレーション手法を改良し続けています。現在は、「18.2.2　キャリブレーションボード」で述べるように、多くのさまざまなタイプのキャリブレーションボードパターンがあります。「普通とは異なる」カメラ用に特化したキャリブレーション手法もあります。魚眼レンズ用には、ユーザードキュメンテーションの cv::fisheye クラス内のメソッドを使うとよいでしょう。

オムニ（360°）カメラやマルチカメラ用の手法もあります。opencv_contrib/modules/ccalib/samples、opencv_contrib/modules/ccalib/tutorials/omnidir_tutorial.markdown、opencv_contrib/modules/ccalib/tutorials/multi_camera_tutorial.markdown を参照してください。また、ユーザードキュメンテーションを「omnidir」および「multiCameraCalibration」でそれぞれ検索してみてください（図18-7 参照）[†16]。

図18-7　オムニカメラ[†17]

†16　これらは高度に特殊化したケースなので、その詳細については本書の範疇を超えています。しかし、ここで説明するもっと一般的なカメラのキャリブレーションが使いこなせるようになれば、それらについても簡単に理解できるはずです。

†17　この画像は、Baisheng Lai により OpenCV ライブラリに提供されました。

18.2.1 回転行列と平行移動ベクトル

ある1つの物体をカメラで撮影した各画像に対して、カメラ座標系に対する物体の相対的な姿勢は、回転と平行移動として表すことができます。図18-8を見てください。

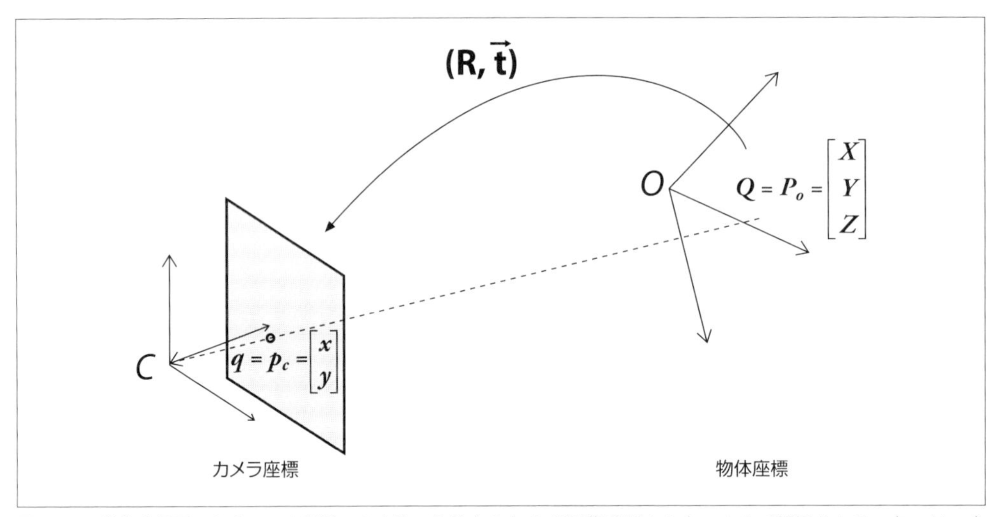

図18-8 物体座標系からカメラ座標系への変換。物体上の点Pは画像平面上の点 p として観測される。点 p は、点 P に回転行列 R と平行移動ベクトル t で表される変換を適用することにより得られる

一般に、任意の次元における回転は、適切な大きさの正方行列を座標ベクトルに掛けることで表すことができます。究極的に、回転とは、ある座標系の点の位置に対して別の新しい座標系での表現方法を導入することと等価です。座標系を角度 θ で回転させることは、対象とする点をその座標系の原点周りに角度 θ だけ逆方向に回転させることと等価です。2次元空間での回転を行列の掛け算で表現したものを図18-9に示します。3次元空間における回転は、各軸を回転軸とした、その軸上での座標値だけは変化しない2次元の回転に分解できます。x、y、z 軸周りにそれぞれ ψ、φ、θ だけ順次回転させる場合[†18]、結果として得られる回転行列 R は、次の3つの行列 $R_x(\psi)$、$R_y(\varphi)$、$R_z(\theta)$ の掛け算によって与えられます。

†18 誤解のないように言うと、ここで述べている回転では、まず z 軸周りに回転を行い、次にこの回転によって移動した新しい y 軸周りに回転を行い、最後にこの回転によって移動した新しい x 軸周りに回転を行っています。

$$R_x(\psi) = \begin{bmatrix} 1 & 0 & 0 \\ 0 & \cos\psi & \sin\psi \\ 0 & -\sin\psi & \cos\psi \end{bmatrix}$$

$$R_y(\psi) = \begin{bmatrix} \cos\varphi & 0 & -\sin\varphi \\ 0 & 1 & 0 \\ \sin\varphi & 0 & \cos\varphi \end{bmatrix}$$

$$R_z(\theta) = \begin{bmatrix} \cos\theta & \sin\theta & 0 \\ -\sin\theta & \cos\theta & 0 \\ 0 & 0 & 1 \end{bmatrix}$$

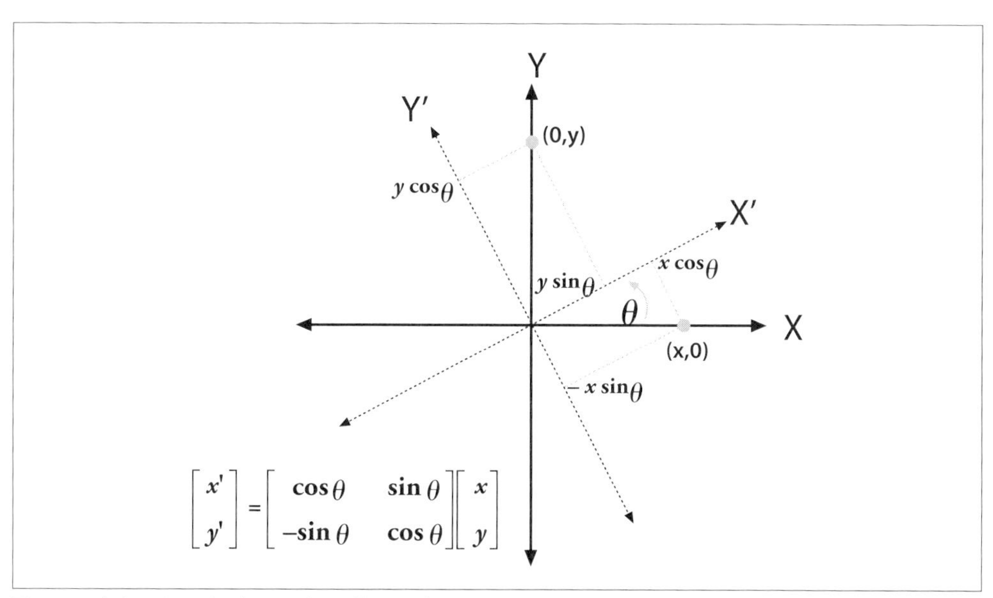

図18-9　点をθだけ回転（この場合、z軸周りに）させることは座標軸をθだけ逆方向に回転させることと等価である。単純な三角法によって、点の座標が回転によってどう変わるかがわかる

よって、$R = R_x(\psi) \cdot R_y(\varphi) \cdot R_z(\theta)$ となります。回転行列 R は、逆行列が転置に等しいという性質を持ちます（単純な逆回転です）。そのため、$R^T \cdot R = R \cdot R^T = I_3$ となります。ここで、I_3 は単位行列（対角成分は1、それ以外は0である行列）です。

平行移動ベクトルは、ある座標系から、原点が別の位置に移動した他の座標系への変換を表します。すなわち、平行移動ベクトルとは、1つ目の座標系の原点から2つ目の座標系の原点へのオフセットにすぎません。そのため、物体を基準とした座標系からカメラを基準とした座標系への変換の場合、対応する平行移動ベクトルは単純に $\vec{T} = origin_{object} - origin_{camera}$ となります。したがって、**図18-8**中の物体座標系での点 $\vec{P}_o$ は、カメラ座標系においては次式で与えられる座標 $\vec{P}_c$

を持つことがわかります。

$$\vec{P_c} = R \cdot (\vec{P_o} - \vec{T})$$

この $\vec{P_c}$ に関する式をカメラ内部パラメータによる補正と組み合わせると、OpenCV に解かせたい基本的な方程式が得られます。これらの式の解が、私たちが求めたいカメラキャリブレーションパラメータになります。

3次元の回転は3つの回転角度によって表され、3次元の平行移動は (x, y, z) の3つのパラメータによって表されることがわかりました。すなわち、ここまでで6つのパラメータが存在することになります。OpenCV におけるカメラ内部パラメータ行列は4つのパラメータ（f_x、f_y、c_x、c_y）を持つので、各視点について合計10個のパラメータを解くことになります（ただし、カメラ内部パラメータは視点が変わっても変化しません）。平面物体を用いる場合、視点ごとに8つのパラメータが決まることをこの後説明します。視点によって変化するのは回転と平行移動に関する6つのパラメータだけなので、視点ごとに、2パラメータ分だけ余分に拘束条件が得られていることになり、内部パラメータ行列を求めるのにそれを利用します。以上の結果、少なくとも2つの視点があれば、すべての幾何パラメータが解けることになります。

パラメータとそれらに対する拘束条件の詳細については本章で後ほど述べますが、まずは**キャリブレーション用の物体**について説明します。OpenCV で用いるキャリブレーション用の物体は、次節で紹介するさまざまなタイプの平面パターンです。最初の OpenCV のキャリブレーション用の物体は、**図18-10** に示すような「チェスボード」です。以降では主にこのタイプのパターンについて議論しますが、後で説明するように他のパターンも同じように使えます。

18.2.2 キャリブレーションボード

基本的には、キャリブレーションに適した性質を持ってさえいればキャリブレーション用の物体として何を使ってもかまいません。現実的な選択の1つは、平面上に並んだ規則的なパターンを持つ物体です。例えば、**チェスボード**[†19]（**図18-10** 参照）、**サークルグリッド**（**図18-15** 参照）、**ランダムパターン**[†20]（**図18-11** 参照）、**ArUco パターン**（**図18-12** 参照）、**ChArUco パターン**[†21]（**図18-13** 参照）です。「付録C　キャリブレーションパターン」に、OpenCV で使えるすべてのキャリブレーションパターンの便利な例があります。文献で紹介されているキャリブレーション

†19 このキャリブレーション用の物体の具体的な使い方（および、キャリブレーションの方法そのものについての多く）の出典は、Zhang [Zhang99a] [Zhang00] と Sturm [Sturm99]。

†20 opencv contrib/modules/ccalib/samples ディレクトリにもランダムパターンのキャリブレーションパターンがあります。これらのパターンは、このディレクトリのチュートリアルにあるように、マルチカメラのキャリブレーションに使えます。

†21 これらのボードは、ArUco [Garrido-Jurado] と呼ばれる拡張現実の2次元バーコードから来ています。それらの利点は、キャリブレーションするボード全体が視界に入っていなくてもラベル付きコーナーを取得できることです。著者らは ChArUco パターンを使うことをお勧めします。OpenCV のドキュメントには、これらのパターンの作成方法と使用方法が書かれています（「ChArUco」で検索してください）。コードとチュートリアルが opencv_contrib/modules/aruco ディレクトリにあります。

手法によっては、3次元形状物体（例えば、表面がマーカーで覆われた箱など）を用いる場合もありますが、平面のチェスボードパターンのほうがより簡単に扱えます。特に、精密な3次元のキャリブレーション用の物体を作る（そして保管し配布する）ことは困難です。そのためOpenCVでは、専用に作られた3次元物体を1つの視点から撮影するのではなく、平面物体を複数視点から撮影する方法を採用しています。当面は、チェスボードパターンに注目しましょう。黒と白の正方形が交互に並んだパターン（**図18-10**参照）を使うことで、観測のバイアスが一方向にだけ生じることを防ぐことができます。また、このような格子点のコーナーは自ずと、「16章　キーポイントと記述子」で述べたサブピクセル精度での位置検出関数に適したものになります。サークルグリッドという、別のキャリブレーションボードについても議論します（**図18-15**参照）。これはある望ましい属性を持っており、チェスボードに比べて優れた結果を出す場合もあります。その他のパターンについては、本章の図で参照しているドキュメンテーションを見てください。著者らは、ChArUcoパターンを使ってかなり成功しています。

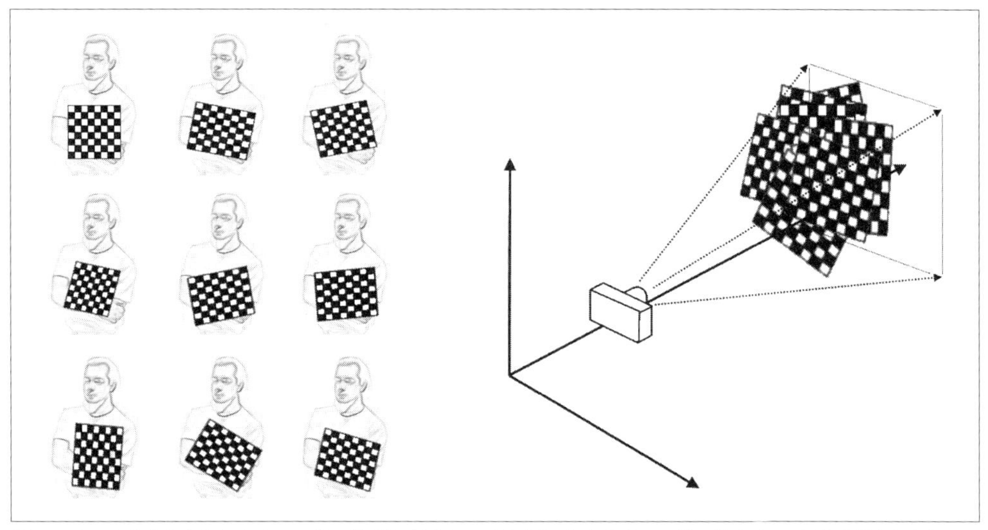

図18-10　さまざまな向きのチェスボード画像（左）は、各画像におけるチェスボードの（カメラを基準とした）ワールド座標での位置とカメラ内部パラメータを完全に求めるのに十分な情報を与える

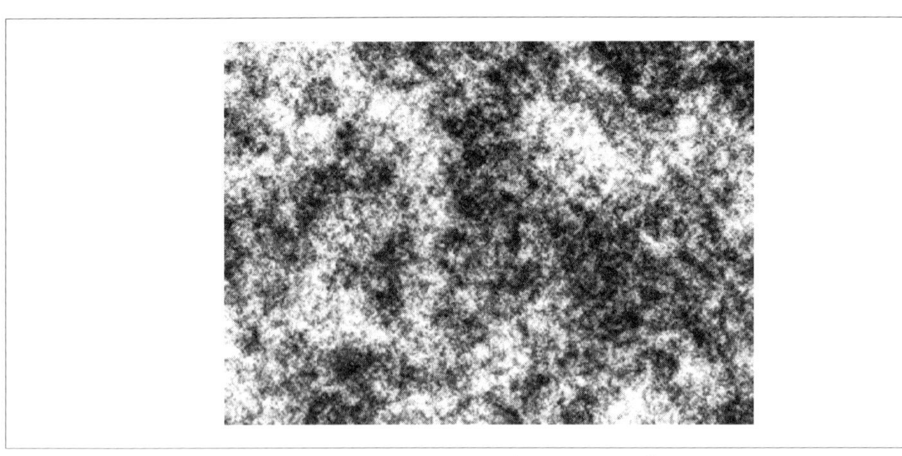

図18-11 はっきりとしたテクスチャのランダムパターンで作られたキャリブレーションパターン。opencv_contrib/modules/ccalib/tutorial ディレクトリにあるマルチカメラキャリブレーションのチュートリアルを参照[†22]

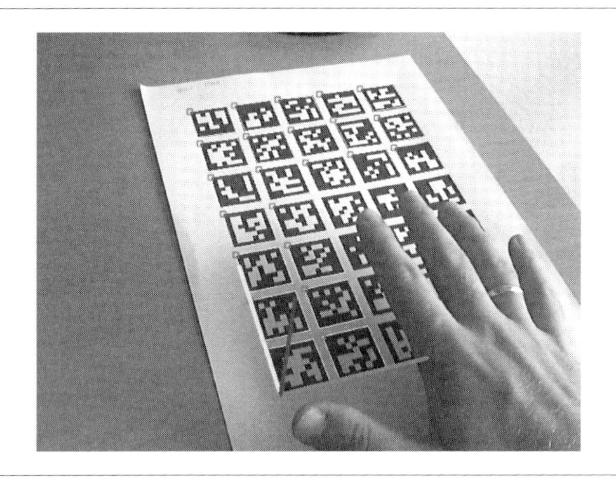

図18-12 ArUco（2次元バーコード）正方形の格子で作られたキャリブレーションパターン。各正方形は ArUco パターンにより同定されるので、ボードの大半が隠されていても、キャリブレーションに使われるラベル付けされた点が十分得られることに注意。OpenCV のドキュメントの「ArUco marker detection (aruco module)」を参照[†23]

†22 この画像は、Baisheng Lai により OpenCV ライブラリに提供されました。

†23 この画像は、Sergio Garrido により OpenCV ライブラリに提供されました。

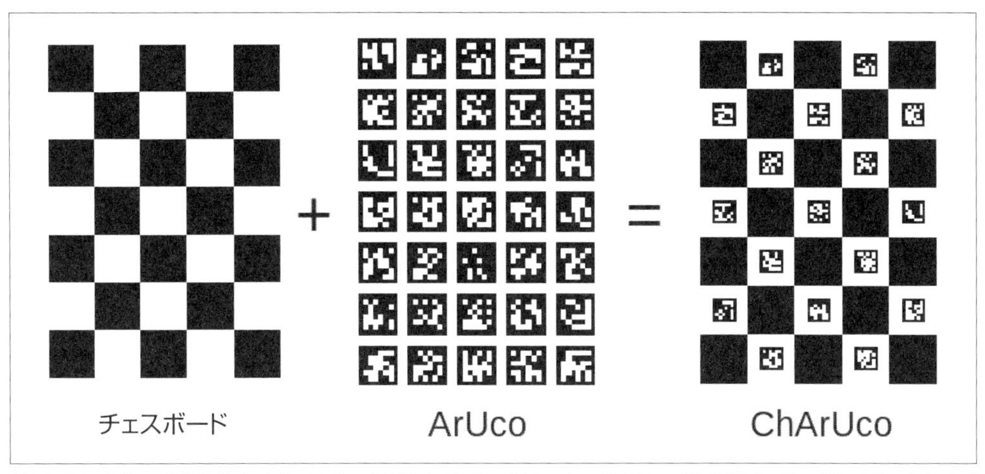

図18-13　ArUco を埋め込んだチェスボード（ChArUco）。各コーナーが ArUco（2 次元バーコード）パターンでラベル付けされたチェスボードキャリブレーションパターン。チェスボードの大半が隠されていても機能し、同時により高い位置精度が得られる。OpenCV のドキュメントの「ArUco marker detection (aruco module)」を参照[†24]

18.2.2.1　cv::findChessboardCorners() を用いてチェスボードのコーナーを見つける

チェスボード（またはチェスボードを持った人や、チェスボードとそれほど複雑ではない背景が写ったシーン）の画像から、cv::findChessboardCorners() という OpenCV 関数を使って、チェスボード上のコーナーの位置を求めることができます。

```
bool cv::findChessboardCorners(      // コーナーが見つかったら true を返す
  cv::InputArray image,              // 入力チェスボード画像。CV_8UC1 または CV_8UC3
  cv::Size       patternSize,        // 1 行あたり、および 1 列あたりのコーナー数
  cv::OutputArray corners,           // 検出されたコーナーの出力配列
  int            flags         = cv::CALIB_CB_ADAPTIVE_THRESH
                               | cv::CALIB_CB_NORMALIZE_IMAGE
);
```

この関数は、チェスボードを含んだ 1 枚の画像を引数に取ります。この画像は 8 ビット画像である必要があります。2 つ目の引数 pattern_size はボードの行方向、列方向それぞれにいくつコーナーがあるかを指定します（例えば、cv::Size(cols,rows)）。この個数はボード**内部**のコーナーの数です。そのため、一般的なチェスのゲーム盤の場合、正しい値は cv::Size(7,7) と

†24　この画像は、Sergio Garrido により OpenCV ライブラリに提供されました。

なります[†25]。次の引数 corners はコーナーの位置が記録される出力配列です。各値は、ピクセル座標上での各コーナーの位置に設定されます。最後の flags 引数を使って、チェスボード上のコーナーを見つけやすくするための、1つ以上のフィルタリングステップを指定できます。OR 演算子で、次のいずれか、またはすべての引数を組み合わせることができます。

cv::CALIB_CB_ADAPTIVE_THRESH
: cv::findChessboardCorners() は、デフォルトでは、輝度の平均で画像を2値化する代わりに適応型2値化が用いられます。

cv::CALIB_CB_NORMALIZE_IMAGE
: このフラグが設定されている場合、2値化が行われる前に、cv::equalizeHist() によって画像の輝度の正規化を行います。

cv::CALIB_CB_FILTER_QUADS
: 画像が2値化された後、このアルゴリズムは、チェスボード上の黒い正方形が透視変換されることで生じる四角形を探しますが、この四角形というのはあくまで近似です。なぜなら、四角形の各辺を直線と仮定しているからで、画像上に半径方向歪みが存在する場合にはこの仮定は成り立ちません。そこで、このフラグが設定されている場合は、それらの四角形にさまざまな拘束条件を追加で適用することで、誤った四角形が検出されるのを防ぎます。

cv::CALIB_CV_FAST_CHECK
: このオプションが設定されていると、画像内に実際にコーナーがあるかを確認するために高速スキャンを行います。もしコーナーがなければ、その画像は完全にスキップされます。入力データが「鮮明」で、すべての画像にチェスボードが写っていることが確実なら、このオプションは必要ありません。一方、入力にチェスボードが写っていない画像があることがわかっているときには、このオプションを使えば時間を大幅に短縮できます。

cv::findChessboardCorners() の戻り値は、すべてのコーナーが見つかり正しく並んでいる場合に[†26]true に設定され、そうでない場合には false が設定されます。

18.2.2.2 チェスボードのサブピクセル精度のコーナーと cv::cornerSubPix()

cv::findChessboardCorners() が使っている内部アルゴリズムは、コーナーの大まかな位

---

†25 実際に使用するチェスボードとしては、非対称で、各方向のコーナー数が、例えば (5, 6) のように、偶数と奇数になっているもののほうが便利です。このように偶数-奇数の非対称にしておけば、チェスボードは対称軸を1つだけ持つことになるため、ボードの向きを常に一意に決定することができます。

†26 ここで言う**正しく並んでいる**とは、見つかった点が、実際にある平面上にある同一線上の点の集合として構成されている、ということを意味しています。49個の点を含むすべての画像が、必ずしも平面上の一定間隔の 7 × 7 格子から生成されているとは限らないのは明らかです。

置しか返しません。したがって cv::findChessboardCorners() は、より正確な結果を出すため、自動的に cv::cornerSubPix() を呼び出します。つまり、実際には cv::findChessboardCorners() が返す位置は比較的正確であるということです。しかし非常に高い精度で位置を特定したい場合には、その出力に対して、より厳しい終了条件を使って cv::cornerSubPix() を自分で（事実上、もう一度）呼び出すのがよいでしょう。

18.2.2.3 cv::drawChessboardCorners() を用いてチェスボードのコーナーを描画する

デバッグを行う際には特に、見つかったチェスボードのコーナーを画像の上に（通常は初めにコーナーを求めるのに用いた画像の上に）描画したくなることがよくあります。こうすることで、描画されたコーナーが観測されたコーナーと一致しているかがわかります。OpenCV は、これを実行するための便利なルーチンを用意しています。cv::drawChessboardCorners() 関数は cv::findChessboardCorners() で見つかったコーナーを指定された画像上に描画します。全部のコーナーが見つからなかった場合は、見つかったコーナーが小さな赤い円として描画されます。パターン全体が見つかった場合には、コーナーは別々の色（行ごとに違う色）で描画され、コーナーの順に従って線で結ばれます。

```
void cv::drawChessboardCorners(
  cv::InputOutputArray image,           // 入出力チェスボード画像。CV_8UC3
  cv::Size             patternSize,     // 1 行あたり、および 1 列あたりのコーナー数
  cv::InputArray       corners,         // findChessboardCorners() で得られたコーナー
  bool                 patternWasFound  // findChessboardCorners() の戻り値
);
```

cv::drawChessboardCorners() の最初の引数は、描画される画像です。コーナーは色付きの円で表されるので、8 ビットのカラー画像である必要があります。ほとんどの場合、これは cv::findChessboardCorners() に入力した画像のコピーになります（ただし、3 チャンネル画像でなければ、自分で変換する必要があります）。次の 2 つの引数である patternSize と corners は、cv::findChessboardCorners() のものと同じです。最後に、引数 patternWasFound は、チェスボードのパターン全体がうまく見つかったかを示し、cv::findChessboardCorners() の戻り値を設定することができます。**図18-14** は、cv::drawChessboardCorners() をチェスボード画像に適用した結果です。

ここからは、キャリブレーションボードのような平面の物体で何ができるかの話に移ります。平面上の点は、ピンホールやレンズを通して見た場合、**透視変換**されます。この変換のパラメータは 3×3 の**ホモグラフィ**行列に格納されます（ホモグラフィ行列については、他の正方格子のパターンについて簡単に紹介した後に説明しましょう）。

図18-14 cv::drawChessboardCorners()の結果。cv::findChessboardCorners()でコーナーを見つけておけば、これらのコーナーが見つかった場所（コーナー上の小さな円で示す）、それらの順番を画像上に描画する（円どうしを結ぶ直線で示す）ことができる

18.2.2.4 サークルグリッドとcv::findCirclesGrid()

チェスボードの代わりに**サークルグリッド**を使うことができます。サークルグリッドは概念的にはチェスボードに似ていますが、黒白の正方形を交互に並べる代わりに、白い背景に黒の円を並べたボードです。

サークルグリッドを使ったキャリブレーションは、呼び出す関数と使用するキャリブレーション画像が違うだけで、他はcv::findChessboardCorners()とチェスボードの場合とまったく同じです。その違う関数がcv::findCirclesGrid()で、プロトタイプは次のとおりです。

```
bool cv::findCirclesGrid(           // コーナーが見つかったらtrueを返す
  cv::InputArray  image,            // 入力サークルグリッド画像。CV_8UC1またはCV_8UC3
  cv::Size        patternSize,      // 1行あたり、および1列あたりのコーナー数
  cv::OutputArray centers,          // 検出された円の中心の出力配列
  int             flags        = cv::CALIB_CB_SYMMETRIC_GRID,
  const cv::Ptr<cv::FeatureDetector>& blobDetector
                               = new SimpleBlobDetector()
);
```

cv::findChessboardCorners()と同様、画像と円のパターンの数（と配列）を定義したcv::Sizeオブジェクトを引数に取ります。出力は円の中心の位置です。これはチェスボードの

コーナーに相当します。

flags 引数は、円がどのように配置されているかを関数に伝えます。デフォルトでは、cv::findCirclesGrid() は円が**対称なグリッド**になっていることを期待します。「対称な」グリッドとは、チェスボードのコーナーのように、円がきれいに行と列に整列しているグリッドです。他に**非対称なグリッド**があります。flags 引数を cv::CALIB_CB_ASYMMETRIC_GRID に設定することで非対称なグリッドを使えます。「非対称な」グリッドでは、円はそれぞれの行をジグザグに横断しています（**図18-15** に非対称なグリッドの例を示します）。

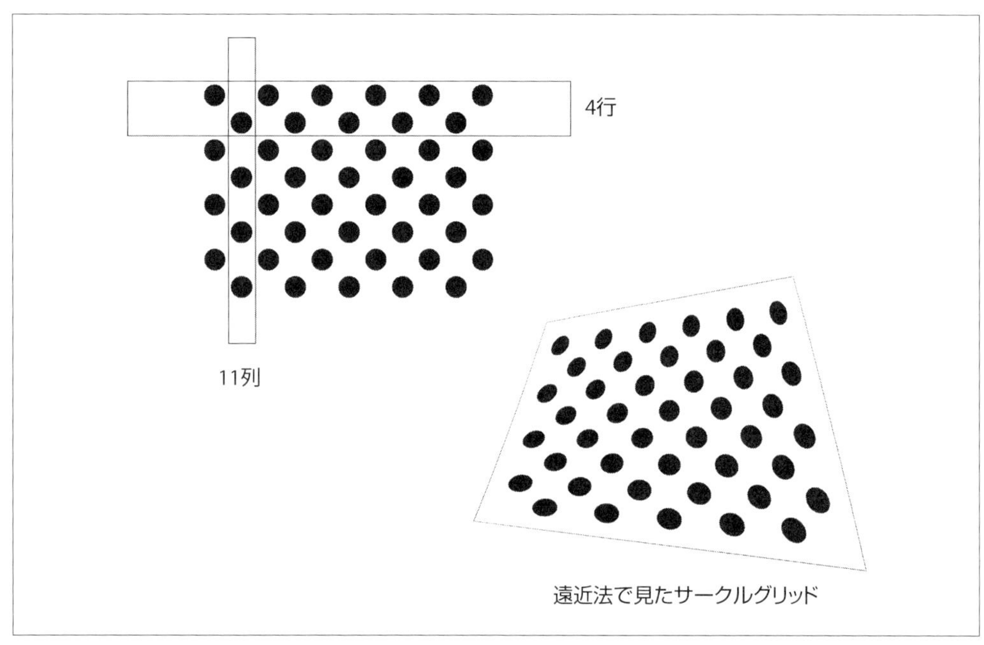

図18-15　規則的な円の配列（左上）では、キャリブレーションにおいて円の中心がチェスボードのコーナーと同じように機能する。遠近法で見ているとき（右下）の円の歪みは規則的で予測可能である

非対称なグリッドを使うときには、行と列の数え方を覚えておくことが重要です。「ジグザグ」しているのは行なので、**図18-15** の例の場合、図に示されている配列の行は 4 行だけで、列は 11 列あります。flags の最後のオプションは cv::CALIB_CB_CLUSTERING です。これは論理 OR 演算子を使って cv::CALIB_CB_SYMMETRIC_GRID または cv::CALIB_CB_ASYMMETRIC_GRID と一緒に設定できます。このオプションが選択されていると、cv::findCirclesGrid() は円を見つけるのに少し違ったアルゴリズムを使います。このアルゴリズムは、遠近歪みに対してよりロバストですが、（そのせいで）背景がごちゃごちゃしているとその影響をずっと受けやすくなります。視野が非常に広いカメラのキャリブレーションを試すときには、このオプションを選択するとよいでしょう。

一般に多くの場合、非対称なサークルグリッドのほうがチェスボードより、最終結果の質の面だけでなく、複数回実行した結果の安定性の面でも優れています。そのため、非対称なサークルグリッドは、次第にカメラキャリブレーションの標準的なツールキットの一部になってきています。最近では、同様に**ChArUco**のようなパターンもとてもよく使われるようになってきています（ライブラリの`contrib`実験コードのセクションを参照）。

18.2.3 ホモグラフィ

コンピュータビジョンでは、**平面ホモグラフィ**を、ある平面から別の平面への射影変換と定義します[†27]。2次元平面上の点のカメラ撮像面への射影は、平面ホモグラフィの一例です。この射影は、観測点 $\vec{Q}$ と、画像上への $\vec{Q}$ の射影点である点 $\vec{q}$ それぞれを同次座標で表す場合、行列の掛け算の形で表現することができます。

$$\vec{Q} = \begin{bmatrix} X \\ Y \\ Z \\ 1 \end{bmatrix}, \quad \vec{q} = \begin{bmatrix} x \\ y \\ 1 \end{bmatrix}$$

このとき、ホモグラフィによる変換は、次のように表されます。

$$\vec{q} = s \cdot H \cdot \vec{Q}$$

ここで、パラメータ s を導入しました。これは任意のスケール係数です（ホモグラフィでは定数倍の不定性が残ることを明示的に示すために、このように表現しています）。s は慣習的に、H からくくり出されます。以降ではこの慣例に倣うことにします。

ちょっとした幾何学と線形代数によって、この変換行列を求めることができます。最も重要なのは、H が2つの部分からなるということです。それは、私たちが見ている物体平面の位置を決定する物理的な変換と、カメラ内部パラメータ行列によって表される射影です。**図18-16**を見てください。

†27 ホモグラフィという用語は異なる分野では別の意味を持ちます。例えば、数学ではもっと一般的な意味を持ちます。コンピュータビジョンにおけるホモグラフィは、他の分野での、より一般的な意味のサブセットです。

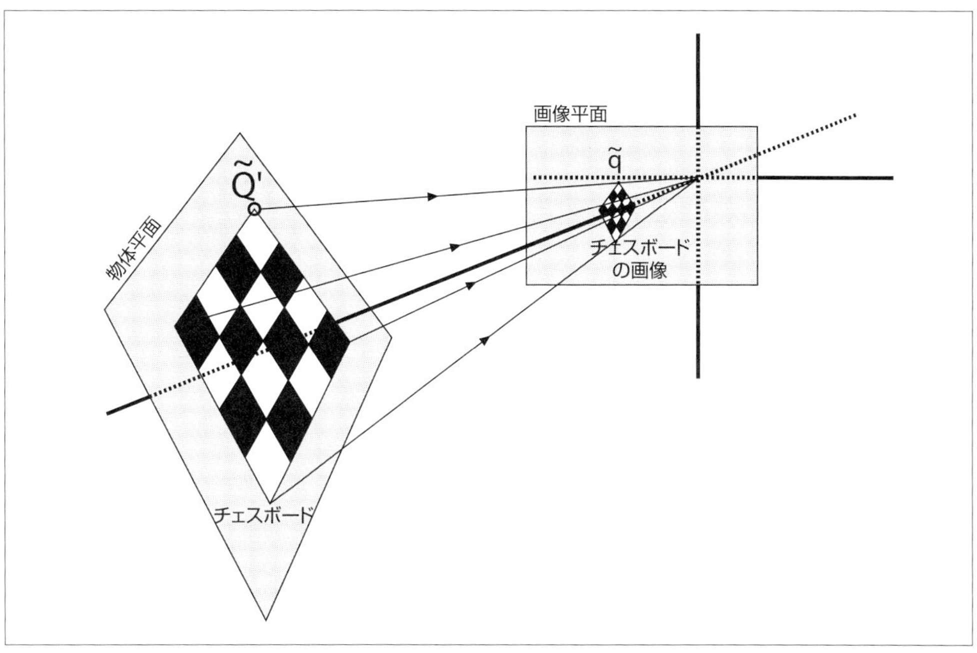

図18-16　ホモグラフィによって表される平面物体の見え方。物体平面から画像平面への射影は、2 つの平面間の相対的な位置とカメラの射影行列の両方を包含する

物理的な変換は、ある回転 R とある平行移動 $\vec{t}$ の効果を合わせたものであり、私たちが見ている平面と画像平面との関係を表します。ここでは同次座標を使っているので、これらを次のような単一の行列として表現することができます[†28]。

$$W = \left[R \vec{t} \right]$$

その後、カメラ内部パラメータ行列 M（射影座標ではどのように表現するかはすでに知っていますね）による変換が、$\vec{Q}$ に掛け算されます。すなわち、次のようになります。

$$\vec{q} = s \cdot M \cdot W \cdot \vec{Q}$$

ここで、

$$M = \begin{bmatrix} f_x & 0 & c_x \\ 0 & f_y & c_y \\ 0 & 0 & 1 \end{bmatrix}$$

†28　$W = [R\vec{t}]$ は 3×4 の行列です。最初の 3 列は R の 9 つの値から構成され、最後の列は 3 つの要素からなるベクトル $\vec{t}$ です。

以上ですべての話は済んだように見えます。しかし実際に私たちが考えたいのは、空間中の任意の点である $\vec{Q}$ ではなく、私たちが見ている平面上の点 $\vec{Q}'$ です。これによって、少し計算が簡単になります。

一般性を失うことなく、物体平面を $Z = 0$ となるように定義することができます。こうする理由は、回転行列を 3×1 列（すなわち、$R = \begin{bmatrix} \vec{r}_1 & \vec{r}_2 & \vec{r}_3 \end{bmatrix}$）に分解すると、それらの列の1つが消えるからです。具体的には、次のようになります。

$$\begin{bmatrix} x \\ y \\ 1 \end{bmatrix} = s \cdot M \cdot \begin{bmatrix} \vec{r}_1 & \vec{r}_2 & \vec{r}_3 & \vec{t} \end{bmatrix} \cdot \begin{bmatrix} X \\ Y \\ 0 \\ 1 \end{bmatrix} = s \cdot M \cdot \begin{bmatrix} \vec{r}_1 & \vec{r}_2 & \vec{t} \end{bmatrix} \cdot \begin{bmatrix} X \\ Y \\ 1 \end{bmatrix}$$

平面物体上の点を撮像面に写像するホモグラフィ行列 H は、$H = s \cdot M \cdot \begin{bmatrix} \vec{r}_1 & \vec{r}_2 & \vec{t} \end{bmatrix}$ の形で完全に表すことができます。ただし、

$$\vec{q} = s \cdot H \cdot \vec{Q}'$$

です。ここでは、H が 3×3 の行列になっている点に注意してください[†29]。

OpenCVでは、上の式を用いてホモグラフィ行列の計算を行います。同じ物体を写した複数枚の画像を用いて、各視点に対する回転と平行移動、内部パラメータ（こちらはすべての視点で共通です）を計算します。これまで議論してきたように、回転は3つの角度によって表され、平行移動は3つのオフセットによって定義されます。したがって、各視点について、未知数が6個存在することになります。これは特に問題ではありません。というのは、既知の平面物体（チェスボードなど）からは8つの式が得られるからです。なぜなら、正方形から四角形への変換は、4つの点 (x, y) で表されるからです。新しいフレームが得られるごとに、6個の新しい外部パラメータが増える代わりに、8つの式が得られます。そのため、十分な数のフレームが与えられれば、未知の内部パラメータがいくつあっても計算することができます（これについては、この後詳しく説明します）。

ホモグラフィ行列 H は、射影元の画像平面上の点と、射影先の画像平面（通常は撮像面）上の点との位置関係を、次の式で定義します。

$$\vec{P}_{dst} \equiv \begin{bmatrix} x_{dst} \\ y_{dst} \\ 1 \end{bmatrix} = H \cdot \vec{P}_{src}\ , \quad \vec{P}_{src} \equiv \begin{bmatrix} x_{src} \\ y_{src} \\ 1 \end{bmatrix} = H^{-1} \cdot \vec{P}_{dst}$$

H はカメラ内部パラメータがわからなくても計算できることに注意してください。実際に、以

†29　賢明な読者のみなさんは、係数 s に対する説明が少し乱暴あることに気づかれたでしょう。この最後の式に出てくる s はこれまでの式に出てきたものと同じものではなく、それらの積です。いずれにしろ、任意の2つのスケール係数の積はそれ自身がスケール係数なので、問題ありません。

降で述べるように複数視点の画像から複数のホモグラフィを計算することが、OpenCV でカメラ内部パラメータを求めるのに使われている方法なのです。

OpenCV には `cv::findHomography()` という便利な関数があり、この関数は対応点のリストを入力として、その対応を最もうまく説明できるホモグラフィ行列を返します。H を求めるには最低 4 点が必要ですが、それ以上の数の点がある場合（3×3 よりも大きなチェスボードの場合など）は、それらの点を与えることもできます[†30]。より多くの点を使うことには利点があります。ノイズやその他の不整合は常に存在するものですが、より多くの点を使うことでその影響を最小化できるからです。

```
cv::Mat cv::findHomography(
  cv::InputArray  srcPoints,                  // 入力点の入力配列（2 次元）
  cv::InputArray  dstPoints,                  // 結果の点の入力配列（2 次元）
  cv::int         method                 = 0, // 0、cv::RANSAC、cv::LMEDS など
  double          ransacReprojThreshold = 3, // 最大再投影誤差
  cv::OutputArray mask                  = cv::noArray() // ゼロでない点だけを使用
);
```

入力配列 `srcPoints` と `dstPoints` は、それぞれ元の平面とターゲットの平面の点を格納しています。これらはすべて 2 次元の点なので、配列は $N \times 2$ 配列、`CV_32FC2` 要素の $N \times 1$ 配列、あるいは `cv::Point2f` オブジェクトの STL vector のいずれか（あるいはこれらの任意の組み合わせ）でなければなりません。

入力引数 `method` は、ホモグラフィを計算するのに使うアルゴリズムを決定します。デフォルト値の `0` のままにしておくと、すべての点が考慮され、計算結果は**再投影誤差**を最小化するものになります。この場合、再投影誤差とは、「元の」点に H を乗じたものとターゲットの点との間のユークリッド距離の二乗和です。

都合のよいことに、このような問題を解くための高速なアルゴリズムが、この種の誤差尺度に関しては存在します。しかし残念ながら、誤差をこのように定義した系では、外れ値（大多数の点に比べて大きく異なる解を示す個別の点）が解に劇的な影響を与える傾向があります。カメラキャリブレーションのような実際の事例では測定誤差が外れ値を生むことは普通で、それらの外れ値のせいで結果の解が正しい答えから遠く離れたものになることがよくあります。OpenCV は、代わりに使える**ロバストなフィッティング手法**を 3 つ提供しており、ノイズが存在する状況ではずっとよい結果を出す傾向があります。

最初のそのような選択肢は **RANSAC**（Random Sample Consensus：ランダムサンプルコンセンサス）アルゴリズムです。`method` を `cv::RANSAC` に設定して選択します。RANSAC では、提供された点のサブセットをランダムに選択し、そのサブセットだけに対してホモグラフィ行列を計算します。その後、残りの点データのうち、この最初の概算にほぼ合致するものをすべて使ってホ

†30 もちろん、解が一意に求まるのは 4 点の対応が与えられた場合だけです。点の数がこれより多い場合は、二乗誤差を最小にするという意味での最適な解が求まります（場合によっては、いくつかの点が却下されることもあります。すぐ後の RANSAC の説明を参照）。

モグラフィ行列を改善します。このとき、合致する点を「正常値」、合致しない点を「外れ値」と言います。RANSACアルゴリズムはこのような無作為抽出を何度も計算し、「正常値」の占める割合が最も多いものを採用します。この手法は、目立つ外れ値を却下して正しい答えを見つけ出す方法として、実用面で非常に効率的です。

2つ目の選択肢は **LMedS**（Least Median of Squares：最小中央値）アルゴリズムです。その名前が示すとおり、デフォルトの手法が本質的に平均二乗誤差を最小化するのとは対照的に、LMedSの考え方は中央値誤差を最小化するというものです[†31]。

LMedSの利点は、実行するのにさらなる情報やパラメータを必要としないことです。欠点は、正常値が少なくともデータ点の大半を占めている場合にしかうまく機能しないことです。対照的にRANSACは、ほとんどどんなS/N比でも正しく機能し、満足のいく答えを出します。しかしその代償として、何が「ほぼ合致」にあたるのか（すなわち、再投影された点が元の点と離れていても、その点をモデルの改善に含めるだけの価値があると考える最大の距離）をRANSACには教えてやる必要があります。`cv::RANSAC`手法を使う場合は、入力値`ransacReprojThreshold`でこの距離を制御します。他の手法を使う場合はこの引数は無視されます。

`ransacReprojThreshold`の値はピクセル単位です。ほとんどの実践的な事例では、小さい整数値（`10`未満）に設定すれば十分ですが、超高解像度の画像に対しては、たいていの場合その数を増やす必要があります。

最後はRHOアルゴリズム[Bazargani15]で、OpenCVのバージョン3以降で利用可能です。これはRANSACを「重み付き」に改良したものなのでPROSAC（Progressive Sample Consensus：プログレッシブサンプルコンセンサス）と呼ばれ、外れ値が多くあるケースでより高速に動作します。

最後の引数`mask`は、ロバスト法でだけ使われる出力です。配列が提供されていれば、`cv::findHomography()`は、最適なHの計算にどの点が実際に使われたかを示すように配列を埋めます。

戻り値は3×3行列です。ホモグラフィ行列には8自由度しかないので、$H_{33} = 1$となるように正規化を行います（これは$H_{33} = 0$であるきわめて珍しい特異なケースを除き、たいてい可能です）。ホモグラフィのスケールを9番目のパラメータとすることもできますが、本章で前述したように、通常、ホモグラフィのスケーリングは、ホモグラフィ行列全体にスケール係数を掛けるほうが好まれます。

---

†31 ロバスト法についてより詳しくは、原論文にあたってください。RANSACについてはFischlerとBolles [Fischler81]、最小中央値法についてはRousseeuw [Rousseeuw84]、LMedSを使った直線当てはめについてはIgarashi [Inui03]の論文です。

18.2.4 カメラキャリブレーション

ついに、カメラ内部パラメータと歪みパラメータを求めるためのカメラキャリブレーションまでたどり着きました。この節では、`cv::calibrateCamera()` でこれらの値を計算する方法、およびこれらのモデルを使って歪みを補正して、キャリブレーション済みのカメラなら撮影できたであろう画像を求める方法について説明します。初めに、内部パラメータと歪みパラメータを求めるために、チェスボードの画像が何枚必要かについて、もう少し説明します。それから、OpenCV でこの問題を解く方法について高い次元から俯瞰した後、これらすべてを簡単に実行できるコードについて説明します。

18.2.4.1 何個のパラメータを何個のチェスボードのコーナーで求めるのか？

手始めに、未知数についておさらいしておきましょう。これはつまり、キャリブレーションにおいて、いくつのパラメータを求めようとしているか、ということです。OpenCV では、**カメラ内部パラメータ行列** (f_x, f_y, c_x, c_y) に関連する 4 つのパラメータと、5 つ（またはそれ以上）の**歪みパラメータ**、すなわち 3 つ（またはそれ以上）半径方向パラメータ $(k_1, k_2, k_3[, k_4, k_5, k_6])$ と 2 つの円周方向パラメータ (p_1, p_2) が存在します[†32]。内部パラメータは、物理的な物体を生成画像に関連づける線形射影変換を制御します。結果的に、それらは**外部**パラメータ（その物体が実際にどこに位置しているか）と密接に関係します。

歪みパラメータは、点のパターンが最終的な画像でどのように歪むかという、2 次元的な幾何に関するものです。したがって原理上は、既知のパターン上のコーナー 3 点から得られる 6 つの情報さえあれば、5 つの歪みパラメータを求めることができます。つまり、1 つの視点からのキャリブレーション用のチェスボートがあれば十分ということになります。

ところが、内部パラメータと外部パラメータが一組になっているせいで、結局のところ 1 つでは十分ではないことがわかっています。これを理解するためにまず、外部パラメータには、各チェスボード画像について 3 つの回転パラメータ (ψ, φ, θ) と 3 つの平行移動パラメータ (T_x, T_y, T_z) からなる、合計 6 つのパラメータがあることに注意してください。まとめると、視点が 1 つの場合は、カメラ内部パラメータ行列の 4 つのパラメータと 6 つの外部パラメータの、合計 10 のパラメータを求めることになります。追加の視点があれば視点ごとにさらに 6 つのパラメータを求める必要があります。

N 個のコーナーを持つ、K 枚の（位置の異なる）チェスボード画像があるとします。いくつの視点といくつのコーナーがあれば、これらすべてのパラメータを求めるのに十分な拘束条件が得られるでしょうか？

†32 カメラ内部パラメータ行列と歪みパラメータをまとめた集合を、単に**内部パラメータ**と呼ぶことはよくあります。行列パラメータを（まとめて線形変換を定義するので）**線形内部パラメータ**、歪みパラメータを**非線形内部パラメータ**と呼ぶこともあります。

- K 枚のチェスボード画像は $2 \cdot N \cdot K$ 個の拘束条件を与える（2が掛かっているのは、画像上の各点が x と y 座標を持っているため）
- 少しの間、歪みパラメータのことは無視すると、未知数は4つの内部パラメータと $6 \cdot K$ 個の外部パラメータになる（K 枚の画像それぞれについて、チェスボードの位置を表す6つのパラメータを求める必要があるため）
- このとき、解が求まるためには、$2 \cdot N \cdot K \geqq 6 \cdot K + 4$（つまり、$(N-3) \cdot K \geqq 2$）が成り立つ必要がある

したがって、$N = 5$ であれば、$K = 1$ 枚の画像だけあればよいと思われるかもしれませんが、注意してください。ここでは、K（画像の枚数）は1よりも大きくなければなりません。$K > 1$ でなければならない理由は、キャリブレーション用のチェスボードを使っている目的が、K 枚の各画像にホモグラフィ行列を当てはめることにあるからです。先に議論したとおり、ホモグラフィでは4つの (x, y) のペアから、最大で8つのパラメータを得ることができます。これは、平面の射影変換で可能なあらゆる変形が4点だけで表現できる、つまり、ホモグラフィは正方形を一度に4つの異なる方向に引き伸ばすことで、任意の四辺形へと変形させることできるからです（「11章 画像変換」の透視変換を参照）。したがって、1つの平面上でどれだけ多くのコーナーが検出されても、コーナー4つ分の情報しか得られないことになります。チェスボード画像1枚につき、コーナー4つ分の情報しか得られない、言い換えると $(4-3) \cdot K > 1$、すなわち $K > 1$ ということです。これは、キャリブレーション問題を解くには、最低でも 3×3 のチェスボード（これは内部のコーナーの数です）の画像が2枚必要であることを暗に示しています。ノイズや数値演算の安定性を考慮して、チェスボードをより大きくし、画像の枚数も増やすのが普通です。実用上よい結果を得るためには、少なくとも 7×8 以上の大きなチェスボードの画像が少なくとも10枚は必要になります（さまざまな見え方が得られるように、チェスボードを画像ごとに十分に動かしていることが前提です）。

理論的には最低2枚の画像で足りるのに、現実的には10枚以上の画像が必要です。この差は、ごく小さいノイズに対しても、内部パラメータがきわめて高い感度を持つことが原因です。

18.2.4.2 内部で何が行われているのか？

この節は、より深く理解したい読者の方のためのものです。キャリブレーション関数を使いたいだけであれば、読み飛ばしていただいてもかまいません。

それでも私たちについて来てくださるのであれば、実際に数式がどのようにキャリブレーションに役に立つのか、という疑問が残っていることでしょう。カメラパラメータを解く方法はいろいろありますが、OpenCVでは平面物体に対してうまく機能する方法を用います。OpenCVで焦点距離やオフセットを求めるために用いるアルゴリズムは、Zhangの手法[Zhang00]に基づいています。しかし、歪みパラメータを求める手法には、それとは異なる、Brownの手法[Brown71]に基づいたものを用います。

初めに、カメラの歪みが、それ以外のパラメータを求める際には存在しないものとします。チェスボードの各画像について、先に述べたホモグラフィ H を求めます。H は列から構成されるベクトル、すなわち $H = \left[\vec{h}_1, \vec{h}_2, \vec{h}_3\right]$ と書くことにします。ここで、各 h は 3×1 のベクトルです。それから、先のホモグラフィに関する説明で述べたとおり、カメラ内部パラメータ行列 M に、回転行列の最初の 2 列である $\vec{r}_1$、$\vec{r}_2$ と平行移動ベクトル $\vec{t}$ とを組み合わせた行列を掛けたものを、H と同値であると設定できます。スケーリング係数 s を含めると、次のようになります。

$$H = \left[\vec{h}_1,\ \vec{h}_2,\ \vec{h}_3\right] = s \cdot M \cdot \left[\vec{r}_1,\ \vec{r}_2,\ \vec{t}\right]$$

これらの式を展開すると、次の式が得られます。

$$\vec{h}_1 = s \cdot M \cdot \vec{r}_1 \quad \text{または} \quad \vec{r}_1 = \lambda \cdot M^{-1} \cdot \vec{h}_1$$
$$\vec{h}_2 = s \cdot M \cdot \vec{r}_2 \quad \text{または} \quad \vec{r}_2 = \lambda \cdot M^{-1} \cdot \vec{h}_2$$
$$\vec{h}_3 = s \cdot M \cdot \vec{t} \quad \text{または} \quad \vec{t} = \lambda \cdot M^{-1} \cdot \vec{h}_3$$

ただし、

$$\lambda = \frac{1}{s}$$

回転ベクトルは、その性質上、互いに直交しており、大きさは 1 に正規化されているため、$\vec{r}_1$ と $\vec{r}_2$ を正規直交ベクトルとなるよう採ることができます。正規直交であることは、2 つのことを意味します。1 つは回転ベクトルどうしの内積は 0 であるということです。もう 1 つはベクトルの大きさが 1 に等しいということです。では、内積から始めましょう。ここで、次式が成り立ちます。

$$\vec{r}_1^{\,T} \cdot \vec{r}_2 = 0$$

任意のベクトル $\vec{a}$、$\vec{b}$ の間には、$(\vec{a} \cdot \vec{b})^T = \vec{b}^T \cdot \vec{a}^T$ が成り立つので、上式に $\vec{r}_1$ と $\vec{r}_2$ を代入した上で、1 つ目の拘束条件を導出することができます。

$$\vec{h}_1^{\,T} \cdot M^{-T} \cdot M^{-1} \cdot \vec{h}_2 = 0$$

ここで、M^{-T} は $(M^{-1})^T$ を省略したものです。また、回転ベクトルの大きさは互いに等しいことがわかっています。

$$\left\|\vec{r}_1\right\| = \left\|\vec{r}_2\right\| \quad \text{または} \quad \vec{r}_1^{\,T} \cdot \vec{r}_1 = \vec{r}_2^{\,T} \cdot \vec{r}_2$$

$\vec{r}_1$ と $\vec{r}_2$ を代入することで、2 つ目の拘束条件を得ます。

$$\vec{h}_1^T \cdot M^{-T} \cdot M^{-1} \cdot \vec{h}_1 = \vec{h}_2^T \cdot M^{-T} \cdot M^{-1} \cdot \vec{h}_2$$

扱いやすくするため、$B = M^{-T} \cdot M^{-1}$ とします。この式を展開すると、次のようになります。

$$B = M^{-T} \cdot M^{-1} \equiv \begin{bmatrix} B_{11} & B_{12} & B_{13} \\ B_{21} & B_{22} & B_{23} \\ B_{13} & B_{23} & B_{33} \end{bmatrix}$$

この行列 B は、たまたま一般的な閉形式解を持ちます。

$$B = \begin{bmatrix} 1/f_x^2 & 0 & -c_x/f_x^2 \\ 0 & 1/f_y^2 & -c_y/f_y^2 \\ -c_x/f_x^2 & -c_y/f_y^2 & (c_x/f_x^2 + c_y/f_y^2 + 1) \end{bmatrix}$$

B 行列を用いると、両方の拘束条件には $\vec{h}_i^T \cdot B \cdot \vec{h}_j$ が現れます。それの各要素がどんな値であるかを見るために、式を展開しましょう。B は対称行列であるため、6 次元ベクトルの内積の形で書くことができます。B の必要な要素を新しいベクトル $\vec{b}$ の形に並べ替えることで、次式を得ます。

$$\vec{h}_i^T \cdot B \cdot \vec{h}_j = \vec{v}_{i,j}^T \cdot \vec{b} =$$

$$[h_{i,1}h_{j,1}(h_{i,1}h_{j,2} + h_{i,2}h_{j,1})h_{i,2}h_{j,2}(h_{i,3}h_{j,1} + h_{i,1}h_{j,3})(h_{i,3}h_{j,2} + h_{i,2}h_{j,3})h_{i,3}h_{j,3}] \cdot \begin{bmatrix} B_{11} \\ B_{12} \\ B_{22} \\ B_{13} \\ B_{23} \\ B_{33} \end{bmatrix}$$

この $\vec{v}_{i,j}^T$ に関する定義を用いることで、2 つの拘束条件は次のように書くことができます。

$$\begin{bmatrix} v_{12}^T \\ (v_{11} - v_{22})^T \end{bmatrix} \cdot \vec{b} = 0$$

K 枚分のチェスボード画像を集めれば、これらの方程式 K 個を縦に並べることができます。

$$V \cdot \vec{b} = 0$$

ここで、V は $2K \times 6$ の行列です。以前述べたとおり、$K \geqq 2$ なので、この方程式は $\vec{b} = [B_{11}\ B_{12}\ B_{22}\ B_{13}\ B_{23}\ B_{33}]^T$ について解くことができます。カメラ内部パラメータは、

B 行列に関する閉じた解から、次のように直接取り出すことができます。

$$f_x = \sqrt{\lambda / B_{11}}$$
$$f_y = \sqrt{\frac{\lambda B_{11}}{B_{11} B_{22} - {B_{12}}^2}}$$
$$c_x = \frac{B_{13} {f_x}^2}{\lambda}$$
$$c_y = \frac{B_{12} B_{13} - B_{11} B_{23}}{B_{11} B_{22} - {B_{12}}^2}$$

ただし

$$\lambda = B_{33} - \frac{({B_{13}}^2 + c_y(B_{12} B_{13} - B_{11} - B_{23}))}{B_{11}}$$

です。

外部パラメータ（回転と平行移動）は、ホモグラフィの条件の式を展開することで得られた式から求めることができます。

$$\vec{r}_1 = \lambda \cdot M^{-1} \cdot \vec{h}_1$$
$$\vec{r}_2 = \lambda \cdot M^{-1} \cdot \vec{h}_2$$
$$\vec{r}_3 = \vec{r}_1 \times \vec{r}_2$$
$$\vec{t} = \lambda \cdot M^{-1} \cdot \vec{h}_3$$

ここで、スケーリングのパラメータは、正規直交の条件 $\lambda = 1/\left\| M^{-1} \cdot \vec{h} \right\|$ から決定されます。実際のデータを使って解を求める場合、r ベクトルをまとめる（$R = \left[\vec{r}_1 \ \vec{r}_2 \ \vec{r}_3 \right]$）だけでは、$R^T R = R R^T = I_3$ が成り立つ回転行列にならないので、注意が必要です[†33]。

この問題を回避するためによく行われるのは、R の特異値分解（SVD：Singular Value Decomposition）です。「5 章　配列の演算」で述べたとおり、SVD は行列を 2 つの正規直交行列 U、V と、対角要素にスケール値を持つ真ん中の行列 D とに分解します。これにより、$R = U \cdot D \cdot V^T$ に変換することができます。R は正規直交なので、行列 D は単位行列 I_3 である必要があります。つまり、$R = U \cdot I_3 \cdot V^T$ です。そこで、R が回転行列になるように「強制」します。具体的には、求まった R を特異値分解し、D 行列を単位行列にして、特異値分解による行列を掛け算することで、補正した回転 R' を得ます。

ここまでのところ、レンズ歪みはまだ扱っていません。先ほど求めたカメラ内部パラメータを用い、歪みパラメータを `0` に設定して、より大規模な方程式を解くための初期値を求めます。

私たちが画像上で「知覚する」点は、実際には歪みのせいで間違った場所にあります。ピンホー

†33 これは主に精度の問題のせいです。

ルカメラが完全な場合の点の位置を (x_p, y_p)、歪みによるずれた位置を (x_d, y_d) としましょう。このとき、次が成り立ちます。

$$\begin{bmatrix} x_p \\ y_p \end{bmatrix} = \begin{bmatrix} f_x \frac{X_W}{Z_W} + c_x \\ f_y \frac{Y_W}{Z_W} + c_y \end{bmatrix}$$

歪みのないキャリブレーション結果を、次式に代入して用います[†34]。

$$\begin{bmatrix} x_p \\ y_p \end{bmatrix} = (1 + k_1 r^2 + k_2 r^4 + k_3 r^6) \begin{bmatrix} x_d \\ y_d \end{bmatrix} + \begin{bmatrix} 2p_1 x_d y_d + p_2(r^2 + 2x_d^2) \\ p_1(r^2 + 2y_d^2) + 2p_2 x_d y_d \end{bmatrix}$$

これらの方程式を集めて、それを解くことにより、歪みパラメータが求まります。その後、内部パラメータと外部パラメータが再推定されます。これこそが、cv::calibrateCamera()[†35]という1つの関数がやってくれる大仕事なのです。

18.2.4.3 キャリブレーション関数

複数の画像についてコーナーが得られれば、cv::calibrateCamera() を呼び出すことができます。このルーチンは前述の複雑な計算を行い、欲しい情報を与えてくれます。具体的に言うと、受け取る結果は、**カメラ内部パラメータ行列**、**歪み係数**、**回転ベクトル**、**平行移動ベクトル**です。最初の2つはカメラ内部パラメータを構成するものであり、残りの2つは、物体（すなわち、チェスボード）がどこにあり、どの方向を向いているかを教えてくれる外部パラメータです。歪み係数（k_1、k_2、p_1、p_2、もっと高次の k_j）は、以前出てきた半径方向歪み、円周方向歪みの式中の係数です。これらは歪みを除去したい場合に役立ちます。カメラ内部行列は、おそらくこの中で最も関心が高いものでしょう。なぜなら、これにより、3次元の座標を画像上の2次元座標に変換することができるからです。カメラ行列を用いて、逆の変換を行うこともできますが、この場合、画像上のある点に対しては、対応する3次元世界の中の直線しか計算できませんこれについては、しばらくしてからまた説明します。

それでは、カメラキャリブレーションルーチン自体を見ていきましょう。

```
double cv::calibrateCamera(
  cv::InputArrayOfArrays objectPoints,    // K個のベクトル（各N個の点、物体フレーム）
  cv::InputArrayOfArrays imagePoints,     // K個のベクトル（各N個の点、画像フレーム）
  cv::Size               imageSize,       // 入力画像のサイズ（ピクセル数）
  cv::InputOutputArray   cameraMatrix,    // 結果の3×3のカメラ内部パラメータ行列
  cv::InputOutputArray   distCoeffs,      // 4、5、または8個の係数のベクトル
  cv::OutputArrayOfArrays rvecs,          // K個の回転ベクトルのベクトル
```

†34 カメラキャリブレーションの機能は、現在拡張され、魚眼カメラやオムニカメラにも対応しています。opencv_contrib/modules/ccalib/src や、opencv_contrib/modules/ccalib/samples のディレクトリを参照。

†35 cv::calibrateCamera() 関数は、「19章 射影変換と3次元ビジョン」で述べるステレオキャリブレーション関数の内部で使われます。ステレオキャリブレーションでは、2台のカメラを同時にキャリブレーションし、回転行列と平行移動行列を通して2台の関係を求めます。

```
    cv::OutputArrayOfArrays tvecs,           // K 個の平行移動ベクトルのベクトル
    int                     flags     = 0, // キャリブレーションのオプションを制御するフラグ
    cv::TermCriteria        criteria  = cv::TermCriteria(
      cv::TermCriteria::COUNT | cv::TermCriteria::EPS,
      30,                                  // この回数だけ繰り返したら終了
      DBL_EPSILON                          // 再投影誤差の合計がこの数になったら終了
    )
  );
```

cv::calibrateCamera() を呼び出す際には、たくさんの引数を正しく使う必要があります。幸いなことに、これらの引数についてはすでに（ほとんど）すべて説明しましたので、おそらく理解できると思います。

最初の引数は objectPoints です。これはベクトルのベクトルで、それぞれのベクトルには個別の画像に対するキャリブレーションパターン上の点の座標が格納されています。それらの座標は物体の座標系ですので、単純に x 次元と y 次元を整数にして、z 次元をゼロにすることができます[†36]。

次は imagePoints 引数です。これもベクトルのベクトルで、各画像内で見つかった各点の位置を格納しています。チェスボードを使っているなら、各ベクトルは対応する画像からの cv::findChessboardCorners() の出力配列 corners になるでしょう。

入力 objectPoints を定義するとき、みなさんは知らないうちに cv::calibrateCamera() の出力のいくつかのスケールを変更しています。具体的に言うと tvecs 出力に影響を与えています。チェスボードのあるコーナーが (0, 0, 0) にあり、次が (0, 1, 0)、その次が (0, 2, 0) というように定義した場合、みなさんは知らないうちに距離尺度として「チェスボードの正方形」を選択していることになるのです。出力を物理単位にしたいのなら、チェスボードを物理単位で測定する必要があります。例えば、距離をメートルにしたいのなら、メートル単位でチェスボードを測ってメートル単位の正しい正方形のサイズを使わなければなりません。正方形の 1 辺が 25mm だったら、同じコーナーを (0, 0, 0)、(0, 0.025,0)、(0, 0.050, 0) のように設定する必要があります。一方、カメラ内部行列のパラメータは、常に**ピクセル**単位で出力されます。

imageSize 引数は、imagePoints 内の点が抽出された元の画像が、どれくらいの大きさ（ピクセル単位）かを cv::calibrateCamera() に知らせているだけです。

カメラ内部パラメータは、cameraMatrix と distCoeffs の配列に返されます。前者は線形内部パラメータが格納された 3 × 3 行列です。後者は 4 個、5 個、または 8 個の要素を持ちます。distCoeffs の長さが 4 の場合、返された配列には係数（k_1、k_2、p_1、p_2）が含まれています。長さが 5 の場合の要素は（k_1、k_2、p_1、p_2、k_3）、8 の場合は（k_1、k_2、p_1、p_2、k_3、k_4、k_5、k_6）

†36 原理上は、各キャリブレーション画像に対して異なった物体を使うこともできます。実用面では、ベクトルは通常、同じ点の位置のリストを単に K 回コピーしたものを格納しています（ここで K は視点の数です）。

です。5つの要素の形式は、主に魚眼レンズで使われ、魚眼レンズでしか普通は役に立ちません。8要素の形式は、v::CALIB_RATIONAL_MODELを設定した場合にだけ出力されます。特殊なレンズの高精度のキャリブレーション用です。しかし、解きたいパラメータの数に従って、必要な画像の数が劇的に増えると覚えておくことは重要です。

rvecsとtvecsの配列は、入力点の配列と同様、ベクトルのベクトルです。これらには、示された各チェスボードに対する回転行列（ロドリゲス形式、すなわち3要素のベクトル）と平行移動行列が格納されています。

キャリブレーションにおいて精度は非常に重要なので、cameraMatrixとdistCoeffsの配列は、たとえ最初に倍精度で確保されていなかったとしても、（rvecsとtvecsと同様に）常に倍精度で計算されて、返されます。

最適化によるパラメータの探索は、ある意味芸術に近いものがあります。特に、すべてのパラメータを一度に求めようとすると、パラメータ空間での初期値が実際の解から大きく外れている場合には、不正確な結果が得られたり、計算が発散したりすることがあります。そのため、段階的によいパラメータ初期値に近づくことで、解に「忍び寄る」ほうがよいことが多いです。これを行うために、あるパラメータを固定して他のパラメータを求め、今度はそのパラメータを固定し、初めに固定したほうを求める、などの方法がよく用いられます。最終的に、すべてのパラメータが実際の解に近いと考えられるようになったら、その近いパラメータを初期値として、すべてのパラメータを一度に求めます。OpenCVでは、flagsの設定でこれを制御できます。

引数flagsにより、キャリブレーションが行われる方法を詳細に制御できます。OR演算子により、必要に応じて次の値を組み合わせることができます。

cv::CALIB_USE_INTRINSIC_GUESS

通常、内部行列は、追加の情報を与えることなくcv::calibrateCamera()で計算することができます。具体的には、パラメータc_x、c_y（画像中心）の初期値は、imageSize引数から直接与えられます。このフラグが設定されていると、cameraMatrixに最初の推定値として使われる適切な値が格納されていると仮定され、それがcv::calibrateCamera()でさらに最適化されます。

多くの実践的アプリケーションでは、カメラの焦点距離はレンズの側面に書いてあるのでわかっています[†37]。通常そのような場合には、その情報をカメラ行列に設定して cv::CALIB_USE_INTRINSIC_GUESS を指定することにより、その情報を利用するとよいでしょう。その場合はたいてい、後述の cv::CALIB_FIX_ASPECT_RATIO を使うのも安全（およびよい考え）です。

cv::CALIB_FIX_PRINCIPAL_POINT

このフラグは単独で使用することもできますし、cv::CALIB_USE_INTRINSIC_GUESS と一緒に使用することもできます。単独で使用する場合、主点は画像中心に固定されます。一緒に使用する場合、主点は cameraMatrix で与えられた初期値に固定されます。

cv::CALIB_FIX_ASPECT_RATIO

このフラグが設定されていると、最適化手法は f_x と f_y の値を変化させますが、両者の比は、キャリブレーションルーチンが呼び出されたときに cameraMatrix に指定したのと同じ値に保たれます（cv::CALIB_USE_INTRINSIC_GUESS フラグが一緒に設定されていなければ、cameraMatrix 中の f_x と f_y の値は任意であり、両者の比だけが考慮されます）。

cv::CALIB_FIX_FOCAL_LENGTH

このフラグが設定されていると、最適化ルーチンは、cameraMatrix で与えた f_x と f_y をそのまま使用します。

cv::CALIB_FIX_K1、cv::CALIB_FIX_K2、… cv::CALIB_FIX_K6

半径方向歪みパラメータ k_1、k_2〜k_6 を固定します。これらのフラグを一緒に追加することにより、半径方向歪みパラメータをどのような組み合わせで設定することも可能です。

cv::CALIB_ZERO_TANGENT_DIST

このフラグは高性能のカメラをキャリブレーションする際に重要になります。そのようなカメラは精密に製造されているため、円周方向歪みがほとんど存在しません。0 に近いパラメータを当てはめようとすると、ノイズの乗ったおかしな結果が得られたり、数値計算が不安定になったりします。このフラグを設定すると、円周方向歪みパラメータ p_1、p_2 の当てはめは行われず、両者は 0 に設定されます。

†37　これはいささか単純化しすぎています。内部パラメータ行列に現れる焦点距離は、ピクセル単位で測られることを思い出してください。したがって、1/1.8" のセンサーフォーマットで $2,048 \times 1,536$ ピクセルの撮像素子があった場合、3.45μm のピクセルになります。カメラが焦点距離 25.0mm のレンズを持っている場合、f の初期推定は 25（mm）ではなく、7,246.38（ピクセル）、あるいは有効数字にこだわるならば、単に 7,250 になります。

`cv::CALIB_RATIONAL_MODEL`

このフラグはOpenCVに対して、k_4、k_5、k_6の歪み係数を計算するよう指示します。これは、後方互換の問題のために存在しています。このフラグを追加しなければ、(distCoeffsに8要素の配列を与えたとしても）最初の3つのk_jパラメータだけが計算されます。

cv::calibrateCamera()の最後の引数は終了基準です。いつものように終了基準は、繰り返し回数か、「イプシロン」値か、その両方です。イプシロン値の場合、計算されるのは**再投影誤差**と呼ばれるものです。cv::findHomography()の場合と同様、再投影誤差は、画像平面上に計算（投影）された3次元の点の位置と、対応する点の元の画像上の実際の位置との間の距離の二乗和です。

カメラキャリブレーションでは、非対称のサークルグリッドを使うことが一般的になってきています。この場合、objectPoints引数をそれに応じて設定しなければならないことを覚えておいてください。例えば、**図18-15**の物体の点に対する可能な座標の集合は、(0, 0, 0)、(1, 1, 0)、(2, 0, 0)、(3, 1, 0)…、次の行の点の(0, 2, 0)、(1, 3, 0)、(2, 2, 0)、(3, 3, 0)…のように最後の行まで続きます。

18.2.4.4 cv::solvePnP()を用いて外部パラメータだけを計算する

場合によっては、カメラ内部パラメータがすでにわかっていて、撮影されている物体の位置だけを計算したいことがあります。これは、通常のカメラキャリブレーションを行う状況とはまったく異なりますが、このような使い方ができると便利です[†38]。これは一般にPnP（Perspective N-Point）問題と呼ばれます。

```
bool cv::solvePnP(
  cv::InputArray  objectPoints,             // 物体の点（物体フレーム）
  cv::InputArray  imagePoints,              // 見つかった点の位置（画像フレーム）
  cv::InputArray  cameraMatrix,             // 3 × 3 カメラ内部パラメータ行列
  cv::InputArray  distCoeffs,               // 4、5、または 8 個の係数
  cv::OutputArray rvec,                     // 結果の回転ベクトル
  cv::OutputArray tvec,                     // 結果の平行移動ベクトル
  bool            useExtrinsicGuess = false, // true なら、rvec と tvec 内の値を使う
  int             flags             = cv::SOLVEPNP_ITERATIVE
);
```

cv::solvePnP()の引数は、cv::calibrateCamera()の対応する引数と似ていますが、重要な違いが2つあります。まず、objectPointsとimagePointsの引数は、単一の視点だけからのものです（すなわち、cv::InputArrayOfArrays型ではなくcv::InputArray型です）。次に、内部パラメータ行列と歪み係数は内部で計算されるのではなく、外から与えます（すなわち、

†38 実際、この作業はカメラキャリブレーションの作業全体の一部で、この関数はcv::calibrateCamera()で内部的に呼び出されています。

出力ではなく入力です)。結果の回転ベクトルは、前と同様ロドリゲス形式です。すなわち、チェスボードや点の3次元の回転軸を表す3要素の回転ベクトルで、ベクトルの大きさ(または長さ)は反時計回りの回転角度を表します。この回転ベクトルは、以前に述べた `cv::Rodrigues()` 関数によって3×3の回転行列に変換することができます。平行移動ベクトルは、カメラ座標系におけるチェスボードの原点位置へのオフセットです。

`useExtrinsicGuess` 引数に `true` を設定すると、現在の `rvec` と `tvec` 引数の現在の値を初期推定とするよう、ソルバーに指定することができます。デフォルトは `false` です。

最後の引数 `flags` は、3つの値 `cv::SOLVEPNP_ITERATIVE`、`cv::SOLVEPNP_P3P`、`cv::SOLVEPNP_EPNP` のうちのどれかに設定して、システム全体を解くのに使う手法を指定することができます。`cv::SOLVEPNP_ITERATIVE` の場合、入力の `imagePoints` と投影された値 `objectPoints` との間の再投影誤差を最小化するために Levenberg-Marquardt 最適化が使われます。`cv::SOLVEPNP_P3P` の場合、[Gao03] に基づいた手法が使われます。この場合、正確に4つの物体と4つの画像点が提供される必要があります。`cv::solvePnP()` の戻り値は、この手法が成功した場合にだけ true を返します。最後に `cv::SOLVEPNP_EPNP` の場合は、[Moreno-Noguer07] で述べられている手法が使われます。最後の2つの手法は反復型ではなく、結果的に `cv::SOLVEPNP_ITERATIVE` よりずっと高速であることに注意してください。

私たちは、たくさんのフレームそれぞれにおける物体(チェスボードなど)に対してカメラが固定されているものと仮定して、その物体の姿勢を計算するための方法として `cv::solvePnP()` を導入しました。しかし同じ関数を使って逆の問題を効率的に解くことができます。例えば移動ロボットの場合は、静止した物体(固定された物体かもしれませんし単に背景全体かもしれません)と移動するカメラという状況のほうにより関心があるでしょう。この場合もやはり `cv::solvePnP()` を使うことができます。違いは、結果の `rvec` と `tvec` のベクトルをどう解釈するかだけです。

18.2.4.5 cv::solvePnPRansac() を用いて外部パラメータだけを計算する

`cv::solvePnP()` の欠点は、外れ値に対してロバストでないということです。ただしカメラキャリブレーションでは、これはそれほど問題にはなりません。その主な理由は、個々の特徴点を見つけ、その相対的な配置によって私たちが見ているものが正しいということを検証するための信頼できる方法を、チェスボードそのものが与えてくれるからです。しかし、チェスボード上ではなく実世界の点(例えば疎な重要な特徴を使うなど)に対してカメラの位置を求めようとしている場合には、不一致が起こりやすく、重大な問題の原因となります。「18.2.3 ホモグラフィ」で、RANSAC 手法がこの種の外れ値を効率よく扱えると説明したことを思い出してください。

```
bool cv::solvePnPRansac(
  cv::InputArray  objectPoints,             // 物体の点(物体フレーム)
  cv::InputArray  imagePoints,              // 見つかった点の位置(画像フレーム)
  cv::InputArray  cameraMatrix,             // 3 × 3 カメラ内部パラメータ行列
```

```
    cv::InputArray  distCoeffs,                 // 4、5、または8個の係数
    cv::OutputArray rvec,                       // 結果の回転ベクトル
    cv::OutputArray tvec,                       // 結果の平行移動ベクトル
    bool            useExtrinsicGuess = false, // rvecとtvec内の値を読むか？
    int             iterationsCount   = 100,   // RANSACの繰り返し
    float           reprojectionError = 8.0,   // 最大誤差
    int             minInliersCount   = 100,   // この数だけ見つかったら終了する
    cv::OutputArray inliers           = cv::noArray(), // 正常値のインデックスを格納する
    int flags                         = cv::SOLVEPNP_ITERATIVE  //  solvePnP()と同じ
  );
```

cv::solvePnPRansac() の引数のうち、cv::solvePnP() にもあるものはすべて同じ意味です。新しい引数は、アルゴリズムの RANSAC の部分を制御します。具体的には、iterationsCount 引数は RANSAC の繰り返し回数を設定し、reprojectionError 引数は正常値だと考えられる最大の再投影誤差を指定します†39。引数 minInliersCount の名前は、いささか誤解を招く恐れがあります。RANSAC の処理中の任意の時点で正常値の数が minInliersCount を超えたら、処理を終了し、このグループが正常値グループとして受け取られます。これはパフォーマンスを非常に向上させることができますが、低すぎる値に設定すると、多くの問題が起こりえます。最後の inliers 引数は出力で、もし設定されていたら、正常値として選ばれた点の（objectPoints と imagePoints の）インデックスが格納されます。

18.3 歪み補正

すでにそれとなく述べてきたとおり、一般にキャリブレーションされたカメラでやりたいことは2つあります。歪み効果を補正することと、撮影された画像の3次元的な表現を生成することです。まずは1つ目について見ていきましょう。その後、次章で2つ目の、より複雑な作業に進みます。

OpenCV には、すぐに使える歪み補正アルゴリズムがあります。これは、原画像と cv::calibrateCamera() で得られた歪み係数を入力として、補正画像を生成します（**図18-17**）。このアルゴリズムは、cv::undistort() を呼び出すことで実行できます。この関数は、必要な計算を一気に全部やってくれます。あるいは、cv::initUndistortRectifyMap() と cv::remap() をペアで呼び出すことでも実行できます。こちらの方法では、動画のように、同じカメラから多くの画像が得られる場合に、より効率的に処理することができます†40。

†39 PnP 問題において、効率的に探せるものは透視変換です。これは4つの点があれば十分に決定できます。したがって、RANSAC の繰り返しで選択される点の初期数は4です。reprojectionError のデフォルト値は、これらの点と対応する再投影の間の距離の二乗和に対応しています。

†40 **歪み補正**と**平行化**（rectification）ははっきり区別しておく必要があります。前者は数学的にレンズ歪みを取り除くのに対し、後者は2つ（またはそれ以上の）画像どうしを数学的に揃えます。後者は次章で重要になります。

図18-17　歪み補正前の画像（左）と補正後の画像（右）

18.3.1　歪み補正マップ

画像の歪み補正を行うとき、入力画像内のすべてのピクセルが出力画像のどこに移動するかを指定する必要があります。そのような指定は**歪み補正マップ**と呼ばれます（あるいは単に**歪みマップ**と呼ばれることもあります）。そのようなマップに使える表現はいくつかあります。

最初の最も直接的な表現は、**2チャンネル浮動小数点数型**表現です。この表現では $N \times M$ 画像の再マッピングは、図18-18に示すように $N \times M$ の2チャンネルの浮動小数点数型配列で表されます。画像内の任意の要素 (i, j) に対して、この浮動小数点数型配列の対応する要素の値は、入力画像のピクセル (i, j) が再配置される位置を示す数字の対 (i^*, j^*) になります。(i^*, j^*) は浮動小数点数型なので、もちろんターゲット画像内で補間が行われます[†41]。

†41　通常そうであるように、この補間は実際には逆方向に実行されます。つまり、マップが与えられたら、最終画像内のあるピクセルを計算するために、元の画像のどのピクセルがその近くにマッピングされるかを判定し、その後それらのピクセル値の間を近似的に補間するということです。

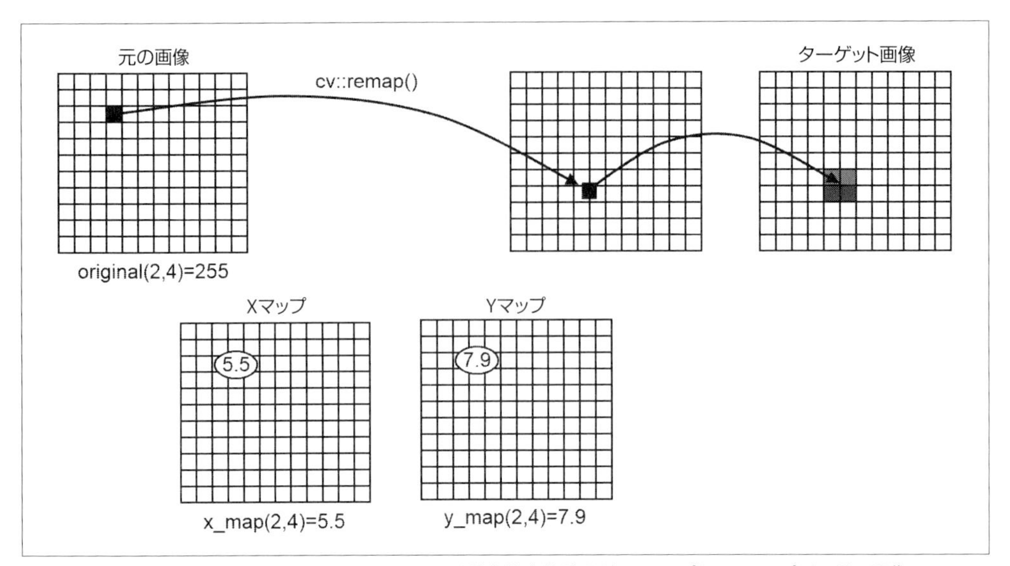

図18-18 浮動小数点数型表現では、2つの異なる浮動小数点数型配列XマップとYマップが、元の画像の(i, j)に位置するピクセルの移動先をエンコードする。(i, j)のピクセルは、出力画像では(x_map(i, j), y_map(i, j))にマッピングされる。この行き先は必ずしも整数値ではないので、補間を使って最終的な画像の輝度を計算する

次の表現方法は、**2配列浮動小数点数型**表現です。この表現では、再マッピングは2つの$N \times M$配列で記述されます。それぞれは単一チャンネルの配列です。1つ目の配列は位置(i, j)に値i^*（元の配列のピクセル(i, j)が再マッピングされた位置のx座標）が格納されています。同様に、2番目の配列は同じ位置にj^*（ピクセル(i, j)が再マップされた位置のy座標）が格納されています。

最後の表現は**固定小数点数型**表現です。この表現では、マッピングは2チャンネルの符号付き整数型配列（すなわちCV_16SC2型）で指定されます。この配列の解釈は、**2チャンネル浮動小数点数型**と同じですが、こちらの形式の演算はずっと高速です。高精度が要求される場合、再マッピング間の補間に必要な情報は、別の単一チャンネルの符号なし整数型配列（すなわちCV_16UC1型）にエンコードされます。この配列の要素は内部補間テーブルを参照し、補間のために使われます（したがって、この配列には「ユーザーが使える部分」はありません）。

18.3.2 cv::convertMaps()を用いて歪み補正マップの表現を変換する

歪み補正マップには複数の表現方法があるので、それらの間で変換をしたいと思うのは自然です。cv::convertMaps()関数がそれを行います。先ほど説明したいずれかの形式でマップを提供すると、他の任意の形式に変換します。cv::convertMaps()のプロトタイプは次のとおりです。

```
void cv::convertMaps(
  cv::InputArray  map1,          // 1つ目の入力マップ：CV_16SC2/CV_32FC1/CV_32FC2
  cv::InputArray  map2,          // 2つ目の入力マップ：CV_16UC1/CV_32FC1またはなし
  cv::OutputArray dstmap1,       // 1つ目の出力マップ
  cv::OutputArray dstmap2,       // 2つ目の出力マップ
  int             dstmap1type,   // dstmap1の型：CV_16SC2/CV_32FC1/CV_32FC2
  bool            nninterpolation = false  // 固定小数点数型への変換用
);
```

入力のmap1とmap2は既存のマップです。dstmap1とdstmap2は、変換されたマップが格納される出力です。引数dstmap1typeにはどの種類のマップを作ってほしいかを指定します。cv::convertMaps()はここに指定された型から、みなさんの望むマップを推測します。固定小数点数型への変換の際に、補間テーブルも計算したいかどうかを示すために最後の引数nninterpolationを使います。可能な変換を**表18-1**に示します。各変換に対するdstmap1typeとnninterpolationの正しい組み合わせも示しています。

表18-1　cv::convertMaps()で可能なマップ型の変換

map1	map2	dstmap1type	nninterpolation	dstmap1	dstmap2
CV_32FC1	CV_32FC1	CV_16SC2	true	CV_16SC2	CV_16UC1
CV_32FC1	CV_32FC1	CV_16SC2	false	CV_16SC2	cv::noArray()
CV_32FC2	cv::noArray()	CV_16SC2	true	CV_16SC2	CV_16UC1
CV_32FC2	cv::noArray()	CV_16SC2	false	CV_16SC2	cv::noArray()
CV_16SC2	CV_16UC1	CV_32FC1	true	CV_32FC1	CV_32FC1
CV_16SC2	cv::noArray()	CV_32FC1	false	CV_32FC1	CV_32FC1
CV_16SC2	CV_16UC1	CV_32FC2	true	CV_32FC2	cv::noArray()
CV_16SC2	cv::noArray()	CV_32FC2	false	CV_32FC2	cv::noArray()

浮動小数点数から固定小数点数への変換は（nninterpolationを使ったとしても）当然精度が下がるので、ある方向に変換した後で逆方向に変換しても、必ずしも最初のマップと同じものを受け取れるとは限らないことに注意してください。

18.3.3　cv::initUndistortRectifyMap()を用いて歪み補正マップを計算する

歪み補正マップを理解したので、次のステップはそれをカメラパラメータからどのように計算するかを理解することです。実際には歪み補正マップはカメラキャリブレーションだけに使われるものではなく、もっとずっと汎用的なものですが、ここで私たちが知りたいことは、どのようにカメラキャリブレーションの結果を使ってきれいに補正された画像を作成できるかということです。今までのところ、私たちは単眼カメラで撮影した画像の状況を議論してきました。実際には補正のより重要な応用の1つは、一対の画像を用意して深さを持った画像の立体計算に使うことです。次章でステレオの話題に戻りますが、この応用は覚えておく価値があります。その理由の1つは、歪み

補正を行う関数のいくつかの引数は、主にステレオビジョンの用途で使うものだからです。

基本的な処理としては、まず歪み補正マップを計算し、その後、それを画像に適用します。処理が2つに分かれている理由は、ほとんどの実践的な応用では、自分のカメラ用の歪み補正マップを一度だけ計算し、その後は、カメラから画像が流れ込んでくるのに合わせてそのマップを繰り返し使えばよいからです。関数 cv::initUndistortRectifyMap() を使ってカメラキャリブレーション情報から歪み補正マップを計算します。

```
void cv::initUndistortRectifyMap(
  cv::InputArray  cameraMatrix,    // 3 × 3 カメラ行列
  cv::InputArray  distCoeffs,      // 4、5、または 8 個の係数
  cv::InputArray  R,               // 平行化変換
  cv::InputArray  newCameraMatrix, // 新しいカメラ行列（3 × 3）
  cv::Size        size,            // 歪み補正されたが画像のサイズ
  int             m1type,          // map1 の型：CV_16SC2、CV_32FC1 または CV_32FC2
  cv::OutputArray map1,            // 最初の出力マップ
  cv::OutputArray map2,            // 2 番目の出力マップ
);
```

関数 cv::initUndistortRectifyMap() は歪み補正マップを計算します。最初の2つの引数は、カメラ内部パラメータ行列と歪み係数で、どちらも cv::calibrateCamera() からの出力の形式です。

次の引数 R は、使わないときは cv::noArray() を設定します。使う場合は 3×3 行列である必要があります。これは平行化の前に適用されます。この行列の機能は、カメラが置かれているグローバルな座標系に対するカメラの回転を相殺することです。

回転ベクトルと同様、newCameraMatrix を使って、どのように画像を歪み補正するかに影響を与えることができます。newCameraMatrix を使った場合、画像は、歪み補正される前に、newCameraMatrix が示す内部パラメータを持つ別のカメラから撮影された場合の見え方に「修正」されます。実際にはこのようにして変化させるのは、焦点距離ではなくカメラ中心です。普通、単眼画像を扱っているときには newCameraMatrix は使いませんが、ステレオ画像の解析に場合には重要です。単眼画像では、普通はこの引数に cv::noArray() を設定しておくだけでよいでしょう。

ステレオ画像を扱うのでなければ、みなさんが回転ベクトル R や newCameraMatrix 引数を使うことはあまりないでしょう。ステレオ画像の場合は、cv::initUndistortRectifyMap() に与えられる正しい配列は、cv::stereoRectify() が計算してくれます。cv::stereoRectify() を呼び出した後、R1 と P1 の配列で最初のカメラからの画像を平行化し、R2 と P2 の配列で 2 番目のカメラからの画像を平行化します。この話題は、次章でステレオ画像について議論するときに再び触れます[†42]。

引数 size は単に出力マップのサイズを設定します。これは歪み補正する画像のサイズと一致している必要があります。

最後の 3 つの引数、m1type、map1、map2 は、それぞれ、最終的なマップの型を指定し、そのマップが書き込まれる場所を提供します。m1type の可能な値は、CV_32FC1、CV_32FC2、CV_16SC2 で、map1 を表現するのに使われる型に対応しています。CV_32FC1 の場合、map2 も CV_32FC1 です。これは前の節で見た、マップの **2 配列浮動小数点数型**表現に対応しています。CV_16SC2 の場合、map1 は固定小数点数型表現です（map2 には補間テーブル係数が含まれることを思い出してください）。

18.3.4 cv::remap() を用いて画像の歪み補正を行う

歪み補正マップが計算できたら、cv::remap() を使って、入力される画像にそれを適用することができます。前に一般的な画像変換について議論したときに cv::remap() に遭遇しています。これはその関数の限定的な、しかしとても重要な応用なのです。

前に見たように cv::remap() は、歪み補正マップ（例えば、cv::initUndistortRectifyMap() で計算されたもの）に対応する 2 つのマップ引数を持ちます。cv::remap() は、これまで見てきた任意の歪み補正マップの形式、すなわち、2 チャンネル浮動小数点数型、2 配列浮動小数点数型、および、固定小数点数型（補間テーブルのインデックスの配列があってもなくてもよい）を受け入れます。

cv::remap() を 2 つの異なる 2 チャンネル浮動小数点数型表現で、または補間テーブル配列なしの固定小数点数型表現で使う場合には、map2 引数には単に cv::noArray() を渡すべきです。

18.3.5 cv::undistort() を用いて歪み補正を行う

場合によっては、補正する画像が 1 つしかなかったり、画像ごとに歪み補正マップを再計算す

†42 並外れて明敏な読者のみなさんは、カメラ行列が 3 × 3 であるのに対し、cv::stereoRectify() からの戻り値 P1 と P2 が実際には 3 × 4 の射影行列であることに気づかれたかもしれませんが、心配することはありません。実際、P1 と P2 の最初の 3 列は、カメラ行列と同じ情報が格納されていて、cv::initUndistortRectifyMap() の内部で実際に使われるのはこの部分なのです。

る必要があったりすることもあります。そのような場合は、少しコンパクトなcv::undistort()を使うことができます。これはマップの計算と適用を一度に効率的に行います。

```
void cv::undistort(
  cv::InputArray  src,                          // 歪んだ入力画像
  cv::OutputArray dst,                          // 補正された結果の画像
  cv::InputArray  cameraMatrix,                 // 3 × 3 のカメラ行列
  cv::InputArray  distCoeffs,                   // 4、5、または 8 個の係数のベクトル
  cv::InputArray  newCameraMatrix = noArray() // オプションの新しいカメラ行列
);
```

cv::undistort()の引数は、cv::initUndistortRectifyMap()の対応する引数と同じです。

18.3.6 cv::undistortPoints()を用いて疎な歪み補正を行う

時々起こるもう1つの状況は、画像全体を補正するのではなく、画像から集めたある点の集合があり、それらの点の位置にしか関心がない場合です。この場合は、cv::undistortPoints()を使って特定の点のリストの「正しい」位置を計算することができます。

```
void cv::undistortPoints(
  cv::InputArray  src,                          // 入力配列。N 個の点（2 次元）
  cv::OutputArray dst,                          // 出力配列。N 個の点（2 次元）
  cv::InputArray  cameraMatrix,                 // 3 × 3 のカメラ行列
  cv::InputArray  distCoeffs,                   // 4、5、または 8 個の係数のベクトル
  cv::InputArray  R           = cv::noArray(), // 3 × 3 の平行化行列
  cv::InputArray  P           = cv::noArray()  // 3 × 3 または 3 × 4 の新しいカメラ行列
                                                // または新しい射影行列
);
```

cv::undistort()と同様に、cv::undistortPoints()の引数は、cv::initUndistortRectifyMap()の対応する引数に似ています。主な違いは、srcとdstの引数が2次元配列ではなく、2次元の点のベクトルであることです（いつものとおり、これらのベクトルは、cv::Vec2iオブジェクトの$N \times 1$配列、浮動小数点数型オブジェクトの$N \times 1$配列、cv::Vec2fオブジェクトのSTL vectorなど、通常の形式のいずれでも可能です）。

cv::undistortPoints()の引数Pは、cv::undistortPoints()のnewCameraMatrixに対応します。前と同様、これらの2つの追加の引数RとPは、「19章　射影変換と3次元ビジョン」で説明するステレオ平行化でこの関数を使う際に主に関係してきます。補正されたカメラ行列Pは3×3次元または3×4次元で、cv::stereoRectify()の戻り値のカメラ行列P1またはP2（左または右のカメラに対応。「19章　射影変換と3次元ビジョン」参照）の、最初の3列または4列に由来しています。デフォルトではこれらの引数はcv::noArray()で、関数はこれを単位行列であると解釈します。

18.4 キャリブレーションを全部まとめる

では、ここまでの話すべてを1つの例にまとめたものを見ていきましょう。**例18-1**に、次の処理を行うプログラムを紹介します。まず、ユーザーが指定した個数の縦横のコーナーを持つチェスボードを探します。次に、ユーザーが指定しただけの枚数の完全な画像（つまり、チェスボードのコーナーすべてを見つけることができた画像）を取り込みます。続いて、カメラ内部行列と歪みパラメータを計算します。最後に、プログラムは表示モードになり、歪みを補正したカメラ画像を表示します。

このアルゴリズムを用いる場合、連続する画像取り込みの間で、チェスボードの見え方を大きく変えたほうがよいでしょう。そうしないと、キャリブレーションパラメータを求めるのに使用する点群の行列が不良設定（ランク落ち）の行列となってしまい、間違った解が得られるか、まったく解が得られないかのいずれかになります。

例18-1　チェスボードの幅、高さを読み取り、指定された数の画像を取得し、カメラのキャリブレーションを行う

```
#include <opencv2/opencv.hpp>
#include <iostream>

using namespace std;

void help( char *argv[] ) {
  ...
}

int main(int argc, char* argv[]) {

  int   n_boards = 0; // 入力リストにより設定される
  float image_sf = 0.5f;
  float delay    = 1.f;
  int   board_w  = 0;
  int   board_h  = 0;

  if(argc < 4 || argc > 6) {
    cout << "\nERROR: Wrong number of input parameters";
    help( argv );
    return -1;
  }
  board_w  = atoi( argv[1] );
  board_h  = atoi( argv[2] );
  n_boards = atoi( argv[3] );
  if( argc > 4 ) delay    = atof( argv[4] );
  if( argc > 5 ) image_sf = atof( argv[5] );

  int      board_n  = board_w * board_h;
  cv::Size board_sz = cv::Size( board_w, board_h );

  cv::VideoCapture capture(0);
```

```
if( !capture.isOpened() ) {
  cout << "\nCouldn't open the camera\n";
  help( argv );
  return -1;
}

// 格納場所を確保
//
vector< vector<cv::Point2f> > image_points;
vector< vector<cv::Point3f> > object_points;

// コーナーの画像を取り込む。取り込みに成功した（ボード上のすべての
// コーナーが見つかった）画像が n_board 枚得られるまでループする
//
double   last_captured_timestamp = 0;
cv::Size image_size;

while( image_points.size() < (size_t)n_boards ) {

  cv::Mat image0, image;
  capture >> image0;
  image_size = image0.size();
  cv::resize(image0, image, cv::Size(), image_sf, image_sf, cv::INTER_LINEAR );

  // ボードを探す
  //
  vector<cv::Point2f> corners;
  bool found = cv::findChessboardCorners( image, board_sz, corners );

  // 描画する
  //
  drawChessboardCorners( image, board_sz, corners, found );

  // よいボードが見つかれば、データに加える
  //
  double timestamp = (double)clock()/CLOCKS_PER_SEC;

  if( found && timestamp - last_captured_timestamp > 1 ) {

    last_captured_timestamp = timestamp;
    image ^= cv::Scalar::all(255);

    cv::Mat mcorners(corners);                 // データをコピーしない
    mcorners *= (1./image_sf);                 // コーナーの座標をスケーリングする
    image_points.push_back(corners);
    object_points.push_back(vector<Point3f>());
    vector<cv::Point3f>& opts = object_points.back();
    opts.resize(board_n);
    for( int j=0; j<board_n; j++ ) {
      opts[j] = cv::Point3f((float)(j/board_w), (float)(j%board_w), 0.f);
    }
    cout << "Collected our " <<  (int)image_points.size() <<
      " of " << n_boards << " needed chessboard images\n" << endl;
```

```
  }
  cv::imshow( "Calibration", image );  // 画像を修正した場合カラーで表示

  if((cv::waitKey(30) & 255) == 27)
    return -1;
}
// 画像取り込みのループ ここまで


cv::destroyWindow( "Calibration" );
cout << "\n\n*** CALIBRATING THE CAMERA...\n" << endl;

// カメラのキャリブレーションを行う！
//
cv::Mat intrinsic_matrix, distortion_coeffs;
double err = cv::calibrateCamera(
  object_points,
  image_points,
  image_size,
  intrinsic_matrix,
  distortion_coeffs,
  cv::noArray(),
  cv::noArray(),
  cv::CALIB_ZERO_TANGENT_DIST | cv::CALIB_FIX_PRINCIPAL_POINT
);

// 内部パラメータと歪み係数を保存する
cout << " *** DONE!\n\nReprojection error is " << err <<
  "\nStoring Intrinsics.xml and Distortions.xml files\n\n";
cv::FileStorage fs( "intrinsics.xml", FileStorage::WRITE );

fs << "image_width" << image_size.width << "image_height" << image_size.height
  <<"camera_matrix" << intrinsic_matrix << "distortion_coefficients"
  << distortion_coeffs;
fs.release();

// これらの行列を読み込み直す例
fs.open( "intrinsics.xml", cv::FileStorage::READ );
cout << "\nimage width: " << (int)fs["image_width"];
cout << "\nimage height: " << (int)fs["image_height"];

cv::Mat intrinsic_matrix_loaded, distortion_coeffs_loaded;
fs["camera_matrix"] >> intrinsic_matrix_loaded;
fs["distortion_coefficients"] >> distortion_coeffs_loaded;
cout << "\nintrinsic matrix:" << intrinsic_matrix_loaded;
cout << "\ndistortion coefficients: " << distortion_coeffs_loaded << endl;

// 後続フレームすべてに対して用いる歪み補正用のマップを作成する
//
cv::Mat map1, map2;
cv::initUndistortRectifyMap(
  intrinsic_matrix_loaded,
  distortion_coeffs_loaded,
```

```
    cv::Mat(),
    intrinsic_matrix_loaded,
    image_size,
    CV_16SC2,
    map1,
    map2
  );

  // カメラ画像を画面に表示する
  // ここで、原画像と歪み補正後の画像を表示する
  //
  for(;;) {
    cv::Mat image, image0;
    capture >> image0;
    if( image0.empty() ) break;
    cv::remap(
      image0,
      image,
      map1,
      map2,
      cv::INTER_LINEAR,
      cv::BORDER_CONSTANT,
      cv::Scalar()
    );
    cv::imshow("Undistorted", image);
    if((cv::waitKey(30) & 255) == 27) break;
  }

  return 0;
}
```

18.5 まとめ

本章は、ピンホールカメラモデルと基本的な射影幾何学の概要を簡単に復習することから始めました。回転の代替表現方法としてロドリゲス変換を紹介した後、レンズ歪みの概念を紹介し、それらがOpenCVでどのようにモデル化されているか、また、このモデルがカメラ内部パラメータ行列にまとめられていることを学習しました。

このモデルを手にして、私たちはチェスボードやサークルグリッドを使ってどのようにカメラをキャリブレーションするか（そして「付録B　opencv_contribモジュール」にあるように、ccalib関数グループにはそれ以外にもまだキャリブレーションパターンがあること）の学習に進みました。また、多くのキャリブレーション画像から交差点や円を探索した結果を使って、どのようにOpenCVに内部パラメータや外部パラメータを計算させるかについて見ました。キャリブレーション関数から画像ホモグラフィの話題にも移りました。私たちはキャリブレーションにおける内部パラメータと外部パラメータの違いについて学習し、それらの外部パラメータを一般的な「PnP」姿勢推定問題に関連づけました。最後に、計算されたカメラの内部パラメータを利用して、どのように画像を歪み補正して、実世界のレンズで起こる一般的な歪みを正すかを見ました。

複数の画像をキャプチャしてそれらの画像からキャリブレーションデータを抽出し、そこからカメラ内部パラメータを計算し、それらのカメラ情報を使って入力ビデオを補正する完全なプログラム例で、本章を締めくくりました。

18.6 練習問題

1. 定規しか持っていない場合、どうすればカメラの焦点距離を測定できますか？ ただし、そのカメラの歪みは取るに足りないもので、主点は画像の中心であると仮定してください。
2. 図18-2において三角比を使って、画像中心がずれている場合の方程式 $x = f_x \cdot (X/Z) + c_x$、$y = f_y \cdot (Y/Z) + c_y$ を導出してください。
3. 真の中心位置 (c_x, c_y) を推定する際の誤差は、焦点距離などの他のパラメータの推定にも影響を与えるでしょうか？
   ヒント：$q = MQ$ の式を見てみましょう。
4. 正方形の画像を、次の条件で描画してください。
   a. 半径方向歪みあり
   b. 円周方向歪みあり
   c. 両方の歪みあり
5. 図18-19を見てください。透視変換された画像について、次のことを説明してください。

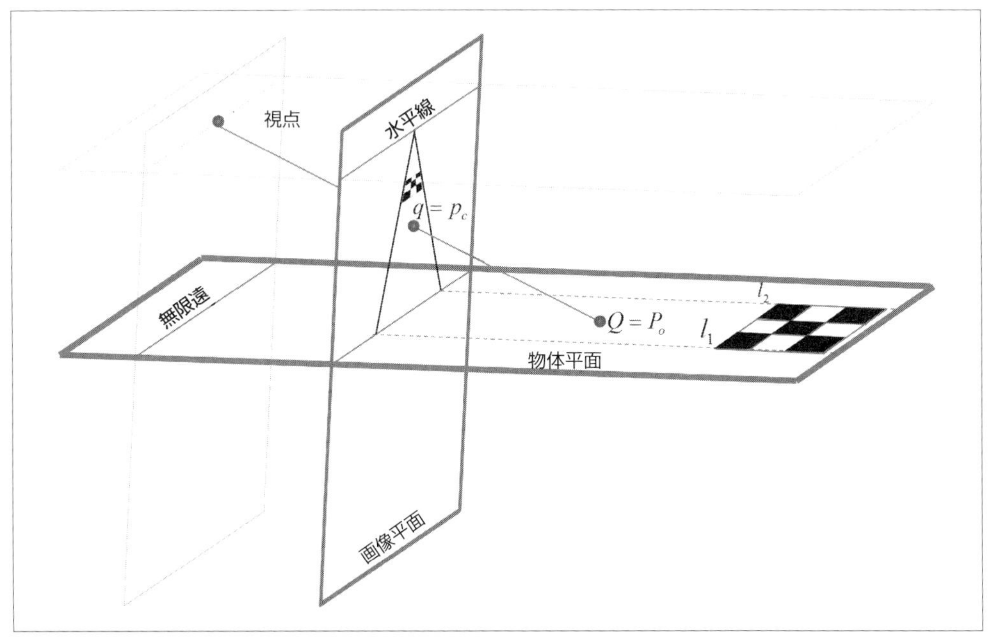

図18-19　ホモグラフィの図。物体平面と画像平面の交差、および投影中心を表す視点を示している

a. 「無限遠の直線」の起点はどこですか？

b. なぜ物体平面上の平行な直線が、画像平面上の点では交わるのでしょうか？

c. 物体平面と画像平面が互いに直交しているとします。物体平面上で、点 p_1 から単位長さ10個分だけ画像平面から遠くに移動し、点 p_2 まで来たとします。この移動に対応する、画像平面上での移動距離はいくらでしょうか？

6. **図18-3**は半径方向歪みによる、外側へと膨張する「樽型歪み」効果を示しています。これは**図18-17**の左側の画像で顕著に見られます。これとは逆に、画像の内側にへこむようなレンズはありえるでしょうか？ どうすれば、これは可能になるでしょうか？

7. 安価なWebカメラや携帯電話で同心の四角形またはチェスボードを撮影し、半径方向歪みと円周方向歪みが生じている例を作ってください。

a. `cv::calibrateCamera()` と最低15枚のチェスボードの画像を使って、カメラをキャリブレーションしてください。その後、`cv::projectPoints()` を使って、チェスボードに直交する矢印（面法線）を各チェスボード画像に投影してください。カメラキャリブレーションの結果の回転ベクトルと平行移動ベクトルを使います。

b. 歪み補正前の画像と補正後の画像を表示してください。

8. 画像配列の2倍のサブサンプリング（x 方向と y 方向でピクセルを1つおきにスキップする）を採った場合、焦点距離と主点に対するキャリブレーションはどうなりますか？

9. 数値計算の安定性とノイズについて実験しましょう。多くのチェスボード画像を集め、それらすべてについて「よい」キャリブレーションを行ってください。チェスボード画像の枚数を減らすと、キャリブレーションパラメータがどのように変化するかを検証しましょう。横軸にチェスボード画像の枚数、縦軸にカメラパラメータを取り、結果をグラフにしてください。

10. 高性能なカメラは一般に、画像上の歪みを物理的に補正するレンズシステムを持っています。そのようなカメラに、複数項からなる歪みモデルを用いた場合、何が起こるでしょうか？
ヒント：これは**過剰適合**（overfitting）あるいは過学習と呼ばれます。

11. **3次元ジョイスティック**を実装してください。まず、カメラをキャリブレーションします。そしてビデオを使い、チェスボードを手に持って振り、`cv::solvePnP()` を3次元ジョイスティックとして使ってください。`cv::solvePnP()` は、方向が回転軸の方向を表し、大きさが反時計周りの回転角度を表すような 3×1 または 1×3 のベクトルと、3次元の平行移動ベクトルを出力することを思い出してください。

a. チェスボードを動かす間、チェスボードの回転軸と回転角度と、その場所（つまり、平行移動量）をリアルタイムに出力してください。チェスボードが見えていない場合の対処も行ってください。

b. `cv::Rodrigues()` を使い、`cv::solvePnP()` の出力を 3×3 の回転行列と平行移動ベクトルに変換してください。これを使って、線の組み合わせで作ったシンプルな3次元の飛行機の絵を画像上に描画し、ビデオカメラの前でチェスボードを動かすのに合わせて、リアルタイムで動かしてください。

19章
射影変換と3次元ビジョン

本章では、3次元ビジョンに進みます。最初に、3次元から2次元の射影と逆射影（この操作は反転可能ですが）について調査し、その後、複数カメラによる奥行き知覚を扱います。これを行うためには、「18章　カメラモデルとキャリブレーション」で学んだ概念のいくつかを持ち込む必要があります。**カメラ内部行列** M、**歪み係数**、回転行列 R、平行移動ベクトル $\vec{T}$、そして特に**ホモグラフィ行列** H です[†1]。

ここではキャリブレーションされたカメラを用いた3次元世界での射影の説明から始め、アフィン変換と射影変換（「11章　画像変換」で最初に勉強したもの）を復習します。次に、地面の鳥瞰図[†2]を作る方法の例に進みます[†3]。また、「18章　カメラモデルとキャリブレーション」で初めて出てきた `cv::solvePnP()` についてももう少し詳しく説明します。この説明の中で、このアルゴリズムをどのように使えば画像内にある既知の3次元物体の3次元の姿勢（位置と回転）を求められるのかを見ていきます。

これらの概念を学んだ後、3次元幾何と複数の撮像素子に進みます。一般的に、複数の画像を用いずに、キャリブレーションを行ったり3次元情報を取り出したりする信頼性のある方法はありません。複数の画像を用いて3次元のシーンを再構成する最もわかりやすい例は、**ステレオビジョン**です。ステレオビジョンでは、ステレオカメラから同時に撮られた2つ（もしくはそれ以上）の画像内の特徴を他の画像内の対応する特徴とマッチングさせ、その差を解析し奥行き情報を得ます。もう1つの例は、動きを用いた**3次元復元**（structure from motion）です。この場合には、カメラは1つしかありませんが、異なった時刻と場所から撮られた複数の画像が手に入ります。前者の場合、主な興味の対象となるのは、距離計算の方法である**視差効果**（三角測量）です。後者では、シーン理解の起点となる**基礎行列**（2つの異なるビューを関係付ける）を計算します。

---

†1　他にも、「18章　カメラモデルとキャリブレーション」で触れ「付録B　opencv_contrib モジュール」にも記載してあるように、`opencv_contrib` には、オムニカメラやマルチカメラに対するキャリブレーションアルゴリズム（`ccalib` 内）、さまざまな種類のキャリブレーションパターン（`aruco` と `ccalib` 内）、さらにはカラーバランスとノイズ除去アルゴリズム（`xphoto`）なども含まれています。ただしこれらは実験用のコードなので、ここでは詳しく説明しませんが、これらのツールの多くがステレオキャリブレーションやビジョン関連の作業を改善する上で非常に役立ちます。

†2　訳注：鳥が高いところから地面を見下ろしたように、高い視点から見下ろして書いた図。

†3　これは、ロボティクスやその他の多くのビジョンアプリケーションでよく必要になります。

これらの問題はすべて、何らかの形で、3次元世界から2次元画像やカメラに射影する能力に依存するため、「18章　カメラモデルとキャリブレーション」で学んだことから始め、そこから自分たちの方法を構築します。

19.1 射影

カメラをキャリブレーションすると（「18章　カメラモデルとキャリブレーション」参照）、物理世界の点を画像内の点に一意に射影することができます。これはつまり、カメラを基準とする3次元の物理的な座標系の位置が与えられると、外部の3次元の点が撮像素子上のどこに現れるかをピクセル座標で計算することができるということです。この変換はOpenCVのcv::projectPoints()で行うことができます。

```
void cv::projectPoints(
  cv::InputArray  objectPoints, // 3 × N/N × 3 Nc=1、1 × N/N × 1 Nc=3、
                                // もしくは vector<Point3f>
  cv::InputArray  rvec,         // 回転ベクトル
                                //  (cv::Rodrigues() 参照)
  cv::InputArray  tvec,         // 平行移動ベクトル
  cv::InputArray  cameraMatrix, // 3x3 のカメラ内部行列
  cv::InputArray  distCoeffs,   // 4、5、8 要素のベクトル、
                                // もしくは cv::noArray()
  cv::OutputArray imagePoints,  // 2 × N/N × 2 Nc=1、1 × N/N × 1 Nc=2、
                                // もしくは vector<Point2f>
  cv::OutputArray jacobian    = cv::noArray(), // オプション、
                                               //  2N × (10+nDistCoeff)
  double          aspectRatio = 0              // 0 以外の場合、固定
                                               // この値が fx/fy
);
```

ちょっと見ると、たくさんの引数があり少々威圧的に見えるかもしれませんが、実際にはこれらの関数は簡単に使えます。cv::projectPoints()は投影したい点が剛体上にあるという（非常によくある）状況に対応するように設計されました。この場合、点群を、単なるカメラ座標系での座標のリストとしてではなく、その物体自身を中心にした座標系での座標のリストとして表すのが自然です。そうすれば、回転と平行移動を加えて、物体の座標とカメラの座標間の関係を指定することができます。実際には、cv::projectPoints()はcv::calibrateCamera()の内部で用いられており、もちろん、これがcv::calibrateCamera()がその内部操作を構成する方法なのです。オプションの引数はすべて、主にcv::calibrateCamera()で使用されることを意図していますが、高度なユーザーは自分の目的のために使用するのにも便利であることがわかるでしょう。

最初の引数objectPointsは投影したい点のリストで、次のお決まりの形式のいずれかが可能です。すなわち、点の位置を含む、$N \times 3$の行列、$3 \times N$の行列、cv::Vec3fオブジェクトの$N \times 1$または$1 \times N$の行列、あるいはcv::Vec3fオブジェクトからなる単純な古いSTLスタイルのベクタです。これらの位置はその物体自身のローカル座標系で指定し、次に、物体の座標をカ

メラ座標に関連づけるベクトル rvec[†4]と tvec を指定します。特定の状況で、直接カメラ座標で作業したほうがやりやすい場合には、単にカメラ座標系で objectPoints を与え、rvec と tvec が両方とも回転量、平行移動量が 0 になるように設定することができます[†5]。

cameraMatrix と distortionCoeffs は、「18 章　カメラモデルとキャリブレーション」で説明した cv::calibrateCamera() により得られるカメラ内部パラメータと歪み係数です。imagePoints 引数は、計算結果が書き込まれる（お決まりの形式のいずれかの）2 次元点の配列です。

次にオプションの引数 jacobian が与えられていれば、回転ベクトルと平行移動ベクトルの成分、カメラ行列の要素、および歪み係数に関する各点の位置の偏微分係数に対応する値が埋められます。その結果、jacobian は $(2 \cdot N_p) \times (10 + N_d)$ の配列になります。ここで、N_p は点の数で、N_d は歪み係数の数です。jacobian の正確な要素を**図 19-1** に示します。jacobian を計算する必要がないなら（ほとんどの場合、おそらく必要ありませんが）、cv::noArray() を設定しておけばよく、その場合はこれらの値は計算されません。

$\frac{\partial p_{0,x}}{\partial r_x}$	$\frac{\partial p_{0,x}}{\partial r_y}$	$\frac{\partial p_{0,x}}{\partial r_z}$	$\frac{\partial p_{0,x}}{\partial T_x}$	$\frac{\partial p_{0,x}}{\partial T_y}$	$\frac{\partial p_{0,x}}{\partial T_z}$	$\frac{\partial p_{0,x}}{\partial f_x}$	$\frac{\partial p_{0,x}}{\partial f_y}$	$\frac{\partial p_{0,x}}{\partial c_x}$	$\frac{\partial p_{0,x}}{\partial c_y}$	$\frac{\partial p_{0,x}}{\partial r_1}$	$\frac{\partial p_{0,x}}{\partial r_2}$	$\frac{\partial p_{0,x}}{\partial p_1}$	$\frac{\partial p_{0,x}}{\partial p_2}$	$\frac{\partial p_{0,x}}{\partial r_3}$	…
$\frac{\partial p_{0,y}}{\partial r_x}$	$\frac{\partial p_{0,y}}{\partial r_y}$	$\frac{\partial p_{0,y}}{\partial r_z}$	$\frac{\partial p_{0,y}}{\partial T_x}$	$\frac{\partial p_{0,y}}{\partial T_y}$	$\frac{\partial p_{0,y}}{\partial T_z}$	$\frac{\partial p_{0,y}}{\partial f_x}$	$\frac{\partial p_{0,y}}{\partial f_y}$	$\frac{\partial p_{0,y}}{\partial c_x}$	$\frac{\partial p_{0,y}}{\partial c_y}$	$\frac{\partial p_{0,y}}{\partial r_1}$	$\frac{\partial p_{0,y}}{\partial r_2}$	$\frac{\partial p_{0,y}}{\partial p_1}$	$\frac{\partial p_{0,y}}{\partial p_2}$	$\frac{\partial p_{0,y}}{\partial r_3}$	
$\frac{\partial p_{1,x}}{\partial r_x}$	$\frac{\partial p_{1,x}}{\partial r_y}$	$\frac{\partial p_{1,x}}{\partial r_z}$	$\frac{\partial p_{1,x}}{\partial T_x}$	$\frac{\partial p_{1,x}}{\partial T_y}$	$\frac{\partial p_{1,x}}{\partial T_z}$	$\frac{\partial p_{1,x}}{\partial f_x}$	$\frac{\partial p_{1,x}}{\partial f_y}$	$\frac{\partial p_{1,x}}{\partial c_x}$	$\frac{\partial p_{1,x}}{\partial c_y}$	$\frac{\partial p_{1,x}}{\partial r_1}$	$\frac{\partial p_{1,x}}{\partial r_2}$	$\frac{\partial p_{1,x}}{\partial p_1}$	$\frac{\partial p_{1,x}}{\partial p_2}$	$\frac{\partial p_{1,x}}{\partial r_3}$	
$\frac{\partial p_{1,y}}{\partial r_x}$	$\frac{\partial p_{1,y}}{\partial r_y}$	$\frac{\partial p_{1,y}}{\partial r_z}$	$\frac{\partial p_{1,y}}{\partial T_x}$	$\frac{\partial p_{1,y}}{\partial T_y}$	$\frac{\partial p_{1,y}}{\partial T_z}$	$\frac{\partial p_{1,y}}{\partial f_x}$	$\frac{\partial p_{1,y}}{\partial f_y}$	$\frac{\partial p_{1,y}}{\partial c_x}$	$\frac{\partial p_{1,y}}{\partial c_y}$	$\frac{\partial p_{1,y}}{\partial r_1}$	$\frac{\partial p_{1,y}}{\partial r_2}$	$\frac{\partial p_{1,y}}{\partial p_1}$	$\frac{\partial p_{1,y}}{\partial p_2}$	$\frac{\partial p_{1,y}}{\partial r_3}$	
⋮															⋱

各点 p_i に対して
2行ずつ、成分 $p_{i,x}$ と $p_{i,y}$
を繰り返す

列は、個々のカメラパラメータ
に関する微分係数を表す。

図 19-1　jacobian 配列の要素

最後のパラメータ aspectRatio もオプションです。これは、アスペクト比が cv::calibrateCamera() か cv::stereoCalibrate() で固定される場合にだけ微分計算で用いられます。このパラメータが 0.0 でない場合、jacobian に現れる微分係数が調整されます。

†4　「回転ベクトル」は「18 章　カメラモデルとキャリブレーション」で最初に学んだ通常のロドリゲス表現です。

†5　この回転ベクトルは、回転を軸と角度で表現したものです。したがって、すべてを 0 に設定することは、大きさが 0 である「回転なし」を意味します。

19.2 アフィン変換と透視変換

これまでに説明したOpenCVの関数でも――みなさん自身が作成するアプリケーションでも――よく出てくる2つの変換は、アフィン変換と透視変換です。これらに最初に出会ったのは「11章　画像変換」でした。OpenCVで実装されているように、これらの関数は点のリストか画像全体に影響を与え、画像内のある場所の点を別の場所に写像し、多くの場合、その途中でサブピクセルレベルの補間が行われます。ここでみなさんも思い出されたかもしれませんが、アフィン変換は長方形から平行四辺形を作り出すことができ、透視変換はより一般的で長方形から任意の台形を作り出すことができます。

透視変換は**透視投影**と密接に関連しています。透視投影は、**投影中心**と呼ばれる単一の点にすべて集まる投影線の集合に沿って、3次元の実世界内の点を2次元の画像平面に写像します。透視変換は特別な種類の**ホモグラフィ**であり[†6]、同じ3次元物体を異なる**投影面**に別々に投影した2つの異なる画像の関係を表します。重要なのは、3次元物体と物理的に交差する平面のような非退化配置に関しては、ホモグラフィが2つの異なる投影中心を関連づけているとも言えることです。

これらの射影変換関連の関数については「11章　画像変換」でも詳しく説明しましたが、便利なのでここで**表19-1**にまとめます。

表19-1　アフィン変換と透視変換の関数

関数	用途
cv::transform()	点列をアフィン変換する
cv::warpAffine()	画像全体をアフィン変換する
cv::getAffineTransform()	点からアフィン行列を計算する
cv::getRotationMatrix2D()	回転を行うアフィン行列を計算する
cv::perspectiveTransform()	点列の透視変換
cv::warpPerspective()	画像全体の透視変換
cv::getPerspectiveTransform()	透視変換行列のパラメータを埋める

19.2.1 鳥瞰図変換の例

ロボットナビゲーションでよくあるタスクに、ロボットのカメラから見たシーンを上からの「鳥の目」視点に変換するものがあります。これは通常、経路計画などで使われます。**図19-2**では、ロボット（この場合は車）から見たシーンが鳥瞰図に変換されています。これにより、得られた平面上で経路計画やナビゲーションを行うことができ、さらに可能であれば、ソナー、走査型レーザーレンジファインダー、あるいはもともと動き平面上で動作する同様のセンサーなどから構築された外界の代替表現を重ね合わせることもできるでしょう。これまで学んだことを用いて、キャリブレーションされたカメラでこのようなビューを計算する方法の詳細を見てみましょう。

†6　「18章　カメラモデルとキャリブレーション」で、このような特殊なホモグラフィを**平面ホモグラフィ**と呼んだことを思い出してください。

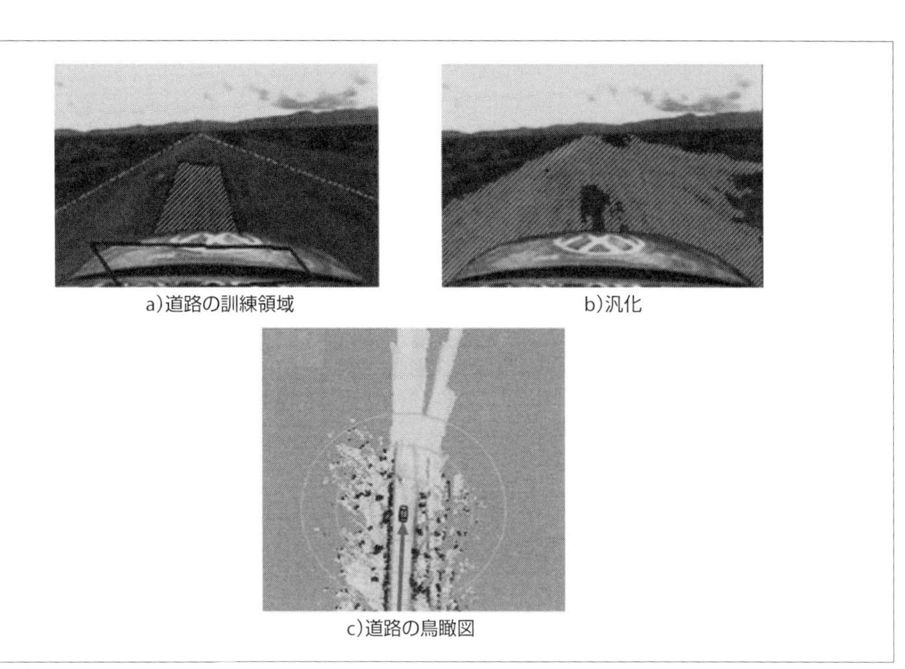

図19-2　鳥瞰図。ロボットカーのカメラが道路を見ている。ここで道路とは、レーザーレンジファインダーが車の前にある「道路」の領域を認識し、四角く印を付けた場所である（a）。ビジョンアルゴリズムが平らで道路のように見える領域を分離し（b）、分離された道路の領域が鳥瞰図に変換され、鳥瞰図とレーザーマップが重ね合わされている（c）

鳥瞰図を得るには[†7]、キャリブレーション工程で得られたカメラ行列と歪みパラメータが必要です。趣向を変えて、ディスクに保存されたデータファイルからそれらを読み込むことにしましょう。この例では床にチェスボードを置き、それを使ってミニチュアのロボットカー用の床平面の画像を得ます。その後、この画像を鳥瞰図に写像します。このアルゴリズムは次のように実行されます。

1. カメラの内部モデルと歪みモデルを読み込みます。
2. 地面の上に既知の物体を見つけます（この場合、チェスボード）。サブピクセルの精度で少なくとも4つの点を取得します。
3. 見つかった点を cv::getPerspectiveTransform()（「11章　画像変換」参照）に渡し、地面のビュー用のホモグラフィ行列 H を計算します。
4. cv::warpPerspective()（「11章　画像変換」参照）で cv::WARP_INVERSE_MAP | cv::INTER_LINEAR をフラグに指定して、地面に平行なビュー（鳥瞰図）を得ます。

†7　鳥瞰図テクニックは任意の平面（例えば、壁や天井）の透視図を正対した図に変換するのにも使用されます。

鳥瞰図用の全コードを**例19-1**に示します。

例19-1 鳥瞰図

```
#include <opencv2/opencv.hpp>
#include <iostream>
using namespace std;

void help( char *argv[] ){
  ...
}

// 引数: [board_w] [board_h] [intrinsics.xml] [checker_image]
//
int main( int argc, char* argv[] ) {

  if( argc != 5 ) {
    cout << "\nERROR: too few parameters\n";
    help( argv );
    return -1;
  }

  // 入力パラメータ:
  //
  int             board_w = atoi(argv[1]);
  int             board_h = atoi(argv[2]);
  int             board_n = board_w * board_h;
  cv::Size        board_sz( board_w, board_h );
  cv::FileStorage fs( argv[3], cv::FileStorage::READ );
  cv::Mat         intrinsic, distortion;

  fs["camera_matrix"] >> intrinsic;
  fs["distortion_coefficients"] >> distortion;
  if( !fs.isOpened() || intrinsic.empty() || distortion.empty() )
  {
    cout << "Error: Couldn't load intrinsic parameters from "
         << argv[3] << endl;
    return -1;
  }
  fs.release();

  cv::Mat gray_image, image, image0 = cv::imread(argv[4], 1);
  if( image0.empty() )
  {
    cout << "Error: Couldn't load image " << argv[4] << endl;
    return -1;
  }

  // 画像の歪みを補正する
  //
  cv::undistort( image0, image, intrinsic, distortion, intrinsic );
  cv::cvtColor( image, gray_image, cv::COLOR_BGR2GRAY );
```

```
// その平面上のチェスボードを得る
//
vector<cv::Point2f> corners;
bool found = cv::findChessboardCorners(  // 見つかれば true を返す
  image,                                 // 入力画像
  board_sz,                              // パターンのサイズ
  corners,                               // 結果
  cv::CALIB_CB_ADAPTIVE_THRESH | cv::CALIB_CB_FILTER_QUADS
);
if( !found ) {
  cout << "Couldn't acquire checkerboard on " << argv[4]
    <<", only found " << corners.size() << " of " << board_n
    << " corners\n";
  return -1;
}

// これらのコーナーをサブピクセルの精度で得る
//
cv::cornerSubPix(
  gray_image,          // 入力画像
  corners,             // 初期推定または出力
  cv::Size(11,11),     // 探索ウィンドウサイズ
  cv::Size(-1,-1),     // ゼロ領域（この場合使用しない）
  cv::TermCriteria(
    cv::TermCriteria::EPS | cv::TermCriteria::COUNT,
    30, 0.1
  )
);

// 画像と物体の点を得る
// 物体の点 (r,c)
//  (0,0), (board_w-1,0), (0,board_h-1), (board_w-1,board_h-1)
// これはコーナーが corners[r*board_w + c] であることを意味する
//
cv::Point2f objPts[4], imgPts[4];
objPts[0].x = 0;         objPts[0].y = 0;
objPts[1].x = board_w-1; objPts[1].y = 0;
objPts[2].x = 0;         objPts[2].y = board_h-1;
objPts[3].x = board_w-1; objPts[3].y = board_h-1;
imgPts[0]   = corners[0];
imgPts[1]   = corners[board_w-1];
imgPts[2]   = corners[(board_h-1)*board_w];
imgPts[3]   = corners[(board_h-1)*board_w + board_w-1];

// 点を B,G,R,YELLOW の順で描画する
//
cv::circle( image, imgPts[0], 9, cv::Scalar( 255,   0,   0), 3);
cv::circle( image, imgPts[1], 9, cv::Scalar(   0, 255,   0), 3);
cv::circle( image, imgPts[2], 9, cv::Scalar(   0,   0, 255), 3);
cv::circle( image, imgPts[3], 9, cv::Scalar(   0, 255, 255), 3);

// 発見したチェスボードを描画する
//
```

```
cv::drawChessboardCorners( image, board_sz, corners, found );
cv::imshow( "Checkers", image );

// ホモグラフィを求める
//
cv::Mat H = cv::getPerspectiveTransform( objPts, imgPts );

// このビューの高さ Z をユーザーが調整できるようにする
//
double Z = 25;
cv::Mat birds_image;
for(;;) {                                   // Esc キーで止まる
  H.at<double>(2, 2) = Z;
  // ホモグラフィを用いて再マッピングする
  //
  cv::warpPerspective(
    image,                                  // 入力画像
    birds_image,                            // 出力画像
    H,                                      // 変換行列
    image.size(),                           // 出力画像のサイズ
    cv::WARP_INVERSE_MAP | cv::INTER_LINEAR,
    cv::BORDER_CONSTANT,
    cv::Scalar::all(0)                      // 境界を黒で埋める
  );
  cv::imshow("Birds_Eye", birds_image);
  int key = cv::waitKey() & 255;
  if(key == 'u') Z += 0.5;
  if(key == 'd') Z -= 0.5;
  if(key ==  27) break;
}

// 回転と平行移動ベクトルを表示
//
vector<cv::Point2f> image_points;
vector<cv::Point3f> object_points;
for( int i=0; i<4; ++i ){
  image_points.push_back( imgPts[i] );
  object_points.push_back(
    cv::Point3f( objPts[i].x, objPts[i].y, 0)
  );
}

cv::Mat rvec, tvec, rmat;
cv::solvePnP(
  object_points,       // オブジェクト座標系の 3 次元座標点
  image_points,        // 画像座標系の 2 次元座標点
  intrinsic,           // カメラ行列
  cv::Mat(),           // 最初に歪みを補正したので、歪み係数はゼロになる
  rvec,                // 回転ベクトルを出力
  tvec                 // 平行移動ベクトルを出力
);
cv::Rodrigues( rvec, rmat );
```

```
    // 出力と終了
    cout << "rotation matrix: "            << rmat    << endl;
    cout << "translation vector: "         << tvec    << endl;
    cout << "homography matrix: "          << H       << endl;
    cout << "inverted homography matrix: " << H.inv() << endl;

    return 1;
}
```

いったんホモグラフィ行列と私たちが好きなように設定した高さパラメータが手に入れば、チェスボードを取り除いて、ミニチュアカーを動かしその経路の鳥瞰図の動画を作成できますが、これは、読者のみなさんの練習問題としましょう。**図19-3**では、鳥瞰図のコードに対する入力を左側に、出力を右側に示しています。

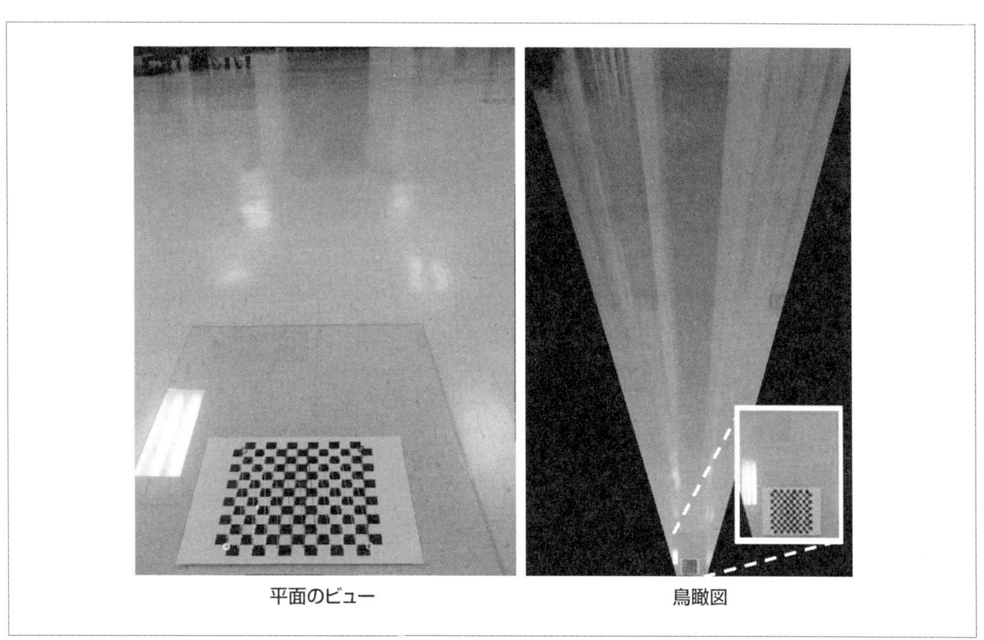

図19-3　鳥瞰図の例

19.3　3次元姿勢推定

3次元物体の姿勢を推定する問題は、複数のカメラだけでなく、単一のカメラでも扱うことができます。複数のカメラの場合、別個のカメラから見えるものどうしの対応を利用して（すなわち、三角測量によって）、対象物がどこにあるかを導きます。このような手法の利点は、物体が未知であったり全体的なシーンが未知であったりしても機能することですが、欠点は複数のカメラが必要になることです。一方、単一のカメラだけでも既知の物体の姿勢を計算することは可能です。まず初めにその状況について考察しましょう。単一カメラによる姿勢推定はそれ自体が有用な技術であることに加え、その原理が理解できれば複数カメラの問題についての重要な洞察を得ることもできます。これについては、次に検討します。

19.3.1 単一カメラによる姿勢推定

この問題がどのように解かれるかを理解するために、**図19-4**について考えてみます。物体は、その物体上のいくつかのキーポイント(「16章 キーポイントと記述子」)が特定されているという意味では「既知」であり、その座標は物体の座標系でのものです(**図19-4**a)。ここで、同じ物体を新しい姿勢で見ると、同じキーポイントを探すことができます(**図19-4**b)。物体の姿勢とカメラとの関係を見つけ出す必要がある場合、本質的に注意すべきことは、見つけた点それぞれに関して、その点は、カメラの撮像素子上のピクセルの位置からカメラの開口部を通って出てくる特定の光線上になければならないということです。もちろん、カメラから特定の点までの距離を個別に知ることはできませんが、そのような制約が多い場合、これらのすべての制約を満たす剛体の姿勢が1通りに限定できるようになってきます(**図19-4**c)[†8]。

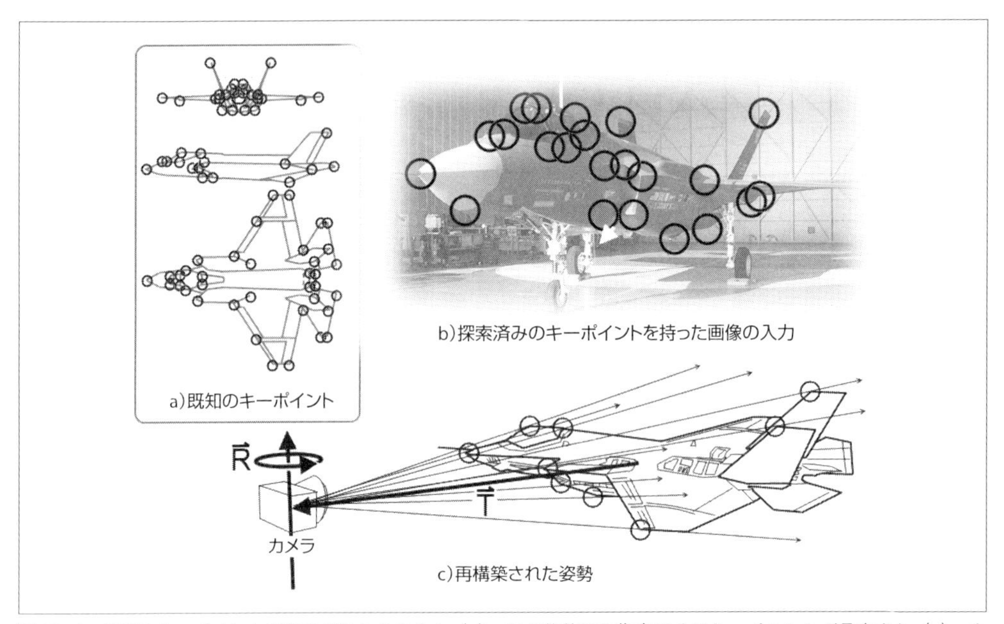

図19-4 既知のキーポイントの集合が与えられると(a)、同じ物体の画像内にそのキーポイントが見出され(b)、カメラに対する物体の姿勢を再構成することが可能である(c)

†8 実際には、物体が何らかの固有の対称性を持つ場合は、これよりも少し複雑です。そのような場合、制約を満たす複数の解が存在する可能性があります。物体の対称性に応じて、これらの解は離散的であったり、連続した塊を形成したりする場合があります。

19.3.2　cv::solvePnP()を用いて既知の物体の姿勢を計算する

この問題を解決するOpenCV内の関数は、すでに説明したcv::solvePnP()または密接に関連するcv::solvePnPRansac()です[†9]。「18章　カメラモデルとキャリブレーション」では、この関数を主にチェスボードやその他のキャリブレーションデバイスの姿勢の問題を解決する方法として紹介しました。しかし、実際には、この関数を使用して一般的なPnP（Perspective N-Point）問題を解くことができます。その問題の普遍性を理解するために、**図19-4**についてよく考えてみてください。**図19-4**aは、飛行機の概略図を示しています。図に描かれている円は航空機の特徴点を表し、これらの特徴点によって（航空機本体を基準とした座標系で）航空機の正確な位置がわかるだけでなく、航空機を任意の視点から見たときに正しく認識できると思われます。

この情報を用いて、ある画像（例えば、**図19-4**b）から特徴点を抽出し、物体の姿勢を計算することができます。これは、既知の点を１つ１つ、画像内でそれらが観察される場所に対応づけるものです。これらの点はそれぞれ、カメラの絞りを通り、撮像素子上のある特定の点に到達する光線上にあるので、この問題は通常、一意の解を持ちます[†10]。これを直感的に理解するために、**図19-4**cを考えてみます。見つかった特徴点は、それぞれ特定の光線上に拘束されています。実際にその点が、その光線上のどこにあるのかわからなくても、これらの光線のすべての制約が同時に満たされる様に物体を配置できる唯一の方法があります。**例19-1**にはcv::solvePnP()の使用例も示しています。

物体を認識してその姿勢を計算するために、物体上のすべての、または大部分の特徴点が見えている必要はありません。また、特定の物理的な位置に対して特徴点を1つだけ対応させる必要もありません。実際には、キーポイント検出器は小さな視角の窓でしか特徴を認識しないので、特徴点が異なる位置からどのように認識されるかをとらえるために、1つの場所に複数の記述子を置くと効果的なことがよくあります。

PnP問題には必ずしも一意の解があるわけではないことに注意してください。PnPが信頼できる結果を示せない例として重要なものが２つあります。最初のケースは点が足りない場合です。理論的には３つの点の対応が得られればこの問題は解けます。しかし実際には、点の位置には対応点を見つけるために使用された方法（例えばキーポイントのマッチング）の精度に起因する自然なノイズが含まれるため、それくらい少ない点だけでは推定姿勢が大きくずれてしまう可能性があります。経験則的には12個以上の対応点があるとよいでしょう。２つ目のケースは、物体が非常に遠くにある場合です。この状況では、特徴点の位置を制約する光線が実質的には平行に近くなります。物体の一意の大きさ、すなわちそれと等価な物体への距離の一意の解を保証するのは、光線の

†9　cv::solvePnP()は、C言語版のライブラリの古いPOSITルーチン[DeMenthon92]よりも、剛体の姿勢の問題を解決する上で一般的な方法です。POSITはまだOpenCVにありますし、OpenCVのオンラインドキュメントで「POSIT tutorial」と検索するとチュートリアル（英文）を見つけることもできます。

†10　ただし、物体が何らかの形で対称であれば、可能な対称の配置に対応して複数の解が存在し得ます。

発散なのです[†11]。

単一のカメラで、物体の姿勢（およびその距離）を推定する方法は、人が両目で遠くの物体を見るときの機能と非常によく似ています。このため、実際のサイズ（また、その物体の座標系内の特徴点の位置）がわからない物体までの距離を他の情報なしに推測することは不可能です。これは、「見せかけ遠近法」による錯視の基本メカニズムでもあります。それは例えば、建物の高層階の窓を徐々に小さくすればその建物の高さがずいぶん高く見える、といったものです。次の節では、この最終的なあいまいさを取り除く手段として2つ以上のカメラを使用するステレオ画像処理について説明します。ステレオ画像処理の結果を用いることで、新しい[†12]物体の構造と姿勢の両方を同時に推定することができます。

19.4 ステレオ画像処理

これでようやく、**ステレオ画像処理**についての説明に入れるようになりました[†13]。私たちはみな、自分の両目が与えてくれる立体画像を処理する機能については普段から慣れ親しんでいます。この機能をコンピュータシステムでどの程度エミュレートできるでしょうか？ コンピュータはこのタスクを、両方の撮像素子によってとらえられた点どうしの対応を見つけることで実現します。このような対応と、カメラ間の距離がわかっていれば、その点の3次元座標が計算できます。対応する点の探索は計算量としては負荷が高いですが、そのシステムの幾何形状に関する知識を利用して探索空間をできるだけ狭めることができます。実際には、ステレオ画像処理で2つのカメラを用いる場合、次に示す4つのステップがあります。

1. 数学的にレンズの半径方向歪みと円周方向歪みを取り除きます。これは**歪み補正**と呼ばれ、「18章 カメラモデルとキャリブレーション」で詳しく述べました。このステップの出力は歪みのない画像です。
2. カメラ間の角度と距離を調整します。**平行化**と呼ばれるプロセスです。このステップの出力は、平行化され、行が揃った画像です（「行が揃った」とは、2つの画像平面が同一平面上にあり、2つの撮像素子上の対応する画像の行が実際には互いに同一線上、すなわち揃っていることを意味しています）。

---

†11 実用的なヒントとしては、どのキーポイントが見えるかを考慮するだけでも、遠くの物体の向きを非常に大まかに見積もれることがよくあります。その場合 `cv::solvePnP()` は使いませんが、実際のシステムでは便利なテクニックであり、`cv::solvePnP()` を用いて完全な解が得られない場合の精度の低い代替手段として大きな効果を得ることができます。

†12 この文脈で、または機械学習やコンピュータビジョンでも多くの場合そうですが、「新しい（novel）」という語は、システムがこれまでに遭遇したことのない状況にあり、システムがその状況について事前の知識を持っていない、ということを意味します。

†13 ただし、ここでは抽象的な説明に留めておきます。詳しくは、次の教科書をお勧めします。"Introductory Techniques for 3-D Computer Vision" [Trucco98]、"Multiple View Geometry in Computer Vision" [Hartley06]、"Computer Vision —— A Modern Approach" [Forsyth03]、"Computer Vision" [Shapiro02]。本章で引用している元論文に取り組むための背景知識は、これらの本のステレオ平行化に関する節を読めば理解できるでしょう。

3. 左右[†14]のカメラのビューで同じ特徴点を見つけます。これは**対応づけ**と呼ばれるプロセスです。このステップの出力は**視差**マップです。ここで視差とは、左右のカメラ内で見える同じ特徴の、画像平面上での x 座標の差 $x_l - x_r$ です。
4. カメラの幾何的な配置がわかっている場合、**三角測量**で視差マップを距離に変換することができます。この処理は**再投影**と呼ばれ、出力は奥行きマップです。

この最後のステップから始め、最初の3つを扱います。

19.4.1 三角測量

図19-5に示すように、まず「理想的な」ステレオ装置を考えてみましょう。この場合、完全に歪みのない、整列され、測定されたシステムを持っていると思ってください。すなわち、その画像平面が正確に同一平面上にあり、正確に平行な光軸（光軸は投影中心 O から主点 c を通る光線で**主光線**とも呼ばれます）を持ち、同じ焦点距離 $f_l = f_r$ を持つ2つのカメラです。また、ここで、**主点** c_x^{left} と c_x^{right} はキャリブレーションされており、それぞれ左と右の画像内で同じピクセル座標を持つとします[†15]。

さらに、差し当たり、2つの撮像素子が完全に行が揃っているとします。これは、片方のカメラのすべてのピクセルの行がもう片方のカメラの対応する行と正確に揃っているということです[†16]（このようなカメラ配置を**正面平行**と呼びます）。また、左右の画像ビュー内で、物理的な世界の点 $\vec{P}$ を、$\vec{p}_l$ と $\vec{p}_r$ に見つけることができると仮定し、それぞれの水平座標を $\vec{x}_l$ と $\vec{x}_r$ に割り当てます。

---

†14 左右のカメラと呼んではいますが、垂直に配置した上のカメラと下のカメラを用いることもできます。この場合、視差は x 方向ではなく y 方向になります。

†15 とはいえ、これらの主点と撮像素子の中心を混同しないようにしてください。主点は、主光線が結像面と交差する場所として定義されます。この交点は、レンズの光軸に依存し、「18章　カメラモデルとキャリブレーション」で見たように結像面は本質的にレンズと正確に揃わないので、撮像素子の中心は、おそらく「理想的な」ステレオ装置以外では、主点と正確に一致することはほとんどありえません。

†16 これにはかなりの数の前提が必要になりますが、今は基本的なものを見ているだけです。平行化の処理（この後すぐに触れます）は、これらの前提が物理的に正しくない場合に数学的に処理する方法であることを覚えておいてください。同様に、次の文では、対応づけの問題を一時的に「ないものとして考え」ます。

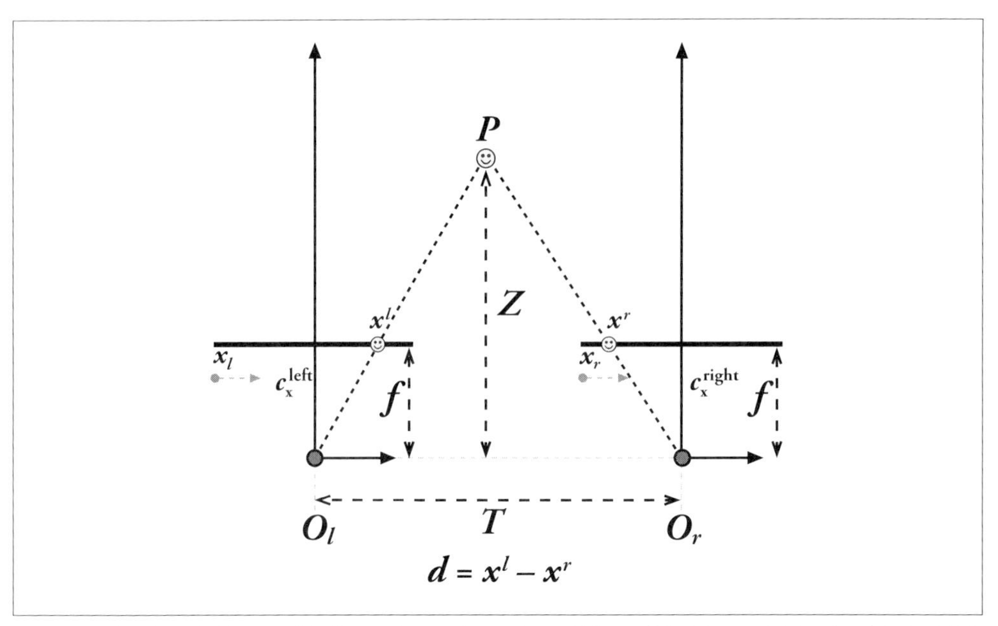

図19-5　歪みが完全に補正され、行が揃ったステレオ装置があり、特徴点の対応がわかっている場合、奥行き Z は相似三角形から求めることができる。これらの撮像素子の主光線は、投影中心 O_l と O_r から始まり、この2つの画像平面の主点 c_x^{left} と c_x^{right} を通して延びる

この簡単化された例では、奥行きはこれらのビュー間の視差に反比例し、視差は単に $d = \vec{x}_l - \vec{x}_r$ で定義されることがわかります。この状況を図19-5に示しています。ここで、同じ三角形を用いることで奥行き Z を簡単に導出することができます。この図を元に次を得ます†17。

$$\frac{T - (x_l - x_r)}{Z - f} = \frac{T}{Z} \Rightarrow Z = \frac{f \cdot T}{x_l - x_r}$$

奥行きは視差に反比例するので、明らかにこれらの2つの項には非線形の関係があります。視差が0に近い場合、視差が少し違うと、奥行きは大きく変わります。視差が大きい場合、視差が少し違っても、ほとんど奥行きは変わりません。この結果、図19-6で明らかなように、ステレオビジョンシステムが高い奥行きの分解能を持つのは、カメラに比較的近い物体に関してだけです。

†17　この式は、主光線が無限遠で交差することを意味します。しかしながら、「19.4.6　ステレオ平行化」でおわかりになるように、ステレオ平行化は主点 c_x^{left} と c_x^{right} に対して相対的に導き出されます。ここでの導出では、主光線が無限遠で交差するため、主点は同じ座標を持ち、奥行きに関する式がそのまま成り立ちます。ところが主光線が有限の距離で交差する場合、主点は等しくなく、このため奥行きの式は $Z = fT_x/d(c_x^{left} - c_x^{right})$ になります。

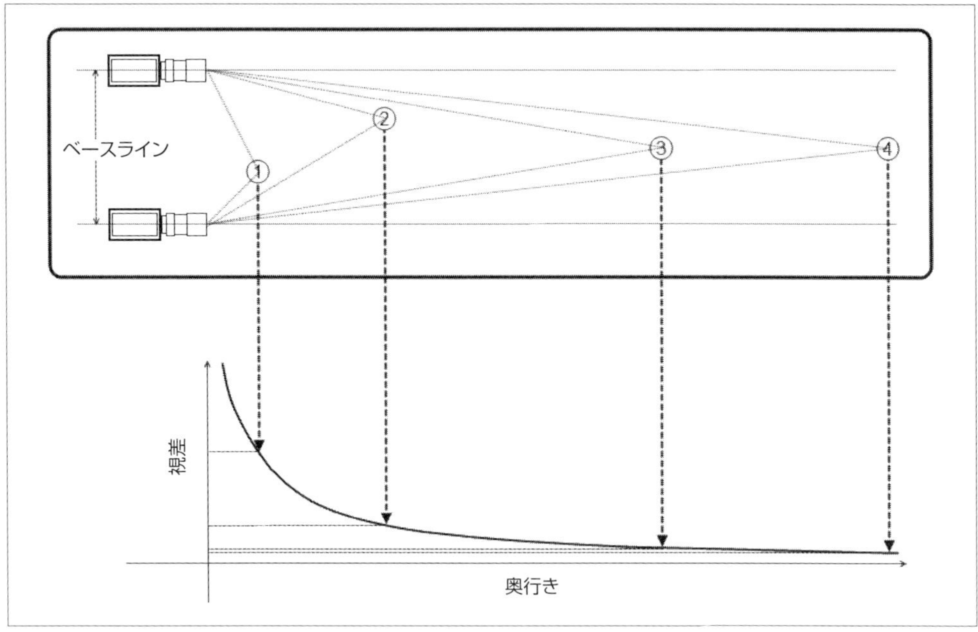

図19-6　奥行きと視差は反比例する。このため、精度のよい奥行き計測は近くにある物体に対してしか行えない

図19-7 は OpenCV のステレオビジョンで使われている 2 次元と 3 次元の座標系を示しています。注意してほしいのは、それが右手系であることです。右の親指で X の方向を指し、右の人差し指を Y の方向に曲げると、中指が主光線の方向を指します。左右の撮像素子のピクセルはその画像の左上が原点になっており、ピクセルはそれぞれ (x_l, y_l)、(x_r, y_r) という座標で表されます。投影中心は、$\vec{O_l}$ と $\vec{O_r}$ で、そこを起点とする主点（中心ではない）(c_x, c_y) で画像平面を交差します。数学的な平行化が終わるとカメラは行が揃っており（同じ平面上にあり、水平方向に揃っている）、互いに $\vec{T}$ だけ離れていて、同じ焦点距離 f を持つようになっています。

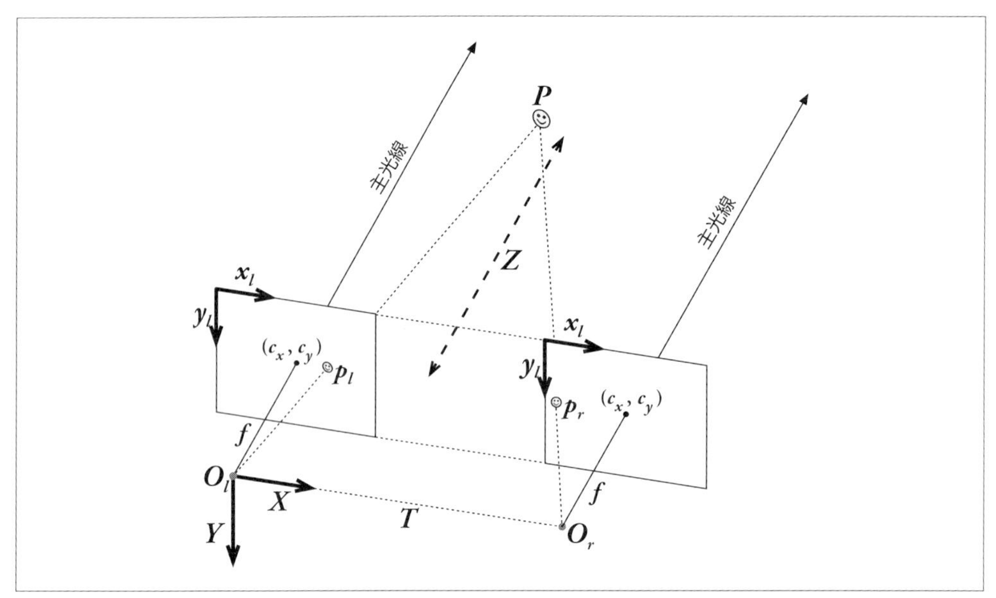

図19-7 OpenCVが用いている、歪みが補正され平行化されたカメラ用のステレオ座標系。ピクセル座標は画像の左上隅からの相対座標で、2つの平面は行が揃っている。カメラ座標は左カメラの投影中心からの相対座標である

この単純化されたモデルを念頭に置いて、実際のカメラをこの理想的な配置に似た配置に設定する方法を理解するという、より重要な仕事に取りかかりましょう。現実の世界では、図19-5に示すような正面平行構成でカメラを正確に整列させることはできません。このため、代わりに、左右の画像を正面平行配置に修正する画像投影と歪みマップを数学的に見つけることになります。ステレオ装置を設計するときは、通常、カメラをほぼ正面平行に配置し、水平に近くなるように配置するのが最も理想的です（状況によっては、細心の注意を払って収束する配置幾何を作り出せるユーティリティが存在しますが）。このような正面平行の物理的な整列処理をしておけば、数学的変換がより扱いやすくなります。みなさんが、カメラを少なくともおおよそでも整列するようにしていなければ、その結果得られる数学的な整列処理が、画像を極端に歪めてしまう可能性があります[†18]。その結果、得られる画像のステレオのオーバーラップ領域が少なくなるか、まったくなくなってしまいます。よい結果を得るには時間的に同期したカメラも必要です。正確に同じ時刻[†19]で画像をキャプチャしなければ、シーン内で何か（カメラ自身を含む）が動いている場合に問題が

†18 この例外は、近距離でより高い解像度が欲しい場合です。この場合、カメラを互いに向かってわずかに傾けて、主光線が有限距離で交差するようにします。数学的な整列処理をすると、このようにカメラを内向きにした効果が、視差から差し引かれたxオフセットとして現れます。この差は負になることもありますが、関心のあるあたりの奥行きで深度分解能を向上させることができます。

†19 もちろん「同じ」と言っても完全に状況に依存します。ここで重要なのは、シーン中のいかなる移動物体も、カメラ自身の動きも、速すぎないようにすることです。つまり、2つの撮像素子が十分な時間間隔で撮ったときにキャプチャ間で物体が移動したように見えてはいけません。

発生するでしょう。同期カメラがない場合は、固定カメラで静的なシーンを撮ることしかできません。

図19-8は、2つのカメラ間における実際の状況と私たちが得たい数学的な配置を図示しています。このように数学的に整列させたい場合には、シーンを撮っている2つのカメラ配置についてもう少し知っておく必要があります。配置を定義してそれを記述するいくつかの用語と記法について習得したら、カメラを整列させる問題に戻りましょう。

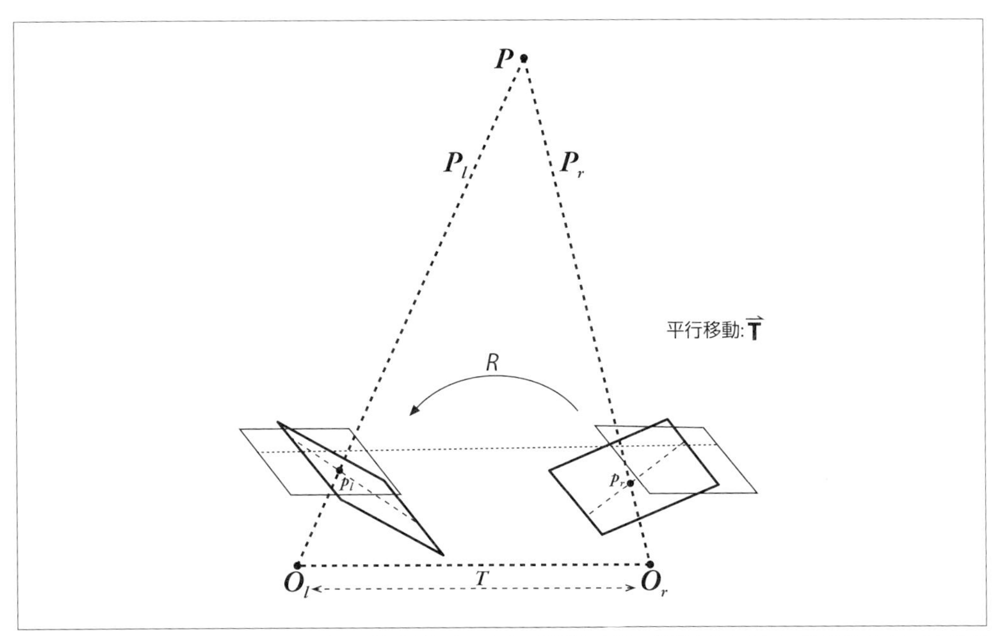

図19-8　ここでのゴールは、2つのカメラ間のピクセルの行が正確にお互い整列するように、（物理的ではなく）数学的に2つのカメラを1つのビュー平面に対して整列させることである

19.4.2　エピポーラ幾何

ステレオ画像処理システムの基本的な幾何は、**エピポーラ幾何**と呼ばれます。本質的には、この幾何は2つのピンホールモデル（それぞれのカメラで1つ†20）と**エピポール**と呼ばれるいくつかの新しい点を組み合わせたものです（**図19-9**）。これらのエピポールが何の役に立つかを説明する前に、しばらく時間を取ってそれらを明確に定義し、新しい関連する用語をいくつか追加しておくことにしましょう。そうすれば全体の幾何が明解に理解できますし、2つのステレオカメラ上の対応点の可能な位置をかなり絞り込むこともできます。これは実践的なステレオの実装では特に重要になります。

†20　実際にはピンホールカメラではなく実際のレンズなので、2つの画像が歪み補正済みであることは重要です。「18章　カメラモデルとキャリブレーション」参照。

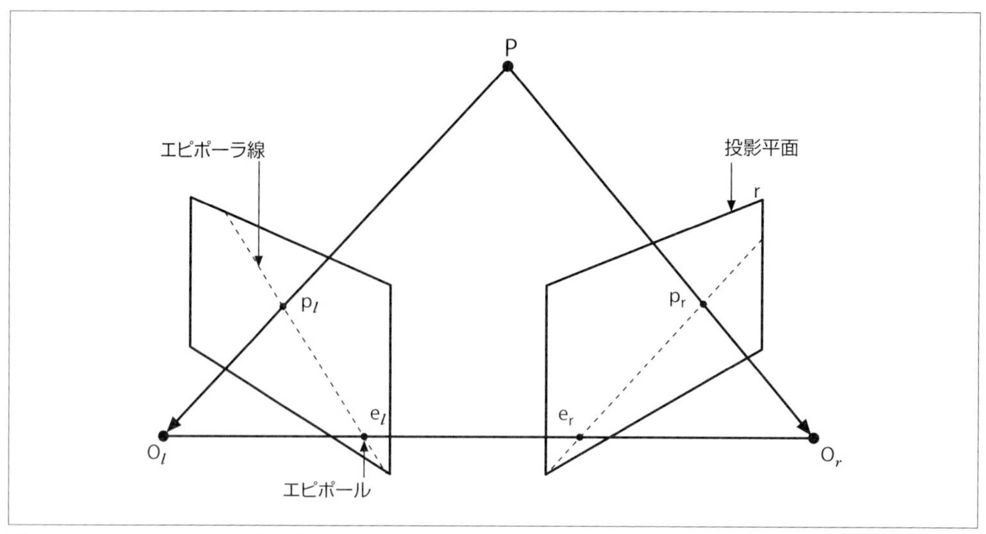

図19-9 エピポーラ平面は、観測点 P と 2 つの投影中心 O_l と O_r によって定義される。エピポールは、投影中心と 2 つの投影平面とを結ぶ線の交点に位置する

それぞれのカメラに対して $\vec{O}_l$ と $\vec{O}_r$ という別々の投影中心があり、対応する投影平面 Π_l と Π_r があります。実世界の点 $\vec{R}$ はこれらの投影平面それぞれに投影を持ち、$\vec{p}_l$ と $\vec{p}_r$ としてラベル付けされます。新しい興味深い点がエピポールです。画像平面 Π_l（または Π_r）のエピポール $\vec{e}_l$（または $\vec{e}_r$）は、もう 1 つのカメラの投影中心 $\vec{O}_r$（または $\vec{O}_l$）の像として定義されます。実際に見ている点 $\vec{P}$ と 2 つのエピポール $\vec{e}_l$ と $\vec{e}_r$（または、2 つの投影中心 $\vec{O}_l$ と $\vec{O}_r$）が空間内に形成する平面は、**エピポーラ平面**と呼ばれます。線 $\overline{p_l e_l}$ と $\overline{p_r e_r}$（投影点から対応するエピポールへの線）は**エピポーラ線**と呼ばれます[†21]。

エピポールの有用性を理解するには最初に、右（もしくは左）の画像平面に投影された実世界内の点を見るときに、その点は実際には、$\vec{O}_r$ から $\vec{p}_r$ を通って（もしくは $\vec{O}_l$ から $\vec{p}_l$ を通って）出ていく線のどこにでも置かれる可能性があることを思い出してください。というのは、その 1 つのカメラだけでは、私たちが見ている点までの距離はわからないからです。より具体的に、例えば、点 $\vec{p}$ を右側のカメラで見たときを例に取ることにしましょう。そのカメラは $\vec{p}_r$（$\vec{P}$ の Π_r への投影）だけを見ているので、実際の点 $\vec{P}$ は $\vec{p}_r$ と $\vec{O}_r$ で定義される線上のどこかにあります。この線は明らかに $\vec{P}$ を含みますが、他にもたくさんの点を含んでいます。ここで興味深いのは、その線が左の画像平面 Π_l に投影されるとどのように見えるかです。実はこれが、$\vec{p}_l$ と $\vec{e}_l$ で定義されるエピポーラ線なのです。これを言葉で書き下すと、1 つの撮像素子から見えるある**点**の可能な位置から構成される画像は、もう 1 つの撮像素子上で対応する点とエピポールとを通る**線**と一致し

†21 なぜエピポールがこれまで出てこなかったかがおわかりでしょう。平面が完全に平行になるにつれて、エピポールが無限の彼方へ行ってしまうからです。

ます。

ステレオカメラのエピポーラ幾何（となぜそれが重要か）に関するいくつかの事実をまとめます。

- カメラのビュー内にあるすべての3次元の点は、各画像と交差するエピポーラ平面に含まれます。この交差の結果による線がエピポーラ線です。
- 1つの画像内の特徴が与えられると、もう1つの画像内で対応する点は対応するエピポーラ線上に必ず存在するはずです。これは**エピポーラ拘束**と呼ばれます。
- エピポーラ拘束は、2つの撮像素子にまたがる特徴がマッチするかどうかの2次元探索が、そのステレオ装置のエピポーラ幾何学がわかれば、エピポーラ線に沿った1次元の探索となるということを意味します。これは、相当な計算量の節約になるだけでなく、そうしなかった場合に間違ってマッチしてしまうたくさんの点を捨てることもできます。
- 順番が保たれます。点 $\vec{A}$ と $\vec{B}$ が両方の画像で見え、1つの撮像素子での順番が水平に A、B である順番の場合、もう1つの撮像素子でも水平方向にその順番で現れます[†22]。

19.4.3 基本行列と基礎行列

みなさんは、次のステップはエピポーラ線を計算してくれるOpenCVの関数の紹介だと思われているでしょう。しかし、実際にはその前にさらに2つの材料が必要です。その材料とは基本行列（essential matrix）E と基礎行列（fundamental matrix）F です[†23]。行列 E は、2つのカメラを実空間で関連づける、平行移動と回転に関する情報を含みます（図19-10）。F は E と同じ情報に加えて、両方のカメラの内部パラメータに関する情報を含みます[†24]。F は内部パラメータに関する情報を含むため、F は2つのカメラをピクセル座標で関連づけます。

†22 オクルージョン（遮蔽）や重なったビューの面積により、両方のカメラで同じ点が見えないことがありえます。この場合でも順番は保たれます。左の撮像素子では点 $\vec{A}$、$\vec{B}$、$\vec{C}$ は左から右に並んでいて、右の撮像素子上では $\vec{B}$ がオクルージョンにより見えない場合、右の撮像素子でも点 $\vec{A}$ と $\vec{C}$ は左から右に見えます。

†23 次の節は少し数学的です。数学が好きではない場合でもざっと目を通してみてください。少なくとも、どこかでだれかがこのすべての内容を理解していると信用できるようになるでしょう。ちょっとしたアプリケーションであれば、ここから2、3ページにわたる詳細のすべての内容がわからなくても、OpenCVが提供するメカニズムを単に利用すればよいのです。

†24 抜け目のない読者のみなさんは、前章のホモグラフィ行列 H とまったく同じように E が説明されていることに気づかれるでしょう。2つとも似た情報から構成されていますが、それらは同じ行列ではないので混同してはいけません。H の本質的に重要な部分は、カメラからの視点での平面を考察しているので、その平面上のある点をカメラ平面における点に関連づけることができる、ということです。一方、行列 E はそのような仮定を設けていないので、1枚の画像におけるある点を他の画像におけるある線に関連づけることしかできません。

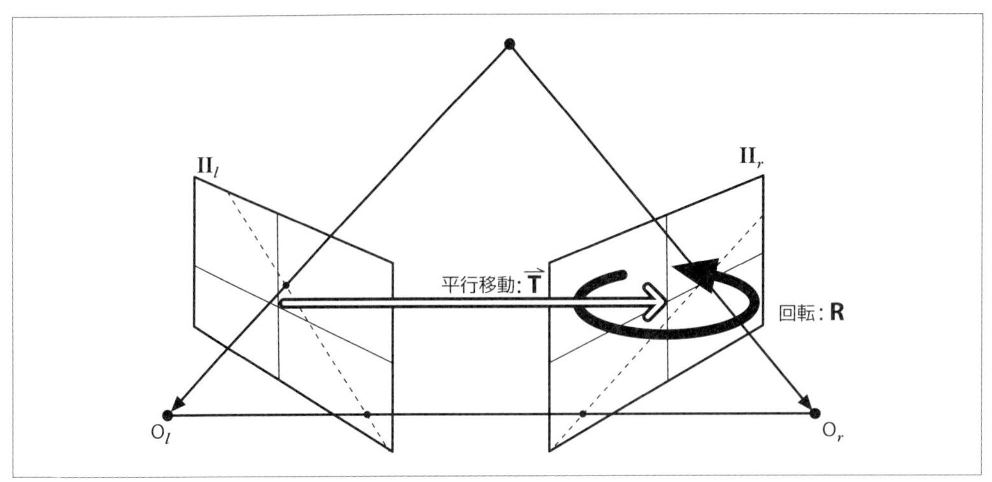

図19-10 ステレオ画像処理の基本的な幾何学は基本行列Eでとらえられる。Eには平行移動Tと回転Rに関する情報がすべて含まれている。これは世界座標における、最初のカメラに対する2つ目のカメラの相対位置を記述する

E と F の違いを補強していきますが、基本行列 E は純粋に幾何的なものであり、撮像素子に関しては何も知りません。これは、左のカメラが見たときの点 P の位置（物理的な座標）を、右のカメラが見たときの同じ点の位置に関連づけます（すなわち、$\vec{p}_l$ と $\vec{p}_r$ を関連づけます）。基礎行列 F は画像座標（ピクセル）におけるあるカメラの画像平面上の点と、画像座標における他のカメラの画像平面上の点を関連づけます（それぞれに対して $\vec{q}_l$ と $\vec{q}_r$ という記法を用います）。

19.4.3.1 基本行列の数学

さてここからは数学にいくらか入っていくことになります。これでステレオ幾何問題のために難しい仕事をしてくれるOpenCVの関数をよりよく理解できるようになるでしょう。

ここでは、点 $\vec{P}$ を仮定し、点 $\vec{P}$ が2つの撮像素子上で観測された位置 $\vec{p}_l$ と $\vec{p}_r$ とを結びつける関係を導き出したいのです。この関係は、基本行列の定義として役に立つことがわかるでしょう。2つのカメラの座標で見ている点の物理的な位置である $\vec{p}_l$ と $\vec{p}_r$ の間の関係を考えることから始めます。これらは、すでに見てきたようにエピポーラ幾何で関連づけることができます[†25]。

これらの座標系から作業をするセット（左か右）を1つ選び、そこで計算を行ってみましょう。どちらでもよいのですが、左のカメラの $\vec{O}_l$ を中心とする座標を選びましょう。これらの座標では、観測された点の位置は $\vec{p}_l$ でもう1つのカメラの原点は $\vec{T}$ にあります。右のカメラから見たときの点 $\vec{P}$ は、そのカメラ座標で $\vec{p}_r$ です。ここで $\vec{p}_r = R \cdot (\vec{P}_l - \vec{T})$ です。重要なステップは、これらすべてを関連づけるもエピポーラ平面の導入です。もちろん、平面をいろいろな方法で

†25 $\vec{p}_l$、$\vec{p}_r$ と $\vec{P}_l$、$\vec{P}_r$ を混同しないようにしてください。$\vec{p}_l$ と $\vec{p}_r$ は $\vec{P}_l$ と $\vec{P}_r$ の投影画像平面上の点です。$\vec{P}_l$ と $\vec{P}_r$ は、2つのカメラの座標フレームにおける点 $\vec{P}$ の位置です。

表現することもできますが、ここで思い出してほしいのは、法線ベクトル $\vec{n}$ を持ち、点 $\vec{a}$ を通る平面上のすべての点 $\vec{x}$ に関する方程式が、次の拘束に従うということです。

$$(\vec{x} - \vec{a}) \cdot \vec{n} = 0$$

エピポーラ平面はベクトル $\vec{P}_l$ と $\vec{T}$ を含んでいることを思い出してください。したがって、両方に垂直なベクトル（例えば、$\vec{P}_l \times \vec{T}$）があれば[†26]、それをこの平面の方程式の $\vec{n}$ に使うことができます。したがって、点 $\vec{T}$ を通り両方のベクトルを含むすべての可能な点 $\vec{P}_l$ の方程式は次のようになります[†27]。

$$(\vec{P}_l - \vec{T})^T (\vec{P}_l \times \vec{T}) = 0$$

ここでのゴールは、最初に $\vec{P}_l$ と $\vec{P}_r$ を関連づけることで $\vec{q}_l$ と $\vec{q}_r$ を関連づけることでした。$\vec{P}_r = R \cdot (\vec{P}_l - \vec{T})$ の式を用いて画像に $\vec{P}_r$ を描画します。この式は便宜上 $(\vec{P}_l - \vec{T}) = R^{-1} \cdot \vec{P}_r$ と書き直すことができます。この代入を行い $R^{-1} = R^T$ を用いることで次が得られます。

$$(R^T \cdot \vec{P}_r)^T (\vec{P}_l \times \vec{T}) = 0$$

外積を（少々大きな）行列の乗算に書き換えるのは常に可能です。したがって行列 S を次のようなものとして定義します。

$$\vec{T} \times \vec{P}_l = S \cdot \vec{P}_l \Rightarrow S = \begin{bmatrix} 0 & -T_z & T_y \\ T_z & 0 & -T_x \\ -T_y & T_x & 0 \end{bmatrix}$$

これにより最初の結果が得られます。外積にこれを代入すると次を得ます。

$$\vec{P}_r{}^T \cdot R \cdot S \cdot \vec{P}_l = 0$$

この積 $R \cdot S$ がここで基本行列 E として定義するものです。これにより次のコンパクトな式が得られます。

$$\vec{P}_r{}^T \cdot E \cdot \vec{P}_l = 0$$

もちろん、実際に欲しいのは撮像素子上で観測される点と点の関係ですが、そこまでもう一歩のところにいます。単純に投影方程式 $\vec{p}_l = (f_l/z_l) \cdot \vec{P}_l$ と $\vec{p}_r = (f_r/z_r) \cdot \vec{P}_r$ を代入し、全体を

†26 ベクトルの外積は、最初の 2 つのベクトルに対し、直行性のある 3 つ目のベクトルを生成します。その方向は、「右手の法則」で定義されます。方向 $\widehat{a}$ に人差し指を向け方向 $\widehat{b}$ に中指を向けた場合、外積の $\widehat{a} \times \widehat{b}$ は、$\widehat{a}$ と $\widehat{b}$ に垂直な親指が向いている方向となります。

†27 ここでは、内積を点法線ベクトルの転置による行列の積に置き換えました。

$Z_l Z_r / f_l f_r$ で割ると、最終的な結果が得られます。

$$\vec{p}_r{}^T \cdot E \cdot \vec{p}_l = 0$$

この式が、片方の p 項が与えられた場合にもう片方の p 項を完全に指定しているように見えるでしょうが、E がランク落ち[†28]していることがわかります（3×3 の基本行列の階数は 2）。したがって、これは実際には線の方程式になるのです。基本行列には5つのパラメータ（3つは回転用、2つは平行移動の方向用。スケーリングは設定されていない）とともに、他の2つの拘束があります。この2つの拘束は、(1) ランク落ちしているので行列式が0であることと (2) 行列 S が歪対称であり R が回転行列なので、基本行列の2つの 0 でない特異値が等しいことです。これで全部で7つの拘束が存在します。ここで再び注意してほしいことは、E にはカメラに固有なものは何も含まれていないということです。したがってこれは、ピクセル座標ではなく物理座標やカメラ座標内の点を互いに関連づけます。

19.4.3.2 基礎行列の数学

行列 E は2つのカメラの相対的な幾何に関するすべての情報を含みますが、カメラ自身の情報は含みません。実際には、通常私たちはピクセル座標に興味があります。片方の画像内のピクセルともう1つの画像内の対応するエピポーラ線との関係を求めるには、2つのカメラの内部パラメータを導入する必要があります。これを行うには $\vec{p}$（ピクセル座標）に、$\vec{q}$ と、それらを関連づけるカメラ内部行列を代入する必要があります。$\vec{q} = M \cdot \vec{p}$（ここで M はカメラ内部行列）であり、それと等価に、$\vec{p} = M^{-1} \cdot \vec{q}$ であることを思い出してください。これにより E に関する方程式は次になります。

$$\vec{q}_r{}^T \cdot (M_r^{-1})^T \cdot E \cdot M_l^{-1} \cdot \vec{q}_l = 0$$

これはちょっと複雑に見えますが、基礎行列 F を次のように定義するときれいになります。

$$F = (M_r^{-1})^T \cdot E \cdot M_l^{-1}$$

これにより、次を得ます。

$$\vec{q}_r{}^T \cdot F \cdot \vec{q}_l = 0$$

簡単に言うと、基礎行列 F は基本行列 E によく似ていますが、E は物理座標で機能するのに対

†28 E のような $n \times n$ の正方行列にとって、フルランクではないということは、0ではない固有値が n 個より少ないということです。結果として、あるフルランクではない行列によって表現された連立方程式には、一意な解がありません。ランク（0ではない固有値の数）が $n-1$ のときは、方程式を満たす点群の集合で形成された直線になります。ランクが $n-2$ の行列で表現された方程式は、平面空間になります。

して F は画像のピクセル座標内で機能するということです[†29]。E と同様に、基礎行列 F のランクは 2 です。基礎行列 F は 7 つのパラメータを持ち、2 つはそれぞれのエピポール用であり、3 つはこの 2 つの画像平面を関連づけるホモグラフィ用です（通常の 4 つのパラメータからスケーリングがなくなっています）。

19.4.3.3 OpenCV がこれらをどのように処理するか？

前節では、いくつかの既知の対応する点を提供することにより画像のホモグラフィを計算しました。それと似たやり方で、F を計算できます。この場合は、直接 F を解くことができるので、カメラを別々にキャリブレーションする必要さえありません。F は両方のカメラの基礎行列を暗黙的に含んでいます。これらをすべて行ってくれるルーチンが cv::findFundamentalMat() です。

```
cv::Mat cv::findFundamentalMat(            // 計算された基礎行列
  cv::InputArray  points1,                 // 画像 1 の点群（浮動小数点数型）
  cv::InputArray  points2,                 // 画像 2 の点群（浮動小数点数型）
  int             method = cv::FM_RANSAC,  // 基礎行列の計算方法
  double          param1 = 3.0,            // RANSAC 最大距離
  double          param2 = 0.99,           // RANSAC/LMedS の信頼度
  cv::OutputArray mask   = cv::noArray()   // （オプション）使用される要素を示す配列
);
```

最初の 2 つの引数は、通常のいずれかの方法で配列された 2 次元または 3 次元の点の配列です[†30]。

3 番目の引数は対応する点から基礎行列を計算する際に使用する方法を指定します。これは、4 つの値のどれかを取ることが可能です。**表 19-2** に示すように、それぞれの値に対して points1 と points2 に必要とされる（もしくは許されている）点の数に特定の制約があります。

表 19-2 cvFindFundamentalMat() の method 引数の制約

method の値	点の数	アルゴリズム
cv::FM_7POINT	$N = 7$	7 点アルゴリズム
cv::FM_8POINT	$N \geqq 8$	8 点アルゴリズム
cv::FM_RANSAC	$N \geqq 8$	RANSAC アルゴリズム
cv::FM_LMEDS	$N \geqq 8$	LMedS アルゴリズム

7 点アルゴリズムは正確に 7 個の点を用い、行列 F を完全に拘束するためには F のランクは 2

†29 基礎行列を基本行列に関連づけている式に注意してください。平行化された画像があり、焦点距離で割ることで点を正規化する場合には、内部行列 M は単位行列となり、$F = E$ になります。

†30 みなさんは、$N \times 3$ あるいは 3 チャンネル行列が何のためにあるのか疑問を持たれるかもしれません。これによりアルゴリズムがキャリブレーション用の物体上で計測された実際の 3 次元の点 (x, y, z) を問題なく処理できます。3 次元の点群は最終的に $(x/z, y/z)$ にスケーリングされるか、もしくは 2 次元点群を同次座標 $(x, y, 1)$ として入力することもでき、どちらの場合も同様に扱われます。$(x, y, 0)$ を入力した場合には、アルゴリズムは単に 0 を無視します。とはいえ実際の 3 次元の点を扱うことはかなりまれであり、通常はキャリブレーション用の物体上で検出された 2 次元の点のみを扱います。

でなくてはならないという事実を用います。この拘束の長所は、F の階数が常に正確に 2 であり、完全に 0 ではないが非常に小さい 1 つの固有値を持つ可能性がないことです。短所はこの拘束は完全に一意なわけではないので、3 つの異なる行列が返される場合があることです（戻り値の行列が 9×3 行列である場合がこれに当てはまります。そこに 3 つの行列がすべて配置されます）。8 点アルゴリズムは F を連立 1 次方程式として解くだけです。点が 8 個より多い場合は、すべての点にわたる二乗誤差が最小化されます。7 点と 8 点の両方のアルゴリズムの問題は、外れ値に非常に弱いことです（8 点アルゴリズムで 8 点よりも多い場合でもそうです）。これは **RANSAC** と **LMedS** アルゴリズムで解決されます。これらは「18 章　カメラモデルとキャリブレーション」で紹介したように、一般的にはロバストな手法と考えられています。というのは、それらがある程度外れ値を認識して削除する能力を持っているからです[†31]。どちらの手法でも、最低限の 8 点よりもかなり多い点を持つことが望ましいです。

次の 2 つの引数は、RANSAC や LMedS でだけ使われるパラメータです。最初の `param1` は RANSAC で使われ、点からエピポーラ線までの最大距離（ピクセル）です。これを超える点は外れ値とみなされます。2 つ目のパラメータ `param2` は RANSAC と LMedS で使われ、望ましい信頼度（0 から 1 の間）です。これは、基本的には処理を何回繰り返すかをアルゴリズムに指示します。

結果は `cv::Mat` の配列として返されます。この配列は、一般的にその点と同じ精度の 3×3 の行列です（7 点アルゴリズムの特別な場合において、戻り値の配列が 9×3 になる可能性があるということを思い出してください）。通常、計算された基礎行列は、次に、指定された点に対応するエピポーラ線を見つけるために `cv::computeCorrespondEpilines()` に渡されるか、偏位修正変換を計算するために `cv::stereoRectifyUncalibrated()` に渡されます。**例 19-2** では、基礎行列を求めるコードの例を紹介します。

例 19-2　8 点アルゴリズムを用いて基礎行列を計算する

```
#include <opencv2/opencv.hpp>
#include <iostream>

using namespace std;

void help( char* argv[] ) {
 ...
}

// 引数: [board_w] [board_h] [number_of_boards] [delay]? [scale]?
//
int main( int argc, char* argv[] ) {
```

†31　さらなる情報を求める場合には、元の論文を参照してください。RANSAC は Fischler と Bolles の論文[Fischler81]、最小メジアン法は Rousseeuw の論文[Rousseeuw84]、LMedS を使ったラインフィッティングは Inui、Kaneko、Igarashi の論文[Inui03]です。

```
int   n_boards = 0;          // この後、コマンドライン引数から設定される
float image_sf = 0.5f;
float delay    = 1.f;
int   board_w  = 0;
int   board_h  = 0;

if( argc < 4 || argc > 6 ) {
  cout << "\nERROR: Wrong number of input parameters";
  help( argv );
  return -1;
}
board_w  = atoi( argv[1] );
board_h  = atoi( argv[2] );
n_boards = atoi( argv[3] );
if( argc > 4 ) delay    = atof( argv[4] );
if( argc > 5 ) image_sf = atof( argv[5] );

int board_n       = board_w * board_h;
cv::Size board_sz = cv::Size( board_w, board_h );
cv::VideoCapture capture(0);
if( !capture.isOpened() ) {
  cout << "\nCouldn't open the camera\n"; help();
  return -1;
}

// 領域を割り当てる
//
vector< vector< cv::Point2f> > image_points;
vector< vector< cv::Point3f> > object_points;

// コーナーが写っている画像をキャプチャする。n_boards 個の成功したキャプチャが得られるまで
// 繰り返す（つまり各ボードのすべてのコーナーが見つかるまで）。
//
double   last_captured_timestamp = 0;
cv::Size image_size;
while( image_points.size() < (size_t) n_boards ) {

  cv::Mat image0, image;
  capture >> image0;
  image_size = image0.size();
  resize(
    image0,   image,    cv::Size(),
    image_sf, image_sf, cv::INTER_LINEAR
  );

  // ボードを探索する
  //
  vector< cv::Point2f > corners;
  bool found = cv::findChessboardCorners(
   image, board_sz, corners
  );

  // 描画する
```

```
    //
    cv::drawChessboardCorners( image, board_sz, corners, found );

    // よいボードを得たらデータに追加する
    //
    double timestamp = (double) clock() / CLOCKS_PER_SEC;
    if( found && timestamp - last_captured_timestamp > 1 ) {

      last_captured_timestamp = timestamp;
      image ^= cv::Scalar::all(255);

      cv::Mat mcorners( corners );        // データ自体は複製しない
      mcorners *= ( 1./ image_sf );       // コーナーの座標をスケーリングする
      image_points.push_back( corners );
      object_points.push_back( vector< cv::Point3f >() );
      vector< cv::Point3f >& opts = object_points.back();
      opts.resize( board_n );
      for( int j=0; j<board_n; j++ ) {
        opts[j] = cv::Point3f(
          (float)(j/board_w), (float)(j%board_w), 0.f
        );
      }
      cout << "Collected our " <<(int) image_points.size()
        <<" of " << n_boards <<" needed chessboard images\n" << endl;
    }

    // 画像から収集したらカラーで表示
    //
    cv::imshow( "Calibration", image );
    if( (cv::waitKey(30) & 255) == 27 )
      return -1;

  }             // 画像収集のための while() ループの終わり

  cv::destroyWindow("Calibration");
  cout <<"\n\n*** CALIBRATING THE CAMERA...\n" << endl;

  // カメラのキャリブレーション
  //
  cv::Mat intrinsic_matrix, distortion_coeffs;
  double err = cv::calibrateCamera(
    object_points,       // キャリブレーションパターンからの点のベクタのベクタ
    image_points,        // 投影された（画像上の）座標のベクタのベクタ
    image_size,          // 使用される画像のサイズ
    intrinsic_matrix,    // 出力のカメラ内部行列
    distortion_coeffs,   // 出力の歪み係数
    cv::noArray(),       // 回転ベクトルは無視
    cv::noArray(),       // 回転ベクトルと平行移動ベクトルも無視
    cv::CALIB_ZERO_TANGENT_DIST | cv::CALIB_FIX_PRINCIPAL_POINT
  );

  // 固有パラメータと歪みを保存する
  cout << " *** DONE!\n\nReprojection error is " << err
```

```
  <<"\nStoring Intrinsics.xml and Distortions.xml files\n\n";
cv::FileStorage fs( "intrinsics.xml", cv::FileStorage::WRITE );

fs << "image_width"     << image_size.width << "image_height"
   << image_size.height << "camera_matrix"  << intrinsic_matrix
   << "distortion_coefficients" << distortion_coeffs;
fs.release();

// これらの行列を再び読み込む
//
fs.open( "intrinsics.xml", cv::FileStorage::READ );
cout << "\nimage width: "  << (int)fs["image_width"];
cout << "\nimage height: " << (int)fs["image_height"];

cv::Mat intrinsic_matrix_loaded, distortion_coeffs_loaded;
fs["camera_matrix"]           >> intrinsic_matrix_loaded;
fs["distortion_coefficients"] >> distortion_coeffs_loaded;
cout << "\nintrinsic matrix:"         << intrinsic_matrix_loaded;
cout << "\ndistortion coefficients: " << distortion_coeffs_loaded
     << endl;

// 第 1 フレームと第 2 フレームの間の基礎行列を計算する
//
cv::undistortPoints(
  image_points[0],     // （フレーム 0 からの）観測点座標
  image_points[0],     // 歪んでいない座標（この場合、上記と同じ配列）
  intrinsic_matrix,    // cv::calibrateCamera() からのカメラ内部行列
  distortion_coeffs,   // cv::calibrateCamera() からの歪み係数
  cv::Mat(),           // 偏位修正変換（ただし、ここではこれは必要ない）
  intrinsic_matrix     // 新しいカメラ行列
);
cv::undistortPoints(
  image_points[1],     // （フレーム 1 からの）観測点座標
  image_points[1],     // 歪んでいない座標（この場合、上記と同じ配列）
  intrinsic_matrix,    // cv::calibrateCamera() からのカメラ内部行列
  distortion_coeffs,   // cv::calibrateCamera() からの歪み係数
  cv::Mat(),           // 偏位修正変換（ただし、ここではこれは必要ない）
  intrinsic_matrix     // 新しいカメラ行列
);

// 発見されたすべてのチェスボードコーナーは正常値であり、
// エピポーラ拘束を満たしているはずなので、ここでは最も速く、
// 最も正確な（この場合は）8 点アルゴリズムを使用する。
//
cv::Mat F = cv::findFundamentalMat(  // 計算された行列を返す
  image_points[0],                   // フレーム 0 の点群
  image_points[1],                   // フレーム 1 の点群
  cv::FM_8POINT                      // 8 点アルゴリズムを用いる
);
cout << "Fundamental matrix: " << F << endl;

// それ以降のすべてのフレームに使用する歪のないマップを作成する
//
```

```
    cv::Mat map1, map2;
    cv::initUndistortRectifyMap(
      intrinsic_matrix_loaded,  // カメラ行列
      distortion_coeffs_loaded, // 歪み係数
      cv::Mat(),                // （オプション）偏位修正は必要ない
      intrinsic_matrix_loaded,  // 「新しい」行列。ここでは最初の引数と同じ
      image_size,               // 理想の歪みのない画像のサイズ
      CV_16SC2,                 // 使用するマップの形式を指定する
      map1,                     // 統合座標
      map2                      // map1 の要素の固定小数点数オフセット
    );
    // カメラを走らせ画面に映し出せば、本来の歪みなし画像が表示される
    //
    for(;;) {
      cv::Mat image, image0;
      capture >> image0;
      if( image0.empty() ) break;
      cv::remap(
        image0,                   // 入力画像
        image,                    // 出力画像
        map1,                     // マップの整数部分
        map2,                     // マップの固定小数点数部分
        cv::INTER_LINEAR,
        cv::BORDER_CONSTANT,
        cv::Scalar()              // 境界値を黒に設定する
      );
      cv::imshow( "Undistorted", image );
      if( ( cv::waitKey(30) & 255 ) == 27 ) break;
    }
    return 1;
  }
```

cv::findFundamentalMat() から cv::noArray() が返される可能性に関して1つ気をつけるべきことがあります。それは、これらのアルゴリズムは、提供された点が**退化した配置**を構成する場合に失敗することがある、ということです。これらの退化した配置は、与えられた点が提供する情報量が必要な量より少ない場合に発生します。例えば、1つの点が複数回にわたり現れたり、同じ線上や同じ面上に複数の点がたくさんありすぎたりする場合です。cv::findFundamentalMat() の戻り値は常にチェックするようにしてください。

19.4.4 エピポーラ線を計算する

これで基礎行列が手に入ったので、エピポーラ線を計算したくなるでしょう。OpenCV の関数 cv::computeCorrespondEpilines() は、ある画像内の点のリストに対してもう1つの画像のエピポーラ線を計算します。1つの画像内における任意の点に関して、もう1つの画像内に異なる対応するエピポーラ線があることを思い出してください。それぞれの計算されたエピポーラ線は3つの点 (a, b, c) のベクトルの形式でエンコードされ、次の式で定義されます。

$$a \cdot x + b \cdot y + c = 0$$

これらのエピポーラ線を計算するために、cv::computeCorrespondEpilines () 関数はcv::findFundamentalMat() を用いて計算した基礎行列を必要とします。

```
void cv::computeCorrespondEpilines(
  cv::InputArray  points,     // 入力する点、N × 1 または 1 × N (Nc=2) または<Point2f>のベクタ
  int             whichImage, // 点を含む画像のインデックス ('1' または'2')
  cv::InputArray  F,          // 基礎行列
  cv::OutputArray lines       // 線の出力ベクトル。(a,b,c) の 3 つ組でエンコードされる
);
```

最初の引数 points は、2 次元の点群の入力配列で、通常のいずれかの形式で指定できますが、points は浮動小数点数型でないといけません。whichImage は 1 か 2 でなくてはならず、points 点群が cv::findFundamentalMat() 内の points1 と points2 のどちらの画像上で定義されているかを示します。F は cv::findFundamentalMat() が返す 3×3 行列です。最後に、lines は結果の線が書かれる浮動小数点数の配列です。それぞれの線は、線の方程式 $a \cdot x + b \cdot y + c = 0$ の係数を含む 3 要素のベクトル $\vec{L} \equiv (a, b, c)$ でエンコードされます。この線の方程式はパラメータ a、b、c の全体の正規化とは独立であるので、デフォルトでは、$a^2 + b^2 = 1$ になるように正規化されます。

19.4.5 ステレオキャリブレーション

ここまで、カメラと 3 次元の点の背後にあるたくさんの理論と機構を組み立てました。これでこれらを使用することができます。本節では、ステレオキャリブレーションを扱い、次の節ではステレオ平行化を扱います。**ステレオキャリブレーション**は空間内にある 2 台のカメラ間の幾何学的な関係を計算するプロセスです。対照的に**ステレオ平行化**は、行が揃った画像平面を持つ 2 台のカメラで撮られたかのように個別の画像を「補正する」プロセスです（**図 19-5** と**図 19-8**）。このように平行化されると、2 台のカメラの光学的な軸（もしくは主光線）は平行となります（したがって、これらは無限遠点で交差すると言えます）。もちろん、2 台のカメラの画像はこれ以外にもさまざまな配置でキャリブレーションできますが、ここ（と一般的に OpenCV）では主光線が無限遠で交差するという、より広く使われより簡単なケースに焦点を当てます。

ステレオキャリブレーションは、2 台のカメラ間の回転行列 R と平行移動ベクトル $\vec{T}$ を求めることで決まります（**図 19-10**）。R と $\vec{T}$ は両方とも cv::stereoCalibrate() 関数で計算されます。この関数は、「18 章　カメラモデルとキャリブレーション」で見た cv::calibrateCamera() 関数に似ていますが、カメラが 2 台ある点と、この新しい関数ではカメラ、歪み、基本行列、基礎行列を計算（もしくは、事前に計算したものを利用）できる点が異なります。ステレオと単一のカメラにおけるキャリブレーションとの主な違いはこれ以外に、cv::calibrateCamera() では、カメラとチェスボードのビュー間の回転と平行移動のベクトルのリストが得られることです。cv::stereoCalibrate() では、右のカメラと左のカメラを関連づける単一の回転行列と平行移

動ベクトルを求めます。

基本行列と基礎行列の計算方法はすでに示しました。左のカメラと右のカメラの間の R と $\vec{T}$ はどうやって計算するのかが、次の問題です。物体座標の3次元の点 $\vec{P}$ に関して、2台のカメラに対して別々に単一のカメラのキャリブレーションを用いて、$\vec{P}$ を（それぞれ左右のカメラ用の）カメラ座標 $\vec{P}_l = R_l \cdot \vec{P} + \vec{T}_l$ と $\vec{P}_r = R_r \cdot \vec{P} + \vec{T}_r$ に移せるという見解から始めます。**図19-10**から明らかなことは、$\vec{P}$ の（2台のカメラからの）2つのビューは $\vec{P}_l = R^T \cdot (\vec{P}_r - \vec{T})$[†32]で関連づけられるということです。ここで R と $\vec{T}$ はそれぞれこれらのカメラ間の回転行列と平行移動ベクトルです。これらの3つの式を用いて、回転行列と平行移動を別に解くと、次の簡単な関係が得られます[†33]。

$$R = R_r \cdot R_l^T$$

$$\vec{T} = \vec{T}_r - R \cdot \vec{T}_l$$

チェスボードのコーナーあるいは類似のキャリブレーション用の物体に対して一連のビューが与えられると、`cv::stereoCalibrate()` は `cv::calibrateCamera()` を用いてそれぞれのカメラに収められているビューの回転と平行移動パラメータを計算します（「18.2.4.2　内部で何が行われているのか？」を見直してこれがどのように行われるかを思い出してください）。次に、これらの左と右の回転と平行移動の解を2台のカメラ間の回転と平行移動のパラメータを求めるために今示した式に代入します。画像のノイズと丸め誤差のせいで、それぞれのチェスボードのペアで R と $\vec{T}$ がわずかに異なる値になります。`cv::stereoCalibrate()` は真の解の初期近似として R と $\vec{T}$ のパラメータの中央値を取り、次に、ロバストな Levenberg-Marquardt 反復アルゴリズムを実行し、両方のカメラのビューにおけるキャリブレーションの点に関する（局所的な）最小の再投影誤差を求め、R と $\vec{T}$ の最終的な解を返します。ステレオキャリブレーションが何を与えてくれるのかを明確にしましょう。回転行列が左のカメラと同じ平面に右のカメラを置きます。これにより2つの画像平面は平行になりますが、行は揃っていません（行を揃える方法は、「19.4.6　ステレオ平行化」で説明します）。

関数 `cv::stereoCalibrate()` は、たくさんのパラメータを持ちますが、これらはすべて非常にわかりやすく、多くは「18章　カメラモデルとキャリブレーション」の `cv::calibrateCamera()` と同じです。

†32　これらの項が意味する内容に注意しましょう。$\vec{P}_l$ と $\vec{P}_r$ は左右のカメラそれぞれの座標系から得られる3次元の点 $\vec{P}$ の位置を意味します。R_l と $\vec{T}_l$（R_r と $\vec{T}_r$）は、左（右）のカメラにおける、カメラから3次元の点への回転と平行移動ベクトルを意味します。そして R と $\vec{T}$ は、右のカメラから左のカメラの座標系にする回転と平行移動ベクトルです。

†33　両方の式でサブスクリプトを入れ替えるか、あるいは平行移動行列だけの式でサブスクリプトを入れ替えて R を転置行列にするかのどちらかで、これらの式の左右のカメラを反転させることができます。

```
double cv::stereoCalibrate(                // 再投影誤差を返す
  cv::InputArrayOfArrays objectPoints,    // キャリブレーションのパターン点のベクタのベクタ
  cv::InputArrayOfArrays imagePoints1,    // 画像の点（カメラ 1）のベクタのベクタ
  cv::InputArrayOfArrays imagePoints2,    // 画像の点（カメラ 2）のベクタのベクタ
  cv::InputOutputArray   cameraMatrix1,   // カメラ 1 の内部パラメータ（入力/出力）
  cv::InputOutputArray   distCoeffs1,     // カメラ 1（入力/出力）の歪み係数
  cv::InputOutputArray   cameraMatrix2,   // カメラ 2 の内部行列（入力/出力）
  cv::InputOutputArray   distCoeffs2,     // カメラ 2（入力/出力）の歪み係数
  cv::Size               imageSize,       // 画像のサイズ（両方のカメラが同じであると想定）
  cv::OutputArray        R,               // 算出された相対的な回転行列
  cv::OutputArray        T,               // 算出された相対的な平行移動ベクトル
  cv::OutputArray        E,               // 算出された基本行列
  cv::OutputArray        F,               // 算出された基礎行列
  cv::TermCriteria       criteria     = cv::TermCriteria(
                                          cv::TermCriteria::COUNT
                                            | cv::TermCriteria::EPS,
                                          30,
                                          1e-6
                                        ),
  int                    flags        = cv::CALIB_FIX_INTRINSIC
);
```

最初の引数 objectPoints は点の配列の配列です。上位の配列の各要素は、キャリブレーション画像の 1 つに関連づけられます。そのような各要素はそれ自体、（キャリブレーション画像自体の座標系における）キャリブレーション画像上の点の位置を含む配列です。これらは 3 次元の点でなければなりません。ただし、ほとんどの場合、各点位置の z 座標は 0 になります（これは cv::calibrateCamera() の状況とまったく同じです。実際には平坦なキャリブレーション用の物体を使用する必要はありませんが、通常は最も便利な方法です）。

imagePoints1 と imagePoints2 も配列の配列であり、上位の配列には入力画像に対応する要素が含まれています。それぞれの要素には、キャリブレーション点の観察される位置が含まれています。imagePoints1 には、最初の（通常は左の）カメラが見ている点が含まれ、imagePoints2 には、2 番目（通常は右）のカメラが見ている点が含まれます[†34]。objectPoints の点とは異なり、imagePoints1 と imagePoints2 の点は、画像のピクセル位置なので、2 次元の点となります。

チェスボードまたはサークルグリッドを使用して 2 つのカメラのキャリブレーションを実行した場合、imagePoints1 と imagePoints2 は、それぞれ左および右のカメラビューに対して、呼び出した cv::findChessboardCorners() 関数、あるいは、その他のコーナー（あるいはサークル）のグリッド検出関数の戻り値になります。

†34 簡単にするために、標準的に「1」が左のカメラを、「2」が右のカメラを意味するものとして考えます。実際には、結果としての回転と平行移動の解を常に本書の説明とは逆に扱えば、これらを置き換えることができます。最も重要なことは、よいキャリブレーション結果を得るためにカメラの読み取りラインがだいたいマッチするように、物理的にカメラを配置することです。

cameraMatrix1とcameraMatrix2は3×3のカメラ行列で、distCoeffs1とdistCoeffs2はそれぞれカメラ1とカメラ2の歪み係数からなる4要素（あるいは5または7の要素）のベクトルです。これらの行列では、最初に半径方向の歪みに関するパラメータが2つ来て、これらに後に円周方向の歪みに関するパラメータが2つ、最後に半径方向の歪みに関する残りのパラメータがあります（歪み係数に関する「18章　カメラモデルとキャリブレーション」の説明を参照）†35。

cv::stereoCalibrate()がカメラの内部パラメータをどのように使用するかは、flags引数で制御されます。flagsにcv::CALIB_FIX_INTRINSICが設定されると、これらの行列の値はキャリブレーション処理ですでに求められているものとして使われます（すなわち、このアルゴリズムでは計算されません）。flagsがcv::CALIB_USE_INTRINSIC_GUESSに設定されると、これらの行列は、それぞれのカメラ用の内部パラメータや歪みパラメータをさらに最適化するための出発点として使われ、cv::stereoCalibrate()から戻ったときに精緻化された値が設定されます。これらのフラグがどちらも使用されない場合、カメラの内部パラメータはcv::stereoCalibrate()によってゼロから計算されます。したがって、お好みなら、cv::stereoCalibrate()を使用して、1回のパスで内部パラメータ、外部パラメータ、ステレオパラメータを計算できます†36。

また、cv::calibrateCamera()で使えるflags値はすべて追加することができます（「18章　カメラモデルとキャリブレーション」を参照）。これに加えて、cv::CALIB_SAME_FOCAL_LENGTHという新しいフラグが利用できます。このフラグは、cv::CALIB_FIX_FOCAL_LENGTHの代わりになりますが、やや制限が緩くなっています。後者は焦点距離がcameraMatrix1とcameraMatrix2で求められた焦点距離と同じである必要がありますが、前者はその2つの焦点距離が同じでありさえすればよいのです。この場合、cv::stereoCalibrate()は、2つのカメラで共有される未知の同一の焦点距離を計算によって求めます。

imageSizeは画像サイズ（ピクセル）です。これは、flagsがcv::CALIB_FIX_INTRINSICに等しくない場合に、みなさんが内部パラメータを精緻にしたり計算したりする場合にだけ用いられます。

RとTの項は出力パラメータで、関数が戻るときに求めたい（右のカメラと左のカメラを関連づける）回転行列と平行移動ベクトルが格納されます。EとFはオプションです。これらにcv::noArray()以外が設定されると、cv::stereoCalibrate()が3×3の基本行列と基礎行列を計算して代入します。最終のtermCritはこれまで何回も見てきました。内部の終了基準の設定で、特定の回数繰り返されたら終了するか、計算されたパラメータがtermCrit構造体内で示される閾値よりも小さくなったら終了します。この関数の典型的な引数は、cv::TermCriteria(cv::TermCriteria::COUNT | cv::TermCriteria::EPS, 30, 1e-6)です。cv::TermCriteria::EPSの場合、関連する終了基準の値は、パラメータの現在

†35　3つ目以降の半径方向の歪みパラメータが最後にあるのは、最近のOpenCVの開発で追加されたためです。

†36　一度にたくさんのパラメータを解こうとすると、意味のない値に解が発散してしまうことがあるので注意してください。方程式を解くのは、手作業で結果を検証しなければなりません。キャリブレーションと平行移動のコードの例での考察を参考に、**例19-2**にあるエピポーラ拘束を使用したキャリブレーションの結果を確認できます。

の推定値によって与えられる再投影誤差の合計になります。cv::calibrateCamera() と同様に、このアルゴリズムは本来使用可能なすべてのビュー内のすべての点の再投影誤差の合計を最小限に抑えますが、現在は2つのカメラに対してです。cv::stereoCalibrate() の戻り値は再投影誤差の最終的な値です。

両方のカメラをキャリブレーションして、その結果に自信があれば、cv::CALIB_FIX_INTRINSIC を用いることで前回の単一のカメラによるキャリブレーションの結果を「確定」できます。2台のカメラに対する最初のキャリブレーションがまあまあで、すばらしくはないと思われる場合は、それを用いて、内部パラメータと歪みパラメータを再定義できます。この場合 flags に cv::CALIB_USE_INTRINSIC_GUESS を設定します。これらのカメラが個別にキャリブレーションされていない場合は、「18章　カメラモデルとキャリブレーション」で cv::calibrateCamera() の flags パラメータで用いたのと同じ設定を用いることができます。

回転と平行移動の値 $(R, \vec{T})$ か基礎行列 F のいずれかがわかっていれば、これらの結果を用いて、エピポーラ線が画像の行に揃いスキャンラインが両方の画像を同じように横切るように、2つのステレオ画像を平行化することができます。R と T が定義するステレオの平行化は一意ではありませんが、これらの項を他の拘束と一緒に使って2つの画像を平行化する方法について見ていきましょう。次の節でこれを行う方法を紹介します。

19.4.6 ステレオ平行化

ステレオの視差を計算するのは、2つの画像平面が正確に揃う場合が最も簡単です（図19-5で示しました）。残念ながら、前に説明したように、これらが完全に揃っていることは実際のステレオシステムではまれです。というのは、2台のカメラは実際にはほとんど、同一平面でもなく、画像平面の行で揃ってもいないからです。図19-8は、ステレオ平行化のゴールを示しています。2台のカメラの画像平面が、画像の列が完全に揃った正面平行構成でまったく同じ平面内にくるように再投影したいのです。数学的にカメラが整列されるような特定の面をどのようにして選ぶかは使用するアルゴリズムに依存します。ここでは、OpenCV が解決する2つのケースを説明します。

最終的には平行化の後で、2台のカメラ間で画像の行を揃えて、ステレオ対応点探索（2つの異なるカメラのビュー内から同じ点を見つける）の信頼性を増し、計算しやすくなるようにしたいのです。特に、もう1つの画像内の点との対応を調べるのに1つの行だけを検索すれば済むようにすることで、信頼性と計算効率のどちらも高まります。それぞれの画像を含む共通の画像平面内で水平な行を揃えると、エピポール自身が無限遠に置かれます。すなわち、ある画像内の投影中心の画像は、もう1つの画像平面に平行になります。しかし、選択可能な正面平行な面の数は無限にあるので、さらにいくつかの拘束を追加する必要があります。これには、ビューのオーバーラップ領域の最大化や歪みの最小化などがあります。

2つの画像平面を揃える処理を行うと、左右のカメラで4つずつ、合計8つの項が得られます。すなわち、それぞれのカメラに対して、歪みベクトル distCoeffs、回転行列 R_{rect}（画像に適用される）、平行化されたカメラ行列と平行化されていない行列（M_{rect} と M）を得ます。これらの項から、cv::initUndistortRectifyMap()（後述）を用いて、新しく平行化された画像を作成するために元画像からどのピクセルを補間すればよいかのマップを作ります[†37]。

平行化の項を計算する方法はたくさんあり、その中でOpenCVは次の2つを実装しています。(1) Hartleyのアルゴリズム[Hartley98] では、基礎行列だけを用いてキャリブレーションされていないステレオを作り出します。(2) Bougutのアルゴリズム[†38]では、2つのキャリブレーションされたカメラからの回転と平行移動パラメータを用います。Hartleyのアルゴリズムは単一のカメラで記録された動画像から3次元構造を復元するのに用いられますが、（ステレオ平行化されると）Bouguetのアルゴリズムより歪んだ画像になることがあります。

キャリブレーションパターンを用いることができる状況（例えば、ロボットアーム上やセキュリティカメラ用）では、Bouguetのアルゴリズムを使用するのが自然です。

19.4.6.1　キャリブレーションされていない場合のステレオ平行化：Hartleyのアルゴリズム

Hartleyのアルゴリズムは、2つのステレオ画像間の計算された視差を最小にしつつエピポールを無限遠に写像するホモグラフィを求めようとするものです。これは、2つの画像間で点をマッチングさせることで行います。このアプローチによって、2台のカメラ用の内部パラメータを計算しなくてはならないのをバイパスします。というのは、このような内部情報は点のマッチングに暗黙的に含まれているからです。これにより、基礎行列だけを計算すればよいのです。これは、すでに説明した cv::findFundamentalMat() を使って、シーンの2つのビュー間でマッチングした7つ以上の点の集合から得ることができます。もう1つの方法として、基礎行列は cv::stereoCalibrate() でも計算できます。

Hartleyのアルゴリズムの長所は、シーン内の点を観察するだけでステレオキャリブレーションがオンラインで実行できることです。短所は画像のスケールがわからないことです。例えば、点の対応を生成するためにチェスボードを用いている場合、そのチェスボードが1辺100mでずっと遠くにあるか、1辺100cmで近くにあるかは見分けられないのです。明示的にカメラの内部行列を知ることもできません。これがないと、2つのカメラの焦点距離が異なったり、ピクセルが歪んだ

†37　OpenCVにおける画像のステレオ平行化は、エピポールが画像の長方形の外にあるときにだけ可能です。したがって、この平行化アルゴリズムは、とても幅広いベースラインあるいはカメラが互いに向きすぎているようなステレオ構成では、動作しないかもしれません。

†38　Bouguetのアルゴリズムは、Tsai [Tsai87]、Zhang [Zhang99a] [Zhang00] によって初めて発表された手法を完成させ簡易化したものです。Jean-Yves Bouguetは、自身のカメラキャリブレーションツールボックスMATLAB内での有名な実装以外では、このアルゴリズムを発表しませんでした。

り、投影中心が異なったり、主点が異なってしまったりするかもしれません。結果として、3 次元の物体の復元が射影変換までしかできません。これが意味するのは、異なるサイズの物体や異なる投影が同じに見え得るということです（すなわち、3 次元物体が違っていても、特徴点が同じ 2 次元座標を持つのです）。これらの問題を図19-11 に示します。

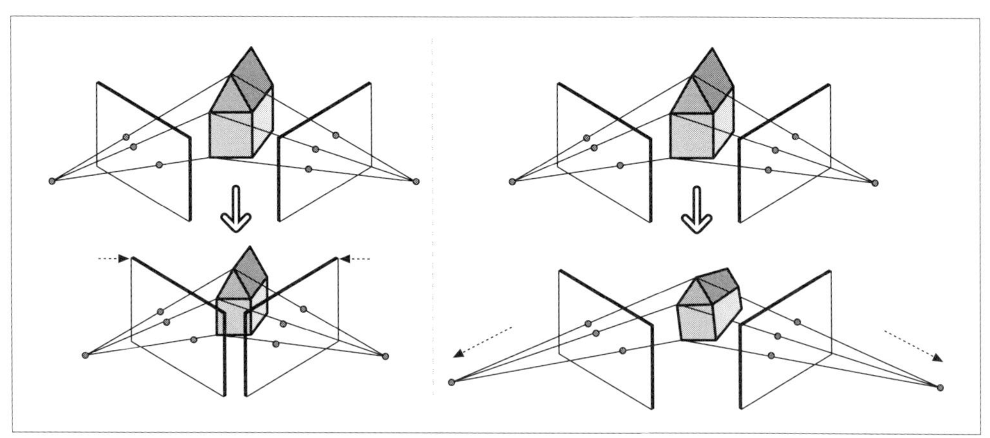

図19-11 ステレオ平行化のあいまいさ。物体のサイズがわからない場合、異なるサイズの物体が、カメラからの距離によっては同じに見える場合がある（左）。カメラの内部パラメータがわからなければ、異なる投影が（例えば、焦点距離と主点が異なることで）同じに見える場合がある（右）

基礎行列 F（計算するには 7 つ以上の点が必要）がわかっているとすると、Hartley のアルゴリズムは次のように進みます（詳細は、Hartley の原論文 [Hartley98] を参照）。

1. 基礎行列を用いて、左と右のエピポールに対してそれぞれ $F \cdot \vec{e}_l = 0$ と $\vec{e}_r{}^T \cdot F = 0$ の関係を用いて、2 つのエピポールを計算します。
2. 最初のホモグラフィ H_r を求めます。これは、右のエピポールを無限遠にある 2 次元の同次座標点 $(1, 0, 0)^T$ に写像します。ホモグラフィは 7 つの拘束（スケーリングはない）を持ち、そのうち 3 つを用いて無限遠への写像を行うので、H_r を選ぶのに 4 つの自由度が残ります。4 つも自由度があると、選んだ H_r のほとんどは大きく歪んだ画像を作り出してしまうでしょう。よい H_r を求めるには、発生する歪みが最小になるような画像の中の点を選びます。これにより、きちんとした回転と平行移動だけが可能になります（ただし、厳密に言うと、せん断は起こりません）。このような点の 1 つの適切な選択はその画像の原点です。さらにエピポール $\vec{e}_r = (k, 0, 1)^T$ が x 軸上にあるという仮定をします（後ほど説明しますが、回転行列がこれを達成します）。これらの座標を与えると、次の行列がそのようなエピポールを無限遠に持って行きます。

$$G = \begin{pmatrix} 1 & 0 & 0 \\ 0 & 1 & 0 \\ -1/k & 0 & 1 \end{pmatrix}$$

3. 右の画像の中で選んだ着目点（原点を選びました）に対して、その点を画像の原点に持って行く平行移動 $\vec{T}$（この場合には0）と、エピポールを $\vec{e}_r = (k, 0, 1)^T$ に持って行く回転 R を計算します。私たちが必要とするホモグラフィは $H_r = G \cdot R \cdot T$ になります（ここで、T は $\vec{T}$ から構成された、4×4 の変換行列です）。
4. 次に、対応するホモグラフィ H_l を探します。これは、左のエピポールを無限遠に送り、2つの画像の行を揃えます。左のエピポールを無限遠に送るのは、ステップ2と同じようにこれらの3つの拘束を用いることで簡単に行うことができます。行を揃えるには、行を揃えると2つの画像間に存在する対応点すべての間のトータルの距離が最小になるという事実を用いるだけです。すなわち、左右のマッチングポイントに関してトータルの視差 $\sum_i d(H_l \cdot \vec{p}_{i,l}, H_r \cdot \vec{p}_{i,r})$ を最小にする H_l を求めます。これらの2つのホモグラフィでステレオ平行化が定義されます。

このアルゴリズムの詳細は少々トリッキーですが、cv::stereoRectifyUncalibrated() がこの難しい仕事すべてを行ってくれます。この関数の名前は少々変です。というのは、キャリブレーションされていないステレオ画像を平行化するのではないからです。これはそうではなく、平行化で使われるホモグラフィを計算します。このアルゴリズムのプロトタイプは、次のとおりです。

```
bool cv::stereoRectifyUncalibrated(
  cv::InputArray  points1,        // 画像1の特徴点
  cv::InputArray  points2,        // 画像2の対応する点
  cv::InputArray  F,              // 基礎行列
  cv::Size        imgSize,        // 使用される画像のサイズ
  cv::OutputArray H1,             // 画像1のための平行化（ホモグラフィ）行列
  cv::OutputArray H2,             // 画像2のための平行化（ホモグラフィ）行列
  double          threshold = 5.0 // （オプション）外れ値の閾値（0=ignore）
);
```

cv::stereoRectifyUncalibrated() は入力として、左右の画像間で対応する2次元の特徴点の2つの配列、points1 と points2 を取ります。計算した基礎行列は配列 F（F）として渡されます。imageSize はおなじみで、キャリブレーション中に用いられた画像の幅と高さを記述するだけです。結果の平行化用のホモグラフィは、関数の引数 H1（H_l）と H2（H_r）に返されます。最後に、点から対応するエピポーラ線までの距離が指定された threshold よりも大きい場合、対

応する点はこのアルゴリズムによって破棄されます[†39]。

カメラがおおよそ同じパラメータを持ち、おおよそ水平に揃った正面平行構成になっている場合、Hartley のアルゴリズムの結果として得られる平行化された出力は、次で説明するキャリブレーションされたケースと非常によく似ています。シーン内の物体のサイズや 3 次元幾何形状がわかっている場合、キャリブレーションされたケースと同じ結果を得ることができるのです。

19.4.6.2 キャリブレーションされている場合のステレオ平行化：Bouguet のアルゴリズム

2 つのステレオ画像に関連した回転と平行移動 $(R, \vec{T})$ が与えられると、Bouguet のステレオ平行化アルゴリズムは、単に共通するビュー領域を最大化しつつ、2 つの画像それぞれに対して生成される再投影画像との差分を最小化し（それにより結果として生じる再投影の歪みを最小化し）ようとするだけです。

画像の再投影の歪みを最小化するために、右のカメラの画像平面を左のカメラの画像平面へ回転する回転行列 R を 2 台のカメラの間で半分に分割します。得られる 2 つの回転行列を左のカメラと右のカメラに対してそれぞれ r_r と r_l と呼びます。それぞれのカメラは半分ずつ回転するので、それらの各主光線は結局元の主光線が指していた場所のベクトルの和に平行になります。これまでに書いたように、このような回転はこれらのカメラを同一平面に置きますが、行は揃いません。左のカメラのエピポールを無限遠に持って行きエピポーラ線を水平に揃える R_{rect} を計算するには、エピポール自身の方向 $\vec{e}_1$ から始めることで回転行列を作成します。主点 (c_x, c_y) を左のカメラの原点として取ると、そのエピポールの（単位正規化された）方向は 2 台のカメラにおける投影中心間の平行移動ベクトルにぴったり沿います。

$$\vec{e}_1 = \frac{\vec{T}}{\left\|\vec{T}\right\|}$$

次のベクトル $\vec{e}_2$ は $\vec{e}_1$ に垂直である必要がありますが、それ以外に拘束はありません。$\vec{e}_2$ に関しては、主光線に垂直な方向（これは、画像平面に平行になる傾向があります）を選ぶのがよい選択です。これは、$\vec{e}_1$ と主光線の方向との外積を用いて次のように正規化し、もう 1 つの単位ベクトルを得ることで実現されます。

$$\vec{e}_2 = \frac{1}{\sqrt{{T_x}^2 + {T_y}^2}}(-T_y, T_x, 0)^T$$

---

†39 Hartley のアルゴリズムは、あらかじめ単一カメラのキャリブレーションで平行化されている画像に対して最もよく機能します。歪みの大きい画像に対してはまったく機能しません。私たちの「キャリブレーション不要」のルーチンが、通常パラメータが事前のキャリブレーションにより与えられている、歪みのない入力画像に対してしか機能しないというのは皮肉なことです。キャリブレーションしない別の 3 次元のアプローチについては、Pollefeys の論文 [Pollefeys99a] を参照してください。

3番目のベクトル $\vec{e}_3$ は $\vec{e}_1$ と $\vec{e}_2$ に垂直です。これは、次の外積で求めることができます。

$$\vec{e}_3 = \vec{e}_1 \times \vec{e}_2$$

左のカメラのエピポールを無限遠に持って行く行列は次のようになります。

$$R_{rect} = \begin{bmatrix} \vec{e}_1{}^T \\ \vec{e}_2{}^T \\ \vec{e}_3{}^T \end{bmatrix}$$

この行列は、エピポーラ線が水平になりエピポールが無限遠に行くように、左のカメラを投影中心の周りに回転させます。2台のカメラを行で揃えるのは、次の設定で実現できます。

$$R_l = R_{rect} \cdot r_l$$

$$R_r = R_{rect} \cdot r_r$$

また、平行化された左右のカメラ行列 $M_{rect,l}$ と $M_{rect,r}$ も計算しますが、それらは射影行列 P'_l と P'_r と組み合わせて返します。

$$P_l = M_{rect,l} \cdot P'_l = \begin{bmatrix} f_{rect,l} & \alpha_l & c_{x,l} \\ 0 & f_{y,l} & c_{y,l} \\ 0 & 0 & 1 \end{bmatrix} \begin{bmatrix} 1 & 0 & 0 & 0 \\ 0 & 1 & 0 & 0 \\ 0 & 0 & 1 & 0 \end{bmatrix}$$

$$P_r = M_{rect,r} \cdot P'_r = \begin{bmatrix} f_{rect,r} & \alpha_r & c_{x,r} \\ 0 & f_{y,r} & c_{y,r} \\ 0 & 0 & 1 \end{bmatrix} \begin{bmatrix} 1 & 0 & 0 & T_x \\ 0 & 1 & 0 & 0 \\ 0 & 0 & 1 & 0 \end{bmatrix}$$

（ここで α_l と α_r はピクセルのせん断歪みパラメータを可能にしますが、「18章　カメラモデルとキャリブレーション」で説明したように、最近のカメラでは実質上、ほとんど常に `0` です）。この射影行列は次のように同次座標の3次元の点を同次座標の2次元の点にします。

$$P \cdot \begin{bmatrix} X \\ Y \\ Z \\ 1 \end{bmatrix} = \begin{bmatrix} x \\ y \\ w \end{bmatrix}$$

ここでスクリーン座標は $(x, y) = (x/w, y/w)$ に基づいて計算されます。2 次元の点も、そのスクリーン座標とカメラ内部行列が与えられると 3 次元に再投影できます。この再投影行列は次のとおりです。

$$
Q = \begin{bmatrix} 1 & 0 & 0 & -c_x \\ 0 & 1 & 0 & -c_y \\ 0 & 0 & 0 & f \\ 0 & 0 & -\frac{1}{T_x} & \frac{c_x - c'_x}{T_x} \end{bmatrix}
$$

ここでこれらのパラメータは、c'_x（右画像の主点における x 座標）以外は左の画像からのものです。主光線が無限遠で交差する場合、$c_x = c'_x$ となり、右下隅の項が `0` になります。2 次元の同次座標の点とそれに関連する視差 d が与えられると、次の式を用いてその点を 3 次元に射影できます。

$$
Q \cdot \begin{bmatrix} x \\ y \\ d \\ 1 \end{bmatrix} = \begin{bmatrix} X \\ Y \\ Z \\ W \end{bmatrix}
$$

したがって 3 次元座標は $(X/W, Y/W, Z/W)$ となります。

今説明した Bouguet の平行化手法を適用すると、**図 19-5** に示した理想的なステレオ設定が得られます。新しい画像の中心と画像の境界は、重なるビュー領域が最大になるように回転された画像が選ばれます。たいていの場合これは、2 つの画像領域の同じカメラ中心と共通の最大の高さと幅を、新しいステレオビュー平面として設定するだけです。

OpenCV ライブラリでは、Bouguet のアルゴリズムは関数 `cv::stereoRectify()` で実装されています。2 つのカメラの内部パラメータと歪み係数と、2 つのカメラの位置を関連づける平行移動と回転とを与えると、`cv::stereoRectify()` はそのカメラ対からのステレオ画像からの奥行き情報を抽出するために必要な平行化、射影、視差マップを計算します。

```
void cv::stereoRectify(
  cv::InputArray  cameraMatrix1, // 内部パラメータ（カメラ 1）
  cv::InputArray  distCoeffs1,   // 歪み係数（カメラ 1）
  cv::InputArray  cameraMatrix2, // 内部パラメータ（カメラ 2）
  cv::InputArray  distCoeffs2,   // 歪み係数（カメラ 2）
  cv::Size        imageSize,     // キャリブレーションに使用する画像のサイズ
  cv::InputArray  R,             // カメラ座標間の回転行列
  cv::InputArray  T,             // カメラ座標間の平行移動ベクトル
  cv::OutputArray R1,            // 3 × 3 の平行化行列 xform（カメラ 1）
  cv::OutputArray R2,            // 3 × 3 の平行化行列 xform（カメラ 2）
  cv::OutputArray P1,            // 3 × 4（新しい）射影行列（カメラ 1）
  cv::OutputArray P2,            // 3 × 4（新しい）射影行列（カメラ 2）
  cv::OutputArray Q,             // 4 × 4 奥行きマッピング行列との不一致
  int             flags        = cv::CALIB_ZERO_DISPARITY,
```

```
    double          alpha        = -1,         // [0,1] で出力される
    cv::Size        newImageSize = cv::Size(), // 「入力として」'0,0' を使用した出力画像サイズ
    cv::Rect*       validPixROI1 = 0, // （オプション）保証された有効な画像（img1）
    cv::Rect*       validPixROI2 = 0  // （オプション）保証された有効な画像（img2）
  );
```

cv::stereoRectify()[†40]に初めに入力するものは、cv::stereoCalibrate() が返す、おなじみの元のカメラ行列と歪みベクトルです。これらの後に、imageSize（キャリブレーションを実行するのに使われるチェスボード画像のサイズ）が続きます。また、左右のカメラの間の回転行列 R（R）と平行移動ベクトル T（$\vec{T}$）も渡します。これらも cv::stereoCalibrate() が返したものです。

出力パラメータ R1(R_l) と R2(R_r) は、前の式で導出したのと同じ左右の画像平面の行を揃える 3×3 の平行化用の回転行列です。同様に、3×4 の左右の射影方程式 P1(P_l) と P2(P_r) が手に入ります。Q（Q）はオプションの出力パラメータで、前に説明した 4×4 の再投影行列です。

flags パラメータは、デフォルトは無限遠での視差（**図19-5** のような通常の場合）を設定します。flags を 0 に設定すると、有限の距離で 0 の視差が起こるようにお互いを向いているカメラ（すなわち、ちょっと「やぶにらみ」している）を意味します（これは、その特定の距離の近傍でより大きな深さの分解能を得るために必要となる場合があります）。

flags パラメータを cv::CALIB_ZERO_DISPARITY 以外に設定した場合は、どうやってシステムを平行化するかにより注意を払う必要があります。私たちは左と右のカメラの主点 (c_x, c_y) に相対的にシステムを平行化したことを思い出してください。したがって、**図19-5** での計測値もこれらの位置に相対である必要があるのです。基本的には、$\widetilde{x}_l = x_r - c_x^{right}$ と $\widetilde{x}_l = x_r - c_x^{left}$ になるように距離を修正する必要があります。視差が無限遠に設定された（すなわち、cv::stereoRectify() に cv::CALIB_ZERO_DISPARITY が渡された）場合、$c_x^{right} = c_x^{left}$ となり、ピクセル座標（もしくは、視差）を奥行きの公式にそのまま渡すことができます。しかし、cv::stereoRectify() が cv::CALIB_ZERO_DISPARITY 以外で呼び出されると、一般的には $c_x^{right} \neq c_x^{left}$ となります。そのため、たとえ式 $Z = f \cdot T_x/(x_l - x_r)$ が同じままであっても、x_l と x_r は画像の中心からではなく、それぞれの主点 c_x^{left} と c_x^{right} から数えられるということに注意する必要があります。これらは、x_l と x_r とは異なる場合があります。したがって、視差 $d = x_l - x_r$ を計算した場合、それを $Z = f \cdot T_x/(d - c_x^{left} - c_x^{right})$ を計算する前に調整するべきです。

19.4.6.3　平行化マップ

ステレオキャリブレーションの項が手に入れば、cv::initUndistortRectifyMap() を別々に呼び出すことで、左右のカメラビューに対する平行化用の参照マップを事前に計算できます。画像から画像への任意の写像関数と同様に、順写像（ピクセルが比較元の画像から比較先の画像のど

†40　cv::stereoRectify() は平行化に使用できる項を計算する関数であり、ステレオ画像を実際に平行化（rectify）するわけではないので、cv::stereoRectify() という名前は少し不適切です。

こに行くかを計算する写像）は、行き先の位置が浮動小数点数なので、比較先の画像内にあるすべてのピクセルの場所を埋めるわけではありません。これは、穴の空いたスイスチーズのような見た目になります。ですので、代わりに逆方向に普段の作業手順を行います。すなわち、比較先の画像内の各整数ピクセルの位置に対して、それが比較元の画像のどの浮動小数点数座標から来たかを調べ、その周囲のピクセルからその整数の行き先の位置に用いられるべき値を補間するのです。この比較元の画像のピクセル参照には、通常、バイリニア補間が用いられます。これについては、「11章　画像変換」の `cv::remap()` で説明しました。

平行化のプロセスを図19-12に示します。この図の式の流れで示されるように、実際の平行化処理は（c）から（a）へ後ろ向きに進み、**逆写像処理**と呼ばれます。平行化された画像（c）内の各整数ピクセルに対して、歪んでいない画像（b）内の座標を求め、それらを用いて生画像（a）内の実際の（浮動小数点数の）座標を参照します。この浮動小数点数座標でのピクセル値は、比較元の画像内で近傍の整数ピクセル位置から補間され、その値が比較先の画像（c）内の平行化された整数ピクセルの位置を埋めるのに使われます。平行化された画像が埋められた後は、通常は、左と右の画像間でオーバーラップした領域を切り出します。

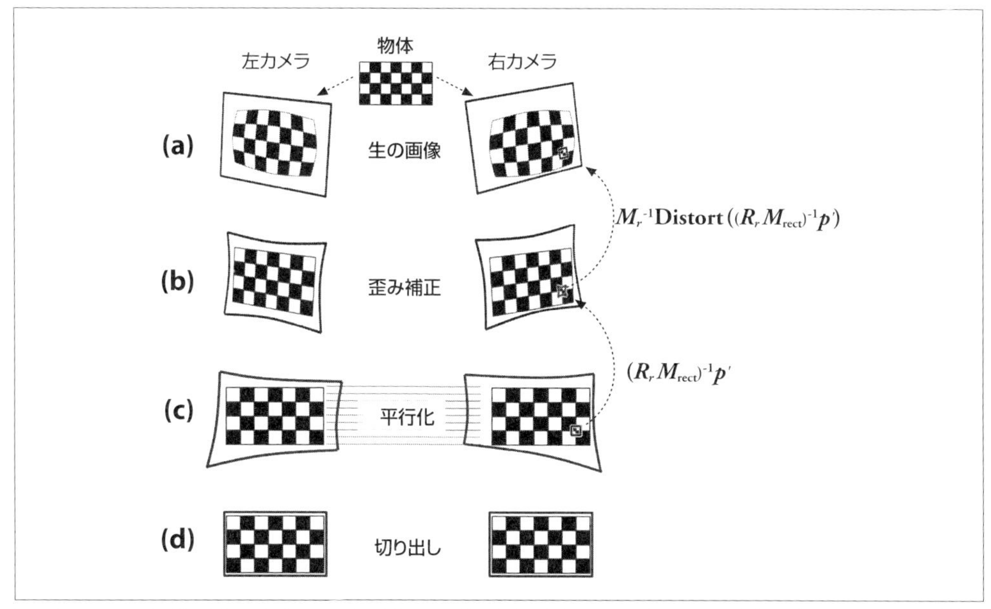

図19-12　ステレオ平行化。左右のカメラに対して、生の画像（a）の歪みがなくなり（b）、平行化され（c）、最後に両方のカメラ間でオーバーラップしている領域が切り出される（d）。平行化の計算は実際には（c）から（a）に逆方向に行われる

図19-12で示した数学を実装している関数は、`cv::initUndistortRectifyMap()` です。この関数を2回（1回はステレオペアの左の画像に対して、もう1回は右に対して）呼びます。

```
void cv::initUndistortRectifyMap(
  cv::InputArray  cameraMatrix,    // カメラの内部行列
  cv::InputArray  distCoeffs,      // カメラの歪み係数
  cv::InputArray  R,               // （オプション）3 × 3 平行化変換
  cv::InputArray  newCameraMatrix, // 通常、cv::stereoRectify() からの新しいカメラ行列
  cv::Size        size,            // 歪みのない画像サイズ
  int             m1type,          // 結果のマップをエンコードする方法
  cv::OutputArray map1,            // 最初の出力歪み補正マップ
  cv::OutputArray map2             // 2 番目の出力歪み補正マップ
);
```

cv::initUndistortRectifyMap() 関数は、入力として 3×3 のカメラ行列 cameraMatrix、5×1 のカメラ歪みパラメータ distCoeffs、3×3 の回転行列 R、平行化された 3×3 のカメラ行列 newCameraMatrix を取ります。

cv::stereoRectify() を用いてステレオカメラをキャリブレーションした場合、cv::initUndistortRectifyMap() への入力は cv::stereoRectify() からのものをそのまま使うことができます。最初に左用のパラメータを用いて左のカメラを平行化し、次に右用のパラメータを用いて右のカメラを平行化します。R に関しては、cv::stereoRectify() からの R_l と R_r を用い、cameraMatrix に関しては、cameraMatrix1 や cameraMatrix2 を用います。newCameraMatrix に関しては、cv::stereoRectify() の 3×4 の P_l または P_r の最初の 3 つの列を用いますが、便利なように、この関数には P_l や P_r を直接渡せるようになっており、そこから直接 newCameraMatrix を読み込みます。

一方で、cv::stereoRectifyUncalibrated() を用いてステレオカメラのキャリブレーションを行った場合、ホモグラフィを少し前処理する必要があります。ステレオ平行化は、（原理的にも実践的にも）カメラの内部情報を用いずにできますが、OpenCV にはこれを直接行う関数はありません。newCameraMatrix が何らかの事前のキャリブレーションから得られない場合は、newCameraMatrix に cameraMatrix を設定するのが適切です。次に、cv::initUndistortRectifyMap() の R に関しては、左と右の平行化用にそれぞれ、$R_{rect,l} = M_{rect,l}^{-1} \cdot H_l \cdot M_l$（もしくは、$M_{rect,l}^{-1}$ が利用できない場合は、単に $R_{rect,l} = M_l^{-1} \cdot H_l \cdot M_l$）と $R_{rect,l} = M_{rect,l}^{-1} \cdot H_l \cdot M_l$（もしくは、$M_{rect,r}^{-1}$ が利用できない場合は、単に $R_{rect,r} = M_r^{-1} \cdot H_r \cdot M_r$）を計算する必要があります。最後に、$5 \times 1$ の distCoeffs パラメータを埋めるには各カメラの歪み係数も必要です。

引数 size は、歪んでいない画像のサイズ（したがって、生成されるマップ配列のサイズ）を示します。m1type 引数は、生成されたマップの形式を決定するために使用されます。「18章　カメラモデルとキャリブレーション」で説明したように、CV_32FC1 または CV_16SC2 のいずれかに設定することができ、その結果、マップはそれぞれ浮動小数点数型または整数型のいずれかで生成されます。

cv::initUndistortRectifyMap() は参照マップ map1 と map2 を出力として返します。これらのマップは比較先の画像の各ピクセルに対してどこからソースピクセルを補間すべきかを示しま

す。すなわち、これらのマップは、「11 章　画像変換」で最初に見た関数 `cv::remap()` に直接渡すことができます。説明したように、左右のカメラで別々の `map1` と `map2` の再写像を得られるように、`cv::initUndistortRectifyMap()` は別々に呼ばれます。次に新しい左と右のステレオ画像を平行化するたびに、それぞれのマップを用いて関数 `cv::remap()` が呼ばれます。**図19-13**は、ステレオ画像のペアに対するステレオ歪み補正と平行化の結果を示しています。歪みのない平行化された画像内で特徴点がどのように水平に揃うかに注意してください。

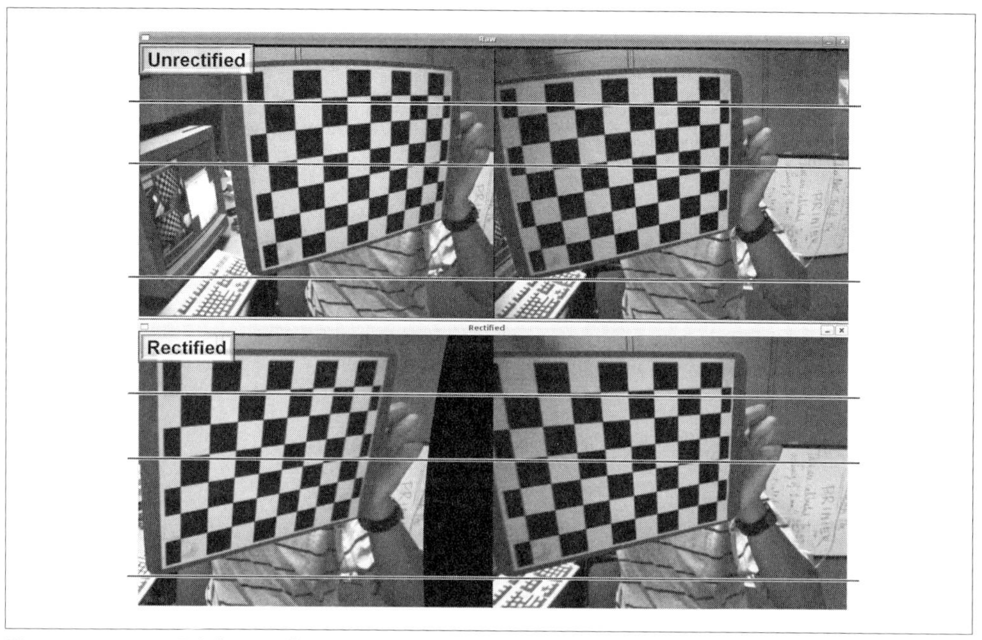

図19-13　ステレオ平行化。元画像の左右のペア（上のパネル）とステレオ平行化された画像の左右のペア（下のパネル）。大きな歪み（チェスボードパターンの上の部分）が補正され、平行化された画像内でスキャンラインが揃っていることに注目

19.4.7 ステレオ対応点探索

ステレオ対応点探索（2 つの異なるカメラビューでの 3 次元点のマッチング処理）は、2 つのカメラのビューがオーバーラップする領域上でだけ計算できます。繰り返しになりますが、これが、カメラをできるだけ正面平行になるように配置するとよりよい結果を得やすくなる、1 つの理由です（少なくとも、みなさんがステレオビジョンのかなりの専門家になるまでは）。次に、カメラの物理的な座標またはシーン内での物体のサイズがわかれば、2 つのカメラのビュー内で対応する点間を三角測量することで得られた視差 $d = x^l - x^r$（もしくは、主光線が無限遠で交差する場合は、$d = x^l - x^r - (c_x^{left} - c_x^{right})$）から、奥行きを計算することができます。このような物理的な情報がない場合は、奥行きは倍率までしか計算できません。Hartley のアルゴリズムを用いたときのよ

うにカメラの内部パラメータがわからない場合には、点の位置は射影変換までしか計算できません（図19-11）。

OpenCVは（ほぼ）共通のインタフェースを持つ2つの異なるステレオ対応点探索アルゴリズムを実装しています。**ブロックマッチング（BM）アルゴリズム**と呼ばれる最初のアルゴリズムは、Kurt Konolige［Konolige97］によって開発されたものに類似した、高速で効果的なアルゴリズムです。これは、小さな差分絶対値和（SAD：Sum of Absolute Difference）ウィンドウを用いて左右のステレオ平行化された画像間で対応点を見つけます†41。このアルゴリズムは2つの画像間で強くマッチする（テクスチャがはっきりした）点だけを見つけます。したがって、屋外の森の中にいるようなテクスチャが多いシーンでは、すべてのピクセルに対する奥行きの計算が可能でしょう。屋内の廊下のような非常にテクスチャが少ないシーンでは、ほとんどの点は奥行きが得られません。第2のアルゴリズムは、**セミグローバルブロックマッチング（SGBM）アルゴリズム**と呼ばれます。［Hirschmuller08］で導入されたSGMのバリエーションであるSGBMは、主に2つの点でBMと異なります。1つは、Birchfield-Tomasi基準［BirchfieldTomasi99］を使用して、サブピクセルレベルで照合が行われることです。2つ目の相違点は、SGBMが計算された奥行き情報に大域的な滑らかさの拘束を適用しようとすることです。関心のある領域を通して多数の1次元の滑らかさの拘束を考慮することによって近似します。BMはかなり高速ですがSGBMほどの信頼性と精度はないという意味で、これらの2つの方法は補完的です。

19.4.7.1　ステレオマッチングクラス：cv::StereoBM、cv::StereoSGBM

この異なるステレオマッチングアルゴリズムは両方とも、左と右の2つの画像を1つの奥行き画像に変換する同じ基本的な機能を提供します。奥行き画像は、各ピクセルを、カメラからこのピクセルで表される被写体までの距離と関連づけます†42。OpenCVは、ブロックマッチング（BM）とセミグローバルブロックマッチング（SGBM）の2つの異なるステレオマッチングアルゴリズムの実装を提供しています。これらの2つのアルゴリズムは、歴史的に関連があります（名前が示すとおり、基本的に同じ目的を果たします）が、それぞれ独自のインタフェースを備えています†43。

19.4.7.2　ブロックマッチング

OpenCVで実装されたブロックマッチングステレオアルゴリズムは、ステレオ計算のための（もしかしたら唯一の）標準的な手法とみなされるようになったものを若干修正したものです。基本的な仕組みは、比較を個々の行でのみ行えばよいように画像を修正して整列させ、このアルゴリ

†41　このアルゴリズムは、Videreから提供されているFPGAのステレオハードウェアシステムで利用することができます。

†42　通常OpenCVでは、この奥行き画像のピクセルは、左のカメラ画像のピクセルに一致しますが、これは一般的なものではありません。

†43　このような共通性があるので、何らかの仮想基底クラスで両方の方法を実装するオブジェクト用の共通インタフェースが定義されていることを期待されるかもしれません。確かに他では、いたるところでそのように実装されています。ところが実際には、それぞれのアルゴリズムの初期化に必要な情報がわずかに異なるので、（少なくとも当分の間は）実際の実装では共通のインタフェースを使うのではなく、非常によく似てはいるものの2つの別々のクラスを使うことになっています。

ズムに一致するピクセルのグループを探すために2つの画像の行を検索させます。もちろん、これ以外にも、このアルゴリズムを少しうまく、あるいは少し速く動作させる詳細があります。その結果、高速で比較的信頼性の高いアルゴリズムが得られます。このアルゴリズムは、さまざまなアプリケーションで頻繁に使用されています。

このブロックマッチングステレオ対応点探索アルゴリズム（歪みが補正され、平行化されたステレオ画像のペアに対して機能する）には、3つのステージがあります。

1. 画像の明るさを正規化しテクスチャを強調するために、事前フィルタリングする
2. SAD ウィンドウを用いて水平なエピポーラ線に沿って対応点を探索する
3. 不良な対応点を削除するために事後フィルタリングする

事前フィルタリングの段階では、照明の違いを減らし画像のテクスチャを強調するために入力画像を正規化します。これは、ウィンドウ —— サイズは 5×5、7×7（デフォルト）、……21×21（最大）—— を画像上で走らせることで行われます。このウィンドウの中央のピクセル I_c は $\min(\max(I_c - \overline{I}, -I_{cap}), I_{cap})$ で置き換えられます。ここで、$\overline{I}$ はこのウィンドウ内の平均値であり、I_{cap} は正の限界値（デフォルト値は 30）です。代わりに、入力画像を x 軸方向に Sobel 微分することもできます。これには、多くのライティング関連の不具合を除去する効果もあります。

次に、SAD ウィンドウをスライドすることで対応点探索を行います。左の画像内でそれぞれの特徴に対して、右の画像で対応する行から最もよくマッチするものを探します。平行化すると、各行がエピポーラ線になるので、右の画像内でマッチングする場所は、左の画像内の同じ行（同じ y 座標）にあるはずです。すなわち、このマッチング位置は、その特徴が検出するのに十分なテクスチャを持っており、右のカメラのビューから見える場合に、求めることができます（図19-17）。左の特徴点のピクセル座標が (x_0, y_0) にありカメラが正面平行な配置にあれば、それにマッチするものは（あれば）、同じ行内で、x_0、もしくは x_0 より左に見つかるはずです（図19-14）。正面平行なカメラでは、ゼロ視差なら x_0 であり、それより大きな視差なら左になります。お互いを向くように角度が付けられたカメラでは、負の視差（x_0 の右側）でマッチする場合があります。そのアルゴリズムは、それが遭遇する最小の視差を伝える必要があります。

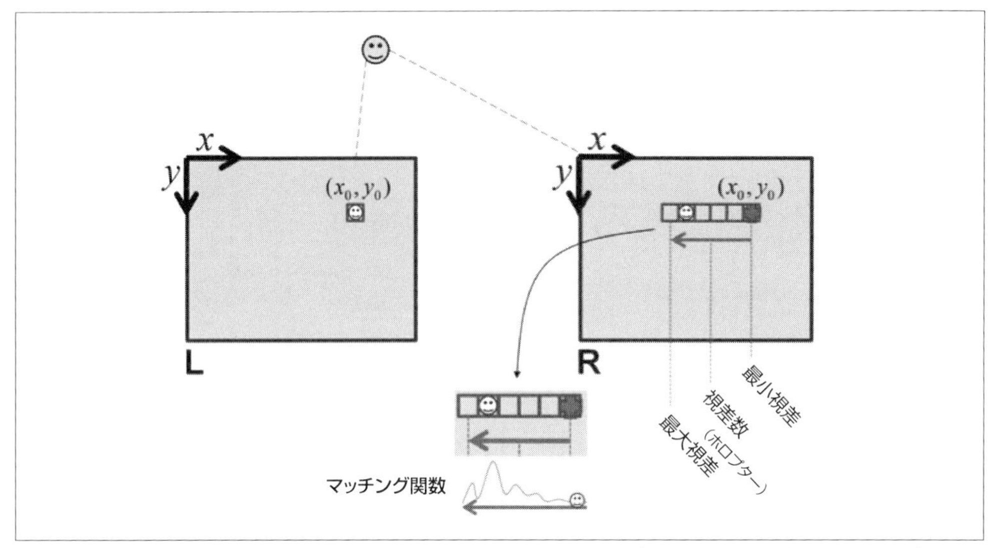

図19-14 左の画像に対する右の画像の対応は、同じ行でかつ同じ座標点（もしくはその左側）で起こるはずである。対応点探索は minDisparity 点（ここでは 0）で開始され、設定された視差数分左に移動する。ウィンドウベースで特徴の対応づけを行う特徴のマッチング関数は図の下側に示している

視差探索は、あらかじめ選択された視差の数のピクセル分だけ実行されます（デフォルトは 64 ピクセル）。視差は離散的な、サブピクセルレベルの分解能を持ち、これは個々のピクセルレベルよりも細かい、4 ビットの分解能と等しいものです。出力画像が 32 ビット浮動小数点数型画像の場合、非整数の視差が返されます。出力画像が 16 ビットの整数型である場合、視差は 4 ビットの固定小数点数型で返されます（つまり、16 を掛けると整数に丸めたことになります）。

探索すべき最小視差（minDisparity）と視差数（numDisparities）を設定すると、**ホロプター**（単視軌跡）、すなわち、このステレオアルゴリズムの探索範囲がカバーする 3 次元ボリュームが形成されます。**図19-15** は、3 つの異なる最小視差、20、17、16 から始めて視差数 5 ピクセルだけ探索したときの、視差探索範囲の限界を示します。それぞれの最小視差はカメラからの固定の奥行きに平面を定義します（**図19-16**）。**図19-15** に示したように、それぞれの最小視差は（視差数と一緒に）検出可能な奥行きに異なるホロプターを形成します。この範囲の外では、奥行きは求まらず、奥行きマップ内で奥行きがわからない「穴」となります。ホロプターの大きさは、2 つのカメラ間のベースライン距離 $\|\vec{T}\|$ を減らしたり、焦点距離を短くしたり、ステレオ視差探索範囲を増やしたり、そのピクセル幅を増やしたりすることで大きくすることができます。

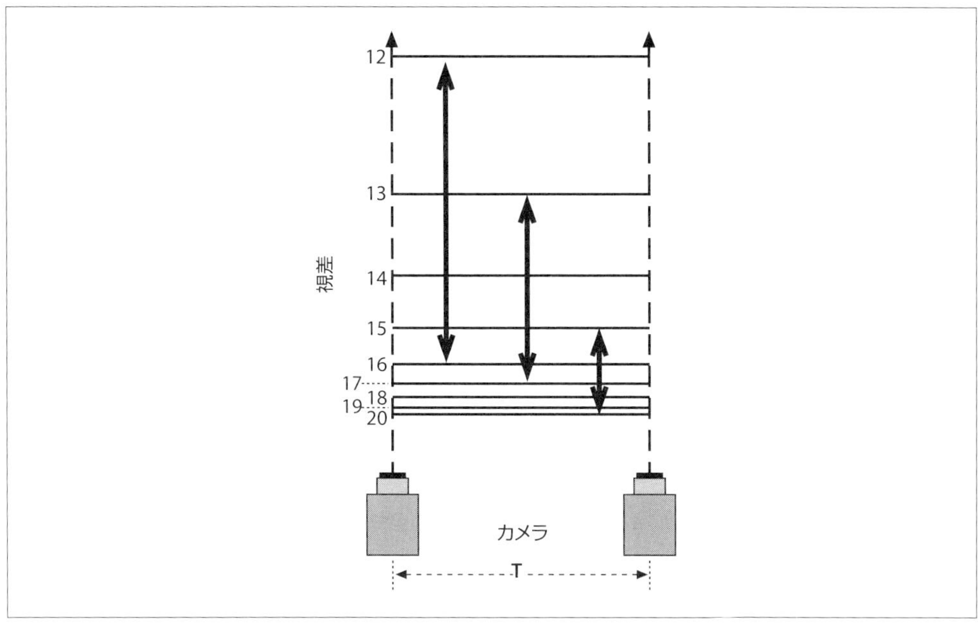

図19-15　それぞれの線は、整数ピクセルで 20 から 12 までの一定の視差を持つ平面を表す。視差 5 ピクセルの探索範囲はそれぞれ、垂直な矢印で示すように異なるホロプターの範囲をカバーする。最大視差が異なると異なるホロプターを形成する

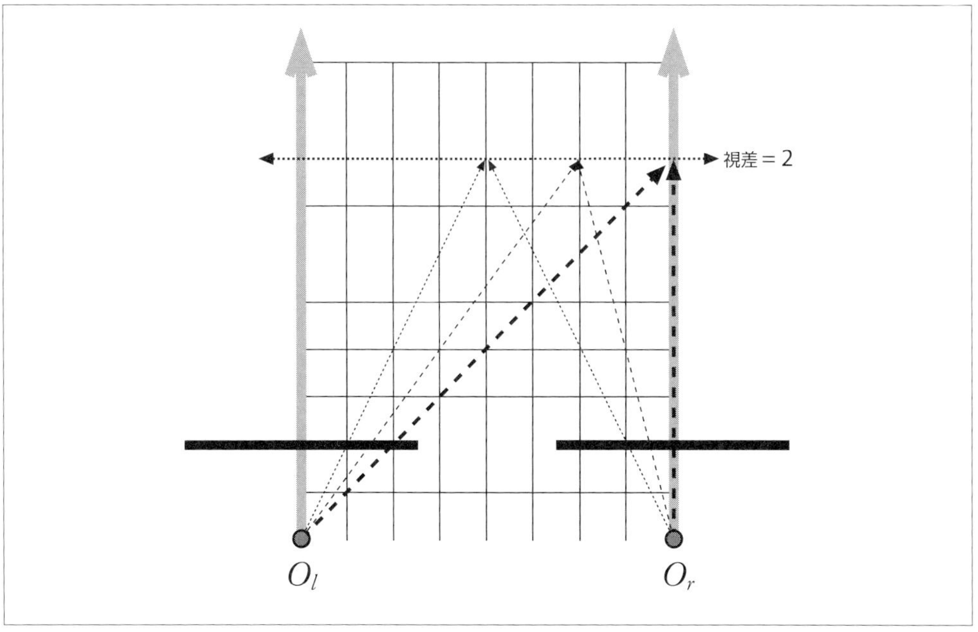

図19-16　視差が決まるとカメラから固定の距離を持つ平面が形成される

ホロプター内の対応点探索は、**順序拘束**と呼ばれる1つの固有な拘束を持ちます。これは、特徴点の順番は左と右のビューでは変わらないということです。**見つからない**特徴点（オクルージョン（遮蔽）とノイズにより、左側で見つかったいくつかの特徴点が右側では発見できない）があっても、見つかった特徴点の順番は同じまま保持されます。同様に、右側に、左側で同定されなかった特徴点がたくさんある場合（これらは**挿入**と呼ばれます）もありますが、挿入はこれらの特徴点を散らさせてもその順番は変えません。**図19-17**に示した手続きは、水平のスキャンライン上で特徴点がマッチした場合の、この順序拘束を示したものです。

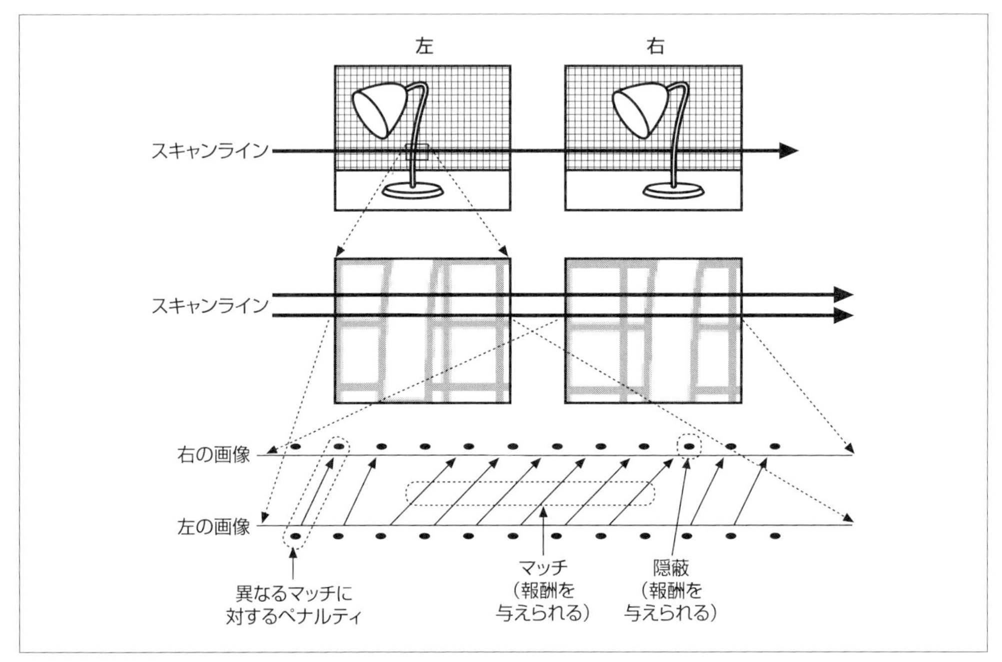

図19-17　ステレオ対応点探索は、左右の画像内の対応する行間の点の組を決めることで始まる。上のパネルは、ランプの左の画像と右の画像。真ん中のパネルは、単一のスキャンラインを拡大したもの。下のパネルは、割り当てられた対応を視覚化したもの

許容できる最も小さい視差の増分 Δ_d が与えられると、奥行きの範囲で実現可能な最も小さな分解能 Δ_z は次の式で決定されます。

$$\Delta_z = \frac{z^2}{f \cdot T_x}\Delta_d$$

この公式を頭に入れておくと、使用しているステレオ装置からどの程度の奥行きの分解能が期待されるかがわかって便利です。

対応点探索が終わると、事後フィルタリングに移ります。**図19-14**の下の部分は、特徴点を最小視差から最大視差まで「なめる」際の、マッチング関数の典型的な応答を示します。マッチング

は、強い中央にピークを持ちその両側に小さなピークを持つことが多いことに注意してください。2つのビューの間で候補となる特徴点の対応が見つかると、間違ったマッチングが起こらないように事後フィルタリングします。OpenCVは**一意性の割合**（uniqueness ratio）という概念を用いてマッチング関数のパターンを利用します。この割合は本質的に、現在のピクセルのマッチング値が、ある範囲で観察される最小のマッチング値よりも大きくなくてはならないという要件を課すものです。

対応点の探索中に、ランダムノイズを克服するのに十分なテクスチャがあるようにするため、OpenCVはテクスチャの閾値も用います。これはSADウィンドウの応答に関する拘束で、ある最小値未満の応答はマッチしていないとみなします。

最後に、ブロックベースのマッチングは物体の境界近くで問題を起こす可能性があります。というのはマッチングウィンドウが片側で前景を、もう片側で背景をとらえるからです。これが局所的な領域で大きい視差と小さい視差を引き起こし、**スペックル**と呼ばれます。このような境界線でのマッチングを防ぐために、**スペックルウィンドウ**上でスペックル検出器を設定できます。これは次のように動作します。各ピクセルが可変範囲フラッドフィル処理で定義される連結されたコンポーネントを構成する基礎として使用されます。可変範囲フラッドフィル処理は、隣接ピクセルが現在のピクセルを基準とした適当な範囲内に存在する場合にだけ、その隣接ピクセルを含みます。計算された連結したコンポーネントがスペックルウィンドウよりも小さい場合、スペックルとみなされます。その範囲のサイズは、**スペックル範囲**と呼ばれます（通常、この範囲は小さい数値で、ほとんどの場合1または2が使用されますが、4くらい大きい値も珍しくありません）。

19.4.7.3 cv::StereoBMを用いたステレオ奥行き値の計算

OpenCVでは、ブロックマッチングアルゴリズムは、必要なすべてのパラメータを保持するオブジェクトとして実装され、視差画像を計算するために使用されるオーバーロードされた`compute()`メソッドを提供します。アルゴリズムは、`cv::StereoMatcher`クラスから派生した`cv::StereoBM`クラスで表されます。クラスの定義方法は次のとおりです。

```
class StereoMatcher : public Algorithm {

public:
    // 返された奥行きマップは CV_16UC1 型であり、要素は実際には
    // DISP_SHIFT=4 小数ビットの固定小数点数である
    enum {
      DISP_SHIFT = 4,
      DISP_SCALE = (1 << DISP_SHIFT)
    };

    // 主要なメソッド。2 つのグレースケールの 8 ビットの平行化された画像を取り、
    // 16 ビットの固定小数点数の視差画像を出力する
    virtual void compute(
      InputArray  left,
      InputArray  right,
```

```
      OutputArray disparity
    ) = 0;

    // 最小の視差、通常は 0（点は無限遠にある）
    virtual int  getMinDisparity() const                     = 0;
    virtual void setMinDisparity(int minDisparity)           = 0;

    // 最小値（含む）と最大値（含まない）との間の視差の幅
    virtual int  getNumDisparities() const                   = 0;
    virtual void setNumDisparities(int numDisparities)       = 0;

    // アルゴリズムで使用されるブロックのサイズ
    virtual int  getBlockSize() const                        = 0;
    virtual void setBlockSize(int blockSize)                 = 0;

    // スペックルとみなされ、そのようにマークされる最大サイズ
    virtual int  getSpeckleWindowSize() const                = 0;
    virtual void setSpeckleWindowSize(int speckleWindowSize) = 0;

    // 近傍ピクセル間の許容される差。
    // フラッドフィルベースのスペックルフィルタリングアルゴリズムで使用
    virtual int  getSpeckleRange() const                     = 0;
    virtual void setSpeckleRange(int speckleRange)           = 0;
    ...
};

class cv::StereoBM : public cv::StereoMatcher {

    enum {
      PREFILTER_NORMALIZED_RESPONSE = 0,
      PREFILTER_XSOBEL              = 1
    };

    // PREFILTER_NORMALIZED_RESPONSE か
    // PREFILTER_XSOBEL のいずれかを選択
    virtual int getPreFilterType() const                     = 0;
    virtual void setPreFilterType(int preFilterType)         = 0;

    // PREFILTER_NORMALIZED_RESPONSE モードで使用されるブロックのサイズ
    //
    virtual int getPreFilterSize() const                     = 0;
    virtual void setPreFilterSize(int preFilterSize)         = 0;

    // 事前フィルタリング後に適用される飽和閾値
    //
    virtual int getPreFilterCap() const                      = 0;
    virtual void setPreFilterCap(int preFilterCap)           = 0;

    // テクスチャの閾値、テクスチャ特性を有するブロック（微分係数の絶対値の合計）が
    // この閾値よりも小さいブロックは、明確な視差のない領域としてマークされる
    //
    virtual int getTextureThreshold() const                  = 0;
    virtual void setTextureThreshold(int textureThreshold)   = 0;
```

```
    // 視差範囲にわたってコスト関数に明らかな勝者がない場合、
    // ピクセルには明確な視差がない。
    // 一意性の閾値は、どれが「明白な勝者」かを定義し、
    // 最高点と次点の間のマージンを % で定義する
    //
    virtual int getUniquenessRatio() const                    = 0;
    virtual void setUniquenessRatio(int uniquenessRatio)      = 0;

    // コンストラクタ関数。デフォルトの値を持つが、最初のパラメータは技術的な理由から
    // 実際にはここか、後で setNumDisparities() を使用して指定するべき
    //
    static Ptr<StereoBM> create(
      int numDisparities = 0,
      int blockSize      = 21
    );
};
```

cv::StereoMatcher と cv::StereoBM の最も重要な要素は、compute() メソッドと create() メソッドです。

スタティックな create() メソッドは、numDisparities と blockSize という 2 つの引数を取ります。

引数 numDisparities は、返される異なる視差の総数です。実際には、これは、このアルゴリズムが対応を見つけようとするものの範囲を設定します。

2 番目の引数は blockSize です。これは、各ピクセルの周りの領域サイズを設定します。この領域で「差の絶対値の和」が計算されます。この値が大きいほど誤ったマッチングが少なくなります。しかし、アルゴリズムの計算コストがウィンドウの面積（すなわち、ウィンドウサイズの二乗）に比例するだけでなく、視差がウィンドウ領域上では同じという暗黙の仮定をしていることに起因する問題もあることを覚えておいてください。不連続点（物体の端）の近くでは、この仮定が成立せず、マッチングする箇所がまったく見つからない可能性もあります。その結果、物体の端の近くにはまったく視差を持たない空の領域ができます。これらの空の領域の厚さ、幅は、ウィンドウサイズが大きくなるに従い大きくなります。また、より大きな blockSize を使用すると、奥行きマップがよりあいまいになることもあります。これは、視差マップ上の物体の影が滑らかになり、近似した形でしか実際の影がキャプチャされないことを意味します。

create() を呼び出して cv::StereoBM オブジェクトのスマートポインタを取得したら、さまざまな set メソッドを呼び出すことでさらにパラメータ設定をすることができます。この構造体のさまざまなメンバーのうち、修正を加えたいものは主に事前フィルタのパラメータと事後フィルタのパラメータです。

事前フィルタは、SAD 尺度で 2 つの画像間のミスマッチを引き起こす照明または他の光源からの変動を除去しようとするものです。preFilterType に指定可能な値は、cv::StereoBM::PREFILTER_NORMALIZED_RESPONSE と cv::StereoBM::PREFILTER_XSOBEL です。前者はウィンドウの輝度を正規化します。一方、後者は実際に画像を 1 次の Sobel 微分（x 方向）に変換し

ます。preFilterSize の値は、使用されるフィルタのサイズを設定し（NORMALIZED_RESPONSE の場合のみ）、preFilterCap は、（前節で説明したように）事前フィルタリングの出力をクランプ処理するために使用されるパラメータ I_{cap} の値です。

事後フィルタは、出力画像の外れ値とノイズを除去しようとするものです。textureThreshold は、2つの領域間で視差が計算される前に存在しなければならないテクスチャの最小値を設定します。

uniquenessRatio（一意性の割合）は SAD ウィンドウに適用され、視差が明確であるとみなすのに必要なベストマッチと2番目のベストマッチの差の度合いとして解釈されます。この閾値は、$SAD(d) \geqq SAD(d^*) \cdot (1.0 + \frac{uniquenessRatio}{100.0})$ の関係で定義されます。ここで、d と d^* はそれぞれ現在の視差とその次に最もよい視差です。一意性の割合の一般的な値は 5〜15 です。

speckleWindowSize パラメータと speckleRange パラメータは一緒に機能します。これらは、周囲の値と大きく異なる、小さな孤立したブロッブを除去しようとする事後フィルタを有効にします。speckleWindowSize はそのようなブロッブのサイズを設定し、speckleRange は同じブロッブに含める視差の最大差を設定します。このパラメータは、視差の値と直接比較されます。これは、視差に対して固定精度表現を使用している場合は、実際にはこの値に 16 が乗算されることを意味しています。このパラメータを設定する場合は、このことを考慮してください。

cv::StereoBM のオブジェクトを設定すると、compute() を使用して視差画像を計算することができます。このオーバーロードされたメソッドは3つの引数を必要とします。左右の画像（left と right）と、出力画像（disparity）です。生成された視差は固定精度表現であり、小数部分は4ビットの精度を持つので、これらの視差を使用する場合には、16で割ってください。

19.4.7.4 セミグローバルブロックマッチング

ブロックマッチングの代わりに、SGM アルゴリズム[Hirschmuller08] から派生したセミグローバルブロックマッチングアルゴリズム（SGBM）も OpenCV で提供されています。ブロックマッチングよりも10年後に開発された SGM アルゴリズムには、いくつかの新しいアイデアが適用されましたが、計算コストは BM のアルゴリズムよりもはるかに高くなります[†44]。SGM によって導入された最も重要な新しいアイデアは、局所的な対応づけの優れた測定方法として**相互情報量**（OpenCV の実装では、原論文でも単純な選択肢として使用している Birchfield-Tomasi 尺度を使っています）を使用することと、水平（エピポーラ）線よりも大きい他の方向性に沿って**整合性拘束**を課すことです。高いレベルで、これらが追加されたことにより、左右の画像間の照明や他の変動に対するロバスト性が大幅に向上しました。そして画像全体に強い幾何学的拘束を適用するこ

†44 現在のプロセッサ速度では、CPU 用の実装だけでも、比較的高解像度のフレームの動画に対して、リアルタイム処理に許容されるフレームレートで BM を実行することが一般的に可能です。それに比べると SGBM は計算時間が約1桁長いため、通常はリアルタイムビデオアプリケーションには適していないと考えられています（ただし、SGBM の FPGA 実装もあり、そこでは非常に大きな画像でも非常に高速に動作します。同様に、BM も GPU だけでなく FPGA 上でも実装されています。OpenCV では GPU のサポートがすでに利用可能です）。

とで、誤りを排除しやすくなっています。

BMと同様、SGBMは歪みのない平行化されたステレオ画像のペアで動作します。SGBMは次の基本的なステップで実行されます。

1. PREFILTER_XSOBELモードでのStereoBMと同じように各画像を前処理します。Birchfield-Tomasi尺度を用いて、left_image(x, y)およびright_image$(x - d, y)$にマッチするピクセル単位のコストマップ$C(x, y, d)$を事前に計算します。アキュムレータ用の3次元コストマップ$S(x, y, d)$をゼロで初期化します。
2. 3方向、5方向または8方向（r）（**図19-18**参照）のそれぞれについて、反復処理を用いて、$S^{(r)}(x, y, d)$を計算します。すべてのrに対する$S^{(r)}(x, y, d)$を$S(x, y, d)$に加えます。メモリフローを最適化し、メモリの使用量を最小限に抑えるために、最初の3つまたは最初の5つの方向（W、E、N [、NW、NE]）は順方向のパスで一緒に処理され、8方向モードでは、第2パスで残りの3つの方向（S、SW、SE）を処理します。3方向または5方向アルゴリズムの場合、$C(x, y, d)$および$S(x, y, d)$はすべてのピクセルに対しては明示的に格納されません。格納する必要があるのは、バッファの最後の3〜4行だけです。
3. $S(x, y, d)$が完了すると、$S(x, y, d)$のargminとして$d^*(x, y)$を探します。StereoBMアルゴリズムと同じ一意性チェックとサブピクセル補間を使用します。
4. 左から右にチェックし、左から右への対応と右から左への対応がマッチしていることを確認します。完全にマッチしないピクセルを「無効な視差」としてマークします。
5. StereoBMアルゴリズムと同様に、cv::filterSpeclesを使用してスペックルをフィルタリングします。

このアルゴリズムの重要項目は（実際には他の立体対応アルゴリズムと同様）、すべての可能性のある視差（ここでは$S(x, y, d)$と表記）に対して各ピクセルにコストを割り当てる方式であるということです。基本的には、これはブロックマッチングで行ったことに似ていますが、いくつか新しい工夫点があります。最初の工夫点は、ピクセルを比較するために、単純な絶対差ではなく、サブピクセル単位のBirchfield-Tomasi尺度を使用するということです。第2の工夫点は、非常に重要な視差の連続性（隣接ピクセルは同じまたは類似した視差を持つ可能性が高い）の仮定を取り入れると同時に、StereoBMの大きく（11×11以上）完全に独立したウィンドウを使用する代わりに、はるかに小さなブロックサイズ（時には3×3または5×5）を使用するというものです。大きなウィンドウは、2つのウィンドウを比較するために、適切な視差があるときにマッチさせる必要があると最初に仮定しなければならないため、BMにとって重大な問題になります。これは、2つのウィンドウの関係を説明する1つの視差が存在することを意味します。不連続点（何かのエッジ）付近ではこの仮定は崩壊し、BMでは多くの問題が発生します。

SGBMでは、大きなウィンドウの代わりに、小さなウィンドウ（ノイズを相殺するため）をパスと組み合わせて使用します（**図19-18**参照）。これらのパスは、原則として画像のエッジから個々のピクセルまで延び、(再び原則として) エッジからピクセルまでの可能なあらゆるパス(経路)を含みます。SGBMが関係するのは、この種のパスのうち、パスに沿ったコストが最も低いものです(BMの最小コストウィンドウに似ています)。任意のパスに沿ったコストは、各ピクセルのコスト(すなわち、それを取り囲む小さなブロック)と、そのピクセルと隣接ピクセルとの視差がわずかに変化した場合の小さなペナルティ、または大きく変化した場合の大きなペナルティを加えたものです。

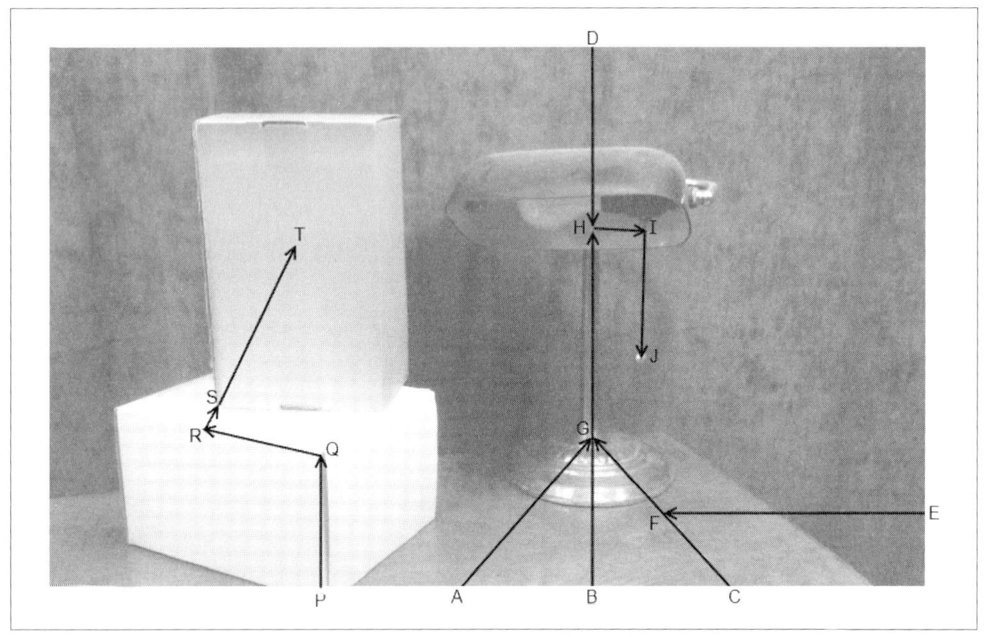

図19-18 シンプルなシーンで、いくつかの点へのいくつかの可能なパスが可視化されている。パスAGHIJは、ランプのチェーンの端につながっている。このチェーンに沿った視差はゆっくりとしか変化しないので、EFGHIJやDHIJのようなパスよりも好まれる可能性が高い。Jのコストを計算するためにIについて知る必要があるのは、BGHIがIまでの最もコストの低いパスだということだけである。実際には、これらのパス内のリンクはピクセルスケール上にある

(さまざまな視差で) 隣接するピクセルのコストがわかっている場合、新しいピクセルへの最小のコストのパスは、それらの隣接するピクセルの1つから来ます。これを理解しているだけで、膨大な数のパスに沿って数え切れないほどの総和を計算することなく、あるピクセルの特定の視差のコストを計算することができます。したがって、端から始めて画像を横切っていけばよいのです。まず、計算可能なピクセルに対しすべての可能な視差のコストを計算し、最適な視差を見つけて、

隣のピクセルに移動します[†45]。

理想的には、新しいピクセルへのすべての可能なルートを検討することになります。原理的には、これはそのピクセルに最も近い8つの近傍に限定されず、実のところ、任意の角度の線に沿ったこのピクセルへのパスを含む可能性があります。実際問題としては、各ピクセルの計算に対して考慮する近傍の数を制限する必要があります（**図19-19**参照）。高精度な結果を得るには、理論的にはパスの数を8または16に（SGMの原論文のように）設定するのが最善です。後者は、多くの実際のシーンで非常によい結果が得られますが、大幅に計算時間がかかります。実際には、ほとんどの場合、5つ、またはわずか3つの方向を使用しても非常によく似た結果を得ることができます。単純に、アルゴリズムの計算コストは考慮されるパスの数に対して線形に増加しますが、見過ごされやすい顕著な非線形効果があります。それは5方向から8方向に移行したときで、すべてのピクセル用に$C(x, y, d)$と$S(x, y, d)$を格納する必要があるため（これらの巨大な配列を2回通過するために）、このアルゴリズムの実行は予想よりもはるかに遅くなります。

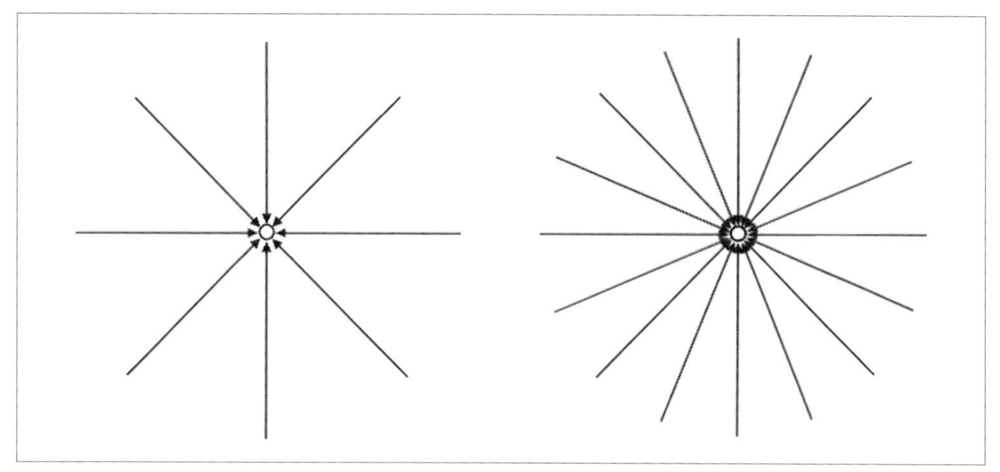

図19-19　オリジナルのセミグローバルブロックマッチングでは、8パスまたは16パスの計算が使用されていた。OpenCVでは、精度重視には8つのパス、速度重視には5または3のパスを使用する

19.4.7.5　cv::StereoSGBMを使ったステレオ深度計算

`cv::StereoBM`と同様に、OpenCVではセミグローバルブロックマッチングアルゴリズムは必要なパラメータをすべて保持するオブジェクトとして提供されています。さらに、実際に視差を計算する、オーバーロードされた`compute()`も提供されています。

---

†45　ここで、重要な問題を隠していることを明らかにすべきでしょう。それは、エッジピクセルであっても画像の反対側から来るパスのほうがコストが最も低い可能性があるということです。事実上、これまで説明してきたように、開始するのに適した場所というものは存在しないのです。実際には、各方向について順番に処理すれば画像全体を処理することができることがわかっています。したがって、この実際のアルゴリズムではピクセルごとに処理しません。しかし、これがどのように実装されているかの詳細は、この本の範囲外です。

```
class StereoSGBM : public StereoMatcher {

public:

  enum {
      MODE_SGBM      = 0,// 5方向モード
      MODE_HH        = 1,// 8方向モード（遅く、たくさんのメモリを消費する！）
      MODE_SGBM_3WAY = 2 // 3方向モード（いちばん速い）
  };

  // StereoBMと同様
  //
  virtual int  getPreFilterCap() const                 = 0;
  virtual void setPreFilterCap(int preFilterCap)       = 0;

  // StereoBMと同様
  //
  virtual int  getUniquenessRatio() const              = 0;
  virtual void setUniquenessRatio(int uniquenessRatio) = 0;

  // 隣接ピクセル間の視差の違いに対するペナルティ = 1
  //
  virtual int  getP1() const                           = 0;
  virtual void setP1(int P1)                           = 0;

  // 隣接ピクセル間の視差の違いに対するペナルティ > 1
  //
  virtual int  getP2() const                           = 0;
  virtual void setP2(int P2)                           = 0;

  // MODE_SGBM、MODE_HH、MODE_SGBM_3WAYから選択
  //
  virtual int getMode() const                          = 0;
  virtual void setMode(int mode)                       = 0;

  // 作成関数
  //
  static Ptr<StereoSGBM> create(
    int minDisparity,
    int numDisparities,
    int blockSize,
    int P1                = 0,
    int P2                = 0,
    int disp12MaxDiff     = 0,
    int preFilterCap      = 0,
    int uniquenessRatio   = 0,
    int speckleWindowSize = 0,
    int speckleRange      = 0,
    int mode              = StereoSGBM::MODE_SGBM
  );

};
```

cv::StereoSGBM() オブジェクトを作成するときには、3つの必須パラメータと、その後にたくさんのオプションのパラメータがあります。最初の minDisparity は、考慮される最小の視差（通常 0）です。numDisparities は考慮すべき視差の総数であるため、可能な最大視差は minDisparity と numDisparities を足したものに等しくなります。

パラメータ blockSize は StereoBM のものと同じ意味を持ちますが、ここではかなり低い値に設定することをお勧めします。通常は 3 または 5 で十分ですが、1 に設定することで実際に原論文の動作を模倣することができます（ただし OpenCV は相互情報量に基づく、より複雑な尺度を実装していません）。この値は常に奇数でなければなりません。

P1、P2 パラメータは、SGM アルゴリズムのそれぞれのパラメータに対応しています。これらをゼロにしておくと、画像の解像度と blockSize に基づいて最適な値が計算されます。その後の引数のうち、preFilterCap、uniquenessRatio、speckleWindowSize、speckleRange はすべて cv::StereoBM と同じ意味を持ちます。

disp12MaxDiff の値は、左から右へ計算された視差と右から左へ計算された視差の最終的な比較に使用されます。その2つが disp12MaxDiff 以上に一致しない場合、ピクセルは unknown と宣言されます。

mode のデフォルト値は StereoSGBM::MODE_SGBM（アルゴリズムの5方向版）です。これに StereoSGBM::MODE_SGBM_3WAY を設定するとさらに高速になります。StereoSGBM::MODE_HH を設定すると、アルゴリズムは前節で説明したように進行し、2パス法を使用して8つの伝搬方向すべてを解決します。2パス法の問題点は、前述のように、パス間の中間結果を格納するのに大量のメモリが必要であることです[†46]。

代わりに、mode を StereoSGBM::MODE_SGBM または StereoSGBM::MODE_SGBM_3WAY のままにすると、8方向のうち3つまたは5つだけを使用してピクセルあたりのコストを効率的に計算します。これにより、最終結果の精度は低下しますが、2パスに必要な巨大なメモリバッファは必要ありません。

19.4.8 ステレオキャリブレーション、平行化、対応点探索のコード例

それでは、これらをすべてまとめて1つのコードにしていきましょう。まずは list.txt というファイルからたくさんのサークルグリッドのパターンを読み込みます。このファイルは、左右交互のステレオ画像のペアのリストを含んでおり、カメラのキャリブレーションと画像の平行化に使われます。ここで再度気をつけておきたいのは、これらの画像のスキャンラインが大まかに物理的に揃っており、それぞれのカメラが基本的に同じ視野を持っているように配置されていると仮定していることです。この仮定は、エピポールが画像内にあるという問題[†47]を避ける手助けになり、

†46 必要とされる実際のメモリは、だいたい画像の面積に可能な視差数を掛けたものです。可能な視差が 1,024 の 640 × 480 の画像の場合、必要なメモリは視差あたり 16 ビットで 600MB になります。HD 画像の場合、4GB 以上に増加します。

†47 OpenCV は、エピポールがその画像フレーム内にある場合のステレオ画像の平行化のケースを（まだ）扱っていません。この場合の議論に関しては、Pollefeys、Koch、Gool の論文[Pollefeys99b] などを参照してください。

また、再投影からの歪みを最小にしつつステレオのオーバーラップ領域を最大化するのに役立ちます。

このコード（例19-3）では、最初に左右の画像のペアを読み込み、サブピクセル精度で円を求め、サークルグリッドが見つかったすべての画像に対して物体の点と画像の点を設定します。この処理はオプションで表示することもできます。よいサークルグリッドの画像上から見つかった点のリストが与えられると、このコードは`cv::stereoCalibrate()`を呼び出し、カメラをキャリブレーションします。このキャリブレーションにより、2つのカメラに対するカメラ行列Mと歪みベクトルDが得られ、回転行列R、平行移動ベクトルT、基本行列E、基礎行列Fが得られます。

次に、ある画像内の点が他の画像でエピポーラ線上のどれくらい近くにあるかをチェックすることで、キャリブレーションの精度を評価します。これを行うには、`cv::undistortPoints()`（「18章　カメラモデルとキャリブレーション」参照）を用いて元の点の歪みを補正し、`cv::computeCorrespondEpilines()`を用いてエピポーラ線を計算し、これらの線と点で内積を計算します（理想的な場合には、この内積はすべて`0`になります）。この距離の絶対値を累積したものが誤差になります。

次にこのコードは、オプションで、キャリブレーションされていない場合（Hartley）のメソッド`cv::stereoRectifyUncalibrated()`、または、キャリブレーションされている場合（Bouguet）のメソッド`cv::stereoRectify()`を用いた平行化マップの計算に移行します。キャリブレーションされていない場合の平行化を用いるときには、さらに、必要とされる基礎行列を一から計算するか、ステレオキャリブレーションで求めた基礎行列を用いることができます。続いて、平行化された画像が`cv::remap()`で計算されます。この例では、線を画像のペア上に描画し、平行化された画像どのくらいうまく揃っているかが見てわかるようにしています。図19-13に示す結果の例では、元画像の大きな歪みが上から下まで大部分が修正されており、これらの画像が水平のスキャンラインで整列されていることがわかります。

最後に画像を平行化すると、`cv::StereoSGBM`を用いて視差マップを計算することができます[†48]。このコード例では、水平（左右）に揃ったカメラか、垂直（上下）に揃ったカメラを用いることができます。ただし垂直に揃ったケースでは、画像を転置するコードを追加しなければ、関数`cv::StereoSGBM()`はキャリブレーションされていない場合の平行化のケースでしか視差を計算することができない、ということに注意してください。水平にカメラを配置した場合は、`cv::StereoSGBM()`はキャリブレーションされていてもいなくても、平行化されたステレオ画像のペアに対する視差を求めることができます（得られる視差の例は図19-20を参照してください）。

†48 コードには、`cv::StereoBM`を使用するケースも含まれています（コメントアウトされています）。この場合、`cv::StereoBM::BASIC_PRESET`を使用して、それから`cv::StereoBM`オブジェクト内の`state`メンバー変数の追加のパラメータをいくつか直接調整しています。

例19-3 ステレオキャリブレーション、平行化、対応点探索

```
#pragma warning( disable: 4996 )

#include <opencv2/opencv.hpp>
#include <iostream>
#include <string.h>
#include <stdlib.h>
#include <stdio.h>
#include <math.h>

using namespace std;

void help( char* argv[] ) {
  ...
}

static void StereoCalib(
  const char* imageList,
  int         nx,
  int         ny,
  bool        useUncalibrated
) {

  bool              displayCorners   = false;
  bool              showUndistorted  = true;
  bool              isVerticalStereo = false; // 水平または垂直なカメラ
  const int         maxScale         = 1;
  const float       squareSize       = 1.f;   // 実際の正方形のサイズ
  FILE*             f                = fopen( imageList, "rt" );
  int               i, j, lr;
  int               N                = nx*ny;
  vector<string>                 imageNames[2];
  vector< cv::Point3f >          boardModel;
  vector< vector<cv::Point3f> >  objectPoints;
  vector< vector<cv::Point2f> >  points[2];
  vector< cv::Point2f >          corners[2];
  bool                           found[2]         = {false, false};
  cv::Size                       imageSize;

  // サークルグリッドのリストを読む:
  if( !f ) {
    cout << "Cannot open file " << imageList << endl;
    return;
  }

  for( i = 0; i < ny; i++ )
    for( j = 0; j < nx; j++ )
      boardModel.push_back(
        cv::Point3f((float)(i*squareSize), (float)(j*squareSize), 0.f)
      );

  i = 0;
  for(;;) {
```

```
char buf[1024];
lr = i % 2;
if( lr == 0 ) found[0] = found[1] = false;


if( !fgets( buf, sizeof(buf)-3, f )) break;
size_t len = strlen(buf);
while( len > 0 && isspace(buf[len-1]))  buf[--len] = '\0';
if( buf[0] == '#') continue;

cv::Mat img = cv::imread( buf, 0 );
if( img.empty() ) break;
imageSize = img.size();
imageNames[lr].push_back(buf);

i++;

// 左の画像でボードを見つけられなかった場合、
// 右の画像でそれを見つける意味はない
//
if( lr == 1 && !found[0] )
  continue;

// サークルグリッドとその中心を見つける：
for( int s = 1; s <= maxScale; s++ ) {

  cv::Mat timg = img;
  if( s > 1 )
    resize( img, timg, cv::Size(), s, s, cv::INTER_CUBIC );
  found[lr] = cv::findCirclesGrid(
    timg,
    cv::Size(nx, ny),
    corners[lr],
    cv::CALIB_CB_ASYMMETRIC_GRID | cv::CALIB_CB_CLUSTERING
  );
  if( found[lr] || s == maxScale ) {
    cv::Mat mcorners( corners[lr] );
    mcorners *= (1./s);
  }
  if( found[lr] ) break;

}
if( displayCorners ) {

  cout << buf << endl;
  cv::Mat cimg;
  cv::cvtColor( img, cimg, cv::COLOR_GRAY2BGR );

  // チェスボードのコーナーの描画関数がサークルグリッドにも使える
  cv::drawChessboardCorners(
    cimg, cv::Size(nx, ny), corners[lr], found[lr]
  );
  cv::imshow( "Corners", cimg );
```

```
    if( (cv::waitKey(0)&255) == 27 ) // Esc キーで終了する
      exit(-1);

  }
  else
    cout << '.';

  if( lr == 1 && found[0] && found[1] ) {

    objectPoints.push_back(boardModel);
    points[0].push_back(corners[0]);
    points[1].push_back(corners[1]);

  }
}
fclose(f);

// ステレオカメラのキャリブレーション
cv::Mat M1 = cv::Mat::eye( 3, 3, CV_64F );
cv::Mat M2 = cv::Mat::eye( 3, 3, CV_64F );
cv::Mat D1, D2, R, T, E, F;
cout <<"\nRunning stereo calibration ...\n";
cv::stereoCalibrate(
  objectPoints,
  points[0],
  points[1],
  M1, D1, M2, D2,
  imageSize, R, T, E, F,
  cv::TermCriteria(
    cv::TermCriteria::COUNT | cv::TermCriteria::EPS, 100, 1e-5
  ),
  cv::CALIB_FIX_ASPECT_RATIO
    | cv::CALIB_ZERO_TANGENT_DIST
    | cv::CALIB_SAME_FOCAL_LENGTH
);
cout <<"Done\n\n";

// キャリブレーション精度チェック
// 出力用の基礎行列にはすべての出力情報が含まれているため、
// エピポーラ幾何拘束（m2^t*F*m1=0）を使用してキャリブレーションの品質を確認できる
vector< cv::Point3f > lines[2];

double avgErr = 0;
int nframes = (int)objectPoints.size();

for( i = 0; i < nframes; i++ ) {

  vector< cv::Point2f >& pt0 = points[0][i];
  vector< cv::Point2f >& pt1 = points[1][i];

  cv::undistortPoints( pt0, pt0, M1, D1, cv::Mat(), M1 );
  cv::undistortPoints( pt1, pt1, M2, D2, cv::Mat(), M2 );
  cv::computeCorrespondEpilines( pt0, 1, F, lines[0] );
```

```
    cv::computeCorrespondEpilines( pt1, 2, F, lines[1] );

    for( j = 0; j < N; j++ ) {
      double err = fabs(
        pt0[j].x*lines[1][j].x + pt0[j].y*lines[1][j].y + lines[1][j].z
      ) + fabs(
        pt1[j].x*lines[0][j].x + pt1[j].y*lines[0][j].y + lines[0][j].z
      );
      avgErr += err;
    }

  }

  cout << "avg err = " << avgErr/(nframes*N) << endl;

  // 平行化の計算、および表示
  //
  if( showUndistorted ) {

    cv::Mat R1, R2, P1, P2, map11, map12, map21, map22;

    // キャリブレーションされている場合（Bouguet 法）
    //
    if( !useUncalibrated ) {
      stereoRectify(
        M1, D1, M2, D2,
        imageSize,
        R, T, R1, R2, P1, P2,
        cv::noArray(), 0
      );
      isVerticalStereo =
        fabs(P2.at<double>(1, 3)) > fabs(P2.at<double>(0, 3));
      // cv::remap() 用にマップを事前計算する
      initUndistortRectifyMap(
        M1, D1, R1, P1, imageSize, CV_16SC2, map11, map12
      );
      initUndistortRectifyMap(
        M2, D2, R2, P2, imageSize, CV_16SC2, map21, map22
      );
    }
    // キャリブレーションされていない場合（Hartley 法）
    //
    else {
      // 各カメラの内部パラメータを使用するが、
      // 基礎行列から直接変換を計算する
      vector< cv::Point2f > allpoints[2];
      for( i = 0; i < nframes; i++ ) {
        copy(
          points[0][i].begin(),
          points[0][i].end(),
          back_inserter(allpoints[0])
        );
        copy(
```

```
      points[1][i].begin(),
      points[1][i].end(),
      back_inserter(allpoints[1])
    );
  }
  cv::Mat F = findFundamentalMat(
    allpoints[0], allpoints[1], cv::FM_8POINT
  );
  cv::Mat H1, H2;
  cv::stereoRectifyUncalibrated(
    allpoints[0], allpoints[1],
    F,
    imageSize,
    H1, H2,
    3
  );

  R1 = M1.inv()*H1*M1;
  R2 = M2.inv()*H2*M2;
  // cv::remap() のための事前計算マップ
  //
  cv::initUndistortRectifyMap(
    M1, D1, R1, P1,
    imageSize,
    CV_16SC2,
    map11, map12
  );
  cv::initUndistortRectifyMap(
    M2, D2, R2, P2,
    imageSize,
    CV_16SC2,
    map21, map22
  );
}

// 画像を平行化し、視差マップを求める
//
cv::Mat pair;
if( !isVerticalStereo )
  pair.create( imageSize.height, imageSize.width*2, CV_8UC3 );
else
  pair.create( imageSize.height*2, imageSize.width, CV_8UC3 );

// ステレオ対応を見つけるためのセットアップ
//
cv::Ptr<cv::StereoSGBM> stereo = cv::StereoSGBM::create(
  -64, 128, 11, 100, 1000,
  32, 0, 15, 1000, 16,
  StereoSGBM::MODE_HH
);

for( i = 0; i < nframes; i++ ) {
```

```
      cv::Mat img1 = cv::imread( imageNames[0][i].c_str(), 0 );
      cv::Mat img2 = cv::imread( imageNames[1][i].c_str(), 0 );
      cv::Mat img1r, img2r, disp, vdisp;

      if( img1.empty() || img2.empty() )
        continue;

      cv::remap( img1, img1r, map11, map12, cv::INTER_LINEAR );
      cv::remap( img2, img2r, map21, map22, cv::INTER_LINEAR );
      if( !isVerticalStereo || !useUncalibrated ) {
        // ステレオカメラが垂直に配置されている場合、
        // Hartley法は画像を転置しないので、
        // 平行化された画像のエピポーラ線は垂直である。
        // ステレオ対応づけ機能はこのような場合には対応していない
        stereo->compute( img1r, img2r, disp);
        cv::normalize( disp, vdisp, 0, 256, cv::NORM_MINMAX, CV_8U );
        cv::imshow( "disparity", vdisp );
      }
      if( !isVerticalStereo )
      {
        cv::Mat part = pair.colRange(0, imageSize.width);
        cvtColor( img1r, part, cv::COLOR_GRAY2BGR);
        part = pair.colRange( imageSize.width, imageSize.width*2 );
        cvtColor( img2r, part, cv::COLOR_GRAY2BGR);

        for( j = 0; j < imageSize.height; j += 16 )
          cv::line(
            pair,
            cv::Point(0,j),
            cv::Point(imageSize.width*2,j),
            cv::Scalar(0,255,0)
          );
      }
      else {
        cv::Mat part = pair.rowRange(0, imageSize.height);
        cv::cvtColor( img1r, part, cv::COLOR_GRAY2BGR );
        part = pair.rowRange( imageSize.height, imageSize.height*2 );
        cv::cvtColor( img2r, part, cv::COLOR_GRAY2BGR );

        for( j = 0; j < imageSize.width; j += 16 )
          line(
            pair,
            cv::Point(j,0),
            cv::Point(j,imageSize.height*2),
            cv::Scalar(0,255,0)
          );
      }
      cv::imshow( "rectified", pair );
      if( (cv::waitKey()&255) == 27 )
        break;
    }
  }
}
```

```
int main(int argc, char** argv) {

  help( argv );
  int board_w = 9, board_h = 6;
  const char* board_list = "ch12_list.txt";
  if( argc == 4 ) {
    board_list = argv[1];
    board_w    = atoi( argv[2] );
    board_h    = atoi( argv[3] );
  }
  StereoCalib(board_list, board_w, board_h, true);
  return 0;

}
```

19.4.9 3次元再投影からの奥行きマップ

多くのアルゴリズムでは視差マップを直接用いています（例えば、物体がテーブルに乗っている（そこから出っ張っている）かを検出するためなど）。しかし、3次元形状マッチング、3次元モデル学習、ロボットの把持（物体をつかむ処理）などでは、実際の3次元再構築や奥行きマップが必要です。幸いにも、これまで作り上げてきた道具でこれを簡単に得ることができます。キャリブレーションされたステレオ平行化の節で導入した 4×4 再投影行列 Q を思い出してください。また、視差 d と2次元の点 (x, y) を与えると次の式を用いて3次元の奥行きを計算できることも思い出してください。

$$
Q \cdot \begin{bmatrix} x \\ y \\ d \\ 1 \end{bmatrix} = \begin{bmatrix} X \\ Y \\ Z \\ W \end{bmatrix}
$$

ここでこれらの3次元座標は $(X/W, Y/W, Z/W)$ となります。注目すべきことに、Q はカメラの視野方向が1点に集まっているかどうか（交差している）に加え、カメラのベースラインと両方の画像の主点をエンコードしています。この結果、カメラが1点集中か正面平行かを明示的に考慮する必要はなく、代わりに、行列の乗算により奥行きを取り出すだけでよいのです。OpenCVにはこれを行う関数が2つあります。最初の関数はすでにおなじみの `cv::perspectiveTransform()` で、点とそれに関連する視差の配列を操作します。

```
void cv::perspectiveTransform(
  cv::InputArray  src,      // 2 または 3 チャンネルの入力配列
                            // （2 次元ベクトルまたは 3 次元ベクトルのリスト）
  cv::OutputArray dst,      // 出力配列、src と同じサイズ
  cv::InputArray  Q         // 3 × 3 または 4 × 4 の浮動小数点数変換行列
);
```

（まだ扱っていない）2つ目の関数は `cv::reprojectImageTo3D()` です。これは画像全体に作

用します。

```
void cv::reprojectImageTo3D(
  cv::InputArray  disparity, // 入力視差画像。CV_8U、CV_16S、CV_32S、CV_32Fのいずれか
  cv::OutputArray _3dImage,  // 画像：各ピクセルの3次元位置
  cv::InputArray  Q,         // （stereoRectify()で得られた）4 × 4視点変換
  cv::bool        handleMissingValues = false,  // "unknown"を遠距離に写像する
  cv::int         ddepth              = -1      // _3dImageの深さ
                                                // CV_16S、CV_32S、
                                                // CV_32F（デフォルト）のいずれか
);
```

このルーチンはシングルチャンネルの disparity（視差）画像を取り、4×4 の再投影行列 Q を用いて、それぞれのピクセルの (x, y) 座標とそのピクセルの視差（すなわち、ベクトル $(x, y, d)^T$）を対応する3次元の点 $(X/W, Y/W, Z/W)$ に変換します。その出力は、入力と同じサイズの3チャンネルの画像になります。デフォルトでは、この画像は32ビットの浮動小数点数型ですが、ddepth 引数で制御できます。これは CV_32F、CV_32S、または CV_16S のいずれかに設定できます。最後の引数 handleMissingValues は、cv::reprojectImageTo3D が視差を計算できないような視差画像のピクセルをどう処理するかを制御します。handleMissingValues が false の場合、これらの点は単に出力画像には現れません。handleMissingValues が true の場合は点が生成されますが、非常に大きな奥行き値（現在は 10000）が割り当てられます。

もちろん、両方の関数とも cv::stereoRectify で計算された任意の透視変換（例えば、正投影）や、その重ね合わせ、任意の3次元回転、平行移動などを渡すことができます。マグカップと椅子の画像に対する cv::reprojectImageTo3D() の結果を図19-20に示します。

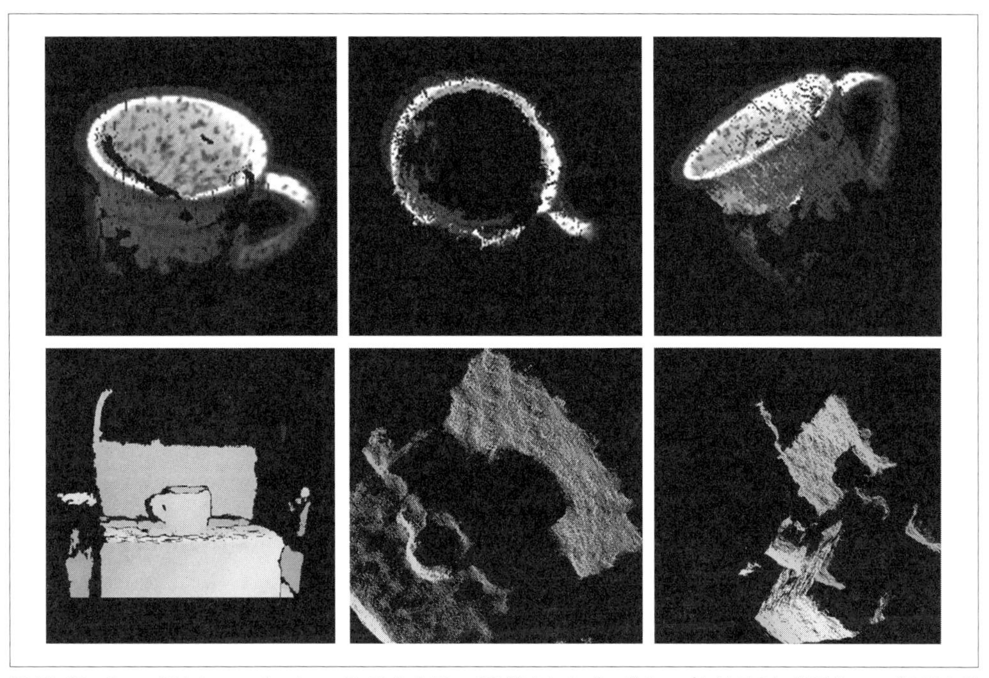

図19-20　StereoBMとreprojectImageTo3D()を用いて計算された（マグカップと椅子の）奥行きマップの出力例（画像はWillow Garageの厚意による）

19.5　動画像からの3次元復元

動画像からの3次元復元（SfM：structure from motion）は、移動ロボットや、携帯型のビデオカメラからの一般的な動画の解析において重要な話題です。SfMの話題は幅広く、この分野だけでも非常に多くの研究が行われています。しかしその大部分は、ある簡単な洞察を行うことで達成できてしまいます。それはつまり、静的なシーンでは、動くカメラで撮られた画像は、2台のカメラで撮られた画像と違いはない、ということです。したがって、数学的な手法やアルゴリズム的な手法と同様に、私たちの直感もこの状況にそのまま適用することができます。もちろん**静的**という言葉は重要ですが、多くの実際の状況ではシーンは静的か十分に静的かのいずれかで、数少ない動く点はロバストな当てはめ手法によって外れ値として扱うことができます。

建物の中を動くカメラを考えてみましょう。その環境が、認識可能な特徴点を比較的豊富に持っている場合、連続的なフレーム間の対応を計算できるはずです。例えば、`cv::calcOpticalFlowPyrLK()`のようなオプティカルフローのテクニックで、対応する点を見つけることができます。フレームごとに十分な点が追跡できれば、カメラの軌道を再構築することができます[†49]。こ

†49　必要な情報は、基礎行列 F とカメラ固有行列 M から計算できる基本行列 E にエンコードされています。ビデオストリーム内の連続したフレームごとに、この情報を抽出する必要があります。

の軌道を使って、建物の全体的な3次元構造と、その建物内の前述したすべての特徴点の位置を決めることができます。opencv_contrib/modules/sfm[†50]にある（執筆時点で）新品のモジュールには、すぐに使えるSfMパイプライン実装がその使い方のチュートリアルと一緒に含まれています（「付録B　opencv_contribモジュール」参照）。このコードはlibmvとCeresライブラリを使っていて、それらをダウンロードする方法の説明もあります。

19.6 2次元と3次元の線のフィッティング処理

本章で着目する最後の話題は、汎用的な線のフィッティング（当てはめ）処理です。これはさまざまな理由から、他のたくさんの状況でも必要になります。このような線のフィッティングをよく使う状況の1つが3次元の点の解析なので、ここで説明しておきます（ここで説明する関数は、2次元での線の当てはめ処理も行うことができます）。線のフィッティング処理のアルゴリズムは通常、統計的にロバストな手法を用います[Inui03]［Meer91］［Rousseeuw87］。OpenCVの線のフィッティング処理のアルゴリズムであるcv::fitLine()は、線を当てはめる必要がある場合にはいつでも使用できます。

```
void cv::fitLine(
  cv::InputArray  points,   // 2次元または3次元、N × 2、2 × N、
                            // vector<Point2d>などが可能
  cv::OutputArray line,     // 出力ライン。
                            // Vec4f（2次元）またはVec6f（3次元）の配列
  int             distType, // 使用する距離の種類（表19-3を参照）
  double          param,    // 一部の距離の種類によって使用されるパラメータC（表19-3参照）
  double          reps,     // 必要な精度の半径
  double          aeps      // 必要な精度の角度
);
```

配列pointsは、通常の形式であればどれでも可能で、2次元または3次元の点を含むことができます。引数distTypeは、すべての点で最小化されるべき距離の計算方法を指定します（表19-3）。

†50 これは2015年のGoogle Summer of Code（GSoC）プロジェクトの成果です。

表19-3　distTypeの値の計算に使用される計算方法

distTypeの値	尺度	
cv::DIST_L1	$\rho(r) = r$	
cv::DIST_L2	$\rho(r) = \frac{r^2}{2}$	
cv::DIST_L12	$\rho(r) = \left[\sqrt{1 + \frac{r^2}{2}} - 1\right]$	
cv::DIST_FAIR	$\rho(r) = c^2 \left[\frac{r}{c} - \log\left(1 + \frac{r}{c}\right)\right]$	$c = 1.3998$
cv::DIST_WELSCH	$\rho(r) = \frac{c^2}{2}\left[1 - \exp - \left(\frac{r}{c}\right)^2\right]$	$c = 2.9846$
cv::DIST_HUBER	$\rho(r) = \begin{cases} \frac{r^2}{2} & r < c \\ c\left(r - \frac{c}{2}\right) & r \geqq c \end{cases}$	$c = 1.345$

param引数は**表19-3**でリストされているパラメータcの設定に使われます。これは、0にしておくことができ、その場合はこの表に掲載されている値が選択されます。lineを説明した後でrepsとaepsに戻ります。

引数lineには結果が格納されます。pointsが2次元の点の場合、lineはSTLスタイルの4つの浮動小数点数の配列（例えば、cv::Vec4f）になります。pointsが3次元の点の場合は、lineはSTLスタイルの6つの浮動小数点数の配列（例えば、cv::Vec6f）になります。前者の場合は、戻り値は(v_x, v_y, x_0, y_0)になります。ここで(v_x, v_y)は当てはめられた線に平行な正規化ベクトルで、(x_0, y_0)はその線上の点です。同様に、後者（3次元）の場合は、戻り値は$(v_x, v_y, v_z, x_0, y_0, z_0)$で、$(v_x, v_y, v_z)$はフィッティングされた線に平行な正規化ベクトルで、(x_0, y_0, z_0)はその線上の点です。このような線の表現が与えられたとき、推定精度用の引数repsとaepsは次のようになります。repsはx0, y0[, z0]の推定に関して要求される精度で、aepsはvx, vy[, vz]に関して要求される角度の精度です。OpenCVのドキュメントは両方の精度値に0.01の値を推奨しています。

最後に、線のフィッティング処理のプログラム（**例19-4**）で締めくくろうと思います。このコードでは、最初にいくつかの2次元の点をノイズ付きで線の周りに合成し、その線とは無関係にいくつかの点をランダムに追加します（つまり、**外れ値**です）。その後、線を当てはめ、表示します。cv::fitLine()ルーチンはこのような外れ値の点を無視するのが得意です。これは、高いノイズやセンサーの故障などでいくつかの観測値が汚染されてしまうような実際のアプリケーションでは重要です。

例19-4　2次元の線のフィッティング処理

```
#include "opencv2/opencv.hpp"
#include <iostream>
#include <math.h>

using namespace std;

void  help( argv) {
  ...
```

```
}

int main( int argc, char** argv ) {

  cv::Mat img(500, 500, CV_8UC3);
  cv::RNG rng(-1);
  help( argv );
  for(;;) {

    char key;
    int   i, count = rng.uniform(0,100) + 3, outliers = count/5;
    float a        = (float) rng.uniform(0., 200.);
    float b        = (float) rng.uniform(0., 40.);
    float angle    = (float) rng.uniform(0., cv::PI);
    float cos_a    = cos(angle), sin_a = sin(angle);
    cv::Point pt1, pt2;
    vector< cv::Point > points( count );
    cv::Vec4f line;
    float d, t;

    b = MIN( a*0.3f, b );

    // その線に近い点をいくつか生成する
    for( i = 0; i < count - outliers; i++ ) {
      float x = (float)rng.uniform(-1.,1.)*a;
      float y = (float)rng.uniform(-1.,1.)*b;
      points[i].x = cvRound(x*cos_a - y*sin_a + img.cols/2);
      points[i].y = cvRound(x*sin_a + y*cos_a + img.rows/2);
    }

    // 外れ値の点を生成する
    for( ; i < count; i++ ) {
      points[i].x = rng.uniform(0, img.cols);
      points[i].y = rng.uniform(0, img.rows);
    }

    // 最適な線を求める
    cv::fitLine( points, line, cv::DIST_L1, 1, 0.001, 0.001);

    // 点を描画する
    img = cv::Scalar::all(0);
    for( i = 0; i < count; i++ )
      cv::circle(
        img,
        points[i],
        2,
        i < count - outliers
          ? cv::Scalar(0, 0, 255)
          : cv::Scalar(0,255,255),
        cv::FILLED,
        cv::LINE_AA,
        0
      );
```

```
    // ... そして画像全体を横断する十分に長い線を描画する
    d = sqrt( (double)line[0]*line[0] + (double)line[1]*line[1] );
    line[0] /= d;
    line[1] /= d;
    t = (float)(img.cols + img.rows);
    pt1.x = cvRound(line[2] - line[0]*t);
    pt1.y = cvRound(line[3] - line[1]*t);
    pt2.x = cvRound(line[2] + line[0]*t);
    pt2.y = cvRound(line[3] + line[1]*t);
    cv::line( img, pt1, pt2, cv::Scalar(0,255,0), 3, cv::LINE_AA, 0 );

    cv::imshow( "Fit Line", img );

    key = (char) cv::waitKey(0);
    if( key == 27 || key == 'q' || key == 'Q' ) // 'ESC'
      break;
  }
  return 0;

}
```

19.7　まとめ

本章では、カメラ系の幾何を再度見直して、3次元空間の点を画像上の2次元平面に対応させる基本的な写像として射影変換を学びました。特に、一連の点が1つの平面上にあることがわかっている場合は、この変換を逆に行うことができることも学びました。

3次元空間から画像平面への写像は一般に可逆ではありませんが、たくさんの画像で同じ点集合を見つけることができれば、3次元のシーンや既知の物体の姿勢を再構築することができます。別に読み込まれるディレクトリ opencv_contrib（「付録B　opencv_contrib モジュール」に記載）には、それには、オムニカメラとマルチカメラ（ccalib）、さまざまなタイプのキャリブレーションパターン（aruco と ccalib）、カラーバランスとノイズ除去ルーチン（xphoto）のためのキャリブレーションアルゴリズムなども含まれています。

次に、この同じ幾何学的情報を使用してステレオ画像からの奥行き測定を行う方法も確認しました。これを正確に行うために、ステレオ画像を取得するカメラ間の正確な関係を計算する必要がありました。これは、**ステレオキャリブレーション**と呼ばれるプロセスです。一度ステレオカメラをキャリブレーションしておけば、OpenCV が提供する2つのアルゴリズムのうちの1つを使用して奥行きを計算することができます。次に見たブロックマッチングアルゴリズムは高速でしたが、シーン全体に対する結果はあまりよくありませんでした。また、セミグローバルブロックマッチングアルゴリズムでは、計算時間は大幅に増えましたがはるかに優れた結果が得られました。

最後に、射影変換、再投影、線のフィッティング処理などの3次元の点や線を処理するための他の便利な関数をいくつか取り上げました。

19.8 練習問題

1. アフィン変換と射影（透視投影）変換（図11-3を参照）：

$$\begin{pmatrix} a_1 & a_2 & b_1 \\ a_3 & a_4 & b_2 \\ c_1 & c_2 & 1 \end{pmatrix}$$

   a_n は回転、スケーリング、スキュー行列で、アフィン変換を構成します。b_n は (x, y) 平行移動ベクトル、c_n は透視投影ベクトルを形成し、これらをすべて一緒にすることで１つの透視投影行列ができます。

   a. チェスボードに向いているカメラを想像してみてください。カメラのどのような動きが、アフィン変換や透視投影変換と等価になるようにモデル化されますか？

   b. アフィン変換を定義するのに平面上の点はいくつ必要ですか？ また、透視投影変換を定義するのに点はいくつ必要ですか？

   c. アフィン投影を行った場合、線は線のままですか？ 線の長さは同じですか？ 平行線は平行に保たれますか？ また、２つの線が元画像内で交差する場合、アフィン投影後も常に交差しますか？

   d. 透視投影を行った場合、線は線のままですか？ 線の長さは同じですか？ 平行線は平行に保たれますか？ また、２つの線が元画像内で交差する場合、透視投影後も常に交差しますか？

2. `cv::calibrateCamera()` と、少なくとも15枚のチェスボードの画像を用いて、カメラをキャリブレーションしてください。次に、カメラキャリブレーションから得た回転と平行移動ベクトルを用いて、`cv::projectPoints()` を使いチェスボードと直交する矢印をチェスボードの各画像に投影してください。

3. **３次元ジョイスティック**を実装してください。観測可能で同じ平面上になく、トラッキング可能な特徴点を持つ、既知で単純な物体を `cv::solvePnP()` アルゴリズムの入力として用いてください。この物体を３次元ジョイスティックとして使って画像内の小さな棒状の図形を動かしてください。

4. 本文の鳥瞰図の例では、平面上からその平面に沿って水平に外を向いているカメラを用いると、地平面のホモグラフィは地平線を持ち、それを超えるとこのホモグラフィは有効ではなくなることがわかりました。無限に広い平面がどうして地平線を持つのでしょうか？ それはなぜ無限に続くように見えないのでしょうか？

   ヒント：平面上に、カメラから離れていく方向に等しい間隔で置かれた一連の点に、カメラからの線を引いてみてください。カメラからその平面上にある次の各点へ引いた線の角度は、前の点からどのように変わりますか？

5. 地面を撮影しているビデオカメラで鳥瞰図を実装してください。それをリアルタイムで実行し、物体が動き回ると通常の画像と鳥瞰図の画像で何が起こるかを調べてください。

6. カメラを 1 台か 2 台準備してください。カメラが 1 台の場合は、みなさんがカメラを動かして、2 枚の画像を撮影してください。
   a. 基礎行列を計算し、格納し、中身を調べてください。
   b. 基礎行列の計算を何回か繰り返してください。この計算値はどれくらい安定していますか？
7. キャリブレーションされたステレオカメラを使って、両方のカメラの視野内を移動する点をトラッキングしている場合、基礎行列を用いてトラッキング誤差を求める方法を考えてください。
8. ステレオ処理を行うように設定された 2 台のカメラ上のエピポーラ線を計算し、描いてください。
9. 2 台のビデオカメラを準備し、ステレオ平行化を実装し、奥行き精度がどれくらいか実験してみてください。
   a. このシーン内に鏡を置いたら何が起こるでしょうか？
   b. シーン内のテクスチャの量を変えると結果はどうなりますか？
   c. 別の視差手法を用いると結果はどうなりますか？
10. ステレオカメラを準備し、みなさんの片方の腕の上にテクスチャを持つものを装着してください。すべての distType 手法を用いて、その腕に線の当てはめ処理をしてみてください。そのときの異なる手法間の精度と信頼性を比較してください。
11. 晴れた日に、ヘリウム風船に下を向いているカメラをくっつけて飛ばしているところを想像してください。風船は破裂する高度まで上昇するとします。どのようにすれば、カメラとそのフレームレートだけを用いて、風船が破裂したときにカメラがどれほどの高度にいたかを推定できますか？

20章
OpenCVによる機械学習の基本

本章では、**視覚**を知覚に変換するのに使われる「機械」、つまり、視覚入力を重要な視覚意味論に変換する機械についての説明を始めます。

これまでの章では、2次元や2次元+3次元センサーの情報を特徴量やクラスタ、幾何形状情報に変換する方法について説明してきました。続く3つの章では、これらの手法で得られた結果を使って、特徴量、セグメンテーション、その幾何形状などを、シーンや物体の認識に変換します。すなわち、生の情報を知覚情報（機械が**何を**見ているかや、それがカメラから見て**どこに**あるか）に変換するステップです。

本章では機械学習の基礎を見渡し、それがどのようなものであるかを中心に扱います。まずはOpenCVが提供するいくつかの簡単な機械学習の機能を見ていきます。これは、機械学習の基本的な考え方を全体として理解するのによい出発点となります。次の章では、近年の機械学習がどのようにライブラリで実装されているかについての詳細に入りましょう†1。

20.1　機械学習とは？

機械学習（ML：Machine Learning）†2の目標は、生のデータを情報に変換することです。機械がデータから学習した後は、その機械に、データについての質問に答えられるようになっていてほしいのです。例えば、「このデータに最も似ている他のデータは何か？」「画像内に車はあるか？」「ユーザーはどの広告に反応するか？」などです。最後の質問に関してはお金の問題が絡むことが多いので、次のように言い換えることもできるでしょう。「最も売れているわが社の製品のうち、

†1　機械学習は、「付録B　opencv_contribモジュール」で説明するように、他の多くのものと同じく実験的なopencv_contribのコード内で拡張されていることに注意してください。詳細は、多層構造を持つニューラルネットワークのリポジトリcnn_3dobjとdnnを参照してください。訳注：バージョン3.3から、dnnモジュールはopencv_contribから標準パッケージに移行されています。

†2　機械学習には広い範囲の話題があります。OpenCVでは、主に統計的機械学習を扱いますが、ベイジアン（Bayesian）ネットワーク、マルコフ（Markov）確率場、グラフィカルモデルと呼ばれるものは扱いません。機械学習のよい教科書には、Hastie、Tibshirani、Friedmanによる[Hastie01]、Duda and Hart [Duda73]、Duda、Hart、Storkによる[Duda00]、Bishop [Bishop07]によるものがあります。機械学習を並列処理する方法については、Rangerらによるもの[Ranger07]、Chuらによるもの[Chu07]を参照してください。

広告を出すとユーザーがいちばん購入しそうなのはどの製品か？」といった具合です。機械学習は、データからルールやパターンを抽出することで、データを情報に変換するのです。

20.1.1 訓練セットとテストセット

私たちが注目している種類の機械学習は、温度、株価、色の輝度などの生のデータに対して行われます。そういったデータは前処理によって**特徴量**に変換されることが多いです。例えば、10,000枚の顔画像のデータベースがあるとすると、それらの顔に対してエッジ検出器を実行し、エッジの方向や強さ、各顔の中心からのオフセットなどの特徴量を収集することができます。1つの顔に対して例えば500個のそのような値、すなわち500個の要素からなる**特徴ベクトル**が得られるかもしれません。その後は、機械学習のテクニックを使って、この収集されたデータから何らかのモデルを構築することができます。顔にはどのような異なるグループがあるか（丸顔、細面など）を知りたいだけなら、**クラスタリング**アルゴリズムを選ぶのが適切でしょう。顔から検出されたエッジのパターンから、例えば、その人の年齢を予測できるようにしたいなら、**分類器**アルゴリズムが適切でしょう。このような目標を達成するために、機械学習アルゴリズムは、収集された特徴量を解析し、重み付け、閾値、その他のパラメータを調整して、その目的に合わせて性能を最大化します。この目標に合わせてパラメータを調整するプロセスこそが、私たちが**学習**と呼んでいるものなのです。

機械学習の手法がどれだけうまく機能しているかを知ることは常に重要で、これは少しトリッキーな作業になる可能性があります。伝統的には、元のデータの集まりを多数の訓練セット（例えば9,000個の顔データ）と、もっと少数のテストセット（残りの1,000個の顔データ）に分けます。その後、訓練セットに対して分類器を学習すると、与えられたデータの特徴量に対する私たちの年齢を予測するモデルを学習することができます。それが終わったら、残りのテストセット画像でこの年齢予測分類器をテストすることができます。

テストセットは訓練には使われませんし、分類器にテストセットの答えである年齢のラベルを「見せる」こともしません。学習した後で初めて、テストセットの1,000個の顔データそれぞれに対して分類器を実行し、特徴量ベクトルから予測した年齢が、どれだけ実際の年齢と適合するかを記録します。分類器の結果が思わしくなかったら、新しい特徴量を加えてみたり、異なるタイプの分類器を考慮したりすることになるでしょう。本章では、分類器には多くの種類があり、それを訓練するアルゴリズムもたくさんあることを見ていきます。

分類器がうまく機能すれば役に立つモデルが手に入ったことになり、それを実世界のデータに適用できる可能性が生まれます。このシステムを使えば、テレビゲームの振る舞いを年齢に基づいて変えることなどもできるでしょう。人がゲームをプレイする準備をすると、プレイヤーの顔が処理され、500個の特徴量（エッジの方向、エッジの強さ、顔の中心からのオフセット、……）に変換されます。このデータが分類器に渡され、返された年齢に応じてゲームの振る舞いが設定されます。リリースされた後は、この分類器は以前に見たことのない顔を見ても、訓練セットで学習したことに従って決定を下せます。

分類システムの開発時には、検証データセットがよく使われます。システム全体を最終段階でテストするのは、たいへんな作業になりがちです。分類器を最終テストにかける前に、途中でパラメータを変更したくなることがよくあるのです。これは、10,000個の顔のデータを3セットに分けることで可能になります。すなわち、8,000個の顔の訓練セット、1,000個の顔の検証セット、1,000個の顔のテストセット、といった具合です。こうすれば、訓練データセットで実行している間、どんな調子かを検証データで「こっそり」事前テストすることができます。検証セットでの性能に満足がいく場合にだけ、その分類器をテストセットで実行し最終審査にかけるのです。

みなさんは、9,000個のサンプルからなる訓練セットのうち、8,000個のサンプルで訓練し1,000個で検証するよりは9,000個で訓練したほうがうまくいくのではと思われたかもしれません。そのやり方でうまくいくのなら、その考え方が正論になっていたでしょう。しかし、このような場合に標準的に行われるのは、この分割を実際に複数回繰り返すことなのです。この場合は9回が最も合理的な回数でしょう。それぞれのケースで、1,000個からなる異なるグループを検証用に取っておいて、残りの8,000個で訓練します。このプロセスは、**K分割交差検証**（Kフォールドのクロスバリデーション）と呼ばれています。**Kフォールド**とは「*K*個のバリエーションで行う」という意味で、この例では*K*は9です。

20.1.2 教師あり学習と教師なし学習

データにはラベルが付いていないことがあります。例えば、エッジの検出情報に基づいて、顔がどういうグループを形成するかだけを見たい場合などです。データに各画像内の人の年齢などのラベルが付いていることもあります。これが意味することは、機械学習のデータは、**教師あり**の場合（すなわち、データの特徴量ベクトルに付いている教育用の「信号」または「ラベル」を活用する場合）もあれば、**教師なし**の場合もあるということです。教師なしの場合は、機械学習のアルゴリズムはそのようなラベルにアクセスできず、データの構造を自分自身で見つけ出すことが期待されています（図20-1参照）。

教師あり学習は、顔と名前の関連づけを学習する場合のように**カテゴリカル**な場合があります。あるいはデータが年齢のような**数値**あるいは**順序**付きのラベルを持つこともあります。データがラベルとして名前（カテゴリ）を持っているとき、**分類**を行っている、という言い方をします。データが数値のときは、**回帰**を行っていると言います。回帰とは、あるカテゴリまたは数値の入力データに対して、数値の出力を当てはめようとすることです。

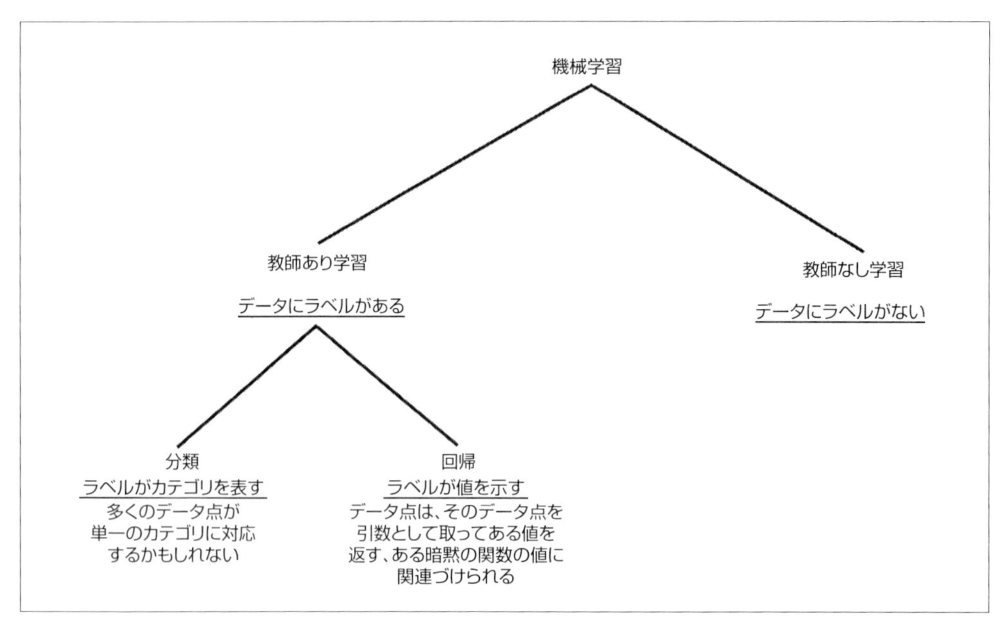

図20-1 機械学習は、教師あり学習と教師なし学習という幅広い2つのサブカテゴリからなる。教師あり学習は、分類と回帰という2つからなる

教師あり学習にもさまざまな種類があります。データベクトルとラベルが一対一の対を含むものや、**強化学習**（reinforcement learning、**繰り延べ学習**（deferred learning）とも呼ばれます）から構成されるものがあります。強化学習では、個々のデータベクトルが観測されたずっと後になってから、データラベル（**報酬**や**ペナルティ**とも呼ばれます）が生じることがあります。ネズミがエサを探して迷路を走っているとき、ネズミは一連の曲がり角を経験してから最後にエサ（ネズミにとっての報酬）を見つけることでしょう。その報酬により、エサを見つけるまでにネズミが経験したすべての光景と動作にさかのぼって、どういう影響があったのかを考えるに違いありません。強化学習はこれと同じように機能します。システムは信号（報酬またはペナルティ）を遅れて受け取り、今後の走行のための行動（正式には**方策**（policy）と呼ばれます）に影響を与えようとします。この場合、学習された方策は、実際には決定の方法、例えば迷路を抜ける各ステップでどちらに行くかです。教師あり学習は、ラベル付けが部分的であったり（いくつかのラベルが欠けている。これは**半教師あり学習**とも呼ばれます）、ラベルにノイズが含まれていたり（いくつかのラベルがまったく間違っている）することもあります。ほとんどのML（Machine Learning）アルゴリズムは、今述べた状況の1つか2つだけを扱います。例えば、分類は扱うが回帰は扱わない、あるいは半教師あり学習は行えるが強化学習は行えない、数値データは処理できるがカテゴリカルなデータは処理できない、などです。

対照的に、データにラベルがなく、データが本来持っている性質からどのグループに分類されるかを調べたいこともよくあります。このような教師なし学習のためのアルゴリズムは**クラスタリン**

グアルゴリズムと呼ばれます。この状況での目的は、ラベルなしのデータベクトルを（あらかじめ決められた意味で、または何かしら学習された意味で）「近い」ものどうしにグループ分けするということです。単に顔がどのように分布しているかを調べたいとします。顔は、細面、丸顔、面長、小顔に分類することができるでしょうか？ 癌のデータを見ているなら、いくつかの癌を、異なる化学信号を持ったグループに分けられるでしょうか？ クラスタリングされた教師なしデータは、高レベルの教師あり分類器のための特徴量ベクトルを形成するのにも使われます。まず、顔をタイプ別（細面、丸顔、面長、小顔）に分けてから、それを、おそらく他のデータ（声の周波数の平均値など）とともに入力として使い、人の性別を予測することもできるでしょう。

機械学習における分類とクラスタリングは、コンピュータビジョンの最も一般的な目的の2つである、認識と領域分割（セグメンテーション）とも重なります。これらは、「何が」と「どこに」と呼ばれることもあります。すなわち、私たちがコンピュータにやってほしいことはたいてい、画像内の物体に名前を付けること（認識、すなわち「何」）と、物体がどこに現れるかを言い当てること（領域分割、すなわち「どこ」）なのです。コンピュータビジョンはこのように機械学習を非常によく使うので、OpenCVの`.../opencv/sources/modules/ml`ディレクトリと`.../opencv/sources/modules/flann`ディレクトリにあるMLライブラリにもたくさんの強力な機械学習のアルゴリズムが含まれています。

OpenCVの機械学習のコードは一般性があるものです。すなわち、ビジョンのタスクで非常に役に立ちますが、コード自身はビジョンに特化したものではありません。例えば、OpenCVの適切な関数を使えばゲノム配列を学習することもできます。もちろん、本章での関心の大半は、画像から導き出した特徴量ベクトルによる物体認識です。

20.1.3　生成的モデルと識別的モデル

分類とクラスタリングを実行するためにたくさんのアルゴリズムが考案されてきました。OpenCVは、機械学習の統計的アプローチのうち、最も役に立ち現在利用可能なものをいくつかサポートしています。ベイジアン（Bayesian）ネットワークやグラフィカルモデルのような、機械学習の確率的アプローチはOpenCVではあまりサポートされていません。理由の1つには、それらは比較的新しく、まだ定まらない開発途上にあるからです。OpenCVはどちらかと言えば、**生成型アルゴリズム**（ラベルが与えられたときのデータの分布$P(D|L)$を与える）ではなく、**識別型アルゴリズム**（データが与えられたときのラベルの分布$P(L|D)$を与える）をサポートしています。必ずしもはっきり区別できるわけではありませんが、識別モデルはデータが与えられたときの予測を行うのに適しており、生成モデルはより強力にデータを表現したり、新しいデータを条件付きで合成したりするのに適しています（例えば、象を「想像する」ことを考えてください。みなさんは「象」という条件が与えられて初めてデータを生成し始めるでしょう）。

生成モデルはデータの原因を（正しいか正しくないかは別にして）モデル化しているので、多くの場合、生成モデルのほうが解釈しやすいと言えます。例えば、あるシーンの中で、そこの色の

「赤」の値が125未満だったら道だと特定しているとしましょう。しかし、赤の値が126だったら、そこは絶対に道ではないと言い切れるのでしょうか？ このような問題は解釈が難しくなります。生成モデルでは通常、カテゴリが与えられた状態でデータの条件付き確率分布を扱うので、結果の分布に「近い」ということが何を意味するかを感覚的に理解しやすいのです。

20.1.4 OpenCVのMLアルゴリズム

OpenCVに含まれる機械学習アルゴリズムを表20-1に示します。これらのアルゴリズムの多くはMLモジュールにあります。Mahalanobis（マハラノビス）とK-means法はcoreモジュール、顔検出と物体検出はobjdetectモジュール、FLANNは専用のモジュールflannにあり、その他はopencv_contribにあります。

表20-1 OpenCVでサポートされている機械学習のアルゴリズム。各アルゴリズムの原著論文を説明の後に示す

アルゴリズム	説明
Mahalanobis	データの共分散で除算することにより、データ空間の「広がり」を考慮に入れた距離。共分散が単位行列（分散が同じ）なら、この距離はユークリッド距離と同値である [Mahalanobis36]
K-means法	K個の中心を使ってデータの分布を表現する教師なしクラスタリングアルゴリズム。ここでKはユーザーが選択する。このアルゴリズムと期待値最大化（EM）（後述）との違いは、K-means法では中心が正規分布ではなく、複数の中心が最も近くにあるデータ点を「所有」しようと（事実上）競争するので、結果としてクラスタが泡のように見えることである。これらのクラスタの領域は、データを表現する疎なヒストグラムのビンとしてよく使われる。Steinhausにより考案され[Steinhaus56]、Lloydにより用いられている[Lloyd57]
単純ベイズ分類器	特徴量が正規分布であり互いに統計的に独立していると仮定する生成型分類器。これは、一般には成り立たない強い仮定である。この理由から、「単純ベイズ」分類器と呼ばれることが多い。しかしこの手法は驚くほどうまく機能することが多い。[Maron61]と[Minsky61]に初出
決定木	識別型分類器。決定木は、現在のノードでデータを別々のクラスに最適に分岐させる1つのデータの特徴量と閾値を探す。データが分岐されると、決定木の左右の枝に降りて再帰的に処理を繰り返す。通常は最高の性能を出すことは多くはないが、高速で高機能なので、最初に試してみるべきアルゴリズムである[Breiman84]
期待値最大化（EM）	クラスタリングで使用される生成型の教師なしアルゴリズム。N次元の正規分布をデータに当てはめる。ただしNはユーザーが選択する。これは、少しのパラメータ（平均と分散）で比較的複雑な分布を表現する効果的な方法になりえる。領域分割に使われることが多い。前に挙げたK-means法と比較すること[Dempster77]
ブースティング	識別型の分類器群。全体的な分類の決定は、分類器群の決定を重み付けして組み合わせて行われる。学習では、この分類器群を1つずつ学習する。その群の中の各分類器は、「弱い」分類器（weak classifier）である（偶然よりは性能がよいというだけである）。これらの弱分類器は、典型的には**スタンプ**（株）と呼ばれる、変数が1つしかない決定木でできている。学習時、この決定株は、データから分類決定則を学習し、データの精度から「投票」の重みも学習する。それぞれの分類器を1つ1つ学習する間に、データ点は再度重み付けされ、エラーが起こったデータ点により多く注意が払われるようになる。このプロセスは、データセットの全エラー（決定木の投票を重み付きで組み合わせて決まる）が、閾値を下回るまで続く。大量の学習データが使えるときには、このアルゴリズムが効果的なことが多い[Freund97]

表20-1 OpenCV でサポートされている機械学習のアルゴリズム。各アルゴリズムの原著論文を説明の後に示す（続き）

アルゴリズム	説明
ランダムツリー	たくさんの決定木からなる識別型のフォレスト（森）。それぞれの木は、大きくまたは最大の深さに分岐されている。学習の間、各木のノードはそれぞれ、データの特徴量のランダムな部分集合からしか分岐変数を選ぶことができない。これにより、それぞれの決定木は統計的に独立な決定を行えることが保証される。実行モードでは、各決定木は重みなしの投票を行う。このアルゴリズムは、たいていの場合非常に効果的で、各決定木から出力される数値を平均することにより、回帰も実行することができる [Ho95] [Criminisi13] [Breiman01]
K 近傍法	最も単純な識別型分類器。学習データは、ラベル付きで格納されているだけである。その後、テストデータ点は、最も近傍（ユークリッド距離の意味での近さ）にある他の K 個のデータ点による多数決に従って分類される。おそらく、これは最も簡単な手法である。効果的なことも多いが、遅く、メモリをたくさん必要とする [Fix51] 。FLANN の項も参照
近似高速最近傍探索法（FLANN）†3	OpenCV は Marius Muja が開発した高速最近傍ライブラリを含んでいる [Muja09] 。これを用いると高速最近傍法と K 近傍法によるマッチングが使用できる
サポートベクタマシン（SVM）	回帰も実行できる識別型分類器。高次元の空間における任意の 2 点の間の距離関数が定義される（データをより高次元に投影すると、データを線形に分離できる可能性が高くなる）。このアルゴリズムは、クラスを高い次元で最大限に分離できる超平面を学習する。大量のデータセット†4が使用可能なときに限ってはブースティングやランダムツリーには劣るものの、限られたデータでは、これが最適なものになる傾向がある [Vapnik95]
顔検出器／カスケード分類器	ブースティングをより賢く用いた物体検出アプリケーション。OpenCV には非常に性能のよい学習済みの正面顔の検出器が含まれている。提供されているソフトウェアを用いてこのアルゴリズムを他の物体で学習させることができる。また、他の特徴量を用いたり、この分類器用に独自の特徴量を作成することもできる。剛体や特徴の多い画像ではうまく機能する。発明者にちなみ、この分類器は一般に「Viola-Jones 分類器」とも呼ばれる [Viola04]
WaldBoost	Viola（前の項参照）のカスケード法を派生させたもの。WaldBoost は非常に高速であり、さまざまなタスク向きの従来型のカスケード分類器をしのぐ物体検出器である [Sochman05] 。`.../opencv_contrib/modules` 参照
Latent（潜在型）SVM	Latent SVM は、部品に基づくモデルを用いて複合的な物体を識別する。識別は、その物体の個々の構成要素の認識と、それらの構成要素が別の構成要素とどのように関連して見つかるかに関するモデルの学習とに基づいて行われる [Felzenszwalb10]
Bag of Words	Bag of Words（語の袋）は、文書の分類や画像の分類までよく使われる手法を汎用化したもの。この手法は、個々の物体だけでなく、シーンや環境の認識にも使え、強力である

20.1.5 機械学習をビジョンで使う

一般に、表20-1 のアルゴリズムはすべて、多くの特徴量からなるデータのベクトルを入力とし

†3 不思議に思われるでしょうが、FLANN の L は Library を表します（Fast Library for Approximate Nearest Neighbors）。

†4 「大量のデータセット」とは何でしょうか？ それは下位の生成プロセスがどれくらい速くなるかに依存するため、明確な答えは存在しません。しかし、非常に大雑把な経験則としては、意味のある次元（特徴）ごとのカテゴリ／物体ごとに 10 個程度のデータ数です。つまり、2 クラスで 3 次元であれば、その問題に対して「大量」と言うには、少なくとも $2 \times 10 \times 10 \times 10 = 2,000$ 個のデータが必要です。

て取ります。特徴量の数は数千個に達することもあります。みなさんのタスクが、ある種の物体、例えば人物を認識することだとしましょう。最初に遭遇する問題は、陽性（positive）のケース（シーン内に人がいる）と陰性（negative）のケース（人がいない）に分類される学習データをどうやって集め、どのようにラベル付けするか、ということです。すぐに気づかれるのは、人がいろいろな大きさで出現するということでしょう。全身がたった数ピクセルの場合もあるし、画像いっぱいに大写しになった耳を見ることもあるかもしれません。さらに悪いことに、人物が何かの影になっていることもよくあります。車に乗っている男性、女性の顔、木の後ろから見えている足などです。シーンの中に人がいるとは実際にはどういう意味なのかを定義しておく必要があります。

次に、データを集めるという問題があります。みなさんは、監視カメラからデータを集めるのでしょうか？ 写真共有サイトへ行って「person」というラベルを探すのでしょうか？ それともその両方（あるいは他の方法）でしょうか？ 動きの情報を集めますか？ シーン内の門が開いているかどうかや、時間、季節、温度などのその他の情報も集めますか？ 浜辺の人物を探すアルゴリズムは、スキー場ではうまくいかないかもしれません。みなさんは、人物のさまざまな見え方、さまざまな照明、気象条件、影などのデータのバリエーションを把握する必要があります。

大量のデータを集め終わったら、それらにどのようにラベルを付ければよいのでしょうか？ まず、「ラベル」が意味するものを決めなければなりません。シーンのどこに人物がいるかを知りたいのでしょうか？ 動作（走っている、歩いている、ハイハイしている、尾行している）が重要なのでしょうか？ みなさんは、100万枚以上の画像を持っているかもしれません。どうやってそれらすべてにラベル付けすればよいのでしょうか？ 撮影条件がコントロールされた状況で背景除去を行ったり、シーンに入ってくる前景の人物を分離して集めたりするなど、たくさんの技があります。分類の役に立つデータサービスを使うこともできます。例えば、AmazonのMechanical Turk（https://www.mturk.com/）では、人にお金を払って画像にラベルを付けてもらうことができます。タスクを整理して簡単にラベル付けができるようにすれば、1ラベルあたり1ペニーくらい（約1円）まで料金を下げることができます。あるいは、GPUやコンピュータのクラスタ、もしくは、その両方を用いて、物体／人／顔／手をコンピュータグラフィックスを使ってレンダリングしてラベル付き学習データとして用いることもできるでしょう。カメラのモデルパラメータを用いれば、正解がわかっている非常にリアルな画像を生成することもできます。というのも、そのデータを生成したのはみなさん自身ですから、正解ラベルがわかっているのです。

データのラベル付けが終わったら、物体からどの特徴量を抽出するかを決定しなければなりません。繰り返しますが、みなさんは自分が何を得ようとしているのかを知っている必要があります。もし人物が常に決まった向きで現れるのなら、回転不変な特徴量を使う必要はありませんし、あらかじめ物体を回転しておく必要もありません。一般的には、その物体で何か不変なものを表現する特徴量を見つける必要があります。例えば、勾配や色の縮尺に影響されないヒストグラムや、よく使われるSIFT特徴量[†5]などです。背景情報を持っていれば、最初にそれを除去して他の物体が

†5 LoweのSIFTキーポイント特徴量のデモを参照（http://www.cs.ubc.ca/~lowe/keypoints/）。

目立つようにするとよいでしょう。その後、独自の画像処理を行います。これは画像の正規化（スケーリング、回転、ヒストグラムの平坦化など）や多くのさまざまなタイプの特徴量の計算からなるでしょう。その結果のデータベクトルにはそれぞれ、その物体、動作、またはシーンに関連づけられたラベルが与えられます。

一度データを集めて特徴量ベクトルにしたら、データを訓練セット、（場合により）検証セット、テストセットに分割したくなるでしょう。最初のほうで見たように、クロスバリデーションフレームワークで訓練、検証、テストを行うのが「経験上最良」です。そこでは、データを K 個の部分集合に分割し、訓練（場合によっては検証）とテストセッションを何回も実行することを思い出してください。ここで各セッションは、訓練（検証）とテストの役割を持つ異なるデータセットから構成されます[†6]。その後これらの個別セッションのテスト結果が平均され、最終的な性能結果が得られます。クロスバリデーションを行うと、実行中に新規のデータに遭遇したときに、分類器がどのくらい機能するかについて、より正確にわかります（これに関しては以降でもう少し説明します）。

さて、データが準備できたので、今度は分類器を選ぶ必要があります。分類器の選択は、多くの場合、計算量やデータやメモリを考慮することで決まります。オンラインでユーザーの好みをモデル化するようなアプリケーションでは、分類器を迅速に訓練させる必要があります。この場合、近傍法、単純ベイズ、決定木を選択するのがよいでしょう。メモリを考慮しなければならない場合には、決定木かニューラルネットワークが効率的です。分類器の訓練には時間をかけられるけれども実行速度は速くなくてはならない場合は、単純ベイズ分類器やサポートベクタマシン、ニューラルネットワークを選ぶのがよいでしょう。訓練に時間をかけることができて実行にもある程度かかってもよいけれども高い精度が求められているなら、ブースティングとランダムツリーがその要求に合いそうです。特徴量がうまく選択されているかという正当性チェックを、簡単にわかりやすく行いたいだけなら、決定木か近傍法が有望です。「すぐ使える」最良の分類性能が必要であれば、ブースティングかランダムツリーをまず使ってみてください。

「最良」の分類器というものは存在しません（Wikipediaの「ノーフリーランチ定理」参照。https://ja.wikipedia.org/wiki/ノーフリーランチ定理）。全種類の可能なデータ分布を平均すれば、すべての分類器の性能は同等になります。つまり、**表20-1**のどのアルゴリズムが「最良」かは言い切れません。とはいえ、特定のデータ分布やデータ分布の集まりに関しては、最良の分類器が存在します。したがって実際のデータに直面したときは、なるべくたくさんの種類の分類器を試してみるとよいでしょう。そしてみなさんの目的を考慮してください。正しいスコアを得たいだけでしょうか？ それともデータを解釈したいのでしょうか？ 計算が速いことや、メモリ量が少なくて済むことや、決定の信頼度限界は必要としていますか？ 分類器はこれらの軸に合わせてそれぞれ異なる特性を持ち合わせているのです。

†6　典型的な例としては、訓練（場合によっては、検証）とテストは、5〜10回繰り返されます。

20.1.6 変数の重要度

表20-1のアルゴリズムのうち2つでは、みなさんは変数の重要度[†7]を決定することができます。特徴量ベクトルが与えられたら、分類の精度を上げるために、どのようにそれらの特徴量の重要度を決定すればよいのでしょうか？ 二分決定木は、直接これを行います。すなわち、各ノードで、どの変数がデータを最も適切に分岐させるかを選ぶことにより訓練するのです。トップノードの変数が最も重要な変数で、次のレベルの変数が2番目に重要……というように続きます[†8]。ランダムツリーでは、Leo Breimanにより開発された手法[Breiman02]を使って変数の重要度を計測できます。この手法はどの分類器でも使えますが、OpenCVでは現在のところ、決定木とランダムツリーにだけ実装されています。

変数の重要度の使い道の1つは、分類器が考慮しなければならない特徴量の数を減らすことです。たくさんの特徴量から始め、分類器を訓練することで、各特徴量とそれ以外の特徴量との相対的な重要度を求めます。そうすると重要ではない特徴量を捨てることができます。重要ではない特徴量を削除すれば速度が向上しますし（それらの特徴量を計算するのにかかる処理をなくせるためです)、訓練やテストも迅速になります。さらに、データ数が不十分（そういう場合は多いですが）であれば、重要ではない変数を削除すると分類器の精度が増すこともあります。これにより、優れた結果とともに実行速度も速くなります。

Breimanの変数重要度のアルゴリズムは次のように実行されます。

1. 訓練セットで分類器を学習する
2. 検証セットまたはテストセットを使って分類器の精度を決定する
3. すべてのデータ点とある選択した特徴量に対して、残りのデータセットの中でその特徴量が持つ値の中から、その特徴量の新しい値をランダムに選択する（「復元サンプリング」と呼ばれる)。これにより、その特徴量の分布を元のデータセットと同等に保ちながら、その特徴量の実際の構造や意味は消去される（その値は残りのデータからランダムに選択されているため）[†9]
4. この修正した訓練データセットで分類器を訓練し、その後、修正したテストまたは検証データセットで分類の精度を計測する。特徴量をランダムに選ぶことで精度が極端に悪くなれば、その特徴量が非常に重要であることを意味する。特徴量をランダムに選んでもそれほど精度が落ちなければ、その特徴量はあまり重要ではないため削除の候補となる
5. 元のテストまたは検証データセットに戻し、すべて終わるまで次の特徴量を試す。結果的に重要度順に並んだ各特徴量の序列が得られる

---

†7 変数の重要度（variable's importance）はvariable importanceとも呼ばれていますが、変動する重要度ではありません。

†8 この手法自身は、ノイズに非常に敏感です。二分決定木が実際に行っていることは、各ノードに対して代理分岐（ほとんど同じ決定になる結果を分岐する別の特徴量）を構築し、それらの全ノード中のすべての分岐に対して重要度を計算することです。

†9 ランダムツリーの実際の実装は、完全に新しい値を生成する代わりに特徴量をシャッフルしています。

この処理はランダムツリーと決定木に組み込まれています。したがって、ランダムツリーや決定木を使えば、実際にどの変数を特徴量として使うかを決定することができ、その結果、同じ（または別の）分類器の訓練では簡略化した特徴量ベクトルを使うことができます。

20.1.7　機械学習の問題を診断する

機械学習をうまく機能させるようにすることは、科学というよりは芸術です。アルゴリズムはたいてい、「ある程度」は機能しますが、みなさんが必要とするほどにはうまく機能しません。そこが芸術たるゆえんです。みなさんは、それを解決するために何が悪いのかを突き止める必要があります。本書ではすべての詳細に入っていくことはできませんが、みなさんが遭遇するであろう比較的よくある問題のいくつかの概要を説明します†10。

まず、いくつかの経験則を挙げます。多いデータは少ないデータに勝り、よい特徴量はよいアルゴリズムに勝ります。特徴量をうまく（互いの特徴量の独立性を最大化し、異なる条件下での変動を最小化するように）設定すれば、ほとんどどのようなアルゴリズムでもうまく動きます。それに加えて、一般的な問題が3つあります。

バイアス

データに対するモデルの仮定が厳しすぎると、モデルがうまく適合しません。

変動（バリアンス）

アルゴリズムがノイズを含むデータを記憶してしまうと、汎化できません。

バグ

機械学習のコードでは、一見してバグとわかるようなものも含めて、そのバグの「様子がわかる」ことは珍しいことではありません。それらのバグの結果として、確実にエラーになるはずであっても単に性能が下がるくらいにしかならないことがよくあります。

図20-2は、統計的機械学習の基本的な設定を示しています。私たちがすることは、基礎となる入力を何らかの出力に変換する真の関数 f をモデル化することです。この関数は回帰問題（例えば、人物の顔から年齢を予測する†11）かもしれませんし、カテゴリカルな予測問題（例えば、顔の特徴量から人物を特定する）かもしれません。実世界の問題では、ノイズや考えてもいなかった影響などが原因で、観測された出力が理論的な出力とは異なってしまうことがあります。例えば顔認識では、顔を特定するために、目、口、鼻の間の距離を計測してモデルを学習するでしょう。し

†10　スタンフォード大学の Andrew Ng 教授は、"Advice for Applying Machine Learning" と題した Web 講義で、詳しい説明をしています（http://cs229.stanford.edu/materials/ML-advice.pdf）。

†11　洞察力の鋭いみなさんは、年齢は整数であることが多いので、これは回帰問題ではなく分類問題なのではないかと思われるでしょう。ところが、問題を回帰問題とするのは、出力の連続性ではなく、出力が順序づけされているかどうかなのです。したがって整数の年齢であってもこれは回帰問題なのです。

かし、近くの電球のちらつきで照明が変化すると、計測にノイズが生じることがあります。あるいはカメラのレンズの作りが貧弱だと、モデルの一部としては考慮していなかったレンズ歪みが計測値に現れます。これらの影響は精度を下げる原因となります。

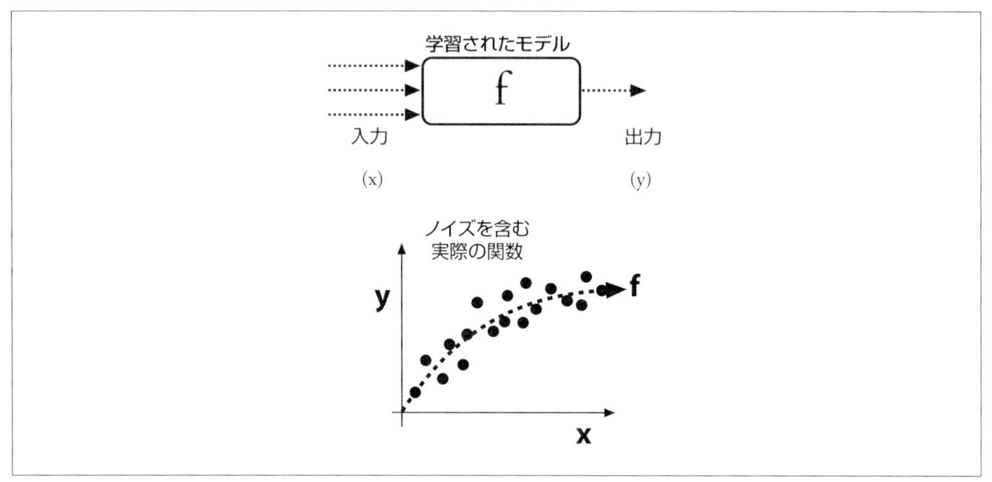

図20-2　統計的機械学習の設定。データセットに適合するように分類器を学習する。実際のモデル f は、多くの場合、常にノイズや未知の影響により悪影響を受ける

図20-3は、上の2つのパネルでデータのバイアス（学習不足になる）と変動（過学習になる）を示しており、下2つのパネルに学習セットのサイズとエラーの関係を示しています。**図20-3**の左側は、**図20-2**の下のパネルのデータを予測する分類器を学習しようとしたものです。極端に限定的なモデル（ここでは太い直線の破線で示す）を使うと、潜在する実際の放物線 f（薄い破線で示す）に適合させることができません。このため、たとえデータがたくさんあったとしても、訓練データにもテストデータにもあまり適合しません。この場合、訓練データもテストデータもうまく予測できないので、バイアス問題が発生しています。**図20-3**の右側では、訓練セットには正確に適合していますが、すべてのノイズにも適合してしまう意味のない関数を生成しています。すなわち、訓練データを、そこに含まれるノイズも一緒に記憶してしまっているのです。これもまた、テストデータとはうまく適合しない結果になります。訓練エラーが低くテストエラーが高い結果は、変動（過学習）問題を表しています。

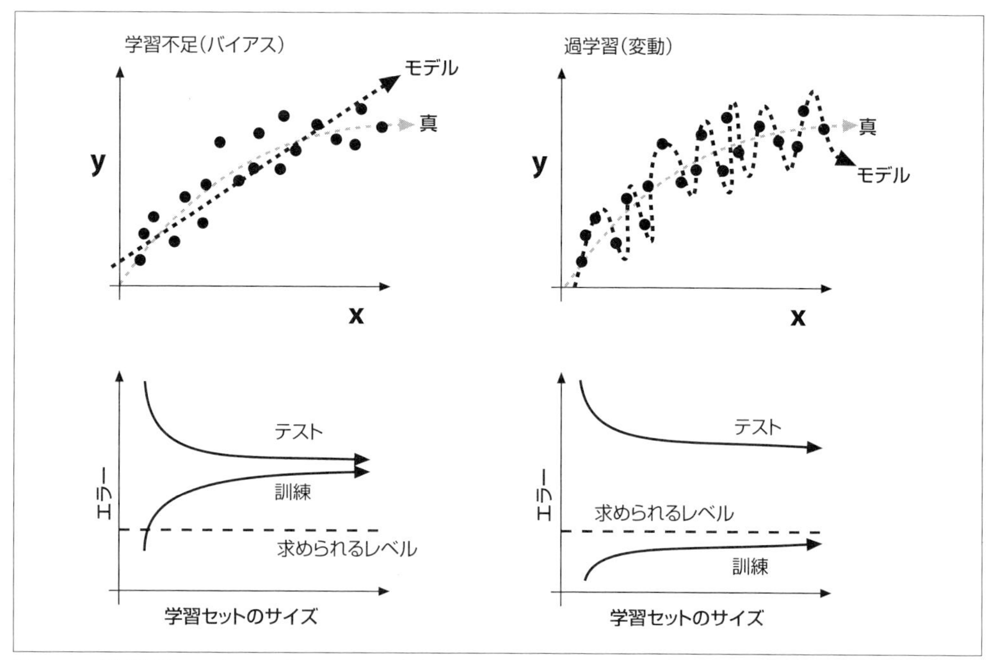

図20-3　機械学習のモデル不適合の問題と、訓練とテストの予測性能への影響。真の関数が上のパネルに薄い破線で描かれている。データの学習不足モデル（左上）は、訓練とテストのセットで多くのエラーが出現している（左下）。一方、データの過学習モデル（右上）は、訓練データのエラーは少ないがテストデータでは多くのエラーが出現している（右下）

時々注意しなくてはならないのは、みなさんが、果たして自分が正しい問題を解決しようとしているのかどうかということです。訓練セットとテストセットのエラーが少ないのに、そのアルゴリズムが実世界でうまく機能しなかったら、データセットが現実的でない条件の中から選ばれていたのかもしれません。それはおそらく、その条件であればデータ収集やシミュレーションが容易だったからでしょう。そのアルゴリズムがテストや訓練データセットを再現できないのであれば、そのアルゴリズムが不適切であったか、データから抽出された特徴量が効果のないものであったか、単に集めたデータ中に「信号」がなかったのでしょう。**表20-2**に、ここで述べた問題に対するいくつかの考えられる解決策を示します。もちろんこれは、可能性のある問題と解決策を完璧に網羅したリストではありません。機械学習をうまく機能させるには、どんなデータを集めてどの特徴量を計算するかに関して注意深く考察し、設計する必要があります。さらに、機械学習の問題を診断するには、多少の系統的な考え方も必要です。

表20-2 機械学習で遭遇する問題と、考えられる解決策の中で試すべきもの。よりよい特徴量を考え出すことは、どんな問題に対しても有効である

問題	考えられる解決策
バイアス	・特徴量を増やすとよりよく適合するようになることがある ・より強力なモデル／アルゴリズムを使う
変動	・学習データを増やすと、モデルが平滑化される ・特徴量を減らすと過学習が減らせる ・より弱いモデル／アルゴリズムを使う
テスト／学習ではよいが、実データでは悪い	・より現実的なデータセットを集める
モデルがテストや学習データから学習できない	・特徴量を再設計し、データの不変性をもっとよく捕捉できるようにする ・新しい、関連データをもっと多く集める ・より強力なモデル／アルゴリズムを使う

20.1.7.1 クロスバリデーション、ブートストラップ法、ROC曲線、混同行列

最後に、機械学習で結果を計測するのに使われる基本的なツールをいくつか紹介します。教師あり学習で最も基本的な問題の1つは、単純に、学習アルゴリズムがどれくらいうまく機能したかを知ることです。どれくらい正確にデータを分類したりデータに適合しているのでしょうか？ みなさんは次のように考えられるかもしれません。「簡単だよ。自分のテストデータや検証データで実行して、結果を得ればよいだけだ。」ところが実際の問題では、ノイズやサンプリングの変動、サンプリングエラーを考慮に入れなくてはなりません。単にテストデータセットや検証データセットを投入するだけでは、それらが実際のデータ分布を正確に反映しているとは限りません。分類器の実際の性能により近い「推測」をするためには、**クロスバリデーション**のテクニックや、より密接に関連している**ブートストラップ法**のテクニックを導入します†12。

クロスバリデーションの最も基本的な形式では、データを K 個の異なるサブセットに分割することを思い出してください。$K-1$ 個のサブセットで訓練し、訓練で使わなかった最後のサブセット（「検証セット」）でテストします。これを、K 個のサブセットを「順番」に検証セットにしながら、K 回繰り返し、その後、結果の平均を取ります。

ブートストラップ法はクロスバリデーションに似ていますが、検証セットは訓練データからランダムに選択されます。その回で選択されたデータ点はテストでだけ使い、訓練では使いません。その後、もう一度最初からこの処理を始めます。これを、毎回新しい検証データセットをランダムに選びながら、N 回繰り返し、最後に結果の平均を取ります。これはいくつかの、多くのデータ点が異なる検証セットで再利用されるということを意味します。多くの場合、その結果がクロスバリデーションより優れているということは注目に値します†13。

これらのテクニックのどちらか1つを使えば、実際の性能の計測精度を上げることができます。

†12 これらのテクニックについてより詳しい情報は、"What Are Cross-Validation and Bootstrapping?"（http://www.faqs.org/faqs/ai-faq/neural-nets/part3/section-12.html）を参照してください。

†13 ブートストラップ法の主要な目的の1つは、最適な訓練パラメータを見つけ出すことです。というのは、訓練のエラーを平均化するのは簡単ですが、いくつかのモデルを「平均」して1つにするのは、自明でも効果的であるとも限らないからです。

精度が向上すると、今度は、繰り返し変更し訓練し計測することで、学習システムのパラメータをチューニングすることができます。

分類器を評価し、特徴づけてチューニングするのに非常に便利な方法が、他にも2種類あります。それは、**ROC**（Receiver Operating Characteristic：受信者動作特性。「ロック」と発音されることが多い）曲線を描画する方法と、**混同行列**を求めることです（**図20-4**）。ROC曲線は、分類器の性能パラメータの全設定に対して、その応答を計測します（ROC曲線上の各点もクロスバリデーションで計算されたものかもしれません）。そのパラメータをある閾値としましょう。より具体的に、みなさんが画像中の黄色い花を認識しようとしており、検出器として、黄色という色の閾値を持っていると仮定します。黄色の閾値設定を極端に高くすると、分類器はどんな黄色の花も認識し損なってしまい、偽陽性（false positive）率[†14]は`0`になるものの、真陽性（true positive）率[†15]も`0`になってしまいます（**図20-4**の曲線の左下の部分）。一方、黄色の閾値を`0`に設定すると、どんな信号でもとにかく認識してしまいます。これは、すべての真陽性（黄色い花）と一緒に、すべての偽陽性（オレンジや赤い花）も認識されてしまうことを意味しています。つまり、偽陽性率は100％です（**図20-4**の曲線の右上の部分）。考え得る最良のROC曲線は、y軸に沿って100％までたどり、その後、右上の隅まで水平に進むものです。それがだめなら、できるだけ左上隅に寄った曲線ほど良好です。実際によく行われるのは、プロット全体の面積に対するROC曲線より下の部分の面積の割合を計算することで、どれだけ優れているかの簡単な統計値として用いることです。割合が1に近いほどよい分類器です[†16]。

図20-4には**混同行列**も示しています。これは、真陽性と偽陽性、および真陰性[†17]（true negative）と偽陰性[†18]（false negative）の単なるチャートです。これは分類器の性能をてっとり早く評価する、もう1つの方法です。理想的には、左上と右下の部分が100％で、他は0％が望まれます。2つ以上のクラスを学習できる分類器を持っているなら（例えば、多層パーセプトロンやランダムツリーの分類器は、一度に異なるクラスのラベルを学習できます）、混同行列はすべてのクラスに一般化され、その要素はすべてのクラスラベルにわたっての真陽性、偽陽性および真陰性、偽陰性のパーセンテージを表現します。マルチクラス用のROC曲線は単にテストデータセットに対して真か偽かの決定を記録するだけです。

---

†14 訳注：黄色の花ではないのに黄色の花であると誤認識する率。

†15 訳注：黄色の花を黄色の花であると正しく認識する率。

†16 文献を探せば、数限りない分類用の「性能指標」が存在し、あるものが別のものより優れている理由も同じくらいたくさんあるということは注目に値します。とはいえ、このROC曲線は比較的よく使われています。それは、必ずしも分類器の質をよりよく表したものであるからではなく、理解しやすく、ほとんどどのような分類の問題に対してもうまく定義されるからです。

†17 訳注：黄色の花ではないものを黄色の花と認識しないこと。

†18 訳注：黄色の花を黄色の花と認識しないこと。

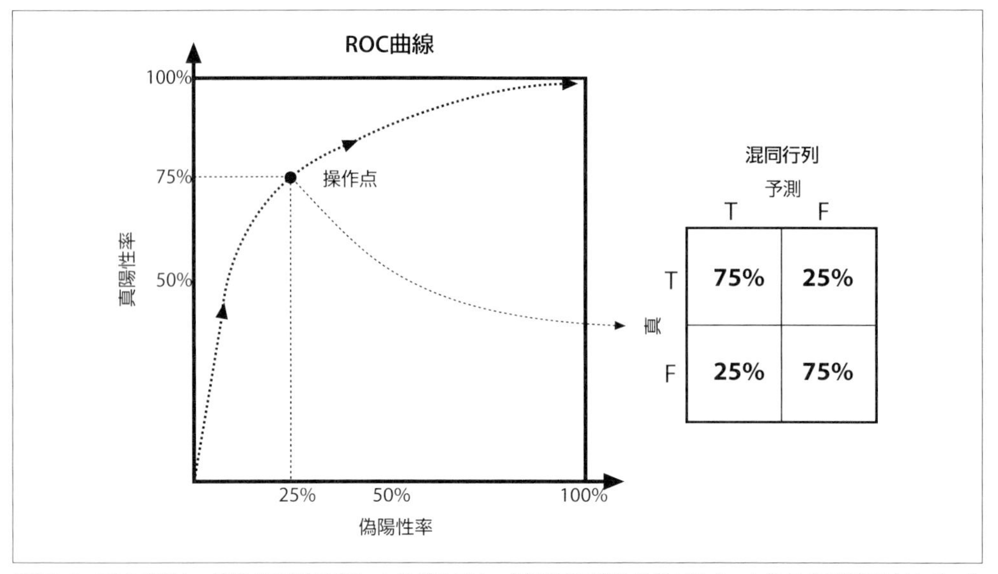

図20-4 ROC曲線と、関連する混同行列。左のグラフは、分類器の可変な性能パラメータのすべての値に対して、偽陽性に対する正しい分類の応答を示している。右の表は、左上が真陽性、左下が偽陽性、右上が偽陰性、右下が真陰性を示している

誤分類のコスト

ここまであまり説明してこなかったことは、誤分類のコストです。すなわち、毒キノコを検出するように分類器を構築している場合（そのようなデータセットを使う例を次の章で簡単に説明します）、偽陽性（毒キノコを食べられるキノコであると間違う）を最小化しようとする限り、より多くの偽陰性（食べられるキノコを毒キノコであると間違う）も受け入れてしまうことになります。ROC曲線はこの問題に役立ちます。操作点として曲線の低い部分（**図20-4**のグラフの左下のほう）を選ぶように、ROCのパラメータを設定すればよいのです。これを行う別の方法は、ROC曲線を生成するときに、偽陰性のエラーよりも偽陽性のエラーに重みを付けることです。例えば、それぞれの偽陽性エラーのコストを、偽陰性の10倍としてカウントするように設定すればよいのです[†19]。決定木やSVMのようなOpenCVの機械学習アルゴリズムのいくつかは、クラス自身の事前確率（どのクラスがより起こりそうであると期待され、どのクラスが起こらなさそうか）を指定することや、個々の訓練サンプルの重みを指定することにより、この「ヒット率と偽陽性」のバランスを調整できます。

†19 みなさんが、この2種類のエラーの相対的なコストを事前にわかっていれば、これは役に立ちます。例えばスーパーのレジで、ある商品を別の商品として誤分類したときのコストは、事前に正確に定量化することができるでしょう。

ミスマッチした特徴量の分散

訓練でのもう1つの一般的な問題は、特徴量ベクトルが、分散の大きく異なる特徴量から構成されているときに起こります。例えば、ある特徴量が小文字のASCII文字で表されている場合、これはたかだか26個の異なる値にしか散らばりません。対照的に、顕微鏡のスライド上の生物細胞数で表される特徴量は、数百万個の値に広がるかもしれません。この場合、K近傍法のようなアルゴリズムは、前者の特徴量が細胞数の特徴量に比べて不変である（そこから学習するものはない）と判断する恐れがあります。この問題を解決する方法は、各特徴量の変数の前処理として、各特徴量の分散を正規化することです。このやり方はお互いの特徴量に相関がなければ可能です。特徴量に相関性があれば、分散平均か共分散によって正規化することができます。決定木[†20]などのいくつかのアルゴリズムは、分散が大きく異なっていても悪影響は受けません。経験則としては、アルゴリズムが何らかの距離測度（例えば、重み付き値）に依存しているなら、分散を正規化するべきです。すべての特徴量を一度に正規化し、Mahalanobis距離を使ってそれらの共分散の分だけ補正しようとする人もいるかもしれません。これについては本章の後半で説明します。機械学習や信号処理に詳しければ、これをデータの「白色化（whitening）」テクニックとしてご存じの方もいらっしゃるでしょう。

さて、OpenCVでサポートしている機械学習アルゴリズムのいくつかの説明に移りましょう。

20.2 MLライブラリの古い関数群

MLライブラリのほとんどは、共通の基底クラスから派生されたオブジェクトの内部にそれぞれのアルゴリズムが実装されているという、オブジェクトベースの共通のC++インタフェースを用いています。この方法では、アルゴリズムへのアクセスや使用法はライブラリで標準化されています。ただし、このライブラリの最も基本的なメソッドのいくつかは標準のインタフェースに従っていません。これは、MLライブラリの初期にそれらのライブラリが実装されたからであり、その頃はまだ共通のインタフェースの設計がされていなかったからです[†21]。

最も基本的な手法がオブジェクト指向のインタフェースに従っていないので、まずそれらを最初に見ることにしましょう。次の章では、オブジェクト指向のインタフェースとそれを通して実装されたたくさんのアルゴリズムに移行します。ここで扱う手法はK-means法によるクラスタリング、Mahalanobis距離（とK-means法クラスタリングのユーティリティ）、最後にK-means法クラスタリングの速度と精度の両方を改善する手段として使われる分割テクニックです。

---

†20 決定木は、特徴量変数の分散の違いには影響を受けません。各変数は、有効な分離閾値だけに関して探索されるからです。言い換えると、明確な分離値を見つけられさえすれば変数の範囲がどんなに広くても問題ではないということです。

†21 これらの古い関数の新しいインタフェースを書き、MLライブラリの残りの部分で使われているオブジェクトベースのスタイルに準拠させることは、現時点でこのライブラリのオープンな「TODO」事項になっています。

20.2.1 K-means法

K-means法は、ベクトル値からなるデータの集合から自然なクラスタを探そうとします。ユーザーがクラスタ数を設定すると、K-means法は、それらのクラスタの中心をうまく配置する方法を高速に探します。ここで「うまく」とは、それぞれのクラスタ中心が最終的にデータの自然な集団の中央に置かれる、ということを意味しています。K-means法アルゴリズムは最もよく使われるクラスタリング技法の1つであり、期待値最大化（EM：Expectation Maximization）アルゴリズム†22にとてもよく似ていると同時に、「17章 トラッキング」で説明した平均値シフトアルゴリズム（CVライブラリに`cv::meanShift()`として実装）にも多少似ています。K-means法は、反復型のアルゴリズムであり、OpenCVでの実装では、Lloydのアルゴリズム[Lloyd82]、または（同じ意味として）「ボロノイ（Voronoi）反復」とも呼ばれます。アルゴリズムは次のように進みます。

1. 入力として、データセットDと希望のクラスタ数K（ユーザーが選択）を取る
2. クラスタ中心の位置を（十分離して）ランダムに決める
3. 各データ点を、最も近いクラスタ中心に関連づける
4. 関連づけられたデータ点群の重心に来るように、クラスタ中心を移動する
5. ステップ3に戻って収束する（重心が動かなくなる）まで続ける

図20-5は、K-means法の動作を図解しています。このケースでは、2回の繰り返しだけで収束しています。実際のケースでも迅速に収束することが多いですが、何回も繰り返さなければならないこともあります。

†22 特に、K-means法は混合ガウスモデル用の期待値最大化（EM）アルゴリズムと似ています。このEMアルゴリズムもOpenCVで実装されています（MLライブラリの`cv::ml::EM()`）。このアルゴリズムに関しては本章の後のほうに出てきます。

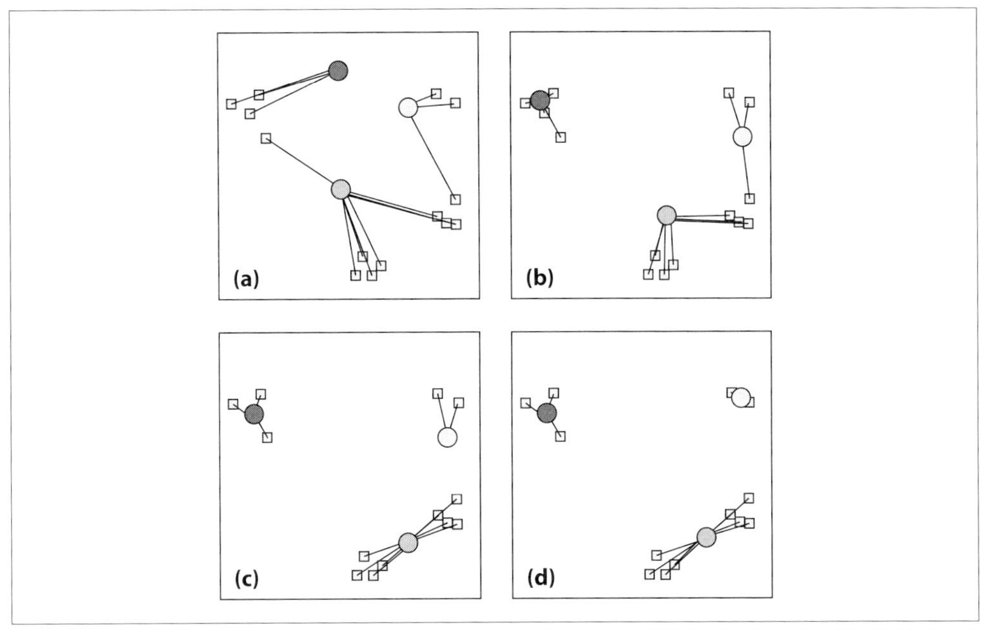

図20-5 2回の反復のK-means法の動作。(a) クラスタ中心をランダムに配置し、各データ点を最も近くにあるクラスタ中心に割り振る。(b) クラスタ中心を、割り振られた点の重心に移動する。(c) データ点を最も近いクラスタ中心に割り振り直す。(d) 再度、それらの点の重心にクラスタ中心を移動する

20.2.1.1 問題点と解決策

K-means法は、非常に効果的なクラスタリングアルゴリズムですが問題点が3つあります。

- K-means法は、クラスタ中心の位置に関して可能な最適解を見つけることを保証しない。しかし、何らかの解に収束することは保証する（すなわち、反復が無限に続くことはない）
- K-means法は、クラスタ中心をいくつ使うべきかを教えてくれない。例えば**図20-5**で、クラスタ中心を2個や4個としていたら、結果は異なり、直感的にわかりにくいものになる場合がある
- K-means法は、その空間内の共分散はそれほど問題にならない、あるいは、すでに正規化されていると仮定している（これに関しては、Mahalanobis距離で再度触れる）

これらの問題にはそれぞれ「解決策」、または少なくとも役に立つアプローチがあります。これらの解決策の最初の2つは、「データの分散をどう解釈するか」に依存します。K-means法では、各クラスタ中心はデータ点を「所有」し、私たちがそれらの点の分散を計算します[†23]。

†23 この文脈では、点の分散はクラスタの中心から点までの距離になります。点群の分散は通常はその点群の区分求積法による和になります。この和は、**コンパクト**さとも呼ばれます。

最もよいクラスタリングとは、複雑度を増しすぎる（クラスタを多くしすぎる）ことなしに、その分散を最小にするものです。それを念頭に置くと、前に挙げた問題は次のようにして改善できます。

1. クラスタ中心を毎回異なる場所に置いて、K-means法を複数回実行する。その後、結果として最も小さい分散を示したものを選択する。OpenCVはこれを自動的に行ってくれる。みなさんが指定しなければならないのは、このようなクラスタリング処理の試行回数だけである（`cv::kmeans()` の `attempts` パラメータを参照）
2. クラスタを1つから始めて、（ある上限まで）数を増やしてみる。各回で、方法1も使用する。通常、総変動はかなり迅速に小さくなっていった後、その分散の曲線に「エルボー（肘型の曲線）」が現れる。これは、新しくクラスタ中心を追加しても、総変動はそれほど劇的には小さくならないことを示している。エルボーのところで止め、そのクラスタ中心の数を採用する
3. このデータに（「20.2.2　Mahalanobis距離」で説明するように）共分散行列の逆行列を乗算する。例えば、入力データベクトル D が1行に1つのデータ点を持つ行で構成されていたら、新しいデータベクトル D^* を計算することで空間の「広がり」を正規化する。ここで $D^* = D\Sigma^{-1/2}$ である

20.2.1.2　K-means法のコード

K-means法の実行は簡単です。

```
double cv::kmeans(                                   // （最もよい）「コンパクトさ」を返す
  cv::InputArray       data,                        // みなさんのデータ。浮動小数点数型
  int                  K,                           // クラスタの数
  cv::InputOutputArray bestLabels,                  // クラスタのインデックス
  cv::TermCriteria     criteria,                    // 反復回数かつ／または最小距離
  int                  attempts,                    // 異なる初期ラベルで実行される回数
  int                  flags,                       // 初期化オプション
  cv::OutputArray      centers    = cv::noArray() // （オプション）見つかった中心
);
```

`data` 配列は、1行に1点からなる多次元のデータ点の行列です。ここでそれぞれの要素は、通常の浮動小数点数（すなわち、`CV_32FC1`）です。または、`data` は単に複数の要素からなる単一の列の場合もあり、この場合、それぞれは多次元の点（型は `CV_32FC2` か `CV_32FC3`。`CV_32FC(M)` も可能）になります[†24]。引数 `K` は、見つけ出したいクラスタの個数であり、戻り値のベクタである `bestLabels` には、データ点それぞれに対する最終的なクラスタのインデックスが含まれます。`criteria` は、このアルゴリズムに実行してほしい繰り返しの回数と、クラスタの中心が実質的に

†24　このケースは、事実上、N 行がデータ点で、M 列がそれぞれの点の場所を表す個別の要素からなる `CV_32FC1` 型の $N \times M$ 行列と等価であることを思い出してください。配列で使われるメモリの配置のおかげで、これらの表現間に違いはありません。

動かなくなる状態を決定するのに使われる最小距離（すなわち与えられた最小距離よりも動きが少なかった場合）を指定することができます。もちろん、これらの基準を両方指定することもできます。

attempts 引数は cv::kmeans() に自動的に何回か実行するように指示し（各回は新しいシードとなる点の集合で始めます）、最もよい結果だけを保持するように指示します。この結果の質はコンパクトさ、すなわち、クラスタの中心点とそのクラスタに属するすべての点との二乗距離の総和で評価されます。

flags 引数は、cv::KMEANS_RANDOM_CENTERS、cv::KMEANS_USE_INITIAL_LABELS、cv::KMEANS_PP_CENTERS のいずれかになります。cv::KMEANS_RANDOM_CENTERS の場合は、前に説明したように開始クラスタの中心をデータセットの中の点からランダムに選ぶことで設定します。cv::KMEANS_USE_INITIAL_LABELS の場合は、この関数が呼ばれたときに bestLabels に格納された値が、最初のクラスタの中心の計算に用いられます。最後に cv::KMEANS_PP_CENTERS の場合は、cv::kmeans() に K-means++ と呼ばれる Sergei Vassilvitskii と David Arthur の手法[Arthur07] を用いるように指示します。この手法の詳細はここでは触れませんが、重要なことは、この手法はクラスタの中心に関する開始点をより手堅く選び、通常はデフォルトの手法よりも少ない回数でよりよい結果を与えることです。最近では、K-means++ はますます標準的に使われるようになっています。

理論的には、K-mean 法のアルゴリズムはかなりよくない結果を出すこともありますが、ほとんどのケースで非常によく機能するので、実際には頻繁に使われています。最悪の場合、クラスタの割り当て問題は NP 困難になるので、真に最適な答えを得られませんが、ほとんどの応用では、「ほどほどよい」答えで十分なのです。さらに K-means 法のアルゴリズムには不安な問題点もいくつかあります。その 1 つは、場合によっては、数学者の言う「いくらでも悪くなり得る」結果を生成してしまう可能性があることです。これは、みなさんがどんなにその答えが間違っているかを心配しても、巧妙な人であれば、それと同程度の間違っている状況、あるいは、もっと間違っている状況を考え出すことができることを意味します。結果として、ここ何年かの間（そして現在も引き続き）、性能を全体的に改善する技術や、証明可能な限界を提供してユーザーに対する結果の信頼性をもう少し高めることができる技術への関心が増してきています。そのようなアルゴリズムの 1 つが K-means++ です。

最後に、完了時に、計算されたクラスタの中心が配列 centers に格納されます。centers が必要なければ（cv::noArray() を渡すことで）省略できます。この関数は常に計算結果の「コンパクトさ」を返します。

K-means 法の完全な例をコードで見てみると勉強になるでしょう（**例 20-1**）。このサンプルのもう 1 つのよいところは、データ生成部が他の機械学習のテストにも使えることです。

例20-1 K-means法を使用する

```
#include "opencv2/highgui/highgui.hpp"
#include "opencv2/core/core.hpp"
#include <iostream>

using namespace cv;
using namespace std;

static void help( char* argv[] ) {
  cout << "\nThis program demonstrates kmeans clustering.\n"
    "  It generates an image with random points, then assigns a random number\n"
    "  of cluster centers and uses kmeans to move those cluster centers to their\n"
    "  representative location\n"
    "Usage:\n"
    <<argv[0] <<"\n" << endl;
}

int main( int /*argc*/, char** /*argv*/ ) {

  const int MAX_CLUSTERS = 5;
  cv::Scalar colorTab[] = {
    cv::Scalar(   0,   0, 255 ),
    cv::Scalar(   0, 255,   0 ),
    cv::Scalar( 255, 100, 100 ),
    cv::Scalar( 255,   0, 255 ),
    cv::Scalar(   0, 255, 255 )
  };

  cv::Mat img( 500, 500, CV_8UC3 );
  cv::RNG rng( 12345 );


  for(;;) {

    int k, clusterCount = rng.uniform(2, MAX_CLUSTERS+1);
    int i, sampleCount = rng.uniform(1, 1001);
    cv::Mat points(sampleCount, 1, CV_32FC2), labels;

    clusterCount = MIN(clusterCount, sampleCount);
    cv::Mat centers(clusterCount, 1, points.type());


    /* 複数のガウス分布からランダムなサンプルを生成する */
    for( k = 0; k < clusterCount; k++ ) {
      cv::Point center;
      center.x = rng.uniform(0, img.cols);
      center.y = rng.uniform(0, img.rows);
      cv::Mat pointChunk = points.rowRange(
        k*sampleCount/clusterCount,
        k == clusterCount - 1 ? sampleCount : (k+1)*sampleCount/clusterCount
      );
      rng.fill(
        pointChunk,
```

```
        RNG::NORMAL,
        cv::Scalar(center.x, center.y),
        cv::Scalar(img.cols*0.05, img.rows*0.05)
      );
    }

    randShuffle(points, 1, &rng);

   Kmeans(
      points,
      clusterCount,
      labels,
      cv::TermCriteria(
        cv::TermCriteria::EPS | cv::TermCriteria::COUNT,
        10,
        1.0
      ),
      3,
      KMEANS_PP_CENTERS,
      centers
    );

    img = Scalar::all(0);

    for( i = 0; i < sampleCount; i++ ) {
      int clusterIdx = labels.at<int>(i);
      cv::Point ipt = points.at<cv::Point2f>(i);
      cv::circle( img, ipt, 2, colorTab[clusterIdx], cv::FILLED, cv::LINE_AA );
    }


    cv::imshow("clusters", img);


    char key = (char)waitKey();
    if( key == 27 || key == 'q' || key == 'Q' ) // 'ESC'
      break;
  }

  return 0;
}
```

このコードでは、ウィンドウを作成するためにhighguiを使い、cv::kmeans()が含まれているcore.hppをインクルードしています[†25]。このプログラムの基本的な操作は、最初に生成するクラスタ数を選択し、それらのクラスタの中心を生成した後、生成された中心の周りに点群を生成します。その後、戻ってきて、サンプルデータに与えたこの構造をcv::kmeans()が効果的に再度発見できるかどうかを確かめています。main()では、最初に簡単な前準備として、後でクラス

†25 これもまた古いバージョン問題の一例です。cv::kmeans()はMLライブラリが正式に作られる前から存在していたため、そのプロトタイプは（みなさんの想像される）ml.hppではなく、core.hppにあります。

タを表示するのに使う色のセットアップなどを行っています。次にメインループをセットアップしています。こうすることでユーザーが何回も繰り返すことができ、異なるテストデータを生成することができるのです。

このループはデータ内にいくつクラスタがあるか、データ点をいくつ生成するかを決めることから始めます。次に、それぞれのクラスタに対して中心が生成され、点がその中心の周りのガウス分布から生成されます。その後、これらの点はクラスタ順にならないようにシャッフルされます。

この時点で、そのデータをK-means法のアルゴリズムに任せます。この例では、可能なクラスタの個数を探すのではなく、`cv::kmeans()`にいくつクラスタがありそうかを伝えるだけです。結果としてラベルが計算され、`labels`に書き込まれます。

最後の`for`ループは、単に結果を描画しているだけです。この後、結果を`clusters`ウィンドウに表示します。最後に、ユーザーがもう1回実行するかEscキーで終了するかを選択するまで、無限に待ちます（`cv::waitKey(0)`）。

20.2.2 Mahalanobis距離

Mahalanobis（マハラノビス）距離は、ある点と、分布の形状を考慮した分布の中心との距離を計算する方法として「5章　配列の演算」の最初のほうで触れました。K-means法のアルゴリズムでは、Mahalanobis距離の考え方は2種類の活用法があります。1つ目は、Mahalanobis距離を歪んだ空間上でのユークリッド距離の計測とみなすことに由来する手法です。Mahalanobis距離を使ってデータを再スケーリングすることで、K-means法のアルゴリズムの性能を大幅に改善することができます。Mahalanobis距離の2つ目の応用は、新しいデータ点をK-means法のアルゴリズムで定義されたクラスタに割り当てる手法です。

20.2.2.1 Mahalanobis距離を用いて入力データを調整する

例20-1では、データが空間内に高い非対称性を持って割り当てられる可能性があるということについて手短に述べました。もちろん、K-means法を使うことの全体的なポイントは、データが不均一にクラスタ化されているとし、そのクラスタ化に関して何かを見つけようとすることです。ただし「非対称的」と「不均一」には重要な違いがあります。例えば、みなさんのデータがすべて、ある次元では非常に離れて散らばっており他の次元では比較的少ししか離れていないような場合、K-means法のアルゴリズムはうまく機能しません。このような状況の例を**図20-6**に示します。

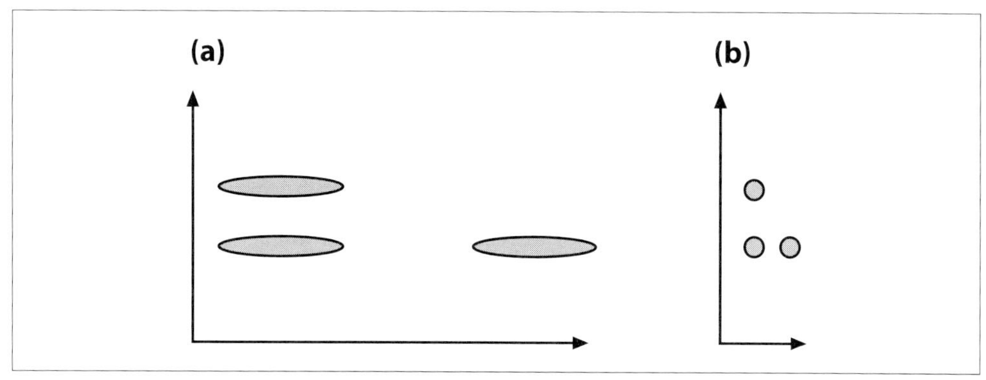

図20-6 Mahalanobis距離の計算により、データの共分散を空間の「広がり」として解釈し直すことができる。(a) 生のデータセットでは、縦の隙間が横の隙間よりも狭い。(b) 空間を分散で正規化した後のデータセットでは、横の隙間のほうが縦の隙間より狭い

このような状況は、よく起こります。というのは、異なる次元のデータベクトルに対して異なる単位が存在するからです。例えば、あるコミュニティの人間が、身長、年齢、学校に通った年数の合計で表現されているとすると、身長の単位と年齢の単位が異なるという簡単な事実が、これら次元のデータのばらつきを非常に異なるものにしています。同様に、年齢と教育期間に関しても、当然ながら自然個体群内での散らばりは非常に異なるものになります。

ここで、この例は非常に役に立つ可能性のある簡単なテクニックを示唆しています。そのテクニックとは、データセットを全体として見て、その全体のデータセットに対して共分散行列を計算するという手法です。この計算ができれば、全体のデータセットをその共分散を用いて再スケーリングすることができます。このようなテクニックを用いることで、**図20-6** (a) のデータを再スケーリングして**図20-6** (b) のようなものにすることができます。

「5章　配列の演算」で、`cv::Mahalanobis()`関数を見ていたときに、Mahalanobis距離に出会ったことを思い出してください。Mahalanobis距離の伝統的な使い方は、ある分布からの距離を、その点の特定の方向におけるその分布の分散を単位として計測することです（統計の***Z*-スコア**が何かをご存じなら、Mahalanobis距離は、*Z*-スコアを多次元にしたようなものだと考えることができます）。Mahalanobis距離はその分布の共分散行列の逆行列を使うことで計算します。

$$\Sigma_{i,j} = E\left[(\vec{X}_i - \vec{\mu})(\vec{X}_i - \vec{\mu})^T\right] = \frac{1}{N}\Sigma_i\left[(\vec{X}_i - \vec{\mu})(\vec{X}_i - \vec{\mu})^T\right]$$

ここで $E[\cdot]$ は「期待値演算子」です。Mahalanobis距離の実際の式は次のようになります。

$$D_{mahalanobis}(\vec{x}, \vec{y}) = \sqrt{(\vec{x} - \vec{y})^T \Sigma^{-1} (\vec{x} - \vec{y})}$$

この時点で、この状況を2つの側面から見ることができます。すなわち、K-means法のアルゴリズムで、ユークリッド距離ではなくMahalanobis距離を使うこともできますし、最初にデータ

をスケーリングしておいて、スケーリングされた空間内でユークリッド距離を用いることもできます。前者のほうがおそらく直感的に物事を見てはいますが、後者のほうが計算的にはるかに簡単です。仮に、すでに提供されているよいK-means法の実装の中身に割って入ってわざわざ修正したくない、というだけの理由であってもです。結局のところ変換は線形であり、どちらの解釈も可能なのです。

ちょっと考えてみると、次の演算でデータを簡単にスケーリングできることは明らかでしょう。

$$D^* = D\Sigma^{-1/2}$$

ここで D^* は私たちが使用する新しいデータベクトルの集合で、D は元データです。$\Sigma^{-1/2}$ の項は単に共分散の逆行列の平方根にすぎません†26。

この場合、実際には直接 `cv::Mahalanobis()` は使いません。代わりに、`cv::calcCovarMatrix()` を用いて集合の共分散を計算し、`cv::invert()` で（`cv::DECOMP_EIG`†27を用いて）逆行列を求め、最後に平方根を取ります†28。

20.2.2.2 分類でMahalanobis距離を使用する

クラスタのラベルの集合があればそのラベルを用いて、K-means法によるクラスタリングやその他の手法で、ある新しい点がどのクラスタに最も属していそうかを推定できます。クラスタ自身がガウス分布か、そうみなせるのであれば、この割り当て問題にMahalanobis距離の考え方を適用することは理にかなっています。

このような割り当てに必要な最初のステップは、各クラスタを平均と共分散で特徴づけることです。それが済めば、どのような新しい点に対してもそれぞれのクラスタ中心までのMahalanobis距離を計算できます。

このことから、最小のMahalanobis距離を持つ点が最もよい点であると思われるかもしれませんが、それほど単純ではありません。これは、そのクラスタすべてが同じ要素数を持つ場合（もしくは、統計学者が言う「各クラスタのメンバーである**事前確率**が等しい場合」）に限っては成り立つでしょう†29。

---

†26 なぜ共分散の逆行列がこの式の右側にあるのか疑問に思われているかもしれませんが、それは、慣例的にMLライブラリでは集合 D を点群の N 行と各点の M 列として表現することになっているからです。したがって、データは列ではなく行です。

†27 この場合、`DECOMP_SVD` を使うこともできますが、`DECOMP_EIG` よりいくらか遅く精度が劣ります。空間の次元数がデータ点の数よりもずっと小さいのであれば、`DECOMP_LU` より遅くても `DECOMP_EIG` を使うべきです。そのようなケースでは、どのみち `cv::calcCovarMatrix()` が全計算時間の大半を占めてしまうからです。したがって、少しばかり時間を費やしたとしても、精度の高い共分散行列の逆行列を計算したほうが賢明でしょう（点の集合がより次元の少ない部分空間に集中している場合は、精度はずっとよくなります）。このことから通常は、このタスクでは `DECOMP_EIG` を選択するのが最善です。

†28 OpenCVライブラリにはこの平方根を計算する汎用的な関数はありませんが、行列 Σ^{-1} は（行列として）非常によくできているので、最初に対角化し、その固有値の平方根を個別に取り、最初に対角化するのに使った固有ベクトルを用いて元の座標系に回転し戻すことで平方根を計算することができます（このテクニックは「対角化法」と呼ばれます）。

†29 この問題を例えると、恐竜に似たきわめて変なトカゲを見つける可能性のほうが、（トカゲに似た）比較的普通の恐竜を見つける可能性よりもはるかに高いということです。実際の恐竜のほうがトカゲよりもはるかに数が少ない（ゼロ）からです。

これは Bayes の法則で区別することができます。この法則は、（言葉で書くと）2 つの命題 A と B に関して、B が与えられたときに A が真である確率は、A が与えられたときに B が真である確率とは（一般的には）等しくならないというものです。式の形では、次のようになります。

$$P(A|B) \neq P(B|A)$$

また一方、（再度、言葉で書くと）B が与えられたときに A が真である確率と、最初に B が真である確率とを掛けたものは、A が与えられたときに B が真である確率と、最初に A が真である確率とを掛けたものに等しいとも言えます。式の形では次のようになります。

$$P(A|B)P(B) = P(B|A)P(A)$$

みなさんが、これをどのようにして Mahalanobis 距離問題に結びつけ直すのかを理解しようとしているのであれば、Mahalanobis 距離は、特定のサンプルが特定のクラスタに関係していた確率に関することを伝えていることを思い出してください。ただし、ここが重要な点ですが、それは、**そもそもそのサンプルがそのクラスタと関係あった場合の**確率なのです。別の見方をしてみると、私たちは点の値 $\vec{x}$ が与えられたとき、その点がクラスタ C に属している確率を知りたいのです。しかし、Mahalanobis 距離はその反対、すなわち、クラスタ C にいる場合に $\vec{x}$ を得る確率を伝えているのです。それを式として書き出したものを次に示します（Bayes の法則を少しアレンジしたものです）。

$$P(C|\vec{x}) = \frac{P(C)}{P(\vec{x})} P(\vec{x}|C)$$

この式は、2 つの異なるクラスタ間で 2 つの Mahalanobis 距離を比較するには、それらのクラスタのサイズを考慮に入れる必要があることを意味しています。その確率がそれぞれのクラスタに関してガウス分布であれば、比較する性能指標である**尤度**は次のようになります[†30]。

$$P(C|\vec{x}) \propto \left(\frac{N_c}{N_D}\right)\left(|\Sigma|^{-1/2}\, e^{-\frac{1}{2}r_M^2}\right)$$

この式で、N_c を N_D で割った割合は、データ点の総数に対するクラスタ C のデータ点の割合になります。この割合はつまり、クラスタ C の**事前確率**です。2 番目の項はクラスタ C の共分散の行列式の平方根の逆数と、Mahalanobis 距離の平方根を含む指数の項からなります。

†30 みなさんは $P(\vec{x})$ が消えていることに気づかれたでしょう。これは、$\vec{x}$ がどのような値であっても、（クラスタの割り当てなしで）それが他のものより尤度が高そうだと考える優先的な理由がなく、また、それが正しいかどうかはまったく問題にならないからです。というのは、この項はここで比較しているものすべてが持っているからです。

20.3 まとめ

本章では、機械学習とはどのようなものかの基本的な説明から始め、その巨大な問題空間の中でOpenCVが解決できる部分がどこで、解決できない部分がどこなのかを見てきました。また、学習データとテストデータの違いを説明し、**生成**モデルは、教師（ラベル）付きの「学習データなし」によって既存のデータの中から構造を見つけ出そうとするものであることを説明しました。一方、**識別**モデルはサンプルから学習し、それが示すものから汎用化しようとするものであるということを勉強しました。次に、OpenCVで利用可能な非常に基本的な2つのツールである、K-means法クラスタリングとMahalanobis距離について調べました。また、これらを使ってシンプルなモデルを構築する方法と、どのようにすれば面白い問題を解けるのかを見てきました。ちなみにOpenCVはディープニューラルネットワークもサポートしていて、標準モジュールに格納されています。そのコードに関しては「付録B　opencv_contribモジュール」で説明します（`cnn_3dobj`と`dnn`）。

20.4 練習問題

1. それぞれのデータ点での特徴量のスケールがさまざまに変わる場合（例えば、最初の特徴量が1から100まで変わり、2つ目の特徴量が0.0001から0.0002まで変わる場合）、何らかの支障をきたすかどうか、また、その理由を説明してください。
    a. サポートベクタマシン（SVM）
    b. 決定木
    c. 誤差伝搬
2. 特徴量間のスケールの違いを取り除く1つの方法は、データを正規化することです。これを行う方法には2種類あり、それぞれの特徴量の標準偏差で割るか、最大値から最小値を引いたもので割ることです。それぞれの正規化の方法に関して、うまく正規化できるデータセットとできないデータセットについて説明してください。
3. K-means法アルゴリズムを使用する前にMahalanobis距離を使って入力データを再スケーリングする方法を考えてみましょう。$D^* = D\Sigma^{-1/2}$ の式に従って事前にデータを再スケーリングすることは、このアルゴリズムを修正してMahalanobis距離を内部的に使用するのと等価であることを証明してください。
4. 過去の複数の株価から次の株価を学習してみることを考えましょう。20年間の日次の株データを持っているものと仮定します。このデータを訓練データセットとテストデータセットにするさまざまな方法の効果を考察してください。次のアプローチの利点と欠点は何ですか？
    a. 偶数番目の点を訓練セットとし、奇数番目の点をテストセットとする。
    b. ランダムに訓練セットとデータセットの点を選ぶ。
    c. データを2つに分け、最初の半分を訓練用とし、次の半分をテスト用とする。

5. データを、複数の過去の点と1つの予測点からなる、たくさんの小さなウィンドウに分けましょう。図20-3を見てください。テストセットのエラーが、訓練セットのエラーより低くなる条件を想定できますか？
6. 図20-3は、回帰問題について描かれています。グラフの最初の点に A とラベルを付け、2番目の点に B、3番目の点に A、4番目の点に B、というように続けてください。そして、次の状況でクラス（A と B）を分離する線を描いてください。
   a. バイアス
   b. 変動
7. 図20-4を見てください。
   a. 一般的に可能な限り最善のROC曲線を描いてください。
   b. 一般的に可能な限り最悪のROC曲線を描いてください。
8. テストデータをランダムに分類する分類器の曲線を描いてください。
9. 変数の重要度について考えてみましょう。
   a. 2つの特徴量が正確に同じである場合、どちらかが重要もしくは両方とも重要であるかを、前に述べたように変数の重要度によって知ることはできるでしょうか？
   b. 同じであるかわからない場合、このアルゴリズムの何を直せば、これらの2つの同じ特徴量が重要か、そうでないかを検出できるようになるでしょうか？

21章 StatModelクラス：OpenCVの学習標準モデル

前の章では、機械学習について大まかに説明し、大分前からこのライブラリに実装されていたいくつかの基本アルゴリズムについて見てきました。本章では、今後幅広く応用されるであろう最近のテクニックをいくつか見ていきます。ですが、その前に、本章で見ていく先進的なアルゴリズムのすべてのインタフェースの実装の基礎となる cv::ml::StatModel を紹介します。cv::ml::StatModel を理解すれば、本章の残りの部分を OpenCV ライブラリで利用可能なさまざまな学習アルゴリズムに費やすことができます。本章では、コンピュータビジョンのコミュニティで公開された大まかな年代順にアルゴリズムを紹介していきます[†1]。

21.1 MLライブラリの共通ルーチン

最近の ML ライブラリのルーチンは、基底クラス cv::ml::StatModel から派生したクラス内に実装されています。この基底クラスは利用可能なアルゴリズムすべてに共通したインタフェースメソッドを定義しています。そのうちのいくつかのメソッドは基底クラス cv::Algorithm で定義されており、そこから cv::ml::StatModel が派生しています。ML（Machine Learning）ライブラリから持ってきた cv::ml::StatModel 基底クラスの（少し要約された）定義を次に示します。

```
// ここまでは省略
// namespace cv {
//   namespace ml {

class StatModel : public cv::Algorithm {

public:
```

†1　OpenCV は現在、ディープニューラルネットワーク（DNN）をサポートするように拡張されています。「付録 B opencv_contrib モジュール」の cnn_3dobj と dnn のリポジトリを参照してください。この本の執筆時点では、DNN がコンピュータビジョンにとって非常に重要なものとして頭角を現しつつあります。しかし OpenCV における実装はいまだ開発途上であるため、本書では扱いません（訳注：バージョン 3.3 以降、cv::dnn が標準モジュールに収録されています）。

```
    /** 予測のオプション */
    enum Flags {
        UPDATE_MODEL        = 1,
        RAW_OUTPUT          = 1,
        COMPRESSED_INPUT    = 2,
        PREPROCESSED_INPUT = 4
    };

    virtual int  getVarCount() const  = 0; // 訓練サンプル数
    virtual bool empty() const;            // データが読み込まれていなければtrueを返す

    virtual bool isTrained()    const = 0; // モデルが訓練済みならtrueを返す
    virtual bool isClassifier() const = 0; // モデルが分類器ならばtrueを返す

    virtual bool train(
      const cv::Ptr<cv::ml::TrainData>& trainData,     // 読み込むべきデータ
      int                               flags    = 0   // （モデルに依存）
    );

    // 統計的モデルを訓練する
    //
    virtual bool train(
      InputArray samples,  // 訓練サンプル
      int        layout,   // レイアウト(ml::SampleTypes参照)
      InputArray responses // 訓練サンプルと関連した応答
    );

    // 与えられたサンプルに対する応答を予測
    //
    virtual float predict(
      InputArray  samples,                    // 入力サンプル。浮動小数点数型の行列
      OutputArray results = cv::noArray(),    // オプションの結果を出力する行列
      int         flags   = 0                 // （モデル依存）
    ) const = 0;

    // 訓練またはテストデータセットでの誤差を計算
    //
    virtual float calcError(
      const Ptr<TrainData>& data, // 訓練サンプル
      bool test,                  // true:  テストセットで計算
                                  // false: 訓練セットで計算
      cv::OutputArray resp        // オプションの結果の応答
    ) const;

    // 加えて、すべてのクラスは、引数なしか、すべてがデフォルトのパラメータ値を持つ
    // 'create()'をスタティックメソッドとして実装していなければならない。
    //
    // 例：
    // static Ptr<SVM> SVM::create();
};
```

cv::ml::StatModel は cv::Algorithm から継承されたものであることに気づかれるでしょう。ここではその cv::Algorithm クラスのすべてを取り上げはしませんが、cv::ml::StatModel を利用する際によく出てくる重要なメソッドがいくつかあり、次に示します。

```
// ここまでは省略
// namespace cv:: {
//   namespace ml:: {

class Algorithm {
...
public:

  virtual void save(
   const cv::String& filename
  ) const;

  // 呼び出し例：Ptr<SVM> svm = Algorithm::load<SVM>("my_svm_model.xml");
  //
  template<typename _Tp> static Ptr<_Tp> static load(
   const cv::String& filename,
   const cv::String& objname = cv::String()
  );

  virtual void clear();
...
}
```

cv::ml::StatModel のメソッドは、訓練済みモデルのディスクからの読み込みと書き込み、そしてモデルのデータを消去する機能を備えています。これらの3つの動作は本質的には各アルゴリズムで共通しています[†2]。一方、アルゴリズムを訓練するルーチンとその結果を適用して予測するルーチンのインタフェースは、アルゴリズムによって異なります。これは、アルゴリズムが異なれば訓練と予測の能力も異なり、少なくとも異なるパラメータを設定する必要があるので自然なことです。

21.1.1 訓練と cv::ml::TrainData クラス

cv::ml::StatModel のプロトタイプで示した訓練と予測メソッドは、もちろん、学習テクニックごとに違いがあります。本章ではこれらのメソッドがどのような構造をしていて、どのように使われるかを見ていきます。

先ほどの cv::ml::StatModel プロトタイプには2つの train() メソッドがありました。最初の train() メソッドは、cv::ml::TrainData クラスのポインタ型の訓練データと、アルゴリ

†2 以前は save()/load() と write()/read() という書き込み用と読み込み用の関数のペアが2組存在していました。後者のペアは、今では旧式となっている CvFileStorage ファイルのインタフェース構造体に使用する低レベルの関数です。そのペアは、構造体とともに今後は廃止されるでしょう。現在使われているのは前者の save()/load() のインタフェースだけです。

ズム依存のさまざまな訓練フラグを引数に取ります。2つ目のtrain()メソッドは、サンプルと正解データ応答を直接与えることで上記と同じ訓練データクラスを生成するショートカット版です。このように、cv::ml::TrainDataのインタフェースは使いやすい方法でデータを準備できるので、一般的にモデルの訓練法を表現しやすくなっています。

21.1.1.1 cv::ml::TrainDataを生成する

cv::ml::TrainDataクラスを使えば、データをどのように解釈させたいかと、どのように使用するかの指示とともに、手持ちのデータをまとめることができます。この付加的な情報はとても有益です。新しいcv::ml::TrainDataオブジェクトを生成するcreate()メソッドを次に示します。

```
// データの点と応答の行列を指定して訓練データを生成する。
// 特徴量（変数とも呼ばれる）のサブセットやサンプルのサブセットを使える。
// つまり個々のサンプルに重みを割り当てることができる。
//
static cv::Ptr<cv::ml::TrainData> cv::ml::TrainData::create(
  cv::InputArray samples,                          // サンプルの配列（CV_32F）
  int            layout,                           // 行数 / 列数 （ml::SampleTypesを参照）
  cv::InputArray responses,                        // 応答の浮動小数点数の配列
  cv::Inputarray varIdx        = cv::noArray(),    // 訓練変数を指定
  cv::InputArray sampleIdx     = cv::noArray(),    // 訓練サンプルを指定
  cv::InputArray sampleWeights = cv::noArray(),    // サンプルの重み（CV_32F）（オプション）
  cv::InputArray varType       = cv::noArray()     // 各入出力変数の型（CV_8U）（オプション）
);
```

このメソッドは、あらかじめ確保された訓練サンプルの配列とそれに結びついた応答から、訓練データを生成します。サンプルの行列はCV_32FC1（32ビット浮動小数点数型のシングルチャンネル）でなくてはなりません。cv::Matクラスは明らかにマルチチャンネルの画像を表す能力がありますが、この機械学習のアルゴリズムはシングルチャンネルの2次元配列だけを引数に取ることができます。典型的には、この配列はデータの点の行で構成されたもので、それぞれの「点」が特徴量のベクトルとして表されています。つまり列がそれぞれのデータ点の個別の特徴を表し、そのデータ点が積み重なることで2次元のシングルチャンネルの訓練行列を構成します。繰り返しになりますが、典型的なデータ行列は(行, 列) = (データ点, 特徴)という構成です。

アルゴリズムによっては転置行列をそのまま扱えます。layout引数のデータの格納方法は次のように指定します。

layout = cv::ml::ROW_SAMPLE
: これは特徴ベクトルが行として格納されていることを意味します。これが通常のレイアウトです。

`layout = cv::ml::COL_SAMPLE`
　　これは特徴ベクトルが列として格納されていることを意味します。

みなさんは次のような疑問を持たれるかもしません。「訓練データが、浮動小数点数ではなくて、アルファベットの文字や音楽の音符を表した整数、あるいは植物の名前のようなときは、どうすればよいのだろう？」それに対する答えは次のようになります。「その場合でも大丈夫。それらを一意な32ビット浮動小数点数に変換し、`cv::Mat`を埋めてください。」特徴やラベルとして文字を扱いたければ、ASCII文字を浮動小数点数に型変換してデータ配列を埋めてください。同じことが整数型データにも当てはまり、変換が一意でありさえすれば大丈夫です。ただしルーチンによっては、特徴量間の分散の大きな違いに敏感であることに留意してください。前の章で見たように、一般的には特徴量間の分散を正規化することが最善です。すべてのOpenCV MLアルゴリズムは順序づけられた入力に対してだけ動作します。ただし例外は、木に基づくアルゴリズム（決定木、ランダムツリー、ブースティング）で、カテゴリデータと順序データの両方の入力形式をサポートしているものです。カテゴリデータを順序データのアルゴリズムで扱えるようにする一般的なテクニックは、「ワンホット（one-hot）」表記法で表すことです。例えば、入力変数が色で7つの異なった値を持つのであれば、7個のバイナリ変数に置き換え、そのうち1つの変数だけが1になるようにします[†3]。

`responses`引数には、例えばキノコを同定するときの「毒あり」「毒なし」のようなカテゴリラベルや、体温計で得られる体温のような回帰値（数値）のどちらも含みます。応答の値または「ラベル」は普通、データ点ごとに1つの値の1次元ベクトルです。重要な例外の1つはニューラルネットワークで、それぞれのデータ点ごとに応答のベクトルを取ることができます。カテゴリの応答では、応答の値は整数型（`CV_32SC1`）でなくてはなりません。一方、回帰の問題の応答では32ビット浮動小数点数型（`CV_32FC1`）でなくてはなりません。ニューラルネットワークの特殊な場合では、上述のようにちょっと工夫を加えて、回帰の枠組みでカテゴリ化を実行することがよくあります。この場合、先ほどのワンホットエンコーディングが複数カテゴリを表すのに使われ、浮動小数点数型出力がすべての複数出力を表すために使われます。そしてこの場合のニューラルネットワークは、本質的には、入力が各カテゴリに属する確率のようなものを回帰できるように訓練されます。

ところで、ここでみなさんに思い出していただきたいのは、アルゴリズムにはカテゴリ問題だけを扱えるもの、回帰問題だけを扱えるもの、両方とも扱うことができるものがあるということです。最後のケースは、出力変数の型を別々のパラメータとして渡すか、あるいは`varType`のベクトルとして渡すかします。このベクトルは`CV_8UC1`または`CV_8SC1`の単一の列か単一の行です。`varType`の項目数は入力変数の数（N_f）に応答数（通常は1）を加えたものになります[†4]。始め

†3　これはバイナリでエンコードされた1つの入力値ではないことに注意してください。例えば、値 $0100000b = 32$ は、値が $[0, 1, 0, 0, 0, 0, 0]$ の7次元入力ベクトルとはまったく異なります。

†4　明確化のために言えば、これは入力特徴量の数を意味し、入力データの点の数ではありません。

の N_f 項目でアルゴリズムに入力の特徴に相当する型を知らせ、残りの項目で出力の型を示します。それぞれの varType の項目は次の値のうちの 1 つになります。

cv::ml::VAR_CATEGORICAL
: 出力値は個別のクラスのラベルを意味します。

cv::ml::VAR_ORDERED (= cv::ml::VAR_NUMERICAL)
: 出力値は順序づけられた値を意味し、異なった値は数値として比較できます。つまりこれは回帰問題です。

回帰型のアルゴリズムは順序づけられた値だけを扱えます。順序に一貫性があるようにしさえすれば、カテゴリの変数を順序づけることもできますが、それは回帰の難しさの原因になることがあります。なぜなら、与えた順序づけに何らかの意味がないと、その見かけの「順序」はあちらこちらに跳び回る結果となってしまうのです。

ML ライブラリにあるたくさんのモデルは、選択された訓練セットのサブセット、または特徴量のサブセットを使って訓練できます。これを簡単にするため、cv::ml::TrainData::create() メソッドはベクトル varIdx と sampleIdx を引数として持っています。varIdx ベクトルは、興味のある特定の変数（特徴量）を特定するために使われます。一方 sampleIdx は、興味のあるデータの点を示すために使われます。どちらも、「すべての特徴量」あるいは「すべての点」を示すには、単純に省略、つまり cv::noArray()（デフォルト値）を指定します。両方のベクトルとも、ゼロベースのリストのインデックス、あるいは有効変数や有効サンプルを示すマスクになっており、ゼロでない値が有効であることを表しています。前者の場合は、CV_32SC1 型の任意の長さのベクトルであることが必要です。後者の場合、CV_8UC1 型の配列で、その長さは（それぞれ）特徴量かサンプルの数と等しくなければなりません。sampleIdx 引数が特に有用なのは、データの塊を読み込んで、そのうちのいくつかを訓練用に、いくつかをテスト用に分けたいようなときです。こうすれば最初に 2 つの別のベクトルに分けておく必要がありません。

21.1.1.2　保存データから cv::ml::TrainData を生成する

データは通常、すでにディスクに保存されていることが多いでしょう。このデータが CSV（comma-separated values）形式か、あるいは CSV 形式に変換できるのであれば、cv::ml::TrainData::loadFromCSV() を使って cv::ml::TrainData オブジェクトを生成することができます。

```
// 訓練データを CSV ファイルから読み込む。それぞれの行の一部は、
// スカラかベクトルの応答として扱うことができる。残りは入力値である。
//
static cv::Ptr<cv::ml::TrainData> cv::ml::TrainData::loadFromCSV(
```

```
    const cv::String& filename,                       // 入力ファイル名
    int               headerLineCount,                // 無視する行数
    int               responseStartIdx = -1,          // 応答の開始インデックス（-1=最後尾）
    int               responseEndIdx   = -1,          // 応答の終了インデックス +1
    cv::String&       varTypeSpec      = cv::String(),// オプションで var の形式を指定
    char              delimiter        = ',',         // データの分割に使う char 型の値
    char              missch           = '?'          // CSV の欠落データに使われる
  );
```

このリーダーは、最初の headerLineCount の行数をスキップした後、データを読み込みます。そして、個別の特徴量がカンマで区切られているデータが、1行ずつ読み込まれます[†5]。デフォルトのカンマ以外のセパレータ（区切り文字）がCSVファイルで使われている場合は、delimeter 引数でその文字を指定します（例えばスペースやセミコロン）。たいていの場合、応答は行のいちばん左かいちばん右にありますが、必要ならば任意のインデックス（あるいはインデックスの範囲）を指定することもできます。応答は、区間 [responseStartIdx, responseEndIdx) から引き出されます（responseStartIdx を含み、responseEndIdx は含みません）。必要ならば、テキスト文字列 vatTypeSpec で変数の形式を指定します。例えば、

```
"ord[0-9,11]cat[10]"
```

は、データが全部で12列あり、初めの10列が順序データで、続けてカテゴリデータが1つあり、その後さらにもう1つの順序データがあることを意味しています。

変数の形式を指定していなければ、CSVリーダーは次のような単純な規則に従って適切に処理します。入力変数に明らかに数字ではない値、例えば「dog」や「cat」などが含まれていなければ、入力変数を順序づけられた値（数値）と考えます。そうでなければ、カテゴリデータであるとします。もし、応答が1つしかなければ、ほとんど上と同じ規則を適用することができます[†6]。複数あれば、常に順序データとみなされます。

missch 引数を使って、欠落した測定値を示す特殊文字を指定することもできます。ただし、アルゴリズムによってはそのような欠落した値を扱えないので注意してください。そのような場合、欠落した点は、訓練前に補間するかユーザーが何らかの処理すべきですが、そうでなければ、欠落したデータは事前に除外しておくべきです[†7]。

---

†5　つまり ROW_SAMPLE レイアウトであるとみなされます。

†6　「ほとんど」と言ったのは、出力が常に整数ならばカテゴリ化とみなすという、ちょっと変わった例外もあるからです。

†7　さまざまなアルゴリズム、例えば決定木や単純ベイズなどは、欠落した値を別の方法で扱います。決定木では代わりの分岐（Breiman [Breiman84] により「代理分岐」と呼ばれている）を使います。一方、単純ベイズアルゴリズムでは値を推定します。残念ながら、現在のOpenCVのMLの決定木、ランダムツリーの実装ではまだ、そのような欠落した値を扱うことはできません。

欠落データの問題は、多くの場合、実世界の問題と関連して考えられます。例えば、筆者が製造業のデータを扱っていた際には、工員がコーヒーブレイクを取っている時間のいくつかの特徴量の測定データは結局取れませんでした。また、実験データが単に忘れられていることもあります。例えば、医療の実験期間中に患者の体温を取り忘れる日があったりした場合です。

21.1.1.3 秘伝のたれと cv::ml::TrainDataImpl

ソースコードの `cv::ml::TrainData` のクラス定義を見ると、すべてが純粋な仮想関数であることがわかるでしょう。実際、それは単なるインタフェースであり、みなさんはそれを派生させて独自の訓練データのコンテナを作ることができます。この事実からはすぐに次の2つの明らかな疑問が生まれます。「なぜ、そうする必要があるのか？」、そして「`cv::ml::TrainData` が仮想クラス型なら、そもそも `cv::ml::TrainData::create()` 内部では何が行われているのか？」ということです。

1つ目の疑問「なぜ」に対する答えは、現実に起きている状況では訓練データはとても複雑で、データ自身もとても大きいからです。多くのケースでは、データの管理と保存のために近代的なアルゴリズムの実装が必要になってきます。このような理由から、例えば、データベースを使用して利用可能なデータの大部分を管理するような、独自の訓練データのコンテナを実装したいと思うでしょう。`cv::ml::TrainData` のインタフェースを使えば独自のデータコンテナを実装でき、それにより、対応するアルゴリズムがそのデータを透過的に扱えるようになるのです。

2つ目の疑問「何が」に対する答えは、`cv::ml::TrainData::create()` メソッドは、実際には `cv::ml::TrainData` クラスとは別のクラスのオブジェクトを作っている、ということです。`cv::ml::TrainDataImpl` と呼ばれるクラスがあり、基本的なデータコンテナのデフォルトの実装です。このオブジェクトはみなさんの期待どおりの形式でデータを管理してくれます。つまり、みなさんが入れておきたいさまざまなデータを、少数の配列の形式で保持してくれるのです。

実際には、みなさんがライブラリのソースコードを直接見ない限り、このクラスの存在にはほとんどは気づかないでしょう。もちろん、独自の `cv::ml::TrainData`（派生コンテナクラス）を作成するつもりがあれば、`.../opencv/modules/ml/src/data.cpp` にある `cv::ml::TrainDataImpl` の実装を見るととても役立つでしょう。

21.1.1.4 訓練データを分割する

現実的には、機械学習のシステムの訓練を行うとき、すべてのデータをアルゴリズムの訓練に使うわけではありません。訓練後にアルゴリズムをテストするために、少し残しておかなければならないでしょう。もし残さなければ、訓練されたシステムが新しいデータを提示されたときにどのように振る舞うかを評価する方法がありません。とはいえデフォルトでは、`TrainData` のインスタンスを新しく生成するときには、すべてのデータを訓練データとして使うことになっているため、テスト用データは残りません。そこで、`cv::ml::TrainData::setTrainTestSplit()` を使ってデータを訓練用とテスト用に分けておき、訓練用の部分だけでモデルを訓練するのに使います。

使いたいデータに印を付けておけば、cv::ml::StatModel::train()は自動的にそのデータだけを訓練に使ってくれます。

```
// 訓練データを訓練用とテスト用に分ける
//
void cv::ml::TrainData::setTrainTestSplit(
  int    count,
  bool   shuffle = true
);

void cv::ml::TrainData::setTrainTestSplitRatio(
  double ratio,
  bool   shuffle = true
);

void cv::ml::TrainData::shuffleTrainTest();
```

そのために役立つcv::ml::TrainDataのメンバー関数は、setTrainTestSplit()、setTrainTestSplitRatio()、shuffleTrainTest()の3つです。1つ目は、データセット中のベクトルのいくつが訓練データとしてラベル付けされるべきかを示すcount引数を取ります（残りはテストデータ）。2つ目の関数もこれと似ていて同じ動作をしますが、こちらは訓練データとするデータの割合を指定することができます（例えば0.90なら90％）。最後の3つ目の関数は「シャッフル」するメソッドで、ランダムに訓練用とテスト用ベクトルを割り当てます（それぞれの数は固定）。初めの2つのメソッドではshuffle引数がサポートされています。trueの場合、テストと訓練ラベルがランダムに割り当てられます。そうでなければ、訓練サンプルが最初から割り当てられ、テストサンプルはそれらの後に続きます。

内部的な注意として、デフォルトのImpl実装には似たことをする独立な3つのインデックスがあります。**サンプルインデックス、訓練インデックス、テストインデックス**です。これらはコンテナ内でのサンプルの配列全体を指すインデックスのリストで、どのサンプルが特定のコンテキスト内で使われるかを示しています。サンプルインデックスは、使われるすべてのサンプルを列挙した配列です。訓練インデックスとテストインデックスは似ていますが、どのサンプルが訓練用か、そしてどのサンプルがテスト用かを示したリストです。実装では、これら3つのインデックス間には直観的にわかりにくい関連性があります。

訓練インデックスが定義されていれば、常にテストインデックスも定義されている必要があります。前述の関数を使ってこれらの内部的なインデックスを作成しさえすれば、自然にこのようになります。どちらか（両方）が定義されていれば、それの働きによりtrain()がどのように応答するかが常に決定されます。そしてこれは、サンプルインデックスに何が入っているかにかかわりません。これらの2つのインデックスが両方とも未定義の場合にだけ、サンプルインデックスが使われます。その場合はサンプルインデックスが示すすべてのデータが訓練に使用可能であるとみなされ、テストデータとして使われるデータはありません。

21.1.1.5 cv::ml::TrainDataにアクセスする

いったん訓練データを生成しておけば、前処理をするにせよしないにせよ、次のメソッドcv::ml::TrainData::getTrainSamples()を使ってその一部を取り出すことができます。この関数で、訓練データだけの配列を取り出すこともできます。

```
// アクティブな訓練データだけを cv::Mat 型の配列に取り出す
//
cv::Mat cv::ml::TrainData::getTrainSamples(
  int  layout          = ROW_SAMPLE,
  bool compressSamples = true,
  bool compressVars    = true
) const;
```

compressSamplesかcompressVarsがtrueなら、このメソッドはそれぞれsampleIdxとvarIdxで指定された行または列だけを残します（通常は生成時）。このメソッドはまた、求められるレイアウトが元のレイアウトと違う場合にはデータを入れ替えることもできます。サンプルインデックスか訓練インデックスを定義されていれば、指示したサンプルだけが返ってきます。このとき、両方が定義されていれば何を返すかを決定するのは訓練インデックスであることを思い出してください。

cv::ml::TrainData::getTrainResponses()も同様に、アクティブな応答ベクトルの要素だけを取り出します。

```
// 訓練応答を返す（sampleIdx を使って選ばれたサンプルに対して）
//
cv::Mat cv::ml::TrainData::getTrainResponses() const;
```

cv::ml::TrainData::getTrainSamples()と同様に、サンプルインデックスか訓練インデックスが定義されれば、指示されたサンプルだけが返されます。ただし両方とも定義されていれば、何を返されるかは訓練インデックスで決められます。

同様に、2つの関数cv::ml::TrainData::getTestSamples()とcv::ml::TrainData::getTestResponses()もあります。これらは、テストサンプルだけからなる同じような配列を返すという点は先ほどの関数と似ています。しかしこの場合、テストインデックスが定義されていなければ空の配列が返されます。

最後に、どのくらいの種類のサンプルがデータコンテナにあるかを簡単に返してくれる関数を次に示します。

```
int getNTrainSamples() const;  // 訓練インデックスで指定されたサンプル数
                               //  訓練インデックスが定義されていなければ全サンプル数

int getNTestSamples()  const;  // テストインデックスで示されたサンプル数を返す
                               //  テストインデックスが定義されていなければゼロ

int getNSamples()      const;  // サンプルインデックスで指定されたサンプル数
```

```
                                       // サンプルインデックスが定義されていなければゼロ

int getNVars()          const;  // 変数インデックスで指定された特徴量の数
                                //   変数インデックスが定義されていなければゼロ

int getNAllVars()       const;  // 全特徴量の数
```

21.1.2 予測

プロトタイプでは、predict() メソッドの一般的な形式は次のようであったことを思い出してください。

```
float cv::ml::StatModel::predict(
  cv::InputArray  samples,                      // 入力サンプル。浮動小数点数型行列
  cv::OutputArray results = cv::noArray(),      // オプションの結果の出力行列
  int             flags   = 0                   // （モデル依存）
) const;
```

このメソッドは新しい入力データベクトルに対する応答を予測するのに使われます。分類器を使っているときは、predict() はクラスのラベルを返します。回帰の場合は、このメソッドは数値を返します。入力サンプルは訓練に使われた trainData と同じ数のコンポーネントを持っていなければならないことに注意してください[†8]。一般的に、samples は1行に1サンプルの浮動小数点数からなる入力配列で、results は1行ごとに1つの結果になります。単一のサンプルが提供されたときは、予測の結果が predict() 関数から返されます。ただし場合によっては、これらの一般的な振る舞いは、派生された分類器によっては多少変わることもあるということは覚えておいてください。付加的な flags はアルゴリズム特有のもので、例えば、木に基づく方法における欠損した特徴量のようなものがありえます。関数の後ろに付いている const は、予測がモデルの内部状態に影響を及ぼさないことを示します。このメソッドはスレッドセーフであり並列に走らせることができます。これは Web サーバーで複数のクライアントからの画像検索をするときや、ロボットによるシーンのスキャン処理を加速する必要があるときなどに便利です。

予測を生成することができるのに加え、訓練データとテストデータの上でのモデルの誤差を計算できます。誤差は、モデルを分類器に使ったときは、正しくないと分類したサンプルの割合です。モデルを回帰に使ったときは、平均二乗誤差です。この計算を行うメソッドは cv::ml::StatModel::calcError() という名前です。

```
float cv::ml::StatModel::calcError(
  const cv::Ptr<cv::ml::TrainData>& data, // 訓練サンプル
  bool                              test, // false: 訓練セットで計算
                                          // true:  テストセットで計算
```

†8 train() で使った var_idx 引数は「記憶」されていて、それが適用されて predict() メソッドを使うときに入力サンプルから必要なコンポーネントだけが抜き出されます。その結果、いくつかの列を無視するために var_idx を使ったとしてもサンプルの列数は trainData と同じになります。

```
    cv::OutputArray                    resp  // 出力応答オプション
  ) const;
```

この場合、典型的には訓練時に使った同じデータコンテナ cv::ml::TrainData を渡します。そして test 引数を使って、訓練されたアルゴリズムがどのくらいうまくいくかを、訓練で使われたデータで知りたいのか（test を false に設定）、あるいは訓練段階で使わなかったテストデータで知りたいのか（test を true に設定）を決めることができます。最後に、resp 配列を使って個々のテストされたベクトルの応答を集めます。これはオプションですが、引数は省略できません。出力応答が必要なければここに cv::noArray() を渡す必要があります。

これで、ノーマルベイズ分類器を備えたMLライブラリの説明に移る準備ができました。その後、木に基づくアルゴリズム（決定木、ブースティング、ランダムツリー、Haarカスケード）を説明します。最後に、その他のアルゴリズムについての短い説明と例を示します。

21.2 cv::ml::StatModelを用いた機械学習アルゴリズム

MLライブラリがOpenCVでどのように動くかについて、かなりわかってきたので、続いて個別の学習法の使い方に移ります。この節では8種類の機械学習ルーチンを簡潔に見てみます。最後の4種類は最近OpenCVに加わりました。それぞれの実装はよく知られた学習テクニックで、書籍や論文、インターネットなどでその方法について詳細に説明されています。そして今後も、より多くの新しいアルゴリズムが現れることが期待されています。

21.2.1 単純／ノーマルベイズ分類器

ここまで、機械学習ライブラリが体系化される前の古いルーチンをいくつか見てきました。本章では、新しい cv::ml::StatModel インタフェースを使った単純な分類器を見ていきましょう。OpenCVの最も単純な教師あり分類器である cv::ml::NormalBayesClassifier から始めます。これは**単純ベイズ**分類器（英語では normal Bayes classifier や naïve Bayes classifier）と呼ばれています。「単純（Naïve）」と呼ばれる理由は、観測したすべての特徴量が互いに独立変数であると仮定した数学的な実装だからです（実際にはそのようなケースはほとんどありません）。例えば、目が1つ見つかれば、たいていは、もう片方の目もすぐ隣にあることが予想されます。つまりこれらは、無相関の観測ではありません。しかし実際にはこの相関を無視したとしてもよい結果を得られることが多いのです。Zhangは、この分類器が意外にもよい性能を示す理由について検討しました[Zhang04]。単純ベイズの用途は回帰には使われませんが、2つより多い複数クラスも扱える効果的な分類器です。この分類器は、ベイジアンネットワークや「確率グラフィカルモデル」の最も単純な実例です[†9]。

†9 このトピックに関する理解しやすい入門としては、[Neapolitan04] などを参照してください。また、確率グラフィカルモデルの詳細については[Koller09] などを参照してください。

例として、いくつかは顔で、それ以外は他の物体（車や花など）が写っているような画像のコレクションを持っている場合を考えます。**図21-1** は、私たちが見ている物体が実際に顔であった場合には、それに起因してそれぞれの観測可能な特徴が存在するというモデルを図示したものです。一般的に、ベイジアンネットワークは**因果**モデルです。この模式図が表しているのは、画像内の顔という特徴は、顔らしい（または顔らしくない）物体の存在によって引き起こされる（または引き起こされない）ということです。ざっくり言い換えると、模式図のグラフ構造で表現されているのは「顔の種類かもしれないし、あるいは別の種類かもしれないような物体自身が、5つの追加情報（「左目がある」「右目がある」などの5つの顔の特徴）の真偽を決めている」ということです。このようなグラフは一般的に、各ノードの可能な値と、ノードを指す矢印を有するノードの値の関数として、ノードのそれぞれの実際の確率を示す付加的な情報が付随しています。この例の場合は、ルートノード O は「顔」「車」「花」の値を取ることができ、他の5つのノードは、「存在する」か「存在しない」の値を取ります。それぞれの特徴の確率は、その物体の本来の特質ですが、データから学習します。

厳密には、グラフの性質が「無相関」ということは、具体的には、例えば鼻が存在する確率はその物体が顔であるかどうかだけに依存していて、口や生え際などの有無とは独立である（あるいは少なくとも独立であると仮定している）ということに注意してください。この結果として、学習しなければならない状況の組み合わせははるかに少なくなります。なぜなら、私たちが気にしなければならないことが、各特徴がその物体の存在と統計的にどのように関連しているか、という問題に本質的に分解されるからです。この分解こそが、「**無相関**」の厳密な意味です。

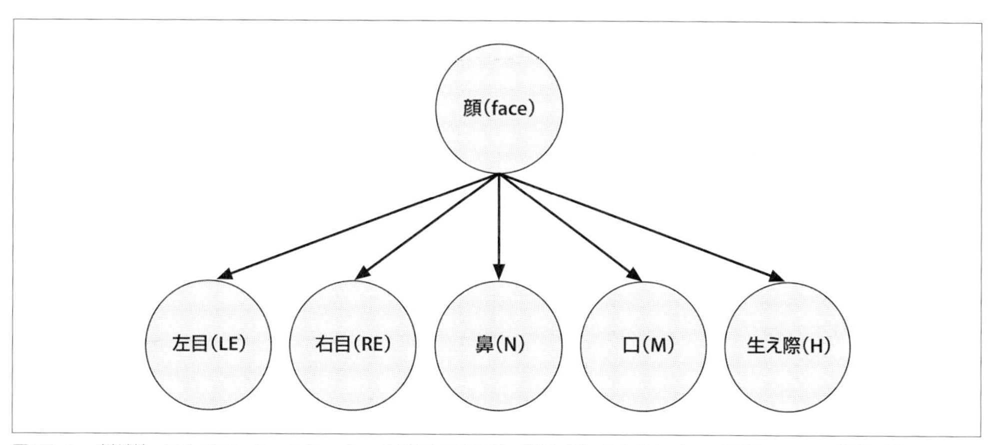

図21-1 （単純）ベイジアンネットワーク。この図では物体（顔など）の存在によって下位レベルの特徴が生じていることを表す

使用時には、単純ベイズ分類器内の物体の変数は通常、**隠れ変数**です。そして、入力画像の画像

処理演算によって得られた特徴は、物体の変数の値がどのような種類（すなわち「顔」）であるかという、観測された証拠を構成します。このようなモデルは、物体が原因となって顔の特徴を生成したり（または生成が失敗したり）するので、**生成的**モデルと言われています[†10]。生成的であるので、訓練後に、物体に対応するノードの値が「顔」であると最初に仮定することができ、顔が存在するという仮定の上で、どの特徴が確率的に生成されるかをランダムにサンプリングすることができます[†11]。学習された因果モデルと同じ統計値を使って、このようにトップダウン式にデータを生成できることには価値があります。例えば、コンピュータグラフィックスにおいて画面に顔を生成したり、ロボットが、シーン、物体、インタラクションなどを生成することで、次に何をすべきかを文字どおり「想像」することができます。分類モデルでは、**図21-1**とは対照的に逆向きの矢印を持つでしょう。

ベイジアンネットワークはそれが持つ一般性において、深い分野なので、最初は難しく感じるかもしれません。一方、単純ベイズアルゴリズムはベイズの定理の単純な応用から生まれたものです[†12]。この場合、ある物体が顔である確率（pと表記）は、各特徴（**図21-1**の左から右へLE、RE、N、M、Hと表記）が見つかった場合、次のようになります。

$$p(O = \text{“}face\text{”} \mid LE, RE, N, M, H) = \frac{p(LE, RE, N, M, H \mid O = \text{“}face\text{”})p(O = \text{“}face\text{”})}{p(LE, RE, N, M, H)}$$

言い換えると、この式の構成要素は典型的には次のように読めます。

$$\text{事後確率} = \frac{\text{尤度} * \text{事前確率}}{\text{証拠}}$$

この式で重要なことは、実際には、まずある証拠を計算してから、どの物体がその証拠の原因になっているかを決めるということです（逆向きではなく）。計算された証拠の項はどの物体でも同じなので、比較するときにはその項は無視できます。言い換えると、物体がたくさんある場合は、その中から最大の分子を持つものを1つ見つけ出すだけでよいのです。この分子は、まさにデータに関するモデルの同時確率で、$p(O = \text{“}face\text{”}, LE, RE, N, M, H)$です。

今までのところ、単純ベイズ分類器の「単純」な部分を本当には使っていません。ここまでは、これらの式はどのベイズ分類器でも成り立ちます。異なる特徴量がお互いに統計的に独立である（これが**図21-1**が示す主な情報であることを思い出してください）という仮定を使うために、次の同時確率を導き出す**確率に関するチェインルール**を適用します。

†10 より一般的には、もし全体の合成データセットをそこから作り出すことができるのであれば、そのモデルは生成的であると言えます。この文脈では**生成的**の反対は**分類的**です。分類的モデルとは、供給されるあらゆるデータ点に関する何らかの情報を与えてくれるモデルであり、データの合成には使用できません。

†11 単純ベイズアルゴリズムで顔を生成することは無意味でしょう。なぜなら特徴が独立であることを仮定しているからです。しかし、より一般的なベイジアンネットワークでは必要に応じて依存性のある特徴を簡単に作ることができます。

†12 20章で初めてベイズの定理に触れたときを思い出してください。そこでは、K-means分類器におけるMahalanobis距離の有用性について議論しました。

$$
\begin{aligned}
&p(O = \text{“}face\text{”}, LE, RE, N, M, H) = \\
&p(O = \text{“}face\text{”}) * p(LE \mid O = \text{“}face\text{”}) * p(RE \mid O = \text{“}face\text{”}, LE) * p(N \mid O = \text{“}face\text{”}, LE, RE) \\
&* p(M \mid O = \text{“}face\text{”}, LE, RE, N) * p(H \mid O = \text{“}face\text{”}, LE, RE, M, H)
\end{aligned}
$$

最後に、特徴量が独立であるという仮定を適用すれば、条件付きの特徴量が省かれます。例えば、物体は顔であり、左と右の目両方を観測すると鼻の確率（すなわち、$p(N \mid O = \text{“}face\text{”}, LE, RE)$）は、独立の仮定によれば、顔の存在する確率 $p(N \mid O = \text{“}face\text{”})$ と等しくなります。同様の論理を前述の式の右辺のすべての項に適用し、結果は次のようになります。

$$
p(O = \text{“}face\text{”}, LE, RE, N, M, H) = p(O = \text{“}face\text{”}) \prod_{\text{特徴量}}^{\{LE,RE,N,M,H\}} p(\text{特徴量} \mid O = \text{“}face\text{”})
$$

つまり、顔を「物体」と一般化し、特徴量のリストを「すべての特徴量」と一般化すれば、次の式が得られます。

$$
p(\text{物体}, \text{すべての特徴量}) = p(\text{物体}) \prod_{i=1}^{\text{すべての特徴量}} p(\text{特徴量}_i \mid \text{物体})
$$

これを全体の分類器として使うために、求めたい物体用のモデルを学習します。実行モードでは、特徴量を計算し、この式を最大化する特定の物体を見つけます。典型的には、その後、その「勝った」物体の確率が与えられた閾値を超えているかどうかを調べます。もし超えていれば、その物体が見つかったと宣言し、そうでないなら認識された物体はなかったと宣言します。

（よくあることですが）興味がある物体が 1 つしかない場合は、みなさんは「私が計算している確率は何と比べた確率ですか？」と聞きたくなるでしょう。このような場合、暗黙の 2 番目の物体（すなわち背景）が常に存在します。これは学習し識別しようとしている対象となる物体が **1 つもない**ことです。

実際には、モデルを学習するのは簡単です。たくさんの物体の画像を取り、その後、それらの物体の特徴量について計算し、各物体に対して訓練セットの中で特徴量が発生した割合を計算します。一般的には、多くのデータがなければ、単純ベイズのような単純なモデルのほうが複雑なモデルよりもよい性能を示す傾向があります。複雑なモデルは、データについて多くを「仮定」しすぎるからだと考えられます（バイアス）。

21.2.1.1 単純／ノーマルベイズ分類器と cv::ml::NormalBayesClassifier

ノーマルベイズ分類器のクラス定義は次のようになります。クラス名 `cv::ml::NormalBayesClassifier` は実際にはインタフェースの別のレイヤの定義であり、`cv::ml::Normal`

BayesClassifierImpl がノーマルベイズ分類器を実際に実装しているクラスです。次の定義リストには、継承された重要なメソッドがわかりやすいように、コメントに示してあります。

```
// ここまでは省略
// namespace cv {
//   namespace ml {
//
class NormaBayesClassifierImpl : public NormaBayesClassifier {
                                         // cv::ml::NormaBayesClassifier は
                                         // cv::ml::StatModel から派生
public:

  ...

  float predictProb(
    InputArray   inputs,
    OutputArray  outputs,
    OutputArray  outputProbs,
    int          flags      = 0
  );

  ...


  // NormaBayesClassifier クラスから
  //
  // Ptr<NormaBayesClassifier> NormaBayesClassifier::create(); // コンストラクタ


};
```

cv::ml::StatModel から継承されたノーマルベイズ分類器の訓練メソッドを次に示します。

```
bool cv::ml::NormalBayesClassifier::train(
  const Ptr<cv::ml::TrainData>& trainData,   // データ
  int flags = 0                              // 0=新しいデータ、UPDATE_MODEL=追加
);
```

flags 引数は 0 または cv::ml::StatModel::UPDATE_MODEL です。後者は、モデルを新たに再学習するのでなく追加の訓練データを使って更新する必要があることを意味します。

cv::NormalBayesClassifier は、cv::ml::StatModel で説明した継承された predict() のインタフェースを実装しています。これは、入力ベクトルに対して最も確率の高いクラスを計算して返します。samples 行列に複数の入力ベクトル（行）があれば、予測は results ベクトルの対応する行に返されます。もし、samples に入力が 1 つだけのときは、予測の結果は単一の浮動小数点数値として predict() からも返されるので、results 配列に cv::noArray() を渡してもよいでしょう。

```
float cv::ml::NormalBayesClassifier::predict(
  cv::InputArray  samples,                // 入力サンプル。浮動小数点数行列
  cv::OutputArray results = cv::noArray(), // オプションの出力結果行列
  int             flags   = 0             // （モデル依存）
) const;
```

これとは別に、ノーマルベイズ分類器はpredictProb()メソッドも提供します。このメソッドはcv::ml::NormalBayesClassifier::predict()と同じ引数に加え、resultProbs配列も取ります。これは「サンプル数×クラス数」の浮動小数点数の行列で、ここに計算された確率（対応するサンプルは個別のクラスに属します）が格納されます[†13]。この予測メソッドの形式を次に示します。

```
float cv::ml::NormalBayesClassifier::predictProb( // 単一のサンプルなら確率
  InputArray  samples,                          // 1行に1つのサンプル
  OutputArray results,                          // 予測値。1行に1つ
  OutputArray resultProbs,                      // 行=サンプル、列=クラス
  int         flags = 0                         // 0またはStatModel::RAW_OUTPUT
) const;
```

単純ベイズは小さなデータセットに対してはきわめて役立ちますが、データが大きな構造を持っているとたいていよい結果が得られません。これを踏まえて、次節の木に基づいた分類器の議論に移りましょう。これは単純ベイズ分類器と同程度のシンプルさで、非常によい性能を示すことが期待される手法です。特に十分な量のデータが与えられたときに顕著です。

21.2.2 二分決定木

ここからは決定木の詳細を見ていきましょう。決定木の手法は非常に便利で、機械学習ライブラリの機能のほとんどを使っています（教育用サンプルとしても有用です）。二分決定木はLeo Breimanらによって考案され[†14]、**分類回帰木**（CART：Classification and Regression Trees）と名付けられました。これが、OpenCVで実装された決定木のアルゴリズムです。このアルゴリズムの骨子は、決定木のそれぞれのノードにあるデータに対し**不純値の基準**と呼ばれているものを定義し、決定時にそれを最小化することです。関数フィッティングのためにCART回帰を行う場合は、真値と予測値との二乗誤差がよく使われます。よって、不純値を最小化とは、予測された関数をデータにより類似していることを意味します。分類ラベルの場合、典型的には、ノード中ではほとんどの値が同じクラスとなるときに、最小となる尺度を定義します。よく使われる3つの尺度には、**エントロピー**、**ジニ指数**、**誤分類**があります（すべてこの節で説明します）。その尺度が得られれば、二分木は特徴量ベクトルを検索して、特徴量の値に対する閾値と組み合わせて、どの特徴が最も「純粋」なデータかを見つけます。慣例により、このような閾値より上のものをtrueとし

†13 確率が必要なければ、resultProbsにはcv::noArray()を渡すことができます。cv::ml::NormalBayesClassifier::predict()は、実際には単なるpredictProb()のラッパーです。

†14 Leo Breiman他、*Classification and Regression Trees* (Monterey, CA: Wadsworth, 1984).

て、そのように分類されたデータは左側に分岐します、それ以外は右側に分岐します[†15]。この手続きは、葉においてデータが十分に純度が高いか、またはノード内のデータ点の数が指定された最小値に達するまで、木の各ブランチを降りていきながら再帰的に実行されます。例を図21-2に示します。

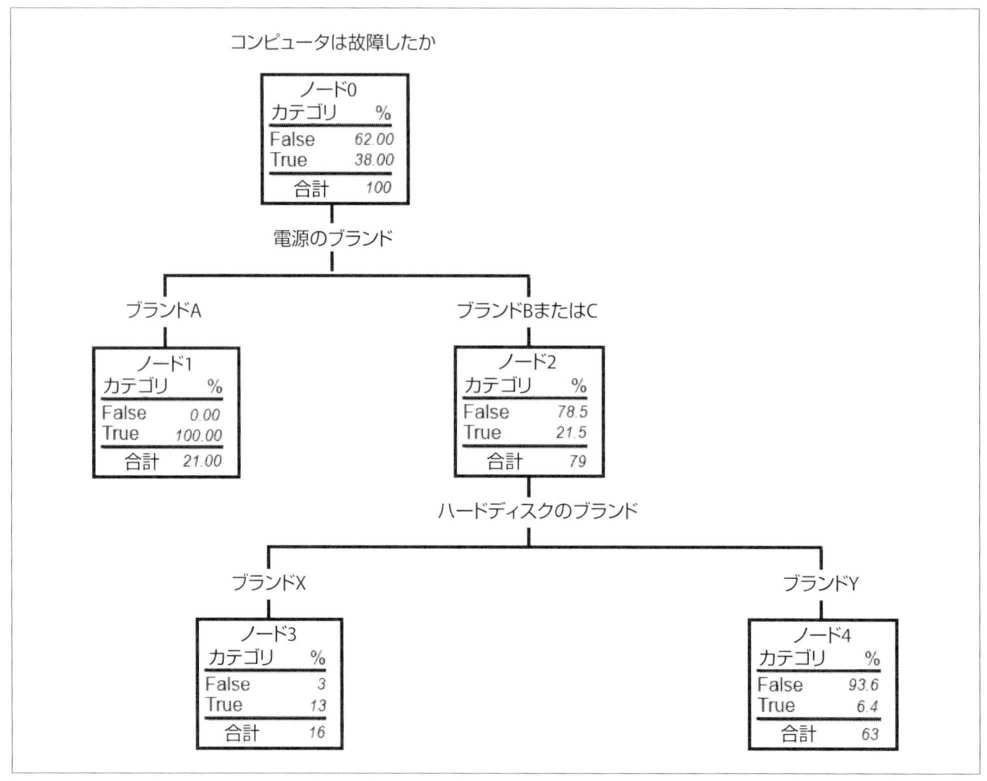

図21-2　この例では、100台のコンピュータからなるグループが解析され、故障率を決定する主な決定因子を使って分類木が作られた。100台のコンピュータはすべて木の葉のノードとみなされる

ノードの不純値 $i(N)$ に関するいくつかの可能な定義の式を次に示します。回帰問題と分類問題など、異なる問題には異なる定義が適しています。

21.2.2.1 回帰不純

回帰や関数のフィッティングでは、ノードの不純値の式は単なるノードの値 y とデータの値 x との二乗誤差です。つまり、次を最小化するようにします。

†15 明らかに、これら2つの取り決めは完全に恣意的です。しかし、それを固定して左と右を決めておくことは、決定木を経験した人を混乱させずに、役に立つよい方法です。

$$i(N) = \sum_j (y_j - x_j)^2$$

21.2.2.2　分類不純

分類における決定木では、たいてい、**エントロピー不純**、**ジニ不純**、**誤分類不純**という3種類の方法のうち1つを使います。これらの方法では、$P(\omega_\mathrm{i})$という表記でノードNがクラスω_iのクラスに属するパターンの比率を示します。これらそれぞれの不純値は、分割の決定の効果にわずかな違いがあります。ジニが最も一般に使われますが、すべてのアルゴリズムがノードにおける不純値の最小化を試みます。**図21-3**は最小化したい不純値の尺度をグラフ化しています。実際には、すべての不純値を試して、検証セットの中でどれがいちばんかを決定するのが最善です。

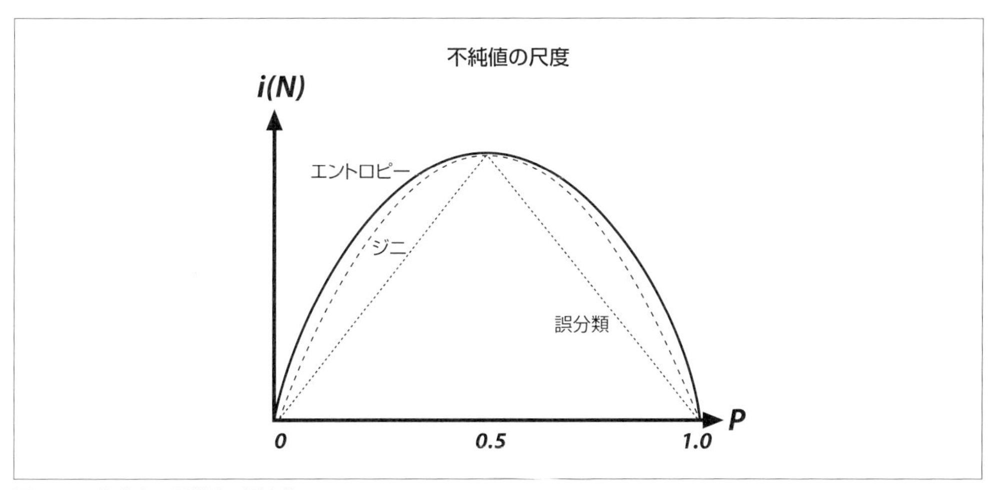

図21-3　決定木の不純値の測定法

- エントロピー不純

$$i(N) = -\sum_j P(\omega_j)\log P(\omega_j)$$

- ジニ不純

$$i(N) = 1 - \sum_j P(\omega_j)P(\omega_j)$$

- 誤分類不純

$$i(N) = 1 - \max_j P(\omega_j)$$

決定木はおそらく最も広く使われている分類テクニックでしょう。これは、実装の簡単さ、結果の解釈のしやすさ、異なるデータ型（分類、値、非正規化、それらの混合）に対する柔軟性、代理分岐による欠如したデータを扱う能力、分割の順序でデータの特徴量の重要度を割り当てる自然な方法などによるものです。決定木は、ブースティングやランダムツリーなどの後で簡単に説明する他のアルゴリズムの基礎となっています。

21.2.2.3 OpenCVでの実装

次に示すのは、cv::ml::DTreesの宣言を簡約したものです。train()メソッドは基底クラスから継承されたものです。この定義で必要なもののほとんどは、モデルに対するパラメータをどのように設定し読み込むかです。

```
// ここまでは省略
// namespace cv {
//   namespace ml {
//
class DTreesImpl : public Dtrees {  // cv::ml::DTrees は cv::ml::StatModel から派生される
public:

  // （cv::ml::DTrees からの継承）
  //
  //enum Flags {
  //  PREDICT_AUTO     = 0,
  //  PREDICT_SUM      = (1<<8),
  //  PREDICT_MAX_VOTE = (2<<8),
  //  PREDICT_MASK     = (3<<8)
  //};

  int     getCVFolds() const;                   // 交差検証の数を得る
  int     getMaxCategories() const;             // 最大のカテゴリ数を得る
  int     getMaxDepth() const;                  // 最大の木の深さを得る
  int     getMinSampleCount() const;            // 最小のサンプル数を得る
  Mat     getPriors() const;                    // カテゴリに対する誤りの重みを得る
  float   getRegressionAccuracy() const;        // 必要とする回帰の精度を得る
  bool    getTruncatePrunedTree() const;        // 木を切り取るかどうかを得る
  bool    getUse1SERule() const;                // 切り取りに 1SE ルールを使うかどうかを得る
  bool    getUseSurrogates() const;             // 代理を使うかどうかを得る

  void    setCVFolds( int val );                // 交差検証の数を設定する
  void    setMaxCategories( int val );          // 最大のカテゴリ数を設定する
  void    setMaxDepth( int val );               // 最大の木の深さを設定する
  void    setMinSampleCount( int val );         // 最小のサンプル数を設定する
  void    setPriors( const cv::Mat &val );      // カテゴリに対する誤りの重みを設定する
  void    setRegressionAccuracy( float val ); // 必要とする回帰の精度を設定する
  void    setTruncatePrunedTree( bool val );    // 木を切り取るかどうかを設定する
  void    setUse1SERule( bool val );            // 切り取りに 1SE ルールを使うかどうかを設定する
  void    setUseSurrogates( bool val );         // 代理を使うかどうかを設定する

  ...

  // 以下のメソッドは上級者が使うことができる
  //
```

```
    const std::vector<Node>&  getNodes()   const;
    const std::vector<int>&   getRoots()   const;
    const std::vector<Split>& getSplits()  const;
    const std::vector<int>&   getSubsets() const;

    ...

    // DTrees クラスから
    //
    //Ptr<DTrees> DTrees::create(); // アルゴリズムの生成
    //                              //  Ptr<DTreesImpl>を返す

  };
```

まず、DTrees の名前が複数形であることに気づかれたでしょう。コンピュータビジョンでは、主に使われるのは単体の決定木ではなく、決定木を**組み合わせたもの**（**アンサンブル**）です。つまり、決定木の集合で共同で決定を行います。評判がよい組み合わせ法は、RTrees（random trees）と Boost（boosting）の 2 つです（OpenCV にも実装されており、この章で後ほど説明します）。この 2 つは内部の構造のかなりを共有し、DTrees がある種の基底クラスとなっています。今回のケースでは、これは単独の木を組み合わせたものと見ることができます。

みなさんが 2 つ目に気づかれるのはおそらく、cv::ml::TrainData データコンテナで見たように、これらのプロトタイプの大部分が純粋仮想であるということでしょう。これらも、本質的には同じことです。実際には、cv::ml::DTrees から派生されデフォルトの実装のすべてが含まれている cv::ml::DTreesImpl という隠れたクラスがあります。その結果、それらの関数はクラス定義の段階では純粋仮想であるという事実を実質的に無視できるようになっているのです。もしもデフォルトの実装を見たくなったら、この情報を元に.../modules/ml/src/tree.cpp にあるメンバー関数を探してください。

cv::ml::DTrees::create() を使って cv::ml::DTrees オブジェクトを生成したら、さまざまな実行時パラメータを設定しなければいけません。これは 2 つの方法のうち 1 つで行えます。まず、木を設定するための必要なパラメータを含むオブジェクトを生成する必要があります。このクラスは cv::ml::TreeParams と呼ばれてており、定義の際立った部分を次に示します。

このオブジェクトを作成するには、すべてのコンポーネントの引数を持つコンストラクタを使うか、あるいは、単にデフォルトコンストラクタを使います。後者の場合、すべてがデフォルトの値に設定されるので、その後、個別のアクセサを使って値を設定し、カスタマイズします。

表21-1 は cv::ml::TreeParams() のコンポーネントを簡単に記述し、デフォルトの値とその意味を記述したものです。

表21-1 cv::ml::TreeParams() コンストラクタの引数とその意味

Params() の引数	デフォルトコンストラクタでの値	定義
maxDepth	INT_MAX	木はこの深さを超えないが、これ以下の場合もある
minSampleCount	10	ノードのサンプル数がこの値より小さければ、ノードを分けない
regressionAccuracy	0.01f	見積もりの値と訓練サンプルの値と差が regressionAccuracy より小さければ、分離を止める
useSurrogates	false	欠如データを扱うため、代理による分岐を許す（未実装）
maxCategories	10	決定木を前もって分類する分類値の数の制限
CVFolds	10	CVFolds > 1 ならば、K 分割交差検証を使う。ここで K は CVFolds に等しい
use1SERule	true	true ならば、積極的な枝刈りを行う。結果として生じる木は小さくなり精度も低くなるが、過学習に対しては有効
truncatePrunedTree	true	true なら、木から枝刈りしたものを取り除く
priors	cv::Mat()	誤答への代替の重み

これらのうちの 2 つの引数については、もう少し詳しい説明が必要でしょう。maxCategories は、$2^{maxCategories}-2$ 個以上の可能な値のサブセットをテストする必要がないように、決定木があらかじめそれらのカテゴリを事前分類する前のカテゴリ値の数を制限します[†16]。maxCategories より多いカテゴリを持つような変数は、maxCategories 個になるような値までカテゴリの値が分類されます。このようにして、決定木は、一度に maxCategories レベルを超えてテストする必要がなくなり、その結果、それぞれのカテゴリ入力に対して $2^{maxCategories}$ 以下の集団の決定しか考慮されなくなります。このパラメータに低い値を設定すれば、計算量は減りますが精度は低下します。

最後のパラメータ priors は誤分類に与える相対的な重みを設定します。すなわち、2 クラス分類器を作っていて、最初の出力クラスの重みを 1、2 番目のクラスの重みを 10 とした場合、それぞれの 2 番目のクラスであると誤って予測することは、最初のクラスであると誤って予測することの 10 倍です。このすぐ後で見る例では、食用キノコと毒キノコを使います。この文脈では、食用キノコを毒キノコと間違えるよりも、毒キノコを食用キノコに間違えることのほうに 10 倍の「ペナルティ」を科すことは理にかなっています。priors 引数は、クラスと同じ数の要素を持つ浮動小数点数の配列です。割り当てられた値の順番はクラス自体の順番と同じです。

†16 分類と順序の分割についての詳細：順序づき変数の分割は「$x < a$ なら左に行き、そうでなければ右に行く」という形式を持ち、分類変数の分割は「$x \in \{v_1, v_2, v_3, \ldots, v_k\}$ なら左に行き、そうでなければ右に行く」という形式です。ここで v_i は可能な変数の値です。したがって、分類変数は N 個の可能な値を持つなら、その変数で最良の分割を探すためには、$2^N - 2$ 通りのサブセット（空と全体を除く）を試す必要があります。したがって、近似アルゴリズムが使われ、解析しているノード内のサンプルの統計に基づいて、すべての N 個の値が $K \leqq$（maxCategories）個のクラスタ（K-means アルゴリズムを使って）にグループ化されます。その後、アルゴリズムはクラスタのさまざまな組み合わせを試し、最適な分割を選択します。それはたいていとてもよい結果が得られます。最も一般的なタスクである 2 クラス分類と回帰の 2 種類に関しては、最適な分類分岐（すなわち、最良の値のサブセット）をクラスタリングしなくても見つけることができる、という点に着目してください。したがって、クラスタリングは $N >$（maxCategories）の可能な値を持つ、$n > 2$ クラス分類問題に対してのみ適応されます。そのようなわけで maxCategories を 20 より大きな値にするときはよく考えてください。というのも、この値はそれぞれの分割に 100 万回以上の操作を引き起こすのです。

train() メソッドは cv::ml::StatModel から直接派生しています。

```
// 決定木を直接実行する
//
bool cv::ml::DTrees::train(
const cv::Ptr<cv::ml::TrainData>& trainData,   // 与えるデータ
int                               flags     = 0 // データを追加するときは UPDATE_MODEL を使う
);
```

train() メソッドは、浮動小数点数型の trainData 行列を引数に取ります。決定木では、通常の行ではなく、列にデータを配置したい場合、trainData を生成するときに layouts を cv::ml::COL_SAMPLE に設定できます（行に配置するのがこのアルゴリズムにとって最も効率的なレイアウトです）。**例21-1** で決定木の作成と訓練について詳しく説明します。

決定木での予測の関数は、その基底クラス cv::ml::StatModel と同じです。

```
float cv::ml::DTrees::predict(
  cv::InputArray  samples,
  cv::OutputArray results = cv::noArray(),
  int             flags   = 0
) const;
```

ここで、samples は浮動小数点数の行列で、1 サンプルにつき 1 行です。単一の入力の場合は、戻り値で結果を返せるので results は cv::noArray() に設定することができます。複数のベクトルを評価する場合は、results の出力に各入力ベクトルの予測が含まれます。最後に、flags にはさまざまな可能なオプションを指定します。例えば、cv::ml::StatModel::PREPROCESSED_INPUT はそれぞれの分類変数 j の値は $0..N_j - 1$ の範囲に正規化されていることを示します。ここで N_j は j 番目の変数のカテゴリの数です。例えば、ある変数が A と B の値しか取らない場合、正規化後は A は 0、B は 1 に変換されます。これは主に組み合わせた木の予測の速度を向上させるために使われます。データを $(0, 1)$ 区間に正規化すると、データが変動する区域がアルゴリズムにわかるので、単純に計算がスピードアップします。そして、そのような正規化は精度には影響ありません。このメソッドは予測値を返します。予測値は、flags が cv::ml::StatModel::RAW_OUTPUT を含んでいたら正規化され、含んでいなければ元のラベルに変換されます。

決定木は、ほとんどのユーザーにとっては訓練するか使用するかだけでしょうが、上級者や研究者のユーザーは、木のノードや分割の基準を分析したり変更したりしたいこともあるでしょう。本節の初めで述べたように、これをどのように行うかの情報は、https://docs.opencv.org の ML オンラインドキュメントにあります。このような高度な解析の対象となる部分は、クラス cv::ml::DTrees とノードクラス cv::ml::DTrees::Node とそれを含んだ分割クラス cv::ml::DTrees::Split です。

21.2.2.4 決定木の使用方法

具体例を見ながら詳細に入っていきましょう。例えば毒キノコを分類することを目的として学習するプログラムを考えてみます。agaricus-lepiota.data と呼ばれるデータが公開されており、それには 8,000 種のキノコについての情報が含まれています。傘の色、ひだの大きさや間隔などといった視覚的に見分けられるたくさんの特徴だけでなく、（とても重要な）毒の有無といった特徴が一覧になっています[†17]。このデータファイルは CSV 形式で、ラベル「p」または「e」（それぞれ有毒（poisonous）、食用（edible）を示す）の後に、22 の分類上の属性を 1 文字で表したものが続きます。このファイルには、いくつかのデータが欠如（すなわち、特定の型のキノコは、1 つ以上の属性が未知）している例も含まれていることに注意してください。この場合、その特徴の項目は「?」となります。

このプログラムを詳しく見てみましょう。二分決定木を使って、さまざまな視覚的属性に基づいて食用キノコの中から毒キノコを認識することを学習します（**例21-1**）[†18]。

例21-1　決定木を作成し訓練する

```
#include <opencv2/opencv.hpp>
#include <stdio.h>
#include <iostream>

using namespace std;
using namespace cv;

int main( int argc, char* argv[] ) {

    // ファイル名が指定されていればそれを使い、そうでなければデフォルトを使う
    //
    const char* csv_file_name = argc >= 2
    ? argv[1]
    : "agaricus-lepiota.data";

    cout <<"OpenCV Version: " <<CV_VERSION <<endl;

    // 与えられた CSV ファイルを読む
    //
    cv::Ptr<cv::ml::TrainData> data_set = cv::ml::TrainData::loadFromCSV(
      csv_file_name,    // 入力ファイル名
      0,                // ヘッダ行（この行数だけ無視する）
      0,                // 応答はこの列から始まる
      1,                // 入力はこの列から始まる
```

†17 このデータセットは機械学習のアルゴリズムの教育とテストに広く使われています。それは広く Web から、特に、UCI 機械学習リポジトリ（https://archive.ics.uci.edu/ml/datasets/Mushroom）から入手可能です。オリジナルのキノコのデータは G. H. Lincoff, The Audubon Society Field Guide to North American Mushrooms（New York: Alfred A. Knopf, 1981）から引用しました。

†18 現状では cv::ml::DTrees は欠如データを扱えない、ということを思い出してください（古い実装では扱えました）。そのうち元に戻ることもありえますが、今のところ、「?」を含むエントリーは取り除くのがよいでしょう。

```
  "cat[0-22]"       // すべての 23 列は分類的
);                  // デフォルト（デリミタは','、欠如は'?'）を使う

// 想定どおり読み込めているか検証する
//
int n_samples = data_set->getNSamples();
if( n_samples == 0 ) {
    cerr <<"Could not read file: " <<csv_file_name <<endl;
    exit( -1 );
} else {
    cout <<"Read " <<n_samples <<" samples from " <<csv_file_name <<endl;
}

// 90% が訓練データになるようにデータを分割する
//
data_set->setTrainTestSplitRatio( 0.90, false );
int n_train_samples = data_set->getNTrainSamples();
int n_test_samples  = data_set->getNTestSamples();

cout <<"Found " <<n_train_samples <<" Train Samples, and "
<<n_test_samples <<" Test Samples" <<endl;

// DTrees 分類器を作成
//
cv::Ptr<cv::ml::RTrees> dtree = cv::ml::RTrees::create();

// パラメータを設定
//
// 以下は古い mushrooms.cpp のコードのパラメータ

// 「有毒」が「食用」の 10 倍のペナルティになるように誤りの重み（priors）を設定する
//
float _priors[] = { 1.0, 10.0 };
cv::Mat priors( 1, 2, CV_32F, _priors );

dtree->setMaxDepth( 8 );
dtree->setMinSampleCount( 10 );
dtree->setRegressionAccuracy( 0.01f );
dtree->setUseSurrogates( false /* true */ );
dtree->setMaxCategories( 15 );
dtree->setCVFolds( 0 /*10*/ );  // ゼロでなければコアダンプを引き起こす
dtree->setUse1SERule( true );
dtree->setTruncatePrunedTree( true );
//dtree->setPriors( priors );
dtree->setPriors( cv::Mat() ); // 今回は priors を無視する

// モデルを訓練する
// 注意：データセットの「訓練」部分だけを使う
//
dtree->train( data_set );

// データの訓練に成功したら、
// 訓練データとテストデータの両方のエラーを計算できるはず
```

```
    //
    //
    cv::Mat results;
    float train_performance = dtree->calcError(
                                               data_set,
                                               false,    // 訓練データを使う
                                               results   // cv::noArray()
                                               );
    std::vector<cv::String> names;
    data_set->getNames(names);
    Mat flags = data_set->getVarSymbolFlags();

    // いくつかの独自の統計量を計算
    //
    {
        cv::Mat expected_responses = data_set->getResponses();
        int good=0, bad=0, total=0;

        for( int i=0; i<data_set->getNTrainSamples(); ++i ) {
            float received = results.at<float>(i,0);
            float expected = expected_responses.at<float>(i,0);
            cv::String r_str = names[(int)received];
            cv::String e_str = names[(int)expected];

            cout <<"Expected: " <<e_str <<", got: " <<r_str <<endl;

            if( received==expected ) good++; else bad++; total++;
        }
        cout <<"Correct answers:   " <<(float(good)/total) <<"%" <<endl;
        cout <<"Incorrect answers: " <<(float(bad)/total)  <<"%" <<endl;
    }

    float test_performance  = dtree->calcError(
                                               data_set,
                                               true,     // テストデータを使う
                                               results   // cv::noArray()
                                               );

    cout <<"Performance on training data: " <<train_performance <<"%" <<endl;
    cout <<"Performance on test data:     " <<test_performance  <<"%" <<endl;

    return 0;
}
```

このプログラムは、コマンドライン引数を分離して1つの引数（読み込むべきCSVファイル）を探すことから始めます。ファイルが存在しなければ、デフォルトのキノコのファイルを読み込みます。そしてOpenCVのバージョンを表示し[†19]、CSVファイルの解析を続けます。このファイルにはヘッダはなく、結果が1列目にあるので、そのように指定します。最後に、すべての入力は

†19 これは、特に機械学習ライブラリ（OpenCVのこの部分は比較的活発に開発されているので）を扱うときにはよい習慣と言えるでしょう。

分類的なので、それを明示的に宣言します。CSVファイルを読み込んだら、読み込んだサンプル数を表示します。これは、ファイルをうまく読み込めたか検証するのによい方法です。

次に、訓練用とテスト用データの分割について設定します。この場合、setTrainTestRatio()を使って、どのくらいの割合を訓練データにしたいかを指定します。ここでは90%です（0.90）。分割のデフォルトではデータをシャッフルする、ということにも留意してください。シャッフルしたくないときは2番目の引数をfalseにしてください。分割が済んだら、訓練サンプルの数とテストサンプルの数を表示します。

データが用意できたら、訓練するcv::ml::DTreesオブジェクトを生成します。このオブジェクトは一連のさまざまなset*()メソッドを呼び出すことで設定できます。特に重要なのは、値の配列をsetPriors()に渡すことです。これにより、食用キノコを毒があると間違ってマーキングすることに対して、毒キノコを見逃すことの相対的な重みを設定することができます。初めが1.0でその後に10.0がくる理由は、eがpよりアルファベットで前にくる（一度ASCIIに変換した後に浮動小数点数に変換すると数値的に先に来る）ためです。

この例では、単純にDTreesを訓練して、それを使っていくつかのテストデータでの結果を予測します。より現実的なアプリケーションでは、決定木をsave()を通してディスクに保存したり、load()を通して読み込んだりします（次のコードを参照）。このようにすれば、データを配布しなくても（あるいは毎回ユーザーが再訓練しなくても）、分類器を訓練して、その後みなさんのコードと一緒に訓練済みの分類器を配布することができます。次のコードはtree.xmlという決定木ファイルをどのように保存し読み込むかを示しています。

```
// ディスクに訓練済みの分類器を保存する
//
dtree->save("tree.xml","MyTree");

// ディスクから訓練済みの分類器を読み込む
//
dtree->load("tree.xml","MyTree");

// 訓練済みの分類器をクリアすることもできる
//
dtree->clear();
```

拡張子.xmlを使うとXMLデータファイルとして格納します。.ymlか.yamlの拡張子を使えば、YAMLデータファイルとして格納します。オプションの"MyTree"は、tree.xmlファイルのツリーにラベル付けするタグです。機械学習モジュールの中の他の統計的モデルと同様に、save()を使ったときには複数のオブジェクトを単一の.xml、.ymlファイルに格納することはできません。複数保存するためには、cv::FileStorage()とoperator<<()を使う必要があります。ただしload()の場合は異なります。この関数は、ファイルに他のデータがいくつか保存されていても、その名前でオブジェクトを読み込めます。

21.2.2.5　決定木の結果

前のコードをいろいろいじって、さまざまなパラメータで試行錯誤すれば、`agaricus-lepiota.data` ファイルから食用キノコか毒キノコかについていくつかのことを学習できます。データを完全に学習できるよう、枝刈りと priors を使わずに決定木を訓練すれば、**図21-4** に示すような木が得られるでしょう。全決定木は、訓練データセットを完全に学習しますが、「20.1.7　機械学習の問題を診断する」で述べた分散／過学習に関する教訓を思い出してください。**図21-4** では、データは誤りとノイズとともに記録されます。このような木は、実際のデータではうまく動作しない可能性が高いです。このような理由から、典型的には OpenCV の決定木（と一般的には CART 型の木）は、複雑な木にペナルティを課し、複雑さが性能と釣り合うまでそれらを枝刈りするステップを追加しています[†20]。

図21-5 は、枝刈りされた木を示しています。この木は、訓練セットでは（完全ではないものの）とてもよい結果を出しますが、バイアスと分散の間でバランスをとっているので、実データではおそらくさらにうまくいくでしょう。ただし、ここに示す分類器には重大な欠点があります。データ上はよい結果を出していますが、1.13 %の確率で毒キノコに食用とラベル付けしてしまっています。

†20　決定木の実装は他にもあり、それは、木を複雑さが性能と釣り合いを取るまで成長させ、枝刈りのフェーズと学習フェーズとを組み合わせるものです。しかし、ML ライブラリの開発中に判明したのは、（OpenCV での実装のように）最初にフルに成長させ、その後で枝刈りした木のほうが、構築フェーズで訓練と枝刈りを組み合わせた木よりもよい結果を出す傾向がある、ということです。

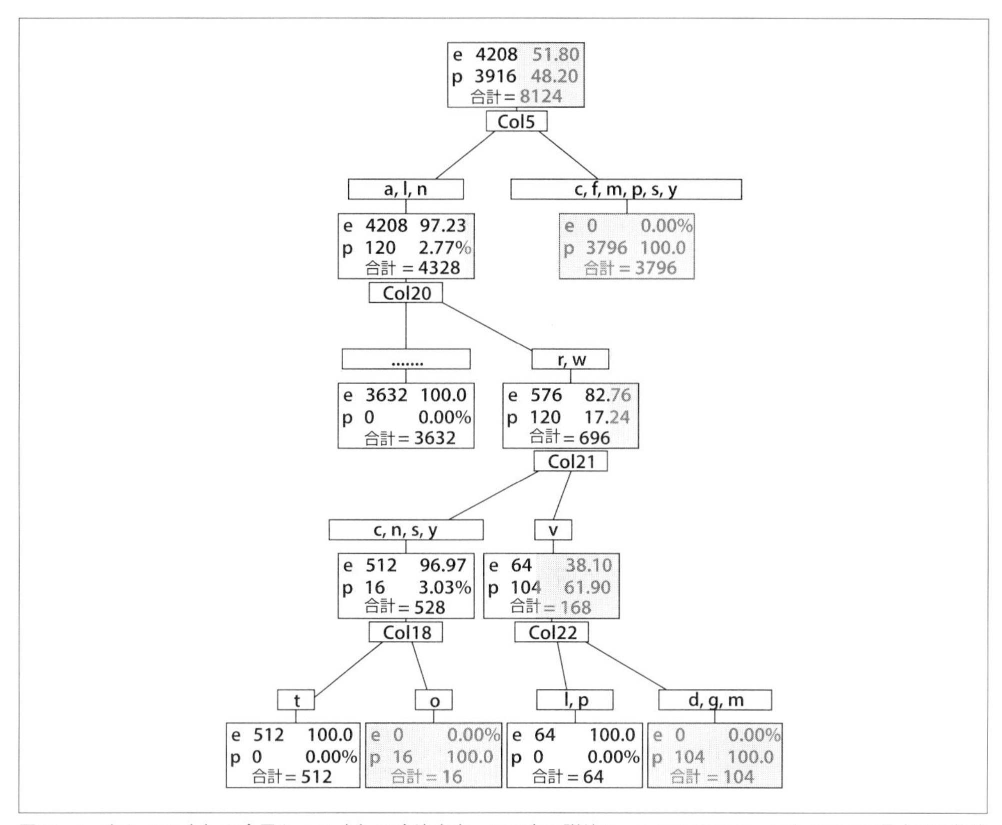

図21-4 毒キノコ（p）と食用キノコ（e）の全決定木。この木は訓練セットで0％エラーになるように最大限の複雑さで構築されたので、おそらくテストデータや実データでは分散問題に悩まされるだろう

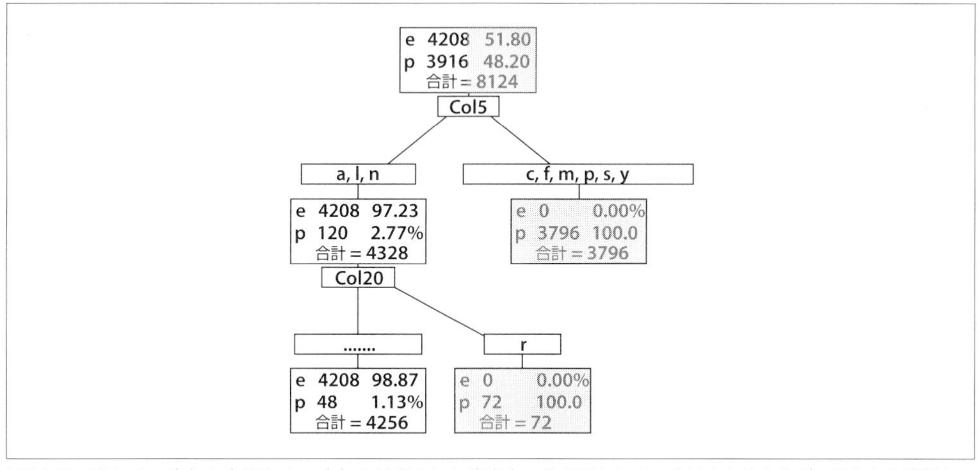

図21-5 毒キノコ（p）と食用キノコ（e）の枝刈りした決定木。枝刈りされているにもかかわらず、この木は訓練セットでのエラーは少なく、実データでもうまく機能すると考えられる

みなさんのご想像のとおり、たくさんの食用キノコを有毒とラベル付けする可能性があったとしても、私たちに毒キノコを食べさせるようなことをしない分類器のほうがずっと有益です！ 前に見たように、分類器やデータに意図的にバイアスをかけることで（**コストを加える**ように）、このような分類器を作成できます。これは**例21-1**で行ったこと、つまり、食用キノコを誤って分類するより、毒キノコを誤って分類するほうに高いコストを加えるということです。`prior`ベクトルを調整することによって分類器にコストを課し、その結果、「悪い」データ点を、「よい」データ点の数に比べていくつにカウントするかの重みを変更しました。その代わりに、priorsを変えるように分類器のコードを修正しなかったり、あるいはできなかった場合には、「悪い」データを複製（または再サンプリング）することで同じように追加コストを課すことができます。「悪い」データ点の複製は暗黙的に「悪い」データ点に高い重みを与えることになります。このテクニックはほとんどの分類器に使えます。

図21-6は毒キノコに10倍のバイアスをかけた木を示しています。この木は食用キノコを多く間違える代わりに、毒キノコは決して間違えません。「用心するに越したことはない」のです。バイアスがかけられていない（枝刈りされた）木とバイアスされている木の混同行列を**図21-7**に示します。

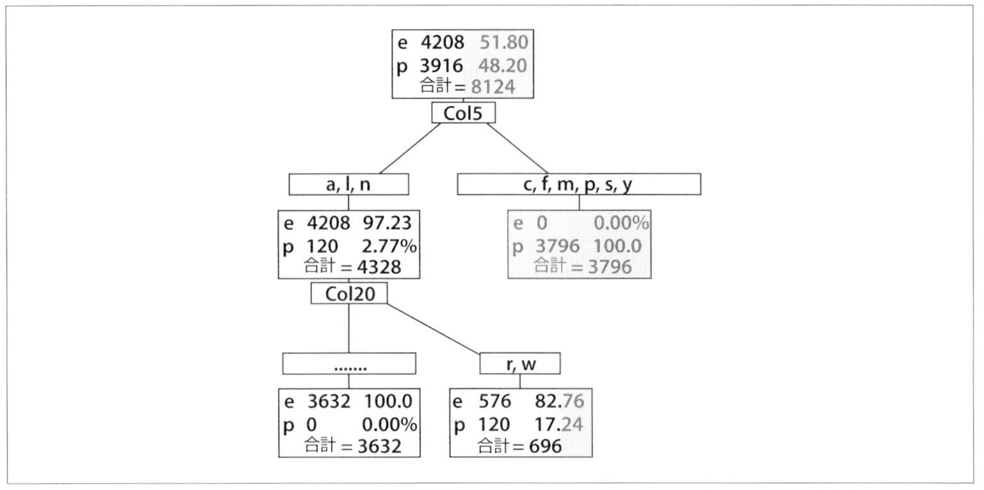

図21-6 毒キノコを食用と誤って同定することに対して10倍のバイアスをかけた食用キノコの決定木。右下の長方形は食用キノコが大半を占めているが、毒キノコ10倍ほどは多くないので、食べられないと分類されていることに注意

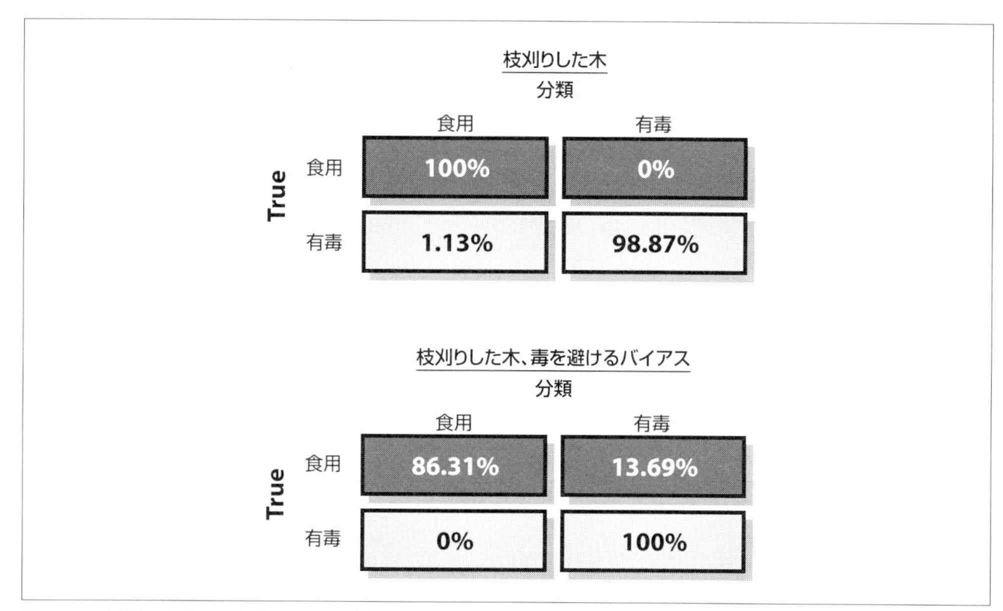

図21-7 枝刈りを行った食用キノコの決定木の混同行列。バイアスしない木は全般的な性能はよい（上のパネル）が、毒キノコを食用と誤って分類することがある。バイアスした木は全般的には性能はよくない（下のパネル）が、毒キノコを誤って分類することはない

21.2.3 ブースティング

決定木はきわめて便利ですが、多くの場合、それ単体で使われるほど最高性能の分類器ではありません。この節と次の節では、その他の2つのテクニック、**ブースティング**と**ランダムツリー**を紹介します。それは、内部のループで木を使っているため、木の便利な特徴の多くを継承しています（例えば、正規化されてないデータや正規化と非正規化の混合データを扱えることや、分類型データも順序づきデータも扱えることです）。これらのテクニックは通常、最先端かそれに近い性能を発揮します。したがって、それらはたいてい、ライブラリ内で利用可能な最良の「すぐに使える」教師あり分類テクニックなのです[†21]。

教師あり学習の分野では、**統計的ブースティング**と呼ばれる**メタ学習**アルゴリズム（最初に、Michael Kernsによって1988年に書かれた）があります。Kernsは多くの**弱分類器**を使って**強分類器**を学習することが可能か考察しました。「弱分類器」の出力は真の分類器に弱い相関しかなく、逆に「強分類器」は真の分類器に強い相関があります。このように弱と強というのは統計的な意味です。

初期のブースティングアルゴリズムは、AdaBoostとして知られています。それはその発表後すぐに、FreundとSchapireによって定式化されました[Freund97]。それ以降、このオリジナルの

†21 「ノーフリーランチ」定理が、先天的な「最良」の分類器ではないと教えていることを思い出してください。しかし、ビジョンが興味の対象とする多くのデータセットに対しては、ブースティングとランダムツリーは非常によく機能します。

ブースティングアルゴリズムのいろいろな変種が開発されました。OpenCV では、**表21-2** に示す 4 つの種類のブースティングが利用可能です。

表21-2 利用可能なブースティング手法。すべて AdaBoost の変種

ブースティング手法	OpenCV の列挙値
Discrete AdaBoost	`cv::ml::Boost::DISCRETE`
Real AdaBoost	`cv::ml::Boost::REAL`
LogitBoost	`cv::ml::Boost::LOGIT`
Gentle AdaBoost	`cv::ml::Boost::GENTLE`

これらのうち最もよく機能するのはほぼ、**Real AdaBoost** と **Gentle AdaBoost** でしょう（この 2 つはほんの少し違うだけです）。Real AdaBoost は信頼度が評価された予測を使い、分類的なデータでうまくいくテクニックです。Gentle AdaBoost は、外れ値により小さい重みを課すので、しばしば回帰データに向いています。LogitBoost も回帰でよく適合します。フラグを設定するだけなので、すべてのタイプをデータセットで試してみて、最もよく機能するブースティングの方法を選びましょう†22。ここで、オリジナルの AdaBoost について説明しましょう。分類については、OpenCV で実装されているように、一度に複数のクラスを扱える決定木やランダムツリーの分類器とは違い、ブースティングは（yes または no といった）2 クラス分類器であることに注意する必要があります†23。

1 つ気をつけておきたいのは、`LogitBoost` や `Gentle AdaBoost`（「21.2.3.2 ブースティングのコード」も参照）は、理論的には二分分類だけではなく回帰の実行にも使えますが、OpenCV の現在の実装ではブースティングは分類用にしか訓練できません。

21.2.3.1 AdaBoost

ブースティングのアルゴリズムは N_w の弱分類器 h_w、$w \in \{1, \ldots, N_w\}$ を訓練するのに使います。これらの個々の分類器は一般的にとても単純です。ほとんどの場合、これらの分類器は 1 つの分割を行う決定木（決定株と呼ばれる）か、多くとも数個（おそらく 3 つ以下）のレベルに分割するものです。最終決定を下すプロセスで、それぞれの分類器に α_w の重み付けされた投票値が割り当てられ、最終的には強分類器となります。入力特徴量ベクトル $\vec{x}_i$ のそれぞれにスカララベル y_i が付いたラベル付きデータセットを使います（ここで、$i \in \{1, \ldots, N_t\}$ はデータ点のインデックスです）。AdaBoost ではラベルはバイナリで $y_i \in \{-1, +1\}$ ですが、他のアルゴリズムでは任意の浮動小数点数です。データ点の重み付け分布 $D_w(i)$ も初期化します。これはデータ点の分類間

†22 この手順は **voodoo 学習**や voodoo プログラミングとして知られる機械学習のメタ手法の一例です。無節操ではありますが、可能な最高の性能を得る効果的な手法です。場合によっては、慎重に検討すれば、最高性能の手法がなぜ最高であるのかの理由が解明できるでしょう。データのより深い理解に到達できることもありますが、そうでないこともあります。

†23 任意の 2 クラス分類器（ブースティングを含めて）を N-クラス分類問題に適応させるために使える、**展開**（unrolling）と呼ばれるトリックがあります。しかし、訓練と予測の両方にさらにコストがかかります（`.../opencv/sources/samples/cpp/letter_recog.cpp` 参照）。

違いをどのくらいの「コスト」になるかをアルゴリズムに伝えます。ブースティングの重要な特徴は、アルゴリズムが進むにつれコストが増え、後に訓練される弱分類器が、前に訓練された弱分類器で貧弱な傾向であったデータ点に重点的に取り組むようになることです。アルゴリズムは次のようになります。

1. $D_w(i) = 1/N_t,\ i = 1, \ldots, N_t$
2. $w \in \{1, \ldots, N_w\}$ について
   a. $D_w(i)$ で重み付けされたエラーが最小になるような分類器 h_w を探す。
   $h = \operatorname{argmin}_{h_j} e_j$, ここで $e_j = \sum_i^{Nt} D_t(i)$ $(y_i \neq h_j(\vec{x}_j)$、$e < 0.5$ の間; そうでなければ終了)。
   b. h_w に「投票の重み」$\alpha_i = \frac{1}{2}\log\left[\frac{1-e_i}{e_i}\right]$ を設定する。ここで e_i はステップ 2a で最小になったエラー。
   c. データ点の重みを更新する。
   $D_{w+1}(i) = \dfrac{1}{Z_w} D_w(i) e^{-\alpha_w y_i h_w(\vec{x}_i)}$
   ここで、Z_w は、すべての w に対して $\sum_{i=1}^{N_t} D_w(i) = 1$ となるように、すべてのデータ点 $i \in \{1, \ldots, N_t\}$ に対し方程式を正規化する。

ステップ 2a でエラーの割合が 50 %未満の分類器を見つけられなければ終了することに注意してください。おそらく他のよりよい特徴量が必要です。

今説明した訓練アルゴリズムが終了したら、最終的な強分類器は新しい入力ベクトル $\vec{x}$ を取って、学習された弱分類器 h_w の重み付けされた総和を使ってそれを分類します。

$$H(x) = \operatorname{sign}\left(\sum_{w=1}^{T} \alpha_w h_w(\vec{x})\right)$$

ここで sign 関数は、正の数を 1 に、負の数を -1 に変換します（ゼロは 0 のまま）。性能上の理由から、訓練されたばかりの i 番目の決定木の葉の値は α_i でスケーリングされ、次に $H(x)$ は弱分類器の x に対する応答の総和の符号に縮約します。

21.2.3.2 ブースティングのコード

ブースティングのコードは決定木のコードと似ていて、`cv::ml::Boost` クラスは `cv::ml::DTrees` から派生し、少数の追加の制御用パラメータがあります。ライブラリ中の他のところで見られたように、`cv::ml::Boost::create()` を呼ぶと、`cv::Ptr<cv::ml::Boost>`型のオブジェクトが返りますが、このオブジェクトは実際には（普通は見えない）`cv::ml::BoostImpl` クラス型のオブジェクトへのポインタです。

```
// ここまでは省略
// namespace cv {
// namespace ml {
//
class BoostImpl : public Boost {  // cv::ml::Boost は cv::ml::DTrees から派生

public:

  // ブースティングの型
  // （cv::ml::Boost から派生）
  //
  //enum Types {
  //  DISCRETE = 0,
  //  REAL     = 1,
  //  LOGIT    = 2,
  //  GENTLE   = 3
  //};

  // ブースティングの種類の 1 つを取り出す/設定する
  //
  int    getBoostType() const;        // DISCRETE、REAL、LOGIT、GENTLE のタイプを得る
  int    getWeakCount() const;        // 弱分類器の数を得る
  double getWeightTrimRate() const;   // トリミング率を得る。本文参照

  void setBoostType(int val);         // DISCRETE、REAL、LOGIT、GENTLE のタイプを設定する
  void setWeakCount(int val);         // 弱分類器の数を設定する
  void setWeightTrimRate(double val); // トリミング率を設定する

  ...

  // Boost クラスより
  //
  //static Ptr<Boost> create(); // アルゴリズムの生成
  //                            //  Ptr<BoostImpl>を返す

};
```

setWeakCount() メンバー関数は、最終的な強分類器を形成するのに使われる弱分類器の数を設定します。デフォルトの数は 100 です。

弱分類器の数は、それぞれ個別の分類器に許される最大の複雑さとは異なります。後者は setMaxDepth() で調整でき、個々の弱分類器が持てる層の最大数を設定します。前に述べたように、通常は 1 を設定します。この場合、この小さな木は単なる「株」で、単一の決定しかありません。

次のパラメータ WeightTrimRate は、計算をより効率的に高速化するのに使われます。訓練を続けるに従って多くのデータ点が重要ではなくなってきます。すなわち、i 番目のデータ点の重み $D_t(i)$ が非常に小さくなります。setWeightTrimRate() 関数は、0 から 1（両端を含む）の閾値を設定します。これは暗黙的に、ブースティングの反復でいくつかの訓練サンプルを捨てるために使われます。例えば、WeightTrimRate を 0.95（デフォルト値）に設定すると、全重みが少なく

とも 95 %の「重い」サンプル（すなわち最大の重みを持つサンプル）は、訓練の次の反復に受け入れられます。残りの多くとも 5 %の重みの「軽い」サンプルは一時的に次の反復の中から除かれます。「次の反復の中から」という言葉に注意してください。つまり、サンプルが永久に捨てられてしまうわけではありません。次の弱分類器が訓練されるときは、重みがすべてのサンプルに対して計算されるので、前回重要ではなかったサンプルが次の訓練セットに戻されるかもしれません。典型的には、トリミングされた 20 %程度のサンプルだけが個々の訓練ラウンドに参加するので、訓練は 5 倍くらい高速になります。この機能をオフにするには `setWeightTrimRate(1.0)` を呼び出します。

その他のパラメータに関しては、`cv::ml::BoostImpl` は（`cv::ml::Boost` を通して）`cv::ml::DTrees` から継承しているので、継承したインタフェース関数を通して決定木そのものに関連したパラメータを設定できることに留意してください。全体としては、ブースティングモデルの訓練とその後の予測の実行は、`cv::ml::DTrees` クラス、あるいは本質的には `ml` モジュールから継承された他の `StatModel` クラスと、まったく同じ方法で行われます。

OpenCV パッケージのコード `.../opencv/sources/samples/cpp/letter_recog.cpp` にはブースティングの使い方の例が示されています。訓練コードの抜粋を**例 21-2** に示します。この例では、分類器を使い、公開されているデータセットから始めて、a〜z の文字を認識しようとします。このデータセットは 20,000 項目があり、それぞれは 16 の特徴量と「結果」を持っています。特徴量は浮動小数点数で、結果は単一の文字です。ブースティングは 2 クラス分類器にしか使えないので、このプログラムは、前に簡単に説明した「展開（unrolling）」テクニックを使います。このテクニックをここでより詳しく説明します。

展開すると、データセットは基本的に、訓練データの 1 つのセットから 26 のセットに拡張されます。それぞれのセットは、一度応答だったものが今度は特徴量として追加されるように拡張されます。同時に、これらの拡張されたベクトルに対する新しい応答は単に、1 か 0（`true` か `false`）です。このようにして分類器は実質上、「$\left\{\vec{x_i}, y_i\right\}$ と $\left\{\vec{x_i}, not\ y_i\right\} = false$ の関係を学習することで、$\vec{x_i}$ は z_i に等しいか」という問いに答えるように訓練されます[†24]。**例 21-2** を参照してください。

例 21-2　ブースティングされた分類器の訓練の抜粋

```
...
cv::Mat var_type( 1, var_count + 2, CV_8U );     // var_count は特徴量の数（ここでは 16）
var_type.setTo( cv::Scalar::all(VAR_ORDERED) );
var_type.at<uchar>(var_count) = var_type.at<uchar>(var_count+1) = VAR_CATEGORICAL;
...
```

†24　同等に、分類器は、この種の $\vec{x_i} \rightarrow y_i$（すなわちベクトル $\vec{x_i}$ が結果 y_i を意味する）のような命題を、真である命題と偽である命題との 2 クラスに分類するように訓練されていると言うこともできます。

初めに行うべきことは、それぞれの特徴量と結果をどう扱うのかを示す var_type 配列を作ることです（**例21-2**）。次に、訓練データのクラスのオブジェクトが作られます。これは期待したものより大きいことに注意してください。元のデータからの var_count 個（この場合、16 個になります）の特徴量だけでなく、応答のために追加された 1 列があります。さらにその間に、（展開の前は）アルファベット文字の応答であったものを含むように特徴量を拡張するための、もう 1 列が存在します。

```
cv::Ptr<cv::ml::TrainData> tdata = cv::ml::TrainData::create(
  new_data,                    // 拡張された、26 倍のベクトル、それぞれ y_i を含む
  ROW_SAMPLE,                  // 特徴ベクトルは行として格納されている
  new_responses,               // true か false の 26 倍の拡張されたベクトル
  cv::noArray(),               // アクティブな変数のインデックス。ここでは「すべて」
  cv::noArray(),               // アクティブなサンプルのインデックス。ここでは「すべて」
  cv::noArray(),               // サンプルの重み。ここでは「すべて同じ」
  var_type                     // 拡張された 16+2 のエントリー
);
```

次にすべきことは、分類器の生成です。ほとんどはごく普通のことですが、1 つだけ、priors が他と異なります。正しい答えを見逃すコストは、間違った答えを得るコストよりも 25 倍に膨らむ、という点には注意してください。これは、いくつかの文字が「毒」であるという理由からではなく、展開のためです。つまり、ある文字をその文字ではないと判定するほうが、違う文字であると判定するよりも 25 倍コストがかかるということです。これは、「負」のルールを課すベクトルが実際には 25 倍多くあるため、「正」のルールもそれに応じて重みを増やす必要が生じるために、このような処理を行う必要があります[†25]。

```
vector<double> priors(2);
priors[0] = 1;  // false (0) の応答に対して
priors[1] = 25  // true (1) の応答に対して

model = cv::ml::Boost::create();
model->setBoostType( cv::ml::Boost::GENTLE );
model->setWeakCount( 100 );
model->setWeightTrimRate( 0.95 );
model->setMaxDepth( 5 );
model->setUseSurrogates( false );

cout << "Training the classifier (may take a few minutes)...\n";
model->setPriors( cv::Mat(priors) );

model->train( tdata );
```

ブースティングの予測関数も決定木のものとよく似ていて、この場合は model->predict() を

†25 前に見てきたように、正または負のサンプルの数を増やすことは、priors で重み付けすることと本質的には等価です。この場合、負のベクトルの数を増加させた理由が別にあった（展開）ので、負のサンプルの役割の事実上の増加を補償する目的で、正のサンプルの priors を増やしています。

使います。前に述べたように、ブースティングの文脈では、このメソッドは弱分類器の応答の重み付けされた総和を計算し、総和の符号を取り、出力クラスのラベルに変換します。場合によっては、実際の総和を得ることが有用であることもあります。例えば、どのくらいの決定の信頼度かを評価するようなケースです。これには cv::ml::StatModel::RAW_OUTPUT フラグを predict メソッドに渡す必要があります。実際、今回のケースでは、そうする必要があります。展開されたデータを扱うときは、2つ（やそれ以上）の「真」の応答を得ることはそれほど珍しいことではありません。この場合、典型的には最も大きな信頼度の答えを選びます。

```
Mat temp_sample( 1, var_count + 1, CV_32F ); // 拡張された「命題」のサンプル
float* tptr = temp_sample.ptr<float>();      // 最初の命題へのポインタ

double correct_train _answers = 0, correct_test _answers = 0;

for( i = 0; i < nsamples_all; i++ ) {

  int          best_class = 0;                  // ここまでで見つかった最強の命題
  double       max_sum    = -DBL_MAX;           // 現在の最良の命題の強さ
  const float* ptr        = data.ptr<float>(i); // 現在のサンプルを指す

  // 特徴量を現在のサンプルから一時的な拡張されたサンプルへコピーする
  //
  for( k = 0; k < var_count; k++ ) tptr[k] = ptr[k];

  // サンプル命題にクラスを加え、この命題に対して予測する
  // この命題が以前のどの命題よりもよければ、これを新しい「最良」として記録する
  //
  for( j = 0; j < class_count; j++ ) {
    tptr[var_count] = (float)j;
    float s = model->predict(
      temp_sample, noArray(), StatModel::RAW_OUTPUT
    );
    if( max_sum < s ) { max_sum = s; best_class = j + 'A'; }
  }

  // もし最強（最も真）の命題が正しい応答と一致すればスコアを 1 に、そうでなければ 0 に
  //
  //
  double r = std::abs( best_class - responses.at<int>(i) ) < FLT_EPSILON ? 1 : 0;

  // まだ訓練サンプルを扱っているのなら、正しい訓練結果をもう 1 つ記録する
  // そうでなければ、正しいテスト結果をもう 1 つ記録する
  // サンプルがシャッフルされていないことに期待！
  //
  if( i < ntrain_samples )
    correct_train _answers += r;
  else
    correct_test  _answers += r;
}
```

もちろん、これが多クラス問題を扱う最も高速で便利な方法というわけではありません。ランダ

ムツリーのほうがよい解法かもしれません。それを次に紹介しましょう。

21.2.4 ランダムツリー

OpenCVには、Leo Breimanの**ランダムフォレスト**[†26]の理論に従って実装された**ランダムツリー**クラスが含まれています。ランダムツリーは、たくさんの木の葉それぞれに「投票」したクラスを集めて、最も「投票数」の多いクラスを勝者とすることで、一度に2つ以上のクラスを学習できます。回帰はこの「フォレスト（森）」の木の葉の値の平均を取ることで行われます。ランダムツリーは不規則に乱された決定木で構成され、MLライブラリの構築時に使われた学習用データセットに対しては最も性能のよい分類器の1つです。ランダムツリーは、共有メモリのないシステムでも並列に実行できる可能性を秘めており、これにより将来利用が増加するでしょう。ランダムツリーの基本的な構成要素は、決定木です。この決定木はすべて、それ自身が**純粋**になるように作られます。このため（**図20-3**の右上パネルを参照）、それぞれの木は、変動の大きな分類器であり、訓練データセットをほぼ完全に学習したものです。この大きな変動を相殺するために、たくさんの木の平均を取るのです（「ランダムツリー」という名前の由来です）。

もちろん、すべての木が互いに似通っていたら、木を平均化してもうまくはいかないでしょう。ランダムツリーは、各木が異なる（統計的に独立になる）ようにすることでこれを解決しています。これは、すべての特徴量から各ノードでランダムに異なる特徴量のサブセットを選択してそれを学習することで行われます。例えば、ある物体認識木は、色、テクスチャ、勾配の大きさ、勾配の向き、分散、値の割合など、たくさんの潜在的な特徴量を持っているかもしれません。この木の各ノードは、データを最も分岐させる方法を決定する際に、これらの特徴量のサブセットからランダムに特徴量を選ぶことができ、それに続く各ノードも、特徴量のサブセットを新しくランダムに選んで分岐に使います。これらのランダムなサブセットのサイズとしては、特徴量の数の平方根がよく使われます。つまり、100個の特徴量があったら、各ノードはランダムに10個の特徴量を選び、その10個の特徴量の中から最もよくデータを分岐させるものを探します。ロバストさを増すため、ランダムツリーは**アウトオブバッグ**（OOB：out of bag）基準を使って分岐を検証します。すなわち、任意のノードで、ランダムな**復元抽出**[†27]で選ばれた新しいデータのサブセットで学習が行われ、残りの選ばれなかった値（OOBデータ）を使ってその分岐の性能を見積もります。OOBデータは通常、すべてのデータ点の1/3程度の数に設定されます。

木に基づくすべての手法と同様、ランダムツリーは木のよい性質を多く受け継いでいます。欠落した値のための代理分岐が可能なこと、カテゴリも数値も扱えること、値を正規化する必要がないこと、予測に重要な変数を簡単に見つけ出せることなどです。また、ランダムツリーは、OOBエラーの結果を使って、まだ観測されていないデータでどれくらいうまく機能するかを見積もっているので、訓練データの分布がテストデータに似ている場合、このOOBの性能予測はかなり正確

†26 Breimanのランダムフォレストに関する研究の大部分は https://www.stat.berkeley.edu/users/breiman/RandomForests/cc_home.htm にわかりやすくまとめられています。

†27 これは、いくつかのデータポイントがランダムに繰り返し使われる可能性があることを意味します。

です。

最後にランダムツリーを使って、任意の2つのデータ点に対して、その**近接度**（ここでは、それらが「どれくらい似ているか」という意味で、「どれくらい近くにあるか」という意味ではありません）を定義することができます。ランダムツリーのアルゴリズムは次のようにしてこれを行います。(1) 2つのデータ点を木に落とし、(2) それらが何回同じ葉に落ちるかをカウントし、(3) この「同じ葉」になった回数を木の総数で割ります。近接度の結果が1なら2つの点はほとんど同じで、0だとまったく似ていないという意味になります。この近接度の測定により外れ値（他と著しく異なっているような点）の特定ができ、点をクラスタリングする（近い点をグループにまとめる）こともできます。

21.2.4.1 ランダムツリーのコード

みなさんはもうMLライブラリがどう動くかについて詳しくなっているはずです。ランダムツリーも同様の手順です。ここからは、まずクラスの宣言から始めましょう。`cv::ml::RTreesImpl`クラスもまた、`cv::ml::DTrees`を継承した`cv::ml::RTrees`から継承しています。

```
// ここまでは省略
// namespace cv {
//   namespace ml {
//
class RTreesImpl: public RTrees {  // cv::ml::RTreesはcv::ml::DTreesから派生

public:

  // 訓練中に重要度変数を計算すると、訓練速度は極端に遅くなる
  //
  bool getCalculateVarImportance() const;      // 訓練中に重要度を計算するかどうかを設定
                                               //
  int  getActiveVarCount() const;              // それぞれの分岐に対する変数の数を取得
  TermCriteria getTermCriteria() const;        // 最大の木の数または精度を取得

  void setCalculateVarImportance( bool val ); // 訓練中に重要度を計算するかどうかを設定
                                               //
  void setActiveVarCount( int val );           // それぞれの分岐に対する変数の数を設定
  void setTermCriteria( const TermCriteria& val ); // 最大の木の数または精度を設定

  ...

  Mat getVarImportance() const;

  ...

  // RTreesクラスより
  //
  //static Ptr<RTrees> create(); // アルゴリズムの生成
  //                             //  Ptr<RTreesImpl>を返す
};
```

新たなメソッド setCalculateVarImportance() は、訓練中の各特徴量の変数の重要度の計算を可能にするスイッチです（追加するとわずかに計算時間コストが上がる）。

図21-8 は、前に説明した agaricus-lepiota.data のキノコのデータセットのサブセットで計算された変数の重要度を示しています。

変数名	ランダム	ブースティング	決定木
Col5	100.0	100.0	100.0
Col20	35.2	58.89	57.37
Col21	16.47	6.11	34.51
Col19	13.35	4.57	26.11
Col9›	13.01	43.15	45.96
Col13	10.02	24.47	26.85
Col8	9.52	37.51	42.28
Col12	9.09	27.66	28.90
Col22	8.29	0.28	20.00
Col7	6.08	0.10	21.33
Col15	4.06	1.84	21.41
Col11	3.52	0.44	16.29
Col4	3.12		14.67
Col14	2.98	0.25	20.81
Col18	2.68		0.70
Col3	2.56	0.11	9.15
Col2	2.22	0.39	12.14
Col10	1.79		2.67
Col1	0.41	0.24	7.26
Col17	0.18	0.32	0.54
Col0			
Col6			
Col16			

図21-8　ランダムツリー、ブースティング、決定木で計算された、キノコのデータセットにおける変数の重要度。ランダムツリーが、少数の重要な変数を使って最高の予測精度を達成している（データの 20 %をカバーするランダムに選ばれたテストセットで、100 %の正答率）。OpenCV 3.x では、RTrees に対してだけ可変重要度を明示的に取得することができる（決定木やブースティングではできない）

setActiveVarCount() メソッドは、それぞれのノードにおいてテストすべき特徴量からランダムに選択するサブセットの数を設定します。ユーザーが明示的に設定しない場合は、通常、特徴量の総数の平方根に設定されます。

setTermCriteria() を使えば、最大の木の数（cv::TermCriteria::MAX_ITER）と OOB エラーの値（cv::TermCriteria::EPS）との、両方の終了基準を設定できます。これらは、基準値を超えると木の生成を止めます。いつものように、2 つの終了基準のいずれか、または両方を適用できます（通常は両方 cv::TermCriteria::MAX_ITER | cv::TermCriteria::EPS）。それ以外は、ランダムツリーの訓練は、決定木の訓練やブースティングの訓練などと形は同じです。

以前のブースティングのマルチクラス学習の例（.../opencv/sources/samples/cpp/letter_recog.cpp）を見れば、ランダムフォレストをどのように訓練すればよいかがわかります。その中から顕著な点をいくつか抜粋して次に示します。注意してほしいのは、ブースティングとは異なり、マルチクラスデータを直接学習することができるということです。

```
using namespace cv;
...
Ptr<ml::RTrees> forest = ml::RTrees::create();
forest->setMaxDepth(10);
forest->setMinSampleCount(10);
forest->setMaxCategories(15);
forest->setCalculateVarImportance(true);
forest->setActiveVarCount(4);
forest->setTermCriteria(
  TermCriteria(
    TermCriteria::MAX_ITER+TermCriteria::EPS,
    100,
    0.01
  )
);
forest->train(tdata, 0);

...
```

ランダムツリーの予測方法は他のmlのモデルと変わりません。letter_recog.cppで用いている予測呼び出しの例を次に示します。

```
...

for( int i = 0; i < nsamples_all; i++ ) {

  cv::Mat sample = mydata.row( i );

  float r = forest->predict( &sample );
  r = fabs( (float)r - responses.at<float>[i]) <= FLT_EPSILON ? 1 : 0;

  // rを使って統計量を累積する
  if( i < ntrain_samples )
    correct_train _answers += r;
  else
    correct_test  _answers += r;

}
```

このコードでは、返された変数rが正解予測の数に変換されています。共通メソッドcv::ml::StatModel::calcError()を使って同じ統計量を計算できます。

最後に、ランダムツリーの解析関数とユーティリティ関数があります。訓練前にsetCalculateVarImportance(true)を呼べば、cv::ml::RTreesのメンバー関数を使って、各変数の相対的な重要度を取得することができます。

```
cv::Mat RTrees::getVarImportance() const;
```

この場合、返される値は各特徴量の相対的な重要度のベクトルになります。

21.2.4.2 ランダムツリーを使う

筆者らがテストしたデータセット上では、ランダムツリーアルゴリズムが最も（または、これまでの中では最も）よい結果を出すことが多いということはわかりましたが、最善なやり方はやはり、訓練データセットを定義した後に多くの分類器を試すことです。筆者らは、キノコのデータセットで、ランダムツリー、ブースティング、決定木を実行しました。8,124個のデータの中から、ランダムに1,624個のテストセットを抽出し、残りを学習セットとしました。これら3つの木に基づく分類器をデフォルトのパラメータで学習すると、テストセットで、**表21-3**に示すような結果を得ました。キノコのデータセットはかなり単純なので、このデータセットでは、3つの分類器のうち（ランダムツリーが最もよかったものの）どれがよく機能するかを断定的に言えるほどの圧倒的な差はありませんでした。

表21-3　キノコのデータセットで木に基づく手法を用いた結果（毒キノコの誤分類に追加のペナルティを与えずに、1,624個のランダムに選んだ点でテストした）

分類器	性能結果
ランダムツリー	100 %
AdaBoost	99 %
決定木	98 %

もっと興味深いのは変数の重要度です（これも分類器から測定しました）。**図21-8**を見てください。この図では、ランダムツリーとブースティングは、決定木が必要とする変数に比べて、使っている重要な変数が極端に少ないことを示しています。15 %を超える重要度では、決定木は13個も変数を必要とするのに対し、ランダムツリーが使うのはたった3個で、ブースティングが使うのは6個の変数です。このように、特徴量の集合のサイズを小さくして計算量とメモリ量を節約しつつ、なおかつ良好な結果を得ることができます。もちろん、ランダムツリーとAdaBoostは複数の木を評価しなければならない一方、決定木アルゴリズムには木が1つしかありません。つまりどの手法の計算コストがいちばん少ないかは、使われるデータの特性に依存しているのです。

21.2.5 期待値最大化

期待値最大化（EM：Expectation Maximization）は、よく知られている教師なしクラスタリングテクニックです。EMの背後にある基本的な考え方は、分布をガウス分布のコンポーネントの混合でモデル化しているという点でK-meansアルゴリズムに似ています[†28]。しかし、EMの場合のガウス分布のコンポーネントの学習プロセスは、1回の反復に対し期待値（Expectation）ス

†28　期待値最大化（EM）アルゴリズムは、実際には単なる混合ガウスより一般的なものですが、OpenCVではここで述べたような混合ガウスでの特殊なケースだけをサポートしています。

テップと最大化（Maximization）ステップと呼ばれる2つのステージを繰り返します（これがアルゴリズムの名前となっています）。

EMアルゴリズムの定式化では、訓練セットの各データ点は、観測値を取る変数の原因になると考えられる混合ガウス分布のコンポーネントを表す潜在的な変数に関連づけられています（そのような変数は、通常は**負担率**と呼ばれます）。理想的には、観測変数の尤度を最大化するように、ガウス分布のコンポーネントのパラメータとその負担率を算出することが望ましいです。しかし実際には、それらのすべての変数を同時に最大化する解を直接求めることはできません。データ点に割り当てられた負担率が必ずしもクラスタの中心に最も近くなるとは限らないという点が、K-means法との微妙な違いです。

EMアルゴリズムは、（「E（期待値）ステップ」で）負担率を独立に求め、次に（「M（最大化）ステップ」で）ガウス分布のコンポーネントのパラメータを独立に求めることで、この問題を2つの側面に分けて扱います。そして、収束に達するまでこの2つのステップを交互に繰り返します。

21.2.5.1 cv::EM()を用いて期待値最大化を行う

OpenCVでは、EMアルゴリズムは`cv::ml::EM`クラスで実装されていて、次のような定義になっています。

```
// ここまでは省略
// namespace cv {
//   namespace ml {
//
class EMImpl: public EM {       // cv::ml::EMはcv::ml::StatModelから派生

public:

  // 共分散行列の型
  // （cv::ml::EMからの継承）
  //
  //enum Types {
  //  COV_MAT_SPHERICAL = 0,
  //  COV_MAT_DIAGONAL  = 1,
  //  COV_MAT_GENERIC   = 2,
  //  COV_MAT_DEFAULT   = COV_MAT_DIAGONAL
  //};

  // クラスタ/混合の数を取得/設定する（デフォルトで5）
  //
  int  getClustersNumber() const;                 // クラスタ数を取得
  int  getCovarianceMatrixType() const;           // 共分散行列の型を取得
  TermCriteria getTermCriteria() const;           // 最大反復数と精度を取得

  void setClustersNumber( int val ) ;             // クラスタ数を設定
  void setCovarianceMatrixType( int val );        // 共分散行列の型を設定
  void setTermCriteria( const TermCriteria& val ); // 最大反復数と精度を設定

  ...
```

```
    // 予測法、下記を参照
    //
    Vec2d predict2(
      InputArray  sample,
      OutputArray probs
    ) const;
    bool trainEM(...); // 下記を参照
    bool trainE(...);  // 下記を参照
    bool trainM(...);  // 下記を参照

    ...

    // EMクラスより
    //
    //static Ptr<EM> create(); // アルゴリズムの生成
    //                         //  Ptr<EMImpl>を返す

  };
```

cv::EMオブジェクトを生成して設定するときに、アルゴリズムにクラスタ数を指示する必要があります。これには、setClusterNumber()メソッドを使います。K-meansアルゴリズムの場合は、異なった数のクラスタを独立にテストすることが常に可能ですが、基本的なcv::EMオブジェクトは一度に特定の数のクラスタしか扱うことができません。

次のメンバー関数setCovarianceMatrixType()は、混合ガウスモデルのコンポーネントに結びつけられた共分散行列にどのような制約を用いるかを指定します。この引数は次の3つのうちの1つを取ります。

- cv::ml::EM::COV_MAT_SPHERICAL
- cv::ml::EM::COV_MAT_DIAGONAL
- cv::ml::EM::COV_MAT_GENERIC

1番目のCOV_MAT_SPHERICALの場合、それぞれの混合のコンポーネントは回転対称であると仮定されています。これは、Mステップで最大化する自由なパラメータは1つだけであることを意味しています。それぞれの共分散は単に引数を単位行列と掛けたものです。2番目のCOV_MAT_DIAGONALの場合（デフォルト）は、それぞれの行列は対角行列であることが期待されます。したがって、パラメータの数は行列の次元（つまり、データの次元）の数と同じです。最後のCOV_MAT_GENERICの場合、それぞれの共分散行列は、任意の対称行列を表すのに必要な$(N_d^2 - N_d)/2$個の変数で表されます。一般的に、訓練可能なモデルの複雑性はデータが得られる量に強く依存します。実際には、極端に少ないデータでは、おそらくCOV_MAT_SPHERICALを使うのがよく、反対に、膨大な量のデータの場合以外は、おそらくCOV_MAT_GENERICを使わないほうがよいでしょう。

どのくらいあれば十分なのでしょうか、そして、どのくらいだと多いのでしょうか？ EMを N_k 個のクラスタで N_d 次元で実行しているなら、解こうとしている自由な変数の数は簡単に計算できます。回転対称分布（COV_MAT_SPHERICAL）の場合、クラスタごとの 1 つの共分散に、クラスタ中心の位置を加えたもの、つまり $N_k(N_d + 1)$ が合計の変数の数になります。対角共分散（COV_MAT_DIAGONAL）の場合、各クラスタの共分散には N_d の自由度があり、つまり $N_k(N_d + N_d) = 2N_kN_d$ が合計の変数の数となります。完全に一般的な共分散行列（COV_MAT_GENERIC）では、各クラスタの共分散に対して $({N_d}^2 - N_d)/2$ の自由度があり、つまり $({N_d}^2 - N_d)/2$ が解くための変数の自由度になります。$N_k(N_d + ({N_d}^2 - N_d)/2) = N_k{N_d}^2 + \frac{1}{2}N_kN_d$ が合計の変数の数となります。したがって、一般的な場合で見つけようとしているものは、最も制限された場合より最小でも $O(N_d)$ 倍多くあります。残念なことに、最も効率的な学習アルゴリズムでさえ、必要とするデータ量は、この比率での線形よりもはるかに悪くなります。

EMの最後の設定は、setTermCriteria()で指定する終了基準です。引数は通常のcv::TermCriteria型のもので、許容される最大繰り返し数と、アルゴリズムを終了するのに「十分小さい」とみなされる尤度の最大変化量（もしくはその両方）を設定します。

cv::EMオブジェクトのインスタンスを作成し、パラメータを設定すれば、EMアルゴリズム固有の3つのtrain*()、つまりtrainEM()、trainE()、trainM()のいずれかを使って訓練することができます。

```
bool cv::ml::EM::train(
  cv::InputArray  samples,
  cv::OutputArray logLikelihoods = cv::noArray(),
  cv::OutputArray labels         = cv::noArray(),
  cv::OutputArray probs          = cv::noArray()
);

virtual bool cv::ml::EM::trainE(
  cv::InputArray  samples,
  cv::InputArray  means0,
  cv::InputArray  covs0          = cv::noArray(),
  cv::InputArray  weights0       = cv::noArray(),
  cv::OutputArray logLikelihoods = cv::noArray(),
  cv::OutputArray labels         = cv::noArray(),
  cv::OutputArray probs          = cv::noArray()
);

bool cv::ml::EM::trainM(
  cv::InputArray  samples,
  cv::InputArray  probs0,
  cv::OutputArray logLikelihoods = cv::noArray(),
  cv::OutputArray labels         = cv::noArray(),
  cv::OutputArray probs          = cv::noArray()
);
```

cv::EM の trainEM() メソッドは通常のサンプルからなる入力配列を取り、応答（labels）、尤度（logLikelihoods）、割り当てられた確率（probs）を返します。応答は labels 配列に格納され、データ点ごとに１つの行からなる１列の配列です。i 番目の行の値は、データ点が割り当てられたクラスタを識別する整数です。この整数は、N_k 個のクラスタ（生成時に呼び出した nclusters で設定される）全体で計算されたメンバーシップ確率の中で最大の値です。配列 probs は、実際に個々の確率が格納されており、それぞれの行は与えられた点に対する確率で、列はそのクラスタの確率となります（つまり、probs.at<double>(i,k) はデータ点 i、クラスタ k の確率です）。最後に、それぞれの点に結びついた尤度が配列 logLikelihoods に返ります。本質的には、これらの尤度は（相対的な意味で）最終モデルのもとで個々の観測がどのくらい起こりそうかを示しています。名前が示唆するように、実際には尤度の自然対数が返ります。３つのいずれの出力も、必要がなければ cv::noArray() で置き換えられます。モデルが訓練されれば、予測に使えます。

今説明した訓練メソッドに加え、trainE() と trainM() の２つの追加メソッドがあります。これらのメソッドは（それぞれ）E ステップまたは M ステップから始めます。trainE() の場合は初期モデルを、trainM() の場合はクラスタに割り当てる初期の確率の配列を与えます。

trainE() の場合、モデルは入力配列を means0、covs0、weights0 の形で提供します。means0（平均）の形式は N_k 行 N_d 列の配列でなければなりません。ここで、N_k はクラスタ数で N_d はサンプルデータの次元数です。covs0（共分散）は N_k 個の分離した配列を持つ STL vector で、それぞれは k 番目のガウス分布のコンポーネントの $N_d \times N_d$ の共分散行列です。最後に、配列 weights0 は N_k 行１列です。k 行目の項目は k 番目のガウス分布のコンポーネントに結びついた混合確率です（つまり、他のコンポーネントに対する、コンポーネント k から引き出される任意の無作為標本の周辺確率です）。

trainM() の場合、probs0（それぞれの点と結びついたメンバーシップ確率）を、今説明した train() で計算されるのと同じ形式で指定する必要があります。つまり probs0 は $N_s \times N_k$ の配列で、サンプルごとに１つの行と、そのデータ点のガウス分布のコンポーネントに対するメンバーシップ確率が格納された列を持ちます。

モデルの訓練が済めば、cv::ml::EM::predict() メソッドを使って、訓練済みのアルゴリズムで新しい点がどのクラスタのメンバーに最もなりそうかを予測することができます。predict() の戻り値は cv::Vec2d 型です。戻り値のベクタの１つ目の要素は、現在のモデル下での割り当てに結びついた確率を与え、２つ目はクラスタのラベルを与えます。

21.2.6 K 近傍法

最も簡単な分類法の１つに **K 近傍法**（KNN：K-nearest neighbors）があります。これは、すべての訓練データ点を保存し、それらへの近さに基づいて新しい点をラベル付けします。新しい点を分類したければ、保存されている点から N_k 個の最も近い点を検索し、どの訓練セットのクラスに N_k 近傍の大多数が含まれるかに従ってその新しい点をラベル付けします。また、KNN は回帰として使うこともでき、この場合、返される結果は N_k 近傍に結びついた値の平均となります[†29]。このアルゴリズムはOpenCVの`cv::ml::KNearest`クラスに実装されています。KNN分類法はとても効果的ですが、全訓練セットを保存する必要があるので、たくさんのメモリを使うためにかなり遅くなる可能性があります。よく行われるのは、この方法を使う前に訓練データセットをクラスタリングしてそのサイズを減らしておくことです。動的適応型近傍型のテクニックが、脳（および機械学習）の中でどのように使われるかに興味のある方は、Grossbergの文献[Grossberg87]や、CarpenterとGrossbergの最近の進展に関する要約[Carpenter03]を見るとよいでしょう。

21.2.6.1 cv::ml::KNearestを用いてK近傍を使う

KNNアルゴリズムは、OpenCVでは`cv::ml::KNearest`クラスに実装されています。`cv::ml::KNearest`のクラス宣言は次のような形式です。

```
// ここまでは省略
// namespace cv {
//   namespace ml {
//
class KNearestImpl: public KNearest { // cv::ml::KNearestはcv::ml::StatModelから派生
public:

  // （cv::ml:: KNearestから継承）
  //
  //enum Types {
  //  BRUTE_FORCE = 1,
  //  KDTREE      = 2
  //};

  // 回帰あるいは分類にK近傍を使う

  //
  int  getDefaultK() const;          // 近傍の数のデフォルト値を取得
  bool getIsClassifier() const;      // 分類（true）あるいは回帰（false）を取得
  int  getEmax() const;              // 最も「近い」近傍を取得（KDTree）
  int  getAlgorithmType() const;     // brute-force か KD-Tree search かを取得
                                     //   （BRUTE_FORCEまたはKDTREEのいずれか）

  void setDefaultK( int val );       // 近傍数のデフォルト値を設定
  void setIsClassifier( bool val );  // 分類ならtrue、回帰ならfalseを設定
  void setEmax( int val );           // 最も「近い」近傍を設定する（KDTree）
  void setAlgorithmType( int val );  // brute-force か KD-Tree search を設定
                                     //   （BRUTE_FORCEまたはKDTREEのいずれか）
  ...

  // それぞれのサンプルでのK近傍を検索
  //
```

†29 機械学習アルゴリズムの専門家にとっては、OpenCVのKNNの実装では、回帰のときに重み付けされてない N_k 近傍点の平均を使うということは注目に値します（他の実装ではたいてい、それらの点に異なった重み付けがされています。例えば、入力の点からの距離の逆数による重み付けです）。

```
    float findNearest(
      InputArray  samples,
      int         k,
      OutputArray results,
      OutputArray neighborResponses = noArray(),
      OutputArray dist              = noArray()
    ) const = 0;

    ...

    // KNearest クラスより
    //
    //static Ptr<KNearest> create(); // アルゴリズムの生成
    //                               // Ptr<KNearestImpl>を返す
  };
```

cv::ml::KNearest::findNearest() の代わりに近傍の数を明示的に指定する cv::ml::StatModel::predict を使う場合には、setDefaultK() メソッドで近傍の数を設定します（k は前に述べた KNN アルゴリズムの N_k に相当します）。

KNN を回帰として使うとき（つまり個別の訓練セットを使って関数を近似しようとするとき）、setIsClassifier() メソッドを使います。この場合、train() メソッドを呼ぶ前に setIsClassifier(false) を呼んでおく必要があります。

いつものように cv::ml::StatModel::train() メソッドを呼び出すことで KNN モデルを訓練できます。入力の trainData は N_s 行 N_d 列のいつもの配列で、N_s はサンプル数で N_d はデータの次元数です。responses 配列は N_s 行 1 列でなければなりません。アルゴリズムがこのデータをどのように扱うかは setAlgorithmType() メソッドによります。このメソッドは BRUTE_FORCE あるいは KDTREE を引数に取ります。

アルゴリズムを BRUTE_FORCE に設定した場合は、この訓練データは単に内部的に配列として保存され、最近傍を見つけるために連続的に精査されます。KDTree の場合は、BBF（best-bin-first）アルゴリズム（D. Lowe が発表）が使われます。これは $N_d \ll \log(N_s)$ の場合はさらに効率的です。

ml モジュールの他の多くのモデルとは違い、KNN モデルは、データを訓練した後も新しい訓練データで更新できることに注意してください。これを行うためには、フラグ cv::ml::StatModel::UPDATE_MODEL を train() メソッドに渡します。

データが訓練されれば cv::ml::KNearest オブジェクトを予測に使えます。cv::ml::KNearest オブジェクトでは、通常の predict() メソッドとモデルに固有の findNearest() が利用可能です。findNearest() はデフォルトでは findNearest(samples, getDefaultK(), results, noArray(), noArray()) と等価です。しかし、findNearest() メソッドでは、近傍に関するいくつかの追加情報を取得することもできます。findNearest() メソッドの定義は次のとおりです。

```
virtual float cv::ml::KNearest::findNearest(
  cv::InputArray  samples,
  int             k,
  cv::OutputArray results,
  cv::OutputArray neighborResponses = cv::noArray(),
  cv::OutputArray dist              = cv::noArray()
) const = 0;
```

このメソッドは1つ以上のサンプルを一度に取ることができます。引数samplesはいくつかの行からなり、それぞれの行が1つのサンプルに対応しています。kの値は比較に使われ（引数k）、オブジェクトが訓練されたときに与えられるN_kの値以下の任意の値を指定可能です。予測結果は配列resultsに格納されます。これは1列の配列で、samplesの各点（行）に1つの行が対応しています。配列neighborResponsesとdistsが与えられていれば、それぞれの問い合わせ点で識別されるさまざまな近傍からの応答と、そこまでの距離が格納されます。これらはsamplesの点（行）ごとに1つの行と、その点で見つかったk近傍ごとに1つの列を持ちます†30。

どちらのメソッドも単一の浮動小数点数を返します。この値は、samples内のクエリポイントの数が1つであるため、計算された応答が1つしか返らないときに使われます。この場合、引数resultsを与える必要はありません。

21.2.7 多層パーセプトロン

多層パーセプトロン（MLP：Multilayer Perceptron）——**バックプロパゲーション**（誤差逆伝搬）とも呼ばれることがありますが、これは実際には重み更新規則のことを指します——は、文字認識や、近年急速に増加しているタスクにおいて、高性能な分類器にランク付けされるニューラルネットワークです†31。実際、MLPは現在発展中のディープラーニングにおいて重要な役割を果たしており、その他のニューラルネットワークに基づいた手法とともに、近年大きな成功を収めています。

予測の実行に使われるときはMLPはとても高速で、新しい入力に対する評価は、一連の内積の後に簡単な非線形の「押しつぶす処理を行う」関数を適用するだけです。一方、訓練はかなり遅くなる可能性があります。これは、最急降下法を用いて、各層のノード間の重み付けされた結合（潜在的に膨大な数となる）を調整することで誤差を最小化しているためです。

多層パーセプトロンの背後にあるアイデアは生物学から得られたものです。生物学における哺乳類の神経ネットワーク研究によって、ニューロン（神経細胞）の層構造のアイデアが生まれました。それぞれの層にあるニューロンは前の層からのいくつかの入力を取り、それらの入力に学習された重みを掛けて総和を取り、その総和にある種の非線形な変換を行って出力します（図21-9）。この単純化された生物学のニューロンのモデルはしばしば**人工ニューロン**（または総称して**人工ニュー**

†30 回帰で独自の重み関数を使いたいのであればこの情報を使って行うことができます。

†31 これはディープニューラルネットワークで使われているコアとなるアルゴリズムです。現在ライブラリに追加されているディープニューラルネットワークの新しいサポートについては後で簡単に説明します。

ラルネットワーク）と呼ばれ、生物学的ニューロンの基本的な機能を取り入れることを目的に作られました。ネットワークを構成すれば、それらのネットワークは理想的には人間までも含めた生物学的システムに見られるような学習と汎化行動を示すことが期待されています[†32]。

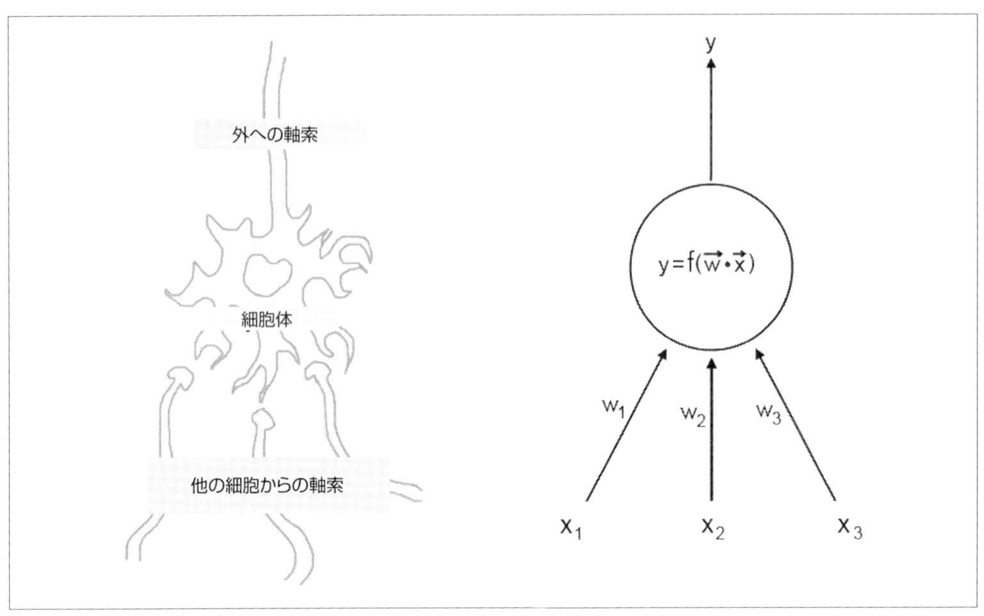

図21-9　MLPや他のニューラルネットワークで使われている人工ニューロンは、入力の重み付けされた総和に作用する典型的な非線形な活性化関数 f を使って、現実のニューロンの振る舞いをモデル化している。MLPの学習は、重み $\vec{w}$ を調整することで行われる

これらの人工ニューロン（単に**ノード**とも呼ばれます）は多層ネットワークに統合され、訓練アルゴリズムとともに、MLPアルゴリズムの基礎を形作っています（**図21-10**）。このような多層ニューラルネットワークはいろいろな構造をとることができ、最も基本のものは**全結合型多層ネットワーク**[†33]と呼ばれます。そのようなネットワークでは、ネットワークへのすべての入力は第1層のすべてのノードへの入力となります[†34]。同じように、1層目のすべての出力は2層目のすべ

†32　ディープラーニングアーキテクチャに限らず現時点のたいていのニューラルネットワークは、せいぜいフィードフォワード型の脳内の流れの可能性を表現しているだけで、処理において実在する注意とその他のバイアスを無視しています。本書の最後の章で考察されているように、ほとんどのモデルでは何倍もの脳内のフィードバック処理を完全に無視しており、本来はシミュレーションで一緒に考慮する必要があるかもしれないものです。

†33　興味のあるみなさんのために説明を付け加えると、本書で**全結合型ネットワーク**という言葉を使うときは、すべての重みに制約がなく、すべてがお互いに独立していることも暗に示しています。

†34　ニューラルネットワークの文献では、**入力層**という用語が第1層のニューロンを意味することもあれば、第1層の前にある入力の数を意味することもあります。本書ではこのあいまいさを避けるために、単にこの用語を使わないようにしています。本書で**第1層**という用語を使うときは常に計算ノードの第1層を意味し、その数はネットワークへの入力の数とは完全に独立しています。

てのノードへの入力になり、それ以降の層も同様です。このようなネットワークはどの層にも任意の数のノードを持つことができます。最後の層では、望ましい応答関数を表すことができる数のノードが必要です。

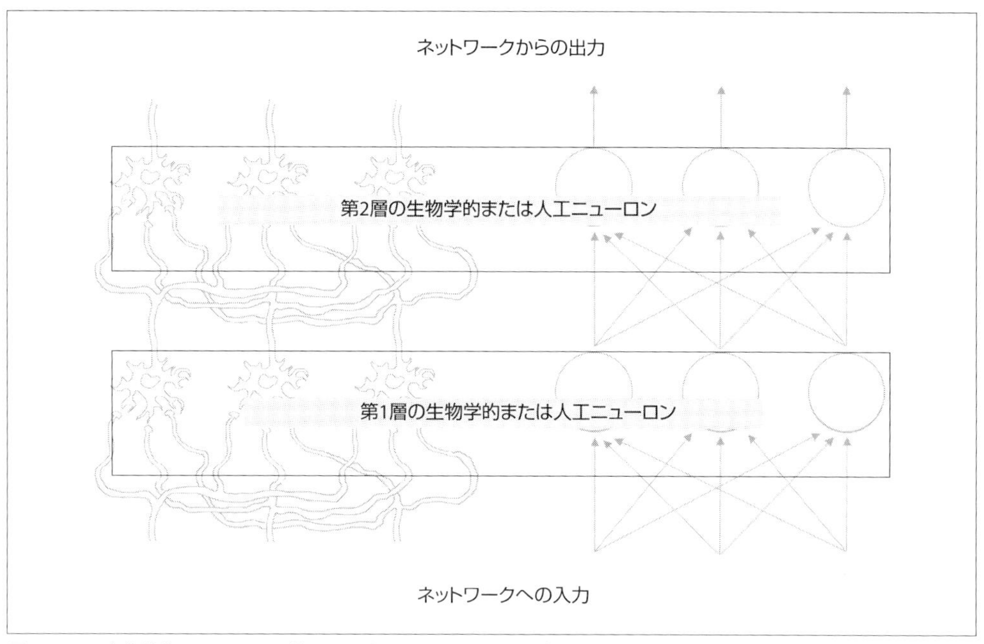

図21-10 生物学的ニューロンを模して、人工ニューロンを層構造に配置することができる。このネットワークへの入力は、重み付けされた内積 $\vec{w} \cdot \vec{x}$ の形で第1層のすべてのニューロンへの入力となっており、非線形関数 $f(w.x)$ でフィルタをかけられたものがそのノードの出力となる。第1層ニューロンの出力は次の層のすべてのノードに対する入力になり、それ以降の層も同様である

このようなネットワーク内のノード数は非常に多くなり、それに伴って重みの数もさらに多くなります。ここで、N_x 個の入力、N_y 個の出力（最後の層のノード数になります）、層数 N_l 層、各層に N_n 個のノード（最後の層を除く、最後は N_y ノード）を持ったネットワークを考えます。このようなネットワークでは、第1層への入力に $N_x N_n$ 個の重み、第1層最後までの各層で $N_n{}^2$ 個の重み、最後の層で $N_n N_y$ の重みを持ちます。つまり合計で $N_n(N_x + N_y + (N_l - 2)N_n)$ 個の重みとなり、オーダーは $N_l N_n{}^2$ となります。この種のネットワークを訓練するということは、訓練データセットに対して、与えられた任意の入力に対するネットワークからの出力が、訓練データの入力に結びついた結果にできるだけ近くになるように、すべての重みの最適値を探すことを意味します。

このような多次元の最適化問題を解決するために思いつく方法の1つは、例えば最急降下法などの単純なアルゴリズムです。これはランダムな値の集合から始め、貪欲法（Greedy algorithm）

によりこれ以上最適化できなくなるまで徐々に改善していく方法です。これはまさにニューラルネットワークの黎明期によく行われていた手法です。しかし、非常に多数のパラメータがある場合、シンプルで実用的なネットワークであっても単純に実装しただけでは、実世界の問題を扱うには遅すぎて役に立たないことが判明しました（逆に、実用的な速さで訓練したネットワークは貧弱すぎて役に立ちません）。その後、バックプロパゲーションアルゴリズム[Rumelhart88]が発明されて初めて、非常に大規模なネットワークを訓練することが可能になりました。バックプロパゲーションは、ニューラルネットワークの訓練という特定の問題の構造を利用した、最急降下法の変形版です。このアルゴリズムは、OpenCV の MLP の実装の訓練ステップに組み込まれています。

21.2.7.1 バックプロパゲーション（誤差逆伝播法）

バックプロパゲーションで訓練されたネットワークを使うことにより、判定や関数のフィッティングをすることができます（図21-11参照）。入力はこの図のいちばん下の層へ入力され重み付けされた後、非線形な変換（通常はシグモイド関数や整流関数）がなされます。この信号は、ネットワーク内の層から層へと伝播し、いちばん上の層で出力が作られます。訓練モードでは、ネットワークがどのくらいうまく働いているかを評価するための**損失関数**を使います。図21-11では、この損失関数は目標値から実際の値を引いたものの二乗となります。バックプロパゲーションが解決する本質的な問題は、データセット全体に対する損失関数を最小にするにはニューラルネットワークの重みをどのように更新すればよいかを求めることです。

損失関数を最小にするには、出力層における損失関数に関してどのくらい重みを変える必要があるかを出力層から入力層へ（「バックプロパゲーション」）、微積分学のチェインルール（連鎖法則）を使って導きます[†35]。バックプロパゲーションのアルゴリズムは、多層パーセプトロンのトポロジーを利用した**メッセージパッシング**アルゴリズムです。最初に出力ノードでの誤差（目標と出力との違い）を計算します。次に、その情報を出力ノードへの入力となっているノードへ逆方向に伝播させます。ノードは、出力ノードから受け取った情報を結合し、自身の重みに対して必要な微分係数を計算します。その後、この情報は入力層へ向かって次の層へ順に渡されます。このようにして、そのノードの情報と、1つだけ出力側に近い層からそのノードに渡された情報とだけを使って、それぞれの重みに付随する勾配の部分を局所的に計算することができます。

†35 さらに興味をお持ちのみなさんは、機械学習の良書（例えば[Bishop07]）などで、このアルゴリズムをより深く知ることができます。技術的な詳細や、文字や物体に対する効果的な MLP の使い方については、LeCun、Bottou、Bengio、Haffner の論文[LeCun98a]がよいでしょう。実装や調整の詳細に関しては、LeCun、Bottou、Muller の論文[LeCun98b]などが挙げられます。最近の脳を模した確率を伝播する階層的ネットワークの研究としては、Hinton、Osindero、Teh の論文[Hinton06]などがあります。

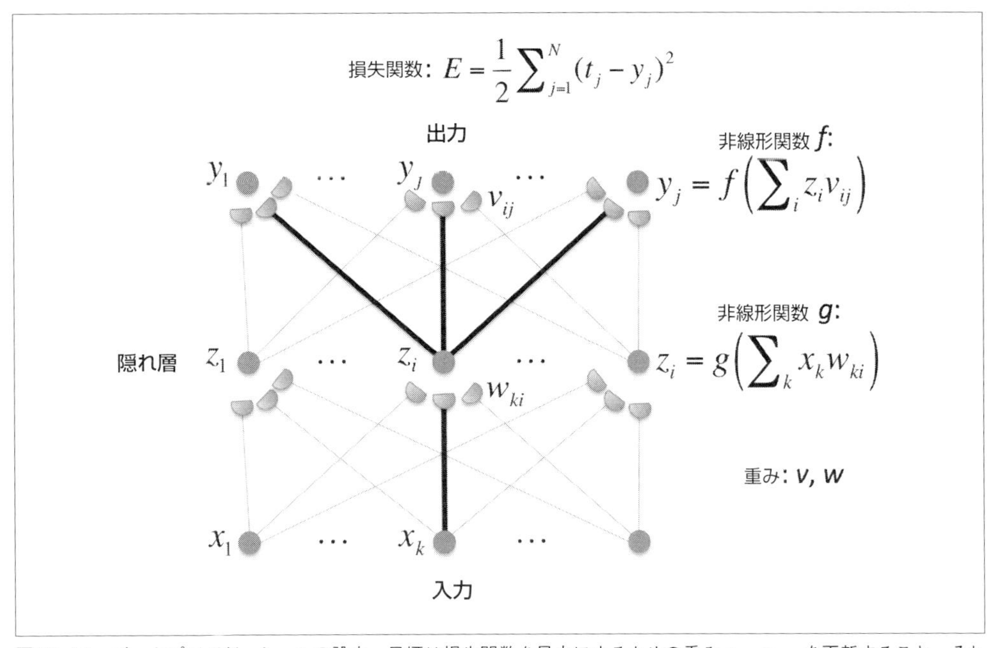

図21-11　バックプロパゲーションの設定。目標は損失関数を最小にするための重み v_{ij}, w_{ki} を更新すること。それぞれの隠れノードと出力ノードは、重み付けされた活性化 $\sum_i v_{ij}z_i, \sum_k w_{ki}x_k$ を得て、その後、非線形関数 g または f を通る。これらの非線形関数はたいていシグモイドや整流関数で、実際面ではすべて同じ関数が使われるが、一般性のために異なる関数も可能

図21-11のネットワークにおいて、出力重み変更関数は次のようになります。

$$\frac{dE}{dv_{ij}} = -(t_j - y_j)z_i f'\left(\sum_i v_{ij}z_i\right)$$

隠れ層の重みの変化の関数は次のようになります。

$$\frac{dE}{dw_{ki}} = \sum_i -(t_j - y_j)v_{ij}f'(\sum_i v_{ij}z_i)x_k g'\left(\sum_k w_{ki}x_k\right)$$

ここで、t_j は目標の値であり、入力、隠れ、活性化の値はそれぞれ x_k, z_i, y_j です。残りの2つの活性化は、それぞれ入力に対する重み w_{ki} と v_{ij} を持つ非線形関数 g と f で変換されます。これがバックプロパゲーションアルゴリズムの基本です。

OpenCV は現在、Caffe、TensorFlow、CNTK、Torch、Theano のパッケージで生成されたディープニューラルネットワークの読み込みと効率的な実行をサポートしています。.../opencv_contrib/modules/dnn[†36]を参照してください。ディープネットワークは、学習が必要なパラメータ数を節約するために、畳み込み層をブロック状に分割することがよくあります。このことが、他の訓練手法（例えばバッチ正規化のような）、事前訓練された初期層の調整やドロップアウト、計算能力の向上、膨大なデータの蓄積と組み合わさって、人間並みの性能を持つマシンビジョンに向けた近年の顕著な発展を可能にしているのです。

21.2.7.2 Rprop アルゴリズム

Rprop（resilient back propagation：弾性バックプロパゲーション）アルゴリズムは、Martin Riedmiller と Heinrich Braun によって発表されました [Riedmiller93]。先ほど紹介したバックプロパゲーションアルゴリズムの更新ステップで多くの場合により優れた更新方法を行う手法です。バックプロパゲーションと Rprop の本質的な違いは、バックプロパゲーションでは重みを更新する各ステップの大きさを明確に計算するのに対し、Rprop では単に計算された更新の符号（方向）のみを使うという点です。更新の大きさを計算するときに、Rprop は更新の方向を計算して保持し、標準ステップ量（Δ_0 と呼ばれる）を用いて変更します。次の手順で、方向が変わっていれば（実質的にアルゴリズムの値が目標値を超えたことを意味します）、ステップ幅を一定の倍率（通常 η^- と呼ばれる）で小さくします。ステップの符号が変わらなければ、次の反復時にステップ幅を別の倍率（通常 η^+ と呼ばれる）で増やします。明らかに η^- は 1 未満、η^+ は 1 より大きな値であることが必要です。標準的な値はそれぞれ 0.5 と 1.2 です。OpenCV の実装では、ステップがある絶対最小値より小さくなることも、ある絶対最大値より大きくなることも決してありません（それぞれ Δ_{min}、Δ_{max} と呼ばれています）。

21.2.7.3 cv::ml::ANN_MLP で人工ニューラルネットワークとバックプロパゲーションを使う

OpenCV における多層パーセプトロンの学習の実装では、ネットワークの生成と評価が行えます。また、ネットワーク訓練用に前述のバックプロパゲーションアルゴリズム（または Rprop）も実装されています。これらはすべて cv::ml::ANN_MLP クラスに含まれており、このクラスは確率的学習の基底クラスから継承された共通インタフェースを実装しています。cv::ml::ANN_MLP クラスは通常の隠れ実装クラスを持ち、定義は次のようになります。

```
// ここまでは省略
// namespace cv {
//   namespace ml {
//
class ANN_MLPImpl: public ANN_MLP { // cv::ml::ANN_MLP は cv::ml::StatModel から派生
```

†36 訳注：現在のバージョンでは標準モジュール .../opencv/sources/modules/dnn に移行されています。

```
public:

  // （cv::ml::ANN_MLP から継承）
  //
  //enum TrainingMethods {
  //  BACKPROP        = 0, // バックプロパゲーションアルゴリズム
  //  RPROP           = 1  // RPROP アルゴリズム
  //};
  //
  //enum ActivationFunctions {
  //  IDENTITY        = 0,
  //  SIGMOID_SYM     = 1,
  //  GAUSSIAN        = 2
  //};
  //
  //enum TrainFlags {
  //  UPDATE_WEIGHTS  = 1,
  //  NO_INPUT_SCALE  = 2,
  //  NO_OUTPUT_SCALE = 4
  //};

  int getTrainMethod() const;         // バックプロパゲーションまたは RPROP を取得
  int getActivationFunction() const;  // 活性化関数を取得
                                      // (IDENTITY、SIGMOID_SYM、GAUSSIAN)
  Mat getLayerSizes() const;              // 全層の数を取得
  TermCriteria getTermCriteria() const;   // 最大反復数/ 再投影誤差を取得
  double getBackpropWeightScale() const;  // バックプロパゲーションのパラメータを設定
  double getBackpropMomentumScale() const; //  "
  double getRpropDW0() const;             // Rprop のパラメータを設定
  double getRpropDWPlus() const;          //  "
  double getRpropDWMinus() const;         //  "
  double getRpropDWMin() const;           //  "
  double getRpropDWMax() const;           //  "

  void setTrainMethod(                // バックプロパゲーションまたは Rprop を設定
    int    method,                    // BACKPROP または RPROP のいずれか
    double param1 = 0,
    double param2 = 0
  );
  void setActivationFunction(         // 活性化関数を設定
    int    type,                      // IDENTITY、SIGMOID_SYM、GAUSSIAN
    double param1 = 0,
    double param2 = 0
  );
  void setLayerSizes( InputArray _layer_sizes ); // 全層の数を設定
  void setTermCriteria( TermCriteria val );      // 最大反復数/ 再投影誤差を設定
  void setBackpropWeightScale( double val );     // バックプロパゲーションのパラメータを設定
  void setBackpropMomentumScale( double val );   //  "
  void setRpropDW0( double val );                // Rprop のパラメータを設定
  void setRpropDWPlus( double val );             //  "
  void setRpropDWMinus( double val );            //  "
  void setRpropDWMin( double val );              //  "
  void setRpropDWMax( double val );              //  "
```

```
    ...

    Mat getWeights( int layerIdx ) const; // 計算された内部層の結合の重みを取得
                                          //
    ...

    // クラス ANN_MLP から
    //
    //static Ptr<ANN_MLP> create(); // アルゴリズムの生成
    //                              // Ptr<ANN_MLPImpl>を返す
};
```

多層パーセプトロンを使うには、初めに cv::ml::ANN_MLP::create() メソッドで空のネットワークを作り、全体の層数を設定します。次にすべてのパラメータを設定（活性化関数、訓練手法、そのパラメータ）すれば、最後にいつものように cv::ml::StatModel::train() を呼ぶことができます。

setLayerSizes() メソッドの引数にはネットワーク[†37]の基本構造を指定します。ここに指定するのは単一の列を持つ配列で、各行には入力の数、第1層のノード数、第2層のノード数のように指定します。最後の行には最後の層のノード数（したがってネットワークの出力数）を与えます[†38]。

setActivationFunction() メソッドは、入力を重み付けしたものの総和に対して適用する関数を指定します。ネットワークのノードの出力 y_i は、入力を重み付けした総和 $\vec{x} \cdot \vec{w}$ にオフセット項 θ を加えてある関数 $f()$ で変換したものとなります。重みとオフセットの項は訓練フェーズで学習されますが、この関数自身はネットワークの属性です。現時点では、線形関数、シグモイド、ガウス関数の3つの関数から選択できます[†39]。setActivationFunction() の type 引数の値と対応する関数を**表21-4** に示します。

表21-4　人工ニューロンの cv::ANN_MLP で使われる活性化関数。それぞれは $z = \vec{x} \cdot \vec{w} + \theta$ の関数

引数の値	活性化関数
cv::ANN_MLP::IDENTITY	$f(z) = z$
cv::ANN_MLP::SIGMOID_SYM	$f(z) = \beta\frac{(1-e^{-\alpha z})}{(1+e^{-\alpha z})}$
cv::ANN_MLP::GAUSSIAN	$f(z) = \beta e^{-\alpha z^2}$

最後の2つの引数 param1 と param2h は**表21-4** の変数 α と β に対応しています。ただし上級

†37 バックプロパゲーションとディープラーニングにおける「いにしえの黒魔術」は、それぞれの層でいくつニューロンを設定するかということです。隠れ層で使用するニューロンの数を減らすことでデータを圧縮したり、より多くのニューロンを使用してデータを過度に表現したりして、十分なデータが与えられたときのパフォーマンスを改善することができます。

†38 この数え方では、**図21-11** のネットワークでは3、3、3の行の値を持つ1列の配列です。1つ目は3つの入力に対応し、2つ目は最初の行、3つ目は最後の行に対応します。出力の数は最後の層のノード数と等しいので、3行目の後にはもう3が必要ないことに注意してください。

†39 現時点ではガウス関数の実装は完全ではありません。

者でなければ多くの場合はデフォルトのシグモイド関数で十分でしょうし、パラメータも一般的な値（`1.0`）に設定しておけばよいでしょう。

人工ニューラルネットワークを作成すれば、手持ちのデータでネットワークを訓練することができます。ネットワークを訓練するには、いつものように `cv::ml::TrainData` を作成し、`cv::ml::ANN_MLP` でオーバーライドされた `cv::ml::StatModel::train()` メソッドに渡す必要があります。`ml` の他のモデルとは違い、ニューラルネットワークではスカラだけでなくベクトルの出力を扱うことができるので、応答は単一の列のベクトルである必要はなく、1つの行が1つのサンプルに対応した行列になります。そしてそのベクトルの出力を、実際にニューラルネットワーク使ったマルチクラス分類器の実装に使うことができます。

人工ニューラルネットワークは、そのままでは入力にも出力にもカテゴリデータを扱うようには構成されていません。これに対する一般的な解決策は、K 要素のクラスをそれぞれのクラスに結びつけられた K 個の個別入力（または出力）で表される「多対一」（「ワンホット」とも呼ばれる）の符号化を使うことです。この手法では、入力オブジェクトがクラス k のメンバーならば、ネットワークの入力 k をゼロ以外（通常は `1.0`）にし、その他はすべて `0` にします。出力も同様の手法で符号化されます。このような符号化の特徴で興味深いのは、実際には入力が正確な単位ベクトルであったとしても、通常は出力は不完全な形（クラスでないものに対しては0に近い小さな値、属するクラスに対しては比較的1に近い値）になります。この不完全な値は、カテゴリ化の品質に関する何かを説明にするのに役立ちます。

また、ニューラルネットワークは、空でないベクタ `sampleWeights` を `cv::ml::TrainData::train` に渡して、入力（`inputs`）と出力（`outputs`）のそれぞれのサンプル値（行）に対して相対的な重要度を割り当てることができます。`sampleWeights` のそれぞれの行には、入力と出力の同じ行のデータに対応する重要度の値として、任意の正の浮動小数点数を設定できます。重要度は自動的に正規化されるので、大切なのは相対的な大きさです。引数 `sampleWeights` は Rprop アルゴリズムのみに関連するので、バックプロパゲーションでは無視されます（後で説明します）。

21.2.7.4 訓練のパラメータ

`setTermCriteria()` メソッドは訓練をいつ終了するかを指定し、バックプロパゲーションを使ったときと Rprop（後の `setTrainMethod()` を参照）を使ったときとで同じ意味を持ちます。終了基準の反復回数は、更新する最大のステップ数です。終了基準の `epsilon` の部分は、反復を継続するために必要な**再投影誤差**の最小の変化値です。この再投影誤差は、全体の訓練セットから計算した出力と訓練セットの目標値との差の二乗和に `0.5` を掛けたものです[†40]。

`setTrainMethod()` の引数 `method` は `cv::ANN_MLP::BACKPROP` か `cv::ANN_MLP::RPROP` に設定できます。一般的に多くの状況でネットワークを訓練するのに効果的であることから、

†40 sampleWeights を使っている場合は、終了基準の誤差にも同じように重み付けがされます。

デフォルトのパラメータはRPROPになっています。RPROPの場合、コンストラクタのparam1とparam2は、ステップサイズの初期値 Δ_0 と最小値 $\Delta_{\min}$ に対応します。BACKPROPの場合、param1とparam2はそれぞれ**重み勾配**と**運動量**と呼ばれているものに対応します。これらのパラメータはメンバーアクセス関数BackpropWeightScale()とsetBackpropMomentumScale()を使っても設定できます。重み勾配の値は、バックプロパゲーションの更新ステップで重み勾配の項に掛けられることにより、本質的には、望む方向への移動の更新がどのくらいの速さかを制御します。典型的な重み勾配の値の値は0.1です。運動量の値は、前のステップとその前のステップの値の差に比例する更新量の追加項に掛けられ、重みの増加速度とも言えるものを与えています。運動量の項にこの速度を事前に掛けることで、更新時に大きな変動を滑らかにする効果が生まれます。この値を0に設定すれば、この効果を事実上なくせます。しかし多くの場合、小さな値（典型的には0.1程度）にしておけば全体的に収束が大幅に速くなります。これらの2つのパラメータに加え、setRpropDWPlus()、setRpropDWMinus()、setRpropDW0()、setRpropDWMin()、setRpropDWMax()を使って、それぞれ値 η^+、η^-、Δ_0、$\Delta_{\min}$、$\Delta_{\max}$ を設定できます（同様にget*()メソッドを使ってそれらの値を取得することもできます）。

訓練済みのネットワークが得られれば、いつものようにオーバーライドされたcv::ml::StatModel::predict()メソッドを使って、予測することができます。いつもどおりサンプルは入力データ点に対して1つの行と、正しい数の列（訓練データと同じ数）からなる配列です。結果の配列は、入力と同じ行数を持ちますが、列の数はニューラルネットワークの出力層ノードの数です。戻り値は無意味で無視できます[†41]。

21.2.8 サポートベクタマシン

サポートベクタマシン（SVM）は、その基本形は分類アルゴリズムであり、訓練規範の集合に基づいて2つのクラスに分けるのに使われます。SVMアルゴリズムを拡張するとマルチクラス（$N_c > 2$）の分類を実装することができます。SVMの基礎をなす考え方は、**カーネル**を用いることです。カーネルを使って、ある特定の次元数 N_d のデータ点を、**カーネル空間**[†42]というはるかに高い次元 N_{KS} の空間へ写像します。もともとの次元の低い空間では2つのクラスに分ける線形分離が不可能であったとしても、多くの場合、高い次元に変換することで2クラスに分ける線形の分類器を見つけることができます。SVMは、カーネル空間内で2つのクラスに分類するだけでなく、各クラス内で最も超平面に近い規範と超平面の距離（マージン）が最大になるように超平面を選ぶため、**最大マージン分類器**とも呼ばれています。このような超平面に近い（そしてその場所を定義する）規範が**サポートベクタ**と呼ばれているものです。このサポートベクタの意義は、それが特定されれば、クラス識別を予測しようとしている未知のデータ点に関する判定が、保持されているサポートベクタだけで行うことができるということです。

†41 cv::ml::StatModel::predict()で指定されたインタフェースに従うために戻り値があるだけです。

†42 これは**特徴空間**とも呼ばれます。ただしこの用語は、元の入力特徴量からなる次元の低い空間のことを指して使う著者もいるため混乱しやすいです。本書ではこのような混乱を避けるために、この用語を単独で使用しないことにします。

この判定超平面は線形の SVM に対して $\vec{w} \cdot \vec{x} + b = 0$ という式で記述できます。注意してほしいのは、この判定超平面はより次元の高い空間では線形ですが、**図21-12** に示すように元の次元の低い空間では非線形である可能性があることです。この場合、$\vec{x}$ はカーネル空間内の点であり、ベクトル $\vec{w}$ はその超平面に対する法線を定義します。慣例により、$\vec{w}$ は、判定超平面とサポートベクタとの間の距離がそれぞれの方向で $1/\|\vec{w}\|$ となるように正規化されています。b の値は、この超平面のオフセット（その原点を通る平行な超平面に対する）を与えます[†43]。このようにパラメータ化することで、このサポートベクタ自身は $\vec{w}.\vec{x} + b = +1$ と $\vec{w}.\vec{x} + b = -1$ で定義される平面上に位置します。

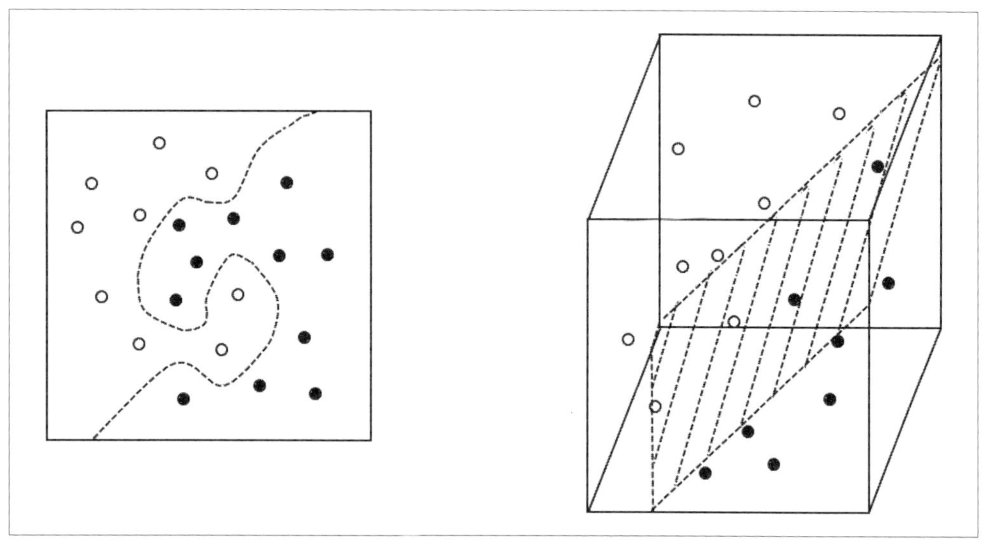

図21-12　元の低次元の空間（左）内の点は最初に高次元の空間（右）に写像されることで分離される。判定面は高次元の空間内では線形（超平面）だが低次元の空間では非線形の可能性がある

これに関する完全な説明は本書の範囲を超えますが、**図21-13** を見ると、少なくともベクトル $\vec{w}$ がサポートベクタだけで表現できるということがわかるでしょう。つまり、究極的には超平面は訓練セットのこれらの要素だけで定義することができるのです。これは、戦場における「前線」に似ています。前線は敵のそばにいる人だけで定義されます。後方にいる人がどこにいるかは関係ありません。直感的にはややわかりにくいですが、ベクトル $\vec{w}$ は、サポートベクタの線形結合で具体的に表現可能であることが示されています。同様に、オフセット b の値も、サポートベクタから直接計算することができます。判定超平面を定義するこれら 2 つのパラメータが手に入れば、新しい点 $\vec{x}$ をその分類器に渡すことで 4 領域のどこに入るかを判定することができます。すなわち、クラ

†43　より正確には、このオフセットは $b/\|\vec{w}\|$ です。

ス1にしっかり入っている（$\vec{w}.\vec{x}+b \geqq 1$）、クラス1にぎりぎり入っている（$\vec{w}.\vec{x}+b>0$）、クラス2にぎりぎり入っている（$\vec{w}.\vec{x}+b<0$）、クラス2にしっかり入っている（$\vec{w}.\vec{x}+b \leqq -1$）といった判定です。

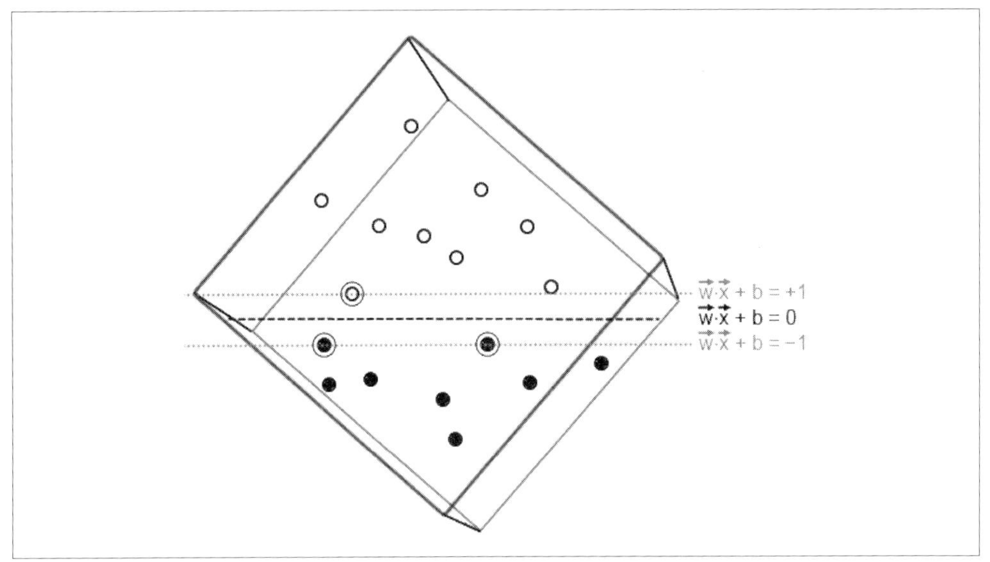

図21-13　図21-12と同じカーネル空間をここでは回転して表示して、判定超平面の境界を見ている。サポートベクタ（円が付いているもの）はこの超平面の両側の等距離の位置にある

21.2.8.1　カーネルに関して

カーネルは入力となる訓練ベクトルの元の空間の点を、高次元のカーネル空間に写し、またそれを戻す写像です。この高い次元の空間では、分割用の超平面を見つけようとしていることを思い出してください。カーネルは2つの部分からなります。入力の低次元の特徴空間からカーネル空間へ写像する部分と、元に戻す逆変換の部分です。通常、カーネルは $K(\vec{x},\vec{x}')$ と表記され、その写像はそれぞれ $\vec{\phi}(\vec{x})$ と $\vec{\phi}^T(\vec{x}')$ と表記されます。カーネルの定義は次のように表せます。

$$K(\vec{x},\vec{x}') = \vec{\phi}^T(\vec{x})\vec{\phi}(\vec{x}')$$

具体例を考えるとカーネルを簡単に理解することができます。OpenCV の SVM で利用できるカーネルの1つは**多項式カーネル**です。このカーネルは、$c>0$ のある値と整数 $q>0$ に対して、次の形をしています。

$$K(\vec{x},\vec{x}') = (\vec{x}\cdot\vec{x}'+c)^q$$

このカーネルに対応する写像 $\vec{\phi}_{q,c}(\vec{x})$ は、非常に多くの数の成分を持つ可能性があります。$q = 2$、$c = 0$という最も簡単なケースでさえ、3次元（$N_d = 3$）の入力ベクトルの、$\vec{x} = (x_1, x_2, x_3)$[†44]に対して、次のようになります。

$$\vec{\phi}_{2,0}(x_1, x_2, x_3) = \left(x_3^2, x_2^2, x_1^2, \sqrt{2}x_3x_2, \sqrt{2}x_3x_1, \sqrt{2}x_2x_1\right)$$

比較のために$c = 1$の場合は次のようになります。

$$\vec{\phi}_{2,1}(x_1, x_2, x_3) = \left(x_3^2, x_2^2, x_1^2, \sqrt{2}x_3x_2, \sqrt{2}x_3x_1, \sqrt{2}x_2x_1, \sqrt{2}x_3, \sqrt{2}x_2, \sqrt{2}x_1, 1\right)$$

注意してほしいのは、最初のカーネルでは$N_d = 3$に対し$N_{KS} = 6$の次元のカーネル空間に対応し、同じ入力次元を持つ2つ目のカーネルは$N_{KS} = 10$に対応することです。

これらのカーネルで特に重要なことは、SVMの判定超平面の計算の過程では、写像$\vec{\phi}(\vec{x})$を計算する必要がないということです。この重要な事実の理由は、高次元カーネル空間で必要なすべての計算が点間の内積だけで済むからです。これは、どこで$\vec{\phi}(\vec{x})$が求められたとしても、$\vec{x}$と$\vec{x}'$という点の組に関して$\vec{\phi}^T(\vec{x})\vec{\phi}(\vec{x}')$という形になることです。別の言葉で言えば、$\vec{\phi}(\vec{x}')$は評価する必要がなく、$K(\vec{x}, \vec{x}')$を評価するだけで済むのです。これはとても深い意味を含んでいます。というのは、たとえカーネル空間の次元が非常に高くても（無限であっても！）、入力の低次元の特徴空間の次元を持つベクトルに対して$K(\vec{x}, \vec{x}')$を評価さえできれば、SVMを使って訓練と分類ができるからです。このような特性はSVMの用語で**カーネルトリック**と呼ばれています。

つまり実際には、カーネルを選択しさえすれば、SVMはその仕事をすることができるのです。カーネルの選択によって、どのように超平面が生成されるのか、そしてそれが訓練データをどれくらいうまく分離するのか、その分離がどれくらいうまく未知のデータに対して一般化されるかに大きく影響してきます。OpenCVではSVM用に現在6つの異なるカーネルが利用可能です（**表21-5**参照）。

表21-5 OpenCVのSVM実装で利用可能なカーネル関数

カーネル	OpenCVでの名前（KernelTypes）	カーネル関数	パラメータ
線形	`cv::ml::SVM::LINEAR`	$K(\vec{x}, \vec{x}') = \vec{x}^T\vec{x}'$	
多項式	`cv::ml::SVM::POLY`	$K(\vec{x}, \vec{x}') = (\gamma\vec{x}^T\vec{x}' + c_0)^q$	`degree` (q), `gamma` ($\gamma > 0$), `coef0` (c_0)
放射基底関数	`cv::ml::SVM::RBF`	$K(\vec{x}, \vec{x}') = e^{-\gamma\|\vec{x}^T\vec{x}'\|^2}$	`gamma` ($\gamma > 0$)
シグモイド	`cv::ml::SVM::SIGMOID`	$K(\vec{x}, \vec{x}') =$ $\tanh(\gamma\vec{x}^T\vec{x}' + c_0)$	`gamma` ($\gamma > 0$), `coef0` (c_0)
カイ二乗	`cv::ml::SVM::CHI2`	$K(\vec{x}, \vec{x}') = e^{-\gamma\frac{(\vec{x}-\vec{x}')^2}{\vec{x}+\vec{x}'}}$	`gamma` ($\gamma > 0$)
ヒストグラム交差	`cv::ml::SVM::INTER`	$K(\vec{x}, \vec{x}') = \min(\vec{x}, \vec{x}')$	

†44 $\vec{\phi}^T_{2,c}(\vec{x})\vec{\phi}_{2,c}(\vec{x}') = \vec{\phi}_{2,c}(\vec{x}) \cdot \vec{\phi}_{2,c}(\vec{x}') = K(\vec{x}, \vec{x}') = (\vec{x} \cdot \vec{x}' + c)^2$を検証するのはそれほど難しくはありません。単純に掛け合わせるだけです。

21.2.8.2 外れ値の処理

OpenCVは、C-ベクトルSVMとν-ベクトルSVM[†45]と呼ばれる2つの異なるSVMの変形版をサポートしています。これらの拡張は、**外れ値**に対応しています。ここでの外れ値とは、正しいクラスに割り当てることができないデータ点（すなわち、カーネル空間の超平面によって分離できないデータセット）です。外れ値に加えて、これらの2種類の手法を実装しているため、OpenCVはマルチクラス（$N_c > 2$）分類が可能です。

ソフトマージンSVMとしても知られているC-ベクトルSVMは、特定の点が判定境界を超えていると、その超えた距離に比例した量だけ外れ値にペナルティを課すことにより、外れ値である可能性を考慮します。このような距離は慣習的に**スラック変数**と呼ばれ、この比例定数は通常Cと呼ばれます（これがこの方式の名前の由来です）。

2つ目の拡張は、ν-ベクトルSVM [Schölkopf00] と呼ばれる手法です。これも外れ値の可能性を考慮しています。この手法もCのような比例定数として（既定の）定数値を取ります。ただし、それに加えて新しいパラメータνもあります。このパラメータは、サポートベクタである訓練ポイントの割合の下限と、訓練誤差（すなわち誤分類）の数の上限とを設定します。パラメータνは`0.0`から`1.0`の間でなければなりません。

これら2つを比較すると、C-ベクトルSVMのほうが直接的な実装なので訓練はたいてい高速です。しかし、Cでは自然な解釈ができないため、試行錯誤以外によい値を見つけるのは困難です。一方、ν-ベクトルSVMのパラメータは自然な解釈ができるので、実際にはより簡単に使うことができます。

21.2.8.3 SVMのマルチクラスへの拡張

OpenCVで実装されているC-ベクトルSVMとν-ベクトルSVMは、3つ以上のクラスをサポートしています。これを行う方法はたくさんありますが、OpenCVは**一対一**[†46]という手法を使用します。この手法では、k個のクラスがあれば、合計$k(k-1)/2$個の分類器が訓練されます。物体を分類するとき、すべての分類器が実行され、勝ちの多いクラスがその結果となります。

21.2.8.4 One-class SVM

SVMのもう1つの興味深い変形版は、**one-class** SVMです。この場合、訓練データのすべてが単一のクラスの規範であるとみなされ、その1つのクラスを、他のすべてのクラスから分離するような判定境界が求められます。前述のマルチクラス拡張と同様に、one-class SVMも、C-ベクトルSVMに似たスラック変数による外れ値に対応したメカニズムをサポートしています（パラメータも同じものを持っています）。

---

†45 これはギリシャ文字の「ニュー（nu）」ですが、英語の「new」のように発音されます。この文字を付けたのはおそらく「新しい」を表す意図的なものです。

†46 「その他」のオプションとして、**一対多**もありますが、OpenCVでは実装されていません。

21.2.8.5 サポートベクタの回帰

マルチクラスと one-class の拡張に加え、サポートベクタマシンは（分類とは対照的な）回帰への利用の可能性も考慮して拡張されました。回帰の場合、入力はクラスラベルではなく順序値であり、出力は入力値に基づく補間（または外挿）です。OpenCV は、SVR（Support Vector Regression）の 2 つの異なるアルゴリズム、ε-SVR [Drucker97] と ν-SVR [Schölkopf00] をサポートしています。

最も抽象的な形では、誤差関数以外は SVR と SVM は本質的に同じですが、SVM で最小化される誤差関数は常に 2 つの値（通常は `+1` と `-1`）のいずれかに等しい出力を持つのに対し、SVR は、各入力の規範に対して異なる目標を持っています。しかしスラック変数がどのように処理され、どの点を「外れ値」とみなすかという点で微妙な違いがあります。SVM では、各点はマージンが最大になる超平面で分けられたクラスに割り当てられたことを思い出してください。したがって、外れ値であるということは、超平面に対してラベル付けされた相対的な点の位置に関することでした。SVR の場合、超平面は関数のモデルです（カーネル空間でのこの平面は、入力特徴の空間では非常に複雑になる可能性があることを思い出してください）。したがって、外れ値とは超平面からある距離以上（いずれの方向でも）に離れた点のことです。OpenCV で利用可能な SVR の 2 つのアルゴリズムでは、この距離を処理する方法が違います。

最初のアルゴリズム ε-SVR は、超平面の周りの空間を定義する ε というパラメータを使用します。この空間の内部では予測がオフになるようにコストが割り当てられません。この距離を超えると、距離に比例したコストが割り当てられます。これは、超平面より上の点、下の点の両方の点に当てはまります。

もう 1 つのアルゴリズム ν-SVR と ε-SVR との関係は、ν-SVM と C-SVM との関係に似ています。特に、ν-SVR は、サポートベクタになる入力ベクトルの最小の割合を設定するためのパラメータ ν を使用します。このように ν-SVM と同様、ν-SVR におけるパラメータ ν の意味は、とても直観的です。そのため、簡単に実用的な値を設定することができます。

21.2.8.6 サポートベクタマシンと cv::ml::SVM を使用する

SVM の分類のインタフェースは、OpenCV では ML ライブラリの `cv::ml::SVM` クラスで定義されています。`cv::ml::SVM` は、本節で見た他のオブジェクトと同様に `cv::ml::StatModel` クラスから派生したもので、それ自身、実装クラス `cv::ml::SVMImpl` へのインタフェースとして機能しています。

```
// ここまでは省略
// namespace cv {
//   namespace ml {
//
class SVMImpl: public SVM {   // cv::ml::SVM は cv::ml::StatModel から派生
public:
```

```
// （cv::ml::SVM から継承）
//
//enum Types {
//  C_SVC     = 100,
//  NU_SVC    = 101,
//  ONE_CLASS = 102,
//  EPS_SVR   = 103,
//  NU_SVR    = 104
//};
//
//enum KernelTypes {
//  CUSTOM    = -1,
//  LINEAR    = 0,
//  POLY      = 1,
//  RBF       = 2,
//  SIGMOID   = 3,
//  CHI2      = 4,
//  INTER     = 5
//};
//
//enum ParamTypes {
//  C         = 0,
//  GAMMA     = 1,
//  P         = 2,
//  NU        = 3,
//  COEF      = 4,
//  DEGREE    = 5
//};

class Kernel : public Algorithm {

public:

  int getType() const;
  void calc(
    int          vcount,
    int          n,
    const float* vecs,
    const float* another,
    float*       results
  );
};

int getType() const;                        // SVM タイプを取得（C-SVM など）
double getGamma() const;                    // カーネルの gamma パラメータを取得
double getCoef0() const;                    // カーネルの coeff0 パラメータを取得
double getDegree() const;                   // カーネルの degree パラメータを取得
double getC() const;                        // C-SVM あるいはε-SVR の C パラメータを取得
double getNu() const;                       // ν-SVM あるいはν-SVR のνパラメータを取得
double getP() const;                        // ε-SVR の P パラメータを取得
cv::Mat getClassWeights() const;            // クラスの事前重みを取得
cv::TermCriteria getTermCriteria() const;   // 訓練終了基準を取得
int getKernelType() const;                  // カーネルタイプを取得
```

```
    void setType( int val );                  // SVMタイプを設定する（C-SVMなど）
    void setGamma( double val );              // カーネルのgammaパラメータを設定
    void setCoef0( double val );              // カーネルのcoeff0パラメータを設定
    void setDegree( double val );             // カーネルのdegreeパラメータを設定
    void setC( double val );                  // C-SVMあるいはε-SVRのCパラメータを設定
    void setNu( double val );                 // ν-SVMあるいはν-SVRのνパラメータを設定
    void setP( double val );                  // ε-SVRのPパラメータを設定
    void setClassWeights( const Mat &val );   // クラス事前重みを設定
    void setTermCriteria( const TermCriteria &val ); // 訓練終了基準を設定
    void setKernel( int kernelType );         // カーネルタイプを設定

    ...

    // 必要であれば、カスタムSVMカーネルを設定する
    //
    void setCustomKernel( const Ptr<Kernel> &_kernel );

    Mat      getSupportVectors() const;
    Mat      getUncompressedSupportVectors() const;
    double   getDecisionFunction(
      int         i,
      OutputArray alpha,
      OutputArray svidx
    );

    ParamGrid getDefaultGrid( int param_id ); // 任意のパラメータに対してデフォルトのグリッドを返す
                                              // 上のSVM::ParamTypesから選択する
    bool trainAuto(
      const Ptr<TrainData>& data,
      int                   kFold      = 10,
      ParamGrid             Cgrid      = getDefaultGrid( C ),
      ParamGrid             gammaGrid  = getDefaultGrid( GAMMA ),
      ParamGrid             pGrid      = getDefaultGrid( P ),
      ParamGrid             nuGrid     = getDefaultGrid( NU ),
      ParamGrid             coeffGrid  = getDefaultGrid( COEF ),
      ParamGrid             degreeGrid = getDefaultGrid( DEGREE ),
      bool                  balanced   = false
    );

    ...

    // SVMクラスより
    //
    //static Ptr<SVM> create(); // アルゴリズムの生成
    //                          //  Ptr<SVMImpl>を返す
  };
```

いつものように、静的なcreate()メソッドを使ってクラスのインスタンスを作成した後、set*()を使ってそのパラメータを設定し、train()メソッドを実行します。最初のメソッドsetType()は、使用されるSVMまたはSVRアルゴリズムを決定します。**表21-6**に示す5つの値のいずれかになります。次の重要なメソッドはsetKernelType()です。これは、**表21-5**のい

ずれかの値を取ります。

表21-6 SVM の使用可能な型と、cv::ml::SVM の setType() メソッドの対応する値。右端の列は、その SVM のタイプに対応する値とともに設定できる cv::ml::SVM の関連プロパティがリストされている（前節で説明したとおり）

SVM のタイプ	OpenCV での名前（svm_type）	パラメータ
C-SVM 分類器	cv::ml::SVM::C_SVC	C（C）
ν-SVM 分類器	cv::ml::SVM::NU_SVC	Nu（ν）
One-class SVM	cv::ml::SVM::ONE_CLASS	C（C）、Nu（ν）
ε-SVR	cv::ml::SVM::EPS_SVR	P（ε）、C（C）
ν-SVR	cv::ml::SVM::NU_SVR	Nu（ν）、C（C）

使用したい SVM のタイプとカーネルタイプを選択したら、関連する set*() メソッドでカーネルパラメータを設定する必要があります。**表21-5** および**表21-6** のパラメータ列は、いずれの場合にどのパラメータが必要であるか、および前節の方程式のどのパラメータがそれぞれのパラメータに関連づけられているかを示しています。degree、gamma、coef0、C、Nu、P のデフォルト値は、それぞれ 0.0、1.0、0.0、1.0、0.0、0.0 です。

setClassWeights() メソッドを使って、スラック変数に追加の重み付け係数を与える単一列の配列を設定できます。これは、C-SVM 分類器だけで使われます。設定した値は、個々の訓練ベクトルごとに C を掛けます。このようにして、訓練規範のいくつかのサブセットをより重視することで、もしも正しく分類されない訓練ベクトルがあったとしても、重視されたベクトルだけは正しく分類されるように保証するのに役立ちます。デフォルトでは、クラスの重みは使用されません。

最後のメソッドは setTermCriteria() で、ほとんどの場合、デフォルトの 1000 回の反復と FLT_EPSILON のままにしておけば安全です。

ここまでくるとみなさんは、SVM とカーネルのすべてのパラメータを調べて、そのすべてに適切な値をどのように選択すればよいか知りたいと思うかもしれません。そうだとしても、みなさんはひとりではありません。実際に、単純にこれらのパラメータのすべての範囲の端から端まで、利用可能なデータで最も効果的なものを見つけるのが一般的なやり方です。ですが、このプロセスは cv::ml::SVM::trainAuto() メソッドが自動的に行ってくれるのです。

cv::ml::SVM::trainAuto() を使用する場合、与える訓練データは cv::ml::SVM::train() と同じです。引数 kFold は、各パラメータセットに対して検証がどのように行われるかを制御します。使用される手法は、「K 分割交差検証」です（おそらくそのために、パラメータが単に k と呼ばれています）。データセットは自動的に k 個のサブセットに分割され、毎回異なる $(k-1)$ 個のサブセットに対する訓練の後に残りのサブセットで妥当性を検証する手順が k 回実行されます。

次の 6 つの引数では**グリッド**を制御します。グリッドは、各パラメータに対してテストされる値の集合です。グリッドは、minVal、maxVal、logStep という 3 つのデータメンバーを持つ単純なオブジェクトです。logStep を 1 未満に設定するとグリッドは使用されません。通常、すべてのパラメータに対してはグリッド検索は行われません。次のコンストラクタでグリッドを生成することができます。

```
cv::ml::ParamGrid::ParamGrid() {
  minVal  = maxVal = 0;
  logStep = 1;
}
cv::ml::ParamGrid::ParamGrid(
  double minVal,
  double maxVal,
  double logStep
);
```

あるいは、`cv::ml::SVM`メソッド`cv::ml::SVM::getDefaultGrid(int)`を使用することもできます。後者の場合、`getDefaultGrid()`にグリッドを設定するパラメータを指定する必要があります。これは、デフォルトのグリッドがパラメータごとに異なるためです。`getDefaultGrid`に渡すことができる有効な値は、`cv::ml::SVM::C`、`cv::ml::SVM::GAMMA`、`cv::ml::SVM::P`、`cv::ml::SVM::NU`、`cv::ml::SVM::COEF`、`cv::ml::SVM::DEGREE`です。もちろんグリッドを自分で作りたい場合はそうすることもできます。引数`logStep`は倍数として解釈されるので、例えば`2.0`に設定した場合、`maxVal`に達する（または超過する）まで毎回、前の2倍の値に対して評価が行われることに注意してください。

分類器の訓練が済めば、いつものように`cv::ml::StatModel::predict()`インタフェースを使って予測を行うことができます。

```
float cv::ml::SVM::predict(
  InputArray  samples,
  OutputArray results = noArray(),
  int         flags   = 0
) const;
```

`predict()`メソッドには今までと同様、1つ以上のサンプルが1行に1つずつ与えられ、予測結果が返されます。1クラスまたは2クラスの分類の場合は、`cv::ml::StatModel::RAW_OUTPUT`フラグを指定すれば、選ばれたクラスラベルではなく、計算値を取得することができます。返される値は、`sample`と判定超平面との間の距離と相関がある符号付きの値です。これは2クラス分類問題で必要になる値です。フラグを指定しないとクラスラベルが返されます（マルチクラスの場合）。回帰であれば戻り値はフラグに関係なく関数の推定値となります。

21.2.8.7　cv::ml::SVMの追加メンバー

`cv::ml::SVM`オブジェクトには、オブジェクト内のデータを取得するためのユーティリティ関数もいくつか用意されています。これには訓練時に入力したデータが含まれますが、計算されたサポートベクタやデフォルトのグリッドなどの有用なものも含まれます。利用可能な関数は次のとおりです。

```
// すべてのサポートベクタを取得
//
cv::Mat cv::ml::SVM::getSupportVectors()  const;

// 訓練過程で見つかった非圧縮のサポートベクタを取得
//
cv::Mat cv::ml::SVM::getUncompressedSupportVectors() const;

// N クラス問題の場合に（n*(n-1)/2 個の決定関数の中から）i 番目の決定関数を取得
//
double cv::ml::SVM::getDecisionFunction(
  int             i,
  cv::OutputArray alpha,
  cv::OutputArray svidx
) const;
```

cv::ml::SVM::getSupportVectors() メソッドでは、判定超平面または超曲面の計算に使用されたすべてのサポートベクタを取得できます。線形 SVM の場合、それぞれの判定平面のすべてのサポートベクタは、基本的に、分離する超平面を表せる単一のベクトルに圧縮できます。そのため、線形 SVM の予測は非常に高速です。しかし元のサポートベクタを調べることに興味があるのであれば、cv::ml::SVM::getUncompressedSupportVectors() でアクセスできます。非線形 SVM の場合、非圧縮と圧縮のサポートベクタは同じものになります。また、cv::ml::SVM::getDecisionFunction() メソッドを使うと各判定超平面または超曲面にアクセスすることができます。回帰、あるいは 1 クラスまたは 2 クラスの分類の場合、ただ 1 つの決定関数が存在するので、i = 0 となります。N クラス分類の場合、N * (N-1) / 2 個の決定関数が存在するので、0 <= i < N * (N-1) / 2 となります。このメソッドは、特定の関数で使用されるサポートベクタの係数、サポートベクタのインデックス（cv::ml::SVM::getSupportVectors() によって返される行列のインデックス）、および値 b（前述の式を参照してください）を返します。b は決定が行われる前に加重和に加算されます。

cv::ml::SVM は、訓練と予測のメソッドに加え、save()、load()、clear() メソッドもサポートしています。

21.3 まとめ

本章では、すべての最新の学習方法をカプセル化するために OpenCV が使用する、標準のオブジェクトベースのインタフェースである cv::ml::StatModel について学びました。そして、訓練データがどのように処理されるか、訓練データが学習された後にモデルからどのように予測が行われるかを見てきました。その後、このインタフェースに実装されたさまざまな学習手法について調べました。

ここまでに、cv::ml::TrainData と cv::ml::StatModel から派生した個々の分類器は両方ともある 1 つのクラスでインタフェースを規定する構造を使っていること、そして、その仕事のすべてを行う、派生した**実装クラス**が提供されていることを学びました。この実装クラスは、分類器Xの`create()`メンバーが常に実装クラス`XImpl`のインスタンスを返すため、ユーザーにはその大部分が隠蔽されていました。このような理由から、重要な分類器オブジェクトのクラス定義を見たときに実際に見えていたのは`*Impl`オブジェクトだったのです。

単純ベイズ分類器は、すべての特徴が互いに独立していると仮定していて、マルチクラス識別学習には驚くほど有用であることを学びました。二分決定木では、**不純基準**と呼ばれるものを使いました。木を構築するときにこの基準を最小化しようとします。二分決定木はマルチクラス学習にも有用であり、異なるクラスの誤分類に異なる重みを割り当てられるという便利な特徴があります。ブースティングおよびランダムツリーは内部的には二分決定木を使用しますが、そのような木を多く含むより大きな構造を構築します。両者ともマルチクラス学習が可能ですが、ランダムツリーはクラスに対する入力データ点間の類似性の考え方も導入しています。

期待値最大化は、K-meansに似た教師なしクラスタリングの手法ですが、データ点へ割り当てられた負担率が、必ずしもクラスタの中心に最も近くなるとは限りません。K近傍法は、非常に効果的ですが、訓練セット全体を記憶する必要がある分類器です。その結果多くのメモリを使用する可能性があり、非常に遅くなることがあります。また、多層パーセプトロンは、分類または回帰に使用することができる、生物学に触発された技術です。特に訓練は非常に遅いですが、実行は非常に速く、多くの重要な課題で最先端の能力を達成することができます。最後に、サポートベクタマシン（SVM）を紹介しました。SVMは、一般的に2クラス分類に使われるロバストなテクニックですが、マルチクラス分類のための拡張があります。SVMは、クラス間の分離を容易に表現できるカーネル空間内でデータを評価することによって動作します。分類時には、訓練データの少数のサブセットしか必要としないので、必要なメモリは少なく、非常に高速です。そしてOpenCVは現在、ディープニューラルネットワーク（DNN）をサポートするように拡張されています。DNNについては「付録B　opencv_contribモジュール」のリポジトリ`cnn_3dobj`および`dnn`を参照してください。

21.4　練習問題

1. **図21-14**に、「偽」クラスと「真」クラスの分布を示します。この図には、閾値を設定できるいくつかの潜在的な位置（a、b、c、d、e、f、g）も示されています。
   a. 点a-gをROC曲線上に描画してください。
   b. 「真」クラスが有毒なキノコである場合、どこを閾値に設定しますか？
   c. 決定木はどのようにこのデータを分割しますか？

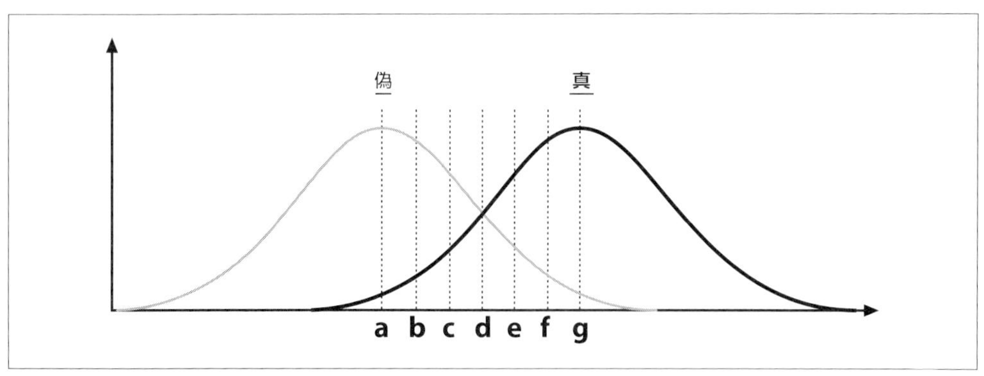

図21-14 「偽」と「真」の2つのクラスのガウス分布

2. **図20-2**を参照してください。
   a. 決定木が3回の分岐で真のカーブ（破線）を近似する方法を描いてください（ここでは分類モデルではなく回帰を求めます）。
   b. 真のデータに対して、決定木が7つの分岐でどのように適合するかを描いてください。
   c. ノイズのあるデータに対して、決定木が7つの分岐でどのように適合するかを描いてください。
   d. 過学習の観点から（b）と（c）の違いについて考察してください。

回帰の「最良の」分岐は、分岐の結果生じる葉に含まれるデータ値の平均値を取ります。したがって、回帰木の適合の出力値は階段状になります。

3. 1つの決定木で複数のクラスを学習する必要がある場合でも、分岐指標（ジニなど）が引き続きうまく機能するのはなぜですか？
4. **図20-6**を見てください。左には不均等な分散、右には均等な分散の2次元空間を示しています。これらが分類問題に関連する特徴値であるとしましょう。つまり、1つの「丸」に近いデータは2つのクラスのうちの1つに属し、別の丸に近いデータは2つのクラスのうちの先ほどと同じまたは別のクラスに属します。次の場合に、変数の重要度は左右の空間で異なるでしょうか？
   a. 決定木
   b. K近傍法
   c. 単純ベイズ
5. **例20-1**のデータ生成のサンプルコードの、K-meansの部分の外側にある`for`ループのトップ付近を変更して、ランダムに生成されたラベル付きデータセットを生成するようにします。ピクセル（63, 63）を中心とする128×128の画像で標準偏差（`img.cols/6`、`img.rows/6`）

を持つ、10,000 ポイントの単一正規分布を使用します。これらのデータにラベルを付けるために、(63, 63) にあるピクセルを中心とする 4 つの象限に領域を分割します。そして、ラベリング確率を導出するために、次のスキームを使用します。$x < 64$ の場合、**クラス A** に対して 20 %の確率を使用し、$x \geqq 64$ の場合、**クラス A** に 90 %の係数を使用します。$y < 64$ の場合、**クラス A** に対して 40 %の確率を使用し、$y \geqq 64$ の場合、**クラス A** に 60 %の係数を使用します。x と y の確率を掛けると、**クラス A** の象限による合計確率が 2 × 2 行列にリストされた値で示されます。ある点に A というラベルが付けられない場合は、デフォルトで B とラベル付けされます。例えば、$x < 64$ および $y < 64$ の場合、**クラス A** のラベルを付ける確率は 8 %、**クラス B** のラベルの確率は 92 %です。ある点が**クラス A**（そうでなければ**クラス B**）とラベル付けされる確率に対する 4 象限行列は次のようになります。

$0.2 \times 0.6 = 0.12$	$0.9 \times 0.6 = 0.54$
$0.2 \times 0.4 = 0.08$	$0.9 \times 0.4 = 0.36$

これらの象限確率を使用して、データ点にラベルを付けます。各データ点について、その象限を決定します。次に、0 から 1 までの乱数を生成します。これがその象限の確率以下の場合は、そのデータポイントに**クラス A** とラベルを付け、それ以外の場合は、**クラス B** とラベルを付けます。これで、x および y を特徴として持つラベル付きデータ点のリストができます。データがどちらのクラスであるかに関して、x 軸のほうが y 軸よりも有益であることに注意してください。このデータをランダムフォレストで訓練し、変数の重要度を計算して、x が実際に y よりも重要であることを示してください。

6. 問題 5 と同様のデータセットを使用して、Discrete AdaBoost を使用して 2 つのモデル（弱分類器の数が 20 個のと 50 個の木のモデル）を学習します。10,000 個のデータ点からランダムに訓練セットとテストセットを選択します。訓練セットに次の数のデータ点が含まれている場合について訓練し、テスト結果を報告してください。
   a. 150 個のデータ点
   b. 500 個のデータ点
   c. 1,200 個のデータ点
   d. 5,000 個のデータ点

   結果を説明してください。何が起こっていますか？
7. 問題 5 を繰り返してください。ただし、50 個の木と 500 個の木からなるランダムツリー分類器を使ってください。
8. 問題 5 を繰り返してください。ただし、今回は 60 個の木を使い、ランダムツリーと SVM を比較してください。
9. ランダムツリーアルゴリズムが過学習に対して決定木よりもロバストな理由を説明してください。

10. 「ノーフリーランチ」定理によると、ラベル付きデータのすべての分布にわたって最適化された分類器は存在しません。
    a. 本章で説明されている分類器がうまく動作しないようなラベル付きデータの分布について説明してください。
    b. 単純ベイズで学習するのが難しいのはどのような分布でしょうか？
    c. 決定木で学習するのが難しいのはどのような分布でしょうか？
    d. bとcの分布をどのように前処理すれば、分類器がより簡単にデータから学習できるようになるでしょうか？
11. キノコのデータセット `agaricus-lepiota.data` からデータを取り出して、すべてのラベルを削除してください。このデータを複製し、各列をランダムにシャッフルして置き換えます。ここで元のデータに**クラスA**、シャッフルされたデータに**クラスB**のラベルを付けます。データを大きな訓練セットとそれより小さなテストセットに分割します。訓練データでランダムツリー分類器を訓練してください。
    a. ランダムツリー分類器は、**クラスA**と**クラスB**をテストセット上でどれくらい離れて区別することができますか？
    b. 変数重要度を計算し、どの特徴が重要であるか述べてください。
    c. 変更されていないキノコのデータセット上でネットワークを訓練してください。そして、変数の重要度を計算してください。選び出された重要な変数は類似していますか？ これは、Leo Briemanにより提案された、学習における教師なしデータの扱い方の例です。
12. バックプロパゲーションは微積分学のチェインルールを使用し、ニューラルネットワークのそれぞれの重みをどのように変更して、出力における損失関数を低減するかを計算します。**図21-11**のバックプロパゲーションの説明とチェインルールを使って、バックプロパゲーションの節で説明した重みの更新式を導き出してください。
13. 非線形関数（**図21-11**のfまたはg関数）は、大きな負の値に対してはほぼゼロを取り、大きな正の値に対しては1を取る「シグモイド」つまりS字型の関数となります。この関数の1つの典型的な形式は $\sigma(x) = \frac{1}{1-e^{-x}}$ です。微分係数 $\sigma'(x) = \frac{d\sigma(x)}{dx}$ は、$\sigma'(x) = \sigma(x)(1-\sigma(x))$ の形になることを証明してください。

22章
物体検出

前の2つの章では、機械学習の基本を取り上げ、OpenCVライブラリが提供する多くの識別型学習と生成型学習のテクニックについて多少深いところまで掘り下げてきました。いよいよ、今まで本書を通して習ってきたコンピュータビジョンのテクニックや機械学習のテクニックをまとめるときがきました。そして、コンピュータビジョンの現実的な学習問題に応用していきましょう。その最も重要な問題の1つが**物体検出**です。これは、ある画像内に特定の物体が含まれるかどうかを決定し、可能な場合は物体の位置をピクセル座標で特定する処理（位置推定）です。本章では、これらの目標を達成するいくつかの方法を見ていきます。これらはすべて前章までの低レベルな機械学習のテクニックを活用したものです。

22.1 木構造に基づく物体検出テクニック

これまでライブラリ内の機械学習の低レベルな方法を見てきたので、ここからは少し高いレベルの機能に目を向けます。これらは、さまざまな学習手法を利用し、画像中の興味がある物体を検出するためのものです。現在、OpenCVにはそのような検出器が2つあります。1つ目は**カスケード分類器**で、ViolaとJonesによって成功した顔検出のためのアルゴリズム[Viola01]を、一般化させたものです。2つ目は**ソフトカスケード**です。単純なカスケード分類器をさらに進化させた新しいアプローチを用いて、ほとんどの場合に単純なカスケード分類器よりロバスト性に優れています。両アルゴリズムは顔以外の物体の検出でも非常に成功してきました。一般的に、これらの方法は剛構造を持つ物体や豊かなテクスチャを持つ物体でよい結果を示します。

これらの方法は、その基礎となっている機械学習コンポーネントをカプセル化するだけではなく、実際の学習のために入力を調整し、学習アルゴリズムからの出力を後処理する過程も含んでいます。驚くにはあたりませんが、これらの物体検出アルゴリズムは機械学習アルゴリズムのように統一されたインタフェースを持ちません。その理由は2つあり、そのような高レベルな手法では、その必要性と結果が当然大きく異なるということと、実際問題として、多くの場合これらのアルゴリズムは作成者自身がライブラリを提供しており、インタフェースがオリジナルの実装に近いものとなっているためです。

22.1.1 カスケード分類器

このような分類器の初期のものは木構造に基づいており、**カスケード分類器**と呼ばれ、**ブースティングされた棄却のカスケード**（boosted rejection cascade）という重要な概念によって作られています。これは、もともとは本格的な顔検出のアプリケーションとして開発され、後に（いくらか）現代化されオリジナルの実装より少々一般化されたので、OpenCV のその他の多数の ML ライブラリとは異なったフォーマットを持っています。本節ではこれを詳細に取り上げ、顔や他の剛体をどのように訓練し認識するかについて説明します。

コンピュータビジョンは広範で急速に発展する分野なので、OpenCV で特定の手法を実装した部分（コンポーネントとなるアルゴリズムではなく）は時代遅れになる危険性があります。長い間 OpenCV の一部であった最初の顔検出器（Haar 分類器と呼ばれる）は、まさにその「危険」なカテゴリにありました。しかし顔検出の分野には、基準となるうまく動いている方法があったほうがよいという共通の需要があるのです。この技術は、有名でよく使われる統計的ブースティングの分野に基づいて構築されているので、実際にはもっと汎用的なユーティリティなのです。それ以来、いくつかの会社が「顔」検出器を OpenCV 上に設計し、「ほぼ剛体」な物体（顔、車、バイク、人の身体など）も検出できるようするために、新しい検出器を数千ものいろいろな角度からの物体の画像で訓練しています。物体の姿勢やさまざまな見え方で訓練した検出器を使っているとはいえ、この技術は、最新の検出器を作るのにも用いられてきたのです。Haar 分類器は、そのような認識タスクにおいて心に留めておくべき重要で有益なツールなのです。OpenCV における現在の Haar 分類器の実装にも、このような汎用性が多少ありますが、将来的にさらに拡張性を持つ実装になるように取り組みがなされています。

OpenCV に実装されているカスケード分類器は、Paul Viola と Michael Jones により最初に開発された顔検出テクニックで、**Viola-Jones 検出器**[Viola01] として知られています。もともとこの技術（と OpenCV の実装）は、1つの特定の特徴集合（Haar ウェーブレット[†1]）だけがサポートされていました。その後、Rainer Lienhart と Jochen Maydt [Lienhart02] によって、**斜め特徴**として知られる特徴を使うように拡張され（この違いに関しては後でより詳しく述べます）、OpenCV の実装に組み込まれました。この拡張された特徴量は通常「Haar-like」特徴量と呼ばれます。OpenCV 3.x ではカスケードはさらに拡張されて、**ローカルバイナリパターン**（LBP：Local Binary Pattern）を使って動作するようになりました。

OpenCV で実装された Viola-Jones 検出器は 2 層で動作します。第 1 層は特徴計算をカプセル化し、モジュール化した特徴検出器です。第 2 層は、実際のブースティングされたカスケードであり、長方形の領域にわたって計算された総和と差分を使います。ここではどのようにして特徴量を計算するかについては触れません。

†1 Haar ウェーブレットは初期に知られていたウェーブレット基底で、1909 年に Alfred Haar によって初めて提案されました。

22.1.1.1 Haar-like 特徴量

この分類器でのデフォルトで使われる Haar-like 特徴量を**図22-1**に示します。全スケールにおいて、ブースティングされた分類器で使われる「原料」がこれらの特徴から形成されます。それらはすべて、元のグレースケール画像を表す積分画像（12 章を参照）からすばやく計算可能な特徴量を持っています。

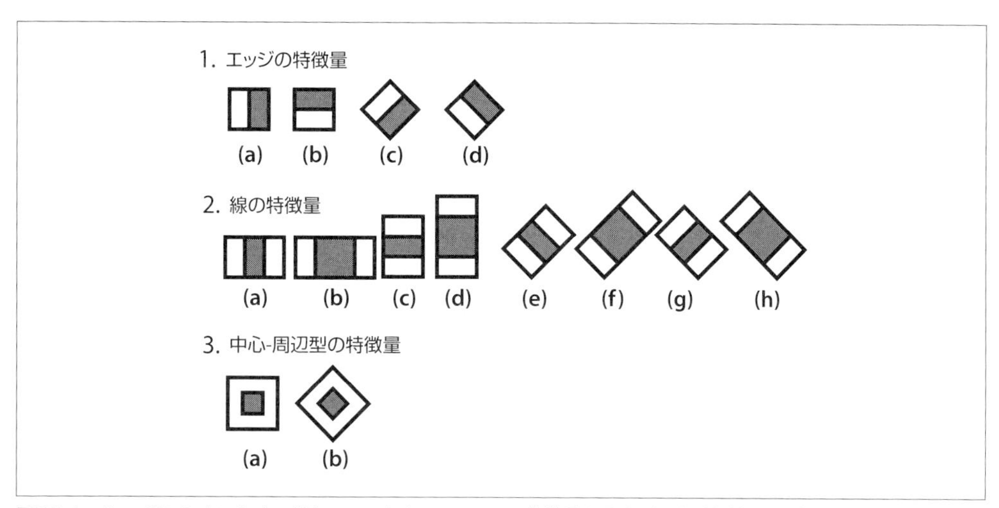

図22-1　OpenCV のオンラインドキュメントより Haar-like 特徴量を示す（長方形領域および回転領域は、積分画像から簡単に求められる）。このウェーブレットの模式図において、明るい部分が「加算領域」、暗い部分が「減算領域」である

現在、「オリジナル」の Haar ウェーブレット特徴量（「斜め」特徴を含む）と LBP 特徴量の 2 つの異なる特徴量がサポートされています。将来的には他の特徴量の形式もサポートされるかもしれません。あるいは、以下に続く LBP がどのように追加されたかを参考にしてみなさんが自分で特徴量を記述したり、他の特徴量を使うこともできるでしょう（カスケード特徴量のインタフェースは十分に拡張可能なので）。

22.1.1.2 LBP 特徴量

LBP 特徴量は、最初に[Ojala94] で提案され、ある種のテクスチャ記述子によって表されました。これはその後すぐに、Viola-Jones 物体検出アルゴリズムにおけるブースティングされたカスケード環境で使えるように修正されました。ところで、Haar ウェーブレット特徴量は小さなパッチ（例えば 11 × 11 ピクセル）と関連づけられており、そのパッチの「特徴量ベクトル」がそのパッチ内のピクセルをウェーブレット変換（Haar 基底への投影）したものになるように割り当てられていたことを思い出してください。**図22-2**に示すように、LBP 特徴量はそれとはたいへん異なる特徴量ベクトルの構造をしています。縦と横がともに 3 で割り切れる長方形を使い、その長方形を

3×3の重なり合わないタイルに分割します。そしてそれぞれのタイルについて、ピクセル値の総和を（積分画像を使って）計算します。最後に、中央のタイルのピクセルの総和を、中央以外の8つのタイルのピクセルの総和と比較することで、8ビットのパターンが作られます。この8ビットパターンがこの長方形の記述子として用いられます。その後8ビットの値は分類器に渡される分類値として使われます（対応する長方形が十分に識別できる特徴量として訓練時に選ばれている間）。

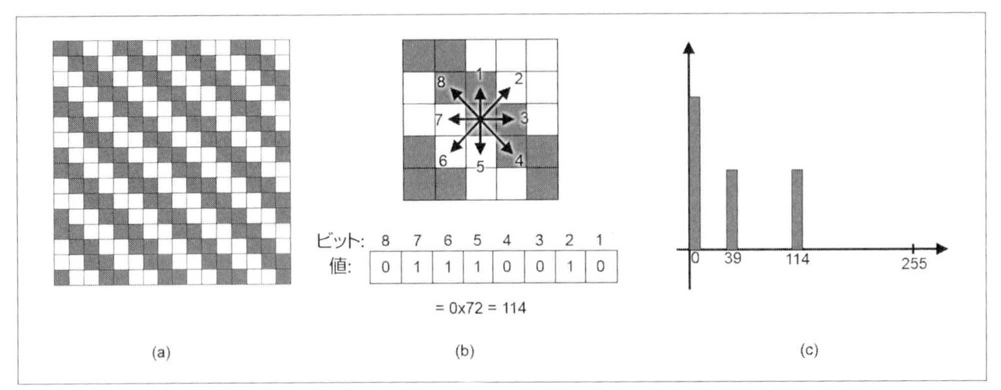

図22-2　LBP特徴量がサンプルのテクスチャ領域に対して計算されている（a）。領域内の各ピクセルにおいて、近傍との比較を行って2値表現を計算する（b）。LBP特徴量は計算された値のヒストグラムである（c）。この例では、ヒストグラム中にはゼロ以外の値が2つしかない（テクスチャの構造が単純で反復的であるため）

22.1.1.3　訓練と事前訓練検出器

OpenCVには事前の訓練によって得られた物体認識用ファイルが含まれていますが、自分で検出器を訓練したり、検出器用の新しい物体モデルを保存したりできるコードもあります。みなさんの用途に十分でなければ、同梱されているアプリケーション（`.../opencv/sources/apps/traincascade`にはソースファイル、`.../opencv/build/x64/vc1X/bin`にはバイナリファイル`opencv_traincascade.exe`）の中に、ほぼ剛体であればどのような物体も訓練に使うことができるものもあります。ただしそれがどれくらい適合するかは物体によって大幅に変わってくるでしょう。

OpenCVに同梱されている事前訓練されたファイルは、`.../opencv/build/etc/haarcascades`と`.../opencv/build/etc/lbpcascades`ディレクトリにあります。現時点で、正面を向いた顔検出で最も性能のよいモデルは`haarcascade_frontalface_alt2.xml`です。ただしこの技術では横顔を正確に検出するのは難しく（すぐ後で簡単に説明します）、リリースモデルはそれほどうまく動きませんが、Google Summer of Code 2012（Googleのオープンソース推奨プロジェクト）期間中の実装でかなり改善されました。もしみなさんがよい物体モデルの訓練ができたら、オープンソースとして公開してコミュニティに貢献することを考えてもよいかもしれません。

22.1.2 教師あり学習とブースティングの理論

OpenCV に含まれているカスケード分類器は教師あり分類器です（これらは 21 章で説明しました）。そこでは、典型的にはヒストグラム均一化とサイズ均一化がなされた画像パッチが分類器に用いられます。そしてそれらが興味のある対象を含む場合（もしくは含まない場合）に、そのようにラベル付けられます。もちろん、最も典型的な対象は顔でしょう。

Viola-Jones 分類器は AdaBoost を使っていますが、大きな枠組みの中では棄却型カスケードと呼ばれます。この「カスケード」はノードを直列にしたものを意味していて、それぞれのノードがそれ自身で複数の木構造を持った個別の AdaBoost 分類器になっています。カスケードの基本的な働きは、ある画像のサブウィンドウを特定の順序で全ノードに対して連続して検査することです。すべての分類器を「パス」したウィンドウが、求めたいクラスの一員であるとみなされます。

これを実現するために、それぞれのノードは高い（例えば 99.9 %）検出率（低い偽陰性、つまり顔を見逃すことが少ない）と低い（約 50 %）棄却率（高い偽陽性、つまり「顔でない」ものが間違って顔と分類される）を持つように設計されています。各ノードで、カスケードのどの段階でも「クラスに属さない」と結論付けられると、計算を安全に終わらせ、アルゴリズムはその場所には顔がないと宣言します。

クラス検出が真と宣言されるのは、対象とする領域が、カスケード全体をうまく通り抜けたときだけです。真のクラスがまれなとき（例えば、画像中に顔が 1 つ）、棄却型カスケードの全計算量はとても少なくなります。なぜなら、顔を探すほとんどの領域では即座にクラスに属さないと判断され、計算が終わるからです。最も単純な（最も計算の速い）ノードをカスケードの初めに配置することで、より一層改善されます。

22.1.2.1 Haar カスケードのブースティング

Viola-Jones 棄却型カスケードでは、それぞれのノードはそれ自身が弱分類器の集まりです。これらが混合されブースティングされることで、1 つの強分類器を形成します。これらの個々の弱分類器はそれ自身が決定木で、その深さはたいてい 1（すなわち決定株）です。決定株は次のような形で 1 つの決定が割り当てられています。「特徴 h の値 ν が閾値 t より上か下か」例えば、「yes」ならば顔を示し、「no」ならば顔でないことを示します。

$$h_w = \begin{cases} +1 & \nu_w \geqq t_w \\ -1 & \nu_w < t_w \end{cases}$$

各弱分類器で Viola-Jones 分類器が使う Haar-like または LBP 特徴量の数は、訓練時に設定することができます。しかし、1 個（の弱分類器）に対して 1 個の特徴株がくっつけられることがほとんどです。状況によっては 3 つくらいの特徴量が使われることもあります[†2]。ブースティ

†2　これは、21 章での AdaBoost の議論で見たことがあるはずです。

ングでは、このような弱分類器の重み付け和として、強分類器のノードを反復的に強化させます。Viola-Jones分類器は次の分類関数を使います。

$$H = \mathrm{sign}(\alpha_1 h_1 + \alpha_2 h_2 + \ldots + \alpha_{N_w} h_{N_w})$$

ここで、sign関数は、値が0未満ならば-1を、0と等しければ0を、0より大きければ$+1$を返す関数です。データセットを通る最初のパスで、それぞれのh_wに対して入力を分類するのに最適な閾値t_wを学習します。ブースティングはその後、結果の誤差を使って重み付けされた投票値α_wを計算します。伝統的なAdaBoostでは、それぞれの特徴量ベクタ（データの点）も、分類器の繰り返しのときに、正しい分類ができた[†3]かどうかに応じて値を高くあるいは低くすることで、再度重み付けされます。いったんこの方法でノードが学習されたら、カスケードの高いところで生き残ったデータが次のノードの訓練のために使われ、以降同様に続きます。

棄却型カスケード

図22-3は数多くのブースティングされた分類器グループからなるViola-Jones棄却型カスケードを視覚化したものです。この図では、それぞれのノードF_jに、完全なブースティングされた、決定株（あるいは決定木）のグループのカスケードが含まれています。それぞれの決定株（あるいは決定木）は、顔と非顔（あるいはユーザーが訓練のために選んだ物体）から得られた特徴量で訓練されたものです。計算コストを最小にするために、複雑度が最小から最大の順になるようにノードを並べることを思い出してください。典型的には、それぞれのノードのブースティングは検出率が高くなるように（通常は偽陽性が高くなることと引き換えに）調整します。顔の訓練の例では、それぞれのノードで、ほとんどすべて（99.9 %）の顔を見つけますが、多く（50 %程度）の顔でないものも間違って「検出」します。しかし、それでも大丈夫なのです。なぜならノード数が20とすると、（全カスケードを通すことで）顔検出率は$0.999^{20} \approx 98$ %で、偽陰性が$0.5^{20} \approx 0.0001$ %となるからです。

†3 ブースティングに関して、訓練時に正しく分類された点の分類の重みを下げることと、誤って分類した点の重みを上げることが、時々混同されることがあります。その理由は、ブースティングが重点を置いて目指しているのが、「不具合」な点を修正し、すでにどのように分類するかが「わかっている」点を無視することだからです。これは専門的にはブースティングは**マージンを最大化**していると言います。

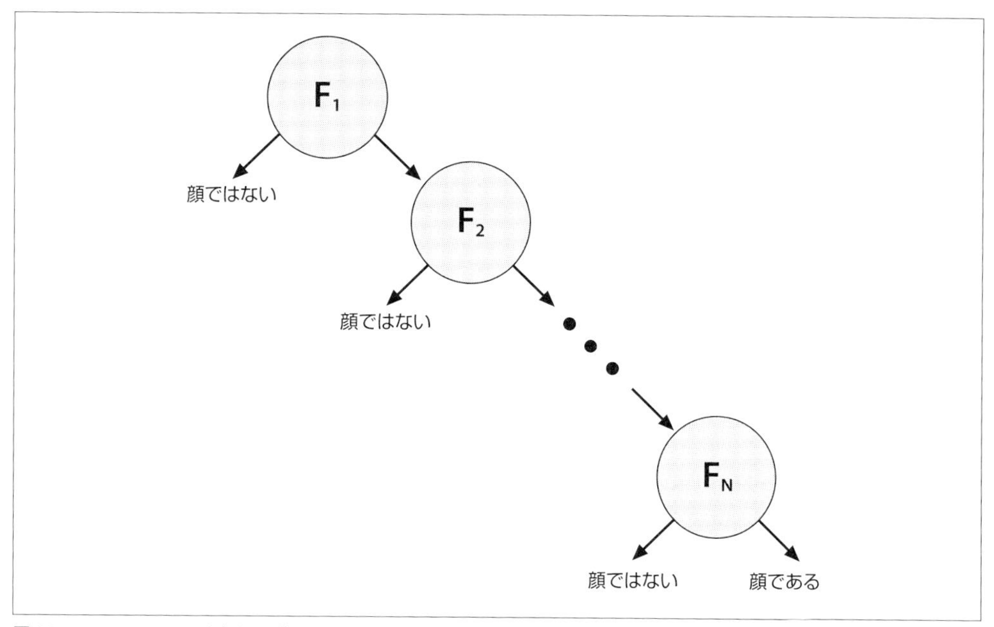

図22-3 Viola-Jones 分類器で使われている棄却型カスケード：それぞれのノードは複数木でブースティングされた分類器を表し、正しい顔があればほとんど見逃さないが、顔ではないものも多少間違って顔と分類するように調整される。しかし、ほとんどすべての顔以外のものは最後のノードにいたるまでに棄却され、真の顔だけが残る

実行時は、さまざまなサイズの検索領域を用いて元画像を探索します。実際のところ、顔以外のものの 70〜80 %は、棄却型カスケードの初めの 2 つのノードで棄却されます。それぞれのノードはだいたい 10 個の決定株を使っています。この初期におけるすばやい「注目された棄却」が顔検出の速度を向上させ、Viola-Jones アルゴリズムの実用性の基礎となっています。

先に述べたように、この技術は顔検出を実装していますが、顔だけに限られているわけではありません。特色のある見え方（ほぼ剛体）の物体でもかなり問題なく動作します。正面顔だけではなく、車の後ろ、側面、正面に対してもうまく働きます。一方、横顔や車の「角」の画像などではほとんどうまくいきません。なぜなら、これらの見え方の違いがテンプレートに変動を引き起こし、その変動をこの検出器で使われている「ブロック化」された特徴量がうまく扱えないからです。例えば横顔の見え方では、顔の輪郭の曲線を含むように、学習されたモデルで背景が変化している部分をとらえる必要があります。顔の側面を検出する場合は横顔用の `haarcascade_profileface.xml` が利用できます。しかしもっとよい仕事をするには、このモデルを訓練したデータよりもさらに多くのデータを集め、そのデータに異なる背景に対する横顔の輪郭データも含めるべきです。Google Summer of Code 2012 では、性能が改善された `lbpcascade_profileface.xml` が紹介されました。

横顔の見え方は、Haar カスケード分類器にとっては難問です。なぜならこの分類器はブロック特徴を使っているため、横顔の情報量が多く含まれる輪郭エッジを通して覗かれる背景の変動も学習しようとせざるを得ないからです。この問題は、Haar 特徴と、それほどではありませんが LBP 特徴の両者にも関連した、いくぶん一般的な問題です。ほとんどの場合、探そうとしている物体のサブセットである正方形の領域を見つけるように検出器を訓練するのが最善です。これがまさに、頭は丸いといった事実を、パッケージ内の事前訓練されたカスケードが解決している方法なのです。すなわち、顔が外接している正方形の領域を探していることになります。

訓練時には、片方の輪郭像だけ（例えば右側だけ）を学習するのが効率のよい学習法です。検査段階では（1）右側の輪郭の検出器を動作させ、その後、（2）垂直軸で反転した画像に対して再び右側輪郭検出器を動作させれば左側の輪郭を検出することができます[†4]。

要点をまとめると、Haar-like 特徴量および LBP 特徴量に基づいた検出器は、「ブロック」的な特徴量（目、鼻、髪の毛のようなもの）ではうまく働き、例えば木の枝などではうまく動きません。物体の輪郭の形がとても際立った特徴量（コーヒーカップなど）でもうまく働きません。これに関しては LBP がいくぶん優っていますが、理由は、Haar-like 特徴量が背景の塊（チャンク）上の総和（オフセットレベル）に影響を受けやすい一方、LBP では背景領域が LBP ヒストグラムに単に多少の階調ノイズを加えることにすぎないからです。

前述のとおり、みなさんがたくさんの良質なデータ、つまり剛体に近い物体で、きちんと分離されたデータを集める気があれば、この分類器は現在でも最良の手法と太刀打ちできます。さらに、棄却型カスケード構造の恩恵により、とても速く動作します（訓練時は速くありませんが）。ここで「たくさんのデータ」とは、例えば数千の対象物体のサンプルと数万の非対象物体のサンプルなどです。また「良質な」データとは、例えば、傾いた顔とまっすぐな顔を混在させていないということを意味します。それらのデータを分けたまま、傾き顔には傾き顔用の、正面顔には正面顔用の2種類の別々の分類器を使うということです。「きちんと分離」されたデータとは、一貫して区画化されていることを意味します。訓練データの区画の境界がはっきりしていないと、データ中の偽りの変動を補正しようとしてしまいます。例えば、顔データの区画中で目の位置がばらばらにずれていると、目の位置は幾何学的に固定されずに動き回るものであると分類器が導かれてしまうかもしれません。実際に、分類器が本物のデータでないものに適合するよう試みているときは、ほぼ確実に性能が悪くなります。

22.1.2.2　Viola-Jones 分類器の概要

Viola-Jones 分類器は、複数木（だいたいは複数株）の分類器を学習するために、カスケードの

†4　このことは、機械学習のより一般的な原理に関連します。すでに対称性が存在することがわかっている場合、それを学習することをアルゴリズムに強制するのは、確実に不利でしょう。対称性のある部分を除いたインスタンスでアルゴリズムを訓練し、その後、アルゴリズムに与える前に、その対称性に従って、入力を写像することは、常によいと言えます。

それぞれのノードで AdaBoost を採用しています。加えて、このアルゴリズムは他にも次の革新的な特徴を含んでいます[†5]。

- 非常に速く計算可能な特徴量が使われる（つまり、Haar 特徴量は、画像の長方形領域内の総和と差に閾値を適用したもの）
- その**積分画像**の技術は、長方形の領域またはその領域を 45 度回転させた領域の値の高速な計算を可能にする（「6 章　描画方法とテキスト表示方法」参照）。このデータ構造を使うことで、入力特徴量の計算を加速することができる
- 統計的ブースティングを使って、高い検出率と低い棄却率という特性を持ち合わせた、（顔であるか、顔ではないかの）2 値の分類ノードを作る

これらの分類ノードをまとめることで棄却型カスケードとなります。言い換えると、分類の第 1 グループは対象物体を含む画像領域のベストな検出を行うように選択されます。そこでは同時に、たくさんの間違った検出も許容されます。次の検出器のグループは、低い棄却率でありながら検出率が 2 番目によいもので、以降同様に続きます。テストモードでは、すべてのカスケードを通過した場合に限って物体が検出されることになります。

22.1.2.3　cv::CascadeClassifer オブジェクト

21 章で見たたくさんの機械学習のライブラリのルーチンと同様、カスケード分類器もクラスとして OpenCV に実装されています。このクラスは cv::CascadeClassifier と呼ばれ、画像の検出パスを動かすためのインタフェースを提供するだけでなく、読み込まれた（または訓練済みの）カスケードを保存することができます。

cv::CascadeClassifier クラスのコンストラクタは次のとおりです。

```
cv::CascadeClassifier::CascadeClassifier(
  const cv::String& filename
);
```

このコンストラクタは引数を 1 つしか取りません。それはカスケードが格納されているファイル名です。デフォルトコンストラクタもあり、後でメンバー関数 load() でカスケードを読み込む場合に使います。

22.1.2.4　detectMultiScale() を使った画像検索

実際にカスケード分類が実装されている関数は、cv::CascadeClassifier オブジェクトの detectMultiScale() メソッドです。

†5　これらのほとんどは、今日のコンピュータビジョン研究者や熟練者のツールキットにおける標準的な技法になっています。

```
cv::CascadeClassifier::detectMultiScale(
  const cv::Mat&     image,                      // 入力（グレースケール）画像
  vector<cv::Rect>& objects,                    // 出力の長方形領域（単数か複数）
  double             scaleFactor  = 1.1,         // 縮尺比の係数
  int                minNeighbors = 3,           // 隣接数の最小
  int                flags        = 0,           // フラグ（古いスタイルのカスケード）
  cv::Size           minSize      = cv::Size(),  // 考慮する最小サイズ
  cv::Size           maxSize      = cv::Size()   // 考慮する最大サイズ
);
```

最初の引数 `image` は `CV_8U` 型のグレースケール画像です。関数 `cv::CascadeClassifier::detectMultiScale()` は顔検出のために入力画像を全スケールにおいてスキャンします。物体の場所がうまく見つかると、外接する長方形の領域の形式で STL vector の `objects` に入れて返されます。引数 `scaleFactor` では、それぞれのスケール間でどのくらいの大きさでスケールアップさせるかを決めます。この値を大きくすればするほど、計算時間は短くなりますが、スケーリングによっては、あるサイズの顔を見逃して検出に失敗してしまうというリスクもあります。引数 `minNeighbors` は誤検出の防止を制御します。実際の顔の画像では同じ領域に何度も「ヒット」する傾向があります。なぜなら、周囲のピクセルとスケールにおいても顔を指し示すことが多いためです。顔検出のコードの中で、これを例えばデフォルト値の 3 に設定すると、少なくとも 3 箇所のオーバーラップした検出があってもその位置には 1 つの顔があると決定されます。

引数 `flags` は、OpenCV 1.x より古いカスケードツールで使わない限り、今のところ無視されます。古いカスケードツールを使っている場合は、（年代物の OpenCV 1.x でも）`CV_HAAR_DO_CANNY_PRUNING` が一緒に指定されるでしょう。その場合、領域を棄却するのに Canny エッジ検出器が使われます。

最後の引数 `minSize` と `maxSize` は顔を探索する際の、最小と最大の領域の大きさです。これらの値を設定すると、異常に小さかったり大きかったりする顔を除外して、計算時間を減らすことができます（多くのケースで、画像中に顔が何か所くらい存在するかを想定できることが多いため、実際のケースでは指定しておいたほうが望ましいことが多いでしょう。結局のところ、検出した箇所以外は単なるノイズである可能性が高いのです）。図22-4 は顔を含むシーンで顔検出を行った結果です。

図22-4 公園での顔検出例。傾いた顔も検出する。この結果を得るのに、1,111 × 827 ピクセルの画像で 100 万以上の箇所とスケールに対して探索が行われたが、かかった時間は 3GHz の機械で約 0.25 秒であった

他にも、この検出方法の変形版が 2 種類あります。

```
void detectMultiScale(
  cv::InputArray     image,
  vector<cv::Rect>& objects,
  vector<int>&       numDetections,
  double             scaleFactor        = 1.1,
  int                minNeighbors       = 3,
  int                flags              = 0,
  cv::Size           minSize            = cv::Size(),
  cv::Size           maxSize            = cv::Size()
);

void detectMultiScale(
  cv::InputArray     image,
  vector<cv::Rect>& objects,
  vector<int>&       rejectLevels,
  vector<double>&    levelWeights,
  double             scaleFactor        = 1.1,
  int                minNeighbors       = 3,
  int                flags              = 0,
  cv::Size           minSize            = cv::Size(),
  cv::Size           maxSize            = cv::Size(),
  bool               outputRejectLevels = false
);
```

1つ目は、前に出てきたコンストラクタと本質的には同じものですが、新しい引数 numDetections が追加されています。これは、引数 objects と同じ要素数を持つ出力です。numDetections 内の各要素の値は検出された物体の数を示し、それらは引数 objects 内の対応する要素が表す物体が検出された数を示します。

detectMultiScale() の2つ目の別形式は、3つの追加の引数、rejectLevels、levelWeights、outputRejectLevels を持ちます。最後の引数が true のときだけ前の2つに値が返されます。rejectLevels と levelWeights はどちらも、objects の各要素に対応した値のベクタです。rejectLevels には、その部分画像がどのレベルで棄却されたかが含まれています。levelWeights 配列には、受理か棄却のどちらかの、弱分類器の最後のレベルでの重みの総和が含まれています。この付加的な情報を考慮すれば、どのような方法を選択したとしても、呼び出し側で細かいケースを扱うことができます。

22.1.2.5　顔検出の例

detectAndDraw() のコードを**例22-1**に示します。これは、顔を検出し、画像中の見つかった場所に色違いの長方形を描きます。コメントに示したように、このコードは訓練済みカスケード分類器が読み込まれており、検出される顔のためのメモリ領域が確保されていることを前提としています。

例22-1　顔検出と描画

```
// 物体を検出し、検出された物体の長方形を画像に描く
//
// 全体的な前提：
//
//  カスケード（cascade）が次のように読み込まれている：
//     cv::Ptr<CascadeClassifier> cascade( new CascadeClassifier( cascade_name ) );
//
void detectAndDraw(
  cv::Mat&                         img,            // 入力画像
  cv::Ptr<cv::CascadeClassifier> classifer,      // 読み込み済みの分類器
  double                           scale     = 1.3 // 画像のリサイズの倍率
){

  // 描画用の単なるいくつかのきれいな色
  //
  enum { BLUE, AQUA, CYAN, GREEN };
  static cv::Scalar colors[] = {
    cv::Scalar(  0,   0, 255 ),
    cv::Scalar(  0, 128, 255 ),
    cv::Scalar(  0, 255, 255 ),
    cv::Scalar(  0, 255,   0 )
  };

  // 画像の準備：
  //
```

```
    cv::Mat gray( img.size(), CV_8UC1 );
    cv::May small_img(
      cvSize( cvRound(img.cols/scale), cvRound(img.rows/scale)),
      CV_8UC1
    );
    cv::cvtColor( img, gray, cv::COLOR_BGR2GRAY );
    cv::resize( gray, small_img, cv::INTER_LINEAR );
    cv::equalizeHist( small_img, small_img );

    // もしあれば、物体を検出する
    //
    vector<cv::Rect> objects;
    classifier->detectMultiScale(
      small_img,                  // 入力画像
      objects,                    // 結果のための場所
      1.1,                        // スケール係数
      2,                          // 隣接する最小数
      cv::HAAR_DO_CANNY_PRUNING,  // （古いカスケード形式のみ）
      cv::Size(30, 30)            // これより小さく検出されたものは捨てる
    );

    // 見つかった物体（objects）をループし、その領域の外枠を描く
    //
    for( vector<cv::rect>::iterator r=objects.begin(); r!=objects.end; ++r ) {
      Rect r_ = (*r)*scale;
      cv::rectangle( img, r_, colors[i%4] );
    }

  }
```

便宜上、このコードの detectAndDraw() 関数にはスタティックなベクタとして colors[] を持たせてあり、添え字を使って見つけた顔を異なる色で描くことができます。分類器はグレースケール画像に対して使えるので、BGR カラー画像 img を cv::cvtColor() でグレースケールに変換し、オプションで cv::resize() によりリサイズします。

この後、cv::equalizeHist() を用いた輝度分布を広げるヒストグラム平坦化処理が続きます。これはとても重要なステップです。これが必要な理由は、積分画像の特徴量が長方形領域の輝度の差分に基づいているためで、もしヒストグラムのバランスが悪いと、それらの差分がテスト画像の露出や全体の照明によって歪められてしまうかもしれないからです（カスケードの訓練時にも入力データに対しても同一の処理をすることが重要です）。

実際に検出が行われるのは for ループに入る直前です。その後、ループ内で見つかった顔の長方形領域を、それぞれ違った色で cv::rectangle() を使って描きます。

22.1.3 新しい物体を学習する

これまで、XML ファイルに格納されている訓練済みの分類器のカスケードをどのように読み込み、実行するかを見てきました。初めに cv::CascadeClassifier のコンストラクタを呼ぶ

か、その後に cv::CascadeClassifier::load() を呼ぶかのどちらかで、分類器を読み込みます。一度分類器が読み込まれたら、cv::CascadeClassifier::detectMultiScale() 関数を使って実際に物体を検出することができます。さてこれから、目、歩行者、車などといった他の物体を検出する独自の分類器を訓練するにはどうすればよいかという問題に移りましょう。これはOpenCV の traincascade アプリケーション[†6]で行います。このアプリケーションは、与えられた真と偽のサンプルの訓練セットから分類器を作ります。分類器の訓練は、次の4つのステップで行います。

1. 学習したい物体のサンプルで構成されるデータセットを集めます（例えば正面顔の画像や自動車の横からの画像）。これらは1つ以上のディレクトリに格納され、テキストファイルで索引が付けられています。そのフォーマットは次のような**コレクション記述ファイル**形式です。

```
<path>/<img_name_1> <count_1> <x11> <y11> <w11> <h11> <x12> <y12> ...
<path>/<img_name_2> <count_2> <x21> <y21> <w21> <h21> <x22> <y22> ...
...
```

それぞれの行には、物体が入っている画像のパス（もしあれば）とファイル名が書かれています。続いてその画像内にある物体数、そしてその物体を囲んでいる長方形のリストが続きます。長方形のフォーマットはピクセル単位で、左上隅の x 座標、y 座標、幅、高さと続きます。より具体的には、ディレクトリ data/faces/に顔のデータセットがあるとすると、コレクションの記述ファイル faces.dat は次のようになるでしょう。

```
data/faces/face_000.jpg 2 73 100 25 37 133 123 30 45
data/faces/face_001.jpg 1 155 200 55 78
...
```

分類器をうまく動くようにするには、大量（1,000から10,000の真のサンプル）の高品質のデータを集める必要があります。「高品質」とは、不要な変動がデータから取り除いてあることを意味します。例えば、顔を学習するには、できる限り目（できれば鼻と口も）が整列するようにするべきです。これは直感的に言えば、もしそうしなかったとしたら、目が顔の中の固定位置に現れる必要がなく、顔のある領域のどこに現れてもよいということを分類器に教えているのと等価です。これは、実際のデータにとって真ではないのですから、分類器はうまく動作しないでしょう。1つの戦略は、初めに部分領域、例えば「両目」などの整列させやすい箇所についてカスケードを訓練しておくということです。それから、その目検出器を使って目を検出し、両目が並ぶように顔を回転とリサイズします。顔ではなく非対称のデータに対しては、「22.1.2.1 Haar カスケードのブースティング」の「棄却型カスケード」で紹介した垂直

†6 古い haartraining アプリケーションでカスケードを訓練することもできますが、結果のカスケードがレガシー型になるのでお勧めはしません。いろいろなアプリケーションの中でも唯一 traincascade だけが LBP 特徴量（加えて、Haar 特徴量）をサポートしています。さらに traincascade だけが、マルチスレッド用の TBB をサポートしているので非常に高速です（ただし、TBB をサポート、すなわち-D WITH_TBB=ON でライブラリをビルドしていることを前提としています）。

軸での画像の反転「トリック」を使います。

2. 一度データセットが得られれば、ユーティリティアプリケーション createsamples で、正のサンプルデータの「ベクタ」出力ファイルを作ります。このファイルを使って、続く訓練手続きを何度も繰り返し走らせることができます。その際、計算された同じベクタファイルを使いながら、さまざまなパラメータを試します。createsamples の使い方の例は次のとおりです。

```
opencv_createsamples -info faces.dat -vec faces.vec -w 30 -h 40
```

このコマンドはステップ1で説明した faces.dat ファイルを読み込み、書式付きのベクタファイルを出力します。この場合は faces.vec です。createsamples の内部では、画像から生のサンプルを抜き出し、正規化し、指定された幅と高さ（この例では、30×40 ピクセル）にリサイズします。createsamples を使って、幾何学的変換を適用したりノイズを加えたり色を変更したりなどのデータ合成も行えることに注目してください。この処理は、企業のロゴのように1つの原型だけしかない（用意できない）場合、その画像が実画像中に現れる際に想定されるさまざまな歪みを、その画像に加えたいときに特に役立ちます（これらのオプションの詳細は、この後すぐ説明します）。

3. 不正解の画像群を作ります。訓練段階では、これらの「不正解」サンプルは、対象とする物体のようには見えないものとして学習するのに使われます。訓練という目的に対しては、対象となる物体を含んでいない画像はすべてが、負のサンプルになりえます。「不正解」画像はテスト用データと同じ種類のものから持ってくることが最良です。つまり、オンラインビデオの中の顔を学習したいときは、最もよい結果を得るには、同等なフレーム（同じビデオの別のフレーム）から負のサンプルも取るべきです。とはいえ、どこか適当なところ（例えばインターネットの画像集）から取り込んだ負のサンプルを使った場合であっても、まずまずの結果を得ることはできるでしょう。先ほどと同じように、画像を1つ以上のディレクトリに置き、これらの画像ファイル名とパスが1行1行書かれたリストからなるコレクションファイルを作ります[†7]。例として、backgrounds.dat という名前の画像コレクションファイルを作り、そこに次のようにパス、画像のファイル名が含まれているとします。

```
data/vacations/beach.jpg
data/nonfaces/img_043.bmp
data/nonfaces/257-5799_IMG.JPG
...
```

4. カスケードを訓練します。face_classifier_take_3.xml というファイル名の訓練済みのカスケードを作成するためのコマンドラインの例は次のとおりです。

†7 **コレクションファイル**（反例として使われるファイル）は、ファイル名のリストだけが含まれるファイルです。**コレクション記述ファイル**（正例として使われるファイル）は、ファイル名と、興味のある物体が各画像のどこにあるかの情報のリストが含まれるファイルです。

```
opencv_traincascade                                      \
  -data face_classifier_take_3                           \
  -vec opencv/data/vec_files/trainingfaces_24-24.vec     \
  -w 24 -h 24                                            \
  -bg backgrounds.dat                                    \
  -nstages 20                                            \
  -nsplits 1                                             \
  [-nonsym]                                              \
  -minhitrate 0.998                                      \
  -maxfalsealarm 0.5
```

ファイル拡張子.xml は-data 引数に自動的に付加されます。この例では、出力ファイル face_classifier_take_3.xml が作られます。ここで、trainingfaces_24-24.vec は正のサンプル（幅 × 高さは 24 × 24 のサイズ）で、backgrounds.dat からランダムに抜き出した画像が負のサンプルとして使われます。カスケードは 20 段（-nstages）に設定されます。それぞれの段で検出率（-minhitrate）が 0.998 以上の値を持つように訓練されます。偽となる率は（-maxfalsealarm）それぞれの段階で 50 %（またはそれ以下）に設定され、全体では正解率は 0.998 になります。弱分類器はこの例では分岐（-nsplits）が 1 つしかない「株」であると規定されます。それ以上の数を指定することも可能で、場合によっては結果をよくすることができるかもしれません。より複雑な物体には 6 つもの数に分岐できるものを使うかもしれません。しかしたいていは、この数を少なくしておき、3 つ以上には分岐しないほうがよいでしょう。

高速なマシンでも、データセットのサイズによっては訓練に数時間から数日かかります。訓練にはすべての正と負のサンプルにわたって、1 つの訓練ウィンドウあたりおよそ 100,000 回の特徴量の検査を実行しなければなりません。この検査は並列化することもできるのでマルチコアのマシンを（TBB を使って）利用することができます。この並列化バージョンも OpenCV に同梱されています（ただし TBB をサポート、すなわち-D WITH_TBB=ON としてライブラリがビルドされていることを前提としています）。

22.1.3.1 createsamples の詳しい引数

ここまで見てきたように、traincascade に取り込める正のサンプルを用意するためには、createsamples プログラムを使う必要があります。createsamples プログラム[†8]は、画像の中から見つけた個々のサンプルを切り出すだけでなく、方向、照明、その他の特徴などをわずかに変化させた表現を自動的に生成することもできます。ここで、createsamples を呼ぶときに利用可能なオプションの詳細と、そのオプションが何をするかを見てみましょう。

traincascade を呼ぶときは、4 つモードのうちの 1 つで実行します。その動作モードは、オ

†8 これは負のサンプルでは必要はありません。なぜなら traincascade はみなさんが提供した負のリストファイルから動的にランダムに負のサンプルを選ぶからです。そのため細かいトリミングや前処理も行われないので、負のサンプルではこの余分な手順は必要ないのです。

プションをどう選んだかで決まります[†9]。具体的には-img、-info、-vec、-bg で総合的に動作モードが決まります。この 4 つのモードを次に示します。

モード 1：訓練サンプルを（歪みを適用して）1 つの画像から作る

1 つの画像を読み込み（-img で指定)、その画像に歪みを適用した後、背景画像セット（-bg で指定）で指定した画像中に貼り付けることで、いくつかの新しいテスト画像を作ります（-num で指定)。訓練画像が作られるので、出力はベクタファイル（-vec で指定）になります。

```
opencv_createsamples -img <画像ファイル> -vec <ベクタファイル> \
    -bg <コレクションファイル> -num <サンプル数> ...
```

モード 2：複数のテスト画像を（歪みを適用して）1 つの画像から作る

この形式はモード 1 と非常によく似ていますが、主な違いは出力ファイルのフォーマットです。このモードは検出器のテストのために使うことができる新しい画像群を生成するために使います。コレクション記述ファイルから取り出した 1 つの入力画像（-img 引数）に回転と歪みを適用し、歪められた元画像と背景画像を合成して新しい画像を生成します（コレクションファイルは-bg で与えられる）[†10]。要点は、画像中に興味のある対象を配置（歪みもあり）し、その位置も、検出器をテストするために既知であるという点です。生成されるファイルは、<番号>_<x>_<y>_<幅>_<高さ>.jpg のようなファイル名です。ここで x、y などは、（背景）画像に埋め込まれた物体の座標やサイズを指定します。テスト用サンプルが生成され、結果はコレクション記述ファイル（-info 引数）に書き込まれます。そこに書き込まれるのは、生成されたファイル名とそのファイル内の興味がある物体の位置です。

```
opencv_createsamples -img <画像ファイル> -bg <コレクションファイル> \
    -info <コレクション記述ファイル> ...
```

モード 3：訓練サンプルを画像コレクションから作る（歪みなし）

これは前の節で説明した使用法です。ファイルのフォーマット変換のようなものと考えることができます。単純に、-info ファイルで指定した画像のすべてをまとめ、指定した方法でトリミング（切り取り）し、-vec で指定したベクタファイルを作ります。

```
opencv_createsamples -info <コレクション記述ファイル>  \
    -vec <ベクタファイル>                        \
    -w <幅> -h <高さ> ...
```

---

†9　つまり、モードは「-mode」のような名前の引数で選ばれるのではなく、みなさんが与えた他の引数によって推定されるのです。

†10　この処理の結果の画像は、みなさんの目にはとても奇妙なものに映るでしょう。例えば、与えた背景シーンの真ん中に、胴体がなくてちょっと回転した頭だけが浮いている、といったものです。しかしこれは、最終的な訓練画像群に、回転や歪みによる黒やピクセル空ピクセルが生じないことを保証するために必要なのです。

モード4：.vecファイルからサンプルを表示する

このモードでは、.vecファイル内のすべてのサンプルを1つ1つ画面に表示します。これは主にデバッグのためと処理の理解を助けるためです。

```
opencv_createsamples -vec <ベクタファイル>
```

おそらくみなさんがいちばん使いたいと思うものが、これらの4つのモードのリストに載っていないでしょう。実際にみなさんが行うのは、典型的には、適当な数（1,000枚など）のサンプル用画像を持っていて、歪みや変形を施したずっと多くの（7,000枚など）のサンプル用画像を作り出すことになります。この場合にやりたいことは、実際にモード1を1000回使い、それぞれの元画像につき例えば7つの新しい画像を生成することでしょう。この場合、自分でこの処理の小規模な自動化を行う必要が出てくるかもしれません。大量のテスト画像のコレクションを作りたいのであれば、必然的にそうしたいと思う状況になるはずです。

それぞれのオプションの詳細な説明を次に示します。

-vec <ファイル名>
: createsamplesが作るファイルのファイル名です。ファイル拡張子.vec付きで指定します。

-info <ファイル名>
: サンプルの入力画像を集めたコレクション記述ファイルの名前です。ファイル名と画像中の物体の位置も含みます（すなわち、以前説明したfaces.dat）。

-img <ファイル名>
: これは-infoの代わりに指定できます（どちらか片方は指定する必要があります）。-imgを使うと、1つのトリミングされた正のサンプル画像を提供できます。-imgを使ったモードでは、この1つの入力から複数の出力が生成されます。

-bg <ファイル名>
: -bgオプションには、与えられた背景画像リスト用のファイル名と補助的な情報が含まれるファイル（.dat拡張子が付きます）を指定します。

-num <サンプル数>
: -numには生成される（すなわち、-vecで指定した入力サンプル画像を変換して）正のサンプル画像の枚数を設定します。

-bgcolor <**色**>

この輝度値は入力画像中で「透過」させる色として解釈されます。グレースケール画像であることを前提としている点に注意してください。正のサンプル画像の代わりの背景を重ねるときに使われます。

-bgthresh <**デルタ**>

実際の多くの状況では、入力画像に画像圧縮のノイズが含まれていることがあります（.jpg ファイルなど）。これらのノイズの影響で背景色が常に一定になるとは限りません。-bgcolor <**色**>、-bgthresh <**デルタ**>を組み合わせて使うことで、すべてのピクセルに対し、輝度値の範囲が（色-デルタ、色+デルタ）に収まる色が透過色であると解釈されます。

-inv

指定すると、すべての画像は、サンプル画像が取り出される前に輝度値が反転されます。

-randinv

指定すると、それぞれの画像は、サンプル画像が取り出される前に輝度値がランダムに反転させられます。

-maxidev <**輝度**>

指定すると、それぞれの画像は、サンプル画像が取り出される前にランダムに（均一に）、輝度値がこの値に収まる中で明るく、あるいは暗くされます。

-maxxangle <**角度**>、-maxyangle <**角度**>、-maxzangle <**角度**>

それぞれの画像を、各軸に対して、与えられた値以内のランダムな回転により変形させます。これは、物体の遠近法によって見え得る視点変化を近似したものです（これらの変換を定義したところで、実際の物体は単なる平らなカードであるとしかみなされませんが）。これら回転の単位はラジアンです。

-show

指定すると、各サンプル画像が表示されます。途中で Esc キーを押すと、それ以降のサンプル画像を表示せずにサンプル生成処理を続行します。

-w <**幅**>

生成するサンプル画像の幅（ピクセル単位）。

-h <**高さ**>

生成するサンプル画像の高さ（ピクセル単位）。

顔検出のサンプルに使う最適な画像サイズを決めるために、数多くの実験が行われてきました。一般的に、18 × 18、または、20 × 20 がよいと考えられています。顔以外の物体では、みなさんの個々のケースに応じ、どのサイズが最もよく機能するかを試行錯誤で見つけ出すのがよいでしょう。

ここまで見てきたように、createsamples にはたくさんのオプションがあります。覚えておくべき重要なことは、ほとんどのオプションは、みなさんが提供したサンプル画像を自動的に変形するためのものだということです。これらのオプションを使えば、数百から数千程度のサンプル画像を、実際の分類器の訓練で使える数千から数万の画像に変えることができます（通常はそのようにします）。

22.1.3.2 traincascade の引数の詳細

createsamples と同様、traincascade にもその振る舞いを調整するために渡す無数のオプションがあります。一例を挙げると、カスケード自身の調整、ブースティングの方法、使う特徴量のタイプなどのパラメータです。それらのパラメータは、訓練時のカスケードだけでなく最終的な結果の品質にも大きな影響を与えます。

-data <**分類ファイル**>
: -data パラメータには、生成される訓練済み出力分類器ファイルの名前を記述します。ファイルの拡張子.xml は必要なく、自動的に付加されます。

-vec <**ベクタファイル**>
: 正のサンプル画像の入力ベクタファイル（createsamples を使って作られたもの）のファイル名を指定します。

-bg <**コレクションファイル**>
: 背景画像のコレクションファイル名を指定します。

-numPos <**サンプル数**>
: それぞれの分類器の訓練段階で使われる、正のサンプル数です（通常は与えられたサンプル数より少ない）。

-numNeg <**サンプル数**>
: それぞれの分類器の訓練段階で使われる、負のサンプル数です（通常は与えられたサンプル数より少ない）。

-numStages <**ステージ数**>
: 分類器全体に対して訓練するカスケードのステージ数を指定します。

-precalcValBufSize <サイズ-MB>

あらかじめ計算しておく特徴量のストレージ用に割り当てるバッファのサイズです。バッファのサイズはMBで指定します。このバッファはブースティングの実装で使われ、特徴評価の結果を格納しておくことで、必要となったときに毎回再計算せずに済むようになります。一般的には、このキャッシュを大きくすることで訓練時の実行時間を大幅に改善することができます。現在のデフォルトの値は256MBです。

-precalcIdxBufSize <サイズ-MB>

これは-precalcValBufSizeと似たものでブースティングの実装で使われます。-precalcIdxBufSizeでは、「バッファインデックス値」で使われるキャッシュサイズを設定します。これらが厳密に何を意味するかは重要ではなく、大事なのは、-precalcValBufSizeと同じようにキャッシュによりパフォーマンスが改善する可能性があるということです。現在のデフォルト値は256MBです。どちらかの値を変える場合は、これらの2つを同じ値にしておくのがよいでしょう。

-baseFormatSave <{true,false}>

Haar型の特徴量を使い、カスケードの出力を「旧式」のフォーマットで保存したいとき、この値をtrueにセットします。この引数のデフォルト値はfalseです。

-stageType <{BOOST}>

この引数は分類器の訓練に使われるステージのタイプを設定します。今のところ、オプションBOOST（「ブースティングされた分類器のカスケード」を意味します）だけで、これがデフォルトなので無視してかまいません。この引数は将来の拡張用です。

-featureType <{HAAR, LBP}>

現在、カスケード分類器は2種類の異なる特徴量をサポートしています。Haar（-like）特徴量とLBP（ローカルバイナリパターン）特徴量です。-featureTypeをHAARまたはLBPにセットすることで、使いたい特徴量を選択できます。

-w <サンプル画像の幅-ピクセル>

createsamplesに提供したサンプル画像の幅を、-wパラメータでtraincascadeに知らせます。-wパラメータに渡される値はcreatesamplesで使われた値と同じでなければなりません。-wの単位はピクセルです。

-h <サンプル画像の高さ-ピクセル>

createsamplesに提供したサンプル画像の高さを、-hパラメータでtraincascadeに知らせます。-hパラメータに渡される値はcreatesamplesで使われた値と同じでなければなりません。-hの単位はピクセルです。

-bt <{DAB, RAB, LB, GAB}>

traincascadeは4つのブースティングのいずれかを使ってカスケードを訓練できます（前述のブースティングを参照）。可能なオプションはDAB（Discrete AdaBoost）、RAB（Real AdaBoost）、LB（LogitBoost）、GAB（Gentle AdaBoost）で、デフォルトはGABです。

-minHitRate <検出率>

最小の検出率-minHitRateは探索ウィンドウの中で「検出」と印を付けられるべき真の発生する目標確率を指定します。もちろん、理想的にはこれは100％になりますが、訓練アルゴリズムが100％を達成することはありません。パラメータの値は1に正規化されるので、デフォルト値の0.995は99.5％に相当します。これはステージごとの目標値なので、最終的な検出率は（だいたい）この値をステージ数で累乗した値になります。

-maxFalseAlarmRate <誤検出率>

最大の誤検出率-maxFalseAlarmRateは、ウィンドウの中で（間違って）「検出」と印を付けられるのを許容する、偽の発生確率を指定します。理想的にはこれは0％ですが、実際にはとても大きいため、カスケードが誤検出を段階的に棄却していくことをあてにしています。このパラメータの値は1に正規化されるのでデフォルト値の0.50は50％に相当します。これはステージごとの偽陽性の目標値ですので、最終的な検出率は（だいたい）この値をステージ数で累乗した値になります。

-weightTrimRate <トリミング率>

この引数は、ブースティングアルゴリズムに渡すパラメータとして以前にも出てきました。これは、あるブースティング反復において、訓練サンプルのどの部分を使うかを選択するのに使われます。重みが、1.0からweightTrimRateを引いた値以上となったサンプルだけが、訓練時の反復に参加します。デフォルトの値は0.95です。

-maxDepth <深さ>

このパラメータは、個々の弱分類器の最大の深さを設定します。これはカスケードの深さではなく、個々の木、すなわちそれ自身がカスケードの要素となる個々の木の深さであることに注意してください。このパラメータのデフォルト値は1で、単純な決定株に相当します。

-maxWeakCount <回数>

-maxDepthと同様に、-maxWeakCountパラメータは、ブースティングのカスケード分類器のコンポーネントに直接渡され、それぞれの強分類器（すなわちカスケードのそれぞれのステージ）を形成するのに使われる弱分類器の最大数をセットします。このパラメータのデフォルト値は100ですが、この数の弱分類器が必ずしも使われるとは限らないということは念頭に置いておいてください。

-mode <BASIC | CORE | ALL>

この-mode パラメータは Haar-like 特徴量とともに使われ、オリジナルの Haar 特徴量（BASIC または CORE）を使うか、拡張特徴量（ALL）を使うかを指定します。使われる特徴量を図22-5 に示します。

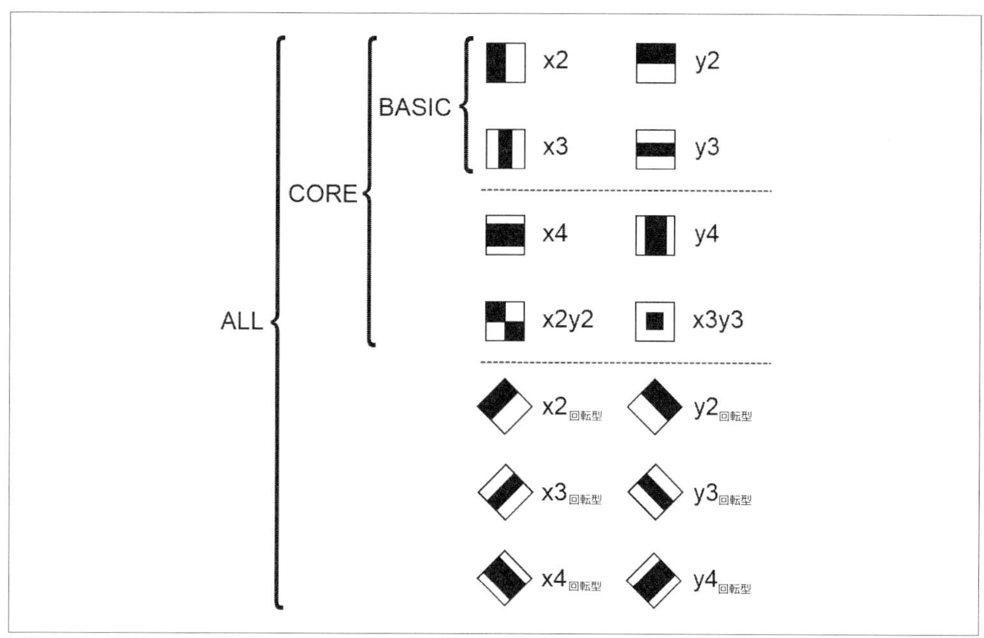

図22-5　-mode パラメータのオプション。BASIC は最も単純な Haar ウェーブレットのセット（それぞれの方向で1 つずつの偶と奇のウェーブレット）を含む。CORE はさらに 4 つの高次の Haar ウェーブレットを含み、ALL はそれらに加え、上のウェーブレット（のうちのいくつか）を回転させたバージョンである対角要素を含む

潜在的には、相当な数のオプションが traincascade にはありますが、おそらく、デフォルトの値でもほとんどの実世界の状況では十分に役に立つでしょう。もし、みなさんが（顔ではない）特殊な物体に対してカスケードを訓練しようとしているのであれば、その前に、他の人がその物体用のカスケードの訓練を試していないか、Web や文献を探してみてください。他の人がみなさんに代わって、その物体、あるいは少なくともそれに似た物体用に、訓練用パラメータ選出の最適化といったたいへんな作業の大半をすでに行ってくれていることも多いのです。

22.2　サポートベクタマシンによる物体検出

OpenCV には、木構造に基づいた物体検出技術と同じような、学習の戦略の基盤としてサポートベクタマシンを使う別のアルゴリズムも含まれていますが、木構造の関数で見てきたように、多

くの追加コンポーネントがあり、それらは、データと訓練プロセスの再利用可能な表現の両方に対する、調整、まとめ、処理に使われます。

この節では、2つの手法（Latent SVM法とBag of Words法）を見ていきます。この2つの手法は非常に異なっているにもかかわらず、共通してサポートベクタマシンを用いています。Latent SVMは変形しやすい物体（歩行者のような）の認識にとても適しています。これは、複数のサブコンポーネントが変形可能な構造でつながっているという考え方を明確に概念化したものです。Bag of Words法は異なったアプローチを採り、大規模な構造全体を無視します。これは文章認識技術から発想を得ており、対象の構成要素のリストだけが考慮されます。このように、Bag of Words法は物体検出用途を超えて一般化されているので、全体シーンや内容分析に使うこともできます。

22.2.1 物体検出のためのLatent SVM

Latent SVMアルゴリズムはPedro Felzenszwalb [Felzenszwalb10] によって作り出されました。もともとは画像中の歩行者を検出するアルゴリズムですが、自転車や自動車のような多くの種類の物体検出にも一般化されています。これは、よく知られている既存のテクニックHOG-SVMをベースに作られています。HOG-SVM[†11]は初めにNavneet DalalとBill Triggsによって提唱されたもの [Dalal05] で、この章の前半で見た顔検出のカスケード分類器に似ています。このアルゴリズムは、ウィンドウを小さなタイルに分割し、それぞれのタイルにおける画像の階調の方向のヒストグラムを計算することで歩行者を特定します。これらのヒストグラム（短縮して「HOG」（Histogram of Oriented Gradients）と呼ばれる）は、その後連結されて、SVM分類器に渡せる特徴量ベクトルを形成します。

Felzenszwalbのテクニックは、**Latent SVM**や**パーツに基づいた物体検出**とも呼ばれ、HOG-SVMで使われたのと似ているHOG特徴量を使うことから始まっています。しかし、すべての物体の検出（HOG-SVMのように）に加えて、その物体中の別々のパーツを個別に表現します。そのパーツは、お互いに相対的に、あるいは物体全体に相対的に動くことが想定されます（例えば、歩行者の腕、足、頭）。実際、画像の中心（Felzenszwalbは**ルートノード**と呼んでいます）からの相対的なパーツの位置は不明であり、潜在的（latent）な変数となっています（それがこのアルゴリズムの名前の由来になっています）。ルートノードの（HOG-SVMにとても似ている検出器によって）位置が決まり、パーツと位置が決まれば、物体の仮説を形成することができます。その仮説とは、見つかったパーツが、ルートノードから相対的な箇所に検出される尤度を考慮したものです。

Latent SVM法はOpenCVで実装されているので、ライブラリと一緒にリリースされている訓練済み検出器を利用することができます。

---

†11 HOG-SVMの名称は実際のところ新しい造語です。これは作成者によって名付けられたわけではありませんが、「DalalとTriggsの手法」では少しばかり言いにくいですし、頭字語HOGがその著者らによって使われていたため、現在ではHOGがHOG-SVMで使われる特徴量を示す標準の専門用語になっています。アルゴリズムは本質的にこれらのHOG特徴量にSVMを適用したものなので、HOG-SVMは十分に合理的な名前です。

22.2.1.1 cv::dpm::DPMDetectorを用いた物体検出

OpenCV で Latent SVM を使うには、初めに cv::dpm::DPMDetector（これは opencv_contrib/dpm モジュールにあるので、opencv_contrib と一緒にビルドする必要があります）のオブジェクトを作る必要があります†12。これは、21 章で何度も目にした create() 関数で行われます（普段は決して目にすることがない派生クラスである DPMDetectorImpl を参照)。典型的には、このオブジェクトを作るときには、検出器自身のファイル名（絶対パス名）の形でカスケードを指定します。オプションで、これら検出器のクラス名を指定することもできます。指定しなければクラス名は検出器のファイル名から自動的に決められます。

```
static cv::Ptr<cv::dpm::DPMDetector> create(
    std::vector<std::string> const &filenames,
    std::vector<std::string> const &classNames = std::vector<std::string>()
);
```

filenames は、絶対パスのファイル名を格納した文字列の STL vector です。classNames があれば、それがクラス名として使われます。文字列の STL vector でなければなりません。

モデルを読み込めば、そのモデルを適用して画像の中から物体を見つけられます。

```
void cv::dpm::DPMDetector::detect(
  cv::Mat                        &image,
  std::vector<ObjectDetection> &objects
);
```

引数 image は入力画像です。引数 objects は呼び出し側で提供する STL vector で、detect() により cv::dpm::DPMDetector::ObjectDetection のオブジェクトを渡します。そこには画像中で見つかった個々の検出物に関するすべての情報が含まれています。

物体検出は cv::dpm::DPMDetector::ObjectDetection オブジェクトの形式で返されます。これらのオブジェクトは次のように定義されます。

```
class cv::dpm::DPMDetector {

public:

  ...

  struct ObjectDetection {

    ObjectDetection();
    ObjectDetection( const cv::Rect& rect, float score, int classID = -1 );

    cv::Rect rect;
    float    score;
```

†12 本書では、opencv_contrib の内容はほとんど扱っていません。今回これが例外となった理由は、この実装が、単純に便利であるというだけでなく、長い間利用されてきているため非常に安定していると考えられるからです。

```
    int      classID;
  };

  ...

};
```

ご覧のように、この構造はとても単純です。3つの要素 rect、score、classID は、それぞれ、物体が見つかったウィンドウ内でのサイズと位置、検出物に割り当てられた信頼度、見つかった固有のクラスのクラス識別子の整数を示します。識別子は、最初に cv::dpm::DPMDetector::load() を呼んでから検出器を読み込んだ順番どおりに割り当てられます。

22.2.1.2 cv::dpm::DPMDetector 以外のその他のメソッド

cv::dpm::DPMDetector オブジェクトにはいくつか便利なユーティリティとアクセスメソッドがあります。

```
virtual bool isEmpty() const;

size_t getClassCount() const;

const std::vector<std::string>& getClassNames() const;
```

isEmpty() メソッドは検出器が読み込まれてなければ true を返します[†13]。

getClassCount() メソッドは、単に load() で読み込んだクラスの数を返します。さらに、getClassNames() は、すべての検出器の名前を STL vector で返します。これは、みなさんがクラス名を指定しなかった場合には非常に便利ですが、cv::dpm::DPMDetector::load() でどんな名前が（ファイル名に基づいて）割り当てられたかを知っておく必要があります。

22.2.1.3 cv::dpm::DPMDetector 用のモデルはどこで手に入れるか

現時点では、OpenCV は Latent SVM 用の独自のモデルを訓練するためのコードは提供していません。現在、opencv_contrib/modules/dpm/samples/data/にはいくつかの訓練済みのモデルが含まれています。それで十分でなければ、あるいは、何か特別に変わったものが必要なら、自分で検出器を訓練する必要があります。オリジナルの Latent SVM の作者が Web サイトをメンテナンスしており、そこには MATLAB の実装もあります。この MATLAB 実装には独自の検出器を訓練するのに必須のコンポーネント（「pascal」と呼ばれる）が含まれています。訓練さえすれば結果ファイルの.xml を OpenCV の検出器で読み込むことができます。

†13 内部的には単に、検出器が含まれる cv::dpm::DPMDetector の vector メンバーの std::vector<>::empty() メソッドを呼んでいるだけです。

22.2.2 Bag of Wordsアルゴリズムと意味カテゴリ化

Bag of Keypointsとも呼ばれているこのBag of Words（BOW）アルゴリズムは、**視覚的なカテゴリ化**、すなわち、シーンでの物体の内容を特定する方法です。このアルゴリズムは、ドキュメントのカテゴリ化で使われている手法から発想を得ました。この手法は、クラス間での強い識別力があるいくつかのキーワードが含まれるかどうかから、ドキュメントを意味的なカテゴリに分類しようとするものです。例えば、医学のドキュメントをカテゴリ化する場合、**腫瘍**という単語が含まれるのは、そのドキュメントが**癌のドキュメント**のカテゴリに属するということの効果的な指標です。この場合、それぞれのドキュメントは実際に意味がわかるような読み方をされるわけではなく、単に、単語の袋（集まり、「bag」）として扱われ、重要な単語の相対的な出現頻度だけが、カテゴリを判別するのに使われます。

コンピュータビジョンの場合、例えば、ある画像が、**自動車**あるいは**自転車**のカテゴリの画像であると決定する強い識別力を持った特徴量を定義できます。BOWアルゴリズムは、最も突出している特徴量がどれかを特定する問題と、新たな画像の中でその特徴量を特定し画像をカテゴリ化するためにデータベースと比較する問題の、両方の問題に対応しています。

BOWアルゴリズムの最初のフェーズでは、後にカテゴリ化のために使われる特徴量を学習します。このフェーズ中は、アルゴリズムの**訓練器**と呼ばれる部分に、すべての興味ある意味カテゴリ（例えば、**自動車**、**人々**、**鶏**など）の画像を提供します。OpenCVの実装では、それぞれの画像から初めにみなさんがお気に入りのキーポイント（「16章　キーポイントと記述子」参照）を抜き出しておき、それからBOW訓練器に記述子の結果リストを渡します。

この時点ではまだ画像を分離する必要はありません。訓練器の目的は、どのキーポイントが意味を持つクラスタを形作っているらしいかを解明することです。これらのクラスタは、みなさんが提供した画像から取り出され、特徴点が表現されるベクトル空間内でお互いにすぐ近くにある類似したキーポイント記述子のグループです。そして、これらのクラスタは**キーポイントの中心点**として抽象化されます。それは本質的にはBOW訓練器によって構築された新しいキーポイントであり、識別されたクラスタの中央に存在します。これらのキーポイントは、ドキュメントのカテゴリ化における「単語」の役割を果たします。このことから、よく**ビジュアルワード**[†14]とも呼ばれています。全体として、識別されたビジュアルワードの集合は**ボキャブラリ**（語彙）と呼ばれます。

BOW訓練器がボキャブラリを作成したら、任意の画像を与えると画像が**存在ベクトル**に変換されます。存在ベクトルは、ボキャブラリ中にその単語が存在するか（存在しないか）を表すブール値のベクタです。これは非常に高次元のベクタで、実際には、その次元は数百から数千にもなりえます。

†14 訓練フェーズですべての画像内のすべての記述子を使うことは現実的に困難です。クラスタリングの目的は、入力内の似ている記述子を、小さくてより扱いやすい数に集約することです。原則的に、一緒にクラスタリングされた記述子は似た意味を持っています。このことは、ドキュメントのカテゴリ化で、**歩く**（walk）、**歩いた**（walked）、**歩いている**（walking）といった単語を、それぞれ別のものとして数えるのではなく、1つのカテゴリにまとめるようなカテゴリ化であると考えることができます。

この次の通常の手順は、分類アルゴリズムを訓練するものです。データセットのすべての画像を与えると、BOW アルゴリズムはそれらを存在ベクトルに変換することができます。存在ベクトルは、正しいクラスのラベルを作るための訓練に使われます。マルチクラスの分類が可能な分類アルゴリズムであればどれでも使えますが、標準的には単純ベイズ分類器かサポートベクタマシン(SVM)を選びます。どちらもすでに「21章 StatModel クラス：OpenCV の学習標準モデル」で取り上げました。ここで最も重要な点は、BOW アルゴリズムが分類器を訓練する際に使われた既知の画像から存在ベクトルを作り出すことです。そして、分類器に与える新しい画像に関しては、それから作られる存在ベクトルによって、画像をカテゴリに結びつけることができるのです。

22.2.2.1 cv::BOWTrainer を用いて訓練する

多くの入力特徴量記述子を扱いやすいビジュアルワードに変換する重要なタスクは、クラスタリングテクニックを使って行われます。抽象基底クラス cv::BOWTrainer は、BOW アルゴリズムのための関数を実行するすべてのオブジェクトのインタフェースを定義します。

```
class cv::BOWTrainer {

public:

  BOWTrainer(){}
  virtual ~BOWTrainer(){}

  void                add( const Mat& descriptors );
  const vector<Mat>&  getDescriptors()                   const;
  int                 descriptorsCount()                 const;

  virtual void        clear();
  virtual Mat         cluster()                          const = 0;
  virtual Mat         cluster( const Mat& descriptors ) const = 0;

  ...

};
```

cv::BOWTrainer::add() メソッドは、キーポイント記述子を訓練器に追加するのに使われます。配列を引数に取り、それぞれの行は別々の記述子と解釈されます。また、cv::BOWTrainer::add() で記述子を追加でき、何度でも呼び出すことができます。cv::BOWTrainer::descriptorsCount() を用いることで記述子が何個追加されたかを知ることができ、cv::BOWTrainer::getDescriptors() ですべての記述子を1つの大きな配列で取り出すことができます。

全画像からすべての記述子を読み込めば、cv::BOWTrainer::cluster() を呼び出して、ビジュアルワードのボキャブラリを計算することができるようになります。ボキャブラリは配列として返され、その各行が別々のビジュアルワードとして解釈されます。cv::BOWTrainer::cluster()

には引数が1つのものもあります。記述子が含まれている配列を与えると、即座に、与えた配列内の記述子の集合に対するビジュアルワードを計算します。このとき、みなさんがcv::BOWTrainer::add()で格納しておいた記述子は無視されます。

最後に、cv::BOWTrainer::clear()メソッドでは、読み込まれた記述子すべてを空にすることができます。

22.2.2.2 K-means法とcv::BOWKMeansTrainer

現在のところ、cv::BOWTrainerのインタフェースを実装したものはcv::BOWKMeansTrainerだけです。cv::BOWKMeansTrainer()の唯一新しいメンバーはコンストラクタで、次のようなプロトタイプです。

```
cv::BOWKMeansTrainer::BOWKMeansTrainer(
  int                       clusterCount,
  const cv::TermCriteria& termcrit    = cv::TermCriteria(),
  int                       attempts    = 3,
  int                       flags       = cv::KMEANS_PP_CENTERS
);
```

cv::BOWKMeansTrainer()の実装の要は、K-means法のクラスタリングアルゴリズムを使うことです。K-means法のアルゴリズムは、たくさんの点を受け取り、その点群のデータを適切に説明する特定の数のクラスタを見つけようとすることを思い出してください。cv::BOWKMeansTrainer()コンストラクタでは、clusterCountがこのクラスタ数です。この場合その数は、作り出すビジュアルワードの数、すなわちボキャブラリのサイズとなります。この数が少なすぎると、とても貧弱な分類結果となります。多すぎると次のステップの処理が非常に遅くなり、分類できなくなってしまうかもしれません[†15]。

残りの3つの引数にはデフォルト値がありK-meansアルゴリズムの専門家でもない限りデフォルト値をそのまま使えばよいでしょう。万が一修正する場合は、それらの意味は、前に20章で学んだK-means法の実装と同じです。

22.2.2.3 cv::BOWImgDescriptorExtractorを用いたカテゴリ化

訓練器とクラスタの中心を計算しておけば、BOWアルゴリズムに画像の記述子を、分類に使う存在ベクトルに変換させることができます。cv::BOWImgDescriptorExtractorのクラス宣言（の大事な部分）を次に示します。BOWアルゴリズムのこの段階の要となるルーチンです。

†15 このアルゴリズムの標準的なリファレンスである論文[Csurka04]では、著者らは1,776の画像を7つのクラスに表現しました。それぞれのクラスから5,000個のキーポイント、全部で35,000個のキーポイントを抽出しました。彼らは、（クラスごとの）クラスタ数が1,000から2,500の間では同じような結果になることを発見しました。そのため彼らは論文では1,000のクラスタ数を用いることにしました。このことからおそらく言えそうなことは、クラスタ数が点の数の数パーセント程度の数と等しければ妥当な数であるということでしょう。

```
class cv::BOWImgDescriptorExtractor {

public:

  BOWImgDescriptorExtractor(
    const cv::Ptr< cv::DescriptorExtractor >& dextractor,
    const cv::Ptr< cv::DescriptorMatcher >&   dmatcher
  );
  virtual ~BOWImgDescriptorExtractor() {}

  void setVocabulary( const cv::Mat& vocabulary );
  const cv::Mat& getVocabulary() const;
  void compute(
    const cv::Mat&          image,
    vector< cv::KeyPoint >& keypoints,
    cv::Mat&                imgDescriptor,
    vector< vector<int> >*  pointIdxsOfClusters = 0,
    cv::Mat*                descriptors = 0
  );
  int descriptorSize() const;
  int descriptorType() const;

  ...

};
```

初めに注意すべきことは、cv::BOWImgDescriptorExtractorオブジェクトを構築するときは、記述子抽出器descExtractor、記述子マッチャーdescMatcherを提供する必要があるということです。提供する抽出器には、訓練器でクラスタの中心を計算するときに記述子を抽出したのと同じものを渡します。マッチャーは好みのものでよく、例えば、次のようなものがあります。

```
cv::Ptr< cv::DescriptorExtractor >       descExtractor;
cv::Ptr< cv::DescriptorMatcher >         descMatcher;
cv::Ptr< cv::BOWImgDescriptorExtractor > bowExtractor;

descExtractor = cv::DescriptorExtractor::create( "SURF" );
descMatcher   = cv::DescriptorMatcher::create( "BruteForce" );
bowExtractor  = new cv::BOWImgDescriptorExtractor( descExtractor, descMatcher );
```

BOW記述子抽出器を作成したら、それに対し、訓練器で作ったボキャブラリを与える必要があります。cv::BOWImgDescriptorExtractor::setVocabulary()の入力vocabularyには、cv::BOWTrainer::cluster()から得られた出力をそのまま渡します[†16]。

最後に、記述子抽出器にボキャブラリを与えた後は、cv::BOWImgDescriptorExtractor::compute()に画像を渡すとimgDescriptor、すなわち存在ベクトルを計算します。この存在ベクトルは、1つの行と、ボキャブラリの行数と同数の列からなり、それぞれの要素は、個別のクラ

†16 詳しく調べてみると、ここで起きていることは単に、ボキャブラリ内のすべての記述子が、抽出器の生成時に与えたマッチャーの訓練セットに加えられているだけです。

スタ中心にマッチした要素の数になっています。

オプション引数 pointIdxsOfClusters と descriptors を指定すると、存在ベクトルを作成する際に起こった実際の適合に関する情報を教えてくれます。pointIdxsOfClusters はベクタのベクタで、最初のインデックスがクラスタに関連づいています。つまり、pointsIdxsOfClusters[i] は i 番目のクラスタの中心（ボキャブラリの i 番目の要素）で、それ自身がベクタです。pointIdxsOfClusters[i] の要素は、クラスタ中心にマッチした image 内の記述子のインデックスの一覧です。これらのインデックスは descriptors の行番号を示します。descriptors 配列は、計算されていたとしたら、オリジナルの記述子（クラスタ中心に関連づけられる前の）のリストです。その記述子は、みなさんが BOW 抽出器の生成時に与えた特徴抽出器によって、画像から抽出されたものです。まとめると、pointIdxsOfClusters[i][j] = q なら、descriptors.row(i) は j 番目の記述子で、それは vocabulary.row(q) にマッチしているという意味です。

22.2.2.4 サポートベクタマシンを用いて 1 つにまとめる

BOW アルゴリズム全体を実装するためにはもう 1 ステップが必要です。それは、存在ベクトルを受け取ってマルチクラスの分類器をそれらの存在ベクトルで訓練することです。もちろん、マルチクラスの分類器にもたくさんの実装方法があります。その 1 つがここで紹介するサポートベクタマシン（SVM）です。SVM はネイティブではマルチクラスの分類をサポートしていないので、一対多のアプローチを使います[†17]。このアプローチは、N_c 個のクラスを持つものには N_c 個の別々の分類器を訓練するというものです。それぞれの分類器は、クエリベクトルがクラス i に属するか属さないかという問い合わせ（すなわち、他のクラス $j \neq i$ に属するか）に対応します。

各 SVM は同じ存在ベクトルを使って訓練されますが、応答に対しては異なったラベルを使います。次のコードは OpenCV のリリースに含まれる bagofwords_classification.cpp のサンプルコードの一部です。これは SVM の訓練ルーチンに渡される配列 trainData と responses を構築しています。これが各クラスに対して行われます。

```
cv::Mat trainData( (int)images.size(), bowExtractor->getVocabulary().rows, CV_32FC1 );
cv::Mat responses( (int)images.size(), 1, CV_32SC1 );

// 訓練データ行列全体にわたり単語の集まり (BOW) ベクトルと戻り値を転送
//
for( size_t imageIdx = 0; imageIdx < images.size(); imageIdx++ ) {

  // 画像記述子（単語の集まりベクトル）を訓練データ行列に転送
  //
  cv::Mat submat = trainData.row( (int)imageIdx );
  if( bowImageDescriptors[imageIdx].cols != bowExtractor->descriptorSize() ) {
```

†17 サポートベクタマシンを詳しく見たときに一対多について軽く触れたことを思い出されたかもしれません。ここでは、単に OpenCV が提供する一対一のアプローチを使うこともできますが、比較的遅いので、この例では一対多を使うということです。

```
      cout << "Error: computed bow image descriptor size "
           << bowImageDescriptors[imageIdx].cols
           << " differs from vocabulary size"
           << bowExtractor->getVocabulary().cols
           << endl;
      exit(-1);
    }
    bowImageDescriptors[imageIdx].copyTo( submat );

    // 戻り値を設定する
    //
    responses.at<int>((int)imageIdx) = objectPresent[imageIdx] ? 1 : -1;
  };
```

ここまでやってきましたが、これで物語全体が終わったわけではありません。一対多の手法には、ある画像がすべてのクラスで「このクラスではない」とされたり、あるいは、複数のクラスで「このクラスである」とされてしまう可能性もあります。しかし思い出してほしいのは、SVMは高次元のカーネル空間での線形判定境界を作ることで動作しているということです。それはその空間内における線形境界なので、いったん分類したい点をカーネル空間に写像しさえすれば、後は簡単にその点が判定境界のどちら側に振り分けられるのかを計算できます。また、境界からのその点までどのくらい離れているかも計算できます。一般にこの距離は信頼度のようなものと解釈でき、無集合と複数集合の問題を解くカギとなります。

典型的には、複数集合の場合、最大マージンとなる集合が正しい集合となります。無集合の場合、すべての画像が実際に既知のクラスの一部であるということが事前にわかっていれば、最小の負のマージンが選ばれます。もし画像が未知のクラスの可能性があれば、閾値に負のマージン（もしかすると0かもしれませんが、必ずしも`0`とは限りません）をセットしてもよいでしょう。ある画像で、すべての分類器がこの値より悪いと返せば、その画像は「unkown」カテゴリに割り当てられます。

22.3 まとめ

本章では、OpenCVライブラリが提供する、ある物体が画像中に存在するかを判定するいくつかの方法について学びました。これらの方法には、画像内の物体を構成するピクセルから物体の位置を推定できるものもありました。Latent SVMや木構造に基づく方法では、ウィンドウをスライドしながら使用することで位置推定の特性を持ち合わせています。一方、Bag of Words法にはこの特性はありませんでしたが、その長所は、シーン分類のような、より抽象的な問題に対しても使うことができるということです。

これらのすべての手法は、以前の章で学んできたコンピュータビジョンの技術を、直近の章で学んだ機械学習技術と結びつけて活用したものです。これらの検出器に、ここにいたるまでに学んだトラッキングやモーションモデルを追加すれば、私たちはもう、コンピュータビジョンにおける目前の非常に実際的な問題に取り組むのに必要なすべての道具が手に入ったことになります。例えば物体の位置、位置推定、連続画像内の物体のトラッキング、その他のたくさんの問題も扱うことができるでしょう。

22.4 練習問題

1. 訓練データの量が限られている場合に、テストデータとして一般化できる可能性が高いのは、決定木とSVM分類器のどちらですか？ また、その理由を説明してください。
2. Haar分類器を生成して走らせ、Webカメラからみなさんの顔を検出してください。
   a. どのくらいスケールを変えてもうまく動きますか？
   b. どのくらい平滑化してもうまく動きますか？
   c. 頭の傾き角は何度まで動作しますか？
   d. 下顎が上がったり下がったりする角度は何度まで動作しますか？
   e. 頭の向きの角度（右左の動き）は何度まで動作しますか？
   f. 3次元での頭の姿勢に対してどのくらいの耐性があるか検証し、得られた知見を報告してください。
3. 練習問題2と同様、LBPカスケードに関してよい点と悪い点を挙げてください。また、それはなぜですか？
4. 青あるいは緑のスクリーンを使い、親指を立てている手のジェスチャー（静止姿勢）の画像を集めてください。また、ランダムな背景上の他方の手のポーズを集めてください。そのような画像を数千枚集めておきます。
   a. 親指を立てているジェスチャーを検出するため、Haar分類器を訓練してください。また、実時間で分類器をテストし、混同行列を計算してください。
   b. 親指を立てているデータでLBPカスケード分類器の訓練とテストを行い、混同行列を計算してください。
   c. 親指を立てているデータでソフトカスケード分類器の訓練とテストを行い、混同行列を計算してください。
   d. 3つのアルゴリズムの、訓練時間、実行時間、検出結果を比較検討してください。
5. 練習問題4のデータを使って、みなさんが考案した3種類の特徴量について同様の考察を行ってください。
   a. ランダムツリーを使って親指を立てているデータを認識してください。
   b. 1個、あるいは複数個の特徴を加え、結果を改善してください。
   c. データ解析、変数の重要度、正規化、相互検証により、結果を改善してください。
   d. みなさんが学んだランダムツリーの知識を使って、結果を改善してください。
6. 練習問題4のデータを使って、`cv::dpm::DPMDetector`を訓練して親指を立てているデータを識別できるようにしてください。

   a. この結果の混同行列を作成してください。
7. みなさんの近所のストリートビューの画像を何枚か集めてください。各箇所につき画像1枚で、例えば異なる10箇所の画像です。
   a. これらの10箇所が識別できるようにBOW分類器を訓練してください。そして、そのストリートビューのすぐ近くの場所の画像でテストしてください。
8. BOW分類器でのアプローチだけではなく、Latent SVMの分類によっても、みなさんがストリートビュー内のどこにいるかを推測できます。地図位置推定（マップローカライゼーション）として使うには、これらのアルゴリズムの相対的な長所と短所は何ですか？
   ヒント：トポロジーと幾何学には違いがあります。前者は心的イメージに関連し、後者は三角測量などに関連するでしょう。
9. カスケード分類器は2クラス分類器を作り出します（例えば、顔か顔でないか）。分類したいクラス数が10個のとき、カスケード分類器の方法論を使って全10クラスを訓練し認識するための方法を述べてください。また、このアプローチの長所と短所は何ですか？

23章 OpenCVの今後

23.1 過去と現在

OpenCV は 1999 年 8 月、CVPR（Computer Vision and Pattern Recognition）カンファレンスで始まりました（本書の出版をさかのぼること 17 年前のことです）。Gary Bradski は、コンピュータビジョンの実際のアプリケーションにおける研究と使用の促進という目的のもと、OpenCV に対する資金提供を Intel から得ました。当初の計画どおりにいくことなど人生にもほんの少ししかありませんが、OpenCV はその「ほんの少し」の 1 つでした。本書の執筆時点では、OpenCV はほぼ 3,000 の関数を持ち、1,400 万件のダウンロードがあり、ダウンロード数も月あたり 20 万件以上に増えています。数百万の携帯電話でも日々使われ、バーコードを認識し、パノラマを貼り合わせ、コンピュテーショナルフォトグラフィを通して画像をよりよくしているのです。OpenCV はロボットシステムでも使われており、ROS（Robotics Operating System）に組み込まれ、レタスをつまんだり、ベルトコンベア上の商品を認識したり、車の自動運転の視覚を手助けしたり、ドローンを飛ばしたり、仮想現実や拡張現実システムにおけるトラッキングや地図作成を行ったり、流通センターのトラックや荷台からの荷下ろしを手伝ったりしています。あるいは、鉱山での作業を安全に行えるようにしたり、プールでの事故を防いだり、Google マップやストリートビューの画像を処理したり、Google X のロボット技術を実装するアプリケーションで使われたりしています（これでもまだ一部の例を挙げただけです）。

本書の前の版以降、OpenCV は、C 言語から STL と Boost に互換で、モジュール化した C++ に再構築されました。そしてこのライブラリは、Git（https://github.com/opencv/opencv）上の分散開発、Buildbot による継続的なビルド（http://bit.ly/cv-bots）、Google ユニットテストの包括的なドキュメント（https://docs.opencv.org）、チュートリアル（https://docs.opencv.org/trunk/d9/df8/tutorial_root.html）といった、今日主流となっているソフトウェア開発標準に移行しました。OpenCV は開発当初から Windows、Linux、macOS などのクロスプラットフォーム対応を目標としています。これらのデスクトップ OS に対しては活発なサポートが続けられていますが、今日では、Andoid や iOS 版などのモバイルもカバーしています。OpenCV は Intel

アーキテクチャ、ARM、GPU、NVIDIAのマルチGPUなどに最適化されていますが、Xylinx Zync FPGA上でも動きます。効率的なC++のソースコードに加えて、Python（NumPy互換）、Java、MATLAB用のインタフェースも用意されています。

OpenCVには、ユーザーが保守する新しくて独立したセクション（https://github.com/opencv/opencv_contrib）もあります。このリポジトリでは、すべてのルーチンはスタンドアロン型ですが、OpenCVのスタイルやドキュメントに従っており、同様に、Buildbotのテストも通っています。opencv_contribを持つことで、OpenCVはコンピュータビジョンの最新のアルゴリズムやアプリケーションに遅れずについていっているのです。このディレクトリの中身については「付録B　opencv_contribモジュール」を参照してください。

23.1.1　OpenCV 3.x

OpenCVは純粋なC言語のライブラリから始まりました。バージョン1.0は有益なアルゴリズムを持つアプリケーションを構築できることに焦点を当てたものでした。OpenCV 2.0の主要な焦点は、このライブラリを現代的なC++による開発標準（Gitへの移行、Googleスタイルの単体テスト、STDとの互換性、そしてもちろんC++インタフェース）に持ち上げることでした。ここにいたるまでに、Python、Java、MATLAB用の完全なインタフェースも追加されました。

OpenCV 3.0はモジュール性に焦点を当てています。すなわち、完全にC++で書き換えることで、1つのコードベースだけを保守すればよくなりました。コンピュータビジョンがますます成功したことで、役に立つアルゴリズムが多くなりすぎてモノリシックな（一枚岩の）コードベースでは保守できないという問題が生じました。OpenCV 3.xは強力にサポートされたコアを持ち、あらゆるものを簡単に作成して保守できる、小さくて独立したモジュールに変更していくことでこの問題を解決しました。このモジュールは、必要に応じて1つのコードに新旧の両インタフェースを混在させることもできます。近年、コンピュータビジョンを学ぶ学生や研究グループがますます増え、OpenCVのデータ構造上で新しいアルゴリズムをリリースするようになってきました。OpenCV 3.xは、そういう人たちがドキュメント、単体テスト、サンプルコード付きのモジュールを簡単に作成できるようにし、それをOpenCVに簡単に組み込めるようにしています。

また、OpenCV 3.xの独立したモジュールでは、クラウド、組み込み、モバイルアプリケーションなどを開発する手助けになるように、より小さくてコンピュータビジョンに特化したメモリ使用量に収まるように工夫してあります。OpenCVの社会的使命の1つは、ますます増えつつあるコンピュータビジョンの活用を促進することです。例えば組み込み用のビジョンデバイスの開発により、ロボット、モバイル、セキュリティ、監視、検査、エンタテインメント、教育、オートメーションなどでの、視覚によるセンシングの用途がさらに広がるでしょう。そのようなアプリケーションで考慮すべき重要事項はメモリ使用量です。一方で、クラウドコンピューティングでもメモリの制限があります。というのも、幅広くさまざまな種類の仕事を実行する多数のマシン上でアルゴリズムが展開されるため、メモリ使用量が重大なボトルネックになりえるからです。

OpenCV 3.xの目標は、独自開発されたモジュールを含む独立したモジュールを簡単に混在できるようにすることで、前述の分野に対してだけではなく、opencv_contrib内で「ビジョンアプリストア」のような形で促進させることです。このようなOpenCVに直接組み込める、整然と定義されたモジュールの集まりにより、ビジョンアプリケーションをはるかに幅広くクリエイティブに使うことができるのです。外部モジュールには、オープンなもの、クローズドなもの、無料のもの、商用のものなどがありますが、これらはすべて、コンピュータビジョンについてほとんど知らない開発者でも自分たちのアプリケーションにコンピュータビジョンの機能を持ち込めるようにすることを目的としているのです。

23.2　前回の予言はどれくらいうまくいったか？

本書の前の版では、OpenCVの未来についていくつかの予言を行いました。それからどうなったでしょうか？ 前の版ではOpenCVはロボットと3Dをサポートするだろうと書きました。これは実現しました。著者のひとり、Garyは、ロボット会社（Industrial Perception Inc.）を立ち上げました。この会社はOpenCVと3Dビジョンのルーチンを用いてロボットが流通センター内の箱を扱えるようにしました。この会社は2013年にGoogleに買収されました。同時に、もうひとりの著者であるAdrianは、Applied Mindsで働いている間に、OpenCVを組み込んだたくさんの工業用ロボット、政府用ロボット、軍事用ロボットに関する契約プロジェクトを走らせました。

他にも、キャリブレーション機能がさらに拡張され受動的なセンシングと能動的なセンシングが入ると予測していました。これもそのとおりになり、OpenCVにはArUco拡張現実用のマーカーと、チェスボードとArUcoパターンを組み合わせたものが同梱されています。これにより、もはやボード全体が視界に入っている必要はなく、複数のカメラで同じキャリブレーションパターンの異なる部分を撮影することもできるのです（「付録C　キャリブレーションパターン」参照）。現在では、これらのすべてのルーチンは、より複雑なキャリブレーションや複数台のカメラの姿勢問題を解くために存在しているのです。

3次元の新しい物体認識や姿勢認識機能についての予言もしました。これらも、linemod（http://bit.ly/2fJ9WuS）内にある、人間が定義した特徴量から、ディープニューラルネットワークによる3次元物体認識や姿勢認識（http://bit.ly/2gksqFs）にいたるまで統合されました。またopencv_contribは、ユーザーからのコードの提供がはるかに行いやすくなると予言されていたとおり、実際にモジュール性を持つリポジトリとなりました。

前の版で予言していたアプリケーションは、はるかによいステレオビジョンアルゴリズムから密なオプティカルフローにいたるまで、そのほとんどが実現されました。当時は、2次元の特徴量が拡張されて1つのエンジンで使えるようになると言いましたが、それはすべてfeatures2D()として実現されました。これは、2次元の点の手作りの検出器や記述子の大部分をカバーしています。Googleのデータ構造を用いた機能の向上も進行中です。また、より改善された近似最近傍法が加わるとも予言し、これはFLANN（Fast Library for Approximate Nearest Neighbor）がOpenCVに組み込まれることで実現しました。前版で概要を述べたコンピュータビジョンのカンファレンスでの開発者ワークショップはずっと以前から実施されています。最後に、さらによくなったドキュメントがついにお目見えすることになりました（https://docs.opencv.org）。

うまくいかなかったことには何があるのでしょうか？ 高解像度カメラやマルチスペクトルカメラ用の、より汎用的なカメラインタフェースは提供されていません。SLAM（Simultaneous Localization And Mapping）のサポートは入りましたが、まだロバストではなく、完全な実装ではありません。Bayesianネットワークもまだ入っていません。なぜならディープニューラルネットワークのほうがBayesianネットワークをはるかにしのぐからです。アーティスト向けのものは何も実装されていませんが、それにもかかわらず、アーティストのみなさんの間ではOpenCVの利用が広まり続けています。

23.3 将来の機能

本書では、これまでOpenCVの過去について述べ、現在の状態を詳細に説明しました。ここでは、いくつか将来の方向性を示します。

ディープラーニング（深層学習）

OpenCVはすでにCaffe、Torch、Theanoなどのネットワークを読み込み実行することができます。このコードはhttps://github.com/opencv/opencv_contrib/tree/master/modules/cnn_3dobjにあります。みなさんは、組み込みシステムやスマートカメラでの実行や訓練に焦点を当てたフルのディープラーニングモジュールがOpenCVに統合されることが期待できます。これは、`tiny-dnn`と呼ばれる外部のコードベースを中心に構築され拡張されている、組み込みシステムやスマートカメラでの実行や学習に焦点を当てたものです。

モバイル

「計算機能を持つ」カメラの成長には驚くべきものがあります。このため、OpenCVが採るべき明確な方向の1つは、モバイルのサポートを増やすことです。このようなサポートには、アルゴリズムも含まれますし、モバイルハードウェア、モバイルOSも含まれます。OpenCVはすでにiOSやAndroidに移植されています。これらはより少ない固定のメモリ使用量でのサポートが期待されています。

眼鏡

レンズを通して入ってくる光景にデータや物体をオーバーレイする拡張現実用の眼鏡は、ますますサポート領域を広めていくでしょう。ユーザーの頭の位置を3次元でトラッキングすることは、部屋の中での仮想現実の位置を決める手助けをします。すでに筆者らは、ArUcoというARタグを、それよりもはるかに正確な姿勢がわかるChArUco（ArUco付きのチェスボード）に拡張しました。Googleカードボード用のSLAMの追加を行っているコントリビュータもいます。

組み込みアプリケーション

組み込みアプリケーションも重要性がますます高まってきており、まったく新しいデバイスの分野になっていくでしょう。このようなトレンドを見て、Xilinx は OpenCV を自社の Zync アーキテクチャに移植しました。玩具からセキュリティ機器、自動車用途、製造業での使用、陸上、水中、空中の無人機にいたるまで幅広いものにビジョンの機能を見つけることが期待されるでしょう。OpenCV はこのような開発を可能にする手助けをしたいのです。

3 次元

奥行きセンサーは今やたくさんの会社で開発されています。モバイル機器にも見られるようになってきました。OpenCV では、高速な法線計算、面の探索、奥行き特徴の抽出から、その精緻化まで、密な奥行きを扱うルーチンの数が増大しています。

ライトフィールドカメラ

これは 1910 年までさかのぼる分野ですが、1990 年代にはかなり活発でした。筆者らは、この分野はますます人気が出ると予測しています。より安価なカメラ、組み込みプロセッサを用いることで、レンズアレイは幅広い複数視点からの光景、開口数、視野を、おそらく異なるレンズ設定でキャプチャすることができるでしょう。このようなカメラが出てきてより安価になるにつれ、そのサポートが期待されるようになるでしょう。

ロボット

ここまでで述べた機能はすべて直接ロボットの役に立ちます。新しいハードウェア、より安価なカメラ、柔軟性に優れたロボットの腕などは、よりよい経路計画や制御アルゴリズムと組み合わさることで、センサーを持つロボットによるまったく新しい産業が始まるでしょう。ロボット分野に関しては OpenCV に対する重要な貢献者が何人もいるため、この領域でのサポートが今後も期待されるでしょう。

クラウド

時が経つにつれ、組み込みカメラアレイの扱いをさらに簡単にするサポートの登場が期待されるでしょう。これは、OpenCV、ディープニューラルネットワーク、グラフィックス、最適化、並列化ライブラリが密に統合された、同じプロセシングスタック上で動くサーバーと連動します。C++ や Python を使った Amazon や Google のサーバーのような商用プロバイダ上で、こういったサポートがシームレスに動作するような動きも出てくるでしょう。

オンライン学習

筆者らは、OpenCV を用いて解決するコンピュータビジョンの問題を扱う、オンラインのコースを提供したいと考えています。カンファレンスやワークショップでの認知度を高めたいと思っていますし、願わくは、筆者ら自ら「みなさんの知りたいもの」を共有し合えるカンファレンスを開催したいのです。

23.3.1 現在のGSoCの成果

この数年間、Googleはオープンソース奨励プロジェクト（GSoC：Google Summer of Code）を通して、夏の間、OpenCVに関して開発を行う学生をサポートしてくれています。これらの活動に関してはWikiページ（https://github.com/opencv/opencv/wiki）でご覧になれます。また、次のURLからそこで開発された新しい機能の動画もご覧になれます。

- 2015 —— https://youtu.be/OUbUFn71S4s
- 2014 —— https://youtu.be/3f76HCHJJRA
- 2013 —— https://youtu.be/_TTtN4frMEA

2015年には、15人の学生が支援されました。この支援は、学生たち（その多くはこの分野の重要なポジションに就いています）にとってもOpenCVにとっても計り知れないほど貴重なものでした。2015年に扱われた内容（ほとんどすべて、OpenCVのトランクにプルリクエストされアクセプトされました）を次に示します。

全方位型カメラのキャリブレーションとステレオ3次元復元
  `opencv_contrib/modules/ccalib`モジュール（Baisheng Lai, Bo Li）

SFM（Structure from motion）
  `opencv_contrib/modules/sfm`モジュール（Edgar Riba, Vincent Rabaud）

改善された変形可能なパーツに基づくモジュール
  `opencv_contrib/modules/dpm`モジュール（Jiaolong Xu, Bence Magyar）

カーネル構造相関フィルタを用いた複数物体のリアルタイムトラッキング
  `opencv_contrib/modules/tracking`モジュール（Laksono Kurnianggoro, Fernando J. Iglesias Garcia）

改善と拡張されたシーン内のテキスト検出
  `opencv_contrib/modules/text`モジュール（Lluis Gomez, Vadim Pisarevsky）

ステレオ対応点探索の改善
  `opencv_contrib/modules/stereo`モジュール（Mircea Paul Muresan, Sergei Nosov）

構造化光システムを用いたキャリブレーション
  `opencv_contrib/modules/structured_light`モジュール（Roberta Ravanelli, Delia Passalacqua, Stefano Fabri, Claudia Rapuano）

カメラキャリブレーション用のチェスボード＋ ArUco

`opencv_contrib/modules/aruco` モジュール（Sergio Garrido, Prasanna Krishnasamy, Gary Bradski）

ディープニューラルネットワークフレームワーク用の汎用インタフェースの実装

`opencv_contrib/modules/dnn` モジュール（Vitaliy Lyudvichenko, Anatoly Baksheev）［これは将来 `tiny-dnn` で置き換えられるかもしれません］

エッジ保存フィルタリングの最近の進展と、改善された SGBM ステレオアルゴリズム

`opencv/sources/modules/calib3d` と `opencv_contrib/modules/ximgproc` モジュール（Alexander Bokov, Maksim Shabunin）

改良された ICF 検出器と、WaldBoost の実装

`opencv_contrib/modules/xobjdetect` モジュール（Vlad Shakhuro, Alexander Bovyrin）

マルチターゲット TLD トラッキング

`opencv_contrib/modules/tracking` モジュール（Vladimir Tyan, Antonella Cascitelli）

CNN を用いた 3 次元姿勢推定

`opencv_contrib/modules/cnn_3dobj` モジュール（Yida Wang, Manuele Tamburrano, Stefano Fabri）

本書の最終的な編集時点では、GSoC 2016 に向けて次の 10 個の新しいアルゴリズムの開発が進んでいます。

- ディープラーニングの訓練およびテスト機能である `tiny-dnn` の OpenCV への追加（Edgar Riba, Yida Wang, Stefano Fabri, Manuele Tamburrano, Taiga Nomi, Gary Bradski）
- すでにある `dnn` モジュールを、Caffe モジュールの読み込みと実行ができるように強化（Vludv, Anatoly Baksheev）
- よりよい視覚トラッキングである GOTURN トラッカー（Tyan Vladimir, Antonella Cascitelli）
- 正確で動的な構造化光（Ambroise Moreau, Delia Passalacqua）
- 非常に高速で密なオプティカルフローの追加（Alexander Bokov, Maksim Shabunin）
- 深層ワードスポッティング CNN で text モジュールを拡張（Anguelos, Lluis Gomez）
- 密なオプティカルフローアルゴリズムの改善（VladX, Ethan Rublee）
- OpenCV チュートリアルの多言語サポート：Python、C++、Java（Carucho, Vincent

Rabaud)
- 新しい画像貼り合わせパイプライン（Jiri Horner, Bo Li）
- OpenCV用のよりよいファイルストレージの追加（Myls, Vadim Piarevsky）

23.4 コミュニティからの貢献

OpenCVのコミュニティはさらに活発になってきています。GSoC 2015の時期に、次の貢献がありました。

- プロットモジュール（Nuno Moutinho）
- Niblackの閾値処理アルゴリズム：`ximgproc`（Samyak Datta）
- SLIC（線形スペクトルクラスタリングを用いたスーパーピクセルセグメンテーション）：`ximgproc`（Balint Cristian）
- HDF（HDF5）サポートモジュール（Balint Cristian）
- カメラのRGB構成に深さDを追加：`rgbd`（Pat O'Keefe）
- 点群に関する法線の計算：`rgbd`（Félix Martel-Denis）
- ファジー画像処理（Pavel Vlasanek）
- ローリングシャッターガイダンスフィルタ：`ximgproc`（Zhou Chao）
- 3倍速いSimpleFlow：`optflow`（Francisco Facioni）
- CVPR 2015の論文"DNNs Are Easily Fooled"のコードとドキュメント（Anh Nguyen）
- 効率的なグラフベースの画像領域分割アルゴリズム：`ximgproc`（Maximilien Cuony）
- 疎密オプティカルフロー：`optflow`（Sergey Bokov）
- 無香カルマンフィルタ（UKF：Unscented Kalman filter）と拡張UKFトラッキング（Svetlana Filicheva）
- 高速Hough変換：`ximgproc`、`xolodilnik`
- パフォーマンスを改善した`haartraining`（Teng Cao）
- Python 3互換のPythonのサンプル：`bastelflp`

GoogleとOpenCVのコミュニティがこのすばらしい仕事を続けてくれることを期待しています！

23.4.1 OpenCV.org

本書の前の版から本書が出版されるまでの間に、OpenCVはカリフォルニアの公益法人となりました。この法人は、コンピュータビジョン一般の推進、コンピュータビジョンの教育の促進、そして特にOpenCVをビジョンアルゴリズム発展のためのフリーでオープンなインフラストラクチャとして提供することを目的としています。今まで、この法人は、Intel、Google、Willow Garage、

NVIDIA の支援を受けてきました。加えて、(Intel を通して) DARPA は CVPR (Computer Vision And Pattern Recognition) 2015 で「People's Choice Best Paper」賞に資金を提供し、2016 年には Intel がこのコンテストを後援して再度開催されました。2015 年の結果はオンラインで見ることができます (https://github.com/opencv/opencv/wiki/VisionChallenge)。ここで入賞したものは、`.../opencv_contrib` ディレクトリに置かれているいくつかのアルゴリズムになっています。OpenCV 用に事前ビルドされたコードは、ユーザーサイト (https://opencv.org/releases.html) からダウンロードできますが、元のコードは開発者のサイトからダウンロードできます (コアライブラリに関しては https://github.com/opencv/opencv、ユーザーから寄贈されたモジュールに関しては https://github.com/opencv/opencv_contrib を参照)。OpenCV の Wiki は https://github.com/opencv/opencv/wiki にあります。また、Facebook のページもあります (https://www.facebook.com/opencvlibrary)。

本書の執筆も終わりに差しかかり、筆者のひとりで OpenCV の創設者である Gary Bradski は OpenCV.org を連邦非営利団体である 501(c)(3) 団体にする手続きに入っています。これまでは OpenCV には有給の職員はおらず (Google が提供した固定給の夏休みの指導者以外)、オフィスも機材もなく、収入のすべてをその年に支出するということを続けてきました。目下、OpenCV.org を、安定したフル機能の非営利団体にしようとする活動が進行中なのです。これは、何人かの専任の役員会のメンバー (無報酬) の誘致、何人かの有給のフルタイムのスタッフを雇うための資金調達、教材やコンテンツの開発、新しくて役に立つビジョンの解決策を発表する年次カンファレンスの開催、詳細なトレーニングチュートリアルの提供、ロボットリーグにおけるよりすばらしいセンシングや自律性の後援やサポート、高校レベルでのコンピュータビジョンの学習と使用のサポートや教育の提供、芸術家のコミュニティに対するコンピュータビジョンのサポートやトレーニングの提供などがあります。

また、筆者らは、Riuzhen Liu 教授が始めた中国における OpenCV の活動にさらに協力したいと思っています (http://www.opencv.org.cn)。これは、上海中科智谷人工智能工業研究院 (AIV：Artificial Intelligence Valley としても知られている) が主催しており、AIV は中国科学院と復旦大学が後援しています。これは、人工知能、自動化、知的デバイス制御、パターン認識に焦点を当てた独立した研究機関を目指した加入型組織です。ゆくゆくは、同様のリンクを世界中の他の組織にも広げていきたいと考えています。

OpenCV.org が十分な資金を生み出すことができれば、フルタイムの電話と Web サポートが提供できます。そして、ビジョンと機械学習 (おそらく、メーカーとの連携による互換性のある開発キットの提供を含む) の教育ソフトウェアの開発や、コンピュータビジョンや深層学習を用いた知覚アプリケーションの構築を任せられる開発者を認定することもできます。また、提携企業が提供するカメラで未サポートの機能を認証するプログラムも開発できるでしょうし、そこで「OpenCV 認定」というものが信頼のあるブランドになるでしょう。そうするうちに OpenCV の認知度や範囲が一段と拡大することを期待しています！

23.5 AIに関する思索

私たちは今、人工知能（AI）開発のターニングポイントにいることは明らかです。本書の執筆時点では、GoogleのDeep MindグループのAlphaGoが、非常に難しい「空間的な戦略」を必要とするゲームである囲碁で世界チャンピオンLee Sedolを破りました。AIを使うことで、ロボットは、移動、飛行、歩行、物体の操作を学習することができます。それと同時に、AI技術は私たちが使用する機器やWebを介して、音声を発したり、音楽を奏でたり、画像を認識したりすることを自然に行っています。シリコンバレーでは、1848年の実際の金のゴールドラッシュ以来、たくさんの「ゴールドラッシュ」を目にしてきました。この新しいAIのゴールドラッシュの勝者と敗者は今のところはまだわかりませんが、未来における世界は決して現在と同じものではないことは明らかでしょう。知覚における進展を加速するという機能において、OpenCVは、知覚（自己認識する）機械への歴史的なムーブメントに向け重要な役割を担っています。

ディープニューラルネットワークがパターンのフィードフォワード型認識の問題を根本的に解決したことは明らかです（ニューラルネットワークは最高の関数近似であると言うこともできます）。しかし一方、このようなネットワークは、知覚するということや「生きている」ということからはかけ離れています。まず、体験そのものの問題があります。私たち人間は、例えば、色を単に見るだけではなく、それを主観的に体験します。この主観的な体験がどのように起こるかは「クオリア」問題と呼ばれます。そして機械は、今のところまったく自律的かつ創造的であるようには見えません。機械は、はっきり決められた枠組みの中では新しい物事を生成できますが、新しい枠組み自体を作り出したりしませんし、積極的に実験したり新たな開ループを発見したりはしないのです。

おそらく足りないものは「身体性」でしょう。人間やたくさんのロボットは世界の中で行動する自分自身の実存に関するモデル、すなわち「自己」を持っています。この自己は、動作計画とは独立にシミュレートすることができますが、このシミュレートされた自己のモデルは、多くの場合、センサーによって世界と結びついています。この世界と結びついたモデルを用いることにより、身体化された心は、因果の意味をその世界に与え（行き先を選んだり、危険を避けたり、その計画に対する結果を観察する）、そのことが、身体化された心にその自身のモデルに関する意義を与えます。

筆者らは、このような世界に結びついたモデルにより、AIは、後の体験に汎化するのに使うメタファ[Lakoff08]を作ることができると考えています。例えば、人間は幼いとき、ものを容器に入れたり、取り出したりする体験をします。後年、この身体化された体験は、庭の「中」にあるとは、何を意味することかを教えます。言い換えると、容器で遊んだ初期の体験は、庭の中を意味するものが何であるかを汎化するために使われます。自己のモデルが世界と結びついて因果を体験をすることで、実体がものに意味付けることが可能になるのです。このような意味付けは知覚を安定させます。というのは、カテゴリというものは自然に現れては消えていくものではなく、因果的で、この世界の中において私たちのシミュレートされた自己のモデルに時間的にも安定した影響を与えます。これは完全に憶測ですが、クオリア、すなわち主観的な体験は、私たちの持っている世界のモデルが、シミュレートされた私たちの自己のモデルそれ自体に対してどのように影響するか、をシミュレートすることから生じるのかもしれません。すなわち、私たちは、私たちのモデルがシミュレートする世界に対するリアクションを体験しているのであって、その世界そのものを体験しているのではないのです。

2005年のDARPA Grand Challengeの砂漠横断ロボットレースで200万ドルの賞金を獲得したロボットStanleyは、GPS、加速度計、ジャイロ、レーザーレンジファインダー、ビジョンなどのたくさんのセンサーを用いて外界を感知し、これらの感知した結果を融合して計算効率のよい「鳥瞰図」の世界モデルを作成していました。このモデルは一般的な地表の角度を反映した傾いた平面で構築されており、センサーの読み込んだデータから導出された走行可能領域、走行不可能領域、未知の領域のマークが付けられていました。この世界モデル内で、Stanleyは、大まかに次のGPSの参照ポイントに向かって移動しながら、自分自身の物理シミュレーションを走らせていました。その結果の経路を評価することで、そのロボットが転倒しない最も効率的な経路を見つけることを可能にしました。Stanleyの頭脳はDARPA Grand Challengeで優勝するには十分でしたが、何をするのに不十分だったか考えてみましょう。Stanleyは愛や政治、天体物理学、シェークスピアを説明することはできませんでした。もしStanleyがシェークスピアの劇が何を意味するかを私たちに尋ねることができたら、私たちにできたことはせいぜい難しい地図上の走行可能領域と未知の領域の間の境界のようなものだよと言うことくらいでしょう。Stanleyの自己のモデルと世界との相互作用は、この世界に存在する多くを理解するには、あまりにまばらなのです。同様に、主に低地の温暖な川の流域に住む私たち類人猿のような存在は、根本的な能力において制約を受けており、私たちがこの宇宙について知らないものは検出することさえできないのは明らかです。その意味で、「私たちはみな、Stanleyなのです」。

私たち人間にとっては、食欲（私たちのモデルの先天的な部分）のようなものはかなり理解しやすいですが、より知的なAIを作成する方法を見つけ出したり、クオリアが何かを突き止めたりするのははるかに難しいのです。別の例としては、みなさんが子猫を育てて、それが大きくなるまで終日シェークスピアを聞かせたとしても、育った猫が14行詩を理解することは期待できないでしょう。私たちが、その猫に14行詩が何を意味するかを説明したい場合に、私たちができるであろう最善のことは、その猫の自然なモデルから得られるメタファを使うことです。例えば、「シェークスピアの14行詩は、恐ろしい場所でどうしようもなく道に迷った子猫のようなもの」などです。すると猫は「うん、わかった」と考えるかもしれませんが、その猫は自分が何を理解していないかを理解する方法さえないのです！ 繰り返しますが、私たち人間も同じような制約を受けているに違いないのです。おそらく、私たちは、強力で、クオリア問題が単純であるような機械を作ることはできるでしょう。しかし、その機械にクオリアを説明するように頼んだとき、その機械は動揺し、最後には「クオリアは恐ろしい場所でどうしようもなく道に迷った子猫のようなものです」と答えるかもしれません。

Stanleyのようなロボットでは、それが持つ知覚の本質は完全にそのモデルの観点からのものです。Stanleyは世界を理解することはしませんが、代わりに、カメラとセンサーが、世界を信号に変換し、その信号がその世界におけるロボットの因果モデルを生息させるのです。しかし、このモデルは、ロボットカーが必要とするナビゲーションに関しては、唯一の現実世界のようなものです。別の例としては、ノートパソコンでは、みなさんはGUIを見て、例えばコンピュータの内部にはゴミ箱があると理解しているかもしれません。それは、画面にゴミ箱が表示されているからです。賢い物理学者は画面に近づいて見て、「すべては量子（ピクセル）でできている！」と叫ぶかもしれません。しかし実際には、このGUIは内部に存在する線形フォンノイマンマシンに対する因果モデルにすぎないのです。リアルに感じることは、そのゴミ箱にドラッグされたものが消去されるということです。つまり、このモデルの因果関係の結果こそが現実なのです。ここでも同様に、私たち人間は、私たちが自分たちの世界について知っていることに制約を受けています。これは、私たちが受け継いでいるのが、直接的、物理的かつ社会的体験に向いた因果モデルだからです。しかし私たちの中の機械には、さらにその先が見えているのかもしれません。

今日、AIの持つ危険性に関してたくさんの議論があります。人々は、このあたりのメタファを混同しています。彼らは「AI」、つまりその知能を、より大きなシステムの行動を駆動するものだと考えています。しかし、私たち自身を見てみましょう。私たちの人間としての「プログラミング言語」は私たちの知性ではなく、私たちの気分や活力、すなわち情動なのです！ Stanleyの目標は、GPSの参照ポイントを正しい順番でできるだけ速く安全に通ることでした。このロボットは、順序正しくGPSの参照ポイントをたどることに魅力を感じたので、その知性を使ってそれを行っていたのです。私たちのプログラミング言語は「思考」ではなく、情動なのです。この情動が「何」をすべきかをガイドし、知能が「どうやって」をガイドするのです。同じことが未来の機械にも言えるでしょう。このような動機をうまく設計すれば、機械はそれを追いかけることになるのです。

あっ、みなさんは、これらの機械が次世代の機械に与える目標を変えてしまうかもしれないことを心配されているのでしょう？ まず第一に、より優秀な機械知能にとってさえ、さらにより優秀な機械の心を理解し創造するのは、私たちが第1世代の機械を作り出したことよりも難しいでしょう。この問題は難しくなる一方です。この知的な機械自身も、私たちが第1世代の進化したAIから持ったのと同じ危機意識を、次世代の進化したAIに対して持つのでしょう。そしてその結果、目標や情動をプログラムしていくようになるでしょう。結局、AIはそれ自身の持つ目標に夢中になります。それは、身体を持つ存在としての私たちの目標から進化したものなのです。AIの危険性は、その目標が持つ悪意の可能性に基づくものではなく、その目標における非人間的な違いに基づくものであり、それは私たちにとっては、無関心や、敵対行為のようにさえ見えるかもしれません。このことが、H.P.ラブクラフトの小説中のエイリアンの怪物を、面白くて恐ろしいものにしています。怪物たちは、悪意があるというよりはむしろ、完全に異なる動機によって動いていて、私たちの運命には完全に無関心なのです。私たちも、例えば、蟻の生活にあまり関心を持たないため、時折、彼らに害を与えてしまうのでしょう。

とはいうものの、はっきり言って筆者らはAIを恐れていません。そしてどちらかと言えばむしろAIを、人類がかかえるやっかいな問題の多くを解決するのには絶対に必要なものだと思っています。このような問題には、例えば、全人類への信頼のおける健康管理の提供、飢餓の終焉、病気の治療、環境を保護しつつ新しいエネルギーを生成し備蓄する技術の提供と維持、そして、私たちの永遠に複雑になり続ける世界を運営する手助けをすること、などがあります。筆者らはAIの中に、脅威というよりは目標を見い出しています。自己を認識する知的生命体に私たちの世界を滅ぼさせたいのではなく、むしろ知能が時空間を超えて成長していくのを見たいのです。これは、ある意味では、人類の究極の目標かもしれません（あるいは、目標として選択され得るかもしれません[†1]）。そしてそれはまた、OpenCVが間接的に達成したい目標でもあるのです！

23.6 あとがき

本書で多くの理論と実践を扱ってきました。また、次に来るものについての計画をいくつか述べました。もちろん、OpenCVのソフトウェアを開発している間にハードウェアも変わっていきます。今ではカメラはどんどん安価で高機能になり、携帯電話から信号機、工場や家庭内のモニタリングにまで増殖しています。あるメーカー団体は、ロボットに最適な携帯電話プロジェクタを開発しようとしています。携帯電話は軽量かつ低消費電力の装置で、その回路にはすでにカメラが内蔵されているので、ロボットにはうってつけです。これは、近距離のポータブルな構造化光源と、それによる高精度の奥行きマップへの道を開きます。これらは、ロボット操作用のライトフィールドカメラの開発や3次元物体スキャンの開発とともに、まさに私たちが必要としているものなのです。

筆者らは、2005年のDARPA Grand Challengeで優勝したスタンフォード大学のロボットレーサー、Stanleyのためのビジョンシステム作成に参加しました。その取り組みの中で、レーザーレンジスキャナーを備えたビジョンシステムは、砂漠で行われた7時間にわたるロードレースで不具合なく動き続けました[Dahlkamp06]。このことは、ビジョンを他の知覚システムと組み合わせることの力を見せつけました。高い信頼性で道路を知覚するという以前は解決できなかった問題は、ビジョンを他の形式の知覚と融合することにより、解決可能な工学的挑戦に変わりました。筆者らの望みは、本書を通してビジョンを使いやすくとっつきやすくすることで、他の人たちが自分の問題解決の道具箱にビジョンを追加でき、重要な問題を解決する新しい道を見つけられるようにすることです。すなわち、量販品のカメラと安価な組み込みプロセッサとOpenCVとで、自動車の予備の安全装置（もしくは、一般的な自動運転の改善）としてのステレオビジョンの利用、人と軌道上の車両用の全鉄道のモニタリング、水泳用の安全装置の実装、新しいゲームコントロールや新しい監視システムの開発などの、現実の問題を解決し始めることができるのです。組み込み機器向けのフル実装のディープニューラルネットワークライブラリである`tiny-dnn`から目を離さな

†1 このような考えには、ある種の霊的もしくは宗教的な意味がありますが、「昔風の」宗教に対する興味深い裏返しでもあるのです。過去には、人間と目的を神が選んだと思われてきました。ところがこの新しい意味においては、人間が目的を選びます。その目的の結果が神のようなAIになるのかもしれません（例えば、Googleのアルゴリズムとサーバーは、私たちにとってはほとんど全知と言えるようなものを持っています）。この意味では、私たちは輝かしい過去を衰退した現在から回顧する**選ばれし民**から、衰退した現在から輝かしい未来を見渡す**選ぶ民**に移行するのです。

いようにしてください。最後に一言：ハッキングしましょう！

コンピュータビジョンの行く先には、豊かな未来があります。それは、21世紀にとって重要な実現技術の1つになりそうですし、さらにOpenCVは、コンピュータビジョンにとって重要な実現技術の1つに（少なくとも一部には）なりそうです。創造性と深遠な貢献の無限の可能性が目の前に待ち受けています。本書が、活気あるコンピュータビジョンコミュニティへの参加に興味を持つすべての人を、励まし、楽しませ、可能性を与えることを筆者らは希望しています。

付録A 平面分割

A.1 ドロネー三角形分割、ボロノイ分割

ドロネー（Delaunay）三角形分割法は、1934 年に発明されたもので、空間内の点を連結して三角形のグループにし、その三角形のすべての角の最小角度が最大になるようにする技術です［Delaunay34］。これは、ドロネー三角形分割法が点を三角形分割するときに、細長い三角形ができないようにしているということです。三角形分割の要点を理解するために**図A-1**を見てください。これにより与えられた任意の三角形の頂点に接する任意の円の内部には、その他の頂点が含まれないようにして三角形分割が行われています。これは、**外接円特性**と呼ばれています（図のパネルc）。

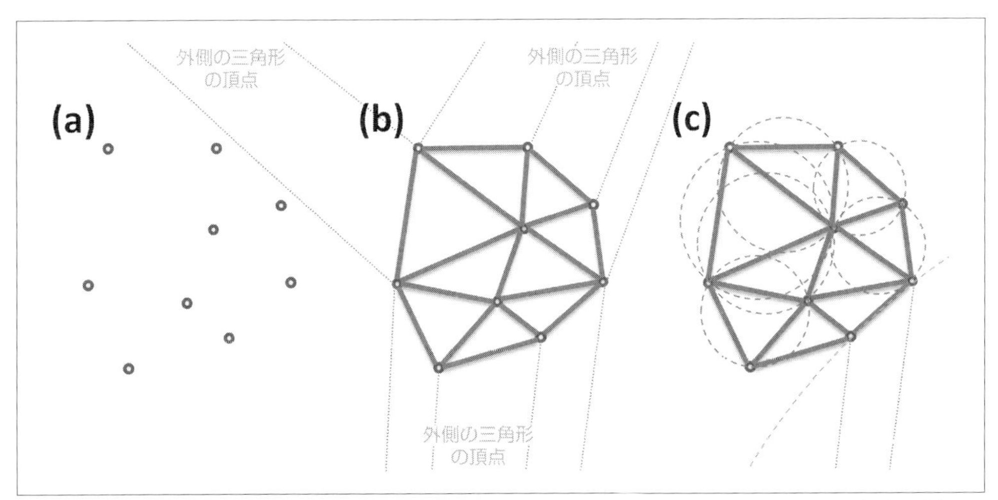

図A-1　ドロネー三角形分割法。(a) 点の集合。(b) 点の集合のドロネー三角形分割。外側を囲む三角形の頂点につながる線を持つ。(c) 外接円特性を示す円の例

計算効率のために、ドロネーアルゴリズムは、かなり離れた外側に三角形を作り、そこからアルゴリズムを始めます。**図A-1**（b）はこの架空の外側の三角形を、その頂点に向かう点線で表しています。**図A-1**（c）は外接円特性の例を示しています。円のうちの1つは、実データの外側の2つの点と、架空の外側の三角形の頂点の1つに外接しています（右下の隅にある円弧）です。

今日、ドロネー三角形分割を計算するアルゴリズムはたくさんあります。そのいくつかは非常に効率的ですが、内部の詳細は難解です。比較的簡単なアルゴリズムの要点は次のとおりです。

1. 外側の三角形を追加する
2. 内部の点を追加する。すべての三角形の外接円を探索し、その点を含むものがあればそれらの三角形分割を削除する
3. 削除したばかりの三角形の外接円の内部にある、新しい点を含め、グラフを再度三角形分割する
4. 追加する点がなくなるまでステップ2に戻り、繰り返す

このアルゴリズムの複雑さの計算量は、データ点の数の $O(n^2)$ です。最良のアルゴリズムであれば（平均して）$O(n \log n)$ くらいに小さくなります。

すばらしいですね！ でも、これはいったい何の役に立つのでしょうか？ まず、このアルゴリズムが架空の外側の三角形から始まったことを忘れないでください。したがって、実際に存在する点のうち、外側の点はすべて、架空の三角形の頂点の1つ（または2つ）に接続されます。ここで外接円特性を思い出してください。実際の外側の点2つと外側の架空の頂点を通る外接円は、それ以外の内部の点をまったく含みません。これは、コンピュータが、3つの外側の架空の頂点にどの実際の点が接続されているかを調べることによって、どの点が点の集合の外側を形成しているかを正確に調べることができる、ということを意味しています。言い換えると、ドロネー三角形分割が終われば、ほぼ即座に点集合の凸包を見つけることができるのです。

また、点と点の間の空間をだれが「所有」するか、つまり、どの座標がドロネーの頂点群それぞれに最も近いかも求めることができます。このため、元の点群のドロネー三角形分割を使って、新しい点に最も近い点をすぐに求めることができます。このような分割は**ボロノイ分割**と呼ばれます（**図A-2**参照）。このボロノイ分割はドロネー三角形分割の双対画像です。というのは、ドロネー線は既存の点の間の距離を定義しており、このためボロノイ線は、点間の距離を等しく保つために、どこでドロネー線と交差する必要があるかを「知って」いるからです。凸包と最近傍を計算するこれら2つの方法は、点と点集合のクラスタリングまたは分類を必要とする多くの操作にとって重要な基本操作です。

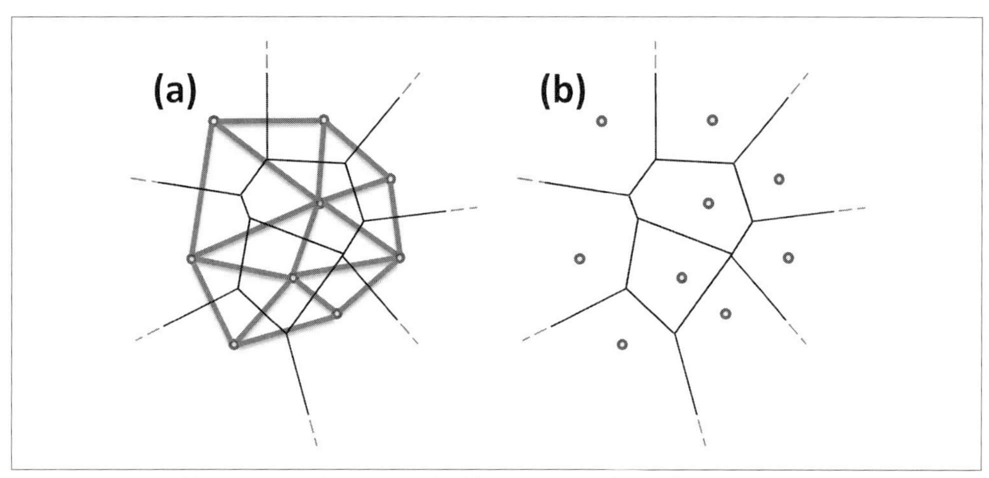

図A-2　ボロノイ分割。与えられたボロノイセル（細胞）内のすべての点は、他のドロネー点よりもそのセルのドロネー点に近い位置にある。(a) ボロノイ分割（細線）に対応するボロノイ三角形（太線）。(b) 各ドロネー点周辺のボロノイセル

みなさんが3次元コンピュータグラフィックスを勉強されているのでしたら、ドロネー三角形分割がよく3次元形状の表現の基本となっていることに気がつかれたかもしれません。ある物体を3次元で描画すると、画像投影によってその物体の2次元ビューを作成することができ、2次元のドロネー三角形分割を用いてこの物体を分析して認識したり、実際の物体と比較したりすることができます。このように、ドロネー三角形分割は、コンピュータビジョンとコンピュータグラフィックスの橋渡しになっているのです。しかし、OpenCVの1つの欠点（間もなく修正される予定、「23章　OpenCVの今後」参照）は、OpenCVがドロネー三角形分割を2次元でしか実行できないということです。例えばステレオビジョン（「19章　射影変換と3次元ビジョン」参照）などから得た、3次元の点群（ポイントクラウド）を三角形分割することができれば、3次元コンピュータグラフィックスとコンピュータビジョンの間をシームレスに行き来できます。そうは言っても、2次元のドロネー三角形分割自体も、コンピュータビジョンでは、モーショントラッキング、物体認識、2つの異なるカメラ間のビューのマッチング（ステレオ画像からの奥行きの導出など）などの用途で、物体またはシーン内の特徴点の空間的な配置を決めるのに多用されています。**図A-3**は、ドロネー三角形分割の追跡および認識アプリケーションで、顔の特徴点が三角形分割によって空間的に配置されている例です[Göktürk01] [Göktürk02]。

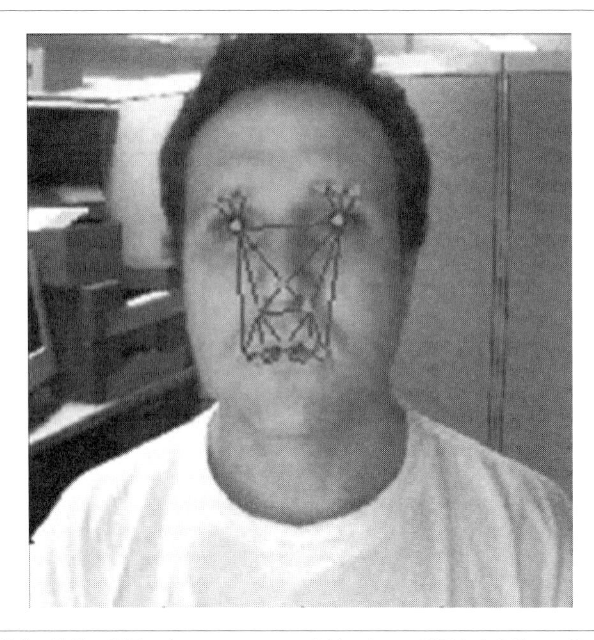

図A-3　ドロネー点は物体の追跡に利用できる。ここでは、表情にとって重要な点を使って顔がトラッキングされているので、感情が検出できるかもしれない

さて、与えられた点の集合に対して、ドロネー三角形分割が潜在的に有用であることが明らかになりました。では、どのようにしてこのような三角形分割を導き出すのでしょうか？ OpenCVでは.../opencv/sources/samples/cpp/delaunay2.cppファイルがそのサンプルコードになっています。OpenCVではドロネー三角形分割（Delaunay triangulation）をドロネー**細分割区分**（Delaunay subdivision）と呼んでおり、その重要で再利用可能なコードを次に説明します[†1]。

A.1.1　ドロネーまたはボロノイ細分割区分の生成

まず、ドロネー細分割を格納する場所がメモリに必要です。また、外側のバウンディングボックスも必要です（高速な計算のために、アルゴリズムは長方形のバウンディングボックスの外側に置かれた架空の外側の三角形で動作するということを思い出してください）。この設定では、点群が600 × 600の画像内にある必要があるとしています。

†1　Merriam-Webster'sの辞書（https://www.merriam-webster.com/dictionary/subdivision）によると、subdivision（細分割区分）という用語は、「何かが分割されたものの一部」または「家が建てられる小さな敷地に分割された土地の領域」のいずれかを意味する可能性があります。あまり直感的ではありませんが、OpenCVでこの言葉を使うときは、常に後者を指します（つまり部分の集まりを指し、それぞれの部分自体ではないことを意味します）。

```
// ドロネー細分割区分の構造
//
...
cv::Rect        rect(0, 0, 600, 600);          // 外部バウンディングボックス
cv::Subdiv2D    subdiv(rect);                  // 初期細分割区分の生成
```

このコードは、指定された長方形を含む三角形で最初の細分割区分を生成します。

次に点群を挿入する方法を知る必要があります。これらの点は、32ビット浮動小数点数型または整数型のいずれかの座標を持つ点群（つまり cv::Point）でなければなりません。整数型の場合、自動的に浮動小数点数型に変換されます。cv::Subdiv2D::insert() 関数を用いて点群を追加します。

```
cv::Point2f fp;    // これが点を保持する

for( int i = 0; i < 必要とする点の数; i++ ) {

     // 自分の好きな方法で点群を設定する
     //
     fp = your_32f_point_list[i];

     subdiv.insert(fp);
}
```

点群が入力できたので、ドロネー三角形分割を取得することができます。ドロネー三角形分割から三角形を計算するには、cv::Subdiv2D::getTriangleList() 関数を使用します。

```
vector<cv::Vec6f> triangles;
subdiv.getTriangleList(triangles);
```

呼び出しが返ったら、triangles の各 Vec6f には三角形の3つの頂点 $(x1, y1, x2, y2, x3, y3)$ が含まれています。関連するボロノイ分割は cv::Subdiv2D::getVoronoiFacetList() 関数を使用して計算および取得ができます。

```
vector<vector<cv::Point2f> > facets;
vector<cv::Point2f> centers;
subdiv.getVoronoiFacetList(vector<int>(), facets, centers);
```

最初の出力であるベクタのベクタ facets には、ボロノイ面（以前に挿入された点の「近接」領域の外郭を描く多角形）が含まれます。2つ目のベクタ centers には、対応する点、つまり領域の中心が含まれます。

ドロネー三角形分割は繰り返しにより構築されることに注意してください。つまり、新しい点を挿入するたびに三角形分割が更新されるため、常に最新の状態になっています。ただし、ボロノイ分割は cv::Subdiv2D::calcVoronoi() を呼び出したときにバッチモードで構築されます（この関数は引数を取らず、何も返しません。内部の細分割表現を更新するだけです）。代わりに、前述の cv::Subdiv2D::getVoronoiFacetList() を呼び出すこともできます（これは

calcVoronoi() を内部的に呼び出します)。ボロノイ分割が計算された後に新しい点を挿入すると、分割は無効という印が付けられ、次回必要なときに0から再計算されます(この計算コストは$O(N)$で、Nは頂点の数です)。

2次元の点群のドロネー細分割区分と、それに対応するボロノイ分割を作成することができたので、次のステップではこの細分割をどのように操作するのかを学びます。多くの場合、このドロネー三角形分割またはボロノイ分割を作成するだけで十分ですが、細分割区分内で辺から点または辺から辺へと移動できると便利なことがよくあります。この方法については、次の節で説明します。

A.1.2 ドロネーの細分割区分を動き回る

平面細分割の基本的なデータ要素は**辺**です。辺はインデックスを介してアクセスされ、他の隣接辺には、このインデックスと追加パラメータ(開始した辺と比較してどの新しい辺が欲しいかを示す)を使用してアクセスできます。すべての辺は、両端の点(それぞれ**始点**と**終点**と呼ばれます)に関連づけられています。辺は、これらの点を共有する他の辺とも関連づけられます。最後に、辺はその対応する(すなわち、「双対」)辺に関連づけられます。すなわちドロネー三角形分割内のすべての辺に対してボロノイ図内に関連する辺が1つあり、その逆もあります。OpenCVは、任意の辺からこれらの関連する要素を取得するためのメカニズムを提供します。

cv::Subdiv2D インタフェースでは、辺は常に方向を持つものとして扱われることに注意してください。これは実際には便宜上行われているにすぎません。ドロネー三角形分割にもボロノイ図にも辺の向きに本質的な意味はありません。しかし、このように構成しておくと、これらを記述するデータ構造を操作するときに非常に役に立ちます。とりわけこれは、特定の辺の一方の端(始点)を他方の端(終点)から区別する方法となります。

A.1.2.1 辺群から点群へ

ドロネー辺またはボロノイ辺で行うことができる最も簡単なことは、端点の位置を見つけることです。ドロネーの辺でもボロノイの辺でも、各辺には2つの点(始点と終点)が関連づけられています。これらの点は以下のメソッドを使って取得することができます。

```
int cv::Subdiv2D::edgeOrg( int edge, cv::Point2f* orgpt = 0 ) const;
int cv::Subdiv2D::edgeDst( int edge, cv::Point2f* dstpt = 0 ) const;
```

これらのメソッドは、それぞれの頂点のインデックスと、オプションでその点自体を返します。頂点インデックスを指定すると、その点と関連する辺を取得できます。

```
cv::Point2f cv::Subdiv2D::getVertex( int vertex, int* firstEdge = 0 ) const;
```

辺と同様に、すべての点にインデックスがあることに注意してください。点には位置情報もあります。個別の状況でどの情報が必要かを把握することが重要です。cv::Subdiv2D インタフェースは、ほとんどの関数で主に点群と辺群のインデックスが使われるように設計されています。

A.1.2.2 細分割区分内の点の位置を決める

とはいえ、特定の点の位置情報を持っていて、その点の細分割内のインデックスを検索したい場合があります。同様に、細分割区分内の実際に頂点でない点を持っていて、この点を含む三角形や面を探したいこともあるでしょう。cv::Subdiv2D::locate() は、入力として1つ点を取り、この点が存在する辺の1つ、または（点が頂点でない場合）その点を含む三角形または面の辺の1つを返します。ただし、この場合、必ずしも最も近い**辺**が返されるわけではなく、その点を含む三角形または面の辺の1つにすぎません。点が頂点である場合、cv::Subdiv2D::locate() はそれに割り当てられた頂点 ID も返します。

```
int cv::Subdiv2D::locate(
  cv::Point2f pt,
  int&        edge,
  int&        vertex
);
```

この関数の戻り値は、点がどこにあるのかを次のように伝えます。

cv::Subdiv2D::PTLOC_INSIDE
　点はある面内に存在します。edge には面の辺の1つが含まれます。

cv::Subdiv2D::PTLOC_ON_EDGE
　点は辺上に存在します。edge にはこの辺が含まれます。

cv::Subdiv2D::PTLOC_VERTEX
　点は細分頂点の1つと一致します。vertex には頂点が含まれます。

cv::Subdiv2D::PTLOC_OUTSIDE_RECT
　点は細分割の基準となる長方形の外側に存在します。この関数が返ったとき、値は返されません。

cv::Subdiv2D::PTLOC_ERROR
　入力引数の1つが無効です。

A.1.2.3 頂点を中心に旋回する

辺を指定すると、その辺の特定の点（その始点または終点のいずれか）に関係付けられた新しい辺を取得できます。この動作方法は、開始する辺を指定して、頭（**終点**）または尾（**始点**）の周りを時計回りまたは反時計回りに回転する次の辺を取得することです。この配置を**図A-4** に示します。これは cv::Subdiv2D::getEdge() 関数で行います。

```
int cv::Subdiv2D::getEdge(
   int edge,
   int nextEdgeType         // 下の説明を参照
) const;
```

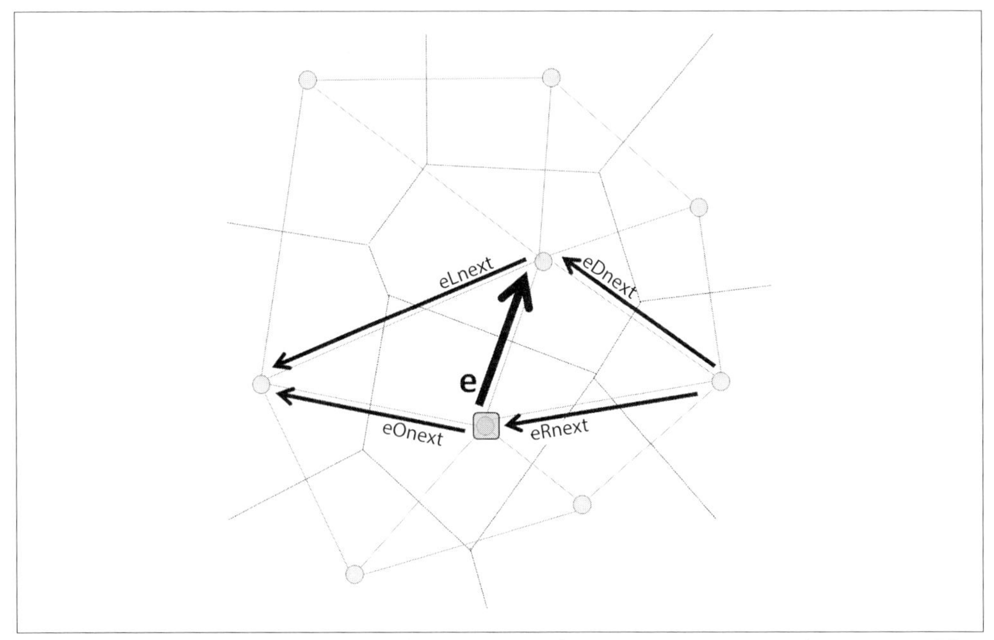

図A-4　cv::Subdiv2D::Vertexの点とそれに関連する辺e、およびcv::Subdiv2D::getEdge()を介してアクセス可能な他の関連する辺

cv::Subdiv2D::getEdge()を呼び出すときは、現在のedgeと引数nextEdgeTypeを指定します。後者は次のいずれかの値を取る必要があります。

cv::Subdiv2D::NEXT_AROUND_ORG
: 辺の始点周りの次の辺(eOnext)

cv::Subdiv2D::NEXT_AROUND_DST
: 辺の終点周りの次の辺(eDnext)

cv::Subdiv2D::PREV_AROUND_ORG
: 辺の始点周りの前の辺(eRnextの逆向き)

cv::Subdiv2D::PREV_AROUND_DST
: 辺の終点周りの前の辺(eLnextの逆向き)

操作する方法をどのように考えたいかに応じて、次の（最終的には等価の）値を使用してステップ動作を指定することもできます。

cv::Subdiv2D::NEXT_AROUND_LEFT
　左の境界周りの次の辺 (eLnext)

cv::Subdiv2D::NEXT_AROUND_RIGHT
　右の境界周りの次の辺 (eRnext)

cv::Subdiv2D::PREV_AROUND_LEFT
　左の境界周りの前の辺 (eOnext の逆向き)

cv::Subdiv2D::PREV_AROUND_RIGHT
　右の境界周りの前の辺 (eDnext の逆向き)

これで、ドロネーの辺にいる場合はドロネー三角形の周りを歩いたり、ボロノイ辺にいる場合は、ボロノイセルの周りを歩いたりすることができるようになります。

また、少し簡略化した cv::Subdiv2D::nextEdge() 関数を使用することもできます。

```
// getEdge(edge, cv::Subdiv2D::NEXT_AROUND_ORG) と等価
//
int cv::Subdiv2D::nextEdge(
   int edge
) const;
```

cv::Subdiv2D::nextEdge() を呼び出すことは、nextEdgeType に cv::Subdiv2D::NEXT_AROUND_ORG を設定して cv::Subdiv2D::getEdge() を呼び出すのとまったく等価です。例えば、ある頂点に関連づけられたある辺が与えられ、その頂点から他のすべての辺を探したい場合にこの構文は便利です。これは、（架空の）外側の三角形の頂点から始めて凸包のようなものを見つけるのに役立ちます。

A.1.2.4　辺を回転する

特定のインデックスを持っている（他の関数で手に入れたか、ある特定のインデックスから始めてグラフを歩き回っていて手に入れたか）と仮定すると、ドロネー三角形分割のある辺から、関連するボロノイ図（またはその逆）上の辺に、次の関数で移動することができます。

```
int cv::Subdiv2D::rotateEdge(
  int edge,
  int rotate      // 4 辺の他の辺を得る：4 の剰余
) const;
```

この場合、edge は現在の辺のインデックスで、rotate 引数はどの辺を望むかを示します。次

のいずれかの引数を使用して、次の辺を指定します（図A-5参照）。

`0`
: 入力辺（e が入力辺の場合、図A-5の e）

`1`
: 回転した辺 (eRot)

`2`
: 反転辺（e の逆向き）

`3`
: 反転した回転辺（eRot の逆向き）

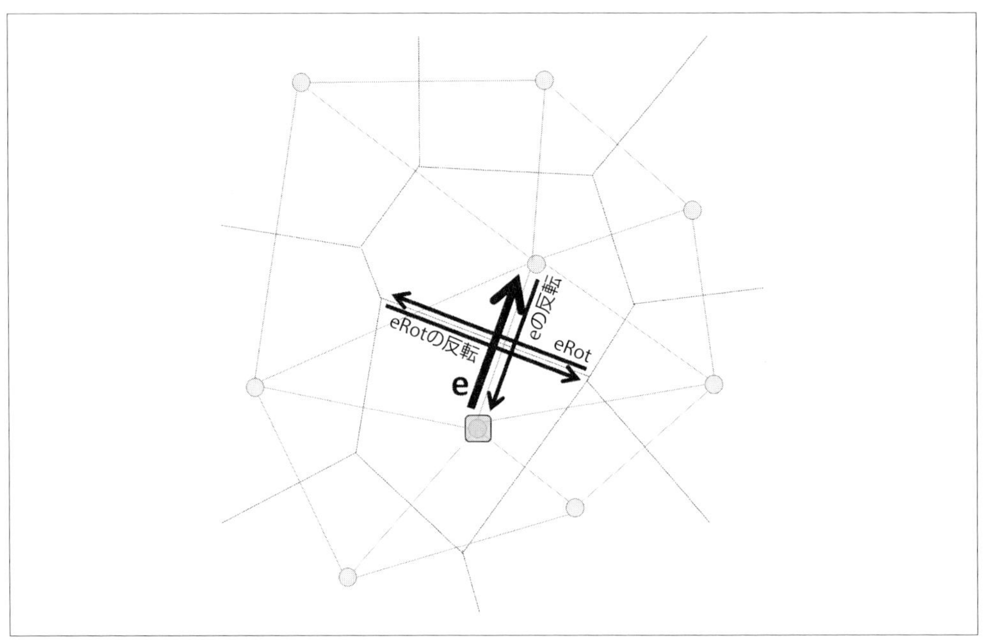

図A-5　cv::Subdiv2DRotadge() でアクセスできる4つ組の辺には、ドロネー辺とその反転（と関連づけられた頂点）、関連するボロノイ辺群（とその頂点群）が含まれる

頂点と辺の詳細

頂点とその番号付け

ドロネー三角形分割が初期化される方法により、以下が常に成り立つ。

1. 0番目の頂点は位置を持たないNULL頂点（単に記録用の抽象概念）である
2. 次の3つの頂点は、与えられたバウンディングボックスの外側にある「仮想」頂点であり、それぞれが入力点から遠く離れた場所に存在している
3. それに続くすべての頂点は`cv::Subdiv2D`オブジェクトに提供される集合の一部である

辺とその番号付け

`cv::Subdiv2D`オブジェクト内の各辺は整数値で識別される。これらの整数値は4つの連続した集合のそれぞれが次のものに対応するように構成されている。

`edge % 4 == 0`
　ドロネー辺

`edge % 4 == 1`
　元の辺に垂直なボロノイ辺

`edge % 4 == 2`
　元のドロネー辺の逆向き

`edge % 4 == 3`
　上記のボロノイ辺の逆向き

仮想辺とNULL辺

0番目の辺は、どこも指していないNULL辺である（または、より正確には、どちらの端も0番目のNULL頂点を指しています）。辺1、2、3は、常に仮想頂点に接続する仮想のドロネー辺になる。両方の頂点が仮想であるため、これらを**非固定**仮想辺と呼ぶ。NULL辺は、始点と終点として常に(0, 0)の位置を返す。

NULL辺から回転した辺を取得しようとすると、もう1つのNULL辺が生成される。NULL頂点からの「最初の辺」もNULL辺であり、`cv::Subdiv2D::nextEdge()`で取得される後続の辺も同様である。いずれかの仮想頂点から取り出された「最初の辺」は、常に別の仮想頂点に接続している。

A.1.2.5　外側の三角形を特定する

私たちにとって都合のよいことに、点群のドロネー細分割を作成すると、常に外側を囲む三角形を形成する最初の3つの点（点0は含まない。コラム「頂点と辺の詳細」参照）が現れます。この3つの頂点には次のようにアクセスできます。

```
Point2f outer_vtx[3];
for( int i = 0; i < 3; i++ ) {
  outer_vtx[i] = subdiv.getVertex(i+1);
}
```

外側の三角形の3つの辺を取得することもできます。

```
int outer_edges[3];
outer_edges[0] = 1*4;
outer_edges[1] = subdiv.getEdge(outer_edges[0], Subdiv2D::NEXT_AROUND_LEFT);
outer_edges[2] = subdiv.getEdge(outer_edges[1], Subdiv2D::NEXT_AROUND_LEFT);
```

グラフを取得して移動する方法がわかったので、点群の外枠の辺や境界上にあるような問題について調べることができます。

A.1.3　外側の三角形または凸包上の辺を特定し、凸包上を歩く

コンストラクタ呼び出し cv::Subdiv2D(rect) にバウンディングボックス rect を指定して、ドロネー三角形分割を初期化したことを思い出してください。この場合、次のことが言えます。

- 始点と終点の両方が rect の境界の外側の辺の場合、その辺は細分割区分の架空の外側の三角形にある。これらは、**非固定**仮想辺と呼ばれる
- 1つの点が rect の長方形の境界の内側にあり、もう1つの点が外側にある辺の場合、境界の内側の点は、その点が作る凸包に上にある。すなわち、その凸包上のいくつかの点は架空の外側の三角形の2つの頂点に接続される。長方形の境界の内側の点と外側の仮想点を結ぶ辺を、**固定**された仮想辺と呼ぶ

点集合の凸包を見つけたい場合は、これらの事実を使用して、その凸包をすばやく生成することができます[†2]。例えば、仮想頂点であることがわかっている頂点1、2、3から始めて、cv::Subdiv2D::nextEdge() を使用して、（非固定仮想辺を単に拒否することで）固定されたすべての仮想辺の集合を簡単に生成することができます。すぐに cv::Subdiv2D::rotateEdge(2) を呼び出してその周りに反転させ、cv::Subdiv2D::nextEdge() を1回か2回呼び出せば、点

†2　実際にはこれを行う方法はたくさんあります。ここでの説明したのは、これがどのようにできるかの一例にすぎません。

集合の凸包に移動します[†3]。このように固定された各仮想辺には、そのような凸包辺が正確に1つあり、これらの辺のすべてをまとめたものが、点集合の凸包です。

さてこれで、ドロネーとボロノイの細分化を初期化し、初期辺を見つけて、グラフの辺と点を歩く方法がわかりました。次の節では、いくつかの実用的な応用を紹介します。

A.1.4 使用例

cv::Subdiv2D::locate() を用いてドロネー三角形の辺の周りを歩くことができます。この例では、与えられた点を含む三角形の周りのすべての辺に対して「何か」を行う関数を書きましょう。

```
void locate_point(
  cv::Subdiv2D&      subdiv,
  const cv::Point2f& fp,
  ...
) {
  int e;
  int e0 = 0;
  int vertex = 0;
  subdiv.locate( fp, e0, vertex );
  if( e0 > 0 ) {
    e = e0;
    do // 常に 3 つの辺 - これは結局三角形分割となる。
    {
      // [ここにコードを挿入する]
      //
      // e に何かを行う
       e = subdiv.getEdge( e, cv::Subdiv2D::NEXT_AROUND_LEFT );
    }
    while( e != e0 );
  }
}
```

入力点に最も近い点は、次を使用しても見つけることができます。

```
int Subdiv2D::findNearest(
    cv::Point2f  pt,
    cv::Point2f* nearestPt
);
```

cv::Subdiv2D::locate() と異なり、cv::Subdiv2D::findNearest() は、細分割区分内で最も近い頂点の整数IDを返します。この点は必ずしも点が存在する面または三角形上にあるわけではありません。このメソッドは、ボロノイ分割が存在しないか最新でない場合にはボロノイ分割を計算するため、const メソッドではないことに注意してください。

---

†3 外側の頂点は架空の三角形の 2 つの頂点に接続されていることもあるので、cv::Subdiv2D::nextEdge() への 1 回の呼び出しでは不十分かもしれないことを思い出してください。結果として得られる辺をチェックして、宛先（新しい辺上の cv::Subdiv2D::edgeDst()）が外部の頂点の 1 つではないことを確認することが最善です。そうであれば、cv::Subdiv2D::nextEdge() をもう一度呼び出す必要があります。

同様に、ボロノイ面（ここではそれを描画します）の周りを歩くことができます。

```
void draw_subdiv_facet(
  cv::Mat&       img,
  cv::Subdiv2D& subdiv,
  int            edge
) {

  int t = edge;
  int i, count = 0;
  vector<cv::Point> buf;

  // 面内の辺の数を数える
  do{
      count++;
      t = subdiv.getEdge( t, cv::Subdiv2D::NEXT_AROUND_LEFT );
  } while (t != edge );

  // 点を集める
  //
  buf.resize(count);
  t = edge;
  for( i = 0; i < count; i++ ) {
      cv::Point2f pt;
      if( subdiv.edgeOrg(t, &pt) <= 0 )
          break;
      buf[i] = cv::Point(cvRound(pt.x), cvRound(pt.y));
      t = subdiv.getEdge( t, cv::Subdiv2D::NEXT_AROUND_LEFT );
  }

  // 周りを歩く
  //
  if( i == count ){
     cv::Point2f pt;
     subdiv.edgeDst(subdiv.rotateEdge(edge, 1), &pt);
     fillConvexPoly(
       img, buf,
       cv::Scalar(rand()&255,rand()&255,rand()&255),
       8, 0
     );
     vector< vector<cv::Point> > outline;
     outline.push_back(buf);
     polylines(img, outline, true, cv::Scalar(), 1, cv::LINE_AA, 0);
     draw_subdiv_point( img, pt, cv::Scalar(0,0,0) );
  }
}
```

A.2　練習問題

1. `.../opencv/sources/samples/cpp/delaunay2.cpp` のコードを（点がランダムに選択される既存の方法ではなく）マウスクリックでの点入力ができるように変更してください。そして、これらの結果に三角形分割を試してみてください。
2. `delaunay2.cpp` のコードを再度修正して、キーボードを使用して点集合の凸包を描画できるようにしてください。
3. 直線上の3つの点はドロネー三角形分割できますか？
4. **図A-6**（a）に示す三角形分割は、ドロネー三角形分割でしょうか？ もしそうなら理由を説明してください。そうでない場合は、図を変更してドロネー三角形分割になるようにしてください。
5. **図A-6**（b）の点群を手書きでドロネー三角形分割してみてください。この演習では架空の三角形を追加する必要はありません。

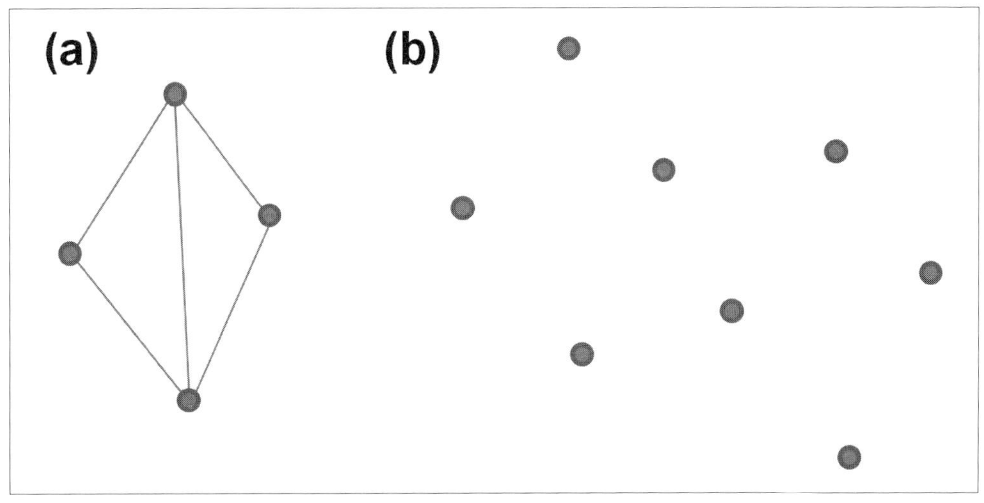

図A-6　練習問題4と5

付録B opencv_contribモジュール

B.1 opencv_contribモジュールの概説

opencv_contribリポジトリには、ユーザーが作成した最新の成果物が置かれています。このリポジトリにはほぼ、標準のOpenCVで手に入るものよりも完全なビジョンアプリケーションが含まれています。そしてこのリポジトリは、互いに依存関係がない数多くのモジュールで構成されています。各モジュールが、ドキュメント、単体テスト、サンプルコードを持つことになっており、多くのモジュールにはチュートリアルもあります。さらに各モジュールは、OpenCVコアモジュールがパスする必要がある自分が使っているもの以外のすべてのフォーマット、Buildbotテスト、単体テストなどOpenCVのコアモジュールではパスする必要があるものすべてに従っていなければなりません。各モジュールは、標準のOpenCV関数と同じようにドキュメント化されています。したがって、全体としては、これらのモジュールはすぐに使える高度なコンピュータビジョン機能に特化した、自己完結型のスーパーセットを形成しています。

opencv_contribディレクトリはhttps://github.com/opencv/opencv_contribにあり、OpenCVライブラリ本体とは独立してビルドする必要があります。これらのモジュール（そして標準OpenCVモジュール）のドキュメントは、毎晩ビルドされているサイト（https://docs.opencv.org/master/）にあります。本書の執筆時点でのその内容の概要を次に示します。

B.1.1 opencv_contribの内容

以下のリストは、本書執筆の時点でのopencv_contribリポジトリ内で利用できる全モジュールの概要です。これらのモジュールは個々にダウンロードしてビルドする必要があります。このリポジトリをビルドしたいけれども、すべての機能をビルドしたくないようなときは、次に示すビルドコード内の<reponame>を機能名で書き換えれば、その機能をビルドしないようにすることもできます。

```
$ cmake -D OPENCV_EXTRA_MODULES_PATH=<opencv_contrib>/modules \
  -D BUILD_opencv_<reponame>=OFF                              \
  <opencv_source_directory>
```

本稿執筆の時点での opencv_contrib 内の機能は次のとおりです。

aruco

ArUco と ChArUco マーカー。拡張現実用の ArUco マーカーと ChArUco マーカー（ArUco マーカーがチェスボードの白い領域に埋め込まれたもの）も含まれます。

bgsegm

背景の分割。改良された適応型背景混合モデルと、変動光源下でのリアルタイム人物追跡をします。

bioinspired

生理学ビジョン。生理学に発想を得たビジョンモデル。ノイズと輝度変動を最小化したり、一時的な事象の分割を処理したり、ハイダイナミックレンジ（HDR：high-dynamic-range）のトーンマッピングを実行したりする手法を提供します。

ccalib

キャリブレーションのカスタマイズ。3次元再構成、全方向カメラキャリブレーション、ランダムパターンキャリブレーション、マルチカメラカメラキャリブレーション用のパターンがあります。

cnn_3dobj

深層型の物体認識と姿勢認識。ディープニューラルネットワークライブラリ Caffe を用いて、物体認識と姿勢認識の CNN モデルをビルドし、訓練、テストを行います。

contrib_world

opencv_contrib をまとめるためのもの。contrib_world は他の opencv_contrib すべてのモジュールを含む（ビルド時に有効化）モジュールです。これは、OpenCV のバイナリの再配布をより便利にするために使われます。

cvv

コンピュータビジョンのデバッガ。みなさんのプログラムにこの簡単なコードを加えることで、コンピュータビジョンプログラムをインタラクティブかつ視覚的にデバッグができるようにする GUI が表示されます。

datasets

データセットリーダー。既存のコンピュータビジョンのデータベースを読み込むためのコードです。さらに、そのデータセットのデータを使った訓練、テスト、実行を行うための、リーダーの使い方のサンプルも含まれています。

dnn

深層ニューラルネットワーク（DNN）。このモジュールは、Caffe で訓練された画像認識ネットワークなどを読み込むことができ、CPU でも効率よく動かすことができます。

dnns_easily_fooled

騙される DNN。このコードは、ネットワークを騙して何か他のものを識別するように、ネットワークを活性化するのに使うことができます。

dpm

変形可能な部品のモデル。Felzenszwalb の、変形可能な部品からなるカスケードによる物体認識コード。

face

顔認識。顔認識の技術には Eigen 法、Fisher 法、LBPH（ローカルバイナリパターンヒストグラム）法が含まれています。

fuzzy

ビジョンのファジー論理。ファジー論理による画像変換と画像復元、つまりファジー画像処理です。

hdf

階層的データストレージ。このモジュールには、階層的データフォーマット（大容量のデータを保存するためのもの）用の I/O ルーチンが含まれます。

line_descriptor

線分の抽出とマッチング。バイナリ記述子を使った線分の抽出、記述、結合の手法です。著者のひとり Gary は、このアルゴリズムを改良した手法を元に、物流ロボットの会社（Industrial Perception Inc.）を設立しました。

matlab

MATLAB インタフェース。いくつかの OpenCV コアモジュールのための、OpenCV MATLAB Mex ラッパーのコードジェネレータ。

`optflow`

オプティカルフロー。deepflow、simpleflow、sparsetodenseflow、モーションテンプレート（silhouette flow）などを実行、評価するためのアルゴリズムです。

`plot`

グラフのプロット。1次元または2次元のグラフにデータを簡単にプロットするためのモジュールです。

`reg`

画像の位置合わせ。画像をピクセルベースで正確なアライメントで位置合わせします。Richard Szeliskiの論文[Szeliski04]に従っています。

`rgbd`

RGBと深さを処理するモジュール。Linemod 3次元物体認識は、高速に面法線と3次元平面を検出します。3次元自己位置認識に使用できます。

`saliency`

顕著性API。あるシーンで人がどこを見るかを検出します。スタティック、モーション、「物体のようなもの（objectness）」の顕著性（saliency）用のルーチンからなります。

`sfm`

動きからの形状復元。このモジュールには2次元画像から3次元構造を復元する再構築アルゴリズムが含まれています。このモジュールの中核はLibmvの軽量バージョンです。

`stereo`

ステレオ対応づけ。さまざまな記述子によりステレオマッチングを行います。Census、CS-Census、MCT、BRIEF、MVが使われます。

`structured_light`

構造化光。グレーコードパターンの生成方法と投影方法です。これを使ってシーン内の密な奥行き情報を求めることができます。

`surface_matching`

2点対特徴量。マルチモーダルな2点対特徴量を用いた3次元物体の検出と位置推定を実装しています。

`text`

ビジョンによるテキストマッチング。シーン内のテキスト検出、単語分割、テキスト認識などを行います。

`tracking`

ビジョンに基づいたトラッキング。5つの異なった視覚に基づく物体トラッキング技術を使用し、評価します。

`xfeatures2d`

Features2D の追加機能。追加の2次元特徴量フレームワークの、実験的かつ有償の2次元特徴量検出器、記述子のアルゴリズムです。SURF、SIFT、BRIEF、CenSurE、Freak、LUCID、Daisy、Self-similar があります。

`ximgproc`

拡張画像処理。構造化決定木群（structured forests）、ドメイン変換フィルタ、ガイド付きフィルタ、適応型多様体フィルタ、ジョイントバイラテラルフィルタ、スーパーピクセル、などが含まれます。

`xobjdetect`

ブースティングされた2次元物体検出。WaldBoost カスケードとローカルバイナリパターンを使います。これらは2次元物体検出の統合特徴量として計算されたローカルバイナリパターンを使います。

`xphoto`

追加のコンピュテーショナルフォトグラフィ。カラーバランス、ノイズ除去、画像修復の付加的な写真処理アルゴリズムを提供しています。

付録C
キャリブレーションパターン

C.1　OpenCVで使われるキャリブレーションパターン

キャリブレーションパターンにはたくさんの種類があります。それぞれのパターンやマーカーは、キャリブレーションで使われたり、そのマーカーの3次元の姿勢を調べるのに使われたりします。図C-1から図C-7に7種類のパターンとマーカーを示します。

図C-1　カメラキャリブレーションや姿勢用のチェスボードパターン（9 × 6 コーナー）。このパターンは第18章で説明している標準のキャリブレーション手法やopencv.orgにあるカメラキャリブレーションチュートリアルで使用することができる

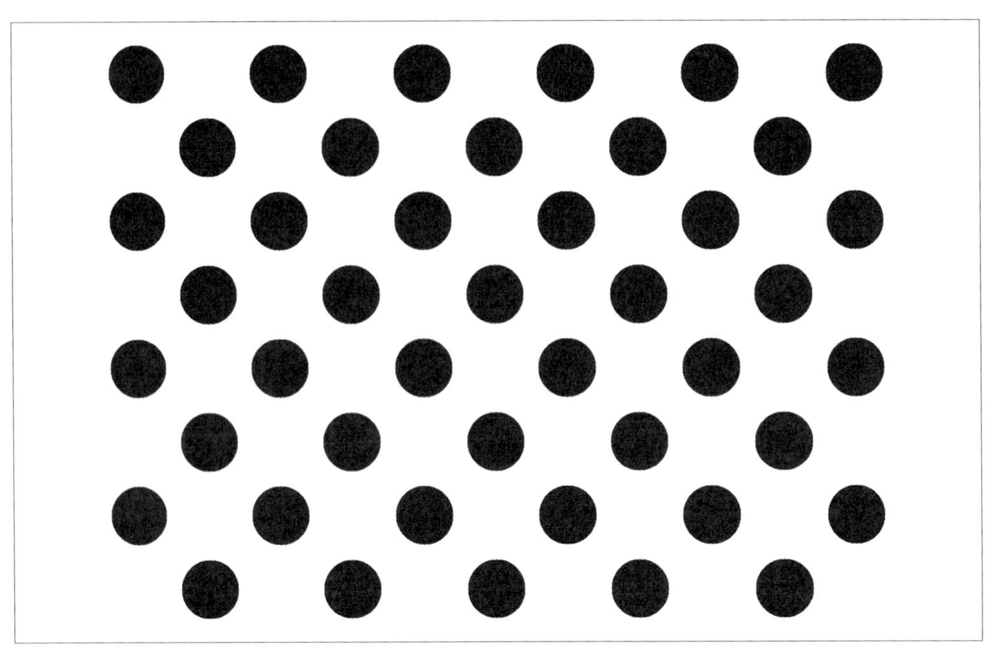

図C-2　円形状のキャリブレーションと姿勢用のパターン。このパターンは、本書や https://opencv.org/の Tutorials ページの“Camera calibration”で説明している標準的なキャリブレーション手法で findCirclesGrid() 関数を用いて検出することができる

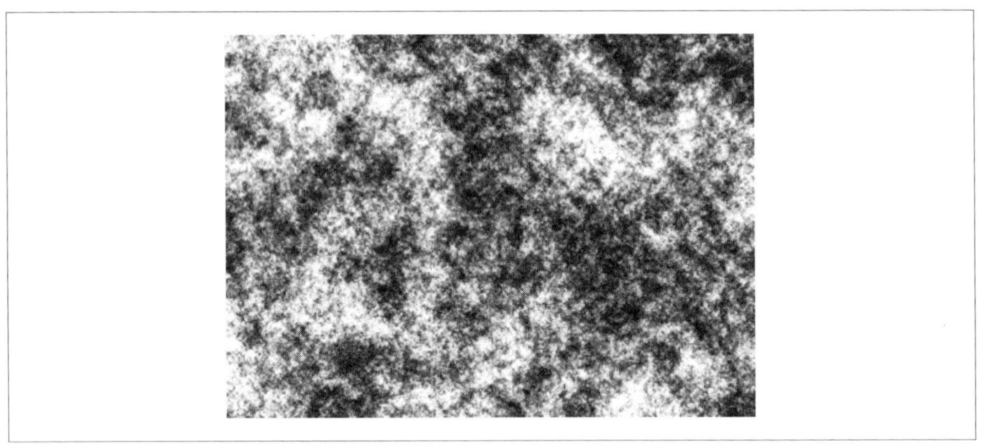

図C-3　キャリブレーションと姿勢用のランダムパターン。このパターンの使用方法は.../opencv_contrib/modules/ccalib/samples/random_pattern_calibration.cpp 参照

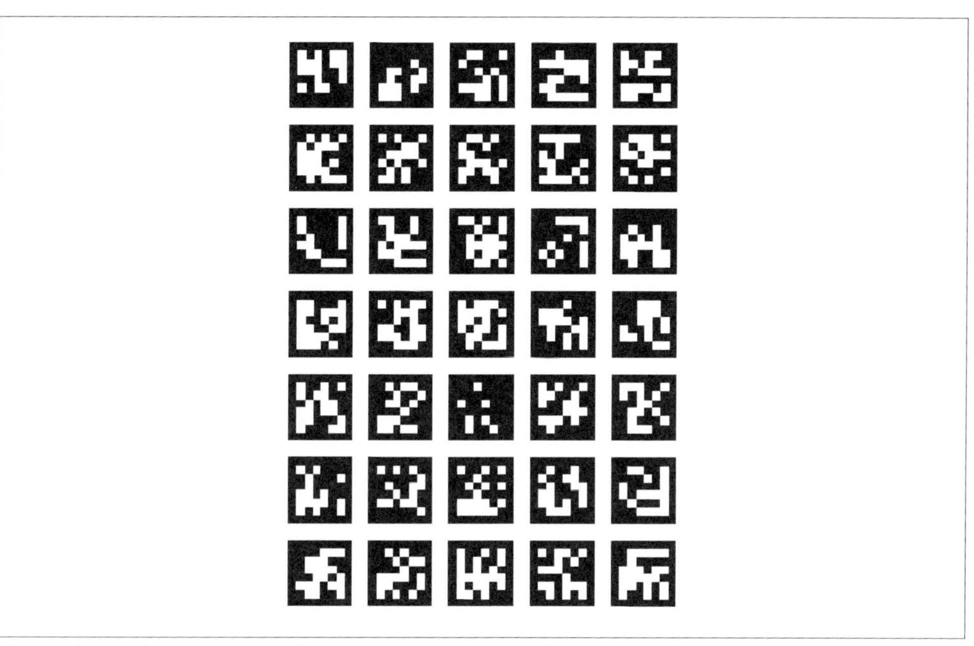

図C-4　キャリブレーションと姿勢用の ArUco ボード。このボードを用いた検出とキャリブレーション方法は opencv.org にあるオンラインチュートリアル“Calibration with ArUco and ChArUco”参照

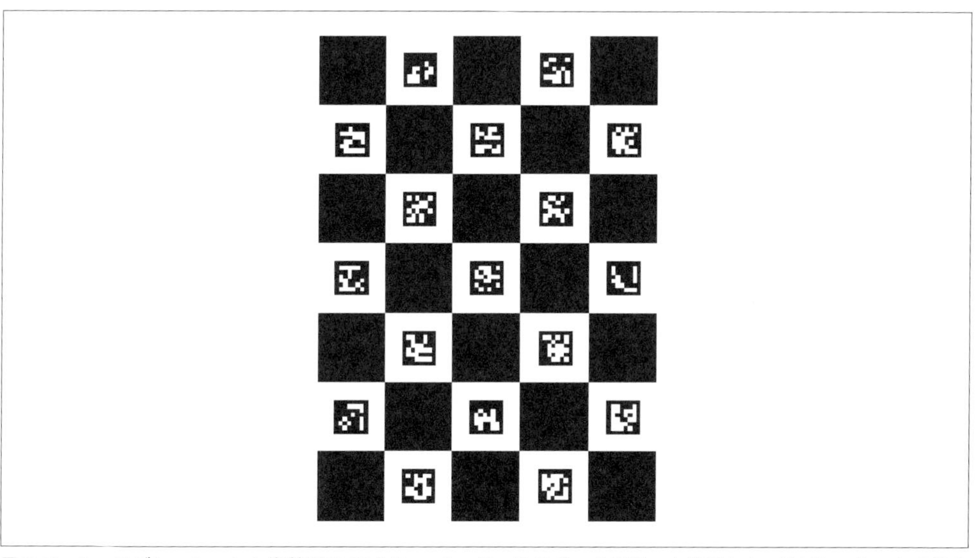

図C-5　キャリブレーションと姿勢用の ChArUco ボード。このボードを用いた検出とキャリブレーション方法は opencv.org にあるオンラインチュートリアル“Calibration with ArUco and ChArUco”参照

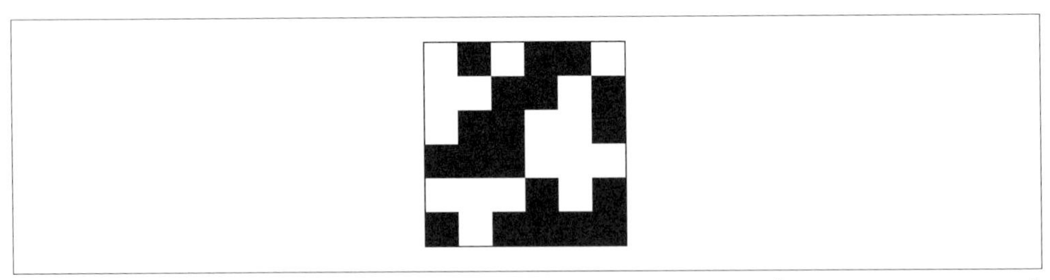

図C-6　ArUco マーカー。このマーカーの検出に関してはオンラインチュートリアル"Detection of ArUco Markers"参照

図C-7　ChArUco マーカー。このマーカーの検出に関してはオンラインチュートリアル"Detection of Diamond Markers"参照。これは、本書の表紙のマーカーである

図C-7はダイヤモンド型のChArUcoマーカーを示しています。OpenCVで`opencv_contrib`モジュールをビルドし、関連する`bin`ディレクトリで以下のようにコマンドを実行すると、このマーカーを作成することができます。

```
./example_aruco_create_diamond -bb=1 \
  -d=0 -sl=200 -ml=130 -ids=1,2,3,4  \
  -m=10 -si=true diamond.png
```

このコードは、ダイヤモンド型のChArUcoマーカーを作成します。ここで、`-bb=1`はマーカーの境界線をそのマーカーの格子と同じ幅にする意味です。`-d=0`は4×4の格子のマーカーを作成

する（マーカーは4つしか存在しないので大きな数字を表現できるマーカーは必要ありません）、`-sl=200`はチェスボードの四角を200×200ピクセルで描画するという意味です。また、`-ml=130`はArUcoマーカーを130×130ピクセルで描画する、`-ids=1,2,3,4`はArUcoマーカーがそれぞれ1、2、3、4というコード化された値を持つように設定する、`-m=10`はダイヤモンド型のマーカーの周りに10ピクセル幅の境界線を付ける、`-si=true`は生成した画像をスクリーンに表示するようにプログラムに指示するということをそれぞれ意味します。最後の`diamond.png`は出力画像の名前です。

この画像と本書の表紙にあるものを検出するには、以下のコードを用いてください。

```
./example_aruco_detect_diamonds -as=1.0 -ci=0 -d=0 -ml=130 -sl=200
```

このコードは、カメラを使って表紙と**図C-7**のマーカーを見つけます。マーカーが見つかると、このコードはArUcoマーカーをデコードし、検出された画像の四角形とコーナーを示します。このコードは本書の表紙のマーカーでも動きます[†1]。コマンドラインの`-as=1.0`は、このプログラムに自動的にスケールを変えて検出するように指示し、`-ci=0`はデフォルトのシステムカメラを探すように指示し、`-d=0`は4×4のArUco用の検出/デコードライブラリを使うように指示します。`-ml=130`と`-sl=200`はArUcoとチェスボードの四角形の相対的なサイズを与えています（自動スケーリングを用いているので、相対的なサイズだけが必要です）。

†1 本書の表紙で検出されたマーカーを用いて面白いAR（拡張現実）をオーバーレイ表示するのは、読者のみなさんへの最後の練習問題としておきます！

参考文献

- [Ahonen04] —— Ahonen, Timo, Abdenour Hadid, and Matti Pietikäinen. "Face recognition with local binary patterns." European conference on computer vision. Springer Berlin Heidelberg, 2004.
- [Acharya05] —— Acharya, T., and A. Ray. *Image Processing: Principles and Applications*. New York: Wiley, 2005.
- [Adelson84] —— Adelson, E. H., C. H. Anderson, J. R. Bergen, P. J. Burt, and J. M. Ogden. "Pyramid methods in image processing," *RCA Engineer* 29 (1984): 33-41.
- [Agarwal08] —— Agrawal, M., K. Konolige, and M. R. Blas. "CenSurE: Center Surround Extremas for Realtime Feature Detection and Matching," *European Conference on Computer Vision*, 2008.
- [Ahmed74] —— Ahmed, N., T. Natarajan, and K. R. Rao. "Discrete cosine transform," *IEEE Transactions on Computers* 23 (1974): 90-93.
- [Alahi12] —— Alahi, Alexandre, Raphael Ortiz, and Pierre Vandergheynst. "Freak: Fast retina keypoint." *Computer vision and pattern recognition (CVPR), 2012 IEEE conference on*. IEEE, 2012.
- [Arfken85] —— Arfken, G. "Convolution theorem," in *Mathematical Methods for Physicists*, 3rd ed. (pp.810-814), Orlando, FL: Academic Press, 1985.（邦題『基礎物理数学』権平健一郎＋神原武志＋小山直人 訳、講談社）
- [Arraiy] —— Arraiy Corporation, http://www.arraiy.ai.
- [Arthur07] —— Arthur, D., and S. Vassilvitskii., "k-means++: the advantages of careful seeding." *Proceedings of the eighteenth annual ACM-SIAM symposium on discrete algorithms*. (2007) pp.1027-1035.
- [Bajaj97] —— Bajaj, C. L., V. Pascucci, and D. R. Schikore. "The contour spectrum," *Proceedings of IEEE Visualization 1997* (pp.167-173), 1997.

- [Ballard81] —— Ballard, D. H. "Generalizing the Hough transform to detect arbitrary shapes," *Pattern Recognition* 13 (1981): 111-122.
- [Ballard82] —— Ballard, D., and C. Brown. *Computer Vision.* Englewood Cliffs, NJ: Prentice-Hall, 1982.（邦題『コンピュータ・ビジョン』福村晃夫 訳、日本コンピュータ協会）
- [Bardyn84] —— Bardyn, J. J. et al. "Une architecture VLSI pour un operateur de filtrage median," *Congres reconnaissance des formes et intelligence artificielle* (vol.1, pp.557-566), Paris, 25-27, January 1984.
- [Bay06] —— Bay, H., T. Tuytelaars, and L. V. Gool. "SURF: Speeded up robust features," *Proceedings of the Ninth European Conference on Computer Vision* (pp.404-417), May 2006.
- [Bay08] —— Bay, Herbert, Andreas Ess, Tinne Tuytelaars, and Luc J. Van Gool. "SURF: Speeded up robust features," *Computer Vision and Image Understanding (CVIU)* 110 (3) (2008) 346-359.
- [Bayes1763] —— Bayes, T. "An essay towards solving a problem in the doctrine of chances. By the late Rev. Mr. Bayes, F.R.S. communicated by Mr. Price, in a letter to John Canton, A.M.F.R.S.," *Philosophical Transactions, Giving Some Account of the Present Undertakings, Studies and Labours of the Ingenious in Many Considerable Parts of the World* 53 (1763): 370-418.
- [Bazargani15] —— Bazargani, Hamid, Olexa Bilaniuk, and Robert Laganiere. "A fast and robust homography scheme for real-time planar target detection." *Journal of Real-Time Image Processing* (2015): 1-20.
- [Belongie02] —— Belongie, S., J. Malik, and J. Puzicha. "Shape matching and object recognition using shape contexts," in *IEEE Transactions on Pattern Analysis and Machine Intelligence*, vol.24, no.4, pp.509-522, Apr 2002.
- [Bhattacharyya43] —— Bhattacharyya, A. "On a measure of divergence between two statistical populations defined by probability distributions," *Bulletin of the Calcutta Mathematical Society* 35 (1943): 99-109.
- [BirchfieldTomasi99] —— Birchfield, Stan, and Carlo Tomasi. "Depth discontinuities by pixel-to-pixel stereo." *International Journal of Computer Vision* 35.3 (1999): 269-293.
- [Bishop07] —— Bishop, C. M. *Pattern Recognition and Machine Learning.* New York: Springer-Verlag, 2007.（邦題『パターン認識と機械学習——ベイズ理論による統計的予測』元田浩＋栗田多喜夫＋樋口知之＋松本裕治＋村田昇 監訳、シュプリンガー・ジャパン）

- [Black92] —— Black, M. J. "Robust incremental optical flow" (YALEU-DCS-RR-923), Ph.D. thesis, Department of Computer Science, Yale University, New Haven, CT, 1992.
- [Black93] —— Black, M. J., and P. Anandan. "A framework for the robust estimation of optical flow," *Fourth International Conference on Computer Vision* (pp.231-236), May 1993.
- [Black96] —— Black, M. J., and P. Anandan. "The robust estimation of multiple motions: Parametric and piecewise-smooth flow fields," *Computer Vision and Image Understanding* 63 (1996): 75-104.
- [Bobick96] —— Bobick, A., and J. Davis. "Real-time recognition of activity using temporal templates," *IEEE Workshop on Applications of Computer Vision* (pp.39-42), December 1996.
- [Borgefors86] —— Borgefors, G., "Distance transformations in digital images," *Computer Vision, Graphics and Image Processing* 34 (1986): 344-371.
- [Bouguet04] —— Bouguet, J.-Y. "Pyramidal implementation of the Lucas Kanade feature tracker description of the algorithm," http://robots.stanford.edu/cs223b04/algo_tracking.pdf.
- [Boykov01] —— Boykov, Yuri, Olga Veksler, and Ramin Zabih. "Fast approximate energy minimization via graph cuts." *IEEE Transactions on pattern analysis and machine intelligence* 23.11 (2001): 1222-1239.
- [Bracewell65] —— Bracewell, R. "Convolution" and "Two-dimensional convolution," in *The Fourier Transform and Its Applications* (pp.25-50 and 243-244). New York: McGraw-Hill, 1965.（邦題『フーリエ変換とその応用』雨宮好文＋大熊繁 訳、マグロウヒル好学社）
- [Bradski] —— Gary Bradski, founder of OpenCV in 1999 and maintainer ever since. https://en.wikipedia.org/wiki/Gary_Bradski.
- [Bradski00] —— Bradski, G., and J. Davis. "Motion segmentation and pose recognition with motion history gradients," *IEEE Workshop on Applications of Computer Vision*, 2000.
- [Bradski98a] —— Bradski, G. R. "Real time face and object tracking as a component of a perceptual user interface," *Proceedings of the 4th IEEE Workshop on Applications of Computer Vision*, October 1998.
- [Bradski98b] —— Bradski, G. R. "Computer video face tracking for use in a perceptual user interface," *Intel Technology Journal* Q2 (1998): 705-740.
- [Breiman01] —— Breiman, L. "Random forests," *Machine Learning* 45 (2001): 5-32.

- [Breiman02] —— Breiman, Leo. "Manual on setting up, using, and understanding random forests v3. 1." Statistics Department, University of California Berkeley, CA, USA 1 (2002).
- [Breiman84] —— Breiman, L., J. H. Friedman, R. A. Olshen, and C. J. Stone. *Classification and Regression Trees.* Monterey, CA: Wadsworth, 1984.
- [Brown71] —— Brown, D. C. "Close-range camera calibration," *Photogrammetric Engineering* 37 (1971): 855-866.
- [Buades05] —— Buades, A., B. Coll., and J. Morel, "A non local algorithm for image denoising." in *Computer Vision and Pattern Recognition* (vol.2, pp.60-65), 2005.
- [Burt83] —— Burt, P. J., and E. H. Adelson. "The Laplacian pyramid as a compact image code," *IEEE Transactions on Communications* 31 (1983): 532-540.
- [Calonder10] —— Calonder, M., V. Lepetit, C. Strecha, and P. Fua. Brief: Binary robust independent elementary features. In *European Conference on Computer Vision (ECCV)*, 2010.
- [Canny86] —— Canny, J. "A computational approach to edge detection," *IEEE Transactions on Pattern Analysis and Machine Intelligence* 8 (1986): 679-714.
- [Carpenter03] —— Carpenter, G. A., and S. Grossberg. "Adaptive resonance theory," in M. A. Arbib (Ed.), *The Handbook of Brain Theory and Neural Networks*, 2nd ed. (pp.87-90), Cambridge, MA: MIT Press, 2003.
- [Carr04] —— Carr, H., J. Snoeyink, and M. van de Panne. "Progressive topological simplification using contour trees and local spatial measures," *15th Western Computer Graphics Symposium*, Big White, British Columbia, March 2004.
- [Chambolle04] —— Chambolle, Antonin. "An algorithm for total variation minimization and applications." *Journal of Mathematical imaging and vision* 20.1-2 (2004): 89-97.
- [Chen05] —— Chen, D., and G. Zhang. "A new sub-pixel detector for x-corners in camera calibration targets," *WSCG Short Papers* (2005): 97-100.
- [Chu07] —— Chu, C.-T., S. K. Kim, Y.-A. Lin, Y. Y. Yu, G. Bradski, A. Y. Ng, and K. Olukotun. "Map-reduce for machine learning on multicore," *Proceedings of the Neural Information Processing Systems Conference* (vol.19, pp.304-310), 2007.
- [Ciresan11] —— Ciresan, Dan Claudiu, et al. "Convolutional neural network committees for handwritten character classification." 2011 International Conference on Document Analysis and Recognition. IEEE, 2011.

- [Colombari07] —— Colombari, A., A. Fusiello, and V. Murino. "Video objects segmentation by robust background modeling," *International Conference on Image Analysis and Processing* (pp.155-164), September 2007.
- [Comaniciu99] —— Comaniciu, D., and P. Meer. "Mean shift analysis and applications," *IEEE International Conference on Computer Vision* (vol.2, p. 1197), 1999.
- [Comaniciu03] —— Comaniciu, D. "Nonparametric information fusion for motion estimation," *IEEE Conference on Computer Vision and Pattern Recognition* (vol.1, pp.59 66), 2003.
- [Cooley65] —— Cooley, J. W., and O. W. Tukey. "An algorithm for the machine calculation of complex Fourier series," *Mathematics of Computation* 19 (1965): 297-301.
- [Criminisi13] —— Criminisi, Antonio, and Jamie Shotton, eds. *Decision forests for computer vision and medical image analysis.* Springer Science & Business Media, 2013.
- [Csurka04] —— Csurka, Gabriella, et al. "Visual categorization with bags of keypoints." *Workshop on statistical learning in computer vision, ECCV.* Vol.1. No.1-22. 2004.
- [Dahlkamp06] —— Dahlkamp, H., A. Kaehler, D. Stavens, S. Thrun, and G. Bradski. "Self-supervised monocular road detection in desert terrain," *Robotics: Science and Systems*, Philadelphia, 2006.
- [Dalal05] —— Dalal, N., and B. Triggs. "Histograms of oriented gradients for human detection," *Computer Vision and Pattern Recognition* (vol.1, pp.886-893), June 2005.
- [Davis97] —— Davis, J., and A. Bobick. "The representation and recognition of action using temporal templates" (Technical Report 402), MIT Media Lab, Cambridge, MA, 1997.
- [Davis99] —— Davis, J., and G. Bradski. "Real-time motion template gradients using Intel CVLib," *ICCV Workshop on Framerate Vision*, 1999.
- [Delaunay34] —— Delaunay, B. "Sur la sphère vide," *Izvestia Akademii Nauk SSSR, Otdelenie Matematicheskikh i Estestvennykh Nauk* 7 (1934): 793-800.
- [DeMenthon92] —— DeMenthon, D. F., and L. S. Davis. "Model-based object pose in 25 lines of code," *Proceedings of the European Conference on Computer Vision* (pp.335-343), 1992.

- [Dempster77] —— Dempster, A., N. Laird, and D. Rubin. "Maximum likelihood from incomplete data via the EM algorithm," *Journal of the Royal Statistical Society, Series B* 39 (1977): 1-38.
- [Douglas73] —— Douglas, D., and T. Peucker. "Algorithms for the reduction of the number of points required for represent a digitized line or its caricature," *Canadian Cartographer* 10(1973): 112-122.
- [Drucker97] —— Drucker, Harris, Chris J.C. Burges, Linda Kaufman, Alex Smola, and Vladimir Vapnik. "Support vector regression machines." *Advances in neural information processing systems* 9 (1997): 155-161.
- [Duda72] —— Duda, R. O., and P. E. Hart. "Use of the Hough transformation to detect lines and curves in pictures," *Communications of the Association for Computing Machinery* 15 (1972): 11-15.
- [Duda73] —— Duda, R. O., and P. E. Hart. *Pattern Recognition and Scene Analysis.* New York: Wiley, 1973.
- [Duda00] —— Duda, R. O., P. E. Hart, and D. G. Stork. *Pattern Classification.* New York: Wiley, 2001.（邦題『パターン識別』尾上守 監訳、江尻公一 訳、新技術コミュニケーションズ）
- [Farin04] —— Farin, D., P. H. N. de With, and W. Effelsberg. "Video-object segmentation using multi-sprite background subtraction," *Proceedings of the IEEE International Conference on Multimedia and Expo*, 2004.
- [Farnebäck03] —— Farnebäck, Gunnar. "Two-frame motion estimation based on polynomial expansion." *Scandinavian conference on image analysis.* Springer Berlin Heidelberg, 2003.
- [Faugeras93] —— Faugeras, O. *Three-dimensional Computer Vision: A Geometric Viewpoint.* Cambridge, MA: MIT Press, 1993.
- [Felzenszwalb04] —— Felzenszwalb, Pedro, and Daniel Huttenlocher. *Distance transforms of sampled functions.* Cornell University, 2004.
- [Felzenszwalb06] —— Felzenszwalb, Pedro F., and Daniel P. Huttenlocher. "Efficient belief propagation for early vision." *International Journal of Computer Vision*, 70(1), October 2006.
- [Felzenszwalb10] —— Felzenszwalb, Pedro F., et al. "Object detection with discriminatively trained part-based models." *IEEE transactions on pattern analysis and machine intelligence* 32.9 (2010): 1627-1645.

- [Fischler81] —— Fischler, M. A., and R. C. Bolles. "Random sample consensus: A paradigm for model fitting with applications to image analysis and automated cartography," *Communications of the Association for Computing Machinery* 24 (1981): 381-395.
- [Fitzgibbon95] —— Fitzgibbon, A. W., and R. B. Fisher. "A buyer's guide to conic fitting," *Proceedings of the 5th British Machine Vision Conference* (pp.513-522), Birmingham, 1995.
- [Fix51] —— Fix, E., and J. L. Hodges. "Discriminatory analysis, nonparametric discrimination: Consistency properties" (Technical Report 4), USAF School of Aviation Medicine, Randolph Field, Texas, 1951.
- [Forsyth03] —— Forsyth, D., and J. Ponce. *Computer Vision: A Modern Approach.* Englewood Cliffs, NJ: Prentice-Hall, 2003.（邦題『コンピュータビジョン』大北剛 訳、共立出版）
- [FourCC85] —— Morrison, J. "EA IFF 85 standard for interchange format files," http://www.martinreddy.net/gfx/2d/IFF.txt.
- [Fourier] —— "Joseph Fourier," https://en.wikipedia.org/wiki/Joseph_Fourier.
- [Freeman95] —— Freeman, W. T., and M. Roth. "Orientation histograms for hand gesture recognition," *International Workshop on Automatic Face and Gesture Recognition* (pp.296-301), June 1995.
- [Freund97] —— Freund, Y., and R. E. Schapire. "A decision-theoretic generalization of on-line learning and an application to boosting," *Journal of Computer and System Sciences* 55 (1997): 119-139.
- [Fryer86] —— Fryer, J. G., and D. C. Brown. "Lens distortion for close-range photogrammetry," *Photogrammetric Engineering and Remote Sensing* 52 (1986): 51-58.
- [Fukunaga90] —— Fukunaga, K. *Introduction to Statistical Pattern Recognition.* Boston: Academic Press, 1990.
- [Fukushima80] —— Fukushima, Kunihiko. "Neocognitron: A self-organizing neural network model for a mechanism of pattern recognition unaffected by shift in position." *Biological cybernetics* 36.4 (1980): 193-202.
- [Galton] —— "Francis Galton," http://en.wikipedia.org/wiki/Francis_Galton.
- [Gao03] —— Gao, Xiao-Shan, Xiao-Rong Hou, Jianliang Tang, and Hang-Fei Cheng. "Complete solution classification for the perspective-three-point problem," *IEEE Transactions Pattern Analysis and Machine Intelligence* 25 (2003), 930-943.

- [Garrido-Jurado] —— Garrido-Jurado, S., R. Munoz-Salinas, F. J. Madrid-Cuevas and M. J. Marin-Jimenez. "Automatic generation and detection of highly reliable fiducial markers under occlusion," *Pattern Recognition* 47, no.6 (June 2014).
- [Göktürk01] —— Göktürk, S. B., J.-Y. Bouguet, and R. Grzeszczuk. "A data-driven model for monocular face tracking," *Proceedings of the IEEE International Conference on Computer Vision* (vol.2, pp.701-708), 2001.
- [Göktürk02] —— Göktürk, S. B., J.-Y. Bouguet, C. Tomasi, and B. Girod. "Model-based face tracking for view-independent facial expression recognition," *Proceedings of the Fifth IEEE International Conference on Automatic Face and Gesture Recognition* (pp.287-293), May 2002.
- [Goresky03] —— Goresky, Mark, and Andrew Klapper. "Efficient multiply-with-carry random number generators with maximal period." *ACM Transactions on Modeling and Computer Simulation* (TOMACS) 13.4 (2003): 310-321.
- [Grossberg87] —— Grossberg, S., "Competitive learning: From interactive activation to adaptive resonance," *Cognitive Science* 11 (1987): 23-63.
- [Harris88] —— Harris, C., and M. Stephens. "A combined corner and edge detector," *Proceedings of the 4th Alvey Vision Conference* (pp.147-151), 1988.
- [Hartley98] —— Hartley, R. I. "Theory and practice of projective rectification," *International Journal of Computer Vision* 35 (1998): 115-127.
- [Hartley06] —— Hartley, R., and A. Zisserman. *Multiple View Geometry in Computer Vision.* Cambridge, UK: Cambridge University Press, 2006.
- [Hastie01] —— Hastie, T., R. Tibshirani, and J. Friedman. *The Elements of Statistical Learning: Data Mining, Inference and Prediction.* New York: Springer-Verlag, 2001. (邦題『統計的学習の基礎：データマイニング・推論・予測』井尻善久ほか訳、共立出版)
- [Heckbert90] —— Heckbert, P. *A Seed Fill Algorithm* (Graphics Gems I). New York: Academic Press, 1990.
- [Heikkila97] —— Heikkila, J., and O. Silven. "A four-step camera calibration procedure with implicit image correction," *Proceedings of the 1997 Conference on Computer Vision and Pattern Recognition* (p. 1106), 1997.
- [Hinton06] —— Hinton, G. E., S. Osindero, and Y. Teh. "A fast learning algorithm for deep belief nets," *Neural Computation* 18 (2006): 1527-1554.
- [Hirschmuller08] —— Hirschmuller, H. "Stereo Processing by Semiglobal Matching and Mutual Information," *Pattern Analysis and Machine Intelligence PAMI* 30, No.2, February 2008, pp.328-341.
- [Ho95] —— Ho, T. K. "Random decision forest," *Proceedings of the 3rd International Conference on Document Analysis and Recognition* (pp.278-282), August 1995.

- [Horn81] —— Horn, B. K. P., and B. G. Schunck. "Determining optical flow," *Artificial Intelligence* 17 (1981): 185-203.
- [Hough59] —— Hough, P. V. C. "Machine analysis of bubble chamber pictures," *Proceedings of the International Conference on High Energy Accelerators and Instrumentation* (pp.554-556), 1959.
- [Huttenlocher93] —— Huttenlocher, Daniel P., Gregory A. Klanderman, and William J. Rucklidge. "Comparing images using the Hausdorff distance." *IEEE Transactions on pattern analysis and machine intelligence* 15.9 (1993): 850-863.
- [Intel] —— Intel Corporation, https://www.intel.com/.
- [Inui03] —— Inui, K., S. Kaneko, and S. Igarashi. "Robust line fitting using LmedS clustering," *Systems and Computers in Japan* 34 (2003): 92-100.
- [IPP] —— Intel Integrated Performance Primitives, https://software.intel.com/en-us/intel-ipp.
- [Itseez] —— A computer vision company that grew out of the original OpenCV project and one of the key maintainers of the free and open OpenCV.org. Now sold to Intel Corporation.
- [Jaehne95] —— Jaehne, B. *Digital Image Processing*, 3rd ed. Berlin: Springer-Verlag, 1995.
- [Jaehne97] —— Jaehne, B. *Practical Handbook on Image Processing for Scientific Applications*. Boca Raton, FL: CRC Press, 1997.
- [Jain77] —— Jain, A. "A fast Karhunen-Loeve transform for digital restoration of images degraded by white and colored noise," *IEEE Transactions on Computers* 26 (1997): 560-571.
- [Jain86] —— Jain, A. *Fundamentals of Digital Image Processing*. Englewood Cliffs, NJ: Prentice-Hall, 1986.
- [Johnson84] —— Johnson, D. H. "Gauss and the history of the fast Fourier transform," *IEEE Acoustics, Speech, and Signal Processing Magazine* 1 (1984): 14-21.
- [KaewTraKulPong2001] —— KaewTraKulPong, P., and R. Bowden. "An Improved Adaptive Background Mixture Model for Realtime Tracking with Shadow Detection," *Proc. 2nd European Workshop on Advanced Video Based Surveillance Systems*, AVBS01. Sept 2001.
- [Kalman60] —— Kalman, R. E. "A new approach to linear filtering and prediction problems," *Journal of Basic Engineering* 82 (1960): 35-45.
- [Kim05] —— Kim, K., T. H. Chalidabhongse, D. Harwood, and L. Davis. "Real-time foreground-background segmentation using codebook model," *Real-Time Imaging* 11 (2005): 167-256.

- [Kimme75] —— Kimme, C., D. H. Ballard, and J. Sklansky. "Finding circles by an array of accumulators," *Communications of the Association for Computing Machinery* 18 (1975): 120-122.
- [Kiryati91] —— Kiryati, N., Y. Eldar, and A. M. Bruckshtein. "A probablistic Hough transform," *Pattern Recognition* 24 (1991): 303-316.
- [Koller09] —— Koller, Daphne, and Nir Friedman. *Probabilistic graphical models: principles and techniques*. Cambridge, MA: MIT Press, 2009.
- [Konolige97] —— Konolige, K., "Small vision system: Hardware and implementation," *Proceedings of the International Symposium on Robotics Research* (pp.111-116), Hayama, Japan, 1997.
- [Kopf07] —— Kopf, Johannes, et al. "Joint bilateral upsampling." *ACM Transactions on Graphics (TOG)*. Vol.26. No.3. ACM, 2007.
- [Kreveld97] —— van Kreveld, M., R. van Oostrum, C. L. Bajaj, V. Pascucci, and D. R. Schikore. "Contour trees and small seed sets for isosurface traversal," *Proceedings of the 13th ACM Symposium on Computational Geometry* (pp.212-220), 1997.
- [Lakoff08] —— Lakoff, G., and M. Johnson. "Metaphors we live by," University of Chicago Press, 2008.
- [Laughlin81] —— Laughlin, S. B. "A simple coding procedure enhances a neuron's information capacity," *Zeitschrift für Naturforschung* 9/10 (1981): 910-912.
- [LeCun98a] —— LeCun, Y., L. Bottou, Y. Bengio, and P. Haffner. "Gradient-based learning applied to document recognition," *Proceedings of the IEEE* 86 (1998): 2278-2324.
- [LeCun98b] —— LeCun, Y., L. Bottou, G. Orr, and K. Muller. "Efficient BackProp," in G. Orr and K. Muller (Eds.), *Neural Networks: Tricks of the Trade*. New York: Springer-Verlag, 1998.
- [Leutenegger11] —— Leutenegger, Stefan, Margarita Chli, and Roland Y. Siegwart. "BRISK: Binary robust invariant scalable keypoints." *2011 International conference on computer vision*. IEEE, 2011.
- [Lienhart02] —— Lienhart, Rainer, and Jochen Maydt. "An extended set of haar-like features for rapid object detection." *Proceedings 2002 International Conference on Image Processing*. Vol.1. IEEE, 2002.
- [Liu07] —— Liu, Y. Z., H. X. Yao, W. Gao, X. L. Chen, and D. Zhao. "Nonparametric background generation," *Journal of Visual Communication and Image Representation* 18 (2007): 253-263.

- [Lloyd57] —— Lloyd, S. "Least square quantization in PCM's" (Bell Telephone Laboratories Paper), 1957. ["Lloyd's algorithm" was later published in *IEEE Transactions on Information Theory* 28 (1982): 129-137.]
- [Lloyd82] —— Lloyd, Stuart. "Least squares quantization in PCM." *IEEE transactions on information theory* 28.2 (1982): 129-137.
- [Lowe04] —— Lowe, D. G. "Distinctive image features from scale-invariant keypoints," *International Journal of Computer Vision* 60, no.2 (2004): 91-110.
- [LTI] —— LTI-Lib, Vision Library, http://ltilib.sourceforge.net/doc/homepage/index.shtml.
- [Lucas81] —— Lucas, B. D., and T. Kanade. "An iterative image registration technique with an application to stereo vision," *Proceedings of the 1981 DARPA Imaging Understanding Workshop* (pp.121-130), 1981.
- [Lucchese02] —— Lucchese, L., and S. K. Mitra. "Using saddle points for subpixel feature detection in camera calibration targets," *Proceedings of the 2002 Asia Pacific Conference on Circuits and Systems* (pp.191-195), December 2002.
- [Lv07] —— Lv, Q., W. Josephson, Z. Wang, M. Charikar, and K. Li. "Multiprobe LSH: efficient indexing for high-dimensional similarity search." In *VLDB*, pages 950-961, 2007.
- [Mahalanobis36] —— Mahalanobis, P. "On the generalized distance in statistics," *Proceedings of the National Institute of Science* 12 (1936): 49-55.
- [Mair10] —— Mair, Elmar, et al. "Adaptive and generic corner detection based on the accelerated segment test." European conference on Computer vision. Springer Berlin Heidelberg, 2010.
- [Maron61] —— Maron, M. E. "Automatic indexing: An experimental inquiry," *Journal of the Association for Computing Machinery* 8 (1961): 404-417.
- [Marr82] —— Marr, D. *Vision.* San Francisco: Freeman, 1982.（邦題『ビジョン——視覚の計算理論と脳内表現』乾敏郎＋安藤広志 訳、産業図書）
- [Marsaglia00] —— Marsaglia, George, and Wai Wan Tsang. "The ziggurat method for generating random variables." *Journal of statistical software* 5.8 (2000): 1-7.
- [Martins99] —— Martins, F. C. M., B. R. Nickerson, V. Bostrom, and R. Hazra. "Implementation of a real-time foreground/background segmentation system on the Intel architecture," *IEEE International Conference on Computer Vision Frame Rate Workshop*, 1999.
- [Matas00] —— Matas, J., C. Galambos, and J. Kittler. "Robust detection of lines using the progressive probabilistic Hough transform," *Computer Vision Image Understanding* 78 (2000): 119-137.

- [Meer91] —— Meer, P., D. Mintz, and A. Rosenfeld. "Robust regression methods for computer vision: A review," *International Journal of Computer Vision* 6 (1991): 59-70.
- [Merwe00] —— van der Merwe, R., A. Doucet, N. de Freitas, and E. Wan. "The unscented particle filter," *Advances in Neural Information Processing Systems*, December 2000.
- [Meyer78] —— Meyer, F. "Contrast feature extraction," in J.-L. Chermant (Ed.), *Quantitative Analysis of Microstructures in Material Sciences, Biology and Medicine* [Special issue of *Practical Metallography*] —— , Stuttgart: Riederer, 1978.
- [Meyer92] —— Meyer, F. "Color image segmentation," *Proceedings of the International Conference on Image Processing and Its Applications* (pp.303-306), 1992.
- [Minsky61] —— Minsky, M. "Steps toward artificial intelligence," *Proceedings of the Institute of Radio Engineers* 49 (1961): 8-30.
- [Moreno-Noguer07] —— Moreno-Noguer, F., Lepetit, V., Fua, P. "Accurate Non-Iterative O(n) Solution to the PnP Problem," *ICCV 2007. IEEE 11th International Conference on Computer Vision*, pp.1-8, 2007.
- [Morse53] —— Morse, P. M., and H. Feshbach. "Fourier transforms," in *Methods of Theoretical Physics* (Part I, pp.453-471), New York: McGraw-Hill, 1953.
- [Muja09] —— Muja, Marius, and David G. Lowe. "Fast Approximate Nearest Neighbors with Automatic Algorithm Configuration." *VISAPP (1)* 2.331-340 (2009): 2.
- [Neapolitan04] —— Neapolitan, Richard E. *Learning Bayesian Networks.* Upper Saddle River, New Jersey: Pearson, 2004.
- [O'Connor02] —— O'Connor, J. J., and E. F. Robertson. "Light through the ages: Ancient Greece to Maxwell," http://www-groups.dcs.st-and.ac.uk/~history/HistTopics/Light_1.html.
- [Ojala94] —— Ojala, T., M. Pietikäinen, and D. Harwood. "Performance evaluation of texture measures with classification based on Kullback discrimination of distributions," Pattern Recognition, 1994. Vol.1
- [Oliva06] —— A. Oliva and A. Torralba, "Building the gist of a scene: The role of global image features in recognition visual perception," *Progress in Brain Research* 155 (2006): 23-36.
- [OpenCV] —— Open Source Computer Vision Library (OpenCV) (free, BSD license), https://opencv.org.
- [opencv_contrib] —— Newer content and higher functionality is separated into this repository. https://github.com/opencv/opencv_contrib.

- [Papoulis62] —— Papoulis, A. *The Fourier Integral and Its Applications.* New York: McGraw-Hill, 1962.（邦題『工学のためのの応用フーリエ積分――超関数論への入門的アプローチ』大槻喬＋平岡寛二 監訳、オーム社）
- [Pascucci02] —— Pascucci, V., and K. Cole-McLaughlin. "Efficient computation of the topology of level sets," *Proceedings of IEEE Visualization 2002* (pp.187-194), 2002.
- [Pearson] —— "Karl Pearson," https://en.wikipedia.org/wiki/Karl_Pearson.
- [Pollefeys99a] —— Pollefeys, M. "Self-calibration and metric 3D reconstruction from uncalibrated image sequences," Ph.D. thesis, Katholieke Universiteit, Leuven, 1999.
- [Pollefeys99b] —— Pollefeys, M., R. Koch, and L. V. Gool. "A simple and efficient rectification method for general motion," *Proceedings of the 7th IEEE Conference on Computer Vision*, 1999.
- [Porter84] —— Porter, T., and T. Duff. "Compositing digital images," *Computer Graphics* 18 (1984): 253-259.
- [Ranger07] —— Ranger, C., R. Raghuraman, A. Penmetsa, G. Bradski, and C. Kozyrakis. "Evaluating mapreduce for multi-core and multiprocessor systems," *Proceedings of the 13th International Symposium on High-Performance Computer Architecture* (pp.13-24), 2007.
- [Reeb46] —— Reeb, G. "Sur les points singuliers d'une forme de Pfaff completement integrable ou d'une fonction numerique," *Comptes Rendus de l'Academie des Sciences de Paris* 222 (1946): 847-849.
- [Riedmiller93] —— Riedmiller, Martin, and Heinrich Braun. "A direct adaptive method for faster backpropagation learning: The RPROP algorithm." *1993 IEEE International Conference on Neural Networks.*. IEEE, 1993.
- [Rodgers88] —— Rodgers, J. L., and W. A. Nicewander. "Thirteen ways to look at the correlation coefficient," *American Statistician* 42 (1988): 59-66.
- [Rosenfeld73] —— Rosenfeld, A., and E. Johnston. "Angle detection on digital curves," *IEEE Transactions on Computers* 22 (1973): 875-878.
- [Rosenfeld80] —— Rosenfeld, A. "Some Uses of Pyramids in Image Processing and Segmentation," *Proceedings of the DARPA Imaging Understanding Workshop* (pp.112-120), 1980.
- [Rosten06] —— Rosten, Edward. "FAST corner detection." *Engineering Department, Machine Intelligence Laboratory, University of Cambridge*, 2006.
- [Rother04] —— Rother, Carsten, Vladimir Kolmogorov, and Andrew Blake. "Grabcut: Interactive foreground extraction using iterated graph cuts." *ACM transactions on graphics (TOG)*. Vol.23. No.3. ACM, 2004.

- [Rousseeuw84] —— Rousseeuw, P. J. "Least median of squares regression," *Journal of the American Statistical Association*, 79 (1984): 871-880.
- [Rousseeuw87] —— Rousseeuw, P. J., and A. M. Leroy. *Robust Regression and Outlier Detection*. New York: Wiley, 1987.
- [Rublee11] —— Rublee, E., V. Rabaud, K. Konolige, and G. Bradski. "ORB an efficient alternative to SIFT or SURF." *Proceedings of the 2011 IEEE International Conference on Computer Vision*, 2011.
- [Rubner00] —— Rubner, Y., C. Tomasi, and L. J. Guibas. "The earth mover's distance as a metric for image retrieval," *International Journal of Computer Vision* 40 (2000): 99-121.
- [Rumelhart88] —— Rumelhart, D. E., G. E. Hinton, and R. J. Williams. "Learning internal representations by error propagation," in D. E. Rumelhart, J. L. McClelland, and PDP Research Group (Eds.), *Parallel Distributed Processing. Explorations in the Microstructures of Cognition* (vol.1, pp.318-362), Cambridge, MA: MIT Press, 1988.
- [Russ02] —— Russ, J. C. *The Image Processing Handbook*, 4th ed. Boca Raton, FL: CRC Press, 2002.
- [Sánchez13] —— Sánchez, Javier, Enric Meinhardt-Llopis, and Gabriele Facciolo. "TV-L1 optical flow estimation." *Image Processing On Line 2013* (2013): 137-150.
- [Scharr00] —— Scharr, Hanno. "Optimal operators in digital image processing." Diss. 2000.
- [Schiele96] —— Schiele, B., and J. L. Crowley. "Object recognition using multidimensional receptive field histograms," *European Conference on Computer Vision* (vol.I, pp.610-619), April 1996.
- [Schmidt66] —— Schmidt, S. "Applications of state-space methods to navigation problems," in C. Leondes (Ed.), *Advances in Control Systems* (vol.3, pp.293-340), New York: Academic Press, 1966.
- [Schölkopf00] —— Schölkopf, Bernhard, et al. "New support vector algorithms." *Neural computation* 12.5 (2000): 1207-1245.
- [Schwartz80] —— Schwartz, E. L. "Computational anatomy and functional architecture of the striate cortex: A spatial mapping approach to perceptual coding," *Vision Research* 20 (1980): 645-669.
- [Schwarz78] —— Schwarz, A. A., and J. M. Soha. "Multidimensional histogram normalization contrast enhancement," *Proceedings of the Canadian Symposium on Remote Sensing* (pp.86-93), 1978.
- [Semple79] —— Semple, J., and G. Kneebone. *Algebraic Projective Geometry*. Oxford, UK: Oxford University Press, 1979.

- [Serra83] —— Serra, J. *Image Analysis and Mathematical Morphology.* New York: Academic Press, 1983.
- [Sezgin04] —— Sezgin, M., and B. Sankur. "Survey over image thresholding techniques and quantitative performance evaluation," *Journal of Electronic Imaging* 13 (2004): 146-165.
- [Shannon49] —— Shannon, C. E. (https://en.wikipedia.org/wiki/Claude_E._Shannon). "Communication in the presence of noise," *Proc. Institute of Radio Engineers*, vol.37, no.1, pp.10-21, Jan. 1949. Reprint as classic paper in: Proc. IEEE, vol.86, no.2, (Feb. 1998), http://nms.csail.mit.edu/spinal/shannonpaper.pdf.
- [Shapiro02] —— Shapiro, L. G., and G. C. Stockman. *Computer Vision.* Englewood Cliffs, NJ: Prentice-Hall, 2002.
- [Shaw04] —— Shaw, J. R. "QuickFill: An efficient flood fill algorithm," https://www.codeproject.com/Articles/6017/QuickFill-An-efficient-flood-fill-algorithm.
- [Shi94] —— Shi, J., and C. Tomasi. "Good features to track," *9th IEEE Conference on Computer Vision and Pattern Recognition*, June 1994.
- [Smith79] —— Smith, A. R. "Painting tutorial notes," Computer Graphics Laboratory, New York Institute of Technology, Islip, NY, 1979.
- [Sobel73] —— Sobel, I., and G. Feldman. "A 3 x 3 Isotropic Gradient Operator for Image Processing," in R. Duda and P. Hart (Eds.), *Pattern Classification and Scene Analysis* (pp.271-272), New York: Wiley, 1973.
- [Sochman05] —— Sochman, J., and J. Matas. "WaldBoost - learning for time constrained sequential detection," in *Computer Vision and Pattern Recognition*, 2005. CVPR 2005.
- [Steinhaus56] —— Steinhaus, H. "Sur la division des corp materiels en parties," *Bulletin of the Polish Academy of Sciences and Mathematics* 4 (1956): 801-804.
- [Sturm99] —— Sturm, P. F., and S. J. Maybank. "On plane-based camera calibration: A general algorithm, singularities, applications," *IEEE Conference on Computer Vision and Pattern Recognition*, 1999.
- [Suzuki85] —— Suzuki, S., and K. Abe, "Topological structural analysis of digital binary images by border following," *Computer Vision, Graphics and Image Processing* 30 (1985): 32-46.
- [Swain91] —— Swain, M. J., and D. H. Ballard. "Color indexing," *International Journal of Computer Vision* 7 (1991): 11-32.
- [Szeliski04] —— Szeliski, R. "Image Alignment and Stitching: A Tutorial," https://www.microsoft.com/en-us/research/publication/image-alignment-and-stitching-a-tutorial/. October 2004.

- [Tao12] —— Tao, Michael, et al. "SimpleFlow: A Non-iterative, Sublinear Optical Flow Algorithm." *Computer Graphics Forum.* Vol.31. No.2 pt1. Blackwell Publishing Ltd, 2012.
- [Teh89] —— Teh, C. H., and R. T. Chin. "On the detection of dominant points on digital curves," *IEEE Transactions on Pattern Analysis and Machine Intelligence* 11 (1989): 859-872.
- [Telea04] —— Telea, A. "An image inpainting technique based on the fast marching method," *Journal of Graphics Tools* Vol.9 (2004): 25-36.
- [Thrun05] —— Thrun, S., W. Burgard, and D. Fox. *Probabilistic Robotics: Intelligent Robotics and Autonomous Agents*, Cambridge, MA: MIT Press, 2005.（邦題『確率ロボティクス』上田隆一 訳、毎日コミュニケーションズ）
- [Thrun06] —— Thrun, S., M. Montemerlo, H. Dahlkamp, D. Stavens, A. Aron, J. Diebel, P. Fong, J. Gale, M. Halpenny, G. Hoffmann, K. Lau, C. Oakley, M. Palatucci, V. Pratt, P. Stang, S. Strohband, C. Dupont, L.-E. Jendrossek, C. Koelen, C. Markey, C. Rummel, J. van Niekerk, E. Jensen, P. Alessandrini, G. Bradski, B. Davies, S. Ettinger, A. Kaehler, A. Nefian, and P. Mahoney. "Stanley, the robot that won the DARPA Grand Challenge," *Journal of Robotic Systems* 23 (2006): 661-692.
- [Titchmarsh26] —— Titchmarsh, E. C. "The zeros of certain integral functions," *Proceedings of the London Mathematical Society* 25 (1926): 283-302.
- [Tomasi98] —— Tomasi, C., and R. Manduchi. "Bilateral filtering for gray and color images," *Sixth International Conference on Computer Vision* (pp.839-846), New Delhi, 1998.
- [Tou77] —— Tou, J., and R. Gonzales. *Pattern Recognition Principles.* Addison Wesley Publishing (1977), p. 377.
- [Toyama99] —— Toyama, K., J. Krumm, B. Brumitt, and B. Meyers. "Wallflower: Principles and practice of background maintenance," *Proceedings of the 7th IEEE International Conference on Computer Vision* (pp.255-261), 1999.
- [Trucco98] —— Trucco, E., and A. Verri. *Introductory Techniques for 3-D Computer Vision.* Englewood Cliffs, NJ: Prentice-Hall, 1998.
- [Tsai87] —— Tsai, R. Y. "A versatile camera calibration technique for high accuracy 3D machine vision metrology using off-the-shelf TV cameras and lenses," *IEEE Journal of Robotics and Automation* 3 (1987): 323-344.
- [Vandevenne04] —— Vandevenne, Lode. "Lode's computer graphics tutorial, flood fill." 2004.
- [Vapnik95] —— Vapnik, V. *The Nature of Statistical Learning Theory.* New York: Springer-Verlag, 1995.

- [Viola01] —— Viola, Paul, and Michael Jones. "Rapid object detection using a boosted cascade of simple features." *Computer Vision and Pattern Recognition, 2001. CVPR 2001. Proceedings of the 2001 IEEE Computer Society Conference on.* Vol.1. IEEE, 2001.
- [Viola04] —— Viola, P., and M. J. Jones. "Robust real-time face detection," *International Journal of Computer Vision* 57 (2004): 137-154.
- [Welsh95] —— Welsh, G., and G. Bishop. "An introduction to the Kalman filter" (Technical Report TR95-041), University of North Carolina, Chapel Hill, NC, 1995.
- [Wharton71] —— Wharton, W., and D. Howorth. *Principles of Television Reception.* London: Pitman, 1971.
- [Wu08] —— Wu, K., O. Ekow and K. Suzuki. Two Strategies to Speed up Connected Component Labeling Algorithms, http://escholarship.org/uc/item/5pc9s496, 06-02-2008.
- [Xu96] —— Xu, G., and Z. Zhang. *Epipolar Geometry in Stereo, Motion and Object Recognition.* Dordrecht: Kluwer, 1996.
- [Zach07] —— Zach, Christopher, Thomas Pock, and Horst Bischof. "A duality based approach for realtime TV-L 1 optical flow." *Joint Pattern Recognition Symposium.* Springer Berlin Heidelberg, 2007.
- [Zhang96] —— Zhang, Z. "Parameter estimation techniques: A tutorial with application to conic fitting," *Image and Vision Computing* 15 (1996): 59-76.
- [Zhang99a] —— Zhang, R., P.-S. Tsi, J. E. Cryer, and M. Shah. "Shape form shading: A survey," *IEEE Transactions on Pattern Analysis and Machine Intelligence* 21 (1999): 690-706.
- [Zhang99b] —— Zhang, Z. "Flexible camera calibration by viewing a plane from unknown orientations," *Proceedings of the 7th International Conference on Computer Vision* (pp.666-673), Corfu, September 1999.
- [Zhang00] —— Zhang, Z. "A flexible new technique for camera calibration," *IEEE Transactions on Pattern Analysis and Machine Intelligence* 22 (2000): 1330-1334.
- [Zhang04] —— Zhang, H. "The optimality of naive Bayes," *Proceedings of the 17th International FLAIRS Conference*, 2004.
- [Zivkovic04] —— Zivkovic, Z. "Improved adaptive Gaussian mixture model for background subtraction," *International Conference Pattern Recognition*, UK, August 2004.
- [Zivkovic06] —— Zivkovic, Z., and F. van der Heijden. "Efficient Adaptive Density Estimation per Image Pixel for the Task of Background Subtraction," *Pattern Recognition Letters*, vol.27, no.7, pages 773-780, 2006.

索引

記号・数字

A

B

C

D

E

F

G

H

I

K

Q

R

S

T

U

V

W

X

Y

Z

あ行

か行

さ行

た行

な行

は行

ま行

や行

ら行

●著者紹介

Adrian Kaehler（エイドリアン・カーラー）

1973年生まれ。科学者、発明家、技術者であり、その仕事はさまざまな分野に及ぶ。専門分野は、ロボット工学、物理学、電子工学、コンピュータアルゴリズム、マシンビジョン、バイオメトリックス、機械学習、コンピュータゲーム、システムエンジニアリング、ヒューマンマシンインタフェース、数値プログラミング、デザイン。14歳のときに、カリフォルニア大学サンタクルーズ校に席を置き、数学、コンピュータ科学、物理学を学び、18歳で物理学の学士を取得し卒業した。コロンビア大学に進み、Norman Christ教授のもと、格子ゲージ理論における研究とQCDSPスーパーコンピュータプロジェクトにおける研究に関して1998年にPhDを取得。1994年から1998年まで、QCDSPスーパーコンピュータプロジェクトに従事。QCDSPスーパーコンピュータは、最初のテラフロップスーパーコンピュータの1つ。これにより、Adrianと彼のチームは1998年にゴードンベル賞を受賞した。2005年のDARPA Grand Challengeでは優勝チームに在籍し、チームを勝利に導く中心的役割を演じたコンピュータビジョンシステムを設計した。また、Applied Minds（ハイエンドなリサーチコンサルティング会社）でたくさんのロボット関係のプロジェクトや機械学習関係のプロジェクトの設立や運営を続け、現在はApplied Invention（Applied Mindsのスピンアウト）のフェローとして活躍している。Adrianは現在、シリコンバレーでスタートアップ企業にアドバイスしたり立ち上げたりすることにも尽力している。彼はまた、Silicon Valley Deep Learning Group（深層学習の研究者や企業家のコミュニティを拡大し、サポートし、結びつけることを中心に活動している教育関係の非営利組織）の設立者である。

Gary Bradski（ゲェアリー・ブラッドスキー）

Intelの研究所で主幹エンジニアとして仕事を始め、OpenCVの基礎を築き、現在も指揮している（OpenCVは現在では非営利組織）。Intelでは、手作りだった機械学習のアルゴリズムのいくつかを抽象化し、OpenCVのml（機械学習モジュール）としてまとめ上げた。次に、VideoSurf（初期の動画検索エンジンの1つ）の立ち上げを手伝った。VideoSurfは2011年にMicrosoftに売却された。他にも、DARPA Grand Challengeの砂漠横断ロボットレースで200万ドルを獲得したStanleyのビジョンチームを組織した。この車は、現在トレンドとなっている自動運転車に関する研究の発端となり、現在ではスミソニアン博物館に展示されている。スタンフォード大学コンピュータサイエンス学科のコンサルティングプロフェッサーとして、STAIR（Stanford AI Robotics program）を共同で立ち上げた。ここからはPR1ロボットが生まれ、間接的にWillow Garageも誕生した（後に自身も参加）。Willow GarageはPR2ロボット、ROS（robot operating system）も開発した。その後、Industrial Perception Inc.を組織し、共同で立ち上げた。この会社は流通センターをターゲットにしたセンサー誘導型ロボットの会社で、2013年にGoogleに売却された。ここにいたるまでにGaryは、OpenCVが携帯電話への対応や近年のディープニューラルネットワークの取り込みを行った。その後も引き続き、スタートアップ企業の設立や、運営、アドバイスなども行っている。

●訳者紹介

松田 晃一（まつだ こういち）　まえがき、2章、8章、10章、11章、12章、14章、15章、17章、19章、20章、23章、付録A、付録Cの翻訳を担当

博士（工学、東京大学）。石川県羽咋市生まれ。元ソフトウェア技術者/研究者/管理職、PAW^2のクリエータ。

NEC、ソニーコンピュータサイエンス研究所、ソニーなどを経て、大妻女子大学社会情報学部情報デザイン専攻教授。「希望の塾」塾生。UX/HCI、モバイル機器、HoloLens、Pepperなどに興味を持つ。コンピュータで人生を「少し楽しく」「少しおもしろく」「少し新しく」「少し便利に」が研究のキーワード。ワイン、夏と海、旅行（沖縄、温泉）、絵画をこよなく愛す。以前はフリーソフト（tgif）を開発し、漫画・イラストを描きコミケで売る。著書は『学生のためのPython』（東京電機大学出版局）、『p5.jsプログラミングガイド』（カットシステム）、『WebGL Programming Guide』（Addison-Wesley Professional）など、訳書は『プログラミングROS』『行列プログラマー』『実例で学ぶゲーム3D数学』（オライリー・ジャパン）、『デザインのためのデザイン』（ピアソン桐原）などを含め46冊。

小沼 千絵（おぬま ちえ） 1章、3章、6章、7章、13章、18章の翻訳を担当

東京工業大学情報科学科卒業。電機メーカーに入社。日本語処理、アプリケーション開発環境、ネットワークルーティング関連の業務に携わった後、現在はWebサイトの構築、運営に従事している。どちらかというと、プログラミング自体よりもドキュメント類の作成のほうを進んでやりたがる、技術者としては少し変わり者。特にマニュアルの制作と技術英語の翻訳に強い興味を持っている。

永田 雅人（ながた まさひと） 4章、5章、9章、16章の翻訳を担当

長崎で生まれ福岡で育った九州男児。幼少期（Z80系マイコン～DOSの時代）に電子工作やプログラミング（機械語～）にハマる。早大理工の学士修士を経て、横国大の博士課程で人間の視覚について学ぶ。現在、視覚に関する研究員と画像処理の非常勤講師を務めている。著書に『実践OpenCV 3 for C++』『実践OpenCV 2.4 for Python』『ディジタル映像分析 —— OpenCVによる映像内容の解析』（カットシステム）、訳書に『OpenCL詳説』（カットシステム）がある。

花形 理（はながた おさむ） 21章、22章、付録Bの翻訳を担当

東京生まれの東京育ち。上智大学大学院博士後期課程修了、工学博士。元金沢工業大学大学院教授。大学院修了後はソニーにてニューラルネットワーク、人工知能、画像処理の研究に従事。その後、世界初の家庭用エンターテインメントロボットAIBOの開発のコアメンバーとして従事。このプロジェクトでは、基本構想から電気回路、ソフト、ハード等、メカ以外のすべてに携わり、LSIの開発からオペレーティングシステムの開発、アプリまでを行った。その後、金沢工業大学にて教鞭をとる。現在は企業のアドバイザーを務めつつ、身体性、記号接地問題、認知意味論等、身体による知能の発生に興味を持つ。

● カバーの説明

本書のカバーの動物は、巨大なオオクジャクヤママユガ（Saturnia pyri）です。ヨーロッパ原産で、この蛾の生息地域にはフランスとイタリア、イベリア半島、シベリアや北アフリカの一部が含まれます。木や低木が散在する開けた地形に生息し、緑地、果樹園、ぶどう園など、日中木陰で休める場所でもよく見られることがあります。

ヨーロッパ最大級の蛾であるオオクジャクヤママユガは最大15センチメートルの翼長を持ち、そのサイズと夜行性の習性からコウモリと見間違えられることがあります。その羽根は、白と黄色のアクセントを持つ灰色と灰色がかった茶色です。オオクジャクヤママユガのそれぞれの羽の中心には大きな眼点があり、通常、その名前の由来となった鳥が持つようなはっきりした模様を持ちます。

詳解 OpenCV 3
——コンピュータビジョンライブラリを使った画像処理・認識

2018年5月28日　初版第1刷発行
2019年7月23日　初版第2刷発行

著　　者	Adrian Kaehler（エイドリアン・カーラー）、Gary Bradski（ゲェアリー・ブラッドスキー）
訳　　者	松田 晃一（まつだ こういち）、小沼 千絵（おぬま ちえ）、永田 雅人（ながた まさひと）、花形 理（はながた おさむ）
発 行 人	ティム・オライリー
制　　作	株式会社トップスタジオ
印刷・製本	日経印刷株式会社
発 行 所	株式会社オライリー・ジャパン 〒160-0002　東京都新宿区四谷坂町12番22号 Tel　(03) 3356-5227 Fax　(03) 3356-5263 電子メール　japan@oreilly.co.jp
発 売 元	株式会社オーム社 〒101-8460　東京都千代田区神田錦町3-1 Tel　(03) 3233-0641（代表） Fax　(03) 3233-3440

Printed in Japan（ISBN978-4-87311-837-6）
乱本、落丁の際はお取り替えいたします。